AF592476

OPTIQUE

PHYSIOLOGIQUE

Paris. — Imprimerie de E. Martinet, rue Mignon, 2.

OPTIQUE PHYSIOLOGIQUE

PAR

H. HELMHOLTZ

Professeur de Physiologie à Heidelberg.

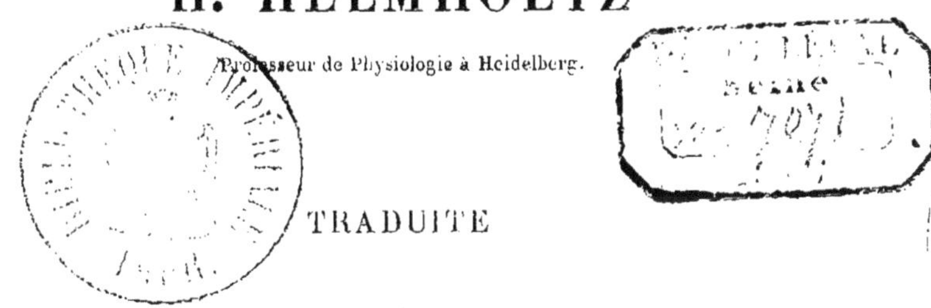

TRADUITE

PAR

ÉMILE JAVAL ET N. TH. KLEIN

Avec 213 figures dans le texte et un atlas de 11 planches

PARIS

VICTOR MASSON ET FILS

PLACE DE L'ÉCOLE-DE-MÉDECINE

MDCCCLXVII

1867

première partie de cet ouvrage a paru dès 1856, la seconde 360, la troisième en deux fascicules, au commencement et à la fin de 1866. Le long retard qu'a subi la publication de la troisième partie a été causé non-seulement par des circonstances accidentelles, telles que deux changements de résidence successifs et l'attrait d'autres études, d'un genre différent, mais aussi par des raisons inhérentes au sujet. En effet, précisément dans ces dernières années, l'étude des perceptions visuelles a été l'objet d'un grand nombre de travaux, et c'est depuis peu de temps que l'on peut se faire une idée de la richesse et du profond intérêt qu'offre ce sujet. On peut se demander à bon droit s'il n'est pas téméraire d'essayer dès maintenant, comme l'exige le plan général de cet ouvrage et de l'*Encyclopédie* dont il fait partie (1), d'exposer d'une manière didactique une science aussi jeune et qui est, pour ainsi dire, encore à l'état de fermentation. Cependant la nature particulière du sujet ne permet guère de s'attendre à voir les questions encore pendantes recevoir prochainement des solutions définitives. D'une part, en effet, cette étude est intimement liée à celle des problèmes les plus difficiles de la psychologie ; d'autre part, le

(1) Ce volume est le neuvième de l'*Encyclopédie de physique* de KARSTEN (Allgemeine Encyclopädie der Physik, bearbeitet von P. W. BRIX, G. DECHER, F. C. O. v. FEILITZSCH, F. GRASHOF, F. HARMS, H. HELMHOLTZ, G. KARSTEN, H. KARSTEN, C. KUHN, J. LAMONT, J. PEIFFER, E. E. SCHMID, F. SCHULZ, L. SEIDEL, G. WEYER, W. WUNDT, herausgegeben von GUSTAV KARSTEN ; Leipzig, Leopold Voss).

nombre des observateurs capables de la faire avancer est nécessairement très-restreint, car il est besoin d'acquérir une longue expérience dans l'observation des phénomènes subjectifs et une grande habitude de diriger à volonté les mouvements des yeux, avant d'être simplement en état de voir ce que d'autres ont déjà vu ; et si l'on ne prend pas les précautions convenables dans ces exercices, on peut être obligé de les suspendre sous peine de compromettre l'usage de ses yeux. Ajoutons enfin que dans ce domaine, où les actions psychiques viennent jouer un rôle, les différences individuelles paraissent exercer une influence bien plus considérable que dans les autres questions de physiologie.

Cependant il était nécessaire de faire la tentative de mettre enfin un peu d'ordre et d'unité dans cette matière, de la débarrasser des contradictions qu'on y rencontrait à chaque instant. Si j'ai entrepris cette tâche, c'est dans la conviction que l'ordre et l'unité, fussent-ils même fondés sur un principe incertain, sont encore préférables aux contradictions et au défaut d'ensemble. J'ai pris pour fil conducteur le principe de la *théorie empiristique*, tel que je l'ai exposé aux paragraphes 26 et 33, et à mesure que je continuais mon travail, je me suis convaincu de plus en plus que ce principe est le seul qui permette de se guider sans encombre dans le labyrinthe des faits actuellement connus. J'ai déjà été devancé dans cette voie par d'autres observateurs dont les travaux ne me paraissent pas avoir obtenu toute l'approbation qu'ils méritent, sans doute à cause de la faveur que rencontrent plus facilement aujourd'hui les explications mécaniques, par suite d'une certaine tendance matérialiste de notre époque. La cause de cet insuccès provient peut-être aussi de ce que mes prédécesseurs n'ont travaillé chacun que des chapitres isolés de l'étude des perceptions visuelles, tandis qu'un aspect d'ensemble peut seul entraîner la conviction en faveur de la théorie qui comprend les différents faits. Aussi me suis-je efforcé de développer complétement cette vue d'ensemble.

Pour tâcher de remédier aux inconvénients causés par le temps qui s'est écoulé depuis la publication des deux premières parties, j'ai ajouté un supplément contenant la bibliographie récente et le résumé des plus importants parmi les faits découverts depuis l'impression de ces parties. Parmi ces faits, il ne s'en est heureusement trouvé aucun qui fût de nature à entraîner des modifications importantes dans les conclusions et les théories déjà exposées.

En ce qui concerne les revues bibliographiques exigées par le plan de l'*Encyclopédie*, je les ai données aussi bien que le permettaient les ressources que j'avais à ma disposition. La littérature récente est assez complète ; quant aux auteurs anciens, j'ai dû souvent les citer de seconde main : je ne puis donc point garantir l'exactitude de ce travail. L'entreprise d'une histoire véritablement exacte de l'optique physiologique serait un travail qui demanderait de longues années, et qui ne présenterait un intérêt suffisant que si l'état de cette science était plus avancé qu'il ne l'est actuellement.

Ma préoccupation constante, en réunissant les matériaux de cet ouvrage, a été de vérifier par mes propres yeux et par ma propre expérience l'exactitude de tous les faits qui présentent quelque importance. Parmi les procédés d'expérience, j'ai toujours décrit ceux dont l'application m'a paru présenter le plus de garanties, et lorsque j'ai procédé autrement que mes prédécesseurs, j'espère qu'on voudra bien ne pas attribuer ces modifications à un simple désir de changement.

Je prie les personnes qui trouveront à critiquer dans ce livre de vouloir bien tenir compte de la difficulté et de l'étendue de la tâche qui m'était imposée.

Heidelberg, décembre 1866.

H. HELMHOLTZ.

En ce qui concerne cette traduction française, ayant relu toutes les épreuves, je crois pouvoir en garantir l'exactitude. Les traducteurs ont intercalé en leur lieu et place les suppléments que dix ans écoulés depuis la publication du premier fascicule m'avaient obligé de joindre à la dernière livraison de l'édition allemande. De plus, la traduction a fourni l'occasion de corriger, particulièrement dans les calculs, un certain nombre de fautes légères qui avaient subsisté dans le texte original, ainsi que d'enrichir les bibliographies. Les tables alphabétiques ont été refaites en entier par M. Klein, et l'assistance de M. Javal, qui est à même d'observer plus souvent que moi des maladies des yeux, m'a permis d'intercaler quelques passages relatifs, pour la plupart, aux observations que comportent les états pathologiques de ces organes.

Sauf ces deux points, MM. Javal et Klein ne se sont pas partagé la besogne : ayant contribué tous deux à la rédaction de chaque phrase, ils croient avoir atteint une exactitude plus grande que n'aurait pu le faire chacun d'eux, réduit à ses propres forces ; j'espère donc que la lecture de cette traduction paraîtra facile, résultat qui, pour certains paragraphes de l'ouvrage, a dû exiger un grand travail et une parfaite intelligence du sujet.

Heidelberg, juin 1867.

H. H.

TABLE DE QUELQUES ABRÉVIATIONS

EMPLOYÉES DANS LES CITATIONS

Le tome cité est indiqué en chiffres romains ; la page, en chiffres arabes. Pour les recueils qui comprennent plusieurs séries, le numéro de la série est indiqué par un chiffre arabe placé avant l'indication du tome.

---

1. Archives des sciences physiques et naturelles par DE LA RIVE, MARIGNAC et PICTET. — *Arch. d. sc. ph. et nat.* ou *Arch. de Genève.*
2. Mémoires présentés à l'Académie royale de Bruxelles. — *Mém. de Brux.*
3. Bulletin de l'Académie royale des sciences et belles-lettres de Bruxelles. — *Bull. de Brux.*
4. Comptes rendus hebdomadaires des séances de l'Académie des sciences de Paris. — *Comptes rendus.*
5. L'Institut, journal universel des sciences et des Sociétés savantes en France et à l'étranger. — *Inst.*
6. Mémoires de l'Académie des sciences à Paris. — *Mém. de Paris.*
7. Mémoires des savants étrangers, présentés à l'Académie des sciences à Paris. — *Mém. d. Sav. étr.*
8. Annales de chimie et de physique, par MM. GAY-LUSSAC, ARAGO, CHEVREUL, DUMAS, PELOUZE, BOUSSINGAULT et REGNAULT. — *Ann. de ch. et de ph.*
9. Bulletin de la Société d'encouragement pour l'industrie nationale. — *Bull. de la Soc. d'enc.*
10. Bulletin de la classe physico-mathématique de l'Académie impériale des sciences de Saint-Pétersbourg. — *Bull. de St.-Pét.*
11. Mémoires présentés à l'Académie impériale de Saint-Pétersbourg. — *Mém. de Pétersb.*
12. Cosmos, revue encyclopédique hebdomadaire des progrès des sciences, rédigée par MOIGNO (Paris). — *Cosmos.*
13. Annales d'oculistique fondées par F. CUNIER, continuées par MM. FALLOT, BOSCH, HAIRION, VAN ROOSBROECK et WARLOMONT (Bruxelles). — *Ann. d'ocul.*

14. Bericht über die zur Bekanntmachung geeigneten Verhandlungen der Königl. Preuss. Akademie der Wissenschaften zu Berlin. — *Berl. Monatsber.*
15. Abhandlungen der mathematisch-physikalischen Klasse der Königl. Bair. Akademie der Wissenschaften. — *Abh. d. Münch. Ak.*
16. Abhandlungen der Königl. Gesellschaft der Wissenschaften zu Göttingen. — *Abh. d. Kön. Ges. zu Göttingen.*
17. Göttingische gelehrte Anzeigen, unter Aufsicht der Königl. Gesellschaft der Wissenschaften. — *Götting. gel. Anz.*
18. Abhandlungen der Leipziger Akademie. — *Abh. d. Sächs. Ges. d. Wiss.*

19. Berichte der Sachsischen Gesellschaft der Wissenschaften zu Leipzig. — *Leipz. Ber.*
20. Annalen der Physik und Chemie, herausgegeben von J. C. POGGENDORFF. — *Pogg. Ann.*
21. Journal für reine und angewandte Mathematik, herausgeben von A. L. CRELLE. — *Crelle's J.*
22. Notizen aus dem Gebiete der Natur- und Heilkunde, herausgegeben von FRORIEP und SCHLEIDEN. — *Fror. Not.*
23. Polytechnisches Journal, herausgegeben von J. G. DINGLER und E. M. DINGLER. — *Dingler's pol. J.*
24. Archiv für Ophthalmologie, herausgegeben von F. ARLT, F. C. DONDERS und A. v. GRAEFE. — *Arch. f. Ophthalm.* ou *Gräfe's Archiv.*
25. Sitzungsberichte der Kaiserl. Akademie der Wissenschaften, Mathematisch-naturwissenschaftliche Klasse. — *Wien. Ber.*
26. Archiv für die holländischen Beiträge zur Natur- und Heilkunde, herausgegeben von F. C. DONDERS und W. BERLIN. — *Arch. für d. holl. Beitr.*
27. HENLE und PFEUFER Zeitschrift für rationelle Medicin. — *Henle u. Pfeufer Zeitschr.* ou *Zeitschr. für rat. Med.*
28. Archiv für Anatomie, Physiologie und wissenschaftliche Medicin, herausgegeben früher von J. MÜLLER, jetzt von C. B. REICHERT und E. DU BOIS-REYMOND. — *J. Müller's Archiv* ou *Reichert und du Bois Archiv.*
29. Jahresbericht des physikalischen Vereins zu Frankfurt a. M. — *Jahresber. d. Frankf. Ver.*

30. Philosophical Transactions of the Royal Society of London. — *Phil. Trans.*
31. Transactions of the Royal Society of Edinburgh. — *Edinb. Trans.*
32. Proceedings of the.... meeting of the British Association. — *Rep. of Brit. Assoc.*
33. The London, Edinburgh and Dublin philosophical Magazine and Journal of science, conducted by BREWSTER, TAYLOR, PHILLIPS, KANE. — *Phil. Mag.*
34. The Edinburgh new philosophical Journal, cond. by R. JAMESON. — *Edinb. J.*
35. The American Journal of science and arts, cond. by SILLIMAN, B. SILLIMAN and DANA. — *Sillim. J.*
36. Athenæum, journal of literature, science and the fine arts. — *Athen.*

37. Nederlandsch Archief voor Genees- en Natuurkunde, uitgegeven door F. C. DONDERS en W. KOSTER. — *Nederl. Arch.*
38. .... Jaarlijksch Verslag betrekkelijk de verpleging en het onderwijs in het Nederlandsch Gasthuis voor Ooglijders. — *Jaarl. Versl. in het Nederl. Gasth.*

TABLE ANALYTIQUE DES MATIÈRES

(*1*) Les chiffres italiques sont ceux des pages de l'édition allemande. Cette addition a pour but de faciliter la recherche des passages dont on pourrait trouver la citation chez d'autres auteurs.

PREMIÈRE PARTIE.

DIOPTRIQUE DE L'ŒIL.

(1) Voyez la distinction établie, p. 689 à 691, entre les expressions de *champ visuel* et de *champ de la vision*. Jusqu'au § 27, la première expression a été souvent employée à tort par les traducteurs au lieu de la seconde, ce qui ne présente heureusement pas de grand inconvénient.

DEUXIÈME PARTIE.

DES SENSATIONS VISUELLES.

TROISIÈME PARTIE.

DES PERCEPTIONS VISUELLES.

FIN DE LA TABLE ANALYTIQUE DES MATIÈRES

OPTIQUE
PHYSIOLOGIQUE

DESCRIPTION ANATOMIQUE DE L'ŒIL

§ 1. — Formes de l'organe de la vision en général.

L'appareil oculaire des animaux peut se présenter sous deux formes différentes :

Sous la forme la plus simple, l'œil sert seulement à distinguer la lumière de l'obscurité. C'est ce qu'on peut supposer pour ce qu'on appelle les points visuels des animaux inférieurs (annélides, vers intestinaux, astéries, holothuries, méduses, infusoires). Un nerf de sensibilité spéciale, dont l'extrémité périphérique est accessible à la lumière à travers des téguments transparents, suffit à cet usage. L'extrémité périphérique du nerf semble, le plus souvent, être entourée par un pigment de différentes couleurs, ce qui la trahit au regard de l'observateur. Cependant nous ne savons encore en aucune façon si tous ces points visuels entourés de pigment, que nous présentent les animaux inférieurs, servent réellement à la perception de la lumière; d'autre part, de ce fait que des animaux inférieurs sans points visuels se montrent impressionnables à la lumière, nous sommes obligés de conclure qu'il y a aussi, dans des animaux transparents, des nerfs sans pigment, sensibles à la lumière, mais que l'observateur ne peut en aucune façon reconnaître.

Sous une forme plus complexe, l'œil ne sert pas seulement à distinguer la lumière de l'obscurité, mais aussi à percevoir des formes. A cet effet, il faut que la lumière émise par des points lumineux distincts soit perçue distincte, c'est-à-dire au moyen de filets nerveux différents. Chaque filet nerveux ne doit plus, dans ce cas, recevoir de la lumière venant de toutes parts, mais seulement celle provenant d'une partie limitée de l'espace. A chaque filet nerveux correspond alors un certain champ visuel, et il devient possible de distinguer dans la perception quels sont, parmi ces champs élémentaires, ceux qui contiennent des corps lumineux et ceux qui n'en contiennent pas. A mesure que chacun de ces champs visuels devient plus petit et que leur nombre total devient plus considérable, il devient possible de distinguer des parties de plus en plus petites des corps environnants, jusqu'à ce que, dans la perfection la plus grande de l'organe, chaque champ visuel élémentaire devienne infiniment petit par rapport au champ total. Pour un semblable organe, nous pouvons énoncer ainsi les conditions de la vision distincte : La lumière qui est émise par un point éclairant du monde extérieur doit ne tomber que sur un seul point de la masse nerveuse sensible à la lumière (la rétine).

La séparation de la lumière provenant de différents points de l'espace se fait :

Soit au moyen de cloisons opaques disposées en forme d'entonnoir (yeux composés des invertébrés) ;

Soit par réfraction de la lumière sur des surfaces courbes réfringentes (yeux simples des invertébrés et yeux des vertébrés).

La distinction que nous établissons entre les yeux qui ne perçoivent que la lumière et l'obscurité et ceux qui perçoivent aussi des formes n'est pas tranchée. Déjà dans les animaux les plus inférieurs, les cloisons pigmentaires des fibres nerveuses sensibles à la lumière ont pour effet de ne laisser arriver à l'extrémité périphérique de la fibre que la lumière qui se trouve du côté de cette extrémité, et l'animal pourvu de semblables points visuels pourra, avec le secours de mouvements de son corps, distinguer de quel côté vient la plus grande quantité de lumière, de même que l'homme perçoit par la sensibilité tactile de la peau la direction de la chaleur rayonnante, et qu'un malade dont le cristallin est complétement troublé arrive à reconnaître la position des fenêtres dans une chambre.

Sous ce rapport, les cloisons pigmentaires des points visuels ont évidemment une utilité très-réelle. Lorsque, comme chez les sangsues et les planaires, il y a au devant de la substance nerveuse, un corps transparent de forme sphérique ou conique, les parties différentes de la rétine peuvent déjà recevoir avec des intensités différentes la lumière provenant de différentes directions. Nous rencontrons des perfectionnements de structure progressifs en passant par les yeux simples des crustacés, des arachnides et des insectes, chez lesquels on distingue le plus souvent un cristallin et un corps vitré derrière la cornée, pour arriver à ceux des mollusques, et notamment à ceux des céphalopodes, lesquels ressemblent déjà beaucoup à ceux des vertébrés. Comme les éléments microscopiques des tissus animaux, et notamment ceux du système nerveux, ont des dimensions assez peu différentes dans toutes les classes, et que l'exactitude de la vision dépend essentiellement du nombre des éléments impressionnables, mais que, d'autre part, le nombre de ces éléments doit être sensiblement proportionnel à la surface postérieure du corps vitré des yeux simples, on peut bien admettre, en général, que l'exactitude de la vision de ces yeux est directement proportionnelle à leurs dimensions linéaires.

Les yeux composés se trouvent chez les crustacés, où ils présentent souvent aussi comme une agglomération d'yeux simples allongés en forme de cônes. C'est chez les insectes qu'on les rencontre principalement. Leur surface extérieure est arrondie, et forme souvent plus de la moitié ou même les deux tiers d'une sphère. Au centre de la sphère se trouve un renflement nerveux du nerf optique qui envoie des fibres de tous côtés dans une direction rayonnante vers les corps vitrés coniques, qui offrent également une disposition rayonnée. La base de ces corps vitrés est tournée vers la cornée, qui présente généralement à sa surface externe une facette carrée ou hexagonale, passablement plane, correspondante à chaque cône, mais qui, intérieurement, présente souvent une saillie de forme lenticulaire. Chaque cône transparent est séparé des autres par une cloison pigmentaire en forme d'entonnoir, dans laquelle il est emboîté. Je représente ici, d'après Joh. Müller (1), quelques-uns de ces cônes faisant partie de l'œil d'une phalène. Les facettes de la cornée sont désignées par *a* ; *b* désigne les cônes transparents ; *c*, les fibres du nerf optique ; *d*, le pigment qui les sépare.

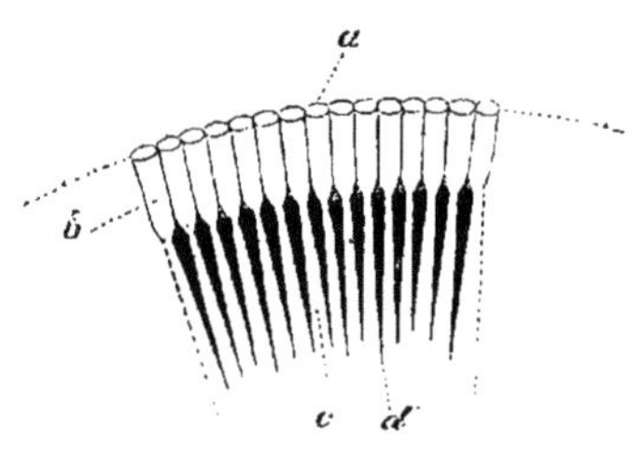

FIG. 1.

Si chaque cône recevait un seul filet nerveux, le champ de la vision ne se diviserait qu'en autant de parties qu'il y a de cônes. Cependant Gottsche (2) a démontré récemment qu'une image optique des objets placés devant l'œil se dessine à l'extrémité interne des cônes, de ma-

(1) Zur vergleichenden Physiologie des Gesichtssinnes. Leipzig, 1826, S. 349, Taf. VII, Fig. 5.

(2) *J. Müller's Archiv für Anat. und Physiol.*, 1852, S. 483.

nière que, dans chaque cône, il puisse encore se produire une séparation des différentes impressions, s'il se trouve, dans chacun, plusieurs éléments nerveux sensibles. Admettant qu'il n'y ait qu'un seul de ces éléments dans chaque cône, la réfraction de la lumière serait cependant utile, en concentrant sur l'extrémité du filet nerveux les rayons parallèles à l'axe du cône, et en séparant, mieux que ne le feraient les cloisons seules, ceux qui proviennent des points voisins dans le champ de vision.

J'ai représenté (pl. 1, fig. 1) une coupe horizontale de l'œil de l'homme avec un grossissement de cinq fois ; l'œil des vertébrés ressemble à celui de l'homme dans ses parties principales. Ces yeux contiennent les parties transparentes suivantes :

1° L'*humeur aqueuse* dans la chambre antérieure de l'œil *B* ;

2° Le *cristallin A* ;

3° Le *corps vitré C*.

Ces parties sont contenues dans trois systèmes d'enveloppes qui s'emboîtent réciproquement :

1° Le système de la *rétine i* et de la *zonule de Zinn e* renferme directement l'humeur vitrée, et adhère par sa partie antérieure au cristallin *A*.

2° Le système de l'*uvée* se compose de la *choroïde g*, indiquée par un trait noir plus fort, du *corps ciliaire h*, et de l'*iris b*. Il entoure le système précédent, ainsi que le cristallin, et présente, seulement à la partie antérieure du cristallin, une ouverture, la pupille.

3° La coque solide de l'œil, qui est composée d'une partie postérieure plus grande, formée par la *sclérotique*, membrane blanche et opaque, et d'une partie antérieure, de moindre étendue, constituée par la *cornée*, membrane cartilagineuse et transparente. Sur le vivant, on voit, entre les paupières, la partie antérieure de la sclérotique (le blanc de l'œil), et derrière la cornée, qui est transparente et forme une saillie, l'iris sous l'aspect d'un anneau brun ou bleu, ayant à son centre la pupille.

On appelle *axe de l'œil* une ligne passant par le centre de la cornée et par celui de l'œil entier ; parce que l'œil se présente, approximativement du moins, comme un corps de révolution qui aurait pour axe une semblable ligne. On nomme plan équatorial un plan perpendiculaire à cet axe et passant par le plus grand diamètre du globe de l'œil.

Je donnerai, dans les paragraphes suivants, une description des diverses parties de l'œil ; mais je n'entrerai naturellement dans les détails qu'autant qu'il est nécessaire pour l'intelligence des fonctions de cet organe.

Les ouvrages principaux relatifs à l'anatomie et à la physiologie comparée de l'œil, sont :

J. Müller, Zur Physiologie des Gesichtssinnes. Leipzig, 1826, S. 315.
R. Wagner, Lehrbuch der vergleichenden Anatomie, 1835.
J. Müller, Handbuch der Physiologie des Menschen. Coblenz, 1840, Bd. II, S. 305.
R. Wagner, Lehrbuch der speciellen Physiologie, 1843, S. 383.
v. Siebold und Stannius, Lehrbuch der vergleichenden Anatomie. Berlin, 1848.
Bergmann und Leuckart, Anatomisch-physiologische Uebersicht des Thierreichs. Stuttgart, 1852.
Dujardin, Remarques sur certaines dispositions de l'appareil de la vision chez les insectes, in *Compt. rend.* XLII, p. 941 ; *Inst.*, 1856, p. 194.

Traités généraux relatifs à la structure de l'œil humain.

Th. Sömmerring, Abbildungen des menschlichen Auges. Frankfurt a. M., 1801. — En latin. *Ibid.*
C. F. Th. Krause, Handbuch der menschlichen Anatomie. Hannover, 1842, Bd. I, Th. 2. S. 511-551. — La littérature ancienne de l'anatomie de l'œil, *ibid.*, pages 733-745.
E. Brücke, Anatomische Beschreibung des menschlichen Augapfels. Berlin, 1847.
W. Bowman, Lectures on the parts concerned in the operations on the Eye and on the Structure of the Retina and the vitreous Humour. London, 1849.
A. Kölliker, Mikroskopische Anatomie, oder Gewebelehre des Menschen. Leipzig, 1854, Bd. II, S. 605. — Littérature récente, *ibid.*, pages 734-736.

§ 2. — De la sclérotique et de la cornée.

La **sclérotique** (σκληρὸν, *tunica albuginea*, *dura*, *Sehnenhaut*) entoure la plus grande partie de l'œil, détermine sa forme et le protége contre l'action des corps étrangers. Sa forme extérieure diffère notablement de celle d'une sphère ; à sa partie postérieure, elle est en effet aplatie, et, à son équateur, elle est enfoncée quelque peu par la pression des muscles droits de l'œil, en haut, en bas, à droite et à gauche, tandis qu'elle est plus bombée dans l'intervalle de ces points. Son plus grand diamètre est dirigé, chez la plupart des individus, du nez vers la tempe et de haut en bas. En avant, la sclérotique reçoit la cornée, dont la courbure est plus forte ; en arrière, légèrement du côté nasal, elle est percée pour laisser pénétrer le nerf optique *d* (fig. 1), et se confond en ce point avec la tunique tendineuse de ce nerf. La sclérotique, comme le montre la figure, est plus épaisse en avant et en arrière qu'à l'équateur de l'œil. L'épaississement antérieur provient de ce que les tendons des muscles de l'œil s'insèrent à la sclérotique et se confondent avec elle. En *m*, est le point d'insertion du muscle droit interne ; en *n*, celui du droit externe.

Le tissu de la sclérotique est tendineux ; il est blanc, peu diaphane, flexible, presque inextensible. Par sa composition chimique, c'est un corps transformable en gélatine. Examiné au microscope, il se compose d'un entrecroisement extrêmement serré et résistant de fibres ligamenteuses qui ont, pour la plupart, une direction parallèle à la surface, disposition qui rend possible une séparation incomplète de la membrane en lamelles. Entre ces fibres se trouve, comme dans les tendons, un réseau de fibres élastiques extrêmement fines qui présentent des épaississements avec des noyaux rudimentaires, aux points où se trouvaient originairement leurs cellules primitives.

La **cornée** est enchâssée dans la partie antérieure de la sclérotique, et présente, dans son ensemble, la forme d'un verre de montre très-bombé. Sa surface antérieure diffère assez peu de la calotte d'un ellipsoïde de révolution qui aurait tourné autour de son grand axe. L'extrémité de cet axe est au milieu de la cornée. La forme de la face postérieure de la cornée n'est pas bien connue. Chez les adultes, la cornée est un peu plus mince au milieu que sur les bords.

La cornée se compose, de dehors en dedans, des couches suivantes :

1° Un *épithélium* de cellules plates disposées par couches et formé de substance cornée (épithélium pavimenteux), représenté dans la figure par la ligne pointillée *ff*. Il se continue avec la conjonctive palpébrale. La surface antérieure de cet épithélium est maintenue humide et lisse par les larmes qui l'humectent d'une manière continue.

2° La *couche fibreuse* de la cornée (*substantia propria corneæ*) est la plus épaisse de toutes ; elle est en blanc dans la figure. Elle appartient, par sa composition chimique, aux cartilages, car elle donne de la chondrine par l'ébullition. Elle est formée d'un tissu fibreux semblable à celui de la sclérotique; seulement les fibres s'y réunissent en faisceaux plats dont la surface est parallèle à celle de la cornée, et c'est pour cette raison que la cornée peut aussi être divisée incomplétement en couches. Chez l'adulte, la cornée ne contient pas de vaisseaux sanguins, mais bien, entre les faisceaux de fibres, un système de cellules ramifiées et à noyaux, telles qu'on en voit sous forme de tissu élastique non développé dans certains organes à tissu ligamenteux. Ce sont peut-être ces cellules qui font, à travers la substance de la membrane, l'échange d'humeurs nécessaire à la nutrition de la cornée. A l'éclairage ordinaire, la substance de la cornée paraît complétement transparente. Mais si, au moyen d'une lentille convergente, on vient à concentrer beaucoup de lumière sur un des points de cette membrane, elle paraît trouble, parce qu'alors la lumière, renvoyée par les surfaces des éléments microscopiques qui la constituent, devient assez abondante pour être perçue.

3° La *membrane de Descemet* (nommée aussi *membrane de Demours*) est une membrane amorphe, transparente et fragile, d'une épaisseur de $0^{mm},007$ à $0^{mm},015$. Elle s'enroule lorsqu'on la sépare de la cornée.

Par sa résistance à l'action de l'eau bouillante, des acides et des alcalis, elle se rapproche du tissu élastique. Celle de ses faces qui répond à l'humeur aqueuse porte une couche de grandes cellules épithéliales de forme polygonale, qui est indiquée sur la figure par une ligne ponctuée qu'on voit à la face interne de la cornée.

La surface de séparation de la cornée et de la sclérotique n'est pas normale à la surface du globe oculaire : la sclérotique déborde en dehors, et la cornée en dedans. A la surface interne, la cornée est limitée par une circonférence passablement régulière; extérieurement, elle présente, au contraire, la forme d'un ovale à grand diamètre horizontal, parce que la sclérotique déborde un peu plus en haut et en bas que sur les côtés. A cette limite, les fibres de la cornée se transforment immédiatement dans celles de la sclérotique.

La membrane de Descemet offre au contraire une disposition bien particulière à la limite de la cornée. La figure 2 (pl. I) présente une coupe de cette région. *S* y indique la sclérotique; *C*, la cornée ; *c*, son épithélium externe, qui vient se prolonger sur la conjonctive ; *D d*, la membrane de Descemet. En *f*, entre la substance de la cornée et la membrane de Descemet, prend naissance un réseau de fibres élastiques, tandis que la membrane de Descemet semble limitée par un bord tranchant. La couche de fibres élastiques se sépare de la sclérotique pour se réunir plus en arrière à une lamelle *a* de cette membrane, et il en résulte, au point de séparation de la sclérotique et de la cornée, un conduit annulaire, le canal de Schlemm. Ce canal est limité en dehors par la sclérotique; sa paroi interne, au contraire, se compose en avant de tissu élastique, en arrière de tissu tendineux. A cette paroi interne s'insèrent les parties musculaires de l'uvée. Le canal de Schlemm paraît porter du sang.

Les mesures des dimensions de l'œil sont de la plus grande importance pour l'optique physiologique ; mais elles présentent ordinairement de nombreuses difficultés, parce que d'abord la forme du globe de l'œil et de ses parties constituantes diffère énormément pour des yeux différents, et qu'en second lieu elle est soumise à toutes sortes d'altérations après la mort. Les différences individuelles sont si considérables, qu'on ne peut employer qu'avec de grandes précautions des moyennes d'observations faites sur différents yeux. Lorsqu'il importe d'obtenir des résultats exacts et certains, il est absolument nécessaire de prendre les mesures les plus importantes sur le même œil.

La forme extérieure de l'œil dépend de la pression des liquides qu'il contient. Immédiatement après la mort, une grande partie de ses vaisseaux sanguins se vide, ce qui amoindrit naturellement la pression. Puis la quantité des liquides intérieurs diminue peu à peu par voie d'endosmose, de manière que le globe de l'œi devient flasque et que les membranes, notamment la cornée, se plissent. Aussi les mensurations relatives à la forme du globe de l'œil doivent-elles se faire sur des yeux très-frais, ou bien faut-il, à l'exemple de Brücke (1), rétablir artificiellement la pression en introduisant par le nerf optique une canule qu'on met en communication avec un tube vertical contenant une colonne d'eau d'environ $0^m,4$. Cette méthode suffit pour mesurer les différents diamètres du globe de l'œil. Mais pour un des éléments optiques les plus importants, la courbure de la cornée, il ne suffit pas de rétablir approximativement la pression. Le rayon de courbure du sommet de la cornée augmente avec la pression, comme je l'ai trouvé par un procédé de mensuration décrit plus bas. La raison de ce fait est sans doute que la forme d'une membrane contenant un liquide se rapproche d'autant plus de la sphère, que la pression du liquide augmente, parce qu'à surface égale la sphère est de tous les corps celui qui présente le plus grand volume. Lors donc que la pression augmente dans l'œil, la saillie rentrante, par exemple, formée par la jonction de la sclérotique et de la cornée, doit être poussée en dehors, et il doit en résulter une diminution dans la courbure de la cornée.

D'après ces observations, il est clair qu'on donnera satisfaction à un besoin bien réel en déterminant autant que possible sur le vivant les dimensions les plus importantes du globe de l'œil.

Les anciennes mesures ont été prises pour la plupart simplement au compas. C. Krause, qui a exécuté un système de mensuration très-étendu, mesurait les dimensions extérieures de l'œil au compas, puis il le partageait en deux parties symétriques : après avoir préalablement tracé la ligne de section, il divisait la cornée, l'iris et le cristallin d'un coup de rasoir, la sclérotique avec des ciseaux ; il mettait ensuite les deux moitiés dans une capsule contenant une solution de blanc d'œuf, de manière que la surface de section se trouvât immédiatement au-dessous de la surface du liquide. Il mesurait ainsi les dimensions de la coupe en partie au compas, en partie avec un micromètre réticulé de verre placé dans l'oculaire d'un microscope à faible grossissement, en partie avec un réseau de carrés en fils métalliques qu'il plaçait à la surface du liquide. Il eut souvent occasion d'employer des yeux très-frais ; sur ces derniers, on peut regarder comme suffisamment certaines les mesures extérieures de la sclérotique. Quant à la courbure de la cornée, dont la valeur dépend de la pression des liquides, elle avait sans doute été considérablement modifiée dans les yeux qui avaient été coupés en deux.

Je donne ici le tableau de Krause pour la forme de huit yeux. Le n° I provient d'un homme noyé à l'âge de trente ans ; le n° II est l'œil droit d'un homme de soixante ans tué par une coupure à la gorge ; les n°s III et IV sont les yeux gauche et droit d'un homme de quarante ans, pendu ; les n°s V et VI, les yeux gauche et droit d'un homme de vingt-neuf ans ; les n°s VII et VIII, ceux d'un homme de vingt et un ans : ces deux derniers individus morts décapités. Les mesures sont exprimées en lignes de Paris.

(1) Anatomische Beschreibung des menschl. Augapfels, S. 4.

NUMÉROS.	AXE DE L'ŒIL		DIAMÈTRE					
			TRANSVERSAL.	VERTICAL		DIAGONAL		
						grand		petit.
	extérieur.	intérieur.		extérieur.	intérieur.	extérieur.	intérieur.	
I.	10,9	9,85	10,9	10,8	9,9	11,25	10,3	
II.	11,05	10,0		10,3	9,4	11,1	10,2	11,05
III.	10,7	9,8	10,7	10,5	9,6	11	10,2	10,6
IV.	10,5	9,5	10,6	10,3	9,5	10,9	10,1	10,7
V.	10,8	9,55	10,9	10,55	9,6	11,3	10,35	11
VI.	10,8	9,55	11	10,6	9,45	11,3	10,2	11,1
VII.	10,65	9,4	10,75	10,3	9,45	10,75	9,6	10,75
VIII.	10,65	9,45	10,75	10,3	9,15	10,9	9,75	10,7

Brücke a pris des mesures sur des yeux tendus par une colonne d'eau de 4 décim., et dit que l'axe de l'œil comporte de 23 à 26^{mm}, le plus grand diamètre horizontal de 22^{mm},8 à 26^{mm}, le plus grand diamètre vertical de 21^{mm},5 à 25^{mm}.

C. Krause compare la courbure interne de la sclérotique à la surface d'un ellipsoïde de révolution ; j'indique encore ici les axes qu'il a calculés, et les nombres qu'il donne relativement à l'épaisseur de la cornée et de la sclérotique en différents points.

NUMÉROS.	ÉPAISSEUR DE LA SCLÉROTIQUE			DEMI-AXE DE L'ELLIPSOÏDE DE LA COURBURE INTERNE.		ÉPAISSEUR DE LA CORNÉE.	
	sur l'axe de l'œil.	à l'équateur.	au bord antérieur.	Grand.	Petit.	Milieu.	Bord.
I	0,55	0,45	0,35	5,12	4,45	0,4	0,5
II	0,5	0,35		5,05	4,15	0,35	0,5
III	0,45	0,4	0,35	5,12	4,23	0,4	0,5
IV	0,5	0,4	0,3	5,07	4,41	0,4	0,45
V	0,65	0,4	0,3	5,14	4,58	0,5	0,55
VI	0,65	0,5	0,3	5,05	4,43	0,48	0,55
VII	0,55	0,5	0,4	5,05	4,41	0,53	0,63
VIII	0,6	0,5	0,4	4,93	4,19	0,5	0,62

Je ne rapporterai pas ici les mesures de C. Krause sur la forme de la cornée, parce que son procédé ne paraît point assez sûr pour un élément aussi important. Remarquons seulement qu'il considère la courbure antérieure de la cornée comme présentant une forme sphérique, et la courbure postérieure comme étant le sommet d'un paraboloïde de révolution. En ce qui concerne l'épaisseur, j'ai trouvé sur quelques cornées que j'ai examinées, qu'elle était presque constante dans les deux quarts moyens de la section et n'augmentait rapidement que vers les bords, de manière qu'au milieu les deux surfaces semblent être approximativement concentriques.

Kohlrausch a cherché à mesurer le rayon de courbure de la cornée sur des yeux vivants, en déterminant la grandeur des images réfléchies sur la cornée. Celui dont l'œil devait être examiné était assis sur une chaise très-massive et à dossier élevé. Sa tête était maintenue par un appareil spécial, ce qui lui permettait de garder facilement une immobilité complète. Il fixe son regard sur un petit point blanc placé au milieu de l'objectif d'une lunette astronomique disposée pour une distance de 2 à 3 pieds. La lunette est dirigée vers l'œil et de telle sorte que le point blanc se trouve dans le même plan horizontal que le milieu de la cornée. Au foyer de l'oculaire sont deux fils d'araignée tendus parallèlement, qu'on peut, par un mouvement de vis, rapprocher l'un de l'autre sans altérer leur parallélisme. De chaque côté, et toujours dans le même plan horizontal, se trouve une flamme dont la lumière, après avoir traversé l'ouverture circulaire d'un petit écran, vient frapper l'œil, et s'y réfléchit de telle sorte, qu'on voit dans la lunette deux petites images provenant des deux points brillants. On amène les deux fils exactement sur les images, puis on met à la place de l'œil observé une échelle bien divisée sur laquelle on lit la distance des points de la cornée qui réfléchissaient la lumière. Connaissant cette distance, la distance de l'œil aux ouvertures des écrans et au centre de l'objectif, et enfin la distance de ces derniers points entre eux, on pouvait calculer approximativement le rayon de la cornée.

Kohlrausch trouva comme moyenne des mesures prises sur douze yeux 3,495 lignes de Paris ($7^{mm},87$), comme minimum 3,35, comme maximum 3,62, et il calcule l'erreur probable dans chacune de ses mensurations comme s'élevant à 0,02.

Par une méthode semblable, mais dont il ne donne pas le détail, Senff a déterminé, non-seulement le rayon de courbure, mais encore l'ellipticité de la cornée. Il indique les résultats suivants :

	RAYON DE COURBURE AU SOMMET.	CARRÉ DE L'EXCENTRICITÉ.	GRAND AXE.	PETIT AXE.	α
Œil droit. Vertical...	7,796	0,1753	9,452	8,583	3°,6
Œil droit. Horizontal.	7,794	0,2531	10,435	9,019	2°,9
Œil gauche. Vertical.	7,746	0,4492	11,243	8,344	1°,6

Senff désigne par α l'angle compris entre le sommet de l'ellipse et l'extrémité de l'axe de l'œil. Le premier de ces points est situé plus bas que le second dans les coupes verticales ; il occupe une position plus externe dans les coupes horizontales. Probablement Senff entend ici, par axe de l'œil, ce que nous définirons plus loin sous le nom de ligne visuelle.

La plus grande difficulté dans ces mensurations, c'est de fixer convenablement l'œil et la tête du sujet qu'on examine. Dans tout procédé de mensuration où il faut voir successivement à quelles divisions de l'échelle choisie correspondent les deux bords de l'image cornéenne, le moindre déplacement de la tête qui se produit dans l'intervalle des deux lectures vient augmenter ou diminuer d'autant la grandeur attribuée à l'image. Pour cette raison, j'ai construit un instrument de mesure qui permet d'exécuter exactement sur l'œil ces mensurations et d'autres encore, sans être gêné par les petits mouvements de la tête. J'ai donné à cet instrument le nom d'*ophthalmomètre*, quoiqu'il puisse également être employé avec avantage pour une foule d'autres mensurations, notamment pour celles des images optiques. Lorsque nous regardons un objet à travers une lame de verre à surfaces parallèles tenue obliquement à la ligne de vision, nous voyons cet objet avec sa grandeur naturelle, mais un peu dévié latéralement ; cette déviation est d'autant plus grande que l'angle formé par les rayons lumineux avec la surface de la lame est moindre. L'ophthalmomètre consiste essentiellement en une lunette disposée pour voir à de petites distances, et devant l'objectif de laquelle sont placées, à côté l'une de l'autre, deux lames de verre, de manière que chaque moitié de l'objectif correspond à l'une de ces lames. Si les deux lames sont dans un même plan perpendiculaire à l'axe de la lunette, on ne voit qu'une seule image de l'objet examiné ; mais si l'on fait tourner un peu les deux lames en sens inverse, l'image unique se dédouble en deux images dont l'écartement augmente avec l'angle dont on tourne les lames. Mais on peut calculer cet écartement des doubles images au moyen de l'angle formé par les lames avec l'axe de la lunette. Si l'on amène au contact les extrémités des doubles images d'une ligne à mesurer, la longueur de la ligne, étant égale à l'écartement de ses doubles images, peut se calculer de même.

L'instrument est représenté (pl. II, fig. 1 et 2) en élévation et en coupe, le tout moitié de grandeur naturelle. La boîte rectangulaire B_1 B_1 B_2 B_2, qui contient les lames de verre déviatrices, est fixée à l'extrémité antérieure de la lunette A. Dans la figure 1, on a enlevé la paroi antérieure de la boîte, et de plus toutes les parties de la moitié inférieure sont supposées coupées par le plan médian. La charpente de la boîte est formée par un solide cadre rectangulaire qu'on voit dans la figure 1 faire tout le tour de la boîte ; à ce cadre sont fixées de minces lames de laiton formant les parois, comme on le voit particulièrement dans la figure 2. Au milieu des parties horizontales du cadre sont pratiquées des ouvertures coniques dans lesquelles se meuvent les axes de rotation C C des deux verres. Chacun des axes porte au dehors de la boîte un disque d, dont le contour cylindrique est divisé en degrés ; en a, se trouve un vernier permettant de lire des dixièmes de degré. Dans l'intérieur de la boîte, chaque axe porte une roue dentée e e et un cadre métallique g, dans lequel est fixée la lame f. Le cadre de chaque lame n'a que trois côtés : celui qui répondrait à l'autre lame manque. Les deux lames ont été prises dans une même plaque de verre : cette plaque avait été entourée d'un cadre métallique complet ; après avoir ajouté les deux roues dentées et monté le tout sur le tour pour travailler les axes, on a coupé le cadre par son milieu. On a coupé de même le verre dont chaque moitié a été fixée dans la moitié correspondante du cadre. C'est ainsi qu'on est parvenu à placer les lames sur les axes dans des positions parfaitement concordantes. Les roues dentées sont commandées par les pignons c_1 et c_2, fixés sur les axes b_1c_1 et b_2c_2. Chacun de ces axes porte en outre en son milieu un pignon h. Si l'on tourne le bouton b_1, on fait mouvoir au moyen du pignon c_1 la roue dentée et la lame de verre inférieure. En même temps, le pignon h_1, par l'intermédiaire de h_2, fait tourner le second axe b_2c_2, d'un même angle, mais en sens contraire. Il en résulte que le pignon c_2 agit aussi sur la roue dentée supérieure et la fait tourner avec la lame de verre supérieure à peu près du même angle que la lame inférieure. On mesure la rotation de chaque lame au moyen des limbes divisés fixés sur les axes en dehors de la boîte.

Il était nécessaire de prendre deux lames et de les faire tourner d'angles à peu près égaux, parce que les images des objets vus à travers ces lames ne sont pas seulement déviées latéralement, mais encore un peu rapprochées, et lorsque le rapprochement n'est pas égal pour les deux images du même objet, on ne peut pas mettre la lunette exactement au point pour les deux à la fois.

L'extrémité antérieure de la lunette peut recevoir deux lentilles objectives k et l. On ne se sert que de la lentille double achromatique k, lorsqu'on examine des objets assez éloignés : sa lentille biconvexe de crownglass est tournée, comme à l'ordinaire, du côté de l'objet. Mais si l'on veut examiner des objets très-rapprochés, une lentille seule ne donne plus d'image convenable, parce que ces lentilles ont été calculées de manière à faire converger en un point des rayons incidents parallèles. C'est pour cette raison que j'ajoute alors une seconde lentille double achromatique l, dont le crownglass est tourné vers la précédente. Si l'objet se trouve au foyer antérieur de cette seconde lentille, elle rend parallèles les rayons qui en proviennent et que la première lentille n'a plus alors qu'à faire converger à son foyer postérieur. De cette manière on obtient des images plus nettes. La distance focale de k est, dans mon instrument, de 6 pouces, celle de l de 16 pouces. La lunette est portée par une colonne creuse n, dans laquelle on peut à volonté faire tourner et monter ou descendre un cylindre auquel la lunette est fixée par l'intermédiaire d'une articulation à genou, i.

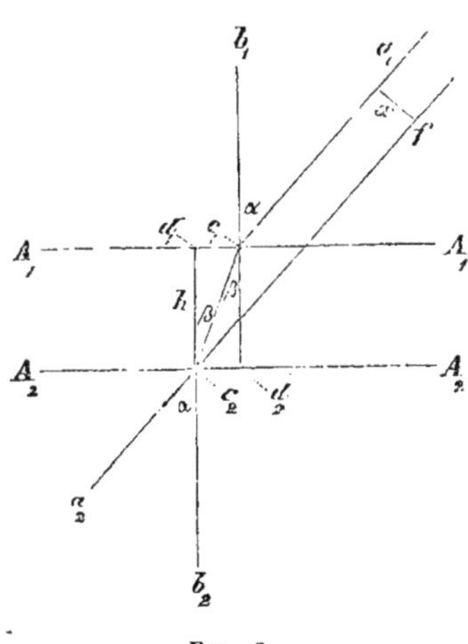

Fig. 2.

On peut donc donner à l'axe de la lunette toute position désirable. De plus, la boîte avec ses verres peut tourner autour de la tête de la lunette.

Je veux d'abord faire voir comment de l'angle de rotation des lames de verre on peut déduire le déplacement des images.

Soient, dans la fig. 2, $A_1 A_1 A_2 A_2$ une des lames, a_1c_2 le rayon incident, c_1c_2 le rayon réfracté, c_2a_2 le rayon émergent, $b_1c_1d_2$ la normale au point d'incidence, $b_2c_2d_1$ celle au point d'émergence. Nommons α l'angle d'incidence $b_1c_1a_1$ qui est égal à l'angle $b_2c_2a_2$, β l'angle de réfraction $d_2c_1c_2$ qui est égal à $c_1c_2d_1$, et h l'épaisseur de la lame. Si nous prolongeons en arrière le rayon a_2c_2, pour un œil situé au-dessous de la lame, l'image du point a_1 paraîtra se trouver sur le prolongement de a_2c_2. Abaissons de a_1 sur ce prolongement une perpendiculaire a_1f dont nous désignerons la longueur par x; c'est cette longueur x qui est le déplacement latéral apparent du point lumineux. On a :

$$x = c_1c_2 \,.\, \sin \angle c_1c_2f.$$

$$c_1c_2 = \frac{h}{\cos \beta}$$

$$\angle c_1c_2f = \angle d_1c_2f - \angle d_1c_2c_1 = \alpha - \beta$$

$$x = h \,.\, \frac{\sin(\alpha - \beta)}{\cos \beta}.$$

L'angle α est mesuré par l'instrument; l'épaisseur de la lame h doit être connue, ainsi que son indice de réfraction n par rapport à l'air. Alors on a :

$$\sin \alpha = n \,.\, \sin \beta.$$

De cette équation on peut déduire β, et l'on possède alors tout ce qu'il faut pour calculer x. Si l'on se sert de deux lames qu'on fait tourner comme dans l'instrument que j'ai décrit, l'écartement E de deux points observés dont on fait coïncider les images, est le double de x; donc

$$E = 2h \frac{\sin(\alpha - \beta)}{\cos \beta}.$$

A défaut d'autres déterminations, on peut trouver les valeurs de n et de h, au moyen de l'instrument lui-même. A cet effet, on mesure l'angle dont il faut faire tourner les lames pour faire coïncider chaque division d'une règle exactement divisée avec la division suivante, ou avec celle qui est à deux, trois... places plus loin; on obtient ainsi une série de valeurs correspondantes de x et de a dont on peut déduire h et n par un procédé convenable d'élimination. Si l'on veut faire un grand nombre d'observations, il est bon de se faire un tableau des valeurs de x pour les degrés entiers de 0° à 60°.

La position des images doubles qui répond à une rotation de α degrés se représente, pour une rotation de $-\alpha$, de $180° - \alpha$ et de $\alpha + 180°$. Pour éliminer les erreurs de division et de parallélisme des lames, il est prudent de répéter chaque mesure dans les quatre positions et de prendre la moyenne des quatre nombres trouvés.

Un des plus importants avantages de l'ophthalmomètre, c'est que la grandeur linéaire de l'écartement apparent des images doubles qu'on y observe est indépendante de la distance de l'objet. Il est donc inutile de connaître cette dernière pour exécuter des mensurations.

Si l'on applique l'instrument à la mesure d'une image cornéenne, on n'est aucunement gêné par les petits mouvements de la tête du sujet examiné, car les deux images se meuvent toujours de la même manière, et leur position relative ne change pas. Si en même temps l'objet dont l'image se peint sur la cornée est assez éloigné pour que les petits mouvements de la tête soient négligeables par rapport à cette distance, la grandeur de l'image ne sera pas non plus sensiblement altérée par ces mouvements; il suffit donc, pour fixer la tête, de faire légèrement appuyer le menton.

Pour l'objet dont l'image doit se produire sur la cornée, on peut choisir une fenêtre éclairée. En superposant dans l'ophthalmomètre les bords parallèles des images doubles d'une semblable surface éclairée, l'œil de l'observateur sera très-sensible au moindre empiétement réciproque ou au moindre écartement des deux images, qui se trahissent aussitôt par l'apparition d'une ligne blanche ou noire entre les deux champs également éclairés. On peut encore prendre pour objet une règle divisée placée à une distance suffisante de l'œil; on marque une de ses divisions par une petite lumière, une autre par deux lumières égales à la première et placées l'une à côté de l'autre. Dans la mensuration, on amène l'une des images de la lumière unique à venir se placer exactement à égale distance des deux autres. Cette opération peut se faire très-exactement, comme Bessel l'a déjà remarqué dans la mesure des parallaxes des étoiles au moyen de l'héliomètre.

Le calcul du rayon de courbure de la cornée est très-simple quand l'image mesurée est petite relativement à ce rayon. La grandeur de l'objet est alors à la distance qui le sépare de l'œil comme la grandeur de l'image est au demi-rayon de courbure; ce dernier peut être facilement tiré de cette proportion. On peut aussi déterminer l'ellipticité de la cornée en faisant tourner l'œil successivement, de différents angles connus, vers les côtés, vers le haut ou vers le bas, au moyen de déplacements convenables du point de fixation et en mesurant pour chacune de ces positions la grandeur de l'image réfléchie. On trouve d'abord par le calcul les rayons de courbure des différentes parties réfléchissantes de la cornée, et de ceux-ci on déduit les éléments de l'ellipsoïde dont la cornée se rapproche.

Je donne ici les éléments d'une coupe horizontale de la cornée pour trois sujets du sexe féminin de vingt-cinq à trente ans, sur les yeux desquels j'ai exécuté un système de mensurations.

DÉSIGNATION DE L'ŒIL.	O. H.	B. P.	J. H.
Rayon de courbure au sommet	7,338	7,646	8,154
Carré de l'excentricité	0,4367	0,2430	0,3037
Demi grand axe	13,027	10,100	11,711
Demi petit axe	9,777	8,788	9,772
Angle du grand axe avec la ligne visuelle	4° 19′	6° 43′	7° 35′
Diamètre horizontal du contour	11,64	11,64	12,092
Distance du sommet à la base	2,560	2,531	2,511

Le milieu de la surface externe de la cornée correspond presque exactement au sommet de l'ellipse, dans les trois yeux précédents. La ligne visuelle se trouve du côté nasal de l'extrémité antérieure du grand axe de l'ellipsoïde cornéen.

On trouve des mensurations de l'œil dans :

1723-30. Petit, in *Mém. de l'Acad. des sciences de Paris*, 1723, p. 54 ; — 1725, p. 18 ; — 1726, p. 375 ; — 1728, p. 408 ; — 1730, p. 4.

1738. Jurin, Essay upon Distinct and Indistinct Vision, p. 141, in *Smith's Complete System of Optics*.

1739. Helsham, A Course of Lectures on Natural Philosophy. London, 1739.

1740. Wintringham, Experimental Inquiry on some parts of the Animal Structure. London, 1740.

1801. Th. Young, *Philos. Transact.*, 1801, p. 23.

1818. D. W. Soemmerring, De oculorum hominis animaliumque sectione horizontali. Göttingue, 1818, p. 79.

1819. Brewster, in *Edinburgh Philos. Journal*, 1819, No. I, p. 47.

1828. G. R. Treviranus, Beiträge zur Anat. und Physiol. der Sinneswerkzeuge. Bremen, 1828, Heft I, S. 20. — Ici on trouve rassemblés les résultats des observateurs plus anciens.

1832. C. Krause, Bemerkungen über den Bau und die Dimensionen des menschlichen Auges, in *Meckel's Archiv für Anatomie und Physiol.*, Bd. VI, S. 86 [Description de la méthode et mensuration de deux yeux]. Extrait de ce travail in *Poggendorff's Annal.*, t. XXXI, p. 93.

1836. C. Krause in *Poggendorff's Annal.*, t. XXXIX, p. 529 [Mensurations sur huit yeux humains].

1839. Kohlrausch, Ueber die Messung des Radius der Vorderfläche der Hornhaut am lebenden menschlichen Auge, in *Oken's Isis*, Jahrg. 1840, S. 886.

1846. Senff, in *R. Wagner's Handwörterbuch der Physiol.*, Bd. III, Abth. 1, Art. *Sehen*, S. 271.

1847. E. Brücke, Beschreibung des menschl. Augapfels, S. 4 und 45.

1854. H. Helmholtz, in *Graefe's Archiv für Ophthalmologie*, II, S. 3.

1855. Sappey, in *Gazette médicale*, 1855, N° 26, 27.

1857. Arlt, in *Archiv für Ophthalmologie*, III, 2, S. 87.

1858. Nunneley, On the Organs of Vision. London, p. 129.

1861. Von Jäger, Ueber die Einstellungen des dioptrischen Apparats im menschlichen Auge. Wien.

Pour les mensurations de la courbure de la cornée, voyez plus particulièrement :

1859. J. H. Knapp, Die Krümmung der Hornhaut des menschlichen Auges. Habilitationsschrift. Heidelberg. Et dans *Archiv für Ophthalmologie*, VI, 2, S. 1-52.

1860. Meyerstein, Beschreibung eines Ophthalmometers nach Helmholtz in *Poggendorff's Annal.*, CXI, 415-425, et in *Henle und Pfeufer Zeitschr.*, XI, 185-192.

1864. R. Schelske, Ueber das Verhältniss des intra-oculären Drucks zur Hornhautkrümmung (*Archiv für Ophthalm.*, X, 2, S. 1-46).

§ 3. — De l'uvée.

Le système de l'*uvée* doit son nom à sa ressemblance avec un grain de raisin foncé, séparé de son pédicule. L'ouverture correspondante au pédicule est représentée par la pupille. Toutes les parties de ce système se distinguent par une couche de cellules pigmentaires qui tapissent leur surface interne et paraissent même réparties dans l'épaisseur des tissus, de manière à communiquer au tout une coloration foncée. L'uvée est solidement unie à la sclérotique en deux points : en arrière, à l'entrée du nerf optique *d* (pl. I, fig. 1), et en avant, le long de la paroi interne du canal de Schlemm *a*. On appelle *iris* la partie *abba*, qui se trouve en avant et en dedans de ce point d'adhérence, immédiatement en arrière de la cornée; la partie postérieure, qui revêt la surface interne de la sclérotique, porte le nom de *choroïde*.

La **choroïde** forme, à la partie postérieure de l'œil, une membrane mince et de couleur foncée, composée pour la plus grande partie de vaisseaux sanguins réunis par un tissu particulier. Ce tissu, que Kölliker désigne comme étant un tissu élastique imparfaitement développé, est constitué par des cellules rayonnantes entrelacées, en partie remplies de pigment et dont les ramifications sont d'une finesse extrême.

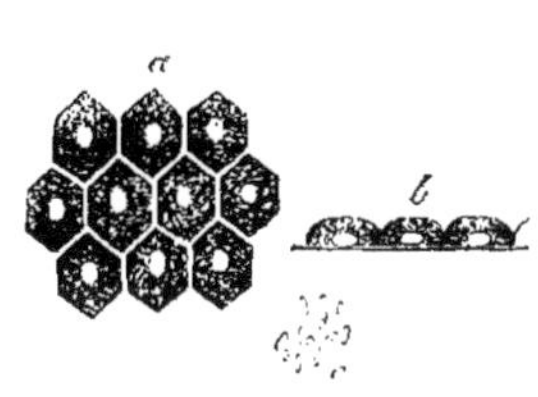

Fig. 3.

Ce stroma particulier réunit immédiatement les artères et les veines de la choroïde. La couche des capillaires (*membrana chorio-capillaris*) lui est attachée d'une manière assez lâche à la partie interne, et celle-ci est enfin recouverte en dedans et du côté de la rétine par les cellules pigmentaires. Ces dernières forment une seule couche sur les parties postérieures de la choroïde ; vers la partie ciliaire, elles en forment plusieurs superposées. On en reconnaît le plus souvent le noyau par sa transparence au milieu du pigment, qui est noir. La figure 3 représente : en *a*, la surface ; en *b*, la vue de profil de ces cellules, d'après Kölliker ; en *c*, les noyaux de pigment, petits noyaux ovoïdes et aplatis de $0^{mm},0016$ de longueur, qui se détruisent par l'action du chlore et de la potasse.

A la surface extérieure de la choroïde s'accole le *muscle ciliaire* (*tensor choroideæ, muscle de Brücke*) ; de sa surface intérieure partent des saillies remplies par un réseau capillaire, les *procès ciliaires*. Dans la figure 1, planche I, on suppose que la coupe représentée passe à gauche par un procès ciliaire *c*, et à droite entre deux procès; aussi ne voit-on de ce côté, sur la coupe, que le muscle ciliaire *h*. Les fibres du muscle ciliaire viennent de la paroi interne du canal de Schlemm; nées du point *a* (pl. I, fig. 1 et 2), où leurs parties élastiques s'unissent avec leurs parties tendineuses, elles se dirigent en arrière sur la face extérieure de la choroïde et s'insèrent sur cette membrane. Ces fibres ressemblent à celles des muscles de la vie organique telles qu'on les rencontre dans la plupart des muscles non soumis à la volonté ; elles contiennent des noyaux longs ovales, et ne sont pas striées en travers. Brücke, qui a découvert ce muscle, admet qu'il tend autour du corps vitré la choroïde (ainsi que la rétine et la membrane hyaloïde, qui y sont très-adhérentes en *g*), tandis que Donders admet que la choroïde est le point d'insertion fixe de ce muscle, et qu'il allonge la partie élastique de la paroi interne du canal de Schlemm, de manière à porter en arrière l'insertion de l'iris. Peut-être ces deux actions se produisent-elles concurremment (1).

Mentionnons ici la découverte de H. Müller et Rouget, d'après laquelle les parties internes de ce muscle, dirigées vers les procès ciliaires, contiennent, entrelacés avec les fibres dirigées suivant les méridiens et que nous avons décrites plus haut, un grand nombre de faisceaux annulaires parallèles à l'équateur du cristallin. Ces fibres dirigées suivant l'équateur passent du reste souvent à l'état de fibres méridiennes. Pour plus de détails sur leur action, voyez plus loin, § 13.

1856. C. Rouget, Recherches anatomiques et physiologiques sur les appareils érectiles. Appareil de l'adaptation de l'œil (*Compt. rend.*, t. XLII, p. 937-941 ; *Institut*, 1856, p. 193-194 ; *Cosmos*, t. VIII, p. 559-560).
— H. Müller, Réclamation de priorité (*Compt. rend.*, t. XLII, p. 1218-1219).
— C. Rouget, Réponse à une réclamation de priorité adressée par M. Müller (*Compt. rend.*, t. XLII, p. 1255-1256 ; *Institut*, 1856, p. 245 ; *Cosmos*, t. IX, p. 9).
1857. H. Müller, Ueber einen ringförmigen Muskel am Ciliarkörper (*Archiv für Ophthalmologie*, III, 1).
— Arlt, Zur Anatomie des Auges (*ibid.*, III, 2).
1858. H. Müller, Einige Bemerkungen über die Binnenmuskeln des Auges (*ibid.*, IV, 2, S. 277-285).

Les *procès ciliaires* sont des replis membraneux de la choroïde, au nombre de 70 à 72, qui ont la direction des méridiens de l'œil. Ils s'élèvent près de l'extrémité antérieure de la rétine *g* (pl. I, fig. 1), se portent en avant en s'élevant peu à peu, atteignent leur maximum de hauteur près du bord extrême du cristallin, et diminuent ensuite rapidement, tandis que les prolongements antérieurs de la plupart d'entre eux vont encore rejoindre la partie postérieure de l'iris. Leurs bords libres sont tranchants et souvent privés de pigment, de manière qu'ils se présentent sous forme de lignes blanches, lorsque l'on examine la région ciliaire par la face postérieure, à travers le corps vitré. Les procès ciliaires contiennent un grand nombre de capillaires réunis par un stroma analogue à celui qui se trouve dans la choroïde.

L'iris, la partie la plus antérieure de l'*uvée*, est pour l'œil un diaphragme mobile. Il a son origine commune avec le muscle ciliaire,

(1) Voyez plus loin, § 12.

sur la paroi interne du canal de Schlemm, à la limite de la partie tendineuse postérieure de cette paroi; cependant il est uni (*b*, pl. I, fig. 2) à la partie élastique de cette paroi interne par un réseau de fibres élastiques qui parcourent librement l'humeur aqueuse. Ces fibres élastiques portent le nom de *ligament pectiné de l'iris*. De là l'iris se porte sur la face antérieure du cristallin, qu'il recouvre jusqu'à son bord interne ou pupillaire, et il est légèrement bombé en avant. I contient des fibres musculaires de la vie organique qu'on peut réunir en deux muscles :

1° Le *sphincter de la pupille* entoure le bord pupillaire sous forme d'un anneau de 1 millimètre de largeur ; il est situé en avant de la couche pigmentaire et en arrière de la masse des vaisseaux et des nerfs qui se dirigent vers le bord pupillaire. Les fibres de ce muscle forment des cercles concentriques, et par suite leur contraction a pour effet de rétrécir la pupille.

2° Le *dilatateur de la pupille*. L'existence et la position de ce muscle sont des questions encore fort controversées. Les troncs vasculaires de l'iris sont assez fortement revêtus de fibres musculaires ; outre ces fibres, différents anatomistes décrivent divers systèmes de fibres, qu'ils considèrent comme formant un dilatateur de la pupille, dont d'autres nient l'existence.

J. Henle, Handbuch der systematischen Anatomie der Menschen, II, 35. Braunschweig, 1866.

Le stroma de l'iris est du tissu ligamenteux. Cet organe est recouvert, en arrière par une couche de cellules pigmentaires, en avant par un épithélium. Son stroma lui-même contient souvent des cellules pigmentaires ; alors l'iris a une couleur brune ; dans le cas contraire, il paraît bleu comme on doit l'attendre d'un milieu trouble situé en avant d'un pigment foncé.

L'histoire des vaisseaux de l'uvée présente beaucoup de particularités. J'ai déjà dit que les vaisseaux forment la plus grande partie de la masse de ce système. Les artères (*artères ciliaires postérieures courtes* pour la choroïde et les procès ciliaires, *postérieures longues* et *antérieures* pour l'iris) y pénètrent en traversant la sclérotique et communiquent avec les veines, non pas, comme dans d'autres parties du corps, seulement par un fin réseau de capillaires, mais aussi par des vaisseaux de communication assez larges qui naissent des artères de la choroïde sous forme d'arcs élégamment disposés en éventail, et vont se réunir pour former des veines (*venæ vorticosæ*). Les artères ciliaires postérieures courtes, formant à peu près vingt petits troncs, percent la sclérotique à sa partie postérieure, se dirigent en avant en se bifurquant dichotomiquement, et donnent leur sang aux veines, en partie par le réseau capillaire qui est placé à la partie interne de la choroïde, sous les cellules pigmentaires, et aussi loin que s'étend la rétine, en partie par les larges vaisseaux de communication des *vortex*. Parmi ces veines, les unes (*vasa vorticosa*) sortent par l'équateur de l'œil, les autres (*veines ciliaires postérieures*) sortent vers la partie postérieure du globe en perçant la sclérotique. Mais une grande partie des troncs de ces artères se dirigent en avant dans les procès ciliaires et y forment un plexus vasculaire dont les rameaux récurrents viennent se terminer dans les arcs antérieurs des *vortex*. Le réseau vasculaire de l'iris dépend en partie de celui des procès ciliaires; mais il reçoit la plus grande partie de son sang par des troncs particuliers. De ces troncs, les uns traversent postérieurement la sclérotique (artères ciliaires postérieures longues) et se dirigent en avant jusqu'au muscle ciliaire en courant entre la choroïde et la sclérotique, et les autres pénètrent en avant (artères ciliaires antérieures). Ces artères forment dans l'iris deux couronnes vasculaires anastomotiques, l'une (grand cercle artériel de l'iris) est périphérique, l'autre (petit cercle artériel de l'iris) est voisine du bord pupillaire. C'est aux environs de ce second cercle que l'iris a sa plus grande épaisseur et présente une saillie à sa surface antérieure.

Sur l'œil intact, on voit l'iris à travers la cornée. Par la réfraction des rayons, il semble plus rapproché de la cornée, et par conséquent plus bombé qu'il n'est réellement. Mais si l'on place l'œil d'un cadavre sous l'eau, dont le pouvoir réfringent est assez rapproché de celui de l'humeur aqueuse, la réfraction des rayons par la cornée est à peu près supprimée, et l'on voit l'iris dans sa position naturelle, où il paraît plan ou très-peu bombé. Pour avoir sur l'œil vivant un aspect exact de l'iris, J. Czermak (1) a indiqué un instrument qu'il nomme *orthoscope*. Cet instrument consiste en une petite cuve à parois de verre; on l'applique contre la figure de manière que l'œil en forme la paroi postérieure, et on le remplit d'eau. L'instrument représenté, fig. 4, a une paroi inférieure, *fcb*, et une paroi interne (du côté du nez), *gab*, de métal. Toutes les deux sont convenablement découpées, de manière qu'on puisse les fixer sur la figure. La paroi antérieure *abcd* et la paroi externe *cdef* sont formées de lames de verre planes. Czermak recommande de mettre sur la figure de la mie de pain pétrie, dans laquelle on imprime le bord de l'instrument, afin que l'eau ne puisse pas s'en écouler. On ferme d'abord l'œil, puis on verse dans la cuve de l'eau ayant 23 à 26° R., et l'on ouvre l'œil. Vue de côté, la cornée semble une vessie transparente bombée en avant, l'iris s'en écarte sous forme d'un rideau presque plan.

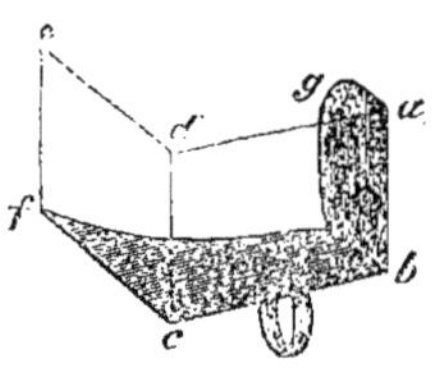

FIG. 4.

Dans cette méthode, on peut encore douter si l'image de l'iris n'a pas été un peu altérée par la réfraction qui se produit tant entre la cornée et l'eau qu'entre la

(1) Prager Vierteljahrsschrift für prakt. Heilkunde, 1851, Bd. XXXII, S. 154.

cornée et l'humeur aqueuse ; et comme la connaissance de la forme et de la position de l'iris est très-importante pour l'étude de l'accommodation de l'œil, je vais indiquer encore d'autres méthodes d'examen. Un moyen très-facile d'étudier le relief de l'iris sur l'œil vivant est celui-ci : On place de côté et un peu en avant de l'œil observé une lumière ; on concentre les rayons sur un point de la cornée au moyen d'une lentille convergente, dont la distance focale soit d'environ deux pouces et dont le diamètre soit aussi grand que possible, de sorte qu'il se forme sur la cornée une image de la lumière. La cornée semble opaline au point fortement éclairé ; ce point devient alors une nouvelle source de lumière dont les rayons, sans subir de nouvelle réfraction, tombent en ligne droite sur l'iris, et, s'ils tombent obliquement, y produisent des ombres portées de différentes longueurs, au moyen desquelles on peut juger facilement de combien chacune des parties se trouve en saillie ou en retrait. En opérant ainsi, on trouve quelquefois l'iris des yeux myopes tellement plat, qu'il ne s'y produit aucune ombre portée. Sur des yeux normaux, au contraire, on voit près et autour de la pupille le bourrelet qui correspond au petit cercle artériel donner des ombres manifestes. Si le point éclairant se trouve à 1 millimètre environ du bord de la cornée, cette ombre portée s'étend le plus souvent jusqu'au bord périphérique de l'iris.

Pour s'assurer, sur l'œil vivant, du fait très-important que l'iris est en contact avec le cristallin, on peut employer le même procédé, avec la différence qu'on fait former le foyer de la lentille un peu de côté sur la face antérieure du cristallin. Par un éclairage aussi intense, la substance du cristallin paraît terne et blanchâtre, et l'on voit que l'iris ne projette pas d'ombre.

On arrive encore mieux à ce résultat au moyen des images réfléchies que donne la face antérieure du cristallin. Soient (fig. 5) C_1C_2 un miroir sphérique convexe, DE un écran obscur percé d'une ouverture FG et placé en avant du miroir. Plaçons l'œil de l'observateur en A et une lumière en B ; si le rayon BF,

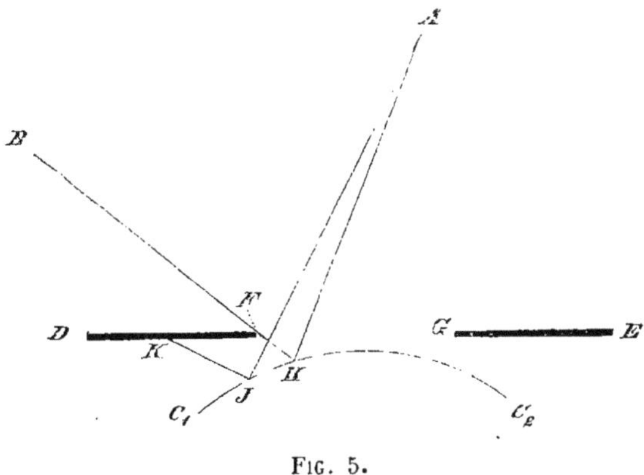

FIG. 5.

rasant en F le bord de l'ouverture, est réfléchi en H suivant HA, l'œil ne recevra pas de lumière réfléchie par les points du miroir intermédiaires entre C_1 et H ;

ces points réfléchiront la face postérieure obscure de l'écran : c'est ainsi que la lumière venant du point K de l'écran se réfléchira suivant JA. Toutes les fois que le bord de l'écran ne sera pas exactement appliqué sur la surface réfléchissante, l'œil verra donc, entre F et H, une partie obscure de la surface du miroir. On peut se convaincre de l'exactitude de cette assertion au moyen de toute surface convexe réfléchissante, un bouton métallique convexe, par exemple, pour lequel on a fait un diaphragme obscur, percé d'une ouverture circulaire. Ce n'est que lorsque le bord de l'ouverture est exactement appliqué sur la surface réfléchissante que les images des objets extérieurs, formées par cette dernière, atteignent le bord du diaphragme. Mais s'il y a entre ce dernier et la surface réfléchissante un petit espace, on voit, le long du bord de l'ouverture qui est opposé à l'œil, une ligne obscure qui vient se placer entre les images réfléchies et le bord de l'ouverture.

Les surfaces du cristallin réfléchissent aussi la lumière, mais en très-petite quantité. On voit ces reflets (1) lorsque l'œil est dans une chambre obscure en présence d'une seule lumière. On met cette lumière en avant de l'œil, un peu de côté, par rapport à l'axe de l'œil prolongé en avant. L'observateur regarde de l'autre côté dans l'œil, de manière que sa ligne visuelle fasse avec l'axe de l'œil à peu près le même angle que la lumière incidente. Il verra alors, à côté du reflet cornéen brillant que chacun connaît, deux autres images bien plus faibles. La plus grande est une image droite, assez pâle, de la flamme ; elle est due à la face antérieure du cristallin ; la plus petite est une image renversée, plus nette, et formée par la face postérieure du cristallin. Ces images sont connues des oculistes sous le nom d'*images de Sanson*. Si l'observateur, en examinant ces images, change la position de la lumière ou celle de son œil, la position des images change aussi, et l'on réussit facilement à amener la première, celle de la face antérieure du cristallin, à occuper à volonté un point quelconque du bord de la pupille. On la voit alors constamment, même sur le bord de la pupille opposé à l'observateur, arriver jusqu'au contact de l'iris sans qu'aucune ligne obscure vienne s'interposer. C'est du moins, autant que j'ai pu voir, ce qui a constamment lieu dans les conditions normales, sans dilatation artificielle de la pupille, et l'on peut en conclure avec certitude que le bord pupillaire de l'iris est en contact immédiat avec le cristallin.

C. Krause a mesuré, sur des yeux coupés en deux, la distance de la pupille au sommet de la cornée. Cependant la réunion du cristallin à la sclérotique, par l'intermédiaire des procès ciliaires, n'est pas tellement rigide, qu'il ne doive pas se produire des déplacements sensibles par le fait de la coupe.

On peut se convaincre sur l'œil vivant que la pupille se trouve en arrière du plan mené par le bord extrême de la cornée ; il suffit, pour cela, de regarder un œil de profil, de manière que la pupille commence à disparaître derrière le

(1) Découverts par PURKINJE. Voyez son traité : De examine physiologico organi visus et syst. cutanei (Vratisl., 1823). — Employés par SANSON comme moyen de diagnostic (Leçons sur les maladies des yeux, Paris, 1837). — Leur origine est plus exactement déterminée par H. MEYER (*Henle und Pfeufer's Zeitschrift*, 1846, vol. V).

bord de la sclérotique. On voit alors en perspective, comme dans la figure 6, en avant de la pupille, une bande claire, image déformée de l'iris ; en avant de cette bande, au bord de la cornée, se peint une seconde bande plus obscure : c'est le bord de la sclérotique qui enclave la cornée. Si l'observateur se met plus en arrière encore, il voit disparaître entièrement la pupille et l'iris, et il n'aperçoit plus derrière la partie encore visible de la cornée que le bord de la sclérotique du côté opposé. Comme les rayons lumineux qui ont une fois pénétré par la cornée dans l'humeur aqueuse traversent ce liquide sans déviation, il s'ensuit que l'iris est plus en arrière qu'une ligne allant d'un bord de la cornée à l'autre.

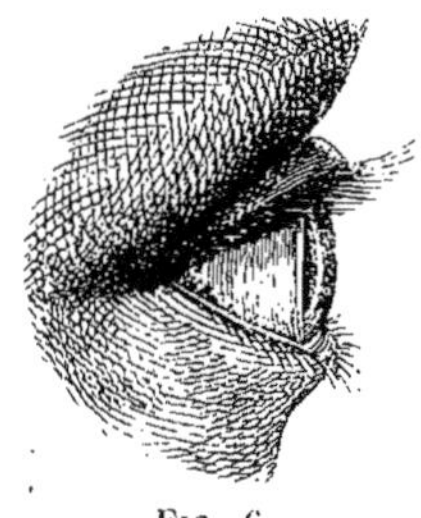

Fig. 6.

Connaissant le rayon de courbure au sommet de la cornée, on peut déterminer assez exactement, sur le vivant, la distance du plan de la pupille au sommet de la cornée, en déterminant la position apparente de l'iris par rapport à la position apparente d'un point lumineux réflété par la cornée. L'image d'un point lumineux éloigné est située un peu en arrière du plan de la pupille, ce dont on peut se convaincre facilement en regardant l'œil de différents côtés, et se souvenant de la situation perspective du point lumineux relativement aux bords de la pupille.

S'il en est ainsi, soient ab la pupille, c le lieu apparent du point lumineux réfléchi, dc et fc deux directions différentes, suivant lesquelles l'observateur regarde successivement le point c. Ce point, vu de d, paraîtra être en arrière du point g, et par suite plus près de a; vu de f, il paraîtra être en arrière du point h, et par conséquent plus près de b; et c'est ce qui a réellement lieu. On pourrait déterminer très-simplement la position de la pupille en déterminant la distance apparente de ses bords au point c, ce qui serait exécutable avec l'ophthalmomètre. Mais les changements presque continuels de largeur de la pupille apporteraient un obstacle à cette manière de procéder.

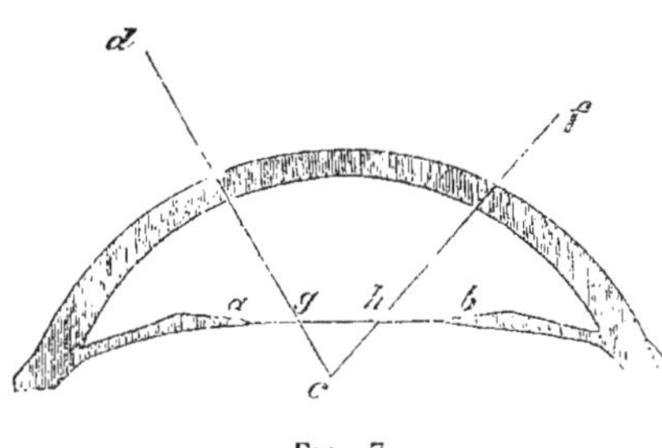

Fig. 7.

C'est pour ce motif que je trouvai plus avantageux de procéder d'une manière un peu différente. Supposons qu'on ait mesuré sur l'œil en question les axes de l'ellipsoïde formé par la cornée, et que l'on connaisse en outre la position de la ligne visuelle relativement à ces axes. Plaçons devant l'œil une lumière dont la position, relativement à la ligne visuelle, soit connue également ; d'après les lois de la réflexion sur les miroirs courbes, le lieu apparent de l'image formée par la cornée se calcule facilement. Dans ce qui suit, nous prenons donc constamment comme connue la position de cette image. Cherchons maintenant une position de la lumière, du point fixé et de l'ophthalmomètre, telle que les deux images cornéennes du point lumineux viennent coïncider à la fois avec les deux bords de la pupille : dans cette position, vu de l'ophthalmomètre, le point lumineux reflété est situé perspectivement derrière le point central de la pupille.

Pour le démontrer, soient (fig. 8) cd et $\varepsilon\delta$ deux lignes droites, parallèles à l'axe de l'ophthalmomètre, et venant rencontrer respectivement en b et en α les extrémités des deux images ab et $\alpha\beta$ d'une coupe horizontale de la pupille. Nous admettons que le centre de la pupille, la lumière, l'axe de la lunette, la ligne visuelle de l'œil observé, se trouvent dans un même plan horizontal. D'après la théorie de l'ophthalmomètre, que l'on a vue § 2, toutes les lignes qui joignent des points correspondants des deux images sont égales entre elles et perpendiculaires à l'axe de la lunette. La figure $ab\beta\alpha$ est donc un parallélogramme. Soient maintenant d et δ les deux images du point lumineux; nous supposons que l'on ait trouvé une position de l'œil, telle que d et δ soient cachés respectivement par α et par b. Puisque $d\delta = b\beta$, d'après la théorie des parallèles, on a, sur la sécante $\alpha\beta$,

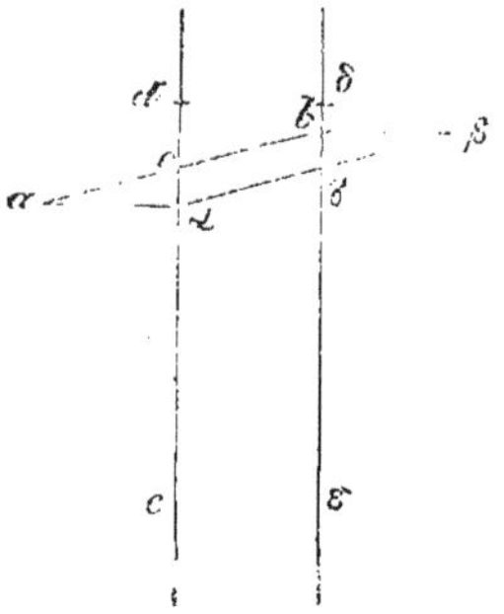

Fig. 8.

$$\alpha\gamma = \gamma\beta,$$

et, pour un motif analogue, $cb = ac$;

donc les points c et γ, derrière lesquels les points lumineux d et δ se projettent en perspective, sont les centres des pupilles.

Il est désormais facile de trouver, par des mensurations convenables, la valeur de l'angle formé par la ligne cd, ou l'axe de la lunette, avec la ligne visuelle de l'œil observé. Alors la position de la ligne cd sur une coupe horizontale de l'œil est déterminée par un point et par l'angle que cette ligne forme avec la ligne visuelle, dont la direction est connue. Le point central de la pupille se trouve sur cette ligne cd.

Il suffit de faire une seconde détermination analogue, où l'on regarde suivant une autre direction dans l'œil observé. On obtient ainsi une seconde ligne droite, de position connue, sur laquelle se trouve le centre de la pupille. Ce point se trouve donc à l'intersection de deux lignes droites déterminées, et il est facile, par une construction ou un calcul, d'obtenir la distance qui le sépare de la cornée.

La méthode d'observation était la suivante : A (fig. 9) est l'œil sur lequel la mensuration doit être faite; cet œil regarde par l'ouverture d'un écran, de manière à conserver une position à peu près fixe. A quelque distance de l'œil est une échelle horizontale CD. Au pied B de la perpendiculaire abaissée de l'œil A sur l'échelle, se trouve un écran avec une petite ouverture, derrière laquelle est une lampe dont la lumière vient frapper l'œil, et est reflétée par la cornée. En F est une mire mobile. En G_1 et G_2 sont indiquées les positions équidistantes de B qu'on donne successivement à l'ophthalmomètre. On fait sur la table des marques pour les trois pieds de la lunette, car la position de cet instrument change pendant l'expérience. L'œil A est invité à fixer continuellement la mire F et à en suivre tous les mouvements. L'observateur, que nous placerons d'abord en G_1, fait tourner les plaques de l'ophthalmomètre jusqu'à ce que, des deux images du point lumineux sur la cornée, l'une concorde avec l'un des bords pupillaires. L'autre ne concorde-t-elle pas en même temps avec l'autre bord, il déplace la

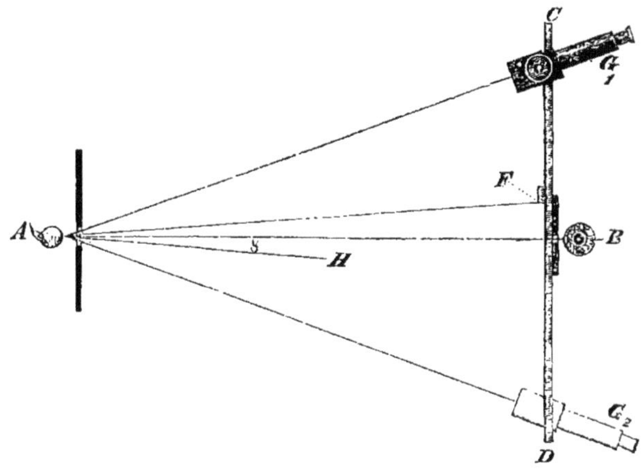

Fig. 9.

mire F sur l'échelle, tout en faisant tourner les plaques de l'ophthalmomètre d'une quantité convenable pour que les deux images du point lumineux coïncident avec les deux bords de l'une des images de la pupille. L'observateur note alors la division de l'échelle où il a dû arrêter la mire. La même expérience est répétée dans la seconde position G_2 de l'ophthalmomètre.

La longueur AB doit être mesurée en divisions de l'échelle; on peut donc calculer l'angle FAB au moyen de l'expression :

$$\frac{FB}{AB} = \text{tang } FAB.$$

Si AH est le grand axe de l'ellipsoïde de la cornée, et que l'on connaisse déjà l'angle FAH, on en conclut BAH, angle nécessaire pour déterminer la position de l'image réfléchie par la cornée. On détermine de même l'angle G_1AH qui donne la direction suivant laquelle l'observateur a regardé dans l'œil. Le point central de la pupille apparente (c'est-à-dire telle qu'elle apparaît à travers la cornée) est ainsi sur une parallèle à C_1A menée par le lieu apparent de l'image cornéenne.

On verra plus loin, §§ 9 et 10, comment, du lieu apparent du centre de la pupille, le calcul permet de déduire la position réelle de ce point (1).

Pour les trois yeux dont j'ai mesuré les cornées à l'ophthalmomètre, les résultats ont été les suivants :

(1) Helmholtz, in *Graefe's Archiv für Ophthalmologie*, Bd. I, Abth. 2, S. 31.

		O. H.	B. P.	J. H.
Distance du plan de la pupille au sommet de la cornée..	apparente.	3,485	3,042	3,151
	réelle. . .	4,024	3,597	3,739
Dist. du centre de la pupille à l'axe de la cornée (vers le nez).	apparente.	0,037	0,389	0,355
	réelle. . .	0,032	0,333	0,304

Les anatomistes ont souvent contesté la contiguïté de l'iris et du cristallin et sa convexité en avant. On admettait généralement ce contact, lorsque PETIT, d'après ses observations sur des yeux congelés, prétendit le contraire, et admit, entre l'iris et le cristallin, l'existence d'une *chambre postérieure de l'œil*. Dans les yeux congelés, tantôt on trouve de minces lames de glace entre l'iris et le cristallin, tantôt on n'en trouve pas. Presque tous les anatomistes plus récents se rallièrent à l'opinion de PETIT, jusque dans ces derniers temps, où STELLWAG DE CARION et CRAMER se déclarèrent de nouveau pour le contact immédiat de l'iris et du cristallin. Moi-même j'ai trouvé moyen de disposer, comme on a vu plus haut, en faveur de cette dernière opinion, des expériences directes qui me paraissent ne laisser aucun doute. BUDGE au contraire défend de nouveau l'opinion de PETIT.

S'il paraît généralement admis que la partie centrale de l'iris est en contact avec le cristallin, les opinions sont encore partagées sur la question de savoir combien d'espace libre il faut admettre entre les parties périphériques de l'iris, les bords antérieurs des procès ciliaires et les plis de la zonule. L'intervalle n'est-il qu'une simple fente comme l'admettent CRAMER, VAN REEKEN, ROUGET et HENKE, ou bien y a-t-il, conformément à l'opinion d'ARLT, un espace annulaire ouvert constituant une chambre postérieure de l'œil? Comme sur le cadavre les procès ciliaires sont flasques et vides de sang, et qu'on ne sait pas exactement dans quelle mesure ils sont gonflés par le sang sur le vivant, il est très-difficile de décider la question qui nous occupe.

Dans les figures (pl. I, fig. 1 et 3) j'ai mis vraisemblablement les procès ciliaires trop en rapport avec l'iris ; j'ai dessiné la connexion de ces parties d'après des coupes de pièces sèches, telles que figure 2 ; mais dans ces coupes, l'angle rentrant de couche pigmentaire interposé entre les procès ciliaires et l'iris paraît avoir été tiraillé en dehors et aplati. Sur des préparations fraîches, les procès ciliaires sont certainement séparés de l'iris à leurs bords antérieurs par une entaille bien plus profonde que ne le représentent les figures indiquées.

1728. PETIT, in *Mém. de l'Acad. roy. des sciences*, 1728, p. 206 et 289.
1850. STELLWAG VON CARION, in *Zeitschrift d. Wiener Aerzte*, 1850, Heft 3, 125.
1852. CRAMER, in *Tijdschrift der Nederl. Maatschappij tot bevord. der Geneeskunst*, 1852 Jan.
1853. CRAMER, Het Accommodatievermogen der Oogen. Haarlem, Bl. 61.
1855. J. BUDGE, Ueber die Bewegung der Iris. Braunschweig, 5-10 (donne aussi la bibliographie ancienne relative à la question de la chambre postérieure).
— HELMHOLTZ, in *v. Graefe's Archiv für Ophthalmologie*, Bd. I, Abth. 2, S. 30.
— VAN REEKEN, Ontleedkundig onderzoek van den toed voor accommodatie van het Oog (*Onderzoekingen gedaan in het Physiol. Laborat. der Utrechtsche Hoogeschool*. Jaar. VII, 248-286).
— ROUGET, in *Gazette médic.*, 1855, nº 50.
1860. W. HENKE, Der Mechanismus der Accommodation für Nähe und Ferne (*Archiv für Ophthalm.*, VI, 2, S. 53-72).
1863. O. BECKER, Lage und Function der Ciliarfortsätze im lebenden Menschenauge (*Wien. med. Jahrb.*, 159).

§ 4. — De la rétine.

La *rétine* est un épanouissement d'une masse nerveuse, situé au fond de l'œil entre la choroïde et le corps vitré. A l'état frais, elle est assez transparente ; sur le cadavre, elle est trouble et blanchâtre. C'est au fond de l'œil qu'elle présente sa plus grande épaisseur ($0^{mm},22$) ; on remarque ici, un peu du côté nasal, marqué par sa coloration blanche, le point de pénétration du nerf optique *d* (pl. I, fig. 1), et un peu du côté temporal, en *p*, une tache jaune (*macula lutea retinæ*), le lieu de la vision la plus distincte. En avant, la rétine devient plus mince (à son bord antérieur elle mesure $0^{mm},09$), et à l'endroit où commencent les procès ciliaires, elle se termine par un bord dentelé (*ora serrata retinæ*) ; du moins ses éléments nerveux ne se retrouvent pas au delà. A cet endroit, elle est étroitement unie à la choroïde et à la membrane hyaloïde (l'enveloppe du corps vitré), et les membranes qui forment sa continuation anatomique (*pars ciliaris retinæ* et *zonula Zinnii*) ont une structure et un caractère physiologique tout différents.

La rétine se compose en partie des éléments microscopiques ordinaires du système nerveux : fibres nerveuses, ganglions, noyaux, et en partie d'éléments particuliers : bâtonnets (*bacilli*) et cônes (*coni*). La figure 5 de la planche I représente, d'après Kölliker, une coupe des couches de la rétine passant par l'équateur de l'œil ; la figure 4 montre quelques éléments avec leur mode de réunion,

Dans sa dernière exposition des résultats obtenus tant par d'autres observateurs que par lui-même, J. Henle distingue, en allant de dehors en dedans, les couches inscrites dans le tableau suivant. Nous ajoutons en italiques les noms plus anciens accompagnés de numéros qui renvoient à la figure 5 de la planche I.

Couche mosaïque		1. Couche des bâtonnets	1. *Couche des bâtonnets.*
		2. Limitante externe. . . .	
		3. De noyaux.	2. *Granuleuse externe.*
Couche fibreuse externe.		4. Fibreuse externe.	3. *Intermédiaire.*
Couche nerveuse	substance grise. . .	5. Granulée externe	4. *Granuleuse interne.*
		6. Ganglionnaire externe.	
		7. Granulée interne. . . .	5. *Finement granulée.*
		8. Ganglionnaire interne.	6. *De cellules nerveuses.*
	substance blanche.	9. De fibres nerveuses. . .	7. *Nerf optique.*
Membrane limitante.		10. Limitante hyaloïde . . .	8. *Limitante hyaloïde.*

1° *Couche des bâtonnets* (*1*, pl. I, fig. 5), composée des *bâtonnets a* et des *cônes b*. Les premiers sont des cylindres de $0^{mm},063$ à $0^{mm},081$ de longueur sur 0^{mm},0018 d'épaisseur, formés d'une substance très-réfringente. Ils sont pressés les uns contre les autres comme les pieux d'une palissade ; ils sont coupés net à leur extrémité externe, et se terminent du côté interne par un filet mince qui pénètre dans la couche suivante. Entre eux se trouvent les *cônes b* (fig. 4). Ceux-ci sont plus épais (de 0^{mm},0045 à 0^{mm},0065) et plus courts que les bâtonnets ; leur substance est la même ; leur extrémité externe se termine par un bâtonnet ordinaire (*bâtonnet de cône*) ; leur extrémité interne adhère à un corps piriforme à noyau, *c*, qui en est séparé par un léger étranglement et appartient déjà à la couche suivante (*Zapfenkorn* de Kölliker, *noyau de cône* de Vintschgau).

Les cônes sont dispersés entre les bâtonnets, moins nombreux à la périphérie de la rétine, en plus grande quantité vers la tache jaune. Dans la figure 10, on voit en *A* la surface de la couche de bâtonnets prise à l'équateur de l'œil, en *B* une partie prise au bord de la tache jaune, en *C* une partie de cette tache elle-même. Les petits cercles correspondent aux bâtonnets, les grands aux cônes ; à l'intérieur de ces derniers, on voit la coupe du bâtonnet de cône.

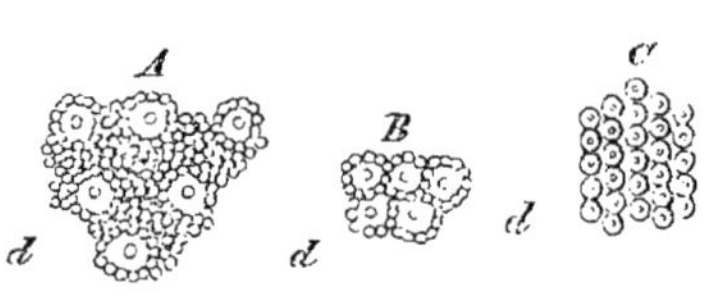

Fig. 10.

D'après les observations de Krause, les bâtonnets sont eux-mêmes composés chacun de deux parties en forme de bâtonnets, dont l'interne est composée d'une substance moins réfringente, et présente un diamètre plus grand (0^{mm},0018 à 0^{mm},0022) que l'externe (de 0^{mm},0013 à 0^{mm},0018). Les parties internes des *bâtonnets* sont situées dans le même niveau que les parties internes des *cônes*, qui sont plus épaisses et en forme de bouteilles; les parties externes de ces cônes, les *bâtonnets de cônes* déjà mentionnés plus haut, sont sur le même rang que les parties externes des bâtonnets ; mais elles sont plus courtes, et n'arrivent par conséquent pas tout à fait aussi près de la choroïde. Le diamètre de la partie interne la plus épaisse des cônes atteint de 0^{mm},004 à 0^{mm},006; ce n'est que dans la *fovea centralis*, où les cônes ne sont plus séparés par des bâtonnets, que ces cônes sont moins épais (extrémité interne de 0^{mm},002 à 0^{mm},0025 d'après M. Schultze, dans une petite étendue, de 0^{mm},0015 à 0^{mm},002 d'après H. Müller, de 0^{mm},0031 à 0^{mm},0036 d'après Welcker).

2° La *couche limitante externe* n'est indiquée sur le dessin que par une ligne grise.

3° La *couche de noyaux* (*couche granuleuse externe* de Kölliker, Robin, etc.) (2, pl. I, fig. 5) contient, d'après Henle, en un grand nombre de couches superposées, des noyaux ellipsoïdaux qui, à l'état frais, sont striés en travers d'une manière particulière et très-élégante.

Chaque noyau présente, en général, trois bandes claires séparées par des bandes plus obscures, et qui sont l'expression optique de couches alternatives de deux substances qui traversent le noyau parallèlement à la surface de la rétine. Sur des préparations bien durcies, on voit ces noyaux superposés en rangées régulières qui sont perpendiculaires à la surface de la rétine. Ils se comportent avec les réactifs tout à fait autrement que les cellules nerveuses, de manière qu'on peut les distinguer parfaitement de ces dernières. Leur grand axe, qui est perpendiculaire à la surface de la rétine, a de $0^{mm},006$ à $0^{mm},007$; le petit axe n'en mesure guère plus de la moitié.

Comme il serait possible que cette couche contînt aussi des éléments sensibles à la lumière, il est important de la distinguer des couches de cellules nerveuses, surtout si l'on considère que la théorie des couleurs de Young demande un nombre de semblables éléments plus considérable que ne peut en contenir la simple couche de cônes, au moins dans la tache jaune. Néanmoins l'opinion qui admet les noyaux comme éléments sensibles à la lumière semble douteuse, par ce fait que ces éléments, quoique ne manquant pas dans la *fovea centralis*, y sont cependant superposés en plus petit nombre que dans les autres parties de la rétine.

Dans la couche de noyaux s'élèvent aussi les *noyaux de cônes* mentionnés plus haut, qui contiennent un nucléole et se continuent en dedans sous forme d'une fibre cylindrique lisse et brillante de $0^{mm},0015$ de diamètre; celle-ci peut être suivie à travers l'épaisseur de la couche des noyaux, et pénètre dans la couche granulée externe, tantôt en présentant, tantôt en ne présentant pas un gonflement de forme cellulaire.

4° *Couche fibreuse externe* (3, pl. I, fig. 5) (*couche intermédiaire, Zwischenkörnerschicht*). On ne peut reconnaître, en général, une *couche fibreuse* particulière que dans la tache jaune ou autour de cette tache, et près de l'*ora serrata* de la rétine, c'est-à-dire le long de son bord extrême.

Les fibres de la tache jaune ont la direction de rayons qui, du centre de la *fovea centralis*, divergent dans tous les sens et sont principalement parallèles à la surface de la rétine; une partie de ces fibres sortent en faisceaux de la couche des noyaux et se joignent aux tractus fibreux horizontaux; d'autres se détachent de ces tractus pour aller se perdre dans la couche granulée externe et dans la couche de cellules nerveuses. Ces fibres présentent probablement les liens qui unissent les cônes de la *fovea centralis* et les cellules nerveuses qui sont accumulées en si grand nombre autour de cette dépression.

Le grand nombre de ces fibres nous permet assurément de douter avec Henle qu'elles servent toutes à cet usage. Nous verrons plus loin, § 25, quel est le rôle probable de ces fibres pour la production des houppes de Haidinger dans la lumière polarisée.

5° et 6° *Couche granulée externe* et *couche ganglionnaire externe*. Ces deux couches représentent ce qu'on a longtemps nommé la couche granuleuse interne (*4*, pl. I, fig. 5).

7° *Couche granulée interne* (anciennement, *couche granuleuse grise* ou *finement granulée*) (*5*, pl. I, fig. 5).

C'est dans ces cinq dernières couches qu'on a décrit les fibres de Müller, qui sont en relation avec les granules *f* et *g* (fig. 4) dont le diamètre varie de 0mm,004 à 0mm,009. Un grand nombre des fibres rayonnées de Müller, notamment celles qui se confondent avec la membrane limitante hyaloïde, sont certainement des fibres appartenant au tissu conjonctif. On ne sait encore rien de complet sur la marche des fibres nerveuses propres, qui, d'après Max Schultze, se font reconnaître par leur aspect moniliforme ; on connaît seulement leur parcours dans la couche la plus antérieure de la rétine, ou épanouissement du nerf optique.

8° La *couche ganglionnaire interne* (*couche de cellules nerveuses*) (*6*, fig. 5), consistant en grandes cellules nerveuses ou corps ganglionnaires pourvus de nombreuses ramifications. La figure 11 représente d'après Corti un de ces corps pris dans l'œil d'un éléphant. Ils contiennent chacun un noyau *a* (fig. 11). Les ramifications vont se confondre en partie dans les fibres du nerf optique (dans la fig. 4, pl. I, λ est la cellule, *m* une fibre nerveuse) ; elles paraissent aussi, en partie, être en rapport avec les fibres de Müller. Cette couche a sa plus grande épaisseur à la tache jaune ; elle y contient de huit à dix cellules superposées ; près de la périphérie de la rétine, elle devient plus mince et les cellules n'y forment plus de couche continue.

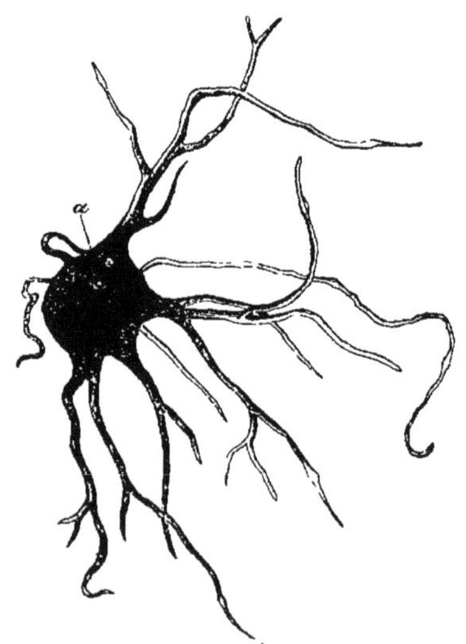

FIG. 11.

9° *Couche de fibres nerveuses* (*épanouissement du nerf optique*). A partir du point de pénétration du nerf optique ses fibres s'étendent en rayonnant sur toute la rétine, à l'exception de la tache jaune qu'elles contournent. C'est autour de l'origine du nerf que cette couche de fibres présente, comme de juste, sa plus grande épaisseur ($0^{mm},2$) ; près des limites de la rétine elle devient plus mince ($0^{mm},004$ au bord). Ces fibres sont de l'espèce de ces fibres nerveuses très-fines qui, après la mort, se gonflent en prenant une apparence moniliforme. Leur épaisseur est très-variable (de $0^{mm},0005$ à $0^{mm},0045$) ; on ne sait encore rien de positif sur leurs terminaisons. Quelques-unes se joignent aux ramifications des cellules nerveuses ; il en est probablement de même pour toutes.

Entre les fibres nerveuses de cette couche pénètrent encore les extrémités internes des fibres de Müller qui s'y ramifient en forme d'arbres.

10° Leurs dernières extrémités se fixent à une membrane transparente comme du verre, qui limite intérieurement la rétine : c'est la membrane limitante.

La *macula lutea*, qui est pour la vision la partie la plus importante de toute la rétine, se distingue par sa couleur jaune, qui provient d'un pigment qui en pénètre toutes les parties, excepté la couche de bâtonnets. La couche de fibres nerveuses y manque et la couche de bâtonnets n'y présente que des cônes. Au centre de cette tache se trouve une dépression très-transparente, la *fovea centralis*, qui se rompt facilement, et qui, pour ce motif, a souvent été prise pour une ouverture. La couche ganglionnaire interne est plus épaisse à la périphérie de la tache jaune que dans toutes les autres parties de la rétine ; mais elle devient plus mince dans la *fovea centralis*, et n'y contient que peu de cellules superposées ; les couches granuleuses externe et interne manquent complétement dans la *fovea*; la couche de noyaux devient plus mince. D'après Remak et Kölliker, toutes les couches, excepté celle des cellules nerveuses et celle des cônes, manquent dans la *fovea centralis*. Entre la couche de cônes et la choroïde, il y aurait, d'après Remak, une substance transparente d'un jaune intense. — En définitive, on peut admettre dans la fovea, outre les *cônes*, une couche provenant de la fusion des deux couches de cellules nerveuses entre elles et avec la couche de noyaux.

Malgré son importance, l'histoire de la tache jaune est incomplétement connue sous bien des rapports, parce qu'on ne l'a trouvée jusqu'aujourd'hui que dans l'œil de l'homme et des singes, et que les parties délicates qui la constituent se rompent bientôt après la mort.

Il a donc fallu faire presque toutes les recherches minutieuses relatives à cette région sur des yeux de suppliciés ; ce qui rend évidemment rares les occasions d'étude.

Dans l'examen ophthalmoscopique, la *fovea centralis* se distingue par un reflet particulier (voy. § 16). Elle contient le point de la vision directe, c'est-à-dire que c'est sur elle que vient se peindre le point du champ de vision sur lequel nous fixons le regard.

Les *vaisseaux* de la rétine (*artère* et *veine centrale de la rétine*) pénètrent dans l'œil par le milieu du nerf optique, puis ils se ramifient dans toutes les directions. A leur origine, ils sont placés près et au-dessous de la *membrane limitante*, dans la couche des fibres nerveuses; plus loin ils pénètrent aussi dans les couches ganglionnaire interne et granulée interne, et se ramifient dans ces deux couches sous forme d'un réseau capillaire à larges mailles. La position et la forme de cet arbre vasculaire sont importantes pour certaines images optiques (1) ; c'est pourquoi j'en reproduis (fig. 12) un dessin qui a été exécuté par Donders d'après une préparation injectée. Les artères sont claires ; les veines, foncées. Dans la tache jaune, il n'y a pas de vaisseaux un peu forts, et dans la *fovea* il ne pénètre même pas de capillaires. Ce point important est entouré par une couronne d'anses terminales de capillaires.

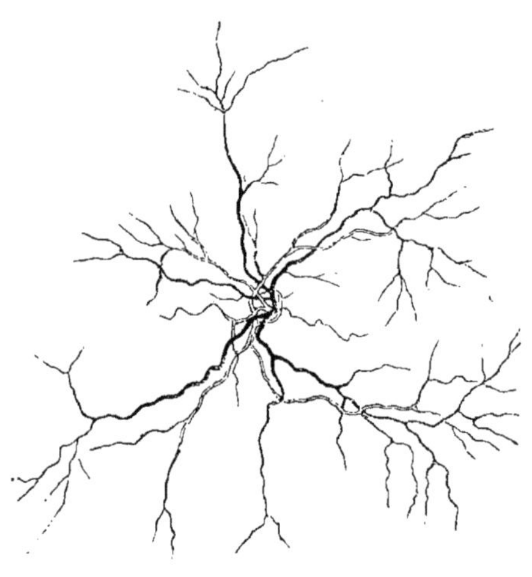

Fig. 12.

A son bord antérieur (*ora serrata*), la rétine se transforme en une couche de cellules (*pars ciliaris retinæ*). Accompagnant la membrane limitante, qui se continue également, ces cellules viennent recouvrir les procès ciliaires et la surface postérieure de l'iris aux points où ces parties semblent se transformer en cellules pigmentaires, et elles y adhèrent fortement.

Comme les dimensions de la rétine et de ses éléments sont d'une grande importance pour un très-grand nombre d'images optiques, je donne ici une liste de mensurations, réduites en millimètres, faites sur ce sujet par différents obser-

(1) Voyez plus loin, § 15.

vateurs. Je marque *Kr* les mensurations de Krause, *W* celles de E. H. Weber, *B* celles de Brücke, *Ko* celles de Kölliker, *V* celles de Vintschgau.

Diamètre de l'entrée du nerf optique : *Kr.* 2,7 et 2,14 ; *W.* 2,09 et 1,71.

Diamètre du cordon vasculaire de ce nerf : *W.* 0,704 et 0,63.

Distance du centre du nerf optique à celui de la tache jaune : *W.* 3,8 ; *Kr.* 3,28 et 3,6.

Distance de ce centre au bord interne de la tache jaune : *Ko.* de 2,25 à 2,7.

Diamètre horizontal de la tache jaune : *Kr.* 2,25 ; *W.* 0,76 ; *Ko.* 3,24.

Son diamètre vertical : *Ko.* 0,81.

Diamètre de la *fovea centralis* : *Ko.* de 0,18 à 0,225.

Distance de l'*ora serrata* au bord de l'iris, du côté nasal : *B.* 6 ; — du côté temporal : 7.

Épaisseur de la rétine autour du nerf optique : *Ko.* 0,22.

— à la partie postérieure du globe de l'œil : *Kr.* 0,164 ; *Ko.* 0,135.

— à l'équateur : *Kr.* 0,084.

— au bord antérieur : *Ko.* 0,09.

Épaisseur des couches dans la tache jaune : *Ko.* cellules nerveuses, de 0,101 à 0,117 ; couche finement granulée, 0,045 ; couche granuleuse interne, 0,058 ; couche intermédiaire, 0,086 ; couche granuleuse externe, 0,058 ; cônes, 0,067.

Diamètre des cellules nerveuses : *B.* de 0,01 à 0,02 ; *Ko.* de 0,009 à 0,036 ; en général, de 0,013 à 0,022.

Diamètre des noyaux : *B.* de 0,006 à 0,008 ; *Ko.* de 0,004 à 0,009. Le noyau de cône : *V.* 0,0068.

Diamètre des bâtonnets : *B.* et *Ko.* 0,0018 ; *V.* 0,0010.

Longueur des bâtonnets : *B.* de 0,027 à 0,030 ; *Ko.* de 0,063 à 0,081.

Diamètre des cônes : *Ko.* de 0,0045 à 0,0067 ; *V.* de 0,0034 à 0,0068. Dans la tache jaune : *Ko.* de 0,0045 à 0,0054.

Longueur des cônes : *V.* de 0,015 à 0,020.

Les ouvrages récents les plus importants relatifs à la structure de la rétine sont :

1845. F. Pacini, in Nuovi Annali delle scienze nat. di Bologna, 1845.

1851. H. Müller, in *Siebold und Kölliker's Zeitschrift für wiss. Zoologie*, 1851, S. 234. — *Verhandl. der Würzburger med. Ges.*, 1852, S. 216. *Ibid.*, III, 336 ; IV, 96.

1850. Corti, in *J. Müller's Archiv*, 274. — *Zeitschr. für wissensch. Zoologie*, V. — J. Henle, in *Zeitschr. für ration. Medicin*, N. F., II, 304 und 309.

1852. A. Kölliker, *Verhandl. der Würzburger med. Ges.*, III, S. 316.

1853. A. Kölliker et H. Müller, *Compt. rend. de l'Acad. des sc.*, 1853, sept. 23. — Des mêmes, la planche de la rétine, in *Ecker*, *Icones physiologicæ*.

— R. Remak, in *Compt. rend. de l'Acad. des sc.*, 1853, oct. 31 ; *Allg. med. Centralz.*, 1854, et in Nr. 1, *Prager Vierteljahrsschr.*, XLIII, S. 103.

— M. di Vintschgau, in *Sitzber. d. Wiener Akad.*, XI, 943.

1856. A. Kölliker, Mikroskopische Anatomie. Leipzig, 1854, II, 648-703.

1856. H. Müller, Anatomische Beiträge zur Ophthalmologie (*Archiv für Ophthalmologie*, II, 2, S. 1 ; III, 1, S. 1 ; IV, 1, S. 269.

— Le même, Anatomisch-physiologische Untersuchungen über die Retina bei Menschen und Wirbelthieren (*Siebold und Kölliker's Zeitschrift für wissensch. Zoologie*, VIII, 1 ; — *Compt. rend.*, t. XLIII, oct. 20).

1857. C. BERGMANN, Anatomisches und Physiologisches über die Netzhaut des Auges (*Zeitschr. für rationelle Medicin*, (3), II, 83.
1858. NUNELEY, On the Structure of the retina (*Quarterly Journal of Microscop. Science*, 1858, July, 217).
1859. RITTER, Ueber den Bau der Stäbchen und äusseren Endigungen der Radialfasern an der Netzhaut des Frosches (*Archiv, für Opthalm.*, V, (2), p. 101).
— M. SCHULTZE, De retinæ structura penitiori. Bonn.
1859. E. v. WAHL, De retinæ structura in monstro anencephalo, *dissert.* Dorpat.
1860. W. MANZ, Ueber den Bau der Retina des Frosches (*Zeitschr. für ration. Medicin*, (3), X, p. 301).
— G. BRAUN, Eine Notiz zur Anatomie und Bedeutung der Stäbschenschichte der Netzhaut (*Wiener Sitzungsber.*, XLII, 15-18).
— W. KRAUSE, Ueber den Bau der Retinastäbchen beim Menschen (*Göttinger Nachrichten*, 1861. N° 2. — *Zeitschr. für ration. Medicin*, (3), XL, 175).
1861. M. SCHULTZE, *Sitzungsber. der niederrheinischen Ges.*, 1861, p. 97; *Archiv für Anatomie und Physiol.*, 1861, p. 785.
— RITTER, in *Archiv für Ophthalm.*, VIII, 1.
1862. H. MÜLLER, Bemerkungen über die Zapfen am gelben Fleck des Menschen (*Würzburger naturwiss. Zeitschrift*, II, 218).
— LE MÊME, Ueber das Auge des Chamäleon (*ibid.*, III, 10).
1863. SCHIESS, Beitrag zur Anatomie der Retinastäbchen (*Zeitschr. für ration. Medicin.* (3), XVIII, p. 129).
— H. WELCKER, Untersuchung der Retinazapfen bei einem Hingerichteten (*ibid.*, XX, p. 173).
— W. KRAUSE, *ibid.*, XX, p. 7.
1865. BLESSIG, De retinæ textura, *dissert.* Dorpat.
1866. J. HENLE, Handbuch der systematischen Anatomie des Menschen, II, 636-670.

Quelques-unes des mesures sont empruntées à :

C. KRAUSE, Handbuch der menschlichen Anatomie. Hannover, 1842, I, 2, S. 535.
E. BRÜCKE, Anat. Beschr. d. menschl. Augapfels. Berlin, 1847, S. 23.
E. H. WEBER, in *Sitzber. d. Sächs. Ges. d. Wiss.*, 1852, S. 149-152.

§ 5. — **Du cristallin.**

Le *cristallin* est une lentille biconvexe, transparente et incolore, dont la face antérieure est moins bombée que la face postérieure. Il est entouré d'une membrane transparente, amorphe (*capsule du cristallin*), qui, par toutes ses propriétés, se rapproche de la membrane de Descemet. Comme cette dernière, la capsule présente, selon Brücke, à sa partie antérieure, celle qui est baignée dans l'humeur aqueuse, un épithélium dont l'existence est contestée par Henle et Kölliker. Sa moitié postérieure est adhérente à la membrane hyaloïde. La substance du cristallin est, dans les couches externes, de consistance gélatineuse; elle est plus consistante au centre ou *noyau*. Le cristallin dans son entier forme, à l'état frais, un corps élastique qui cède facilement à toute force extérieure, mais qui reprend rapidement et exactement sa forme primitive.

La substance du cristallin est biréfringente. Si on l'examine entre deux prismes croisés de Nicol, on voit la croix noire avec des anneaux colorés que présentent les cristaux à un axe taillés perpendiculairement à leur axe optique.

La masse du cristallin est constituée par un corps protéique particulier, la *globuline* ou *cristalline*. Les éléments microscopiques sont des fibres de section hexagonale de $0^{mm},0056$ à $0^{mm},0112$ de largeur, de $0^{mm},0020$ à $0^{mm},0038$ d'épaisseur, qui sont plus résistantes et plus étroites dans le noyau que dans les couches externes. Leur plus large surface est parallèle à celle du cristallin ; aussi ce corps se divise-t-il facilement en couches superposées comme celles d'un oignon. La figure 13 montre en coupe la juxtaposition de ces fibres ; la figure 14 montre la direction des couches dans une coupe du cristallin.

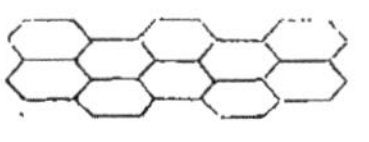

Fig. 13.

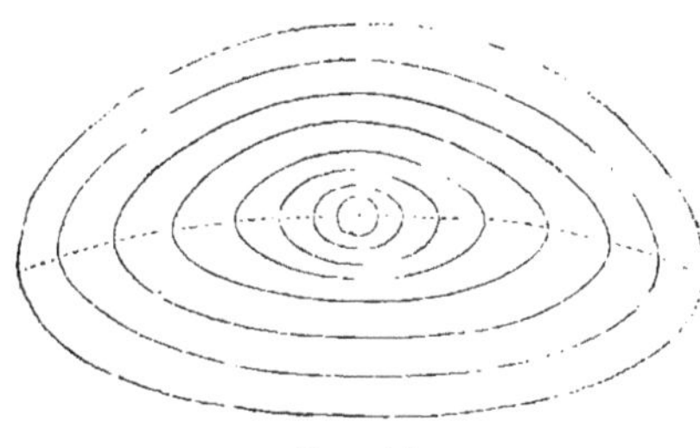

Fig. 14.

La direction des fibres dans chaque couche va en général de l'axe du cristallin à la périphérie. Ce n'est que dans les parties les plus voisines de l'axe qu'elles forment, en se recourbant, des figures étoilées particulières. La figure 15 représente une de ces figures prise dans les couches externes du cristallin. Dans les couches qui appartiennent au noyau, l'étoile n'a que trois branches qui font entre elles des angles de 120 degrés. Les étoiles des faces antérieure et postérieure sont tournées de 60 degrés l'une par rapport à l'autre. Dans les couches les plus externes, les trois branches principales de l'étoile se subdivisent en nombreuses branches secondaires, et il en résulte des figures bien plus compliquées et plus irrégulières.

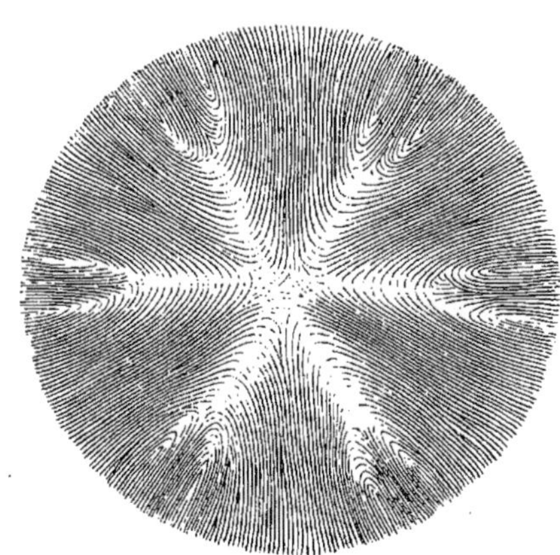

Fig. 15.

Immédiatement au-dessous de la capsule se trouve, au lieu de fibres, une couche de cellules qui se liquéfie après la mort, et constitue alors l'*humeur de Morgagni*. Des cellules semblables réunissent aussi, selon Brücke, les extrémités des fibres dans les rayons des étoiles, dans les couches les plus externes, sinon dans toutes, tandis que Bowman et Kölliker admettent ici une substance amorphe. Le dernier considère aussi les formations analogues à des cellules qui occupent la face postérieure du cristallin, comme étant des renflements aplatis par pression réciproque des extrémités des fibres qui viennent s'insérer sur la capsule. Il y a donc, dans chaque moitié du cristallin, trois plans passant par l'axe qui répondent aux branches principales des étoiles (*plans centraux* de Bowman), et dans lesquels la structure du cristallin n'est pas homogène; dans les couches superficielles, ces plans se subdivisent encore. A ces dispositions correspondent probablement certaines irrégularités dans la réfraction des rayons lumineux.

Nous sommes loin d'être parfaitement édifiés sur la disposition des fibres du cristallin. Thomas (1) a décrit des figures particulières que présentent les extrémités des fibres sur des coupes de cristallins séchés, et qui consistent pour la plupart en deux systèmes de cercles concentriques. Nos connaissances actuelles sur le parcours des fibres du cristallin ne nous permettent pas encore d'expliquer l'origine de ces figures.

Krause, par suite de ses mensurations sur le cristallin, dit que sa surface antérieure appartient à un ellipsoïde de révolution aplati, et sa surface postérieure à un paraboloïde de révolution. Il donne, en lignes de Paris, les valeurs suivantes pour les constantes relatives aux huit yeux mentionnés déjà au § 2.

NUMÉROS.	AXE			SURFACE ANTÉRIEURE.			SURFACE POSTÉRIEURE.		DIAMÈTRE.
	du cristallin entier.	de la moitié antér.	de la moitié postér.	DEMI-AXE DE L'ELLIPSE. Grand.	DEMI-AXE DE L'ELLIPSE. Petit.	Distance de la cornée.	Paramètre.	Distance de la rétine.	
I.	2	0,85	1,15	2,05	0,95	1,2	4,49	6,65	4,1
II.	1,9	0,78	1,1	2	0,91	1,35	4,99	6,8	4
III.	2,4	0,98	1,42	2	1,14	1,25	4,99	6,1	4,1
IV.	2,2	0,95	1,25	2,05	1,10	1,35	4,51	5,9	4,1
V.	1,85	0,65	1,2	2,03	0,83	1,25	4,83	6,4	4
VI.	2,35	0,8	1,55	1,95	0,98	1,2	4,53	6,0	4,1
VII.	1,8	0,78	1,02	2,03	0,95	1	4,09	6,65	4
VIII.	1,85	0,85	1	2	0,94	1	3,79	6,55	4

J'ai conservé ici les indications de Krause sur la distance du cristallin à la rétine, mais j'ai déjà fait remarquer plus haut que je considère leur exactitude comme très-douteuse. En ce qui concerne l'épaisseur du cristallin, mes mensurations sur l'œil vivant ne s'accordent

(1) *Prager medic. Vierteljahrsschr.*, 1854, Bd. I, Ausserord. Beilage, S. 1.

pas non plus avec celles prises sur le cadavre. Comme, du reste, l'épaisseur du cristallin varie suivant qu'on regarde des objets rapprochés ou éloignés, je renvoie, pour l'exposé de mes recherches à ce sujet, au § 12, consacré à l'étude de l'accommodation.

Sur la structure du cristallin :

1845. A. Hannover, in *J. Müller's Archiv*, 1845, S. 478.
1846. Harting, in *van de Hoeven en de Vriese Tijdschrift*, XII, S. 1.
1847. E. Brücke, Beschr. d. menschl. Augapfels. Berlin, S. 27-30.
1849. W. Bowman, Lectures on the parts concerned in the oper. on the eye. London.
1851. H. Meyer, in *J. Müller's Archiv*, 1851, 202.
1852. Gros, in *Compt. rend. de l'Acad. des sciences*, 1852, avril.
1854. A. Kölliker, Mikroskopische Anatomie. Leipzig, II, 703-713.
— Thomas, in *Prager medic. Vierteljahrsschrift*, 1854, Bd. I, Ausserord. Beil., S. 1.
1852. D. Brewster, On the development and extinction of doubly refracting structure in the crystalline lenses of animals after death (*Phil. Mag.*, (4), III, 192-198).
1859. G. Valentin, Neue Untersuchungen über die Polarisationserscheinungen der Crystallinsen des Menschen und der Thiere (*Archiv für Ophthalm.*, IV, p. 227-268).
— D. Brewster, On certain abnormal structures in the crystalline lenses of animals and in the human crystalline (*Rep. of Brit. Assoc.*, 1858, 2, p. 7).
1863. F. J. v. Becker, Ueber den Bau der Linse bei dem Menschen und den Wirbelthieren (*Archiv für Ophthalm.*, IX, (2), 1-42).
1865. J. v. Hasner, Klin. Vorträge über Augenheilk. Prag., S. 223.

§ 6. — Humeur aqueuse et corps vitré.

L'**humeur aqueuse** remplit l'espace compris entre la cornée, l'iris et le cristallin. On appelle *chambre antérieure de l'œil* l'espace circonscrit par la face postérieure de la cornée, la face antérieure de l'iris et le plan de la pupille. L'espace, au contraire, qu'on supposait exister entre le plan de la pupille, la face postérieure de l'iris et la face antérieure du cristallin, avait reçu le nom de *chambre postérieure de l'œil;* en réalité, ce n'est à l'état normal qu'une fente capillaire, puisque la face postérieure de l'iris est en contact immédiat avec la face antérieure du cristallin. C'est tout au plus si l'iris paraît s'éloigner du cristallin dans la dilatation considérable de la pupille que l'on peut obtenir au moyen de la belladone..

L'humeur aqueuse remplit donc la chambre antérieure. Elle est claire, incolore et se compose d'eau qui contient environ 2 0/0 de matières solides, consistant en sel marin et matières extractives. Son indice de réfraction diffère à peine de celui de l'eau.

L'espace qui sépare le cristallin de la rétine est rempli par le **corps vitré**, lequel est entouré par la *membrane hyaloïde*. Le corps vitré est formé d'une masse gélatineuse de peu de consistance. Si on le coupe, il laisse suinter une humeur fluide et qui n'est pas filante. Ce liquide présente une réaction alcaline, et contient de 1,69 à 1,98 0/0 de parties solides, dont la moitié consiste en matières inorganiques (sel marin, un peu de carbonate de soude, traces de chaux, acides sulfurique et phosphorique). La partie organique semble être principalement de la matière mucilagineuse, et contient des traces d'une combinaison protéique. Un peu plus élevé que celui de l'humeur aqueuse, l'indice de réfraction du corps vitré diffère également à peine de celu de l'eau.

Dans l'embryon, le corps vitré présente une structure celluleuse; mais plus tard on ne trouve plus des cellules que quelques restes, sous forme de membranes, noyaux, masses grenues, qui s'y meuvent plus ou moins librement. Le corps vitré doit probablement sa consistance à une faible quantité d'une substance organique très-gonflée (substance mucilagineuse ou fibrineuse). De faibles quantités de fibrine qu'on peut séparer dans les liquides hydropiques donnent souvent de semblables masses gélatineuses, assez mobiles, qui laissent écouler le liquide lorsque l'on détruit mécaniquement la consistance du caillot. Lorsqu'on fait durcir le corps vitré dans des réactifs qui précipitent le mucilage, par exemple, dans des dissolutions d'acétate de plomb ou d'acide chromique, on trouve parfois dans les coupes des striures régulières. Doit-on les attribuer à des membranes qui s'étendent à travers le corps vitré ? c'est ce qui est encore fort douteux.

Hannover, s'appuyant sur l'existence de ces lignes, admet, dans le corps vitré de l'homme, l'existence des membranes planes qui se coupent toutes suivant une ligne allant du point d'entrée du nerf optique à la face postérieure du cristallin. Il dit qu'à partir de cette ligne, ces membranes s'étendent vers la périphérie du corps vitré où elles s'insèrent, de telle sorte que la structure du corps vitré rappellerait celle d'une orange.

En parlant des images entoptiques, j'indiquerai les conclusions qu'on peut tirer de ces images relativement à la structure du corps vitré.

La *membrane hyaloïde* est une membrane très-mince, transparente comme du verre et amorphe, qui, dans la partie postérieure de l'œil, double la *membrane limitante* de la rétine, à laquelle elle adhère fortement par tous ses points, sur le vivant (1), tandis qu'après la mort l'adhérence n'existe qu'au point d'entrée du nerf optique et à l'*ora serrata*. Devenue moins épaisse à partir de l'*ora serrata*, elle se continue au delà de cette zone jusqu'à la face postérieure de la capsule du cristallin avec laquelle elle se confond en *k* (pl. I, fig. 1), tandis qu'entre

(1) Vintschgau in *Sitzber. d. Wiener Akad.*, XI, 943, et Burow in *J. Müller's Archiv*, 1840.

elle et la partie ciliaire de la rétine vient s'interposer une autre membrane, la *zone* ou la *zonule de Zinn* (*ligamentum suspensorium lentis*), que quelques anatomistes considèrent comme étant un feuillet antérieur de la membrane hyaloïde.

La zonule est plissée comme une collerette, de manière à épouser la surface des procès ciliaires. Le bord antérieur ou externe de ses plis est fortement adhérent à la *membrane limitante* dans les cavités qui séparent les plis des procès ciliaires; le bord postérieur ou interne de ses plis, qui correspond aux sommets des procès ciliaires, se rapproche de la membrane hyaloïde. Dans la planche I, figure 1, la zonule est désignée par la ligne *e*. A droite, elle tombe entre deux procès ciliaires; à gauche, elle passe par-dessus le sommet d'un de ces procès. De cette manière, elle parvient jusqu'au bord du cristallin, et s'insère sur la capsule suivant une ligne ondulée. La figure 16 représente la projection d'un quadrant du cristallin sur un plan passant par l'axe *ab*. La ligne d'insertion de la membrane hyaloïde est désignée par *cd*. Au devant de cette ligne on voit une ligne dentelée, suivant laquelle s'insère la zonule.

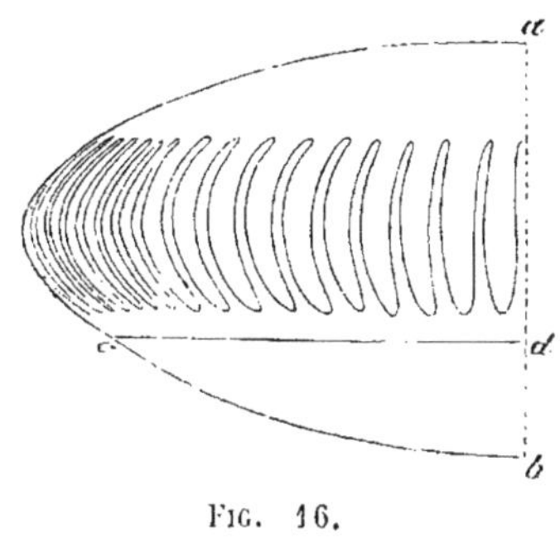

Fig. 16.

L'espace en forme de fente, qui sépare la zonule de la membrane hyaloïde, s'appelle *canal de Petit*. Lorsqu'on insuffle ce canal après avoir mis à nu la face antérieure de la zonule, les plis de cette dernière s'étendent en prenant une forme bombée, et le tout prend l'aspect d'un ove. C'est pour cette raison que Petit, auquel on en doit la découverte, lui donna le nom de *canal godronné*. Si l'on pousse plus loin l'insufflation, les parties déjà distendues de la membrane se déchirent, et il ne reste plus que les bords antérieurs des plis qui résistent, grâce à leur solidité plus grande, et forment des cordons qui attachent le cristallin au corps vitré. Ces bords antérieurs des plis sont, au reste, solidement unis à la partie ciliaire de la rétine, qui s'avance profondément entre les procès ciliaires, et cette partie de la rétine elle-même est intimement reliée à la couche pigmentaire. En cet endroit se trouvent aussi des faisceaux fibreux qui, d'après Brücke, proviennent des fibres qui sont couchées parmi les cellules nerveuses de la rétine. Le long de l'*ora serrata*, ces fibres se réunissent en faisceaux aux endroits qui correspondent à l'intervalle de deux procès ciliaires, et se dirigent en avant en suivant le fond de ces intervalles. Brücke considère la zonule elle-même comme étant une membrane sans structure, tandis que Henle et Kölliker lui assignent une structure fibreuse. La zonule et ses fibres présentent aux réactifs une résistance aussi grande que le tissu élastique.

La zonule assure la position du cristallin, en l'attachant au corps ciliaire, et peut aussi, lorsqu'elle est tendue, opérer sur le bord équatorial du cristallin une traction qui agrandit le diamètre équatorial de cette lentille, diminue son épaisseur suivant l'axe, et aplatit ses surfaces.

Sur la structure du corps vitré :

PAPPENHEIM, Specielle Gewebelehre des Auges, 1842, S. 181.
E. BRÜCKE, in *J. Müller's Archiv*, 1843, S. 345, et 1845, S. 130.
HANNOVER, *ibid.*, 1845. R. 467, et in : Das Auge. Leipzig, 1852.
BOWMAN, in *Dublin Quarterly Journal of Med. Science*, 1848, Aug. — Aussi in *Lectures on the parts concern. in the oper. on the eye*. London, 1849, p. 94.
E. BRÜCKE, Beschr. d. menschl. Augapfels. Berlin, 1847.
VIRCHOW, in *Verhandl. d. Würzburger phys. med. Ges.*, II, 1851, 317, et in *Archiv für pathol. Anat.*, IV, 468, et V, 278.
KÖLLIKER, Mikrosk. Anatomie, II, 713.
DONDERS en JANSEN, in *Nederlandsch Lancet*, 1846, II, 454.
A. DONCAN, De corporis vitrei structura, *dissert.* Utrecht, 1854. Reproduit in *Onderzoekingen ged. in het physiol. Laborat. der Utrechtsche Hoogeschool.*, Jaar VI, S. 172.

§ 7. — Des parties qui entourent l'œil.

Le globe de l'œil, entouré de tissu cellulaire graisseux et lâche, est logé dans l'*orbite*. Cette cavité osseuse présente une forme à peu près conique. La base du cône est cette partie de la face qui limite l'orbite; e sommet est en arrière et un peu en dedans. La figure 17 représente la position des yeux dans les deux orbites. A la partie postérieure de l'œil droit, on voit sortir le nerf optique *n*, qui pénètre dans la cavité crânienne par un trou *o* (*trou optique*), situé au sommet de l'orbite, pour aller s'unir et se croiser avec son congénère en *m*, dans le *chiasma* des nerfs optiques. Les prolongements des nerfs optiques, depuis le chiasma jusqu'au cerveau, portent le nom de *tractus opticus*. Les fibres de chacun des *tractus opticus* se rendent en partie dans le nerf optique correspondant, en partie dans celui du côté opposé; un petit nombre retournent aussi au cerveau par l'autre *tractus*. Quelques observateurs ont aussi trouvé des fibres qui, par le chiasma, vont d'un nerf optique à l'autre.

Dans l'orbite se trouvent ensuite six muscles destinés à mouvoir l'œil, ce sont :

1° Le *droit interne i* et 2° le *droit externe a* s'attachent tous deux au contour du *trou optique*, au sommet de l'orbite, et viennent respectivement s'insérer aux côtés interne et externe du globe de l'œil. Leur action est rotatrice autour de l'axe vertical.

3° Le *droit supérieur*, supprimé à droite dans la figure 17 pour laisser voir le nerf optique et désigné par *s* à gauche, et 4° le *droit inférieur*, dont la situation à la partie inférieure de l'orbite est analogue à celle du droit supérieur dans la partie supérieure de cette cavité. Ces deux muscles partent également de la périphérie du trou optique, et s'insèrent aux parties supérieure et inférieure du globe de l'œil. Ils le font tourner autour d'un axe horizontal qui est dirigé du nez vers la tempe et légèrement d'avant en arrière. Cet axe fait un angle d'environ 70° avec l'axe de l'œil, *A*.

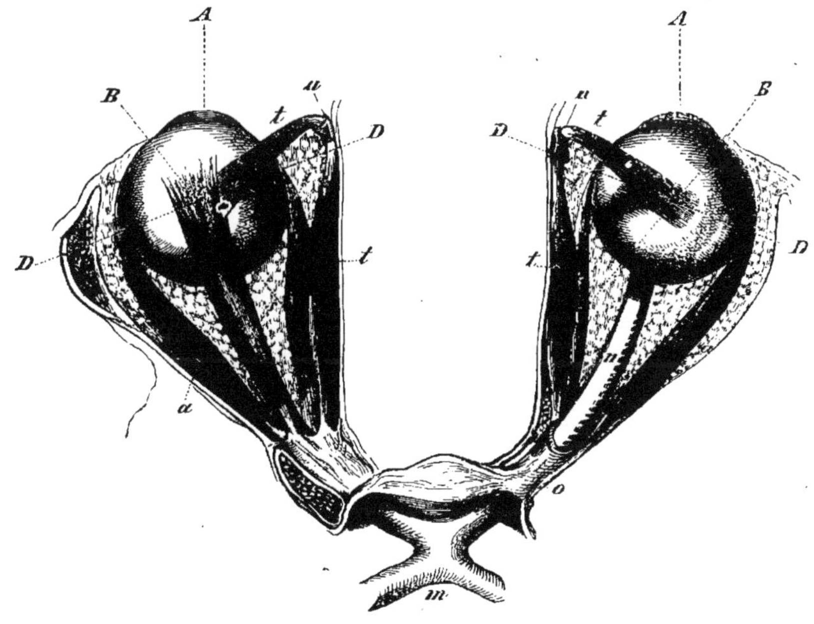

FIG. 17.

5° Le muscle *oblique supérieur* t prend son origine au bord du *forâmen opticum*, et se dirige en avant, le long de la partie interne de la paroi supérieure de l'orbite; son tendon passe dans une petite anse (*trochlea*) *u* fixée au bord supérieur et antérieur de l'orbite, s'y réfléchit et va s'insérer en *C* à la partie supérieure du globe de l'œil. La direction suivant laquelle agit ce muscle, est celle de son tendon.

6° L'*oblique inférieur*, qui est caché dans la figure 17, s'insère à la partie antérieure et interne de l'orbite, longe le globe de l'œil en se dirigeant vers la tempe, et s'insère en v à la partie postérieure et externe du globe. L'axe de rotation BB, relatif aux muscles obliques, est horizontal. Il est dirigé d'avant en arrière et de dehors en dedans, et fait, avec l'axe relatif aux muscles droits supérieur et inférieur, un angle d'environ 75°, avec l'axe de l'œil un angle de 35°.

Par l'action diversement combinée de ces six muscles, non-seulement l'axe de l'œil peut être dirigé dans toutes les directions, mais encore l'œil peut recevoir des mouvements de rotation autour de cet axe. Si nous avons admis pour chaque paire de muscles un axe de rotation commun, c'est que cette supposition paraît permise, au moins comme première approximation, et qu'elle simplifie singulièrement l'examen des mouvements que les muscles de l'œil ont à exécuter.

En avant, le globe de l'œil est protégé par les *paupières*. Chacune d'elles contient une petite lame cartilagineuse qui est recouverte sur sa face extérieure par la peau, sur sa face intérieure par une muqueuse dont la continuation va tapisser l'œil sous le nom de *conjonctive oculaire*. Cette membrane est unie lâchement à la sclérotique, avec laquelle elle ne se confond qu'en approchant du bord de la cornée.

La surface de la conjonctive et la face antérieure de la cornée sont continuellement humectées par trois sécrétions différentes ; ce sont : 1° La sécrétion des glandes de Meibomius, qui se trouvent sous la conjonctive à la face interne des paupières, et dont les conduits excréteurs s'ouvrent le long de l'arête postérieure des bords palpébraux. Cette sécrétion graisseuse s'arrête sans doute le plus souvent sur les bords des paupières et empêche les larmes de déborder ; mais elle peut aussi s'étendre en gouttes huileuses sur la cornée, notamment à la suite de forts mouvements des paupières. 2° Le mucus des glandes de la conjonctive, qui sont nombreuses, surtout au bord des plis qui séparent les paupières et l'œil. 3° Le liquide des larmes, sécrété par les glandes lacrymales, qui sont au nombre de deux de chaque côté et situées à la partie supérieure et externe de l'orbite. Elles versent leur produit, qui ne contient qu'environ 1 0/0 de substances solides, par sept à dix canalicules qui aboutissent à la partie supérieure de l'angle externe de l'œil, entre la paupière supérieure et le globe. De là ce liquide se répand sur toute la surface de la conjonctive, et est reçu, à l'angle interne, par deux fines ouvertures, les *points lacrymaux*, orifices des deux canalicules lacrymaux ; ceux-ci le versent dans un canal plus étendu, le *conduit lacrymal*, lequel débouche dans la fosse nasale.

La conjonctive de l'œil est excessivement sensible. Le moindre contact d'un corps étranger y détermine de la douleur et un mouvement involontaire des paupières, le *clignement*. C'est grâce à ce mouvement et à l'écoulement continu des larmes, qui imprègnent la conjonctive, que la surface antérieure de la cornée est constamment maintenue brillante et propre, condition indispensable pour une vision distincte. Enfin les cils arrêtent les parcelles de poussière, les insectes, etc., que l'air peut contenir.

OPTIQUE PHYSIOLOGIQUE

§ 8. — Division du sujet.

L'optique physiologique est l'étude des perceptions fournies par le sens de la vue.

Nous voyons les objets extérieurs par l'intermédiaire de la lumière qu'ils émettent et qui vient pénétrer dans l'œil. Cette lumière frappe la rétine, partie impressionnable de notre système nerveux, et y excite des sensations qui, transmises au cerveau par le nerf optique, nous permettent de nous représenter l'existence d'objets déterminés situés dans l'espace.

Il résulte de là que l'étude des perceptions visuelles se divise en trois parties :

1° L'*étude du trajet de la lumière dans l'œil.* Comme nous aurons à nous y occuper principalement de la réfraction des rayons lumineux, et que nous n'y parlerons qu'exceptionnellement de lumière réfléchie, soit régulièrement, soit diffusément, nous pourrons donner à cette partie le titre de *dioptrique de l'œil.*

2° L'*étude des sensations du nerf optique*, où nous traiterons des sensations, sans tenir compte de la possibilité de les utiliser pour reconnaître des objets extérieurs.

3° L'*étude de l'interprétation des sensations visuelles*, qui traite de la représentation que nous nous formons des objets extérieurs, en nous fondant sur les sensations visuelles.

L'*optique physiologique* diffère donc de l'*optique physique*, en ce qu'elle ne traite des propriétés et des lois de la lumière qu'en tant qu'elles ont rapport aux perceptions visuelles, tandis que l'optique physique examine ces propriétés et ces lois telles qu'elles subsistent indépendamment de l'œil humain. Si cette dernière tient compte de l'œil, c'est uniquement à titre d'instrument d'expérimentation et de réactif plus commode que tous les autres pour reconnaître la présence et l'étendue de la lumière et pour distinguer les différentes sortes de lumière.

Pour ceux des lecteurs qui ne sont pas complétement familiarisés avec les résultats de l'optique physique, j'intercale ici un court aperçu des propriétés essentielles de la lumière qui sont importantes pour l'optique physiologique, et je donne les définitions des principes de physique auxquels nous aurons besoin de recourir par la suite.

La plupart des physiciens considèrent la *lumière* comme étant une forme particulière de mouvement d'un milieu hypothétique, l'éther, et nous adopterons cette manière de voir, la *théorie des ondulations*, comme rendant très-complétement compte de tous les faits.

La manière la plus facile de se représenter le mode de mouvement des particules d'éther le long d'un rayon lumineux, qui sert de base aux déductions de la théorie des ondulations, c'est de saisir avec la main l'extrémité supérieure A d'un fil mouillé ou d'une chaînette fine AB (fig. 18), qu'on laisse pendre verticalement; puis de faire mouvoir la main çà et là dans un plan horizontal. Le fil prend la forme d'une ligne ondulée, représentée dans la figure par le trait ponctué; cette ligne se meut continuellement de l'extrémité supérieure vers l'extrémité inférieure. Dans les ondulations qui se propagent de haut en bas, le long du fil, chacune de ses molécules reste toujours à la même hauteur au-dessus du sol. Cependant une molécule peut osciller en ligne droite, soit de droite à gauche, soit d'avant en arrière; ou bien, toujours sans sortir d'un plan horizontal, elle peut se mouvoir horizontalement autour de sa position moyenne d'équilibre suivant des trajectoires circulaires ou elliptiques, selon que la main qui tient le fil se meut de droite à gauche, d'avant en arrière, ou bien suivant des courbes fermées.

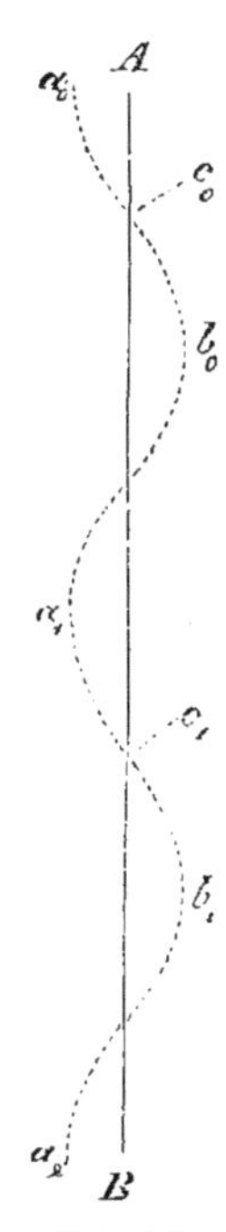

Fig. 18.

Le mouvement d'une série de particules d'éther le long de laquelle se propage un rayon lumineux est tout à fait semblable à celui des différents points du fil. Chaque particule d'éther reste constamment dans le voisinage de sa position d'équilibre primitive, et décrit des trajectoires droites ou courbes de part et d'autre de cette position. Ce qui se propage sous le nom de lumière, ce ne sont pas les particules d'éther elles-mêmes, mais seulement la forme d'onde qu'elles affectent pendant leur mouvement, et cette onde se propage avec ses différentes variations de forme et de vitesse.

Les trajectoires des particules d'éther pendant le mouvement lumineux sont comprises dans des plans perpendiculaires à la direction suivant laquelle se propagent les ondulations, absolument comme dans notre fil, où les ondulations s'avancent verticalement vers la terre, et où chaque portion du fil décrit sa trajectoire sans sortir d'un même plan horizontal. C'est en cela que les ondes lumineuses diffèrent de celles produites dans les fluides élastiques, des vibrations sonores de l'air, par exemple, où les particules oscillent *parallèlement* à la direction suivant laquelle a lieu la propagation.

Si, dans une série d'ondulations lumineuses, les particules vibrantes de l'éther décrivent des lignes droites, la lumière est dite *polarisée en ligne droite;* si la trajectoire est circulaire ou elliptique, la polarisation est *circulaire* ou *elliptique*, le mouvement de rotation pouvant d'ailleurs se faire vers la droite ou vers la gauche. Deux rayons polarisés en ligne droite et dont les directions d'oscillation sont perpendiculaires l'une à l'autre, sont dits *polarisés à angles droits.* La lumière naturelle, telle qu'elle est émise par les corps lumineux, se comporte le plus souvent comme un mélange uniforme de toutes les sortes de lumière polarisée, et on l'appelle lumière *non polarisée.* Ce n'est que par la réfraction et la réflexion qu'on obtient de la lumière où l'un des modes de polarisation prédomine ou même se trouve seul.

Quand, dans le mouvement lumineux, chaque particule d'éther oscille exactement dans le même temps et avec la même vitesse sur une même trajectoire, la lumière est dite *simple*, *monochromatique* ou *homogène*, et le temps que la particule met à parcourir une fois sa trajectoire, s'appelle *durée d'oscillation.* La particularité la plus remarquable qui différencie les lumières ayant différentes durées d'oscillation, est la couleur. La lumière naturelle des corps lumineux n'est ordinairement pas de la lumière simple avec une durée d'oscillation constante, mais contient des ondes innombrables qui présentent une suite continue des durées d'oscillation les plus diverses. Une telle lumière est dite *mélangée* ou *composée.* La manière la plus facile de décomposer la lumière consiste à utiliser la réfraction par des prismes transparents ; après la réfraction, les ondes dont la durée d'oscillation est différente, se propagent dans des directions différentes. Nous pouvons donc comparer le mouvement qui existe dans un rayon de lumière naturelle à celui que prendra notre fil, si la main qui le tient vient à faire des mouvements irréguliers aussi bien pour la durée que pour la direction, mais sans jamais s'écarter beaucoup de sa position moyenne.

La vitesse de propagation des ondes lumineuses est excessivement grande. Pour l'espace, elle a été déterminée d'après des observations astronomiques, et atteint 310 177,5 kilomètres par seconde. Dans les corps transparents elle est plus faible, et alors, les gaz seuls formant exception, elle possède généralement une valeur un peu différente pour la lumière dont la vitesse de propagation est différente.

Dans les corps cristallisés, ou dans ceux dont la structure moléculaire varie suivant les différentes directions (corps *biréfringents*), la vitesse de la propagation varie avec les différentes directions de la propagation et de la polarisation.

Si un rayon lumineux simple, polarisé rectilignement, vient à se propager le long de la ligne AB (fig. 18), les particules d'éther qui étaient d'abord sur la ligne droite AB, se disposent suivant une ligne ondulée $a_0\ b_0\ a_1\ b_1\ a_2$, qui se déplace avec une vitesse uniforme, et offre, de part et d'autre de AB, des inflexions de longueur constante. La distance $c_0\ c_1$ comprise entre deux de ces inflexions, ou, en général, la distance qui sépare deux points correspondants sur deux portions consécutives de la ligne ondulée, est ce qu'on appelle la *longueur d'onde.* Pendant que le sommet de l'ondulation se déplace de a_0 en a_1, il faut qu'un nouveau sommet soit arrivé en A, et que la particule d'éther qui est en A ait accompli une oscillation entière. Pendant la durée d'une oscillation la lumière se propage donc d'une longueur d'onde, c'est-à-dire que cette longueur égale la durée de l'oscillation multipliée par la vitesse de propagation. Il suit de là que, pour des lumières d'égale durée d'oscillation dans différents milieux transparents, la longueur de l'onde doit être proportionnelle à la vitesse de propagation, et que dans les milieux transparents denses, les longueurs d'onde sont en général moindres que dans le vide.

Les phénomènes d'interférences permettent de mesurer les longueurs d'ondes, et, par suite, de calculer la durée d'oscillation de la lumière considérée. Les phénomènes de l'interférence reposent sur ce fait que deux rayons lumineux se renforcent, lorsque les mouvements qu'ils produisent dans l'éther sont de même sens, et qu'ils se neutralisent lorsque ces mouvements sont de sens contraire. Ainsi, deux parties d'un rayon lumineux qui se réunissent après avoir suivi des directions différentes, se renforcent si les chemins qu'ils ont parcourus sont de même longueur ou diffèrent d'une, de deux,..., d'un nombre entier de longueurs d'ondes; elles se neutralisent, au contraire, si les chemins parcourus diffèrent d'un nombre impair de demi-longueurs d'ondes. Au moyen des phénomènes d'interférences, on a trouvé que les longueurs d'ondes mesurent, dans le vide, de 14 à 25 millionièmes de pouce de Paris (de 0,00039 à 0,00069 mm.); et de là on est arrivé à trouver de 451 à 789 billions pour le nombre des oscillations par seconde.

Les vibrations qu'un point lumineux placé dans un milieu uniréfringent communique à l'éther environnant, se propagent uniformément et avec une même vitesse dans toutes les directions. De là résulte une propagation sphérique de l'onde, dans laquelle l'amplitude d'oscillation des particules vibrantes de l'éther diminue proportionnellement à l'accroissement du rayon de l'onde. Or l'intensité de la lumière étant proportionnelle au carré de l'amplitude d'oscillation, cette intensité sera par conséquent inversement proportionnelle au carré de la distance du point lumineux. Dans une semblable propagation du mouvement lumineux dans l'espace, on appelle *surface d'onde* la surface qui contient des particules d'éther qui sont toutes dans la même phase de l'oscillation.

J'ai encore à préciser ce que nous appelons un *rayon lumineux*. D'après sa définition mathématique, c'est une ligne perpendiculaire à la surface d'onde; si donc nous nous occupons d'ondes se propageant sous forme sphérique, le rayon lumineux est un rayon de sphères concentriques, et conserve sa direction aussi loin que le mouvement lumineux se propage sans obstacle dans le même milieu transparent. Si maintenant nous considérons les particules d'éther disposées le long d'un rayon, leur mouvement n'est pas rigoureusement indépendant du mouvement des particules situées dans les rayons voisins. Cependant les obstacles apportés par des corps obscurs, etc., aux mouvements dans les rayons voisins, n'ont pas, dans les conditions ordinaires, d'influence sensible sur les mouvements dans le rayon considéré, et c'est dans ces conditions que nous nous trouverons pour l'œil. Nous pouvons donc, dans les cas ordinaires, considérer approximativement le mouvement des particules d'éther dans un rayon comme un ensemble mécanique isolé qui se comporte indépendamment des mouvements des rayons voisins. Cette supposition simplifie et facilite extraordinairement l'étude théorique des mouvements lumineux. C'est ainsi que nous sommes habitués, dans la vie ordinaire, à admettre que chaque rayon lumineux se meut en ligne droite, sans être influencé par ce qui se passe à ses côtés; et, par le fait, dans les cas qui se présentent ordinairement, cette règle est sensiblement suivie. Mais cette décomposition de la propagation sphérique de la lumière en rayons rectilignes, n'est plus permise notamment lorsque la lumière passe par des ouvertures tellement petites, que les longueurs d'ondes ne soient plus infiniment petites, par rapport aux dimensions de ces ouvertures. Dans ce cas, des quantités très-notables de lumière se propagent latéralement. En général, on peut remarquer que de petites portions de la lumière s'écartent de la ligne droite (*diffraction*) partout où la lumière rase le bord des corps opaques. Dans les cas de ce genre, il faut, pour expliquer les phénomènes, revenir au mouvement des ondes entières. Pour la physique de l'œil, nous pouvons au contraire considérer sans scrupule le mouvement de la lumière comme rectiligne, tant que la propagation se fait dans un milieu homogène.

La lumière et le son nous présentent sous ce rapport des différences très-remarquables, quoique ce ne soit en réalité qu'une affaire de quantité. Les corps qui nous entourent présentent, le plus souvent, des dimensions suffisamment grandes pour que, par rapport à ces dimensions, les longueurs des ondes lumineuses puissent être considérées comme infiniment petites; c'est pour ce motif que la presque totalité de la lumière se propage en ligne droite, et qu'il faut employer des appareils spéciaux pour apprécier les mouvements lumineux latéraux, qui sont si restreints. Les ondes sonores, au contraire, ont des longueurs qui se mesurent par pouces ou même par pieds, et pour ce motif, en passant le long de corps solides, elles se répandent ordinairement d'une manière notable dans tous les sens. Aussi savons-nous, par l'expérience de tous les jours, que nous ne pouvons voir qu'en ligne droite, mais que nous pouvons entendre autour des coins. Pour cette même raison, nous ne pouvons tenter de décomposer le mouvement sonore en rayons sonores, car nous nous écarterions trop des circonstances réelles, et c'est là le motif pour lequel la théorie du son a, jusqu'ici, été si peu développée comparativement à celle de la lumière.

C'est à cette même circonstance que notre œil doit de pouvoir, d'après la direction des rayons, nous renseigner très-exactement sur le lieu du corps lumineux, ce qui n'est que très-incomplétement possible pour le son. En revanche, tout corps opaque placé sur le trajet des rayons empêche l'œil de voir ce qui est derrière le corps, tandis que l'oreille peut parfaitement percevoir des sons qui se produisent même derrière elle. C'est ainsi qu'à la propagation latérale des ondes se rattache la cause des avantages et des désavantages particuliers aux deux sens de la vue et de l'ouïe.

Lorsque la lumière rencontre la surface de séparation de deux milieux transparents, en général une portion est *réfléchie* et reste dans le premier milieu; une autre portion passe dans le second milieu, mais est, en général, déviée de sa direction primitive, c'est-à-dire *réfractée*.

La surface de séparation est-elle polie, et les deux milieux sont-ils uniréfringents, un rayon lumineux incident ne sera réfléchi que dans une seule direction (réflexion spéculaire), et ne sera réfracté aussi que dans une direction unique; si, au contraire, la surface de séparation est rugueuse, la lumière, bien que venue suivant une seule direction, sera réfléchie et réfractée dans plusieurs ou même dans toutes les directions; elle sera *dispersée* (réflexion et réfraction diffuses).

La lumière, en se propageant dans un milieu pondérable, peut conserver son intensité, quelle que soit la distance parcourue; le milieu est dit alors *transparent:* il n'existe peut-être pas de milieu absolument transparent, excepté le vide. Ou bien la lumière peut s'affaiblir peu à peu, et cela de deux manières différentes : tantôt elle est réfléchie ou réfractée diffusément (*fausse dispersion intérieure*) par de petits corps étrangers, des fentes, des points de structure différente, etc., le milieu paraît alors trouble et éclairé dans son intérieur; tantôt la lumière se perd sans être déviée de sa direction (*absorption*). Comme l'absorption fait généralement disparaître avec une rapidité différente les rayons dont les durées d'oscillation sont différentes, la lumière blanche, en traversant les milieux absorbants, devient le plus souvent colorée et le milieu lui-même paraît coloré. Les milieux transparents incolores sont ceux qui laissent passer tous les rayons éclairants sans les affaiblir. Ces mêmes milieux peuvent cependant absorber des rayons non éclairants, par exemple les rayons calorifiques ou les rayons les plus réfrangibles de la lumière solaire, et se comporter, à l'égard de ces rayons, comme les milieux colorés le font à l'égard des rayons lumineux.

L'absorption des rayons lumineux est souvent accompagnée d'effets chimiques; quelquefois il se produit de la lumière, et, probablement toujours, de la chaleur. S'il se reproduit de la lumière, chaque partie du milieu éclairé émet de la lumière dans tous les sens; cette lumière diffère de la lumière absorbée, tant par sa couleur que par sa composition; la substance devient elle-même éclairante. Cet état lumineux s'appelle *phosphorescence*, s'il dure plus longtemps que l'action de la lumière extérieure, et *fluorescence* ou *dispersion intérieure vraie*, s'il ne dure qu'aussi longtemps que cette action. Dans la fluorescence, la lumière émise par la substance a toujours une plus grande durée d'oscillation que la lumière incidente, sa couleur et sa composition sont le plus souvent indépendantes de celles de cette lumière. Il se produit donc un changement de la durée d'oscillation (réfrangibilité), et, par suite, il devient possible de rendre perceptible de la lumière ordinairement invisible ou peu visible, dont la durée d'oscillation est moindre que celle de la lumière ordinairement visible; il suffit pour cela de la recevoir sur une substance fluorescente (sulfate acide de quinine, verre d'urane, infusion d'écorce de marron d'Inde, ambre, etc.).

Je fais suivre ici une liste d'ouvrages qui concernent l'optique physiologique en général :

1600. FABRICIUS AB ACQUAPENDENTE, De visione. Ven. Fol.

1604. J. KEPLER, Paralipomena ad Vitellionem. Frankf., cap. 5.

1613. FRANCISCI AQUILONII Opticorum libri sex. Antwerpiæ.

1619. SCHEINER, Oculus, sive fundamentum opticum, in quo radius visualis eruitur, sive visionis in oculo sedes cernitur et anguli visorii ingenium reperitur. Œnip.

1738. R. SMITH, A complete system of Optics, with J. JURIN'S Essay upon distinct and indistinct vision. Cambridge, 1738. — En allemand par KÄSTNER. Altenb., 1755.

1740. LE CAT, Traité des sens. Rouen.

1746. P. CAMPER, Dissert. de visu. Lugd. Batav.

1759. PORTERFIELD, Treatise on the eyes, the manner and phænomena of vision. Edinb.

1766. HALLER, Elementa physiologiæ hum. Lausanne, 1757 ; Berne, 1766.
1819. J. PURKINJE, Beiträge zur Kenntniss des Sehens in subjectiver Einsicht. Prag.
1825. J. PURKINJE, Beobachtungen und Versuche zur Physiologie der Sinne, Bd. II. — Neue Beiträge zur Kenntniss des Sehens. Berlin.
— LEHOT, Nouvelle théorie de la vision. Paris.
1826. J. MÜLLER, Zur vergleichenden Physiologie des Gesichtssinnes. Leipzig.
1828. MUNCKE, Artikel : Gesicht und Sehen in *Gehler's physikalisches Wörterbuch*. Leipzig.
1830. A. HUECK, Das Sehen seinem äusseren Processe nach. Dorpat und Göttingen.
1831. D. BREWSTER, A Treatise on Optics.
1834. C. M. N. BARTELS, Beiträge zur Physiologie des Gesichtssinnes. Berlin.
1836. A. W. VOLCKMANN, Neue Beiträge zur Physiologie des Gesichtssinns.
1837. J. MÜLLER's Lehrbuch der Physiologie des Menschen. Coblenz, Bd. II, S. 276-393.
1839. F. W. G. RADICKE, Handbuch der Optik, Bd. II, S. 211-281.
1842. BUROW, Beiträge zur Physiologie und Physik des menschlichen Auges. Berlin.
1844. MOSER, Ueber das Auge, in *Dove's Repertorium der Physik*. Berlin, Bd. V.
1845. TH. RUETE, Lehrbuch der Ophthalmologie.
1846. VOLCKMANN, Artikel : Sehen in *R. Wagner's Handwörterbuch d. Physiologie*. Braunschweig.
1852. C. LUDWIG, Lehrbuch der Physiologie des Menschen. Heidelberg, Bd. I, S. 192-263.
1847-53. BRÜCKE, Berichte über physiologische Optik, in *Fortschritte der Physik*, Bd. I bis V.

PREMIÈRE PARTIE

DIOPTRIQUE DE L'ŒIL

§ 9. — Lois de la réfraction dans les systèmes de surfaces sphériques.

La marche des rayons lumineux dans l'œil humain est modifiée principalement par réfraction. Comme il se présente, dans cet organe, non pas une simple surface réfringente, mais une série de semblables surfaces, je commencerai par exposer les lois générales de la réfraction par les milieux uniréfringents, et en particulier celles de la réfraction par une série de surfaces courbes, lois dont l'étude forme la base de la *première partie* de cet ouvrage.

Pour une seule surface réfringente, la position des rayons réfléchi et réfracté est déterminée de la manière suivante : Soient (fig. 19) *ab* la surface de séparation des deux milieux, ou *surface réfringente*, *fc* un des rayons lumineux incidents, *ed* la perpendiculaire à *ab* élevée au point *c*, et qu'on appelle *normale au point d'incidence*, *ch* le rayon réfléchi et *cg* le rayon réfracté. On nomme *plan d'incidence*, celui qui passe par la normale et par le rayon incident; *angle d'incidence*, celui formé par le rayon incident et la normale (dans la figure, c'est l'angle *dcf* ou α) ; *angle de réflexion*, celui compris entre la normale et le rayon réfléchi (*hcd* dans la fig.) ; enfin, on nomme *angle de réfraction*, l'angle *gce* ou β compris entre la normale et le rayon réfracté. Dans les milieux uniréfringents, la direction des rayons réfléchi et réfracté est donnée par ces lois que : 1° tous deux sont contenus dans le plan d'incidence, et que 2° l'angle de réflexion est égal à l'angle d'incidence, tandis que l'angle de réfraction dépend de l'angle d'incidence par cette condition que leurs

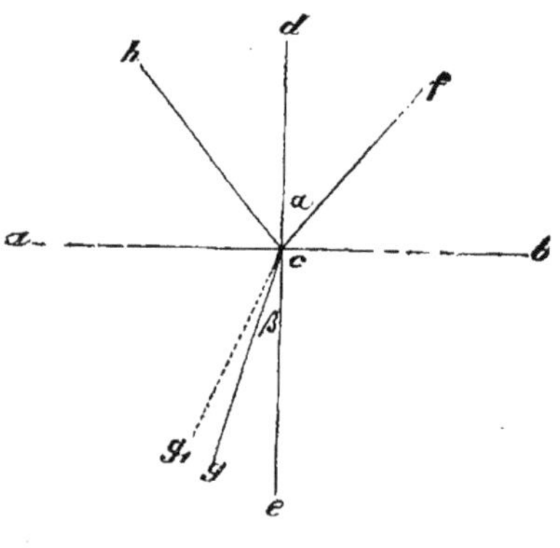

FIG. 19.

sinus sont dans le même rapport que les vitesses de propagation de la lumière dans les deux milieux. Le rapport de la vitesse de la lumière dans le vide à sa vitesse dans un milieu donné, est ce que l'on appelle l'*indice de réfraction* ou *pouvoir réfringent* de ce milieu. Si donc c est la vitesse de propagation dans le vide, c_1 celle dans le premier milieu, c_2 celle dans le second, n_1 l'indice de réfraction du premier milieu, n_2 celui du second, on a :

$$n_1 = \frac{c}{c_1},$$

$$n_2 = \frac{c}{c_2},$$

$$\frac{\sin\alpha}{c_1} = \frac{\sin\beta}{c_2},$$

ou

$$n_1 \sin\alpha = n_2 \sin\beta.$$

C'est sous cette dernière forme qu'on exprime ordinairement la loi de réfraction. Pour le vide, par définition, l'indice de réfraction est 1; pour l'air, à la pression ordinaire, il en diffère si peu (1,00029 à 0° sous la pression de $0^{m},76$), qu'on peut, dans la plupart des cas, négliger la différence.

Les vitesses de propagation des différents rayons colorés simples ne diffèrent pas entre elles dans le vide et dans les gaz, mais bien dans les corps transparents, liquides ou solides. Dans ces corps, les rayons dont la durée d'oscillation est courte (rayons bleus et violets), se propagent plus lentement que ceux dont la durée d'oscillation est plus longue (rayons jaunes et rouges); les indices de réfraction sont donc plus forts pour les premiers que pour les seconds : aussi ceux-là sont-ils dits les *plus réfrangibles* (violets), ceux-ci les *moins réfrangibles* (rouges). Grâce à cette différence de réfrangibilité, les parties différemment colorées de la lumière blanche suivent en général des directions différentes après une réfraction dans les corps liquides ou solides, et cela nous donne un moyen de les séparer. Dans la figure 19, on suppose qu'au-dessus de la surface réfringente se trouve un milieu moins dense, et au-dessous un milieu plus dense. La lumière vient-elle du point f du premier milieu, le rayon réfracté cg se rapproche de la normale ce. Pour les rayons violets, la déviation est plus grande que pour les rayons rouges. Si donc les rayons violets suivent la direction cg, la lumière rouge du rayon fc se propagera suivant cg_1 et se séparera ainsi des couleurs plus réfrangibles.

Dans l'œil, nous avons affaire à la réfraction de la lumière par des surfaces sphériques ou à peu près sphériques. Pour toute surface de cette nature, les lois de la réfraction se simplifient extraordinairement si la lumière n'y tombe que sous des angles d'incidence très-petits, c'est-à-dire presque normalement. Elles se simplifient aussi pour un système de pareilles surfaces, quand les centres de toutes les sphères se trouvent sur une même ligne droite, qu'on appelle l'axe du système. Les systèmes de surfaces sphériques dans lesquels cette condition est remplie, sont dits *centrés*. La lumière qui provient d'un point, ou, d'une manière plus générale, celle dont les rayons, suffisamment prolongés, passent tous par un même point, c'est-à-dire la *lumière homocentrique*, après avoir traversé un tel système et n'avoir rencontré toutes les surfaces réfringentes que sous des angles d'incidence très-petits, se concentrera de nouveau en un point, ou bien elle marchera comme si elle provenait d'un seul point lumineux : elle sera donc restée homocentrique. Le point de convergence des rayons lumineux se nomme, dans les deux cas, *image optique* du point lumineux; ou bien, comme des rayons lumineux partis de cette image se réuniraient à la place occupée par le point lumineux primitif, on appelle aussi le lieu du point éclairant et celui de son image, *points de convergence conjugués* des rayons. De plus, l'image optique est dite *réelle*, si les rayons lumineux partis du point éclairant vont réellement s'y réunir. Cela ne peut avoir lieu que dans le cas où l'image est en arrière des surfaces réfringentes. L'image est dite *virtuelle* si le point de concours des rayons lumineux se trouve sur leurs prolongements en sens inverse, c'est-à-dire en avant de la dernière surface réfringente. Dans ce dernier cas, ce sont les prolongements des rayons, et non les rayons eux-mêmes, qui se coupent.

Les lentilles convexes, ou collectrices, donnent des images réelles des objets éloignés, comme on le voit sur la figure 20. *cd* est la lentille,

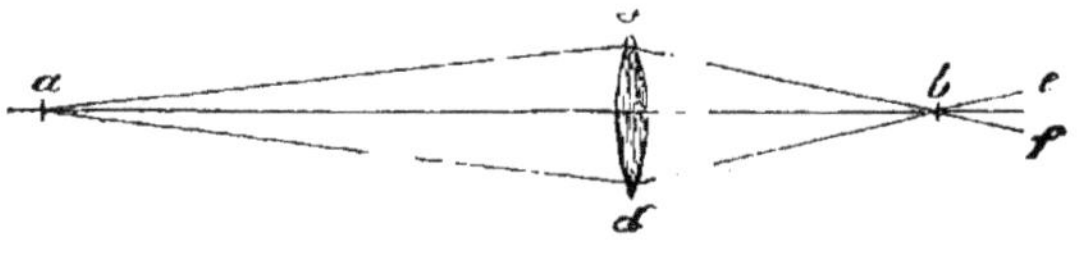

FIG. 20

a le point lumineux; les rayons incidents *ac* et *ad* sont réfractés suivant les directions *cf* et *de*, se réunissent réellement au point *b*, y forment l'image réelle, puis ils divergent comme si *b* était un point lumineux.

Les lentilles concaves, ou dispersives, donnent des images virtuelles, comme on le voit sur la figure 21, où les lettres ont le même sens que dans la figure 20. Ici les rayons lumineux ne se coupent pas réellement, mais leurs prolongements se rencontrent en b, et les rayons se propagent derrière la lentille comme s'ils venaient de b, de telle sorte

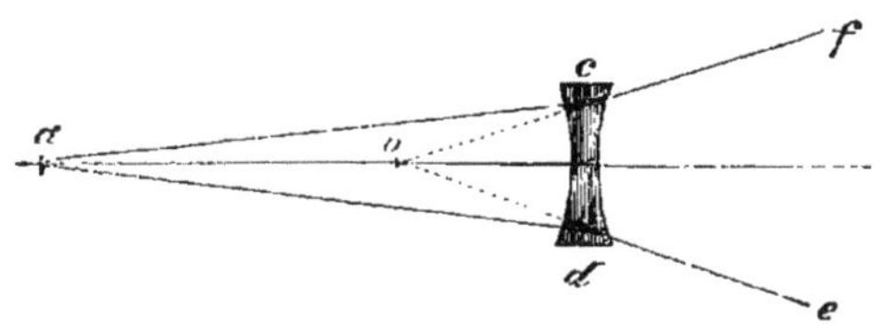

Fig. 21.

qu'un œil placé derrière la lentille entre f et e croirait voir le point lumineux en b.

Quand plusieurs points lumineux se trouvent dans un plan perpendiculaire à l'axe du système réfringent, et sont assez rapprochés de l'axe pour que leurs rayons tombent sur toutes les surfaces réfringentes sous de très-petits angles d'incidence, leurs images, réelles ou virtuelles, se trouvent toutes aussi dans un plan perpendiculaire à l'axe optique; la distribution de ces images dans ce plan est semblable géométriquement à celle des points lumineux primitifs, et si les points lumineux appartiennent à un objet, l'image optique est semblable à cet objet.

La *chambre obscure* nous donne un exemple d'images réelles d'objets extérieurs dans des conditions qui rappellent de près ce qui se passe dans l'œil. Une boîte A, noircie à l'intérieur, porte à sa face antérieure un tuyau mobile dans lequel sont placées une ou plusieurs lentilles l. La paroi postérieure g consiste en une lame de verre dépoli. Si l'on dirige les lentilles l vers des objets éclairés lointains, en abritant la glace g, on voit se dessiner sur cette dernière une image renversée des objets, avec leurs couleurs naturelles, et qui présente des contours très-nets si l'on place convenablement les lentilles l. Les lentilles doivent, à cette fin, être choisies et disposées de telle sorte, que les rayons partis de chaque point de l'objet se réunissent en un seul point de la glace dépolie. Alors ce point de la glace reçoit toute la partie de la lumière émanée du point correspondant de l'objet, qui est entrée dans l'instrument; il est par suite éclairé de la même couleur et avec une intensité correspondante. En revanche, ce point de la glace ne reçoit de lumière provenant d'aucun autre point de l'objet, précisément parce que cette lumière se réunit intégralement en d'autres points de la glace.

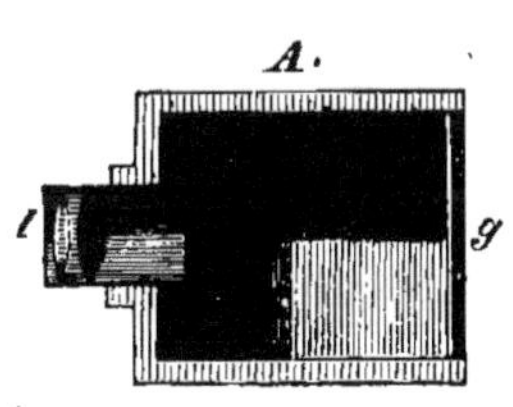

Fig. 22.

En répétant ces expériences, on remarque tout de suite que les images d'objets différemment éloignés de l'instrument ne se dessinent pas distinctement à la fois sur la glace dépolie; qu'il faut tirer le tube aux lentilles un peu hors de la boîte pour dessiner les objets voisins, et l'y faire rentrer pour des objets plus éloignés. La raison en est que les images de points inégalement éloignés sont elles-mêmes aussi à différentes distances des lentilles, et ne peuvent, par conséquent, se trouver à la fois exactement dans le plan de la glace.

On remarque de plus que, si les lentilles ont un diamètre un peu grand par rapport à la longueur de la boîte, les bords des images des surfaces lumineuses présentent des franges colorées, ordinairement bleues ou rouge jaunâtre. La différence de réfrangibilité des différentes couleurs fait que les points de convergence des rayons différemment colorés ne sont pas exactement à la même distance en arrière de la lentille, et que les images relatives aux différentes couleurs ne se superposent pas exactement. C'est ce qu'on nomme l'*aberration chromatique*. On peut la faire disparaître presque entièrement au moyen d'une combinaison convenable de lentilles en matières différentes. Les instruments d'optique dans lesquels l'aberration chromatique a été ainsi supprimée, sont dits *achromatiques*.

Même avec l'éclairage monochromatique, il existe encore une certaine inexactitude des contours dans les images de la chambre obscure et des autres instruments d'optique à surfaces réfringentes sphériques, dès que les lentilles ont une ouverture trop grande. Cette irrégularité provient de ce que les rayons émanés du point à reproduire convergent approximativement, mais non pas rigoureusement en un même point, après réfraction par une surface sphérique; ce n'est que pour des angles d'incidence infiniment petits que la réunion se fait exactement. Cette seconde espèce d'aberration se nomme *aberration de sphéricité*. Les instruments dans lesquels une disposition convenable des surfaces réfringentes diminue le plus possible cette aberration, s'appellent *aplanétiques*. En général, on ne peut pas, au moyen de surfaces sphériques, atteindre un aplanétisme complet; il faudrait avoir recours à d'autres surfaces courbes, à des surfaces de révolution du second ou du quatrième degré, que l'on n'a pas encore réussi à exécuter pour les appliquer aux instruments d'optique.

La position et la grandeur des images optiques formées par des systèmes de surfaces sphériques centrés, ainsi que la marche de chaque rayon lumineux qui a traversé un tel système en faisant avec chaque surface un angle d'incidence très-petit, peuvent se déterminer d'après des règles relativement simples, à condition de connaître certains points, les *points cardinaux optiques* du système. — Il y a trois couples de points cardinaux, ce sont : les deux *foyers*, les deux *points principaux* et les deux *points nodaux*.

Appelons *premier côté*, celui d'où vient la lumière ; *second côté*, celui où elle va. Soient n_1 l'indice de réfraction du premier milieu, n_2 l'indice du dernier, et, quand nous considérerons successivement plusieurs milieux consécutifs, soient $n'n''n'''$..... $n^{(m+1)}$ leurs indices de réfraction.

Le *premier foyer* est déterminé par cette condition que tout rayon qui y passe avant d'être réfracté devient, après réfraction, parallèle à l'axe.

Le *second foyer* est déterminé par cette condition que par lui viennent passer tous les rayons qui, avant réfraction, étaient parallèles à l'axe.

Le *second point principal* est l'image du *premier*, c'est-à-dire que des rayons qui, dans le premier milieu, passent par le premier, passent par le second après leur dernière réfraction. On nomme *plans principaux*, des plans perpendiculaires à l'axe, menés par les points principaux. Le second plan principal est l'image optique du premier ; ce sont même les deux seules images conjuguées qui aient la même grandeur et la même direction. Par cette condition, la position des plans principaux est déterminée.

Le *second point nodal* est l'image du *premier*. Un rayon qui, dans le premier milieu, est dirigé vers le premier point nodal, passe, après la réfraction, par le second point nodal, et les directions du rayon avant et après la réfraction sont parallèles entre elles.

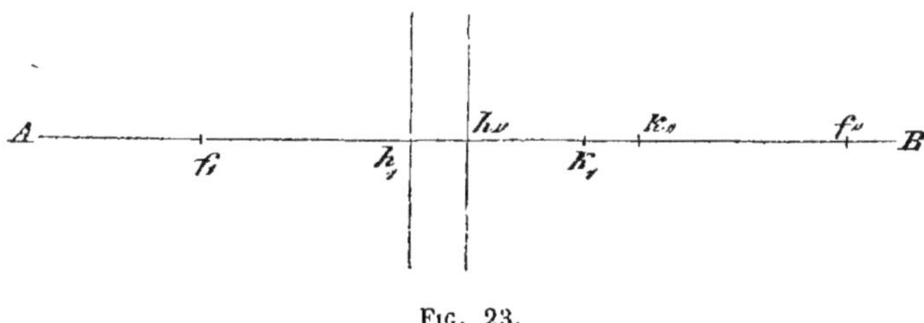

Fig. 23.

La distance du premier foyer au premier point principal se nomme *distance focale principale*. On la compte positivement, lorsqu'en marchant dans le sens de la lumière, on trouve le premier point principal en arrière du premier foyer. Soient donc (fig. 23) AB l'axe, A la direction d'où vient la lumière, $f_{\prime}$ et $f_{\prime\prime}$ le premier et le second foyer, $h_{\prime}$ et $h_{\prime\prime}$ le premier et le second point principal, $k_{\prime}$ et $k_{\prime\prime}$ le premier et le second point nodal; $f_{,} h_{,}$ est la première distance focale principale, tandis que $f_{,,} h_{,,}$ étant la distance du second point principal au second foyer, est la seconde distance focale principale, et se compte positivement, si, comme dans la figure, le foyer est en arrière du point principal.

La distance du premier foyer au premier point nodal est égale à la seconde distance focale principale, et la distance du second point nodal au second foyer est égale à la première distance focale principale. Ainsi :

$$\left.\begin{array}{l} f_{,} k_{,} = f_{,,} h_{,,} \\ f_{,} h_{,} = f_{,,} k_{,,} \end{array}\right\} \quad \ldots\ldots\ldots \quad \alpha).$$

Il en résulte que la distance respective des points principaux et nodaux de même nom est égale à la différence des deux distances focales :

$$k_{,} h_{,} = k_{,,} h_{,,} = f_{,,} h_{,,} - f_{,} h_{,} \} \quad \ldots\ldots\ldots \quad \beta),$$

et qu'en outre, la distance des deux points principaux entre eux est la même que celle des deux points nodaux :

$$h_{,} h_{,,} = k_{,} k_{,,} \} \quad \ldots\ldots\ldots \quad \gamma).$$

Enfin, les deux distances focales principales sont entre elles dans le même rapport que les indices de réfraction du premier et du dernier milieu :

$$\left.\frac{f_{,} h_{,}}{n_1} = \frac{f_{,,} h_{,,}}{n_2}\right\} \quad \ldots\ldots\ldots \quad \delta).$$

Si donc le dernier milieu est de même nature que le premier, et qu'on ait $n_1 = n_2$, ce qui a lieu dans la plupart des instruments d'optique, mais ce qui n'est pas le cas dans l'œil, les deux distances focales principales sont égales, et, d'après l'équation β), les points principaux et les points nodaux de même nom coïncident.

D'après les définitions données, les premiers points focal, principal et nodal, se rapportent constamment à la marche des rayons dans le premier milieu, les seconds à la marche des rayons dans le dernier milieu.

On nomme *plans focaux*, des plans perpendiculaires à l'axe et passant par les foyers. Les rayons émis par un point du premier plan focal sont parallèles entre eux après réfraction, et comme, d'après la définition des points nodaux, le rayon allant du point lumineux au premier point nodal doit, après réfraction, être parallèle à sa direction primitive, tous les rayons émis par un point lumineux du premier plan focal doivent, après réfraction, être parallèles à ce dernier rayon.

Les rayons qui sont parallèles entre eux dans le premier milieu convergent en un point du second plan focal, et comme celui des rayons parallèles qui passe par le premier point nodal se continue, après la réfraction, suivant une parallèle à sa direction primitive menée par le second point nodal, le point de concours des rayons parallèles doit être à l'intersection de ce dernier rayon avec le second plan focal.

Ces règles suffisent dans tous les cas, étant donnée la position d'un rayon dans le premier milieu, pour trouver sa position après la dernière réfraction, et, étant donné un point lumineux dans le premier milieu, pour déterminer la position de son image après la dernière réfraction.

Soit *ab* (fig. 24) la position d'un rayon dans le premier milieu: trouver sa position dans le dernier milieu.

Soient *a* le point où le rayon rencontre le premier plan focal, *b* celui où il rencontre le premier plan principal; en général, les deux points *a* et *b* ne sont pas dans un même plan avec l'axe *AB* du système.

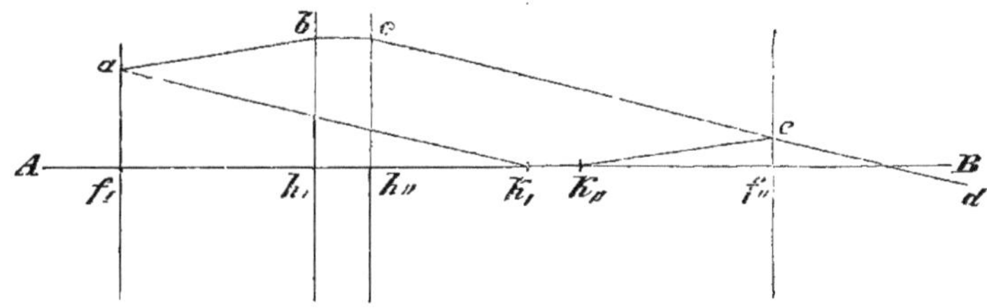

Fig. 24.

L'image du point *b* est dans le second plan principal, puisque chacun des plans principaux est l'image de l'autre; comme, de plus, chacune des images doit, dans ce cas, être égale à l'autre et placée de même, l'image du point *b* du premier plan principal est en *c*, pied de la perpendiculaire abaissée du point *b* sur le second plan principal. Chaque rayon lumineux qui part de *b*, ou passe par ce point, doit donc, après réfraction, passer par *c*, image de *b* : c'est ce qui a lieu, par conséquent, pour la continuation du rayon *ab*.

En second lieu, le rayon *ab* passe par le point *a* du premier plan focal. D'après les règles énoncées précédemment, tout rayon parti d'un point *a* du premier plan focal est parallèle, après réfraction, au rayon qui va de ce point *a* au premier point nodal. Il faut donc qu'après réfraction, le rayon *ab* passe par *c* et soit parallèle à $ak_{\prime}$. Menons *cd* parallèle à $ak_{\prime}$, et nous avons le rayon réfracté.

D'après ce que j'ai dit précédemment sur la propriété du second plan focal, nous pouvons aussi procéder de la manière suivante : Abaissons la perpendiculaire *bc* sur le second plan principal, tirons $k_{\prime\prime}e$ parallèle à *ab* ; cette ligne coupe en *e* le second plan focal, et *ce* est le rayon réfracté. Il est facile de voir que cette dernière ligne coïncide avec *cd*.

Soit *a* (fig. 25) un point lumineux : trouver son image.

Il suffit de mener deux rayons de *a* vers le premier plan principal, et de construire leur direction après la réfraction : leur intersection sera l'image de *a*. Si *a* se trouve en dehors de l'axe, le plus commode est de se servir du rayon *ac*, parallèle à l'axe, et de celui $ak_{\prime}$ allant au

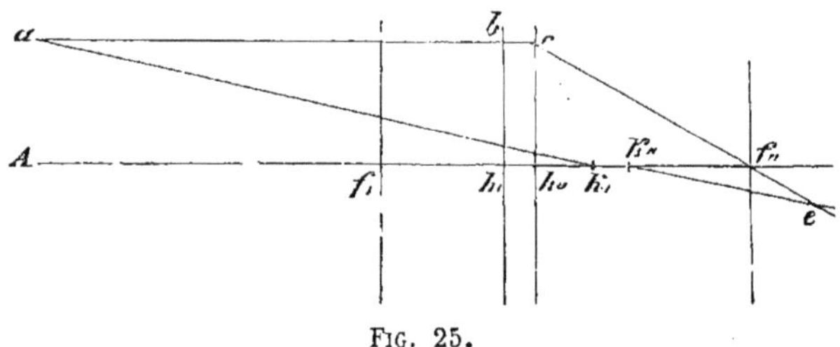

Fig. 25.

premier point nodal. Soit *c* le point d'intersection du premier rayon avec le second plan principal, on tire la ligne $cf_{\prime\prime}$ et on la prolonge en arrière ou en avant jusqu'à son intersection *e* avec la parallèle à $ak_{\prime}$ menée par $k_{\prime\prime}$. La position de l'image est *e*.

On déduit facilement, du problème précédent et des définitions données plus haut, qu'après la réfraction, *ac* se dirige suivant *ce*, et $ak_{\prime}$ suivant $k_{\prime\prime}e$.

Si le point *a* est sur l'axe, un de ses rayons se prolonge sans réfraction, suivant l'axe même. Il suffit alors de construire un autre rayon qui se dirige en dehors de l'axe. La position de l'image est le point où ce dernier coupe l'axe après la réfraction.

Après avoir donné ainsi les résultats de l'analyse mathématique pour ceux des lecteurs qui se contentent de la connaissance des résultats, je vais exposer le développement mathématique complet de cette théorie.

RÉFRACTION PAR UNE SURFACE SPHÉRIQUE.

Soit a le centre de la surface sphérique cb, et p un point lumineux extérieur à la sphère. Un rayon venu de p qui se dirige suivant la ligne droite pa vers le centre de la sphère rencontre normalement cette surface, et, par suite, continue sans réfraction son chemin vers q, suivant le prolongement de ap. Soit pc un

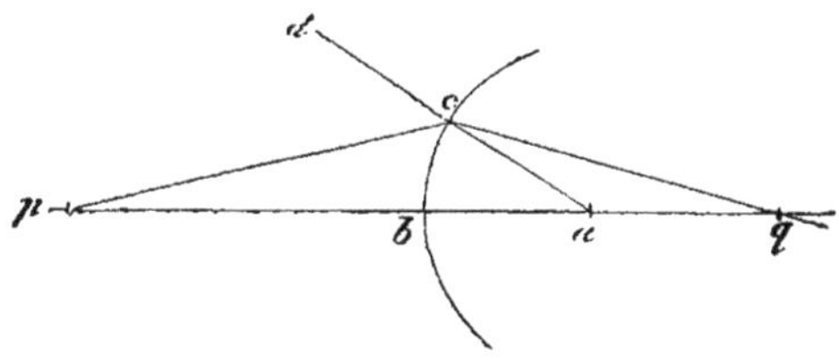

Fig. 26.

autre rayon lumineux qui rencontre la sphère en c et soit réfracté en ce point. Nous avons, avant tout, à déterminer son chemin après réfraction. D'après la loi de la réfraction énoncée plus haut, remarquons d'abord que le rayon réfracté doit rester dans le plan d'incidence, c'est-à-dire dans le plan mené par le rayon incident et la normale au point d'incidence. Comme tout rayon de la sphère est normal à la partie de la sphère qu'il rencontre, dans notre cas la normale est le prolongement cd du rayon ac, et le plan d'incidence est celui mené par les lignes pc et ad. La ligne pq se trouve tout entière dans ce plan, puisqu'il contient deux points p et a de cette ligne. Le rayon réfracté doit donc rencontrer quelque part la ligne pa supposée prolongée indéfiniment dans les deux sens. Soit q le point d'intersection de ces deux lignes ; il s'agit de déterminer la distance du point q au point b. Si le rayon réfracté se trouvait être parallèle à la ligne pa, nous considérerions le point d'intersection q comme infiniment éloigné.

La position du point q est déterminée par la condition que

$$n' \sin (pcd) = n'' \sin (qca) \Big\} \quad \ldots\ldots\ldots \quad (1),$$

n' étant l'indice de réfraction du premier milieu, et n'' celui du second.

Comme, dans les triangles rectilignes, les sinus sont entre eux comme les côtés opposés, on a dans le triangle apc :

$$\frac{\sin (pca)}{\sin (cpa)} = \frac{ap}{ac},$$

et dans le triangle aqc :

$$\frac{\sin (qca)}{\sin (cqa)} = \frac{aq}{ac}.$$

Divisant la première de ces équations par la seconde, en remarquant que le sinus de pca est égal à celui de l'angle adjacent pcd, il vient

$$\frac{\sin(pcd)}{\sin(qca)} \cdot \frac{\sin(cqa)}{\sin(cpa)} = \frac{ap}{aq};$$

or, d'après l'équation 1), on a

$$\frac{\sin(pcd)}{\sin(qca)} = \frac{n''}{n'},$$

et, dans le triangle pcq, on a

$$\frac{\sin(cqa)}{\sin(cpa)} = \frac{cp}{cq}.$$

Il vient donc

$$\left.\frac{n''\,.\,cp}{n'\,.\,cq} = \frac{ap}{aq}\right\} \ldots\ldots\ldots\ldots\ldots \quad 2).$$

Pour $ap = \infty$, cette équation devient

$$\left.n'.cq = n''.aq\right\} \ldots\ldots\ldots\ldots\ldots \quad 2\,a),$$

car alors, en négligeant un infiniment petit, on a

$$\frac{cp}{ap} = 1.$$

Il est facile, au moyen de l'équation 2), de trouver, par une construction, la marche des rayons lumineux; et alors, comme en général le point q se déplace

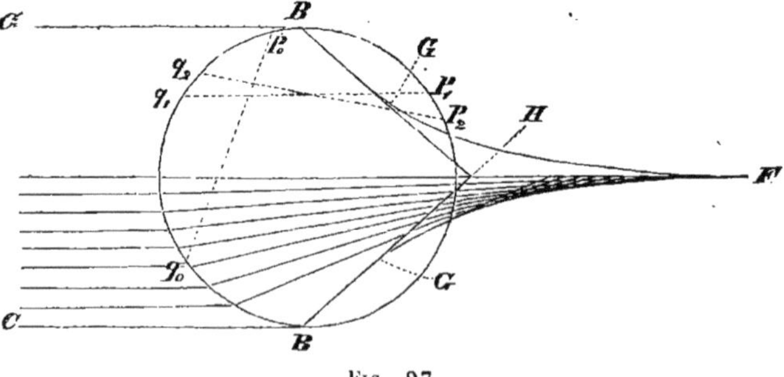

Fig. 27.

en même temps que le point c, on trouve que les rayons lumineux ne se coupen pas exactement en un point, mais bien suivant une ligne courbe (*caustique*), analogue à celle qui a été tracée ici (fig. 27), pour des rayons incidents parallèles. BB est la surface sphérique réfringente; C sont les rayons incidents; GFG est la caustique formée par l'intersection de chaque rayon réfracté avec le rayon suivant. Les rayons les plus voisins de l'axe se réunissent en F, au point de rebroussement de cette ligne.

Si nous ne considérons que les rayons qui tombent à peu près normalement sur la surface réfringente, et qui, par suite, la rencontrent très-près de l'axe, nous voyons sur la figure 26 que lorsque le point c se rapproche beaucoup du point b, le rapport $\frac{cp}{cq}$ devient $\frac{bp}{bq}$. L'équation 2) devient donc alors

$$\left.\frac{n'' \cdot bp}{n' \cdot bq} = \frac{ap}{aq}\right\} \quad \ldots\ldots\ldots\ldots \quad 2\text{b}).$$

Dans notre surface réfringente, désignons (fig. 26) :

le rayon ab par r;
les distances bp par f',
bq par f'',
ap par g',
aq par g'',

de telle sorte que

$$\left.\begin{aligned} f' + r &= g' \\ f'' &= g'' + r \end{aligned}\right\} \quad \ldots\ldots\ldots\ldots \quad 2\text{c}),$$

l'équation 2b) devient

$$\frac{n'' f'}{n' f''} = \frac{f' + r}{f'' - r}$$

ou

$$\frac{n'' (g' - r)}{n' (g'' + r)} = \frac{g'}{g''}.$$

On tire de là, par une transformation facile, les équations

$$\left.\begin{aligned} \frac{n'}{f'} + \frac{n''}{f''} &= \frac{n'' - n'}{r} \\ \text{ou} \quad \frac{n''}{g'} + \frac{n'}{g''} &= \frac{n'' - n'}{r} \end{aligned}\right\} \quad \ldots\ldots\ldots\ldots \quad 3),$$

qui permettent de déterminer les grandeurs cherchées de f'' et de g''.

Nommons respectivement F'' et G'' les valeurs de f'' et de g'' qui répondent à $f' = \infty$ et $g' = \infty$, il vient

$$\left.\begin{aligned} F'' &= \frac{n'' r}{n'' - n'} \\ G'' &= \frac{n' r}{n'' - n'} \end{aligned}\right\} \quad \ldots\ldots\ldots\ldots \quad 3\text{a}).$$

Posons au contraire $f'' = \infty$ et $g'' = \infty$, et désignons par F' et G' les valeurs correspondantes de f' et g', nous aurons

$$\left.\begin{aligned} F' &= \frac{n'r}{n'' - n'} = G'' \\ G' &= \frac{n''r}{n'' - n'} = F'' \end{aligned}\right\} \quad \ldots\ldots\ldots\ldots \quad 3\text{ b});$$

et maintenant nous pouvons donner aux équations 3) la forme simple :

$$\left.\begin{aligned} \frac{F'}{f'} + \frac{F''}{f''} &= 1 \\ \frac{G'}{g'} + \frac{G''}{g''} &= 1 \end{aligned}\right\} \quad \ldots\ldots\ldots\ldots \quad 3\text{ c}).$$

La première de ces équations, résolue par rapport à f' et à f'', donne, pour calculer ces grandeurs, les formules

$$\left.\begin{aligned} f' &= \frac{F'f''}{f'' - F''} \\ f'' &= \frac{F''f'}{f' - F'} \end{aligned}\right\} \quad \ldots\ldots\ldots\ldots \quad 3\text{ d}).$$

Quand on trouve pour ces longueurs des valeurs négatives, cela signifie qu'il faut les mesurer du côté de la surface réfringente opposé à celui qui a été admis sur la figure 26.

Observations. — 1° Si, au lieu de provenir du point p du premier milieu, la lumière provient du point q du second, le rayon cq (fig. 26) devient le rayon incident, et le rayon cp, qui était le rayon incident, devient le rayon réfracté correspondant. Si donc les rayons partis du point p, et qui ont rencontré la surface à peu près normalement, se sont réunis en q, ceux venus de q, et qui la rencontrent aussi à peu près normalement, se réuniront en p. De là résultent immédiatement les formules pour les cas où les rayons viennent frapper le côté concave de la surface sphérique. Il suffit de nommer second milieu celui qu'on nommait premier milieu, et inversement, et de changer en conséquence tous les indices des lettres. Les équations fondamentales 3) deviennent alors

$$\frac{n''}{f''} + \frac{n'}{f'} = \frac{n' - n''}{r},$$

$$\frac{n'}{g''} + \frac{n''}{g'} = \frac{n' - n''}{r}.$$

Il suffit donc, pour une surface réfringente concave, de considérer le rayon de courbure r comme négatif, et la formule 3) devient applicable au cas de cette surface; naturellement les formules 3a), 3b), 3c) et 3d), déduites de 3), continuent également à s'appliquer.

2° Si q est l'image de p, p est aussi l'image de q. Pour exprimer cette relation réciproque, on donne à ces points le nom de *points de concours conjugués*, ce qui a l'avantage de ne pas exprimer lequel des deux points est lumineux. De même il est indifférent, pour les lois de la réfraction, que le point qui émet de la lumière soit une source lumineuse matérielle, ou un corps qui diffuse de la lumière incidente, ou seulement le point de concours de rayons réfractés. Aussi le point lumineux peut-il même être le point de concours virtuel de rayons réfractés, et se trouver sur le prolongement de ces rayons et en arrière de la surface réfringente.

3° Je ferai observer que les lois de la réflexion des rayons sur les miroirs courbes sont exprimées par la formule 3), si l'on y pose $n'' = - n'$. Nous aurons parfois besoin de formules de cette espèce pour les images réfléchies que donnent les surfaces réfringentes de l'œil. — Pour de semblables miroirs on préfère ordinairement une autre notation. Dans la première des équations 3) remplaçons n'' par $- n'$, il vient

$$\frac{1}{f'} - \frac{1}{f''} = - \frac{2}{r}.$$

Si, d'après la notation que nous avons employée jusqu'ici, r est positif, c'est-à-dire si le miroir est convexe, pour $f' = \infty$, la valeur de f'' deviendrait $\frac{r}{2}$, et cette valeur positive répondrait au cas où les rayons se réunissant en arrière de la surface réfléchissante, l'image serait virtuelle. Si le miroir est concave, ou r négatif, f'' serait négatif, l'image se trouvant en avant du miroir et étant réelle. On préfère ordinairement appeler positive la distance des images réelles au miroir. On donne donc à f'' et au rayon r de la surface réfléchissante les signes contraires de ceux qui se présentent pour les surfaces réfringentes, et l'on écrit l'équation fondamentale ainsi :

$$\frac{1}{f'} + \frac{1}{f''} = \frac{2}{r}.$$

4° Quand r devient infiniment grand, c'est-à-dire que la surface réfringente devient plane, d'après 3 a) les distances focales principales deviennent aussi infiniment grandes, et la première des équations 3) devient

$$\frac{n'}{f'} + \frac{n''}{f''} = 0$$

ou

$$f'' = - \frac{n''}{n'} f' \quad \Big\} \quad \ldots\ldots\ldots\ldots \quad 3\text{ e}).$$

L'image se trouve donc du même côté de la surface réfringente, mais à une distance différente.

Représentation des objets par une surface réfringente sphérique.

Quand, par la suite, il sera question d'objets dont les images sont produites par des surfaces courbes réfringentes, il est entendu, une fois pour toutes, que ce sont des objets plans, situés perpendiculairement à l'axe du système et tels que, d'une part, tous les rayons qu'ils émettent tombent à peu près normalement sur la surface courbe et que, d'autre part, ces rayons fassent de très-petits angles avec l'axe.

Quand une surface réfringente sphérique donne une image d'un point lumineux, nous pouvons prendre pour axe la ligne qui joint ce point au centre. Quand il y a en présence de la surface un objet tel que nous l'avons défini quelques lignes plus haut, nous devons prendre pour axe la perpendiculaire abaissée du centre de la sphère sur le plan de l'objet.

Soit (fig. 28) *pr* l'axe, *sp* une droite perpendiculaire à *pr* et figurant une section du plan de l'objet, *s* un point lumineux voisin de l'axe, *a* le centre de la

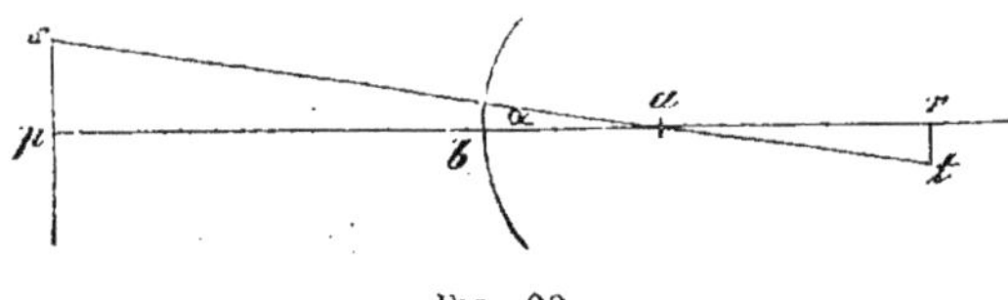

Fig. 28.

surface réfringente, *t* l'image de *s*. Il s'agit de déterminer la position du point *t* par deux coordonnées rectangulaires *ra* et *rt*, la première parallèle et la seconde perpendiculaire à l'axe.

Faisons préalablement abstraction de *p* et des autres points lumineux de l'objet *sp*; il résulte de ce qu'on a déjà vu que l'image *t* de *s* doit se trouver sur le prolongement de la ligne qui joint les points *s* et *a*, de telle sorte que *sa* et *at* forment une ligne droite.

Désignons *sa* par γ' et *at* par γ'', d'après l'équation 3 c) on a

$$\frac{G'}{\gamma'} + \frac{G''}{\gamma''} = 1 \Big\} \quad \ldots\ldots\ldots\ldots \quad 4).$$

Désignons de plus *pa* par g', *ar* par x et l'angle *sap* par α, on a :

$$\gamma' = \frac{g'}{\cos \alpha}$$

$$\gamma'' = \frac{x}{\cos \alpha}.$$

Les valeurs de γ' et γ'' transportées dans l'équation 4) donnent :

$$\frac{G'}{g'} + \frac{G''}{x} = \frac{1}{\cos \alpha}.$$

Comme, d'après notre supposition sur la grandeur des objets à représenter, l'angle α doit être très-petit, *cos* α ne diffère de 1 que par un infiniment petit du second ordre, et peut-être approximativement égalé à 1. Alors il vient :

$$\frac{G'}{g'} + \frac{G''}{x} = 1.$$

Mais, d'autre part, si g'' est la distance de a à l'image du point p, on a :

$$\frac{G'}{g'} + \frac{G''}{g''} = 1,$$

donc

$$x = g'' \Big\} \ldots \ldots \ldots \ldots \quad 5).$$

Le pied de la perpendiculaire tr est donc l'image du point p.

Les images des points compris dans un plan mené perpendiculairement à l'axe par le point p sont donc aussi comprises approximativement dans un plan perpendiculaire à l'axe et mené par l'image du point p.

Si l'on a donc cherché d'abord l'image r du point p, et qu'on a mené par r un plan perpendiculaire à l'axe, il suffit, pour trouver la position des images des différents points de l'objet lumineux, de joindre par des lignes droites ces points au centre de la surface : les intersections de ces droites avec le plan mené par r sont les différents points de l'image.

De cette construction, il résulte, en vertu de propriétés géométriques bien connues, que l'image est semblable à l'objet.

Il en résulte aussi facilement la connaissance du rapport des dimensions linéaires de l'objet à celles de son image. Nommons, par exemple, β' la ligne sp qui est une dimension linéaire de l'objet, et $-\beta''$ la dimension tr correspondante de l'image (nous mettons le signe —, parce que la ligne considérée est de l'autre côté de l'axe), on a :

$$-\frac{\beta'}{\beta''} = \frac{g'}{g''} \Big\} \ldots \ldots \ldots \ldots \quad 6),$$

ou, en tenant compte de la seconde des équations 3 c) :

$$\frac{\beta''}{\beta'} = \frac{G''}{G' - g'} = \frac{G'' - g''}{G'} \Big\} \ldots \ldots \ldots \quad 6\,a),$$

ou, de même, en tenant compte de la première des équations 3 c) :

$$\frac{\beta''}{\beta'} = \frac{F'}{F' - f'} = \frac{F'' - f''}{F''} \Big\} \ldots \ldots \ldots \quad 6\,b).$$

Quand la surface réfringente est plane, les distances focales deviennent infinies, et l'équation 6 b) devient :

$$\frac{\beta''}{\beta'} = 1 \Big\} \ldots \ldots \ldots \ldots \quad 6\,c).$$

L'image que donne une surface réfringente plane est donc de même grandeur que l'objet.

Généralisation des formules précédentss.

Nous commencerons par appliquer au cas actuel les notions, définies plus haut, des *foyers*, des *points principaux* et des *points nodaux*.

Les *foyers* sont les points où se réunissent les rayons qui sont parallèles à l'axe dans le premier ou le second milieu. Les distances F' et F'' des deux foyers au sommet de la surface réfringente et les distances G' et G'' de ces points au centre de cette surface ont déjà été exprimées par les équations 3 a) et 3 b), et, par là, leur position a été définie.

Les *plans focaux* sont des plans perpendiculaires à l'axe passant par les foyers. Comme l'image de chacun des foyers est à l'infini, la même chose doit avoir lieu pour les points des plans focaux qui sont suffisamment près de l'axe pour pouvoir donner des images régulières. Les rayons partis d'un point de l'un des plans focaux sont donc parallèles après réfraction.

Les *points principaux* et les plans menés perpendiculairement à l'axe par ces points, ou *plans principaux*, sont caractérisés par ce fait que des images situées dans ces plans sont de même grandeur et placées de même. On a donc, pour les plans principaux, $\beta' = \beta''$, ce qui, d'après les équations 6 b), ne peut avoir lieu que pour $f' = o$ et $f'' = o$, conditions qui, d'après les équations 3 d), se réduisent à une seule. Dans le cas qui nous occupe, les points principaux coïncident donc avec le point où l'axe rencontre la surface réfringente, et ce point principal est sa propre image.

Les *points nodaux* sont définis par cette condition que tout rayon qui, avant réfraction, passe par le premier d'entre eux, passe, après réfraction, par le second, et prend alors une direction parallèle à sa direction primitive. Dans le cas actuel, ils se réduisent également à un, qui est le centre de la sphère. En effet, un rayon qui, dans le premier milieu, se dirige vers le centre de la sphère, n'est pas réfracté à son entrée dans le second milieu; il passe donc par le centre en restant parallèle à sa direction primitive.

Les constructions pour obtenir la direction des rayons, qui ont été déduites plus haut des définitions des plans et points cardinaux, s'appliquent au cas d'une seule surface réfringente et se simplifient par ces circonstances que chaque point du premier plan principal étant sa propre image, on n'a plus besoin de chercher

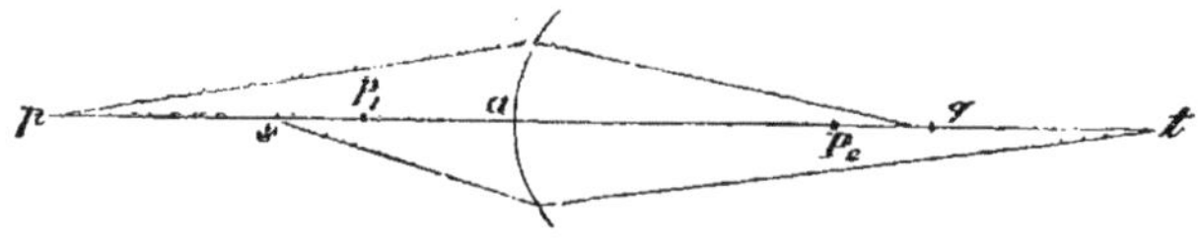

Fig. 29.

cette image dans le second plan principal, et que le rayon qui va vers le premier point nodal se prolongeant en ligne droite, on n'a pas besoin de lui mener une parallèle par le second point nodal.

Nous avons établi en 3 c) deux équations d'une forme analogue, mais qui supposent qu'on soit parti de points différents pour mesurer les distances des images. Nous obtenons toujours des équations de cette même forme si simple, en mesurant à partir d'un point arbitraire s de l'axe (fig. 29) les distances des points de concours relatifs au premier milieu, et à partir de l'image t de ce point, les distances des points de concours relatifs au second milieu.

Soit en effet t l'image de s, q celle de p, P_1 le premier foyer principal, P_2 le second, et désignons désormais (fig. 29) :

sa par f', pa par φ', P_1a par F',
ta par f'', qa par φ'', P_2a par F'',

on a

$$\frac{F'}{f'} + \frac{F''}{f''} = 1 \quad \ldots \ldots \quad \alpha),$$

$$\frac{F'}{\varphi'} + \frac{F''}{\varphi''} = 1 \quad \ldots \ldots \quad \beta).$$

Désignons de plus :

ps par h', P_1s par $-H'$,
qt par $-h''$, P_2t par $-H''$,

ou, en d'autres termes, posons :

$$\varphi' - f' = h' \quad \ldots \ldots \quad \gamma),$$
$$\varphi'' - f'' = h'' \quad \ldots \ldots \quad \delta),$$
$$F' - f' = H' \quad \ldots \ldots \quad \varepsilon),$$
$$F'' - f'' = H'' \quad \ldots \ldots \quad \zeta).$$

Substituant dans β) les valeurs de φ' et de φ'' tirées de γ) et de δ), on obtient :

$$\frac{F'}{h' + f'} + \frac{F''}{h'' + f''} = 1$$

ou $$F' (h'' + f'') + F'' (h' + f') = (h' + f') (h'' + f'').$$

D'autre part, de α) on peut tirer :

$$F' f'' + F'' f' = f' f'';$$

retranchant membre à membre, il vient :

$$F' h'' + F'' h' = h' h'' + h' f'' + h \ f'$$

ou $$(F' - f') h'' + (F'' - f'') h' = h' h'',$$

ce qui, grâce aux équations ε) et ζ), donne :

$$H' h'' + H'' h' = h' h''$$

ou $$\left.\frac{H'}{h'} + \frac{H''}{h''} = 1 \right\} \quad \ldots \ldots \quad 7).$$

Si l'on prend donc comme origine des distances un couple quelconque de points de concours conjugués des rayons, on retombe toujours sur la même formule simple. Comme, d'une part, sur la surface elle-même, et, d'autre part, à son centre, le point lumineux, qui est l'objet, se confond avec son image, ces deux points sont chacun sa propre image, et les formules 3 c) ne sont par conséquent que des cas particuliers de la formule 7).

Si l'on fait coïncider le point s avec le premier foyer, l'équation 7) devient inappliquable, parce que H'' et h'' deviennent infinis ; mais, de la première des équations 3 d), on déduit facilement l'équation correspondante. Cette équation 3 d) est :

$$f' = \frac{F' f''}{f'' - F''}.$$

Retranchant F' aux deux membres, il vient :

$$f' - F' = \frac{F' F''}{f'' - F''} \quad \ldots\ldots\ldots\ldots \quad 7\,a).$$

Posons ici $f' - F' = l'$, et $f'' - F'' = l''$, l' étant la distance du point lumineux au premier foyer, comptée vers en avant, et l'' la distance de son image au second foyer, comptée en sens inverse, et nous obtenons la forme la plus simple sous laquelle on puisse exprimer la loi de la position des images ; c'est :

$$l' l'' = F' F'' \quad \ldots\ldots\ldots\ldots \quad 7\,b).$$

En appliquant la même notation, la loi de la grandeur des images, données par l'équation 6 b), devient :

$$\frac{\beta'}{\beta''} = -\frac{l'}{F'}$$

ou

$$\frac{\beta''}{\beta'} = -\frac{l''}{F''} \quad \ldots\ldots\ldots\ldots \quad 7\,c).$$

Relation entre la grandeur des images et la convergence des rayons.

Soient (fig. 30), pq l'axe, sp un objet et qr son image. Nous allons déterminer les angles α' et α'' que fait avec l'axe, avant et après réfraction, un des rayons, pc, émanés de p. Nous considérerons ces angles comme positifs quand le rayon s'éloigne de l'axe, en marchant dans le sens des images que nous considérons

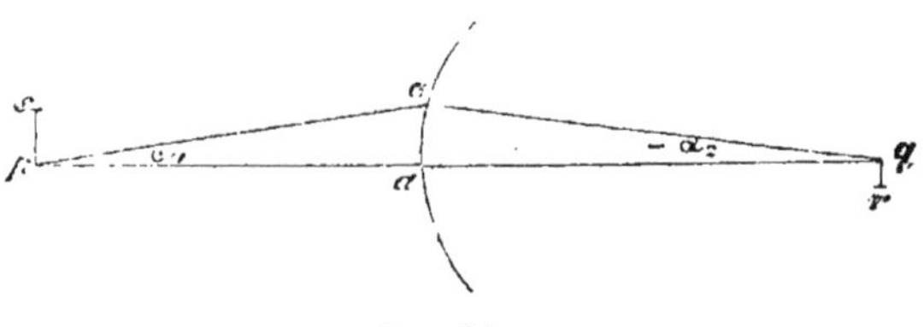

Fig. 30.

comme positives. On a donc $\angle cpa = \alpha'$, $\angle cqa = -\alpha''$. De plus, continuons à poser $sp = \beta'$, $qr = -\beta''$, $ap = f'$, $aq = f''$. Comme les angles d'incidence des rayons sur la surface réfringente doivent rester toujours très-petits, ca doit être un très-petit arc que nous pouvons confondre avec une perpendiculaire à l'axe. Nous pouvons donc poser :

$$ac = f' \, tg \, \alpha'$$

$$ac = - f'' \, tg \, \alpha'',$$

donc

$$f' \, tg \, \alpha' = - f'' \, tg \, \alpha'' \Big\} \ldots\ldots\ldots\ldots \quad A.$$

De plus, d'après 3 d), on a :

$$\frac{f''}{f'} = \frac{F''}{f' - F'} = \frac{f'' - F}{F'}$$

d'après 6 b), on a :

$$\frac{\beta''}{\beta'} = \frac{F'}{F' - f'} = \frac{F'' - f''}{F''}$$

et enfin, d'après 3 a) et 3 b), on a :

$$\frac{F''}{F'} = \frac{n''}{n'}.$$

De ces trois relations, on tire :

$$\frac{f''}{f'} = - \frac{n''}{n'} \cdot \frac{\beta''}{\beta'}$$

ce qui, transporté dans l'équation A, donne :

$$n' \beta' \, tg \alpha' = n'' \beta'' \, tg \alpha'' \Big\} \ldots\ldots\ldots\ldots \quad 7\,d).$$

Cette équation exprime une loi importante, qui lie la grandeur des images à la divergence des rayons, indépendamment de la distance de l'objet et de la longueur focale de la surface réfringente.

RÉFRACTION DANS LES SYSTÈMES DE SURFACES SPHÉRIQUES.

Nous allons maintenant examiner les lois de la réfraction dans les systèmes optiques centrés, c'est-à-dire dans ceux formés par une suite de surfaces réfringentes sphériques dont les centres sont tous sur une même droite qui est l'*axe optique* du système.

Nous disons que le côté d'où vient la lumière est *en avant* du système, que celui vers lequel elle se dirige est en *arrière*. La surface réfringente que la lumière rencontre d'abord s'appelle la *première*, le milieu situé en avant de la première surface réfringente est le *premier* milieu, celui compris entre la première et la seconde surface est le *second*, celui qui est en arrière de la dernière de ces surfaces est le dernier. Quand nous avons m surfaces réfringentes, nous avons $m + 1$ milieux réfringents. Nous désignerons par n' ou n_1 l'indice de réfraction du premier milieu réfringent, par n'' celui du second..... par $n^{(m+1)}$ ou par n_2 celui du dernier. Nous continuons à compter comme positifs les rayons des surfaces réfringentes, quand la convexité de ces surfaces est dirigée en avant, et comme négatifs ces rayons, quand la convexité des surfaces est dirigée en arrière. Je fais aussi observer ici, une fois pour toutes, que lorsqu'il est question d'un point de concours de rayons ou d'une image situés dans un milieu, ou relatifs à ce milieu, on comprend toujours dans cette expression le cas où l'image est virtuelle et ne se produirait que par la prolongation des rayons au delà des limites du milieu.

En premier lieu, nous savons, d'après ce qui précède, que des rayons homocentriques qui tombent sous de petits angles d'incidence sur des surfaces réfringentes sphériques restent homocentriques. Il en résulte que des rayons homocentriques qui pénètrent dans le système optique, en faisant de petits angles avec son axe, restent homocentriques après chaque réfraction, et sortent homocentriquement de la dernière surface réfringente. Quand la lumière incidente appartient à une série de points de concours, qui sont tous situés dans un même plan perpendiculaire à l'axe optique, nous savons, de plus, qu'après la première réfraction, les points de concours se trouvent de nouveau tous dans un même plan perpendiculaire à l'axe optique, et que leur distribution est géométriquement semblable à celles qu'ils avaient d'abord. Il en sera par conséquent de même après chacune des réfractions suivantes, et la dernière image sera aussi géométriquement semblable à la première et placée dans un plan perpendiculaire à l'axe optique.

En considérant l'image fournie par la première surface réfringente comme étant un objet relativement à la seconde surface, l'image fournie par la seconde, comme objet relativement à la troisième, etc., on peut, sans difficulté particulière, calculer finalement la grandeur et la position de la dernière image. Il est juste d'ajouter qu'avec un nombre même peu considérable de surfaces réfringentes, les formules deviennent bientôt très-compliquées.

Il nous importe seulement ici de démontrer quelques lois générales, qui s'appliquent à un nombre quelconque de surfaces réfringentes, ce qui est d'autant plus important pour les applications que nous aurons à en faire à l'œil, que cet organe, avec les différentes couches du cristallin, nous présente un nombre infini

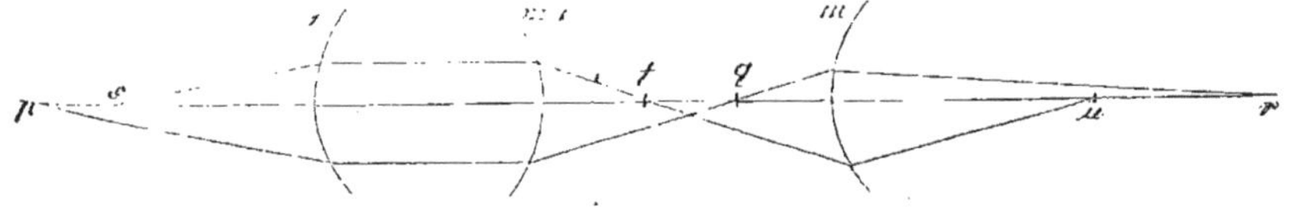

Fig. 31.

de surfaces réfringentes, et que, par suite, il n'y aurait pas à essayer de venir à bout d'un calcul entrepris de la manière dont nous venons de parler.

1° — Je vais démontrer d'abord que la loi exprimée par l'équation 7) pour une seule surface, est également vraie pour un nombre de surfaces quelconque.

Soit (fig. 31) *1* la première surface du système ($m - 1$) l'avant-dernière et m la dernière. Si s et p sont respectivement les points de concours de rayons incidents et u et r les points de concours des rayons émergents correspondants, désignons ps par h', ur par $h^{(m+1)}$, je vais démontrer qu'on a :

$$\frac{H_1}{h'} + \frac{H_2}{h^{(m+1)}} = 1,$$

H_1 étant la distance du premier foyer principal à s, et H_2 celle du second foyer principal à u.

Pour démontrer que cette loi est générale, je vais faire voir que si elle est vraie pour un système de $(m-1)$ de surfaces, elle l'est aussi pour m surfaces. Comme elle est déjà démontrée pour une surface, il en résulte alors qu'elle l'est aussi pour deux, puis pour trois, etc....., pour un nombre infini.

Supposons que le système des $(m-1)$ premières surfaces donne du point s l'image t et du point p l'image q, et désignons tq par $h^{(m)}$. Soient respectivement L_1 et L_2 les distances des points s et t aux foyers principaux du système des $(m-1)$ premières surfaces ; soient respectivement M_1 et M_2 les distances des points t et u aux foyers principaux de la dernière ou $m^{\text{ième}}$ surface, toutes ces distances étant comptées positivement en allant des points s, t et u vers le côté où le milieu réfringent auquel correspondent les faisceaux lumineux en question se trouve par rapport aux surfaces ou aux systèmes réfringents. Nous avons, par hypothèse :

$$\frac{L_1}{h'} + \frac{L_2}{h^{(m)}} = 1,$$

et pour la réfraction par la dernière surface :

$$-\frac{M_1}{h^{(m)}} + \frac{M_2}{h^{(m+1)}} = 1.$$

Divisant la première de ces équations par L_2 et la seconde par M_1, et ajoutant membre à membre, il vient :

$$\frac{L_1}{L_2} \cdot \frac{1}{h'} + \frac{M_2}{M_1} \, \frac{1}{h^{(m+1)}} = \frac{1}{L_2} + \frac{1}{M_1}$$

ou

$$\frac{M_1 \, L_1}{M_1 + L_2} \cdot \frac{1}{h'} + \frac{M_2 \, L_2}{M_1 + L_2} \cdot \frac{1}{h^{(m+1)}} = 1.$$

Posons $h' = \infty$, il en résulte $h^{(m+1)} = H_2$, et il vient :

$$H_2 = \frac{M_2 \, L_2}{M_1 + L_2}.$$

De même, posant $h^{(m+1)} = \infty$, il en résulte $h' = H_1$, et l'on a :

$$H_1 = \frac{M_1 \, L_1}{M_1 + L_2},$$

et enfin, suivant la notation qu'on voudra adopter

$$\left.\frac{H_1}{h'} + \frac{H_2}{h^{(m+1)}} = 1, \quad \text{ou} \quad \frac{H_1}{h_1} + \frac{H_2}{h_2} = 1 \right\} \quad \ldots\ldots\ldots \; 8).$$

C. q. f. d.

Pour toute valeur réelle de h', comprise entre $-\infty$ et $+\infty$, cette équation donne une valeur, et une seule, de $h^{(m+1)}$, et *vice versa*. Le premier et le dernier point de concours peuvent donc se trouver en un point quelconque de l'axe, et dès que l'un d'eux est donné, la position de l'autre est complétement définie.

2° — Tout système optique possède un couple, et un seul, de points de concours conjugués des rayons, tels que la grandeur d'une image plane perpendiculaire à l'axe devienne égale à celle de son objet. Nous nommons *premier* et *second plan principal* du système, le plan d'un pareil objet et celui de son image; *premier* et *second point principal*, les points où ces plans coupent l'axe optique. Les distances focales principales relatives aux points principaux sont proportionnelles aux indices de réfraction du premier et du dernier milieu.

En effet, soit sp l'objet, p le point de cet objet situé sur l'axe et s un autre de ses points. Si nous déplaçons l'objet parallèlement à lui-même le long de l'axe, le point s se meut parallèlement à l'axe, suivant st. Le rayon st appartiendra donc toujours au point s, quelle que soit d'ailleurs la distance pq. Maintenant, les rayons parallèles à l'axe sont déviés par le système réfringent, de manière à passer finalement par le second foyer principal P_2. Soit rw la position du rayon st après la dernière réfraction. Comme st ne cesse d'appartenir au point s, rw ne peut cesser d'appartenir à l'image de ce point, c'est-à-dire que l'image de s doit se trouver sur rw.

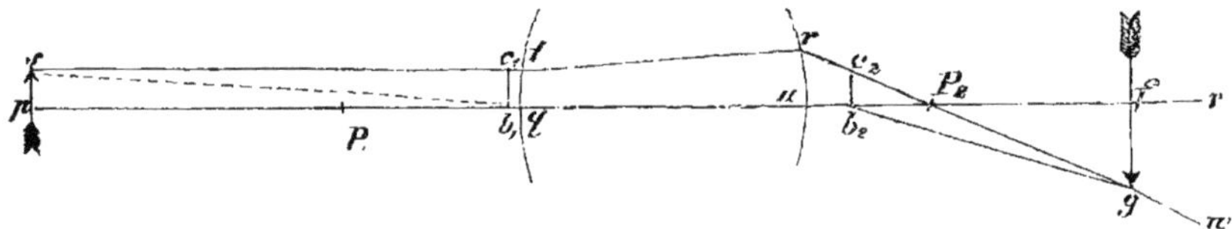

FIG. 32

Soit fg l'image de sp, qu'on sait, d'après ce qui précède, devoir être perpendiculaire à l'axe uv. Quand p se déplace le long de l'axe, f se déplace également le long de uv et g le long de rw, et il est évident que, dans ce mouvement, la grandeur de l'image fg doit varier proportionnellement à la distance $P_2 f$, comme cela a été exprimé plus haut par les équations 6) et 6b), pour une seule surface réfringente. Comme, de plus, on peut voir, d'après l'équation 8), que la distance $P_2 f$ peut prendre toutes les valeurs comprises entre $+\infty$ et $-\infty$, il en résulte que la grandeur de l'image, si nous considérons une image renversée comme négative, peut affecter, et ne peut affecter qu'une seule fois, chacune des valeurs comprises entre ces limites. Donc, dans une certaine position, et dans une seule, l'image peut devenir égale à l'objet; soit alors $c_1 b_1$ l'objet et $c_2 b_2$ l'image qui lui est égale : ces deux lignes définissent la position de ce que nous avons nommé les plans principaux du système.

Désignons maintenant :

$$sp = c_2 b_2 \text{ par } \beta_1, \quad b_1 P_1 \text{ par } F_1, \quad b_1 p \text{ par } f_1,$$
$$fg \text{ par } -\beta_2, \quad b_2 P_2 \text{ par } F_2, \quad b_2 f \text{ par } f_2,$$

on a, d'après la figure,

$$\frac{c_2 b_2}{fg} = \frac{b_2 P_2}{P_2 f},$$

ou

$$-\frac{\beta_1}{\beta_2} = \frac{F_2}{f_2 - F_2},$$

et comme d'après l'équation 8), les points b_1 et b_2 jouant ici le rôle de s et u de la figure 31, on a

$$\left.\frac{F_1}{f_1} + \frac{F_2}{f_2} = 1 \right\} \quad \ldots\ldots\ldots\ldots \quad 8\text{ a}),$$

on obtient l'équation analogue à 6 b) qui était relative à une seule surface : cette équation est

$$\left.\frac{\beta_1}{\beta_2} = \frac{F_2}{F_2 - f_2} = \frac{F_1 - f_1}{F_1} \right\} \quad \ldots\ldots\ldots \quad 8\text{ b}).$$

Nommons l_1 et l_2 les distances des foyers aux images correspondantes, c'est-à-dire posons

$$l_1 = f_1 - F_1,$$
$$l_2 = f_2 - F_2,$$

et, de même que, pour une seule surface, nous avons de l'équation 3 d) déduit l'équation 7 b), dans le cas actuel d'un système composé, en opérant de la même manière, de l'équation 8 a), nous déduisons cette forme si simple qui exprime la loi de la position des images, à savoir :

$$\left. l_1 l_2 = F_1 F_2 \right\} \quad \ldots\ldots\ldots\ldots \quad 8\text{ c}),$$

$$\left.\begin{aligned} \frac{\beta_1}{\beta_2} &= -\frac{l_1}{F_1} \\ \frac{\beta_2}{\beta_1} &= -\frac{l_2}{F_2} \end{aligned}\right\} \quad \ldots\ldots\ldots\ldots \quad 8\text{ d}).$$

Enfin, pour trouver le rapport des quantités F_1 et F_2, appliquons la loi exprimée par l'équation 7 d) au rayon qui passe avant réfraction par s et b_1 et après réfraction par b_2 et g.

Nommons γ' la grandeur d'une image contenue dans le premier plan principal, γ'', γ'''.... celles des images qui se formeraient après une, deux... réfractions et $\gamma^{(m+1)}$ celle de la dernière, qui se forme dans le second plan principal. D'après la définition des plans principaux, on a $\gamma' = \gamma^{(m+1)}$. Nommons, de plus α', α'', α'''..... $\alpha^{(m+1)}$ les angles formés successivement par le rayon sb' et l'axe dan les différents milieux, de sorte que :

$$\angle\, sb_1 p = -\alpha',$$
$$\angle\, gb_2 f = -\alpha^{(m+1)}.$$

D'après l'équation 7 d), on a

$$n' \gamma' \operatorname{tg} \alpha' = n'' \gamma'' \operatorname{tg} \alpha'',$$
$$n'' \gamma'' \operatorname{tg} \alpha'' = n''' \gamma''' \operatorname{tg} \alpha'''$$
$$\ldots\ldots\ldots\ldots$$

et ainsi de suite ; par conséquent

$$n' \gamma' \operatorname{tg} \alpha' = n^{(m+1)} \gamma^{(m+1)} \operatorname{tg} \alpha^{(m+1)} \Big\} \quad \ldots \quad 9),$$

ou, comme $\gamma' = \gamma^{(m+1)}$,

$$n' \operatorname{tg} \alpha' = n^{(m+1)} \operatorname{tg} \alpha^{(m+1)} \Big\} \quad \ldots \ldots \quad 9\,a).$$

Mais, d'après les notations adoptées plus haut, et d'après la figure, on a

$$\begin{aligned} sp &= \beta_1 \quad = -f_1 \operatorname{tg} \alpha', \\ fg &= -\beta_2 = -f_2 \operatorname{tg} \alpha^{(m+1)}, \end{aligned}$$

donc, transportant dans 9a) :

$$\frac{n' \beta_1}{f_1} = -\frac{n^{(m+1)} \beta_2}{f_2}.$$

Substituant dans cette équation la valeur de f_2 tirée de 8a), on obtient

$$\frac{n' \beta_1}{f_1 - F_1} = -\frac{n^{(m+1)} \beta_2}{F_2};$$

or, d'après 8b), on a

$$\frac{\beta_1}{f_1 - F_1} = -\frac{\beta_2}{F_1};$$

ces deux équations, divisées membre à membre, donnent, en nommant n_1 et n_2, les indices de réfraction du premier et du dernier milieu,

$$\frac{n'}{n^{(m+1)}} = \frac{F_1}{F_2} = \frac{n_1}{n_2} \Big\} \quad \ldots \ldots \quad 9c),$$

C. q. f. d.

3° — Dans tout système optique, il existe un couple de *points nodaux*, et un seul, tel que tout rayon dont la direction, dans le premier milieu, passe par le premier de ces points, conserve, après la dernière réfraction, une direction parallèle à sa direction primitive, et passe par le second point nodal. Les plans menés par les points nodaux perpendiculairement à l'axe optique se nomment *plans nodaux*. Comme les rayons qui passent par le premier point nodal, passent par le second après la dernière réfraction, ce point est évidemment l'image du premier. Les distances focales relatives aux points nodaux sont entre elles comme les inverses des indices de réfraction du premier et du dernier milieu.

En effet, partons de l'équation 9) établie tout à l'heure

$$n' \gamma' \operatorname{tg} \alpha' = n^{(m+1)} \gamma^{(m+1)} \operatorname{tg} \alpha^{(m+1)} \Big\} \quad \ldots \ldots \quad 9).$$

En l'appliquant aux points nodaux, il faut qu'on ait $\alpha' = \alpha^{(m+1)}$. Pour cela, il faut que

$$n' \gamma' = n^{(m+1)} \gamma^{(m+1)}.$$

Les dimensions linéaires de deux images conjuguées, situées dans les plans nodaux, sont donc entre elles comme les inverses des indices de réfraction du premier et du dernier milieu.

Les grandeurs des images d'un même objet γ' étant entre elles comme leurs distances au second foyer principal, la grandeur de l'image permet de déterminer sa distance à ce foyer. L'image de l'objet γ' se forme-t-elle dans le second plan principal, sa grandeur est aussi γ', et sa distance au foyer est F_2 ; se forme-t-elle dans le second plan nodal, d'après ce qu'on vient de voir, sa grandeur est :

$$\gamma^{(m+1)} = \frac{n'}{n^{(m+1)}} \gamma' .$$

Soit G_2 sa distance au foyer, on a

$$\frac{\gamma'}{\gamma^{(m+1)}} = \frac{F_2}{G_2}$$

donc, à cause de 9 c),

$$G_2 = \frac{n'}{n^{(m+1)}} F_2 = F_1 \Big\} \quad \ldots\ldots \quad 10\ a).$$

Par suite, la distance entre le second plan principal et le second plan nodal est

$$a_2 = F_2 - G_2$$
$$= F_2 - F_1 .$$

Le premier plan nodal doit être l'image du second. Nommons a_1 sa distance au premier plan principal, et G_1 sa distance au premier foyer, nous avons

$$a_1 = G_1 - F_1 ;$$

l'équation 8a) donne

$$-\frac{F_1}{a_1} + \frac{F_2}{a_2} = 1 ,$$

équation qui est satisfaite si l'on a $\quad a_1 = a_2 = F_2 - F_1 ;$

donc $\quad G_1 = F_2 \Big\} \ldots\ldots\ldots\ldots \quad 10\ b)$

et $\quad \dfrac{G_1}{G_2} = \dfrac{n^{(m+1)}}{n'} = \dfrac{n_2}{n_1} \Big\} \ldots\ldots\ldots\ldots \quad 10\ c).$

Méthodes pour trouver les foyers, points principaux et points nodaux d'un système de surfaces sphériques centré, résultant de la combinaison de deux systèmes de ce genre.

Soient donnés deux systèmes optiques centrés A et B, ayant le même axe. Soient $p_{\prime}$ et $p_{\prime\prime}$ (fig. 33) les deux foyers, et $a_{\prime}$ et $a_{\prime\prime}$ les deux points principaux du système A ; soient $\pi_{\prime}$ et $\pi_{\prime\prime}$, $\alpha_{\prime}$ et $\alpha_{\prime\prime}$ les deux points analogues du système B. Soit d la distance $a_{\prime\prime}\,\alpha_{\prime}$ du second point principal de A au premier point principal de B, cette distance étant comptée positivement quand, comme sur la figure, $\alpha_{\prime}$ est en arrière de $a_{\prime\prime}$. Désignons par f' et f'' les distances focales principales $a_{\prime}p_{\prime}$ et $a_{\prime\prime}\,p_{\prime\prime}$ du premier système, et par φ' et φ'' les distances focales principales $\alpha_{\prime}\,\pi_{\prime}$ et $\alpha_{\prime\prime}\,\pi_{\prime\prime}$ du second.

Le *premier foyer* du système combiné est évidemment l'image que le système A donne du premier foyer $\pi_{\prime}$ du système B. Soit $t_{\prime}$ ce point, il est clair, comme l'indique aussi le rayon parti de $t_{,}$ sur la figure, que les rayons partis de $t_{,}$ se réunissent en $\pi_{,}$ après réfraction par le système A, et qu'après réfraction par le système B, ils doivent être parallèles à l'axe, de sorte que $t_{,}$ répond à la définition du premier foyer. La distance $\alpha_{,,}\,\pi_{,}$ est égale à $d - \varphi'$; il en résulte pour $a_{,}t_{,}$ la valeur

$$a_{,}\,t_{,} = \left.\frac{(d - \varphi')\,f'}{d - \varphi' - f''}\right\} \quad \ldots\ldots\ldots\ldots \quad 11\ \text{a}).$$

De même, le *second foyer* du système combiné est l'image que le système B donne du second foyer $\varphi_{,,}$ du premier système. Soit $t_{,,}$ la position de cette image, on a

$$a_{,,}\,t_{,,} = \left.\frac{(d - f'')\,\varphi''}{d - f'' - \varphi'}\right\} \quad \ldots\ldots\ldots\ldots \quad 11\ \text{b}).$$

Les deux *points principaux* du système combiné doivent être chacun l'image de l'autre, le premier étant relatif à la marche des rayons lumineux dans le premier milieu, et le second à leur marche dans le dernier milieu. Ces deux points principaux doivent donc posséder une image commune dans le milieu moyen,

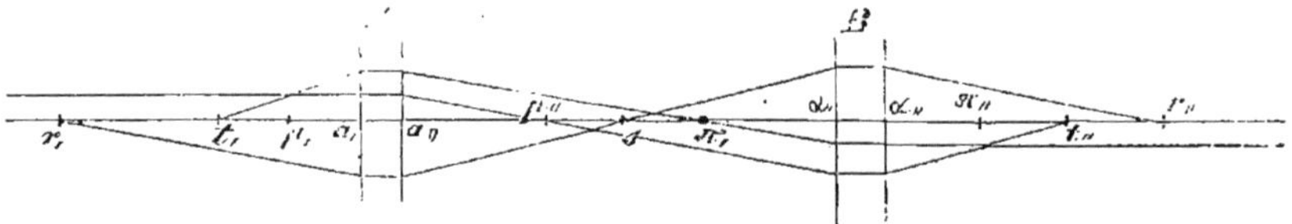

Fig. 33.

intermédiaire aux deux systèmes optiques. Soit s cette image (fig. 33), et soient $r_{,}$ et $r_{,,}$ les points principaux du système combiné. Si s est l'image de $r_{,}$, et $r_{,,}$ l'image de s, il en résulte que $r_{,,}$ est l'image de $r_{,}$, et la première condition des points principaux se trouve satisfaite. La seconde condition consiste en ce que les points correspondants des images conjuguées, comprises dans les plans principaux, doivent se trouver sur une même droite parallèle à l'axe. Soit σ la grandeur d'un objet situé en s, β_1 celle de son image formée en $r_{,}$ par le système A, et β_2 celle de son image formée en $r_{,,}$ par le système B. Soit x égal à la longueur $a_{,,}\,s$ et y égal à $s\alpha_{,}$, on a, d'après 8 b),

$$\frac{\beta_1}{\sigma} = \frac{f''}{f'' - x},$$

$$\frac{\beta_2}{\sigma} = \frac{\varphi'}{\varphi' - y}.$$

Pour que β_1 soit égal à β_2, il faut qu'on ait

$$\frac{f''}{f'' - x} = \frac{\varphi'}{\varphi' - y},$$

ou

$$\left.\frac{x}{f''} = \frac{y}{\varphi'}\right\} \quad \ldots\ldots\ldots\ldots\ldots \quad 11\ \text{c}),$$

ou enfin :

$$\frac{a_{\prime\prime} s}{a_{\prime\prime} p_{\prime\prime}} = \frac{\alpha_{\prime} s}{\alpha_{\prime} \pi_{\prime}}.$$

Donc, *pour trouver le point du milieu réfringent moyen, dont les images sont les deux points principaux du système combiné, il faut partager la distance comprise entre le second point principal du premier milieu et le premier point principal du second milieu en deux parties, proportionnelles aux distances focales principales des deux systèmes relatives à ces derniers points principaux.*

Comme on a $x + y = d$, on a, d'après 11 c),

$$\frac{x}{f''} = \frac{d - x}{\varphi'},$$

$$\frac{d - y}{f''} = \frac{y}{\varphi'}.$$

D'où l'on tire

$$x = \frac{df''}{\varphi' + f''},$$

$$y = \frac{d\varphi'}{\varphi' + f''}.$$

Connaissant x, on trouve aisément la distance $a_{\prime} r_{\prime} = h_1$ du premier point principal du système combiné *en avant* du premier point principal du système A :

$$\left. \begin{aligned} h_1 &= \frac{x f'}{x - f''} \\ h_1 &= \frac{d f'}{d - \varphi' - f''} \end{aligned} \right\} \ldots\ldots\ldots\ldots \text{11 d)};$$

de même, la distance $a_{\prime\prime} r_{\prime\prime} = h_2$ du second point principal du système combiné *en arrière* du second point principal du système B :

$$\left. \begin{aligned} h_2 &= \frac{\varphi'' y}{y - \varphi'} \\ h_2 &= \frac{d \varphi''}{d - \varphi' - f''} \end{aligned} \right\} \ldots\ldots\ldots\ldots \text{11 e)}.$$

Il résulte de là, pour les valeurs F_1 et F_2 des distances focales principales du système combiné,

$$\left. \begin{aligned} F_1 &= a_{\prime} t_{\prime} - a_{\prime} r_{\prime} \\ &= \frac{\varphi' f'}{\varphi' + f'' - d} \\ F_2 &= a_{\prime\prime} t_{\prime\prime} - a_{\prime\prime} r_{\prime\prime} \\ &= \frac{\varphi'' f''}{\varphi' + f'' - d} \end{aligned} \right\} \ldots\ldots\ldots\ldots \text{11 f)}.$$

Ayant trouvé les points principaux et les foyers, il est très-facile de trouver les *points nodaux*, puisque la distance du premier point nodal au premier foyer est égale à la seconde distance focale principale, et que celle du second point nodal au second foyer est égale à la première distance focale principale.

Si l'on ne veut chercher que les *points nodaux* et qu'on n'ait pas besoin des points principaux, on peut employer une méthode analogue à celle que nous venons de suivre pour les points principaux, et utiliser cette propriété que les dimensions des images conjuguées, situées dans les points nodaux, sont en raison inverse des indices de réfraction des milieux correspondants.

Sur la même figure 33, ne considérons plus $a_{\prime}$ et $a_{\prime\prime}$, $\alpha_{\prime}$ et $\alpha_{\prime\prime}$ comme étant les points principaux, mais bien comme étant les points nodaux des deux systèmes A et B; soient $r_{\prime}$ et $r_{\prime\prime}$ les points nodaux du système combiné, et s leur image commune dans le milieu moyen ; nous avons

$$a_{\prime} p_{\prime} = f'', \qquad \alpha_{\prime} \pi_{\prime} = \varphi'',$$
$$a_{\prime\prime} p_{\prime\prime} = f', \qquad \alpha_{\prime\prime} \pi_{\prime\prime} = \varphi',$$
$$a_{\prime\prime} s = x, \qquad \alpha_{\prime} s = y.$$

On a :

$$a_{\prime} r_{\prime} = \frac{x f''}{x - f'},$$
$$a_{\prime\prime} r_{\prime\prime} = \frac{y \varphi'}{y - \varphi''}.$$

Soit maintenant σ la grandeur linéaire d'un objet situé au point s du milieu moyen, β_1 celle de son image formée en $r_{\prime}$ par le milieu A, β_2 celle de son image formée en $r_{\prime\prime}$ par le milieu B, d'après les propriétés connues des points nodaux, on a

$$\frac{\beta_1}{\sigma} = \frac{a_{\prime} r_{\prime}}{x} = \frac{f''}{x - f'},$$
$$\frac{\beta_2}{\sigma} = \frac{\alpha_{\prime\prime} r_{\prime\prime}}{y} = \frac{\varphi'}{y - \varphi''}.$$

Or, si n_1 et n_2 sont les indices du premier et du dernier milieu, et ν celui d milieu moyen, on doit avoir, dans les plans nodaux,

$$n_1 \beta_1 = n_2 \beta_2,$$

il en résulte que

$$\frac{n_1 f''}{x - f'} = \frac{n_2 \varphi'}{y - \varphi''}.$$

Mais on a

$$n_1 f'' = \nu f'$$
$$n_2 \varphi' = \nu \varphi'',$$

donc

$$\frac{f'}{x - f'} = \frac{\varphi''}{y - \varphi''},$$

d'où

$$\frac{x}{f'} = \frac{y}{\varphi''}$$

ou

$$\frac{a_{\prime\prime} s}{a_{\prime\prime} p_{\prime\prime}} = \frac{\alpha_{\prime} s}{\alpha_{\prime} \pi_{\prime}}.$$

Nous avions trouvé les mêmes formules au numéro 11 c), lorsque nous considérions les points $a_{\prime}$, $a_{\prime\prime}$, $\alpha_{\prime}$, $\alpha_{\prime\prime}$, $r_{\prime}$ et $r_{\prime\prime}$ comme des points principaux ; donc, pour trouver les points nodaux du système combiné, on procède absolument comme pour trouver ses points principaux, avec cette seule différence qu'on part des points nodaux et non plus des points principaux des systèmes donnés.

Inscrivons encore ici les formules relatives au cas le plus simple de tous, celui où chacun des deux systèmes à combiner se compose d'une seule surface sphérique. Soient r_1 le rayon de la première surface, r_2 celui de la seconde, d leur distance réciproque, n', n'' et n''' les indices de réfraction des trois milieux. D'après 3 a) et 3 b), on a

$$f' = \frac{n' r_1}{n'' - n'} \qquad \varphi' = \frac{n'' r_2}{n''' - n''}$$

$$f'' = \frac{n'' r_1}{n'' - n'} \qquad \varphi'' = \frac{n''' r_2}{n''' - n''}$$

Posons pour abréger

$$n''(n''' - n'')r_1 + n''(n'' - n')r_2 - (n''' - n'')(n'' - n')d = N,$$

les distances focales principales sont alors

$$\left.\begin{aligned} F_1 &= \frac{n' n'' r_1 r_2}{N} \\ F_2 &= \frac{n'' n''' r_1 r_2}{N} \end{aligned}\right\} \quad \ldots\ldots\ldots\ldots\ 12).$$

les distances h_1 et h_2 des points principaux aux surfaces sont

$$\left.\begin{aligned} h_1 &= \frac{n'(n'' - n''')dr_1}{N} \\ h_2 &= \frac{n'''(n' - n'')dr_2}{N} \end{aligned}\right\} \quad \ldots\ldots\ldots\ldots\ 12\text{ a}).$$

la distance H de l'un à l'autre des points principaux est $d + h_1 + h_2$, ou

$$H = d \,.\, \frac{(n'' - n')(n''' - n'')(r_1 - r_2 - d)}{N} \Big\} \quad \ldots\ldots\ 12\text{ b}).$$

Pour $d = 0$, on a $h_1 = h_2 = H = 0$, et, alors aussi

$$F_1 = \frac{n' r_1 r_2}{(n''' - n'')r_1 + (n'' - n')r_2},$$

$$F_2 = \frac{n''' r_1 r_2}{(n''' - n'')r_1 + (n'' - n')r_2}.$$

Dans ces formules, faisant $r_2 = r_1$, il vient

$$F_1 = \frac{n' r_1}{n''' - n'}$$

$$F_2 = \frac{n''' r_1}{n''' - n'}.$$

Les foyers et les points principaux sont alors exactement les mêmes que s'il n'y avait qu'une surface réfringente. Le résultat est indépendant de n''. Donc :

Dans un système de surfaces sphériques réfringentes, on peut, sans altérer la réfraction des rayons, ajouter à chaque surface réfringente une couche infiniment mince, d'indice de réfraction quelconque, limitée par des surfaces sphériques concentriques.

Cette proposition nous servira plus tard pour simplifier bien des considérations.

Enfin, posons encore les formules des lentilles limitées par deux surfaces sphériques, le premier et le dernier milieu étant identiques.

Faisant $n''' = n'$, il vient

$$F_1 = F_2 = \frac{n' n'' r_1 r_2}{(n'' - n') [n'' (r_2 - r_1) + (n'' - n') d]} \quad \ldots \quad 13).$$

Les distances des surfaces aux points principaux, qui, dans ce cas, coïncident avec les points nodaux, sont

$$\left.\begin{aligned} h_1 &= \frac{n' d r_1}{n'' (r_2 - r_1) + (n'' - n') d} \\ h_2 &= - \frac{n' d r_2}{n'' (r_2 - r_1) + (n'' - n') d} \end{aligned}\right\} \quad \ldots \ldots \quad 13\ a).$$

La distance entre les deux points principaux

$$H = d \, \frac{(n'' - n') (d + r_2 - r_1)}{n'' (r_2 - r_1) + (n'' - n') d} \quad \ldots \ldots \quad 13\ b).$$

Les quantités h_1 et h_2 se comptent positivement quand elles sont situées au dehors de la lentille.

Dans le cas actuel, le point de la lentille dont les deux points nodaux sont les images, se nomme *centre optique* de la lentille. Il est situé sur l'axe optique, et ses distances aux deux surfaces sont entre elles comme les rayons de ces surfaces.

Comme, par rapport à la grandeur et à la position des images, les résultats de la réfraction dans un système optique ne dépendent que de la position des foyers et des points principaux (ou nodaux), on peut, sans modifier la position ni la grandeur des images, substituer l'un à l'autre deux systèmes optiques dont les foyers et les points principaux coïncident. Comme il est impossible de changer le rapport des indices de réfraction du premier et du dernier milieu, sans changer par là même le rapport des distances focales principales, nous admettrons que, dans une pareille substitution, le premier et le dernier milieu restent les mêmes. Il suffit alors de faire l'une des distances focales principales et la distance des points principaux entre eux égales à ce qu'elles sont dans un système donné, pour obtenir un second système qui puisse être substitué à celui-là. Dans un système formé seulement de deux surfaces réfringentes, on peut, pour remplir ces conditions, disposer de quatre grandeurs, r_1 r_2 n'' et d. *On peut donc, à un système quelconque de surfaces sphériques réfringentes centrées, substituer un système composé de deux surfaces sphériques seulement, et qui donne des images de même grandeur et placées de même que celles produites par le système proposé*, et, en général, on peut même imposer encore deux conditions que doit remplir en même temps le système de deux surfaces; c'est ainsi qu'on peut demander qu'il soit construit en une matière donnée, etc.

Pour le cas où le premier et le dernier milieu sont identiques, où leur indice de réfraction est moindre que celui du milieu moyen et où la distance des surfaces réfringentes est moindre que les rayons de courbures ; en un mot, pour les lentilles ordinaires, je vais passer en revue les différents cas particuliers, car nous aurons souvent à nous occuper de lentilles de cette espèce.

1° *Lentilles biconvexes.* Les deux surfaces sont convexes : r_1 est positif, r_2 négatif; d'après l'équation 13), la distance focale est toujours positive. Les distances des points principaux aux surfaces sont négatives, c'est-à-dire que ces points sont à l'intérieur de la lentille, et leur distance mutuelle est positive, c'est-à-dire que le premier est en avant du second. La figure 34 représente la position des foyers p_1 p_2 et des points principaux h_1 h_2 d'une lentille biconvexe. La première et la seconde surface de cette lentille sont marquées 1 et 2.

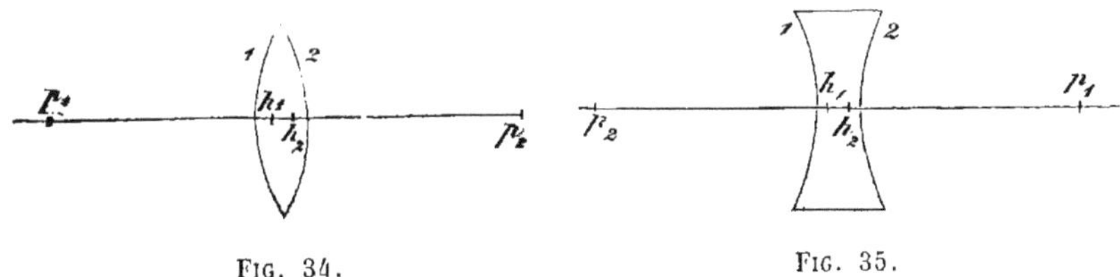

FIG. 34. FIG. 35.

Les lentilles plan-convexes forment un cas limite des lentilles biconvexes, l'un des rayons devenant infini et l'un des points principaux venant se placer sur la surface courbe de la lentille.

2° *Lentilles biconcaves.* Deux surfaces concaves : r_1 est négatif et r_2 positif. Les distances focales sont négatives, les distances des points principaux aux surfaces sont toutes deux négatives, c'est-à-dire que les points principaux sont à l'intérieur de la lentille. Leur distance mutuelle est positive, c'est-à-dire que le premier est en avant du second. La figure 35 représente la position des points principaux h_1 et h_2 et des foyers p_1 et p_2 d'une lentille biconcave. — Les lentilles plan-concaves constituent un cas limite, l'un des rayons devenant infini, et l'un des points principaux venant coïncider avec la surface courbe.

3° *Lentilles concaves-convexes.* Les rayons sont tous deux positifs ou tous deux négatifs. — Examinons le premier cas : le second s'en déduit immédiatement en prenant pour premier côté le second côté de la lentille. La distance focale devient positive quand on a

$$n'' (r_2 + d - r_1) > n' d ;$$

elle devient infinie quand les deux membres de cette inégalité deviennent égaux; elle devient négative quand le premier membre devient inférieur au second. La longueur $r_2 + d - r_1$ est la distance du centre de courbure de la seconde surface à celui de la première, comptée en arrière. Le second centre est-il en arrière du premier, la lentille s'amincit en allant du milieu à la circonférence ; est-il en avant du premier, la lentille s'épaissit au bord. On peut donc dire que, quand une lentille concave-convexe s'épaissit vers le bord, sa distance focale est négative, et que, si sa distance focale est positive, elle s'amincit vers les bords. Mais il ne faut pas énoncer les deux propositions réciproques, comme on le fait souvent à tort.

Le premier point principal est situé en avant de la surface convexe, quand la distance focale est positive, et s'éloigne jusqu'à l'infini, quand la distance focale elle-même devient infinie. La distance focale devient-elle négative, le premier point principal est situé en arrière de la surface convexe de la lentille, c'est-à-dire du côté concave, et s'éloigne également indéfiniment quand la distance focale devient infinie.

Le second point principal est situé en avant de la surface concave de la lentille, c'est-à-dire de son côté convexe, quand la distance focale de la lentille est positive ; il est situé en arrière de cette surface quand la distance focale est négative, et s'éloigne également à l'infini quand la distance focale devient infinie. — Quand la distance focale est positive, le second point principal est toujours en arrière du premier, c'est-à-dire plus voisin de la lentille. — Quand elle est négative, il est en arrière du premier, c'est-à-dire plus loin de la lentille, quand celle-ci s'épaissit vers son bord ; il est, au contraire, en avant du premier, quand la lentille, à foyer négatif, s'amincit du milieu à la circonférence ; ces deux points coïncident quand les deux surfaces appartiennent à des sphères concentriques, et alors ils sont situés au centre commun de ces sphères. La figure 36 représente

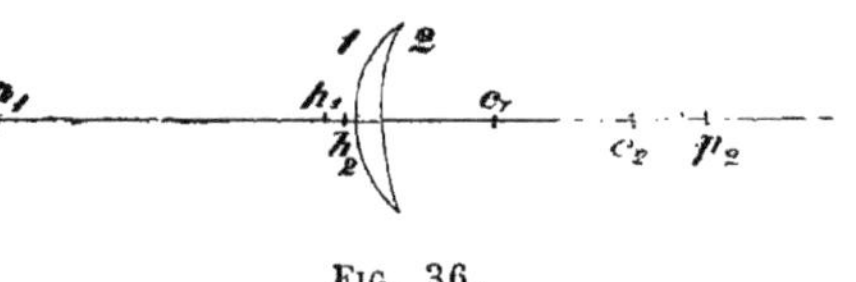
Fig. 36.

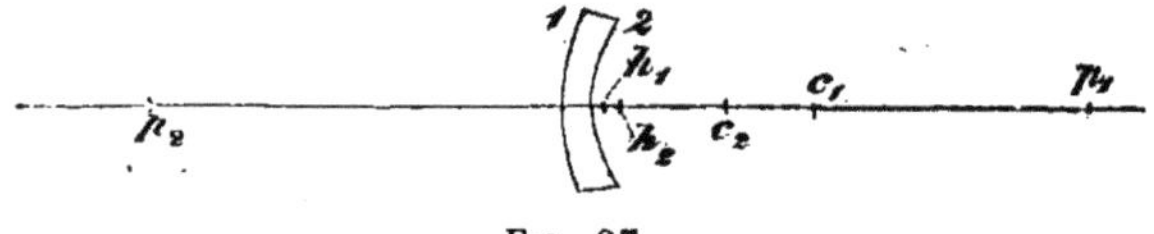
Fig. 37.

une lentille concave-convexe, à foyer positif ; la figure 37 en représente une à foyer négatif qui s'épaissit vers le bord ; enfin, la figure 38 en représente une à

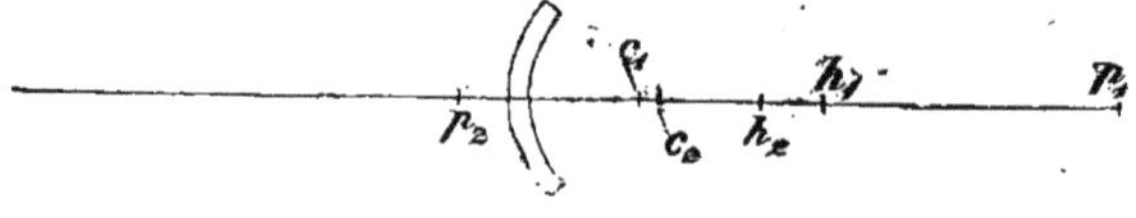
Fig. 38.

foyer négatif, dont l'épaisseur est moindre aux bords. Le centre de courbure de la première surface est marqué c_1, celui de la seconde est marqué c_2.

Je ferai encore observer que les foyers ne tombent jamais à l'intérieur de la lentille, et, de plus, qu'ils sont toujours de part et d'autre de ce milieu réfringent. En ce qui concerne la position des images, quand les deux distances focales sont égales, l'équation 8 a) et 8 b) devient

$$\left.\frac{1}{f_1}+\frac{1}{f_2}=\frac{1}{F}\right\} \quad \ldots\ldots\ldots\ldots\ldots\ 14)$$

$$\left.f_2=\frac{Ff_1}{f_1-F}\right\} \quad \ldots\ldots\ldots\ldots\ldots\ 14\text{ a})$$

et
$$\left.\frac{\beta_2}{\beta_1}=\frac{F}{F-f_1}=\frac{F-f_2}{F}\right\} \quad \ldots\ldots\ldots\ 14\text{ b}).$$

Avec les lentilles à *distance focale positive* (lentilles collectives), on voit que, d'après ces formules, les images d'objets réels infiniment éloignés, pour lesquels f_1 devient infini, se trouvent en arrière de la lentille, au second foyer principal, et, par rapport aux objets, elles sont infiniment petites et renversées. Quand l'objet se rapproche de la lentille, les images s'en éloignent, restent réelles, renversées, et augmentent de grandeur jusqu'à ce que f_1 étant devenu égal à F, l'objet est arrivé au foyer antérieur; la distance et la grandeur de son image sont alors infinies. Tout cela se voit aisément d'après l'équation 14) qu'on peut écrire

$$\frac{1}{f_2}=\frac{1}{F}-\frac{1}{f_1}.$$

Quand f_1 diminue de ∞ à F, $\frac{1}{f_1}$ augmente depuis 0 jusqu'à $\frac{1}{F}$, et $\frac{1}{f_2}$ diminue depuis $\frac{1}{F}$ jusqu'à 0, c'est-à-dire que f_2 augmente depuis F jusqu'à ∞. La grandeur de l'image,

$$\beta_2=-\beta_1\frac{F}{f_1-F},$$

est toujours négative tant qu'on a $f_1 > F$. Quand f_1 décroît depuis ∞ jusqu'à F, le dénominateur de la fraction décroît depuis ∞ jusqu'à 0, et β_2 varie de 0 à $-\infty$.

On trouve, de même, que, quand l'objet s'avance depuis le premier foyer jusqu'au premier point principal, f_2 varie de $-\infty$ à 0, c'est-à-dire que l'image, qui est maintenant généralement virtuelle et située, par rapport à la lentille, du même côté que l'objet, s'avance depuis l'infini jusqu'au second point principal, et cela en ayant une grandeur positive, c'est-à-dire qu'elle est droite, et, de plus, que sa grandeur varie depuis $+\infty$ jusqu'à une grandeur égale à celle de l'objet.

Enfin f_1 peut aussi devenir négatif, et alors l'objet devient généralement virtuel; alors f_2 est constamment positif et moindre que f_1, l'image est droite et moindre que l'objet. Lorsque f_1 varie depuis 0 jusqu'à $-\infty$, f_2 varie entre 0 et F, et β_2 entre β_1 et 0.

On peut donc dire que les lentilles *collectives* rendent convergents les rayons qui leur arrivent en parallélisme, et les font se réunir dans le plan focal; elles rendent encore plus convergents les rayons qui leur arrivent avec une certaine convergence; enfin elles rendent moins divergents ou font même converger les rayons qui leur arrivent en divergeant, et cela suivant que ces rayons proviennent d'un point situé au delà ou en deçà du foyer.

Les lentilles *à distance focale négative* se nomment aussi *dispersives*, parce qu'elles font diverger, qu'elles dispersent les rayons parallèles qui leur arrivent, qu'elles augmentent la divergence des rayons divergents, et diminuent la convergence des rayons convergents, ou les rendent même divergents.

Soit P la valeur absolue de la distance focale négative de la lentille, c'est-à-dire posons $P = -F$; nous aurons

$$\frac{1}{f_2} = -\frac{1}{P} - \frac{1}{f_1}$$

et

$$\beta_2 = \beta_1 \frac{P}{f_1 + P},$$

Il en résulte que, pour toute valeur positive de f_1, f_2 est négatif, et que, quand f_1 diminue depuis ∞ jusqu'à 0, f_2 varie depuis $-P$ jusqu'à 0 et β_2 depuis 0 jusqu'à β_1. Donc les lentilles dispersives donnent d'objets réels situés en avant du premier point principal, des images virtuelles, situées en avant du second point principal, moindres que l'objet, plus voisines de la lentille et droites.

Pour les valeurs de f_1 négatives, mais moindres que P en valeur absolue, f_2 devient positif, et pendant que f_1 varie de 0 à $-P$, f_2 croît de 0 à $+\infty$, et β_2, de β_1 à ∞. Les rayons qui arrivent à la lentille en convergeant deviennent donc moins convergents, si leur point de concours virtuel est situé au delà du foyer principal postérieur.

Pour des valeurs négatives de f_1, supérieures à P en valeur absolue, f_2 et β_2 deviennent négatifs; il se produit donc, en avant du verre, des images renversées virtuelles. Pendant que f_1 varie depuis $-P$ jusqu'à $-\infty$, f_2 varie depuis $-\infty$ jusqu'à $-P$ et β_2 depuis $-\infty$ jusqu'à 0. Les rayons convergents sont donc rendus divergents par les lentilles dispersives quand leur point de concours est situé au delà du foyer postérieur.

La distance mutuelle e de deux images conjuguées est $f_1 + a + f_2$, si l'on désigne par a la distance des points principaux entre eux, et si l'on compte cette distance positivement, lorsque la seconde image est située en arrière de la première. Remplaçons f_2 par sa valeur, et nous obtenons pour la distance e l'expression :

$$e = \frac{f_1^2}{f_1 - F} + a.$$

Différenciant par rapport à f_1, nous obtenons

$$\frac{de}{df_1} = \frac{f_1^2 - 2f_1 F}{(f_1 - F)^2}.$$

de devient nul, c'est-à-dire e prend une valeur maximum ou minimum, soit pour $f_1 = 0$, soit pour $f_1 = 2F$, et pour les distances focales, soit positives, soit négatives, le minimum répond à $f_1 = 2F$ et le maximum à $f_1 = 0$, comme on le voit facilement dans l'expression de e.

Ouvrages traitant de la réfraction des rayons lumineux par des systèmes de surfaces sphériques centrées :

1738. COTES in SMITH, A complete system of optics. Cambridge. II, 76.
1757 et 61. EULER in *Histoire de l'Acad. roy. de Berlin pour* 1757, p. 283. — *Ibid.* pour 1761, p. 201.
1765. EULER, Précis d'une théorie générale de la dioptrique, in *Hist. de l'Acad. roy. des sc. de Paris*, 1765, p. 555.
1778 et 1803. LAGRANGE, in *Nouv. Mém. de l'Acad. roy. de Berlin pour* 1778, p. 162. — *Ibid.*, 1803, p. 1.
1822. PIOLA, in *Effemeridi astron. di Milano per* 1822.
1830. MÖBIUS, in *Crelle's Journal für Mathematik*, V, 113.
1841. BESSEL, in *Astronom. Nachrichten*, XVIII, 97.
— GAUSS, Dioptrische Untersuchungen. Göttingen. — Extrait de *Abhandl. d. Kön. Ges. d. Wiss. zu Göttingen*, Theil 1, von den Jahren 1838-43.
1844. ENCKE. De formulis dioptricis. Ein Programm. Berlin.
— MOSER, Ueber das Auge, in *Dove's Repert. d. Physik*, V, 289.
1851. LISTING, Art. Dioptrik des Auges, in *R. Wagner's Handwörterbuch d. Physiologie*, IV, 451.

§ 10. — Réfraction des rayons dans l'œil.

Par rapport à la lumière incidente, l'œil se comporte essentiellement comme une *chambre noire*. Pour qu'un point lumineux soit vu distinctement, il faut que la lumière émise par ce point soit réfractée par les milieux réfringents de l'œil de telle sorte que toute cette lumière se réunisse de nouveau en un seul point de la rétine. La surface de cette membrane reçoit donc une image optique réelle des objets extérieurs. Cette image est renversée et réduite. On peut la rendre visible sur des yeux fraîchements extraits, en enlevant avec précaution la partie centrale postérieure de la sclérotique et de la choroïde, laissant la rétine intacte et tournant vers des objets éclairés la cornée d'un œil ainsi préparé. On voit alors se dessiner sur la rétine de cet œil une image petite, lumineuse, nette et renversée. L'image est encore plus nette si, à l'exemple de Gerling (1), on enlève les éléments de la rétine au moyen d'un pinceau, et qu'on place ensuite dans l'ouverture une lamelle de verre ou de mica. Il est également assez facile de voir les images rétiniennes dans les yeux des lapins blancs, dont la choroïde manque de pigment. Chez ces derniers, il n'est pas même nécessaire d'enlever la sclérotique : on voit l'image à travers cette membrane ; elle est assurément moins nette que sur la rétine mise à nu, mais elle est suffisamment distincte pour qu'on puisse en reconnaître la position,

(1) *Poggendorff's Ann.*, XLVI, 243.

la grandeur, etc. — Il est même quelquefois possible de voir l'image à travers la sclérotique chez l'homme vivant, notamment chez les individus blonds dont les yeux bleu clair possèdent ordinairement une choroïde peu pigmentée. Un pareil sujet étant dans une chambre obscure, on lui fait tourner l'œil de manière à placer la cornée dans l'angle externe, ce qui amène la portion interne de la sclérotique dans la partie élargie et interne de la fente palpébrale. Si l'on tient alors, du côté externe de l'axe visuel, une bougie allumée, l'image de la flamme se forme sur la partie interne de la rétine ; la lueur qu'on voit à travers la sclérotique est souvent assez nette pour permettre de reconnaître la position renversée de l'image, le sommet de la flamme et la place de la mèche (1).

L'ophthalmoscope, que nous décrirons § 16, donne la possibilité d'examiner très-exactement les images rétiniennes dans l'œil humain pendant la vie. Cet instrument permet de regarder dans l'œil par la pupille et de voir distinctement la rétine elle-même avec ses vaisseaux, ainsi que les images optiques qui s'y projettent. On s'assure facilement par ce moyen que les objets suffisamment éclairés et vus distinctement par l'œil observé donnent sur la rétine des images très-nettes et exactement délimitées.

On a vu, dans la description de la rétine, qu'au fond de l'œil se trouve une portion de la rétine de structure particulière, la tache jaune. Au centre de cette tache, dans ce qu'on appelle la *fovea centralis*, les vaisseaux qu'on voit se ramifier dans les autres parties de la rétine manquent entièrement : on n'y trouve que des éléments nerveux et même, paraît-il, exclusivement les granules nerveux et les cônes. Cette partie étant celle qui sert dans la vision directe, est de la plus haute importance sous le rapport physiologique. Le point du champ visuel que nous examinons directement, ou que nous fixons du regard, se peint toujours sur cette partie de la rétine. L'ophthalmoscope permet de vérifier, par l'observation directe, ce fait dont l'exactitude était depuis longtemps admise à cause de la structure particulière de la tache jaune. En effet, dans l'examen ophthalmoscopique, la rétine entière étant éclairée, la situation de la tache jaune se reconnaît au manque de vaisseaux. Au milieu de cette partie sans vaisseaux, répondant à la position de la *fovea centralis*, se trouve une partie d'un éclat particulier, que Coccius (2) a le premier décrite et dont il attribue

---

(1) Volckmann, Article : Sehen in *Wagner's Handwörterbuch d. Physiologie*, p. 286-289.
(2) Ueber die Anwendung des Augenspiegels. Leipzig, 1853, p. 64.

l'éclat à un reflet de la *fovea.* De plus, Donders (1) a fait voir que ce reflet se place toujours à la partie de l'image optique que l'œil observé fixe dans le champ visuel, et je me suis convaincu de l'exactitude de cette indication. On peut, d'après la position de ce reflet de la *fovea*, dire à l'observé quel est le point qu'il fixe; et quand on lui dit de fixer tantôt tel point, tantôt tel autre point de l'objet, on voit toujours le reflet se placer au point correspondant de l'image. Nous donnerons, au § 16, des indications sur la manière d'exécuter ces expériences..

Ce n'est qu'aux environs de l'axe oculaire que l'image optique rétinienne a toute sa netteté ; plus loin, ses contours sont moins bien délimités. C'est en partie pour ce motif qu'en général nous ne voyons distinctement, dans le champ visuel, que le point que nous fixons. Tous les autres sont vus vaguement. Ce manque de netteté dans la vision indirecte paraît, du reste, tenir aussi à une sensibilité moindre de la rétine : à une faible distance du point fixé, la netteté de la vision a diminué bien plus que la netteté objective des images rétiniennes.

L'œil nous présente un appareil optique d'un champ extrêmement étendu ; mais ce n'est que dans une portion très-circonscrite de ce champ que les images sont nettes. Le champ entier nous représente un dessin où la partie la plus importante seule est exécutée avec soin et où le reste est seulement esquissé, et cela d'autant plus grossièrement qu'on s'éloigne plus de l'objet principal. En revanche la mobilité de l'œil permet d'examiner successivement avec exactitude tous les points du champ visuel. Comme nous ne pouvons porter notre attention que sur un seul objet à la fois, le point vu distinctement suffit pour l'occuper entièrement toutes les fois que nous voulons l'appliquer à des détails, et, d'autre part, la grande étendue du champ visuel, malgré la confusion des détails, est très-propre à nous fournir d'un coup d'œil une idée d'ensemble de tout le tableau, et à nous permettre de remarquer aussitôt les objets qui viennent à apparaître dans les parties périphériques de ce domaine.

Le champ visuel d'un seul œil est déterminé par la largeur de la pupille et par la position de cette ouverture par rapport au bord de la cornée. Je trouve que si, dans une chambre obscure, j'examine mon œil dans un miroir, tout en déplaçant une bougie située latéralement, je perçois la présence de la lumière aussi longtemps que les rayons qui en proviennent viennent frapper le bord opposé de la pupille et pénétrer dans cette ouverture. Donc, toute la lumière qui pénètre dans

(1) *Onderzoekingen gedaan in het Physiol. Laborat. d. Utrechtsche Hoogeschool.* Jaar VI, p. 133

la pupille, après avoir traversé la cornée, atteint des parties sensibles de la rétine. Bien que la pupille soit, il est vrai, un peu plus en arrière que le bord extrême de la cornée, à cause de la réfraction qui se fait sur cette dernière, elle peut recevoir encore des rayons qui tombent sur le bord de la cornée perpendiculairement à l'axe de l'œil, de telle sorte que le champ visuel d'un seul œil répond à peu près à une demi-sphère, étendue qui ne se retrouve dans aucun instrument d'optique artificiel. Il doit se présenter, relativement à cette étendue, des variations individuelles dépendant de la largeur et de la position de la pupille. Comme, dans la vision des objets voisins, la pupille se rapproche de la cornée, le champ visuel augmente alors un peu ; c'est du moins ce que je puis vérifier facilement pour mes yeux en plaçant une lumière bien brillante sur le bord extrême du champ visuel.

Une partie du champ visuel est occupée en dedans, en haut et en bas par des parties de la face : le nez, les bords des paupières, les joues ; ce champ n'est tout à fait libre qu'en dehors. Mais les deux yeux, lorsque leurs axes sont dirigés parallèlement au loin, embrassent un arc horizontal de 180 degrés au moins. L'étendue de ce champ visible est encore augmentée par les mouvements des yeux, sur lesquels nous reviendrons plus loin.

Les rayons qu'un point lumineux éloigné envoie à l'œil, sont d'abord réfractés par la cornée, et de telle façon que, prolongés sans nouvelle déviation, ils se réuniraient en un point situé à environ 10 millimètres au delà de la rétine. Tandis qu'ils traversent ainsi, en convergeant, la chambre antérieure de l'œil, ils viennent rencontrer le cristallin qui les fait converger davantage, ce qui leur permet de se réunir sur la rétine.

La réfraction des rayons lumineux se fait principalement sur la cornée, puis sur les surfaces antérieure et postérieure du cristallin. Mais il se produit aussi des réfractions à l'intérieur du cristallin, sur les surfaces de séparation des couches qui le composent, ces couches ayant des densités différentes. Nous pouvons, avec une approximation suffisante, assimiler ces différentes surfaces réfringentes à un système de surfaces de révolution qui ont toutes pour axe une même ligne droite. Si, dans la plupart des yeux humains, il paraît exister de légères déviations dans la position des axes de ces différentes surfaces, ces déviations sont assez petites pour que nous puissions les négliger par rapport à la position et à la grandeur des images optiques, et que nous puissions considérer l'œil comme étant un système optique centré.

L'axe de ce système, dont l'extrémité antérieure coïncide à peu près avec le milieu de la cornée et dont l'extrémité postérieure est située entre la tache jaune et le point d'entrée du nerf optique, est ce que nous appelons l'*axe de l'œil*.

La position des *foyers*, des *points principaux* et des *points nodaux* de l'œil est assurément soumise à des variations individuelles assez importantes, puisque la plupart des mensurations de l'œil et de ses diverses surfaces réfringentes présentent, chez différents sujets, des différences plus grandes qu'on ne paraissait devoir les attendre pour un organe dont les fonctions semblent réclamer une si grande exactitude de construction. Nous verrons plus loin que, de plus, pour un même œil, la position de ces points varie, lorsque l'œil examine successivement des objets placés à des distances différentes. Voici ce qu'on peut dire d'à peu près certain sur la position de ces points dans l'œil normal regardant au loin : Le *premier point principal* est très-près du *second*, de même le *premier* et le *second point nodal* sont très-voisins l'un de l'autre. Les deux *points principaux* de l'œil sont à peu près au milieu de la chambre antérieure, les deux *points nodaux* sont très-près de la face postérieure du cristallin, le *second foyer* est sur la rétine ou à une petite distance de cette membrane.

Comme, dans un très-grand nombre de cas, il est nécessaire de connaître des valeurs, au moins approximatives, pour les différentes constantes optiques de l'œil, je vais indiquer ici les valeurs que Listing a trouvées pour un œil schématique moyen ; cet auteur, en se rattachant le plus possible aux mensurations faites avant lui, a choisi des nombres ronds et simples pour les dimensions dont nous nous occupons ici.

Listing admet les valeurs suivantes :

1° Indice de réfraction de l'air. 1

2° Indice de réfraction de l'humeur aqueuse . . . . $\frac{103}{77}$

3° Indice de réfraction du cristallin. . . . . $\frac{16}{11}$

4° Indice de réfraction du corps vitré. . . . . $\frac{103}{77}$

5° Rayon de courbure de la cornée. . . . . 8^{mm}

6° Rayon de courbure de la surface antérieure du cristallin . . . . 10 »

7° Rayon de courbure de la surface postérieure du cristallin . . . . 6 »

8° Distance de la face antérieure de la cornée à la surface antérieure du cristallin . . . . 4 »

9° Épaisseur du cristallin . . . . 4 »

Ces valeurs étant admises, il trouve, par le calcul, que :

1) Le *premier foyer* est à 12mm,8326 en avant de la cornée, le *second foyer* à 14mm,6470 en arrière de la surface postérieure du cristallin.

2) Le *premier point principal* est à 2mm,1746, le *second* à 2mm,5724 en arrière de la surface antérieure de la cornée; leur distance mutuelle est de 0mm,3978.

3) Le *premier point nodal* est à 0mm,7580, le *second* à 0mm,3602 en avant de la surface postérieure du cristallin.

4) La *première distance focale principale* de l'œil est, par suite, de 15mm,0072, la *seconde*, de 20mm,0746.

La position des points principaux $h_{\prime}$ et $h_{\prime\prime}$, des points nodaux $k_{\prime}$ et $k_{\prime\prime}$ et des foyers $F_{\prime}$ et $F_{\prime\prime}$, d'après Listing, est indiquée dans la figure 39. Parmi les valeurs que Listing a prises pour base de ses calculs, celles

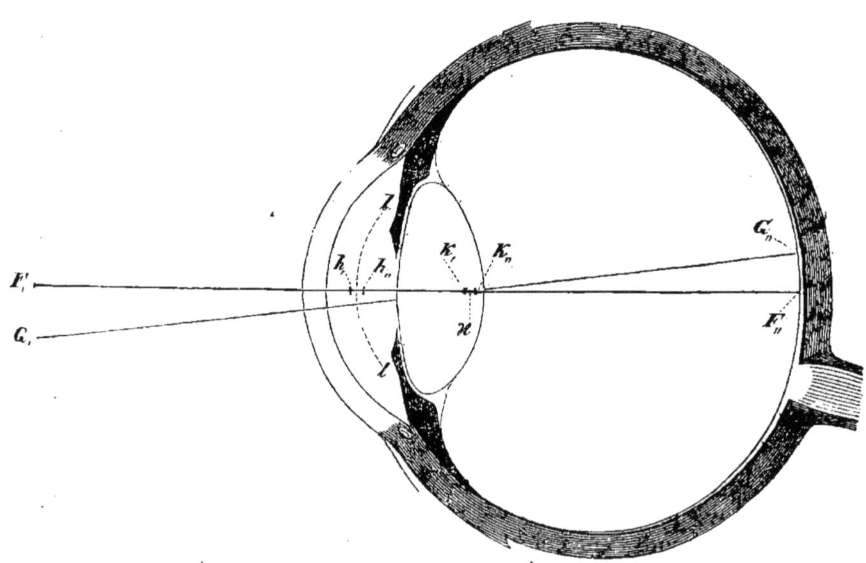

FIG. 39.

de l'indice de réfraction et des rayons de courbure du cristallin pourraient seules paraître douteuses. Cependant, la distance focale du cristallin qui en est déduite s'accorde si bien avec les mesures directes que j'ai faites moi-même, que l'effet optique de l'œil schématique de Listing ne diffère certainement guère de celui de l'œil naturel. Les valeurs qui ont une influence importante sur la réfraction par la cornée, sont établies avec une certitude suffisante par des mensurations. Nous n'avons donc aucunement lieu de douter que le schéma de Listing ne s'accorde effectivement avec les conditions naturelles, aussi bien, du moins, qu'il est possible de l'espérer eu égard à l'importance des variations individuelles.

Au moyen des points cardinaux de l'œil ainsi déterminés, on peut, par les constructions décrites § 9 (p. 58), trouver la position d'un rayon incident donné, après sa dernière réfraction ; il en est de même pour la position de l'image d'un point lumineux quelconque, voisin de l'axe oculaire. Comme, du reste, la distance qui sépare les deux points principaux est très-petite, et qu'il en est de même de celle qui existe entre les deux points nodaux, on peut, sans nuire sensiblement à l'exactitude du résultat, réunir en un seul les deux points principaux et en faire autant pour les deux points nodaux. On obtient ainsi un schéma de l'œil encore plus simplifié, et que Listing nomme l'*œil réduit.* Il place le point principal unique d'un tel œil à $2^{mm},3448$ en arrière de la surface antérieure de la cornée, le point nodal $\varkappa$ (fig. 39) à 0,4764 en avant de la surface postérieure du cristallin; les foyers restent dans leur position. L'effet de l'œil réduit pourrait être produit par une surface réfringente sphérique, dont le centre serait le point nodal, dont le sommet serait au point principal, et qui séparerait l'air, situé en avant de l'humeur aqueuse ou du corps vitré, situé en arrière. Le rayon de courbure d'une telle surface serait de $5^{mm},1248$. Dans nombre de considérations théoriques, où il n'est question que de la grandeur et de la position des images, on peut faciliter beaucoup les recherches par l'emploi de ce schéma réduit de l'œil. Dans la figure 39, l'arc ponctué *ll* représente la surface réfringente de l'œil réduit, et $\varkappa$, le centre de cette surface.

Dans le cas, très-fréquent, où l'on sait qu'il vient se former sur la rétine des images optiques exactes, et où l'on se propose seulement de trouver la position de l'image d'un point déterminé de l'objet, la connaissance des points nodaux est suffisante. Si l'on se permet la simplification de prendre un point nodal unique, on trouve la position de l'image en joignant, par une ligne droite, le point lumineux au point nodal et en prolongeant cette ligne jusqu'à la rétine ; le point où elle rencontre la rétine est la position de l'image. Une semblable ligne droite se nomme *ligne de direction de la vision.* Le point nodal, supposé unique, est donc le *point de croisement des lignes de direction.* Les parties d'une de ces lignes qui sont situées en avant de la cornée et en arrière du cristallin, appartiennent nécessairement au trajet d'un certain rayon qu'on peut appeler *rayon de direction.* Ce n'est qu'entre la surface antérieure de la cornée et la surface postérieure du cristallin, que le rayon de direction ne coïncide pas nécessairement avec la ligne de direction.

Si l'on veut faire la construction plus exacte, en considérant les points nodaux comme distincts, on a à distinguer deux *lignes de direction.* La *première* va du point lumineux au premier point nodal, la *seconde* est menée par le second point nodal, parallèlement à la première. Le point d'intersection de cette dernière avec la rétine donne la position de l'image. La partie de la première *ligne de direction* qui est en dehors de l'œil, et la partie de la seconde qui se trouve dans le corps vitré, appartiennent, comme dans le cas précédent, au trajet d'un rayon lumineux, le *rayon de direction.*

J'appellerai *ligne visuelle* le rayon de direction qui atteint le lieu de la vision directe. Ainsi, la partie antérieure de la ligne visuelle est une droite qui joint le point fixé dans le champ visuel et le premier point nodal, et sa partie postérieure est une droite qui va du second point nodal à la *fovea centralis.* Comme on croyait généralement autrefois que la tache jaune était située à l'extrémité postérieure de l'axe optique de l'œil, on considérait la ligne visuelle comme identique avec l'*axe de l'œil* et l'on nommait indifféremment cette ligne *axe visuel* ou *axe optique.* Mais, d'après mes recherches, ces deux lignes diffèrent sensiblement l'une de l'autre. En avant de l'œil, la ligne visuelle est située ordinairement en dedans, et, le plus souvent, un peu au-dessus de l'axe de l'œil, la *fovea* étant en dehors et un peu au-dessous de cet axe. J'ai indiqué, figure 39, la position qu'occupe la ligne visuelle $G_{,} G_{,,}$ dans une coupe horizontale de l'œil, telle que je l'ai trouvée placée, par rapport à l'axe de l'œil $F_{,} F_{,,}$, dans un œil bien conformé. La partie supérieure de la figure est le côté temporal, la partie inférieure, le côté nasal.

Pour calculer la réfraction successive des rayons lumineux par les différents milieux de l'œil, partageons le système optique de cet organe en deux parties constituées, la première par la cornée, la seconde par le cristallin. De cette façon, le premier milieu du premier système est de l'air ; le milieu intermédiaire aux deux systèmes, qui est à la fois le dernier milieu du premier système et le premier milieu du second système, est de l'humeur aqueuse ; le dernier milieu du second système est du corps vitré.

Commençons par la **cornée.** — L'étude de la réfraction par cette membrane est considérablement facilitée par cette circonstance que la cornée est assez mince, présente des courbures presque égales sur ses deux faces et possède un pouvoir réfringent qui n'est que légèrement supérieur à celui de l'humeur aqueuse. J'ai démontré au § 9, à la suite des équations 12), 12 a), 12 b), (page 80), qu'on pourrait, à chaque surface réfringente, accoler, sans modifier la réfraction, une couche infiniment mince, d'un pouvoir réfringent quelconque et présentant la même courbure sur ses deux faces. Qu'on se figure donc une couche infiniment mince d'humeur aqueuse répandue au-devant de la cornée — et d'ailleurs il s'y trouve en réalité une couche de ce genre, formée par les larmes qui humectent la cornée — nous pouvons alors considérer la cornée comme une lentille, en forme de verre de montre, entourée des deux côtés par un même milieu, l'humeur aqueuse. Une semblable lentille possède une distance focale très-grande ou infinie, c'est-à-dire qu'elle ne dévie pas sensiblement les rayons lumineux. Il s'ensuit que la réfraction des rayons lumineux par la cornée est à peu près la même que si l'humeur aqueuse allait jusqu'à la face antérieure de la cornée. Ce que nous admettons ici l'a été par presque tous ceux qui ont calculé la marche des rayons lumineux dans la cornée, et cela est d'autant plus nécessaire que, si nous possédons de bonnes mensurations de la courbure extérieure de la cornée, nous n'en avons pas de suffisamment certaines pour la courbure intérieure.

Si l'hypothèse que nous venons d'indiquer se vérifiait rigoureusement, il faudrait, d'après l'équation 13) du § 9 (page 81), qu'on eût

$$n'' (r_2 - r_1) + (n'' - n') d = 0 ,$$

n' désignant l'indice de réfraction de l'humeur aqueuse, n'' l'indice de réfraction de la cornée, d son épaisseur, r_1 le rayon de courbure de sa surface antérieure et r_2 celui de sa surface postérieure. En réalité, cette équation ne s'applique pas bien à la cornée. Si nous l'écrivons

$$(r_2 + d) - r_1 = \frac{n'}{n''} d ,$$

$(r_2 + d)$ est la distance du centre de courbure de la surface postérieure au sommet de la surface antérieure, et l'équation indiquerait, par suite, que le centre de courbure de la surface postérieure serait en arrière de celui de la surface antérieure. Il faudrait alors que la cornée s'amincît en allant du milieu vers le bord, tandis qu'en général c'est le contraire qui a lieu. Conformément aux déductions tirées de l'équation 13), à la fin du § 9 (page 83), relativement aux lentilles concaves-convexes, la cornée, considérée comme une lentille suspendue dans de l'humeur aqueuse, aura donc, en général, une distance focale négative, mais très-grande.

Posons $r_1 = 8^{mm}$, $r_2 = 7^{mm}$, $d = 1^{mm}$, et, d'après W. Krause, $n'' = 1,3507$, $n' = 1,3420$, la distance focale de la cornée, située dans de l'humeur aqueuse, sera, d'après l'équation 13 (§ 9, p. 81), de — $8^{m},7$, grandeur que nous pouvons considérer comme infinie par rapport aux dimensions de l'œil.

C'est ce qui a été confirmé par des expériences que j'ai faites avec l'ophthalmomètre. Après avoir mesuré, au moyen de cet instrument, la grandeur d'un objet placé derrière un vase de verre à parois parallèles, je plongeai dans l'eau que contenait le vase une cornée humaine fraîche, de manière à ne voir l'objet qu'à travers cette cornée; je ne pus découvrir, au moyen de l'ophthalmomètre, aucune diminution de l'image. Cette diminution, si elle avait lieu, était donc si faible, que le léger trouble de l'image, produit par l'interposition de la cornée, était suffisant pour la rendre insensible.

Pour pouvoir calculer ou évaluer de combien la réfraction dans l'œil diffère, en réalité, de ce qu'elle serait si le pouvoir réfringent de la cornée était réellement égal à celui de l'humeur aqueuse, nous allons établir, d'après la formule 12) (§ 9), les constantes optiques de la cornée, et, pour cela, poser $n' = 1$, $n''' = n$, $n'' = n + \Delta n$, $r_1 = r$, $r_2 = r - \Delta r$, les grandeurs Δn, Δr e l'épaisseur d de la cornée pouvant être considérées comme très-petites par rapport à n et à r. Si nous transportons ces notations dans les équations 12 (§ 9), négligeant les puissances supérieures des petites quantités, nous trouvons, pour les distances focales,

$$F_1 = \frac{1}{n} F_2 = \frac{r}{n-1}\left(1 - \Delta n \,.\, \frac{(n-1)\,d - n\,\Delta r}{n\,(n-1)\,r}\right) \Big\} \ldots \quad 1).$$

La différence entre les distances focales et la valeur $\frac{r}{n-1}$ que nous obtenon en posant $\Delta n = 0$ est une grandeur du second ordre ; il en est de même de la distance x, de la face antérieure de la cornée au premier point principal, comptée en avant :

$$x = \frac{d\,.\,\Delta n}{n\,(n-1)} \Big\} \ldots \ldots \ldots \ldots \quad 1\ a).$$

La distance A qui sépare les deux points principaux, devient même une quantité du troisième ordre :

$$A = \frac{d^2\,\Delta n}{n\,r} \Big\} \ldots \ldots \ldots \ldots \quad 1\ b).$$

Pour le calcul des images, il suffira donc de ne considérer qu'une seule réfraction à la surface antérieure de la cornée et de prendre l'indice de réfraction de la cornée égal à celui de l'humeur aqueuse.

La deuxième partie du système optique de l'œil est constituée par le **cristallin.** — En avant de cette lentille se trouve l'humeur aqueuse, en arrière le corps vitré. Comme les indices de réfraction de ces deux substances ne diffèrent que fort peu, nous les considérerons comme égaux. Dans les systèmes optiques, dont le premier et le dernier milieu sont identiques, les points principaux se confondent avec les points nodaux. Nous pouvons donc pour le cristallin, comme pour les lentilles ordinaires de nos instruments d'optique, identifier ces deux sortes de points. Mais le cristallin diffère essentiellement de nos lentilles de verre en ce que la densité de sa substance, au lieu d'être uniforme, va en augmentant de dehors en dedans. Comme nous ne connaissons pas exactement la loi de cette augmentation, nous ne sommes pas à même de calculer complétement la marche des rayons lumineux à travers le cristallin, et de déterminer exactement la position de ses foyers et de ses points principaux. Il faut nous contenter de trouver des limites pour la position de ces points. A cet effet, on peut établir les propositions 1) et 2) suivantes :

1) *Les distances focales du cristallin sont plus petites qu'elles ne seraient si toute la masse avait l'indice de réfraction du noyau.*

Pour démontrer cette proposition importante, supposons le cristallin décomposé, suivant sa stratification naturelle, en un *noyau*, qui représente une lentille biconvexe, presque sphérique, de distance focale positive, et en couches enveloppantes, dont les parties rapprochées de l'axe de l'œil figurent des lentilles concaves-convexes. Ce sont d'ailleurs des lentilles qui augmentent, ou du moins ne diminuent pas d'épaisseur vers leurs bords, dans lesquelles on a $r_1 > r_2 + d$ (voy. § 9, p. 83), si nous désignons par r_1 le rayon de la surface convexe, par r_2 celui de la surface concave et par d l'épaisseur de la lentille. D'après l'équation 13) (§ 9), la distance focale est alors négative. La position des points principaux h_1 et h_2, et des foyers p_1 et p_2, de semblables lentilles, est représentée par la figure 37 (p. 83).

Soient (fig. 40) $a_{,}$ et $a_{,,}$ les sommets, $c_{,}$ et $c_{,,}$ les centres des deux surfaces de séparation; $h_{,}$ et $h_{,,}$ les points principaux d'une semblable lentille. Pour un objet b placé en avant de la première surface (la surface convexe), la lentille donne une image virtuelle, diminuée et droite, comme je l'ai fait voir § 9, et nous pouvons ajouter ici que cette image β est placée non-seulement en avant du second point principal, mais aussi toujours en avant de la seconde surface de la lentille. En effet, lorsque l'objet b est plus éloigné de $h_{,}$ que le sommet $a_{,}$ de la première surface réfringente, son image doit être plus éloignée de $h_{,,}$ que ne l'est α, image de $a_{,}$. Mais l'image de $a_{,}$ est produite par une seule réfraction sur la surface postérieure de la lentille, et comme la distance focale de cette surface est négative, l'image α de $a_{,}$ en est plus rapprochée et est en avant de cette surface. Il en résulte que β, qui est encore plus en avant que α, doit nécessairement être situé en avant de la surface postérieure de la lentille.

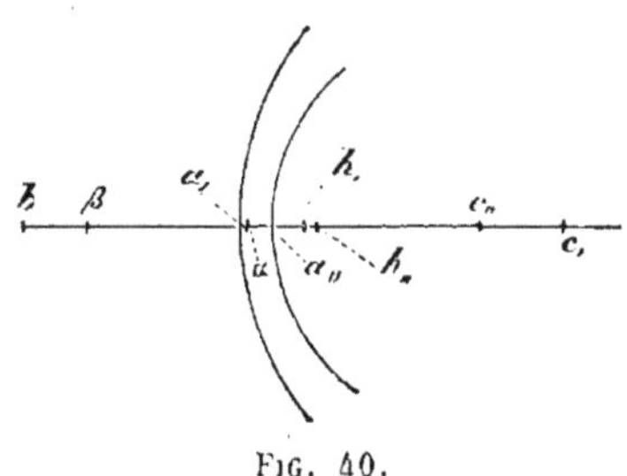

FIG. 40.

On peut montrer ensuite que l'image β d'un objet b situé en avant de $a_{,}$ se rapproche d'autant plus de la surface postérieure de la lentille, que le pouvoir réfringent de cette lentille est plus grand. D'abord, on voit facilement que l'image α de $a_{,}$ se rapproche d'autant plus de la surface postérieure de la lentille que l'indice de réfraction de cette lentille est plus considérable. Si α est l'image de $a_{,}$, et si nous désignons par q la distance $\alpha\, a_{,,}$, nous avons, d'après les équations 3) (§ 9, p. 63),

$$\frac{n''}{d} - \frac{n'}{q} = \frac{n' - n''}{r_2}$$

ou

$$q = \frac{n' r_2 d}{n'' r_2 + (n'' - n') d}.$$

Quand n'' augmente, le dénominateur de q augmente, et, par suite, q diminue.

Si nous pouvons montrer maintenant que, quand n'' augmente, l'image de b se rapproche de α, il en résultera qu'alors l'image de b se rapproche aussi de la seconde surface de la lentille.

Pour le montrer, désignons par f' la distance $bh_{,}$ de l'objet b au premier point principal; par p la distance $a_{,}h_{,}$ du point $a_{,}$ au même point principal, distance qui, dans les équations 13 a) du § 9 (p. 81), est désignée par $-h_1$; par F la distance focale de la lentille; nous avons, pour la distance $\beta h_{,,}$ de l'image β au second point principal,

$$\beta h_{,,} = \frac{f' F}{F - f'} ,$$

et, pour la distance $\alpha h_{,,}$ de l'image α du point $a_{,}$ au même point principal,

$$\alpha h_{,,} = \frac{p F}{F - p} .$$

En retranchant la seconde équation de la première, on obtient la distance mutuelle cherchée de ces deux images :

$$\beta \alpha = \frac{(f' - p) F^2}{(F - f')(F - p)} = \frac{f' - p}{\left(\frac{F - p}{F} - \frac{f' - p}{F}\right) \frac{F - p}{F}} .$$

Si nous faisons varier n'', la longueur $ba_{,}$, ou la quantité $f' - p$, ne varie pas dans cette expression. Posons

$$C = \frac{F - p}{F} ,$$

et, dans cette expression, donnons à F et à $p = -h_1$, leurs valeurs déduites des équations 13) (§ 9), nous obtenons

$$C = 1 + \left(1 - \frac{n'}{n''}\right) \frac{d}{r_2} .$$

Si, de plus, nous posons P égal à la valeur absolue de F, qui est négatif dans le cas actuel, il vient

$$\beta \alpha = \frac{(f' - p)}{\left(C + \frac{f' - p}{P}\right) C} .$$

et, d'autre part, d'après 13) (§ 9),

$$P = -F = \frac{n' r_1 r_2}{\left(1 - \frac{n'}{n''}\right) [n'' (r_1 - r_2 - d) + n' d]} .$$

Si nous faisons augmenter n'', C augmente et P diminue, comme on e voit facilement sous les formes que nous avons données à leurs valeurs, et $f' - p$ reste invariable; donc, quand n'' augmente, $\beta\alpha$ diminue. Par conséquent, enfin, $\beta a_{,,}$ diminue également quand n'' augmente.

Jusqu'ici, nous n'avons étudié qu'une seule de ces lentilles que nous fournirait la décomposition du cristallin suivant ses couches. Imaginons qu'on trempe dans de l'humeur aqueuse toutes les lentilles concaves-convexes situées, dans le cristallin, d'un même côté du noyau, puis qu'on les replace dans leur position naturelle ; ou imaginons, en d'autres termes, des couches infiniment minces d'humeur aqueuse, intercalées entre les strates consécutives et de densité différente ; puis concevons qu'on isole toutes celles de ces strates situées d'un même côté du noyau, et nous obtenons un système optique auquel nous pouvons donner le nom de lentille convexe-concave composée.

Représentons ce système par la figure 41 ; soient *ab* l'axe, *g* le sommet de la surface convexe la plus extérieure, *h* celui de la surface concave du système. Soit un point lumineux *a*, situé en avant, du côté convexe du système. Il résulte de ce que nous avons démontré pour une seule lentille de ce genre, que la première lentille donne une image de *a* située *en avant* de sa seconde surface, et par conséquent aussi *en avant* de la première surface de la seconde lentille. Par suite, aussi, cette seconde lentille, et toutes les suivantes, donnent chacune une image de *a* située *en avant* de sa seconde surface. Le système entier donne donc une image de *a* située *en avant* de sa dernière surface réfringente, en α par exemple.

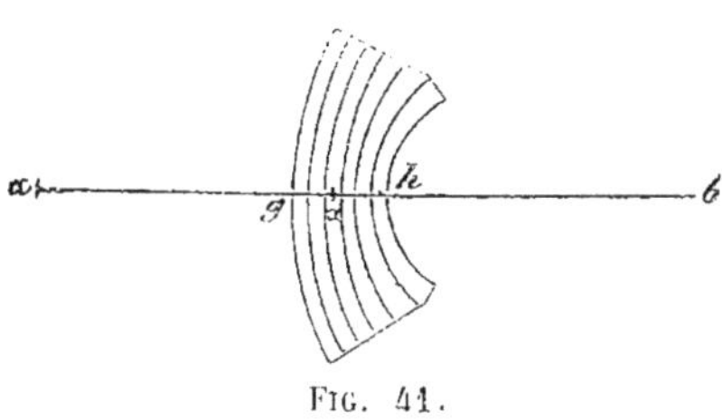

FIG. 41.

De plus, on voit facilement que si *a* se rapproche de *g*, α se rapproche de *h*. Car les lentilles simples, à distance focale négative, donnent d'objets réels placés au devant d'elles et de plus en plus rapprochés, des images de plus en plus rapprochées. Si donc *a* se rapproche de la première lentille, celle-ci en donne une image plus rapprochée, qui joue le rôle d'objet par rapport à la seconde lentille, et ainsi de suite.

Enfin, on voit que si nous augmentons l'indice de réfraction d'une des couches, l'image α se rapproche de *h*. Jusqu'à la couche modifiée, la marche des rayons lumineux et la position des images restent inaltérées, mais la couche dont l'indice de réfraction a été augmenté donne de *a* une image plus rapprochée qu'avant ; cette image devient, pour les couches suivantes, un objet plus rapproché, et, par suite, la dernière image α sera plus rapprochée de *h*.

Si donc l'image α doit conserver sa position lorsque l'on augmente le pouvoir réfringent d'une des couches, il faut augmenter la distance *ag* d'une manière correspondante.

Nous pouvons, à présent, supposer tout le cristallin composé de deux semblables systèmes *B* et *C* de lentilles concaves-convexes, et de son noyau *A* (fig. 42). Quand donc le cristallin entier donne en *b* une image réelle et renversée d'un point *a*, placé en avant de ce corps, le système *B* doit donner une image α, *en avant* de la surface antérieure du noyau, et à l'image *b* correspond aussi, en arrière de la surface postérieure du noyau, une image β, produite par les rayons après la réfraction dans le noyau et avant la réfraction dans le système *C*.

Il faut donc qu'à la manière des lentilles biconvexes le noyau donne en β une image renversée de α. C'est ce qu'il fait quand α est en avant de son foyer antérieur.

Si a s'éloigne indéfiniment, b doit venir au foyer postérieur du cristallin entier.

Augmentons maintenant l'indice de réfraction d'une des couches de B, α se rapproche de la surface antérieure de A, et, par suite, l'image β que A donne de α, et l'image b que C donne de β, reculent toutes deux.

Augmentons de même l'indice de réfraction d'une des couches de C; à l'image β, qui conserve sa position, correspond alors une image b plus éloignée.

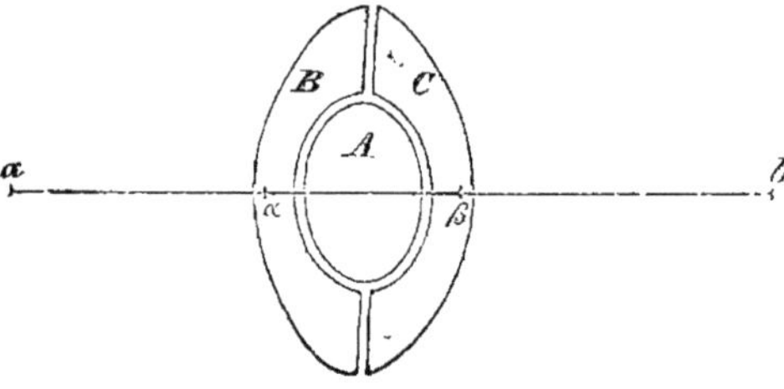

Fig. 42.

Si nous augmentons donc le pouvoir réfringent des couches des systèmes B et C, le foyer postérieur du cristallin s'éloigne de sa surface postérieure.

Nous pouvons faire croître l'indice de réfraction de chacune des couches du cristallin, jusqu'à ce qu'il atteigne celui du noyau, sans que le foyer s'éloigne indéfiniment, puisque, à la fin, lorsque la structure de toutes les couches du cristallin est devenue pareille à celle du noyau, le cristallin constitue une lentille biconvexe simple et homogène dont la distance focale est nécessairement positive et finie.

Ce qui est vrai pour le foyer postérieur de la lentille est naturellement vrai aussi pour le foyer antérieur. Il est donc démontré que les foyers du cristallin sont plus rapprochés de cette lentille qu'ils ne le seraient, si toutes les couches possédaient la même densité et le même indice de réfraction que le noyau.

2) *La distance qui sépare les points principaux est plus petite dans le cristallin que dans une lentille de même forme dont le pouvoir réfringent serait égal à celui du noyau.*

Les points principaux sont les images, formées par la lentille elle-même, d'un point situé dans son intérieur, et qu'on appelle son centre optique. Quelle que soit la position de ce point, on peut démontrer, en procédant absolument comme on vient de le faire pour la détermination des foyers, que les images du centre optique se rapprochent d'autant plus des surfaces de la lentille que l'indice de réfraction de chaque couche du cristallin devient plus élevé, et qu'alors, par conséquent, la distance des deux images devient algébriquement plus grande. Maintenant, en général, quand l'indice de réfraction de toutes les couches du cristallin est devenu égal à celui du noyau, le centre optique de cette nouvelle lentille homogène ne coïncide pas avec le centre optique du cristallin. Mais comme, pour une lentille à distances focales positives, la distance des points principaux est un maximum parmi les distances des images conjuguées, la distance des points principaux de cette nouvelle lentille homogène est certainement plus grande que celle qui sépare les images que cette lentille donne du centre optique du cristallin non modifié, et, par conséquent, elle est plus grande aussi que celle des points principaux du cristallin non modifié.

On peut montrer, de plus, que la distance des points principaux du cristallin a une valeur positive, c'est-à-dire que le second point principal est en arrière du premier, si l'on admet, ainsi que cela paraît résulter d'ailleurs de la forme des couches du cristallin, que les rayons de courbure des surfaces des couches situées dans l'axe sont plus grands que les distances de ces surfaces au noyau du cristallin. En effet, les surfaces sphériques réfringentes donnent, de points situés entre elles et leur centre, des images qui sont plus rapprochées de la surface réfringente que l'objet. Par suite, l'image du centre du noyau, formée par la moitié antérieure du cristallin, est située en avant de son objet; celle formée par la moitié postérieure, est en arrière de son objet. Les deux images conjuguées du centre du noyau ont donc une distance positive. Comme la distance des points principaux est algébriquement plus grande que celle de toutes les autres images conjuguées, cette distance est en tous cas positive.

Les points principaux d'une lentille, qui aurait la forme du cristallin de l'homme et le pouvoir réfringent de son noyau, ne seraient distants l'un de l'autre que d'environ $^1/_4$ de millimètre. Il en résulte que la distance qui sépare les points principaux du cristallin est renfermée dans des limites très-étroites.

Les indices de réfraction des milieux transparents de l'œil humain ont été déterminés anciennement par Chossat (1) et par Brewster (2); récemment, W. Krause (3) a exécuté un grand nombre de mensurations de cette espèce, tandis que les observateurs nommés précédemment paraissent n'avoir examiné qu'un petit nombre d'yeux. Brewster plaçait la substance à étudier entre la surface courbe d'une lentille convexe, qui servait d'objectif à un microscope, et une lame de verre plane et perpendiculaire à l'axe de ce microscope. Cette addition modifie la distance focale du microscope. Brewster mesurait la distance objective du microscope avant et après interposition de la substance réfringente, et aussi après avoir interposé de l'eau pure dont l'indice de réfraction était connu. Cahours et Becquerel (4) proposèrent de mesurer la grandeur des images du microscope, et W. Krause a aussi suivi cette méthode. Je fais suivre ici la description du procédé que ce dernier a employé.

Un microscope ordinaire de Kellner, dont la partie inférieure est représentée pl. II, fig. 3, fut disposé de la manière suivante pour les mensurations. L'objectif avait été remplacé par une lentille biconvexe en crownglass, d'une distance focale d'environ 30^{mm}, dont la monture *b* se vissait dans le tube *a* du microscope. La lentille se trouvait dans une dépression concave, noircie, et y était

(1) *Bulletin des sc. par la Société philom. de Paris.* Ann. 1818, juin, p. 294.

(2) *Edinburgh Philos. Journal*, 1819, n° 1, p. 47.

(3) Die Brechungsindices der durchsichtigen Medien des menschl. Auges von Dr W. Krause. Hannover, 1855.

(4) *L'Institut. Scienc. math., phys. et natur.*, 1840, p. 399.

fixée au moyen de la capsule vissée d, dont le centre portait une ouverture d'environ $2^{mm},6$ de diamètre. La lentille était hermétiquement appliquée sur le bord de cette ouverture. Plus bas, on fixait une lame de verre e, également en crownglass, au moyen d'un anneau f dont l'intérieur était rodé coniquement, de manière à s'ajuster sur la capsule d, qui était aussi conique ; cependant ce contact ne s'établissait pas d'une manière tellement exacte, que l'air ne pût pas passer lentement entre les deux surfaces.

On plaçait dans l'anneau f, au milieu de la lame plane, un peu du milieu réfringent à examiner, puis on pressait l'anneau sur la capsule d jusqu'à ce que cette dernière butât sur le bord saillant de l'anneau. Opérant ainsi, on était certain de placer la lame de verre plane perpendiculairement à l'axe du microscope. Après chaque mensuration, on pouvait sortir la lentille objective pour la nettoyer.

Dans l'oculaire du microscope était fixé un micromètre de verre, divisé en trentièmes de ligne de Vienne ; sur la platine on mettait un semblable micromètre divisé en dixièmes de ligne ; on mettait le microscope au point, de manière à pouvoir voir distinctement et en même temps les deux graduations, et l'on déterminait combien de divisions du micromètre supérieur correspondaient à une division du micromètre inférieur. On faisait des mesures analogues en ne laissant que de l'air entre la lentille objective et la lame plane, et aussi en interposant de l'eau distillée.

Pour calculer les résultats, nous pouvons nous servir des équations 12) (§ 9, p. 80). Ces équations ne s'appliquent, il est vrai, qu'à deux surfaces réfringentes, et dans le système objectif de l'appareil de Krause nous en avons quatre : la première et la seconde face du verre plan, la première et la seconde face de la lentille biconvexe. Mais, décomposant ce système en deux autres, dont le premier comprenne les deux surfaces planes, et le second les deux surfaces de la lentille, les distances focales du premier système sont infinies. Nous conformant aux notations adoptées (§ 9, p. 77) pour les équations 11 a) à 11 f), désignons la première distance focale (inférieure) du verre plan par f', la seconde par f'' ; la première (inférieure) de la lentille par φ', la seconde par φ'' ; la distance du second point principal du verre plan au premier point principal de la lentille par d ; en y faisant f'' infini, la dernière des équations 11 f) donne, pour la deuxième distance focale (supérieure) du système entier,

$$F'' = \varphi''.$$

La première distance focale de tout le système a la même valeur, puisque le premier et le dernier milieu sont identiques, étant tous les deux de l'air.

Pour la distance du second point principal de la lentille au second point principal du système complet, l'équation 11 e) donne la valeur 0 si nous y faisons $f'' = \infty$. Le second point principal et le second foyer sont donc, dans ce cas, les mêmes que si le milieu interposé entre la lame plane et la lentille était illimité en avant.

Désignons, comme dans l'équation 12) (§ 9, p. 80), par n' l'indice de réfraction de la substance à examiner, par n'' celui de la lentille de verre, par n'''

celui de l'air, et remplaçons n''' par 1 ; alors la valeur F_2 des équations précitées donne, pour la distance focale F de notre système objectif,

$$F = \frac{n'' r_1 r_2}{n'' (1 - n'') r_1 + [n'' r_2 - (1 - n'') d] (n'' - n')}.$$

Désignons par F_0 la distance focale du système objectif pour le cas où il y a de l'eau distillée entre la lame et la lentille, par n_0 l'indice de réfraction de l'eau distillée, et par Φ la distance focale pour le cas où il y a de l'air entre la lame et la lentille ; nous obtenons deux nouvelles équations analogues à la précédente, et nous pouvons écrire ces trois équations sous la forme

$$\left.\begin{aligned} F A - n'' r_1 r_2 &= n' F B \\ F_0 A - n'' r_1 r_2 &= n_0 F_0 B \\ \Phi A - n'' r_1 r_2 &= \Phi B \end{aligned}\right\} \quad \ldots\ldots\ldots\ldots 2),$$

où l'on a posé, pour abréger,

$$A = n'' [(1 - n'') r_1 + n'' r_2 - (1 - n'') d],$$

et

$$B = n'' r_2 - (1 - n'') d.$$

Si, parmi les équations 2), nous retranchons la seconde de la première, et la troisième de la seconde, nous obtenons

$$(F - F_0) A = (n' F - n_0 F_0) B$$
$$(F_0 - \Phi) A = (n_0 F_0 - \Phi) B.$$

Ces deux équations, divisées membre à membre, donnent

$$\frac{F - F_0}{F_0 - \Phi} = \frac{n' F - n_0 F_0}{n_0 F_0 - \Phi}.$$

D'où enfin

$$n' = 1 + (n_0 - 1) \frac{F_0 (F - \Phi)}{F (F_0 - \Phi)} \quad \ldots\ldots\ldots 2a).$$

Nous pouvons donc calculer l'indice de réfraction n' de la substance à examiner si nous connaissons celui de l'eau distillée n_0 et les trois distances focales F, F_0 et Φ du système objectif. Mais ces distances focales peuvent se calculer d'après la grandeur des images. Si b est la grandeur d'une division du micromètre inférieur, β la grandeur absolue de son image formée dans le diaphragme de l'oculaire du microscope, sans égard à sa position renversée, F la distance focale du système objectif et f_2 la distance du second point principal du système objectif à l'image β, on a, d'après l'équation 8 b) (§ 9, p. 74),

$$\frac{\beta}{b} = \frac{f_2 - F}{F},$$

ou

$$F = \frac{f_2 b}{b + \beta} \quad \ldots\ldots\ldots\ldots\ldots 2 b).$$

Si l'on a mesuré b et β, il faudrait donc encore connaître f_2 pour trouver F. Mais si l'on admet que f_2 ne varie pas, ce qui était sensiblement exact dans l'appareil de Krause, sa valeur disparaît dans l'équation 2 a) qui donne n' ; il est donc inutile de la connaître. Si, aux trois distances focales F, F_0 et Φ, répondent les trois valeurs β, β_0 et $\mathfrak{b}$, la valeur de n' sera

$$n' = 1 + (n_0 - 1)\frac{\mathfrak{b} - \beta}{\mathfrak{b} - \beta_0} \Bigg\} \ldots\ldots\ldots\ldots 2\,c).$$

Pour calculer n', on n'a donc même pas besoin de connaître la grandeur b de l'objet qu'on a placé sous le microscope : il suffit de prendre un objet quelconque, à condition de n'en pas changer.

La valeur de f_2 est constante, dans ces mensurations, si la position du micromètre dans l'oculaire et la position du second point principal du système objectif ne varient pas. Cette dernière position n'est rigoureusement constante, lorsqu'on interpose différentes humeurs entre la lame plane et la lentille, que si la face supérieure de la lentille est plane. Dans l'équation 12 a) (§ 9, p. 80), h_2 est la distance de la surface postérieure de la lentille au second point principal. Lorsque r_2 n'est pas infini, cette distance dépend de l'indice de réfraction n' de la substance interposée. Si l'on fait r_2 infini, après avoir divisé par cette quantité les deux termes de l'expression de h_2, il vient

$$h_2 = -\frac{n''' d}{n''},$$

valeur indépendante de n'. Il vaudrait donc mieux employer, dans ces mensurations, au lieu de la lentille biconvexe, une lentille plan-convexe, dont le côté plan serait dirigé vers le haut. D'ailleurs, l'erreur qui peut provenir de l'emploi d'une lentille biconvexe est en tout cas très-insignifiante, pourvu qu'on puisse considérer l'épaisseur de la lentille comme négligeable par rapport à la longueur du corps du microscope.

Brewster a pris, dans ses mensurations, l'indice de réfraction de l'eau distillée = 1,3358 ce qui correspondrait environ, d'après les mensurations de Fraunhofer, à la ligne E du vert, c'est-à-dire aux rayons de réfrangibilité moyenne. Krause préfère, d'après le conseil de Listing, prendre pour base le rayon le plus intense du spectre, celui qui, d'après Fraunhofer, a pour indice de réfraction 1,33424. Je donne, dans le tableau suivant, les résultats que Chossat, Brewster et Krause ont obtenus pour l'œil humain. W. Krause a examiné 20 yeux provenant de 10 sujets différents, et a trouvé des différences individuelles très-considérables.

Tableau des indices de réfraction d'yeux humains.

OBSERVATEUR.		CORNÉE.	HUMEUR AQUEUSE.	CORPS VITRÉ.	CRISTALLIN.		
					Couche externe.	Couche moyenne.	Noyau.
Chossat		1,33	1,338	1,339	1,338	1,395	1,420
Brewster, $n_0 = 1,3358$		....	1,3366	1,3394	1,3767	1,3786	1,3839
W. Krause, $n_0 = 1,3342$	Max.	1,3569	1,3557	1,3569	1,4743	1,4775	1,4807
	Min.	1,3431	1,3349	1,3361	1,3431	1,3523	1,4252
	Moy.	1,3507	1,3420	1,3485	1,4053	1,4294	1,4541
Helmholtz, $n_0 = 1,3351$		....	1,3365	1,3382	1,4189		

Les mensurations que j'ai faites moi-même ont été pratiquées de la manière suivante : des échantillons de l'humeur à examiner étaient interposés entre une lame de verre plane et la face concave d'une petite lentille plan-concave ; les images données par ce système optique étaient mesurées au moyen de l'ophthalmomètre et l'on en déduisait les distances focales par le calcul. En outre, le rayon de la surface concave de la lentille pouvait être déterminé directement au moyen de l'ophthalmomètre, comme on l'a fait au § 2 pour le rayon de courbure de la cornée. Dans ces conditions, il n'était pas nécessaire de faire une observation en mettant de l'eau distillée entre les verres et de supposer connu l'indice de réfraction de ce liquide. Au reste, en faisant l'expérience, l'indice de réfraction de l'eau distillée se trouva égal à 1,3351, nombre compris entre ceux de Brewster et de Krause.

Krause a encore déterminé une série d'indices de réfraction sur des yeux de veaux, et cela dans l'intention de savoir si les indices de réfraction varient sensiblement dans les vingt-quatre premières heures après la mort. Il examina 20 yeux de veaux immédiatement après la mort et 20 autres après les avoir conservés pendant vingt-quatre heures à 15° R. Il trouva les moyennes suivantes :

	Yeux frais.	Après 24 heures.
Cornée	1,3467	1,3480
Humeur aqueuse	1,3421	1,3415
Corps vitré	1,3529	1,3528
Couche externe du cristallin	1,3983	1,4013
Couche moyenne du cristallin	1,4194	1.4211
Noyau du cristallin	1,4520	1,4512

Il résulte de ce tableau que les indices de réfraction des yeux de veaux ne varient pas sensiblement dans les vingt-quatre heures qui suivent la mort, et l'on peut conclure, par induction, qu'il en est de même pour les yeux humains.

Comme de la forme et des indices de réfraction des différentes couches du cristallin on ne peut pas déduire directement sa distance focale, je vais indiquer ici les résultats obtenus par les mensurations directes des constantes optiques de deux cristallins humains, qu'il m'a été donné d'examiner environ douze heures après la mort.

A l'air, la surface d'un cristallin extrait de l'œil se dessèche et se ride très-vite; dans l'eau le cristallin se gonfle et devient trouble. Aussi ai-je, pendant les expériences, maintenu les cristallins dans de l'humeur vitrée. De plus, les cristallins cèdent avec une facilité extrême à la moindre traction ou pression; mais tant qu'ils sont contenus dans leur capsule, qui est élastique et qui les entoure très-exactement, ces déformations sont passagères. Il faut donc, pendant l'observation, disposer les cristallins de manière qu'ils ne soient exposés à aucune traction ni pression extérieure. C'est ce que j'ai réalisé de la manière suivante. La figure 43 représente, en grandeur naturelle, une coupe du petit appareil que j'employais à cet effet. Au milieu se trouve un cylindre creux de laiton, qui porte intérieurement, en *bb*, une cloison horizontale, concave en haut et percée en son milieu d'une ouverture circulaire. Un tube à objectifs, provenant d'un ancien microscope, me fournit cette partie de l'instrument. Le bord inférieur de cette pièce est mastiqué sur une lame de verre à faces planes et parallèles *cc*, mais en veillant à ce qu'il ne s'interpose pas, entre la circonférence inférieure du cylindre et la lame de verre, une couche de mastic d'épaisseur sensible. On commence par remplir d'humeur vitrée la cavité inférieure du cylindre; puis on place sur le diaphragme *bb*, et reposant sur sa face la moins bombée, le cristallin qu'on a extrait de l'œil en évitant soigneusement de le blesser ou de le froisser. Ensuite on ajoute un peu d'humeur vitrée, de manière à atteindre le niveau du bord supérieur du cylindre; enfin on couche sur le tout la lame plane de verre *dd*, ce qui donne également une surface de terminaison plane à la partie supérieure de l'humeur vitrée. Comme je ne pouvais pas commodément mettre l'ophthalmomètre dans une position verticale, j'ajoutai sur la lame *dd* un prisme à 45°, qui réfléchissait horizontalement la lumière qui lui arrivait de bas en haut, après avoir traversé le cristallin. Il est commode de placer ensuite le tout sur le corps d'un microscope dont on a enlevé les verres, ainsi que le diaphragme étroit de la partie inférieure. Puis on prend une lame de laiton avec des tranchants de S'Gravesand dont l'intervalle doit servir d'objet pour le cristallin, et on la place d'abord sur la platine du microscope, puis immédiatement sous la lame *cc*, entre celle-ci et le bord supérieur du corps du microscope. Pour l'éclairage, on emploie le miroir du microscope, en lui faisant envoyer la lumière de bas en haut, à travers l'espace de la lame de laiton compris entre les tranchants. On mesure enfin, au moyen de l'ophthalmomètre, la grandeur de l'image que le cristallin donne de l'entaille de la lame de laiton.

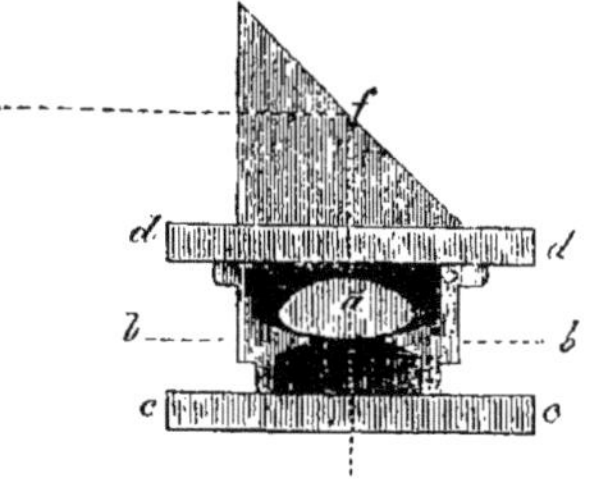

Fig. 43.

Le calcul demande qu'on connaisse la distance qui existe entre l'intervalle des tranchants de S'Gravesand et la face inférieure de la lame *cc*. Soit a_1 cette distance quand l'écran est sur la platine du microscope, et a_2 quand il est sous la lame de verre. Les résultats de l'expérience sont d'autant meilleurs qu'on parvient davantage à augmenter a_1 et à diminuer a_2. Il faut, ensuite, connaître l'épaisseur de la lame cc, épaisseur que nous désignerons par c, et, au moins approximativement, l'indice de réfraction n_c de cette lame ; enfin la distance d de la face supérieure de la lame cc au bord supérieur de l'ouverture bb et l'indice de réfraction n du corps vitré par rapport à l'air. Soient, de plus, b_1 l'écartement des tranchants de S'Gravesand lorsqu'ils sont sur le plateau du microscope, à la distance a_1 de la lame cc, et β_1 la largeur de l'image que le cristallin donne de leur intervalle, valeur qui est négative dans ce cas à cause de la position renversée de l'image ; b_2 et β_2 les valeurs de ces mêmes quantités dans la deuxième position de l'écran, f la distance focale du cristallin dans l'humeur vitrée, quantité que nous cherchons à déterminer, et x la distance qui sépare son premier point nodal du plan du bord supérieur de l'ouverture bb. De ce qui a été exprimé relativement à la réfraction dans les lames parallèles par les équations 3c) et 6c) (§ 9, pp. 64 et 66), il résulte que les rayons lumineux arrivés dans l'humeur vitrée en avant du cristallin, correspondent à une image de la grandeur b_1 ou b_2 qui se trouve à la distance $(na_1 + \frac{n}{n_c} c + d + x)$ dans le premier cas, et $(na_2 + \frac{n}{n_c} c + d + x)$ dans le second. La grandeur β_1 ou β_2 de l'image ne subit plus aucune modification par la réfraction sur les faces planes de la lame de verre supérieure. Nous avons donc les équations

$$\frac{\beta_1 - b_1}{\beta_1} = \frac{n a_1 + \frac{n}{n_c} c + d + x}{f},$$

$$\frac{\beta_2 - b_2}{\beta_2} = \frac{n a_2 + \frac{n}{n_c} c + d + x}{f}$$

Retranchant membre à membre, il vient

$$\frac{\beta_1 - b_1}{\beta_1} - \frac{\beta_2 - b_2}{\beta_2} = \frac{n(a_1 - a_2)}{f},$$

d'où l'on tire pour f

$$f = \frac{n \beta_1 \beta_2 (a_1 - a_2)}{b_2 \beta_1 - b_1 \beta_2},$$

puis, de l'une des deux équations précédentes, on peut aussi tirer x. Il ne faut pas oublier, dans le calcul, que β_1 appartient à une image renversée et possède une valeur négative, si a_1 est plus grand que la distance focale. On ne peut pas poser immédiatement x égal à la distance de la surface antérieure du cristallin à son point nodal, mais il faut d'abord effectuer une petite correction, parce que la surface courbe du cristallin avance un peu plus bas que le plan de l'ouverture sur les bords de laquelle il s'appuie. Connaissant le diamètre de l'ouverture et le rayon de courbure du cristallin, il est facile de calculer la flèche de la calotte sphérique en question.

Si j'ai donné à la fente des largeurs différentes, b_1 et b_2 dans les deux expériences, c'est que, vue à travers le cristallin à des distances très-différentes, elle apparaissait avec un grossissement différent, et que le cristallin, à cause de sa faible dimension, ne possédait qu'un champ visuel très-restreint.

On obtient la distance de la face postérieure du cristallin au second point nodal, en opérant absolument de la même manière, après avoir retourné le cristallin.

La petite valeur $\frac{c}{n_c}$ peut être déterminée par des observations au moyen de l'ophthalmomètre ; la lame de verre *cc*, que nous avons mise jusqu'ici entre la fente et le cristallin, est placée à cet effet, d'une manière analogue, entre cette fente et une petite lentille de verre dont on connaît la distance focale et les points nodaux. On peut, d'une manière analogue, déterminer la valeur d. Les mêmes équations, que nous avons avons posées pour la détermination de x et de f, peuvent aussi, x et f étant connus, servir à trouver d ou $\frac{c}{n_c}$.

Les rayons de courbure aux sommets du cristallin peuvent être obtenus, soit, comme nous l'avons indiqué plus haut, au moyen des images catoptriques, soit également au moyen de la réfraction. A cet effet, on laisse le cristallin dans sa boîte de laiton et l'on enlève seulement la partie d'humeur vitrée qui recouvre sa face supérieure; on place ensuite la fente formée par les tranchants de S'Gravesand devant le prisme f, légèrement de côté par rapport à la ligne de visée de l'ophthalmomètre, et l'on mesure la grandeur de son image réfléchie ; ou bien on laisse l'écran de laiton avec les tranchants sur la platine du microscope, et l'on mesure l'image dioptrique qui s'en forme alors. Nous avons indiqué plus haut comment on emploie pour le calcul la mesure de l'image réfléchie. Pour la mesure dioptrique, laissons à b_1, β_1 et f leur signification ; soient β_3 la grandeur de l'image, après qu'on a enlevé l'humeur vitrée de la face supérieure du cristallin, et y la distance entre le point nodal supérieur et la face supérieure. (Cette distance se rapporte toujours au cas où le cristallin est placé dans de l'humeur vitrée.) Enfin soit R le rayon de courbure au sommet de la face supérieure ; sa valeur est donnée par l'équation

$$R \cdot \frac{n(\beta_1 - \beta_3)}{(n-1)\beta_3} = f \cdot \frac{b_1 - \beta_1}{b_1} - y \,.$$

J'ai démontré que, de la structure particulière du cristallin, il résulte que sa distance focale est plus courte que s'il possédait en tous ses points la densité et le pouvoir réfringent de son noyau. Si l'on voulait donc construire une lentille homogène ayant la même forme, la même grandeur et la même distance focale que le cristallin, il faudrait lui donner un pouvoir réfringent encore plus considérable que celui du noyau. Senff a nommé *indice de réfraction total* celui d'une semblable lentille homogène imaginaire, de même forme et de même action que le cristallin. Il ne faut pas confondre cet indice avec l'indice de réfraction moyen, qui est la moyenne arithmétique des indices de toutes les couches. L'indice total est, au contraire, plus élevé que le plus élevé des indices de la partie la plus dense du cristallin. Je donne ici un tableau de valeurs que j'ai trouvées pour des cristallins humains; les longueurs sont exprimées en millimètres. La distance focale et les points principaux sont relatifs au cristallin plongé dans de l'humeur vitrée. Les rayons de courbure ont été déterminés à l'aide des images réfléchies.

1° Longueur focale	45,144	47,435
2° Distance du premier point principal à la surface antérieure.	2,258	2,810
3° Distance du second point principal à la surface postérieure.	1,546	1,499
4° Épaisseur du cristallin	4,2	4,314
5° Rayon de courbure au sommet de la surface antérieure	10,162	8,865
6° Rayon de courbure au sommet de la surface postérieure	5,860	5,889
7° Indice de réfraction total	1,4519	1,4414

La forme et la distance focale du cristallin sont-elles les mêmes sur le cadavre que sur l'œil vivant, accommodé pour voir au loin? Les mensurations que j'ai exécutées sur des yeux vivants m'ont amené à en douter. C'est ainsi que sur trois personnes, j'ai trouvé l'épaisseur du cristallin inférieure, en général, de plus de $^1/_2$ millimètre aux plus petites valeurs que l'on trouve pour les cristallins morts (1). On a vu plus haut (§ 3, p. 22) comment on trouve la distance de la pupille à la surface antérieure de la cornée. La face antérieure du cristallin est en contact immédiat avec le bord pupillaire de l'iris; pour déterminer l'épaisseur du cristallin, il suffit donc de chercher à obtenir la distance qui sépare la face postérieure du cristallin et la cornée.

Soient (fig. 44) AA la cornée, B le cristallin. Supposons qu'il pénètre de la lumière dans l'œil suivant la direction Cc, qu'elle se réfracte en traversant la cornée et la surface antérieure du cristallin, puis qu'elle se réfléchisse en i, à la surface postérieure du cristallin. Soit d le point où le rayon réfléchi émerge de la cornée, et soit dD la direction suivant laquelle il arrive à l'œil de l'observateur. Plaçons maintenant l'œil de l'observateur en C, exactement à la place occupée précédemment par la lumière, et la lumière en D, exactement à la place qu'occupait l'œil de l'observateur; il y aura un rayon lumineux qui suivra exactement le même chemin, mais en marchant en sens opposé et qui passera par les points $D\,d\,i\,c\,C$ pour aller de la lumière à l'œil de l'observateur, et, dans cette seconde position, ce sera exactement le même point de la surface postérieure du cristallin qui renverra la lumière à l'œil de l'observateur. En déterminant, par des mensurations convenables, la position de la lumière et celle de l'œil de l'observateur, la

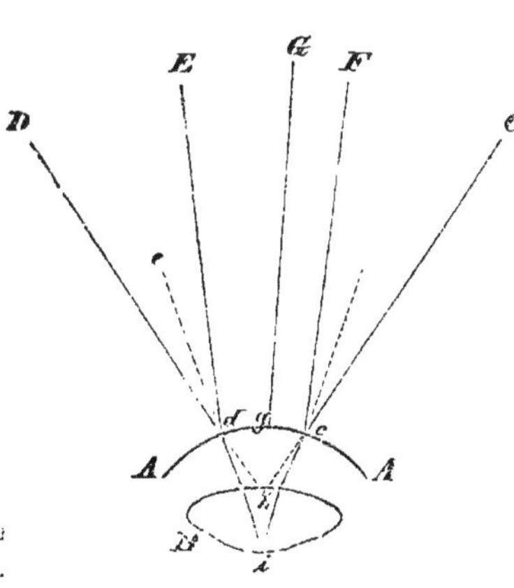

FIG 44.

(1) Von Gräfe's *Archiv für Ophthalmologie*, I, 2, p. 56.

position de l'œil observé et celle de son point de fixation, on obtient les angles que forment entre elles les lignes Cc, Dd et la ligne visuelle Gg de l'œil observé. Pour trouver les points c et d sur la cornée, l'œil de l'observateur étant en D, on dispose loin de l'œil, en E, une petite lumière, de telle façon que, pour l'observateur, l'image de cette lumière réfléchie par la cornée se confonde avec celle que la face postérieure du cristallin donne de la lumière C. Pour que cela ait lieu, il faut que le rayon Ed soit réfléchi suivant D; il faut donc que la bissectrice de l'angle EdD soit normale à la surface de la cornée. Soit ed cette bissectrice. Si l'on a déterminé, par des mensurations convenables, l'angle EdD et l'angle de Dd avec Gg, on en déduit facilement l'angle que forme ed avec Gg, et de là, si l'on a déjà mesuré la forme et la courbure de la cornée, la longueur de l'arc de la cornée compris entre ces deux lignes, ou la position du point d sur la cornée. On détermine de la même manière la position du point c.

On connaît donc maintenant la position des points c et d et la direction des lignes Cc et Dd; qu'on prolonge ces lignes jusqu'à leur intersection h : ce point est la position apparente du point réfléchissant de la surface postérieure du cristallin, c'est-à-dire la position où paraît être ce point, vu à travers la substance du cristallin et de la cornée.

Pour faire ces mensurations, on fixe à une règle divisée horizontale, éloignée de plusieurs pieds de l'œil observé, les lumières C et E; la lumière C doit être aussi grande et aussi brillante que possible; la seconde doit être petite, et il est commode de la colorer, au moyen d'un verre bleu, pour mieux en reconnaître l'image réfléchie. L'observateur regarde à travers une petite lunette dont l'objectif est également très-rapproché de la règle graduée, de manière à pouvoir facilement déterminer sa position le long de cette règle. La lunette est ensuite remplacée par la lumière C, et *vice versâ* (1).

Les observations faites de cette manière sur trois yeux concordèrent à fixer la position apparente de la surface postérieure du cristallin en avant et très-près du centre de courbure de la cornée. Nous pouvons calculer combien cette position est modifiée par la réfraction que produit la cornée. Comme les surfaces sphériques réfringentes modifient très-peu la position d'objets placés près de leur centre, les variations individuelles, dans le pouvoir réfringent de l'humeur aqueuse, n'influent guère ici sur le résultat du calcul. Il en est de même pour le déplacement de la position apparente de la surface postérieure du cristallin, déviation produite par le cristallin lui-même, puisque cette surface est certainement très-voisine du point principal postérieur du cristallin. Comme mes mesures sur des cristallins morts n'avaient rien donné de certain sur la distance des points principaux, parce que, dans la détermination de cette valeur si faible, les fautes de toutes les autres mensurations viennent s'accumuler, j'ai emprunté à l'œil schématique de Listing la correction nécessitée par la réfraction dans le cristallin. La réfraction dans le cristallin fait avancer la position apparente de la surface postérieure de cette lentille d'une quantité un peu moindre que la distance de ses points principaux. Comme, ainsi que je l'ai démontré plus haut, la distance des points prin-

(1) Les détails d'exécution sont décrits in *Gräfe's Archiv*, I, 2, p. 51.

paux est plus petite dans le cristallin naturel que dans une lentille homogène de même forme et d'un pouvoir réfringent égal à celui du noyau, la correction, calculée, d'après le cristallin de Listing, est un peu trop forte, et, par suite, le calcul doit donner une valeur un peu trop grande pour l'épaisseur du cristallin.

J'ai trouvé sur les trois yeux mesurés, comme moyennes de deux séries d'expériences bien concordantes entre elles :

	O. H.	B. P.	J. H.
Rayon de courbure de la cornée	7,338	7,646	8,154
Distance apparente de la surface postérieure du cristallin au sommet de la cornée	6,775	7,003	6,658
Vraie distance	7,172	7,232	7,141
Distance du plan de la pupille au sommet de la cornée	4,024	3,597	3,739.

Si l'on considère le plan pupillaire comme coïncidant avec la face antérieure du cristallin, on déduit des chiffres précédents les valeurs suivantes pour l'épaisseur du cristallin dans des yeux vivants, dans l'accommodation pour les objets éloignés :

3,148 3,635 3,402

Ajoutant une correction à cause de la proéminence de la surface antérieure du cristallin au-devant du bord pupillaire, et n'attribuant pas d'épaisseur sensible à ce bord, on obtient les valeurs

3,414 3,801 3,555

Les valeurs du diamètre de la pupille et de la courbure de la face antérieure du cristallin, employées dans le calcul de cette correction, résultent de mensurations exécutées sur les yeux en question. Les trois derniers nombres obtenus sont moindres que les plus petites valeurs qu'on a trouvées jusqu'ici pour l'épaisseur de cristallins morts, ces valeurs variant, d'après Krause le père, entre 4^{mm} et $5^{mm},4$.

Comme Krause le fils a trouvé que les indices de réfraction des cristallins de veau sont sensiblement les mêmes immédiatement après la mort et vingt-quatre heures plus tard, il est invraisemblable que le cristallin augmente d'épaisseur par absorption d'eau, laquelle absorption ne pourrait amener qu'une diminution du pouvoir réfringent. Il paraît, au contraire, possible que cette différence soit en rapport avec les changements que subit la forme du cristallin dans la vision à différentes distances, point sur lequel nous reviendrons plus loin (§ 12).

Il reste encore à dire avec quelle approximation on peut, jusqu'à ce jour, déterminer les points cardinaux optiques de l'œil. Je me rapporterai, dans cette exposition, à l'œil schématique de Listing, qui ne s'écarte certainement guère de la vraie moyenne, ainsi que cela a été de nouveau constaté en partie par mes propres mensurations. Du moins, lorsque des calculs d'optique physiologique demandent et autorisent l'emploi de moyennes et qu'on ne peut pas déterminer les valeurs pour l'œil même auquel s'appliquent les calculs, si l'on songe à la valeur considérable des différences individuelles qui existent en réalité, on voit qu'il est tout aussi exact d'employer les valeurs de l'œil schématique de Listing qu'il le serait de prendre les moyennes véritables des yeux humains, si ces moyennes étaient connues. J'emploierai donc, dans le cours de cet ouvrage, les constantes de Listing, toutes les fois que cela sera utile; mais je vais indiquer ici le sens dans lequel elles me semblent s'écarter de la vraie moyenne.

Listing donne au rayon de la cornée 8 millimètres; d'après les mensurations de Senff et les miennes, ce nombre paraissait déjà un peu élevé. Depuis, M. Donders a donné l'aperçu suivant d'un grand nombre de mensurations de la courbure de la cornée faites sur la ligne visuelle. Les moyennes ont été, en millimètres :

A. Hommes.		B. Femmes.	
20 au-dessous de vingt ans	7,932	6 au-dessous de vingt ans	7,720
51 au-dessous de quarante ans	7,882	22 au-dessous de quarante ans	7,799
28 au-dessus de quarante ans	7,819	16 au-dessus de quarante ans	7,799
11 au-dessus de soixante ans	7,809	2 au-dessus de soixante ans	7,607
Moyenne	7,858	Moyenne	7,799
Maximum	8,396	Maximum	8,487
Minimum	7,28	Minimum	7,115

C. D'après l'état de réfraction.

27 à vue normale	7,785
25 myopes	7,874
26 hypermétropes	7,96

L'indice de réfraction moyen de la cornée est, d'après W. Krause, un peu plus élevé que $\frac{103}{77} = 1,3379$, nombre admis par Listing d'après Brewster. Ces deux circonstances : valeur trop grande du rayon de courbure, valeur trop faible de l'indice de réfraction, font que les distances focales de la cornée admises par Listing doivent être un peu plus grandes que la moyenne. Soient r le rayon de courbure de la cornée et n l'indice de réfraction de l'humeur aqueuse; d'après les équations 3 a) et 3 b) (§ 9, p. 62), on a, pour la distance focale antérieure de la cornée,

$$F_1 = \frac{r}{n - 1},$$

et, pour la distance focale postérieure,

$$F_2 = \frac{nr}{n - 1}.$$

D'après les nombres de Listing, ces formules donnent

$$F_1 = 23\,\frac{9}{13}, \qquad F_2 = 31\,\frac{9}{13}.$$

Si nous admettons, d'après les observations de Senff, $r = 7,8$, ce qui s'accorde aussi à peu près avec la moyenne de mes observations, et si, avec W. Krause, nous prenons $n = 1,342$, nous trouvons

$$F_1 = 22,81, \qquad F_2 = 30,61.$$

Enfin, tenant compte des mensurations plus récentes de Donders, et posant $r = 7,83$, il vient

$$F_1 = 22,9, \quad F_2 = 30,7.$$

Listing prend $\frac{16}{11}$ pour l'indice de réfraction du cristallin de son œil schématique; il lui donne une épaisseur de 4 millimètres et des rayons de courbure de 10 et 6 millimètres. D'après les équations 13), 13 a) et 13 b) (§ 9, p. 81), ces nombres donnent, pour le cas où le cristallin est placé dans l'humeur aqueuse :

Distance focale 43mm,796,

Distance qui sépare les points principaux. . . . . , ... 0mm,2461,

Distance de la surface antérieure du cristallin au premier point principal 2mm,3462,

Distance de la surface postérieure du cristallin au second point principal . . . . 1mm,4077.

Ces nombres s'accordent très-bien avec les valeurs indiquées plus haut et que j'ai trouvées par des mensurations directes sur deux cristallins de cadavres humains. Il n'a pas été fait, que je sache, d'autres mensurations directes de la distance focale de l'œil humain. Nous avons fait voir plus haut que, de la forme et des indices de réfraction des différentes couches du cristallin, il est impossible jusqu'ici de déduire sa distance focale, et du théorème établi relativement à cette distance focale, il résulte, en particulier, qu'il n'est pas permis de remplacer le cristallin par une lentille homogène qui en aurait la forme et l'indice de réfraction moyen, ainsi que l'ont fait la plupart des anciens opticiens; mais, qu'au contraire, il faudrait donner à la lentille équivalente au cristallin un indice de réfraction supérieur à celui du noyau. Pour l'*indice de réfraction* total du cristallin d'un bœuf, Senff (1) a trouvé = 1,539, tandis que la couche la plus externe et le noyau donnaient respectivement les nombres 1,374 et 1,453. Les valeurs de l'indice de réfraction total chez l'homme, déduites de mes mensurations, sont moins élevées (1,4519 et 1,4414) et ne répondent guère qu'à la moyenne des valeurs que W. Krause a trouvées pour l'indice de réfraction du noyau (maximum 1,4807; minimum 1,4252; moyenne 1,4541). Listing avait choisi, antérieurement à mes expériences et à celles de W. Krause, la valeur $\frac{16}{11} = 1,4545$, qui est sensiblement la même.

Si l'on venait à trouver que la différence entre les cristallins vivants et morts que présentèrent mes mensurations, existe constamment, l'œil schématique de Listing ne répondrait probablement qu'à un œil accommodé pour des objets voisins, et il faudrait attribuer au cristallin d'un œil regardant au loin une distance focale plus grande et une épaisseur moindre.

Listing a pris 4 millimètres pour la distance de la surface antérieure de la cornée à la surface antérieure du cristallin, dimension qui correspond à ce que j'ai trouvé pour l'œil myope O. H., déjà cité. Chez les myopes, la chambre anté-

---

(1) VOLKMANN, article Sehen in *R. Wagner's Handwörterbuch d. Physiologie*. III, 290.

rieure est ordinairement plus profonde et l'iris moins bombé. Dans les deux autres yeux, à vue normale, cette distance était moindre. Dans tous les trois, la surface postérieure du cristallin était *en avant* du centre de courbure de la cornée. Je présume, pour cette raison, que, dans les yeux normaux, le cristallin est, en général, un peu plus rapproché de la cornée que ne l'admettait Listing ; en tout cas, cette différence ne pourrait avoir qu'une très-faible influence.

Étant données les distances focales de la cornée, la position des points principaux et la distance focale du cristallin, on peut trouver les points cardinaux de l'œil entier d'après les équations 11 a) à 11 f) du § 9 (p. 77, 78). On a vu plus haut les valeurs que Listing a déduites des nombres qu'il adoptait.

Parmi les points cardinaux de l'œil, les points nodaux sont les plus importants pour déterminer la position de l'image sur la rétine. Heureusement la position de ces points ne peut plus guère sortir de limites très-restreintes.

D'après les méthodes indiquées (§ 9) pour trouver les points nodaux, il faut que le point dont ces points nodaux sont les images, soit situé entre le point nodal de la cornée, c'est-à-dire son centre de courbure, et le premier point principal du cristallin, et les distances qui les séparent de ces points sont entre elles dans le même rapport que la plus petite distance focale de la cornée et celle du cristallin, c'est-à-dire environ dans le rapport de 1 à 2. Dans l'œil schématique de Listing, la distance du centre de la cornée au point principal antérieur du cristallin est de $1^{mm},627$, et ce centre de courbure de la cornée est situé sur la surface postérieure du cristallin. D'après mes mensurations sur des yeux vivants, la surface postérieure du cristallin peut se trouver jusqu'à 1 millimètre en avant du centre de la cornée ; la distance en question pourrait donc s'élever jusqu'à environ 2,6. Ainsi, le point dont les deux points nodaux sont les images serait situé de $0^{mm},54$ à $0^{mm},87$ en avant du centre de courbure de la cornée ; sa position est donc comprise dans des limites très-étroites. Le premier point nodal est l'image que la cornée forme du point dont nous parlons. Les images d'objets très-rapprochés du centre de courbure d'une surface réfringente sphérique sont situées très-légèrement en avant de l'objet. Si nous admettons les nombres de Listing pour les distances focales du cristallin et de la cornée, le point nodal antérieur sera à $0^{mm},758$ en avant du centre de la cornée. Si, au contraire, le point dont ce point nodal est l'image est situé à $0^{mm},87$ en avant du centre de la cornée, le premier point nodal sera à environ $1^{mm},16$ en avant de ce centre.

Nous ne nous exposons donc pas à faire d'erreur bien appréciable en admettant que, dans l'œil normal, le point nodal antérieur est de $^3/_4$ à $^5/_4$ de millimètre en avant du centre de la cornée.

C'est ici le lieu de citer la tentative qu'a faite Volkmann (1) de trouver expérimentalement la position des points nodaux de l'œil humain. J'ai dit plus haut que si des rayons lumineux pénètrent dans l'œil en venant du côté externe, l'image de la flamme peut être visible dans l'angle interne, et cela particulièrement chez les sujets blonds. Volkmann mesurait la distance qui sépare cette image de la cornée ; on déterminait en même temps la direction des rayons incidents et celle

(1) *R. Wagner's Handwörterbuch d. Physiologie*, Art. Sehen, p. 286.

de la ligne visuelle. Sur une coupe horizontale de l'œil humain, Volkmann marquait alors le point où l'image rétinienne avait apparu à travers la sclérotique, et par ce point il menait une ligne qui coupait l'axe de l'œil sous un angle égal à celui compris, dans l'expérience, entre les rayons incidents et la ligne visuelle. Il considérait le point d'intersection comme étant le point nodal. Il trouve, en prenant la moyenne des expériences faites sur cinq personnes, que les points nodaux sont à 3''',97 (8^{mm},93) en arrière de la cornée. Ce nombre est certainement un peu trop grand, puisque les points nodaux seraient en arrière du centre de courbure de la cornée, tandis qu'ils doivent être situés nécessairement en avant. L'inexactitude des résultats de Volkmann s'explique par ce double motif que cet expérimentateur ne connaissait pas encore la différence qui existe entre la ligne visuelle et l'axe de l'œil, et que, dans les conditions où il s'était mis, les rayons rencontrent les surfaces réfringentes de l'œil sous des angles considérables, tandis que les propositions sur les points nodaux et principaux ne sont rigoureusement vraies que pour des incidences sensiblement normales. C'est pour ce même motif que Burow (1), en répétant les expériences en question de Volkmann sur des yeux de lapins blancs, a remarqué que, pour les incidences très-obliques, les images rétiniennes se rapprochent de l'axe de l'œil plus qu'elles ne devraient le faire si toutes les lignes de direction se coupaient en un seul point. Les deux causes indiquées doivent contribuer, dans l'expérience de Volkmann, à faire paraître un peu plus grande qu'elle n'est réellement, la distance qui sépare le point nodal et la cornée.

Enfin, je vais encore décrire la manière d'examiner le centrage de l'œil, la position de son axe et celle de la ligne visuelle. On se sert, à cet effet, des images catoptriques que la cornée et les faces du cristallin donnent d'une lumière brillante placée en avant de l'œil.

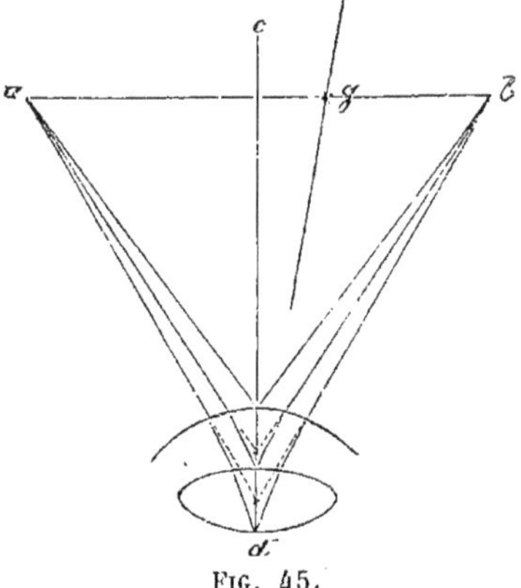

Fig. 45.

Nous reviendrons en détail (voy. § 12) sur l'aspect de ces images et sur la manière la plus convenable de les observer. Soient (fig. 45) *cd* l'axe d'un œil exactement centré, *a* l'œil de l'observateur, *b* une lumière, soit *ac* = *cb*, et *ac* perpendiculaire à *ad*. Il est facile de voir que, dans ces conditions, les sommets des trois surfaces réfléchissantes : cornée, faces antérieure et postérieure du cristallin, situés tous trois sur l'axe, devraient renvoyer en *a* la lumière de *b*, puisque tout doit être symétrique des deux côtés; de plus, si l'œil et la lumière changent de place, la lumière devra suivre le même chemin, les trois points réfléchissants conservant, les uns par rapport aux autres, la même position perspective. En particulier, l'image réfléchie par la surface antérieure du cristallin devrait, les deux fois, se placer à peu près à égale distance

(1) Beiträge zur Physiologie d. menschl. Auges, p. 56-60.

des deux autres, puisque la position apparente de la surface antérieure du cristallin (vue à travers la cornée) se trouve à peu près à égale distance de la cornée et de la position apparente de la surface postérieure du cristallin.

Il est facile d'examiner l'œil de cette manière. Soit *ab* une règle divisée horizontale aux extrémités de laquelle sont pratiquées des ouvertures convenables pour l'œil et pour la lumière. Plaçons l'œil observé en un point *d* de la perpendiculaire *cd*, élevée sur le milieu de *ab*, et donnons-lui pour point de fixation un corps mobile, *g*, que nous déplaçons de haut en bas et latéralement jusqu'à ce que, pour l'observateur, l'image réfléchie par la surface antérieure du cristallin vienne se placer entre celle de la cornée et celle de la surface postérieure du cristallin. Faisons maintenant changer mutuellement de place l'œil de l'observateur et la lumière, et constatons si, sans déplacer le point de fixation, les trois images conservent, pour la seconde station de l'œil observateur, la position que nous avons indiquée. Si l'œil observé est exactement centré, il doit être évidemment possible de trouver une position du point de fixation qui remplisse la condition demandée.

Je n'ai pas encore trouvé d'œil humain qui répondît à cette condition. Si les trois images, vues d'un côté, étaient bien placées, il n'en était plus ainsi lorsqu'on se plaçait de l'autre côté : il fallait déplacer plus ou moins le point de fixation pour ramener les images dans la position en question.

Pour les trois yeux sur lesquels j'ai exécuté une série de mensurations, il fallait toujours placer le point de fixation un peu au-dessus du plan *abd*. La ligne visuelle était toujours du côté nasal de la ligne *cd*. Dans les conditions indiquées, la projection horizontale de cette ligne formait, avec la ligne *cd*, les angles suivants :

ŒIL.	LA LUMIÈRE VIENT DU CÔTÉ	
	NASAL.	TEMPORAL.
O. H.	3°,47′	4°,57′
B. P.	5°,6′	8°,12′
J. H.	5°,43′	7°,44′

Il suit de là que l'œil humain *n'est pas exactement centré*. Cependant, comme les différences entre les angles relatifs à un même œil sont faibles, pour les positions que les yeux observés ont prises dans les expériences, la ligne *cd* remplit, au moins approximativement, les conditions qu'on peut attendre d'un axe de l'œil, et l'on peut prendre pour valeur de l'angle que fait la projection horizontale de la ligne qui correspond le mieux à un axe de l'œil, la moyenne arithmétique des angles indiqués. D'après mes observations, cet axe coïncide assez exactement avec celui de la cornée, et passe par le centre de son périmètre.

KÉPLER est le premier qui se soit fait une idée claire de la réfraction des rayons dans l'œil et de la formation et de la position de l'image sur la rétine. Avant lui, MAUROLYCUS avait, il est vrai, déjà comparé le cristallin à une lentille de verre, et avait soutenu qu'il réfractait les rayons vers son axe ; mais il contestait la formation d'une image renversée sur la rétine, parce que, pensait-il, nous verrions tout renversé. PORTA, l'inventeur de la *chambre noire*, avait aussi comparé l'œil à cet instrument, mais il croyait que les images se forment sur le cristallin. KÉPLER, qui a découvert les principes de la théorie des instruments d'optique en général, admit, le premier, la formation d'une image renversée sur la rétine ; il indique, comme condition de la vision distincte, que les rayons partis d'un point lumineux doivent se réunir en un même point de la rétine. La théorie de KÉPLER fut développée par le célèbre jésuite SCHEINER (1) qui poussa plus loin l'étude de la structure de l'œil et de la réfraction par les liquides. Sur des yeux d'animaux, en mettant la rétine à nu par derrière, il démontra que les images optiques se projettent sur cette membrane. Il répéta cette expérience sur l'œil humain à Rome en 1625. Il rend l'indice de réfraction de l'humeur aqueuse, égal à celui de l'eau, celui du cristallin, égal à celui du verre, et donne à celui du corps vitré une valeur intermédiaire. HUYGENS (2) enfin, construisit un œil artificiel, sur lequel il démontra les phénomènes les plus essentiels de la vision, l'utilité des lunettes, etc.

La théorie de KÉPLER fut dès lors presque généralement admise, bien que des amateurs de théories paradoxales prissent plaisir à la contredire. C'est ainsi que N. TH. MÜHLBACH (3) et CAMPBELL (4) nièrent l'existence de l'image sur la rétine et que LEHOT (5) fit se former, dans le corps vitré, une image à trois dimensions. PLAGGE (6) fait agir l'œil comme un miroir et considère l'image catoptrique de la cornée comme servant à la vision. J. READE (7) se range au même avis, et fait percevoir cette image par les nerfs de la cornée. MAYER (8) réfute l'idée de PLAGGE, mais pour lui en substituer une aussi excentrique et faire agir la rétine à la manière d'un miroir concave. ANDREW HORN (9) admet également que l'image se réfléchit sur le corps vitré pour aller agir ensuite sur le nerf optique.

En ce qui concerne la position des points cardinaux optiques, il s'éleva d'abord une difficulté au sujet du foyer postérieur, parce que d'après le calcul basé sur les valeurs trouvées pour les dimensions et les indices de réfraction de l'œil, ce point semblait venir se placer en arrière de la rétine. La cause en était qu'on croyait devoir prendre, pour l'indice de réfraction du cristallin, la moyenne des indices de réfraction de ses différentes couches (10). VALLÉE (11) crut, pour cette raison, devoir admettre que l'indice de réfraction du corps vitré va en augmentant d'avant en arrière, ce qui lui fournissait une explication de l'accommodation. PAPPENHEIM (12) prétend effectivement avoir trouvé, par l'expérience, de petites variations de ce genre. —Avant les travaux théoriques de GAUSS, il existait parmi les physiciens et les physiologistes une certaine confusion au sujet de la position des points nodaux, car jusqu'alors la théorie des instruments d'optique avait été faite exclusivement en vue de systèmes de surfaces réfringentes dont on pouvait négliger les distances mutuelles, ainsi que cela est permis, par exemple, pour les objectifs des lunettes d'approche. Mais dans l'œil, la distance qui sépare les surfaces réfringentes est assez considérable par rapport à la distance focale de tout le système, et, faute d'une théorie complète, on ne savait pas se poser nettement les questions qu'il importait de résoudre. On chercha longtemps un point qui, dans l'œil, représentât le centre optique des lentilles, et tel qu'un rayon, passant par ce point, traversât sans réfraction les milieux de l'œil. Si nous nous permettions de réunir en un seul les deux points nodaux, nous aurions le point cherché. — On confondait, de plus, ce point avec le point d'intersection des lignes passant par les points qui se trouvent exactement les uns devant les autres dans le champ visuel. Ce point d'intersection, que nous nommerons *point d'intersection des lignes de visée*, est, comme nous le ferons voir dans le paragraphe suivant, le centre de l'image de la pupille formée par la cornée, et il diffère notablement du point nodal. MUNCKE (13) identifie les deux points et les place au centre du cristallin ; BARTELS (14), au contraire, les place au centre de

(1) Oculus. Inspruck, 1619.
(2) Dioptrica, in Opera posthuma. Lugduni, 1704, p. 112.
(3) Inquisitio de visus sensu. Vindob., 1816.
(4) *Annals of Philosophy*, X, 17. — *Deutsches Archiv*, IV, 110.
(5) Nouvelle Théorie de la Vision. Paris, 1825.
(6) *Hecker's Annalen*, 1830, p. 404.
(7) *Annals of Philos.*, XV, 260.
(8) MUNCKE, Art. Gesicht in *Gehler's Wörterbuch*. (La citation y est erronée.)
(9) The seat of vision determined. London, 1813.
(10) MOSER, in *Dove's Repertorium*, V, 337-349. — FORBES, in *Proc. Edinb. Roy. Soc.*, 1849, Decb., p. 251.
(11) *Comptes rendus*, 1845, XIV, 481.
(12) *Ibid.*, XXV, 901.
(13) *Gehler's physik. Wörterbuch*, *neu bearb.* Leipzig, 1828, Art. Gesicht, IV, 2, p. 1434.
(14) Beiträge zur Physiol. d. Gesichtssinns. Berlin, 1834, p. 61.

la cornée. VOLKMANN (1) nomma *point de croisement des rayons de direction* et, plus tard, après des objections de MILE, *point de croisement des lignes de direction*, le point d'intersection de lignes menées de chaque point de l'image rétinienne au point correspondant de l'objet. Il montra expérimentalement, sur des yeux de lapins blancs, que toutes les lignes de direction se coupent effectivement en un même point ; il détermina, pour l'œil de lapin, la position de ce point, qui doit être situé entre les deux points nodaux. Il trouva que ce point tombait derrière le cristallin. Il essaya, d'après une autre méthode, de trouver ce même point sur l'œil humain vivant. Deux cheveux tendus, placés à six pouces de distance de l'œil, sont regardés à travers deux petits trous, situés près de l'œil, et qu'on déplace jusqu'à ce que les cheveux paraissent en même temps au milieu des ouvertures. Les lignes droites menées des cheveux aux ouvertures correspondantes donnent des lignes de visée. VOLKMANN aurait donc pu trouver le point de croisement des lignes de visée dans l'œil, si les personnes qu'il a observées avaient été à même de voir en même temps, et sans faire mouvoir les yeux, les deux cheveux par les deux trous de visée ; mais c'est là une expérience excessivement difficile à réussir, parce qu'on ne peut voir directement que l'un des cheveux et qu'il faut apercevoir le second par vision indirecte, au moyen des parties latérales de la rétine. Aussi les individus en expérience ont-ils sans doute regardé directement et successivement les deux cheveux ; leurs lignes de visée paraissaient donc se rencontrer au centre de rotation de l'œil, point que VOLKMANN fut, par suite, conduit à identifier avec le point de croisement des lignes de direction.

MILE (2), KNOCHENHAUER (3) et STAMM (4) combattirent les conclusions de VOLKMANN. Le premier fit voir que les lignes de direction et les lignes de visée ne sont pas nécessairement identiques ; croyant avoir le droit de négliger la réfraction dans le cristallin, il plaça au centre de la cornée le point de croisement des lignes de direction. De là il conclut que les lignes de direction ne passent pas nécessairement par le centre d'un cercle de diffusion qui est formé dans l'œil par un objet qu'on ne voit pas distinctement. KNOCHENHAUER chercha à démontrer plus simplement que MILE que la superposition des images dans le champ visuel est indépendante des lignes de direction, et il évita d'admettre avec MILE que le point de croisement des lignes de direction est indépendant de la distance de l'objet, hypothèse peu admissible, même avec l'état des connaissances théoriques de l'époque, et qui n'est en réalité qu'approximativement exacte. BUROW (5) combattit également les conclusions de VOLKMANN, profita de sa méthode pour déterminer le centre de rotation de l'œil, et tenta, pour déterminer le point de croisement des lignes de direction, d'employer une nouvelle méthode qui, pour une raison découverte plus tard par LISTING, ne conduisit pas davantage au but.

MOSER (6) appliqua le premier à l'œil les travaux de GAUSS (7) et de BESSEL (8). Il se servit de ce qu'on savait alors sur la forme et les indices de réfraction des surfaces réfringentes, pour calculer la position des deux points nodaux (qu'il appelle, du reste, points principaux). Les valeurs qu'il trouva pour la distance de ces points à la cornée étaient 3,19 et 3,276 lignes de Paris (7^{mm},18 et 7^{mm},37). Mais comme il avait admis pour l'indice de réfraction du cristallin la moyenne de BREWSTER (1,3839) et que, par suite, les rayons venus de points éloignés ne se réunissaient que derrière la rétine, il crut devoir diminuer le rayon de la cornée ; il remplaça la valeur 3''',39, qu'il avait prise d'abord, par 2''',88, et calcula en conséquence d'autres valeurs pour la distance des points nodaux à la cornée, à savoir 2''',835 et 2''',890 (6^{mm},38 et 6^{mm},50).

LISTING (9) développa les propriétés des points principaux et nodaux (ces derniers lui doivent leur nom) relativement à l'œil, donna des valeurs approximatives pour leur position, et insista en particulier sur ce point que l'indice de réfraction du cristallin, supposé homogène, doit être pris plus grand que celui de sa partie la plus dense. VOLKMANN (10) fit alors l'expé-

---

(1) Neue Beiträge zur Physiol. d. Gesichtssinns. Leipzig, 1836, cap. IV. — *Poggendorff's Ann.*, XXXVII, 342.

(2) *Poggendorff's Ann.* XLII, 37-71. 235-263. Réponse par VOLKMANN, *ibid.*, XLV, 207-226.

(3) *Ibid.*, XLVI, 248-258.

(4) *Ibid.*, LVII, 346-382.

(5) Beiträge zur Physiologie u. Physik d. menschl. Auges. Berlin, 1841, p. 26-93.

(6) *Dove's Repertorium der Physik*, V, 337 et 373.

(7) Dioptrische Untersuchungen. Göttingen, 1841.

(8) *Astronomische Nachrichten*, XVIII, n° 415.

(9) Beitrag zur physiologischen Optik. Göttingen, 1845.

(10) *R. Wagner's Handwörterbuch d. Physiologie*, Art. Sehen, p. 286.

rience indiquée plus haut pour déterminer expérimentalement la position des points nodaux dans l'œil humain. Enfin LISTING (1) donna une théorie mathématique complète, et calcula les valeurs numériques d'après les meilleures mensurations faites jusqu'alors.

1575. FR. MAUROLYCI Photismi de lumine et umbra ad Perspectivam et radiorum incidentiam facientes Venetiis, 1575. Messinæ, 1613. — Une édition générale de ses mémoires sur l'optique, plus récente, porte le titre : FR. MAUROLYCI, Abbatis Messanensis, theoremata de lumine et umbra, ad Perspectivam et radiorum incidentiam facientia; Diaphanorum partes seu libri tres, in quorum primo de perspicuis corporibus, in secundo de Iride, in tertio de organi visualis structura et conspicillorum formis agitur : Problemata ad Perspectivam et Iridem pertinentia. His accesserunt CHRISTOPH. CLAVII e S. J. notæ. Lugduni, 1613.

1583. JO. BAPT. PORTÆ, Neap., de refractione Optices parte libri novem. Neapoli, 1583, Liber III-VIII.

1602. JO. KEPLER, Ad Vitellionem paralipomena, quibus astronomiæ pars optica traditur. Francofurti, 1604. Cap. V.

1611. KEPLER, Dioptrice, seu demonstratio eorum, quæ visui et visibilibus, propter conspicilla non ita pridem inventa, accidunt. Augustæ Vindelicorum, 1611.

1619. C. SCHEINER, Oculus, sive fundamentum opticum. Innspruck, 1619. London, 1652.

1695. HUYGENS († 1695), Opera posthuma. Dioptrica. Lugduni, 1704, p. 112.

1759. W. PORTERFIELD, A Treatise on the eye. Edinb., 1759, I, 3, cap. 2.

1776. J. PRIESTLEY'S Geschichte der Optik ; trad. allemande par G. S. KLUEGEL. Leipzig, 1776 (Historique ; calcul de la distance focale, p. 465).

— RUMBALL, in *Annals of Philos.*, II, 376.

1813. ANDREW HORN, The seat of Vision determined. London, 1813.

1816. N. TH. MÜHLBACH, Inquisitio de visus sensu. Vindobonæ, 1816.

— MAGENDIE, Précis élémentaire de Physiologie. Paris, I, 59.

1817. CAMPBELL, in *Annals of Philos.*, X, 17. — *Deutsches Archiv*, IV, 110.

— J. READ, in *Annals of Philos.*, XV, 260.

1825. C. J. LEHOT, Nouvelle Théorie de la vision. Paris, 1825.

1828. G. R. TREVIRANUS, Beiträge zur Anatomie und Physiologie der Sinneswerkzeuge. Bremen, 1828. Cap. I.

— MUNCKE, in *Gehler's physikalisches Wörterbuch, neu bearbeitet*. Leipzig, 1828, Art. Gesicht, IV, 2, p. 1364.

1830. PLAGGE, in *Hecker's Annalen*, 1830, p. 404.

1834. BARTELS, Beiträge zur Physiologie des Gesichtssinns. Berlin, 1834, p. 61.

1836. A. W. VOLKMANN, Untersuchung über den Stand des Netzhautbildchens, in *Poggd. Ann.* XXXVII, 342. — Neue Beiträge zur Physiologie des Gesichtssinns. Leipzig, 1836, cap. IV.

1837. JOH. MILE, Ueber die Richtungslinien des Sehens, in *Poggd. Ann.*, XLII, pp. 37, 235.

1838. VOLKMANN, in *Poggd. Ann.*, XLV, 207. (Réponse au précédent.)

1839. GERLING, Ueber die Beobachtung von Netzhautbildern, in *Poggd. Ann.*, XLVI, 243.

— KNOCHENHAUER, Ueber die Richtungsstrahlen oder Richtungslinien beim Sehen, in *Poggd. Ann.*, XLVI, 248.

1841. A. BUROW, Beiträge zur Physiologie und Physik des menschlichen Auges. Berlin, 1841, p. 16-93.

1842. VALLÉE, in *Comptes rendus*, XIV, 481.

— W. STAMM, Ueber VOLKMANN'S Richtungslinien des Sehens, in *Poggd. Ann.*, LVII, 346.

1843. A. W. VOLKMANN, in *J. Müller's Archiv für Anat. und Physiol.*, 1843, p. 9 (contre BUROW).

1844. L. MOSER, Ueber das Auge, in *Dove's Repertorium d. Physik.*, p. 337-349.

1845. J. B. LISTING, Beitrag zur physiologischen Optik. Göttingen, 1845 [abgedr. aus d. *Göttinger Studien*], p. 7-21.

— L. L. VALLÉE, in *Comptes rendus*, XX, 1338. — *Institut.*, n° 393, p. 166.

1846. A. W. VOLKMANN, Artikel Sehen in *Wagner's Handwörterbuch der Physiologie*, III, 1, p. 281-290.

---

(1) *R. Wagner's Handwörterbuch d. Physiologie*, Art. Dioptrik des Auges.

1847. F. C. Donders, *Holländische Beiträge zu den anat. und physiol. Wissensch.* I, p. 107-112.
1849. J. D. Forbes, Note respecting the dimensions and refracting power of the eye (*Proceedings Edinb. Roy. Soc.*, Decemb. 3, 1849, p. 251; — *Silliman Journal* (2), XIII, 413.
1851. J. B. Listing, Artikel Dioptrik des Auges in *R. Wagner's Handwörterbuch. d. Physiol.*, IV, 451-504.
1852-1861. L. L. Vallée, Théorie de l'œil, in *Comptes rendus*, XXXIV, 321-323; 718-720; 720-722; 789-792; 872-876, XXXV, 679-681; LI, 678-686; LII, 702-703; 1020-1021. — *Mém. des savants étrangers*, XII, 204-264; XV, 98-118; 119-140.
1855. H. Helmholtz, in *Graefe's Archiv für Ophthalmologie*, I, 2, p. 1-74.
1858. N. Lubincoff, Recherches sur la grandeur apparente des objets, in *Comptes rendus*, XLVII, 24-27. — *Ann. de chimie* (3), LIV, 13-27.
1860. Breton, Note sur une propriété du cristallin de l'œil humain, in *Comptes rendus*, L, 498-499.
1864. Giraud-Teulon, Nouvelle étude de la marche des rayons lumineux dans l'œil, in *Ann. d'oculistique*, 1864.
— F. C. Donders, On the anomalies of Accommodation and Refraction of the Eye. London, p. 38-71.
1866. Wüllner, Einleitung in die Dioptrik des Auges. Leipzig.
— J. Gavarret, Des images par réflexion et par réfraction. Paris.

Déterminations d'indices de réfraction :

1710. Hawksbee, in *Phil. Transact.*, 1710, p. 204.
1785. A. Monro II, On the structure and physiology of Fishes, p. 60.
1801. Th. Young, in *Phil. Transact.*, 1801, I, 40.
1818. Chossat, in *Bulletin des sc. par la Société philomat. de Paris*. 1818. Juin, p. 294. — *Ann. de ch. et de ph.*, VIII, p. 217.
1819. D. Brewster, in *Edinb. Philos. Journ.*, 1819, Nr. 1, p. 47.
1840. Cahours et Becquerel, in *Institut.*, 1840, p. 399.
1847. S. Pappenheim, in *Comptes rendus*, XXV, 901. — *Arch. des sc. phys. et natur.*, VII, 78.
— Quesnel, in *Revue scient.*, XXXII, 144.
1849. Bertin, in *Comptes rendus*, XXVIII, 447. — *Institut.*, 1849, No. 796, p. 105. — *Ann. d. ch. et de ph.*, XXVI, 288. — *Arch. d. sc. ph. et nat.*, XII, 45. — *Poggd. Ann.*, LXXVI, 611.
1850. Engel, in *Prager Vierteljahrsschrift für pract. Heilk.*, 1850, I, 152.
— H. Mayer, *ibid.*, 1850, IV, Beilage et 1851, IV, 92.
1852. Ryba, *ibid.*, 1852, II, 95.
1855. W. Krause, Die Brechungsindices der durchsichtigen Medien d. mensch. Auges. Hannover, 1855.
1857. W. Zehender, Ueber die Brewster'sche Methode zur Bestimmung der Brechungsexponenten flüssiger und festweicher Substanzen, in *Archiv für Ophthalm.*, III, 2, p. 99.

§ 11. — Images de diffusion sur la rétine.

Lorsque de la lumière émanée d'un point lumineux pénètre dans l'œil, les rayons qu'a laissé passer la pupille forment, au delà de cette ouverture, un cône de rayons dont la base est circulaire comme elle, et dont le sommet est dirigé en arrière et répond à l'image du point lumineux. En arrière de leur point de concours, les rayons divergent de nouveau. Soient (fig. 46) a le point lumineux, $b_{,}\, b_{,,}$ la pupille, c le point de convergence des rayons, $cd_{,}$ le prolongement du rayon $b_{,}c$ et $cd_{,,}$ le prolongement de $b_{,,}c$. Si le point de concours des rayons se trouve précisément à la surface de la rétine, le point lumineux *a* n'éclaire qu'un seul point, *c*, de la rétine, et il se forme une image nette du point lumineux. Mais si la rétine est rencontrée par le cône

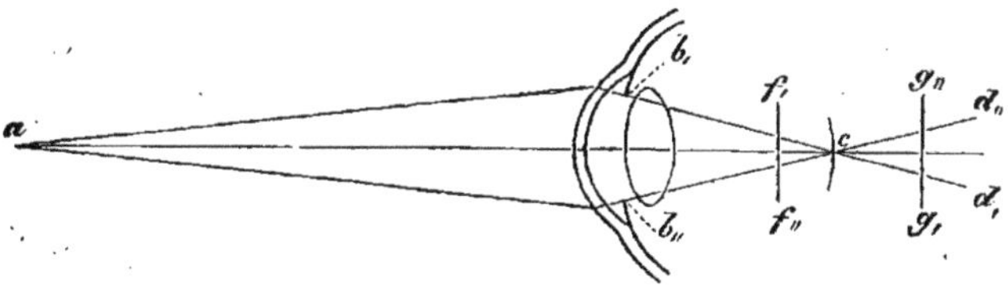

FIG. 46.

lumineux, soit en avant, soit en arrière du point de convergence des rayons, en $f_{,} f_{,,}$ ou en $g_{,} g_{,,}$, ce n'est plus un point unique de la rétine qui reçoit de la lumière : cette membrane est éclairée suivant un cercle, section du cône lumineux. On nomme *cercle de diffusion* un semblable cercle tracé sur la rétine, et éclairé par un point lumineux extérieur. Ainsi que cela résulte de ces explications, la forme de la figure de diffusion répond à celle de la pupille. Si l'on modifie la forme de cette ouverture, base du cône lumineux incident, ce qui peut se faire, par exemple, en plaçant très-peu en avant de la cornée un écran percé d'une ouverture de forme arbitraire et d'un diamètre inférieur à celui de la pupille, les figures de diffusion affectent aussitôt une nouvelle forme qui, du moins sur les parties centrales de la rétine, est toujours géométriquement semblable à la base du cône lumineux. Les très-petites images de diffusion, formées sur la rétine à une faible distance du point de convergence des rayons, s'écartent notablement de ces règles : nous reviendrons sur ce sujet au § 14.

On peut facilement imiter objectivement la production des images de diffusion ; on dispose, à cet effet, une lentille convergente, on place à quelque distance une petite flamme, ou mieux un écran percé d'une ouverture étroite à travers laquelle brille une lumière, et l'on reçoit derrière la lentille, sur un papier blanc, qu'on éloigne et qu'on rapproche alternativement, l'image qui se forme de cette lumière. On voit alors que ce n'est qu'à une distance déterminée de la lentille que l'image du point lumineux est nettement dessinée et se présente comme un point : soit plus près, soit plus loin, ce point est remplacé par un cercle lumineux.

Si l'on place comme objet au devant la lentille une ligne lumineuse *a*, par exemple une fente étroite pratiquée dans un écran obscur derrière lequel on a mis une lumière, les cercles de diffusion des points éclairés de cette ligne empiètent les uns sur les autres, comme on le voit en *b* (fig. 47), et, au lieu de la ligne nette *a*, on voit une figure claire semblable à *c*.

Quand une surface nettement limitée et uniformément éclairée est représentée par une image de diffusion, le milieu de la surface conserve une clarté uniforme, mais les contours paraissent estompés, de manière à former une transition insensible entre la clarté du milieu de la surface et celle du fond environnant.

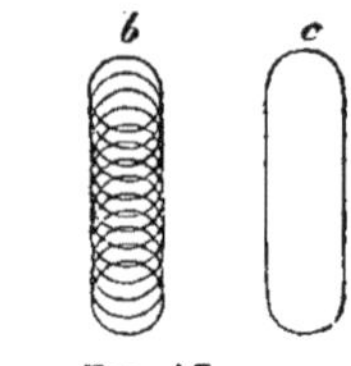

Fig. 47.

Il est possible de former de semblables images de diffusion dans l'œil. Si nous ne pouvons pas avancer et reculer la rétine comme nous avons fait pour l'écran de papier dans la production d'images de diffusion objectives, nous pouvons approcher ou éloigner de l'œil le point lumineux de manière à faire avancer ou reculer son image dans le corps vitré. Comme dans tout autre système optique à surfaces réfringentes sphériques, dans l'œil, les images d'objets différemment éloignés se trouvent à des distances différentes des surfaces réfringentes. L'image d'un point lumineux infiniment éloigné, se trouve dans le plan focal postérieur de l'œil; celle d'un point voisin se trouve en arrière de ce plan. Si donc l'une de ces images se dessine nettement sur la rétine, l'autre forme nécessairement un cercle de diffusion. Par suite :

Nous ne pouvons pas voir distinctement en même temps des objets situés à différentes distances de l'œil.

Pour se convaincre de ce fait, qu'on tienne à environ six pouces de l'œil un voile ou tout autre tissu transparent, et plus loin, à une distance d'environ deux pieds, qu'on mette un livre. En fermant un œil pour simplifier l'expérience, on s'assure aisément qu'on est maître de regarder à volonté tantôt les fils du voile, tantôt les lettres du livre, et de les voir nettement, mais que les lettres deviennent confuses lorsqu'on regarde les fils du voile, et que, pendant qu'on regarde les lettres, le voile n'apparaît plus que comme un obscurcissement léger et uniforme du champ visuel. Si, sans changer la direction de l'œil, on examine tantôt l'objet rapproché, tantôt l'objet éloigné, on remarque qu'à chacune de ces alternatives l'œil fait un certain effort pour opérer le changement.

On peut varier cette expérience d'un grand nombre de manières. Qu'on se tourne vers la fenêtre, et qu'on tienne verticalement et à environ six pouces de l'œil une épingle de façon qu'elle croise une des traverses de la fenêtre, on peut, à volonté, regarder fixement l'épingle, et alors la traverse de la fenêtre apparaît comme une ligne brouillée et sombre ; ou bien, regarder la boiserie de la fenêtre et les objets extérieurs, et alors l'épingle n'apparaît plus que comme une ligne sombre et confuse. De même, lorsqu'on regarde des objets éloignés à travers un trou de 1 à 2 lignes de diamètre, on peut voir distinctement tantôt les objets, tantôt les bords du trou, mais jamais les deux à la fois.

C'est sous sa première forme que l'expérience est la plus saisissante, et, de plus, la disposition employée ne permet pas de supposer qu'un changemement de direction de l'axe visuel ait la moindre influence.

Dans toutes ces expériences, on se convainc que si l'on ne peut voir en même temps distinctement deux objets différemment éloignés, on réussit cependant, en les regardant l'un après l'autre, à voir nettement et à volonté tantôt l'un, tantôt l'autre de ces objets.

La modification particulière qui se produit dans l'état de l'œil pour voir distinctement tantôt des objets éloignés, tantôt des objets rapprochés, s'appelle *accommodation* ou *adaptation* de l'œil à la distance de l'objet. L'expression d'*accommodation* est le plus généralement adoptée pour exprimer la modification particulière en question.

Pour des objets très-éloignés, la distance de l'objet peut changer notablement sans que la distance de l'image optique aux points principaux de l'œil varie sensiblement. Lorsqu'un œil est accommodé pour une distance infinie, les cercles de diffusion qui appartiennent à des objets éloignés d'environ 12 mètres sont encore assez petits pour qu'il n'en résulte aucun trouble sensible dans l'image. Mais si l'œil est accommodé pour un objet rapproché, les autres objets paraissent déjà confus à de petites distances en avant ou en arrière du point fixé. J. Czermak a nommé *ligne d'accommodation* toute partie de la ligne visuelle telle que, pour un état donné de l'accommodation, les objets compris entre les deux extrémités de ce segment de ligne soient perçus sans confusion sensible. La longueur de ces *lignes d'accommodation* est d'autant plus considérable qu'elles sont plus éloignées de l'œil, et pour une grande distance, cette longueur est infinie.

On peut s'assurer facilement qu'il en est ainsi, en établissant une pointe, comme point de fixation, à un ou plusieurs pouces en avant d'une page d'impression. Si l'on approche l'œil de la pointe autant qu'on le peut sans cesser de la voir distinctement, et qu'on accommode exactement l'œil pour la pointe, les caractères paraissent confus ; mais plus on s'éloigne en continuant d'accommoder pour la pointe, et plus ils deviennent distincts.

C'est précisément parce que les cercles de diffusion d'objets éloignés sont très-petits lorsque l'œil est accommodé pour d'autres objets éloignés, qu'il est possible de viser, c'est-à-dire de reconnaître si des objets différemment éloignés répondent à un même point du champ visuel.

A prendre les choses rigoureusement, on ne peut jamais voir distinctement qu'un des points regardés en visant ; les autres forment des cercles de diffusion plus ou moins grands. Nous admettons une coïncidence exacte de deux points, lorsque le point vu distinctement est au centre du cercle de diffusion de l'autre. Nous nommons *ligne de visée* une ligne menée par les deux points qui se recouvrent. Les lignes de visée se coupent en un point de l'œil ; ce point est le centre de l'image de la pupille formée par la cornée, et il se nomme le *point d'intersection des lignes de visée.*

L'ophthalmoscope nous fournit la réfutation la plus péremptoire de l'assertion de plusieurs physiologistes anciens, suivant laquelle la manière de percevoir l'image rétinienne varierait seule dans l'accommodation, et il nous permet de démontrer que l'image optique formée sur la rétine éprouve des changements. A l'aide de cet instrument, qui sera décrit au § 16, on peut voir distinctement le fond de l'œil, et, entre autres, la rétine avec ses vaisseaux et les images qui s'y forment. Si l'on fait fixer à l'œil observé un objet placé à une certaine distance, on trouve que l'image d'une lumière, placée à la même distance, se forme avec une netteté parfaite sur la rétine, et, en même temps, sur le fond éclairé de l'image, on voit avec la même netteté les vaisseaux et les autres particularités anatomiques de la rétine. Mais dès qu'on rapproche beaucoup la lumière, son image devient confuse, tandis que les détails de structure de la rétine restent parfaitement nets. Les expériences faites pour voir les variations des images sur des yeux morts, après avoir enlevé la partie postérieure de la sclérotique et de la choroïde, ou sur des yeux de lapins blancs, dont la sclérotique est très-translucide, ont généralement échoué, parce que, dans ces conditions, les images ne sont en général plus assez bien définies pour qu'on puisse y remarquer de petites variations. Même sur l'œil vivant, ce n'est que pour des objets relativement délicats que les variations de l'image dans les changements d'accommodation se présentent à nous d'une manière un peu frappante. Malgré une accommodation inexacte, nous pouvons reconnaître les gros objets d'après leur forme. Mais dans l'image rétinienne d'un œil mort on ne voit plus, en général, que de grands objets : ceux d'une moindre dimension sont effacés ; c'est ce dont on peut s'assurer sur-le-champ en grossissant artificiellement l'image de manière à ce que les objets apparaissent à l'observateur en grandeur naturelle.

L'expérience de Scheiner nous donne de nouveaux éclaircissements sur les phénomènes d'accommodation et sur les variations dans la position du point de concours des rayons par rapport à la rétine. Pratiquons dans une carte deux trous d'épingle dont la distance soit moindre que le diamètre de la pupille, et regardons, à travers ces ouvertures, un objet délié qui se dessine nettement en sombre sur fond clair ou en clair sur fond sombre, par exemple une épingle tenue au-devant du champ lumineux d'une fenêtre. L'épingle doit être tenue verticalement si les trous de la carte sont l'un à côté de l'autre, horizontalement, au contraire, si les trous sont l'un au-dessus de l'autre. Si l'on fixe, du regard, l'épingle elle-même, on la voit simple; si l'on vient à fixer, au contraire, un autre objet plus rapproché ou plus éloigné, l'épingle paraît double. Faisant glisser un doigt sur la carte de manière à venir boucher l'un des trous, si l'on voyait l'épingle simple, on ne remarque aucun changement autre qu'un assombrissement du champ visuel; si l'on voyait l'épingle double, une des images disparaît lorsqu'on recouvre l'ouverture, tandis que l'autre ne subit aucun changement. Si le point de fixation était situé plus loin que l'épingle, c'est l'image gauche qui disparaît en bouchant le trou droit; si l'œil était accommodé pour un objet plus rapproché, c'est, au contraire, l'image de droite qui disparaît en bouchant le trou droit. Les personnes qui ne se sont pas encore suffisamment exercées à accommoder l'œil pour différentes distances, sans le secours d'un point de fixation, placeront, au-devant d'un fond éclairé, deux épingles, l'une en avant de l'autre, la première à six pouces de l'œil et verticale, la seconde à deux pieds et horizontale : on fixe alors l'une pour voir l'image double de l'autre; il faut naturellement tenir toujours les ouvertures de la carte perpendiculairement à la direction de l'épingle qui doit paraître double.

Si l'on fait dans une carte trois trous suffisamment rapprochés pour qu'on puisse les amener en même temps devant la pupille, on voit trois images de l'épingle. Si les trous ont la position *a* (fig. 48), on voit, dans l'accommodation pour un objet plus rapproché, trois épingles dans la position *b*, et dont les têtes répètent la disposition des trous. Dans l'accommodation pour un objet plus éloigné, les épingles apparaissent dans la position *c*, leurs têtes donnent une image renversée de la figure formée par les trous. On obtient des images multiples disposées absolument de même, lorsqu'on regarde un objet éclairé se détachant sur un fond obscur, par exemple l'ouverture d'un écran obscur éclairé par derrière, ou des têtes d'épingle qui réfléchissent la lumière solaire.

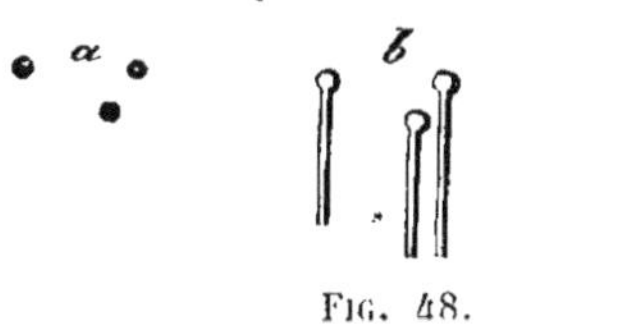

Fig. 48.

L'explication de ces expériences résulte aisément d'expériences analogues au moyen de lentilles de verre. Soit *b* (fig. 49) une lentille convergente, au-devant de laquelle est disposé un écran avec deux ouvertures *e* et *f*, soit *a* un point lumineux et *c* le point où les rayons émanés de ce point convergent après avoir traversé la lentille. On voit que tous

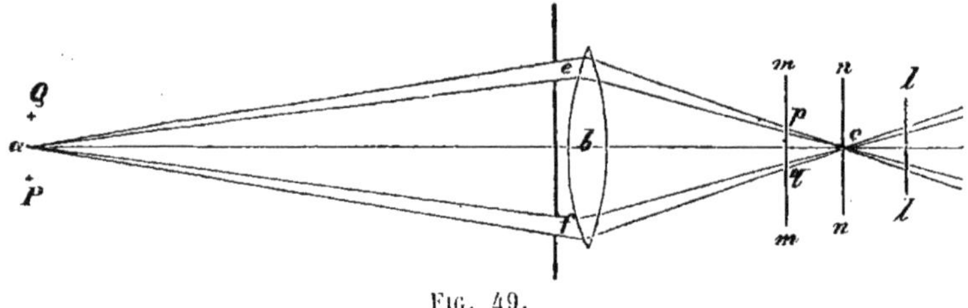

FIG. 49.

es rayons des deux faisceaux lumineux qui traversent les deux ouvertures *e* et *f* de l'écran se coupent au point *c*, et un écran blanc, placé en *c*, présentera, comme image de la lumière *a*, un point éclairé unique. Mais un écran qui serait placé en *mm*, en avant du point de concours *c*, ou en *ll*, en arrière de ce point, recevra séparément les faisceaux correspondant aux deux ouvertures et présentera deux points éclairés. Substituons, par la pensée, à la lentille, les milieux réfringents de l'œil, à l'écran, la rétine : cette membrane sera éclairée en un point unique, si sa surface passe par le point de concours des rayons, et en deux points, si elle se trouve, soit en avant, soit en arrière de ce point. La position *m* de l'écran correspond au cas où l'œil est accommodé pour un objet plus éloigné, la position *l*, à l'accommodation pour un objet plus rapproché.

Signalons une contradiction apparente. Si, dans l'expérience de la lentille, on bouche l'ouverture supérieure *e* de l'écran, c'est l'image supérieure, homonyme, qui disparaît lorsque l'écran est en *m*, tandis que c'est le contraire qui a lieu pour un œil qui regarde au loin. De même, l'écran étant en *l*, c'est l'image de nom contraire qui disparaît pour la lentille de verre, tandis que c'est l'image homonyme qui disparaît pour l'œil accommodé pour trop près. La contradiction s'explique par la position constamment renversée des images sur la rétine : à un objet placé en bas correspond une image située en haut sur la rétine. Si donc la rétine, placée en *m*, reçoit de la lumière en *p* et en *q*, le point supérieur *p* fait admettre l'existence dans le champ visuel d'un objet situé en *P*, plus bas que le point lumineux réel, et le point inférieur *q* fait croire à la présence d'un objet plus élevé, situé en *Q*. Si l'on ferme l'ouverture *e*, c'est donc le point supérieur *p* qui disparaît sur la rétine, et l'observateur croit voir disparaître l'objet *P*, qui répondait à l'ouverture qu'on a fermée. Lorsqu'on fixe un objet rapproché, la rétine correspond à la position l de l'écran, et les choses se passent d'une manière analogue, mais inverse.

Si l'on amène devant la lentille de verre un écran percé de trois ouvertures disposées comme en a (fig. 48), on voit aussi trois points lumineux se peindre sur l'écran placé en arrière de la lentille, ces points reproduisant dans leur vraie position ou dans une position inverse, les trous de l'écran antérieur, suivant que l'écran postérieur est amené en m ou en l ; c'est donc encore le contraire de ce qui paraît se produire dans l'œil, et cela s'explique de la même manière que pour le cas de deux points.

Si en avant de la lentille de verre on donne un mouvement de va-et-vient à un écran percé d'une seule ouverture, l'image du point lumineux reste immobile (voy. fig. 49) tant que le point de concours c des rayons lumineux est sur l'écran fixe. Mais si cet écran est en m, en avant de c, l'image se meut dans le même sens que l'ouverture au-devant de la lentille. Si l'écran est en l en arrière de c, l'image se meut en sens inverse. Les choses se passent d'une manière analogue dans l'œil. Si, tout en voyant une épingle à travers un petit trou pratiqué dans une carte, on fixe un objet éloigné, dès qu'on fait mouvoir la carte, l'épingle paraît se mouvoir en sens inverse ; si, au contraire, on fixe un point plus rapproché que l'épingle, elle paraît se déplacer dans le même sens que la carte. L'explication de ces expériences se déduit facilement de ce qui précède : sur la figure 49, au lieu d'un écran percé de deux ouvertures, il faut concevoir un trou unique qui se trouve tantôt en e, tantôt en f.

On peut se servir d'un écran percé d'une ouverture étroite et tenu devant l'œil, pour voir distinctement des objets pour lesquels l'œil ne peut pas s'accommoder. En même temps que la base du cône lumineux qui pénètre dans l'œil, toutes les sections de ce cône sont diminuées dans le même rapport, et cela a lieu en particulier pour le cercle de diffusion sur la rétine.

D'après cette explication, si, pendant qu'on regarde un objet rapproché de l'œil, et qui, pour cette raison, forme une image de diffusion, on vient à ajouter une ouverture étroite au-devant de l'œil, aussitôt l'objet est vu nettement. De plus, l'objet paraît même plus grand qu'en le regardant à la même distance dans l'image de diffusion. Ce grossissement augmente à mesure qu'on éloigne davantage l'ouverture. Ces phénomènes s'expliquent de la manière suivante : soient (fig. 50) a et b deux points lumineux appartenant à l'objet, S l'écran, A l'œil. Du point a l'œil ne reçoit à travers l'ouverture de l'écran que le rayon am_1 ; du point b, il ne reçoit que bm_2. Si $\beta\alpha$ est l'image conjuguée de l'objet ab, formée par les milieux de l'œil, le rayon am_1 se continue, après la réfraction, vers α et rencontre la rétine en f; le rayon bm_2 va, au contraire, vers β et rencontre la rétine en g. Si l'on

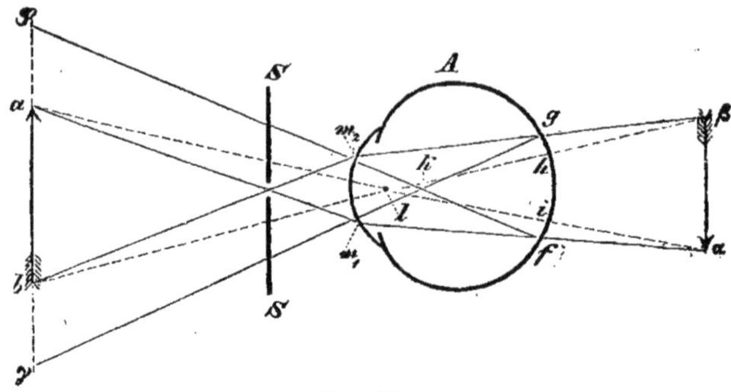

FIG. 50.

mène de f et de g les lignes $f\varphi$ et $g\gamma$ passant par le point nodal k de l'œil, ces lignes donnent les directions sur lesquelles devraient se trouver, dans la vision ordinaire, des points lumineux dont les images se formeraient en f et en g. C'est par conséquent sur ces lignes que notre jugement place les points a et b.

Quand l'écran s'éloigne de l'œil et se rapproche de l'objet, on voit facilement que les points m_1 et m_2, et que, de même, les lignes $m_1\alpha$ et $m_2\beta$ doivent s'éloigner de l'axe de l'œil. La même chose a donc lieu pour les points f et g, et l'image rétinienne augmente.

Si nous enlevons l'écran, chaque point lumineux de l'objet donne un cercle de diffusion. Les centres des images de diffusion de a et de b occupent alors, sur la rétine, des positions plus rapprochées que les points f et g, où se peignent ces points lorsqu'on se sert de l'écran. Le centre des cercles de diffusion est déterminé par le rayon qui se trouve dans l'axe du cône lumineux, c'est-à-dire par celui qui a passé par le centre de la pupille. Soit l ce centre. Le rayon qui va de a en α par l rencontre la rétine en i ; celui qui va de b en β par l la rencontre en h. Les points h et i sont donc les centres des images de diffusion qui se forment en l'absence de l'écran : ces points sont plus voisins l'un de l'autre que les points f et g.

Si, au contraire, on regarde à travers une ouverture étroite un objet éloigné, tandis qu'on accommode l'œil pour plus près, les objets paraissent plus petits, et d'autant plus petits, qu'on éloigne l'ouverture davantage.

Les distances pour lesquelles l'œil est susceptible de s'accommoder varient beaucoup d'un individu à l'autre. On nomme *punctum proxi-*

mum le point le plus voisin de l'œil pour lequel l'accommodation puisse se faire parfaitement, et *punctum remotum*, ou, plus correctement, *remotissimum*, le point le plus éloigné qui jouisse de cette propriété.

Dans ces derniers temps, l'étude des différences individuelles dans la réfraction des yeux a été mise en lumière, principalement par les importants travaux de Donders. Cette étude a été appliquée avec le plus grand fruit à l'art oculistique; le service rendu a été à la fois direct, en permettant d'améliorer, au moyen de lunettes, des pouvoirs d'accommodation défectueux, et indirect, en faisant reconnaître comme résultats d'une réfraction ou d'une accommodation vicieuses nombre d'états morbides restés obscurs jusqu'alors.

Le progrès que Donders a fait faire à la science provient surtout de ce qu'il a établi une distinction entre les phénomènes qui dépendent d'un *degré de réfraction anormal* de l'œil à l'état de repos, dans l'accommodation éloignée, et ceux qui se rapportent à l'amplitude plus ou moins grande de l'*accommodation*, et qui, par conséquent, consistent en une modification de la réfraction produite par l'activité musculaire.

L'opinion suivant laquelle l'état de repos de l'œil répond à la vision des objets éloignés est déjà appuyée d'une manière très-décisive par la sensation subjective. Donders dit de plus, en sa faveur, que certaines substances narcotiques (notamment l'atropine ou alcaloïde de la belladone) produisent une paralysie du sphincter de la pupille et de l'appareil d'accommodation, et que, dans cet état, l'œil est adapté pour son *punctum remotum*, sans pouvoir modifier cet état de réfringence. S'il existait dans l'œil un appareil musculaire dont la contraction pût renforcer l'accommodation pour les objets éloignés, il faudrait faire la supposition très-invraisemblable que ce muscle, loin d'être paralysé par l'atropine, serait, au contraire, amené par cette substance, à un état de contraction durable et spasmodique.

D'autre part, des observations pathologiques nous apprennent que, lorsque la paralysie du nerf moteur oculaire commun a entraîné celle de l'appareil d'accommodation, l'œil se trouve adapté d'une manière continue pour la distance qui correspondait antérieurement à son *punctum remotum*, tandis qu'on n'a pas observé un seul cas de paralysie des mouvements de l'œil où le *punctum remotum* se fût rapproché.

Ainsi la plus grande distance visuelle répond à l'état de repos de l'œil. — Le *punctum remotum* peut être considéré comme normalement situé, lorsqu'il est à l'infini. Donders nomme *emmétropes* (de ἔμμετρος, *modum tenens*, et ὤψ, *oculus*) les yeux ainsi constitués. Cette désignation permet d'éviter le vague qui accompagnerait les expressions d'yeux *normaux* ou *à vision normale*. Les yeux emmétropes peuvent, on le comprend, avoir des défauts de plus d'une espèce, et ne sont pas nécessairement normaux.

Il désigne sous le nom de *brachymétropes*, ou de *myopes*, en conservant l'expression ancienne, les yeux dont le *punctum remotum* est en avant de l'organe sans être à une distance infinie ; ces yeux ne peuvent réunir sur la rétine que les faisceaux lumineux qui leur arrivent en divergeant.

Les yeux qui, au contraire, peuvent réunir non-seulement les rayons parallèles, mais encore ceux qui sont convergents à leur incidence, sont désignés sous le nom d'*hypermétropes*.

Les yeux myopes ne peuvent pas s'adapter à des objets éloignés sans le secours de verres de lunettes : il leur manque donc une partie notable des facultés d'un œil emmétrope. Les yeux hypermétropes, au contraire, sont obligés, chaque fois qu'ils veulent fixer un objet réel, de faire un effort d'accommodation, ce qui produit des phénomènes de fatigue variés et qui sont souvent extrêmement gênants. Les deux sortes d'aberration sont donc préjudiciables à l'emploi pratique de l'œil, et sont comprises, pour cette raison, par Donders, sous la désignation générale d'*amétropie*.

Les aberrations sont causées, en général, par les différences de longueur de l'axe oculaire, qui, dans les yeux myopes, est plus long, et, dans les yeux hypermétropes, plus court que dans les yeux emmétropes. A ces différences correspond aussi une différence dans la position du centre de rotation de ces yeux qui, comme on le verra plus loin (§ 27), est plus en arrière dans les yeux myopes, plus en avant dans les yeux hypermétropes. La cornée et le cristallin ne présentent, en général, pas de changements de courbure par lesquels on puisse expliquer l'amétropie.

Pour déterminer d'une manière complète l'état de ces yeux anormaux, il faut, de plus, connaître la grandeur de la modification qu'un effort musculaire actif peut produire sur leur réfringence. Si nous comparons un œil emmétrope, qui peut s'accommoder pour chaque objet situé entre l'infini et une distance de 6 pouces, et un œil fortement myope qui ne puisse s'accommoder que pour les objets situés entre 6 et 3 pouces, il semblera peut-être, au premier aspect, que le dernier ait un pouvoir d'accommodation bien plus restreint que le premier. Mais si nous appliquons à cet œil myope une lentille concave de 6 pouces de distance focale, qui lui permet de voir distinctement des objets infiniment éloignés, nous trouverons que cet œil, avec le secours du verre, peut maintenant, aussi bien que l'œil emmétrope cité précédemment, s'accommoder depuis l'infini jusqu'à une distance de 6 pouces, et a, par conséquent, une amplitude d'accommodation tout aussi grande. En effet, la lentille employée ayant une distance focale négative de 6 pouces, donne pour les objets placés à 6 pouces au-devant d'elle une image virtuelle distante de 3 pouces, et pour laquelle, par conséquent, l'œil myope considéré peut s'accommoder. Pour comparer l'amplitude d'accommodation de deux yeux à distance visuelle différente, il ne suffit donc pas de parler de la distance de leur *punctum remotum* à leur *punctum proximum ;* pour pouvoir faire la comparaison, il faut préalablement les concevoir ramenés au même état de réfringence, par l'addition d'une lentille convenable.

Si l'on veut qu'une semblable lentille ne grossisse ni ne rapetisse les objets, il faut que son point nodal se confonde avec le premier point nodal de l'œil, coïncidence qu'on pourrait atteindre en pratique, si cela paraissait utile, au moyen d'épaisses lentilles convexes-concaves (voy. p. 82 et 83). Désignons par F la distance du *punctum remotum* d'un œil donné à son premier point nodal, par N celle du *punctum proximum* à ce même point nodal, et par A celle du point le plus rapproché pour lequel l'œil puisse encore s'accommoder, lorsqu'il est pourvu d'une lentille ayant la distance focale négative F, nous aurons

$$\frac{1}{A} = \frac{1}{N} - \frac{1}{F}$$

et la valeur $1/A$ est employée par Donders, à l'exemple de Young, comme mesure de l'amplitude d'accommodation.

L'unité de mesure pour l'accommodation est donc 1 divisé par la mesure de longueur, et, pour concorder avec les numéros des verres de lunettes, on mesure généralement les longueurs tantôt en pouces de Paris, tantôt en pouces prussiens.

Une même amplitude d'accommodation de $1/6$ appartient donc : 1° à un œil *emmétrope*, dont la distance visuelle s'étend de 6 pouces à l'infini ; 2° à un œil *myope* qui a une distance visuelle de 3 à 6 pouces ; 3° à un œil *hypermétrope*, dont la distance visuelle s'étend de + 12 à — 12 pouces, puisque

$$\frac{1}{6} - \frac{1}{\infty} = \frac{1}{3} - \frac{1}{6} = \frac{1}{12} - \left(-\frac{1}{12}\right) = \frac{1}{6}.$$

L'amplitude de l'accommodation $1/A$ diminue d'une manière continue avec les progrès de l'âge, et pour des yeux tout à fait ou à peu près emmétropes, cette diminution est à peu près proportionnelle aux années, de sorte que cette amplitude qui, dans la dixième année, est en moyenne de $1/2\frac{2}{3}$, devient nulle dans la soixante-cinquième. Ainsi, la perte du pouvoir d'accommodation a lieu régulièrement dans l'âge avancé.

Conformément à l'acception ancienne du mot, Donders nomme *presbytes* les personnes qui ont besoin de se servir de lunettes convexes pour lire. C'est ainsi que l'emmétrope devient presbyte vers quarante-cinq ou cinquante ans, son amplitude d'accommodation devenant inférieure à 1/12, et son *punctum proximum* s'éloignant à plus de 12 pouces de son œil. — De cette définition, et de ce fait que l'amplitude d'accommodation est peu différente chez diverses personnes du même âge, quel que soit l'état de leur réfraction, il résulte que les hypermétropes deviennent presbytes plus jeunes que les emmétropes, et que les myopes, au contraire, deviennent presbytes d'autant plus tard que leur myopie est plus considérable.

Enfin, il est encore à remarquer que, dans un âge avancé, à partir de la cinquantième année environ, le *punctum remotum* de l'œil s'éloigne aussi un peu ; ainsi des yeux auparavant emmétropes deviennent hypermétropes, et ceux qui étaient faiblement myopes deviennent emmétropes,

La diminution successive de l'amplitude de l'accommodation provient probablement de ce que la solidité des couches extérieures du cristallin augmente et que ce corps devient, par suite, plus résistant. L'accroissement de l'indice de réfraction de ses couches les plus extérieures doit aussi, d'après ce qu'on a vu plus haut (p. 99), entraîner une diminution de réfringence de cet organe et, par suite, faire reculer le foyer postérieur de l'œil.

Il importe de remarquer qu'en général nous faisons toujours simultanément les efforts de convergence et ceux d'accommodation, et il s'est produit par suite chez nous un certain accord involontaire entre ces deux efforts (voy. § 27). Aussi une personne qui n'a pas appris à soumettre son accommodation à l'action de la volonté, accommode-t-elle mieux pour une grande distance, lorsque les lignes visuelles sont parallèles, et atteint-elle mieux le plus grand effort d'accommodation, lorsque ces lignes sont fortement convergentes.

Donders distingue, pour cette raison :

1) L'*amplitude d'accommodation absolue* où le *punctum remotum* est déterminé avec des lignes visuelles parallèles (ou même divergentes), et le *punctum proximum*, avec des lignes le plus convergentes possible.

Le *punctum proximum* de l'accommodation est, dans ce cas, plus éloigné que le point de convergence. C'est là la plus grande étendue d'accommodation qu'on puisse atteindre ; pour un observateur emmétrope à l'âge de quinze ans, elle est de 1/3,69.

2) L'*amplitude d'accommodation binoculaire*. Ici on ne rend pas la convergence plus forte qu'il ne le faut pour la fixation du point pour lequel on s'accommode. On n'atteint pas alors le même degré d'accommodation que dans le premier cas. L'amplitude de l'accommodation binoculaire du même observateur était de 1/3,9.

3) L'*amplitude d'accommodation relative à un degré de convergence donné*. Celle-ci ne fut que de $^1/_{11}$ chez le même observateur et pour des lignes visuelles parallèles ; pour une convergence de 11°, elle atteignit un maximum de 1/5,76, puis, la convergence augmentant, elle resta assez stationnaire, de sorte qu'elle était encore de 1/6,4 pour une convergence de 23°, et de $^1/_9$ au *punctum proximum* binoculaire, pour une convergence de 38°. Au *punctum proximum* absolu, pour une convergence de 73°, elle était nulle.

Dans un but médical, il faut donc choisir des degrés de convergence déterminés pour obtenir des degrés d'accommodation comparables, et il faut chercher, au moyen de lentilles choisies convenablement et qu'on met devant l'œil du patient, à lui rendre l'accommodation possible pour le degré de convergence adopté.

Pour la détermination du *punctum remotum*, il est bon de diriger vers un objet éloigné les lignes visuelles, qui prennent alors des directions parallèles. Pour un œil myope, la distance focale de la lentille concave la plus faible, et pour un œil hypermétrope, celle de la lentille convexe la plus forte qui permettent de voir avec une complète exactitude des objets très-éloignés, fournissent immédiatement la distance qui sépare l'œil de son *punctum remotum*. Pour la détermination du *punctum proximum*, Donders prescrit d'amener dans tous les cas, au moyen de verres convexes, ce point à une distance d'environ 8 pouces, s'il se trouvait au delà, afin d'être avec certitude en présence d'un effort d'accommodation suffisant. Il faut naturellement, dans ce cas, tenir compte de l'influence de la lentille sur la position de l'image perçue.

Pour rechercher l'acuité de la vue de personnes peu exercées à l'observation, on se sert, comme objets d'épreuve, de lettres et de chiffres de différentes grandeurs (1).

(1) De semblables tableaux ont été édités par Jäger jun., à Vienne en 1857. Ils sont généralement connus des oculistes sous le nom d'*échelles de Jäger* et existent dans un grand nombre de langues. Les échelles de Snellen pour la détermination de l'acuité de la vision

En somme, il est convenable, pour des yeux dont la distance visuelle n'est pas appropriée au travail qu'on leur demande, d'avoir recours, en temps utile à l'emploi de lunettes convenablement choisies. — Les presbytes se servent de lunettes convexes pour lire, pour écrire et, en général, pour s'occuper d'objets rapprochés; ces lunettes diminuent les cercles de diffusion. Le soir, et par un éclairage peu intense, la pupille étant dilatée, les cercles de diffusion sont plus grands, et il faut des lunettes plus fortes que pendant le jour et pour une lumière plus vive. Il suffit, en général, de porter des lunettes qui amènent le *punctum proximum* à 10 ou 12 pouces; c'est seulement pour des personnes très-âgées, vers soixante-dix à quatre-vingts ans, lorsque l'acuité de la vision a notablement baissé, qu'il est utile de permettre de rapprocher les objets jusqu'à 8 ou 7 pouces, afin de les voir sous un angle visuel plus grand. — Pour les yeux myopes, il faut éviter particulièrement l'attitude penchée en avant, et la grande convergence des yeux dans les occupations avec des objets rapprochés, car la congestion sanguine et l'augmentation de pression des muscles augmentent rapidement l'amincissement, la distension et le tiraillement des membranes des parties postérieures de l'œil, ce qui mène à une exagération de la myopie, et l'on sait que les degrés élevés de la myopie affaiblissent et compromettent très-notablement la faculté visuelle. Dans les myopies moins intenses, lorsque le *punctum remotum* est au delà de 4 ou 5 pouces, il est généralement indiqué de se servir de verres concaves qui reculent le *punctum remotum* à l'infini, et de les porter constamment. Par ce moyen l'œil myope est rendu emmétrope. Mais il faut, dans ces cas, faire bien attention de ne pas rapprocher à moins de 12 pouces de l'œil les livres, le papier sur lequel on écrit, et, en général, l'ouvrage dont on s'occupe. Si l'œil est bien conformé d'ailleurs, il est possible de lire et d'écrire sans difficulté à cette distance. Si l'on est impérieusement forcé de s'occuper d'objets délicats et qu'il faille rapprocher davantage de l'œil, il est convenable de se servir de verres concaves plus faibles.

Les myopes qui n'ont pas encore porté de lunettes ne peuvent faire usage de verres exactement correcteurs qu'après s'être habitués à des verres plus faibles, auxquels on substitue peu à peu des verres plus forts; car il faut adapter peu à peu aux nouvelles conditions le rapport

---

ont paru, en 1863, chez Williams and Norgate, à Londres; Germer Baillière, à Paris; Peters, à Berlin; Greven, à Utrecht. La même année, Giraud Teulon mettait en vente chez Nachet et fils, opticiens à Paris, des échelles presque identiques avec celles de Snellen. De même que celles, plus anciennes, de Stellwag de Carion, les échelles de Snellen et de Giraud nous présentent une suite de caractères de grandeur décroissante en progression arithmétique; les différents types sont marqués de numéros qui indiquent, en pieds de Paris, la distance à laquelle un œil normal peut encore les lire.

qui s'établit entre la convergence et l'accommodation. Il est en général prudent, lorsque l'amplitude d'accommodation est faible, ou lorsque l'acuité de la vision a sensiblement souffert, de porter, pour les objets rapprochés, des verres faibles, qui suffisent pour les usages ordinaires, et auxquels on ajoute un lorgnon pour les objets éloignés.

Dans les forts degrés de myopie, l'œil est en général déjà malade et en danger; il faut prendre alors diverses autres précautions que nous ne pouvons pas indiquer ici, et il est nécessaire d'avoir recours aux conseils d'un médecin intelligent. L'indifférence avec laquelle la plupart des myopes envisagent l'état de leurs yeux est souvent la cause de dangereuses maladies, qui se déclarent par la suite, et mènent souvent à la cécité; aussi ne saurait-on trop insister pour condamner cette négligence.

Les hypermétropes se servent de lentilles convexes, et comme ils ne peuvent modifier brusquement l'état de tension continuel où se trouve leur accommodation, ils doivent prendre des verres un peu trop forts et qui leur troublent un peu la vision des objets éloignés. Plus ils se déshabituent des efforts d'accommodation, plus il leur faut des verres forts. Lorsque l'amplitude de l'accommodation est diminuée, il leur faut des verres plus convexes pour voir de près que pour voir de loin. Les plaintes, parfois cruelles, qu'arrache l'insuffisance de l'accommodation, sont supprimées tout de suite par l'emploi des verres convenables, et c'ést un des principaux triomphes de la nouvelle ophthalmologie, dans le domaine de la pratique, de pouvoir reconnaître et combattre, par un moyen aussi simple, les asthénopies si rebelles qui reconnaissent l'hypermétropie pour cause et qui faisaient le désespoir des malades et des médecins.

Pour pouvoir calculer la grandeur des cercles de diffusion, il faut remarquer d'abord que tous les rayons extérieurs à l'œil qui se dirigent vers la pupille apparente (la pupille vue à travers la cornée), rencontrent la pupille vraie, après leur réfraction par la cornée, et qu'ils marchent dans le corps vitré comme s'ils venaient de l'image de la pupille que le cristallin forme en arrière de lui-même. Cela résulte immédiatement de la signification qu'il faut attacher à l'expression d'image optique. Un certain point de la pupille vraie et le point correspondant de son image par la cornée sont, par rapport à la réfraction sur la cornée, des points de concours conjugués de rayons lumineux. Les rayons qui, partis du point de la pupille réelle, se dirigent en avant, paraissent, en avant de l'œil, provenir de l'image de ce point, et, réciproquement, les rayons qui, dans l'air, paraissent converger vers un point de la pupille apparente, doivent, après leur réfraction sur la cornée, se réunir au point correspondant de la pupille vraie.

Listing place, dans son œil schématique, l'iris à $^1/_2{}^{mm}$ en avant de la surface antérieure du cristallin, et calcule qu'alors son image formée par le cristallin est grossie de $^1/_{15}$ et reculée de $0^{mm},055$. Si l'on place, au contraire, la pupille en contact avec la surface antérieure du cristallin, ce qui est plus conforme à la vérité, le grossissement n'est plus que d'environ $^1/_{18}$ (plus exactement $^3/_{53}$), et le recul est de $0^{mm},113$. Si l'on conserve les autres données de l'œil schématique de Listing, l'image de la pupille formée par le cristallin est à une distance de $18^{mm},534$ de la rétine. Par la cornée, au contraire, la même pupille paraîtrait grossie de $^1/_7$ (plus exactement $^{13}/_{90}$), et avancée de $0^{mm},578$.

La grandeur des cercles de diffusion sur la partie centrale de la rétine se calcule de la manière suivante. Soient (fig. 51) gf l'axe de l'œil, qg un objet en avant de l'œil, la ligne qg étant perpendiculaire à fg; soient de plus p l'image de q, et f celle de g; soit αd la rétine, que nous considérons comme un plan perpendiculaire à l'axe de l'œil, puisque nous ne voulons nous occuper que des images formées sur la partie centrale de la rétine; soient ab l'image de la pupille formée

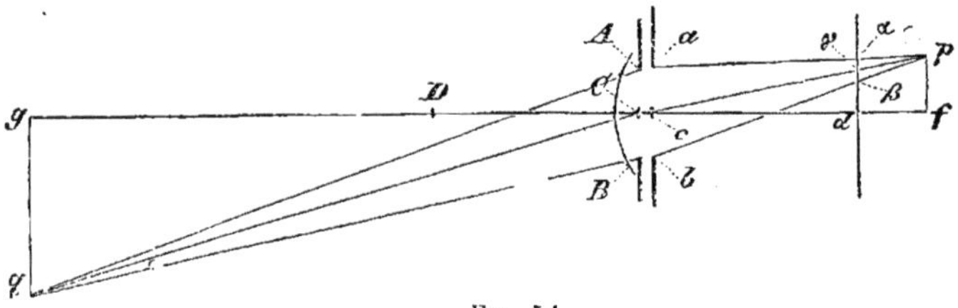

Fig. 51.

par le cristallin, AB l'image qu'en donne la cornée, ces deux images étant perpendiculaires à l'axe de l'œil qu'elles coupent en c et C. Les rayons ap et bp, partis du bord de la pupille, coupent la rétine en α et en β, de sorte que $\alpha\beta$ est un diamètre du cercle de diffusion dont nous voulons calculer la grandeur. Comme ab est parallèle à αd, on a, d'après des théorèmes connus,

$$ap : \alpha p = ab : \alpha\beta$$

et

$$ap : \alpha p = cf : df,$$

d'où

$$\alpha\beta = \frac{ab \,.\, df}{cf} \quad \ldots\ldots\ldots\ldots \quad 1\text{ a)}.$$

Si le plan de la rétine coïncide avec le plan focal postérieur de l'œil et que D soit le foyer antérieur, nous pouvons, comme dans l'équation 8) du § 9 (p. 72), désigner CD par H_1, cd par H_2, Cg par h_1, cf par h_2, et nous avons

$$\frac{H_1}{h_1} + \frac{H_2}{h_2} = 1$$

ou

$$\frac{H_1}{h_1} = \frac{h_2 - H_2}{h_2} = \frac{df}{cf},$$

donc

$$\alpha\beta = ab \,.\, \frac{H_1}{h_1} \quad \ldots\ldots\ldots\ldots \quad 1\text{ b)}.$$

Si c est le centre de l'image de la pupille par le cristallin, c'est-à-dire si $ac = bc$, et γ le point où le rayon *cp* rencontre la rétine, γ est le centre du cercle de diffusion. En effet, à cause du parallélisme de *ab* et $\alpha\beta$, on a

$$ac : bc = \alpha\gamma : \beta\gamma;$$

or

$$ac = bc,$$

donc

$$\alpha\gamma = \beta\gamma.$$

Donc, prolongé en avant, le rayon qui arrive au centre du cercle de diffusion passe par le centre de l'image de la pupille par le cristallin. Nous pouvons ajouter qu'il passe réellement, dans la chambre antérieure, par le centre de la pupille vraie, et que, prolongé dans l'air, il passe par le centre de l'image de la pupille formée par la cornée.

Il suit de là que si les centres des cercles de diffusion de deux points inégalement distants de l'œil coïncident, le rayon qui joint à ce centre commun le centre de l'image de la pupille formée par le cristallin doit être commun aux deux systèmes de rayons. Le prolongement de ce rayon commun en avant de l'œil doit donc aussi passer par les deux points lumineux, et il doit traverser également le centre de l'image de la pupille formée par la cornée. Il en est de même si l'une des images de diffusion se réduit à un point situé au centre de l'autre.

Dans l'acte de viser, pour que deux points inégalement éloignés se recouvrent, il faut que l'image de l'un soit au centre de l'image de diffusion de l'autre, ou si les points sont vus tous deux indistinctement, il faut que les centres des deux cercles de diffusion coïncident. Nous avons nommé *ligne de visée* la droite qui joint ces deux points de l'espace; d'après les explications que nous venons de donner, elle coïncide nécessairement avec le rayon qui passe par le centre de l'image de la pupille formée par la cornée, et ce centre jouit, pour cette raison, de la propriété d'être le point d'intersection de toutes les lignes de visée.

De ce qui précède découle la définition de l'*angle visuel*. Lorsqu'on dit que des objets qui apparaissent sous un même angle visuel ont la même grandeur apparente, il faut placer le sommet de l'angle visuel au point d'intersection des lignes de visée. C'est à tort qu'on l'a placé ordinairement au point d'intersection des lignes de direction (le premier point nodal), et lorsqu'il s'agit de cas où les deux points sont vus l'un après l'autre directement, il faudrait placer ce sommet au centre de rotation du globe oculaire. Pour des objets très-éloignés, la grandeur de l'angle visuel n'en éprouve pas de modification, mais il n'en est pas de même pour les objets voisins.

Je donne encore ici un petit tableau que Listing a calculé pour son œil schématique, en supposant la rétine située dans le second plan focal de l'œil et donnant à la pupille 4^{mm} de diamètre. On y a désigné par l_1 les distances du point lumineux au foyer antérieur, par l_2 celles de la rétine à l'image, par z le diamètre du cercle de diffusion. Le calcul est fait d'après l'équation 8c) du § 9 (p. 74)

$$l_1 l_2 = F_1 F_2$$

et d'après l'équation 1a) du § 11 (p. 135). Le produit $F_1 F_2$, pour l'œil schématique de Listing, est égal à 301,26^{mm} carrés (en chiffres ronds 300^{mm}).

l_1	l_2	z
∞	0^{mm}	0^{mm}
65 mètres.	0,005	0,0011
25	0,012	0,0027
12	0,025	0,0056
6	0,050	0,0112
3	0,100	0,0222
1,5	0,200	0,0443
0,75	0,40	0,0825
0,375	0,80	0,1616
0,188	1,60	0,3122
0,094	3,20	0,5768
0,088	3,42	0,6484

On voit aussi, d'après ce tableau, combien peu varie la position de l'image tant que la distance variable de l'objet est considérable, et combien l'image s'éloigne rapidement de la rétine, si l'objet, déjà voisin de l'œil, se rapproche de plus en plus.

Pour déterminer les distances auxquelles un œil peut s'accommoder, on a proposé différents instruments sous le nom d'*optomètres*.

La méthode qui se présente en premier lieu, et d'après laquelle nous reconnaissons, dans la vie journalière, la myopie et la presbytie, consiste à observer à quelles distances se voient le mieux de petits objets, des caractères d'impression par exemple; mais on ne peut pas s'attendre à obtenir ainsi des réponses bien exactes. D'abord les caractères d'impression ne sont généralement pas tellement petits qu'ils ne puissent pas être lus malgré une inexactitude même assez considérable de l'accommodation. C'est ainsi que je puis lire les caractères d'impression de cette page à une distance de 32 centimètres, mon œil étant accommodé pour son *punctum remotum*, qui est distant de 80 centimètres. Je puis également la lire à la distance de 73^{mm}, quoique mon œil ne puisse pas s'accommoder pour une distance inférieure à 97 millimètres. Remarquons, de plus, que les objets, lorsqu'on les rapproche de l'œil, apparaissent sous un angle visuel plus grand, et que, pour cette raison, on les voit plus distinctement, toutes choses égales d'ailleurs, que lorsqu'ils sont plus loin. C'est pour ce motif qu'on approche parfois à une distance de l'œil plus petite que celle de l'accommodation, des objets très-petits, difficiles à reconnaître; car certaines personnes distinguent quelquefois mieux dans une image légèrement confuse et avec un angle visuel plus grand, qu'avec une accommodation exacte et un angle de vision moindre. Pour déterminer la distance d'accommodation par ce procédé, il faut donc choisir des objets différents pour des distances différentes, et ils doivent être assez petits pour pouvoir à peine être reconnus à leur distance respective par un œil exactement accommodé.

Porterfield (1) a, le premier, recommandé l'expérience de Scheiner pour la recherche des distances visuelles, et il a fondé sur cette expérience un optomètre que Th. Young (2) a perfectionné. Ce dernier conseille de tendre un fil blanc et mince sur un fond sombre, l'une des extrémités du fil étant voisine de l'œil, puis de regarder à travers un écran percé de deux trous. Le fil paraît alors simple à la distance pour laquelle l'œil est accommodé : partout ailleurs, il paraît double. Il est facile de désigner le point qui paraît simple, et la distance de ce point à l'œil donne la distance pour laquelle l'œil était accommodé au moment de l'expérience. On peut, d'ailleurs, se servir aussi d'autres objets ténus qu'on place à différentes distances de l'œil. Il faut choisir, pour cette expérience, des objets suffisamment petits pour qu'on puisse à peine les voir distinctement à travers les trous de l'écran : par exemple, des épingles fines sur un fond clair, ou bien de petites ouvertures ou des fentes étroites pratiquées dans des écrans obscurs. Il faut aussi avoir soin que l'objet soit vu en même temps par les deux ouvertures; faute de prendre cette précaution, on s'expose à des erreurs. Dans ces expériences, le champ visuel se réduit aux deux images de diffusion, relativement grandes, des deux trous de l'écran; ces deux images *a* et *b* doivent empiéter en partie l'une sur l'autre (fig. 52). Ce n'est que dans la partie moyenne *c*, qui est en même temps la plus éclairée, qu'on peut voir des images doubles, telles que les pointes d'épingle *g* : il ne peut pas s'en produire dans les parties latérales qui n'appartiennent chacune qu'à l'une des images de diffusion. Dans ces parties les images sont toujours simples, comme l'épingle *h*. Cette circonstance rend souvent difficile la réussite de l'expérience pour des personnes non exercées.

Fig. 52.

Pour tourner cette difficulté, j'ai trouvé avantageux d'employer une petite grille en fils métalliques parallèles, qui présente des pleins et des vides égaux, larges d'environ 0mm,5. En regardant à travers ce gril, on est certain d'avoir deux ou trois ouvertures au-devant de la pupille.

Une méthode analogue pour déterminer les distances d'accommodation, et en particulier le *punctum remotum*, m'a paru donner, en pratique, une exactitude plus grande encore que la vision par deux ouvertures. On laisse pénétrer, à travers une petite ouverture pratiquée dans un écran, la lumière du ciel ou celle d'une bougie. Un pareil point lumineux apparaît à un œil inexactement adapté, sous forme d'une étoile à cinq ou six rayons (voy. plus loin § 14), tandis que par une accommodation convenable, il se présente sous forme d'un point lumineux, sinon parfaitement rond, du moins assez régulièrement délimité. Si l'on amène latéralement un écran au-devant de la pupille, on voit, en général, la figure lumineuse que forme le point s'obscurcir inégalement, et cela en commençant par le côté d'où vient l'écran, si l'objet est au delà du point pour lequel se fait l'accommodation, et en commençant par le côté opposé, si le point lumineux est plus rap-

(1) On the eye, vol. I, p. 423. — *Edinb. Medical Essays*, IV, 185.
(2) *Phil. Transactions*. 1801. P. I, p. 34.

proché. Dans l'accommodation exacte, au contraire, l'objet s'obscurcit simultanément en tous ses points, ou bien il s'efface d'une façon irrégulière : il commence, par exemple, à disparaître en haut et en bas, tandis qu'on avance latéralement l'écran au-devant de la pupille.

On verra plus loin (§ 13) un autre moyen de déterminer la distance visuelle, fondé sur la disposition des couleurs dans l'œil, et qui, surtout pour les personnes qui n'ont pas l'habitude de ces observations, est d'une exécution plus facile que l'expérience de Scheiner.

L'optomètre de Ruete est destiné à déjouer les essais de simulation. C'est un écran en forme de boîte, traversé par un tube. Le sujet regarde à travers ce tube un livre dont il ne voit que quelques mots et dont il n'a aucun moyen d'évaluer la distance (si ce n'est par l'accommodation même de l'œil); on lui présente, à différentes distances, des caractères d'impression de diverses grandeurs; s'il a l'intention d'induire en erreur ceux qui l'examinent, il évite difficilement de s'embarrasser dans des contradictions qui permettent de constater la fraude.

L'optomètre de Hasner est une planche horizontale montée sur un pied et pourvue, à l'une de ses extrémités, d'un masque pour la partie supérieure de la figure, qui est destiné à fixer la position des yeux. La planchette porte des divisions servant à mesurer la distance des objets aux yeux; on y a marqué, de plus, les angles de convergence des lignes visuelles qui correspondent aux différents points de la ligne médiane. Cet instrument est destiné à permettre d'exécuter facilement les différentes expériences sur les distances d'accommodation, sur la vision simple et la diplopie binoculaires.

Haller (1), Huygens (2), Wolf (3), Adams (4) et Kries (5) ont décrit des yeux artificiels destinés à expliquer la théorie de Képler sur la vision, et à démontrer l'effet des lunettes.

Képler (6), qui eut le premier une idée exacte de la réfraction de la lumière dans l'œil, comprit aussi la nécessité d'une accommodation de l'œil pour des distances différentes, et expliqua les cercles de diffusion qui accompagnent l'accommodation inexacte. Scheiner (7) décrivit les images qui accompagnent une accommodation inexacte, lorsqu'on regarde à travers un écran percé de deux ouvertures. Des explications de cette expérience ont été données successivement par de la Hire (8) qui nia la possibilité de l'accommodation pour différentes distances, puis par J. de la Motte (9) et par Porterfield (10); ce dernier releva en même temps les déductions fausses que de la Hire avait tirées de l'expérience. Les mouvements qu'un objet situé en dehors de la distance pour laquelle l'œil est accommodé paraît prendre lorsqu'on le regarde à travers une ouverture étroite qu'on fait mouvoir, ont été mentionnés pour la première fois par Mile (11) et décrits plus tard

---

(1) Elem. Physiolog. V. 469.
(2) Dioptrica. Lugduni, 1704, p. 112.
(3) Nützliche Versuche, III, 481.
(4) Essay on vision. London, 1792.
(5) Traduction du précédent. Gotha, 1794.
(6) Paralipomena, p. 200.
(7) Oculus, p. 37 et 41. Expériences analogues, p. 32 et 49.
(8) *Journal des Sçavans*, 1685 et in *Accidens de la vue*, 1693.
(9) *Versuche und Abhandl. der Gesellschaft in Danzig*, II, 290.
(10) On the eye, I, 3, cap. 3.
(11) *Poggendorff's Ann.* XLII, 40.

plus complétement par H. MAYER (1) dans leurs rapports avec la théorie de l'accommodation.

JURIN (2) a exposé avec détail la formation des cercles de diffusion, leur empiétement réciproque, etc.

Quant à l'usage des lunettes, on trouve dans PLINE (3) un passage qui semble y faire allusion. Cet auteur dit qu'on rencontre des émeraudes concaves qui concentrent la vision (*visum colligere*) et que, pour cette raison, il est défendu de tailler. L'empereur NÉRON qui était myope (PLINE, II, cap. 34) se servait d'une émeraude de cette espèce pour suivre les combats des gladiateurs. On trouve plus tard des documents du commencement du XIVe siècle où les lunettes sont considérées comme étant une nouvelle invention. Un gentilhomme florentin, SALVINUS ARMATUS, mort en 1317, est désigné dans son épitaphe (4), comme étant l'inventeur des lunettes. ALEXANDRE DE SPINA, moine de Pise, mort en 1313, passe pour avoir vu une paire de lunettes chez quelqu'un qui en faisait un mystère, pour les avoir imitées et en avoir distribué à beaucoup de personnes (5). MAUROLYCUS (1494 à 1575) essaya plus tard d'en expliquer l'effet, mais cette explication, s'appuyant sur sa théorie de la vision, était nécessairement inexacte. Il prétend en effet que les rayons visuels, c'est-à-dire les rayons qui viennent chacun d'un autre point de l'objet, sont rendus plus convergents ou plus divergents par les verres, ce qui n'a lieu en réalité que pour les différents rayons lumineux émis par chaque point de l'objet. KÉPLER (6) enfin, donna la théorie complète et exacte de l'effet des lunettes.

1575. FR. MAUROLYCUS, De lumine et umbra, lib. III.
1583. J. B. PORTA, De refractione, lib. VIII.
1604. J. KEPLER, Paralipomena ad Vitellionem, p. 200.
1619. SCHEINER, Oculus, p. 32-49.
1685. DE LA HIRE, in *Journal des Sçavans*. 1685. — Accidens de la vue, 1693, § II. (Conséquences de l'expérience de Scheiner.)
1709. DE LA HIRE, in *Mém. de l'Acad. de Paris*, 1709, p. 95 (vision dans l'eau).
— DE LA MOTTE, in *Versuche und Abhandlungen der Gesellschaft in Danzig*, II, 290. (Théorie de l'expérience de Scheiner.)
1738. JURIN, Essay on distinct and indistinct vision, in *Smith's System of Optics*, Cambridge, 1738.
1759. PORTERFIELD, On the eye, p. 389-423. (Théorie de l'expérience de Scheiner.)
1792. G. ADAMS, An essay on vision. London, 2d. edition, — übersetzt von F. KRIES. Gotha, 1794. (Détails sur les lunettes.)
1800. J. BISCHOFF, Praktische Abhandlung der Dioptrik. Stuttgardt. 2 Aufl. (Sur les lunettes.)
1801. TH. YOUNG, in *Philos. Transact. for* 1801, I, 34. (Optomètre.)
1810. GILBERT, dans ses *Annalen d. Physik.*, XXXIV, 34 et XXXVI, 375. (Vision dans l'eau.)
— WOLLASTON, Improved periscopic spectacles, in *Phil. Mag.* XVII. — *Nicholson's Journal*, VII, 143, 241.
— JONES, on WOLLASTON'S spectacles, in *Nicholson's Journal*, VII, 192 et VIII, 38.
1821. G. TAUBER, Anweisung für auswärtige Personen, wie dieselben aus dem optisch-oculistischen Institute zu Leipzig Augengläser bekommen können. Leipzig, 3 Aufl.
1824. MUNCKE, Ueber Sehen unter Wasser. (*Poggendorff's Ann.* II, 257.—*Gehler's physik. Wörterbuch, neu bearb.* Leipzig, 1828, Art. Gesicht, p. 1383-1386. — Ueber Brillen, *ibid.*, p. 1403-1410.)
1825. PURKINJE, Zur Physiologie der Sinne. II, 128.
1830. HOLKE, Disquisitio de acie oculi dextri et sinistri in mille ducentis hominibus. Lipsiæ.

(1) *Prager Vierteljahrsschrift*, 1851, IV, 92.
(2) Essay on distinct and indistinct vision, in *Smith's Optics*. Cambridge, 1738.
(3) XXXVII, cap. 5.
(4) VOLKMANN'S Nachrichten von Italien, I, 542. L'inscription tumulaire de l'église de Sainte-Marie-Majeure fut enlevée depuis. Elle portait :

Qui giace Salvino degli Armati
Inventore degli Occhiali.
Dio gli perdoni le peccata.

(5) SMITH'S Optics, Remarks, p. 12.
(6) Paralipomena, p. 200.

1837. J. MILE, in *Poggend. Ann.*, XLII, 51.

1840. HENLE, in *J. Müller's Lehrbuch der Physiologie*, II, p. 339-341.

1845. O. YOUNG's optometer, in *Phil. Mag.*, XXVI, 436.

1850. J. CZERMAK, in *Verhandl. d. Würzburger physik. Gesellschaft*, I, p. 184.

1851. PEYTAL, Nouvel instrument à l'usage de la vue myope, in *Institut*, n° 841, p. 53. n° 857, p. 180.

— H. MAYER, in *Prager Vierteljahrsschrift für prakt. Heilkunde*, XXXII, 92.

— V. HASNER, *Ibid.*, p. 166. (Optomètre.)

1852. TH. RUETE, Der Augenspiegel und das Optometer. Göttingen, p. 28.

1854. JO. CZERMAK, in *Wiener Sitzungsberichte*. XII, 322.

1855. STELLWAG V. CARION, Die Accommodationsfehler des Auges, in *Wiener Sizungsber.* XVI, 187.

— CZERMAK, Accommodationslinie. *Ibid.*, XV, 425, 457.

1856. A. V. GRAEFE, Ueber Myopia in distans nebst Betrachtungen über das Sehen jenseits der Grenzen unserer Accommodation, in *Archiv für Ophthalm.*, II, 1, p. 158-186.

1857. J. J. OPPEL, Ueber das Sehen durch kleine Oeffnungen und das Gerham'sche Diaskop. (*Jahrsbericht des Frankfurter Vereins*, 1856-1857, p. 37-42.)

1858. F. C. DONDERS, Winke betreffend den Gebrauch und die Wahl der Brillen, in *Archiv für Ophthalm.*, IV, 1, p. 286-300.

1859. M. MAC-GILLAVRY, Onderzoekingen over de hoegrootheid der accommodatie. *Dissert.* Utrecht, 1858. (*Henle und Pfeufer's Zeitschrift für ration. Medicin* (3), VI, 612-613.)

1860. F. C. DONDERS, Beiträge zur Kenntniss der Refractions- und Accommodationsanomalien, in *Archiv für Ophthalm.*, VI, 1, p. 62-105; VI, 2, p. 210-283; VII, 1, p. 155-204. — *Verslagen en Mededeelingen der K. Acad.*, Amsterdam, 1861, p. 159-201. — *Jaarlijksch. Verslag betrekkelijk het Nederlandsch. Gasthuis vor Ooglijders*, I, 63-205; II, 25-68; IV, 1-118.

1860. C. LANDSBERG, Beschreibung eines neuen Optometers und Ophthalmoliastometers, in *Poggd. Ann.*, CX, 435-452. — *Polytechn. Centralblatt*, 1860, p. 405-406.

— A. BUROW, Ueber den Einfluss peripherischer Netzhautparthien auf die Regelung der accommodativen Bewegungen des Auges, in *Archiv für Ophthalm.*, VI, 1, 106-110.

1861. CH. AEBY, Die Accommodationsgeschwindigkeit des menschlichen Auges, in *Henle und Pfeufer's Zeitschrift* (3), XI, 300-304.

— GIRAUD-TEULON, Des mouvements de décentration latérale de l'appareil cristallin, in *Comptes rendus*, LII, 383-385. — *Inst.*, 1861, p. 82. — *Cosmos*, XVIII, 284-286.

— H. DOR, Des différences individuelles de la réfraction de l'œil. (*Journ. de la physiologie*, XI, XII. — *Arch. d. sciences phys.*, 2, X, 82-85.)

1861. H. DE BRIEDER, De stoornissen der accommodatie van het oog. *Dissert.* Utrecht. (*Jaarlijksch Verslag. betr. het. Nederl. Gasthuis.* II, 69-142.)

— V. JAEGER jun., Ueber die Einstellung des dioptrischen Apparats im menschlichen Auge. Wien, 1861.

— STELLWAG V. CARION, Zur Litteratur der Refractions- und Accommodationsanomalien, in *Zeitschr. d. K. K. Ges. der Aerzte*, 1861.

— GIRAUD-TEULON, Physiologie et pathologie de la vision binoculaire. Paris, 1861.

1862. DE HAAS, Geschiedkundig onderzoek omtrent de hypermetropia en hare gefolgen. *Dissert.* Utrecht. (*Jaarlijksch verslag betr. het Nederlandsch Gasthuis*, III, 157-208.)

1863. A. BUROW, Vorlaüfige Notiz über die Construction eines neuen Optometers, in *Archiv für Ophthalm.*, IX, 2, p. 228-231.

— LE MÊME, Ein neues Optometer. Berlin, 1863.

— A. V. GRAEFE, Ein Optometer, in *Deutsche Klinik*, 1863, p. 10.

1864. F. C. DONDERS, On the anomalies of accommodation and refraction of the eye. London, p. 1-635.

— A. BUROW, Ueber die Reihenfolge der Brillenbrennweiten. Berlin, 1864.

— GIRAUD-TEULON, Sur la formule classique des lentilles, in *Ann. d'ocul.*, LII, 5-31.

1865. E. JAVAL, Une nouvelle règle à calcul, in *Ann. d'ocul.*, LIII, 181-187.

§ 12. — Mécanisme de l'accommodation.

Les modifications qu'on peut observer en examinant un œil dont l'accommodation varie sont les suivantes :

1° La pupille se resserre pendant l'accommodation pour les objets rapprochés, et se dilate pour la vision au loin. — Cette modification est facile à observer et est connue depuis plus longtemps que les autres. Pour la constater sur un œil quelconque, il suffit de faire regarder alternativement un objet rapproché et un objet éloigné, situés dans la même direction. La seule précaution à prendre consiste à éviter que la pupille ne soit resserrée d'une manière continue par un éclairage trop intense.

2° Dans l'accommodation pour les objets voisins, le bord pupillaire de l'iris et le milieu de la surface antérieure du cristallin se déplacent un peu en avant. — Pour observer ce mouvement, choisissons un point de fixation éloigné, nettement déterminé, et pour objet rapproché, prenons une pointe d'épingle. Le sujet observé couvre un de ses yeux et donne à l'autre une position telle que la pointe d'épingle vienne masquer exactement le point de fixation éloigné. Il faut faire attention à ce que l'œil n'abandonne pas cette position, et il ne faut pas non plus le laisser se dévier vers des objets situés latéralement, car, dans cette expérience, il est essentiel que la direction de l'œil ne change pas. L'observateur se place de manière à voir de profil, et légèrement d'arrière en avant, la cornée de l'œil observé, de telle sorte que la moitié environ de la pupille noire de cet œil soit visible en avant du bord cornéen de la sclérotique, tant que l'œil observé regarde au loin. Puis on fait fixer la pointe d'épingle : l'observateur remarque aussitôt que l'ovale noir de la pupille et même une partie du bord de l'iris tourné vers lui deviennent visibles en avant de la sclérotique. La figure 53 *a* représente, dans cette expérience, l'œil regardant au loin, et la figure 53 *b*, l'œil regardant de près. Le changement de position de la tache noire devient surtout frappant, si l'observateur porte son attention sur la largeur de l'espace clair qui la sépare d'une ligne obscure c_1 c_2, qui

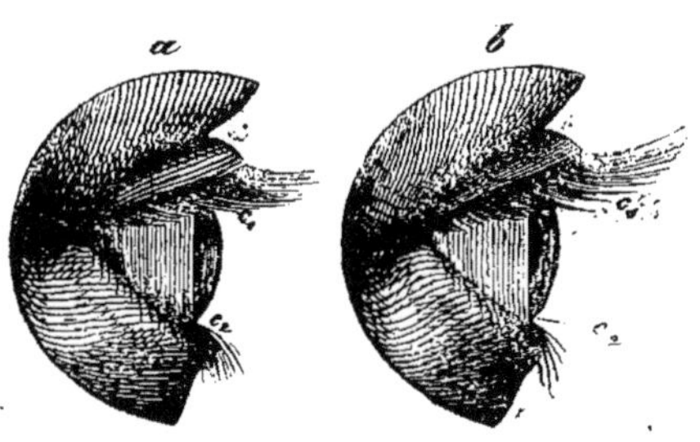

FIG. 53.

apparaît près du bord antérieur de la cornée. Cette ligne est l'image de l'autre bord de la sclérotique, déformée par la réfraction à travers la cornée : la partie interne de ce bord sclérotical, qui est plus saillant que l'iris, est ordinairement dans l'ombre, et paraît, pour cette raison, plus sombre que l'iris. Dans l'accommodation pour un point voisin, on voit se rétrécir l'intervalle clair qui sépare cette ligne $c_1 c_2$ et la pupille. Si le bord pupillaire ne se déplaçait pas en avant, cet intervalle devrait, au contraire, s'élargir dans la vision des objets voisins, parce que la pupille se rétrécit également dans tous les sens; il deviendrait également plus large si le déplacement apparent de la pupille en avant était le résultat d'un mouvement accidentel de l'œil observé, qui se serait tourné vers l'observateur. Ainsi, en examinant la ligne en question, on peut s'assurer contre toute surprise. Il a été démontré plus haut (§ 3, p. 20) qu'il n'y a pas d'intervalle entre la surface antérieure du cristallin et le plan de la pupille.

3° La surface antérieure du cristallin augmente de convexité dans la vision de près, et s'aplatit quand le regard se porte au loin. — On peut se convaincre de ce fait au moyen de la lumière réfléchie par la surface antérieure du cristallin. On assigne à l'œil observé, comme dans l'expérience précédente, deux points de mire bien déterminés, situés sur une même ligne en avant de cet œil. La chambre où se fait l'expérience doit être complétement obscure, et, pour éviter d'être gêné par les reflets cornéens, il ne doit y avoir au-devant de l'œil observé aucun objet lumineux de grande dimension, excepté la flamme d'une forte lampe qu'on dispose latéralement, à la hauteur de l'œil. Soient (fig. 54)

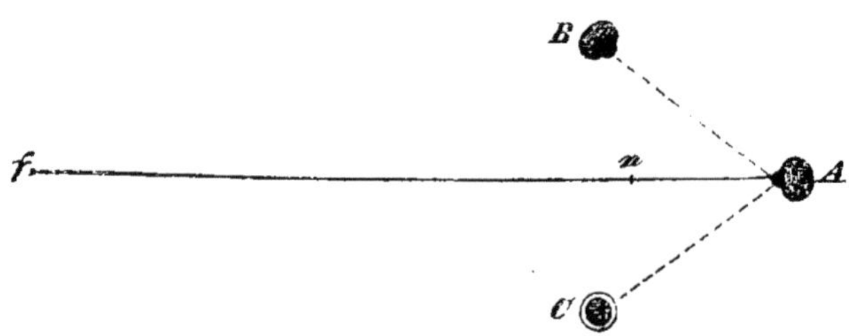

Fig. 54.

A l'œil observé, C la coupe horizontale de la flamme, n le point de mire le plus rapproché, f le point de mire le plus éloigné. L'observateur doit mettre son œil dans le plan horizontal qui passe par l'œil observé et la lampe, et de telle sorte que l'angle BAf soit à peu près égal à l'angle CAf; puis il déplace son œil aux environs de B, jusqu'à ce qu'il voie les images réfléchies par les deux surfaces du cristallin. Ces deux images *b* et *c* (fig. 55) sont bien moins brillantes que le reflet cornéen *a*. Celle de la surface antérieure du cristallin, *b*, est une image droite de la flamme, un peu plus grande que celle formée par la cornée, mais le plus souvent elle est tellement effacée qu'on ne peut pas y reconnaître exactement la forme de la flamme. Sa position apparente est loin (de 8 à 12^{mm}) derrière le plan de la pupille; aussi disparaît-elle derrière le bord de l'iris, même pour de faibles déplacements de l'œil observé ou de la lumière. Nous lui donnerons le nom de *première* image cristallinienne; celle formée par la surface postérieure du cristallin s'appellera la *seconde*. Cette dernière *c* (fig. 55) est renversée, et bien plus petite que l'image cornéenne et que la première image cristallinienne : elle offre l'aspect d'un petit point lumineux assez nettement limité. Sa position apparente est voisine du plan de la pupille, à 1^{mm} environ en arrière de ce plan, aussi se déplace-t-elle peu relativement à la pupille et à l'image cornéenne, lorsque l'observateur change la position de sa tête.

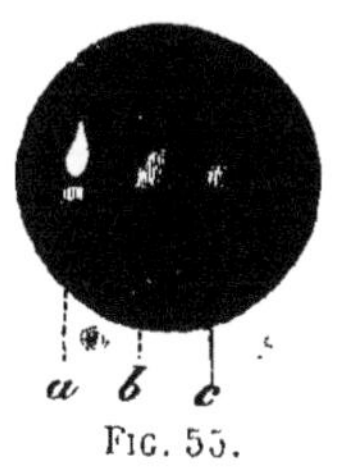

Fig. 55.

Quand l'œil observé s'accommode pour un objet voisin, la première image cristallinienne diminue considérablement de grandeur et se rapproche ordinairement du centre de la pupille. Cette diminution s'observe mieux si, au lieu d'une lumière, on emploie un écran portant deux ouvertures sur une même ligne verticale, et à travers chacune desquelles brille une flamme, ou si l'on place, un peu au-dessous d'une flamme, un miroir horizontal dans lequel il se forme une image réfléchie qui remplace la seconde flamme. Chacune des images réfléchies se compose alors de deux parties claires, et l'on voit facilement et distinctement celles qui correspondent à la surface antérieure du cristallin se rapprocher l'une de l'autre, lorsque l'œil regarde de près, et s'écarter, au contraire, pendant le regard au loin. Dans la figure 56, *A* représente les images réfléchies, lors de la vision éloignée, *B* les représente dans la vision rapprochée; *a* est le reflet de la cornée, *b* celui de la surface antérieure du cristallin, *c* celui de sa surface postérieure; comme source lumineuse, on a pris deux flammes qui émettent leur lumière à travers des ouvertures rectangulaires pratiquées dans un écran.

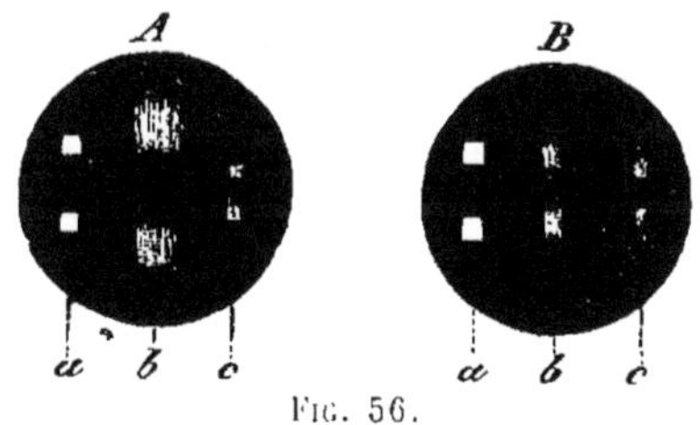

Fig. 56.

Comme un miroir convexe donne, toutes choses égales d'ailleurs, des images d'autant plus petites que son rayon est plus petit, il résulte de notre observation que la surface antérieure du cristallin augmente de courbure dans l'accommodation rapprochée. La réfraction des rayons par la cornée pourrait assurément produire aussi une très-faible diminution de l'image catoptrique si la face antérieure du cristallin ne faisait que se rapprocher de la cornée sans changer de courbure. Cependant le calcul fait voir que la diminution de l'image qui pourrait provenir de cette cause, serait très-peu importante en comparaison de celle qu'on observe en réalité.

4° La seconde image catoptrique du cristallin diminue également un peu de grandeur dans l'accommodation rapprochée. — Pour constater cette diminution, il faut employer des méthodes d'observation plus exactes, qui seront décrites dans la dernière partie de ce paragraphe. C'est par ces mêmes méthodes qu'on trouve que la position apparente de la surface postérieure du cristallin (vue à travers le cristallin et la cornée) ne varie pas sensiblement ; or la position apparente de la surface postérieure du cristallin ne diffère que très-peu de sa position réelle, et, comme on le verra plus loin, les déplacements des points cardinaux de l'œil, qui accompagnent les changements d'accommodation, sont de telle sorte qu'ils produiraient, sur cette position apparente, des actions qui se détruiraient au moins en partie ; nous pouvons donc admettre que la position réelle de la surface postérieure du cristallin ne varie pas sensiblement par le fait de l'accommodation. Les déplacements des points cardinaux exercent également, sur la grandeur de cette seconde image catoptrique du cristallin, des influences qui se compensent en partie. Cependant on peut démontrer que, même dans les suppositions les plus favorables qu'il soit possible de faire relativement aux variations des constantes optiques pour expliquer la diminution de l'image dans la vision rapprochée, la diminution ne pourrait jamais être aussi considérable qu'on l'observe réellement. On peut donc en conclure que, bien certainement, la courbure de la surface postérieure du cristallin augmente dans la vision rapprochée, mais bien moins que celle de la surface antérieure.

On voit que, d'après les observations, la surface antérieure du cristallin avance, et que sa surface postérieure ne change pas de position ; le cristallin devient donc plus épais au milieu. Comme, d'autre part, il ne peut pas changer de volume, il faut en conclure que les diamètres de son plan équatorial diminuent.

Dans la coupe de la partie antérieure de l'œil humain (pl. I, fig. 3) j'ai construit la cornée et le cristallin avec un grossissement de cinq fois, d'après les dimensions d'un œil vivant que j'ai examiné; le côté désigné par F est accommodé au loin, le côté N, pour voir de près. Les procès ciliaires sont représentés comme si on les voyait à travers le pli de la zonule qui les sépare, de sorte que le parcours de la zonule se trouve indiqué : le bord antérieur de ses plis est représenté par *aa*, leur bord postérieur par *bb*.

L'augmentation de courbure des surfaces du cristallin diminue sa distance focale; en même temps ses points nodaux se déplacent en avant, tant parce que la surface antérieure du cristallin se déplace en avant que parce que cette surface se courbe plus fortement que la surface postérieure. Ces deux circonstances contribuent à réunir plus tôt que dans un œil regardant au loin les rayons d'un point éclairant extérieur qui, après avoir traversé la cornée, tombent en convergeant sur le cristallin. — La grandeur des modifications observées sur le cristallin paraît suffire pour expliquer l'amplitude de l'accommodation sur l'œil vivant.

On n'a pas constaté d'autres modifications des parties réfringentes de l'œil, qui pussent être rapportées à l'accommodation. C'est ainsi que, par exemple, la courbure de la cornée reste absolument invariable. Cependant il ne serait pas impossible que, pour seconder l'accommodation pour les objets voisins, il se produisît un allongement du globe oculaire, par la contraction simultanée des six muscles de l'œil; un semblable allongement n'a pas encore été démontré et, de plus, il ne paraît pas nécessaire. Cette supposition est contredite aussi par mes expériences citées plus haut (§ 2, p. 6), d'après lesquelles un changement de pression dans l'œil modifie la courbure de la cornée, puisqu'on n'observe pas de modification de cette courbure pendant l'accommodation. Ajoutons qu'une pression continue, même faible, exercée sur l'œil, diminue la quantité de sang contenue dans les vaisseaux de la rétine et rend la rétine elle-même insensible à la lumière.

On ne sait encore rien de certain sur la manière dont se produit le changement de forme du cristallin. D'anciens observateurs, comme Th. Young, admirent que le cristallin était composé de fibres musculaires, et lui donnèrent, en conséquence, le nom de *muscle cristallin*. Mais lors même qu'on pourrait comparer les fibres du cristallin à des fibres musculaires, qu'on a rencontrées aujourd'hui sous tant de formes différentes, une objection grave est que ce corps ne reçoit pas de nerfs dont la présence, dans les formations transparentes dont il s'agit ici, aurait difficilement pu échapper aux observateurs. De plus, on a vu échouer jusqu'ici toutes les tentatives pour produire, sur des cristallins d'animaux fraîchement extraits, des changements de forme au moyen de courants électriques intermittents, qui font contracter toutes les formations musculaires connues. Des expériences de ce genre ont été faites, entre autres, par Young, auquel elles donnèrent un résultat négatif ; par Cramer (1), sur des yeux de phoques et d'oiseaux tués récemment, et qui présentèrent un changement de forme du cristallin aussi longtemps que l'iris et l'appareil ciliaire étaient intacts, tandis que le cristallin mis à nu ne se déformait jamais. J'ai fait également, avec de Wittich, des expériences analogues, et avec le même résultat négatif, sur des cristallins de grenouilles et de lapins récemment tués.

D'un autre côté, Cramer (1) a trouvé qu'on peut produire des changements accommodatifs sur des yeux excisés, en faisant passer, par la partie antérieure de l'œil, des courants électriques intermittents. Voici ses expériences : Sur la platine d'un microscope à miroir éclairant plan, on plaça un anneau convenable de bois, et sur cet anneau l'œil d'un phoque (*Phoca littorea*) âgé de cinq semaines et tué récemment par strangulation. La cornée était dirigée en bas. Le globe de l'œil avait été dépouillé des muscles, de la graisse et des autres parties environnantes, et l'on avait disséqué, à sa partie postérieure, une partie de la sclérotique, de la choroïde et de la rétine, en ayant soin de ne pas intéresser le corps vitré. En disposant convenablement le microscope et son miroir, Cramer pouvait voir très-nettement, sur la surface postérieure du corps vitré, et avec un grossissement de 80 fois, l'image de la flamme d'une bougie éloignée de 35 centimètres environ. Dès qu'on faisait passer, par les deux côtés de la cornée, le courant d'un appareil de rotation électro-magnétique, l'image devenait plus confuse et plus large.

Cramer enfonça alors une aiguille à cataracte dans le bord de la cornée, en fit passer la pointe derrière l'iris en traversant la pupille, et, en la retirant, divisa l'iris de manière à y former, suivant l'un des rayons, une fente allant depuis l'insertion de l'iris jusqu'à la pupille. Après cette opération, le courant électrique ne produisit plus de modification de l'image.

Ces expériences ne réussirent pas sur les yeux de chiens et de lapins, parce qu'immédiatement après la mort, la pupille se contractait fortement, et que des courants électriques intenses rendaient les cristallins opaques (probablement par électrolyse).

(1) Het Accommodatievermogen, p. 58 et 86.

Sur des yeux de pigeon il trouva que, par l'effet des courants électriques, l'image catoptrique de la surface antérieure du cristallin se modifiait, tandis qu'il ne se produisait aucun changement de l'image cornéenne. La modification de la première image s'observait encore mieux sur des yeux de pigeon excisés, en enlevant préalablement la cornée. L'augmentation de courbure du cristallin persistait aussi longtemps que passaient les courants d'induction, puis elle disparaissait de nouveau. Après excision de l'iris, cette modification cessait de se produire.

Cramer se fonde sur ces expériences, d'abord pour conclure que la forme du cristallin est modifiée par des parties contractiles situées à l'intérieur de l'œil, et, en second lieu, pour désigner l'iris comme étant l'organe auquel il faut principalement attribuer ces modifications. Il attribue à l'iris une courbure considérable, en plaçant son origine sur la face interne du muscle ciliaire plus en arrière que ne l'ont encore placée les anatomistes. Dans l'accommodation de l'œil pour voir de près, il suppose que les fibres circulaires et les fibres rayonnantes de l'iris se raccourcissent simultanément. Par suite de leur contraction, les fibres circulaires offriraient aux extrémités centrales des fibres radiales un point d'attache fixe, et les fibres radiales exerceraient sur les parties situées derrière elles (bord du cristallin et corps vitré) une pression par suite de laquelle la partie centrale du cristallin, ce corps élastique et peu résistant, tendrait à sortir par la pupille, seul endroit où le cristallin ne rencontrerait aucun obstacle : ce mécanisme expliquerait l'augmentation de courbure du cristallin. La contraction du sphincter de la pupille, nécessaire dans cette théorie pour donner un point d'appui à l'extrémité interne des fibres rayonnantes de l'iris, expliquerait également le resserrement que subit la pupille pour la vision des objets voisins.

Donders a fait remarquer que le tissu élastique situé à la paroi interne du canal de Schlemm, et auquel se fixe directement la périphérie de l'iris, pourrait bien jouer un rôle dans l'accommodation. Comme l'iris et le muscle ciliaire prennent tous deux leur origine sur cette paroi du canal, et que les fibres du muscle se dirigent en arrière pour s'insérer sur la choroïde, si l'on considère la choroïde comme étant le point fixe, la contraction du muscle tend le tissu élastique de la paroi du canal de Schlemm, et peut tirer en arrière l'insertion de l'iris, ce qui lui donne une position plus favorable pour exercer une pression sur les parties situées derrière lui.

Par le fait, il est facile de comprendre que les parties périphériques de l'iris doivent reculer lorsque le milieu du cristallin et le bord pupillaire de l'iris avancent ; car le volume de l'humeur aqueuse, qui est contenue dans la chambre antérieure de l'œil, est invariable ; si le cristallin, en avançant, occupe de l'espace au centre, l'humeur aqueuse doit le retrouver sur les côtés, par suite d'un recul des parties périphériques de l'iris.

Cramer a remarqué que, chez les enfants, on peut voir, à l'œil nu, la chambre antérieure s'élargir dans la vision rapprochée. J'ai trouvé qu'on peut constater la même chose sur les adultes, au moyen d'un mode spécial d'éclairage de l'œil. — En effet, si l'on fait pénétrer de la lumière dans l'œil assez latéralement pour que l'iris soit pour la plus grande partie dans l'ombre, on voit se former, si l'œil est dans une position convenable, sur le côté de l'iris qui est opposé à la lumière, une ligne caustique, courbe et brillante. La moitié inférieure de la figure 57

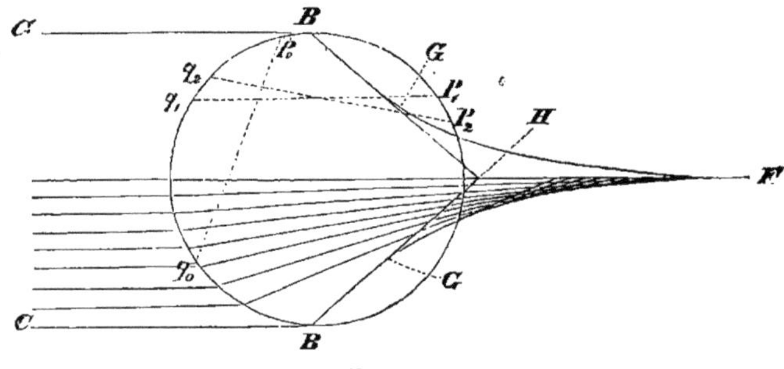

Fig. 57.

représente la marche des rayons réfractés par une sphère dont l'indice de réfraction serait égal à celui de l'humeur aqueuse et sur laquelle tombent des rayons parallèles. Soit F le foyer des rayons centraux. Les rayons marginaux ne passent pas par le foyer des rayons centraux et l'intersection de chacun avec le suivant forme la surface caustique dont la section est indiquée par les lignes courbes GF. Le rayon le plus extrême est CB ; il est réfracté suivant BH. L'extrémité de la caustique est en G, milieu de la corde occupée par le rayon réfracté. Supposons maintenant qu'on coupe la sphère réfringente par des plans situés, comme l'iris, dans l'humeur aqueuse. Faisons passer un de ces plans perpendiculairement au plan du dessin, par q_0P_0, toute sa face antérieure reçoit de la lumière. Faisons passer le plan par q_1P_1, la partie de ce plan située en avant du rayon réfracté extrême BG est seule éclairée ; celle située en arrière de ce rayon reste dans l'obscurité. Faisons enfin passer le plan par q_2P_2, il coupe la surface caustique : ce plan offre encore une partie éclairée et une partie obscure, mais la séparation de ces deux parties est alors marquée par une ligne brillante qui correspond à la courbe suivant laquelle le plan q_2P_2 coupe la surface caustique. On voit facilement, d'après la figure, que si la partie du plan q_2P_2 qui coupe la surface caustique se meut en arrière et s'éloigne, par conséquent, de la surface réfringente, la ligne brillante doit se rapprocher davantage du bord.

C'est là précisément ce qu'on peut observer pour l'iris lorsque l'œil s'accommode pour un point voisin. — Si l'on éclaire l'œil d'une personne qui regarde alternativement deux points de fixation, l'un rapproché et l'autre éloigné, placés exactement l'un au-devant de l'autre, cet éclairage latéral étant disposé de façon que la ligne caustique apparaisse près du bord ciliaire de l'iris, on voit cette ligne brillante se rapprocher du bord ou s'en éloigner, suivant que l'accommodation se fait pour près ou pour loin. La figure 58 représente cet éclairage de l'iris; la lumière arrive latéralement dans l'œil suivant la direction marquée par la flèche : sur l'iris, on voit du côté b, dirigé vers la lumière, le reflet cornéen de cette lumière, et de l'autre côté a, la ligne caustique dont l'éclat se reconnaît jusque sous le bord saillant et translucide de la sclérotique.

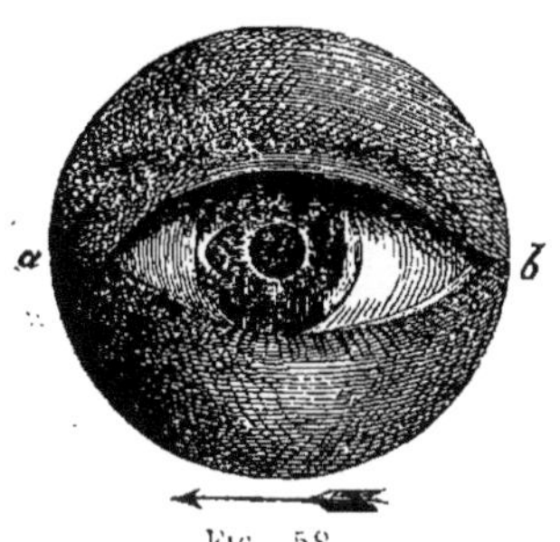

Fig. 58.

D'après la supposition de Cramer et de Donders, l'iris et le muscle ciliaire produiraient le changement de forme du cristallin par l'intermédiaire d'une augmentation de pression dans le corps vitré et sur les bords du cristallin, à laquelle le milieu de la face antérieure, situé derrière la pupille, serait seul soustrait; et il faut convenir, en effet, que l'augmentation de courbure de la surface antérieure du cristallin que Cramer avait observée en premier pourrait s'expliquer de cette manière.

Quant au changement de forme du cristallin, tel qu'il se comporte d'après mes mensurations, il ne peut s'expliquer ainsi sans faire intervenir une autre force. Il est évident que l'augmentation de la pression hydrostatique, qui agit sur la partie postérieure et sur les bords du cristallin, ne peut en faire augmenter l'épaisseur. Une pression ainsi dirigée aurait pour effet d'augmenter la courbure antérieure du cristallin, mais d'en aplatir en même temps la face postérieure.

Une hypothèse qui paraît échapper à cette difficulté consiste à admettre que le cristallin, dans l'état de repos, qui répond à la vision des objets éloignés, est tendu par la zonule qui s'insère à son bord. Les plis de la zonule, en partant de leur insertion à la capsule du cristallin, se dirigent en dehors et en arrière, en formant comme des étuis pour les procès ciliaires, et, à l'extrémité postérieure de ces procès et du muscle ciliaire, ils finissent par se perdre dans la membrane hyaloïde, la rétine et la choroïde. Lorsque le muscle ciliaire se contracte, il peut, en faisant avancer l'extrémité postérieure de la zonule, la rapprocher du cristallin et en diminuer la tension. La tension de la zonule doit avoir pour effet d'augmenter le diamètre du cristallin, d'en diminuer l'épaisseur et de diminuer la courbure de ses faces. Lorsque la traction de la zonule diminue, dans l'accommodation pour les objets rapprochés, la largeur du cristallin diminue, son épaisseur augmente, ainsi que la courbure de ses deux faces. Faisons intervenir, de plus, la pression de l'iris, et le milieu du plan qui passe par l'équateur du cristallin se portera en avant; par suite, la courbure de la face antérieure augmentera, celle de la face postérieure diminuera de manière à pouvoir redevenir à peu près ce qu'elle était dans le cristallin disposé pour la vision à distance.

Il me semble que les changements de forme du cristallin peuvent s'expliquer ainsi. — Du reste, il est facile, sur le cadavre, de produire des changements de forme du cristallin en tiraillant la zonule. A l'explication que je propose se rattacherait cette circonstance que j'ai trouvé, sur des yeux vivants regardant au loin, l'épaisseur du cristallin moindre qu'on ne la rencontre jamais sur le cadavre. On ne peut guère expliquer cette différence en admettant un gonflement du cristallin après la mort par absorption d'eau, puisque, d'après les expériences de W. Krause, les indices de réfraction des couches externe, moyenne et interne du cristallin de veau, ne varient pas sensiblement dans les vingt-quatre heures qui suivent la mort, tandis qu'une absorption d'eau entraînerait sans doute une diminution du pouvoir réfringent.

Il convient de signaler maintenant plusieurs observations postérieures à l'époque (1855) où j'ai proposé l'explication qu'on vient de lire.

En premier lieu, comme réfutation de ceux qui font jouer un rôle essentiel à l'iris, nous ferons observer qu'on a remarqué des cas d'inaction de l'iris dans lesquels l'accommodation n'avait pas sensiblement souffert. C'est ainsi que j'ai eu l'occasion de voir un astronome qui, par profession, se prêtait bien à des expériences de ce genre, et qui se rendait compte de ce dont il s'agissait, être frappé d'une paralysie complète de l'iris, sans cesser de jouir d'une accommodation parfaite.

De plus, A. de Graefe (1) a constaté la conservation complète de l'accommodation chez un ouvrier guéri d'une blessure à l'œil, par suite de laquelle il avait complétement perdu l'iris.

Il n'y a donc absolument que le muscle ciliaire auquel on puisse attribuer l'accommodation. Dans ce muscle, Van Reeken a signalé, et H. Müller et Rouget ont décrit plus positivement une couche de fibres circulaires situées dans l'angle dirigé vers les procès ciliaires; ces fibres sont, d'ailleurs, enchevêtrées avec des fibres longitudinales, se recourbent plusieurs fois en forme d'anses et deviennent longitudinales, disposition anatomique qui fait présumer que les fibres circulaires du muscle ciliaire ne peuvent agir que simultanément avec les fibres longitudinales. Cette disposition des fibres circulaires est évidemment très-favorable à leur action sur la zonule; car si ce muscle ne possédait que des fibres radiales, conformément aux descriptions plus anciennes, l'angle interne du muscle serait attiré vers la sclérotique, la zonule subirait une courbure à convexité dirigée vers le canal de Schlemm *s* (pl. I, fig. 3) et serait bien moins relâchée que dans la disposition que nous admettons, et qui évite cette courbure. En effet, les fibres circulaires du muscle doivent attirer l'angle correspondant vers le sommet des procès ciliaires et vers le bord du cristallin; par suite de cette action, les parties moyennes de la zonule doivent aussi être attirées vers le bord du cristallin, suivant la direction des bords de leurs plis, sans être tirées en dehors, vers le canal de Schlemm.

Il est difficile de dire si, comme l'admet H. Müller, les fibres radiaires du muscle ciliaire exercent une pression sur les procès ciliaires et si cette pression se transmet au bord du cristallin; car nous ne savons pas si, sur le vivant, les procès ciliaires contiennent assez de sang pour pouvoir exercer une pression sensible sur le cristallin, et bien des ophthalmologues ne sont aucunement convaincus qu'il y ait réellement contact des procès ciliaires avec le cristallin.

W. Henke a admis que les fibres circulaires du muscle ciliaire produisent seules l'accommodation rapprochée, tandis que la contraction des fibres longitudinales rétablirait l'accommodation à distance. Il considère comme fixes les deux insertions des fibres longitudinales du muscle, et croit que ce muscle forme, par la contraction des fibres circulaires, un arc à convexité interne; lors du relâchement de l'accommodation, cet arc se redressait par une contraction active, accompagnée d'un allongement des fibres circulaires. Je regarde un semblable mode d'action comme très-invraisemblable : premièrement, pour toutes les

(1) *Archiv für Ophthalm.*, VII, 2, p. 150-161.

raisons qui parlent contre l'existence d'une accommodation active pour voir au loin, et, secondement, parce que les couches des fibres du muscle ciliaire sont très-intimement enchevêtrées, qu'on voit les fibres longitudinales devenir circulaires, et inversement, disposition qui ne permet guère de concevoir une action isolée des différentes fibres. L'exemple de l'iris, donné par Henke, n'a qu'une valeur très-douteuse depuis les recherches faites récemment sur la dilatation de l'iris. De plus, le ligament pectiné, comme insertion antérieure, et la choroïde, comme insertion postérieure, me paraissent être des parties beaucoup trop peu résistantes pour pouvoir permettre au muscle, avec la direction défavorable suivant laquelle se fait la traction, une action quelque peu énergique conformément au mécanisme de Henke. Enfin, d'après l'idée de Henke, la face externe du muscle devrait s'écarter de la sclérotique dans l'accommodation rapprochée, et s'y appliquer de nouveau dans l'accommodation à distance. Mais on ne voit où prendre le liquide qui viendrait remplir la fente ainsi formée, et, en l'absence d'un liquide, la pression atmosphérique empêcherait tout relâchement du muscle.

Je dois avouer que je regarde toujours comme la plus vraisemblable l'opinion donnée plus haut (p. 150 et 151) sur le mécanisme de l'accommodation, tout en avouant qu'elle n'a qu'un caractère de probabilité.

Pour donner une récapitulation des modifications probables que les constantes optiques et les points cardinaux de l'œil subissent dans l'accommodation rapprochée, et pour montrer en même temps que la modification observée dans la forme du cristallin est suffisante pour expliquer l'accommodation, j'ai calculé les constantes optiques pour les deux accommodations d'un œil schématique qui correspond approximativement à ceux que j'ai examinés. L'œil regardant au loin ne diffère de l'œil schématique de Listing que parce que j'ai placé les surfaces du cristallin un peu plus en avant, et pris le cristallin un peu plus mince. J'ai admis, comme Listing, $^{103}/_{77}$ pour l'indice de réfraction de l'humeur aqueuse et du corps vitré, et $^{16}/_{11}$ pour celui du cristallin. Les longueurs sont mesurées en millimètres. J'appelle *position* d'un point, la distance de la surface antérieure de la cornée à ce point.

	ACCOMMODATION pour loin.	ACCOMMODATION pour près.
ADMIS :		
Rayon de courbure de la cornée	8,0	8,0
Rayon de courbure de la surface antérieure du cristallin	10,0	6,0
Rayon de courbure de la surface postérieure du cristallin	6,0	5,5
Position de la surface antérieure du cristallin	3,6	3,2
Position de la surface postérieure du cristallin	7,2	7,2
CALCULÉ :		
Distance focale antérieure de la cornée	23,692	23,692
Distance focale postérieure de la cornée	31,692	31,692
Distance focale du cristallin	43,707	33,785
Distance de la surface antérieure du cristallin à son point principal antérieur	2,1073	1,9745
Distance du point principal postérieur du cristallin à sa surface postérieure	1,2644	1,8100
Distance mutuelle des deux points principaux du cristallin	0,2283	0,2155
Distance focale postérieure de l'œil	19,875	17,756
Distance focale antérieure de l'œil	14,858	13,274
Position du foyer antérieur	—12,918	—11,241
Position du premier point principal	1,9403	2,0330
Position du second point principal	2,3563	2,4919
Position du premier point nodal	6,957	6,515
Position du second point nodal	7,373	6,974
Position du foyer postérieur	22,231	20,248

Si l'on admet que, dans l'accommodation à distance, cet œil schématique puisse voir à une distance infinie, la rétine serait, sur l'axe de l'œil, à 22mm,231 de la surface antérieure de la cornée, et dans le second état d'accommodation calculé, l'œil verrait distinctement un objet se trouvant à 118mm,85 en avant du foyer antérieur, ou à 130mm,09 en avant de la cornée, ce qui répondrait bien à l'amplitude d'accommodation d'un œil normal.

Quelques anciens observateurs (1), qui ne disposaient que de moyens de recherche peu exacts, ont cru constater des changements de courbure de la cornée. Des mensurations plus récentes et plus exactes de cette courbure, faites à l'aide des images catoptriques, ont démontré qu'il ne se produit pas de semblables changements. Ces mesures ont été prises par Senff (2), par Cramer (3) et par moi. L'ophthalmomètre permet d'exécuter ces expériences avec une exac-

(1) J. P. LOBÉ, Diss. de oculo humano. Lugd. Batav., 1742, p. 119. — HOME, in *Philos. Transact.*, 1796, p. 1.
(2) *Wagner's Handwörterbuch der Physiologie*, Art. Sehen.
(3) Het Accommodatievermogen der Oogen. Harlem, 1853, p. 45.

titude telle que des variations de $^1/_{200}$ dans la grandeur du rayon seraient perceptibles, tandis que si l'accommodation était produite par un changement de courbure de la cornée, pour faire alterner la distance visuelle entre 5 pouces et une distance infinie, il faudrait un changement de $6^{mm},8$ à 8^{mm} dans le rayon de courbure. Je trouvai invariablement des résultats négatifs. — Il faut encore mentionner ici une expérience très-ingénieuse de Th. Young qui prouve le même fait. Il la décrit de la manière suivante : « Je prends dans un petit microscope botanique » une lentille biconvexe de $^8/_{10}$ de pouce de rayon et de distance focale, sertie » dans une cuvette de $^1/_5$ de pouce de profondeur. Après avoir garni le joint » avec de la cire, je verse un peu d'eau presque froide, de manière à remplir la » cuvette aux trois quarts ; puis je l'applique contre mon œil : la cornée, arrivant » à moitié de la profondeur de la cuvette, était partout en contact avec l'eau. » Mon œil devient aussitôt presbyte, et le pouvoir réfringent de la lentille, qui » est ramené par l'eau à environ $^{16}/_{10}$ de pouce de distance focale, ne suffit » pas pour remplacer la cornée, rendue inactive par l'intervention de l'eau ; » mais l'addition d'une seconde lentille de 5 $^1/_2$ pouces de distance focale » ramène mon œil à son état naturel et même un peu au delà. J'emploie » alors l'optomètre, et je trouve la même inégalité entre la réfraction horizontale » et la réfraction verticale que sans l'eau, et j'ai, comme auparavant, dans les » deux sens, un pouvoir d'accommodation équivalent à une distance focale de » 4 pouces. Au premier abord, l'accommodation paraît être un peu moindre, et » capable seulement de ramener l'œil de l'accommodation pour les rayons paral- » lèles à celle exigée pour voir à 5 pouces, et cela me fit croire d'abord que la » cornée pouvait avoir une faible action dans l'état naturel ; mais, considérant que » la cornée artificielle se trouvait à $^1/_{10}$ de pouce environ en avant de la cornée » naturelle, je calculai l'effet de cette différence, et je le trouvai exactement suffi- » sant pour expliquer la diminution de l'étendue de la vision. »

On peut déterminer, au moins approximativement, de combien le bord pupillaire de l'iris se déplace en avant dans la vision rapprochée, à condition d'avoir déterminé préalablement les dimensions et la courbure de la cornée, et la distance de la cornée au plan de la pupille. Soient C (fig. 59) la cornée, c et d son bord externe, ab la pupille dans la vision éloignée. Si l'observateur s'est placé par rapport à cet œil de manière que toute la pupille lui soit cachée, cb est la ligne visuelle de l'observateur dans l'humeur aqueuse. Si ensuite, dans la vision rapprochée, toute la pupille devient tout juste visible en avant du bord de la sclérotique, et si l'on connaît sa largeur $\alpha\beta$, elle doit être tout entière en avant de la ligne cb, tout en lui étant tangente, comme l'indique la figure 53 (p. 142), et cela suffit pour trouver, approximativement du moins, la grandeur de son déplacement. Parmi les yeux que j'ai examinés, ce déplacement s'élevait pour O. H. à $0^{mm},36$, pour B. P. à $0^{mm},44$. Si la pupille ne devient pas visible tout entière dans la vision rapprochée, s'il n'en apparaît que la moitié, les deux tiers, etc., il faut évaluer la

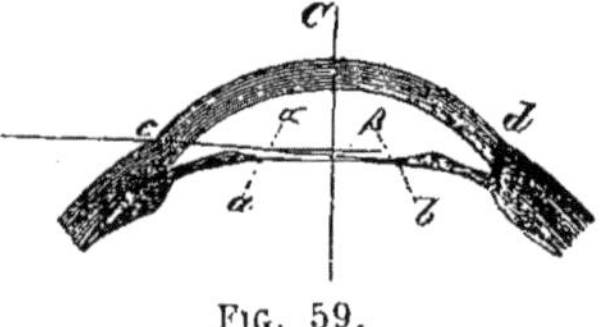

Fig. 59.

grandeur de la partie devenue visible et se baser là-dessus pour faire le calcul.

Le rayon de courbure de la surface antérieure du cristallin peut être mesuré à l'aide des images catoptriques qu'elle fournit. Cependant ces images sont trop pâles et trop effacées pour qu'on puisse mesurer exactement leur distance au moyen de l'ophthalmomètre. Mais si l'on produit à côté de l'image réfléchie par le cristallin une image réfléchie par la cornée et de grandeur variable, on peut comparer facilement à l'œil nu la grandeur des deux images et les rendre égales. On détermine facilement ensuite la grandeur de l'image cornéenne, par le calcul ou par la mensuration. C'est ainsi que je fis, par exemple, réfléchir par le cristallin deux flammes brillantes placées verticalement l'une au-dessus de l'autre, et par la cornée deux flammes plus faibles et plus petites : je plaçai ces dernières de manière à amener leurs images réfléchies très-près de celles des grandes flammes réfléchies par le cristallin, et je m'arrangeai de manière qu'elles fussent séparées par un intervalle égal à celui qui existait entre ces dernières. Au lieu de chaque couple de flammes, il est plus commode d'employer une flamme et son image réfléchie par un miroir horizontal (1).

J'ai mesuré de cette manière la grandeur des images formées, dans la vision rapprochée et dans la vision éloignée, par la surface antérieure du cristallin. Je trouvai que, dans des yeux bien accommodés, l'image formée par la surface antérieure du cristallin n'a, dans la vision rapprochée, que les $^5/_9$ environ de la grandeur qu'elle présente dans la vision éloignée. Cette image est formée par un système optique composé d'une surface réfringente et d'une surface réfléchissante. La distance focale de ce système peut être déduite directement de la grandeur de l'image, de la grandeur et de l'éloignement de l'objet, d'après l'équation 8 b) (§ 9, p. 74), qui est aussi valable pour des systèmes réfléchissants ; de la distance focale on déduit ensuite le rayon de la surface réfléchissante. Soient f_1 la première et f_2 la seconde distance focale du système réfringent qui est en avant de la surface réfléchissante, r le rayon de la courbure de cette surface, calculé positivement si elle est concave, négativement si elle est convexe, d la distance du sommet de la surface réfléchissante au second point principal du système réfringent, la distance focale du système réfléchissant composé est

$$q = \frac{f_1 f_2 r}{2 (f_2 - d)(f_2 - d + r)} \Bigg\} \quad \ldots\ldots\ldots\ldots \quad 1).$$

D'après cette formule, q diminue en même temps que d, c'est-à-dire à mesure que la surface antérieure du cristallin se rapproche de la cornée. Lorsque q diminue, l'image catoptrique d'objets éloignés diminue aussi et dans la même proportion. Mais comme d ne varie guère que d'environ $0^{mm},4$, que $f_2 - d$ est de 28^{mm} et $f_2 - d + r$ de 38^{mm} environ, la variation de q est très-minime et n'atteint qu'environ $^1/_{40}$ de la grandeur de cette dimension, tandis que l'observation directe des images donne une variation d'environ $^4/_9$. La diminution des images ne peut donc pas s'expliquer par le déplacement de la surface antérieure du cristallin, mais exige une augmentation de courbure de cette surface.

(1) *Graefe's Archiv für Opthth.*, I, 2, p. 45.

L'observation sur des yeux vivants a donné les résultats suivants :

ŒIL.	RAYON DE COURBURE DE LA SURFACE ANTÉRIEURE DU CRISTALLIN.		DÉPLACEMENT DE LA PUPILLE DANS L'ACCOMMODATION RAPPROCHÉE.
	Vision éloignée.	Vision rapprochée.	
O. H.	11,9	8,6	0,36
B. P.	8,8	5,9	0,44
J. H.	10,4		

Pour pouvoir calculer, d'après l'équation ci-dessus, les rayons de courbure de la surface antérieure du cristallin, il faut connaître le rayon de courbure de la cornée et la distance entre la surface antérieure du cristallin (la pupille) et la cornée. Ces deux dimensions avaient déjà été mesurées sur les yeux que nous venons de mentionner.

L'image catoptrique formée par la surface postérieure du cristallin change aussi de grandeur lorsque l'accommodation de l'œil varie, mais ce changement de dimension est très-peu considérable. Je l'ai observé, à l'aide de l'ophthalmomètre, en disposant deux lumières sur une même verticale, à côté de l'œil et derrière les ouvertures d'un écran, et en examinant les images catoptriques de ces lumières, formées par la surface postérieure du cristallin. J'amenai l'une à côté de l'autre les images doubles des deux lumières, ainsi que cela est indiqué par la figure 60, sur laquelle a_0 et a_1 sont les images doubles de la lumière inférieure, b_0 et b_1 celles de la lumière supérieure. Les images a_1 et b_0 n'empiétaient pas l'une sur l'autre : elles étaient très-voisines, de manière à permettre d'en reconnaître la séparation. Dans l'accommodation à proximité, b_0 se déplaçait un peu dans la direction de a_0, et a_1 dans celle de b_1. J'évaluai la largeur du déplacement à la moitié environ de la largeur de chaque tache lumineuse, et comme les centres des ouvertures qui laissaient passer la lumière étaient distants l'un de l'autre de six fois la largeur de ces ouvertures, le raccourcissement de l'image était d'environ $^1/_{12}$ de sa grandeur.

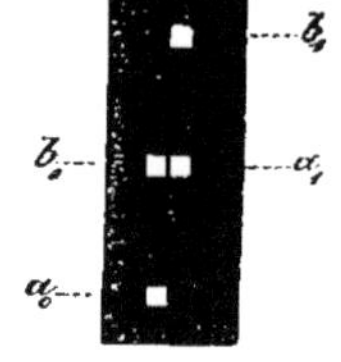

FIG. 60.

Depuis que j'ai fait ces expériences, je me suis aperçu que l'ophthalmomètre permettait une mensuration bien plus exacte des rayons de courbure du cristallin, en faisant pénétrer de la lumière solaire dans une chambre obscure, et M. B. Rosow a mis cette idée à exécution.

Enfin, je cherchai encore à reconnaître si, dans l'accommodation rapprochée, la surface postérieure du cristallin se déplaçait d'arrière en avant. J'employai le procédé qui m'avait servi à déterminer la distance apparente de la cornée à la surface postérieure du cristallin. L'appareil ayant la même disposition, je recherchai si le reflet lumineux de la surface postérieure du cristallin changeait de position lorsqu'on faisait varier l'accommodation sans changer la direction de l'axe de l'œil, et je fis l'expérience en mettant alternativement la lunette à droite et la lumière à gauche, et *vice versâ*. Je n'ai pu remarquer aucun déplacement de cette image. La distance apparente de la cornée à la surface postérieure du cristallin ne varie donc pas sensiblement dans les changements d'accommodation.

Quelles sont maintenant les conclusions que l'observation des modifications de l'image catoptrique et de la position apparente de la surface postérieure du cristallin nous permet de tirer relativement aux modifications que subit réellement cette surface? La position apparente est très-peu influencée par l'action du cristallin, car elle est très-voisine du point nodal postérieur de ce corps; nous pouvons en conclure que les différences que la réfraction, dans les divers états d'accommodation de l'œil, peut apporter dans ses déplacements, sont très-certainement assez petites pour qu'il soit permis de les négliger. C'est ainsi que, par les deux yeux schématiques dont nous avons calculé les constantes optiques, comme exemple, trois pages plus haut, la position apparente de la surface postérieure du cristallin est de $0^{mm},191$ plus en avant que la position réelle pour l'œil regardant de près, et de $0^{mm},113$ pour l'œil regardant au loin; elle subirait donc un déplacement apparent de $0^{mm},078$ en arrière, lors de l'accommodation pour un point voisin, si, en réalité, elle restait immobile. De semblables déplacements seraient trop faibles pour pouvoir être observés, et ce calcul ne peut servir qu'à montrer que les déplacements et leurs différences sont en général minimes; il ne peut nous renseigner sur le sens de cette différence dans le véritable cristallin, parce que, dans cette question, la distance qui sépare les deux points principaux du cristallin vrai, et qui est en tout cas moindre que la distance correspondante dans les cristallins schématiques, exerce une influence capitale.

Nous devons donc nous borner à dire que la position réelle de la surface postérieure du cristallin ne varie pas sensiblement avec les changements de l'accommodation.

Pour rechercher comment l'image catoptrique formée par la surface postérieure du cristallin varie avec les modifications des milieux de l'œil, figurons-nous que la surface réfléchissante soit séparée de la dernière surface réfringente de l'œil par une couche infiniment mince de corps vitré. Nous pouvons alors prendre pour points cardinaux du système réfringent les points cardinaux de l'œil. Soit n l'indice de réfraction du corps vitré; désignons de plus par p la distance de la surface postérieure du cristallin au foyer postérieur de l'œil, mesurée d'avant en arrière, par ε la distance de cette même surface au second point nodal de l'œil, mesurée d'arrière en avant. Dans l'équation 1), qui donne la distance focale d'un système composé réfringent et réfléchissant, nous avons à poser :

$$\begin{aligned} f_1 &= p + \varepsilon, \\ f_2 &= n\,(p + \varepsilon), \\ f_2 - d &= p. \end{aligned}$$

La valeur de la distance focale du système réfringent et réfléchissant devient alors

$$q = \frac{nr}{2} \cdot \frac{(p+\varepsilon)^2}{p\,(p+r)} \Bigg\} \quad \ldots\ldots\ldots \quad 2).$$

Dans l'accommodation pour près, ε augmente certainement, parce que, par suite du changement de forme du cristallin, les points nodaux de l'œil avancent nécessairement; par suite, si r et p ne variaient pas, la valeur de q et la grandeur de l'image réfléchie devraient augmenter. D'autre part, p diminue dans l'accommodation pour près, et, par suite, la valeur de q peut diminuer, eu égard aux rapports de ces grandeurs dans l'œil. Différenciant q par rapport à p, on obtient

$$\frac{dq}{dp} = \frac{nr}{2} \cdot \frac{p+\varepsilon}{p^2 (p+r)^2} [pr - (2p+r)\varepsilon].$$

Des facteurs de cette expression, le dernier, celui entre crochets, peut seul devenir négatif; mais cela ne peut avoir lieu dans un œil normal, puisque ε est très-petit par rapport à p et à r : $\frac{dq}{dp}$ sera donc positif, c'est-à-dire que q augmentera ou diminuera en même temps que p. Aussi, dans l'accommodation rapprochée, où p diminue, si nous négligeons préalablement les variations de ε, et que nous posions r constant, q et l'image réfléchie par la face postérieure du cristallin pourraient diminuer également, et l'on pourrait supposer que telle est la cause de la diminution de l'image. Cependant le calcul d'après l'équation 2) montre qu'il n'en est rien. Si nous empruntons à l'œil schématique de Listing les valeurs $p = 14{,}647$, $\varepsilon = 0{,}3601$, $r = 6$, p devrait se réduire à $10{,}597$ pour que q subisse une diminution de $^1/_{12}$ de sa valeur. Le foyer postérieur de l'œil devrait donc avancer de 4^{mm} en avant de la rétine, ce qui dépasse certainement les changements possibles de la position de ce point. Mais, comme de plus, d'après les explications qu'on vient de voir, une partie de la diminution de l'image produite par ce mouvement serait contre-balancée par le déplacement en avant des points nodaux et par l'augmentation de ε, il est hors de doute que la diminution de l'image catoptrique de la surface postérieure du cristallin ne pourrait pas atteindre la valeur observée s'il ne se produisait pas une certaine augmentation de la courbure de cette surface.

Si l'on calcule des distances focales q pour les deux yeux schématiques de ce paragraphe, on trouve $5{,}6051$ pour l'œil regardant au loin, et $5{,}3562$ pour celui qui regarde de près; grandeurs qui ne diffèrent que de $^1/_{21}$ de leur valeur, tandis que les rayons de courbure correspondants (6^{mm} et $5^{mm},5$) diffèrent de $^1/_{12}$. L'altération des milieux réfringents masque donc ici, en partie, celle du rayon de courbure, et la fait apparaître moindre qu'elle n'est en réalité. Nous en concluons que, dans l'accommodation rapprochée, la courbure de la surface postérieure du cristallin augmente.

Il est important, pour l'étude du mécanisme de l'accommodation, de connaître exactement l'origine de l'iris. J'ai représenté (pl. I, fig. 2) le canal de Schlemm, avec les parties qui l'entourent, tel qu'il se présente dans des coupes minces des membranes de l'œil. *A* est la coupe du canal, qui figure sans doute également une fente oblongue sur l'œil vivant, pendant le regard au loin; *C* est la cornée; *S*, la sclérotique; *D*, la conjonctive; *B*, la choroïde; *E*, un procès ciliaire; *J*, l'iris. La paroi interne du canal est composée de différents tissus. La partie postérieure de cette paroi, en a, se compose très-manifestement de ce même tissu de fibres tendineuses étroitement entrelacées, qui constitue la sclérotique dont elle dépend. La partie antérieure, au contraire, est formée d'un autre tissu moins translucide que celui de la sclérotique, composé de fibres plus fortement dessinées et très-résistantes à l'action de l'acide acétique et de la potasse; aussi peut-on le considérer comme du tissu élastique. En avant, ce tissu s'interpose entre la membrane de Descemet et la substance cartilagineuse de la cornée; en arrière, il s'insère en partie à la portion tendineuse de la paroi, et en partie il se relie aux fibres du muscle tenseur de la choroïde. Le système de la choroïde n'est fortement uni qu'à la moitié postérieure de la paroi interne du canal de Schlemm, à l'endroit où se réunissent la partie tendineuse et la partie élastique. Cependant, de la partie antérieure de la paroi du canal part aussi un réseau de fibres plus lâches, qui présentent les caractères des fibres élastiques et qui s'insèrent à l'origine de l'iris. Les fibres musculaires qui appartiennent au muscle tenseur et à l'iris viennent en partie de la paroi du canal, mais il est possible qu'une partie, également, passe directement de la choroïde à l'iris. Dans le tissu des procès ciliaires on voit les larges orifices d'un grand nombre de vaisseaux sanguins qui ont été intéressés dans la coupe, et, sur celui de leurs bords qui est dirigé vers le corps vitré, on distingue la coloration noire de la couche de pigment.

Pour se convaincre de l'exactitude de cette description de l'insertion de l'iris, il faut, d'une part, examiner des coupes minces de membranes de l'œil séchées, tout en n'oubliant pas que la dessiccation peut produire de très-fortes déformations et que les fibres élastiques situées en avant de l'insertion de l'iris se déchirent ou se rompent très-facilement, lorsqu'on détache l'iris de la cornée ; d'autre part, il faut examiner des préparations fraîches, et il est très-convenable, à cet effet, d'introduire une soie de porc dans le canal de Schlemm ; il faut éviter avec grand soin toute traction sur l'iris ou sur la choroïde, car il est facile de donner artificiellement une forme quelconque à la masse musculaire qui réunit ces parties. Si l'on relève l'iris avec précaution et qu'on le renverse sur les procès ciliaires, on remarque les fils élastiques ténus qui s'étendent entre l'iris et le bord antérieur du canal. Si l'on tire ensuite la soie en avant, on s'assure aisément de la souplesse et de l'élasticité de la partie antérieure de la paroi du canal ; si l'on rabat, au contraire, l'iris et la choroïde en avant, et qu'on tire la soie en arrière, on constate l'inextensibilité de la partie postérieure de la paroi.

Le mode d'insertion que je viens de décrire me paraît important pour expliquer le recul des parties latérales de l'iris dans la vision rapprochée. En effet, si l'iris s'est relâché, le réseau des fibres élastiques le tient appliqué jusqu'en b contre la paroi interne du canal de Schlemm; lorsqu'au contraire les fibres circulaires et les fibres rayonnantes de l'iris se contractent simultanément, la masse tendineuse du bord postérieur du canal est seule assez résistante pour leur offrir un point d'insertion fixe. On peut donc dire qu'à l'état de relâchement, l'iris s'insère au bord antérieur du canal de Schlemm, mais qu'à l'état contracté il s'insère au bord postérieur de ce canal; et ces deux bords sont séparés, en moyenne, par un intervalle de $0^{mm},45$. J'ai essayé (pl. I, fig. 3) de représenter ces deux dispositions de l'insertion de l'iris, pour la vision éloignée (côté F) et pour la vision rapprochée (côté N). Le canal de Schlemm est marqué *s* des deux côtés.

Les procès ciliaires constituent également une partie de l'œil qui pourrait jouer son rôle dans la production de l'accommodation. L. Fick (1) a démontré qu'ils se contractent sous l'influence d'un courant électrique et se dégorgent de leur sang, qui peut facilement passer dans les *vasa vorticosa* de la choroïde par des communications vasculaires assez larges. Il admet que, par ce passage du sang dans la partie de l'œil située en arrière de la cloison formée par le cristallin et la zonule, la pression hydrostatique augmente dans cette partie postérieure de l'œil, et qu'elle diminue en avant. Par cette différence de pression, le centre du cristallin serait poussé en avant, ce qui expliquerait l'augmentation de courbure de sa surface antérieure. Restant conséquent avec lui-même, Fick soutient que la surface postérieure du cristallin s'aplatit, ce qui est en opposition avec mes observations. J. Czermak (2), dans un essai d'explication du mécanisme de l'accommodation, s'est également fondé, en même temps que sur la tension de l'iris et du muscle ciliaire admise par Cramer, sur un gonflement des procès ciliaires qui pourraient exercer une pression sur le bord du cristallin.

L'opinion d'après laquelle les muscles de l'œil changeraient, par leur pression, la forme de cet organe, produiraient un allongement de son axe et éloigneraient, par suite, la rétine du cristallin, avait beaucoup de partisans respectables avant la découverte des changements de forme du cristallin. On peut leur répondre, en premier lieu, que d'après mes mensurations à l'aide de l'ophthalmomètre, toute augmentation de la pression hydrostatique dans l'œil diminue la convexité de la cornée, et qu'une semblable modification serait facilement observable sur l'œil vivant, si elle se produisait réellement; et, en second lieu, que l'ophthalmoscope permet de voir comment, par suite d'une faible pression du doigt sur le globe de l'œil, les vaisseaux de la rétine se rétrécissent, ne laissent plus passer que des courants sanguins intermittents, et finissent par s'affaisser entièrement. Dès que le mouvement intermittent (pulsation visible des artères) commence (3), la sensibilité de la rétine disparaît, probablement parce qu'elle ne reçoit plus une quantité suffisante de sang, et le champ visuel devient complétement noir.

Les expériences de Th. Young étaient déjà de nature à nous convaincre qu'il ne se produit pas le moindre allongement de l'axe oculaire dans la vision rapprochée. — On peut toucher la surface de la conjonctive oculaire, entre les paupières, avec un morceau de métal bien poli, sans en éprouver une grande gêne. Qu'on place, dans l'angle interne de l'œil, sur la conjonctive, un anneau de fer poli (celui d'une clef); qu'on l'appuie fortement contre le bord interne de l'orbite, et qu'on

(1) *J. Müller's Archiv*, 1853, p. 449.
(2) *Prager Vierteljahrsschr.*, XLIII, 109.
(3) Donders, in *Nederl. Lancet*, 1854, Novb., p. 275.

tourne l'œil vers le côté interne de manière à regarder au loin, à travers l'anneau et par-dessus le dos du nez. Le bord interne de la cornée vient alors toucher la clef, et l'on empêche ainsi qu'il puisse se produire, dans l'accommodation, un déplacement en avant du globe de l'œil; qu'on fasse pénétrer ensuite l'anneau d'une très-petite clef dans l'angle externe, entre le globe de l'œil et l'os. La rétine est excitée par la pression qu'on exerce ainsi sur le globe de l'œil, et l'on voit apparaître dans le champ visuel, en avant du dos du nez, un phosphène sous forme de tache obscure, qui peut être lumineuse dans les premiers instants. Chez Young, cette image s'étendait jusqu'à l'endroit de la vision la plus distincte, et il put reconnaître que les lignes droites qui venaient se peindre dans l'étendue de cette tache affectaient une légère courbure qui paraissait provenir de la déformation de la sclérotique produite par la pression. Comme le phosphène se produisait à l'endroit de la vision la plus distincte, la petite clef devait atteindre, à la partie postérieure du globe, la région de la tache jaune. Dans ces conditions, l'axe oculaire ne peut évidemment pas s'allonger sans déplacer les clefs. Si donc l'accommodation dépendait d'un allongement de l'axe, elle serait tout à fait impossible dans ces conditions, ou bien il faudrait que les clefs fussent repoussées, et le phosphène devrait considérablement augmenter d'étendue par suite d'une déformation plus forte de la paroi postérieure du globe de l'œil. Rien de tout cela ne se produit. L'œil peut s'accommoder absolument aussi bien que d'habitude, et les variations de l'accommodation ne produisent absolument aucune différence dans le phosphène.

Th. Young paraît avoir eu des yeux un peu proéminents, ce qui résulte également d'autres expériences qu'il décrit. Dans mes yeux, le bord seul du phosphène atteint l'endroit de la vision la plus distincte; du reste, j'ai pu me convaincre complétement de la possibilité de faire varier l'accommodation sans altération du phosphène.

De cette expérience, il résulte immédiatement que la distance de la circonférence interne de la cornée à la tache jaune, ou à un point de la paroi postérieure situé un peu en dehors de la tache jaune, est complétement invariable; or la distance du sommet de la cornée à la tache jaune ne peut pas varier, du moins sans production d'une notable asymétrie de l'œil, tant qu'il ne se manifeste pas de variation dans la distance du bord de la cornée à la tache jaune.

Citons encore ici une expérience de Bahr. Ce physiologiste examina, en accommodant exactement, un rectangle fortement éclairé et placé à une faible distance, jusqu'à ce qu'il se fût produit dans ses yeux une image accidentelle bien prononcée; puis, en relâchant l'accommodation, il projeta ce rectangle sur une surface éloignée sur laquelle il détermina la grandeur apparente de l'image accidentelle. Comme la grandeur de l'image rétinienne est proportionnelle à la distance de la rétine au point nodal postérieur de l'œil, et que la grandeur de cette image rétinienne était la même dans les deux observations, une expérience de ce genre permet de calculer dans quelle proportion varie la distance de la rétine au second point nodal. Bahr a trouvé, dans ses expériences, un déplacement du point nodal en avant, de $0^{mm},35$; mon calcul, dont le résultat est indiqué page 154, a donné $0^{mm},4$. Si le globe oculaire subissait un allongement, la variation de la position du point nodal devrait être bien plus considérable, et si un semblable allongement était la seule cause de l'accommodation, cette variation devrait atteindre 3mm, ce qui est incompatible avec les expériences de Bahr.

Knapp (1) a déterminé, sur quatre yeux différents, la position du *punctum remotum* et du *punctum proximum*, la courbure et la position de la cornée et des surfaces du cristallin dans la vision éloignée, ainsi que dans l'accommodation rapprochée, et il a trouvé que l'accommodation, calculée d'après les changements de courbure du cristallin, s'accorde suffisamment avec l'amplitude d'accommodation qui existe réellement, ce qui exclut de nouveau l'idée d'un allongement de l'œil.

Donders (2) a constaté sur deux cas très-favorables à l'observation, où le cristallin avait été extrait par l'opération de la cataracte, que dans ces yeux, qui ne peuvent pas voir distinctement sans le secours de verres convexes, il n'y a aucune trace d'accommodation, malgré la convergence des lignes visuelles et le rétrécissement de la pupille qui se produisent dans les efforts pour voir des objets rapprochés. Si la pression des muscles de l'œil pouvait produire un allongement du globe oculaire, cet allongement pourrait aussi donner, aux yeux privés de cristallin, une certaine étendue d'accommodation.

Après tous ces faits, il est établi d'une manière incontestable qu'*il ne se produit aucun allongement du globe de l'œil dans l'accommodation rapprochée.*

Forbes croyait que, dans l'accommodation rapprochée, l'intérieur de l'œil était soumis à une augmentation de pression, et que le cristallin changeait de forme, parce que son élasticité n'était pas la même dans les différentes directions à cause des différences de forme et de densité de ses couches. De Haldat, au contraire, n'a pas pu constater de variations dans la distance focale de l'appareil réfringent de l'œil en le comprimant dans l'eau, et il a trouvé le même résultat négatif en opérant sur des cristallins isolés (3).

Il n'est aucun point de l'optique physiologique sur lequel on ait émis autant d'opinions contradictoires que sur l'accommodation de l'œil ; ce n'est, en effet, que dans ces derniers temps qu'on a découvert des faits d'observation décisifs, et jusque-là on était à peu près réduit à un jeu d'hypothèses. Pour rendre possible un coup d'œil d'ensemble, je renoncerai à suivre l'ordre chronologique, qui sera, du reste, repris dans la nomenclature bibliographique, et je grouperai les différentes opinions d'après leurs caractères essentiels.

1° *Opinions qui nient absolument la nécessité et l'existence d'une transformation de l'appareil réfringent.* — Plusieurs naturalistes ont cru que l'œil des animaux et celui de l'homme avaient, contrairement aux lentilles artificielles, la propriété de former au même endroit, ou du moins à des distances imperceptibles les unes des autres, les images d'objets différemment éloignés. MAGENDIE (4) prétendit s'être convaincu de ce fait sur des yeux de lapins blancs, dont la choroïde n'a pas de pigment, ce qui permet de voir l'image à travers la partie postérieure de la sclérotique. Mais, en réalité, il est impossible de voir, à travers la sclérotique, l'image avec une netteté suffisante pour distinguer les différences qui importent pour la question de l'accommodation.

---

(1) *Archiv für Ophthalm.*, VI, 2, p. 1-52.
(2) On the Anomalies of Accommodation and Refraction. London, p. 320-321.
(3) *Comptes rendus*, XX, pp. 61, 458, 1561.
(4) Précis élémentaire de physiologie, I, 73.

RITTER (1), HALDAT (2) et ADDA (3) soutinrent la même opinion que MAGENDIE. HALDAT et ENGEL (4) affirmèrent le même fait pour le cristallin pris à part. Si l'on isole le cristallin et qu'on l'examine dans l'air, sa distance focale devient excessivement courte, et il résulte alors, des lois générales de l'optique, que pour des objets dont la distance varie de l'infini à 7 pouces, les images ne se déplacent pas sensiblement. C'est ce qui explique les résultats obtenus par ENGEL (5).

Au moyen d'expériences disposées d'une manière plus exacte, HUECK (6), VOLKMANN (7), GERLING (8), MAYER (5) et CRAMER (9) se sont au contraire convaincus de ce fait, dont la théorie ne permettait d'ailleurs pas de douter, que les yeux des hommes et des animaux forment à des distances différentes les images d'objets différemment éloignés.

TREVIRANUS (10) crut pouvoir donner une explication théorique de la prétendue indépendance des positions de l'image et de l'objet; il admit, à cet effet, une loi particulière pour l'accroissement de la densité du cristallin; sa démonstration mathématique a été réfutée par KOHLRAUSCH (11).

STURM (12) crut pouvoir expliquer l'accommodation pour des distances différentes au moyen des aberrations que présentent les surfaces réfringentes de l'œil comparativement aux surfaces de révolution. Il examine d'abord la marche des rayons homocentriques réfractés par une surface courbe autre qu'une surface de révolution, et il trouve qu'ils ne se réunissent plus alors en un seul foyer, mais bien en deux lignes focales. En l'une de ces lignes se réunissent les rayons compris dans un certain plan; sur l'autre, ceux compris dans un plan perpendiculaire au précédent. La section du faisceau par l'un des plans focaux est une courte ligne droite horizontale, et elle devient successivement, à mesure qu'on se rapproche de l'autre plan focal, une ellipse à grand axe horizontal, un cercle, une ellipse à grand axe vertical, et enfin une ligne droite verticale, située dans le second plan focal. Dans l'œil, STURM considère, entre les deux plans focaux, la section comme assez petite pour donner des images nettes. Si l'on rapproche le point lumineux de l'œil, les deux plans focaux s'éloignent du cristallin; mais, suivant STURM, les images resteraient suffisamment nettes tant que la rétine se trouve entre les deux plans focaux.

Il existe, en réalité, dans la plupart des yeux humains, des aberrations du genre de celle sur laquelle STURM se fonde. Nous décrirons plus loin (§ 14) les phénomènes qui en résultent, et nous verrons en même temps que, dans les yeux bien conformés, l'intervalle focal est loin d'être aussi long que l'admet STURM, et que l'aberration en question, loin d'augmenter la netteté de la vision, a pour effet de la diminuer.

DE LA HIRE (13) prétendit qu'il n'y a qu'une seule distance de la vision distincte, et que, dans certaines limites, en deçà et au delà, les objets ne sont pas encore assez confus pour qu'on ne puisse pas les reconnaître : il n'admet pas d'autre accommodation. HALLER (14) est essentiellement du même avis; il croit seulement que la contraction de la pupille apporte un aide en diminuant les cercles de diffusion pour les objets voisins. BESIO (15) a émis tout récemment la même opinion.

Toutes ces opinions, qui nient absolument la nécessité et l'existence d'un changement intérieur de l'œil, tombent immédiatement devant ce fait que nous pouvons, à volonté, voir

---

(1) *Graefe und Walther's Journal*, 1832, VIII, 347.
(2) *Comptes rendus*, 1842.
(3) *Ann. de chim. et de phys.*, sér. 3, t. XII, p. 94.
(4) J. ENGEL, *Prager Vierteljahrsschr.*, 1850, I, 167.
(5) Voy. leur réfutation par MAYER, *ibid.*, 1850, IV. Ausserord. Beilage.
(6) Dissert. de mutationibus oculi internis. Dorpati, 1826, p. 17. — Die Bewegung der Krystallinse. Leipzig, 1841.
(7) Neue Beiträge zur Physiol. d. Gesichtssinnes, 1836, p. 109.
(8) *Poggendorff's Ann.*, XLVI, 243.
(9) Het Accommodatiovermogen. Haarlem, 1853, p. 9.
(10) Beiträge zur Anat. und Physiol. der Sinneswerkzeuge, 1828, Heft I.
(11) Ueber TREVIRANUS' Ansichten vom deutlichen Sehen in der Nähe und Ferne. Rinteln, 1836.
(12) *Comptes rendus*, XX, 554, 761 et 1238. Voy. la réfutation par CRAHAY, *Bull. de Bruxelles*, XII, 2, 311. — BRÜCKE, *Berl. Berichte*, I, 207.
(13) *Journal des Sçavans*, 1865, p. 398.
(14) Elementa physiologiæ, 1743, V, 516.
(15) *Giornale Arcad.*, CV, p. 3.

tantôt nettement, tantôt d'une manière confuse, un point situé à une distance invariable de l'œil. Elles sont réfutées, de plus, par l'expérience de SCHEINER, qui montre que nous pouvons voir à volonté, tantôt simple, tantôt double, un même point à travers une carte percée de deux trous ; enfin, elles ne résistent pas aux expériences avec l'ophthalmoscope, déjà mentionnées au § 11, et dans lesquelles les transformations de l'image optique sur la rétine deviennent reconnaissables objectivement.

2° *Opinions d'après lesquelles la contraction de la pupille suffirait pour produire l'accommodation rapprochée.* — Le fait que la pupille se resserre pour voir de près, a été découvert par SCHEINER (1). L'œil étant accommodé pour voir de loin, il est certain que les cercles de diffusion suivant lesquels des points lumineux rapprochés se dessinent sur la rétine pourraient être diminués par la contraction de la pupille. Cependant une expérience bien simple peut nous convaincre que le rétrécissement de la pupille ne suffit pas pour accommoder l'œil pour la vision d'objets rapprochés. On n'a qu'à regarder à travers une carte percée d'une ouverture plus petite que la pupille, ce qui produit une pupille artificielle de diamètre invariable, pour se convaincre qu'alors encore on voit d'une manière confuse les objets rapprochés, quand on regarde au loin, les objets éloignés, quand on regarde un point voisin. Outre HALLER, que j'ai déjà nommé, les partisans de cette opinion furent LE ROY (2), HALL (3), MORTON (4), tandis qu'OLBERS (5), DUGÈS (6), HUECK et DONDERS (7) donnèrent les arguments contraires. J. MILE (8) émit et retira lui-même plus tard (9) une opinion bizarre sur l'effet du rétrécissement de la pupille, et qui est aussi réfutée par l'expérience du diaphragme. Il croyait que, dans la vision au loin, les rayons marginaux du faisceau lumineux qui couperaient l'axe de l'œil en avant de la rétine, sont écartés de cet axe par diffraction le long des bords de la pupille, et, pour ce motif, ne le coupent que plus loin. Mais la diffraction ne consiste aucunement en une semblable déviation en masse des rayons lumineux.

3° *Opinions qui admettent un changement de courbure de la cornée.* — LOBÉ (10) paraît être le premier qui ait cru apercevoir un changement de courbure dans la cornée. OLBERS (11) n'ose pas affirmer, d'après ses propres observations, que la convexité augmente dans la vision rapprochée. HOME (12), ENGLEFIELD et RAMSDEN prétendirent, au contraire, avoir observé avec certitude une augmentation de courbure. Dans une entaille faite à une planche solide, ils fixaient, autant que cela pouvait se faire, la tête d'une personne douée d'une bonne accommodation ; sur la planche, à une petite distance de l'œil, on avait placé, pour servir de point de fixation, un écran percé d'une petite ouverture ; par côté, et sur la même planche, était un microscope mobile, au moyen duquel on pouvait observer la courbure antérieure de la cornée. Le microscope était pourvu d'un micromètre oculaire. Dans la vision rapprochée, la cornée parut se bomber plus fortement, et l'on crut constater que son sommet avançait de 1/800 de pouce anglais. La mensuration de l'image catoptrique de la cornée, opérée plus tard par HOME, donna des résultats plus douteux. Il a été probablement trompé, dans les deux cas, par de très-petits mouvements d'arrière en avant que la personne observée exécutait sans doute régulièrement avec sa tête. TH. YOUNG (13), en soumettant à la mensuration les images réfléchies sur la cornée, ne constata pas de différence de ce genre. Il réfuta d'une manière très-frappante, comme on l'a vu plus haut, l'hypothèse d'un changement de courbure dans la cornée, en montrant que le pouvoir d'accommodation reste intact, même quand l'œil est sous l'eau. HUECK (14), en répétant les expériences de HOME, trouva les mêmes

---

(1) Oculus, p. 31.
(2) *Mém. de l'Acad. des sciences*, 1755, p. 594.
(3) *Meckel's Archiv*, IV, 611.
(4) *American Journal of med. Sciences*, 1831, Nov.
(5) De oculi mutationibus internis. Gotting., 1780, p. 13.
(6) *Institut*, 1834, n° 73.
(7) RUETE, Leerboek der Ophthalmologie, 1846, p. 110.
(8) MAGENDIE, *Journal de physiologie*, VI, 166.
(9) *Poggendorff's Ann.*, XLII.
(10) ALBINUS, Dissert. de oculo humano. Lugd. Bat., 1742, p. 119.
(11) De oculi mutat. int., p. 39.
(12) *Philos. Transact.*, 1795, p. 13, et 1796, p. 2.
(13) *Philos. Transact.*, 1801, I, 55.
(14) Die Bewegung der Krystallinse, p. 40.

résultats que lui, mais il crut découvrir que les mouvements de la respiration produisaient des balancements réguliers de la tête, les inspirations se faisant ordinairement pour la vision rapprochée, et les expirations pour la vision au loin. Dès qu'il fit retenir la respiration, les mouvements du sommet de la cornée disparurent ou devinrent très-irréguliers. Ces mouvements irréguliers lui parurent provenir de contractions de l'orbiculaire des paupières, chaque clignement repoussant un peu le globe de l'œil en arrière. En répétant avec soin les expériences de Home, Burow (1) ne trouva aucun mouvement régulier de la cornée. Il en fut de même de Valentin (2). Senff (3) mesura les images catoptriques au moyen d'une lunette d'approche, ce qui rendit ses mesures indépendantes des petits déplacements de l'œil, et trouva que le rayon de courbure de la cornée ne variait pas de 0,01 de ligne de Paris, quand l'œil s'accommodait successivement aux distances de 4 pouces et 222 pouces. Cramer (4) trouva également des résultats négatifs en mesurant les images catoptriques de la cornée à l'aide d'un instrument auquel il donnait le nom d'ophthalmoscope. Mon ophthalmomètre (5) permet d'exécuter très-facilement et très-exactement des mensurations de ce genre; il m'a également toujours donné des résultats négatifs.

Parmi les partisans de l'opinion d'après laquelle l'accommodation se produit par un changement de courbure de la cornée, il faut encore citer, pour ces derniers temps, Fries (6), Vallée (7) et Pappenheim (8). Ce dernier admet que la contraction de l'iris dans la vision rapprochée rend la cornée plus convexe.

4° *Opinions d'après lesquelles l'accommodation est produite par un déplacement du cristallin.* — Cette hypothèse est la plus ancienne, car déjà Kepler (9), dont la théorie de la vision nécessita, pour la première fois, l'existence de l'accommodation, l'avait mise en avant; elle a eu de tout temps un grand nombre de partisans. Après Kepler vinrent Scheiner (10), Plempius (11), Sturm (12), Conradi (13), Porterfield (14), Plattner (15), Jacobson (16), Brewster (17), J. Müller (18), Moser (19), Burow (20), Ruete (21), William Clay Wallace (22), C. Weber (23). La plupart de ces savants regardèrent comme probable que le corps ciliaire peut faire mouvoir le cristallin en avant et en arrière par le moyen de contractions volontaires. Afin que le calcul du déplacement que doit subir le cristallin pour expliquer l'accommodation de l'œil, ne donnât pas des quantités impossibles, on était forcé d'attribuer à la cornée une distance focale plus grande, et au cristallin une distance focale plus petite que celles qui leur appartiennent en réalité. Cette opinion a été appuyée, dans ces derniers temps, en particulier par des observations sur l'œil vivant, qui prouvèrent que, dans la vision rapprochée, la pupille se rapproche de la cornée. Bidloo (24) avait déjà remarqué chez les

(1) Beiträge zur Physiologie und Physik des menschl. Auges. Berlin, 1842, p. 115.
(2) Lehrbuch der Physiologie, 1848, II, 122.
(3) *Wagner's Handwörterbuch der Physiologie*, Art. Sehen, p. 303.
(4) Het Accommodatievermogen, p. 45.
(5) *Graefe's Archiv für Ophthalmologie*, I, 2, 24.
(6) Ueber den optischen Mittelpunkt im menschl. Auge. Jena, 1839, p. 27.
(7) *Comptes rendus de l'Acad. des sciences*, 1847, oct., p. 501.
(8) Specielle Gewebelehre des Auges. Breslau, 1842.
(9) Dioptrice, propos. 64.
(10) Oculus. Œniponti, 1619, lib. III, p. 163.
(11) Ophthalmographia. Lovanii, 1648, t. III.
(12) Dissertatio visionem ex obscuræ cameræ tenebris illustrans. Altdorfii, 1693, p. 172.
(13) *Froriep's Notizen*, t. 45.
(14) On the eye. Edinburgh, 1759, I, 450.
(15) De motu ligamenti ciliaris. Lipsiæ, 1738, p. 5.
(16) Suppl. ad. Ophthalm. Copenh. 1821.
(17) *Edinb. Journal of Science*, I, 77. — *Poggendorff's Ann.*, II, 271.
(28) Zur vergleichenden Physiologie des Gesichtsinns. Leipzig, 1826, p. 212.
(29) *Repertor. d. Physik*. Berlin, 1844, V, 364.
(20) Beiträge zur Physiol. und Physik des menschl. Auges. Berlin, 1842.
(21) Lehrbuch der Ophthalmologie.
(22) The Accommodation of the Eye to distances. New-York, 1850.
(23) Disquisitiones quæ ad facultatem oculum accommodandi spectant. Marburgi, 1850, p. 31.
(24) Observ. de oculis et visu variorum animalium. Lugd. Bat., 1715.

oiseaux l'augmentation de convexité de l'iris dans la vision rapprochée, augmentation que HUECK (1), BUROW (2) et RUETE constatèrent plus tard chez l'homme. C. WEBER fit voir, par un moyen mécanique, que, chez les chiens, la surface antérieure du cristallin se meut d'arrière en avant dès que la partie antérieure de l'œil est excitée par des courants électriques. A cet effet, il pratiqua une ouverture circulaire au centre de la cornée d'un chien vivant assoupi par l'opium, et fit passer par cette ouverture un bâtonnet, convenablement fixé, qu'il amena au contact de la face antérieure du cristallin. L'autre extrémité du bâtonnet s'appuyait contre le bras le plus court d'un levier mobile, dont l'autre bras accusait, en les amplifiant, les mouvements de la face antérieure du cristallin.

HANNOVER (3) admit, au contraire, la possibilité de mouvements antéro-postérieurs du cristallin dans sa capsule, mouvements que la liqueur de MORGAGNI devait lui permettre. Nous avons déjà dit que cette liqueur n'existe pas à l'état normal dans la capsule du cristallin.

5° *Opinions qui admettent un changement de forme du cristallin.* — Cette hypothèse, qui a fini par être vérifiée par les faits, a été également émise de bonne heure et défendue par beaucoup, mais sans qu'on ait pu démontrer son exactitude par des observations réelles. Le premier fut DESCARTES (4); après lui vinrent PEMBERTON (5), CAMPER (6), HUNTER (7), TH. YOUNG (8), PURKINJE (9), DE GRAEFE (10), TH. SMITH (11), HUECK (12), STELLWAG DE CARION (13) et FORBES (14). Des anatomistes plus anciens, tels que LEUWENHOECK, PEMBERTON, donnèrent au cristallin le nom de *musculus crystallinus*, sans doute parce qu'ils admettaient la contractilité de ses fibres. TH. YOUNG soutint l'hypothèse qui nous occupe par des expériences qui ne réussissent pas avec tous les yeux, mais qui, pour lui-même, étaient complétement probantes. Si l'on regarde à travers une grille de fils de fer minces l'image de diffusion d'un point lumineux, on voit l'image traversée par des lignes droites, obscures, qui sont les ombres des fils. Ces lignes étaient complétement droites quand l'œil de Young s'accommodait pour voir de loin, tandis qu'elles présentaient, vers les bords du cercle de diffusion, des courbures à convexité externe dès qu'il regardait de près. Le phénomène restait le même quand YOUNG mettait son œil sous l'eau pour éliminer l'action de la cornée. L'inflexion de ces ombres, qui étaient primitivement droites, ne pouvait s'expliquer que par un changement de courbure du cristallin. La réussite de cette expérience exige peut-être une pupille large. WOLLASTON ne parvint pas à répéter l'expérience (je suis dans le même cas), mais KOENIG, un autre ami de Young, put la réussir. YOUNG trouva, au moyen de son optomètre, d'accord avec ce qui précède, qu'en regardant à travers quatre fentes pratiquées l'une à côté de l'autre, il voyait les quatre images du fil se croiser en un point unique quand il accommodait sa vue au loin; ce qui cessait d'avoir lieu dans l'accommodation pour un point voisin.

MAX LANGENBECK (15), le premier, remarqua les changements des images catoptriques du cristallin qui accompagnent les variations de l'accommodation, et de leur observation il tira cette conséquence exacte que la surface antérieure du cristallin se bombe davantage dans la vision rapprochée; mais son mode d'expérience est défavorable, car il fait regarder son sujet directement vers la flamme, d'où il résulte que les trois images réfléchies apparaissent très-près les unes des autres, et que l'éclat prédominant de l'image cornéenne rend plus difficile l'observation des deux autres. C'est peut-être pour cette raison que l'observation de LANGENBECK n'excita pas l'attention des physiologistes. CRAMER fit la même expérience, mais il améliora la méthode d'observation, principalement en faisant arriver par côté les rayons

(1) Bewegung der Krystallinse, p. 60.
(2) Beiträge zur Physiol. u. s. w., p. 136.
(3) Bidrag til Oiets Anatomie. Kjöbenhavn, 1850, p. 111.
(4) CARTESIUS, Dioptrice. Lugd. Bat., 1637.
(5) Dissert. de facultate oculi qua ad diversas distantias se accommodat. Lugd. Bat., 1719.
(6) Dissert. physiol. de quibusdam oculi partibus. Lugd. Bat., 1746, p. 23.
(7) *Philos. Transact.*, 1794, p. 21.
(8) *Ibid.*, 1801, I, p. 53.
(9) Beobachtungen u. Versuche zur Physiol. d. Sinne. Berlin, 1825.
(10) *Reil's Archiv für Physiologie*, IX, 231.
(11) *Philosophical Magazine*, 1833, V, 3, n° 13. — *Schmidt's Jahrbücher*, 1834, I, 6.
(12) Bewegung der Krystallinse. Leipzig, 1841.
(13) *Zeitschrift der k. k. Gesellschaft der Aerzte zu Wien*, 1850. Heft 3 und 4.
(14) *Comptes rendus*, XX, 61.
(15) Klinische Beiträge. Göttingen, 1849.

lumineux dans l'œil, et en plaçant l'observateur de l'autre côté. Il décrivit aussi, sous le nom d'*ophthalmoscope*, un instrument destiné à rendre l'observation plus facile et plus sûre. Cet instrument se compose essentiellement d'un support qui reçoit une lampe, deux fils croisés servant de point de mire, un microscope donnant un grossissement de 10 à 20 fois environ, et un cône creux, découpé de manière que l'observé y puisse exactement appliquer son œil. L'observateur place la flamme de manière à voir, au moyen du microscope, dans la pupille de l'œil observé, le reflet de la surface moyenne du cristallin venir se placer entre les deux autres. Ajoutons que le fait essentiel, la diminution de grandeur de l'image réfléchie par la surface antérieure du cristallin, n'est pas aussi facile à observer de cette façon que lorsqu'on regarde à l'œil nu les images réfléchies de deux points lumineux, de la manière décrite plus haut. Le déplacement de l'image réfléchie par la face antérieure du cristallin, qui est facilement et sûrement observable par l'ophthalmoscope de Cramer, n'est pas probant à lui seul, à cause de l'asymétrie de l'œil, que Cramer ne connaissait pas encore, à moins toutefois, ce qui est facile à faire, qu'on n'exécute une série d'expériences pour se convaincre que l'image en question tend toujours à se rapprocher du milieu de la pupille lors de l'accommodation rapprochée, quelle que soit la position de l'œil, et, par suite, celle de l'image.

Sans avoir connaissance des travaux de LANGENBECK et de CRAMER, et à une époque où la découverte de ce dernier n'avait été rendue publique que par de courtes notices (1) dues à sa plume et à celle de DONDERS, avant qu'eût paru son mémoire couronné par la Société des sciences hollandaise, je trouvai de mon côté le même fait (2), et j'arrivai aux conclusions que j'ai indiquées plus haut, relativement aux modifications que subit la surface postérieure du cristallin dans l'accommodation (3).

Pour contester la relation du pouvoir d'accommodation avec les déplacements et les changements de forme du cristallin, on a cité nombre de cas où l'on disait que l'œil avait conservé le pouvoir de s'accommoder, après l'extraction du cristallin par l'opération de la cataracte. En présence de ces assertions, il faut penser à une régénération possible du cristallin, et il faut observer que les malades peuvent, même avec une accommodation inexacte, distinguer nombre de choses au milieu d'images de diffusion. De ce qu'un homme, avec les mêmes lunettes à cataracte, peut lire de l'imprimé, puis reconnaître à distance des hommes, des carreaux de fenêtre et d'autres objets, on n'est pas en droit de conclure qu'il possède la faculté d'accommodation. Chacun peut facilement se convaincre qu'en fixant un doigt, à une distance d'environ un pied, on peut cependant distinguer une foule de détails dans des objets éloignés. Pour que l'existence de l'accommodation soit prouvée, il faut que le malade puisse à volonté, avec les mêmes lunettes, voir nettement ou confusément un objet placé à une distance déterminée, suivant qu'il cherche à disposer son œil pour cette distance ou pour une autre. SZOKALSKY prétend avoir effectivement observé un cas de ce genre; mais son observation ne paraît pas bien concluante. Donders propose de se servir des images entoptiques pour reconnaître, pendant la vie, s'il s'est produit une régénération du cristallin dans les yeux opérés de la cataracte.

6° *Opinions qui admettent un changement de forme du globe de l'œil.* — Si la rétine pouvait s'éloigner des surfaces réfringentes, si le globe de l'œil pouvait s'allonger, l'œil pourrait, par ce fait, s'accommoder à la vision rapprochée. Les partisans de cette opinion ont admis, pour la plupart, que les muscles de l'œil, tantôt les droits seuls, tantôt les obliques seuls, tantôt tous ensemble, tantôt enfin le muscle orbiculaire des paupières, pouvaient, par des pressions, changer la forme du globe de l'œil. Il faut citer, parmi eux, STURM (4), LE MOINE (5), BUFFON (6), BOERHAAVE (7), MOLINETTI (8), OLBERS (9), HAESELER (10), WALTHER (11),

(1) *Tydschrift der Maatschappy vor Geneeskunde*, 1851, XI, 115. — *Nederlandsch Lancet*, 2, I, 529, 1851-52.
(2) *Monatsberichte der Berliner Akad.*, 1853. Februar, p. 137.
(3) *Graefe's Archiv für Ophthalmologie*, I, 2, p. 1-74.
(4) Dissert. de presbyopia et myopia. Altdorfii, 1697.
(5) Quæstio an obliqui musculi retinam a crystallino removeant. Parisiis, 1743.
(6) Histoire naturelle. Paris, 1749, III, 331.
(7) Prælectiones academ. Taurini, 1755, III, 121.
(8) HALLER, *Elementa physiologiæ*, 1763, V, 511.
(9) Dissert. de oculi mutat. int. Gottingæ, 1780, § 43.
(10) Betrachtungen über das menschliche Auge.
(11) Dissert. de lente crystallina, § 1.

MONRO (1), HIMLY, (2), MECKEL (3), PARROT (4), POPPE (5), SCHRŒDER VAN DER KOLK (6), ARNOLD (7), SERRE (8), BONNET (9), HENLE (10), SZOKALSKY (11), LISTING (12). Enfin CLAVEL (13) admet que les muscles de l'œil peuvent non-seulement changer la forme du globe de l'œil, mais augmenter médiatement la courbure de la cornée et déplacer le cristallin en avant. J'ai déjà indiqué plus haut les raisons pour lesquelles un semblable changement de forme du globe de l'œil paraît invraisemblable.

Les opinions que nous venons de passer en revue sont les plus importantes de celles qui ont été émises sur ce sujet difficile; quelques auteurs isolés ont proposé encore bien d'autres explications qui ont eu, à bon droit, moins de succès. Citons v. GRIMM (14), qui admit une variation dans le pouvoir réfringent des milieux de l'œil; WELLER (15), qui voulut expliquer l'accommodation non par un changement de l'œil, mais par un acte psychique, etc.

1611. KEPLER, Dioptrice, propos. 26.
1619. SCHEINER, Oculus. Œniponti, 1619, lib. III, p. 163.
1637. CARTESIUS, Dioptrice. Lugd. Batav.
1648. V. F. PLEMPIUS, Ophthalmographia. Lovanii, t. III.
1685. DE LA HIRE, *Journal des Sçavans,* 1685, p. 398.
1693. STURM, Dissertatio visionem ex obscuræ cameræ tenebris illustrans. Altdorfii, p. 172.
1697. STURM, Dissert. de presbyopia et myopia. Altdorfii.
1712. A. F. WALTHER, Dissert. de lente crystallina oculi humani. Lipsiæ. — HALLER, *Disput. anat.*, vol. IV.
1715. BIDLOO, Observationes de oculis et visu variorum animalium, Lugd. Batav.
1719. PEMBERTON, Dissert. de facultate oculi qua ad diversas distantias se accommodat, Lugd. Batav.
1738. J. J. PLATNER, De motu ligamenti ciliaris in oculo. Lipsiæ, p. 5.
1742. J. P. LOBÉ (ALBINUS), Dissert. de oculo humano. Lugd. Batav., p. 119. — HALLER, *Disput. anat.*, t. VII.
1743. HALLER, Elementa physiologiæ, V, 516.
— LE MOINE, Quæstio an obliqui musculi retinam a crystallino removeant. Paris.
1746. P. CAMPER, Dissert. physiologica de quibusdam oculi partibus. Lugd. Batav., p. 23. — HALLER, *Disput. anat.*, t. IV.
1749. BUFFON, Histoire naturelle, Paris, III, 331.
1755. LE ROY, in *Mémoires de l'Acad. de Paris,* 1755, p. 594.
— BOERHAAVE, Prælectiones academicæ, edit. et not. add. ALB. A HALLER. Taurini, III, 121.
1758. V. GRIMM, Dissert. de visu. Gottingæ.
1759. PORTERFIELD, On the eye. Edinburgh, I, 450. — *Edinb. med. Essays,* IV, 124. (Optomètre, p. 185.)
1763. MOLINETTI, in HALLER, *Elementa physiologiæ,* V, 511.

---

(1) *Altenburger Annalen f. d. J.*, 1801, p. 97.
(2) Ophthalmologische Beobachtungen und Untersuchungen. Bremen, 1801.
(3) CUVIER, Leçons d'anatomie comparée ; trad. all. de MECKEL. Leipzig, 1809, II, 369.
(4) Entretiens sur la physique. Dorpat, 1820, III, 434.
(5) Die ganze Lehre vom Sehen. Tübingen, 1823, p. 153.
(6) LUCHTMANS, Dissert. de mutatione axis oculi. Traject. ad Rhenum, 1832.
(7) Untersuchungen über das Auge des Menschen. Heidelberg, 1832, p. 38.
(8) *Bulletin de thérapie*, 1835, t. VIII, livr. 4.
(9) *Froriep's n. Notizen*, 1841, p. 233.
(10) *Canstatt's Jahresbericht für* 1849, I, 71.
(11) *Archiv für physiologische Heilkunde*, VII, 1849, 7-8 Heft.
(12) *Wagner's Handwörterbuch d. Physiologie,* IV, 498.
(13) *Comptes rendus,* XXXIII, 259.
(14) Dissert. de visu. Gottingæ, 1758. Voy. aussi OLBERS, De oculi mutationibus internis, p. 29.
(15) Diätetik für gesunde und schwache Augen. Berlin, 1821, p. 225.

1783. OLBERS, Dissert. de oculi mutationibus internis. Gottingæ.
1793. TH. YOUNG, Observations on vision, in *Philos. Trans.*, 1793, II, 169-182.
1794. HUNTER, in *Philos. Trans.*, 1794, p. 21.
1795. HOME, in *Philos. Trans.*, 1795, I, p. 1. (Accommodation après l'opération de la cataracte.)
1796. HOME, in *Philos. Trans.*, 1796, I, p. 1.
— TH. YOUNG, De corporis humani viribus conservatricibus, Gottingæ. — Outlines of Experiments and Inquiries respecting Sound and Light (*Philos. Trans.* for 1800, p. 106-151).
1797. KLÜGEL, in *Reil's Archiv*, II, 51. (Contre HOME.)
1801. MONRO, in *Altenburger Annalen f. d. J.*, 1801, p. 97.
— HIMLY, Ophthalmologische Beobachtungen und Untersuchungen. Bremen.
— TH. YOUNG, On the Mechanism of the Eye, in *Philos. Trans.*, 1801, I, 23. (Travail fait avec une perspicacité et un esprit d'invention merveilleux, qui était parfaitement suffisant pour terminer le débat sur l'accommodation, mais souvent difficile à comprendre à cause de sa concision, et dont la lecture exige la parfaite connaissance de l'optique mathématique. — Ce mémoire, ainsi que les autres écrits de Young relatifs à l'optique, est reproduit dans le 1er volume des Miscellaneous Works of the late TH. YOUNG, edited by G. PEACOCK. London, 1855.)
1802. HOME, in *Philos. Transact.*, 1802, I, 1. (Accommodation chez les opérés de cataracte.)
— ALBERS, Beiträge zur Anatomie und Physiologie der Thiere, Heft I. Bremen.
1804. GRAEFE, in *Reil's Archiv für Physiologie*, IX, 231.
1809. CUVIER, Leçons sur l'anatomie comparée, trad. all. par MECKEL. Leipzig, II, 369.
1811. WELLS, in *Philos. Trans.*, 1811, P. II. — *Gilbert's Annalen*, XLIII, 129 et 141.
1816. MAGENDIE, Précis élémentaire de physiologie, I, 73. Paris. — Trad. par ELSÄSSER. Tübingen, 1834, I, 54.
1820. G. PARROT, Entretiens sur la physique. Dorpat, III, 434.
1821. JACOBSON, Suppl. ad Ophthalm. Copenhagen.
— C. H. WELLER, Diätetik für gesunde und schwache Augen. Berlin, p. 225.
1823. J. POPPE, Die ganze Lehre vom Sehen. Tübingen, p. 153.
— RUDOLPHI, Grundriss der Physiologie. Berlin, II, 1, p. 9.
— LEHOT, Nouvelle théorie de la vision. Paris.
— PURKINJE, De examine physiologico organi visus et systematis cutanei. Vratislaviæ. (Découverte des images cristalliniennes.)
1824. BREWSTER, in *Edinb. Journal of Science*, I, 77. — *Poggendorff's Annalen*, II, 271.
— SIMONOFF, in MAGENDIE, *Journal de physiologie*, t. IV.
1825. PURKINJE, Beobachtungen und Versuche zur Physiol. der Sinne. Berlin, p. 128.
1826. J. MÜLLER, Zur vergleichenden Physiologie des Gesichtssinns. Leipzig, p. 212.
— HUECK, Dissert. de mutationibus oculi internis. Dorpati.
— MILE, in MAGENDIE, *Journal de physiologie*, VI, 166.
1828. TREVIRANUS, Beiträge zur Anatomie und Physiologie der Sinneswerkzeuge des Menschen und der Thiere. Heft I.
1831. MORTON, in *American Journal of med. Sciences*, 1831, nov.
1832. RITTER, in *Graefe und Walther's Journal*, VIII, 347.
— FR. ARNOLD, Untersuchungen über das Auge des Menschen. Heidelberg, p. 38.
— G. J. LUCHTMANS, Dissert. de mutatione axis oculi secundum diversam distantiam objecti ejusque causa. Traject. ad Rhenum.
1833. TH. SMITH, in *Philos. Magazine*, V, 3, n° 13. — *Schmidt's Jahrbücher der Medicin*, 1834, I, 6.
1834. DUGÈS, in *Institut*, n° 73.
1835. SERRE, in *Bulletin de thérapie*, t. VIII, livr. 4.
1836. VOLKMANN, Neue Beiträge zur Physiologie des Gesichtssinns, p. 109.
— R. K. KOHLRAUSCH über TREVIRANUS' Ansichten vom deutlichen Sehen in der Nähe und Ferne. Rinteln.
1837. SANSON, Leçons sur les maladies des yeux, publiées par BARDINOT et PIGNE. Paris. (Sur les images catoptriques du cristallin.)
— MILE, in *Poggendorff's Annalen*, XLII, p. 37 et 235.
1838. PASQUET, in *Froriep's Notizen*, VI, Nr. 2.
1839. J. F. FRIES, Ueber den optischen Mittelpunkt im menschlichen Auge, nebst allgemeinen Bemerkungen über die Theorie des Sehens. Jena, p. 27.

1840. NEUBER, in *Osann's Zeitschrift*, Heft 7-12, p. 42.
1841. HUECK, Die Bewegung der Krystallinse.
— BONNET, in *Froriep's neue Notizen*, 1841, p. 233.
1842. DE HALDAT, in *Comptes rendus*, 1842.
— ADDA, in *Annales de chimie et de phys.*, sér. 3ᵉ, t. XII, p. 94.
— BUROW, Beiträge zur Physiol. und Physik des menschl. Auges, p. 94-177.
— S. PAPPENHEIM, Die specielle Gewebelehre des Auges. Breslau.
1844. MOSER, in *Repertor. d. Physik*, V, 364.
1845. STURM, Sur la théorie de la vision, in *Comptes rendus*, XX, pp. 554, 761, 1238. — *Poggendorff's Annalen*, LXV, 116.
— FORBES, in *Comptes rendus*, XX, 61. — *Institut*, n° 576, p. 15 ; n° 578, p. 32.
— DE HALDAT, in *Comptes rendus*, XX, pp. 458, 1561. — *Institut*, n° 596, p. 90 (contre FORBES).
1846. DONDERS, in RUETE, Leerboek der Ophthalmologie, p. 110.
— H. MEYER, in *Henle und Pfeuffer's Zeitschrift für rationelle Medicin*, t. V. (Cause des images catoptriques du cristallin.)
— SENFF, in *R. Wagner's Handwörterbuch der Physiologie*, Art. Sehen von VOLKMANN, p. 303.
— BESIO, in *Giorn. Arcad.*, CV, 3. — *Institut*, n° 666, p. 338.
— J. G. CRAHAY, in *Bulletin de Bruxelles*, XII, 2, 311. — *Institut*, n° 644, p. 151.
1847. L. L. VALLÉE, in *Comptes rendus*, XXV, p. 501.
1848. VALENTIN, Lehrbuch der Physiologie, II, 2, p. 122.
— SZOKALSKY, in *Griesinger Archiv für physiol. Heilkunde*, VII, 694.
1849. MAX. LANGENBECK, Klinische Beiträge aus dem Gebiete der Chirurgie und Ophthalmologie. Göttingen.
— DONDERS, in *Nederlandsch Lancet*, 1849, p. 146.
1850. JOS. ENGEL, in *Prager Vierteljahrsschrift*, XXV, pp. 167, 208.
— H. MAYER, *ibid.*, XXVIII, Ausserord. Beilage; XXXII, 92.
— HENLE, in *Canstatt's Jahresbericht für* 1849. Erlangen, p. 71.
— WILLIAM CLAY WALLACE, The Accommodation of the eye to distances. New-York.
— C. WEBER, Nonnullæ disquisitiones quæ ad facultatem oculum rebus longinquis et propinquis accommodandi spectant. Marburgi.
— C. STELLWAG von CARION, in *Wiener Zeitschrift der Ges. d. Aerzte*, VI, 125, 138.
— A. HANNOVER, Bidrag til Oiets Anatomie, Physiologie og Pathologie. Kjöbenhavn, p. III.
1851. H. HELMHOLTZ, Beschreibung eines Augenspiegels zur Untersuchung der Netzhaut im lebenden Auge. Berlin, p. 37.
— LISTING, in *R. Wagner's Handwörterbuch der Physiologie*, Art. Dioptrik des Auges, IV, 498.
— CRAMER, in *Tydschrift der Maatschappy vor Geneeskunde*, 1851, XI, 115. — *Nederlandsch Lancet*, ser. 2, I, 529.
— CLAVEL, in *Comptes rendus*, XXXIII, 259. — *Archives des sciences phys. et natur.*, XIX, 76.
1852. DONDERS, in *Nederl. Lancet*, 1852, febr., p. 529.
1853. H. HELMHOLTZ, in *Monatsberichte d. Akad. zu Berlin*. Febr., p. 137.
— A. CRAMER, Het Accommodatievermogen der Oogen physiologisch toegelicht. Haarlem. — Uebers. von DODEN. Leer, 1855.
— L. und A. FICK, in *J. Müller's Archiv für Anat. und Physiol.*, 1853, p. 449.
1854. DONDERS, in *Onderzoekingen gedaan in het physiologisch Laborat. der Utrechtsche Hoogeschool*, Jaar VI, 61.
— J. CZERMAK, in *Prager Vierteljahrsschrift*, XLIII, 109.
1855. H. HELMHOLTZ, Ueber die Accommodation des Auges, in *v. Graefe Archiv für Ophthalmologie*, I, 2, p. 1.
— RUETE, De irideremia congenita, in *Progr. Acad.*, Leipzig. — *Virchow's Archiv*, XII, 342.
— VAN REEKEN, Ontleedkundig onderzoek van de toestel vor Accommodatie van het oog, in *Onderzoekingen gedaan in het physiol. Laborat. der Utrechtsche Hoogeschool*, Jaar VII, 248-286.
1856. J. P. MAUNOIR, Mémoire sur l'ajustement de l'œil aux différentes distances, in *Archives des sciences phys.*, XXXI, 309-316.

1856. BRETON, Adaptation de la vue aux différentes distances, obtenue par une compression mécanique exercée sur le globe oculaire, in *Comptes rendus*, XLIII, 1161-1162. — *Inst.*, 1856, p. 455. — *Cosmos*, IX, 690; X, 29-30.

— GOODSIR, Notice respecting recent discoveries on the Adjustement of the Eye to distinct vision, in *Proc. of Edinburgh Soc.*, III, 343-345. — *Edinb. J.*, 2, III, 329-342.

1857. STOLTZ, Accommodation artificielle ou mécanique de l'œil à toutes les distances, in *Comptes rendus*, XLIV, 388-390; 618-620. — *Arch. des sciences phys.*, XXXV, 139. — *Cimento*, VI, 154-155. — *Cosmos*, X, 320-321.

— BAHR, De oculi accommodatione experimenta nova (dissert.). Berlin.

— H. MÜLLER, Ueber einen ringförmigen Muskel am Ciliarkörper, in *Archiv für Ophthalm.*, III, 1; VI, 2, p. 277-285.

1859. J. MANNHARDT, Bemerkungen über die Accommodationsmuskel und die Accommodation, in *Archiv für Ophthalm.*, IV, 1, p. 269-285.

— CH. ARCHER, On the Adaptation of the Human Eye to varying distances, in *Phil. Mag.*, 4, XVII, 224-225.

— RESPIGHI, Sull' accommodamento dell' occhio umano per la visione distinta, in *Mem. di Bologna*, VIII, 355-389. — *Zeitschrift für Chemie*, 1859, p. 10-18.

— MAGNI, Dell' addatamento dell' occhio umano alla visione distinta (*Cimento*, X, 12-20).

1860. J. H. KNAPP, Ueber die Lage und Krümmung der Oberflächen der menschlichen Krystallinse und den Einfluss ihrer Veränderungen bei der Accommodation auf die Dioptrik des Auges, in *Archiv für Ophthalm.*, VI, 2, p. 1-52; VII, 2, p. 136-138.

— W. HENKE, Der Mechanismus der Accommodation für Nähe und Ferne, in *Archiv für Ophthalm.*, VI, 2, p. 53-72.

— L. HAPPE, Die Bestimmungen des Sehbereichs und dessen Correction nebst Erläuterungen über den Mechanismus der Accommodation. Braunschweig, 1860.

1861. A. V. GRAEFE, Fall von aquirirter Aniridie, als Beitrag zur Accommodationslehre, in *Archiv für Ophthalm.*, VII, 2, p. 150-161.

1863. O. BECKER, Lage und Function der Ciliarfortsätze im lebenden Menschenauge, in *Wiener medic. Jahrb.*, 1863.

1864. R. FÖRSTER, Zur Kenntniss des Accommodationsmechanismus, in *Sitzungsber. d. Ophthalm. Ges.* Erlangen, p. 75-86. — *Klinische Monatsbl. für Augenheilk.*, sept.-dec. 1864.

1865. B. ROSOW, Zur Ophthalmometrie, in *Archiv für Ophthalm.* XI, 2, p. 129-134.

— E. MANDELSTAMM, Zur Ophthalmometrie, in *Archiv für Ophthalmologie*, XI, 2, p. 259-265.

§ 13. — De la dispersion des couleurs dans l'œil.

Il n'est pas rigoureusement exact de dire que les rayons émis par un point lumineux se réunissent de nouveau en un seul point, par l'action des milieux réfringents de l'œil. Nous allons nous occuper à présent de l'étude des aberrations qui se présentent par rapport à cette règle, et nous examinerons d'abord l'*aberration chromatique*, qui provient de ce que les rayons lumineux de différentes durées d'oscillation ont aussi des réfrangibilités différentes dans les milieux transparents, liquides et solides. Comme la grandeur des distances focales de surfaces courbes réfringentes dépend des indices de réfraction des milieux, dans des systèmes de semblables surfaces, les points de convergence des rayons diversement colorés ne coïncident pas, en général, et ce n'est que par des combinaisons particulières de milieux différemment réfringents qu'on parvient, dans les appareils d'optique, à faire converger en un même point des rayons différemment colorés. Les appareils qui réalisent cette condition sont dits *achromatiques*.

L'œil n'est pas achromatique, quoique, dans la vision ordinaire, la dispersion des couleurs ne se fasse guère sentir. Fraunhofer démontra de la manière suivante que l'appareil réfringent de l'œil possède des distances focales différentes pour les rayons de différentes couleurs. Il observa un spectre prismatique à travers une lunette achromatique, à l'oculaire de laquelle étaient adaptés deux fils croisés très-fins, et il remarqua que, pour voir distinctement ce réticule, il était obligé d'en rapprocher davantage l'oculaire lorsque le champ visuel était éclairé par la partie violette du spectre que lorsqu'il était formé par la partie rouge. En fixant d'un œil un objet extérieur, tandis que de l'autre il regardait le fil du réticule, il disposait l'oculaire de manière que le fil lui parût aussi net que l'objet extérieur, et il mesurait le déplacement qu'il fallait faire subir à la lentille pour voir le fil avec la même netteté dans deux couleurs différentes. En ayant égard à l'aberration chromatique, mesurée à l'avance, de l'oculaire employé, il put calculer alors les distances visuelles correspondantes de l'œil. Il trouva, dans ces expériences, que si un œil voit distinctement un objet infiniment éloigné, et dont la lumière correspond à la ligne *C* du spectre solaire, c'est-à-dire à la ligne de séparation du rouge et de l'orangé, il faudrait rapprocher à 18 ou 24 pouces de Paris, pour le voir distinctement sans faire varier l'accommodation, un objet dont la lumière correspondrait à la couleur de la ligne *G*, ligne de séparation de l'indigo et du violet.

J'ai trouvé des résultats analogues sur mes propres yeux. Je faisais passer de la lumière de différentes couleurs, isolée au moyen d'un prisme, à travers une petite ouverture pratiquée dans un écran obscur, et je cherchais ensuite la plus grande distance à laquelle je pouvais encore voir la petite ouverture sous forme d'un point lumineux. La plus grande distance visuelle de mon œil pour la lumière rouge est d'environ 8 pieds, pour la lumière violette elle de 1 $^1/_2$ pied, et elle descend à quelques pouces pour les rayons ultra-violets les plus réfrangibles de la lumière solaire, et qui peuvent être rendus visibles par la suppression des autres rayons.

On remarque d'une manière frappante la différence des distances visuelles en examinant, à une certaine distance, un spectre prismatique rectangulaire, projeté sur écran blanc. Tandis qu'on reconnaît encore assez bien l'extrémité rouge dans sa véritable forme, l'extrémité violette présente l'apparence d'une figure de diffusion qui, pour mes yeux, est en forme de queue d'hirondelle.

On s'explique la faiblesse du pouvoir dispersif de l'œil humain en comparaison de celui des instruments d'optique artificiels, par ce fait que la dispersion de l'eau et de la plupart des solutions aqueuses est en général bien plus faible que celle du verre. Comme les indices de réfraction des milieux optiques de l'œil ne diffèrent en général pas sensiblement de celui de l'eau, il paraît probable qu'au moins l'humeur aqueuse et le corps vitré aient à peu près le même pouvoir dispersif que l'eau. C'est ce qui m'a amené à calculer la dispersion de l'œil réduit de Listing, qui présente une seule surface réfringente, en admettant que la substance réfringente employée soit de l'eau. Pour les rayons employés par Fraunhofer dans ses expériences, les indices de réfraction de l'eau sont :

Pour la lumière rouge de la ligne C, 1,331705,
Pour la lumière violette de la ligne G, 1,341285.

Le rayon de la surface réfringente unique de l'œil réduit de Listing est de $5^{mm},1248$; de là on déduit pour les distances focales à l'intérieur de l'œil :

Dans le rouge, $20^{mm},574$,
Dans le violet, $20^{mm},140$.

Si l'œil est accommodé dans le rouge pour une distance infinie, si la rétine est au foyer des rayons rouges, le foyer des rayons violets est à $0^{mm},434$ plus en avant ; d'où il suit que, dans la lumière violette, cet œil serait accommodé à une distance de 713^{mm} (26 pouces). Fraunhofer trouva, pour son propre œil, de 18 à 24 pouces, d'où il suit que la dispersion des couleurs, dans un œil formé d'eau distillée, serait encore un peu moindre que dans l'œil humain. Si l'on admet que l'œil réduit soit accommodé, comme mon œil, pour 8 pieds ($2^{m},6$) dans le rouge, la rétine serait encore à $0^{mm},123$ en arrière du foyer des rayons rouges, et l'œil réduit serait accommodé, dans le violet, pour 20 $^3/_4$ pouces (560^{mm}), tandis que le mien était, en réalité, accommodé pour 18 pouces. Matthiessen (1) évalue également, d'après ses expériences, la distance du foyer rouge au foyer violet dans l'œil humain, à une longueur de $0^{mm},58$ à $0^{mm},62$, tandis qu'elle n'est que de $0^{mm},434$ dans un œil en eau distillée. Matthiessen a fait ses mensurations en déterminant la plus faible distance à laquelle il pouvait voir distinctement une échelle divisée tracée sur verre et éclairée par de la lumière rouge ou violette. Toutes ces recherches, faites d'après des méthodes différentes, s'accordent à montrer que l'œil humain se rapproche beaucoup, quant à la dispersion des couleurs, d'un œil en eau distillée, mais qu'il possède probablement une dispersion un peu plus forte. Il en résulte que nous pouvons bien présumer que le cristallin a, par rap-

(1) *Comptes rendus*, XXIV, 875.

port à son pouvoir réfringent, un pouvoir dispersif un peu plus fort que l'eau pure.

Je vais encore donner ici la description de quelques expériences dans lesquelles la dispersion des couleurs dans l'œil se fait remarquer. — En général, les phénomènes en question sont bien plus frappants lorsqu'au lieu d'employer de la lumière blanche, on fait usage de lumière composée exclusivement de deux couleurs prismatiques de réfrangibilité aussi différente que possible. La manière la plus facile d'obtenir une semblable lumière consiste à faire traverser à de la lumière solaire des verres violets ordinaires. Ces verres absorbent assez complétement les rayons moyens du spectre, et ne laissent passer que les rayons extrêmes, rouges et violets. Si l'on veut employer, pour les expériences, la lumière artificielle, qui contient peu de rayons bleus et violets, le mieux est d'employer les verres bleus ordinaires (colorés par du cobalt) qui laissent également passer peu d'orangé, de jaune et de vert, et largement, au contraire, le rouge extrême, l'indigo et le violet.

Pratiquons une étroite ouverture dans un écran, fixons derrière l'ouverture un de ces verres colorés, et disposons une lumière dont les rayons parviennent à l'œil de l'observateur, après avoir traversé le verre et l'ouverture de l'écran. Nous pouvons, dans ces conditions, considérer l'ouverture de l'écran comme un point lumineux qui émet des rayons rouges et violets. L'observateur voit ce point d'une façon différente, suivant la distance pour laquelle son œil est accommodé. S'il est accommodé pour les rayons rouges, les rayons violets forment un cercle de diffusion, et l'on voit un point rouge entouré d'une auréole violette. Si l'œil est accommodé pour les rayons violets, ce sont les rayons rouges qui donnent un cercle de diffusion, et l'on voit un point violet avec auréole rouge. L'œil peut être amené également à un état de réfraction tel que le point de convergence des rayons violets soit en avant et celui des rayons rouges en arrière de la rétine, et que les diamètres des cercles de diffusion rouge et violet soient égaux. C'est alors seulement que le point lumineux paraît monochromatique. Dans cet état de réfraction de l'œil, les rayons simples dont la réfrangibilité tient le milieu entre celle du rouge et celle du violet, c'est-à-dire les rayons verts, se réuniraient sur la rétine.

Pour ce motif, ces verres nous offrent un moyen d'une sensibilité assez grande pour déterminer les limites entre lesquelles l'œil peut s'accommoder pour les rayons moyens du spectre. Ces distances sont celles où l'œil peut voir, sous une seule couleur, un mélange de lumière rouge et de lumière violette. La différence de coloration des bords est accusée très-facilement, même par un observateur peu exercé, et bien plus facilement que le manque de netteté d'une image blanche. Si, même par rapport à la lumière la plus réfrangible, l'œil est accommodé pour des distances plus grandes que celle du point lumineux, les rayons rouges donnent un cercle de diffusion plus grand que les rayons violets, et l'on voit un disque violet bordé de rouge. Si, même par rapport à la couleur la moins réfrangible, l'œil est accommodé pour une distance moindre que celle du point lumineux, on voit au contraire un cercle de diffusion rouge bordé de bleu.

Toutes les fois qu'un objet émet deux sortes de lumière, différemment colorées et de réfrangibilité très-différente, il se produit des phénomènes analogues à ceux que viennent de nous présenter les verres qui ne laissent passer que le rouge et le violet. Les expériences sur le mélange des couleurs spectrales, que je décrirai plus loin dans l'étude du mélange des couleurs, présentent de ce fait un exemple très-frappant.

Avec la lumière blanche, il se produit naturellement aussi une décomposition de la lumière, mais on s'en aperçoit peu dans les circonstances ordinaires. L'observation nous apprend, à ce sujet, que les surfaces blanches situées au delà du point d'accommodation de l'œil apparaissent entourées d'un faible liséré bleu, et que celles situées en deçà de ce point présentent un liséré rouge jaunâtre également peu sensible. Quant aux surfaces blanches pour lesquelles l'œil est exactement accommodé, elles ne présentent au contraire pas de bords colorés tant que la pupille est complétement libre ; mais ces colorations apparaissent dès qu'on avance au devant de l'œil le bord d'une lame opaque, de manière à recouvrir la moitié de la pupille. La limite entre un champ blanc et un champ noir paraît bordée de jaune, si l'on masque la pupille du côté où est situé le champ noir ; elle est au contraire bordée de bleu, lorsqu'on recouvre la moitié de la pupille qui est située du même côté que le champ blanc.

Les phénomènes de dispersion que nous venons de rencontrer dans l'œil humain s'expliquent très-facilement par cette circonstance que le foyer postérieur des rayons violets est en avant de celui des rayons rouges.

Soient (fig. 61) A le point lumineux, $b_1 b_2$ le plan principal antérieur de l'œil, que nous supposerons coïncider avec le plan de l'iris, v le point de concours des rayons violets, r celui des rayons rouges, cc le plan dans lequel se coupent les rayons marginaux du cône $b_1 b_2 r$ des rayons rouges et les rayons marginaux du cône $b_1 b_2 v$ des rayons violets.

On voit immédiatement sur la figure que si la rétine est en avant du plan cc, c'est-à-dire si l'œil est accommodé pour des objets plus éloignés que A, elle reçoit, sur le bord du cône, de la lumière rouge seulement, mais que, dans l'axe, elle reçoit de la lumière mélangée. Si la

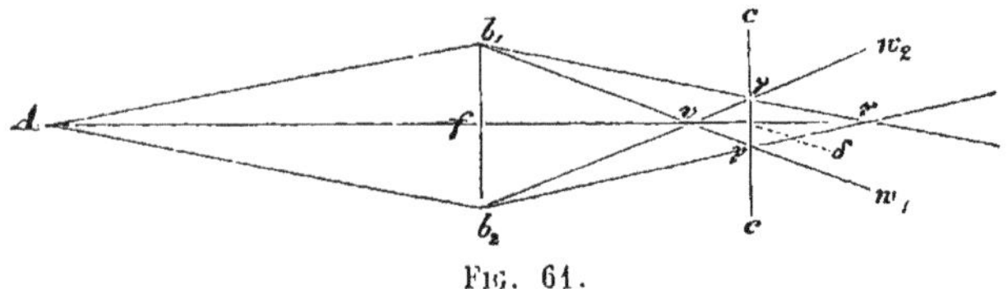

Fig. 61.

rétine est dans le plan cc, l'œil est accommodé pour de la lumière de réfrangibilité moyenne, provenant de A, et la rétine reçoit partout de la lumière homogène. Enfin si la rétine est située en arrière du plan cc, si, par conséquent, l'œil est accommodé pour des objets plus rapprochés que A, la rétine ne reçoit, sur le bord du cône, que de la lumière violette, et, au milieu, de la lumière mélangée.

Si l'œil est accommodé pour A, la rétine étant, par suite, dans le plan cc, et qu'on vienne à boucher jusqu'en f la partie inférieure de l'ouverture $b_1 b_2$ par laquelle pénètre le cône lumineux, les rayons violets compris entre b_2v et fv et leurs prolongements entre vw_2 et vr sont arrêtés ; il en est de même des rayons rouges compris entre b_2r et fr. Dans le plan cc, la lumière violette disparaît donc au-dessus de l'axe, et la lumière rouge au-dessous de l'axe, et il se forme sur la rétine, au lieu de l'image du point A, un petit cercle de diffusion, rouge en haut et violet en bas.

S'il se trouve en A, au lieu d'un point lumineux unique, une surface dont tous les points émettent égalemen de la lumière rouge et de la lumière violette, la rétine reçoit en même temps une image rouge et une image violette de la surface, et l'une au moins de ces images est nécessairement une image de diffusion. Ainsi que nous l'avons dit plus haut (§ 11), les images de diffusion des surfaces ont en leur milieu, que n'atteignent pas les images de diffusion des bords, la même intensité qu'une image vue distinctement. Leurs bords, au contraire, sont vagues et se confondent avec les images des objets voisins, aussi loin que s'étendent les images de diffusion de ces bords. Si donc une image rouge et une image violette d'une même surface se recouvrent, on doit voir la couleur mixte au milieu, aussi loin que les deux images possèdent la clarté normale ; mais sur les bords on ne doit voir que la couleur dont les cercles de diffusion sont les plus grands, celle pour laquelle les bords de la surface s'étendent le plus loin sur les objets voisins.

Si l'image de la surface est reçue sur le plan *cc*, où les cercles de diffusion rouges et violets ont la même grandeur, les couleurs sont uniformément mélangées jusqu'au bord. Mais, ainsi que nous l'avons vu au § 11, les images de diffusion subissent un déplacement apparent quand on avance un écran au-devant de la pupille, et ces mouvements affectent des directions opposées si, comme cela a lieu pour le rouge et le violet de notre exemple, les images sont produites l'une par une accommodation trop rapprochée, l'autre par une accommodation trop éloignée. C'est pourquoi la coïncidence des images colorées cesse et les bords colorés se manifestent.

Relativement à la lumière rouge, notre surface se comporte comme un objet qui serait trop rapproché de l'œil; son mouvement apparent se fait donc à la rencontre de l'écran qu'on avance au-devant de la pupille. Pour la lumière violette, c'est le contraire qui a lieu. Si l'on couvre donc, par exemple, la pupille en montant, la surface rouge paraît descendre, la surface violette paraît monter, et l'on aperçoit en bas un bord rouge et en haut un bord violet. Si l'on examine une ligne rouge-violette à travers une fente étroite à laquelle on donne un mouvement de va-et-vient au-devant de la pupille, on réussit facilement à apercevoir l'image rouge complétement séparée de l'image violette.

Si le point lumineux *A* (fig. 61) ne donne pas uniquement de la lumière rouge et violette, mais bien de la lumière blanche, les autres couleurs s'interposent entre le rouge et le violet, et les effets de la dispersion sont moins frappants qu'avec deux couleurs seulement. Dans les conditions où nous apercevions tout à l'heure un champ pourpre bordé de violet, nous voyons maintenant le champ blanc bordé de bleu lavé de blanc, d'indigo et de violet, et comme les tons blanchâtres du bord intérieur de ce liséré ne se distinguent pas sensiblement du blanc du milieu, le liséré coloré paraît, en somme, plus étroit. Quand, avec deux couleurs, nous avions un champ pourpre bordé de rouge, nous aurons maintenant autour du champ blanc, du jaune blanchâtre, de l'orangé, du rouge, et, ici encore, le jaune blanchâtre ne se distingue presque pas du fond blanc central.

La dispersion de la lumière blanche mérite d'être examinée en particulier dans le cas où la rétine se trouve dans le plan *cc*, où le faisceau lumineux présente son plus petit diamètre. Le rouge et le violet forment dans ce plan des cercles de diffusion d'égale grandeur. Les autres couleurs ont des cercles de diffusion plus petits, et le vert moyen se réunit en totalité sur l'axe. Les bords du cercle de diffusion sur la rétine devraient donc paraître de la couleur d'un mélange de rouge et de violet, c'est-à-dire couleur de pourpre et le centre devrait être verdâtre. Cependant on ne voit rien de semblable. En effet, dans cette position de la rétine, les couleurs les plus intenses, le jaune et le vert, se trouvent réunies presque exactement en un point de sa surface, et le bord pourpre est trop étroit et relativement trop peu lumineux pour être perçu.

Du reste, on peut observer tous les phénomènes que nous avons décrits, analogues à ce qu'ils sont dans l'œil, mais exagérés de manière à devenir plus saisissants, en regardant dans une lunette non achromatisée, à laquelle on fait subir un grossissement plus fort que celui qui est compatible avec la netteté de l'image. Dans une semblable lunette on ne reçoit pas l'image formée par l'objectif sur un écran qui remplacerait la rétine, mais on l'examine à travers un oculaire grossissant. Ce grossissement de l'image formée par l'objectif est nécessaire pour la réussite de l'expérience, parce que les lisérés colorés sont généralement trop étroits pour être vus distinctement. Ici encore, on voit les surfaces blanches se border de rouge et de jaune, lorsque la lunette est disposée pour plus loin que l'objet examiné, et se border de bleu, si la lunette est disposée pour trop près. Avec la mise au point qui donne les images les plus nettes, on voit des bords pourprés très-étroits. Si l'on masque une moitié de l'objectif, on voit, sur les bords opposés, les surfaces blanches se border de bleu et de jaune, et ainsi du reste, comme dans l'œil.

Pour calculer la grandeur des cercles de diffusion produits dans l'œil par la dispersion, nous pouvons prendre pour base l'œil réduit de Listing, et l'eau comme liquide réfringent, puisque, d'après les mensurations de Fraunhofer, le pouvoir dispersif d'un pareil œil s'écarte peu de celui de l'œil humain. On a (fig. 61, p. 177) :

$$\frac{\gamma\gamma}{b_1 b_2} = \frac{\delta r}{fr} = \frac{\delta v}{fv},$$

donc

$$\gamma\gamma \cdot fr = b_1 b_2 \cdot \delta r$$

$$\gamma\gamma \cdot fv = b_1 b_2 \cdot \delta v;$$

ajoutant membre à membre,

$$\gamma\gamma\,(fr + fv) = b_1 b_2\,(\delta r + \delta v) = b_1 b_2\,(fr - fv);$$

donc enfin

$$\gamma\gamma = b_1 b_2 \frac{fr - fv}{fr + fv}$$

Si nous posons $b_1 b_2 = 4^{mm}$, ce qui est le diamètre moyen de la pupille d'yeux normaux; si nous posons de plus, conformément à ce que nous avons trouvé page 174

$$fr = 20^{mm},574$$

$$fv = 20^{mm},140$$

il vient

$$\gamma\gamma = 0^{mm},0426$$

D'après le tableau donné § 11, p. 137, pour la grandeur des cercles de diffusion d'objets auxquels l'œil n'est pas accommodé, le diamètre $\gamma\gamma$ des cercles de diffusion produits par la dispersion serait aussi grand que celui que donne, dans un œil accommodé pour une distance infinie, un point lumineux placé à 1^m,5 ($4\,{}^3/_4$ pieds) de distance. Une telle aberration de l'accommodation suffit, lorsqu'on regarde des objets délicats, pour causer une confusion très-sensible de l'image, ainsi qu'on peut facilement s'en assurer en faisant l'expérience. Pour expliquer comment, à grandeur égale des cercles de diffusion, la dispersion de la lumière blanche dans l'œil ne produit pas de confusion sensible dans l'image, il faut ne pas avoir égard exclusivement à la grandeur des cercles de diffusion, mais tenir compte également de la distribution de la lumière sur leur surface.

Lorsqu'un cône de rayons provenant d'un point lumineux monochromatique pénètre dans l'œil, et que la rétine se trouve en avant ou en arrière du point de concours des rayons, il se forme un cercle de diffusion qui possède la même intensité dans tous ses points.

Si, au contraire, l'œil reçoit un cône de lumière blanche, et que la rétine se trouve au point de concours des rayons verts-jaunes, qui sont les plus intenses, ces rayons se réunissent en un seul point de sa surface, tandis que les autres rayons forment des cercles de diffusion d'autant plus grands que leur réfrangibilité diffère plus de celle des rayons moyens.

Ainsi, tandis que le centre du cercle éclairé reçoit en même temps des rayons de toute sorte, et, en particulier, les rayons les plus intenses qui sont en même temps les plus concentrés, les points voisins du bord du cercle ne reçoivent que les rayons extrêmes du spectre, qui possèdent par eux-mêmes une intensité moindre que les rayons moyens, et qui s'affaiblissent davantage encore en disséminant leur lumière dans des cercles de diffusion d'un diamètre plus considérable. Le calcul démontre que, dans ces conditions, l'intensité au centre du cercle de diffusion doit être infinie par rapport à celle de tout autre point de ce cercle.

Comme nous ne possédons pas encore d'expression mathématique pour la loi des intensités des couleurs spectrales, nous ferons le calcul en attribuant la même intensité à toutes les couleurs du spectre. En opérant ainsi, nous trouverons certainement pour les bords des cercles de diffusion une intensité supérieure à celle qu'ils possèdent réellement ; mais, malgré la condition défavorable où nous nous mettons en donnant à tous les rayons la même intensité, nous trouverons encore que les cercles de diffusion produits par la dispersion entraînent une perte de netteté de l'image bien moins considérable que ne font des cercles de diffusion de même diamètre, produits par une accommodation inexacte.

Calcul de l'intensité dans le cercle de diffusion chromatique d'un point lumineux unique.

Soit (fig. 62) bb le plan principal de l'œil réduit ; soit R le rayon de cet œil. Supposons, comme c'est à peu près le cas dans l'œil, que le diaphragme qui limite le faisceau lumineux se trouve dans ce plan, de sorte que bb est un diamètre du diaphragme dont nous désignerons, dans le calcul, le rayon par b. Faisons arrive à l'œil des rayons parallèles. Soient, de plus, v le foyer des rayons violets extrêmes, w celui des rayons rouges extrêmes. Ces rayons extrêmes se coupent en g, de sorte que gg est le diamètre du cercle de diffusion et h son centre. La rétine doit se trouver dans le plan gg pour recevoir l'image la plus distincte. Désignons par N l'indice de réfraction relatif aux rayons moyens qui se réunissent en h, et par F leur distance focale ah. Nous avons alors, d'après l'équation 3a) du § 9 (p. 62),

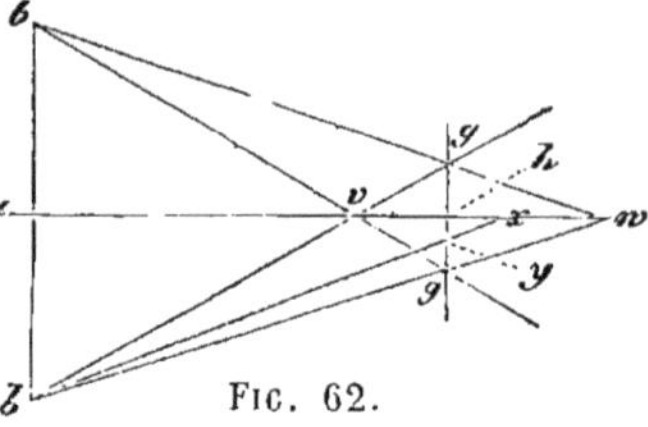

FIG. 62.

$$F = \frac{NR}{N-1} \quad \ldots\ldots\ldots\ldots \quad 1\text{a}).$$

Soit n l'indice de réfraction de rayons quelconques qui ont leur foyer en x, et soit f la distance focale ax relative à ces rayons; cette distance a pour expression

$$f = \frac{nR}{n-1} \quad \ldots\ldots\ldots\ldots \quad 1\text{b}).$$

Désignons par ρ le rayon hy du cercle de diffusion que produisent ces rayons. Sa valeur est donnée par l'équation

$$\frac{\rho}{b} = \frac{f-F}{f},$$

si $f > F$, et, par suite, $n < N$, ou par l'équation

$$\frac{\rho}{b} = \frac{F-f}{f},$$

si $f < F$, et, par suite, $n > N$. Introduisant dans ces deux équations les valeurs de F et de f déduites de 1a) et de 1b), il vient, pour $n < N$,

$$\frac{\rho}{b} = \frac{N-n}{n\,(N-1)} \quad \ldots\ldots\ldots\ldots \quad 2\text{a}),$$

et pour $n > N$,

$$\frac{\rho}{b} = \frac{n-N}{n\,(N-1)} \quad \ldots\ldots\ldots\ldots \quad 2\text{b}).$$

L'intensité H avec laquelle la couleur, dont l'indice de réfraction est n, éclaire la rétine, est

$$H = A\,\frac{b^2}{\rho^2} \quad \ldots\ldots\ldots\ldots \quad 3),$$

si nous désignons par A l'intensité avec laquelle la lumière dont il s'agit éclaire la surface bb. Remplaçons dans 3) $b : \rho$ par sa valeur déduite soit de 2a), soit de 2b), nous obtenons, dans les deux cas

$$H = A\,\frac{n^2\,(N-1)^2}{(N-n)^2} \quad \ldots\ldots\ldots \quad 3\text{a}).$$

L'intensité J d'un point quelconque du cercle de diffusion est

$$J = \int H \, \mathrm{d}n \quad \Big\} \quad \ldots\ldots\ldots\ldots\ldots \quad 4),$$

l'intégrale s'étendant à toutes les valeurs de n appartenant à des couleurs qui atteignent ce point.

Dans l'expression de H le facteur A est, en réalité, une fonction de n, mais nous n'en connaissons pas l'expression mathématique. Le facteur n^2 varie très-peu d'une extrémité du spectre à l'autre. Nous pouvons donc poser

$$A\, n^2\, (N - 1)^2 = B$$

et considérer le terme B comme constant, c'est-à-dire admettre que l'intensité des couleurs spectrales soit à peu près constante dans toute l'étendue du spectre et ne diminue que légèrement en allant de l'extrémité rouge à l'extrémité violette. Relativement à ce que nous voulons prouver, cette hypothèse est certainement plus défavorable que la réalité. Il en résulte, d'après 4),

$$J = \int \frac{B \, \mathrm{d}n}{(N - n)^2} \quad \Big\} \quad \ldots\ldots\ldots\ldots \quad 4\text{ a}),$$

l'intégrale étant prise entre des limites convenables. Mais en chaque point du cercle de diffusion viennent des rayons de l'extrémité rouge et des rayons de l'extrémité violette du spectre. Soient n_1 et n_2 les limites de réfrangibilité des premiers, n_3 et n_4 celles des seconds, on a

$$n_1 < n_2 < N < n_3 < n_4,$$

et l'équation 4a) devient

$$J = B \int_{n_1}^{n_2} \frac{\mathrm{d}n}{(N - n)^2} + B \int_{n_3}^{n_4} \frac{\mathrm{d}n}{(N - n)^2}$$

$$= B \left(\frac{1}{N - n_2} - \frac{1}{N - n_1} + \frac{1}{N - n_4} - \frac{1}{N - n_3} \right) \Big\} \quad \ldots \quad 4\text{ b})$$

Soit, maintenant, ρ_0 la distance du centre du cercle de diffusion au point dont nous voulons déterminer l'intensité; ce point est atteint par toutes les couleurs dont les cercles de diffusion ont un rayon plus grand que ρ_0, et par conséquent compris entre ρ_0 et r. Pour les couleurs les moins réfrangibles, si nous voulons, de l'équation 2a) déduire les valeurs de $\dfrac{1}{N - n_1}$ et de $\dfrac{1}{N - n_2}$, nous avons

$$\frac{n}{N - n} = \frac{1}{(N - 1)} \cdot \frac{b}{\rho},$$

d'où

$$\frac{n}{N\,(N - n)} = \frac{1}{N\,(N - 1)} \cdot \frac{b}{\rho},$$

ou

$$\frac{1}{N - n} - \frac{1}{N} = \frac{1}{N\,(N - 1)} \cdot \frac{b}{\rho},$$

ou enfin :

$$\frac{1}{N - n} = \frac{1}{N} + \frac{1}{N(N - 1)} \cdot \frac{b}{\rho}.$$

Pour $n = n_1$ on a $\rho = r$, pour $n = n_2$ on a $\rho = \rho_0$, donc

$$\left.\begin{aligned} \frac{1}{N - n_1} &= \frac{1}{N} + \frac{1}{N(N-1)} \cdot \frac{b}{r} \\ \frac{1}{N - n_2} &= \frac{1}{N} + \frac{1}{N(N-1)} \cdot \frac{b}{\rho_0} \end{aligned}\right\} \quad \ldots\ldots\ 4\,c).$$

De même, pour les couleurs les plus réfrangibles, pour tirer $\frac{1}{N - n_3}$ et $\frac{1}{N - n_4}$ de l'équation 2b), nous avons

$$\frac{1}{N - n} = \frac{1}{N} - \frac{1}{N(N-1)} \cdot \frac{b}{\rho}.$$

Pour $n = n_3$ on a $\rho = \rho_0$, et pour $n = n_4$ on a $\rho = r$, donc

$$\left.\begin{aligned} \frac{1}{N - n_3} &= \frac{1}{N} - \frac{1}{N(N-1)} \cdot \frac{b}{\rho_0} \\ \frac{1}{N - n_4} &= \frac{1}{N} - \frac{1}{N(N-1)} \cdot \frac{b}{r} \end{aligned}\right\} \quad \ldots\ldots\ 4d).$$

Substituant dans 4b) les valeurs déduites de 4c) et de 4d), nous obtenons enfin

$$J = \frac{2\,B}{N(N-1)} \left(\frac{b}{\rho_0} - \frac{b}{r} \right) \Big\} \quad \ldots\ldots\ 5).$$

Cette valeur de J est infiniment grande au centre du cercle de diffusion, pour $\rho = 0$, et au bord, pour $\rho = r$, elle s'annule.

Calcul de l'intensité au bord d'une surface uniformément éclairée. Soit AB (fig. 63) la limite de la surface lumineuse, et admettons que chacun des points de cette surface, située à gauche de AB, donne un cercle de diffusion. Soient, de plus, p le point dont nous voulons déterminer l'intensité apparente, et $pq = r$ le rayon des cercles de diffusion. Le point p reçoit de la lumière de tous les points de la surface situés à l'intérieur du cercle tracé de p comme centre avec r pour rayon. Soit s un de ces points; désignons par ρ la longueur sp, par ω l'angle spq et par J l'intensité d'un élément du cercle de diffusion d'un point, situé à la distance ρ du centre; l'intensité H au point p est

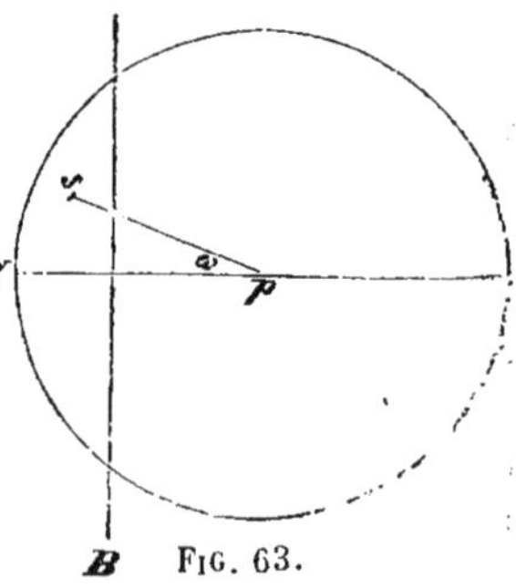

Fig. 63.

$$H = \iint J \rho \, d\omega \, d\rho \Big\} \quad \ldots\ldots\ 6),$$

cette intégrale s'étendant à tous les points de la surface situés à l'intérieur de la circonférence tracée de p comme centre.

Si le bord de la surface est une ligne droite, et que la distance du point s à ce bord soit égale à x, on a, pour les points de la surface situés sur le bord,

$$\rho \cos \omega = x ;$$

intégrant d'abord l'expression de H par rapport à ω, et déduisant de la dernière équation la valeur des limites de ω, il vient

$$H = \int_x^r 2J \rho \arc\cos\left(\frac{x}{\rho}\right) d\rho \Bigg\} \quad \ldots\ldots\ldots \quad 6\,a).$$

Lorsque les cercles de diffusion proviennent d'une accommodation inexacte, nous pouvons considérer J comme indépendant de ρ, et nous avons alors

$$H = J\left[r^2 \arc\cos\left(\frac{x}{\rho}\right) - x\sqrt{r^2 - x^2}\right]\Bigg\} \quad \ldots\ldots \quad 7),$$

équation qui donne l'intensité au voisinage du bord de la surface, en fonction de la distance du bord au point considéré. Pour $x = r$, on a $H = 0$; pour $x = -r$, on a $H = Jr^2\pi$ et sa valeur devient égale à l'intensité constante de la surface.

Lorsque les cercles de diffusion proviennent de la dispersion, nous pouvons transporter, dans l'équation 6a), la valeur de J donnée par l'équation 5), et nous obtenons, en exécutant l'intégration

$$H = \frac{2Bb}{N(N-1)}\left[r \arc\cos\left(\frac{x}{r}\right) + \frac{x}{r}\sqrt{r^2 - x^2} + x\,\mathrm{L}_e\left(\frac{r - \sqrt{r^2 - x^2}}{r + \sqrt{r^2 - x^2}}\right)\right]\Bigg\} \quad 8).$$

Pour $x = r$ on a $H = 0$, et pour $x = -r$ on a

$$H = \frac{2Bbr\pi}{N(N-1)}$$

valeur se confondant ici avec l'intensité constante de la partie centrale de la surface.

Pour permettre de mieux saisir la marche de ces fonctions, j'ai construit (fig. 64) les deux courbes qu'elles représentent. La courbe A est relative à l'équation 7), la courbe B, à l'équation 8). Dans les deux, les valeurs de x sont représentées par les abscisses, celles de H par les ordonnées. L'ordonnée ab correspond à l'intensité du milieu de la surface ; c désigne la position du bord, de sorte que la ligne adc représenterait l'intensité d'une image complétement nette. Les points b et g indiquent les limites du cercle de diffusion de c. La courbe B diffère de A en ce qu'elle est exactement verticale en son milieu f, qui correspond à la position du bord véritable. En effet, pour $x = 0$, la dérivée

$$\frac{dH}{db} = \frac{2Bb}{N(N-1)}\left[\frac{2}{r}\sqrt{r^2 - x^2} + \mathrm{L}_e\left(\frac{r - \sqrt{r^2 - x^2}}{r + \sqrt{r^2 - x^2}}\right)\right]\Bigg\} \quad \ldots \quad 9)$$

est infinie. Cette décroissance subite de l'intensité, au bord de la surface, rend ce bord reconnaissable à l'œil, bien qu'une certaine quantité de lumière s'étende plus loin ; dans la courbe A, au contraire, l'intensité diminue d'une manière assez uniforme et la position du bord ne se distingue par aucun signe particulier.

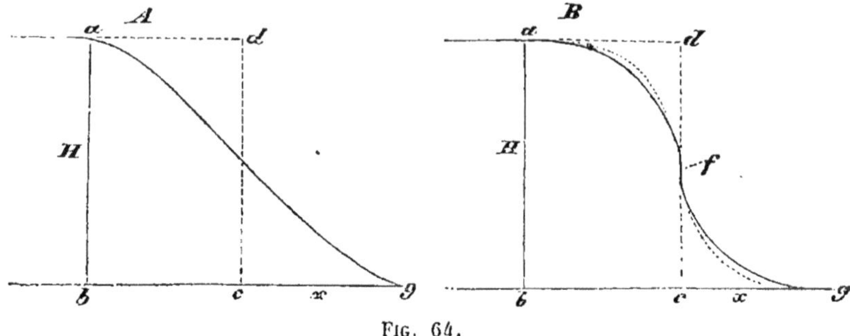

Fig. 64.

Si l'on pouvait introduire dans le calcul la décroissance de l'intensité des couleurs en se rapprochant des extrémités du spectre, la courbe B prendrait une forme analogue à celle de la courbe ponctuée. L'intensité de la surface se rapprocherait encore plus de l'intensité normale près des bords, et, au delà de ces bords, l'intensité deviendrait encore moindre qu'avec l'hypothèse d'une même intensité pour toutes les couleurs.

Ces circonstances expliquent pourquoi l'aberration chromatique de l'œil porte si peu de préjudice à la netteté de la vision. Après avoir disposé un système de lentilles capable de rendre mon œil achromatique, je n'ai pas trouvé que la netteté de ma vision en fût sensiblement augmentée. A cet effet, je combinai une lentille concave de flint-glass de $15^{mm},4$ de distance focale, provenant de l'objectif d'un microscope, avec des lentilles convexes de crown-glass, de manière à constituer un système d'environ 2 $^1/_2$ pieds de distance focale négative, ce qui est requis pour mon œil pour bien distinguer des objets éloignés. En regardant à travers ce système, et recouvrant la moitié de la pupille, je ne voyais plus se former de bords colorés entre les objets clairs et les objets foncés. Il ne se produisait pas davantage de semblables bords en accommodant l'œil inexactement : cet organe était donc réellement rendu achromatique par le système de lentilles employé ; je ne pus cependant constater aucune augmentation sensible dans la netteté de la vision.

Newton connaissait déjà l'aberration chromatique de l'œil ; il mentionne les bords colorés qui apparaissent en recouvrant à moitié la pupille (1). On sait que Newton, en admettant faussement, que dans tous les milieux transparents la dispersion fût proportionnelle à leur pouvoir réfringent, arriva à dire qu'il ne pouvait pas exister de système de lentilles achromatique. Voyez dans Bertrand, Les fondateurs de l'astronomie, Paris, 1864, page 282, une lettre de Newton contraire à cette opinion généralement répandue. Il est assez singulier qu'Euler (2) rencontra la vérité en partant de l'hypothèse erronée de l'achromatisme de l'œil, et conclut que ce que Newton avait admis sur la dispersion devait être faux. Sous ce rapport, il fut contredit par d'Alembert (3) qui démontra que la dispersion peut fort

(1) Optice, lib. I, P. II, prop. VIII.
(2) *Journal Encyclop.*, 1765, II, p. 146. — *Mém. de l'Acad. de Berlin*, 1747.
(3) *Mém. de l'Acad. de Paris*, 1767, p. 81.

bien atteindre dans l'œil un degré aussi élevé que dans le verre, sans devenir nécessairement sensible. DOLLOND (1) combattit également EULER; il soutint que, malgré l'emploi de différentes substances réfringentes, l'œil ne peut pas être achromatique, parce que dans les réfractions successives qu'ils y subissent, les rayons lumineux se rapprochent toujours de l'axe. Si nous considérons comme général ce fait, jusqu'ici confirmé par l'expérience, qu'à chaque réfraction de la lumière sur la surface de séparation de deux substances quelconques, les rayons violets sont plus fortement déviés que les rayons rouges, la démonstration de DOLLOND est valable; il faut alors que, dans l'œil, à chaque réfraction, la lumière violette se rapproche plus de l'axe que la lumière rouge. MASKELYNE (2) a fait des déterminations de l'aberration chromatique, et il a trouvé que l'intervalle des foyers est de 0,02 pouces ($0^{mm},61$), ce qui correspond, pour les bords colorés, à un angle visuel de 15″ tandis que, dans les lunettes, on les admet jusqu'à un angle visuel de 57″. JURIN (3) a observé les bords colorés d'objets regardés vaguement. WOLLASTON (4) fait remarquer l'aspect particulier du spectre prismatique, qui provient de l'impossibilité où se trouve l'œil d'accommoder en même temps pour toutes les couleurs. On doit à MOLLWEIDE (5) la théorie complète des phénomènes qui se produisent en recouvrant la pupille à moitié, et à TOURTUAL un travail complet sur tous les phénomènes qui nous occupent. Les premières mensurations exactes de l'aberration chromatique de l'œil ont été faites par FRAUNHOFER (6), en tenant compte des lignes fixes qu'il avait découvertes, ainsi que WOLLASTON, dans le spectre; d'autres, plus récentes, ont été faites par MATTHIESSEN (7).

Malgré toutes ces recherches, quelques observateurs tels que FORBES (8) et VALLÉE (9) n'ont pas renoncé, jusque dans ces derniers temps, à l'idée de la perfection absolue de l'œil, et, par suite, à celle de son achromatisme plus ou moins complet.

1704. J. NEWTON, Optics, I, pars II, prop. VIII.
1747. L. EULER, in *Mém. de Berlin*, 1747, p. 285. — 1753, p. 249. — 1754, p. 200.
1767. D'ALEMBERT, in *Mém. de l'Acad. de Paris*, 1767, p. 81.
1789. MASKELYNE, in *Philos. Trans.*, LXXIX, 256.
1798. COMPARETTI, Observationes de coloribus apparentibus. Patavini.
1801. TH. YOUNG, in *Philos. Trans.*, 1801, I, 50.
1805. MOLLWEIDE, in *Gilbert's Annalen*, XVII, 328; XXX, 220.
1814. FRAUNHOFER, in *Gilbert's Annalen*, LVI, 304. — *Schuhmacher's astronom. Abhandlungen.* Altona, 1823. Heft II, p. 39.
1826. J. MÜLLER, Zur vergl. Physiol. des Gesichtssinns. Leipzig, p. 195, 414.
1830. TOURTUAL, Ueber Chromasie des Auges, in *Meckel's Archiv*, 1830, p. 129.
1837. MILE, in *Poggd. Ann.*, XLII, 64.
1847. A. MATTHIESSEN, in *Comptes rendus*, XXIV, 875. — *Institut*, n° 698, p. 162. — *Poggendorff's Ann.*, LXXI, 578. — *Froriep's Notizen*, III, 341. — *Archives des sciences phys. et natur.*, V, 221. — *Berl. Berichte*, 1847, p. 183.
— L. L. VALLÉE, in *Comptes rendus*, XXIV, 1096. — *Berl. Ber.*, 1847, p. 184.
1849. J. D. FORBES, in *Proceed. Edinburgh Roy. Soc.*, decemb. 3, 1849, p. 251. — *Silliman's Journ.*, 2, XIII, 413. — *Berl. Ber.*, 1850, p. 492.
1852. L. L. VALLÉE, in *Comptes rendus*, XXXIV, 321. — *Berl. Ber.*, 1852, p. 308.
1853. L. L. VALLÉE, Sur l'achromatisme de l'œil, in *Comptes rendus*, XXXVI, 142-144; 480-482.
1855. CZERMAK, Zur Chromasie des Auges, in *Wiener Sitzungber.*, XVII, 563.

---

(1) *Philos. Trans.*, LXXIX, 256.
(2) *Philos. Trans.*, LXXIX, 258.
(3) *Smith's Optics*, 96.
(4) *Philos. Trans.*, 1801, I, 50.
(5) *Gilbert's Annalen*, XVII, 328; XXX, 220.
(6) *Gilbert's Annalen*, LVI, 304. — *Schuhmacher's astronom. Abhandlungen.* Heft II, p. 39.
(7) *Comptes rendus*, XXIV, 875.
(8) *Proc. Roy. Edinb. Soc.*, decemb. 3, 1849, p. 251.
(9) *Comptes rendus*, XXIV, 1096; XXXIV, 321.

1856. A. Fick, Einige Versuche über die chromatischen Abweichungen des menschlichen Auges, in *Archiv für Ophthalm.*, II, 2, 70-76.

1862. F. T. Leroux, Expériences destinées à mettre en évidence le défaut d'achromatisme de l'œil, in *Ann. de chimie*, 3, LXVI, 173-182. — *Cosmos*, XX, 638-639.

— Trouessart, Défaut d'achromatisme de l'œil, in *Presse scientifique*, 1862, p. 72-74.

§ 14. — Aberrations monochromatiques.

Outre l'inexactitude de l'image produite par l'inégale réfrangibilité des rayons lumineux de différentes couleurs, il se présente, dans les instruments d'optique formés de lentilles à surfaces sphériques, une seconde sorte d'aberration, l'*aberration de sphéricité*, qui consiste en ce que des rayons lumineux d'une même couleur, émis par un point, ne se réunissent en général pas exactement, mais approximativement en un point, par l'action des surfaces réfringentes. Il existe, cependant, certaines surfaces courbes (*surfaces aplanétiques*), qui réunissent exactement en un point les rayons lumineux partis d'un point déterminé. Ce sont des surfaces de révolution dont la courbe génératrice est donnée, en général, par une équation du quatrième degré; mais dans certains cas, par exemple lorsque le point lumineux est à l'infini, la courbe génératrice est une ellipse. On peut, de plus, dans les systèmes de surfaces réfringentes sphériques, ramener l'aberration de sphéricité à un minimum au moyen d'une combinaison convenable des rayons de courbure et des distances des surfaces entre elles, et de semblables systèmes s'appellent aussi *aplanétiques*. Du reste, le cercle de diffusion que présente l'image d'un point lumineux situé dans l'axe optique d'un semblable système est évidemment symétrique tout autour de l'axe : il forme une tache claire dont l'intensité est la plus grande sur l'axe et diminue rapidement dans tous les sens.

Les aberrations monochromatiques que présente l'œil ne sont pas symétriques autour d'un axe, comme l'aberration de *sphéricité des lentilles*, elles sont, au contraire, asymétriques, et elles sont de telle sorte que les instruments d'optique bien travaillés ne doivent rien présenter d'analogue. Nous réunirons, sous le nom d'*aberration monochromatique*, ces aberrations variées qu'on nomme *aberration de sphéricité*, pour les surfaces sphériques, *aberration à cause de la forme de la surface réfringente*, pour les autres surfaces courbes. Cette dernière dénomination elle-même n'étant pas assez générale pour l'œil, nous adopterons l'expression d'*aberration monochromatique;* elle indique qu'il s'agit d'une aberration qui se produit aussi bien pour la lumière simple (monochromatique) que pour la lumière blanche ou composée, et elle marque la séparation de ce paragraphe d'avec le précédent, consacré à l'*aberration chromatique*.

Les phénomènes sont les suivants :

1) Que l'on prenne d'abord pour objet un très-petit point lumineux (un trou d'épingle pratiqué dans un papier noir, opaque, et à travers lequel passe de la lumière), et après avoir ajouté devant l'œil un verre convexe, si l'on n'est pas myope, qu'on le place un peu au delà du *punctum remotum* de l'accommodation, de manière qu'il se produise sur la rétine un petit cercle de diffusion. On voit alors, au lieu du point lumineux, non pas un disque, comme dans une lunette mal mise au point, mais une figure qui présente quatre à huit rayons irréguliers, qui est ordinairement différente pour les deux yeux, et qui diffère également d'une personne à l'autre. J'ai représenté (fig. 65) en *a* celle de mon œil droit, en *b* celle de mon œil gauche. Les bords extérieurs des parties lumineuses d'une image de diffusion de ce genre, produite par de la lumière blanche, sont bordés de bleu ; les bords tournés vers le centre sont d'un rouge jaunâtre. Pour mes deux yeux, la figure paraît être plus allongée de haut en bas que de droite à gauche. Si la lumière est faible, on n'aperçoit que les parties les plus brillantes de la figure étoilée, et l'on voit plusieurs images du point lumineux, dont l'une est ordinairement plus brillante que les autres. Si, au contraire, la lumière est très-intense, si l'on fait passer, par exemple, par une petite ouverture la lumière directe du soleil, les rayons de l'étoile se confondent et tout autour apparaît une auréole de rayons, composée de lignes innombrables extrêmement fines, de toutes les couleurs, possédant un diamètre beaucoup plus considérable et que nous distinguerons de l'image de diffusion étoilée, en lui donnant le nom d'*auréole de rayons capillaires*.

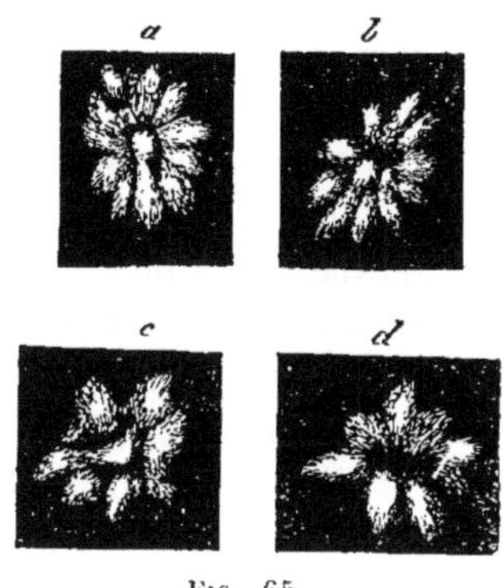

FIG. 65.

Quand on observe la figure étoilée, ou, avec une lumière plus faible, les images multiples du point lumineux, si l'on amène de bas en haut un écran opaque au devant de l'œil, on voit disparaître d'abord la partie inférieure de l'image de diffusion, c'est-à-dire la partie supérieure de l'image rétinienne correspondante. Si l'on amène l'écran par en haut, par la droite ou par la gauche, on voit disparaître de même la partie supérieure, la partie droite ou la partie gauche de l'image de diffusion.

Il en est autrement de l'auréole de rayons capillaires, bien plus étendue, qui est produite par une lumière très-intense. Si l'on recouvre la pupille par en bas, on ne voit pas disparaître la partie inférieure de cette couronne, mais seulement la partie inférieure de l'étoile lumineuse centrale. Le phénomène est troublé et modifié par la production d'images de diffraction très-vives, causées par la diminution de surface et le changement de forme de la pupille.

La forme rayonnée des étoiles et des lumières des réverbères lointains rentre dans les phénomènes précédents.

2) Si l'œil est accommodé pour une distance plus grande que celle du point lumineux, et à cet effet on peut ajouter devant l'œil une faible lentille concave (s'il s'agit de points lumineux éloignés), on voit apparaître une autre image rayonnée représentée en c (fig. 65) telle qu'elle se présente pour mon œil droit, et en d telle que la voit mon œil gauche, figure dont la plus grande dimension est horizontale dans mes deux yeux. Si l'on recouvre la pupille d'un côté, c'est le côté opposé de l'image de diffusion qui disparaît, c'est-à-dire c'est la partie de l'image rétinienne située du même côté que la moitié couverte de la pupille. Cette figure est donc formée par des rayons qui n'ont pas encore coupé l'axe de l'œil. Lorsque des larmes se sont étendues sur l'œil ou que des gouttelettes de graisse, provenant des glandes de Meibomius, ont été amenées sur la cornée par des battements répétés des paupières, la figure étoilée devient généralement plus grande, plus irrégulière, varie notablement sous l'action du clignement, et si l'on recouvre la pupille latéralement, ce n'est plus régulièrement un côté de l'image qui disparaît.

3) Si l'on met le point lumineux à une distance telle que l'œil puisse s'y accommoder, on voit, par un éclairage modéré, une petite tache lumineuse, ronde et sans irrégularités. Si la lumière est intense, au contraire, l'image reste rayonnée pour tous les états de l'accommodation, et je trouve seulement, en accommodant successivement pour de plus en plus près, que la figure étoilée allongée horizontalement, qui répond à une accommodation trop éloignée, diminue graduellement, s'arrondit et fait place à la figure étoilée allongée verticalement, qui appartient à l'accommodation pour un point plus rapproché.

4) Lorsqu'on examine une ligne lumineuse déliée, on voit se développer des images faciles à prévoir, en supposant construites, pour chacun des points de la ligne, les images de diffusion rayonnées, qui viennent empiéter les unes sur les autres. Les parties les plus claires des images de diffusion se confondent et forment des lignes claires qui dessinent des images multiples de la ligne lumineuse. La plupart des yeux voient deux de ces images ; quelques-uns, dans certaines positions, en voient cinq ou six.

Pour faire voir immédiatement, par l'expérience, le rapport qui existe entre les images doubles et les images rayonnées des points, il suffit de pratiquer, dans une feuille de papier foncé, une petite fente rectiligne, et, à une petite distance de son extrémité, sur le prolongement de la fente, un petit trou rond. La fente et le trou sont représentés en *a* (fig. 66). En regardant de loin, on remarque alors que les images doubles de la ligne ont entre elles exactement la même distance que les parties les plus brillantes de la figure de diffusion étoilée du point, et que les dernières sont dans le prolongement des premières, comme on le voit en *b* (fig. 66), où, dans l'image de diffusion du point lumineux, on ne voit que les parties les plus claires de l'étoile *a* de la figure 65.

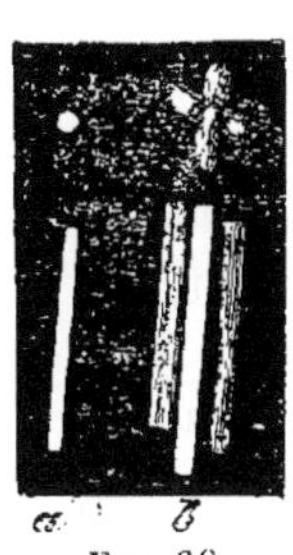

Fig. 66.

C'est par un mécanisme analogue que s'expliquent les images multiples des cornes du croissant lunaire, que voient beaucoup de personnes.

Sur les limites de surfaces éclairées pour lesquelles l'œil n'est pas exactement accommodé, les images multiples se font parfois remarquer en ce que le passage de la lumière à l'obscurité se fait par deux ou trois échelons successifs.

D'autres phénomènes qui se rapportent à ce sujet trouveront leur place plus loin, dans l'étude de l'irradiation.

5) En général, l'œil n'est pas accommodé en même temps pour des lignes horizontales et verticales situées à égale distance de cet organe. Qu'on examine avec attention un certain nombre de lignes qui se coupent en un même point (pl. II, fig. 5), situées à une distance pour laquelle l'œil peut bien s'accommoder. On remarquera, si l'œil est affecté à un degré sensible du défaut en question, qu'on peut voir net et noir, soit le rayon vertical, soit le rayon horizontal, les rayons intermédiaires ne devenant jamais aussi noirs que ces deux-là. L'observateur exercé à faire agir à volonté l'accommodation de son propre œil remarque, par exemple, qu'il lui faut accommoder pour plus loin pour voir la ligne horizontale, et pour plus près pour voir la verticale. Si le défaut affecte cette direction, il faut donc plus éloigner de l'œil une ligne verticale qu'une ligne horizontale pour les voir distinctement toutes les deux en même temps. Ad. Fick voyait distinctement des lignes verticales à une distance de 4^{m},6, et, en même temps, des lignes horizontales à 3^{m}; ces distances sont, pour moi, de 0^{m},65 pour les verticales, et de 0^{m},54 pour les horizontales.

Si l'on trace un grand nombre de circonférences fines, concentriques et équidistantes (pl. II, fig. 4), et qu'on les examine à une distance pour laquelle on puisse bien accommoder, on voit se former, sur la figure, des reflets rayonnés très-particuliers. En y regardant avec soin, on reconnaît que, dans les diamètres les plus clairs, les lignes noires et blanches se distinguent nettement les unes des autres, mais qu'entre ces lignes il y a des parties nuageuses, d'un gris clair, dans lesquelles le tout paraît estompé. Si l'on fait varier un peu, soit l'accommodation, soit la distance de la figure à l'œil, d'autres parties de la figure s'éclaircissent, et l'on croit voir les parties claires se déplacer avec rapidité dans un sens ou dans l'autre. Si l'on ajuste l'œil pour une distance bien plus grande que celle où se trouve la figure, on voit huit à dix secteurs avec des lignes nettes, séparés par des parties nuageuses, et l'on reconnaît que les lignes noires de l'un des secteurs ne correspondent pas à celles du secteur voisin (1). Les circonférences les plus petites affectent, dans cette expérience, des déformations bizarres.

Il est évident tout d'abord que les phénomènes dont nous venons de nous occuper sont imputables à une asymétrie de l'œil. Un instrument d'optique, construit symétriquement autour de son axe, peut bien donner des images de diffusion pour un point lumineux situé dans l'axe; mais ces images elles-mêmes devront être symétriques par rapport à l'axe, et de forme circulaire.

En ce qui concerne la forme étoilée des petits cercles de diffusion, nous avons à y distinguer une partie durable et qui apparaît toujours la même lorsque la cornée est propre, et une partie qui est sous l'influence des larmes et du battement des paupières. Cette dernière partie est évidemment due à des gouttes de liquide aqueux ou graisseux, ou à des impuretés qui se sont accumulées sur la cornée. Ainsi que A. Fick l'a démontré, on peut imiter cette partie des phénomènes en projetant sur un écran l'image d'un point éclairé au moyen d'une lentille à la surface de laquelle on a étalé des gouttes d'eau.

Ces phénomènes transitoires ne se présentent que rarement dans les figures étoilées de mes propres yeux; je vois ordinairement reparaître les figures que j'ai représentées en *a*, *b*, *c* et *d* (fig. 65), et dont la forme rayonnée fait penser de suite à la structure rayonnée du cristallin (2). J'ai pu me convaincre, en effet, que dans leurs traits les plus essentiels, ces figures rayonnées proviennent d'inégalités du cristallin. A cet effet, je rapprochais fortement de l'œil l'ouverture étroite qui

---

(1) De la neutralisation, in *Ann. d'ocul.*, LIV, 5-29.
(2) Voy. plus haut, p. 84.

laissait passer la lumière; on voit alors se dessiner, dans le cercle de diffusion, les apparitions entoptiques qui font l'objet du paragraphe suivant. Je montrerai, dans ce même paragraphe, comment on peut arriver à connaître, d'une manière certaine, quelle est dans l'œil la position des objets qui produisent ces apparitions. Je trouvai qu'en faisant augmenter peu à peu la distance de l'ouverture à l'œil, certaines lignes claires et obscures, appartenant à l'image entoptique du cristallin, se transformaient dans les taches claires et obscures et dans les lignes des figures étoilées représentées (fig. 65) en *c* et en *d*. Th. Young (1) a déjà donné des dessins de cette transition.

En ce qui concerne la seconde classe des phénomènes décrits plus haut et qui se rapportent aux différentes distances de convergence des rayons suivant les directions verticale et horizontale, on ne peut pas encore en donner les causes avec la même certitude. En général, il doit se produire une aberration de ce genre toutes les fois que de la lumière se réfracte sur des surfaces courbes dont la courbure varie suivant les différentes directions, ou sur des surfaces sphériques qui reçoivent obliquement les rayons incidents. On peut penser à ces deux raisons pour l'œil. Les coupes méridiennes horizontales et verticales de ses surfaces réfringentes n'ont peut-être pas les mêmes rayons de courbure, et nous savons, en outre, que l'œil humain n'est pas exactement centré, et que le lieu de la vision directe ne se trouve pas sur la ligne qui répond le mieux à l'idée d'un axe oculaire.

Il faut mentionner que Th. Young (2), dans l'œil duquel les deux distances de convergence différaient assez notablement, a prouvé expérimentalement que chez lui le siége de cette différence n'était pas dans la cornée. En plongeant son œil dans l'eau de manière que la réfraction de la cornée fût presque complétement annulée, il trouva que la différence des distances de convergence persistait encore au même degré.

On peut du reste, ainsi que Th. Young l'a également remarqué, faire disparaître ce défaut de l'œil en plaçant en avant de cet organe des lentilles ayant une certaine obliquité par rapport à l'axe oculaire. Sur moi, l'expérience réussit facilement, et j'ai pu, en tenant convenablement un verre concave faible, parvenir à voir distinctement à distance deux systèmes de lignes, les unes verticales et les autres horizontales.

Enfin, parmi les causes d'aberration monochromatique, il faut encore citer la transparence incomplète des milieux de l'œil. Les fibres de la

---

(1) *Philos. Transact.*, 1801, I, pl. VI.
(2) *Philos. Transact.*, 1801, I, p. 40.

cornée et du cristallin paraissent unies par une substance intermédiaire d'un pouvoir réfringent peu différent du leur, de manière que, sous une lumière modérée, ces parties paraissent complétement transparentes et homogènes. Mais si l'on y concentre une lumière intense au moyen d'une lentille convergente, la lumière réfléchie sur les limites de leurs éléments devient assez forte pour les faire paraître troubles et blanchâtres. Il résulte de cette expérience qu'une partie de la lumière qui traverse ces milieux est diffusée et atteint des parties de la rétine où elle n'arriverait pas par l'effet de la réfraction régulière. Aussi, lorsqu'on examine une lumière brillante devant un fond tout à fait sombre, on remarque qu'il se répand sur ce fond un reflet nébuleux blanchâtre, qui présente sa plus grande intensité aux environs de la lumière. Dès que l'on cache la source lumineuse, le fond reprend son aspect noir. Je crois que ce fait doit être expliqué par la diffusion de la lumière (1).

Depuis la publication de ce qu'on vient de lire et des parties en petit-texte qu'on rencontrera trois pages plus loin, les aberrations monochromatiques ont été étudiées avec plus de détail dans l'intérêt médical, principalement par Donders et par Knapp, sous le nom très-bien choisi d'*astigmatisme* (α privatif, et στίγμα, de στίζω, *pungo*, c'est-à-dire « sans foyer »), que le docteur Whewell a proposé de leur donner.

Donders distingue l'astigmatisme *régulier* et l'astigmatisme *irrégulier*. Le premier comprend les phénomènes décrits plus haut sous le n° 5 (p. 190), et qui proviennent de ce que la courbure des surfaces réfringentes de l'œil, notamment de la cornée, diffère suivant les différents méridiens. L'*astigmatisme irrégulier*, au contraire, qui se manifeste par les phénomènes de *polyopie monoculaire*, comprendrait les phénomènes provenant de ce que les rayons qui pénètrent dans l'œil par un même plan méridien ne se réunissent pas exactement au même foyer. Cette définition n'est pas absolument exacte, car, à rigoureusement parler, elle s'appliquerait à l'astigmatisme régulier, où les rayons compris dans les méridiens principaux se réunissent seuls en un foyer (2). L'astigmatisme irrégulier provient, en général, du cristallin, comme nous l'avons déjà fait voir page 191 ; il faut excepter les cas où la cornée, malade, présente des saillies coniques, des abcès ou d'autres affections. Il résulte de là que, dans les yeux privés de cristallin, on ne trouve pas de polyopie, suivant Donders, et que chez ces yeux on voit se manifester, d'une manière plus régulière et plus nette que

(1) HELMHOLTZ, in *Poggend. Ann.*, LXXXVI, 509.
(2) E. JAVAL, in *Ann. d'ocul.*, LIII, 54.

pour les yeux normaux, les phénomènes de l'astigmatisme régulier, et, en particulier, la forme tantôt linéaire, tantôt ovale des petits cercles de diffusion, représentée p. 247. Donders, pour examiner plus exactement les images que produit chaque secteur du cristallin, promenait devant l'œil un petit écran percé d'un très-petit trou, de manière que la lumière passât successivement par différents secteurs du cristallin. Cette expérience apprit d'abord que chaque secteur du cristallin fait converger les rayons incidents sensiblement en un même point, mais que les foyers des différents secteurs ne coïncident pas. En second lieu, les rayons qui passent par chaque secteur ne se réunissent pas exactement en un point : les rayons plus rapprochés de l'axe paraissent avoir un point de convergence plus éloigné que les rayons marginaux. Aussi, dans le cercle de diffusion de chaque secteur, les rayons s'accumulent-ils vers la périphérie quand la rétine est en avant du point le plus resserré du faisceau, et se condensent-ils, au contraire, vers la partie du cercle de diffusion plus voisine de l'axe, quand la rétine est plus en arrière.

L'astigmatisme régulier existe à un faible degré dans presque tous les yeux. Pour en exprimer la valeur, Young suivit le même principe qu'il avait employé pour mesurer l'amplitude de l'accommodation. Comme nous avons dit plus haut, les yeux astigmates ont des distances visuelles différentes pour des lignes qui occupent, dans le champ visuel, des directions différentes. Soient P la plus grande de ces distances visuelles, et p la plus petite, l'accommodation restant invariable, on a pour mesure de l'astigmatisme :

$$As = \frac{1}{p} - \frac{1}{P}.$$

Tant que As est plus petit que 1/24 suivant Knapp, 1/40 suivant Donders, 1/60 suivant Javal, il n'en résulte pas de trouble notable dans la vision ; mais lorsque cette valeur augmente, la netteté de la vision en souffre sensiblement. Suivant l'exemple d'Airy, on peut remédier à ce défaut au moyen de verres à surfaces cylindriques, dont la distance focale doit être prise égale à As. Pour les cylindres convexes, les génératrices de leur surface doivent être placées parallèlement à la direction de la ligne qui est vue distinctement à la distance plus grande. Pour les cylindres concaves, on place au contraire l'axe perpendiculairement à cette direction. La seconde surface des lentilles cylindriques peut recevoir une courbure sphérique, afin de corriger en même temps la myopie ou l'hypermétropie qui peut coexister avec l'astigmatisme.

Une série de verres cylindriques permet de rechercher rapidement l'existence et le degré de l'astigmatisme, et de trouver la direction des méridiens de la plus grande et de la plus petite distance visuelle. On peut, d'après la proposition de Stokes, composer des lentilles astigmatiques de degré variable, en superposant deux lentilles cylindriques de même distance focale, mais de signe contraire. Si on les place de telle sorte que leurs axes deviennent, soit parallèles, soit perpendiculaires entre eux, on obtient deux positions où ces lentilles ne sont pas astigmatiques. Si on les fait tourner d'un angle variable, on peut leur donner un degré d'astigmatisme déterminé.

E. Javal a fait construire par M. Nachet, à Paris, un appareil convenable pour mesurer rapidement l'astigmatisme. On regarde, à travers des verres convexes, deux figures qui se confondent en une pour une position parallèle des lignes visuelles. Celle des figures qui est offerte à l'œil examiné contient une étoile analogue à celle représentée pl. II, fig. 5, mais dont les traits forment entre eux des angles de 15 degrés. On éloigne le dessin jusqu'à ce qu'on ne voie plus nettement qu'une ligne de l'étoile. On amène ensuite au devant de l'œil, soit un à un, soit combinés par deux, des verres cylindriques fixés dans deux montures en forme de croix, jusqu'à ce que toutes les lignes apparaissent également nettes. L'axe, autour duquel peuvent tourner les deux croix est lui-même fixé à un bras mobile qui peut tourner autour de l'axe optique de la lentille convexe, disposition qui permet de donner aux axes des verres cylindriques la direction désirée. On voit que cet appareil permet de profiter, pour une détermination monoculaire, de la fixation de l'accommodation résultant de la vision binoculaire.

Les mesures de la cornée prises par Donders et Knapp, sur des yeux astigmates, ont fait voir qu'à peu d'exceptions près, l'astigmatisme régulier provient de la cornée, et qu'à des degrés élevés, il est souvent un peu diminué par un astigmatisme en sens contraire du cristallin.

Suivant Donders, la direction des lignes pour lesquelles la distance visuelle est la plus grande, est en général plus près de la verticale que de l'horizontale, comme dans les cas cités plus haut de A. Fick et de moi-même ; cependant le contraire se présente aussi, comme pour Th. Young, dans des cas qui ne sont pas extrêmement rares.

Je ne vais pas développer complétement ici la théorie de la réfraction par les surfaces non sphériques, ni celle de la réfraction des rayons qui tombent obliquement sur des surfaces sphériques : cette théorie ne serait que d'une utilité médiocre pour l'étude de la réfraction dans l'œil, aujourd'hui que nous ne possédons de déterminations exactes de la forme des surfaces réfringentes que pour la cornée. Je me contenterai donc d'examiner une réfraction de ce genre, dans deux cas simples, qui donneront une idée de ce qui se passe dans ces conditions.

Considérons d'abord la réfraction au sommet d'un ellipsoïde à axes inégaux. Soit (fig. 67) gb un axe de l'ellipsoïde, et, sur le prolongement de cet axe, soit un point lumineux p. Faisons passer le plan du dessin par une des sections principales

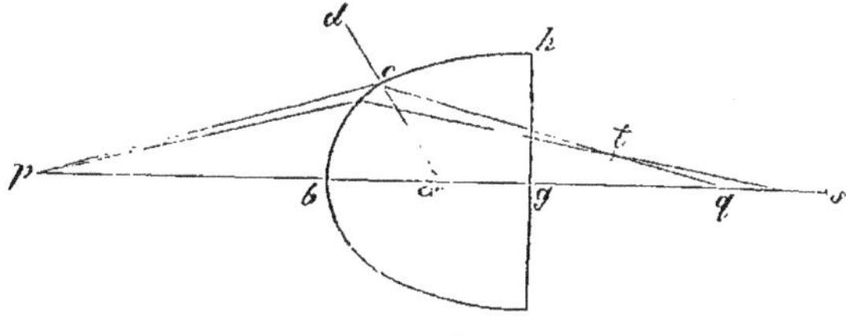

FIG. 67.

de l'ellipsoïde ; un second axe, gh, se trouve alors dans ce plan. Comme les normales à la surface de l'ellipsoïde, élevées aux points situés dans une section principale, sont comprises dans le plan de cette section, les normales à la courbe bch sont contenues dans le plan du dessin. Considérons un rayon pc venant de p, le rayon réfracté, situé nécessairement dans le plan mené par le point lumineux et la normale au point d'incidence, est contenu dans le plan du dessin, et coupe, par suite, l'axe bg en un certain point q. Cela n'aurait pas lieu si le plan du dessin n'était pas précisément une section principale.

Si ad est la normale au point c, la position du rayon réfracté est déterminée de plus par la condition qu'on ait

$$\sin \angle pcd = n \sin \angle acq ,$$

n étant l'indice de réfraction. Cette condition est donc ici la même que pour les surfaces de révolution. Les rayons compris dans le plan de la figure et qui rencontrent à peu près normalement la surface près de b, ont donc un point de convergence commun sur l'axe, et dont la distance dépend du rayon de courbure r_1 que la courbe bch possède au point b. Si p est à l'infini, la distance de convergence des rayons, c'est-à-dire la distance focale dans la section principale considérée, est égale à $\frac{nr_1}{n-1}$.

Pour les rayons, partis de p, qui sont compris dans l'autre section principale, menée par bq et le troisième axe, tout se passe de la même manière, seulement le rayon de courbure au sommet de la surface possède une autre valeur, r_2, et la distance focale des rayons dans cette seconde section principale est égale à $\frac{nr_2}{n-1}$.

Le rayon pq est donc coupé en un point q par les rayons qui, dans le plan du dessin, lui sont immédiatement voisins; mais les rayons qui lui sont immédiatement voisins dans un plan perpendiculaire à celui de la figure, ne le coupent pas au même point q, mais en un autre point, s par exemple.

Si, dans ces conditions, on laisse arriver à la surface réfringente les rayons venus de p par une petite ouverture circulaire dont le centre est en un point de l'axe voisin de b, près de ce point, la section du faisceau lumineux diffère peu d'un cercle; entre b et q c'est une ellipse dont le grand axe est perpendiculaire au plan de la figure. Cette ellipse diminue et s'allonge à mesure que nous nous rapprochons du point q. En q, la section du faisceau lumineux est une ligne perpendiculaire au plan du dessin. Plus loin, elle redevient une ellipse dont le grand axe est perpendiculaire au plan de la figure, dont l'excentricité diminue rapidement, qui devient un cercle au milieu environ de la ligne qs, se change ensuite en une ellipse dont le grand axe est dans le plan du dessin, qui s'allonge de plus en plus en se rapprochant de s, devient une ligne droite en s et s'élargit peu à peu, au delà de ce point, en se rapprochant de plus en plus de la forme circulaire sans jamais l'atteindre.

Les choses se passent d'une manière analogue pour les faisceaux lumineux qui tombent obliquement sur une surface sphérique. Supposons que, dans la fig. 67, bch soit une surface sphérique, et pc un semblable rayon oblique. Nous savons (1) que les rayons compris dans le plan du dessin, qui rencontrent la surface immédiatement à côté de c, rencontrent, après leur réfraction, le rayon pc, non pas au foyer et sur l'axe pq, mais en un point de la surface caustique situé en dehors de l'axe. Soit t ce point pour l'un de ces rayons. Faisons tourner toute la figure autour de la ligne ap, le rayon pc prend successivement la position d'autres rayons qui tombent sur la surface à la même distance du point b, et le rayon réfracté cq prend la position des rayons réfractés correspondants. Ces rayons se rencontrent donc tous en q.

Ainsi, parmi les rayons émanés du point p, il en est deux sortes qui, après réfraction, coupent le rayon réfracté cq. D'une part, tous les rayons compris dans le plan de la figure coupent cq en des points tels que t, et, d'autre part, tous ceux qui rencontrent la surface sur la circonférence d'un cercle perpendiculaire au plan de la figure et passant par c, rencontrent en q le rayon réfracté cq. Tous les autres rayons ne le rencontrent point.

Sur la constitution des faisceaux astigmatiques, voy. plus loin, à la fin du § 19.

Il nous reste à examiner jusqu'à quel point la diffraction de la lumière par les bords de la pupille peut causer dans l'œil une aberration monochromatique. On pourrait, d'abord, demander si la forme étoilée des petites images de diffusion n'est pas produite par les petites entailles du bord pupillaire. Ce qui pourrait porter à le croire, c'est qu'on voit une image rayonnée assez étendue lorsqu'on regarde un point lumineux très-brillant à travers une ouverture plus petite que la pupille et dont les bords ne sont pas parfaitement polis; mais cette image se compose, en général, de rayons très-fins, vivement colorés et analogues à ceux de l'auréole de rayons capillaires, déjà décrite, qui entoure les points lumineux très-brillants, même lorsqu'on les regarde sans avoir ajouté devant l'œil un diaphragme artificiel. Si l'on fait tourner l'ouverture autour de son centre, toute l'auréole suit son mouvement, ce qui prouve bien que le phénomène est causé par les bords de l'ouverture.

---

(1) Voyez plus haut, p. 61, fig. 27.

Je n'ai pas pu constater, sur mes propres yeux, l'existence d'une diffraction de la lumière qui fût produite par la structure finement fibreuse du cristallin. Lorsque je regarde un petit point lumineux à travers une ouverture nettement percée dans un écran métallique, l'image de diffraction tourne toujours tout entière avec l'écran. Si quelques traits de l'image de diffraction se rapportaient aux fibres de la cornée ou du cristallin, ceux-ci devraient rester en place. Beer (1), au contraire, décrit des images de diffraction de son œil qu'il rapporte à une disposition fibreuse des milieux de cet organe.

Ces phénomènes de diffraction diffèrent essentiellement de ceux des petits cercles de diffusion par la circonstance que ces derniers, lorsqu'on couvre la pupille d'un côté, disparaissent aussi d'un côté, l'autre côté restant intact. Quand, au contraire, une mince fibrille, ou une fine entaille, produisent des rayons de diffraction, ces rayons ne s'étendent jamais suivant une direction unique, mais se produisent toujours aussi suivant la direction opposée, car toute interruption d'une onde lumineuse exerce toujours son influence sur deux directions opposées, et, le plus souvent, sur toutes les directions. Les images de rayons capillaires présentent effectivement ce caractère : dès que l'on commence à couvrir la pupille, toutes les parties de l'image s'effacent ou se modifient plus ou moins.

Outre la diffraction que produisent des inégalités du bord de la pupille, il faut encore remarquer que la pupille entière, agissant comme ouverture circulaire étroite, peut produire de la diffraction. Quand des rayons partis d'un point lumineux sont réfractés par une ou plusieurs surfaces réfringentes, d'une ouverture limitée, même si ces surfaces sont complétement achromatiques et aplanétiques, il se produit, au point d'intersection des rayons lumineux, non pas une image sans dimensions appréciables, mais bien, à cause de la diffraction au bord de l'ouverture, une petite image éclairée, qui présente des parties alternativement claires et obscures, dont la forme et la position dépendent, en général, de la grandeur et de la forme de l'ouverture. Si l'ouverture est circulaire, comme c'est ordinairement le cas dans les instruments d'optique et dans l'œil, l'image de diffraction consiste en un disque circulaire, entouré d'anneaux alternativement obscurs et clairs, qui présentent des intensités rapidement décroissantes. Soient d le diamètre de l'ouverture du système réfringent, r la distance de cette ouverture à l'image, l la longueur d'onde de la lumière ; d'après la théorie confirmée par l'expérience, le diamètre δ du disque central est

$$\delta = 2,440 \frac{lr}{d}.$$

Si nous posons, pour de la lumière moyenne, $l = {}^1/_{2000}{}^{\mathrm{mm}}$, et si nous prenons, pour l'œil, $r = 20^{\mathrm{mm}}$, il vient, en exprimant δ et d en millimètres,

$$\delta = 0,0244 \frac{1}{d}.$$

(1) *Poggendorff's Ann.*, LXXXIV, 518.

Pour la plus petite largeur de la pupille, que nous supposerons être de 2^{mm}, on aurait $\delta = 0^{mm},0122$. Cette grandeur du cercle de diffusion correspond à un angle visuel de $2' 6''$, et est égale à celle du cercle de diffusion que donne dans un œil adapté à une distance infinie, un point lumineux éloigné de 25 mètres. Comme l'angle visuel des plus petites distances perceptibles est d'une à deux minutes, c'est pour le plus grand resserrement de la pupille que la diffraction doit précisément commencer à diminuer l'exactitude de la vision.

Au chapitre des aberrations monochromatiques, se rapportent encore les traits lumineux, que les corps brillants paraissent émettre vers en haut et vers en bas, lorsqu'on ferme à moitié les paupières. Ces rayons proviennent de la réfraction de la lumière par le bord liquide concave qui se forme le long des paupières. Ce bord agit comme un petit prisme, ou plutôt comme une série de petits prismes à angles variables, et dévie fortement la lumière qui le frappe.

Les mensurations qui ont été faites par différents physiciens sur l'inégalité de distance focale de l'œil pour les rayons divergents horizontaux et verticaux, ont fait voir que, sous ce rapport, il existe des différences individuelles considérables. Chez quelques-uns, ces aberrations manquent complétement, comme, par exemple, chez Brücke (1), et, chez ceux où elles existent, elles affectent les directions les plus diverses.

Th. Young dit que son œil réunit en un foyer les rayons verticaux, divergeant à partir d'un point éclairant éloigné de 10 pouces anglais (304^{mm}), et les rayons horizontaux, divergeant à partir d'un point éloigné de 7 pouces (213^{mm}). Pour exprimer la valeur de cette différence indépendamment des distances visuelles de son œil, il calcule la distance focale d'un verre de lunette qui serait capable de réduire l'une de ces distances à l'autre, et il trouve 23 pouces (700^{mm}). Pour corriger le défaut de son œil, il lui aurait fallu un verre à surface cylindrique convexe et à axe horizontal, ou un verre cylindrique concave à axe vertical, possédant la distance focale indiquée. A. Fick trouva qu'il voyait distinctement en même temps des lignes verticales à une distance de $4^{m},6$, et des lignes horizontales à une distance de 3^{m}. Moi-même, je vois distinctement en même temps des lignes verticales à $0^{m},65$, et des lignes horizontales à $0^{m},54$. Le sens du défaut est, dans ces deux cas, contraire à celui qu'elle présentait chez Th. Young, et la valeur en est bien moindre. Exprimé par la distance focale d'une lentille cylindrique, le défaut répond, dans l'œil de Fick, à $8^{m},6$ de distance focale, et dans le mien à $3^{m},19$. Les mensurations de ce genre sont faciles à exécuter. Il suffit de fixer horizontalement, à 1/2 pouce environ au-dessus d'une planchette horizontale de longueur suffisante, une aiguille mince, puis, mettant l'œil à l'extrémité de la planchette, de chercher à piquer verticalement, en avant ou en arrière de l'ai-

(1) *Fortschritte der Physik im Jahre* 1845, I, 211.

guille horizontale, une seconde aiguille, à une distance telle que les deux soient vues distinctement en même temps.

A. Fick trouve qu'un œil regardant naturellement, s'accommode le plus souvent pour des lignes verticales. Pour pouvoir calculer approximativement la distance des deux plans focaux, admettons que l'œil schématique de Listing soit accommodé pour des lignes verticales. En donnant au défaut qui nous occupe la valeur qu'il présentait chez les trois observateurs cités, le foyer, pour les rayons horizontaux, serait, d'après les indications de

TH. YOUNG	à $0^{mm},422$	en avant de l'autre.
A. FICK	$0^{mm},035$	en arrière de l'autre.
H. HELMHOLTZ	$0^{mm},094$	

Ces aberrations sont, comme on le voit, plus petites que celle des foyers rouge et violet ($0^{mm},6$). Elles ne nuisent pas considérablement à la netteté de la vision tant qu'il s'agit de distinguer les unes des autres des lignes qui suivent une même direction principale. L'empêchement ne se produit que lorsqu'il s'agit de voir distinctement en même temps des lignes qui se croisent.

DE LA HIRE (1) et JURIN (2) ont déjà mentionné les images multiples qui se forment d'un point ou d'une ligne lors d'une accommodation inexacte, mais sans en donner la vraie explication. Plus tard, TH. YOUNG (3) décrivit et dessina la forme des images de diffusion pour différentes distances du point lumineux; il suppose que les rayons doivent provenir de légères inégalités de la surface antérieure du cristallin. Plus tard, HASSENFRATZ (4) leur attribue la même cause, et les considère comme étant l'intersection de deux surfaces caustiques. PURKINJE (5) décrit les phénomènes des images multiples et aussi ceux qui se présentent lorsqu'on regarde des lignes minces et parallèles : il donne le dessin de l'image étoilée; il croit trouver l'explication la plus probable des faits en admettant des facettes de la cornée. PÉCLET (6) aussi a vu des images multiples d'une ligne éclairée, et reconnu qu'elles devaient être produites par une structure particulière des surfaces réfringentes. NIEDT (7), GUÉRARD (8), FLIEDNER (9), sont dans le même cas. Ce dernier a décrit, d'une manière complète et dans leur ensemble, les phénomènes qui se rapportent à ce sujet. TROUESSART (10) croit devoir admettre, en arrière des surfaces réfringentes de l'œil, sous le nom de réseau oculaire, une formation opaque, dont les ouvertures nombreuses produiraient les images multiples, en agissant d'après le principe de l'expérience de Scheiner. L'opinion de A. FICK (11) sur leur origine a déjà été citée plus haut. Des phénomènes qui se rapportent à ce sujet sont encore mentionnés par AIMÉE (12) et par CRANMORE (13). Une opinion toute particulière sur l'origine des images multiples qui constituent la polyopie

(1) Accidents de la vue, p. 400.
(2) *Smith's Optics.* Essay on distinct and indistinct vision, p. 156.
(3) *Philos. Transactions*, 1801, I, p. 43, pl. VI.
(4) *Ann. de chimie*, 1809, LXXII, 5.
(5) Beiträge zur Kenntniss des Sehens, p. 113-119.—Neue Beiträge z. Kenntniss d. Sehens, p. 139-146; 173.
(6) *Ann. de chimie et de phys.*, LIV, 379. — *Poggendorff's Ann.*, XXXIV, p. 557.
(7) De dioptricis oculi coloribus ejusque polyopia (*dissert.*). Berolini, 1842.
(8) *Institut*, 1845, n° 581, p. 64.
(9) *Poggendorff's Ann.*, LXXXV, 321, 460; LXXXVI, 336. — *Cosmos*, I, 333.
(10) *Comptes rendus de l'Acad. des sciences*, XXXV, 134-136, 398. — *Archive de Genève*, XX, 305. — *Institut*, 1852, p. 304.
(11) *Henle und Pfeuffer's Zeitschrift*, N. Folge, V, p. 277.
(12) *Ann. de chimie et de physique*, LVI, 108. — *Poggendorff's Ann.*, XXXIII, 479.
(13) *Philos. Magazine*, 3, XXXI, 485.

monoculaire des oculistes, a été émise par Stellwag de Carion (1). Il croyait avoir observé que les différentes images reçoivent de la lumière polarisée suivant différentes directions. Le fait est inexact ; M. Carion a probablement été trompé dans ses expériences par une plaque de tourmaline mal taillée, à surfaces légèrement courbées ou contenant des stries intérieures. Qu'une lame de ce genre vienne à présenter, sur une de ses faces, une forme légèrement cylindrique, cette lame, tenue devant l'œil, pourra réunir en foyer tantôt les rayons horizontaux, tantôt les rayons verticaux, et faire disparaître, par suite, quelques-unes des images doubles. Pour faire disparaître l'influence de semblables défauts de la plaque, il suffit de la placer entre la lumière et l'étroite ouverture d'un écran, de manière que cette ouverture émette de la lumière polarisée. Pendant que l'observateur regarde cette ouverture en se tenant à une distance suffisante pour qu'elle paraisse étoilée, on fait tourner la lame polarisatrice de manière à modifier la direction de polarisation de la lumière. Dans ces conditions, on ne reconnaît pas la plus légère influence de la direction de polarisation sur les images doubles. Du reste, on ne peut pas concilier avec les lois connues de la double réfraction les résultats annoncés par Carion. Il a été réfuté par Gut (2). La bibliographie médicale sur la diplopie monoculaire pathologique est rassemblée dans le mémoire de Carion.

Des observations sur les images de diffraction de l'œil ont été faites par Baudrimont (3), Wallmark (4), Beer (5). Les traits lumineux qui apparaissent en fermant à moitié les paupières, et qui sont dus à l'action du ménisque concave que les larmes forment le long de leur bord, ont été étudiés par Meyer (de Leipzig) (6).

Le premier auteur chez lequel j'ai trouvé qu'il fût fait mention de l'assymétrie de l'œil dans ses différents méridiens, est Th. Young (7), qui nous apprend que, sur ses questions, l'opticien Cary lui dit avoir observé que nombre de personnes sont obligées de tenir leurs lunettes obliquement devant leurs yeux pour pouvoir bien voir. Des observations plus récentes sur ce sujet se trouvent chez Airy (8), Fischer (9), Challis (10), Heineken (11), Hamilton (12), Schnyder (13) ; le premier et le dernier de ceux-ci firent faire des lentilles cylindriques pour corriger leur vue ; enfin chez A. Fick (14). Une énumération plus complète des observations se trouve dans *Fechner's Centralblatt* (année 1853, pp. 73-85 ; 96-99 ; 374-379 ; 558-561). Voyez, de plus, la bibliographie à la page suivante.

La question de l'aberration de sphéricité de l'œil, telle qu'on la définit dans les instruments dioptriques, perd son importance à côté des aberrations bien plus grossières que nous avons rencontrées dans l'œil. Outre l'observation de Th. Young avec son optomètre, que nous avons mentionnée dans le paragraphe précédent, et d'après laquelle le fil, vu à travers quatre ouvertures, paraissait quadruple, et où ces quatre images ne se croisaient pas en un même point pendant l'accommodation rapprochée, Volkmann (15) a cherché, expérimentalement, à reconnaître si l'œil possède l'aberration de sphéricité. Lui et quelques autres personnes regardèrent, à travers un écran à quatre ouvertures disposées en ligne courbe, une aiguille qu'on plaçait à différentes distances de l'œil. Si l'œil réunit les rayons médians plus tôt que les rayons marginaux, lorsque, dans l'expérience, on éloigne l'aiguille de l'œil et qu'on la rapproche du point de vision distincte, les images des ouvertures médianes doivent

---

(1) *Wiener Sitzungsberichte*, VIII, 82. — *Denkschriften d. k. k. Akad.*, V, 2, p. 172.
(2) Ueber Diplopia monophthalmica (*dissert.*). Zurich, 1854.
(3) *Comptes rendus de l'Acad. des sc.*, XXXIII, 496. — *Institut*, n° 931. — *Philos. Magaz.*, 4, II, 575.
(4) *Poggendorff's Ann.*, LXXXII, 129.
(5) *Poggendorff's Ann.*, LXXXIV, 518.
(6) *Poggendorff's Ann.*, LXXXIX, 429.
(7) *Philos. Transact.*, 1801, I, p. 39.
(8) *Edinb. Journal of Sc.*, XIV, p. 322.
(9) *Berl. Denkschriften*, 1818 et 1819, p. 46.
(10) *Transact. of the Cambridge Philos. Soc.*, II. — *Philos. Magaz.*, 3, XXX, 366.
(11) *Philos. Magaz.*, XXXII, 318.
(12) *Froriep's Notizen*, VII, 219.
(13) *Verhandl. d. schweizer. naturf. Ges.*, 1848, p. 15. — *Froriep's Notizen*, X, 346. — *Arch. de Genève*, X, 302.
(14) De errore quodam optico asymmetria bulbi effecto. Marburgi, 1851. — *Henle und Pfeuffer's Zeitschrift*, N. Folge, II, 83.
(15) *R. Wagner's Handwörterbuch für Physiol.*, article Sehen.

se réunir avant celles des ouvertures latérales. Si les rayons marginaux se croisent plus tôt que les rayons centraux, c'est le contraire qui doit avoir lieu. VOLKMANN trouva, sous ce rapport, des résultats opposés pour différents observateurs. Pour des surfaces réfringentes de révolution et régulières, les expériences indiquées de TH. YOUNG et de VOLKMANN donneraient, en effet, une solution sur le genre et la valeur de l'aberration sphérique de l'œil. Mais dans la plupart des plans méridiens de la plupart des yeux, les points où les rayons réfractés coupent le rayon central ne forment pas de série continue, de sorte que l'idée d'aberration de sphéricité ne trouve ici aucune application.

1694. DE LA HIRE, Accidens de la vue, in *Mém. de l'Acad. de Paris*, 1694, p. 400.
1738. JURIN, Essay on distinct an indistinct vision, p. 156, in *R. Smith's Optics*.
1801. TH. YOUNG, in *Philos. Transactions for* 1801, I, p. 43.
1809. HASSENFRATZ, in *Ann. de chimie*, LXXII, p. 5.
1818. FISCHER, in *Berliner Denkschriften* für 1818 und 1819, p. 46.
1819. PURKINJE, Beiträge zur Kenntniss des Sehens. Prag., p. 113-119.
1824. PÉCLET, in *Ann. de chimie et de phys.*, LIV, 379. — *Poggendorff's Ann.*, XXXIV, p. 557.
— AIMÉE, in *Ann. de chim. et de phys.*, LVI, p. 108.
1825. PURKINJE, Neue Beiträge zur Kenntniss des Sehens. Berlin, p. 139-146 ; 173.
— BREWSTER, in *Edinb. Journal of Science*, XIV, p. 322 (Sur l'œil d'AIRY).
1842. NIEDT, De dioptricis oculi coloribus ejusque polyopia (*dissert.*). Berolini.
1845. GUÉRARD, in *Institut*, nº 581, p. 64.
1846. VOLKMANN, article Sehen, in *R. Wagner's Handwörterbuch für Physiologie*.
1847. CHALLIS, in *Philos. Magazine*, 3, XXX, p. 366. — *Transact. of the Cambridge philos. Soc.*, II.
1848. H. MEYER, in *Henle und Pfeuffer's Zeitschr. für rat. Med.*, V, 368.
— HEINEKEN, in *Philos. Magazine*, 3, XXXII, 318.
— HAMILTON, in *Froriep's Notizen*, VII, 219.
— SCHNYDER, *Verhandl. d. schweizer. naturf. Gesellsch.*, 1848, p. 15.
1849. WALLMARK, in *Oefvers. af Akad. förhandlingar*, 1849, p. 41. — *Poggendorff's Ann.*, LXXXII, 129.
1850. CRANMORE, in *Philos. Magaz.*, 3, XXXVI, p. 485.
— BAUDRIMONT, in *Comptes rend. de l'Acad. des sc.*, XXXIII, 496. — *Institut*, nº 931. — *Philos. Magaz.*, 4, II, 575.
1851. BEER, in *Poggend. Ann.*, LXXXIV, 518.
— A. FICK, De errore optico quodam asymmetria bulbi oculi effecto. Marburgi. Extrait in *Henle und Pfeuffer's Zeitschr. für rat. Med.*, neue Folge, II, 83.
1852. FLIEDNER, Beobachtungen über Zerstreuungsbilder im Auge, sowie über die Theorie des Sehens, in *Poggendorff's Ann.*, LXXXV, p. 321, 460 ; LXXXVI, 336. — MOIGNO, *Cosmos*, I, 333.
— TROUESSART, in *Comptes rendus de l'Acad. des sc.*, XXXV, p. 134-136, 398. — *Archive de Genève*, XX, 305. — *Institut*, 1852, p. 304.
— STELLWAG VON CARION, in *Wiener Sitzungsber.*, VIII, 82. — *Denkschr. d. k. k. Akad.*, V, 2, p. 172. — *Zeitschrift d. Aerzte zu Wien*, 1853, Heft 10 und 11. — *Fechner's Centralblatt*, 1854, p. 281-292.
— A. MÜLLER, Ueber das Beschauen der Landschaften mit normalen und abgeänderter Augenstellung (Phénomènes causés par de l'astigmatisme), in *Poggd. Ann.*, LXXXVI, 147-152. — *Cosmos*, I, 336.
— A. BEER, Ueber den optischen Versuch des Herrn Libri, in *Poggend. Ann.*, LXXXVII, 115-120.
— J. HIPPESLEY, Phenomena of light, in *Athen.*, 1852, p. 1069-1070 ; 1368.
— R. W. H. HARLEY, Phenomena of light, *ibid.*, p. 1306.
1853. MEYER (de Leipzig), in *Poggend. Ann.*, LXXXIX, p. 429.
— FECHNER, Ueber einige Verschiedenheiten des Sehens in verticalem und horizontalem Sinne nach verschiedenen Beobachtern, in *Fechner's Centralblatt*, p. 73-85 ; 96-99 ; 374-379 ; 558-561.
— L. L. VALLÉE, Théorie de l'œil, in *Comptes rendus*, 769-773 ; 865-867.
— FLIEDNER, Zur Theorie des Sehens, in *Poggend. Ann.*, LXXXVIII, 29-44.

1853. H. MEYER, Ueber die sphärischen Abweichungen des menschlichen Auges, *ibid.*, LXXXIX, 540-568.

— BEER, Ueber den Hof um Kerzenflammen, *ibid.*, LXXXVIII, 595-597.

— POWELL, On a peculiarity of vision, in *Rep. of Brit. Assoc.*, 1852, 2, p. 11.

1854. A. FICK, in *Henle und Pfeuffer's Zeitschr.*, N. Folge, V, 277.

— GUT, Ueber Diplopia monophthalmica (*dissert.*). Zürich.

— J. P. DEPIGNY (Auréoles autour des flammes de bougies), in *Arch. des sciences phys.*, XXVI, 166-172.

— J. GUT, Ueber Doppeltsehen mit einem Auge, in *Henle und Pfeuffer's Zeitschrift*, 2, IV, 395-400.

1855. Ueber den Gang der Lichtstrahlen im Auge, in *Verhand. der Naturforsch. Ges. in Basel*, I, 269-282. — *Arch. des sciences phys.*, XXXII, 145-146.

— H. MEYER, Ueber den die Flammen eines Lichts umgebenden Hof, etc., in *Poggend. Ann.*, XCVI, 235-262; 603-607; 607-609.

1856. LE MÊME, Ueber die Strahlen die ein leuchtender Punkt im Auge erzeugt, *ibid.*, XCVII, 233-260; XCVIII, 214-242.

1857. VAN DER WILLINGEN, Eine Lichterscheinung im Auge, in *Poggend. Ann.*, CII, 175-176,

— J. TYNDALL, in *Philos. Mag.*, 4, XI, 332 (Un cas où il apparaissait dans le champ visuel des anneaux d'interférences, analogues à ceux qui se produisent en regardant à travers une lame de verre saupoudrée de lycopode).

1858. G. M. CAVALLIERI, Sulla cagione del vedere le stelli e i punti luminosi affetti da raggi, in *Cimento*, VIII, 321-360.

1860. F. ZÖLLNER, Beiträge zur Kenntniss der chromatischen und monochromatischen Abweichung des menschlichen Auges, in *Poggend. Ann.*, CXI, 329-336. — *Ann. de chimie*, 3, LX, 506-509.

— WHARTON JONES, Analysis of my sight, with a view to ascertain the focal power of my eyes for horizontal and for vertical rays, and to determine whether they possess a power of adjustment for different distances, in *Proc. of Roy. Soc.*, X, 380-385. — *Philos. Mag.*, 4, XX, 480-483.

1861. DONDERS, Beiträge zur Kenntniss der Refractions- und Accommodationsanormalien, in *Archiv für Ophth.*, VII, 1, p. 155-204.

1862. J. H. KNAPP, Ueber die Asymmetrie des Auges in seinen verschiedenen Meridianen, in *Archiv für Ophth.*, VIII, 2, p. 185-241.

— GIRAUD-TEULON, Causes et mécanisme de certains phénomènes de polyopie monoculaire, in *Comptes rendus*, LIV, 904-906; 1130-1131.— *Inst.*, 1862, p. 138-139; 173-173.

— F. C. DONDERS, Astigmatismus und cylindrische Gläser. Berlin. (Traduction française par DOR, Paris, 1862.)

1863. B. A. POPE, Beiträge zur Optik des Auges, in *Archiv für Ophthalm.*, IX, 1, p. 41-63.

— C. KUGEL, Ueber die Wirkung schief vor das Auge gestellter sphärischer Brillengläser beim regelmässigen Astigmatismus, *ibid.* X, 1, p. 89-96.

— MIDDELBURG, De zidplaats van het Astigmatisme. Utrecht.

— PH. H. KNAUTHE, Ueber Astigmatismus (*dissert.*). Leipzig.

1864. F. C. DONDERS, Der Sitz des Astigmatismus (d'après les résultats de Middelburg), in *Arch., für Ophthalm.*, X, 2, p. 83-108.

— J. H. KNAPP, Ueber die Diagnose des irregulären Astigmatismus, in *Klin. Monatsblätt. für Augenheilk.*, 1864, p. 304-316.

— DONDERS, Anomalies of Accommodation and Refraction. London, 1864, p. 449-556.

1865. L. KUGEL, Ueber die Sehschärfe bei Astigmatikern, in *Arch. für Ophthalm.*, X, 1, p. 106-113.

— H. KAISER, Zur Theorie des Astigmatismus, *ibid.*, XI, 3, p 186-229.

— X. GALEZOWSKI, Etude sur la diplopie monophthalmique, in *Ann. d'oculistique*, LVI, p. 199-208.

1866. E. JAVAL, Histoire et bibliographie de l'astigmatisme, in *Ann. d'ocul.*, LV, 105-128.

§ 15. — Des phénomènes entoptiques.

La lumière qui pénètre dans l'œil peut rendre visibles, dans certaines circonstances, divers objets contenus dans cet organe. Ces perceptions sont dites *entoptiques*. — Dans les circonstances ordinaires, les corpuscules obscurs qui sont en suspension dans le corps vitré ou dans le cristallin et l'humeur aqueuse ne projettent pas d'ombre visible, et, pour ce motif, ils passent inaperçus. La raison en est que, le plus souvent, toutes les parties de la pupille laissent passer des quantités égales de lumière, et que, par suite, la pupille entière nous représente une surface lumineuse qui éclaire la partie postérieure de l'œil. Mais on sait que, lorsque la lumière provient d'une surface très-étendue, les objets de grande dimension, ou ceux qui sont très-rapprochés de la surface qui reçoit l'ombre, sont les seuls qui projettent des ombres sensibles.

Il existe assurément dans l'œil des objets, tels que les vaisseaux de la rétine, qui sont situés très-près de la surface sensible à la lumière, et qui, par suite, projettent toujours de l'ombre sur les parties de la rétine au devant desquelles ils sont placés. Mais précisément parce que les parties de la rétine qui sont en arrière des vaisseaux sont toujours dans l'ombre, que c'est leur état normal, cette ombre n'est perçue que dans des conditions particulières, que nous étudierons par la suite.

Il en est de même pour la circulation du sang.

I. — Je vais m'occuper d'abord des petits corps opaques contenus dans les milieux transparents de l'œil. — Pour les percevoir, il faut faire pénétrer dans l'œil la lumière provenant d'un très-petit point lumineux situé très-près de cet organe. A cet effet, on peut approcher de l'œil, soit l'image d'une lumière éloignée, qui se forme au foyer d'une petite lentille convergente, soit un petit bouton métallique bien poli, qui reçoit la lumière du soleil ou celle d'une lampe, soit enfin un écran de papier foncé qui laisse passer la lumière à travers une très-petite ouverture. La disposition la plus convenable consiste à employer une lentille convergente de grande ouverture et de petite distance focale *a* (fig. 68) ; en avant de cette lentille et à quelque distance, on dispose une lumière *b*, dont

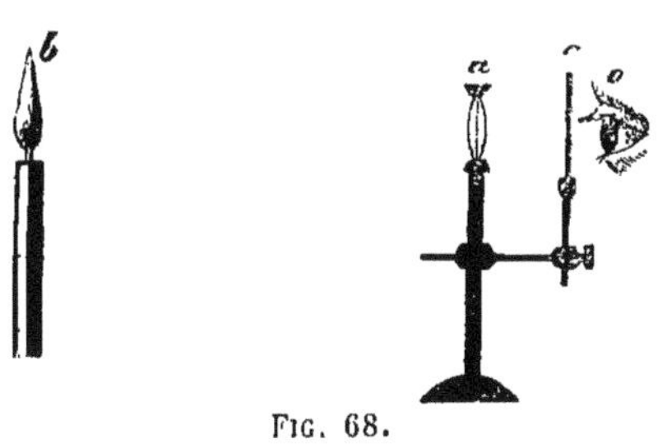

Fig. 68.

la lentille donne en son foyer une image diminuée ; puis on place un écran foncé et opaque c, percé d'une petite ouverture, de telle sorte que l'image de la lumière vienne se former sur cette ouverture, qui laisse alors échapper un large cône de rayons divergents. En se rapprochant beaucoup de l'ouverture, l'œil o voit alors, à travers celle-ci, la surface large et uniformément éclairée de la lentille, sur laquelle se représentent avec une grande netteté les objets entoptiques en question.

Si, comme dans la figure 69, le point éclairant a est entre l'œil et son foyer antérieur f, les milieux de l'œil donnent, en avant de cet organe et au delà de a, une image α de ce point, et les rayons traversent le corps vitré suivant des directions qui divergent à partir de α. Dans ces conditions, un corps opaque b, situé dans le corps vitré, projette sur la rétine une ombre β plus grande que ce corps.

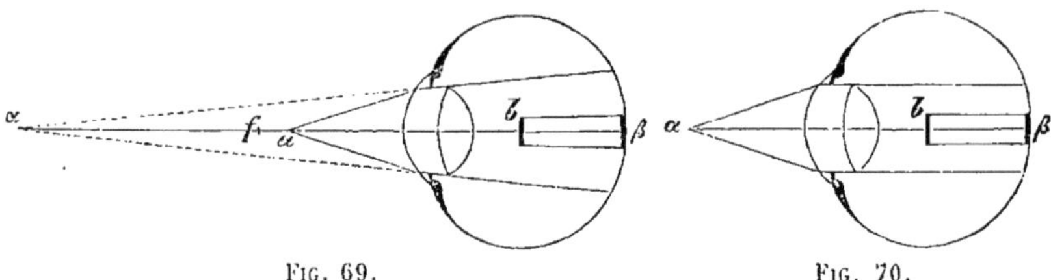

Fig. 69. Fig. 70.

Si (fig. 70) le point éclairant a se trouve au foyer antérieur de l'œil, les rayons qui partent de a sont parallèles dans le corps vitré, et un corpuscule b, qui y est situé, projette une ombre β d'une grandeur égale à la sienne.

Si, enfin, le point éclairant est situé au delà du foyer antérieur f (fig. 71), l'image de a vient se former en arrière de l'œil, en α ; les rayons convergent dans le corps vitré vers α, et l'ombre β de b est plus petite que b.

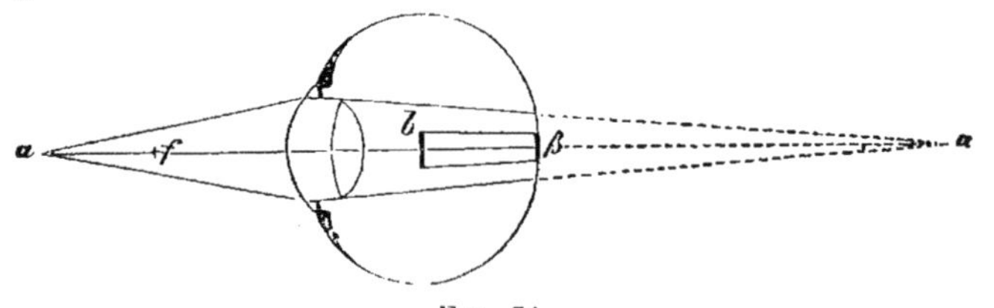

Fig. 71.

On remarque que, conformément à ces explications, les objets vus entoptiquement paraissent grandir lorsqu'on rapproche l'œil du point éclairant, et diminuer lorsqu'on l'en éloigne.

La partie de la rétine éclairée dans ces expériences, est le cercle de diffusion du point lumineux. C'est sur ce cercle que se projettent les ombres des objets vus entoptiquement. Ces ombres sont suffisamment nettes pour qu'on puisse passablement bien reconnaître la forme des objets, lorsque la source lumineuse est suffisamment petite, mais elles ne forment jamais des images complétement nettes, parce que la lumière ne provient jamais d'un point, mais bien d'une surface éclairante, et que, quelque petite que soit cette surface, ses dimensions sont toujours appréciables. L'image que les milieux de l'œil donnent de cette surface est la source lumineuse qui projette les ombres sur la rétine, et cette source lumineuse conserve forcément toujours une certaine étendue. Tandis que des points lumineux projetteraient des ombres nettement dessinées, des sources plus étendues donnent des ombres entourées d'une pénombre graduée, qui finit par se confondre avec la surface éclairée, de manière à estomper tous les contours. C'est pour ce motif que les apparitions entoptiques sont en général d'autant plus nettement dessinées que l'ouverture par laquelle passe la lumière est plus étroite, et qu'en outre, le corps qui projette l'ombre est plus rapproché de la rétine. Mais il faut naturellement, avec une petite ouverture, employer pour l'éclairage une lumière plus intense. De plus, avec les ouvertures très-étroites, apparaît un autre phénomène qui nuit à la netteté du dessin : il se produit, par l'action du bord opaque, des franges de diffraction sous forme de lignes alternativement claires et obscures qui suivent les contours de l'ombre. De semblables franges de diffraction se présentent partout où des sources lumineuses sans dimensions appréciables et suffisamment intenses viennent à projeter des ombres. Avec les sources lumineuses ordinaires, d'une étendue assez grande, ces franges disparaissent dans la pénombre.

Si l'œil ou si le point lumineux change de position, les ombres des corps qui sont à des distances différentes de la rétine se déplacent de quantités différentes, et viennent, par suite, prendre des positions relatives différentes de celles qu'elles avaient d'abord. On peut, comme Listing l'a fait voir, se servir de cette circonstance pour déterminer approximativement dans l'œil la position des corpuscules qui projettent l'ombre. — Le champ visuel entoptique est limité par l'ombre circulaire de l'iris. Si nous fixons l'un après l'autre différents points de ce champ, les ombres de tous les corps qui ne sont pas dans le plan de la pupille se déplacent par rapport à la limite circulaire du champ visuel. Ce mouvement des ombres dans le champ visuel entoptique, est ce que Listing appelle la *parallaxe entoptique relative ;* il la nomme *positive* lorsque l'ombre se déplace dans le même sens que le point de visée, *négative* quand elle se déplace dans le sens opposé. La parallaxe entoptique relative est nulle pour les objets situés dans le plan de la pupille, positive pour ceux situés plus en arrière, négative pour ceux situés plus en avant. Pour les objets très-voisins de la rétine, le déplacement des ombres est presque aussi considérable que celui du point de visée ; de sorte qu'elles accompagnent le point de visée dans tous ses mouvements, à moins que les corps qui les produisent ne viennent à être écartés de la ligne visuelle par des mouvements réels dans le liquide du corps vitré.

Les ombres sur la rétine sont placées dans le même sens que les corps dont elles proviennent, mais comme ce qui est en haut sur la rétine paraît en bas dans le champ visuel, les objets vus entoptiquement apparaissent renversés.

Voici quels sont les objets qu'on peut percevoir entoptiquement :

1) Le champ lumineux est limité par l'ombre de l'iris ; il est donc à peu près circulaire, comme la pupille. Si le bord pupillaire de l'iris présente des entailles, des plis ou des proéminences, comme cela arrive dans bien des yeux, on reconnaît aussi ces accidents dans l'image entoptique. — On peut observer entoptiquement l'élargissement et le rétrécissement de la pupille : c'est surtout facile en couvrant et découvrant alternativement l'autre œil avec la main : dès que la lumière pénètre dans cet œil, les pupilles des deux côtés se resserrent, et ce rétrécissement est facile à voir dans l'image entoptique.

2) Les humeurs qui recouvrent la cornée (larmes, sécrétion des glandes palpébrales), produisent souvent dans le champ de vision entoptique des stries, des nuages lumineux, des places claires, des cercles analogues à des gouttes dont le milieu est brillant, apparitions qui, toutes, s'effacent et se modifient rapidement par le battement des paupières. La figure 72 représente des objets de ce genre (1). Ils sont le plus souvent dans un état de variation rapide et possèdent un mouvement propre de haut en bas. Les stries sont accentuées surtout très-près du bord des paupières, lorsqu'on les rapproche au devant de la pupille ; elles sont l'expression de la couche de liquide capillaire concave qui joint la cornée

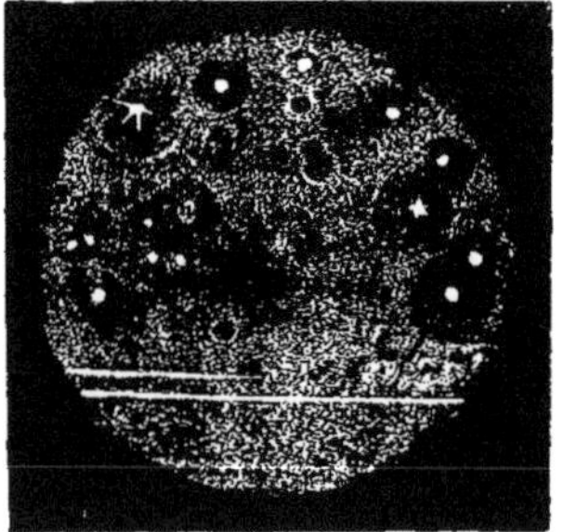

Fig. 72.

(1) Les figures 72, 73, 74, 75, 76, 77, dont l'exécution laisse à désirer, sont répétées pl. V.

au bord des paupières. Les gouttes proviennent sans doute de l'accumulation capillaire de la couche humide autour de mucosités, autour de particules de poussière, etc. La partie éclairée au centre des gouttes forme souvent une image imparfaite de la source lumineuse; elle est, par exemple, triangulaire, si la lumière arrive dans l'œil en traversant une ouverture triangulaire. Cette image de la source lumineuse paraît droite dans le champ visuel entoptique; elle est nécessairement renversée sur la rétine. Les accumulations d'humeurs sur la cornée forment ici de petites lentilles convexes, qui projettent derrière elles des images renversées des objets extérieurs. Le mouvement de haut en bas que possèdent tous ces objets dans le champ visuel correspond à un mouvement réel de bas en haut, qui provient sans doute de ce que la paupière supérieure, en se relevant, entraîne avec elle les mucosités visqueuses.

3) La surface antérieure de la cornée, devenue rugueuse après qu'on a, pendant quelque temps, pressé ou frotté l'œil par l'intermédiaire de la paupière. On voit des lignes assez longues, uniformément distribuées, mal délimitées, ondulées ou disposées en réseaux, et des taches tigrées qui se conservent facilement un quart d'heure et jusqu'à plusieurs heures. La figure 73 représente de semblables lignes. Quelquefois il reste, au milieu du réseau de ces lignes, quelques parties unies dont le manque d'altération fait conclure que la cornée possède en ces points une consistance différente.

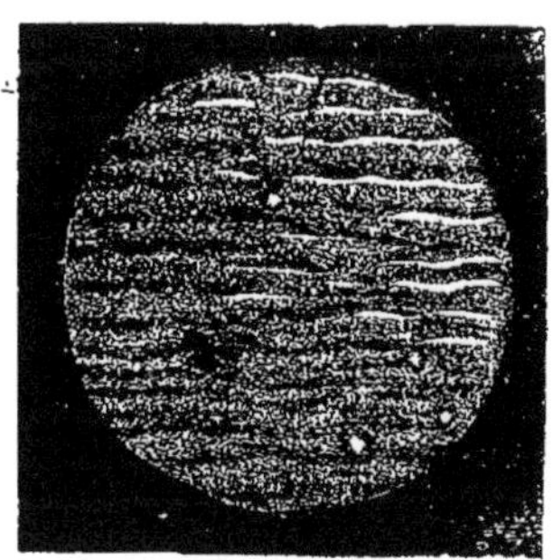

Fig. 73.

En outre, on trouve quelquefois des taches et des lignes obscures constantes, provenant de la cornée, qui ne varient pas, et qui sont sans doute le plus souvent des traces d'inflammation ou des cicatrices de blessures.

4) Le cristallin, et notamment la paroi antérieure de la capsule et la partie antérieure du corps du cristallin, fournissent des apparitions variées. Listing en décrit les quatre formes suivantes :

a) *Taches perlées*, disques plus ou moins ronds, clairs à l'intérieur, entourés d'un bord net et sombre. Ces taches ressemblent tantôt à des bulles d'air, tantôt à des gouttes d'huile ou à de petits cristaux vus au microscope (fig. 74); Listing les regarde comme des mucosités contenues dans l'humeur de Morgagni.

b) *Taches obscures*, se distinguant des précédentes par l'absence d'un noyau clair et aussi par une plus grande variété de formes. Elles semblent être des obscurcissements partiels de la capsule ou du cristallin (fig. 75).

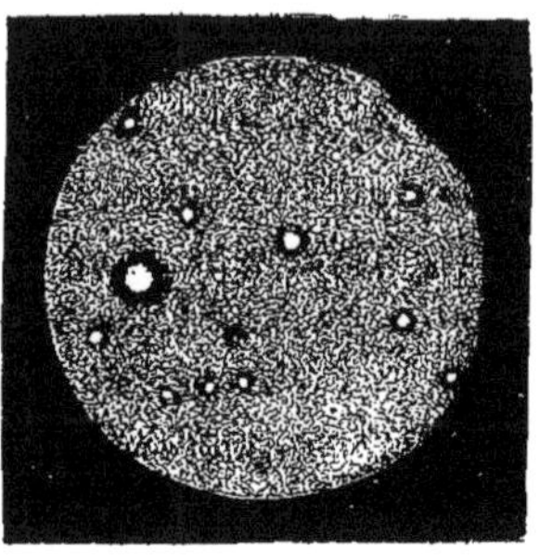
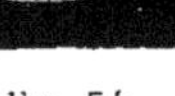

FIG. 74.

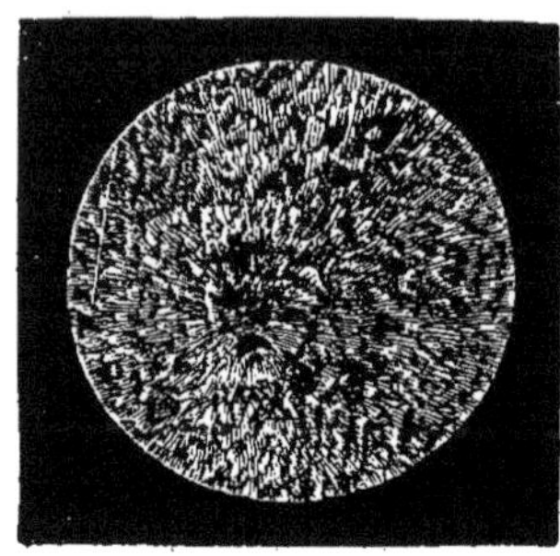

FIG. 75.

c) *Bandes claires*, représentant le plus souvent une étoile irrégulière, à branches peu nombreuses, et située au milieu du champ visuel (fig. 76). Listing les regarde comme l'image d'une formation disposée en ombilic, avec des branches ressemblant à des sutures, qui formeraient des reliefs dans la membrane antérieure de la capsule ; le tout proviendrait de la séparation qui a lieu, dans l'état fœtal, entre cette partie de la capsule et la partie interne de la cornée.

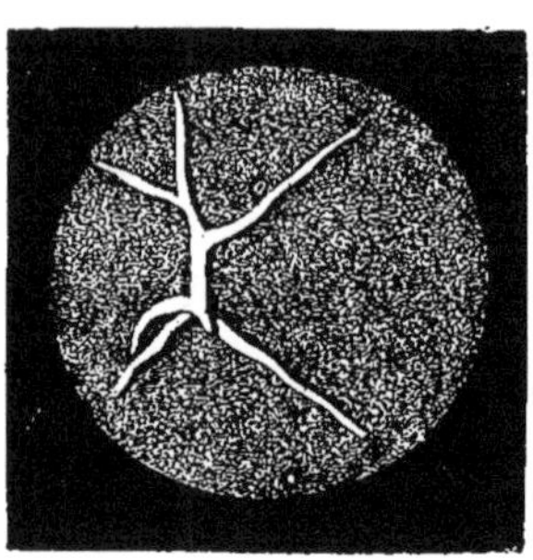

FIG. 76.

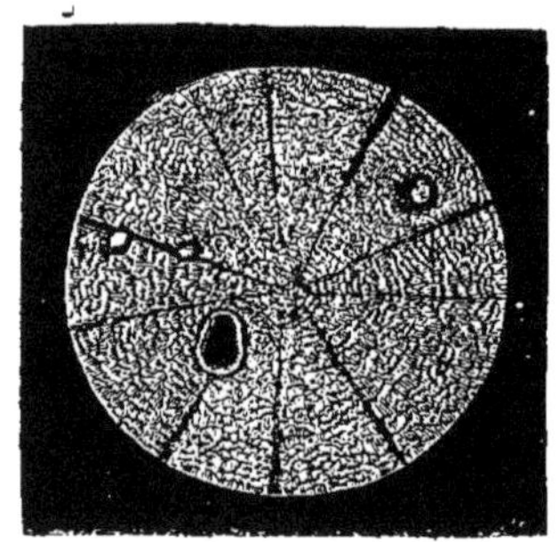

d) *Lignes radiales obscures* (fig. 77), qui tiennent certainement à la structure rayonnée du cristallin.

Presque tous les yeux paraissent voir quelques-unes, au moins, des formes indiquées ; il est rare qu'elles fassent absolument défaut.

5) Formations mobiles dans le corps vitré, ou *mouches volantes*, qui apparaissent souvent sous forme de colliers de perles ou de cercles, soit isolés, soit réunis en groupes et à centre éclairé, ou bien qui produisent

des amas irréguliers de très-petites boules, ou bien encore qui semblent être des bandes pâles, analogues aux plis d'une membrane très-transparente. Comme beaucoup de ces objets se trouvent très-rapprochés de la rétine, on les voit souvent sans autre préparatif, en portant le regard sur une surface étendue, uniformément éclairée, telle que le ciel. On remarque facilement que ces corps n'ont pas seulement un mouvement apparent, mais aussi un mouvement réel : il suffit pour cela, en tenant la tête droite, de regarder vers le ciel à travers une vitre, en fixant un point de repère marqué sur le verre. On voit alors, le plus souvent, l'apparition entoptique descendre lentement dans le champ visuel. Si l'on vient à baisser le regard, puis à l'élever de nouveau, les mouches suivent le mouvement du point de visée, mais dépassent ordinairement un peu le but, puis recommencent à tomber. Au contraire, après un mouvement, soit en bas, soit de côté, les mouches ne présentent pas cette particularité de revenir après avoir dépassé leur position finale. En faisant les expériences avec la ligne visuelle dirigée verticalement, soit vers en haut, soit vers en bas, les mouches ne se déplacent que fort peu.

Dans les observations de ce genre, on se laisse facilement entraîner à vouloir diriger le regard vers une mouche voisine du point visuel, pour chercher à la voir plus distinctement par fixation directe. Aussitôt, l'apparition entoptique fuit en avant du point de visée, sans que celui-ci puisse évidemment jamais l'atteindre ; c'est même sans doute à cette particularité que les *mouches volantes* doivent leur nom. Il ne faut pas confondre ce mouvement apparent avec un mouvement réel, et il faut, dans l'observation des mouvements réels, avoir soin de fixer invariablement un point de repère extérieur.

Pour pouvoir examiner à son aise les objets mobiles en question, le mieux est de choisir une position de la tête dans laquelle l'œil regarde verticalement, soit en bas, soit en haut, parce qu'alors les corpuscules flottants restent en repos. On peut, du reste, forcer les mouches placées latéralement dans le champ visuel à se rapprocher du lieu de la vision la plus distincte ; il suffit de diriger l'œil très-rapidement vers le côté où sont ces mouches, puis de le ramener lentement à sa position primitive.

Donders et Doncan (1) distinguent, parmi ces objets, les formes suivantes :

a) *Grands cercles isolés* avec des contours tantôt obscurs, tantôt

(1) ANDREAS DONCAN, Dissert. de corporis vitrei struct., Trajecti ad Rhenum, 1854. — *Onderzoekingen gedaan in het physiologisch Laborat. der Utrechtsche Hoogeschool.* Ann. VI, p. 171.

pâles, plus clairs au milieu, et, le plus souvent, entourés encore d'un cercle lumineux étroit. Ils ont de $^1/_{28}$ à $^1/_{120}$ de millimètre de diamètre et sont éloignés de la rétine de $^1/_3$ à 3 ou 4 millimètres ; il s'en rencontre aussi dans le voisinage du cristallin. Si l'œil est resté longtemps immobile, on en voit peu ; ils apparaissent principalement par un mouvement rapide de l'œil, de bas en haut, auquel succède un repos subit ; ils paraissent alors s'élever brusquement, puis retomber lentement. Pour les plus foncés, le mouvement peut être observé dans une étendue de 1mm,5, et il est probablement bien plus considérable. Doncan trouve que leurs mouvements latéraux, produits par des mouvements latéraux de l'œil, sont restreints. Dans mes yeux, je ne puis pas percevoir de différence de ce genre : si je penche la tête de côté, je trouve que les mouches paraissent tomber avec la même rapidité, c'est-à-dire s'élèvent en réalité avec la même vitesse, et qu'elles parcourent un chemin aussi étendu qu'en tenant la tête droite. Dans cette dernière position, les mouvements latéraux paraissent assurément plus limités que les mouvements descendants, parce que, latéralement, les mouches ne font qu'accompagner les mouvements du point de visée. On n'a pu constater, dans ces mouches, aucun mouvement parallèle à la ligne visuelle. Plusieurs de ces cercles, bien que séparés en apparence, paraissent toujours conserver la même distance les uns par rapport aux autres, ou relativement à d'autres corps, ce qui permet de conclure à un lien invisible. En examinant au microscope, par sa surface mise à nu, le corps vitré intact, Doncan y trouva des cellules pâles, qui paraissaient en train de subir la transformation muqueuse ; elles sont représentées ci-contre (fig. 78), et répondent au phénomène entoptique que nous venons de décrire.

FIG. 78.

b) Des *cordons de perles* se présentent dans la plupart des yeux ; Doncan ne put cependant pas en voir. Leur largeur est de $^1/_{33}$ à $^1/_{190}$ de millimètre, leur longueur de 1 à 4 millimètres. Les plus étroits sont ordinairement les plus rapprochés de la rétine, les plus larges et les plus obscurs en sont plus loin, cette distance variant de $^1/_4$ de millimètre à 3 millimètres. Leur genre de mouvement est le plus souvent semblable à celui des cercles décrits plus haut ; cependant ils sont quelquefois fixes. Quelques-uns sont isolés, d'autres sont reliés à différents objets. Ils

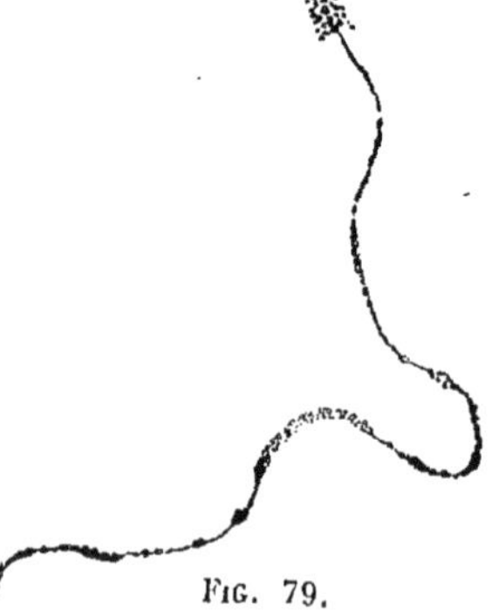

FIG. 79.

répondent à des filaments garnis de noyaux (fig. 79) et que le microscope permet de reconnaître.

c) Les *groupes cohérents de cercles*, grands et petits, les uns pâles, les autres obscurs, qui répondent aux accumulations de granules (fig. 80), qu'on découvre au microscope, sont, pour la plupart, moins transparents que les autres objets, parce que plusieurs granules se trouvent l'un derrière l'autre, dans la direction de l'axe visuel. Ce sont ces objets qu'on aperçoit le plus souvent comme mouches volantes, dans la vision ordinaire. Il n'est pas rare que quelques-uns paraissent prendre une position d'équilibre dans la proximité de la ligne visuelle. Cependant, les mouvements de l'œil dont il a été parlé tout à l'heure, exécutés de la même manière et dans le même sens, les font apparaître en plus grande quantité, ainsi que les cordons de perles; ils abandonnent bientôt après le champ visuel.

Fig. 80.

d) Les *plis* se montrent sous forme de rubans clairs, limités par deux lignes obscures et peu nettes. Doncan en distingue encore deux formes. Quelques-uns, en effet, ressemblent, soit à une fibre fortement plissée, soit à plusieurs petits rubans très-rapprochés, liés ensemble d'une manière invisible, soit enfin à une membrane irrégulièrement roulée, plissée dans les directions les plus différentes, conservant sa forme d'une façon constante, et analogue à celle représentée par la figure 81, d'après une observation microscopique. Ces plis se meuvent comme les cordons de perles, et leur distance à la rétine est toujours comprise entre 2 $^{1}/_{2}$ et 4 millimètres. — Ces membranes mobiles ne doivent pas être confondues avec d'autres très-étendues, situées à poste fixe, soit tout près de la face postérieure du cristallin, soit à 2 ou 4 millimètres seulement de la rétine, tandis qu'on n'en trouve pas qui soient éloignées de 4 à 10 millimètres de la rétine. Dans les premières, on voit des plis qui n'ont pas moins de $^{1}/_{23}$ de millimètre de largeur, dans les dernières, les plis ont rarement plus de $^{1}/_{60}$ de millimètre. On les voit apparaître quand on fait mouvoir latéralement la ligne visuelle, mais particulièrement aussi par l'effet d'un mouvement de haut en bas violent et brusquement interrompu. Alors, les plis situés immédiatement

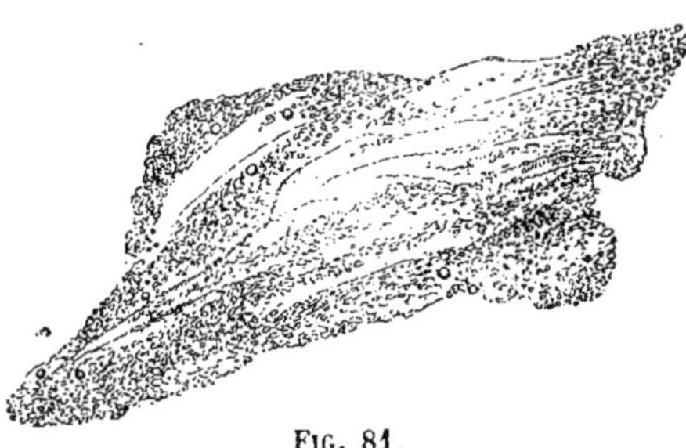
Fig. 81.

derrière le cristallin paraissent monter, tandis qu'au contraire ceux situés dans le voisinage de la rétine paraissent descendre, de sorte qu'ils passent les uns au-devant des autres dans la ligne visuelle. Le plus souvent, on voit alors les membranes plissées devenir de moins en moins distinctes, sans quitter pourtant le champ visuel, et elles reparaissent cependant avec une nouvelle netteté, lorsqu'on répète le mouvement. Doncan conclut de là que ces membranes n'ont qu'en apparence un mouvement aussi étendu, et que ce ne sont pas les membranes qui se meuvent, mais bien les plis formés à leur périphérie dans le mouvement brusquement interrompu de l'œil; ces plis se propagent jusqu'à l'autre extrémité des membranes, ce qui leur fait perdre leur netteté et les rend moins visibles. La raison des directions opposées suivant lesquelles se produit le mouvement de ces différentes membranes et la propagation des plis, est que les unes sont en avant, les autres en arrière du point de rotation de l'œil. Si l'on dilate la pupille au moyen de l'atropine, ou qu'on place le point lumineux très-près de l'œil, de manière à éclairer assez loin du point de fixation, on remarque, particulièrement dans les mouvements latéraux de l'œil, violents et subitement interrompus, que le nombre des membranes situées immédiatement derrière le cristallin devient plus considérable, que ces membranes viennent rarement jusqu'à la ligne visuelle et se terminent par un bord irrégulier et parfois très-découpé.

La manière dont se meuvent les objets du corps vitré ne permet guère de les considérer comme autre chose que des corpuscules qui nagent dans un milieu parfaitement liquide, et dont la densité est inférieure à celle de ce milieu. Comme on les voit souvent nager à travers tout le champ visuel entoptique et que, du moins dans mon œil, ils traversent le champ visuel aussi bien de haut en bas que de droite à gauche ; que d'ailleurs ce champ, lorsque la lumière pénètre dans l'œil en divergeant, occupe une partie de la rétine plus grande que la pupille, il faut bien que le bassin dans lequel ils se meuvent, mesuré le long de la rétine, soit plus grand que la pupille. D'autre part, les corps flottants paraissent ne pas pouvoir s'éloigner de la rétine, car lorsqu'on dirige la ligne visuelle vers en haut, de manière que ces objets, à cause de leur légèreté spécifique, doivent tendre à se diriger vers la partie du corps vitré voisine du cristallin, on les voit bien se mouvoir le long de la rétine, mais sans s'éloigner de cette membrane. L'obstacle est sans doute formé par les membranes dont on voit les plis dans le champ visuel entoptique, et qui paraissent être parallèles à la rétine. Quelques-uns de ces corpuscules paraissent aussi être fixés à la membrane hyaloïde ; c'est ainsi que Donders rapporte qu'il existe sur la ligne visuelle de son œil gauche un corpuscule de ce genre qui y possède sa position d'équilibre, à partir de laquelle ce corpuscule peut bien descendre (ascension apparente), mais ne peut pas monter, de sorte qu'il paraît relié inférieurement à la membrane hyaloïde comme par un fil.

Du reste, après une série d'observations entoptiques, on apprend à connaître individuellement les objets de son propre œil, et l'on remarque que c'est toujours la même série de formes qui reparaît. D'après les observations de Donders, ces formes se conservent sans altération pendant une longue suite d'années.

Il paraît résulter de l'examen microscopique du corps vitré que ces formations sont des traces de la structure embryonnaire de ce corps. Chez l'embryon, il est composé de cellules qui, plus tard, se résolvent pour la plupart en mucus, tandis qu'une partie de leurs membranes et de leurs noyaux, ou des fibres le long desquelles elles se sont développées, subsistent indéfiniment. On est loin, d'ailleurs, de savoir encore avec certitude quelle est la structure du corps vitré chez l'adulte.

II. — Pour obtenir la perception des vaisseaux de la rétine, il faut mettre en œuvre des procédés un peu différents de ceux employés pour les objets entoptiques précédemment décrits.—Les méthodes que nous allons passer en revue ont ceci de commun que la position ou la largeur de l'ombre que les vaisseaux rétiniens projettent sur la face postérieure de la rétine deviennent, par l'emploi de ces méthodes, différentes de ce qu'elles sont ordinairement, et qu'en outre on maintient cette ombre dans un état de mouvement continuel.

On peut, pour percevoir les vaisseaux rétiniens, employer les trois méthodes principales suivantes :

1° Au moyen d'une lentille convergente à court foyer, on concentre une lumière très-intense, de préférence la lumière solaire, en un point de la surface externe de la sclérotique, le plus éloigné possible de la cornée, de manière à former, sur la sclérotique, une image petite, mais très-éclairée, de la source lumineuse. Si le regard se porte alors sur un fond obscur, le champ visuel semble éclairé d'un rouge jaunâtre et il y apparaît un réseau de vaisseaux sombres, dont les ramifications rappellent celles d'un arbre, et qui répondent aux vaisseaux rétiniens représentés ci-contre (fig. 82), d'après une préparation injectée. Si l'on imprime au foyer formé sur la sclérotique un mouvement de va-et-vient, l'arbre vasculaire prend un mouvement analogue et de même sens : le foyer lumineux et le réseau montent ou descendent en même temps, se dirigent en même temps vers la droite ou vers la gauche. Sous l'influence de mouvements de cette espèce, l'arbre vasculaire se voit plus distinctement que si on laisse pendant longtemps le foyer de la lentille en un même point; dans ce dernier cas, l'image finit par disparaître complétement. Cependant, dans la méthode que nous venons de décrire, un mouvement continuel est moins nécessaire que dans les méthodes suivantes. Il est à remarquer que plus la partie éclairée de la sclérotique est petite, et plus les moindres rameaux de l'arbre vasculaire se dessinent nettement, de sorte qu'en exécutant convenablement l'expérience, on peut rendre visible le réseau capillaire le plus fin.

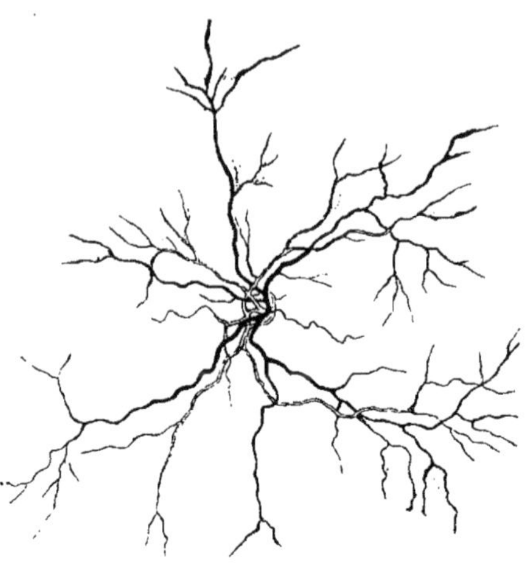

FIG. 82.

Au milieu du champ visuel se trouve une portion privée de vaisseaux, et qui correspond au point de fixation; en se rapprochant de cette région, les grands rameaux se subdivisent en capillaires dont les anses allongées entourent l'espace libre en question. Cet endroit lui-même offre, dans les yeux de H. Müller, ainsi que dans mes deux yeux, un aspect particulier par lequel il se distingue de tout le reste du fond de l'œil. En effet, tandis que, sauf l'image obscure des vaisseaux, ce fond est éclairé uniformément, le lieu de la vision directe présente un éclat plus vif et rappelle en même temps l'aspect du cuir chagriné. On vient de voir que si, pendant qu'on observe cet endroit en fixant invariablement un objet extérieur, on fait mouvoir de bas en haut le foyer de la lentille sur la sclérotique, l'arbre vasculaire se déplace également de bas en haut : l'éclat chagriné se déplace, au contraire, un peu en sens opposé, c'est-à-dire de haut en bas par rapport au point de fixation de l'œil. Meissner aussi, en appliquant cette même méthode d'observation, a vu cet endroit plus éclairé, mais il lui attribue vers son bord, une ombre obscure, en forme de croissant, analogue à celle qui se manifeste par la seconde méthode d'observation. Je ne vois pas d'ombre semblable lorsque la lumière pénètre par la sclérotique.

Dans cette expérience, la lumière pénètre dans l'œil par la sclérotique et la choroïde. La première de ces tuniques est translucide, la seconde n'est pas assez pigmentée à la partie postérieure de l'œil pour pouvoir arrêter toute la lumière. En avant, sur les procès ciliaires, la couche de pigment est plus considérable ; aussi, dans notre expérience, l'éclairage de la rétine est-il assez faible, lorsqu'on amène le foyer à se former sur la partie antérieure de la sclérotique, près de la cornée. La partie éclairée des membranes de l'œil représente une source lumineuse par rapport à l'intérieur de l'organe ; les rayons qui en émanent se distribuent également dans toutes les directions, car la sclérotique, qui est translucide, loin de réfracter régulièrement la lumière, la diffuse suivant toutes les directions possibles.

Tandis qu'ordinairement la lumière n'arrive à la rétine qu'au travers de la pupille, dans le cas actuel elle provient d'un point situé très-latéralement ; pour cette raison, l'ombre des vaisseaux situés dans les couches antérieures de la rétine vient, dans notre expérience, se former sur des parties de la face postérieure de cette membrane, toutes différentes que d'habitude.

La figure 83 fait voir clairement que l'arbre vasculaire doit paraître se déplacer dans le même sens que le foyer de la lentille. — Soient *v* la coupe d'un vaisseau rétinien, *k* le point nodal de l'œil. Lorsque le foyer de la lumière incidente est en *a*, sur la sclérotique, l'ombre du vaiseau se forme en *α* ; l'œil projette, par suite, dans le champ visuel, une ligne obscure suivant la direction *αA*. Si le foyer est en *b*, l'ombre se forme en *β*, et la ligne obscure du champ visuel est transportée en *B*. Ainsi, tandis que la source lumineuse se meut de *a* vers *b*, le tronc vasculaire apparent se meut, dans le champ visuel, dans le même sens, de *A* vers *B*. La surface chagrinée qui avoisine le point de visée présente un mouvement en sens opposé : elle ne se produit donc assurément pas de la même manière que l'ombre des vaisseaux, mais on ne connaît pas encore assez la structure de la tache jaune pour pouvoir donner la cause de ce phénomène. Dans le champ visuel, l'arbre vasculaire empiète un peu sur le bord de la portion chagrinée, du côté opposé à la lumière ; en haut et en bas il semble seulement toucher ce bord ; du côté de la lumière, enfin, il y a un intervalle entre les deux ; toutes ces apparences restent les mêmes, soit que la lumière vienne de l'angle interne de l'œil, soit qu'elle vienne de l'angle externe. La raison en est, sans doute, que les ramifications vasculaires sont situées plus antérieurement que la couche qui, par un effet de réfraction ou de réflexion, présente l'aspect chagriné, et que, pour ce motif, lorsque la direction de la lumière incidente est

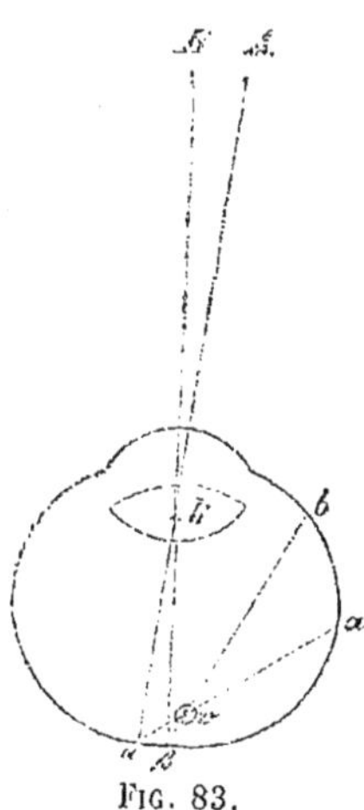

FIG. 83.

oblique, l'ombre de la figure vasculaire sur la face postérieure de la rétine n'est pas située perpendiculairement sous les vaisseaux. La structure qui produit l'aspect chagriné paraît, d'après ce qui précède, avoir assez exactement la même étendue que la portion non vasculaire de la rétine.

2° La seconde méthode employée pour l'observation des vaisseaux rétiniens est la suivante : on dirige le regard vers un fond obscur, en donnant à une bougie allumée un mouvement de va-et-vient, soit au-dessous, soit à côté de l'œil.—On voit bientôt le fond obscur se recouvrir d'un reflet mat et blanchâtre, sur lequel se dessine l'arbre vasculaire obscur. L'image ne reste nette qu'autant qu'on fait mouvoir la lumière. Si l'on ne donne à la lumière que des déplacements latéraux, on voit principalement les vaisseaux verticaux ; si on la déplace suivant la verticale, on voit surtout les vaisseaux horizontaux. Les déplacements de la lumière sont accompagnés de mouvements de tout l'arbre vasculaire, mais ses différentes parties se déplacent inégalement. Meissner compare très-heureusement les mouvements de l'arbre vasculaire à ceux qu'effectue une image réfléchie dans une eau ridée par de faibles vagues.

En étudiant le phénomène de plus près, on voit que, lorsque la lumière s'approche et s'éloigne alternativement de la ligne visuelle, l'arbre vasculaire subit, en même temps, des déplacements dans le même sens. Mais si l'on fait mouvoir la lumière suivant un arc de cercle dont le centre est sur la ligne visuelle, l'arbre vasculaire se meut en sens opposé. C'est ainsi que, la lumière étant tenue sous l'œil, si on lui imprime des mouvements verticaux, le tronc vasculaire subit des déplacements verticaux homonymes, et que si, la lumière étant plus bas que l'œil, on la fait mouvoir horizontalement, l'arbre vasculaire effectue des mouvements latéraux, mais en sens contraire de ceux de la lumière.

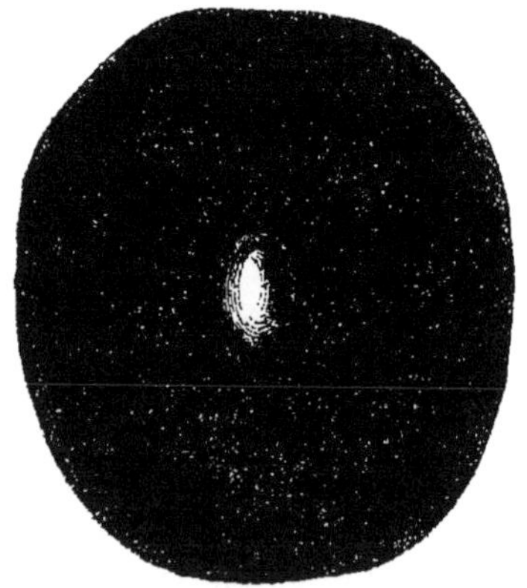
Fig. 84.

Les rameaux les plus voisins du milieu de la figure vasculaire ne se dessinent pas aussi finement que par les deux autres méthodes.

Au centre, plusieurs observateurs décrivent un disque clair, circulaire ou elliptique, répondant au point de visée. La figure 84 représente le dessin qu'en donne Burow. Du côté qui est tourné vers la flamme, le disque est bordé par une ombre obscure en forme de croissant ; la partie la plus claire est au centre. H. Müller ne voit pas du tout ce disque, et, pour ma part, je ne vois jamais que l'ombre en forme de croissant qui en constitue la périphérie, du côté tourné vers la lumière, tandis que l'autre côté ne présente pas de contour distinct. Ce disque central se meut aussi quand on déplace la lumière : pour s'en convaincre, il suffit de fixer un point extérieur pendant qu'on observe le phénomène. Chez moi, le point de fixation se trouve toujours à la partie du bord du disque éclairé qui serait tournée vers la lumière, en complétant par la pensée, de manière à en former un disque entier, l'ombre en forme de demi-lune qui existe dans l'œil.

Je vais exposer la théorie complète de ces phénomènes, telle qu'elle a été donnée par H. Müller. — La source lumineuse qui éclaire l'intérieur de l'œil est l'image de la lumière qui vient se former sur les parties très-latérales de la rétine, puisque la lumière est loin du centre du champ visuel. Comme, du reste, la lumière se trouve très-près de l'œil, son image rétinienne peut être assez grande et peut renvoyer dans le corps vitré une quantité de lumière suffisante pour provoquer sur toute la rétine une perception lumineuse sensible. Le mode d'éclairage est donc semblable à celui de la première méthode, avec cette seule différence que la portion de paroi de l'œil qui agit comme source lumineuse ne reçoit pas sa lumière du dehors, au travers de la sclérotique, mais que la lumière lui vient d'en avant, à travers la pupille. Comme les images sur les parties latérales de la rétine ne sont pas distinctes et que, dans notre cas, l'image de la flamme doit être assez étendue pour donner une quantité suffisante de lumière, il est facile d'expliquer pourquoi on ne voit pas les plus fines ramifications vasculaires aussi bien que par la première méthode. Le mode de mouvement de l'arbre vasculaire s'explique complétement dans la théorie de H. Müller. Soient (fig. 85) k le point nodal de l'œil et v un vaisseau rétinien. Si la source lumineuse se trouve en a, son image rétinienne se forme en b, la lumière qui vient de b projette en c l'ombre du vaisseau v, et si nous menons la ligne ck, son prolongement kd est la direction suivant laquelle l'ombre du vaisseau v apparaît dans le champ visuel. Si nous amenons le point lumineux de a en α, b vient en β, c en γ, d en δ ; d se déplace donc dans le même sens que a. Le contraire a lieu si a se déplace perpendiculairement au plan de la figure. Si a se trouve en avant de ce plan, b est en arrière, c en avant, et, enfin, d en arrière. Si donc a se meut en

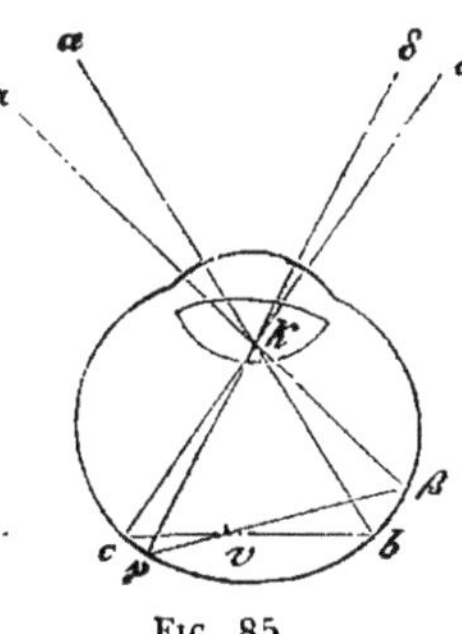

Fig. 85.

avant (du plan de la figure), *d* se meut en arrière, et inversement, le tout conformément aux résultats de l'observation.

H. Müller regarde, non sans vraisemblance, l'apparition, au milieu du champ visuel, du disque éclairé et de son ombre semi-lunaire, comme due à la *fovea centralis*. Soit *c* (fig. 86) la *fovea*, et admettons que le lieu de la vision directe est au fond de cette cavité, soit *a* la lumière, *b* son image rétinienne, l'ombre du bord proéminent de la *fovea* qui est tourné vers *b*, tombe exactement sur le point de visée, et, sur la rétine, l'ombre entière de la *fovea* est entre le point de visée et la lumière, de sorte que, dans le champ visuel, c'est, conformément à l'observation, le contraire qui doit avoir lieu. Si l'on rapproche davantage de la ligne visuelle la lumière *a*, et que, par suite, *b* se rapproche de *c*, je remarque, dans mon œil, une ligne éclairée, à la partie externe de l'ombre semi-lunaire, et qui provient sans doute de lumière qui, renvoyée par la rétine, est venue frapper le bord de la *fovea* et s'y réfléchir, comme l'indique la ligne ponctuée $\alpha\beta\gamma$ (fig. 86). Chez les personnes dont la *fovea centralis* présente des bords moins escarpés, cette ombre peut faire complétement défaut.

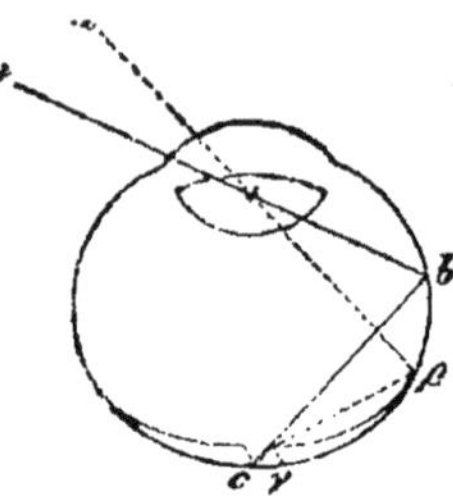

Fig. 86.

3° La troisième méthode pour l'observation des vaisseaux rétiniens consiste à regarder, à travers une ouverture étroite, un grand champ éclairé, le ciel, par exemple, en donnant à cette ouverture un rapide mouvement de va-et-vient. — Les vaisseaux rétiniens apparaissent très-finement dessinés, foncés sur fond clair, et se meuvent, dans le champ visuel, dans le même sens que l'ouverture. Au milieu, répondant au point de visée, on voit la partie sans vaisseaux, qui me paraît avoir un aspect finement granulé et dans laquelle se meut une ombre de forme arrondie, tant qu'on agite l'ouverture. Dans les mouvements horizontaux de l'ouverture, on ne voit que les vaisseaux verticaux, et dans les mouvements verticaux, seulement ceux dont le cours est horizontal. On voit encore la même figure vasculaire en regardant dans un microscope composé, sans y mettre d'objet, de manière à voir seulement le cercle uniformément éclairé du diaphragme. Si l'on fait un peu mouvoir l'œil au-dessus du microscope, on voit les vaisseaux de la rétine se dessiner très-finement et très-nettement dans le champ de l'instrument. Les vaisseaux qui sont perpendiculaires au sens du mouvement sont les plus nets de tous, tandis que ceux qui lui sont parallèles disparaissent entièrement.

Dans les deux premières méthodes, la lumière arrivait à la rétine suivant une direction insolite, et, pour cette raison, l'ombre des vaisseaux rétiniens venait se former sur des parties de la rétine qui ne reçoivent pas cette ombre dans la vision ordinaire, et qui, par suite, sont facilement impressionnées par cet état inaccoutumé. Dans la troisième méthode, au contraire, la lumière suit sa voie ordinaire et entre dans l'œil par la pupille. Si la pupille entière est libre et l'œil tourné vers un ciel clair, chaque point du plan pupillaire laisse arriver des rayons de lumière au fond de l'œil, absolument comme si la pupille elle-même était la surface lumineuse. Sous l'influence de cet éclairage, les vaisseaux rétiniens doivent projeter, sur les parties de la rétine situées derrière eux, une ombre large et estompée, de manière que la longueur du cône d'ombre totale ne soit que de quatre ou cinq fois le diamètre du vaisseau. Comme, d'après E. H. Weber, le diamètre du rameau le plus épais de la veine centrale mesure 0,017 lignes de Paris ($0^{mm},038$), et que, d'après Kölliker, l'épaisseur de la rétine au fond de l'œil est de $0^{mm},22$, on peut admettre que le cône d'ombre totale des vaisseaux n'atteint pas la surface postérieure de la rétine. Mais si nous amenons une ouverture étroite au-devant de la pupille, l'ombre des vaisseaux devient nécessairement plus étroite, plus nettement dessinée, et l'ombre totale devient plus longue, de sorte que les parties de la rétine qui sont généralement dans la pénombre viennent se trouver, soit dans l'ombre complète, soit dans la partie complétement éclairée de la rétine.

Si, dans la vision ordinaire, nous n'apercevons pas l'ombre des vaisseaux, c'est sans doute parce que la sensibilité des parties ombragées de la rétine est plus grande, leur excitabilité moins émoussée que celles des autres parties de cette membrane sensible; mais dès que nous modifions la position de l'ombre ou son étendue, elle devient perceptible, parce que le faible éclairage vient alors sur des éléments rétiniens fatigués et moins excitables. Les plus excitables, au contraire, des éléments rétiniens, ceux qui, auparavant, étaient dans l'ombre, viennent d'autre part, à se trouver, en partie, en pleine lumière, et sont plus sensibles à cet éclairage. C'est ce qui explique comment, surtout au commencement de l'expérience, il arrive parfois que, pour quelques instants, l'arbre vasculaire se dessine en clair sur fond sombre, et comment, chez certaines personnes, la partie claire du phénomène peut mieux attirer l'attention que la partie sombre. Aussitôt que, dans notre expérience, l'ombre des vaisseaux vient à conserver quelque temps sa nouvelle position, les parties nouvellement ombragées deviennent peu à peu plus sensibles, celles primitivement ombragées paraissent, au contraire, perdre très-vite leur excès d'excitabilité, et le phénomène disparaît. Pour le voir d'une manière durable, il est donc nécessaire de faire constamment varier la position de l'ombre, et dans les mouvements rectilignes de la source lumineuse, les vaisseaux dont l'ombre change de place sont les seuls qui restent visibles. Nous reviendrons plus en détail, au § 25, sur ces altérations de l'excitabilité.

Vierordt (*Conf.* fin du § 23, p. *382* de l'édit. allemande) a observé des mouvements en forme de courants, qu'il attribue à la circulation du sang dans la rétine, et qui se manifestent en portant le regard sur une surface éclairée d'une manière intermittente. Pour faire l'expérience, écartant les doigts, il donnait à sa main, devant l'œil, un mouvement de va-et-vient. Meissner et moi nous n'avons vu ce mouvement que sous forme de petits courants sans bords, auxquels je n'osais pas d'abord donner la signification que leur attribuait Vierordt. Cependant il n'en est pas moins possible que Vierordt les ait vus d'une manière plus nette et plus déterminée, et qu'ils aient été réellement pour lui l'expression de la circulation sanguine.

De plus, Purkinje et J. Müller (voy. § 25, p. *424* de l'édit. all.), en portant le regard sur une grande surface éclairée, ont vu des points lumineux apparaître dans le champ visuel et parcourir un certain espace ; après des intervalles de temps inégaux, ces points apparaissent toujours aux mêmes endroits, pour parcourir toujours le même trajet, avec une même vitesse, assez considérable d'ailleurs. D'après une remarque de O. N. Rood, le phénomène se produit incomparablement mieux en regardant le ciel à travers un verre bleu foncé. Dans cette expérience, je fixe un point de la vitre, afin de voir les corpuscules mobiles se manifester toujours à la même place, de manière à pouvoir comparer la position de leurs trajectoires avec la figure vasculaire projetée sur la même vitre.

Après avoir répété ces expériences, je crois, comme Vierordt, qu'on doit, sans hésiter, rapporter tous ces mouvements à la circulation du sang, et cela par le mécanisme suivant : Un globule un peu volumineux se coince dans un des vaisseaux les plus étroits : il se forme alors, dans ce vaisseau, un certain vide en avant de ce globule, tandis qu'en arrière se pressent un nombre considérable de globules sanguins. Aussitôt que l'obstacle cède, tout l'encombrement s'écoule rapidement ; ce sont là des circonstances qu'on a souvent occasion d'observer lorsqu'on examine au microscope la circulation capillaire. Dans l'expérience dont nous parlons, on voit, en avant de l'obstacle, dans le champ visuel, une bande claire, longitudinale, répondant à la partie vide du vaisseau. Cette bande est suivie d'une partie sombre, qui correspond, je pense, à l'agglomération des globules sanguins. Dans mon œil droit, je vois très-nettement et souvent le phénomène se répéter, un peu à gauche du point de fixation, dans deux vaisseaux parallèles, et quelquefois cela a lieu simultanément dans les deux. Le mouvement apparent est ascendant; l'agglomération mobile disparaît en suivant, avec une vitesse accélérée, les sinuosités d'une courbe en forme de S. Dans l'image entoptique de l'arbre vasculaire, je retrouve, à l'endroit en question, non-seulement les deux vaisseaux parallèles, mais aussi la courbe en forme de S qui les réunit et qui débouche dans un tronc veineux plus grand : les deux méthodes d'observation sont donc parfaitement d'accord. Du reste, les deux vaisseaux dont j'ai parlé ne sont pas les seuls qui présentent un semblable mouvement : beaucoup d'autres parties dans le champ visuel du même œil sont dans le même cas ; mais elles sont plus éloignées du point de fixation et ne présentent pas de formes aussi caractéristiques. — En résumé, nous devons considérer le phénomène dont il s'agit, comme étant l'expression optique de petits obstacles à la circulation sanguine, obstacles qui ne se présentent ordinairement que dans certaines parties rétrécies de l'arbre vasculaire et ne se manifestent que lors du passage de globules un peu volumineux.

Pour décider si les objets vus entoptiquement sont en avant ou en arrière de la pupille et s'ils sont près de la rétine, il suffit d'examiner la parallaxe, comme l'a proposé Listing. — Soient (fig. 87) a l'image du point lumineux formée par les milieux de l'œil, c le point de la vision directe, fe le plan de la pupille, ou plutôt son image formée par le cristallin, laquelle diffère très-peu de la pupille vraie; enfin soit d un objet obscur, situé en arrière de la pupille. Si la ligne ac coupe la pupille en g, l'ombre du point g coïncide avec le point c de la vision directe; g est donc le point de l'image entoptique de la pupille qui est vu directement. Joignons ad et prolongeons cette droite jusqu'à son intersection b avec la rétine, c'est en ce point b que se forme l'ombre de d. Désignons par h le point d'intersection de la ligne ad et du plan pupillaire, la projection du point h de la pupille arrive également en b; les points d et h se recouvrent dans le champ visuel entoptique. Si, sur la ligne ab, se trouve encore un objet i en avant de la pupille, ce dernier coïncide également avec h dans le champ visuel entoptique.

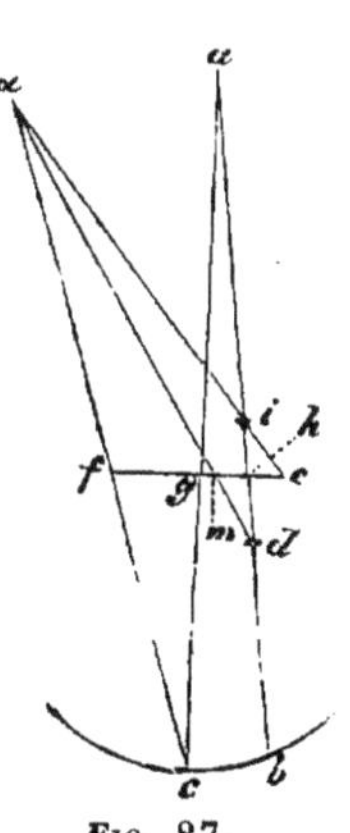

Fig. 87.

Mais que l'œil ou le point lumineux viennent à se déplacer de manière qu'un autre point f, de la pupille, soit vu directement dans l'image entoptique, que le point éclairant vienne en α sur le prolongement de la ligne cf, aussitôt la position des ombres de d et de i change par rapport à la pupille. Menons αd et αi. Soient m et e les points où la première de ces lignes et où le prolongement de la seconde coupent le plan de la pupille, ces points *m* et *e* sont les points de la pupille dont les images entoptiques coïncident maintenant avec celles des objets *d* et *i*. Ainsi, dans l'image entoptique, tandis que le point de visée est venu de *g* en *f*, l'image de l'objet *d*, placé derrière la pupille, a marché dans le même sens, de *h* en *m*, et celle de l'objet *i*, placé devant la pupille, a marché en sens contraire, de *h* en *e*. D'après le mode de désignation de Listing, *d* possède donc une parallaxe positive et *i* une parallaxe négative. Avec un peu d'exercice, il est toujours facile de décider si, par rapport au contour circulaire du champ visuel, les objets vus entoptiquement se déplacent dans le même sens que le point de visée ou en sens contraire, et, par suite, de distinguer s'ils sont en avant ou en arrière de la pupille.

Pour calculer plus exactement la distance des objets qui flottent dans le corps vitré, Brewster a, le premier, employé la méthode qui consiste à faire pénétrer dans l'œil deux faisceaux de rayons homocentriques et à produire ainsi deux ombres de chaque objet. De la distance réciproque des ombres, on peut déduire la distance qui sépare les objets de la rétine. A cet effet, à travers une lentille placée devant l'œil, Brewster regardait vers deux flammes situées l'une à côté de l'autre. Donders a modifié cette méthode en plaçant devant l'œil une lame de métal pourvue de deux ouvertures distantes de $1^{mm}\ {}^1/_2$. A travers ces ouvertures, il regarde un papier blanc, fortement éclairé, sur lequel les apparitions paraissent projetées. Il mesure d'abord la distance qui sépare les centres des deux images circulaires de la pupille qui se recouvrent partiellement, distance qu'on obtient en mesurant simplement la largeur de la partie non recouverte de l'un ou de l'autre de ces cercles. Il mesure ensuite la distance des images doubles de l'objet entoptique en question. Cette distance est à la distance des deux cercles comme la distance demandée de l'objet à la rétine est à la distance apparente de la pupille à la rétine (18^{mm}). De cette manière, on arrive facilement à calculer la distance des objets à la rétine.

Doncan a modifié la méthode de Donders en ce sens qu'il exécute ses mensurations d'après le principe des mensurations microscopiques à double vue. L'observateur regarde avec un œil, à travers une ou deux étroites ouvertures, un petit miroir concave qui réfléchit la lumière du ciel, et avec l'autre, un tableau placé à la distance de la vision distincte. C'est sur ce tableau qu'il peut mesurer avec le compas la grandeur des objets entoptiques, la distance de leurs doubles images, ainsi que la distance des points correspondants, au bord de l'iris. Pour calculer la grandeur réelle des objets entoptiques en partant de leur grandeur apparente, il faut connaître la distance qui sépare la cornée de l'ouverture à travers laquelle on regarde. Le mieux est d'amener cette ouverture au foyer antérieur de l'œil (à 12^{mm} en avant de la cornée) : les ombres des objets entoptiques sont alors de même grandeur que ces objets eux-mêmes. La grandeur apparente de ces objets dans le champ visuel, mesurée au compas, est à la grandeur réelle de l'ombre sur la rétine, comme la distance du compas à l'œil est à la plus petite distance focale principale de l'œil (15^{mm}).

Pour amener, au moins appproximativement, la lame à coïncider avec le plan focal antérieur de l'œil, on la fixe à l'extrémité d'un petit tube de longueur convenable.

Müller a mesuré la grandeur apparente du mouvement qu'affecte, dans le champ visuel, l'arbre vasculaire obtenu par la première des méthodes précitées ; un aide mesurait en même temps au compas la grandeur du déplacement du foyer éclairant sur la sclérotique. Des données ainsi obtenues, on peut déduire, au moins approximativement, par construction ou par calcul, la distance qui sépare les vaisseaux qui projettent l'ombre et la couche rétinienne qui la perçoit. Dessinons (fig. 83, p. 216) la coupe de l'œil en grandeur naturelle. Supposons que le foyer sur la sclérotique se meuve entre les points a et b. Soit α l'ombre d'un vaisseau v situé dans le voisinage de la tache jaune, dont on a mesuré le mouvement apparent. Pour la position a du point lumineux, ce vaisseau devra être situé sur la ligne droite $a\alpha$. Soit $\alpha\beta$ le déplacement réel sur la rétine déduit, par le calcul, du déplacement apparent dans le champ visuel; soit donc β de l'ombre du vaisseau quand le foyer est en b. Menons la droite $b\beta$, le point v où $b\beta$ et $a\alpha$ se coupent donne la position du vaisseau, et l'on peut trouver la distance de ce point à la rétine par une construction ou par le calcul. H. Müller trouva de cette manière, dans plusieurs expériences, pour la distance des vaisseaux à la couche sensible 0,17 ; 0,19 à 0,21 ; 0,22; 0,25 à 0,29; 0,29 à 0,32 millimètres; pour trois autres observateurs, il trouva 0,19; 0,26 ; 0,36 millimètres. Comme, d'après les mensurations anatomiques du même observateur, la distance des vaisseaux à la couche des bâtonnets et des cônes, dans la région de la tache jaune, varie entre $0^{mm},2$ et 0,3, il est probable que les cônes sont les parties sensibles à l'ombre, et c'est ce qu'on est porté à croire par d'autres circonstances que j'exposerai dans le § 18.

Dechales (1), jésuite du XVIIe siècle, émit le premier une opinion sur la provenance des *mouches volantes ;* d'après cette opinion, qui est la vraie, ce sont les ombres de corpuscules qui nagent dans le voisinage de la rétine. Pitcairn (2), au contraire, les plaça sur la rétine elle-même, et Morgagni (3), dans tous les milieux de l'œil, quoiqu'on ne puisse pas voir ceux qui sont le plus en avant, sans avoir recours à des sources de lumière étroites. De la Hire (4) se trompe également en plaçant les mouches fixes exclusivement sur la rétine, et les mouches mobiles dans l'humeur aqueuse. Le Cat (5) décrit une expérience qui contient complétement, en principe, la méthode de l'examen entoptique, puisqu'il a observé, dans le cercle de diffusion d'un petit point lumineux, l'ombre renversée d'une épingle tenue tout près de l'œil. Vers la même époque, Æpinus (6) a observé entoptiquement, et en se rendant compte de ce qu'il voyait, l'ombre de l'iris ainsi que la dilatation et le rétrécissement de la pupille. Mais c'est seulement depuis 1760 (7) qu'on a commencé à employer de petites ouvertures et de fortes lentilles pour voir plus nettement les mouches volantes, procédé qui, du reste, n'était pas absolument inconnu à Dechales.

Une théorie plus rigoureuse des images, les méthodes au moyen desquelles on reconnaît la position des corpuscules dans l'œil, furent établies bien plus tard par Listing (8) et par Brewster (9) sur les traces desquels marcha Donders (10). Doncan (11), élève de ce der-

(1) Cursus seu mundus mathematicus. Lugduni, 1690, III, 402.
(2) Pitcairnii opera. Lugd. Bat., p. 203, 206.
(3) Adversaria anatomica VI. Anim. LXXV, p. 94. Lugd. Bat., 1722.
(4) Accidents de la vue, p. 358.
(5) Traité des sens. Rouen, 1740, p. 298. — Amsterdam, 1744, p. 293.
(6) Novi Comment. Petropol., VII, 303.
(7) Histoire de l'Académie des sciences, 1760, p. 57. Paris, 1766.
(8) Beitrag zur physiologischen Optik. Göttingen, 1845.
(9) *Transactions of the Roy. Soc. of Edinb.*, XV, 377.
(10) *Nederl. Lancet*, 1846-47, 2e série, II, 345, 432, 537,
(11) De corporis vitrei structura. *Diss.*, Utrecht, 1854. — *Onderzoekingen ged. in het Physiol. Laborat. d. Utrechtsche Hoogeschool*, ann. VI, p. 171.

nier, fit voir la concordance des objets vus entoptiquement avec la structure microscopique du corps vitré. JAMES JAGO (1) fit des essais dans le même sens. Outre les expérimentateurs déjà nommés, STEIFENSAND (2), MACKENZIE (3), APPIA (4), décrivirent les différentes formes des objets entoptiques.

PURKINJE (5) a, le premier, découvert l'image subjective des vaisseaux centraux et a employé, pour l'observer, les trois méthodes indiquées plus haut. Il l'a aussi vue lors de l'excitation de l'œil par la pression et par l'afflux sanguin. GUDDEN (6) attira l'attention sur l'importance de la signification du mouvement de l'ombre relativement à la théorie du phénomène. La théorie du phénomène produit par de la lumière homocentrique qui se répand dans l'œil, soit par la pupille, soit par un foyer formé sur la sclérotique, ne parut présenter aucune difficulté. Cependant MEISSNER (7) appela l'attention sur les faits, irréguliers en apparence, qui se présentent lors du mouvement d'une lumière au-dessous de l'œil et se fonda sur ces faits pour élever des doutes sur toute l'explication généralement admise. Ces doutes furent levés par H. MÜLLER (8), qui trouva la théorie de cette expérience, telle qu'elle a été exposée plus haut.

PURKINJE dit déjà qu'au centre du champ visuel apparaît une tache éclairée qui ressemble à une fosse. BUROW (9) décrivit plus exactement l'image entoptique de la *fovea centralis;* mais, se fondant sur la théorie ancienne, qui a été rectifiée depuis par H. MÜLLER, il l'expliqua par une saillie au lieu de l'attribuer à un creux.

1693. DECHALES, Cursus seu mundus mathematicus. Lugduni, III, 402.
1694. DE LA HIRE, Accidens de la vue, in *Mém. de l'Acad. des sc.*, p. 358.
— PITCAIRNII opera. Lugd. Bat., p. 203, 206.
1722. MORGAGNI, Adversaria anatomica VI. Anim. LXXV, p. 94. Lugd. Bat.
1740. LE CAT, Traité des sens. Rouen, p. 298. — Amsterdam, 1744, p. 293.
— ÆPINUS, *Novi Comment. Petrop.*, VII, 303.
1760. Histoire de l'Acad. des sc. pour l'année 1760, p. 57.
1819. PURKINJE, Beiträge zur Kenntniss des Sehens, p. 89.
1825. LE MÊME, Neue Beiträge, p. 115, 117.
1842. STEIFENSAND, in *Poggendorff's Ann.*, LV, p. 134. — *v. Ammon's Monatsschrift für Medicin*, I, 203.
1845. LISTING, Beitrag zur physiologischen Optik. Göttingen.
— BREWSTER, in *Transactions of the Roy. Soc. of Edinb.*, XV, 377.
— MACKENZIE, in *Edinb. Medical and Surgical Journal*, July, 1845.
1846. DONDERS, in *Nederlandsch Lancet*, 1846-47, 2e série, II, 345, 432, 537.
1848. BREWSTER, in *Phil. Mag.*, XXXII, 1. — *Arch. des sc. phys. et natur. de Genève*, VIII, 299.
1849. GUDDEN, in *J. Müller's Archiv*, 1849, p. 522.
1853. APPIA, De l'œil vu par lui-même. Genève.
— TROUESSART, Suite des recherches concernant la vision, in *Comptes rendus*, XXXVI, 144-146.
1854. A. DONCAN, De corporis vitrei structura. *Dissert.* Trajecti ad Rhenum. — in *Onderzoekingen ged. in het Physiol. Laborat. d. Utrechtsche Hoogeschool*, Jaar VI, p. 171.
— BUROW, in *J. Müller's Archiv*, 1854, p. 166.
1855. JAMES JAGO, in *Proceedings of the Roy. Soc.*, 18 Jan. 1855.

---

(1) *Proceed. Roy. Soc.*, 18 jan. 1855.
(2) *Poggendorff's Ann.*, LV, 134. — *v. Ammon's Monatsschrift f. Med.*, I, 203.
(3) *Edinburgh Medical and Surgical Journal.* July, 1845.
(4) De l'œil vu par lui-même. Genève, 1853.
(5) Beiträge zur Kenntniss des Sehens, 1819, p. 89. Neue Beiträge, 1825, pp. 115, 117.
(6) *J. Müller's Archiv für Anat. u. Physiol.*, 1849, p. 522.
(7) Beiträge zur Physiologie des Sehorgans, 1854.
(8) *Verhandl. der med.-physik. Ges. zu Würzburg*, IV, 100, V. Lief. 3.
(9) *J. Müller's Archiv*, 1854, p. 166.

1856. VIERORDT, Wahrnehmung des Blutlaufs in den Netzhautgefässen, in *Archiv für physiol. Heilkunde*, 1856, Heft II.

— MEISSNER, in *Jahresbericht für* 1856, *Henle und Pfeuffer's Zeitschrift*, 3, I, 565-566.

1857 J. IAGO, Ocular spectres, structures and functions as mutual exponents, in *Proc. Roy. Soc.*, VIII, 603-610. — *Phil. Mag.*, 4, XV, 545-550.

1860. O. N. ROOD, On a probable means of rendering visible the circulation in the eye, in *Silliman J.*, 2, XXX, 264-265 ; 385-386.

1861. L. REUBEN, On normal quasi-vision of the moving blood-corpuscles within the retina of the human eye, in *Silliman J.*, 2, XXXI, 325-338 ; 417-417.

§ 16. — La lueur oculaire et l'opthalmoscope.

De la lumière qui vient frapper la rétine, une partie est absorbée, et cela principalement par le pigment noir de la choroïde, et une autre partie est réfléchie diffusément, et renvoyée hors de l'œil à travers la pupille.

Dans les circonstances ordinaires, nous n'apercevons, en aucune façon, la lumière qui sort par la pupille des autres : cette ouverture nous paraît, au contraire, complétement noire. Il faut en chercher la raison principalement dans les conditions de réfraction particulières à l'œil, et en partie aussi dans ce fait que la plupart des points du fond de l'œil renvoient relativement peu de lumière à cause de leur pigmentation foncée.

Dans tous les systèmes de surfaces réfringentes qui forment une image exacte d'un point lumineux, les rayons peuvent revenir de l'image au point lumineux en suivant exactement le même chemin qu'ils ont suivi pour aller du point lumineux à l'image. En d'autres termes, si l'on met le point lumineux à la place de l'image, l'image vient se former à l'endroit occupé précédemment par le point lumineux.

Il résulte de là que : lorsque l'œil humain est exactement accommodé pour un corps lumineux et qu'il forme une image exacte de ce corps sur sa rétine, si l'on considère la partie éclairée de la rétine comme un second objet lumineux, l'image qu'en forment les milieux de l'œil coïncide exactement avec le corps donné; ainsi, au dehors de l'œil, toute la lumière qui revient de la rétine se dirige directement vers le corps lumineux, et il n'en passe pas à côté de ce corps. Pour recevoir une partie de cette lumière, il serait nécessaire que l'œil de l'observateur vînt se placer entre le corps lumineux et l'œil éclairé ; c'est ce qu'il est évidemment impossible de réaliser sans intercepter la lumière qui va à l'œil éclairé, à moins d'employer quelque artifice particulier.

Un observateur ne peut pas davantage voir la lumière renvoyée par l'œil d'un autre, si ce dernier est exactement accommodé pour la pupille de cet observateur. Dans ces conditions, en effet, il se forme sur la rétine de l'œil observé une image exacte et obscure de la pupille de l'observateur. Réciproquement, les milieux de l'œil observé forment précisément sur la pupille de l'observateur une image exacte de son image rétinienne, et, par suite, l'observateur ne peut voir, dans l'œil d'un autre, que le reflet de sa propre pupille noire.

C'est ce qui explique comment, dans les circonstances ordinaires, nous ne voyons pas le fond des yeux que nous regardons, et comment nous n'y distinguons même pas les parties qui réfléchissent le plus fortement la lumière, telle que l'entrée, généralement blanche, du nerf optique ou les vaisseaux sanguins. La pupille paraît noire même chez les albinos, sujets dont la choroïde n'a pas de pigment, si, pour empêcher la lumière de pénétrer dans l'œil à travers la sclérotique, on a la précaution d'interposer un écran percé d'une ouverture de la grandeur de la pupille (1). C'est, en effet, la lumière qui passe par la sclérotique qui donne à la pupille des albinos son aspect rouge bien connu. De même, l'objectif d'une *chambre noire* paraît noir, lorsqu'on lui fait projeter l'image d'une lumière unique, placée dans une chambre dont on a fermé les volets, et cet objectif n'en paraît pas moins noir dans le cas où l'on reçoit l'image sur une feuille de papier blanc.

Si l'œil observé n'est, au contraire, accommodé exactement ni pour le corps lumineux, ni pour la pupille de l'observateur, il est possible que celui-ci perçoive un peu de la lumière qui émerge de l'œil observé, et dont la pupille lui paraît alors lumineuse.

Il est facile de voir que l'observateur peut recevoir de la lumière provenant de tous ceux des points de la rétine de l'œil observé, sur lesquels tombe l'image de diffusion de sa propre pupille. — Substituons, pour un instant, un disque lumineux à la pupille de l'observateur : l'image de diffusion qui se formerait de ce disque dans l'œil observé coïnciderait exactement avec celle de la pupille de l'observateur; or des rayons lumineux iraient d'un ou de plusieurs points de notre disque à chaque point de son image de diffusion; donc, réciproquement, les rayons partis de chaque point du cercle de diffusion peuvent atteindre un ou plusieurs points du disque lumineux, c'est-à-dire la pupille de l'observateur. L'œil observé paraît donc lumineux toutes les fois que l'image de diffusion de la pupille de l'observateur coïncide en partie, dans l'œil observé, avec celle d'un objet lumineux.

Si donc nous regardons un œil en rasant le bord d'une lumière dont nous empêchons, au moyen d'un écran opaque, les rayons de nous

(1) F. C. Donders, in *Onderzoekingen gedaan in het Physiologisch Laborat. der Utrechtsche Hoogeschool.* Jaar VI, p. 153. — van Trigt, in *Nederlandsch Lancet*, 3e sér., II, 419.

éblouir, pour peu que l'œil observé soit accommodé pour une distance plus rapprochée ou plus éloignée, sa pupille nous apparaît éclairée en rouge. La disposition de l'expérience est représentée schématiquement par la figure 88. *B* est l'œil de l'observateur, *S* l'écran qui le protége contre les rayons directs, *A* la coupe horizontale d'une flamme de lampe, *C* l'œil observé, *BC* la ligne visuelle de l'observateur, *Cd* celle de l'œil observé, qui peut être dirigé arbitrairement. L'expérience réussit aussi, le plus souvent, sans s'inquiéter de l'accommodation de l'œil observé, si l'observateur est éloigné, parce que la

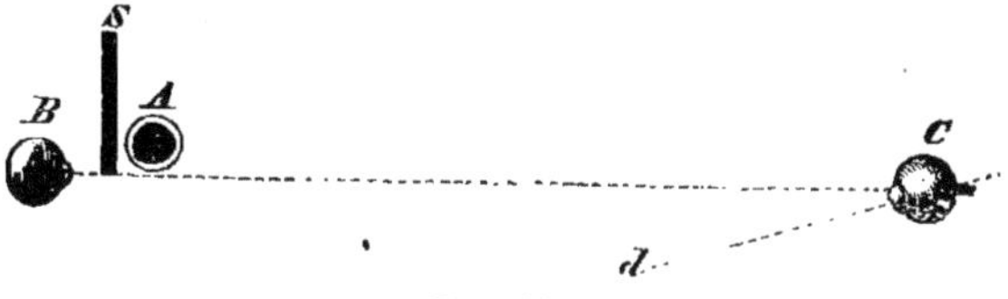

FIG. 88.

moindre inexactitude de la réfraction ou de l'accommodation suffit alors pour que quelques rayons arrivent à l'observateur ; elle réussit encore si, comme dans la figure 88, le sujet observé regarde de côté, parce qu'alors l'image de la lumière et celle de la pupille de l'observateur viennent se former sur les parties périphériques de la rétine, où les images ne sont pas nettes. L'éclairage est le plus brillant lorsque la lumière incidente tombe sur le lieu d'entrée du nerf optique, parce que la substance blanche de cette *papille* réfléchit fortement la lumière et qu'à cause de sa structure diaphane, le nerf ne présente pas une surface de séparation suffisamment déterminée pour recevoir une image parfaitement nette.

Il faut ajouter que si l'on fait usage d'un éclairage suffisamment intense, la sclérorique reçoit, à travers la choroïde, et renvoie par la réflexion diffuse, une quantité de lumière assez grande pour être perceptible. Cette lumière se comporte comme celle des cercles de diffusion. Aussi, par un éclairage intense, lors même que l'œil observé est exactement accommodé pour la pupille de l'observateur, la pupille de l'œil observé peut-elle devenir un peu lumineuse, surtout si cet œil est peu pigmenté.

On peut encore mieux observer la lueur oculaire si, au lieu de laisser arriver directement à l'œil la lumière de la flamme, on la lui envoie au moyen d'un miroir à travers lequel on regarde en même temps. Soient (fig. 89) *A* la lumière (1) et *S* le miroir, qui peut con-

(1) Sur la figure 89, en *A* et en α, la flamme devrait être représentée en coupe, comme sur la figure 88.

sister en une lame de verre non étamée. La lumière arrive à l'œil observé C comme si elle provenait d'une flamme située en α, et il se forme, sur la rétine de cet œil, une petite image de la flamme. La lumière renvoyée par la rétine reprend, au sortir de l'œil, la direction de l'image α, rencontre de nouveau la lame réfléchissante en un point où elle se partage en deux parties dont l'une retourne à la vraie lumière A, tandis que l'autre traverse la lame et continue son chemin vers l'image réfléchie. C'est cette dernière partie qui peut être reçue par l'œil B de l'observateur, pour lequel l'œil observé devient lumineux.

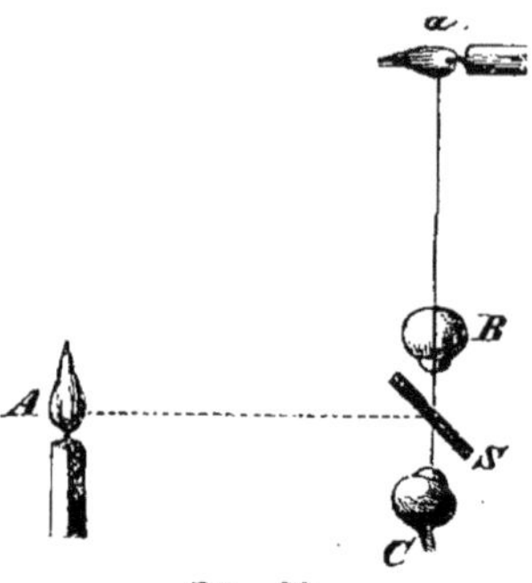

FIG. 89.

Au lieu de la lame de verre non étamée, on peut aussi se servir d'un miroir de verre étamé ou d'un miroir métallique percé d'une ouverture étroite par laquelle l'observateur puisse regarder.

Si, dans ces expériences, l'observateur voit luire le fond de l'œil observé, il ne peut cependant, en général, rien y distinguer, parce qu'il ne peut pas accommoder son œil pour l'image que forment, de ce fond, les milieux réfringents de l'œil. Pour distinguer le fond de l'œil, il faut ajouter des lentilles convenables. La combinaison de semblables lentilles avec un appareil d'éclairage constitue un instrument, l'*ophthalmoscope*, au moyen duquel on peut voir distinctement et examiner les images formées sur la rétine d'un œil donné, ainsi que les détails de cette rétine.

Brücke a appelé l'attention sur un avantage particulier que doit présenter la disposition de la couche des bâtonnets, lors de la réflexion de la lumière par la rétine. Ces petits corps sont des cylindres, longs de $0^{mm},030$, épais de $0^{mm},0018$, formés d'une substance très-réfringente, qui, serrés les uns contre les autres comme les pieux d'une palissade, constituent la dernière couche de la rétine et sont en contact avec la choroïde. Les axes de ceux qui garnissent la partie de la rétine située au fond de l'œil sont tournés vers la pupille, et, pour cette raison, toute la lumière incidente pénètre dans ces petits corps presque parallèlement à leur axe. Or, lorsque la lumière, cheminant dans un milieu plus dense, rencontre sous un grand angle d'incidence la surface d'un milieu moins réfringent, elle subit une réflexion totale ; nous pouvons donc conclure que la lumière qui a une fois pénétré dans un bâtonnet n'en sort ordinairement plus, et que si elle vient à rencontrer la surface limitante de ce petit cylindre, elle doit être, en grande partie, réfléchie vers l'intérieur du bâtonnet. Pour nous faire une idée de ce qui a lieu, posons l'indice de réfraction des bâtonnets égal à celui de l'huile (1,47), celui de la substance intermédiaire égal à celui de l'eau (1,33) ; les rayons qui viendront rencontrer la surface de séparation sous un angle moindre que 25° éprouveront la réflexion totale; or, ceux venus de la pupille ne leur arrivent que sous un angle d'incidence de 8° environ. Si la lumière est enfin parvenue à l'extrémité du bâtonnet et que la choroïde en renvoie une partie par diffusion, cette partie devra principalement revenir par le même bâtonnet. Toute partie de cette lumière qui forme un angle considérable avec l'axe du cylindre pourra assurément sortir du bâtonnet, mais ce n'est qu'après de nombreuses réflexions sur les surfaces des bâtonnets voisins qu'elle pourra pénétrer jusque dans le corps vitré. La partie, au contraire, qui a été réfléchie presque parallèlement à l'axe du petit cylindre, n'éprouvera que des réflexions totales peu nombreuses et n'aura ainsi perdu que peu de son intensité à sa sortie du corpuscule; elle sera dirigée alors vers la pupille par laquelle elle émergera. Cette fonction des bâtonnets paraît présenter de l'importance, particulièrement chez les animaux dans la choroïde desquels la couche de cellules pigmentaires noires est remplacée par une surface très-réfléchissante (*tapetum*). D'une part, il peut arriver, par suite de la disposition qui nous occupe, que la lumière, à son retour, frappe et excite pour la seconde fois les éléments sensibles de la rétine qu'elle a impressionnés dans son premier trajet; d'autre part, en revenant, elle ne peut frapper que les mêmes éléments de la rétine, ou tout au plus les éléments voisins, et elle ne peut éclairer d'une manière diffuse qu'une très-petite portion de l'œil, ce qui est nécessaire pour l'exactitude de la vision. En effet, en décrivant dans le paragraphe précédent le mode d'observation de la figure vasculaire au moyen d'une lumière qu'on fait balancer au-dessous de l'œil, nous avons vu que, si les images sur la rétine sont suffisamment lumineuses, la lumière diffusée peut devenir perceptible dans le champ visuel.

Je vais donner ici une série de propositions générales, comme base de la théorie mathématique de la lueur oculaire (*Augenleuchten*) et de l'ophthalmoscope, propositions qui, une fois posées, faciliteront singulièrement l'étude ultérieure des cas particuliers.

Proposition I.

Lorsque deux rayons lumineux traversent, en sens contraire, un nombre quelconque de milieux uniréfringents, et que, dans l'un de ces milieux, ils se confondent en une même droite, ils se confondent également dans tous les autres milieux.

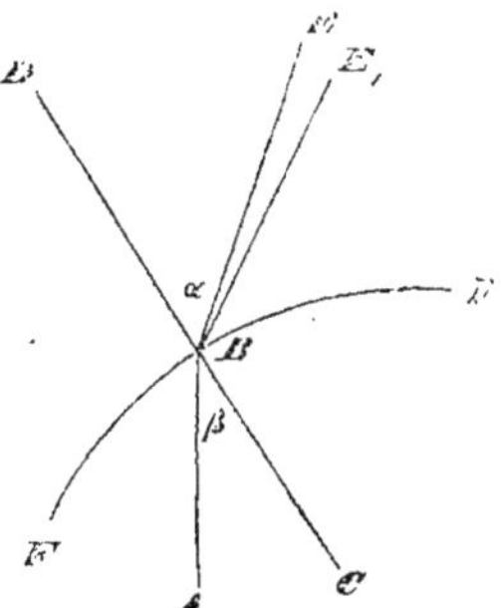

FIG. 90.

Soit AB (fig. 90) la partie que nous savons être commune aux deux rayons. Supposons que le premier rayon, parti de E, soit arrivé en B, suivant la ligne EB, et s'y soit réfracté pour se diriger vers A. Le second rayon vient de A et se dirige vers B, suivant la ligne AB; il se réfracte en ce point; supposons qu'il prenne la direction BE_1 : nous voulons démontrer que E_1B coïncide avec EB. Soit DBC la normale au point d'incidence; soit m l'indice de réfraction du milieu qui contient les points E et $E_{\prime}$ et les angles $EBD = \alpha$ et $E_{\prime}BD = \alpha_{\prime}$; soit n l'indice de réfraction du milieu qui contient A et l'angle $ABC = \beta$. Pour le premier rayon il faut, d'après la loi de la réfraction, que AB soit contenu dans le plan mené par DB et par EB, et qu'on ait de plus

$$m \sin \alpha = n \sin \beta .$$

De même, pour le second rayon, il faut que $E_{\prime}B$ soit contenu dans le plan mené par DB et par AB, c'est-à-dire dans celui qui contient aussi EB, et qu'on ait

$$m \sin \alpha_{\prime} = n \sin \beta .$$

on doit donc avoir

$$\sin \alpha = \sin \alpha_{\prime},$$

ou

$$\alpha = \alpha_{\prime} ,$$

puisque les deux angles ne peuvent appartenir qu'au premier quadrant.

Il suit de là que $E_{\prime}B$ coïncide avec EB. Les deux rayons se confondent donc dans le milieu où se trouve E.

A la rencontre de la surface réfringente suivante, on démontrerait de même la coïncidence des deux rayons dans le troisième milieu, et ainsi de suite.

Observations. — 1) On voit facilement que cette coïncidence n'est pas altérée non plus par les réflexions que peuvent subir les rayons.

2) Pour l'œil, il résulte de la proposition I que tout rayon qui, dans son trajet de la rétine au cristallin, coïncide avec un autre rayon venant d'un point lumineux, se confond également avec ce rayon en dehors de l'œil.

3) En établissant cette proposition d'une manière aussi générale, il faut se rappeler que, pour certaines directions de polarisation et certains angles d'incidence, les rayons peuvent s'éteindre entièrement lors de l'une de leurs réflexions ou de leurs réfractions. Dans nos applications à l'éclairage de l'œil, de pareilles circonstances ne se produisent pas : la lumière tombe presque normalement sur les surfaces réfringentes de l'œil, de sorte que l'état de polarisation qu'elle peut posséder n'exerce qu'une influence négligeable sur l'intensité des portions réfractée ou réfléchie. Du reste, nous pouvons négliger l'affaiblissement des rayons par la réflexion et l'absorption qu'ils éprouvent sur et dans les milieux de l'œil. Alors seulement que nous emploierons la réflexion par des lames de verre placées obliquement, il nous faudra penser à l'affaiblissement que la réflexion fait subir à la lumière.

En ce qui concerne l'intensité du rayon lumineux considéré dans les deux directions opposées, on peut également établir une règle tout à fait correspondante, et d'une validité très-étendue, qu'il suffira d'énoncer ici, car dans les applications qui suivent nous n'aurons pas à faire usage du principe dans sa forme générale. Tout lecteur familiarisé avec les lois de l'optique peut d'ailleurs en retrouver aisément la démonstration. Cette règle générale peut être énoncée de la manière suivante :

Considérons un rayon lumineux parti de A et qui arrive en B, après un nombre quelconque de réfractions, de réflexions, etc. Menons en A, par la direction du rayon, deux plans quelconques, a_1 et $_2$ perpendiculaires l'un à l'autre, et suivant lesquels nous décomposerons ses oscillations. Menons en B deux plans analogues, b_1 et b_2 , contenant le rayon. On peut démontrer que : Si, suivant la direction du rayon en question, il part de A une quantité J de lumière, polarisée suivant le plan a_1 et qu'il en arrive en B une quantité K, polarisée suivant le plan b_1, réciproquement lorsqu'il part de B une quantité J de lumière polarisée suivant b_1, il en arrive en A la même quantité K, polarisée suivant a_1.

Autant que je puis en juger, la lumière peut subir, dans son trajet, la réfraction simple ou double, la réflexion, l'absorption, la dispersion et la diffraction ordinaires, sans que la loi cesse d'être applicable; il faut seulement que la réfrangibilité de la lumière n'ait pas été altérée. et qu'elle ne traverse pas de corps dans lesquels le magnétisme influe sur la position du plan de polarisation, suivant la découverte de Faraday.

Proposition II.

Pour que la pupille de l'œil observé paraisse lumineuse, il faut que, sur la rétine de cet œil, l'image de la source lumineuse coïncide, au moins en partie, avec celle de la pupille de l'observateur.

Pour que, d'un point de la rétine de l'œil observé, il arrive de la lumière à l'œil de l'observateur, il faut d'abord que ce point soit éclairé par la source lumineuse, c'est-à-dire qu'il appartienne à l'image de cette source. Ensuite si, pour un instant, nous faisons émettre de la lumière à la pupille de l'observateur, d'après la proposition précédente, cette lumière devrait pouvoir aller de la pupille de l'observateur au point indiqué de la rétine de l'œil observé, tout aussi bien qu'elle suit le chemin opposé. Ce point de la rétine doit donc appartenir en même temps à l'image qui se forme de la pupille de l'observateur; peu importe, d'ailleurs, que cette image soit nette ou qu'elle forme une figure de diffusion.

Observations. — 1) Cette proposition ne s'applique pas seulement au cas où les rayons vont, sans déviation, de la source lumineuse à l'œil observé, et de là, à l'œil de l'observateur: elle reste vraie en interposant un nombre quelconque de lentilles et de miroirs. Il en résulte un moyen commode de se rendre compte expérimentalement sur soi-même de l'action d'un ophthalmoscope donné : Qu'on se place, par rapport à la lumière et à l'instrument, dans la position qui appartient ordinairement au sujet observé; la partie du champ visuel qui paraît alors lumineuse, correspond à la portion éclairée de la rétine. On peut reconnaître si ce champ éclairé est grand ou petit, s'il est éclairé d'une manière uniforme ou s'il contient des parties obscures, et, dans ce cas, juger du degré relatif d'éclairement des différentes parties. Puis on place la lumière derrière l'instrument, à l'endroit où se trouve ordinairement l'œil observateur, de manière à l'apercevoir à travers l'ouverture destinée à l'observation : la partie éclairée dans cette seconde expérience est précisément le cercle de la rétine qui est visible pour l'observateur.

Je recommande cette méthode pour se rendre compte de l'action des différentes combinaisons de miroirs plans et courbes, de lentilles convexes et concaves qui peuvent constituer les ophthalmoscopes, sans avoir besoin de recourir à des constructions géométriques compliquées, qui, à moins d'une grande habitude, sont plutôt faites pour embrouiller les idées que pour les éclaircir.

2) En ce qui concerne l'effet des procédés d'éclairage décrits dans ce paragraphe, on peut toujours s'en rendre compte d'après la règle que je viens d'énoncer. Il faut se rappeler que, conformément à l'expérience de tous les jours confirmée par une construction simple de la marche des rayons lumineux, l'image de diffusion d'un objet éloigné ne peut pas recouvrir l'image d'un objet voisin, tandis qu'au contraire l'image de diffusion d'un objet voisin peut recouvrir l'image nette d'un objet éloigné. Dans l'expérience du miroir percé, l'image de diffusion de l'ouverture à travers laquelle regarde l'observateur, et qui doit être le plus près possible de l'œil observé, recouvre l'image de la flamme qui est plus éloignée et qui est peut-être vue distinctement. Si l'on ne se sert pas de miroir et que l'observateur regarde vers l'œil observé en rasant le bord de la flamme, l'observé voit l'œil de l'observateur et la flamme très-rapprochés l'un de l'autre et pour peu qu'il ne soit pas exactement accommodé, les images de diffusion de ces deux objets empiètent l'une sur l'autre. Dans l'éclairage au moyen d'une lame de verre non étamée, les deux images, aussi bien celle de la lumière que celle de la pupille de l'observateur, peuvent être nettes sans inconvénient. La première est réfléchie par la lame de verre, la seconde est vue à travers la lame, de sorte qu'elles se superposent. Aussi est-ce l'observé qui peut le plus facilement placer la lame de manière que son œil soit éclairé pour l'observateur : il suffit qu'il s'arrange de manière à amener sur l'œil de l'observateur l'image réfléchie de la flamme.

Cette loi de réciprocité, que nous avons établie principalement au point de vue du chemin suivi par la lumière entre deux points, peut s'appliquer aussi à la quantité de la lumière qui va dans l'un ou dans l'autre sens. Rappelons d'abord à ce sujet la *loi générale de l'éclairement :* soient, dans un milieu transparent, deux éléments de surface infiniment petits, de grandeur a et b, à la distance r l'un de l'autre; soient α et β les angles que leurs normales forment avec la ligne droite qui les unit; si a émet de la lumière avec une intensité H, on a, pour la quantité L de lumière qui vient de a en b,

$$L = \frac{H \,.\, ab \cos\alpha \cos\beta}{r^2} \Big\} \quad \ldots\ldots\ldots\ldots \quad 1).$$

Telle serait aussi la quantité de lumière qui arriverait de b en a, si b émettait de la lumière avec l'intensité H.

Proposition III.

Soient dans un système centré de surfaces sphériques réfringentes, n_1 l'indice de réfraction du premier milieu, n_2 celui du dernier; soient α et β deux éléments de surface, situés dans le premier et dans le dernier milieu, tous deux perpendiculaires à l'axe du système et voisins de cet axe. *Si α possède l'intensité* n_1^2H, *et β l'intensité* n_2^2H, *il arrive autant de lumière de α en β que de β en α.*

Pour ne pas rendre plus compliquée que ne l'exigent les applications que nous voulons en déduire, la démonstration de cette proposition, qui peut se faire pour le cas général, nous négligerons ici l'affaiblissement qu'éprouvent les rayons par leur réflexion sur les surfaces réfringentes, et nous admettrons que les angles d'incidence des rayons sur ces surfaces sont toujours assez petits pour qu'on puisse égaler leurs cosinus à 1.

1) *Lorsque β ne coïncide pas avec l'image de α.*

Soient AC (fig. 91) l'axe optique du système réfringent, F le premier point principal, G le second; α le premier élément de surface, que nous ne représentons dans la figure que par un point, puisqu'il est infiniment petit, γ son image;

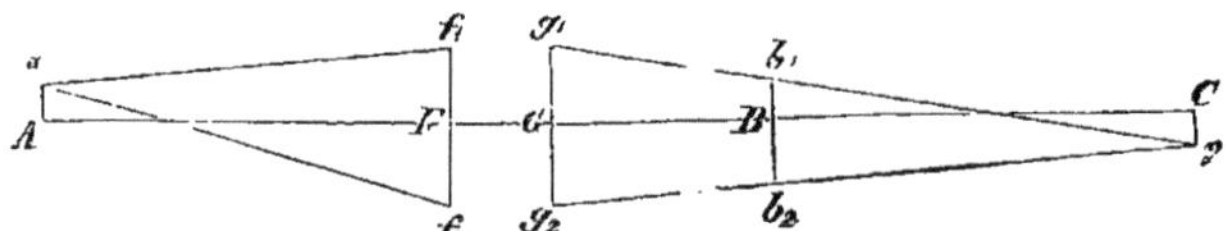

Fig. 91.

$f_1\, f_2$ la section du faisceau lumineux incident par le premier plan principal, $g_1\, g_2$ sa section par le second. La base du faisceau, dans le premier plan principal, est la même que dans le second; soit Φ leur grandeur commune. Supposons le second élément de surface β situé dans le plan qui est perpendiculaire en B à l'axe optique, et soit $b_1\, b_2$ la section du faisceau lumineux par ce plan.

Soient enfin A et C les pieds des perpendiculaires abaissées de α et de γ sur l'axe optique.

La quantité de lumière venue de α, qui atteint la base $f_1 f_2$ du cône de rayons, est, d'après l'équation 1),

$$\frac{n_1^2 H \cdot \alpha \cdot \Phi}{AF^2},$$

si $n_1^2 H$ est l'intensité de α. Cette même quantité de lumière atteint également les sections suivantes du cône en $g_1 g_2$ et $b_1 b_2$. Or la quantité de lumière qui, dans le dernier plan sécant, rencontre l'élément β, est à la quantité totale de la lumière qui atteint la surface $b_1 b_2$, comme la surface de β est à celle de la section du cône lumineux en $b_1 b_2$, surface que nous désignons par Ξ. On a donc, pour la quantité totale X qui vient de α en β,

$$X = \frac{\Phi}{\Xi} \cdot \frac{n_1^2 H\alpha\beta}{AF^2} \Bigg\} \quad \ldots\ldots\ldots\ldots \quad 2).$$

Mais on a d'autre part

$$\frac{\Phi}{\Xi} = \frac{(g_1 g_2)^2}{(b_1 b_2)^2} = \frac{CG^2}{BC^2}.$$

Cette valeur, mise dans l'équation 2), donne

$$X = n_1^2 H\alpha\beta \frac{CG^2}{BC^2 \cdot AF^2}.$$

Or comme, d'après l'équation 8a) du § 9 (p. 74),

$$\frac{GC}{AF} = \frac{F_2}{AF - F_1},$$

où F_1 et F_2 représentent les deux distances focales du système, on a

$$X = H\alpha\beta \cdot \frac{n_1^2 F_2^2}{[AF \cdot F_2 + BG \cdot F_1 - AF \cdot BG]^2} \Bigg\} \quad \ldots \quad 2a).$$

On obtient de même pour la quantité de lumière Y qui vient de β en α, si l'intensité en β est $n_2^2 H$,

$$Y = H\alpha\beta \cdot \frac{n_2^2 F_1^2}{[AF \cdot F_2 + BG \cdot F_1 - AF \cdot BG]^2} \Bigg\} \quad \ldots \quad 2b).$$

Comme tout est symétrique des deux côtés, il suffit, en effet, pour obtenir cette équation, de changer, dans l'expression de X,

AF en BG
F_1 en F_2
α en β
$n_1^2 H$ en $n_2^2 H$.

Or, comme d'après l'équation 9c) du § 9 (p. 75), on a

$$n_1 F_2 = n_2 F_1,$$

il résulte de 2a) et 2b) l'égalité

$$X = Y,$$

C. q. f. d.

2) *Lorsque β coïncide avec l'image de α.*

Admettons d'abord que β coïncide exactement, en grandeur et en position, avec l'image de α, alors α coïncide aussi exactement avec l'image de β, et toute la lumière émise par α, qui traverse les surfaces réfringentes, arrive en β, et réciproquement toute la lumière qui traverse les surfaces réfringentes en venant de β, rencontre α.

Conservons les notations de la figure 91, mais figurons-nous l'élément β placé en γ.

Pour la quantité de lumière X, qui, venue de α dont l'intensité est $n_1^2 H$, rencontre les surfaces réfringentes, et atteint par conséquent β, on a

$$X = n_1^2 H \frac{\alpha\Phi}{AF^2} \Bigg\} \quad \ldots\ldots\ldots\ldots\ldots, \quad 3\text{ a}),$$

et pour la quantité Y qui, venant de β dont l'intensité est $n_2^2 H$, rencontre les surfaces réfringentes, et par suite l'élément α, on a

$$Y = n_2^2 H \frac{\beta\Phi}{GC^2} \Bigg\} \quad \ldots\ldots\ldots\ldots\ldots \quad 3\text{ b}).$$

Comme β doit être l'image de α, on a, d'après l'équation 8b) du § 9 (p. 74), en se rappelant que α et β sont des surfaces semblables, et par conséquent proportionnelles aux carrés de leurs dimensions linéaires,

$$\frac{\alpha}{\beta} = \frac{F_2^2}{(GC - F_2)^2},$$

et comme, de plus, d'après l'équation 8a) du § 9, on a

$$GC - F_2 = \frac{GC \cdot F_1}{AF},$$

il s'ensuit

$$\frac{\alpha F_1^2}{AF^2} = \frac{\beta F_2^2}{GC^2},$$

et comme $F_1 : F_2 = n_1 : n_2$, on a

$$\frac{\alpha n_1^2}{AF^2} = \frac{\beta n_2^2}{GC^2} \Bigg\} \quad \ldots\ldots\ldots\ldots\ldots \quad 3\text{ c}).$$

En combinant 3a), 3b) et 3c), on obtient enfin

$$X = Y, \qquad \text{C. q. f. d.}$$

Si l'un des deux éléments, α par exemple, était plus grand que l'image de β, les parties de α qui n'appartiendraient pas à l'image de β n'enverraient pas de lumière vers β et n'en recevraient pas de β; il n'y aurait donc rien de changé ni à X ni à Y, et notre proposition resterait exacte.

Observations. — 1) Toute la démonstration peut aussi bien s'appliquer à des systèmes centrés composés à la fois de surfaces sphériques réfringentes et réfléchissantes.

2) Pour que la proposition soit applicable, il n'est pas nécessaire que la surface éclairante et la surface éclairée soient infiniment petites, pourvu qu'elles le soient assez pour que les cosinus des angles d'incidence des rayons sur les surfaces réfringentes ne diffèrent pas sensiblement de l'unité : en effet, si la proposition est vraie pour deux éléments quelconques de deux surfaces, elle l'est aussi pour les surfaces entières.

Si, pour appliquer à l'éclairage de l'œil la proposition que nous venons de démontrer, nous plaçons l'un des éléments de surface sur la rétine de l'œil observé, et si nous remplaçons l'autre par la pupille de l'observateur, négligeant d'ailleurs la différence entre la réfraction de l'humeur aqueuse et celle de l'humeur vitrée, et supposant qu'on ait placé entre les deux yeux un système quelconque de surfaces sphériques centrées, réfringentes ou réfléchissantes, la proposition III peut s'exprimer de la manière suivante :

Proposition III *bis*.

La quantité de lumière qui, venant d'un élément de la rétine de l'œil observé, pénètre dans l'œil de l'observateur, est égale au produit de l'intensité avec laquelle l'élément de la rétine est éclairé par la source lumineuse, multipliée par la quantité de lumière qui viendrait de la pupille de l'observateur à cet élément rétinien, si la pupille de l'observateur possédait une intensité égale à 1.

Soient H l'intensité avec laquelle l'élément de la rétine est éclairé par la source lumineuse, k la quantité de lumière qui arrive à l'élément rétinien en venant de la pupille de l'observateur, cette pupille possédant une intensité égale à 1 ; d'après la proposition qu'on vient de voir, k serait aussi la quantité de lumière qui, de l'élément rétinien, s'il avait l'intensité lumineuse 1, arriverait à la pupille de l'observateur. Mais comme l'intensité de cet élément est H, la quantité de lumière qu'il envoie réellement à la pupille de l'observateur est Hk, conformément à notre énoncé.

Cette proposition III est, pour ainsi dire, le développement de la précédente, puisqu'elle donne les déterminations quantitatives qui manquent dans la proposition II. La démonstration ne paraît s'appliquer, au premier abord, qu'à des ophthalmoscopes sur les surfaces réfringentes et réfléchissantes desquels les rayons tombent presque perpendiculairement, et n'éprouvent pas d'affaiblissement considérable ; mais il est facile de voir qu'elle s'applique aussi à l'éclairage de l'œil au moyen de lames de verre réfléchissantes placées obliquement ; car la lumière non polarisée qui traverse une lame de ce genre en allant de l'œil observateur à l'œil observé, éprouve un affaiblissement aussi fort que celui qu'elle éprouverait en suivant la direction opposée.

Proposition IV.

Lorsqu'un observateur voit, à travers un système centré de surfaces sphériques réfringentes et réfléchissantes, une image nette d'un objet lumineux, si la perte de lumière sur les surfaces est négligeable, chaque portion de l'image lui paraît aussi éclairée que lui paraîtrait la partie correspondante de l'objet, vu sans le secours d'instruments d'optique, à condition que la pupille entière de l'observateur soit rencontrée par les rayons qui partent de chaque point de la partie considérée de l'objet. Si cette condition n'est pas remplie, l'intensité de l'image est à celle de l'objet vu à l'œil nu, comme la partie de la pupille de l'observateur qui reçoit les rayons de chaque point lumineux est à la pupille entière.

Lorsque l'œil reçoit, soit directement, soit à travers un système optique centré, une image nette d'un objet, nous pouvons considérer l'œil avec le système situé au-devant de cet organe, comme un nouveau système optique qui donne sur la rétine une image de l'objet. Soient a un élément superficiel de l'objet, b l'image de cet élément sur la rétine. D'après la proposition III de ce paragraphe, il viendrait autant de lumière de b en a qu'il en vient de a en b, si l'élément rétinien b recevait l'intensité $\frac{n_2^2}{n_1^2} H$. Dans cette expression, H est l'intensité de l'élément a, n_1 l'indice de réfraction du milieu qui contient a, et n_2 celui du corps vitré. On peut calculer facilement la quantité de lumière qui vient, dans ces conditions, de b en a. Soit q la section, par le plan de la pupille, d'un faisceau lumineux allant d'un point de b à un point de a, la quantité de lumière M, qui va de b à a, est égale à celle qui va de b à q ; elle est donc

$$M = \frac{n_2^2}{n_1^2} H \cdot \frac{q\,b}{R^2},$$

R désignant la distance de la pupille à la rétine. A le prendre rigoureusement, on devrait entendre ici par q la section du faisceau lumineux dans l'image de la pupille formée par le cristallin, et par R la distance de cette image à la rétine. Dans cette expression de la quantité de lumière qui, partie de l'élément dont l'intensité est H, pénètre dans l'œil, se trouvent deux quantités qui dépendent de la constitution du système optique mis devant l'œil; ce sont la section q du faisceau lumineux par la pupille et la grandeur b de l'image rétinienne.

Mais l'intensité de cette image rétinienne dépend non-seulement de la quantité de lumière incidente, mais encore de la surface b sur laquelle cette lumière se répand, et elle est inversement proportionnelle à l'étendue de cette surface. Si nous prenons pour unité d'intensité lumineuse la quantité de lumière qui atteint l'unité de surface, nous avons pour l'intensité J de l'élément b de la rétine

$$J = \frac{M}{b} = \frac{n_2^2}{n_1^2} H \cdot \frac{q}{R^2},$$

expression dans laquelle q seul dépend de la constitution du système optique. Si l'œil regarde l'objet sans instrument, le faisceau lumineux remplit toute la pupille, dont nous désignerons l'aire par Q, et l'intensité d'éclairage est

$$J = \frac{n_1^2}{n_2^2} H \cdot \frac{Q}{R}.$$

Or q ne peut jamais devenir plus grand que Q; cette dernière expression est donc le maximum d'intensité; elle correspond à la clarté naturelle de l'image. L'intensité de surfaces possédant des dimensions appréciables ne peut pas être augmentée par les instruments d'optique ; ils ne peuvent que la diminuer, lorsque q est plus petit que Q, et alors le rapport de l'intensité à l'intensité naturelle est égal à celui de q à Q.

Observations. — 1) Les instruments d'optique ne peuvent augmenter l'intensité d'éclairage que dans le cas où nous examinons, avec leur secours, des points lumineux suffisamment petits pour qu'avec les plus forts grossissements, leur image soit tout au plus aussi grande que les plus petits cercles de diffusion sur la rétine, et conserve par conséquent une étendue constante. C'est ce qui a lieu pour les étoiles fixes, et c'est pour cette raison qu'on peut rendre ces étoiles visibles en plein jour au moyen de lunettes très-grossissantes et de fort diamètre. La clarté apparente de l'étoile augmente proportionnellement à la quantité de lumière que l'instrument concentre dans son foyer, tandis que l'intensité du ciel environnant n'est pas augmentée.

2) De même, lorsqu'il se produit dans l'œil des images de diffusion de surfaces lumineuses d'une clarté uniforme, avec l'aide d'un instrument, l'intensité de l'image rétinienne peut tout au plus égaler, mais non surpasser celle qui répond à l'objet vu à l'œil nu. La démonstration se fait absolument de même que pour les images vues nettement, puisque le proposition III s'applique aussi bien aux images de diffusion qu'aux images nettes. Ici encore, l'intensité est proportionnelle à l'aire de la section, par la pupille, du faisceau lumineux qui peut aller depuis le point considéré de la rétine jusqu'à la surface lumineuse.

Je me permettrai de faire remarquer qu'on commet assez souvent encore des hérésies à l'égard des principes que nous venons de développer relativement à l'intensité dans les appareils dioptriques et catoptriques. Bien des personnes s'imaginent qu'en envoyant la lumière dans l'œil, dans les microscopes, etc., au moyen de lentilles collectrices ou de miroirs concaves, on peut augmenter non-seulement la grandeur apparente de la surface lumineuse, mais encore sa clarté apparente. A toute augmentation de la quantité de lumière obtenue par ces moyens répond toujours un agrandissement correspondant de l'image, en sorte que l'image gagne en grandeur, mais non pas en éclat. Aucun instrument d'optique ne permet d'augmenter, pour l'œil, l'éclat d'une surface lumineuse de dimensions appréciables. De même une surface éclairée ne peut jamais recevoir une intensité supérieure à celle de la surface éclairante.

Proposition V.

Méthode générale pour déterminer l'intensité que présente à l'observateur un élément de la rétine de l'œil observé, vu à travers un ophthalmoscope.

A) *Lorsqu'on peut négliger l'affaiblissement qu'éprouve chaque rayon sur les surfaces réfringentes et réfléchissantes.* Soit x un point de la partie de la rétine dont il s'agit; nous avons à rechercher quelle est la marche du faisceau lumineux qui va de x à la pupille du même œil. D'après les propositions I et II, une partie de ce faisceau va au corps éclairant, une autre, à la pupille de l'observateur. Soit P la section de la pupille de l'œil observé, p la section, dans cette même pupille, de la partie du faisceau qui revient au corps éclairant, soit enfin H l'intensité qui appartiendrait à l'élément de rétine considéré, si l'œil observé, regardant sans obstacle le corps éclairant, recevait sur sa rétine une image de ce corps. Nous pouvons donner à cette intensité le nom d'*intensité normale.* Il est clair qu'elle dépend essentiellement de la structure de la rétine même, puis de l'intensité du corps lumineux et de la largeur de la pupille P. Dans l'application de l'ophthalmoscope, l'intensité véritable de l'élément rétinien est nécessairement moindre : elle est

$$\frac{p}{P} H.$$

Si l'on détermine, de plus, la section q que possède, dans le plan de la pupille de l'observateur, la partie du faisceau qui va de x à cette pupille, nommant Q la surface totale de la pupille de l'œil observateur, on a, pour l'intensité que présente à l'observateur l'élément rétinien considéré,

$$\frac{q \cdot p}{Q \cdot P} H.$$

B) *Lorsque les rayons éprouvent une perte sensible par la réflexion et la réfraction.* Parmi les ophthalmoscopes construits jusqu'à ce jour, ce cas ne se présente que dans mon ophthalmoscope à lames réfléchissantes non étamées. Dans ce cas, et dans tous les cas analogues, le faisceau de rayons qui va de l'œil au corps éclairant, perd autant que les rayons qui vont réellement de la lumière à l'œil. Il suffit donc de calculer la perte du premier faisceau. Supposons que d'un rayon allant de la lumière à l'œil observé, et dont l'intensité est 1, il pénètre dans l'œil la quantité α, et que d'un rayon semblable qui sort de l'œil observé, il pénètre β dans l'œil observateur : il faut multiplier l'expression précédente de l'intensité par α et β : il vient donc

$$\frac{\alpha \cdot \beta \cdot p \cdot q}{P \cdot Q} H.$$

En renversant, dans les propositions précédentes, le problème de l'éclairage de l'œil, nous avons réduit, pour tous les cas, la recherche de l'intensité des images à la détermination de la marche d'un seul faisceau lumineux, tandis que l'ordre naturel des idées eût exigé, pour déterminer l'intensité d'un élément rétinien, qu'on fît la somme des intensités de tous les cercles de diffusion superposés, qui correspondent aux différents points de la source lumineuse. Je crois aussi que de cette manière on s'en fait une idée plus claire. Il est facile, en effet, de se figurer la marche des rayons, partis d'un point de la rétine, à travers les systèmes optiques relativement simples des ophthalmoscopes, dont l'un sert à l'éclairage, l'autre à l'observation ; ce qui rend difficile, au contraire, la représentation de la marche des rayons depuis la source lumineuse, jusqu'à l'œil de l'observateur, c'est principalement le nombre infini de cercles de diffusion, empiétant les uns sur les autres, qui sont produits sur la rétine par les points de la source lumineuse et la pupille de l'observateur.

Proposition VI.

Moyens d'obtenir une image nette du fond de l'œil.

Soient A (fig. 92) l'œil observé, a un point de sa rétine, dont l'image, formée par les milieux de cet œil, se trouve en b, à la distance pour laquelle cet œil est

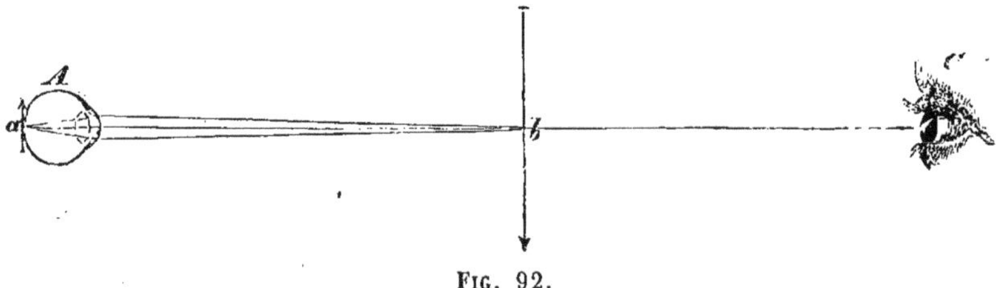

Fig. 92.

accommodé. Les flèches figurées en a et en b représentent la grandeur des images conjuguées. L'image de la partie de rétine est agrandie et renversée. Un observateur qui voudrait voir, sans instruments, l'image de la portion de rétine qui se forme en b, devrait donc se trouver encore plus loin de l'œil A, en C par exemple, de manière que la distance Cb soit égale à la distance de vision distincte de l'observateur. Mais, dans ces conditions, le champ visuel de l'observateur, limité par la pupille de l'œil observé, serait tellement petit, qu'il serait impossible de rien distinguer.

On a, jusqu'à présent, suivi deux méthodes pour rendre la position de l'image b plus commode à l'observateur. Dans l'une, on forme une image virtuelle et droite de la rétine ; dans l'autre, une image réelle et renversée.

A. — Production d'une image virtuelle et droite de la rétine.

A cet effet, on emploie une lentille concave B (fig. 93) dont la distance focale Bp est plus petite que la distance du point b à cette lentille. Une semblable lentille rend divergents les rayons lumineux venant de A et qui convergent vers b, de

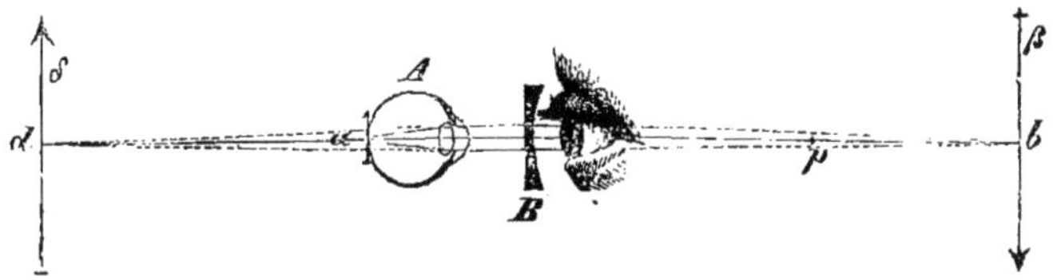

Fig. 93.

telle sorte qu'ils paraissent venir d'un point d qui serait situé en arrière de l'œil observé. Ici encore, les flèches représentent la position et la grandeur de la portion de rétine et de ses images.

Désignant par p la distance focale négative de la lentille concave, par α la distance Bb, par γ la distance dB, nous avons

$$\frac{1}{\alpha} + \frac{1}{\gamma} = \frac{1}{p} ;$$

γ doit être égal à la distance visuelle de l'observateur, s'il doit voir distinctement l'image de la rétine formée en d, tandis que α dépend de la distance d'accommodation Ab de l'œil observé et de la distance de A à B. Si l'on a déterminé la valeur de ces deux dimensions, on peut déduire, de l'équation indiquée, la valeur qu'il faut donner à p pour obtenir des images distinctes.

Si les deux yeux étaient accommodés pour une distance infinie, ce qui implique $\alpha = \gamma = \infty$, on aurait nécessairement aussi $p = \infty$, c'est-à-dire qu'on n'aurait pas besoin de lentille.

Il en est de même si les deux yeux ont des degrés de myopie et d'hypermétropie qui se compensent.

Ordinairement, même pour examiner un œil myope, l'œil emmétrope n'exige pas de lentille pour les parties excentriques de la rétine, parce que celles-ci paraissent, même dans la myopie forte, être situées à une distance convenable pour recevoir des images assez nettes des points lumineux éloignés, et qu'inversement, pour cette raison, les milieux de l'œil donnent, à l'observateur, une image assez bonne de ces parties périphériques de la rétine.

Dans ce mode d'observation, l'image de la rétine, vue en d, est droite.

Quant au *grossissement*, figurons-nous en b un objet lumineux dont l'image se forme en a sur la rétine. Les rayons émergents forment, de l'image rétinienne, une image qui coïncide en b avec l'objet lumineux, ainsi que cela résulte des principes, déjà vus, de la lueur oculaire. Désignons par β la grandeur commune de l'objet lumineux et de son image en b, par δ celle de l'image vue en d par l'observateur, on a

$$\frac{\beta}{\delta}=\frac{\alpha}{\gamma}.$$

On peut prendre pour mesure de la *grandeur apparente* de l'image, le quotient de sa grandeur vraie par sa distance à l'œil de l'observateur. Si cet œil est placé tout contre la lentille, la grandeur apparente de l'image est

$$\frac{\delta}{\gamma}=\frac{\beta}{\alpha}.$$

Désignons, d'autre part, par q la distance AB ; la grandeur apparente de l'objet b pour l'œil A est $\frac{\beta}{\alpha+q}$, elle est donc un peu moindre que celle de l'image δ pour l'observateur. Si la distance visuelle de l'œil A est beaucoup plus grande que q, on peut négliger q par rapport à α, et la grandeur apparente de l'objet lumineux est également $\frac{\beta}{\alpha}$ pour l'œil observé.

Dans la disposition décrite, les images rétiniennes de l'œil sont donc vues par l'observateur sous un angle égal à celui sous lequel les objets correspondants sont vus par l'œil observé, ou sous un angle un peu plus grand. De là il est facile de déduire le grossissement des portions de rétine de l'œil observé. Soient x la grandeur de l'image de β formée sur la rétine en a, et y la distance du second point nodal de l'œil à la rétine, on a

$$\frac{x}{\beta}=\frac{y}{\alpha+q},$$

$$\frac{\beta}{\delta}=\frac{\alpha}{\gamma};$$

multipliant membre à membre, $$\frac{x}{\delta}=\frac{y\cdot\alpha}{\gamma(\alpha+q)}.$$

Dans l'œil schématique de Listing, on a $y=15^{\mathrm{mm}},0072$ (ou 6,694 lignes de Paris); pour γ, nous prendrons 8 pouces, distance visuelle généralement adoptée pour les calculs de grossissement. Il en résulte pour le grossissement

$$\frac{\delta}{x}=14,34\,\frac{\alpha+q}{\alpha}.$$

Comme q est ordinairement très-petit par rapport à α, nous pouvons admettre, pour le grossissement, le chiffre 14 $^1/_3$.

Dans cette méthode, le champ visuel n'est pas nettement circonscrit, étant limité par le bord de la pupille de l'œil observé, bord qui est vu diffusément. Pour choisir une limite déterminée, on peut prendre les lignes de visée de l'observateur, menées suivant le bord de la pupille de l'œil observé, et dont le point d'intersection (1) se trouve au centre de la pupille de l'observateur. Si l'on traite ces lignes de visée comme des rayons lumineux émis par le centre de la pupille de l'observateur, on trouve que le champ visuel de l'observateur, sur la rétine de l'œil observé, correspond à l'image de diffusion que donnerait, sur cette rétine, le centre de la pupille de l'observateur. Si ce centre, ou plutôt son image vue à travers la lentille concave, se trouve au premier foyer de l'œil observé, le cercle de diffusion, comme nous l'avons vu dans le paragraphe précédent, au sujet des images entoptiques, possède précisément la même grandeur que la pupille de l'œil observé. Mais, le plus souvent, l'œil de l'observateur ne peut pas se rapprocher autant de l'œil observé, et alors le cercle de diffusion qui donne la mesure du champ visuel devient plus petit que la pupille de l'œil observé, et diminue d'autant plus que l'observateur s'éloigne davantage.

B. — Production d'une image réelle et renversée de la rétine.

La seconde manière de faire voir aisément à l'observateur l'image de la rétine, consiste à tenir près de l'œil observé une lentille convexe d'une faible distance focale : de 1 à 3 pouces, par exemple. — Soient, comme précédemment (fig. 94), a un point éclairé de la rétine, b son image en avant de l'œil observé A, soit B une lentille convexe que les rayons rencontrent avant de se réunir pour former l'image. Cette lentille produit en d une image plus petite et plus rapprochée que b, et qui est renversée comme l'était l'image située en b. L'œil de l'observateur est en C, à une distance qui lui permette de s'accommoder à l'image d.

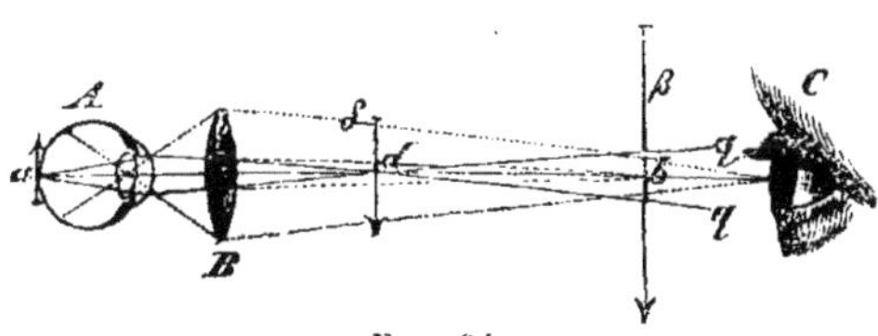

Fig. 94.

Soit p la distance focale positive de la lentille B ; continuons à désigner la distance Bb par α et la distance Bd par γ, nous avons

$$\frac{1}{\gamma} - \frac{1}{\alpha} = \frac{1}{p}.$$

Comme α est ordinairement bien plus grand que p, on voit que γ devient presque égal à p, mais reste toujours un peu moindre.

(1) Voy. § 11, p. 123.

Soient x la grandeur que possède un élément rétinien en a, soit β celle de son image en b, soit δ celle de la dernière image en d, soient encore y la distance du second point nodal de l'œil à la rétine, q la distance du premier point principal de la lentille B au premier point nodal de l'œil A, on a

$$\frac{x}{\beta} = \frac{y}{\alpha + q},$$

$$\frac{\beta}{\delta} = \frac{\alpha}{\gamma}.$$

Multipliant membre à membre et tenant compte de la relation qui lie α, γ et p, il vient

$$\frac{x}{\delta} = \frac{y \cdot \alpha}{\gamma \cdot (\alpha + q)} = \frac{y \cdot (\alpha + p)}{p\,(\alpha + q)}.$$

En général, on place la lentille B de manière que la pupille de A se trouve à l'un de ses foyers principaux; p devient alors sensiblement égal à q, et le grossissement est

$$\frac{\delta}{x} = \frac{p}{y}.$$

Si nous prenons pour y la valeur qui lui appartient dans l'œil schématique de Listing, il s'ensuit que l'image δ

est grossie 2 fois, pour $p = 30^{mm}$ $(13''',4)$,
— 3 — $p = 45^{mm}$ $(20''',1)$,
— 4 $p = 60^{mm}$ $(26''',8)$.

Tel est le grossissement véritable de l'image objective. Si l'on représente par c la distance Cd, le grossissement est, pour l'observateur,

$$\frac{p}{yc} \times 8 \text{ pouces.}$$

Dans cette méthode, l'observateur voit son champ visuel limité par la pupille de l'œil observé, tant que la lentille convexe est très-voisine de l'œil. Plus on éloigne la lentille, plus la pupille paraît grossie, jusqu'à ce qu'enfin, lorsqu'elle se trouve au foyer de la lentille, le bord pupillaire disparaisse tout à fait du champ visuel dont l'étendue n'est plus limitée alors que par l'ouverture de la lentille. Pour déterminer l'étendue du champ visuel, nous pouvons, comme dans le cas précédent, raisonner sur les lignes de visée de l'observateur comme sur des rayons lumineux. D'abord, la lentille B forme près de son foyer une image du point de croisement de lignes de visée qui se trouve, par conséquent, à peu près dans le plan de la pupille de l'œil observé. De là, les lignes de visée divergent vers le fond de l'œil observé. Comme le point de concours de ces lignes vient se placer dans le voisinage du point nodal antérieur de l'œil observé, ou vient même se confondre avec ce point, suivant la position de la lentille B, on voit que les lignes de visée de l'observateur pénètrent presque sans déviation dans l'œil observé. Leur marche est indiquée, dans la figure 94, par les lignes ponctuées. Soit u l'ouverture de la lentille B, et v le diamètre du champ visuel sur la rétine, on a

$$\frac{v}{y} = \frac{u}{p}.$$

Comme, pour de si petites lentilles, on peut fort bien rendre l'ouverture égale à la demi-distance focale, ce qui donne $u = {}^1/_2\, p$, on a alors.

$$v = {}^1/_2 y = 7\,{}^1/_2{}^{mm}.$$

On embrasse donc, dans ce cas, un champ visuel plus étendu qu'on ne l'obtient à l'image droite, observée sans avoir recours à la dilatation artificielle de la pupille au moyen de l'atropine.

VII.

Appareils éclairants des ophthalmoscopes.

Dans les trois méthodes indiquées plus haut, l'éclairage peut se faire, soit directement, soit au moyen d'un miroir opaque et percé d'une ouverture, soit enfin en employant comme miroir des lames de verre non étamées.

1). L'éclairage sans aucun miroir ne peut être employé que pour l'image renversée de la rétine ; il demande une très-grande adresse et ne peut être recommandé que dans le cas où l'on n'aurait à sa disposition aucun autre instrument qu'une simple lentille convexe à court foyer. — Le mode d'observation est le suivant. L'observateur regarde vers l'œil observé, en rasant le bord d'une lumière contre les rayons directs de laquelle il est protégé par un écran (voy. fig. 88), et il ajoute au-devant de l'œil observé une lentille convexe de 2 à 4 pouces de distance focale (voy. fig. 94). Pour trouver la position convenable, on place d'abord la lentille tout près de l'œil observé, puis on l'éloigne peu à peu, jusqu'à ce que la pupille paraisse tellement grossie que ses bords disparaissent derrière ceux de la lentille. On voit alors en d (fig. 94) une image réelle et renversée de la rétine. Pour déterminer l'intensité de cette image, suivons, d'après les règles du n° V de ce paragraphe, le faisceau de rayons qui part du point a de la rétine (fig. 94) ; ce faisceau converge vers b par l'effet des surfaces réfringentes de l'œil, puis vers d par l'action de la lentille B : en arrière de d il diverge, et en qq, où se trouve l'œil de l'observateur, il est certainement assez large pour que la pupille de cet œil puisse y plonger en entier et voir, par suite, la portion de rétine avec toute son intensité véritable. D'après ce qu'on a vu en V, le rapport de cette intensité *vraie* à l'intensité *normale*, c'est-à-dire la plus grande possible, est le même que celui de la partie qq du cône lumineux qui atteint la flamme, au cône entier. Or si la flamme est suffisamment grande et convenablement placée, il suffit que très-peu de rayons du cône qq passent à côté de la flamme pour que la pupille de l'observateur en soit remplie. Alors l'intensité vraie de la portion de rétine a n'est guère inférieure à l'intensité normale, et, pour l'observateur, l'intensité apparente est égale à l'insensité vraie.

2). L'observation devient bien plus commode si l'observateur se sert d'un miroir opaque et percé pour éclairer l'œil A. — Soient toujours (fig. 95) A l'œil observé, B l'œil observateur, C la lentille convexe, SS un miroir percé. Le point a de la rétine donne en d une image que l'observateur examine à travers l'ouverture du miroir. De tout le cône lumineux venant de a, on ne perd, pour l'éclairage, que

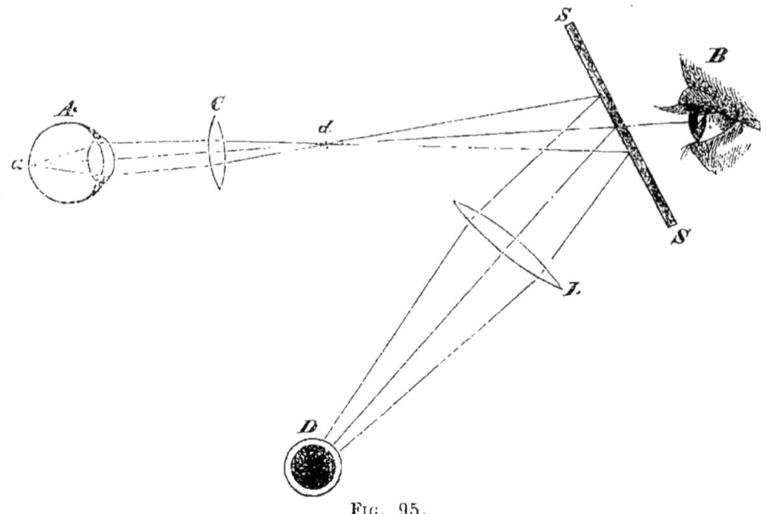

Fig. 95.

la faible partie qui traverse l'ouverture du miroir : tout le reste se réfléchit et peut être dirigé sur le corps lumineux. A cette fin, le miroir SS peut être, soit un miroir concave (Ruete), soit un miroir plan (Coccius) ou convexe (Zehender), auprès duquel est adaptée une lentille L qui réunit les rayons sur le corps éclairant. De cette exposition on peut déjà conclure, d'après le nº V, que l'intensité de l'éclairage peut être très-voisine de l'intensité normale.

Nous avons trouvé que le champ visuel de l'observateur est déterminé par la grandeur de la lentille C, lorsque la pupille est au foyer de cette lentille. Cherchons à savoir dans quelle étendue la rétine peut être éclairée. Comme toute la lumière qui pénètre dans l'œil de l'observateur a traversé la lentille C, il est évident que le champ éclairé de la rétine ne peut pas être plus grand que l'image de diffusion de cette lentille ; cette image de diffusion elle-même, comme nous l'avons montré au nº VI, répond au champ visuel de l'observateur. Cette image de diffusion présente dans toutes ses parties son maximum d'intensité si chaque point de la lentille C envoie de la lumière à chaque point de la pupille. Cette condition est remplie lorsque la pupille de l'œil observé est au plus égale à l'image que la lentille C donne du miroir SS (ou de la lentille L) dans le voisinage de la pupille, et que, de chaque point de ce miroir excepté le trou central, il vient de la lumière sur chaque partie de la lentille C : or c'est ce qui a lieu lorsque la lentille C se trouve à l'endroit où le miroir donne une image de la flamme D, et que la lentille est au plus aussi grande que cette image.

Pour donner un exemple d'une construction de ce genre, supposons qu'on demande à l'ophthalmoscope un grossissement de quatre fois et qu'on donne, en conséquence, à la lentille C une distance focale de 60^{mm} et une ouverture de 30^{mm}. Le miroir, que nous prendrons concave, pour fixer les idées, doit être suffisamment loin de d pour que l'observateur puisse accommoder son œil à l'image formée en ce point. — Prenons cette distance égale à 150^{mm}. Alors le miroir S est à une distance de 210^{mm} de la lentille C. D'après l'équation 14 b) du § 9, l'image du miroir par la lentille possède ${}^{60}/_{150} = {}^{2}/_{5}$ de la grandeur du miroir même; or comme cette image du miroir doit être de même grandeur que la pupille de l'œil observé, et que celle-ci peut atteindre, par mydriase artificielle, une largeur de 10^{mm}, nous devons donner au miroir un diamètre de 25 millimètres.

La distance focale qu'il nous faut donner au miroir est déterminée maintenant par la condition que l'image qu'il donne de la flamme doit recouvrir la lentille C. La flamme d'une forte lampe mesure environ 15^{mm} de diamètre. Si, dans l'équation 14 b) du § 9 (p. 84), nous posons le diamètre β_1 de la lentille C égal à 30^{mm}, le diamètre β_2 de la flamme égal à 15^{mm}, la distance f_1 de C à S égale à 210^{mm}, nous trouvons 70^{mm} pour la distance focale F du miroir, et la flamme de la lampe doit être à 105^{mm} du miroir.

Si, au lieu d'un miroir concave, on veut employer un miroir plan et une lentille convexe, comme dans la figure 95, au lieu de la distance qui sépare le miroir de la lentille C, il faut introduire dans le calcul la somme des distances des deux lentilles L et C au centre du miroir.

Si l'observateur tient librement dans sa main le miroir et la lentille, il lui est évidemment impossible de maintenir exactement ces instruments dans les positions qui ont servi de base au calcul; même en s'écartant très-notablement de ces conditions, on obtient d'assez bonnes images; cependant il est utile que l'observateur connaisse les meilleures conditions dans lesquelles il puisse tenir son appareil.

Quand on emploie un miroir percé dans l'observation de l'image droite, les conditions sont plus désavantageuses. — Dans la figure 96, A désigne encore l'œil observé, B celui de l'observateur, S le miroir. Si l'on veut examiner le point a de la rétine, il faut qu'une partie du cône lumineux qui en émane pénètre dans l'œil de l'observateur — nous nommerons α cette partie — et qu'une autre partie $(1-\alpha)$ soit réfléchie par le miroir vers la lumière. Si donc H est l'intensité normale de la portion de rétine a, d'après ce qu'on a vu au n° V (p. 238), l'intensité vraie de cette portion rétine est $H(1-\alpha)$. Soit, comme plus haut, J la surface de la pupille apparente de l'œil observé A, soit R celle de B, soit g la distance qui sépare ces deux pupilles apparentes, et enfin h la distance d'accommodation de l'œil A, on a, pour la section de la partie du faisceau lumineux qui pénètre dans l'œil de l'observateur,

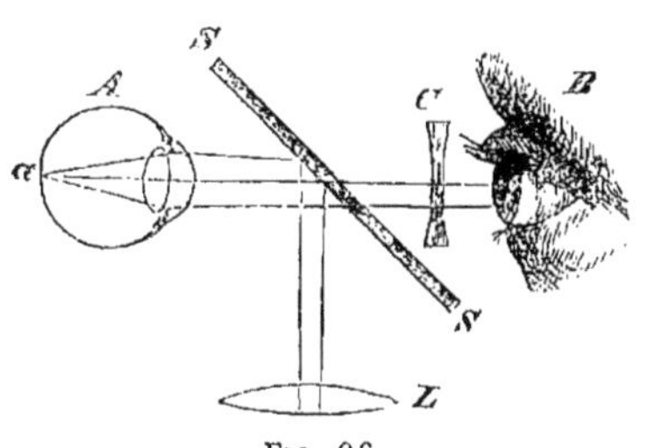

Fig. 96.

$$\alpha J \,.\, \frac{(h-g)^2}{h^2}.$$

Cette section est, en général, moindre que R. L'intensité apparente pour l'observateur est alors

$$H \,.\, \alpha(1-\alpha)\, \frac{J \,.\, (h-g)^2}{Rh^2}.$$

La quantité $\alpha(1-\alpha)$ atteint son maximum pour $\alpha = {}^{1}/_{2}$: elle devient alors ${}^{1}/_{4}$. La disposition la plus avantageuse, sous le rapport de l'éclairement, sera donc celle où la moitié du cône lumineux pénètre dans l'œil de l'observateur et où l'autre moitié est réfléchie. On obtient alors l'intensité

$$^1/_4\ H\ .\ \frac{J\ .\ (h - g)^2}{Rh^2}\ .$$

Pour éclairer le plus grand champ possible dans l'œil observé, on doit employer une flamme de grande dimension et très-rapprochée, et, si cela ne suffit pas, on peut ajouter en L une lentille convergente. Cette lentille donne-t-elle une image de la flamme qui couvre toute la pupille, on se trouve avoir éclairé, dans l'œil observé, toute l'image de diffusion de la lentille L.

3). Dans l'observation de l'image renversée, l'éclairage au moyen de lames de verre non étamées ne donnerait qu'un quart de l'intensité qu'on obtient au moyen de miroirs opaques percés. Mais, en revanche, les lames non étamées peuvent être employées avec avantage, dans certains cas, pour l'observation de l'image droite.

Prenons, en effet, le miroir SS de la figure 96 comme non percé et transparent, et formons-le d'une ou de plusieurs lames de verre superposées. Appelons α la partie de chaque rayon lumineux incident qui traverse le miroir, et $(1 - \alpha)$ la partie qui en est réfléchie. Si H est l'intensité normale de la portion de rétine a, éclairée directement, la lumière réfléchie par le miroir ne donne que l'intensité $H(1-\alpha)$. La section du faisceau lumineux venant de a est alors, à son arrivée en B,

$$J\ \frac{(h - g)^2}{h^2}\ .$$

Comme les lames ne laissent passer que la partie α de la lumière, l'intensité apparente pour l'observateur est

$$H\ .\ \alpha\,(1 - \alpha)\ \frac{J\ .\ (h - g)^2}{R\ .\ h^2}\ .$$

Dans ce cas encore, cette expression atteint son maximum pour $\alpha = {}^1/_2$, et elle prend la valeur

$$^1/_4\ H\ .\ \frac{J\ .\ (h - g)^2}{R\ .\ h^2}\ ,$$

tant qu'on a

$$R < \frac{J\,(h - g)^2}{h^2}\ .$$

Cette condition est, en général, remplie dans des yeux normaux, puisque la pupille J de l'œil A, qui reçoit une grande quantité de lumière, est en général plus étroite que la pupille R de l'observateur. Le contraire ne se présente que pour le cas d'une dilatation artificielle de la pupille au moyen de l'atropine, et alors l'intensité apparente devient simplement $^1/_4\ H$. Dans ce cas, l'observation au moyen d'un miroir percé est plus avantageuse, car, avec cet instrument, l'expression de l'intensité que nous avons donnée est applicable tant qu'on a

$$R < \alpha\ .\ \frac{J\,(h - g)^2}{h^2} \qquad \text{et}\ \ \alpha = {}^1/_2\ .$$

Quand on examine des yeux normaux sans employer l'atropine, on pourrait obtenir la même intensité par l'un ou l'autre procédé d'éclairage, si les pupilles étaient immobiles. Mais le miroir étamé envoie, en somme, plus de lumière dans l'œil observé, l'éblouit davantage, ce qui cause une contraction plus considérable de la pupille, de telle sorte que, dans ces conditions, le miroir non étamé peut donner un plus grand champ visuel et une plus grande intensité. En outre, il éclaire d'une manière uniforme la portion de rétine que l'on examine, tandis qu'avec le miroir percé, l'image de diffusion du trou rend l'éclairage irrégulier. Enfin, le reflet cornéen est moins gênant avec le miroir non étamé, parce que la lumière réfléchie par le miroir est plus ou moins polarisée, et qu'étant renvoyée par la cornée sans changement dans sa polarisation, elle ne traverse qu'en faible proportion les lames de verre.

Pour que le miroir non étamé renvoie la moitié de la lumière incidente, on peut le former d'une seule lame de verre ou de plusieurs lames superposées, mais il faut choisir en conséquence, l'angle d'incidence des rayons réfléchis. L'angle d'incidence convenable est

de 70°,	pour une lame,
60°,	— trois lames,
56°,	— quatre lames.

Formes des ophthalmoscopes.

1) *Ophthalmoscope de Helmholtz*, avec lames de verre réfléchissantes et lentilles concaves. — Cet ophthalmoscope est représenté (pl. III, fig. 1) en coupe et en grandeur naturelle, et (fig. 2) vu de face, moitié grandeur, avec une modification de sa forme primitive, due au mécanicien Rekoss, et qui consiste en deux disques mobiles qui portent les lentilles concaves nécessaires. Les trois lames réfléchissantes sont marquées *aa*. Dirigées en avant, ces lames forment l'hypothénuse d'une boîte prismatique dont la base est un triangle rectangle, ainsi qu'on le voit sur la coupe (fig. 1). Les autres faces de ce prisme creux sont formées de lames métalliques, et pour absorber le plus possible la lumière, elles sont tapissées de velours noir. La plus petite des faces rectangulaires du prisme est fixée au support de l'ophthalmoscope, de manière à pouvoir tourner autour de l'axe optique de l'instrument, et elle porte une ouverture suivant cet axe. Les lames de verre sont reliées à la boîte prismatique au moyen d'un cadre rectangulaire ; le cadre lui-même est fixé, au moyen de deux vis *ee*, aux bases triangulaires du prisme. Les lames de verre forment un angle de 56° avec l'axe optique de l'instrument.

Le support métallique *gg* de l'instrument porte un axe *dd* autour duquel tournent deux disques *bb* et *cc*. Chacun de ces disques est percé de cinq ouvertures. Dans quatre de ces ouvertures sont serties des lentilles concaves de 6 à 13 pouces de distance focale ; la cinquième est vide. On peut amener successivement ces ouvertures dans l'axe optique de l'instrument, de manière que l'observateur, qui applique son œil à la bonnette *B*, voit à travers l'oculaire et les lames *aa*. Dans la figure 1, on a amené sur l'axe l'ouverture libre du disque *bb* et l'une des lentilles du disque *cc*. On voit que l'observateur peut amener devant son œil l'une quelconque des huit lentilles ou de leurs combinaisons deux à deux. Pour que les disques ne se déplacent pas sans la volonté de l'observateur, leurs bords portent des encoches où viennent buter les extrémités de deux ressorts *h*.

Pour les observations à l'image droite, c'est-à-dire avec un fort grossissement, faites sur des personnes dont on n'a pas dilaté artificiellement la pupille, surtout avec les sujets dont l'œil est très-sensible à la lumière, par les motifs que j'ai indiqués plus haut dans la théorie de l'éclairage au moyen de lames de verre non étamées, je persiste à trouver que cet ophthalmoscope à main, le plus anciennement décrit, est celui dont l'usage est préférable. Un œil sain peut supporter pendant des heures, sans en être ébloui, l'éclairage que donne ce miroir. C'est ainsi qu'il m'est souvent arrivé de montrer successivement, avec cet instrument, ma rétine à vingt étudiants, sans en éprouver d'incommodité, tandis que l'œil ne peut guère supporter, pendant cinq minutes, l'éclairage au moyen des miroirs étamés sans être fortement ébloui. Aussi je préfère ce miroir aux autres pour la plupart des expériences physiologiques. Pour les oculistes, au contraire, il est plus avantageux d'avoir le champ visuel très-étendu et fortement éclairé, en sacrifiant le grossissement; aussi emploient-ils, le plus souvent, des miroirs étamés percés et des lentilles convexes.

Pour se servir de l'instrument, l'observateur s'assied en face et tout près du sujet, et place à côté de lui une forte lampe. Un écran est disposé de manière à mettre dans l'ombre la figure de l'observé. Sans regarder dans l'instrument, l'observateur commence par le placer à peu près dans la position qu'il doit occuper devant la figure du sujet, et le tourne de manière que le reflet des lames de verre vienne éclairer l'œil à observer. Alors, regardant dans l'instrument, il voit la rétine éclairée en rouge. S'il ne peut pas aussitôt accommoder son œil aux parties plus fines de la rétine, il fait tourner, avec l'index de la main qui tient l'instrument, un des disques porte-lentilles, jusqu'à ce qu'il ait trouvé le verre concave convenable.

Si la rétine cesse d'être éclairée, on n'a qu'à se reporter au reflet brillant des lames de verre sur la figure du sujet, et à ramener ce reflet sur l'œil.

2) *Ophthalmoscope de Ruete*, à miroir concave percé, représenté ci-après (fig. 97) sur un pied. — Sur un support de bois tourné, s'élève une colonne creuse *a*, dans laquelle est logé un cylindre mobile de bois, *b*, qu'on peut fixer à une hauteur quelconque au moyen d'un ressort. Ce cylindre porte un demi-anneau *c* de laiton, qu'on peut monter, descendre ou déplacer latéralement avec le cylindre de bois. Cette demi-bague porte un miroir concave percé, *d*, d'un diamètre d'environ 3 pouces et d'une distance focale d'environ 10 pouces. Suivant qu'on serre plus ou moins les vis qui le maintiennent, ce miroir peut tourner plus ou moins librement autour de son axe horizontal. A moitié hauteur de la colonne *a* se trouvent deux bagues de bois, *e* et *f*, qui peuvent tourner autour de la colonne. Ces bagues portent chacune un bras horizontal, *g* et *h*; le bras *g* supporte un écran noir qui

sert à protéger l'observateur contre la lumière de la lampe et aussi à affaiblir, au besoin, la lumière que le miroir envoie dans l'œil observé, ce qu'on réalise en recouvrant une partie du miroir par l'écran. Le bras *h*, long d'un pied, et qui porte une division en pouces, supporte deux colonnes verticales *i* et *k*, mobiles d'arrière en avant; chacune d'elles reçoit une tige de laiton, *l* et *m*, munie d'un ressort à son extrémité inférieure; on peut faire monter ou descendre ces tiges, et les

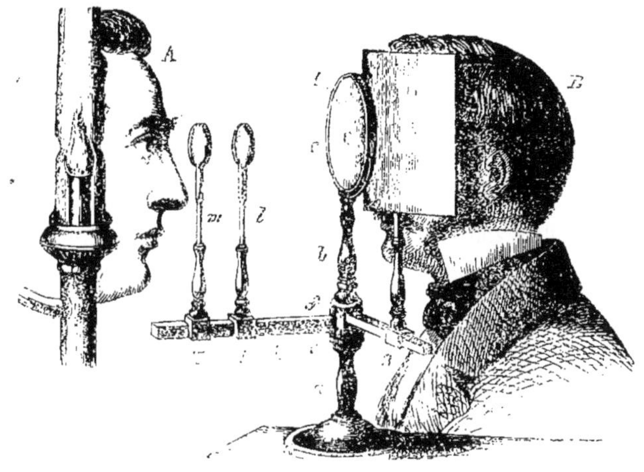

FIG. 97.

ressorts permettent de les fixer à la hauteur qu'on veut. Sur ces tiges on adapte, suivant les cas, des verres concaves ou convexes qui réunissent en une image distincte pour l'observateur, les rayons lumineux émanés de l'œil observé. *A* est le sujet observé, *B* l'observateur. Le dessin fera comprendre facilement le reste.

Cet instrument se prête mal à l'examen de l'image droite, que les oculistes pratiquent assurément moins souvent que celui de l'image renversée. Le motif en est que les deux yeux ne peuvent pas se rapprocher suffisamment, et que, par suite, le champ visuel est peu étendu. Pour l'observation de l'image renversée, au contraire, dont on fait grand usage dans les cliniques, l'instrument paraît très-commode, particulièrement lorsqu'on fait diriger par un aide la tête du sujet de manière que sa pupille vienne se placer au foyer des rayons lumineux; on peut, de plus, en ajoutant un second verre convexe, dont la vraie place est derrière le miroir, former une sorte de petite lunette d'approche et obtenir un plus fort grossissement. L'intensité lumineuse de l'instrument est très-grande. — Cet ophthalmoscope ne permet pas d'examiner les images rétiniennes.

3) *Ophthalmoscope d'Epkens,* avec miroir plan percé, monté sur un pied, et *modifié par Donders et Van Trigt.* — L'instrument entier est représenté en coupe horizontale (pl. III, fig. 3) et en élévation (fig. 4). Le miroir *D*, représenté aussi isolément (fig. 5), est une lame de verre étamée, au centre de laquelle on a enlevé le tain sur une surface à peu près égale à celle de la pupille; plus tard, Donders

a fait percer le miroir, à l'exemple de Coccius, pour éviter l'affaiblissement que la réflexion faisait subir à la lumière avant son entrée dans l'œil de l'observateur. Le miroir, contenu dans une boîte cubique *EE*, est fixé de manière à pouvoir tourner, par l'action du bouton *F*, autour d'un axe vertical. L'œil à observer est appliqué en *N* à l'ouverture de la boîte, celui de l'observateur, en *O*. Près de cet œil, on voit un disque avec différentes lentilles, analogue à celui que Rekoss a ajouté à l'ophthalmoscope de Helmholtz. Donders choisit trois verres positifs de de 20, 8 et 4 centimètres de distance focale, et trois verres négatifs de 16, 10 et 6 centimètres.

Epkens avait joint à la boîte cubique un tube conique à l'extrémité duquel il disposait une lampe, au lieu du micromètre *M* qu'on voit sur la figure. A l'extrémité du tube on peut, si cela paraît nécessaire, ajouter une lentille positive dont le foyer soit peu distant de la flamme, de manière que toute la lentille paraisse lumineuse à l'œil observé, ce qui a pour effet d'éclairer une plus grande partie de la rétine de cet œil. L'appareil tout entier peut monter ou descendre le long de la colonne cylindrique *A* qui lui sert de support. En *K*, on a figuré un écran circulaire recouvert d'une étoffe noire, destiné à arrêter la lumière inutile; enfin, à la partie inférieure de l'instrument, et suspendu à la tige *Z*, un morceau de taffetas gommé *LL*, sépare les visages de l'observateur et de l'observé.

Comme il était difficile de faire exécuter aux malades les mouvements désirés, Donders et Van Trigt augmentèrent la mobilité de l'appareil : le tube put tourner dans une bague *C*, le cube *EE* fut rendu mobile autour d'un axe déterminé par les vis *b* et *c*. La lampe fut séparée de l'instrument. A l'extrémité du tube *G* on adapta un micromètre dont les pointes se dessinent sur la rétine de l'œil observé, lorsque celui-ci est exactement accommodé. Pour rendre possible cette accommodation, le micromètre fut rendu mobile au moyen du tube *G* qui se déplace sur le tube *B*. On voit en *V* la vis micrométrique au moyen de laquelle on fait varier et l'on mesure la distance des pointes. Soit n la distance des pointes, soit x leur distance au premier point nodal de l'œil observé; prenons 15^{mm} pour la distance du point nodal postérieur à la rétine, la distance des pointes dans l'image rétinienne est

$$y = \frac{n}{x} \times 15^{mm}.$$

Si l'on adapte au-devant de l'ouverture *O* un appareil à dessiner, tel qu'on les emploie en micrographie, et qu'on figure sur le dessin la distance des pointes en même temps que les vaisseaux, etc., de la rétine, on peut déterminer la vraie grandeur des différents objets qu'on aperçoit sur cette membrane.

Plus tard, Donders a ajouté, pour les yeux très-myopes, un second micromètre qu'on peut enfoncer dans le tube *B*. De plus, pour l'examen après dilatation de la pupille par la belladone, il a ajouté, à l'extrémité du tube *B*, une partie évasée en cône, munie d'une lentille ayant une ouverture plus grande que *J*, afin d'éclairer dans l'œil un champ plus étendu.

Cet ophthalmoscope est destiné particulièrement à l'examen de la rétine dans l'image droite. Il permet d'observer et de mesurer avec sûreté et exactitude les images rétiniennes et les moindres détails du fond de l'œil; il est, de plus, d'un maniement facile et commode.

L'ophthalmoscope portatif de Sæmann est d'une construction analogue. Qu'on se figure le tube du miroir d'Epkens réduit à un simple ajutage de la boîte cubique, qu'on supprime le pied et qu'on remplace le disque aux lentilles par une bague qui puisse recevoir successivement les différents verres, et l'on a l'ophthalmoscope de Sæmann.

4) *Ophthalmoscope portatif de Coccius*, avec un miroir plan, étamé, percé, accompagné d'une lentille d'éclairage. — Représenté fig. 98, l'instrument consiste en un petit miroir plan, carré, *a*, de 14 lignes de côté. L'ouverture a un diamètre de 2 lignes, et son bord antérieur, celui qui est tourné vers l'œil observé, est un peu aminci. Le miroir est enchâssé dans une mince lame de laiton qui présente, à sa partie inférieure, un prolongement fixé à la tige *b*. La lentille d'éclairage possède une distance focale de 5 pouces; pour qu'on puisse la remplacer par d'autres, elle est contenue dans un anneau *f*, à rainure et formant ressort, et qui est porté par la tige *g* et la traverse évidée *d*. En vissant fortement le manche *e*, on peut fixer la traverse et, par suite, la lentille *f*, dans la position qu'on veut. Démonté, cet instrument tient facilement dans un petit étui.

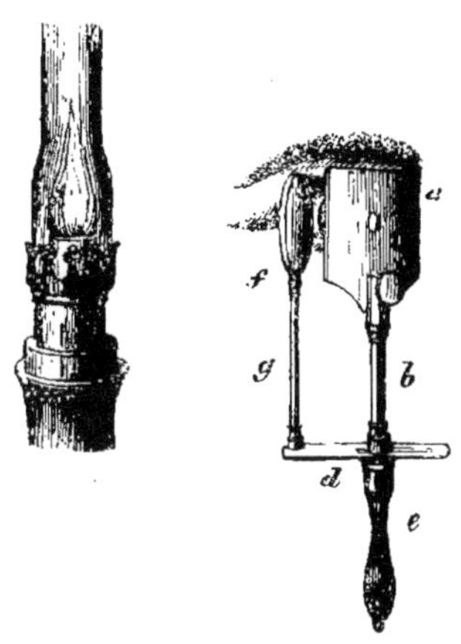

Fig. 98.

Coccius met, comme Ruete, les verres concaves de même que les verres convexes entre le miroir et l'œil observé. Comme cette disposition est désavantageuse pour les verres concaves, à cause des images réfléchies, on a ajouté plus tard, en arrière du miroir, plusieurs verres concaves dans un petit cadre, ou isolés et dans des anneaux.

A cause de sa mobilité, cet ophthalmoscope est très-approprié aux usages médicaux; il permet facilement l'examen à l'image renversé, comme l'ophthalmoscope de Ruete, et l'examen à l'image droite, comme celui d'Epkens.

5) *Ophthalmoscope portatif de Zehender*, avec miroir métallique, convexe, percé, accompagné d'une lentille collectrice, le tout disposé comme l'instrument de Coccius. — La seule différence notable entre cet instrument et le précédent, c'est que le miroir plan, de verre, est remplacé par un miroir métallique convexe, de 6 pouces de distance focale. En faisant varier la distance de la lentille convexe au réflecteur convexe, on peut faire varier à volonté la distance focale du système éclairant.

Le miroir de métal, qui nous donne naturellement un bord mince, bien opaque et dépourvu d'aspérités qui puissent réfléchir de la lumière, me paraît présenter un avantage capital. J'ai démontré plus haut que, pour obtenir la plus grande intensité possible dans l'observation de l'image droite au moyen du miroir percé, il faut que l'œil de l'observateur ne reçoive que la moitié du faisceau lumineux émis par chaque point de la rétine, tant que la pupille de l'œil observé ne présente pas une surface plus que double de celle de l'observateur. L'observateur devra donc, en général, cacher une partie de sa pupille derrière le bord du trou et avoir une partie de ce bord devant l'œil. Il est donc avantageux d'éviter sur ce bord tout ce qui pourrait réfléchir de la lumière; cette condition est bien mieux remplie avec le miroir métallique de Zehender qu'avec le miroir de verre de Coccius.

6) *Miroir prismatique de Meyerstein.* — Au lieu de miroir métallique, on se sert d'un prisme rectangulaire, dont l'hypothénuse agit comme surface réfléchissante. L'observateur regarde à travers une ouverture pratiquée dans le prisme.

Plus tard, au prisme percé, Meyerstein a joint une lentille d'éclairage, il a ajouté une petite lunette d'approche entre l'œil de l'observateur et le prisme, et enfin, pour diminuer le prix de l'instrument, il a remplacé le prisme par un miroir percé; je crois d'ailleurs que l'emploi du prisme offrait plutôt des inconvénients qu'un avantage quelconque. Le tout est fixé à une monture qu'on peut appliquer contre le bord orbitaire de l'œil observé; un bras deux fois articulé porte une petite bougie qui sert à l'éclairage.

Comme l'œil observé est complétement mis dans l'obscurité, on dit qu'il est possible de se servir de cet appareil sans avoir besoin d'une chambre noire. En faisant avancer ou reculer l'oculaire de la petite lunette, on peut mettre le système optique au point pour tous les yeux.

7) *Ophthalmoscope d'Ulrich.* — Les parties essentielles de l'ophthalmoscope de Ruete sont contenues dans un tube portatif, qui porte latéralement une lumière.

8) *Ophthalmoscope généralement employé.* — La forme d'ophthalmoscope, dont l'usage s'est le plus généralisé parmi les oculistes, se rapproche le plus de celui de Coccius ou de celui de Zehender, dont nous avons parlé plus haut; seulement on remplace le miroir plan ou convexe et la lentille convexe éclairante de ces instruments par un miroir concave sans lentille, d'une distance focale de 5 à 6 pouces et de 1 pouce de diamètre. Tantôt les miroirs sont de métal, ce qui présente l'avantage d'une ouverture plus nette, à bords tranchants, qui ne réfléchissent pas la lumière, tantôt ils sont de verre étamé, percés au milieu. Ces miroirs de verre possèdent une surface réfléchissante moins altérable et sont plus clairs, en général, que les miroirs métalliques ordinaires. Mais, par contre, ils ont, surtout pour l'éclairage de l'image droite, le désavantage de ne pas offrir, entre la surface réfléchissante et l'ouverture, un bord aussi net et aussi tranchant que les miroirs métalliques.

9) *Autophthalmoscopes.* — Nous décrirons plus loin (p. *211* de l'édit. all.) le procédé par lequel, d'après Coccius, tout observateur peut voir le fond de son

propre œil. Un miroir percé quelconque peut servir à cet usage; le mieux est d'employer un miroir convexe. — F. Heymann a décrit un autre autophthalmoscope à l'aide duquel l'œil gauche peut voir la rétine éclairée de l'œil droit. La lumière pénètre dans l'œil droit à travers l'ouverture dont est percé un miroir plan; le gauche regarde vers l'ouverture et aperçoit, dans cette direction, une image réfléchie de l'œil droit. Devant l'œil droit on place, comme dans l'ophthalmoscope de Ruete, une lentille convexe de 2 pouces 1/4 de distance focale, au foyer de laquelle se trouve la pupille de cet œil. Cette lentille donne en même temps à son foyer une image renversée de la rétine. Près de cette image est disposé un prisme rectangulaire à réflexion totale qui dirige les rayons vers le miroir percé. Une seconde lentille convexe placée entre le prisme et le miroir, et une troisième placée devant l'œil gauche, forment une sorte de lunette brisée à travers laquelle l'œil gauche voit l'image rétinienne du droit; cette lunette empêche en même temps les deux yeux d'accommoder pour l'ouverture du miroir. Afin de pouvoir examiner successivement différentes parties de la rétine, Heymann amène encore, devant l'œil observé, un verre prismatique de force variable dont le bord réfringent peut être placé dans différentes directions.

10) L'*ophthalmoscope binoculaire de Giraud-Teulon* est décrit plus loin (p. *684* de l'édit. allem.). On doit au même auteur un autophthalmoscope analogue à celui de Heymann.

Disons quelques mots des observations qu'on peut faire sur les yeux normaux, au moyen de l'ophthalmoscope. — Le fond de l'œil, sous un fort éclairage tel qu'on l'obtient à l'image renversée, paraît rouge; seule, la partie où pénètre le nerf optique paraît d'un blanc clair. Sur le fond rouge, on distingue tout de suite les ramifications des vaisseaux de la rétine et dont les troncs principaux apparaissent au milieu du nerf optique. Les artères se font reconnaître à leur couleur rouge plus claire et à la réflexion assez forte de la lumière sur leur surface. Entre les vaisseaux de la rétine, l'œil présente une coloration tantôt rouge clair, tantôt brune, suivant la quantité de pigment; souvent, surtout dans les parties les plus latérales, on reconnaît les vaisseaux de la choroïde, comme les représente la figure 99. Au milieu, on a figuré la papille du nerf optique; *aaa* sont des branches de l'artère rétinienne, *bbb* des branches de la veine. Dans les interstices, on voit les vaisseaux bien plus

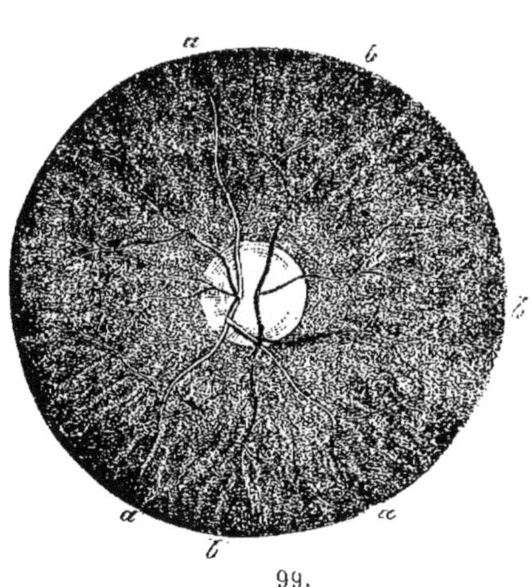

99.

larges de la choroïde. Ces vaisseaux choroïdiens ne sont pas toujours également nets; dans la plupart des yeux, la couche de pigment qui les recouvre est assez mince pour qu'ils se distinguent facilement des intervalles plus fortement pigmentés.

Avec un fort éclairage, les différentes parties du fond de l'œil ne présentent pas, sauf la papille, des différences d'intensité bien marquées. Il paraît qu'une quantité de lumière, relativement considérable, traverse la couche pigmentaire. En effet, dans la plupart des yeux, une assez grande quantité de lumière peut traverser les membranes : cela nous est démontré, tant par l'expérience (§ 10, p. 86) dans laquelle l'image rétinienne apparaît dans l'angle interne de l'œil, que par la production de l'image entoptique vasculaire, au moyen de lumière qui pénètre à travers la sclérotique. Cette partie de la lumière renvoyée, qui provient de la réflexion sur la choroïde et la sclérotique, est sans doute à peu près la même pour toutes les parties du fond de l'œil, même si l'éclat de la rétine elle-même varie beaucoup d'un point à un autre.

Avec un éclairage faible, au contraire, tel que le donnent les lames de verre non étamées, les parties du fond de l'œil qui avoisinent le nerf optique paraissent particulièrement éclatantes, et, en général, l'intensité diminue uniformément en marchant vers les bords. La partie qui sert à la vision directe se distingue seule des parties avoisinantes par un aspect sombre et une coloration jaunâtre qui ne se manifestent pas par un éclairage plus intense. La raison en est, sans doute, que, par un éclairage faible, il n'entre et ne sort à travers la couche de pigment qu'une quantité de lumière insensible, qu'alors la réflexion lumineuse perceptible provient surtout des éléments de la rétine et particulièrement de ses vaisseaux, et il n'y a point de vaisseaux à l'endroit de la vision directe.

Cette région montre, dans les deux modes d'observation, une petite tache lumineuse de la forme d'un ovale à grand diamètre horizontal, et que Coccius, qui l'a remarquée le premier, regarda comme l'image réfléchie de la *fovea;* Donders démontra plus tard directement que cet petit reflet lumineux occupe l'endroit de la vision directe.

Pour cette expérience, il faut employer un miroir plan derrière lequel se trouve une lentille concave (Donders-Epkens ou Helmholtz). On prend pour point de mire une lumière ou le micromètre de l'instrument de Donders. L'œil observé regarde l'objet dans le miroir; il faut faire en sorte qu'il puisse s'accommoder exactement, et on lui fait fixer un point déterminé de l'objet. L'observateur aperçoit alors, sur la rétine de l'œil observé, une image de l'objet très-nette et renversée, et, au point fixé directement, il voit le reflet de la *fovea centralis.* Si ce reflet est trop faible pour être aperçu au début, on parvient assez facilement à le voir cependant, en faisant regarder successivement au sujet observé différentes parties de l'objet; le petit reflet exécute sur l'image rétinienne les mouvements correspondants.

Pour vérifier la netteté de l'image rétinienne, on peut se servir avec avantage du micromètre ajouté par Donders à l'ophthalmoscope d'Epkens. Pour mon ophthalmoscope, je choisis dans le même but, pour servir de mire, un fil tendu horizontalement en avant d'une lumière. Mon instrument donne, en effet, pour des lignes verticales minces, des images multiples provenant de la multiplicité des surfaces réfléchissantes. Dès que l'œil observé s'accommode à l'objet désigné, ce dernier apparaît bien défini dans l'image rétinienne. Aussitôt que l'accommodation change, l'image s'estompe. Du reste, il n'est aucunement nécessaire d'employer des objets bien déliés pour voir le changement de l'image produit par l'accommodation. Il suffit, si l'œil observé n'est pas myope, de disposer une lumière dont on examine l'image rétinienne dans l'œil observé pendant que cet œil s'accommode alternativement pour deux points inégalement distants, placés dans la même direction. Dans l'accommodation à distance, l'image de la lumière éloignée paraît nette, dans l'accommodation rapprochée, elle se brouille. Le plus souvent, l'observateur voit disparaître en même temps l'image des éléments rétiniens de l'œil observé, à moins qu'il ne puisse accommoder son œil pour la nouvelle position de l'image, et il lui faut prendre un autre verre concave pour se convaincre que, sur la rétine de l'œil observé, qu'il voit distinctement, il se forme une image confuse de la lumière éloignée. Une modification de l'expérience consiste à faire regarder l'œil observé continuellement au loin et à rapprocher la lumière; l'observateur peut se convaincre qu'alors l'image de la lumière devient confuse.

La lueur oculaire a été observée depuis les temps les plus reculés sur les yeux de chiens, de chats et d'autres animaux qui possèdent au fond de l'œil un *tapetum*, c'est-à-dire une place dépourvue de pigment, recouverte de fibres ou de lamelles minces et très-réfléchissantes. Chez ces animaux, le reflet est si intense qu'on l'aperçoit facilement, pour peu que les conditions soient favorables. D'après une opinion ancienne et très-répandue, ces yeux lumineux passaient pour développer de la lumière, et cela surtout lorsqu'on irritait les animaux, ce qui portait à attribuer à l'influence du système nerveux, cette prétendue formation de lumière. C'est surtout lorsque la lumière vient de derrière l'observateur et rase sa tête pour pénétrer dans l'œil de l'animal, que la lueur des yeux est sensible, et l'on conçoit que la présence d'une lumière ainsi placée ait pu échapper aux observateurs. On croyait, de même, que les yeux des lapins blancs et des albinos possédaient une lumière propre. PRÉVOST (1) démontra le premier que la lueur des yeux des animaux ne se produit jamais dans une obscurité complète, que ni la volonté ni l'irritation n'y peuvent donner lieu, et qu'elle est toujours due à la réflexion d'une lumière incidente. GRUITHUISEN (2) a trouvé la même résultat de son côté ; il fait voir que la cause du phénomène réside dans le tapetum joint à une « réfraction extraordinaire » du cristallin. Il vit aussi cette lueur dans les yeux d'animaux morts. Ces faits furent confirmés par RUDOLPHI (3), J. MÜLLER (4), ESSER (5), TIEDEMANN (6), HASSENSTEIN (7). — RUDOLPHI fait observer qu'il faut regarder dans l'œil suivant une direction déterminée pour apercevoir la lueur, ESSER explique fort bien les changements de couleur par l'aspect de parties différemment colorées de la rétine qui se présentent successivement derrière la pupille, HASSENSTEIN, enfin, trouve que la lueur se produit lorsque les yeux sont comprimés suivant leur axe et suppose que, chez l'animal vivant, la lueur peut aussi se produire volontairement par un raccourcissement de l'axe au moyen de la pression des muscles. On reconnaissait donc la lueur comme un phénomène de réflexion, sans se rendre compte des conditions dont dépendait sa production.

---

(1) *Biblioth. britannique*, 1810, XLV.
(2) Beiträge zur Physiognosie und Eautognosie, p. 199.
(3) Lehrbuch der Physiologie, I, 197.
(4) Zur vergleichenden Physiologie d. Gesichtssinns. Leipzig, 1826, p. 49. — Handbuch d. Physiologie, 4. Aufl., I, 89.
(5) *Kastner's Archiv für die gesammte Naturlehre*, VIII, 399.
(6) Lehrbuch der Physiologie, p. 509.
(7) De luce ex quorundam animalium oculis prodeunte atque de tapeto lucido. Jenæ, 1836.

Sur l'œil humain, on n'avait d'abord observé la lueur que dans des cas de maladies rares, en particulier dans des cas de tumeurs du fond de l'œil. BEHR (1) l'a aussi vue dans des cas d'aniridie, et constaté que les yeux de l'observateur doivent regarder l'œil du malade presque parallèlement aux rayons incidents; telle est aussi la base de la méthode de BRÜCKE pour l'observation de la lueur oculaire. Dans ces cas d'aniridie, la lueur est plus remarquable parce que la rétine est bien plus fortement éclairée; en outre, la propriété d'accommodation peut faire défaut dans des cas de ce genre.

Enfin W. CUMMING (2) et BRÜCKE (3) trouvèrent, indépendamment l'un de l'autre, le procédé à suivre pour rendre lumineux l'œil humain bien constitué, lorsque l'observateur regarde presque parallèlement aux rayons incidents. BRÜCKE avait déjà précédemment appliqué cette méthode aux yeux d'animaux pourvus d'un tapetum. Enfin WHARTON JONES (4) dit que BABBAGE lui avait montré, vers la même époque, un miroir étamé dont une petite portion de tain était enlevée, de manière à pouvoir envoyer la lumière dans l'œil tout en regardant par l'ouverture. Cette description rappelle déjà bien l'ophthalmoscope de COCCIUS; mais comme BABBAGE semble ne pas avoir ajouté de lentilles à son miroir, il n'a dû pouvoir distinguer qu'exceptionnellement quelques parties de la rétine, et c'est sans doute pour cette raison qu'il n'a pas publié sa découverte.

L'autre côté de la question, c'est-à-dire pourquoi les parties de la rétine, lors même qu'elles sont éclairées, par exemple dans les yeux d'animaux pourvus de tapetum, dans ceux des albinos, ne peuvent pas être distinguées, a été le sujet de bien des commentaires. La solution était plus facile. Dès le commencement du XVIIIe siècle, MÉRY (5) avait observé qu'il pouvait distinguer les vaisseaux de la rétine d'un chat plongé dans l'eau, et dont les yeux paraissaient fortement lumineux. LA HIRE (6) donna de ce fait une explication exacte. Il comprit qu'il fallait un changement de réfraction du rayon pour faire paraître l'œil lumineux, mais il ne sut pas donner d'explication plus précise. Il en fut de même de KUSSMAUL (7). Ce dernier montre que la rétine devient claire et reconnaissable, soit lorsqu'on enlève en avant de l'œil la cornée et le cristallin, soit lorsqu'on sort une portion du corps vitré de manière à raccourcir l'axe de l'œil.

Si je ne me trompe, j'ai été le premier (8) à bien rendre compte de la relation qui existe entre les directions des rayons incidents et émergents, et à trouver le vrai motif de la coloration noire de la pupille, ce qui m'a permis d'indiquer le principe de la construction des ophthalmoscopes. J'ai employé, pour l'éclairage, des verres plans non étamés, et, pour mieux distinguer la rétine, des lentilles concaves. TH. RUETE, au contraire, employa le premier un miroir percé pour l'observation de l'image renversée. Comme le nouvel instrument ne tarda pas à acquérir une importance extrême en oculistique, on a construit depuis un grand nombre d'ophthalmoscopes de différentes formes, dont j'ai cité plus haut les principaux; mais on n'a pas trouvé de principes essentiellement nouveaux pour éclairer et reconnaître la rétine.

La théorie de la lueur oculaire et de l'ophthalmoscope, telle que je l'ai établie, n'a subi aucune modification essentielle. Je ne puis pas considérer comme des améliorations les modifications que STELLWAG DE CARION a essayé d'y introduire. Cet oculiste, qui s'est occupé, du reste, avec beaucoup d'ardeur à introduire dans son art les connaissances physiques, s'est laissé égarer, dans le travail auquel je fais allusion, par de faux principes sur la force de l'éclairage et l'intensité lumineuse.

1704. MÉRY, in *Annales de l'Académie des sciences*, 1704.
1709. LA HIRE, *ibid.*, 1709.
1810. PREVOST, in *Bibliothèque britannique*, XLV.

---

(1) *Hecker's Annalen*, 1839, I, 373.
(2) *Medico-chirurgical Transactions*, XXIX, 284.
(3) *J. Müller's Archiv für Anat. u. Physiologie*, 1847, p. 225.
(4) *Archives générales de médecine*, 1854, II.
(5) *Annales de l'Acad. des sc.*, 1704.
(6) *Annales de l'Acad. des sc.*, 1709.
(7) Die Farbenerscheinungem im Grunde des menschlichen Auges. Heidelberg, 1845.
(8) H. HELMHOLTZ, Beschreibung eines Augenspiegels zur Beobachtung der Netzhaut im lebenden Auge. Berlin, 1851. — *Vierordt's Archiv für physiol. Heilkunde*, II, 827.

1810. GRUITHUISEN, Beiträge zur Physiognosie und Eautognosie, p. 199.
— RUDOLPHI, Physiologie, I, 197.
1826. J. MÜLLER, Zur vergleichenden Physiologie des Gesichtssins. Leipzig, p. 49.
— ESSER, in *Kastner's Archiv für die gesammte Naturlehre*, VIII, 399.
1836. HASSENSTEIN, De luce ex quorundam animalium oculis prodeunte atque de tapeto lucido. Jenæ.
1839. BEHR, in *Hecker's Annalen*, I, 373.
1844. E. BRÜCKE, Ueber die physiologische Bedeutung der stabförmigen Körperchen, in *J. Müller's Archiv für Anatomie und Physiologie*, 1844, p. 444.
1845. E. BRÜCKE, Anatomische Untersuchungen über die sogenannten leuchtenden Augen bei den Wirbelthieren, *ibid.*, 1845, p. 387.
— KUSSMAUL, Die Farbenerscheinungen im Grunde des menschlichen Auges. Heidelberg.
1846. W. CUMMING, in *Medico-chirurgical Transactions*, XXIX, 284.
1847. E. BRÜCKE, Ueber das Leuchten der menschlichen Augen, in *J. Müller's Archiv*, 1847, pp. 225, 479.
1851. H. HELMHOLTZ, Beschreibung eines Augenspiegels zur Untersuchung der Netzhaut im lebenden Auge. Berlin.
1852. TH. RUETE, Der Augenspiegel und das Optometer. Göttingen.
— H. HELMHOLTZ, Ueber eine neue einfachste Form des Augenspiegels, in *Vierordt's Archiv für physiologische Heilkunde*, II, 827.
— FOLLIN, in *Archives générales de médecine*, juillet 1852.
— A. COCCIUS, Ueber die Ernährungsweise der Hornhaut. Leipzig.
— FROEBELIUS, in *Medic. Zeitung Russlands*, 1852, n° 46.
1853. A. COCCIUS, Ueber die Anwendung des Augenspiegels nebst Angabe eines neuen Instruments. Leipzig.
— A. C. VAN TRIGT, Dissertatio de Speculo oculi. Utrecht. — *Nederlandsch Lancet;* ser. 3, II, 430. — Deutsch mit Zusätzen von SCHAUENBURG. Jahr, 1854.
— H. A. O. SAEMANN, De speculo oculi. Regiomonti.
— R. ULRICH, Beschreibung eines neuen Augenspiegels, in *Henle u. Pfeuffer's Zeitschrift für rationelle Medicin*, Neue Folge, IV, 175.
— MEYERSTEIN, Beschreibung eines neuen Augenspiegels. *Ibid.*, p. 310.
— FOLLIN et NACHET, in *Mém. de la Société de chirurgie*, 1853, III.
— SPENCER WELLS, in *Medical Times*, 1853, septb.
1854. DONDERS, Verbeteringen van den oogspiegel, in *Onderzoekingen gedaan in het Physiologisch Laboratorium der Utrechtsche Hoogeschool*, Jaar VI, pp. 131, 153.
— ANAGNOSTAKIS, Essai sur l'exploration de la rétine et des milieux de l'œil sur le vivant au moyen d'un nouvel ophthalmoscope. Paris, 1854. (Miroir concave percé.) *Annales d'oculistique*, février et mars 1854.
— STELLWAG VON CARION, Theorie der Augenspiegel. Wien.
— G. A. LEONHARD, De variis oculorum speculis illorumque usu. Leipzig.
— TH. RUETE, Bildliche Darstellung der Krankheiten des menschlichen Auges. Leipzig. Lieferung 1 u. 2, auch unter dem Titel : Physikalische Untersuchung des Auges, p. 23-37.
— W. ZEHENDER, Ueber die Beleuchtung des innern Auges mit specieller Berücksichtigung eines nach eigener Angabe construirten Augenspiegels, in *Gräfe's Archiv für Ophthalmologie*, I, 1, p. 121.
1855. LIEBREICH, *ibid.*, I, 2, p. 348.
— STELLWAG VON CARION, in *Zeitschrift der Aerzte zu Wien*, XI, 65.
— E. JÄGER, Beiträge zur Pathologie des Auges, mit Abbildungen in Farbendruck. Wien.
— LE MÊME, Ergebniss der Untersuchung des menschlichen Auges mit dem Augenspiegel, in *Wien. Ber.*, XV, 319-344.
1856. CASTARANI, Ophthalmoscope, in *Cosmos*, VIII, 612.
— W. ZEHENDER, Ueber die Beleuchtung des inneren Auges durch heterocentrische Glasspiegel, in *Archiv für Ophthalmol.*, II, 2, p. 103-130.
1857. J. PORRO, La lunette panfocale employée comme ophthalmoscope, in *Comptes rendus*, XLV, 103-104. — *Cosmos*, XI, 96-97.
— A. BUROW, Ueber Construction heterocentrischer Augenspiegel und deren Anwendung, in *Archiv für Ophthalmol.*, III, 2, p. 68-80.
— SCHNELLER, Ein Mikrometer am Augenspiegel, *ibid.*, III, 2, p. 121-186.

1857. R. Liebreich, De l'examen de l'œil au moyen de l'ophthalmoscope. Bruxelles. (Extrait de la traduction du traité pratique des maladies des yeux, par Mackenzie.)

1859. A. Zander, Der Augenspiegel, seine Formen und sein Gebrauch. Leipzig et Heidelberg. — Le même, traduit en anglais et annoté par Carter.

— Giraud-Teulon, Théorie de l'ophthalmoscope avec les déductions pratiques qui en découlent. Paris.

1861. O. Becker, Ueber Wahrnehmung eines Reflexbildes im eigenen Auge, in *Wiener Med. Wochenschrift*, 1860, p. 670-672; 684-688. (Image de la surface postérieure du cristallin réfléchie en arrière par la cornée.)

1863. Burow jun., Notiz betreffend die Beobachtung des eigenen Augenhintergrundes, in *Archiv für Ophthalmol.*, IX, 1, p. 155-160.

— F. Heymann, Die Autoscopie des Auges. Leipzig.

— R. Liebreich, Atlas d'ophthalmoscopie. Berlin, Hirschwald. Paris, Germer Baillière.

1864. C. Schweigger, Vorlesungen über den Gebrauch des Augenspiegels. Berlin.

— A. Coccius, Beschreibung eines Oculars zum Augenspiegel, in *Archiv für Ophthalm.*, X, 1, p. 123-147.

— R. Schirmer, Ueber das Ophthalmoskopische Bild der Macula lutea, *ibid.*, X, 1, p. 148-151.

— Wintrich, Ueber die Benützung des zweckmässig abgeblendeten zerstreuten Tageslichts zur Oto- Ophthalmo- und Laryngoscopie. *Erlanger Med. Neuigkeiten*, 1864, april, 9.

DEUXIÈME PARTIE

DES SENSATIONS VISUELLES.

§ 17. — De l'excitation de l'appareil nerveux visuel.

Les appareils nerveux des hommes et des animaux peuvent subir, dans leur état, de la part de divers agents extérieurs, des modifications reconnaissables, soit par des moyens physiques, tels que l'examen de l'action électromotrice de ces appareils, soit par des effets que les nerfs produisent sur d'autres parties du corps qui leur sont rattachées organiquement. C'est ainsi que cet état modifié se trahit, pour certains nerfs, par la contraction des muscles auxquels ils se rendent : ce sont des *nerfs moteurs*. D'autres, dans les mêmes circonstances, provoquent des sensations dans le cerveau, organe matériel de la conscience : ce sont les *nerfs sensitifs*. Chez les nerfs moteurs, l'effet le plus sensible des actions extérieures les plus diverses : tiraillement, écrasement, coupure, brûlure, cautérisation, électrisation, c'est toujours la contraction du muscle correspondant, contraction qui ne manifeste que des différences quantitatives d'intensité. Aussi comprend-on sous la dénomination commune d'*excitants*, les actions des différentes causes excitatrices sur les nerfs moteurs : on fait abstraction de leurs différences qualitatives, et l'on ne les distingue que quantitativement, et cela suivant l'intensité plus ou moins grande des contractions qu'elles produisent. L'état modifié du nerf lui-même, qui survient comme conséquence d'un *excitant*, s'appelle *excitation*, et la propriété du nerf de provoquer des contractions musculaires par l'effet de l'excitation, se nomme *excitabilité*. Cette propriété se perd par la mort ; elle peut aussi être diminuée par différentes actions extérieures.

Pour les nerfs sensitifs, ces mêmes notions trouvent encore leur application en ce sens que, tant que ces nerfs sont vivants et reliés au cerveau, les actions extérieures qui, appliquées aux nerfs moteurs, peuvent produire la contraction, provoquent sur les nerfs sensitifs une action d'une espèce particulière, qu'on nomme *sensation*.

Ici paraît se présenter, au premier abord, cette différence essentielle que la sensation reconnaît des différences qualitatives correspondantes aux différences qualitatives de l'action. Néanmoins, quoique les différents excitants produisent des sensations différentes, les effets des excitants n'en sont pas moins toujours des sensations : ce sont là des effets *sui generis*, particuliers aux corps vivants : aussi a-t-on étendu aux nerfs sensibles les expressions d'*excitants* et d'*excitation*, qu'on avait d'abord introduites pour les nerfs moteurs; on donne donc encore le nom d'*excitants* aux actions extérieures qui, appliquées aux nerfs sensibles, produisent les sensations, et celui d'*excitation* à la modification que subit le nerf lui-même.

Nous verrons plus loin la théorie de Th. Young, d'après laquelle les différents nerfs sensibles à la lumière, qui sont contenus dans l'œil, ne procureraient, en réalité, que des différences quantitatives dans la sensation, des fibres nerveuses différentes étant destinées aux sensations différentes qualitativement. Ainsi que je me suis efforcé de le faire voir dans mon *Étude des sensations acoustiques*, il paraît probable que les choses se passent de même pour le sens de l'ouïe.

L'état d'excitation qui peut être produit, sur chaque partie d'une fibre nerveuse, par l'action des excitants, se transmet aussitôt à toutes les autres parties de cette fibre, et s'y fait reconnaître, soit par les changements des actions électromotrices, soit par son influence sur les autres parties de l'organisme, muscles, cerveau, glandes, etc., avec lesquels le nerf est en communication, et cela par une contraction du muscle, par une sensation, ou, enfin, par une hypersécrétion de la glande. La propagation de l'excitation n'est empêchée que dans les cas où la structure du nerf a été modifiée profondément, soit par des actions mécaniques ou chimiques, soit par la coagulation du contenu des fibres nerveuses, qui accompagne la mort. Chaque portion d'une fibre nerveuse intacte possède donc non-seulement l'*excitabilité*, c'est-à-dire la propriété de pouvoir être excitée, mais encore la *propriété conductrice* de l'excitation. De plus, on ne connaît point, dans la structure et la fonction des fibres sensitives et des fibres motrices, de différence qui ne puisse se déduire de la différence de leurs rapports avec les autres systèmes de l'organisme. Les fibres elles-mêmes semblent ne jouer que le rôle de fils conducteurs indifférents, et qui constituent, soit des nerfs moteurs, soit des nerfs sensitifs, suivant qu'ils sont en rapport organique avec un muscle ou avec une partie sensitive du cerveau.

Les sensations de l'homme se partagent, d'après leur qualité, en cinq groupes qui correspondent à ce qu'on appelle les *cinq sens*, et cette division est telle qu'on ne peut comparer entre elles que les qualités des sensations relatives à un seul et même sens. C'est ainsi, par exemple, que nous pouvons comparer, relativement à leur intensité et à leur couleur, deux sensations visuelles différentes, mais que nous ne pouvons, en aucune façon, les comparer à aucune sensation acoustique ou olfactive.

Nous nommerons différences de *modalité* les différences que présentent les sensations relatives à des sens différents ; quant aux sensations qui appartiennent à un seul et même sens, nous emploierons l'expression de différence de *qualité* pour les distinguer entre elles.

L'expérience physiologique a trouvé, autant qu'on a pu le vérifier, que *par l'excitation d'une fibre nerveuse sensitive quelconque, on ne peut produire que des sensations qui possèdent la modalité d'un seul et même sens déterminé, et qu'un excitant quelconque, pour peu qu'il agisse sur cette fibre, ne peut jamais provoquer que des sensations qui possèdent la modalité particulière à ce sens.* Cette proposition ne peut se démontrer d'une manière absolument expérimentale que pour des fibres nerveuses qui, réunies dans des troncs particuliers, sont séparées de toutes les fibres appartenant à d'autres sens : telles sont celles de la vue dans le nerf optique, celles de l'ouïe dans le nerf acoustique, celles de l'odorat dans le nerf olfactif, celles du toucher dans les racines postérieures de la moelle épinière. Si l'on fait agir différents excitants sur les troncs nerveux, on peut produire, il est vrai, des sensations différentes, mais elles possèdent toutes la modalité du sens considéré. Quant aux fibres sensitives, au contraire, qui sont réunies dans le même tronc avec des fibres sensitives d'une autre nature — les nerfs de sensibilité gustative, par exemple, qui sont réunis aux nerfs de sensibilité tactile dans le glosso-pharyngien et le lingual — il paraît au moins probable que les choses se passent de même, si l'on se souvient que, dans certains états morbides, on rencontre parfois isolément la paralysie du goût ou celle du toucher, et si l'on remarque aussi que tous les autres nerfs tactiles sont dépourvus de la propriété de provoquer des sensations gustatives.

La modalité du sens visuel est celle des sensations lumineuses, qui sont toutes comparables entre elles sous le rapport de l'intensité lumineuse et de la couleur. — Nous nommerons, avec J. Müller, *substance du sens de la vue* ou bien encore *appareil nerveux visuel*, la partie de substance nerveuse dont l'excitation peut produire des sensations de ce genre. Ce système comprend la rétine, le nerf optique et la partie du cerveau, qu'on ne peut pas encore exactement circonscrire, dans laquelle pénètrent les racines du nerf optique. Aucun autre appareil nerveux du corps ne peut nous faire éprouver une sensation lumineuse, c'est-à-dire une sensation de même nature que celles de l'appareil nerveux visuel. Il est vrai que les ondulations lumineuses de l'éther peuvent également être senties par les nerfs tactiles, mais c'est sous une toute autre modalité : c'est comme sensation de chaleur rayonnante. Il se produit ici la même chose que pour les vibrations de l'air, que le nerf auditif perçoit sous forme de son, tandis qu'elles provoquent en même temps dans la peau la sensation tactile d'un frôlement. De même, le vinaigre fait éprouver à la langue une sensation acide, tandis que sur une partie dénudée de la peau ou sur une muqueuse délicate, telle que la conjonctive oculaire, il produit une sensation tactile : celle d'une brûlure douloureuse.

Inversement, les vibrations lumineuses de l'éther ne sont pas le seul moyen d'excitation de l'appareil nerveux visuel ; il en existe encore bien d'autres, tels que les actions mécaniques et les courants électriques qui peuvent, on le sait, exciter également tous les autres appareils nerveux du corps. Mais lorsque ces excitants agissent sur le nerf optique ou sur la rétine, ils ne produisent que des sensations visuelles et jamais des sensations auditives ni olfactives, et si elles produisent en même temps des sensations tactiles, il est très-probable que cela tient à ce qu'il se répand dans l'œil et peut-être dans la masse même du nerf optique, comme dans toutes les parties internes du corps, des nerfs tactiles particuliers. Les sensations tactiles qui se produisent par l'action de la pression ou de l'électricité sur l'œil, se distinguent d'ailleurs encore des sensations lumineuses produites en même temps, par ce fait que les sensations tactiles sont perçues à l'endroit où porte l'excitation, tandis que l'imagination localise les impressions optiques dans le champ visuel, sous forme d'objets lumineux. Nous reviendrons sur ce sujet dans la description plus exacte de l'excitation mécanique de l'œil.

Comme les choses se passent de même pour les autres nerfs des sens, il s'ensuit que la qualité de la sensation dépend principalement de l'action physiologique particulière à l'appareil nerveux dans lequel elle se produit, et, en second lieu seulement, de la nature de l'objet perçu. La modalité de la sensation produite ne dépend même aucunement de l'objet extérieur, mais exclusivement de l'espèce du nerf excité. Quelle est, dans la modalité du sens affecté, la qualité de la sensation provoquée ? C'est là seulement ce qui dépend de la nature du corps extérieur qui produit la sensation. Que les rayons solaires nous causent une sensation de lumière ou de chaleur, cela dépend seulement de l'organe qui a été excité : nerf optique ou nerfs de la peau ; mais que ces rayons se manifestent sous forme de lumière rouge ou bleue, faible ou intense, de chaleur brûlante ou modérée, c'est ce qui dépend à la fois de la nature des rayons et de l'action physiologique de l'appareil nerveux. La qualité des sensations n'est donc en aucune façon identique avec la qualité de l'objet qui les provoque; au point de vue physique, elle est simplement une *action* de la qualité extérieure sur un appareil nerveux spécial, et, pour notre imagination, la qualité de la sensation est seulement, pour ainsi dire, un *symbole*, un signe distinctif de la qualité objective.

La *lumière objective* constituée par les ondulations de l'éther, est le premier et principal excitant du nerf optique. — Je dis le premier et le principal, parce qu'elle agit d'une manière bien plus fréquente et plus continue sur le nerf optique que les autres excitants, et que par suite de cette circonstance, nous employons exclusivement, pour la perception d'objets extérieurs, celles des sensations de l'appareil nerveux visuel qui sont provoquées par la lumière objective. Nous n'avons pas besoin, pour cela, d'admettre un rapport particulier, spécifique, ou une homogénéité entre la lumière objective et l'agent nerveux du nerf optique, ainsi que l'ont fait la plupart des anciens philosophes et physiologistes. En effet, d'une part, le nerf optique n'est pas le seul qui puisse être excité par les ondulations de l'éther; les nerfs de la peau peuvent l'être aussi, et, d'autre part, ces ondulations ne sont pas le seul moyen d'excitation du nerf optique. La position protégée du nerf optique et de la rétine, qui sont accessibles très-facilement à la lumière et bien plus difficilement aux actions mécaniques et aux courants électriques, suffit pour nous expliquer pourquoi la lumière objective est l'excitant le plus ordinaire, partant le plus important de ces organes. C'est cette prédominance de l'excitation par la lumière objective qui a déterminé l'homme à donner à la partie des vibrations de l'éther, qui est capable d'éveiller la sensation lumineuse, le nom de *lumière*, nom qui ne devrait s'appliquer, en réalité, qu'à la sensation produite. On distingue, dans les rayons solaires, la *lumière* et la *chaleur* solaires, division basée sur les deux sortes de sensation que ces rayons sont capables de réveiller. Tant que les hommes n'avaient pas réfléchi sur la nature de leurs sensations, ils devaient être portés à rapporter immédiatement aux objets extérieurs les qualités des sensations, et à admettre, par exemple, dans les rayons solaires, deux agents correspondants aux deux sensations distinctes. En outre, on ne connaissait *à priori*, sur les rayons solaires, rien de plus que ce qu'apprenait la sensation, et l'on observait, à côté des rayons dans lesquels dominent les ondes à vibrations plus rapides, et qui affectent l'œil plus fortement que la peau, d'autres, dans lesquelles les oscillations les plus lentes l'emportent, qui affectent fortement la peau et n'impressionnent que peu ou point l'organe de la vue, de telle sorte qu'il paraissait exister aussi une distinction objective entre les deux agents. Ce n'est que dans ces derniers temps qu'une étude attentive de celles des propriétés des rayons calorifiques éclairants et obscurs, qui sont indépendantes de nos appareils nerveux, a prouvé aux physiciens qu'il n'existe entre ces rayons aucune différence autre que celle de la durée d'oscillation : dès lors la physique échappait à l'influence mal justifiée que les impressions sensorielles avaient si longtemps exercée. — Nous réservons au paragraphe suivant l'étude plus approfondie de la lumière objective considérée comme moyen d'excitation de la rétine.

Les phénomènes produits par l'*excitation mécanique* de l'appareil nerveux visuel diffèrent d'après l'étendue de l'excitation. — Un coup subit sur l'œil produit une lueur répandue dans tout le champ visuel, qui est souvent assez intense, et qui passe comme un éclair. Pour répondre à d'anciennes erreurs relatives à l'explication de ce phénomène, il suffit de remarquer que, lors même que le coup est donné dans l'obscurité, on ne peut apercevoir, dans l'œil frappé, aucune trace de lumière objective, quelle que soit d'ailleurs la vivacité de l'éclair subjectif, et qu'il est tout aussi impossible de reconnaître, au moyen de cet éclairage subjectif du champ visuel, aucun objet réel du monde extérieur (1).

Il est plus facile d'étudier l'action d'une pression limitée. — Si l'on vient à presser le globe de l'œil en un point voisin de l'orbite, avec une pointe mousse, telle qu'un ongle, il se produit un phénomène lumineux, un *phosphène*, qu'on voit au point du champ visuel répondant à la partie de la rétine qui a été comprimée. C'est ainsi que lorsqu'on presse en haut, la tache éclairée apparaît à la limite inférieure du champ visuel ; que si l'on presse à l'angle externe de l'œil, elle apparaît vers le dos du nez ; que si la pression est exercée dans la région inférieure et interne, la tache apparaît en haut et en dehors. Si le corps comprimant n'est pas large, l'apparition possède ordinairement un centre lumineux entouré d'un cercle obscur et d'un cercle clair. Je trouve que le phénomène présente son plus grand éclat quand la pression agit vers l'équateur de l'œil, endroit où la sclérotique présente sa moindre épaisseur. Le phosphène apparaît alors à la limite du champ visuel obscur, sous forme d'un arc semi-circulaire ; il est, dans ce cas, assez éloigné du point visuel, point le plus net du champ visuel et qui correspond à la

(1) Relativement à un cas judiciaire, où un individu qui avait reçu, dans l'obscurité, un coup sur l'œil et prétendait avoir reconnu son agresseur à l'aide de la lueur provoquée par ce coup, voy. *J. Müller's Archiv für Anat.*, 1834, p. 140.

tache jaune; il coïncide, par conséquent, lorsqu'on ouvre les yeux, avec l'image d'objets extérieurs qu'on n'aperçoit qu'indistinctement. Toutefois, surtout lorsqu'il se trouve des objets très-lumineux à la place du phosphène, si l'observateur est un peu exercé à la vision indirecte, il reconnaît que les objets situés en cet endroit subissent des déformations, dues à la dépression de la sclérotique et de la rétine, et que leurs images s'obscurcissent aussi fréquemment par places.

En tournant l'œil fortement en dedans, tandis qu'on le presse du côté externe, ou en le dirigeant fortement en dehors, tandis qu'on presse vers l'angle interne, on peut obtenir des phosphènes plus voisins du point visuel, mais ils sont un peu moins intenses, parce que la partie postérieure de la sclérotique offre plus de résistance à la pression. Quelques personnes, Thomas Young était du nombre, réussissent même à faire apparaître sur le point visuel le phosphène obtenu par pression sur l'angle externe de l'œil. Pour ma part, j'amène le phosphène assez près du point visuel pour pouvoir constater qu'en son centre les images des objets extérieurs s'effacent. La fig. 1, pl. V, représente le phosphène tel qu'il m'apparaît lorsque je mets entre l'œil et le nez une feuille de papier blanc, que je dirige l'œil vers cette feuille, le plus en dedans qu'il m'est possible, et que j'appuie, avec une pointe mousse, près du bord externe de l'orbite. Le côté nasal est désigné par N. Le phosphène consiste en une tache obscure, traversée par une bande lumineuse verticale. En pressant à la hauteur convenable, on voit un prolongement horizontal de la tache obscure, dont la pointe a atteint le point de fixation; on aperçoit, de plus, dans la région où pénètre le nerf optique, une ombre b, mal délimitée. Nous expliquerons au § 18 comment on peut reconnaître, dans le champ visuel, la place où pénètre le nerf optique. Purkinje avait déjà remarqué et figuré un système de lignes fines parallèles, arquées, qui se trouvent entre le phosphène obscur et le point visuel. Je ne les vois pas aussi développées qu'il les représente; la condition la plus favorable pour les apercevoir est un grand éclairement de la partie correspondante du champ visuel.

Dans le champ visuel obscur, on aperçoit, au contraire, une surface circulaire lumineuse et jaunâtre, à l'intérieur de laquelle se dessine parfois une tache ou un anneau obscur. On voit aussi une faible lumière apparaître vers l'endroit où pénètre le nerf optique, de sorte que le tout répond à peu près à ce que deviendrait la fig. 1 (pl. V), en y remplaçant les parties claires par des parties sombres et inversement. Il n'y a que le prolongement du phosphène vers la tache jaune qu'il m'ait été impossible d'apercevoir dans le champ obscur.

Une troisième forme de phosphènes se présente lorsqu'on fait agir pendant assez longtemps, sur le globe de l'œil, une pression modérée et uniforme, soit en y appliquant la partie la plus molle de la paume de la main, soit en employant les doigts. Bientôt apparaissent dans le champ visuel des images lumineuses très-brillantes et changeantes, qui exécutent des jeux merveilleux, fantastiques, et ressemblent souvent aux images caléidoscopiques les plus brillantes, telles qu'on les a obtenues, dans ces derniers temps, à l'aide de la lumière électrique. Purkinje a très-exactement étudié, décrit et représenté ces images : elles paraissent avoir possédé chez lui une grande régularité. Le plus souvent, il voyait, sur un fond régulièrement et finement quadrillé, des images étoilées à huit rayons ou des losanges à surface tantôt obscure, tantôt lumineuse, dont les diagonales étaient dirigées les unes verticalement, les autres horizontalement, et qui étaient entourés de bandes alternativement claires et obscures. Sur moi-même, je n'ai pas trouvé cette régularité dans les figures ; le fond du champ visuel présente ordinairement, dès l'abord, un dessin à petites dispositions et les colorations les plus variées ; souvent ce dessin semble formé de feuillages ou de brins de mousse finement découpés et innombrables ; parfois il paraît constitué par des carrés de toute sorte, d'un jaune brun clair, entremêlés de grecques obscures ; enfin il finit ordinairement par se développer, sur fond jaune brun, des systèmes de lignes obscures qui forment parfois des figures étoilées très-embrouillées, parfois seulement un peloton en forme de labyrinthe inextricable ; ces lignes sont animées continuellement de mouvements d'oscillation, ou entraînées comme dans un torrent rapide. En outre, des étincelles bleues ou rouges très-lumineuses restent souvent fixes, pendant assez longtemps, en certains points du champ visuel. Si l'on cesse la pression au moment où le phénomène possède son plus grand éclat, et si l'on a soin de ne pas laisser la lumière pénétrer dans l'œil, le jeu de ces figures continue encore quelque temps et disparaît en s'obscurcissant peu à peu. Si l'on vient, au contraire, à ouvrir l'œil au moment où l'on supprime la pression, en regardant les objets lumineux extérieurs, on les trouve d'abord plongés dans l'obscurité, puis on voit quelques objets éclairés faire peu à peu leur apparition au milieu du champ visuel, en présentant un éclat intense. C'est ainsi que je vois, par exemple, des feuilles de papier blanc isolées, m'apparaître alors dans leur forme véritable avec une clarté éblouissante, tout en conservant à leur surface des vestiges du dessin vu précédemment, et dont les parties obscures paraissent maintenant lumineuses. L'éclat anormal des objets se perd peu à peu dans le même temps que les phosphènes mettent à disparaître quand l'œil est fermé; mais l'œil qui a été comprimé diffère encore longtemps de l'autre en ce que le champ visuel lui paraît violacé, tandis qu'il paraît jaunâtre à l'autre œil. Vierordt et Laiblin disent qu'à la suite d'une pression sur l'œil, continuée pendant longtemps, ils ont vu se dessiner en rouge sur fond obscur les ramifications vasculaires de la rétine. Jusqu'ici, les tentatives que j'ai faites de répéter cette expérience sont demeurées infructueuses. En outre, Vierordt dit que, dans ces conditions, les vaisseaux de la rétine lui ont souvent offert une coloration bleuâtre et un aspect éclatant. De plus, ainsi que cela était arrivé à Steinbach et à Purkinje, Vierordt et Laiblin ont vu un réseau vasculaire dont le contenu était animé d'une circulation très-rapide. Purkinje attribuait le phénomène au réseau veineux de la rétine ; mais comme ce réseau lui apparaissait en même temps que le réseau rétinien déjà cité, Laiblin conclut de ses observations que la circulation observée devait appartenir « à une autre couche rétinienne plus riche en vaisseaux, et située plus en dehors ». Meissner et moi, nous n'avons jamais réussi à voir quelque chose d'analogue à un réseau vasculaire au milieu des images de pression de l'œil, si ce n'est, par éclairs, des fragments de la figure vasculaire bien connue de la rétine; lors même que je vois, comme période finale, ce labyrinthe de lignes entrelacées et qui figurent un mouvement circulatoire, leur disposition ne répond certainement pas à l'idée d'un réseau vasculaire.

Remarquons, pour la théorie de ces phénomènes, que, d'après les expériences de Donders, à l'aide de l'ophthalmoscope, une pression exercée sur l'œil amène incontestablement des modifications dans les vaisseaux rétiniens : les veines commencent d'abord à battre, et, plus tard, elles se vident complétement de sang. Il est bien possible que certains yeux ressentent ces états modifiés des vaisseaux. Pour ma part, je comparerais volontiers les images mobiles et changeantes qui résultent d'une pression continue sur l'œil, à la sensation de fourmillement qui se produit dans les membres engourdis, dont les nerfs ont été soumis à une pression un peu prolongée. Si, restant assis dans une fausse position, le corps s'appuyant sur le côté de la hanche, nous venons à comprimer le nerf sciatique, le pied et la jambe perdent bientôt la propriété de sentir le contact des objets extérieurs ; en revanche, un violent fourmillement s'empare des parties anesthésiées de la peau, et cette sensation décèle des excitations des fibres nerveuses sensibles qui se succèdent rapidement : phénomène analogue aux figures si fines et si variées qui apparaissent dans le champ visuel quand la rétine est soumise à une influence analogue. Lorsqu'ensuite la pression cesse et que la sensibilité pour les objets extérieurs se rétablit, les premiers objets dont le pied reçoit le contact produisent souvent une sensation extrêmement douloureuse, de même que l'œil voit les objets extérieurs avec un éclat éblouissant.

Un autre phénomène qu'on semble devoir rapporter à une excitation mécanique de la rétine, c'est l'apparition de certaines taches lumineuses que quelques yeux sensibles voient dans le champ visuel obscur, à la suite d'un déplacement rapide du regard. La fig. 2, pl. V, les représente telles qu'elles apparaissent dans le champ visuel commun à mes deux yeux, lorsque je viens de les mouvoir vers la gauche, suivant la direction indiquée par la flèche. L'image marquée *L* appartient à l'œil gauche ; l'autre, à l'œil droit. Le phénomène est moins marqué dans l'œil qui se tourne en dedans, l'œil droit, dans le cas actuel, que dans celui qui se tourne en dehors. Pour ma part, je ne les vois que le matin immédiatement après mon réveil, ou quand je suis indisposé ; d'autres observateurs, tels que Purkinje et Czermak (1), les voient à toute heure du jour, dans l'obscurité, sous forme d'anneaux ou de croissants de feu. La distance de ces images au point visuel est telle qu'un observateur connaissant bien les phénomènes du *punctum cæcum*, que nous décrirons plus loin, peut conclure qu'elles appartiennent au point d'entrée du nerf optique. Elles proviennent donc probablement de ce que le nerf optique participe aux mouvements rapides de l'œil, et subit un tiraillement à l'endroit où il pénètre dans le globe. Lorsqu'il tient son œil fortement tourné en dedans, Purkinje (2) voit aussi constamment, au point d'entrée du nerf optique, un anneau lumineux dont la partie dirigée vers le milieu du champ visuel est entourée de lignes brillantes concentriques : chez moi, ce phénomène n'est jamais que momentané. Si l'on fait l'expérience avec l'œil ouvert et dirigé vers une surface blanche, uniformément éclairée, les mouvements forcés de l'œil évoquent des taches obscures qui correspondent au point d'entrée du nerf optique et qui, comme le fait remarquer Czermak, se produisent plus facilement et prennent une forme plus régulièrement circulaire lors de la rotation l'œil en dedans que lorsqu'il se tourne en dehors. Dans le champ rougeâtre que donnent les paupières fermées en laissant tamiser la lumière, ces taches obscures apparaissent en bleu. Pour ma part, je reconnais, d'ailleurs, dans les taches sombres, des traces de cette même forme d'épi que possède le phénomène lumineux sur le champ obscur, tandis que Czermak insiste sur ce fait que, pour lui, la seconde image

(1) Physiologische Studien, Abtheilung I, § 5, p. 42 ; Abth. II, p. 32. — *Wiener Sitzungsber.*, XII, 322 ; XV, 454.

(2) Beiträge zur Kenntniss des Sehens, p. 78.

ne paraît pas être la reproduction négative de la première. Dans cette expérience encore, les fibres nerveuses excitées paraissent donc perdre, par le tiraillement, leur sensibilité par rapport aux excitants extérieurs. Il faut sans doute, dans ce cas, regarder comme excitées les fibres qui se terminent tout près de l'entrée du nerf optique, puisque l'entrée elle-même du nerf optique est insensible à la lumière, et qu'on ne peut donc pas s'attendre à ce qu'il aboutisse à cet endroit des fibres sensibles à la lumière et dont l'irritation nous fasse attribuer une sensation lumineuse à cette partie du champ visuel.

Enfin, c'est sans doute ici le lieu de citer le *phosphène d'accommodation* observé par Purkinje (1) et par Czermak (2). — Si l'on accommode les yeux dans l'obscurité, pour la distance la plus rapprochée possible, puis, subitement, pour la distance la plus éloignée, on remarque, près de la périphérie du champ visuel, un bord de feu assez étroit, qui, revenant sur lui-même en forme d'anneau, apparaît comme un éclair au moment où l'on cesse l'effort sensible qui accompagne l'accommodation rapprochée. Purkinje a observé le même phénomène en cessant brusquement une pression uniforme qu'il exerçait sur l'œil. Quant à moi, je n'ai pas encore pu le voir. Czermak explique le fait en disant qu'au moment où la traction du muscle ciliaire cesse, la zonule, relâchée, se tend de nouveau, tandis que le diamètre du cristallin est encore à son minimum, et qu'il en résulte un tiraillement brusque du bord extrême de la rétine, dont l'extrémité fait corps avec la zonule.

Lorsque j'accommode fortement pour de près, l'œil étant dirigé vers une surface blanche uniformément éclairée, il se produit au point visuel une tache sombre, dont les bords sont dégradés en brun, et à partir de laquelle s'étendent, dans différentes directions, des lignes brunes ou d'un violet clair. Puis le champ visuel s'obscurcit rapidement et se remplit de dessins réticulés et de fragments de l'image vasculaire, qui paraissent sombres sur fond blanc. Si je cesse l'accommodation rapprochée, tout disparaît. Purkinje décrit la tache brune, mais le centre lui en paraissait blanc. — Mentionnons encore ici une lueur mouchetée et elliptique, que Purkinje (3) apercevait dans le champ visuel obscur, en cessant brusquement la pression des paupières. La production du phénomène exigeait que, peu de temps auparavant, l'œil eût été soumis à la lumière extérieure. Quant à moi, je ne puis rien voir de semblable.

(2) Zur Physiologie der Sinne, I, 126 ; II, 115.
(3) *Wiener Sitzungsber.*, XXVII, 78. — *Arch. f. Ophth.*, 1860, VII, 1, p. 147.
(1) Zur Physiologie der Sinne, II, 78.

On peut couper et tirailler le nerf optique, mis à nu chez des chiens, sans provoquer de douleur, tandis que les mêmes mutilations, appliquées à des troncs nerveux de la même importance, mais se rendant à la peau, provoquent les douleurs les plus violentes. Il arrive que des altérations cancéreuses rendent l'ablation de l'œil nécessaire chez l'homme : dans les cas de ce genre, où le nerf optique n'a pas encore subi d'altération, de grandes masses lumineuses (1) apparaissent au moment de la section du nerf optique, et, à ce moment, la douleur est un peu plus vive que pendant le reste de l'opération. Nous ne pouvons pas nous attendre à ce que la section du nerf optique ne soit accompagnée d'aucune douleur analogue à celle qu'éprouvent les nerfs tactiles ; on sait, en effet, que les autres grands troncs nerveux ont leurs *nervi nervorum*, fibres sensibles particulières, qui leur sont distribuées aussi bien qu'à toutes les autres parties internes du corps, et auxquels ils doivent leur sensibilité locale. C'est ainsi que dans les racines antérieures des nerfs rachidiens, à travers lesquelles la moelle n'émet que des fibres motrices, on peut démontrer la présence de semblables *nervi nervorum* qui leur arrivent des racines sensitives postérieures. Lorsqu'on heurte le nerf cubital en arrière de la tubérosité interne de l'humérus, l'excitation des fibres nerveuses qui passent en cet endroit se traduit par une douleur qui paraît résider dans la région où se répand le nerf, à savoir dans le cinquième et le quatrième doigt, tandis qu'il faut attribuer aux nerfs du nerf une autre douleur, qui se fait sentir dans la région même du choc, et qui est plus désagréable que celle qu'on ressentirait si la peau seule était intéressée. De même, lorsque nous pressons le globe oculaire à l'angle externe, nous sentons localement, par l'intermédiaire des nerfs sensibles de cette région, la douleur locale causée par la pression, et nous voyons un reflet lumineux que nous localisons dans la direction du dos du nez. Il se produit sans doute quelque chose d'analogue lors de l'irritation du tronc du nerf optique.

On regardait autrefois comme un étonnant paradoxe cette circonstance que le nerf optique et la rétine, qui ont la faculté de percevoir un agent aussi subtil que la lumière, restent relativement insensibles aux actions mécaniques les plus grossières, c'est-à-dire qu'ils n'éprouvent aucune douleur du ressort de la sensibilité tactile. L'explication de ce fait est simplement que les qualités de toutes les sensations du nerf optique possèdent la modalité des sensations lumineuses. Ce n'est donc pas la sensibilité qui lui manque, mais la forme de sa sensibilité est différente.

---

(1) Tourtual, in *J. Müller's Handbuch der Physiologie*. Coblentz, 1840, II, 259.

Les sensations lumineuses dues aux causes *intérieures* nous offrent un domaine très-varié. — Il s'agit ici d'une foule de phénomènes lumineux qui accompagnent les divers états morbides de l'œil ou du corps entier. Tantôt ces apparitions sont répandues par tout le champ visuel, tantôt elles sont limitées dans l'espace, et elles prennent alors la forme, soit de taches irrégulières, soit de fantômes qui imitent l'aspect d'hommes, d'animaux, etc. Les causes mécaniques, telles que l'augmentation de la pression, soit du sang dans les vaisseaux, soit des humeurs de l'œil, peuvent jouer ici un rôle important : c'est ainsi qu'en cessant une pression uniforme exercée sur le globe de l'œil, on voit fréquemment apparaître des fragments de la figure vasculaire ; de même, après de violents efforts, on peut apercevoir soit quelques parties animées de pulsations, soit de grandes portions du réseau vasculaire (1). Dans d'autres cas, il peut y avoir une excitation chimique due à un changement de composition du sang, par exemple dans le cas d'empoisonnement par des narcotiques. Enfin, pour expliquer nombre de ces apparitions, on doit sans doute admettre qu'il s'est effectué, jusqu'aux racines du nerf optique, une propagation d'une excitation produite dans les parties centrales d'autres parties du système nerveux. Nous appelons *sympathie*, la transmission de l'excitation d'un nerf sensible, primitivement excité, à un autre nerf sensible qui n'est soumis à aucune influence extérieure. C'est ainsi que l'aspect de grandes surfaces lumineuses, de champs de neige éclairés par le soleil, par exemple, provoque, chez beaucoup de personnes, une titillation dans le nez, et que l'audition de certains sons aigus et grinçants produit un sentiment de froid qui descend tout le long du dos. De semblables sensations sympathiques paraissent pouvoir aussi se produire dans l'appareil nerveux visuel par l'excitation d'autres nerfs sensitifs, tels que ceux de l'intestin par des vers intestinaux, chez les enfants, ou par des accumulations de matières fécales, des stagnations du sang et d'autres anomalies, chez les hypochondriaques. Il paraît que de véritables fantômes, c'est-à-dire des images lumineuses qui présentent l'aspect d'objets connus du monde extérieur, peuvent être produits par un transport analogue de l'état d'excitation des parties du cerveau qui agissent dans la formation des perceptions, lequel état se transmettrait à l'appareil nerveux visuel. Des images de ce genre ont été vues par nombre d'observateurs qui, en les voyant, avaient parfaitement conscience de la nature

(1) Purkinje, zur Physiologie der Sinne, I, 134 ; II, 115, 118. — Phénomènes subjectifs, consécutifs à l'action de la digitale, *ibid.*, II, 120.

subjective de ces fantômes (1). Quelques-uns, comme Gœthe et J. Müller, pouvaient même évoquer à toute heure des apparitions de ce genre en regardant longtemps le champ visuel obscur, avec les yeux fermés.

Du reste, le champ visuel de l'homme sain lui-même n'est jamais complétement débarrassé de ces apparitions qu'on a nommées le *chaos lumineux*, la *poussière lumineuse du champ visuel obscur;* comme elles jouent un rôle important dans certains phénomènes, tels que les images accidentelles, nous les réunirons sous la désignation de *lumière propre* de la rétine. — Si l'on ferme les yeux et qu'on examine attentivement le champ visuel obscur, on commence fréquemment par apercevoir encore des images accidentelles des objets extérieurs qu'on vient de regarder (voy. à ce sujet les §§ 24 et 25) ; ensuite on voit un champ faiblement et irrégulièrement éclairé, avec des taches lumineuses dont l'aspect se modifie perpétuellement, qui ressemblent souvent à des ramifications vasculaires, à des amas de tiges de mousse et de feuilles, et qui, chez quelques observateurs, prennent la forme de fantômes. Les bandes nébuleuses mobiles de Gœthe (2) paraissent être une forme assez fréquente de ces apparitions lumineuses. Purkinje les décrit « comme des bandes larges plus ou moins courbées, séparées par des intervalles noirs, qui tantôt se propagent, sous forme de cercles concentriques, vers le centre du champ visuel, pour y disparaître, et tantôt se coupent en ce point, sous forme d'arcs mobiles, ou bien encore tournent en cercle autour de ce centre en formant des rayons curvilignes. Leur mouvement est lent, de sorte qu'une semblable bande met ordinairement huit secondes à parcourir tout son trajet et à disparaître entièrement. » Pour ma part, je les vois le plus souvent représenter deux systèmes d'ondes circulaires qui s'avancent lentement vers leurs centres, situés des deux côtés du point visuel. La position des centres m'a paru correspondre aux points d'entrée des deux nerfs optiques dans les yeux ; le mouvement est synchrone à celui de la respiration. Purkinje avait l'œil gauche plus faible que le droit, et ce n'est qu'avec son œil droit qu'il voyait un semblable système de bandes nébuleuses. En outre, le fond du champ visuel, sur lequel se dessinent ces apparitions, ne devient jamais absolument noir ; on y voit, au contraire, des alternatives d'obscurcissement et d'éclaircissement qui suivent le même rhythme que la respiration (J. Müller (3) — moi-même). De plus, chaque mouvement des yeux ou des pau-

---

(1) Des cas de ce genre sont énumérés, in J. Müller, Ueber phantastische Gesichtserscheinungen. Coblenz, 1826, p. 20.

(2) Farbenlehre, Abth. I, § 96.

(3) Phantastische Gesichtserscheinungen, p. 16.

pières, chaque variation dans l'accommodation, produit des changements dans la poussière lumineuse. Ces figures sont particulièrement remarquables lorsqu'on cherche son chemin en tâtonnant, dans un espace inconnu, complétement obscur, tel qu'un palier d'escalier absolument sombre, parce qu'alors elles prennent la place des objets réels. Purkinje remarque, en outre, que chaque contact imprévu, chaque mouvement incertain, provoquent des oscillations momentanées de l'œil, accompagnées de légères nuées lumineuses et d'autres lueurs, phénomènes auxquels il faut sans doute attribuer l'origine de bien des histoires de spectres.

Après un effort et un échauffement corporel, Purkinje (1) a vu ondoyer et flamboyer, dans le champ visuel obscur, une lumière peu intense, comparable aux dernières lueurs qu'émet, en brûlant, un peu d'esprit-de-vin versé sur une surface horizontale. En regardant plus attentivement, il y vit des points lumineux innombrables, excessivement petits, animés de mouvements relatifs très-rapides et laissant derrière eux des traces lumineuses de leur passage. Une apparition semblable se produisait lorsque, fermant l'œil droit, il faisait des efforts pour voir avec son œil gauche qui était plus faible.

Il est encore important de noter qu'on a observé l'existence d'apparitions lumineuses subjectives, après avulsion de l'œil par une opération, et chez des sujets dont les nerfs optiques et les yeux étaient désorganisés et devenus incapables de fonctionner (2). Il résulte de ces expériences que non-seulement la rétine, mais aussi le tronc ou les racines du nerf optique dans le cerveau sont capables, par suite d'excitations, de produire la sensation lumineuse.

Enfin, les *courants électriques* sont, pour l'appareil nerveux visuel, comme pour les autres nerfs, un puissant moyen d'excitation. — Tandis qu'en général les nerfs moteurs ne provoquent de secousses (3) qu'aux moments où l'intensité du courant électrique qui les parcourt subit une variation rapide, dans les nerfs sensitifs, au contraire, les sensations peuvent être produites non-seulement par des variations du courant, mais aussi par l'action d'un courant d'une intensité constante, et, dans ce cas, la qualité des sensations dépend de la direction du courant.

---

(1) Beobachtungen und Versuche u. s. w., I, 63, 134 ; II, 115.

(2) Exemples in J. Müller, Phantastische Gesichtserscheinungen, p. 30. — A. v. Humboldt, Gereizte Muskel- und Nervenfaser, Th. II, p. 444. — Lincke, de fungo medullari, Lips., 1834.

(3) A l'exemple de Marey (Journ. d'Anat. et de Physiol., 1866, III, 226), je traduis par *secousse* notre mot *Zuckung*, réservant celui de contraction pour exprimer l'état complexe qui résulte d'une série de secousses, et qu'on a appelé assez improprement tétanos.

Lorsqu'on excite le nerf optique par des *courants intermittents*, il se produit de forts éclairs lumineux qui parcourent tout le champ visuel. — On peut produire ces éclairs tant par des décharges de bouteilles de Leyde qu'au moyen de fils galvaniques, à condition de faire passer l'électricité à travers le corps de telle façon que des branches suffisamment intenses du courant traversent le nerf optique, autant que possible suivant la direction des fibres. On atteint assez bien ce résultat en appliquant l'un des conducteurs sur le front ou sur les paupières fermées et l'autre sur la nuque, ou même en le prenant à la main, si l'appareil est suffisamment énergique pour qu'on n'ait pas à craindre une grande résistance. Pour diminuer la douleur locale de la peau, il est bon de recouvrir de morceaux de carton humides les électrodes, qui peuvent avoir la forme de lames ou de cylindres, et d'humecter quelque temps d'avance la partie de la peau qui devra subir le contact. Jusqu'à présent on n'a fait, au moyen de décharges de la bouteille de Leyde, que peu d'expériences se rapportant à notre sujet; il faut user d'une grande prudence, à cause de la proximité du cerveau, car Franklin et Wilcke (1) ont observé que des décharges, en traversant la tête, peuvent avoir pour suite une syncope subite. Le Roy (2) fit agir la décharge sur un jeune homme rendu aveugle par une cataracte; il entoura, à cet effet, de fils de laiton la tête et la jambe droite du sujet, et déchargea une bouteille de Leyde par les extrémités des fils. A chaque décharge, le patient croyait voir une flamme passer très-rapidement de haut en bas, et entendait une détonation comparable à un coup de canon. Lorsque Le Roy ne faisait passer la décharge qu'à travers la tête de l'aveugle, en fixant au-dessus des yeux et à l'occiput des lames de métal qu'il mettait en communication avec les armatures de la bouteille, le malade voyait des fantômes, des personnes isolées, des masses populaires rangées en ordre, etc.

On possède, en bien plus grand nombre, des expériences sur les effets des courants galvaniques. — Pour voir les éclairs qui se produisent par la fermeture ou l'ouverture du courant, il suffit de quelques éléments zinc-cuivre, et pour des yeux excitables, c'est assez d'un seul couple de lames. Si l'on applique, par exemple, un morceau de zinc sur les paupières humectées d'un œil, un morceau d'argent sur celles de l'autre, on voit un éclair au moment du contact et au moment de la séparation des deux métaux. L'expérience est plus instructive si l'on applique l'un des métaux sur un œil, et qu'on met l'autre dans la bouche, parce qu'on peut reconnaître alors comment l'intensité de l'éclair dépend de la

(1) FRANKLIN, Briefe über Elektricität. Leipzig, 1758, p. 312.
(2) *Mém. de mathém. de l'Acad. de France*, 1755, p. 86-92.

direction du courant. D'après les observations de Pfaff, l'éclair produit par la fermeture du circuit est plus intense lorsqu'on met le métal positif (zinc) sur l'œil et le métal négatif (argent) dans la bouche : disposition dans laquelle le nerf optique est traversé par l'électricité positive suivant une direction ascendante. J'ajouterai que je n'ai jamais pu réussir l'expérience avec le simple circuit, probablement à cause de la faible excitabilité de mon œil. Par contre, les éclairs sont très-brillants lorsqu'on emploie une petite pile galvanique d'environ douze éléments. Si l'on choisit une batterie d'une intensité constante, constituée, par exemple, d'éléments de Daniell, on trouve que l'éclair de fermeture est plus intense pour le courant ascendant, et l'éclair d'ouverture, pour le courant descendant. On connaît, dans les nerfs moteurs, des différences d'action analogues, dépendantes de la direction du courant; mais, dans ces nerfs, l'intensité du courant employé exerce aussi une influence.

Pour percevoir l'*action durable d'un courant constant et uniforme*, la plupart des yeux ont sans doute besoin d'une petite pile, bien que Ritter l'ait aussi perçue au moyen d'un simple circuit. Pour éviter l'éblouissement de l'œil par les éclairs et les secousses désagréables qui se produisent dans les muscles à l'ouverture et à la fermeture du courant, il me paraît avantageux de placer, au bord de la table près de laquelle s'assied l'expérimentateur, deux cylindres métalliques entourés de carton préalablement imbibé d'eau salée, et communiquant avec les deux pôles d'une batterie de Daniell de 12 à 24 éléments. On commence par appuyer solidement le front sur l'un des cylindres, puis on touche l'autre avec la main; en exécutant ce mouvement avec précaution, on parvient à rendre peu sensibles les effets de la variation du courant qu'on peut, par ce moyen, ouvrir ou fermer à volonté. Pour changer la direction du courant, il suffit d'appliquer le front tantôt sur l'un, tantôt sur l'autre des cylindres. Dans l'expérience ainsi disposée, l'œil n'est soumis à aucune pression, ce qui est un point important.

Lorsqu'un faible courant ascendant traverse le nerf optique, le champ visuel obscur de l'œil fermé devient plus lumineux et prend une coloration d'un violet blanchâtre. On voit, au premier moment, dans ce champ éclairé, l'entrée du nerf optique se dessiner sous forme d'un disque obscur. L'intensité de l'éclairage diminue rapidement si l'on interrompt graduellement le courant, ce qu'on peut faire, sans produire d'éclair, en séparant avec précaution la main du second cylindre. Alors l'obscurcissement du champ visuel est accompagné d'une coloration rouge jaunâtre de la lumière propre de la rétine, qui remplace le bleu de la première partie de l'expérience.

Inversement, la fermeture du courant descendant est accompagnée de ce résultat remarquable qu'en général le champ visuel, qui ne contient que la lumière propre de la rétine, va s'obscurcissant et se colore en jaune un peu rougeâtre; seule, l'entrée du nerf optique dessine un disque bleu clair sur le fond sombre; souvent on n'aperçoit de ce disque que la moitié tournée vers le centre du champ visuel. Lorsqu'on interrompt ce courant descendant, le champ visuel redevient plus clair, il se colore en blanc bleuâtre, et l'entrée du nerf optique se marque en sombre.

L'obscurcissement du champ visuel, qui se produit par l'action du courant descendant, suffit pour nous prouver que, dans ces expériences, il ne s'agit pas, ou du moins pas exclusivement, d'une excitation par l'électricité, mais qu'il se manifeste des effets d'une modification de l'excitabilité, causée par les courants électriques. D'après les expériences de Pflüger (1), on sait que les courants faibles augmentent l'excitabilité des nerfs vers l'extrémité où va l'électricité positive et qu'ils la diminuent vers celle d'où vient cette électricité. Nous nommons *électrotonique* cet état du nerf modifié par un courant électrique constant. Dans le cas actuel, par l'effet du courant ascendant, l'excitabilité serait augmentée vers l'extrémité cérébrale du nerf optique et diminuée vers l'extrémité rétinienne : le contraire aurait lieu pour le courant descendant. Nous pourrions donc expliquer ainsi, d'après la loi de Pflüger, l'augmentation et la diminution de la lumière propre de l'œil, à condition d'admettre que les excitants internes qui produisent ces variations agissent sur l'extrémité cérébrale du nerf optique : dans ces conditions, le courant ascendant devrait, en effet, produire une augmentation, le courant descendant un affaiblissement de la lumière propre; mais cette supposition ne s'accorde pas avec les phénomènes que produit l'introduction immédiate par un conducteur étroit, d'un courant électrique dans le globe de l'œil, et sur lesquels je reviendrai un peu plus loin. De ces phénomènes on peut conclure, au contraire, que ce sont les fibres rayonnées de la rétine dont l'état électrotonique se manifeste, et que leur constante excitation a lieu à la surface postérieure de cette membrane.

Avec des courants un peu forts (100 à 200 lames zinc-cuivre), Ritter a vu les colorations se produire en ordre inverse, tandis que l'augmentation et la diminution de la clarté continuaient à se produire dans le même ordre qu'avec les courants faibles. C'est ainsi que de forts courants ascendants excitaient chez lui la sensation d'un vert lumineux,

---

(1) Untersuchungen über die Physiologie des Elektrotonus. Berlin, 1859. Voy. sur ce sujet, plus loin, § 25.

des courants plus forts encore, celle d'un rouge intense, de forts courants descendants, celle d'un bleu pâle. Après l'interruption du courant, il vit, dans le premier cas, d'abord du bleu qui fit rapidement place au rouge, tel qu'il se produit après l'interruption des courants faibles. Inversement, après l'interruption du fort courant descendant, il vit, au premier instant, du rouge qui fut bientôt remplacé par le bleu ordinaire. Sur moi-même, les courants forts (1) produisent une confusion de couleurs dans laquelle je ne puis découvrir aucune loi.

Ritter dit encore que l'œil, traversé par un courant ascendant, voit les objets extérieurs à la fois moins nets et plus petits. Cette dernière assertion nous porte à présumer qu'il accommodait à proximité. Sous l'influence de la vive douleur que le courant électrique produit sur la peau, on ne peut guère s'empêcher de contracter les muscles voisins, de froncer les sourcils, de fermer violemment les paupières ; or la plupart des personnes sont disposées, à chaque effort de l'œil ou de parties voisines, de s'accommoder à proximité, ce qui exerce une certaine influence sur la représentation qu'on se fait de la grandeur des objets aperçus. Du Bois Reymond (2) fait observer qu'on a remarqué, lors de l'électrisation de l'œil, une contraction de la pupille, qui peut bien coïncider avec une modification de l'appareil d'accommodation. Pour les courants descendants, Ritter dit avoir vu, inversement, les objets plus nets et plus grands.

Enfin, Purkinje décrit encore des formes particulières qu'affecte le phénomène lumineux électrique lorsqu'on fait pénétrer, soit par le milieu des paupières fermées, soit dans le voisinage de l'œil, le courant qui s'échappe d'un conducteur taillé en pointe. L'action du courant se manifestait toujours le plus nettement, de la manière déjà indiquée, vers le pôle de l'œil ; il formait une tache losangique, entourée de bandes de même forme, alternativement claires et obscures. L'entrée du nerf optique montrait, au contraire, toujours la phase opposée de l'action électrique. C'est ainsi qu'avec le courant ascendant, le point situé sur l'axe de l'œil apparaissait comme un losange d'un bleu clair, immédiatement entouré d'une bande obscure ; le nerf optique apparaissait comme un disque obscur entouré d'une lueur bleue. Avec le courant descendant, le point situé sur l'axe apparaissait comme un losange obscur entouré de bandes rouge jaune, et le nerf optique sous forme

(1) Le courant de 24 éléments de DANIELL pénétrait par le front et par la nuque, au moyen de larges lames métalliques recouvertes de carton humide. Comme la résistance était bien moindre dans ce circuit que dans la disposition de RITTER, qui y avait introduit une colonne de grande résistance et, de plus, son bras, on ne peut guère déterminer le rapport des intensités des courants employés dans les expériences de RITTER et dans les miennes.

(2) Untersuchungen über thierische Elektricität. Berlin, 1848, I, 353.

d'un disque très-brillant. Sous l'action d'un courant continu, ces figures disparaissent bientôt ; dans les courants intermittents, que Purkinje obtenait en agitant la chaîne qui lui servait de conducteur, il voyait d'une manière durable l'image bleue, dont l'intensité lumineuse dépassait de beaucoup celle de la figure rouge jaune.

La plupart des personnes voient les phénomènes décrits par Purkinje et relatifs au point d'entrée du nerf optique, mais au lieu des figures losangiques, je n'ai pu voir que des masses lumineuses sans contours définis, et d'autres personnes, auxquelles j'ai fait faire les expériences, sont dans le même cas. En comprimant l'œil, Purkinje a observé des images losangiques tout à fait analogues. Comme je n'ai trouvé nulle part que ces surfaces losangiques aient été vues par d'autres, on peut se demander si leur forme régulière ne provenait pas de quelque particularité individuelle des yeux de Purkinje.

Lorsqu'il faisait pénétrer le courant près de l'œil, au moyen d'un conducteur étroit, l'apparition lumineuse correspondant à la tache jaune et au nerf optique restait, chez Purkinje, la même qu'auparavant; mais en outre, à la limite du champ visuel et parallèlement à cette limite, il apercevait un arc obscur, qui conservait sa position apparente lors des mouvements de l'œil, tandis que les apparitions dépendantes de la tache jaune et du nerf optique paraissent suivre les mouvements de l'organe. Cet arc obscur du champ visuel est situé en haut lorsque le conducteur est à la partie inférieure de l'œil, à droite lorsque l'électrode est à gauche, et réciproquement. Il en résulte que les parties de la rétine qui sont le plus rapprochées du conducteur ne perçoivent pas de lumière. Pour voir distinctement ce phénomène, Purkinje employait pour conducteurs des chaînes qui, à chaque mouvement, donnaient des interruptions du courant.

En répétant ces expériences pour jeter quelque jour sur les phénomènes décrits page 278, j'ai trouvé ce qui suit :

Si l'on applique l'électrode négatif sur la nuque et si, avec l'électrode positif, formé d'un morceau d'éponge taillé en pointe, imbibé d'eau salée, et fixé à une tige métallique, on touche, vers l'angle externe de l'œil, les paupières soigneusement humectées, le champ visuel paraît obscur du côté nasal et éclairé du côté temporal. L'entrée du nerf optique, qui est comprise dans la partie éclairée, paraît obscure. Si l'on dirige l'œil de manière à amener le point de fixation sur la limite de la partie claire et de la partie obscure, on voit se diriger, à partir de ce point, un bouquet lumineux éclairé, vers la partie obscure, et un bouquet obscur, vers la partie éclairée du champ visuel. Ces deux bouquets ovales recouvrent à peu près l'étendue de la tache jaune.

Si l'on intervertit la direction du courant, le clair et l'obscur se remplacent mutuellement dans toute l'apparition. L'interruption du courant agit momentanément comme l'interversion. Tous ces phénomènes s'expliquent simplement par l'état électrotonique des fibres nerveuses rayonnées de la rétine, à condition toutefois d'admettre que l'extrémité postérieure de ces fibres est constamment maintenue, par des causes intérieures, dans un état de faible excitation, tel qu'il paraît se manifester par la lumière propre de la rétine.

Lorsque l'électricité positive pénètre dans le globe oculaire par le côté externe et en sort par la partie postérieure, l'excitabilité de la surface postérieure de la rétine est affaiblie au côté externe et augmentée, au contraire, à la partie postérieure du globe. En effet, la moitié interne du champ visuel, qui correspond à la moitié externe de la rétine, doit paraître obscure, et la moitié externe doit paraître éclairée. Le nerf optique agit probablement comme un corps mauvais conducteur, et affaiblit le courant près de son entrée, aussi cette partie se dessine-t-elle, sur le fond, par une coloration contraire. Si la tache jaune est à la limite des parties de la rétine qui sont électrisées en sens opposé, elle est traversée par le courant suivant la direction de la surface de la rétine. Mais, dans cette région, il y a aussi des faisceaux des fibres dirigées suivant la surface de la membrane. Ces fibres sont, par conséquent, parcourues de dedans en dehors par l'électricité positive, c'est-à-dire que dans les fibres situées du côté temporal de la *fovea centralis*, le courant marche vers leur extrémité qui communique avec les cônes, et que dans les fibres situées du côté nasal, le courant vient, au contraire, de cette extrémité. L'excitation augmente dans les premières ; elle diminue dans les dernières : de là l'explication du bouquet clair situé, dans le champ visuel, vers le côté nasal du point de fixation et du faisceau obscur situé vers le côté temporal.

Si l'on fait pénétrer le courant par un autre point, tout le tableau se déplace en conséquence.

Autrefois, tant qu'on manquait de connaissances positives à ce sujet, l'étude des sensations visuelles appartenait en entier au domaine de la philosophie. Il était d'abord nécessaire de comprendre que les sensations ne sont que les actions des objets extérieurs sur notre corps et que ce n'est que par l'intermédiaire d'actes psychiques que les sensations donnent lieu à des perceptions. C'est dans le cercle de ces idées que se débat la philosophie grecque (1). Au commencement, nous lui voyons faire de naïves hypothèses pour expliquer comment des images en rapport avec les objets peuvent arriver à l'âme. DÉMOCRITE et ÉPICURE veulent que ces images se détachent des objets et viennent pénétrer dans l'œil. EMPÉDOCLE fait arriver simultanément, aux objets, des rayons provenant de la lumière et d'autres

(1) S. WUNDT, zur Geschichte der Theorie des Sehens, in *Henle und Pfeuffer's Zeitschrift für rationelle Medicin*, 1859.

provenant de l'œil, et il fait servir ces derniers à tâter, pour ainsi dire, les objets. PLATON paraît hésiter. Dans le *Timée*, il suit l'idée d'Empédocle : les rayons partis de l'œil sont semblables à la lumière, mais ne brûlent pas ; la vision ne peut avoir lieu que lorsque la lumière interne, en se dirigeant sur les objets, rencontre la lumière externe, qui est d'une nature analogue. Dans *Theætet*, au contraire, par des recherches sur l'influence de l'intelligence sur les perceptions, il se rapproche déjà du point de vue plus avancé d'ARISTOTE.

Chez ARISTOTE (1), on trouve une fine analyse psychologique du rôle de l'esprit dans les perceptions des sens : ici, point de confusion entre ce qui est physique et ce qui est physiologique ; la sensation est nettement distinguée d'un acte psychique ; la perception des objets extérieurs n'est plus attribuée à une sorte de fines antennes, si l'on peut nommer ainsi les rayons visuels d'EMPÉDOCLE, mais repose sur un jugement. Quant à la partie physique, les idées d'ARISTOTE sont assurément très-peu développées ; cependant on pourrait y trouver des traces de la théorie des ondulations. En effet, pour lui, la lumière n'est rien de matériel, mais un état d'activité (ἐνέργεια) de la partie transparente, interposée entre les corps, et qui, à l'état de repos, constitue l'obscurité. Cependant, il ne s'élève pas encore à cette idée que l'action de la lumière sur l'œil ne doit pas nécessairement être de même nature que la lumière qui la produit. Il cherche, au contraire, à expliquer cette identité de nature en disant que l'œil contient aussi des parties transparentes, qui peuvent affecter le même état d'activité que les parties transparentes extérieures.

Au moyen âge, les progrès réels et décisifs qu'ARISTOTE avait fait faire à la théorie de la vision, restèrent longtemps inaperçus. F. BACON de VERULAM et ses successeurs commencent seulement à reprendre la suite de ces idées ; ils discutent rigoureusement la manière dont les conceptions diffèrent des sensations, et enfin, dans sa critique de la raison pure, KANT donne le dernier mot de leur théorie.

A la même époque, les savants ne s'occupaient, pour la plupart, que de la partie physique de la théorie de la vision, qui était entrée depuis KEPPLER dans une voie de rapides progrès ; HALLER établit, dans ses traits généraux, la doctrine de l'excitabilité des nerfs ; c'est aussi conformément à cette doctrine qu'il décrit, d'une manière très-exacte et très-claire, le rapport de la lumière à la sensation, et celui de la sensation à la perception (2). Mais on manquait encore de la connaissance exacte des excitations de l'œil produites par d'autres moyens, ou du moins, on ne connaissait, dans ce genre, que des faits isolés qu'on ne considérait, par conséquent, que comme des *curiosa*. C'est à GŒTHE que revient le mérite d'avoir, dans sa théorie des couleurs, appelé l'attention des physiologistes allemands sur l'importance de cette connaissance, mérite incontestable, bien que le but principal de son livre, celui de produire une réforme de la théorie physique de la lumière qui fût mieux en rapport avec les renseignements immédiats des sens, ait été complétement manqué. Ensuite, vinrent les fécondes observations de RITTER, et des autres électriciens, sur les excitations des nerfs sensitifs, et particulièrement les observations de PURKINJE, de sorte qu'en 1826 J. MÜLLER put établir, dans sa théorie des énergies spécifiques des sens, les principes fondamentaux de cette étude, tels qu'il les publia, pour la première fois, dans son ouvrage *Sur la physiologie comparée du sens de la vue*, et tels qu'ils ont été exposés au commencement de ce paragraphe. Cet ouvrage et celui de PURKINJE se rattachent évidemment à la théorie des couleurs de GŒTHE, quoique J. MÜLLER ait rejeté, plus tard, les propositions physiques de cette théorie. La loi des énergies spécifiques de MÜLLER, fut, pour toute la théorie des perceptions des sens, un progrès de la plus grande importance ; elle en est devenue, depuis, le fondement scientifique, et elle est, dans un certain sens, l'application empirique de l'exposé théorique de KANT sur la nature de la perceptivité humaine.

ARISTOTE connaissait déjà les phosphènes. NEWTON (3) les explique par cette hypothèse que l'ébranlement mécanique de la rétine lui donne un mouvement analogue à celui que lui impriment les rayons lumineux qui viennent la frapper. C'est ce mouvement de la rétine qu'il considère comme la cause de la sensation lumineuse. L'opinion d'après laquelle il se produirait de la lumière objective dans l'œil lors de la production des phosphènes, ainsi que dans d'autres circonstances, a eu, du reste, ses adhérents jusque dans ces derniers temps : témoin le cas de médecine légale, cité plus haut, et dans lequel le conseiller médical SEILER, crut devoir admettre la possibilité d'un fait de ce genre. Cependant, jamais personne n'a pu apercevoir chez un autre la lumière objective en question. Les défenseurs de cette opinion

(1) De sensibus, de anima lib. II. c. 5-8 et de coloribus.
(2) Elem. Physiolog., t. V, lib. 16 et 17.
(3) Optice (à la fin), Quæstio XVI.

s'appuyaient d'une part sur des cas de personnes qui ont pu voir dans l'obscurité, c'est-à-dire avec très-peu de lumière — on cite l'empereur TIBÈRE, CARDAN, KASPAR HAUSER — et d'autre part, sur la lueur oculaire qu'on observe chez certains animaux, chez les albinos, ou chez des personnes dont les yeux présentent certains vices de conformation pathologiques, lueur qui ne provient que de la réflexion de la lumière. On a dit également que les images accidentelles fortement développées qui, chez les vieillards, paraissent persister souvent, le soir, longtemps après avoir éteint la lumière, étaient une preuve de la possibilité du développement de la lumière dans l'œil. PURKINJE, SERRE (d'Uzès), ont donné récemment des descriptions exactes des phosphènes. Nous avons déjà mentionné plus haut (p. 161) l'usage qu'en a fait THOMAS YOUNG pour la théorie de l'accommodation.

VOLTA avait déjà observé l'éclair d'ouverture et de fermeture des courants électriques ; RITTER apercevait l'action lumineuse constante, même avec un simple circuit. PURKINJE, entre autres, en donna plus tard une description détaillée.

Irritation mécanique.

1706. J. NEWTON, Optice (à la fin), Quæstio XVI.
1774. EICHEL, in *Collectan. Soc. med. Havniensis*, 1774.
1797. A. v. HUMBOLDT, Versuche über die gereizte Muskel- und Nervenfaser, II, 444.
1801. TH. YOUNG, On the mechanism of the eye, in *Philos.*, *Transact.*, 1801, I, 23.
1819 et 25. PURKINJE, Beobachtungen und Versuche zur Physiologie der Sinne, I, 78, 126; 136; II, 115.
1825. MAGENDIE, in *Journal de Physiologie*, IV, 180; V, 189.
1826. J. MÜLLER, Ueber die phantastischen Gesichtserscheinungen. Coblenz, p. 30.
1832. D. BREWSTER, in *Pogg. Ann.*, XXVI, 156. — *Philos. Mag.*, I, 56.
1833. SEILER, in *Henke's Zeitschr. für gerichtl. Med.*, 1833, 4 Quartal, p. 266.
1834. LINCKE, De fungo medullari. Lipsiæ.
— QUETELET, in *Pogg. Ann.*, XXXI, 494.
— J. MÜLLER, in *Müller's Archiv für Anat. und Physiol.*, 1834, p. 140.
1840. TOURTUAL, in *J. Müller's Handbuch der Physiologie*, II, 259.
1850. SERRE (d'Uzès), Du phosphène, in *Comptes rendus*, XXXI, 375-378.
1854 et 55. CZERMAK, Physiologische Studien, Abth. I, § 5, p. 42; Abth. II, p. 32. — *Wiener Sitzungsberichte*, XII, 322; XV, 454.
1856. A. E. LAIBLIN, Die Wahrnehmung der Choroidealgefässe des eigenen Auges. *Dissert.* Tübingen.
— MEISSNER, Bericht über die Fortschritte der Physiologie im Jahre 1856, p. 568, in *Henle's Zeitschr. für ration. Medicin.*
1858. J. CZERMAK, Ueber das Accommodationsphosphen, in *Wiener Ber.*, XXVII, 78-80. — *Archiv für Ophthalmol.*, VII, 1, p. 147-154.
1865. AUBERT, Physiologie der Netzhaut. Breslau, p. 333-343.

Excitation électrique.

1755. LE ROY, in *Mém. de Mathém. de l'Acad. de France*, 1755, p. 86-92.
1794. PFAFF, in *Gren's Journal der Physik*, VIII, 252, 253.
1795. PFAFF, Ueber thierische Elektricität, p. 142.
1798. RITTER, Beweis, dass ein beständiger Galvanismus den Lebensprocess im Thierreiche begleite. Weimar, 1798, p. 127.
1800. VOLTA, Colezione dell' Opere, II, 2, p. 124.
— RITTER, Beiträge zur näheren Kenntniss des Galvanismus, II, 3, 4, pp. 159, 166, § 93.
1801 et 5. RITTER, in *Gilbert's Annalen*, VII, 448; XIX, 6-8.
1819. PURKINJE, Beobachtungen und Versuche zur Physiologie der Sinne. Prag, 1819, I, 50; Berlin, 1825, II, 31. — *Kastner's Archiv für die gesammte Naturlehre*, 1825, V, 434.
1823. MOST, Ueber die grossen Heilkräfte des in unseren Tagen mit Unrecht vernachlässigten Galvanismus. Lüneburg, 1823, p. 812.
1829. FECHNER, Lehrbuch des Galvanismus und der Electrochemie, cap. 39, p. 485 ff.

1830. Hjort, De Functione retinæ nervosæ, pars II. Christiania, 1830. (*Dissert.*) p. 31, § 17.
1848. E. du Bois Reymond, Untersuchungen über thierische Elektricität, I, 283-293; 338-358.
1863. R. Schelske, Ueber Farbenempfindungen, in *Archiv für Ophthalmol.*, IX, 3, p. 39-62.
1865. Aubert, Physiologie der Netzhaut. Breslau, p. 343-347.

§ 18. — De l'excitation produite par la lumière.

Nous avons maintenant à nous occuper de la lumière objective, des vibrations de l'éther, considérées comme moyen d'excitation de l'appareil nerveux visuel. — Les vibrations de l'éther ne font point partie des moyens généraux d'excitation des nerfs qui, comme l'électricité et les actions mécaniques, peuvent exciter une partie quelconque d'une fibre nerveuse quelconque. On peut même démontrer que ces vibrations ne produisent aucune excitation sur les fibres du nerf optique en agissant, soit à l'intérieur du tronc de ce nerf, soit à l'intérieur de la rétine, pas plus qu'elles n'excitent les fibres motrices et sensitives des autres nerfs. Ainsi, la lumière ne peut produire aucune sensation sans l'intermédiaire de certains appareils auxiliaires, situés dans la rétine, aux extrémités des fibres du nerf optique, et dans lesquels la lumière objective peut donner lieu à une excitation nerveuse.

I. — Nous allons démontrer d'abord que les fibres nerveuses situées dans le tronc du nerf optique ne sont pas excitables par la lumière objective. — A l'endroit où le nerf optique traverse la sclérotique pour pénétrer dans l'œil, la masse de ses fibres est à découvert et fait face aux milieux transparents de l'œil ; point de pigment qui empêche la lumière d'arriver à cette masse qui, de plus, est assez translucide pour que la lumière puisse la pénétrer sensiblement. A l'examen ophthalmoscopique, cette translucidité se manifeste par la possibilité où l'on se trouve souvent de distinguer des sinuosités des vaisseaux centraux qui sont complétement recouvertes par la masse nerveuse. Or pour qu'il soit possible de distinguer des sinuosités de ce genre dans l'intérieur de la substance nerveuse, il faut bien que la lumière puisse pénétrer jusqu'à ces vaisseaux et puisse en revenir jusqu'à l'œil de l'observateur. Rien n'empêche donc la lumière qui arrive dans l'œil de pénétrer, jusqu'à une certaine profondeur, dans la substance du nerf optique. Mais *cette lumière qui frappe l'entrée du nerf optique n'est pas sentie.*

Qu'on ferme l'œil gauche, et qu'on fixe avec l'œil droit la croix blanche de la figure 100; ensuite, qu'on éloigne, à un pied environ, le livre tenu verticalement, et l'on trouve qu'il existe une certaine position où le cercle blanc disparaît complétement, et où le fond noir paraît continu. Pour que l'expérience réussisse, il faut avoir bien soin de maintenir le regard fixé sur la croix et de ne pas le laisser errer de côté et d'autre. Si l'on met le livre en deçà ou au delà de la position où l'expérience a réussi, on voit reparaître le cercle blanc, qui se dessine nettement dans la vision indirecte ; on le voit également reparaître si l'on vient à pencher le livre vers la droite ou vers la gauche, de manière que le cercle blanc vienne se placer un peu plus haut ou un peu plus bas. Si l'on ré-

FIG. 100.

pète l'expérience en mettant sur le cercle des objets quelconques, blancs, noirs ou colorés, dont les dimensions n'excèdent pas celles de ce cercle, tous ces objets disparaissent absolument de même. On reconnaît ainsi qu'il existe, dans le champ visuel de chaque œil, une partie où l'on ne distingue rien, et que, par conséquent, il existe, à la surface de la rétine, une partie correspondante qui ne perçoit pas les images qui viennent s'y former. Cette partie s'appelle *tache aveugle* ou *punctum cæcum*. Comme la partie invisible du champ visuel se trouve à droite du point de fixation, pour l'œil droit, et à gauche de ce point pour l'œil gauche, la tache aveugle de la rétine se trouve en dedans de la tache jaune, du côté nasal, région par où pénètre le nerf optique.

On sait depuis longtemps que le *punctum cæcum* est réellement identique avec l'entrée du nerf optique : des mensurations de sa grandeur apparente et de sa distance apparente au point de fixation de l'œil en ont donné la preuve. Donders (1) en a donné une démonstration plus directe au moyen de son ophthalmoscope. A l'aide de cet instrument, il amena l'image d'une petite flamme éloignée à se peindre dans l'œil observé, et fit diriger cet œil de façon à placer l'image sur l'entrée du

(1) *Onderzoekingen gedaan in het Physiol. Labor. d. Utrechtsche Hoogeschool*, VI, 134.

nerf optique. En cet endroit, l'image de la flamme n'est pas nettement dessinée, et, en même temps, toute la surface de l'entrée du nerf optique, quoique au moins vingt fois plus grande que l'image de la flamme, offre un éclat très-sensible qui s'explique par la structure translucide de la masse nerveuse. Sur la rétine même, à côté de l'entrée du nerf optique, Donders remarqua à peine une trace de lumière provenant soit d'une diffusion par les milieux transparents de l'œil, soit d'une réflexion latérale par la surface fortement éclairée du nerf. Tant que la petite image de la lumière était reçue en entier sur l'entrée du nerf optique, le sujet observé n'éprouvait aucune sensation lumineuse ; tout au plus quelques-uns crurent-ils apercevoir une très-faible lueur, attribuable, sans doute, au faible éclairage de la rétine dont nous venons de parler. En imprimant de légers mouvements au miroir, il était facile de faire passer la petite image d'un côté à l'autre du contour d'entrée du nerf optique, et jamais il ne se produisait de perception lumineuse sans qu'une partie de la flamme eût nettement dépassé la limite et atteint une partie où existent les différentes couches de la rétine. On voit donc que le *punctum cæcum* correspond à toute l'entrée du nerf optique et non pas seulement à l'entrée des vaisseaux, comme on aurait pu le supposer.

Coccius (1) a montré depuis la manière de faire la même expérience sur soi-même, ce qui la rend plus instructive encore. —On se sert, à cet effet, d'un miroir percé, plan ou convexe, tel qu'on les emploie dans les ophthalmoscopes, qu'on tient contre son œil tout en laissant pénétrer la lumière d'une lampe à travers le trou du miroir. En regardant vers le bord du trou, il est facile, d'abord, de voir l'image rouge et renversée de la flamme, qui se forme sur la rétine ; ensuite, portant peu à peu l'œil en dedans, en cherchant à déplacer le miroir de manière à ne pas perdre l'image de vue, on finit par amener la flamme à se peindre sur l'entrée du nerf optique, et l'on parvient à répéter les expériences que nous venons de décrire. Il est bon, du reste, de prendre une flamme petite ou éloignée, parce qu'une grande quantité de lumière, en pénétrant dans l'œil, rendrait l'expérience plus difficile. On voit, en même temps, les troncs vasculaires, mais on n'a naturellement jamais qu'un très-petit champ visuel. Si l'on prend une flamme de grande dimension, l'œil est trop ébloui pour qu'on puisse voir grand'chose. Si la quantité de lumière qui vient frapper l'entrée du nerf optique est considérable, l'œil aperçoit assurément une faible lueur ; mais, nous pouvons le conclure de ces

(1) Ueber Glaukom, Entzündung und die Autopsie mit dem Augenspiegel. Leipzig, 1859, pp. 40, 52.

expériences, cette lueur provient seulement de ce qu'une partie de la lumière se répand sur les portions contiguës de la rétine. Parfois aussi il se produit, dans ces expériences, une lueur rouge dans l'œil ; elle est due, sans doute, à la réflexion de la lumière par quelque tronc vasculaire fortement éclairé et situé à la surface du nerf optique. Cette lueur a été observée par A. Fick et P. du Bois Reymond, en prenant pour objet l'image du soleil formée au foyer d'une lentille convexe.

Le procédé suivant permet à chacun de déterminer facilement la forme et la grandeur apparente de sa tache aveugle.—On donne à l'œil une position fixe, à 8 ou 12 pouces au-dessus d'une feuille de papier blanc sur laquelle on a marqué une petite croix servant de point de fixation. Puis on promène sur le papier, dans la projection du *punctum cæcum*, la pointe, trempée dans l'encre, d'une plume blanche ou, du moins, peu foncée : la pointe noire disparaît; éloignant la plume successivement, selon différentes directions, on marque à chaque fois le point où elle commence à devenir visible. C'est de cette manière que j'ai représenté (fig. 101) la tache aveugle de mon œil droit, par rapport au point de fixation a. La ligne AB est le tiers de la distance qui séparait mon œil du papier. On voit que la forme de la tache est une ellipse irrégulière, sur les bords de laquelle j'ai pu reconnaître, comme Hueck, les origines des plus gros troncs vasculaires qui en émergent. Si l'on fait une petite tache noire sur un papier, en promenant un peu le regard, on constate que les vaisseaux forment des places aveugles qui s'étendent fort avant dans le champ de la rétine. Cette expérience réussit plus facilement si l'observateur a déterminé préalablement, d'après le procédé de Coccius, la position des troncs vasculaires de son œil.

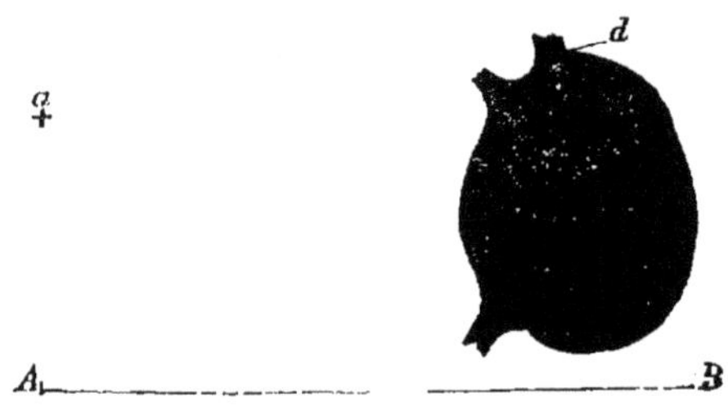

Fig. 101.

Désignant par f la distance de l'œil au papier, par F la distance du second point nodal à la rétine, distance qui est en moyenne de 15^{mm}, par d le diamètre de la tache aveugle, ou toute autre grandeur linéaire de notre dessin, par D la dimension correspondante sur la rétine, nous avons

$$\frac{f}{F} = \frac{d}{D},$$

d'où nous pouvons déduire D. Si l'on veut exprimer ces mensurations indépendamment de F, qu'on ne peut jamais déterminer exactement pour l'œil en question, il est mieux de mesurer l'angle visuel, c'est-à-dire l'angle compris entre les lignes de direction (voy. p. 92) qui vont aux différents points du dessin. Admettant que la ligne visuelle, dirigée vers le point a (fig. 101), soit perpendiculaire au plan du dessin, désignant par β la distance ad, par α l'angle visuel sous lequel apparaît ad, nous avons

$$\frac{\beta}{f} = \operatorname{tg} \alpha,$$

d'où l'on peut déduire α. On peut trouver, de la même manière, l'angle visuel entre a et tout autre point du dessin. Voici les résultats que différents observateurs ont trouvés de cette manière :

1° Distance apparente du point visuel à la partie du bord de la tache aveugle qui est le plus voisine de ce point : Listing (1), 12°, 37',5 ; Helmholtz, 12° 25' ; Th. Young, 12° 56'.

2° Distance apparente du point visuel au point du bord de la tache qui en est le plus éloigné : Listing, 18° 33',4 ; Helmholtz, 18° 55' ; Th. Young, 16° 1'.

3° Diamètre apparent horizontal de la tache aveugle : Hannover et Thomsen (2), sur 22 yeux, de 3° 39' à 9° 47', moyenne de tous ces yeux, 6° 10' ; Listing, 5° 55',9 ; Griffin (3), maximum 7° 31' ; Helmholtz, 6° 56' ; Th. Young (qui n'avait pas eu une idée tout à fait heureuse en employant deux lumières pour trouver les limites de la tache), 3° 5'.

4° Diamètre vrai de la tache aveugle, calculé en donnant à F, avec Listing, la valeur de 15^{mm} : Listing, 1^{mm},55 ; Helmholtz, 1,81 ; Hannover et Thomsen, en moyenne, 1^{mm},616. — E. H. Weber, en mesurant le diamètre de l'entrée du nerf optique sur les yeux de deux cadavres, a trouvé 2^{mm},10 et 1^{mm},72 (0,93 et 0,76 lignes de Paris). La distance du centre de cette région au centre de la *macula* était, dans l'un de ces yeux, de 3^{mm},8 (1,69 lignes) ; la même distance, calculée dans l'œil de Listing, est de 4^{mm},05. Le grand et le petit diamètre du cordon vasculaire du milieu du nerf étaient 0,313 et 0,139 lignes ; dans l'autre œil, le plus grand de ces diamètres était de 0,28 lignes.

Ces mensurations permettaient déjà, antérieurement aux expériences de Donders, de conclure que toute l'entrée du nerf optique est insensible à la lumière.

Pour désigner autrement la grandeur apparente que la tache aveugle occupe dans le champ visuel, nous dirons que onze pleines lunes pourraient s'y ranger à la file sans dépasser son diamètre, et qu'à une distance de 6 à 7 pieds, une figure humaine peut y disparaître en entier.

Des observations que nous venons de faire sur le *punctum cæcum*, il résulte que les fibres du nerf optique sont insensibles à la lumière tant qu'elles sont dans le tronc de ce nerf. De plus, les prolongements de ces fibres, qui, partis de l'entrée du nerf optique, se répandent sur la

---

(1) *Berichte der Königl. sächs. Ges. der Wiss.*, 1852, p. 149. — *Ibid.*, les observations de E. H. Weber.

(2) A. Hannover, Bidrag til Oiets Anatomie. Kjöbenhavn, cap. VI, 61.

(3) Griffin, Contributions to the physiology of vision, in *London Medical Gazette*, 1838, Mai, p. 230.

surface antérieure de la rétine, sont également insensibles à la lumière : en effet, si cela n'était pas, nous ne pourrions voir aucun objet nettement délimité. Lorsque la lumière frappe un point quelconque A de la rétine, elle atteint non-seulement les fibres nerveuses qui se terminent en A, mais encore celles qui dépassent A pour aller se terminer dans des parties plus périphériques de la rétine. Or comme, dans la sensation, on ne reconnaît pas quelle est la partie d'une fibre nerveuse qui a été excitée, si les fibres étaient sensibles pendant leur trajet, la sensation serait la même que si la lumière avait atteint cette partie périphérique de la rétine : nous verrions donc une traînée lumineuse s'étendre depuis chaque point lumineux jusqu'aux limites du champ visuel. Comme rien de pareil ne se produit, il est démontré que les fibres du nerf optique, épanouies devant la rétine, sont insensibles à la lumière objective.

II. — Il est évident, au contraire, que les couches postérieures de la rétine sont sensibles à la lumière, puisqu'on peut percevoir l'ombre des vaisseaux rétiniens (§ 15, p. 214). — Les vaisseaux de la rétine sont situés dans la couche des fibres nerveuses, et leurs ramifications les plus fines sont encore en partie dans la couche de cellules nerveuses située immédiatement en arrière de celle-là (voy. *6*, pl. I, fig. 5, et p. 26, n° 8-6), et dans la couche finement granulée (*ibid.*, 7-5). Des mouvements que manifestent les ombres de ces vaisseaux quand on déplace la source lumineuse, nous avons conclu que la couche qui perçoit l'ombre, celle où la lumière qui limite l'ombre provoque une excitation nerveuse, doit être située à une faible distance en arrière des vaisseaux. D'après les mensurations de Müller (p. 224), la distance qui sépare les vaisseaux de la surface qui perçoit leur ombre doit être de $0^{mm},17$ à $0^{mm},36$. D'après le même observateur, la distance des vaisseaux à la couche postérieure de la rétine, celle des bâtonnets et des cônes (pl. I, fig. 5, *a* et *b*), est de $0^{mm},2$ à $0^{mm},3$, de sorte que la couche sensible doit être une des plus postérieures de la rétine, c'est-à-dire celle des cônes et des bâtonnets, ou celle granuleuse externe *d* (pl. I, fig. 5). Comme, d'après les observations de Remak et de Kölliker, il n'y a que des cellules nerveuses et des cônes dans la *fovea centralis* de la tache jaune, cet endroit de la vision distincte, il semble que ces éléments soient réellement les parties sensibles. H. Müller et Kölliker attribuent le même rôle aux bâtonnets, parce qu'ils sont, comme les cônes, en communication avec des fibres qui traversent perpendiculairement la rétine. Cependant, d'après l'observation de E. H. Weber, cette supposition semble être en opposition avec ce fait, que le lieu de la vision la plus distincte ne présente que des cônes, tandis que la faculté visuelle va en diminuant à mesure qu'on s'avance vers la périphérie de la rétine, où des bâtonnets, de plus en plus nombreux, viennent s'intercaler entre les cônes. — D'après l'étude toute récente que Max Schultze a faite de la rétine, les bâtonnets sont également en rapport avec des fibres qui possèdent l'aspect variqueux des plus fines fibres nerveuses. De même que les fibres analogues plus épaisses, qui proviennent des cônes, on peut suivre ces fibres à travers la couche granuleuse externe, aux grains de laquelle elles se rattachent, jusqu'à la couche intermédiaire, où elles se terminent par un épaississement qui paraît émettre, dans tous les sens, des fibres de l'espèce la plus fine. Anatomiquement, les bâtonnets ne se distinguent des cônes que par leur moindre épaisseur. Leur signification physiologique est encore très-problématique. Joueraient-ils un rôle dans la perception des couleurs? ou bien faut-il les considérer comme de jeunes cônes destinés à remplacer ceux qui auraient fonctionné assez longtemps?

En disant que la couche postérieure de la rétine, et en particulier les cônes, sont les derniers éléments de l'appareil nerveux visuel qui soient sensibles à la lumière, il est bien entendu que nous voulons dire simplement que la lumière extérieure provoque dans ces parties des modifications qui ont pour effet l'excitation nerveuse, dont la transmission au cerveau a pour résultat final une sensation. Il est incontestable que les *éléments sensibles* de la rétine, qui méritent ce nom tout aussi bien que les *couches sensibles* employées en photographie, diffèrent fonctionnellement de toutes les autres parties du système nerveux par cette sensibilité même, tout aussi bien que par certaines particularités de leur structure anatomique. Il s'ensuit encore que l'action de la lumière sur la substance nerveuse essentielle de la rétine et du nerf optique n'est pas immédiate, comme celle de l'électricité et des irritations mécaniques, où chaque fibre nerveuse peut subir en chaque point de son trajet les changements moléculaires qui constituent le fait de l'excitation. L'action de la lumière est, au contraire, de nature médiate. Cet agent n'agit directement que sur les appareils spécialement sensibles à la lumière, à savoir sur les cônes. Nous n'avons assurément encore aucune donnée qui puisse nous aider à distinguer quelle est la nature de cette action et à quel degré elle ressemble à l'excitation nerveuse ; s'il se produit une vibration, comme l'admettaient Newton (1), Melloni (2), Seebeck (3) et d'autres physiciens ; s'il y a un déplacement des molé-

(1) Optice, lib. III, quæstio XVI.
(2) *Pogg. Ann.*, LVI, 574.
(3) *Ibid.*, LXII, 571.

cules dans le genre de celui qu'éprouvent, d'après E. du Bois-Reymond, les molécules électromotrices des muscles et des nerfs; s'il y a échauffement, suivant l'opinion de Draper (1), ou si cette couche sensible de la rétine est un appareil photochimique, conformément à l'hypothèse de Moser (2). L'excitation des fibres nerveuses qui sont en rapport avec les cônes impressionnés par la lumière n'est qu'un résultat secondaire des modifications de cet appareil spécial.

De la grandeur des éléments de la rétine qui sont directement affectés par la lumière, dépend nécessairement le degré d'exactitude que peut atteindre la vision. — La lumière qui atteint un seul élément sensible ne peut provoquer qu'une seule sensation lumineuse, dans laquelle il est impossible de distinguer si les différentes parties de cet élément sont éclairées différemment. On peut percevoir des points lumineux dont l'image rétinienne soit bien plus petite qu'un élément sensible de la rétine, à condition que la quantité de lumière que l'œil reçoit de ces points soit assez grande pour affecter sensiblement un élément rétinien. C'est ainsi que les étoiles fixes, par exemple, sont perçues par l'œil comme des objets très-lumineux, malgré la petitesse infinie de leur grandeur apparente. De même, on peut percevoir des objets obscurs sur fond clair, dont les images soient plus petites qu'un élément sensible de la rétine, à condition que la quantité de lumière qui arrive à cet élément soit diminuée d'une manière sensible par l'image obscure qui vient s'y former. Si, par exemple, avec l'éclairage employé, l'œil est capable de reconnaître des différences de 1/50 dans l'intensité de la lumière, une image obscure, dont la surface serait 1/50 de celle d'un élément sensible, pourrait encore être aperçue. Il est évident, au contraire, qu'on ne peut reconnaître la présence de deux points lumineux séparés, que si la distance de leurs images est plus grande que la largeur d'un élément rétinien. Si cette distance était moindre, les deux images tomberaient nécessairement toujours sur un seul élément ou sur deux éléments voisins. Dans le premier cas, les deux images ne provoqueraient qu'une sensation unique; dans le second, les éléments excités étant contigus, on ne pourrait pas distinguer si l'on a affaire à deux points lumineux ou bien à un seul, dont l'image se peindrait sur la ligne de contact de deux éléments. C'est seulement lorsque la distance des deux images lumineuses, ou au moins celle de leurs centres, est supérieure à la largeur d'un élément sensible, que les deux images peuvent se former sur deux

(1) Human Physiology, p. 392.
(2) *Pogg. Ann.*, LVI, 177.

éléments différents, séparés l'un de l'autre par un troisième qui ne reçoit pas de lumière, ou qui, au moins, en reçoit moins que les deux autres.

D'après les observations de Hooke (1), deux étoiles dont la distance apparente est inférieure à 30 secondes, apparaissent toujours comme une seule étoile, et, sur cent personnes, une à peine peut distinguer deux étoiles dont la distance apparente est inférieure à 60 secondes. Les autres observateurs, qui ont expérimenté, non pas sur les étoiles, mais sur des raies blanches ou sur des carrés blancs éclairés, ont trouvé une exactitude un peu moindre de la vision. Le meilleur œil qui ait été examiné par E. H. Weber, distingua des traits blancs dont les milieux étaient distants de 73 secondes. Avec un éclairage intense, dans les conditions les plus favorables, j'arrive à 64 secondes. Sur la rétine de l'œil schématique de Listing,

un angle visuel de	répond à une distance de
73″	0,00526^{mm}
63″	0,00464
60″	0,00438

D'après les mensurations de Kölliker, le diamètre des cônes dans la tache jaune est de 0^{mm},0045 à 0^{mm},0054 (voy. p. 32), ce qui correspond presque exactement aux nombres précédents ; de sorte que ces mensurations confirment aussi l'hypothèse d'après laquelle les cônes seraient les derniers éléments sensibles de la rétine.

On voit, en même temps, que la structure optique d'un œil bien constitué et exactement accommodé est tout à fait suffisante pour atteindre réellement le degré d'exactitude que rend possible la grandeur des éléments nerveux. Il est vrai, nous l'avons déjà vu (§ 13, p. 179), que le diamètre de la pupille étant de 4^{mm}, le cercle de diffusion produit par la dispersion des couleurs possède un diamètre de 0^{mm},0426, ce qui est près de dix fois supérieur au diamètre des cônes ; mais nous avons en même temps donné les raisons pour lesquelles, malgré leur dimension, ces cercles de diffusion ne nuisent pas sensiblement à la vision. Les aberrations causées par l'astigmatisme (§ 14, p. 200) sont bien plus faibles dans les yeux parfaitement constitués.

Sur les parties latérales de la rétine, la faculté de distinguer est bien moindre que dans la tache jaune, et cette faculté diminue de plus en plus à mesure qu'on s'éloigne du centre de la rétine. — D'après les mensurations d'Aubert et de Förster, cette faculté diminue, à partir du centre,

(1) SMITH's Optiks, übers. v. KÆSTNER, p. 20.

avec des rapidités différentes suivant les différentes directions, et cette diminution se fait le plus rapidement vers en haut et vers en bas ; elle se fait le plus lentement vers la partie externe de la rétine; les différences individuelles paraissent être assez considérables sous ce rapport. Ces mensurations donnèrent encore ce résultat remarquable que, pour l'accommodation éloignée, la diminution paraît se faire plus rapidement du centre vers la périphérie de la rétine, que pour la vision rapprochée. Ces observateurs trouvèrent que, du moins dans les yeux des lapins, l'exactitude des images optiques n'éprouve pas de semblable diminution vers la périphérie de la rétine. Il est donc constant que l'imperfection de la vue sur les parties latérales de la rétine dépend seulement de la nature de la couche sensible et non pas de celle des images optiques.

Pour déterminer les plus petites distances appréciables, Tob. Mayer et, après lui, E. H. Weber, ont pris pour objet des lignes blanches parallèles, séparées par des lignes noires de la même largeur ; Volkmann s'est servi de fils d'araignée sur fond clair. Pour la facilité de l'éclairage, j'ai trouvé plus commode d'employer un gril de fils métalliques noirs présentant des vides égaux aux pleins, et que je plaçais de manière à se dessiner sur le ciel. Tob. Mayer s'est servi, en outre, de carrés blancs, tantôt séparés par un grillage noir et tantôt disposés en damier.

Il faut, dans ces observations, faire en sorte que l'œil puisse accommoder parfaitement pour la distance des objets employés. Il faut que l'éclairage soit fort, sans être éblouissant. Dans ces expériences, j'ai observé une déformation remarquable des lignes claires et obscures. La largeur de chaque bande claire et de chaque bande obscure du gril que j'employais était de $13/24 = 0^{mm},4167$. A la distance de $1^m,1$ à $1^m,2$ le phénomène commençait à se produire; le gril prenait un aspect analogue à celui représenté en *A* (fig. 102); les bandes blanches offraient, suivant les endroits, des dispositions ondulées ou moniliformes. Soient en *B* (fig. 102) de petits hexagones pour représenter des coupes transversales des cônes de la tache jaune; soient *a*, *b* et *c* trois images optiques des bandes considérées, et représentées, avec leur forme vraie, au-dessus de *dd*; au-dessous de *dd*, tous ceux des hexagones dont la plus grande partie était noire, sont figurés entièrement en noir, et ceux dont la plus grande partie était blanche, sont laissés complétement en blanc : car, dans la sensation, c'est seulement l'intensité moyenne de chaque élément qu'on perçoit. On voit que la moitié inférieure de la figure 102 *B* représente des dessins analogues à ceux de *A*. — Purkinje (1) a vu quelque chose d'analogue, et

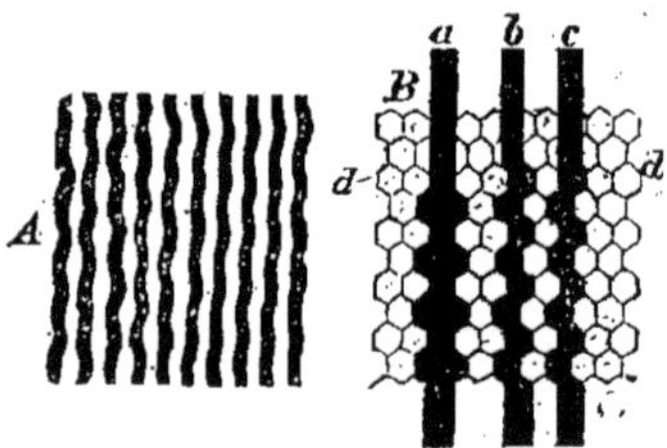

FIG. 102.

(1) Beobachtungen und Versuche, I, 122.

Bergmann aussi a observé que, parfois, le gril prend l'aspect d'un damier avant la disparition complète des fils, et qu'on voit parfois des bandes dans une direction oblique à celles que les lignes possèdent réellement, observations qui s'expliquent par des circonstances analogues à celles que nous venons de mentionner (1).

Si, dans les observations de ce genre, on se sert de deux objets lumineux dont la largeur soit négligeable par rapport à leur distance, on reconnaît qu'il y en a deux alors seulement qu'entre les éléments rétiniens qui en reçoivent les images, il s'en trouve un qui n'est pas impressionné. Le diamètre d'un semblable élément doit donc nécessairement être moindre que la distance des deux images éclairées. Mais si la largeur des objets est égale à celle de la bande obscure qui les sépare, il n'est pas précisément nécessaire que les éléments de la rétine soient moins larges que l'image de la bande obscure. Un élément rétinien qui reçoit l'image de la bande obscure, et dont les bords empiètent en partie sur les bandes claires, perçoit cependant moins de lumière que les éléments voisins, pourvu qu'en somme il reçoive moins de lumière que ces éléments. Par conséquent tout ce qu'on peut affirmer, dans ces cas, c'est que les éléments rétiniens sont moins larges que la distance qui sépare les milieux des bandes claires. Aussi dans les expériences de Tob. Mayer, citées plus loin, voit-on que la faculté de distinguer les lignes parallèles reste la même quand la largeur du blanc ou du noir varie, pourvu que la somme des largeurs d'une bande noire et d'une bande blanche reste constante. C'est pourquoi, contrairement à ce qu'ont fait Mayer et Weber, j'ai constamment indiqué comme largeur de l'objet, dans le tableau ci-contre, la somme qui représente la distance des lignes médianes des deux objets voisins.

Si l'acuité de la vue est un peu plus grande pour mon œil que pour les autres yeux d'adultes, cela tient, je pense, à l'éclairage plus vif que mon gril permettait d'obtenir. L'œil le plus parfait du tableau observé par Bergmann appartenait à un garçon de dix ans.

Tob. Mayer a fait des expériences sur l'influence de l'éclairage. Il a trouvé que l'on reconnaît le mieux des systèmes de lignes à la clarté d'un beau jour, et qu'une augmentation dans l'éclairage ne sert à rien. Quant aux éclairages moins intenses, il les obtenait la nuit, en mettant une lumière à différentes distances du papier. Plus la lumière était loin, plus il lui fallait se rapprocher. En faisant varier entre 1/2 pied et 13 pieds la distance de la lumière, pour les lignes blanches à intervalles égaux, l'angle visuel, exprimé comme tout à l'heure, variait de 138 à 344 secondes. Mayer pose la formule empirique $s = 158'' \sqrt[3]{a}$, qui s'accorde assez bien avec ses mensurations, et où s désigne l'angle visuel et a la distance de la lumière. Or, comme l'intensité de l'éclairage est $h = 1 : a^2$, il en déduit $s = 158'' : \sqrt[6]{h}$.

(1) *Henle und Pfeuffer's Zeitschrift für ration. Medicin*, 3, II, 88.

OBSERVATEUR.	OBJET.	GRANDEUR DE L'OBJET.	DISTANCE DE L'OBJET A L'ŒIL.	QUOTIENT DE LA DISTANCE PAR LA GRANDEUR.	ANGLE VISUEL EN SECONDES.
1) Hooke	Étoiles fixes	....	....	....	60
2) Tob. Mayer	a) Lignes parallèles avec interstices égaux aux lignes	0‴,72	11′	2200	94
	b) Id. avec interstices plus larges ou plus étroits.	0‴,6	9′ 1/2	2275	90
3) Le même	Carrés blancs séparés par un grillage noir	0‴,88	15′ 1/2	2422	80
4) Le même	Échiquier	1‴,04	12′	1661	124
5) Volkmann	Fils d'araignée	0″,0052	7″	1346	147,5
6) X. avec Volkmann	Id	....	13″	2500	80,4
7) Th. Weber avec E. H. Weber	Lignes parallèles avec interstices égaux	0‴,05	110‴ 1/2	2210	90,6
8) Y. avec le même	Id	....	138‴	2760	73
9) Z. avec le même	Id	....	110‴ 1/2	2210	90,6
10) Helmholtz	Gril	1mm,083	3500mm	3235	63,75
11) O. H. avec le même.	Id	....	2400mm	2215	93
12) Bergmann	Lignes parallèles avec interstices égaux aux lignes	2mm	5500 à	2750	75
			8000	4000	51,6

Nota. — Les signes ′, ″ et ‴ indiquent le pied de Paris et ses subdivisions en pouces et en lignes.

Depuis la première publication de ce qui précède, A. Volkmann a décrit de nouvelles expériences qui l'ont amené à conclure que les cônes de la *fovea centralis* ne sont pas assez petits pour expliquer l'acuité visuelle de l'homme. Ses principales expériences ont été faites au moyen de deux fils métalliques tendus devant un fond éclairé, et qu'une vis micrométrique permettait de rapprocher jusqu'à ce que leur intervalle devînt imperceptible. Volkmann considérait cet intervalle comme le plus petit objet visible, et il en déduisait encore les franges d'irradiation, qui augmentent l'épaisseur apparente des fils métalliques. En opérant ainsi, il obtenait assurément, pour la grandeur des plus petites images perceptibles, des valeurs excessivement faibles, et qui paraissent de beaucoup moindres que les dimensions des cônes de la rétine. Mais, ainsi que je l'ai déjà expliqué plus haut (p. 294), des expériences de ce genre ne prouvent pas que les éléments sensibles de la rétine soient plus petits que l'image de l'intervalle qui sépare les deux fils; elles prouvent seulement qu'ils sont moindres que la distance qui sépare les milieux des deux bandes obscures, et dans les expériences de Volkmann, ces distances ne sont pas sensiblement plus petites que ne les ont trouvées les autres observateurs.

Le docteur Hirschmann a répété, avec des systèmes de fils métalliques parallèles, les expériences telles qu'elles sont indiquées plus haut (p. 293 et 294), en les soumettant à de nombreuses variations pour trouver les conditions les plus favorables; il est également descendu jusqu'à des valeurs d'environ 50″ pour l'angle visuel, ce qui correspond, sur la rétine, à une étendue de $0^{mm},00365$. Or, d'après les mensurations les plus récentes, le diamètre des cônes dans la *fovea* est :

d'après M. Schultze, de	0,0020	à	0,0025;
H. Müller,	0,0015		0,0020;
Welker,	0,0031		0,0036.

D'après ces nombres, les cônes sont assez fins pour répondre à l'exactitude des perceptions dont il s'agit.

Dans d'autres expériences, Volkmann a considéré des lettres, des chiffres et d'autres objets, et il cherche à faire ressortir que le nombre des cônes atteints par l'image n'est pas assez considérable pour permettre de distinguer les formes en question. Mais je crois qu'il faut aussi tenir compte ici de ce que, grâce aux mouvements de l'œil, l'image d'une lettre peut se former successivement sur différents groupes de cônes, et successivement aussi, dans des positions différentes relativement à chacun de ces cônes, de sorte que des détails qui pourraient passer inaperçus dans telle position peuvent devenir très-nets dans une autre.

Je ne crois donc pas que nous soyons obligés d'abandonner l'idée que les cônes sont les éléments sensibles de la rétine. D'un autre côté, j'ai déjà indiqué, au sujet de l'anatomie de l'œil (p. 28, 3°), qu'en avant des cônes, il y a d'autres éléments de la rétine, tels que les noyaux striés, auxquels on pourrait aussi attribuer un rôle analogue.

En oculistique, la détermination de l'acuité visuelle se fait, en général, au moyen de lettres de différentes grandeurs, qu'on fait lire à une distance un peu grande et en corrigeant, au besoin, la réfraction par des lunettes. On désigne l'acuité visuelle par une fraction dont le numérateur est la distance à laquelle on a encore pu lire ces lettres, et le dénominateur, la distance à laquelle elles apparaissent sous un angle de 5 minutes. Ces dernières distances sont indiquées d'avance sur les échelles typographiques publiées par Snellen et par Giraud-Teulon. D'après Vroesom de Haan, on trouve en moyenne une acuité visuelle de 1,1 à l'âge de dix ans, de 1 à quarante ans, de 0,5 à quatre-vingts ans; cette acuité diminue d'une manière continue avec les progrès de l'âge. D'après les observations de E. Javal, l'acuité de la vision serait de 1/4 à 1/3 plus forte que ne l'indique de Haan, après correction de l'astigmatisme et en employant un bon éclairage évalué à 500 bougies situées à un mètre de l'objet.

Aubert et Förster ont employé deux méthodes différentes pour examiner l'acuité visuelle des parties périphériques de la rétine.

Dans la première méthode, l'observateur regardait une grande feuille de papier (de 5' × 2') couverte de lettres et de chiffres également espacés, à travers un tube immobile et noirci intérieurement. Ce tube assurait la position de l'œil et le protégeait contre la lumière latérale qui aurait pu l'éblouir. Le papier était roulé sur deux cylindres horizontaux, ce qui permettait, après chaque expérience, de changer rapidement la partie vue par l'observateur. Comme les lettres et les nombres étaient disposés d'une manière tout à fait arbitraire, l'observateur ne pouvait jamais deviner des nombres sans les voir. Une bouteille de Leyde, placée devant le papier, se déchargeait de temps en temps et éclairait alors le papier pendant un instant; dans les intervalles de ces décharges, l'obscurité était suffisante pour que l'observateur ne pût distinguer que la position des lettres, mais nullement leur forme. Un aide mettait, à chaque expérience, la feuille dans une position différente, et l'observateur indiquait à chaque fois les lettres qu'il avait reconnues. On employa quatre feuilles de ce genre couvertes de nombres et de lettres de différentes grandeurs. On pouvait faire varier la distance de l'observateur à l'objet.

Nommons, avec Aubert, *angle d'écart* (*Raumwinkel*), le double de l'angle formé par la ligne visuelle avec la ligne de direction des lettres les plus éloignées qu'on ait vues, ou, en d'autres termes, l'angle visuel qui contient les caractères reconnaissables, et *angle des caractères* (*Zahlenwinkel*), l'angle sous lequel les plus grandes dimensions des lettres et des nombres encore lisibles se présentaient à l'observateur; l'expérience apprit que *les caractères ayant tous les mêmes dimensions vraies, l'angle des caractères et l'angle d'écart sont dans un rapport à peu près constant* : ce n'est que pour des angles d'écart supérieurs à 30° ou 40°, que les angles des caractères étaient un peu plus grands que ne le demandait ce rapport. Au contraire, *si la grandeur apparente des caractères employés était constante, on reconnaissait mieux de petits caractères rapprochés que de grands caractères éloignés.* Le rapport de l'angle d'écart à l'angle des caractères se présente de la manière suivante :

GRANDEUR VRAIE DES CARACTÈRES, en millimètres.	LIMITE DE L'ANGLE D'ÉCART.	RAPPORT DE L'ANGLE DES CARACTÈRES A L'ANGLE D'ÉCART.		
		Minimum.	Maximum.	Moyenne.
26	25°	7	7,9	7,18
26	40	6	7,3	6,69
13	27	11	12	11,14
7	27	9,7	14,5	12,79

Dans la seconde colonne, sous le nom de *limite de l'angle d'écart*, on a inscrit la valeur à laquelle on s'est arrêté dans la mensuration, ou, du moins, celle pour laquelle l'expérience commençait à ne plus donner des rapports à peu près constants. La dernière colonne montre que le rapport de l'angle des caractères à l'angle d'écart va en augmentant, lorsque la grandeur vraie des caractères diminue. C'est là un fait très-énigmatique. Le mécanisme de l'accommodation modifierait-il les parties périphériques de la rétine? Aubert émet la supposition que, dans la vision éloignée, les bâtonnets des parties périphériques de la rétine se placent obliquement et empêchent ainsi la marche normale des rayons lumineux.

La seconde méthode d'expérimentation fut appliquée à la lumière ordinaire du jour, au moyen de l'appareil représenté par la figure 103. *A* est une lame de métal émaillé, blanc, de $0^{m},3$ de long sur $0^{m},05$ de large, qui peut tourner autour

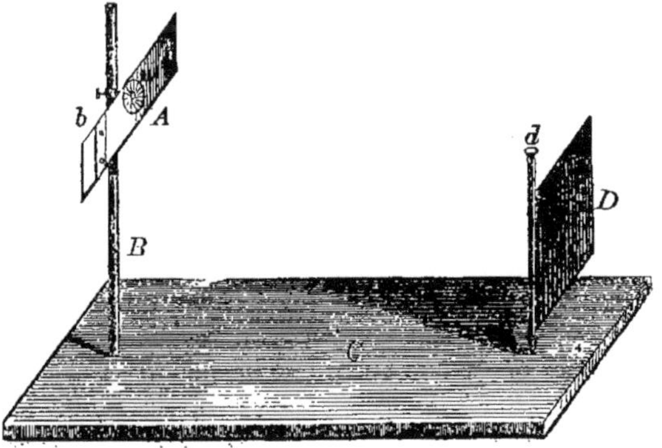

FIG. 103.

de l'axe *u*, à la manière de l'aile d'un moulin à vent. La lame émaillée et son axe sont mobiles le long d'une colonne verticale d'acier, *B*, fixée sur une planchette *C*. L'observateur applique un de ses yeux à l'autre extrémité de la planchette, en face de l'axe de la bande métallique, tandis que l'autre œil est recouvert par l'écran de papier noir *D*, qui est fixé à une baguette de bois *d*, de telle manière qu'on peut le tourner à droite et à gauche. L'axe de la lame de métal est éloigné de 0m,2 du milieu de la ligne qui joint les deux yeux de l'observateur. Le dessous de la planchette *C* possède un manche.

L'observateur appliquait son nez contre la baguette *d*, mettait l'écran au devant de l'un de ses yeux, appuyait son menton sur la planchette, et amenait l'axe de la bande *A* à la même hauteur que ses yeux. Alors il regardait fixement le milieu de la bande, marqué par l'extrémité de l'axe, et faisait avancer peu à peu, dans les rainures formées par les bords de la bande, une carte blanche *b*, qui portait deux points. Dès que, sans cesser de fixer l'axe, il distinguait les deux points au moyen des parties latérales de la rétine, il cessait d'avancer la carte, et sur une échelle métrique, tracée le long d'une des rainures de la lame, il lisait la distance de ces deux points au point de fixation. Cette expérience fut répétée pour différentes inclinaisons de la lame métallique par rapport à l'horizon. On fit usage de plusieurs cartes portant des marques rondes de différentes dimensions et dont on faisait varier les distances mutuelles. Les points étaient toujours tous deux à une même distance de l'axe de rotation.

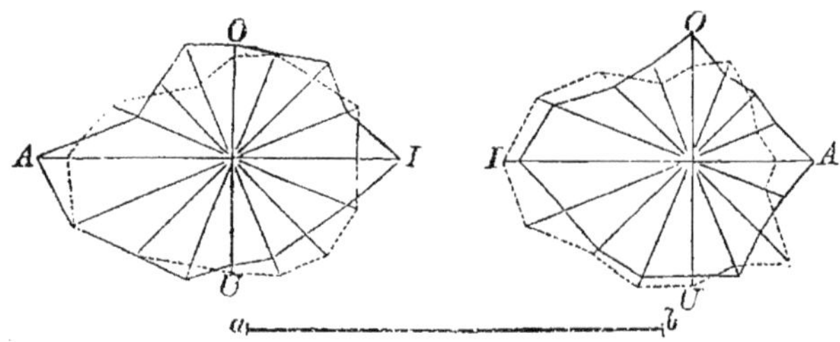

FIG. 104.

La figure 104 représente les résultats de ces mensurations pour un couple de points noirs de 2mm,5 de diamètre, distants l'un de l'autre de 14mm,5. Le contour continu se rapporte aux yeux d'Aubert, le contour ponctué appartient à ceux de Förster. Le point d'intersection des rayons vecteurs correspond au point de fixation de l'œil; les positions de ces rayons correspondent aux différentes positions de la bande, et leurs longueurs représentent les résultats des différentes déterminations. *O* désigne le haut; *U*, le bas; *A*, le côté externe ou temporal; *I*, le côté interne ou nasal. La ligne *ab* indique la distance de l'œil à la lame métallique dans les différentes expériences; cette distance était de 0m,2. Toutes les dimensions linéaires sont réduites au cinquième (1). Les contours représentés circonscrivent donc les parties du champ visuel dans lesquelles on peut distinguer l'un de l'autre deux points ayant les dimensions et l'intervalle indiqués plus haut; si l'on veut avoir les surfaces correspondantes de la rétine, il faut retourner les figures. La forme irrégulièrement ovale de ces surfaces témoigne de différences individuelles considérables, même entre les deux yeux d'une même personne.

(1) La réduction au 1/4, annoncée par AUBERT, ne s'accorde pas avec les chiffres indiqués.

La figure 105 représente les résultats moyens de mensurations exécutées avec différents couples de points noirs. Sur cette figure, *a* est le point de fixation, *ab*, *ac*, etc., sont les moyennes de toutes les distances qui séparaient du point de fixation les couples de points figurés en *b*, *c*, etc., et cela pour les quatre yeux précités et dans huit méridiens différents.

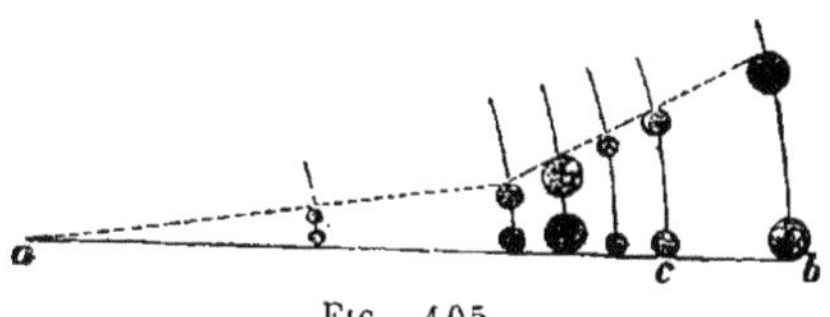

Fig. 105.

Le couple de points auquel se rapporte la figure 104 est celui figuré en *c*. On voit que la largeur des objets doit augmenter plus rapidement pour de grands angles d'écart. Voici les chiffres eux-mêmes, qui ont servi à tracer la figure 105 :

DISTANCE DES POINTS, en millimètres.	DIAMÈTRE DES POINTS, en millimètres.	DISTANCE MOYENNE DES POINTS AU CENTRE, en millimètres.
3,25	1,25	31
6,5	2,5	50
9,5	3,75	55
12	1,25	60
14,5	2,5	65
20,5	3,75	77

Dans ces expériences, les deux observateurs rencontrèrent, de plus, d'assez nombreuses parties insensibles de la rétine, de petites taches aveugles, où l'un des points, ou même tous les deux, disparaissaient subitement. Outre certaines places de ce genre qui paraissaient n'être frappées que d'un éblouissement passager, il s'en présentait d'autres qui étaient constantes et qu'on pouvait retrouver à volonté.

Les phénomènes du *punctum cæcum* ont été découverts par Mariotte, qui avait entrepris des expériences dans le but de rechercher comment se comporte la vision à l'entrée du nerf optique. Cette expérience fit une telle sensation à cette époque, que l'auteur dut la répéter, en 1668, devant le roi d'Angleterre. Picard donna à l'expérience une forme qui permet de la réussir avec les deux yeux ouverts. A cet effet, il fixa un papier au mur, se plaça à une distance d'environ 10 pieds, et fit converger les deux yeux vers son doigt, tenu à une distance telle que, dans les deux yeux, l'image du papier vint se peindre sur le *punctum cæcum* : alors cet objet disparaît absolument, tandis que, dans ces conditions et avec un point de fixation un peu différent, il paraît double. Mariotte surpassa Picard, en faisant disparaître deux objets à la fois, les deux yeux restant ouverts. On fixe au mur, à la même hauteur, deux papiers à une distance mutuelle de 3 pieds ; on se place à 12 ou 13 pieds du mur, on tient le pouce verticalement, à 8 pouces environ des yeux, et cela de manière qu'il cache à l'œil droit le papier situé à gauche, et à l'œil gauche le papier situé à droite ; puis on regarde le pouce : aussitôt les deux papiers disparaissent, parce que l'image de chacun se forme au *punctum cæcum* de l'œil pour lequel cet objet n'est pas caché. Le Cat chercha déjà à calculer la grandeur du *punctum cæcum* sur la rétine ; mais il trouva la valeur beaucoup trop petite de 1/5 à 1/4 de ligne. Daniel Bernouilli en dessina la forme sur le parquet : il plaça une pièce de monnaie à terre, et prit un fil à plomb qu'il suspendit près de son œil droit, le poids touchant presque le sol ; l'œil gauche étant fermé, il regardait avec l'œil droit le long du fil ; puis il cherchait sur le plancher les endroits où la pièce commençait à devenir invisible : il trouva ainsi une figure à peu près elliptique ; mais comme il ne connaisait que d'une manière imparfaite les constantes optiques de l'œil, il trouva, pour la grandeur de la tache aveugle, le chiffre, trop élevé, de 1/7 du diamètre de l'œil.

La découverte de MARIOTTE fut le point de départ d'une longue discussion sur une question qui ne pouvait manquer de surgir aussitôt, vu l'état incomplet des connaissances qu'on possédait à cette époque sur les fonctions des nerfs : on se demanda si c'est réellement la rétine qui est la couche sensible à la lumière, ainsi que KEPPLER et SCHEINER l'avaient admis. MARIOTTE conclut que cela devait être la choroïde, puisque cette membrane manque au *punctum cæcum* , tandis que les fibres de la rétine sont précisément très-condensées en ce point. Un grand nombre d'opticiens distingués, tels que MÉRY, LE CAT, MICHELL, et, plus récemment, D. BREWSTER, se rallièrent à l'opinion de MARIOTTE. On insista sur cette idée que la rétine, à cause de sa transparence, doit être incapable d'arrêter la lumière et qu'elle est trop épaisse pour donner une image distincte ; LE CAT chercha de plus à démontrer une continuité entre la choroïde et la pie-mère du cerveau. La sensibilité de la rétine fut défendue par PECQUET, DE LA HIRE, HALLER, PORTERFIELD, PERRAULT, ZINN. Leur principal argument était principalement que la rétine est le développement anatomique d'un nerf considérable, tandis que la choroïde ne contient que quelques minces filets nerveux. Tous les autres motifs qu'ils purent alléguer pour appuyer leur opinion et pour aplanir les objections soulevées par l'expérience de MARIOTTE, n'ont que peu de valeur. PORTERFIELD admit que le nerf optique étant encore entouré et pénétré, à son entrée, d'un névrilème tendineux, ne serait ni assez mou, ni assez délicat pour percevoir un agent aussi subtil que la lumière. HALLER insiste aussi sur ce qu'à l'entrée du nerf optique il n'y a pas de véritable rétine, mais une membrane blanche, celluleuse et poreuse, qui pourrait fort bien être impropre à la vision, sans que la rétine fût dans le même cas. D'autres, comme RUDOLPHI, et même, pendant un temps, COCCIUS, crurent que la partie insensible correspondait seulement aux vaisseaux centraux du nerf optique, hypothèse qui tomba dès que l'on connut mieux les constantes optiques de l'œil ; la remarque en fut faite, entre autres, par HANNOVER, E. H. WEBER, A. FICK et P. DU BOIS-REYMOND. J. MÜLLER crut pouvoir expliquer l'expérience de MARIOTTE, en l'assimilant à la disparition, sur les parties latérales de la rétine, des images d'objets colorés placés sur un fond blanc, phénomène sur lequel nous reviendrons au § 23, et qui est dû à la fatigue de la rétine. Il croyait qu'à l'entrée du nerf optique, cette disparition est plus rapide et plus subite. On peut objecter à cette explication qu'un objet lumineux, se présentant soudain dans la partie invisible du champ visuel, n'est pas perçu ; il n'excite donc aucunement la substance du nerf et ne peut la fatiguer.

J'ai exposé, en 1851, les conséquences nécessaires que nous venons de déduire des faits, et étendu aux fibres situées à la face antérieure de la rétine la conclusion que la lumière objective est incapable d'affecter les fibres du nerf optique. Comme on ne connaissait pas encore à cette époque la connexion anatomique de la couche de bâtonnets avec les éléments nerveux de la rétine, on était réduit à supposer que les cellules nerveuses ou les granulations de la rétine devaient être les éléments sensibles à la lumière. Bientôt après, MÜLLER découvrit les fibres rayonnées qui relient les cônes et les bâtonnets aux éléments nerveux. KÖLLIKER démontra l'existence de ces fibres chez l'homme, et tous deux furent conduits à admettre que les éléments de la couche des bâtonnets constituent la partie sensible à la lumière, hypothèse dont MÜLLER donna, enfin, la démonstration physiologique. Cette opinion avait, du reste, été émise antérieurement par TREVIRANUS, mais sans être fondée sur une connaissance suffisante des éléments microscopiques ; il avait donné le nom de *papilles nerveuses* aux éléments sensibles à la lumière.

On a fait de nombreuses recherches sur l'acuité de la vision dès l'époque où l'on commença à construire des télescopes. HOOKE appliqua tout de suite le vrai principe, en recherchant sous quel angle on pouvait distinguer les étoiles doubles. La plupart des observateurs postérieurs recherchèrent la plus petite dimension sous laquelle on peut encore distinguer un point noir, et ils obtinrent naturellement des résultats très-différents : citons HEVELIUS, SMITH, JURIN, TOB. MAYER, COURTIVRON, MUNCKE, TREVIRANUS. JURIN et MAYER reconnurent l'influence de l'éclairage dans cette expérience. JURIN crut devoir expliquer, par un tremblement de l'œil, qui amènerait leurs images à se superposer, ce fait qu'il n'est possible de distinguer deux lignes comme différentes que sous un angle visuel plus grand que celui nécessaire pour distinguer chacune d'elles. C'est VOLKMANN qui indiqua les raisons pour lesquelles on ne peut obtenir une mesure constante qu'en cherchant à reconnaître des objets comme séparés, et c'est d'après cette méthode que E. H. WEBER, BERGMANN et MARIÉ-DAVY exécutèrent des mensurations.

Punctum cæcum et position de la couche sensible à la lumière.

1668. MARIOTTE, Œuvres, p. 496-516, in *Mém. de l'Acad. de Paris*, 1669 et 1682. — *Philos. Transact.*, II, 668. — *Acta eruditorum*, 1683, p. 68.
1670. PECQUET, in *Phil. Transact.*, XIII, 171.
— PERRAULT, *ibid.*, XIII, 265.
1694. DE LA HIRE, Accidens de la vue.
1704. MERY, *Hist. de l'Acad. de Paris*, 1704.
1709. DE LA HIRE, *ibid.*, 1709, p. 119 ; 1711, p. 102.
1728. D. BERNOUILLI, *Comment. Petropol. vet.*, I, p. 314.
1738. SMITH, Opticks. Cambridge, 1738, Remarks, p. 6. (Deutsche Ausgabe, 367.)
1740. LE CAT, Traité des sens. Rouen, pp. 171 ; 176-180. — Amsterdam, 1744, p. 166-180.
1755. ZINN, Descriptio oculi humani, p. 37.
1757. HALLER, Physiologia, V, 357, 474.
1759. PORTERFIELD, On the eye, II, 252, 254.
1772. MICHELL, in PRIESTLEY, Histoire de l'optique, 4ᵉ per., 5ᵉ part., 2ᵒ chap. (Deutsche Ausgabe, p. 149.)
1819. PURKINJE, Beobachtungen und Versuche, I, 70, 83.
1835. D. BREWSTER, in *Pogg. Ann.*, XXIX, 339.
— G. R. TREVIRANUS, Beiträge zur Aufklärung der Erscheinungen und Gesetze des organ. Lebens. Bremen.
1838. GRIFFIN, Contributions to the Physiology of vision, in *London medical Gazette*, 1838 Mai, p. 230.
1840. J. MÜLLER, Handbuch der Physiologie, II, 370.
1844. VALENTIN, Lehrbuch der Physiologie, 1 Ausgabe, II, 444.
1846. VOLKMANN, Art. : Sehen, in *Wagner's Handwörterbuch der Physiol.*, III, 272.
1850. A. HANNOVER, Bidrag til Oiets Anatomie, Physiologie og Pathologie. Kjöbenhavn, cap. VI, p. 61.
1851. HELMHOLTZ, Beschreibung eines Augenspiegels. Berlin, p. 39.
1852. E. H. WEBER, Ueber den Raumsinn und die Empfindungskreise in der Haut und im Auge, in *Verhandl. der Leipz. Gesellsch.*, 1852, p. 138.
— A. KOELLIKER, Zur Anatomie und Physiologie der Retina, in *Verhandl., d. phys. med. Ges. zu Würzburg*, 3 Juli 1852.
— DONDERS, in *Onderzoekingen gedaan in het physiol. Labor. d. Utrechtsche Hoogeschool*, VI, 134.
1853. D. BREWSTER, Account of a case of vision without retina, in *Report of the British Assoc. at Belfast*, p. 3.
— A. FICK und P. DU BOIS-REYMOND, Ueber die unempfindliche Stelle der Netzhaut im menschlichen Auge, in *J. Müller's Archiv für Anat. und Physiol.*, 1853, p. 396.
— COCCIUS, Die Anwendung des Augenspiegels. Leipzig, p. 20.
1854. BERGMANN, Zur Kenntniss des gelben Flecks der Netzhaut, in *Henle und Pfeuffer's Zeitschr.*, 2, p. 245-252.
1855. H. MÜLLER, *Verhandl., d. phys. med. Ges. zu Würzburg*, IV, 100 ; V, 411-446.
— BUDGE, Betrachtungen über die blinde Stelle der Netzhaut, in *Verhandl. des naturhist. Vereins der Rheinlande*, 1855, p. XLI.
1856. H. MÜLLER, Anatomisch physiolog. Untersuchungen über die Retina bei Menschen und Thieren, in *Siebold und Kölliker's Zeitschr. für wissensch. Zoologie*, VIII, 1-122.
1857. AUBERT und FÖRSTER, Ueber den blinden Fleck und die scharfsehende Stelle im Auge, in *Berliner allg. med. Centralzeitung*, 1857, nᵒ 33, pp. 259, 260.
1859. COCCIUS, Ueber Glaukom, Entzündung und die Autopsie mit dem Augenspiegel. Leipzig, pp. 40, 52.
1860. G. BRAUN, Notiz zur Anatomie der Stäbchenschicht der Netzhaut, in *Wien. Ber.*, XLII, 15-19.

1860. G. M. CAVALLIERI, Sul punto cieco dell' occhio, in *Atti dell' Istituto lombardo*, II, 89-91.
1861. H. MÜLLER, Bemerkungen über die Zapfen am gelben Fleck des Menschen, in *Würzburger Zeitschrift für Naturk.*, II, 218-221.
1863. WITTICH, Studien über den blinden Fleck, in *Archiv für Ophthalmol.*, IX, 3, p. 1-38.
— W. ZEHENDER, Historische Notiz vom blinden Fleck, in *Archiv für Ophthalmol.*, X, 1, p. 152-155.

Acuité de la vision.

1705. HOOKE, Posthumous Works, pp. 12, 97.
1738. SMITH, Opticks, I, 31. (Uebersetzung, p. 29.)
— JURIN, *ibid.*, Essay on distinct and indist. vision, p. 149.
1752. COURTIVRON, *Hist. de l'Acad. de Paris*, p. 200.
1754. TOB. MAYER, *Comment. Gotting.*, IV, 97, 135.
1759. PORTERFIELD, On the Eye, II, 58.
1824. AMICI, in FÉRUSSAC, *Bull. sc. math.*, 1824, p. 221.
1829. LEHOT, *ibid.*, XII, 417.
1830. HOLKE, Disquis. de acie oculi dextri et sinistri. Lipsiæ.
1831. EHRENBERG, in *Pogg. Ann.*, XXIV, 36.
1840. HUECK, in *J. Müller's Archiv für Anat. und Physiol.*, 1840, p. 82.
— J. MÜLLER, Handbuch der Physiologie, II, 82.
1841. BUROW, Beiträge zur Physiologie und Physik des menschlichen Auges. Berlin, p. 38.
1846. VOLKMANN, Art. : Sehen, in *Wagner's Handwörterbuch d. Physiol.*, III, 331, 335.
1849. MARIÉ-DAVY, in *Institut*, n° 790, p. 59.
1850. W. PETRIE, in *Institut*, n° 886, p. 415.
1852. E. H. WEBER, in *Verhandl. der sächs. Ges.*, 1852, p. 145.
1857. BERGMANN, in *Henle und Pfeuffer's Zeitschr. für ration. Med.*, 3, II, 88.
— AUBERT und FÖRSTER, in *Graefe's Archiv für Ophthalmologie*, III, 2, p. 1.
1862. H. SNELLEN, Letterproeven ter bepaling der Gezigtsscherpte. Utrecht.
— J. VROESOM DE HAAN, Ondezoek. naar den invloed van den leeftijd op de gezigtsscherpte. Utrecht.
1862. A. W. VOLKMANN, Physiologische Untersuchungen im Gebiete der Optik. Leipzig, Heft I, p. 65.
1863. K. VIERORDT, Ueber Messung der Sehschärfe, in *Arch. für Ophth.*, IX, 3, p. 219-223.
1864. AUBERT, Physiologie der Netzhaut. Breslau, p. 187-251.
— O. FUNKE, Zur Lehre von den Empfindungskreisen der Netzhaut, in *Bericht der Naturforsch. Ges. zu Freiburg im Breisgau*, III, 89-116.
— DONDERS, Anomalies of Accommodation and Refraction. London, p. 188-203.

§ 19. — Des couleurs simples.

Nous allons passer à l'étude des sensations que les différentes sortes de lumière éveillent dans l'appareil nerveux visuel. — Il existe, comme nous l'avons expliqué au § 8, de la lumière de différentes durées d'oscillation qui se distingue en outre physiquement par sa longueur d'onde, par sa réfrangibilité et par l'absorption qu'elle subit en traversant les milieux colorés. Sous le rapport physiologique, les parties de la lumière dont la durée d'oscillation est différente, se distinguent, en général, parce qu'elles provoquent dans l'œil la sensation de couleurs différentes.

Toutes les sources lumineuses connues émettent en même temps de la lumière de différentes durées d'oscillation. La réfraction par les prismes transparents est le moyen le plus parfait d'extraire, d'une semblable lumière mélangée, de la lumière *simple*, c'est-à-dire de la lumière d'une même durée d'oscillation. Lorsqu'une source lumineuse éloignée *a* (fig. 106) envoie à travers un prisme *P* de la lumière bleue et simple qui arrive à l'œil de l'observateur *o*, les rayons sont réfractés dans le prisme et déviés de leur première direction ; aussi l'observateur voit-il l'image de la source lumineuse déplacée vers le côté qui répond à l'angle réfringent *p* du prisme, en *b* par exemple, et il la voit évidemment avec la couleur de la lumière émise par *a*, en bleu dans l'exemple actuel.

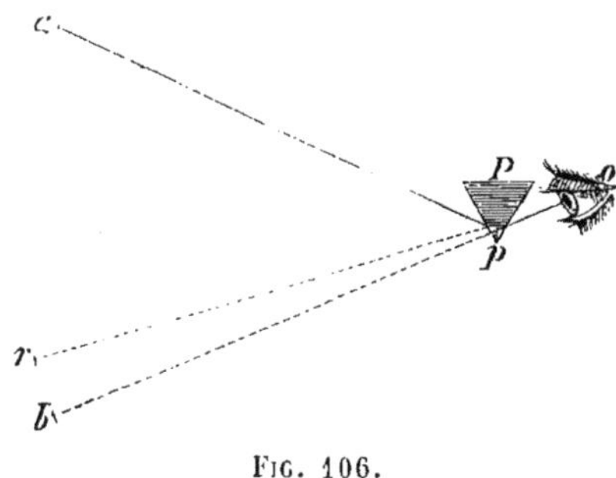

Fig. 106.

Si la source *a* envoie à l'œil de l'observateur, à travers le prisme, une lumière simple douée d'une réfrangibilité différente, de la lumière rouge, par exemple, on voit encore une image de la source lumineuse, rouge et moins déviée que n'était l'image bleue ; on la voit en *r*, par exemple. Si *a* émet en même temps de la lumière rouge et de la lumière bleue, l'observateur voit en même temps l'image rouge en *r* et l'image bleue en *b*. Enfin, si la source *a* émet de la lumière blanche, laquelle contient à la fois de la lumière rouge, bleue, et de tous les autres degrés de réfrangibilité, à chaque couleur répond une image particulière, et ces images sont disposées de telle sorte que les couleurs intermédiaires au rouge et au bleu s'intercalent, d'après leur ordre de réfrangibilité, entre *r* et *b*. Si, entre *r* et *b*, il s'est interposé beaucoup d'images colorées, et si chacune d'elles possède une certaine largeur, à peu près égale à celle de l'objet *a*, chaque image recouvre une partie des images voisines. On comprend facilement aussi que cet empiétement et ce mélange des images voisines est d'autant moins sensible que l'objet éclairant est plus étroit, et que, par suite, chaque image colorée est plus mince par rapport à la longueur totale du spectre *rb*. Si la lumière émise par la source contient une suite continue de rayons de tous les degrés de réfrangibilité successifs, on ne peut assurément pas empêcher que les images successives de la source ne se recouvrent en partie, mais on peut rendre la source et ses images assez étroites pour que les images qui se recouvrent n'appartiennent qu'à des couleurs dont la réfrangibilité diffère infiniment peu.

Si la source lumineuse est une fente très-étroite qui laisse passer de la lumière composée, chaque point de la fente donne, d'après ce qui précède, un spectre linéaire. L'image prismatique de la fente entière se présente, par conséquent, à l'observateur sous forme d'un rectangle coloré dont le bord tourné vers la source lumineuse est rouge, et dont le bord opposé est violet. Entre ces deux extrémités se trouvent une série d'autres couleurs qui passent insensiblement l'une dans l'autre; ce sont : le rouge, puis l'orangé, le jaune, le vert, le bleu, enfin le violet. On nomme *spectre prismatique* une semblable image d'une ligne lumineuse formée par un prisme qui en sépare les couleurs, et, observé comme nous venons de le faire, c'est un spectre *subjectif*, puisqu'il ne correspond qu'à une image virtuelle de la source lumineuse. Mais on peut aussi rendre cette image réelle en plaçant derrière le prisme, à l'endroit où se trouvait, jusqu'à présent, l'œil de l'observateur, une lentille convergente qui réunisse les rayons réfractés par le prisme, en une image réelle de *rb*, située soit à son foyer, soit plus en arrière. On obtient ainsi un *spectre objectif*. Dans le premier mode d'observation, c'était déjà un spectre semblable qui se formait sur la rétine de l'observateur. Si la lumière émise par la source lumineuse présente la série continue des degrés de réfrangibilité, le spectre est aussi, comme nous l'avons vu, une surface éclairée d'une façon continue. Mais si la source n'émet que de la lumière à certains degrés déterminés de réfrangibilité, le spectre ne peut contenir qu'un nombre d'images égal à celui des degrés de réfrangibilité des différents rayons; on peut alors rendre la source lumineuse et ses images assez étroites pour que l'image correspondante à chaque couleur soit séparée des voisines par un espace obscur. C'est ainsi que notre point *a* de tout à l'heure (fig. 106), qui ne contenait que de la lumière rouge et de la lumière bleue, nous donnait en *b* une image bleue, en *r* une image rouge, séparées l'une de l'autre par l'intervalle obscur *br*. La même chose a évidemment lieu si la lumière de *a* contient, non-seulement deux, mais dix, cent ou mille sortes différentes de lumière simple.

Tel est le mode de composition de la lumière solaire. Si nous produisons le spectre solaire le plus parfait possible, nous le trouvons divisé par un grand nombre de lignes obscures, les lignes de Fraunhofer, dont la présence nous indique que certains degrés de réfrangibilité font défaut dans les rayons de la lumière solaire. Plus la séparation des couleurs est complète dans le spectre, plus le nombre des lignes obscures est considérable. Fraunhofer et Stokes ont désigné les plus fortes de ces lignes par des lettres, ce qui fournit un moyen extrêmement sûr et commode de retrouver toujours dans le spectre des rayons dont la durée d'oscillation et la réfrangibilité sont exactement déterminées; aussi nous servirons-nous également de cette désignation, toutes les fois qu'il s'agira de déterminer exactement la nature d'une couleur. La figure 1 de la planche IV représente le spectre solaire avec ses lignes obscures. Comme la longueur relative des différentes parties du spectre varie avec la matière dont est composé le prisme, et que cette longueur relative est toute différente dans les spectres produits par diffraction, où la distribution des couleurs ne dépend que de leur longueur d'onde, on voit que, dans un dessin de ce genre, la distribution des couleurs est, jusqu'à un certain point, arbitraire. Dans celui de la planche IV, la disposition choisie est celle conforme au principe de l'échelle musicale; elle nous a paru la plus utile au point de vue des considérations physiologiques : on a figuré équidistantes les couleurs dont les longueurs d'onde sont entre elles comme celles de deux sons différant entre eux d'un demi-ton. Ainsi, mathématiquement parlant, des distances égales sur le dessin correspondent à des différences égales entre les logarithmes des durées d'oscillation. Les chiffres inscrits à gauche indiquent le nombre des demi-tons; les lettres qu'on voit à droite indiquent les dénominations choisies par Fraunhofer et par Stokes pour les lignes obscures les plus prononcées.

Comme il existe quelque incertitude au sujet de la dénomination des différentes couleurs, nous établirons, pour le reste de l'ouvrage, les règles suivantes :

J'appelle *rouge*, la couleur de l'extrémité la moins réfrangible du spectre, couleur qui ne présente pas de variation sensible dans sa nuance à partir de sa limite extrême jusqu'aux environs de la ligne C. Parmi les matières colorantes, c'est le vermillon qui s'en rapproche le plus. Il faut en distinguer le *rouge pourpre*, qui passe au *rose* quand il est lavé de blanc, et qui paraît bleuâtre à côté du rouge pur. Cette nuance, dont le ton le plus saturé conservera le nom de *pourpre*, tandis que les variétés plus rougeâtres pourront prendre celui de *carmin*, ne se présente pas dans le spectre; on ne peut la produire que par le mélange des couleurs extrêmes, le rouge et le violet.

De la ligne C à la ligne D le spectre passe du rouge à l'*orangé*, qui est un rouge-jaune avec prédominance de rouge, puis au *jaune d'or*, rouge-jaune avec prédominance de jaune. Parmi les substances colorantes métalliques, le minium représente la première de ces couleurs, et la litharge (oxyde de plomb) représente la seconde.

Depuis D jusqu'en b les transitions sont très-rapides. D'abord, on rencontre une bande étroite de *jaune* pur, qui est environ trois fois plus éloignée de E que de D. Puis vient le *jaune-vert*, et, entre E et b, le *vert* pur. Pour les *jaune* et *vert* purs, nous avons deux très-bons représentants parmi les substances colorantes : au premier répond le chromate de plomb clair finement précipité (jaune de chrome), et au second, l'arsénite de cuivre (vert de Scheele).

Entre E et F, le vert passe au bleu-vert, puis au bleu ; entre F et G, se suivent différents tons de bleu. — L'étendue relativement considérable des tons bleus, dans le spectre solaire obtenu par réfraction, a engagé Newton à leur appliquer les noms de *bleu* et *indigo*, et, en latin, la suite des noms de *thalassinum*, *cyaneum*, *cæruleum*, *indicum;* ensuite vient le violet, *violaceum*. Nous pouvons conserver le nom de bleu indigo pour les deux tiers de l'intervalle FG qui sont les plus voisins de G. Quant au bleu, moins réfrangible, du premier tiers de FG, jusqu'à présent, on lui a, le plus souvent, donné simplement le nom de *bleu*, ou, d'une manière plus inexacte, celui de *bleu de ciel;* mais, dans un spectre d'une intensité commode, la ressemblance de ce bleu avec celui du ciel ne provient que de son intensité plus grande, tandis que l'indigo, dont le ton est véritablement celui du ciel, paraît trop foncé, dans un spectre semblable, pour mériter le nom de *bleu céleste*. Comme, dans le langage, un ciel pur est considéré comme donnant l'exemple principal de la couleur bleue, et que, comparé à cette nuance du ciel, un bleu moins réfrangible paraît manifestement verdâtre, nous ne pouvons guère désigner sous le nom *bleu*, par opposition à l'indigo, la couleur qui nous occupe ; je désignerai donc cette partie du spectre sous le nom de *bleu cyanique*, qui rappelle la dénomination de *cyaneum* adoptée par Newton pour les tons bleu verdâtre du spectre. Le nom de *bleu d'eau* conviendrait également pour désigner ce ton, car cette coloration appartient en réalité aux grandes masses d'eau très-pure (lac de Genève, glaciers). C'est ainsi que si, par une belle journée, on a regardé longtemps l'eau du lac de Genève, et qu'ensuite on lève les yeux vers le ciel, on lui trouve, par contraste, une coloration violette ou même rosée. Mais comme, à l'exception des fentes profondes dans la glace, la coloration des masses d'eau qu'on voit ordinairement est très-blanchâtre, je préfère réserver le nom de bleu d'eau pour les variétés blanchâtres du bleu cyanique. Parmi les substances colorantes, le bleu de Prusse (cyanoferrure de fer) répond au bleu cyanique, et l'outremer, à l'indigo.

Au delà de la ligne G, jusqu'en H ou en L, vient le *violet;* quelques auteurs l'ont aussi désigné sous le nom de *pourpre*. Le violet et le pourpre représentent la transition des tons bleus et rouges. Comme nous l'avons dit, nous réserverons le nom de *pourpre* aux nuances les plus rougeâtres de cette transition, nuances qui ne se présentent pas dans le spectre.

Enfin vient l'*ultraviolet*, situé à l'extrémité la plus réfrangible du spectre. — Cette partie, qui s'étend depuis *L* jusque vers l'extrémité *R*, ne peut être vue qu'autant que l'on masque soigneusement les autres parties plus lumineuses que nous venons de décrire. Ce fut par leurs actions chimiques qu'on reconnut d'abord la présence, en cet endroit du spectre, de rayons particuliers auxquels on donna pour ce motif le nom de rayons chimiques invisibles. En réalité, ces rayons ne sont pas invisibles, seulement ils affectent l'œil d'une manière relativement bien plus faible que les rayons situés entre les lignes *B* et *H*, dans la partie moyenne et lumineuse du spectre. Si l'on vient, au moyen d'appareils spéciaux, à supprimer complétement les autres rayons, aussitôt les rayons ultraviolets deviennent très-facilement visibles, même jusqu'à l'extrémité du spectre solaire. Pour une faible intensité, leur couleur est l'indigo; elle est d'un gris bleuâtre pour une intensité plus grande.

Le phénomène de la *fluorescence* est le moyen le plus facile de démontrer l'existence de ces rayons. — En effet, si l'on éclaire avec de la lumière ultraviolette une solution limpide de sulfate acide de quinine, tous les points de la solution qui reçoivent cette lumière émettent, dans toutes les directions, des rayons d'un blanc bleuâtre, sous forme d'un nuage lumineux qui pénètre la solution. En examinant cette lumière blanc bleuâtre à l'aide d'un prisme, on reconnaît que ce n'est pas de la lumière ultraviolette, mais de la lumière blanche composée, et d'une réfrangibilité moyenne. Aussi la description de ce phénomène peut-elle se résumer ainsi. Dès que les rayons ultraviolets agissent sur la solution de quinine, celle-ci devient lumineuse par elle-même, et émet de la lumière blanc bleuâtre et d'une réfrangibilité moyenne. Or, comme l'œil est considérablement plus sensible pour ce genre de lumière que pour la lumière ultraviolette, si cette dernière ne dépasse pas un certain degré d'intensité, on n'en aperçoit pas la moindre trace, à moins qu'elle ne vienne rencontrer une substance fluorescente qui devient aussitôt lumineuse. Parmi les corps qui présentent à un degré élevé le phénomène de la fluorescence, il faut citer, outre la quinine, le verre coloré par l'urane, l'æsculine, le platino-cyanure de potassium, etc.

Comme les substances fluorescentes ne subissent aucune autre altération, quelque fréquemment qu'on reproduise le phénomène, et comme l'expérience ne paraît être accompagnée d'aucune perte de chaleur, il faut conclure, de la loi de conservation de la force, que, malgré l'action plus intense de cette lumière sur l'œil, la force vive de la lumière produite par la fluorescence n'est pas plus grande que celle de la lumière ultraviolette qui lui donne naissance. On n'a pas encore fait de recherches exactes sur le rapport que présentent les intensités de la lumière ultraviolette avant et après la modification par la fluorescence. Cependant on peut déduire de certains faits, que nous mentionnerons plus loin avec la description des méthodes, que la première est environ 1200 fois moins intense que la seconde. On peut aussi, même sans mensuration, constater l'énorme différence que présentent à l'œil les intensités de ces deux lumières. Il suffit, à cet effet, de recevoir successivement sur un écran non fluorescent, de porcelaine blanche, par exemple, puis sur de la quinine, des rayons ultraviolets convenablement isolés de toute lumière plus réfrangible et réunis en un foyer.

Le spectre solaire, du moins pour le cas où la lumière a traversé l'atmosphère, ne s'étend réellement pas au delà de la lumière ultraviolette, que l'œil peut apercevoir après suppression convenable des parties plus lumineuses. — Pour le constater, il suffit de projeter, au moyen de prismes et de lentilles de quartz, un spectre objectif sur une solution de quinine ou sur une autre substance fluorescente; le phénomène de la fluorescence ne se produit qu'avec la lumière ultraviolette perceptible à l'œil. D'un autre côté, Stokes a trouvé que le spectre de la lumière électrique du charbon, projeté au moyen d'appareils, de quartz sur un écran fluorescent, s'étend bien plus loin que le spectre solaire : la méthode de cet expérimentateur permet par conséquent de rendre sensible à l'œil de la lumière plus réfrangible encore que celle qui l'est le plus dans le spectre solaire; on est donc autorisé à conclure que le spectre de la lumière solaire qui a traversé l'atmosphère s'arrête en réalité aux limites que lui assignent l'œil et les substances fluorescentes. On n'a pas encore fait d'expériences sur la visibilité des parties les plus réfrangibles de la lumière électrique du charbon. L'arc lumineux que donnent, dans le vide, les courants d'induction électromagnétiques de l'appareil à marteau de Neef est riche en lumière ultraviolette, si l'on en compare la quantité à celle si peu considérable de lumière moins réfrangible qu'il contient; mais son intensité lumineuse absolue est cependant trop faible pour permettre une analyse rigoureuse par le prisme.

L'autre extrémité du spectre possède également des rayons, ordinairement invisibles, qu'on peut faire apparaître en supprimant soigneusement les parties plus intenses que l'on voit ordinairement. — Il est facile ici d'obtenir une séparation convenable en interposant un verre rouge sur le trajet des rayons lumineux ; de plus, comme les verres rouges (colorés par l'oxydule de cuivre) laissent passer beaucoup d'orangé, on peut, s'il le faut, y ajouter un verre bleu, coloré par l'oxyde de cobalt, qui absorbe l'orangé, mais qui laisse passer en entier le rouge extrême.

Cependant ce qu'un semblable mode d'observation permet de faire apparaître à l'extrémité rouge est peu de chose, en comparaison de la grande étendue du spectre ultraviolet. La bande de lumière rouge qui s'ajoute au delà de la ligne A possède environ la largeur de AB. Le ton du rouge reste inaltéré jusqu'au bout, et ne se rapproche nullement du pourpre.

De plus, le spectre solaire s'étend, en réalité, du côté rouge, au delà de ce qui en est perçu par l'œil. — Jusqu'à présent on n'a pu rendre sensible l'existence de ces rayons ultrarouges que par leurs actions calorifiques, ce qui leur a valu le nom de *rayons calorifiques obscurs*.

Comme le verre, l'eau et beaucoup d'autres substances transparentes

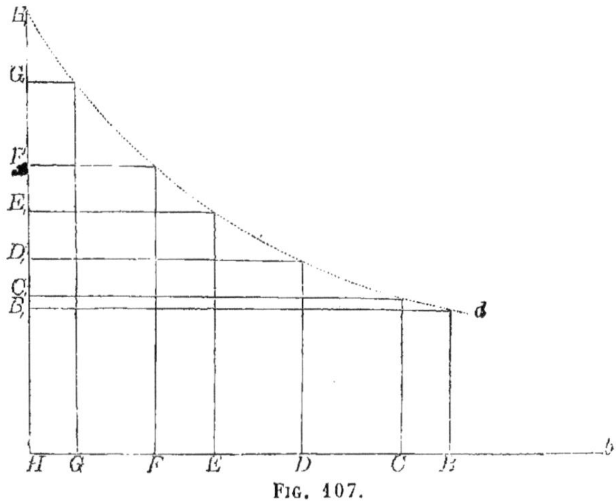

Fig. 107.

absorbent ces rayons en plus forte proportion que les rayons éclairants, il faut employer des prismes et des lentilles de sel gemme pour connaître toute l'étendue du spectre calorifique obscur. Dans le spectre prismatique, la largeur du spectre calorifique obscur est assurément faible, car, d'après la théorie des vibrations élastiques de l'éther, lorsque la longueur d'onde des rayons augmente, la réfraction tend vers un minimum qu'elle ne peut pas dépasser et pour lequel il n'y a plus de dispersion des couleurs. Dans la figure 107, les longueurs d'onde sont représentées par les abscisses horizontales, comptées à partir d'une origine située à gauche de H, à une distance égale à bH. Les lettres depuis B jusqu'à H correspondent aux lignes de Fraunhofer et à leur situation sur un spectre d'interférences. Les coordonnées verticales représentent les indices de réfraction relativement à l'un des prismes de flintglass employés par Fraunhofer.

Ligne	B	C	D	E	F	G	H
Indice de réfraction	1,6277	1,6297	1,6350	1,6420	1,6483	1,6603	1,6711

Les lettres de $B_{\prime}$ à $H_{\prime}$ indiquent la position des lignes obscures dans le spectre de ce flintglass. La base *Hb* correspond à l'indice de réfraction 1,6070 qui, pour cette sorte de verre, est un minimum dont les indices de réfraction (1) doivent se rapprocher sans jamais l'atteindre, à mesure que les longueurs d'onde considérées augmentent. La courbe ponctuée $H_{\prime}d$ exprime donc la réfrangibilité des rayons en fonction de la longueur d'onde ; prolongée, elle aurait pour asymptote la base *Hb*. Il suit de là que, si nous supposons le spectre de réfraction $H_{\prime}B_{\prime}$, prolongé, par des rayons calorifiques obscurs, au delà de son extrémité rouge $B_{\prime}$, sa limite extrême doit se trouver à la base, au point *H* (2) ; ce point est à peu près aussi éloigné de $B_{\prime}$, extrémité ordinairement visible du rouge, que $B_{\prime}$ l'est de $F_{\prime}$, point de séparation du vert et du bleu : cette distance correspond à peu près à la moitié de la longueur du spectre ordinairement visible. Du reste, on remarque facilement sur la figure 107 combien les rayons de l'extrémité bleue $F_{\prime}G_{\prime}H_{\prime}$ sont étendus, et combien ceux de l'extrémité rouge, $B_{\prime}C_{\prime}D_{\prime}$, sont serrés sur le spectre de réfraction $B_{\prime}H_{\prime}$, comparé au spectre d'interférence *BH*. Ces rayons du spectre de réfraction doivent naturellement être d'autant plus serrés qu'on se rapproche davantage de la limite, c'est-à-dire de l'espace occupé par les rayons calorifiques. A l'extrémité bleue, où le spectre est moins condensé, le nombre de lignes obscures qu'on peut voir, augmente, et comme une quantité égale de lumière ou de chaleur s'y trouve répartie sur un espace plus étendu, les intensités lumineuse et calorifique deviennent moindres. Inversement, à l'extrémité rouge, le nombre des lignes obscures visibles est moindre, et les intensités lumineuse et calorifique deviennent plus grandes que dans le spectre d'interférence. Ainsi, de ce que, dans le spectre, le maximum de chaleur est dans le rouge, il ne s'ensuit pas que, dans la lumière solaire, les rayons calorifiques obscurs de la longueur d'onde correspondante au rouge soient plus nombreux que ceux qui appartiennent à une autre couleur, et même, dans le spectre d'interférence, le maximum de chaleur paraît au contraire tomber dans le jaune.

Il est excessivement difficile de déterminer quelles sont les plus grandes longueurs d'onde qui se présentent dans les rayons calorifiques obscurs de la lumière solaire ; cette difficulté est causée précisément

(1) La valeur de ce minimum a été prise d'après le calcul de BADEN POWELL (*Pogg. Ann.*, XXXVII), dont la formule d'interpolation s'accorde assez bien avec les formules qui ont été établies théoriquement par CAUCHY.

(2) Cette limite paraît, d'après une remarque de FR. EISENLOHR, être réellement atteinte dans les expériences de MELLONI. (Voy. *Kritische Zeitschr. für Chemie*, Erlangen, 1858, p. 229.)

par les propriétés que nous venons de décrire, relatives au spectre de réfraction. — Fizeau a trouvé, par une méthode qui n'admet pas d'objections importantes, que la plus grande longueur d'onde de ceux de ces rayons qui passent par le flintglass est de 0^{mm},001940. Cette longueur d'onde est plus du double de celle des rayons rouges extrêmes qui, d'après mes mensurations, est de 0^{mm},00081. D'ailleurs, ces rayons calorifiques obscurs présentent les phénomènes de l'interférence, comme les rayons lumineux, ils sont donc aussi constitués par un mouvement vibratoire ; ils suivent exactement les mêmes lois de polarisation, d'où il résulte que, pour ces raisons aussi, le sens des oscillations est perpendiculaire à la direction de propagation ; par conséquent ils ne se distinguent des rayons lumineux que par leur plus grande longueur d'onde et la réfrangibilité plus faible qui en est une conséquence.

L'invisibilité des rayons ultrarouges peut s'expliquer de deux manières : soit parce qu'ils sont absorbés par les milieux de l'œil, soit parce que la rétine ne les perçoit pas. — Melloni a déjà démontré que l'eau absorbe en grande quantité les rayons calorifiques obscurs. Brücke et Knoblauch ont fait des expériences avec les milieux transparents de l'œil du bœuf. Ils enchâssaient la cornée, le corps vitré et le cristallin d'un œil de bœuf dans une monture en forme de tube, de telle sorte que la cornée et le cristallin formaient les parois antérieure et postérieure, et que le corps vitré se trouvait entre les deux. Ce système, tout à fait transparent, était traversé par la lumière solaire envoyée par un héliostat dans une chambre obscure et qu'on recevait ensuite sur une pile thermo-électrique. Le multiplicateur, mis en communication avec cette pile, indiquait une déviation de 26° à 30°. Mais l'œil ne laissa plus passer aucune chaleur, dès qu'on l'eût enfumé des deux côtés au moyen d'une flamme de térébenthine, ce qui était facile à exécuter, et cela, ainsi qu'on put s'en assurer après l'expérience, sans causer aucune autre altération de la cornée et du cristallin. Cependant les couches de noir de fumée sont perméables aux rayons calorifiques obscurs et ne le sont pas aux rayons lumineux. Si donc une partie des rayons qui traversaient les milieux de l'œil consistait en rayons calorifiques, l'action de ces derniers aurait pu se manifester, même avec l'appareil noirci. Cette expérience ne suffit assurément pas pour démontrer rigoureusement que la limite de la visibilité du rouge coïncide avec celle de la diathermanéité des milieux de l'œil, mais il reste cependant établi que la rétine ne peut recevoir que peu ou point de rayons ultrarouges, et cette circonstance paraît suffire à elle seule pour expliquer l'invisibilité de ces rayons.

Cima (1) a fait des expériences analogues, en se servant d'une lampe de Locatelli dont les rayons venaient frapper une pile thermo-électrique après avoir traversé les milieux de l'œil. Il trouva que le cristallin laisse passer 13 °/₀, le corps vitré seul 9 °/₀, et l'œil entier aussi 9 °/₀ de la chaleur incidente.

J. Janssen et R. Frantz ont fait récemment des expériences sur la diathermanéité des milieux de l'œil. Tous deux ont trouvé que les milieux de l'œil possèdent, pour les rayons calorifiques de toute espèce, et en particulier pour les rayons obscurs, un pouvoir absorbant sensiblement égal à celui de l'eau. Seulement, la cornée et le cristallin paraissent, d'après Frantz, absorber un peu plus de rayons rouges que l'eau. Les deux observateurs concluent de leurs expériences que la rétine peut recevoir une quantité notable de rayons calorifiques, et que ce n'est pas grâcé à l'absorption des rayons, mais bien à l'insensibilité de la rétine, que ces rayons ne sont pas perçus.

De ce qu'on peut voir le spectre ultraviolet avec ses lignes obscures, il résulte immédiatement que les rayons ultraviolets peuvent traverser les milieux de l'œil. — Donders et Rees ont démontré d'une manière objective que ces rayons peuvent traverser, sans affaiblissement notable, des vases de verre remplis d'humeur vitrée de bœuf et dans lesquels on avait introduit également la cornée et le cristallin. Afin de rendre visible la lumière ultraviolette après son passage à travers les humeurs de l'œil, ils la reçurent à la surface d'une solution de quinine, où elle produisit la fluorescence bleue. — Brücke avait déjà fait antérieurement des expériences analogues, dans lesquelles il avait recherché l'action de la lumière, après son passage à travers les milieux de l'œil, sur la solution de gaïac et sur le papier photographique.

La résine de gaïac, récemment obtenue par dessiccation d'une solution alcoolique dans l'obscurité, se colore en bleu sous l'action des rayons bleus, violets et ultraviolets; les rayons moins réfrangibles lui font perdre cette coloration. Dans la lumière diffuse ordinaire, c'est l'action bleuissante qui prédomine. Mais la lumière qui a traversé le cristallin d'un œil de bœuf ne colore cette résine qu'en vert jaunâtre; elle ramène à cette même coloration la résine déjà bleuie. Il suit de là que le cristallin absorbe plus fortement, parmi les rayons de la lumière du jour, ceux qui donnent la coloration bleue que les autres. Si l'absorption des rayons bleus et violets, ordinairement visibles, était un peu considérable, le cristallin lui-même devrait paraître jaunâtre. Comme il paraît assez incolore à l'état normal, les rayons ultraviolets sont, parmi

(1) Sul potere degli umori dell' occhio a trasmettere il calorico raggionante. Torino, 1852.

ceux qui bleuissent le gaïac, les seuls que le cristallin puisse absorber en quantité relativement considérable. Pour la cornée et le corps vitré, il résulte d'expériences analogues de Brücke, qu'ils agissent comme le cristallin, mais à un degré bien plus faible. Avec ce fait s'accorde cette circonstance, facile à constater sur le vivant, que la cornée et le cristallin manifestent eux-mêmes un certain degré de fluorescence, lorsqu'ils sont frappés par de la lumière violette ou ultraviolette. Dans ces conditions, ils émettent de la lumière d'un bleu blanchâtre, analogue à celle des solutions de quinine. Or les corps fluorescents absorbent toujours d'une manière notable les rayons qui provoquent leur fluorescence.

On doit à Brücke d'autres expériences, faites avec le papier photographique de G. Karsten. — Comme dans les expériences thermo-électriques précitées, la cornée, le corps vitré et le cristallin étaient enchâssés dans une monture de laiton. On faisait passer par cet appareil les rayons d'un spectre solaire prismatique, et l'on plaçait le papier sensible au foyer des milieux de l'œil. Les rayons violets donnaient, après une minute et demie, un point complétement noir. Dans le voisinage du groupe de lignes M (d'après Draper), il ne se produisit plus aucune action sur le papier, de telle sorte qu'après dix minutes on ne pouvait constater aucune altération. Il faut remarquer cependant que, même sans l'interposition des milieux de l'œil, l'action photographique des rayons ultraviolets diminue rapidement vers l'extrémité du spectre, pour la plupart des préparations sensibles à la lumière. La fluorescence, qui a été découverte depuis ces expériences de Brücke, est, surtout pour les rayons les plus réfrangibles, un moyen de perception bien plus sensible que l'action photographique, et nous avons pu, à l'aide de cette propriété, étudier le spectre sur une bien plus grande étendue qu'auparavant. Même l'observation directe avec l'œil, lorsqu'on a convenablement écarté les parties plus claires du spectre, paraît plus propre que les représentations photographiques à faire connaître l'étendue du spectre ultraviolet.

Il résulte, il est vrai, des expériences de Brücke que les rayons ultraviolets s'affaiblissent sensiblement en traversant les milieux de l'œil, et notamment le cristallin; c'est ce qu'on reconnaît surtout dans leur action sur la teinture de gaïac. Cependant les expériences de Donders nous apprennent, d'un autre côté, que cet affaiblissement n'est pas assez considérable pour être remarqué à l'œil nu, dans les circonstances ordinaires. D'une autre part, nous avons déjà vu plus haut que l'intensité de la lumière ultraviolette non modifiée est à celle de la lumière, à peu près semblable, produite par la fluorescence de la quinine, comme 1 est à 1200. Nous concluons de là que l'absorption de la lumière par les milieux de l'œil ne contribue que pour une part très-minime à la faible intensité subjective de l'ultraviolet, et que le motif doit en être bien plutôt dans l'insensibilité de la rétine.

Il est à remarquer que l'impression de couleur que la lumière simple produit dans l'œil dépend de l'intensité de la lumière ; de telle façon que, lorsque l'intensité augmente, toutes les couleurs simples se rapprochent du blanc ou du jaune blanchâtre. — Ce fait s'observe le plus facilement sur le violet, qui s'éloigne du bleu et se rapproche du pourpre à mesure que son intensité diminue, tandis qu'au contraire, avec un degré d'intensité modéré, tel que l'atteint aisément le spectre solaire dans une lunette, cette couleur paraît déjà d'un gris blanchâtre et ne conserve plus qu'une faible teinte violet-bleu. D'après une observation de Moser, on peut aussi très-bien constater ce fait en regardant le soleil, dans un ciel à moitié couvert de nuages, à travers un verre violet passablement foncé. Alors le disque solaire, vu à travers le verre, paraît tout aussi blanc que les nuages fortement éclairés, vus à l'œil nu. De même, le bleu du spectre tire sur l'indigo par un faible éclairage ; il passe au bleu de ciel quand l'éclairage augmente, et, l'intensité augmentant toujours, sans dépasser d'ailleurs ce que l'œil peut supporter, il devient blanchâtre, et enfin absolument blanc. C'est de là que vient la dénomination inexacte de bleu de ciel appliquée au bleu cyanique du spectre qui est à la fois plus réfrangible et plus intense. Le vert passe au jaunâtre, puis au blanc ; le jaune devient blanc sans intermédiaire, mais seulement pour une intensité éblouissante. C'est pour le rouge que le phénomène est le plus difficile à observer : ce n'est que pour les intensités les plus grandes que je l'ai vu passer au jaune clair, tant dans le spectre que dans la lumière du soleil regardé à travers un verre rouge. Toutes ces expériences réussissent également bien avec la lumière simple soigneusement isolée qu'avec la lumière composée, de la couleur qu'on veut examiner, et telle qu'elle est donnée par les verres colorés.

Les tons violet et ultraviolet sont, de toutes les parties du spectre, celles qui varient le plus avec les changements d'intensité de la lumière. Pour comparer entre elles des nuances de l'extrémité la plus réfrangible du spectre, il faut les amener à une intensité à peu près égale. Comme nous l'avons déjà dit, avec une faible intensité, les tons bleus du spectre se rapprochent de l'indigo, et les violets, du rose ; mais à partir des environs de la ligne L, jusqu'à l'extrémité du spectre, la série des couleurs est intervertie ; en effet, le ton ne se rapproche pas alors du rose, mais il se rapproche de l'indigo. Lorsqu'au contraire, on augmente modérément l'intensité de l'éclairage, la lumière ultraviolette paraît d'un gris-blanc bleuâtre tirant plus sur le blanc que la lumière indigo de même intensité ; c'est pour cette raison qu'on l'a aussi nommée *gris de lavande*.

L'inversion des couleurs que présente la lumière ultraviolette sous une faible intensité ne provient probablement pas du mode de réaction de l'appareil nerveux ; elle paraît avoir pour cause la fluorescence de la rétine même; c'est-à-dire que, sous l'action des rayons ultraviolets, cette membrane émet de la lumière d'une réfrangibilité plus faible et d'un blanc verdâtre. Du moins la rétine d'un cadavre que j'ai examinée (1), et les rétines de bœufs et de lapins que Setschenow (2) a examinées immédiatement après la mort, ont présenté un degré de fluorescence très-faible, il est vrai, et la lumière qu'elles émettaient avait la couleur indiquée. La fluorescence de ces rétines était moindre que celle du papier, de la toile et de l'ivoire, mais elle paraissait cependant assez forte pour pouvoir modifier la nuance sous laquelle on perçoit la lumière ultraviolette. Il était donc nécessaire de comparer, dans des conditions de propagation identiques, l'intensité de la lumière, modifiée ou non par fluorescence. A cet effet, je comparai la lumière que la rétine émettait par fluorescence, et qui, des parties fluorescentes de cette membrane, se propageait dans toutes les directions, avec la lumière ultraviolette diffusée par une petite lame de porcelaine blanche, et qui se propageait également dans toutes les directions. Je regardai la rétine et la lame de porcelaine à travers un prisme de faible réfringence qui séparait la lumière ultraviolette modifiée et celle qui ne l'était pas. Dans ces conditions, la lumière produite par la fluorescence de la rétine me paraissait à peu près aussi forte que l'éclairage ultraviolet non modifié de la lame de porcelaine. Si maintenant nous admettons, ce qui paraît permis, que la rétine perçoit la lumière qu'elle produit elle-même par fluorescence, elle doit, sous l'influence des rayons ultraviolets, éprouver une sensation à laquelle contribuent, pour des parties à peu près égales, et l'excitation produite directement par la lumière ultraviolette, et celle qui reconnaît pour cause la fluorescence. Comme cette dernière est plus blanche et plus verdâtre que ne le paraît à l'œil la lumière ultraviolette, la lumière ultraviolette telle qu'elle serait perçue par une rétine non fluorescente, doit se rapprocher davantage du violet pur. En effet, un mélange convenable de violet et de blanc verdâtre pourrait donner le gris de lavande des rayons ultraviolets; or comme la couleur de la fluorescence de la rétine diffère considérablement du gris de lavande, nous ne pouvons pas admettre que l'appareil nerveux visuel ne reçoit aucune excitation directe de la lumière ultraviolette et qu'on ne perçoit que la lumière fluorescente de la rétine.

Si l'on examine un spectre prismatique de peu de longueur, de ma-

(1) *Poggend. Ann.*, XCIV, 205.
(2) *Gräfe's Archiv für Ophthalmol.*, V, 2, p. 205.

nière à en voir simultanément toute l'étendue, il ne paraît composé que de quatre bandes colorées : rouge, vert, bleu et violet, tandis que le contraste avec ces quatre couleurs principales fait disparaître presque complétement les nuances intermédiaires : c'est tout au plus si l'on remarque que le vert devient un peu jaunâtre près du rouge. Ce qui rend la séparation de ces couleurs encore plus tranchée, c'est que trois des lignes obscures les plus marquées du spectre solaire, les lignes *D*, *F* et *G*, correspondent à peu près aux limites de ces couleurs. Mais lors même qu'on ne peut pas distinguer ces lignes, la séparation des couleurs reste la même. On parvient plus facilement à voir les couleurs intermédiaires dans des spectres plus étendus; cependant le voisinage de couleurs aussi vives et aussi saturées que les présente le spectre modifie considérablement l'impression dans l'œil, de telle façon que les couleurs intermédiaires ne peuvent être librement perçues. Pour bien pouvoir étudier la série des couleurs simples, il faut les isoler. A cet effet, on projette un spectre objectif bien pur sur un écran pourvu d'une fente étroite, de manière qu'un écran blanc placé en arrière ne soit éclairé que par une bande très-étroite du spectre. Si l'on fait parcourir lentement à la fente la longueur du spectre, on voit apparaître successivement et isolément la série des tons qu'il contient. On constate, par cette expérience, qu'il n'existe aucune interruption dans la série des couleurs, et qu'elles passent l'une dans l'autre par transitions insensibles. Cette expérience est en même temps l'un des plus beaux spectacles que présente l'optique, à cause de la richesse, de l'intensité de saturation et de la transition ménagée des différents tons.

C'est aussi à cause de ces transitions insensibles qu'il est impossible

LIGNE.	LONGUEUR D'ONDE.	COULEUR.
A.	7617	Rouge extrême.
B.	6878	Rouge.
C.	6564	Limite du rouge et de l'orangé.
D.	5888	Jaune d'or.
E.	5260	Vert.
F.	4843	Bleu cyanique.
G.	4291	Limite de l'indigo et du violet.
H.	3929	Limite du violet.
L.	3824	Ultraviolet.
M.	3741	
N.	3532	
O.	3383	
P.	3307	
Q.	3243	
R.	3108	

de déterminer la largeur de chaque couleur du spectre. Afin d'indiquer autant qu'il est possible la position et la distribution des couleurs, j'ai inscrit ici les nuances correspondant aux lignes de Fraunhofer avec leurs longueurs d'ondes exprimées en cent-millièmes de millimètre.

Les différences dans les sensations de la couleur pour l'œil et de la hauteur des sons pour l'oreille, correspondent à des différences dans la durée de vibration des ondes lumineuses ou sonores; aussi a-t-on souvent cherché à diviser les couleurs du spectre d'après le principe adopté pour les tons et les demi-tons de l'échelle musicale. C'est Newton qui fit le premier essai de ce genre; mais comme il ne connaissait pas encore la relation qui existe entre l'étendue occupée par les différentes couleurs du spectre prismatique et la nature de la substance réfringente, et que, de plus, il n'était pas favorable à la théorie des ondulations de la lumière, encore peu développée à cette époque, dans l'étendue qu'il connaissait au spectre, c'est-à-dire, entre les lignes B et H environ, il partagea le spectre des prismes de verre en sept bandes dont la largeur était proportionnelle aux sept intervalles de la gamme phrygienne, c'est-à-dire aux nombres $\frac{9}{8}$, $\frac{16}{15}$, $\frac{10}{9}$, $\frac{9}{8}$, $\frac{10}{9}$, $\frac{16}{15}$, $\frac{9}{8}$; il distingua, pour correspondre à ces sept intervalles, sept couleurs principales, à savoir : *rouge*, *orangé*, *jaune*, *vert*, *bleu*, *indigo*, *violet*.

Dans cette série il y a deux sortes de bleu, tandis que le jaune d'or, le jaune verdâtre et le vert glauque font défaut, bien que ces dernières nuances se distinguent au moins autant des couleurs principales voisines que l'indigo, du bleu cyanique et du violet. Ce fait résulte d'une propriété des indices de réfraction dont nous avons parlé page 310, propriété d'après laquelle les couleurs occupent, dans tout spectre prismatique, une étendue proportionnelle à leur réfrangibilité. Dans les spectres par interférence, où la distribution des couleurs dépend seulement de la longueur d'onde et non de la nature d'un milieu réfringent, l'espace bleu violet est bien plus étroit et n'aurait pas été divisé en trois bandes, tandis que l'espace du rouge et de l'orangé prendrait la place d'environ trois divisions.

Si maintenant nous voulons diviser le spectre en nous appuyant sur les découvertes et les mesures faites depuis Newton, et que nous appliquions à la durée de vibration des ondes lumineuses le principe d'après lequel on a divisé l'échelle musicale, comme nous l'avons fait pl. IV, fig. 1, le jaune correspondant au son fondamental *ut*, la ligne A au son le plus bas *sol*, nous aurons pour les demi-tons l'échelle suivante :

Fa #	Extrémité du rouge.	Fa_1 #	Violet.
Sol	Rouge.	Sol_1	Ultraviolet.
Sol #	Rouge.	Sol_1 #	Ultraviolet.
La	Rouge.	La_1	Ultraviolet.
Si ♭	Rouge orangé.	Si_1 ♭	Ultraviolet.
Si	Orangé.	Si_1	Extrémité du spectre solaire.
Ut_1	Jaune.		
Ut_1 #	Vert.		
$Ré_1$	Bleu verdâtre.		
$Ré_1$ #	Bleu cyanique.		
Mi_1	Indigo.		
Fa_1	Violet.		

Les sons formant une octave sont placés en face les uns des autres. Sur la figure 1 (pl. IV), on a représenté à droite, par des lignes, les parties correspondantes aux intervalles sonores. La limite du spectre calorifique, calculée suivant le même principe, se trouverait, d'après Fizeau et Foucault, à peu près en $ré_{-1}$# (deux octaves au-dessous du bleu cyanique) et, si l'on peut étendre aussi loin la formule approximative de Cauchy pour déduire la longueur d'onde de la réfrangibilité, la limite extrême de la lumière électrique du charbon serait en si_2, d'une octave au-dessus de la limite du spectre solaire.

Du tableau comparatif des demi-tons et des nuances, il résulte qu'aux deux extrémités du spectre, les couleurs ne changent pas sensiblement dans l'espace de plusieurs demi-tons, tandis qu'au milieu on trouve entassées, dans l'espace d'un seul demi-ton, les nombreuses nuances qui forment le passage du jaune au bleu. Il suit de là qu'au milieu du spectre, l'œil perçoit bien plus facilement qu'aux extrémités les variations de la durée d'oscillation de la lumière ; on voit de plus que le rapport qui existe entre l'étendue et la durée d'oscillation n'est pas du tout le même pour les nuances que pour les sons de différentes hauteurs.

RÉFRACTION DES RAYONS NON HOMOCENTRIQUES.

Les recherches physiologiques dont nous venons de parler demandent une analyse de la lumière simple bien plus exacte que les expériences ordinaires de physique ; je vais donc étudier la théorie de la réfraction dans les prismes, autant qu'il est nécessaire pour produire des spectres purs. — Si je ne me trompe, on n'a jamais examiné, jusqu'ici, que la réfraction de rayons lumineux simples par les prismes, et l'on n'a pas considéré la position et la constitution des *images prismatiques*. Cependant, lorsqu'on regarde dans un prisme, ou lorsqu'on fait passer par des lentilles et des lunettes les rayons émergents d'un prisme, il est fort important de connaître les images prismatiques pour chaque sorte de lumière homogène ; en effet, elles doivent être considérées comme objets par rapport aux images optiques que projettent les milieux de l'œil et les lentilles. Pour remplir cette lacune, je chercherai à déterminer, dans ce qui suit, *la position et la constitution de l'image prismatique*, bien que cette recherche n'appartienne pas, à vrai dire, à l'optique physiologique. Mais les résultats en sont importants pour qui veut produire des spectres prismatiques purs.

Les rayons homocentriques perdent, en général, ce caractère en passant par un prisme : chaque faisceau infiniment mince affecte alors deux distances de convergence des rayons. Il se passe la même chose que pour les rayons homocentriques qui sont réfractés par une surface ellipsoïdale, ou par une surface sphérique placée obliquement (1). Pour faciliter cette étude, j'emploierai une forme de la loi de réfraction, trouvée par Fermat, peu de temps après la découverte de cette loi, et qui facilite particulièrement l'étude des cas où les différentes parties d'un même rayon ne sont pas situées dans un même plan.

Définition.

Considérons un rayon traversant divers milieux réfringents ; multiplions le chemin parcouru dans chacun des milieux, par l'indice de réfraction correspondant, et additionnons toutes ces longueurs; cette somme est ce que nous appellerons la longueur optique *du rayon.*

Soient r_1, r_2, r_3, etc., les chemins parcourus par le rayon dans le premier, le second, le troisième milieu, et n_1, n_2, n_3, etc., les indices de réfraction correspondants; d'après la définition qui précède, on a, en désignant par Ψ la longueur optique :

$$\Psi = n_1 r_1 + n_2 r_2 + n_3 r_3 + \ldots + n_m r_m.$$

Appelons c_0, c_1, c_2, c_3.... les vitesses de la lumière dans le vide, dans le premier, le second, le troisième.... milieu; on a (§ 9, page 52) :

$$n_1 = \frac{c_0}{c_1}, \quad n_2 = \frac{c_0}{c_2}, \quad n_3 = \frac{c_0}{c_3}, \quad \ldots, \quad n_m = \frac{c_0}{c_m};$$

d'où
$$\Psi = c_0 \left[\frac{r_1}{c_1} + \frac{r_2}{c_2} + \frac{r_3}{c_3} + \text{etc.} + \frac{r_m}{c_m} \right].$$

Désignant par t le temps employé par la lumière pour aller d'une extrémité à l'autre du chemin, total considéré, on a

$$t = \frac{r_1}{c_1} + \frac{r_2}{c_2} + \frac{r_3}{c_3} + \text{etc.} + \frac{r_m}{c_m};$$

donc
$$\Psi = c_0 t.$$

La longueur optique est donc proportionnelle au temps employé par la lumière pour parcourir la longueur du rayon, et égale au chemin que la lumière aurait parcouru dans le vide pendant le même temps.

L'idée de longueur optique peut aussi être étendue au cas où l'on suppose le

(1) Voyez p. 195-197. — Les théorèmes qui suivent peuvent aussi être appliqués au chapitre des aberrations monochromatiques de l'œil.

rayon prolongé en arrière du dernier milieu, même en dehors de ses limites, jusqu'en un point, par exemple, où se trouve une image virtuelle du point lumineux. Pour déterminer la longueur optique entre le point lumineux et son image virtuelle, on procède comme ci-dessus, en comptant seulement comme négative la distance mesurée de l'entrée du rayon dans le milieu jusqu'à l'image virtuelle. Les déductions analytiques qui vont suivre n'en sont point modifiées.

Théorème I.

La loi de la réfraction des rayons lumineux peut s'exprimer par cette condition que la longueur optique du rayon comprise entre deux de ses points pris, l'un dans le premier, l'autre dans le second milieu, soit une valeur limite (maximum ou minimum).

Supposons les deux milieux réfringents séparés par une surface quelconque, d'une courbure continue. Choisissons les coordonnées de manière à prendre pour axe des z la normale d'incidence; supposons la forme de la surface réfringente définie par une expression de z en fonction de x et de y. Pour le point d'incidence on aura :

$$x = y = z = 0, \qquad \frac{dz}{dx} = 0, \qquad \frac{dz}{dy} = 0 \; . \; . \; . \; . \; . \; . \; . \; 1).$$

Soient ensuite a_1, b_1, c_1, les coordonnées d'un point du rayon incident, a_2, b_2, c_2, celles d'un point du rayon réfracté. Joignons ces deux points à un troisième pris sur la surface réfringente, dont les coordonnées sont x, y, z; la longueur optique de ce chemin est

$$\begin{aligned} \Psi = \; & n_1 \sqrt{(a_1 - x)^2 + (b_1 - y)^2 + (c_1 - z)^2} \\ & + n_2 \sqrt{(a_2 - x)^2 + (b_2 - y)^2 + (c_2 - z)^2}. \end{aligned}$$

Pour que Ψ, qui est une fonction des variables indépendantes x et y, soit un maximum ou minimum, il suffit ici de remplir les conditions

$$\frac{d\Psi}{dx} = 0, \qquad \frac{d\Psi}{dy} = 0,$$

ou bien

$$\left.\begin{aligned} 0 = \; & n_1 \frac{x - a_1 + (z - c_1)\frac{dz}{dx}}{\sqrt{(a_1 - x)^2 + (b_1 - y)^2 + (c_1 - z)^2}} \\ & + n_2 \frac{x - a_2 + (z - c_2)\frac{dz}{dx}}{\sqrt{(a_2 - x)^2 + (b_2 - y)^2 + (c_2 - z)^2}}, \\ 0 = \; & n_1 \frac{y - b_1 + (z - c_1)\frac{dz}{dy}}{\sqrt{(a_1 - x)^2 + (b_1 - y)^2 + (c_1 - z)^2}} \\ & + n_2 \frac{y - b_2 + (z - c_2)\frac{dz}{dy}}{\sqrt{(a_2 - x)^2 + (b_2 - y)^2 + (c_2 - z)^2}}. \end{aligned}\right\} \; . \; . \; . \; 2).$$

Au point d'incidence du rayon réfracté, ces équations deviennent, d'après les relations 1),

$$\left.\begin{aligned} 0 &= n_1 \frac{a_1}{\sqrt{a_1^2 + b_1^2 + c_1^2}} + n_2 \frac{a_2}{\sqrt{a_2^2 + b_2^2 + c_2^2}} \\ 0 &= n_1 \frac{b_1}{\sqrt{a_1^2 + b_1^2 + c_1^2}} + n_2 \frac{b_2}{\sqrt{a_2^2 + b_2^2 + c_2^2}} \end{aligned}\right\} \ldots 2\text{ a}).$$

En rapportant les positions des points a_1, b_1, c_1 et a_2, b_2, c_2 à des coordonnées polaires à la manière ordinaire, c'est-à-dire en posant

$$\left.\begin{aligned} a_1 &= r_1 \sin\alpha_1 \cos\theta_1 & a_2 &= r_2 \sin\alpha_2 \cos\theta_2 \\ b_1 &= r_1 \sin\alpha_1 \sin\theta_1 & b_2 &= r_2 \sin\alpha_2 \sin\theta_2 \\ c_1 &= r_1 \cos\alpha_1 & c_2 &= r_2 \cos\alpha_2 \end{aligned}\right\} \ldots 3).$$

les équations 2a) se transforment dans les suivantes :

$$\left.\begin{aligned} n_1 \sin\alpha_1 \cos\theta_1 &= - n_2 \sin\alpha_2 \cos\theta_2 \\ n_1 \sin\alpha_1 \sin\theta_1 &= - n_2 \sin\alpha_2 \sin\theta_2 \end{aligned}\right\} \ldots\ldots 2\text{b}).$$

Élevant au carré et ajoutant membre à membre, il vient

$$n_1^2 \sin^2\alpha_1 = n_2^2 \sin^2\alpha_2 ,$$

c'est-à-dire

$$n_1 \sin\alpha_1 = \pm n_2 \sin\alpha_2 .$$

Le signe + est seul admissible ici, parce que, d'après la notation adoptée, α_1 est nécessairement compris entre 0 et 90°, et α_2 entre 90° et 180°; et que, par conséquent sin α_1 et sin α_2 sont toujours positifs ainsi que n_1 et n_2. On a donc

$$n_1 \sin\alpha_1 = n_2 \sin\alpha_2 \ldots\ldots\ldots\ldots 4).$$

et, en substituant dans les équations 2b), on obtient

$$\cos\theta_1 = - \cos\theta_2 ;$$

$$\sin\theta_1 = - \sin\theta_2 ,$$

d'où

$$\theta_2 = \theta_1 + 180° \ldots\ldots\ldots\ldots 4\text{a}).$$

Les équations 4) et 4 a), déduites de la condition que la longueur optique doit être une valeur limite, sont identiques avec les deux lois de la réfraction. En effet, il résulte des équations 3), que α_1 est l'angle de réfraction, θ_1 l'angle du plan des xz avec le plan d'incidence, et θ_2 l'angle du plan des xz avec le plan de réfraction. Les plans d'incidence et de réfraction font donc entre eux un angle de 180 degrés, c'est-à-dire qu'ils coïncident.

La même démonstration s'applique également au problème de la réflexion du rayon lumineux sur la surface considérée jusqu'ici comme réfringente. On n'a qu'à poser $n_1 = n_2$, parce que le rayon reste dans le même milieu, et à prendre α_2 compris entre 0 et 90°, comme α_1. Les équations 4) et 4a) deviennent alors

$$\sin \alpha_1 = \sin \alpha_2 , \quad \text{ou} \quad \alpha_1 = \alpha_2 ,$$
$$\theta_2 = \theta_1 + 180 ,$$

qui sont les deux lois de la réflexion d'un rayon.

Le théorème démontré pour une seule surface réfringente peut s'étendre facilement à un nombre quelconque de surfaces. *Si un rayon lumineux traverse un nombre quelconque de milieux réfringents, limités par des surfaces à courbure continue, le chemin qu'il parcourt peut être déterminé par la condition que la longueur optique du rayon, entre un de ses points dans le premier et un autre dans le dernier milieu, soit une valeur limite.*

Soit Ψ la longueur optique du rayon, et définissons par x_1 et y_1 les coordonnées des points de la première surface réfringente, par x_2 et y_2 celles des points de la seconde....., par x_m et y_m celles des points de la $m^{ième}$, et plaçons tous ces systèmes coordonnés de manière à faire coïncider leur axe des z avec la normale d'incidence, le plan xy étant tangent à la surface réfringente. Les premières conditions pour la valeur limite sont :

$$\frac{d\Psi}{dx_1} = 0 , \qquad \frac{d\Psi}{dy_1} = 0 ,$$
$$\frac{d\Psi}{dx_2} = 0 , \qquad \frac{d\Psi}{dy_2} = 0 ,$$
etc.
$$\frac{d\Psi}{dx_m} = 0 , \qquad \frac{d\Psi}{dy_m} = 0 .$$

La première de ces équations est, d'après le théorème précédemment démontré, identique, à la condition que le rayon soit réfracté par la première surface suivant la loi connue; la seconde exprime la même chose pour la seconde surface, la $m^{ième}$ équation pour la $m^{ième}$ surface. Le chemin parcouru par le rayon est donc déterminé, par la condition ci-dessus énoncée, exactement de la même manière que par la loi de la réfraction.

Il suffit aussi dans ce cas de rechercher la dérivée première de la longueur optique. Que le chemin parcouru par le rayon soit un maximum ou un minimum pour toutes les positions du point d'incidence, qu'il soit un maximum pour certaines de ces positions, un minimum pour d'autres, etc., cela dépend, comme on sait, de la dérivée seconde; mais il ne s'agit pas de cela ici, et, dans la présente recherche, on peut appeler *valeurs limites* en général, les valeurs de la longueur optique dont les dérivées premières satisfont aux conditions de maximum ou minimum, sans avoir à se préoccuper ensuite du signe ou de la grandeur de la dérivée seconde. L'influence de cette seconde dérivée dans l'objet qui nous occupe, sera étudiée plus loin.

Théorème II.

Si des rayons lumineux, émanant d'un point, sont réfractés par un nombre quelconque de surfaces à courbure continue, ils sont, après la dernière réfraction, normaux à toute surface courbe pour tous les points de laquelle la longueur optique possède une valeur constante.

Nous prendrons les mêmes notations que dans la généralisation du théorème I. Supposons l'extrémité du rayon située sur une surface courbe pour laquelle

$$\Psi = \text{const.} \qquad \qquad 1).$$

Nous allons rapporter les points de cette surface au même système de coordonnées que les points de la dernière surface réfringente ; pour les points de la surface $\Psi = C$, posons $x_m = a$, $y_m = b$, $z_m = c$, et considérons c comme une fonction de a et de b.

Considérons maintenant deux rayons réfractés infiniment voisins l'un de l'autre. Soient

$$x_1, y_1, \quad x_2, y_2, \quad \text{etc.}, \quad x_m, y_m, \quad a, b, c,$$

les coordonnées des points où le premier rayon rencontre les diverses surfaces ; les coordonnées des points correspondants pour le second rayon seront

$$\begin{gathered} x_1 + \Delta x_1, \; y_1 + \Delta y_1, \\ x_2 + \Delta x_2, \; y_2 + \Delta y_2, \\ \text{etc.} \\ x_m + \Delta x_m, \; y_m + \Delta y_m, \\ a + \Delta a, \quad b + \Delta b, \quad c + \Delta c, \end{gathered}$$

et c étant une fonction de a et de b, on a la relation :

$$\Delta c = \frac{dc}{da} \Delta a + \frac{dc}{db} \Delta b.$$

La longueur optique du premier rayon étant Ψ, celle du second $\Psi + \Delta\Psi$, on a, pour des variations infiniment petites,

$$\begin{gathered} \Psi + \Delta\Psi = \\ \Psi + \frac{d\Psi}{dx_1} \Delta x_1 + \frac{d\Psi}{dx_2} \Delta x_2 \text{ etc.} + \frac{d\Psi}{dx_m} \Delta x_m + \left(\frac{d\Psi}{da} + \frac{d\Psi}{dc} \cdot \frac{dc}{da}\right) \Delta a \\ + \frac{d\Psi}{dy_1} \Delta y_1 + \frac{d\Psi}{dy_2} \Delta y_2 \text{ etc.} + \frac{d\Psi}{dy_m} \Delta y_m + \left(\frac{d\Psi}{db} + \frac{d\Psi}{dc} \cdot \frac{dc}{db}\right) \Delta b. \end{gathered}$$

Maintenant, comme la valeur de Ψ transportée dans la surface dont les points sont donnés par les coordonnées a, b et c, doit être constante, il s'ensuit que

$$\Delta\Psi = 0 ;$$

comme, de plus, d'après le théorème précédent,

$$0 = \frac{d\Psi}{dx_1} = \frac{d\Psi}{dy_1} = \frac{d\Psi}{dx_2} = \frac{d\Psi}{dy_2} \text{ etc.},$$

il en résulte que

$$\left(\frac{d\Psi}{da} + \frac{d\Psi}{dc} \cdot \frac{dc}{da}\right) \Delta a + \left(\frac{d\Psi}{db} + \frac{d\Psi}{dc} \cdot \frac{dc}{db}\right) \Delta b = 0\,;$$

cette équation devant être satisfaite pour toutes les valeurs de $\frac{\Delta a}{\Delta b}$, on doit avoir simultanément

$$\left.\begin{aligned} \frac{d\Psi}{da} + \frac{d\Psi}{dc} \cdot \frac{dc}{da} = 0 \\ \frac{d\Psi}{db} + \frac{d\Psi}{dc} \cdot \frac{dc}{db} = 0 \end{aligned}\right\} \dots\dots\dots\dots \; 2).$$

Nommons maintenant $r_0, r_1 \dots r_m$, les chemins parcourus par le rayon dans les divers milieux réfringents et $n_0, n_1 \dots n_m$, les indices de réfraction, on a

$$\Psi = n_0 r_0 + n_1 r_1 + \dots\dots + n_m r_m.$$

Ici r_m seul dépend de a, b et c; donc

$$\frac{d\Psi}{da} = n_m \frac{dr_m}{da} = n_m \frac{a - x_m}{r_m},$$

$$\frac{d\Psi}{db} = n_m \frac{dr_m}{db} = n_m \frac{b - y_m}{r_m},$$

$$\frac{d\Psi}{dc} = n_m \frac{dr_m}{dc} = n_m \frac{c - z_m}{r_m};$$

donc enfin, substituant dans les équations 2), on a

$$\left.\begin{aligned} (a - x_m) + (c - z_m)\frac{dc}{da} = 0 \\ (b - y_m) + (c - z_m)\frac{dc}{db} = 0 \end{aligned}\right\} \dots\dots\dots \; 2\,a),$$

équations qui expriment que a, b, c est le pied de la normale abaissée du point x_m, y_m, z_m, sur la surface $\Psi = C$.

La manière la plus simple de le voir est de remarquer que la normale elle-même est un maximum ou un minimum de la distance entre le point d'où on l'abaisse et la surface courbe; or la distance entre le point x_m, y_m, z_m et le point a, b, c est exprimée par

$$r_m = \sqrt{(x_m - a)^2 + (y_m - b)^2 + (z_m - c)^2}\,;$$

pour obtenir le maximum ou le minimum de cette valeur, il faut poser

$$0 = \frac{dr_m}{da} + \frac{dr_m}{dc}\,\frac{dc}{da} = \frac{a - x_m}{r_m} + \frac{dc}{da}\cdot\frac{c - z_m}{r_m}$$

et

$$0 = \frac{dr_m}{db} + \frac{dr_m}{dc}\,\frac{dc}{da} = \frac{b - y_m}{r_m} + \frac{dc}{db}\cdot\frac{c - z_m}{r_m},$$

relations identiques aux équations 2a).

Le rayon passant par le point a, b, c est donc normal, en ce même point, à la surface $\Psi = C$.

Comme la lumière parcourt des longueurs optiques égales dans des temps égaux, elle arrive aussi en même temps du point lumineux à tous les points de la surface $\Psi = C$; celle-ci est donc une *surface d'onde*, c'est-à-dire qu'elle passe par tous les points pour lesquels la phase de la vibration de l'éther est la même.

Détermination du chemin d'un faisceau lumineux infiniment mince.

On vient de démontrer qu'il existe une surface courbe, la *surface d'onde*, à laquelle sont normaux tous les rayons homocentriques, après un nombre quelconque de réfractions à travers des surfaces courbes continues quelconques; il s'ensuit que les rayons lumineux réfractés jouissent de toutes les propriétés qui appartiennent aux normales des surfaces courbes. Imaginons donc un plan passant par un rayon quelconque; il coupera la surface d'onde suivant une courbe; si l'on fait tourner ce plan autour du rayon, la ligne d'intersection présentera en général différentes courbures au point où le rayon A perce la surface, et le *plan de plus grande courbure* sera perpendiculaire *au plan de plus petite courbure*. Élevons maintenant en des points de la surface infiniment voisins du rayon A, des normales correspondant à des rayons voisins; celles dont les pieds sont sur les lignes de plus grande ou de plus petite courbure, couperont le rayon A au centre du cercle de plus grande ou de plus petite courbure; celles, au contraire, dont les pieds ne sont sur aucune de ces deux lignes, ne rencontrent pas le rayon. Il y a donc, en général, sur chaque rayon, deux foyers où il est coupé par les rayons voisins; ces foyers correspondent aux centres des cercles de plus grande et de plus petite courbure de la surface d'onde, relatifs au point où elle est percée par le rayon.

Si les deux points coïncident en un seul, c'est-à-dire si, au pied du rayon, la courbure de la surface d'ondes est la même dans toutes les directions, le rayon A sera coupé en un seul point par tous les rayons infiniment voisins.

Pour démontrer ces théorèmes par l'analyse, nous allons employer un système de coordonnées ayant pour axe des z le rayon A. Pour les seuls points de la surface d'onde, posons

$$x = a,\ y = b,\ z = c.$$

Supposons la surface déterminée en considérant c comme une fonction de a et de b. D'après le choix du système de coordonnées, pour

$$a = b = 0, \text{ on a aussi } \frac{dc}{da} = \frac{dc}{db} = 0 \quad \ldots\ldots \quad 1).$$

Si x, y, z désignent les coordonnées d'un point de la normale élevée au point a, b, c de la surface d'onde, nous avons, d'après l'équation 2a) de la proposition II,

$$\left.\begin{aligned}(a-x) + (c-z)\frac{dc}{da} &= 0\\ (b-y) + (c-z)\frac{dc}{db} &= 0\end{aligned}\right\} \quad \ldots\ldots\ldots\ldots\ 1\,a).$$

Remplaçant a et b par les valeurs infiniment peu différentes $a + \Delta a$, $b + \Delta b$, les équations 1a) deviennent :

$$(a + \Delta a - x) + \left(c + \frac{dc}{da}\Delta a + \frac{dc}{db}\Delta b - z\right)\frac{dc}{da} + (c-z)\left(\frac{d^2c}{da^2}\Delta a + \frac{d^2c}{da.db}\Delta b\right) = 0$$

$$(b + \Delta b - y) + \left(c + \frac{dc}{da}\Delta a + \frac{dc}{db}\Delta b - z\right)\frac{dc}{db} + (c-z)\left(\frac{d^2c}{da.db}\Delta a + \frac{d^2c}{db^2}\Delta b\right) = 0.$$

Faisant, dans ces équations, $a = b = 0$ et aussi, d'après 1), $\frac{dc}{da} = \frac{dc}{db} = 0$, nous obtenons les équations d'une normale infiniment voisine du rayon A, qui coupe la surface d'onde au point déterminé par les coordonnées Δa et Δb :

$$\left.\begin{aligned}\Delta a - x + (c-z)\left(\frac{d^2c}{da^2}\Delta a + \frac{d^2c}{da\,.\,db}\Delta b\right) &= 0\\ \Delta b - y + (c-z)\left(\frac{d^2c}{da\,.\,db}\Delta a + \frac{d^2c}{db^2}\Delta b\right) &= 0\end{aligned}\right\} \quad \ldots\ 2).$$

Pour tous les points du rayon A, on a simultanément $x = y = 0$. Pour que A soit coupé par le rayon dont le chemin est donné par les équations 2), il faut donc qu'il existe une valeur de z pour laquelle les équations 2) donnent simultanément $x = y = 0$. Posons donc, dans ces équations, $x = y = 0$ et éliminons z, il reste, comme condition de possibilité de la rencontre,

$$\frac{d^2c}{da\,.\,db}\Delta a^2 + \left(\frac{d^2c}{db^2} - \frac{d^2c}{da^2}\right)\Delta a\,\Delta b - \frac{d^2c}{da\,.\,db}\Delta b^2 = 0 \quad \ldots\ 3).$$

Appelons r la distance infiniment petite des pieds des deux normales, et α l'angle, nécessairement compris entre 0 et π, que fait cette distance avec l'axe des x ; on a

$$\Delta a = r\cos\alpha, \qquad \Delta b = r\sin\alpha.$$

Posons en outre

$$2n = \frac{\dfrac{d^2c}{db^2} - \dfrac{d^2c}{da^2}}{\dfrac{d^2c}{da\,.\,db}};$$

supposant que $\frac{d^2c}{da\,db}$ n'est pas égal à zéro, l'équation 3) devient

$$\tang^2 \alpha - 2n \tang \alpha = 1 \quad \ldots\ldots\ldots\ldots \quad 3\ a),$$

ou

$$\tang \alpha = n \pm \sqrt{1 + n^2} \quad \ldots\ldots\ldots\ldots \quad 3\ b).$$

Les deux valeurs de tg a, qui sont toujours réelles, peuvent être mises sous la forme

$$n + \sqrt{1 + n^2} \quad \text{et} \quad - \frac{1}{n + \sqrt{1 + n^2}}.$$

Si donc α_0 est l'une des valeurs correspondantes de α, $\alpha_0 + \frac{\pi}{2}$ ou $\alpha_0 - \frac{\pi}{2}$ est l'autre. Les deux angles diffèrent d'un angle droit. La grandeur r, qui désigne la distance des normales sur la surface d'onde, disparaît de l'équation 3 a). Le rayon A est donc coupé par tous les rayons infiniment voisins situés dans les plans qui font avec l'axe des x les angles α_0 et $\alpha_0 + \frac{\pi}{2}$.

Jusqu'ici la position des axes des x et des y a été prise arbitrairement dans le plan perpendiculaire au rayon A. Pour simplifier, nous allons les supposer placés dans les plans des rayons intersecteurs, ce qui est toujours possible. Les deux valeurs de tang α deviennent alors 0 et ∞, ce qui exige que

$$n = \pm \infty$$

et

$$\frac{d^2c}{da\,.\,db} = 0.$$

Par le fait, si nous supposons la dernière relation remplie, la condition de l'intersection, exprimée par l'équation 3), se réduit à

$$\left(\frac{d^2c}{db^2} - \frac{d^2c}{da^2}\right) \Delta a\ \Delta b = 0,$$

condition satisfaite en prenant Δa ou Δb égal à zéro, c'est-à-dire en plaçant les normales intersectrices dans les plans yz ou xz. — Enfin, si l'on a en même temps

$$\frac{d^2c}{db^2} - \frac{d^2c}{da^2} = 0,$$

la condition de l'intersection est remplie pour toutes les valeurs quelconques infiniment petites de Δa et Δb, et par conséquent toutes les normales infiniment voisines de A rencontrent ce rayon. En conservant la condition $\frac{d^2c}{da\,db} = 0$ et y joignant Δa ou $\Delta b = 0$, nous trouvons, comme on l'a remarqué plus haut, la distance z à laquelle les rayons voisins coupent le rayon parallèle à l'axe des z, en posant $x = y = 0$ dans les équations 2).

Pour les rayons situés dans le plan des xz, on a $\Delta b = 0$, et l'on déduit, de la première des équations 2), pour la distance $z-c$ du point d'intersection à la surface d'onde :

$$z-c=\frac{1}{\frac{d^2c}{da^2}}.$$

La seconde équation devient $0=0$. Pour les rayons situés dans le plan des yz, on a $\Delta a=0$, et

$$z-c=\frac{1}{\frac{d^2c}{db^2}}.$$

Si enfin $\frac{d^2c}{da^2}=\frac{d^2c}{db^2}=\frac{1}{\rho}$, on a, pour tous les rayons voisins sans distinction,

$$z-c=\rho.$$

Du reste, dans ce cas, les plans des xz et des yz sont aussi les plans de plus grande et de plus petite courbure, et les valeurs des rayons de courbure correspondants ρ_a et ρ_b sont

$$\rho_a=\frac{1}{\frac{d^2c}{da^2}},\qquad \rho_b=\frac{1}{\frac{d^2c}{db^2}},$$

en sorte que les foyers coïncident avec les centres de courbure de la surface d'onde.

Forme d'un faisceau circulaire et infiniment mince de rayons lumineux.

Pour obtenir une représentation plus claire de la marche des rayons en faisceau infiniment mince, nous allons considérer la forme d'un faisceau de rayons dont la trace sur la surface d'ondes est un cercle. — Nous posons, par conséquent, dans les équations 2), comme précédemment,

$$\frac{d^2c}{da\,.\,db}=0 \quad \text{et} \quad \Delta a=r\cos\alpha, \quad \Delta b=r\sin\alpha;$$

les équations 2) nous donnent

$$r\cos\alpha-x+(c-z)\frac{d^2c}{da^2}r\cos\alpha=0,$$

$$r\sin\alpha-y+(c-z)\frac{d^2c}{db^2}r\sin\alpha=0.$$

Pour obtenir l'intersection du faisceau avec l'un des plans perpendiculaires à son axe, nous devons poser $z=$ constante, et éliminer l'angle α. Posons pour abréger

$$p=+r\left[1+(c-z)\frac{d^2c}{da^2}\right]=+\frac{r}{\rho}\,[\rho_a+c-z],$$

$$q=+r\left[1+(c-z)\frac{d^2c}{db^2}\right]=+\frac{r}{\rho_b}\,[\rho_b+c-z];$$

Il vient
$$\frac{x^2}{p^2} + \frac{y^2}{q^2} = 1.$$

C'est l'équation d'une ellipse dont les axes, respectivement parallèles aux axes des x et des y, sont égaux à $2p$ et $2q$. Les deux axes de l'ellipse diminuent avec r ; si le faisceau lumineux remplit donc, dans la première surface d'onde, non-seulement une ligne, mais une surface circulaire, tous les rayons demeurent compris dans l'espace limité par les rayons marginaux, qui déterminent donc la forme du faisceau. Dans la surface d'onde d'où nous sommes partis, on a même $c - z = 0$, les axes sont $p = q = r$, la section transversale est un cercle. L'axe p devient égal à zéro si

$$z - c = \frac{1}{\frac{d^2c}{da^2}} = \rho_a,$$

et, par conséquent, si la section transversale passe par les foyers des rayons dans le plan des xz. L'autre demi-axe est alors

$$q = \pm \frac{r}{\rho_b}(\rho_a + \rho_b).$$

La section transversale du faisceau est alors une ligne droite parallèle à l'axe des y, dont la longueur est égale à cette valeur de q.

En revanche, la section du faisceau devient une ligne droite parallèle à l'axe des x si

$$z - c = \frac{1}{\frac{d^2c}{db^2}} = \rho_b$$

$$q = 0, \qquad p = \pm \frac{r}{\rho_a}(\rho_a + \rho_b).$$

Enfin il y a encore une seconde position où la section du faisceau lumineux est un cercle, c'est-à-dire où l'on a

$$p = -q,$$

c'est pour
$$1 + \frac{c - z}{\rho_a} = -1 - \frac{c - z}{\rho_b},$$

ou bien
$$z - c = \frac{2\rho_a \rho_b}{\rho_a + \rho_b},$$

ou, ce qui est la même chose,

$$p = q = \pm r \cdot \frac{\rho_a - \rho_b}{\rho_a + \rho_b}.$$

Entre les deux sections circulaires du faisceau se trouve une des sections linéaires. Cette ligne est parallèle aux grands axes des sections elliptiques placées entre les deux cercles, tandis que les grands axes des ellipses extérieures lui sont perpendiculaires. Dans la figure 108, la ligne *cd* désigne le rayon central ; en *c* on a mis un diaphragme circulaire, en *a* et *b* sont les deux foyers. Au-dessous de

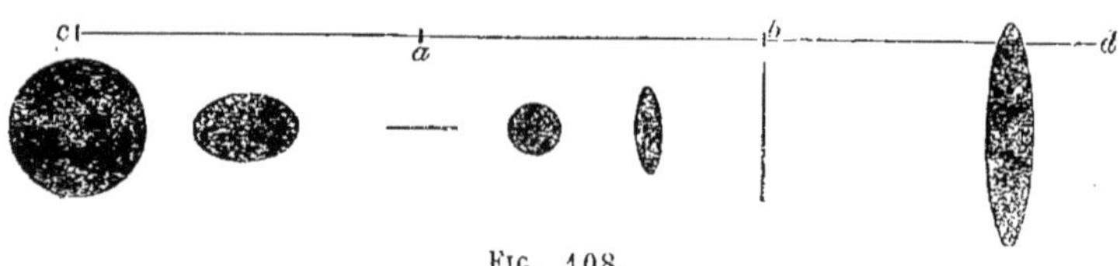

Fig. 108.

la ligne *cd* on a dessiné les sections du faisceau qui correspondent aux différents points de cette ligne.

Condition analytique générale pour la position des foyers.

Appelons Ψ et $\Psi + \Delta\Psi$ les longueurs optiques de deux rayons infiniment voisins *A* et *B*, depuis leur origine commune jusqu'à l'un des foyers, où ils se rencontrent de nouveau après un nombre quelconque de réfractions sur des surfaces réfringentes à courbure continue. Les coordonnées auxquelles nous rapportons les points des surfaces réfringentes sont encore choisies de manière que l'axe des z coïncide avec la normale correspondant au point d'incidence du rayon *A*, et que le plan des xy soit tangent à la surface réfringente. Les coordonnées des points d'incidence du rayon *B* seront x_1, y_1, z_1 pour la première surface, x_2, y_2, z_2 pour la seconde,....., x_m, y_m, z_m pour la $m^{ième}$. On supposera dans ce qui va suivre que les longueurs optiques sont exprimées seulement en fonction de x et de y, et que les z, qui sont également des fonctions de x et y, sont éliminés de ces valeurs; comme d'ailleurs les rayons *A* et *B* sont supposés infiniment voisins, il faut considérer les grandeurs x_1, y_1,...., jusqu'à x_m, y_m, comme infiniment petites.

D'après la série de Taylor, on a

$$\Psi + \Delta\Psi = \Psi + \frac{d\Psi}{dx_1} x_1 + \frac{d\Psi}{dx_2} x_2 + \ldots\ldots + \frac{d\Psi}{dx_m} x_m$$
$$+ \frac{d\Psi}{dy_1} y_1 + \frac{d\Psi}{dy_2} y_2 + \ldots\ldots + \frac{d\Psi}{dy_m} y_m .$$

Les deux rayons doivent satisfaire à la condition énoncée dans le premier théorème, c'est-à-dire que les dérivées premières de Ψ et $\Psi + \Delta\Psi$ prises par rapport à x_1, y_1, x_2, y_2 etc., x_m, y_m, doivent être égales à 0. Cela donne, pour le premier rayon,

$$\frac{d\Psi}{dx_1} = 0, \quad \frac{d\Psi}{dx_2} = 0 \ldots\ldots \frac{d\Psi}{dx_m} = 0,$$
$$\frac{d\Psi}{dy_1} = 0, \quad \frac{d\Psi}{dy_2} = 0 \ldots\ldots \frac{d\Psi}{dy_m} = 0,$$

et, en tenant compte de ces équations pour le second rayon, on obtient le système d'équations suivant :

$$\left.\begin{array}{l}
\frac{d^2\Psi}{dx_1^2}\,x_1 + \frac{d^2\Psi}{dx_1\,dy_1}\,y_1 + \text{etc.}\ \frac{d^2\Psi}{dx_1\,dx_m}\,x_m + \frac{d^2\Psi}{dx_1\,dy_m}\,y_m = 0 \\
\frac{d^2\Psi}{dy_1\,dx_1}\,x_1 + \frac{d^2\Psi}{dy_1^2}\,y_1 + \text{etc.}\ \frac{d^2\Psi}{dy_1\,dx_m}\,x_m + \frac{d^2\Psi}{dy_1\,dy_m}\,y_m = 0 \\
\frac{d^2\Psi}{dx_m dx_1}\,x_1 + \frac{d^2\Psi}{dx_m\,dy_1}\,y_1 + \text{etc.}\ \frac{d^2\Psi}{dx_m^2}\,x_m + \frac{d^2\Psi}{dx_m\,dy_m}\,y_m = 0 \\
\frac{d^2\Psi}{dy_m dx_1}\,x_1 + \frac{d^2\Psi}{dy_m\,dy_1}\,y_1 + \text{etc.}\ \frac{d^2\Psi}{dy_m\,dx_m}\,x_m + \frac{d^2\Psi}{dy_m^2}\,y_m = 0
\end{array}\right\}\ldots 4).$$

Le nombre des termes de ces équations est diminué d'ailleurs par la considération que $\frac{d^2\Psi}{dx_f\,dx_g}$, $\frac{d^2\Psi}{dx_f\,dy_g}$ et $\frac{d^2\Psi}{dy_f\,dy_g}$ deviennent nuls, aussi souvent que les indices f et g diffèrent de plus d'une unité.

Le nombre de nos équations est de $2m$ et elles renferment $2m$ inconnues x_1, y_1, ..., x_m, y_m. Comme toutes ces inconnues ne peuvent devenir nulles (le rayon B devant être différent de A), on peut diviser toutes les équations par une des inconnues x_l, qui ne devient pas nulle, et considérer les $(2m-1)$ autres inconnues divisées par x_l comme de nouvelles inconnues. On a alors $2m$ équations avec $2m-1$ inconnues, en sorte que, si l'on élimine les inconnues, il reste encore une équation dans laquelle les grandeurs x_1, y_1 ..... x_m, y_m, ne figurent plus, mais qui ne contient que les dérivées secondes partielles de Ψ. Cette dernière équation, dans laquelle on égale à 0 le déterminant des équations 4), est la relation cherchée pour la position des foyers.

Le déterminant des équations 4) est facile à former d'après les règles connues (1). C'est une somme de termes dont le premier est le produit

$$\frac{d^2\Psi}{dx_1\,.\,dx_1}\cdot\frac{d^2\Psi}{dy_1\,.\,dy_1}\cdot\frac{d^2\Psi}{dx_2\,.\,dx_2}\ \text{etc.}\ \frac{d^2\Psi}{dx_m\,.\,dx_m}\cdot\frac{d^2\Psi}{dy_m\,.\,dy_m}.$$

On obtient les autres termes de la somme, en laissant invariables les premiers facteurs des dénominateurs des dérivées, mais faisant toutes les permutations possibles avec les seconds, et faisant changer le signe du terme à chaque permutation.

Ainsi, dans le langage du calcul différentiel, le chemin d'un rayon entre ses deux extrémités est déterminé par la condition que la différentielle première de la longueur optique soit égale à zéro. Ces deux extrémités coïncident avec les foyers si la seconde différentielle de la longueur optique peut aussi devenir nulle. Dans ce dernier cas, la longueur optique n'est pas forcément un maximum ou un minimum.

(1) Voy. Jacobi, in *Crelle's Journ. für Math.*, XXII.

RÉFRACTION DANS LES PRISMES.

Nous supposons la position du point lumineux déterminée par trois coordonnées rectangulaires a, b, c, en sorte que l'axe des c coïncide avec l'arête réfringente, le plan des bc avec la première surface réfringente, et que les a positifs soient en dehors du prisme. Soit $a=0$, $b=y$, $c=z$, les coordonnées du point d'intersection du rayon avec cette surface. Définissons, de même, un point du rayon après sa sortie du prisme, par trois coordonnées rectangulaires α, β, γ, appartenant à un second système dans lequel l'axe des γ coïncide encore avec l'arête, mais dont le plan des $\beta\gamma$ coïncide avec la seconde surface, les α positifs étant encore en dehors du prisme. Comptons les γ du même point de l'arête que les c, en sorte que le plan ab du premier système soit identique avec le plan $\alpha\beta$ du second. Soit, pour le point de sortie du rayon, $\alpha=v$, $\beta=0$, $\gamma=\zeta$. Soit φ l'angle du prisme et n l'indice de réfraction de la substance du prisme par rapport au milieu extérieur. Soit r_0 la longueur du rayon en deçà, r_1 à l'intérieur, r_2 en arrière du prisme, Ψ la longueur optique du rayon tout entier, on a

$$\left.\begin{aligned} r_0 &= \sqrt{a^2+(b-y)^2+(c-z)^2} \\ r_1 &= \sqrt{y^2-2yv\cos\varphi+v^2+(z-\zeta)^2} \\ r_2 &= \sqrt{a^2+(\beta-v)^2+(\gamma-\zeta)^2} \\ \Psi &= r_0+nr_1+r_2 \end{aligned}\right\} \quad \ldots\ldots\ 5).$$

Si nous exprimons les coordonnées du premier système en fonction de celles du second, on a

$$\left.\begin{aligned} \alpha &= -a\cos\varphi - b\sin\varphi \\ \beta &= -a\sin\varphi + b\cos\varphi \\ \gamma &= c \end{aligned}\right\} \quad \ldots\ldots\ 5\ a).$$

D'après le théorème I, pour que le rayon soit réfracté suivant la loi connue, il doit remplir les conditions suivantes :

$$\left.\begin{aligned} 0 &= \frac{d\Psi}{dy} = \frac{y-b}{r_0} + n\,\frac{y-v\cos\varphi}{r_1} \\ 0 &= \frac{d\Psi}{dv} = \frac{v-\beta}{r_2} + n\,\frac{v-y\cos\varphi}{r_1} \\ 0 &= \frac{d\Psi}{dz} = \frac{z-c}{r_0} + n\,\frac{z-\zeta}{r_1} \\ 0 &= \frac{d\Psi}{d\zeta} = \frac{\zeta-\gamma}{r_2} + n\,\frac{\zeta-z}{r_1} \end{aligned}\right\} \quad \ldots\ldots\ 6).$$

Posons les notations suivantes :

$$\left.\begin{aligned} &\frac{b-y}{nr_0} = \frac{y-v\cos\varphi}{r_1} = \cos m \\ &\frac{\beta-v}{nr_2} = \frac{v-y\cos\varphi}{r_1} = \cos\mu \\ &\frac{c-z}{nr_0} = \frac{\zeta-\gamma}{nr_2} = \frac{z-\zeta}{r_1} = \cos\nu \end{aligned}\right\} \quad \ldots\ldots\ 6\ a),$$

d'où l'on déduit

$$\sin^2\varphi \sin^2\nu = \cos^2 m + 2\cos m \cos\mu \cos\varphi + \cos^2\mu \quad \ldots \quad 6\,b),$$

et, tenant compte de ces notations, formons la dérivée seconde de Ψ, on aura pour le système des équations 4) qui donnent la position des foyers, et les rapports des différences infiniment petites Δy, Δz, Δv, $\Delta\zeta$ relatives aux coordonnées y, z, v et ζ de deux rayons voisins se coupant en deux foyers conjugués,

$$\left.\begin{aligned}&\left[\frac{1}{r_0}(1-n^2\cos^2 m)+\frac{n}{r_1}\sin^2 m\right]\Delta y-\left(\frac{n^2}{r_0}+\frac{n}{r_1}\right)\cos m\cos\nu\,\Delta z\\&\qquad-\frac{n}{r_1}(\cos\varphi+\cos m\cos\mu)\,\Delta v+\frac{n}{r_1}\cos m\cos\nu\,\Delta\zeta=0\end{aligned}\right\}7a),$$

$$\left.\begin{aligned}&-\left(\frac{n^2}{r_0}+\frac{n}{r_1}\right)\cos m\cos\nu\,\Delta y+\left[\frac{1}{r_0}(1-n^2\cos^2\nu)+\frac{n}{r_1}\sin^2\nu\right]\Delta z\\&\qquad-\frac{n}{r_1}\cos\mu\cos\nu\,\Delta v-\frac{n}{r_1}\sin^2\nu\,\Delta\zeta=0\end{aligned}\right\}7b),$$

$$\left.\begin{aligned}&-\frac{n}{r_1}(\cos\varphi+\cos m\cos\mu)\,\Delta y-\frac{n}{r_1}\cos\mu\cos\nu\,\Delta z\\&+\left[\frac{1}{r_2}(1-n^2\cos^2\mu)+\frac{n}{r_1}\sin^2\mu\right]\Delta v+\left(\frac{n^2}{r_2}+\frac{n}{r_1}\right)\cos\mu\cos\nu\,\Delta\zeta=0\end{aligned}\right\}7c),$$

$$\left.\begin{aligned}&\frac{n}{r_1}\cos m\cos\nu\,\Delta y-\frac{n}{r_1}\sin^2\nu\,\Delta z\\&+\left(\frac{n^2}{r_2}+\frac{n}{r_1}\right)\cos\mu\cos\nu\,\Delta v+\left[\frac{1}{r_2}(1-n^2\cos^2\nu)+\frac{n}{r_1}\sin^2\nu\right]\Delta\zeta=0\end{aligned}\right\}7d).$$

En général, on pourra négliger r_1, longueur du chemin parcouru par les rayons dans le prisme, par rapport aux chemins r_0 et r_2 en dehors du prisme. Multipliant les quatre équations par r_1 et négligeant comme infiniment petits les termes multipliés par $\frac{r_1}{r_0}$ ou $\frac{r_1}{r_2}$, nous obtenons les trois équations suivantes [7b) et 7d) donnent deux équations identiques] :

$$\left.\begin{aligned}&\sin^2 m\,\Delta y-(\cos\varphi+\cos m\cos\mu)\,\Delta v-\cos m\cos\nu\,(\Delta z-\Delta\zeta)=0\\&-\cos m\cos\nu\,\Delta y-\cos\mu\cos\nu\,\Delta v+\sin^2\nu\,(\Delta z-\Delta\zeta)=0\\&-(\cos\varphi+\cos m\cos\mu)\,\Delta y+\sin^2\mu\,\Delta v-\cos\mu\cos\nu\,(\Delta z-\Delta\zeta)=0\end{aligned}\right\}\ldots 8)$$

Mais, de ces trois équations, une se déduit des deux autres, en sorte que, par l'élimination de $(\Delta z-\Delta\zeta)$ ou de Δv, elles se réduisent à

$$\left.\begin{aligned}&(\cos\mu+\cos m\cos\varphi)\,\Delta y=(\cos m+\cos\mu\cos\varphi)\,\Delta v\\ \text{ou}\quad&\frac{\Delta y}{y}=\frac{\Delta v}{v}\end{aligned}\right\}\ldots\ 8\,a),$$

$$\left.\begin{aligned}\text{et}\quad&(\Delta z-\Delta\zeta)(\cos m+\cos\mu\cos\varphi)=\cos\nu\sin^2\varphi\,\Delta y\\ \text{ou}\quad&\frac{\Delta z-\Delta\zeta}{z-\zeta}=\frac{\Delta y}{y}=\frac{\Delta v}{v}\end{aligned}\right\}\ldots\ 8\,b).$$

Ces deux dernières équations expriment seulement les conditions pour que les deux rayons puissent être considérés comme parallèles pendant le trajet infiniment court à travers le prisme, ce qui va de soi, si leurs points de convergence sont infiniment éloignés en comparaison du chemin parcouru dans le prisme.

Nous avons donc exprimé deux des inconnues Δv et $\Delta\zeta$ au moyen des deux autres, Δy et Δz. Nous pouvons maintenant tirer des équations 5), par élimination, deux nouvelles équations qui ne contiennent plus la quantité négligeable r_1 et desquelles nous pouvons déduire les rapports $\frac{\Delta z}{\Delta y}$ et $\frac{r_2}{r_0}$.

Nous obtenons une semblable équation en ajoutant 7b) et 7d) :

$$\left.\begin{aligned} -\frac{n^2}{r_0}\cos m \cos \nu \,\Delta y + \frac{1}{r_0}(1-n^2\cos^2\nu)\,\Delta z + \frac{n^2}{r_2}\cos\mu\cos\nu\,\Delta v \\ + \frac{1}{r_2}(1-n^2\cos^2\nu)\,\Delta\zeta = 0 \end{aligned}\right\}\ldots\ 8c).$$

Pour obtenir la seconde, multiplions l'équation 7 a) par

$$y = \frac{r_1}{\sin^2\varphi}(\cos m + \cos\mu\cos\varphi),$$

l'équation 7c) par

$$v = \frac{r_1}{\sin^2\varphi}(\cos\mu + \cos m\cos\varphi),$$

l'équation 7b) par

$$z - \zeta = r_1\cos\nu$$

et ajoutons les trois équations ; tous les termes où $\frac{1}{r_1}$ entre comme facteur disparaissent, et il vient :

$$\left.\begin{aligned} \frac{y}{r_0}\left\{(1-n^2\cos^2 m)\,\Delta y - n^2\cos m\cos\nu\,\Delta z\right\} \\ + \frac{z-\zeta}{r_0}\left\{-n^2\cos m\cos\nu\,\Delta y + (1-n^2\cos^2\nu)\,\Delta z\right\} \\ + \frac{v}{r_2}\left\{(1-n^2\cos^2\mu)\,\Delta v + n^2\cos\mu\cos\nu\,\Delta\zeta\right\} = 0 \end{aligned}\right\}\ldots\ 8d).$$

Si l'on tire de 8a) et 8b) les valeurs de Δv et $\Delta\zeta$ en fonction de Δy et Δz et qu'on les substitue dans 8c) et 8d), on obtient deux équations qui contiennent les quantités inconnues $\frac{\Delta z}{\Delta y}$ et $\frac{r_2}{r_0}$. En éliminant l'une d'elles, on obtient pour l'autre une équation ne contenant que le carré de la variable, qui présente deux racines. Comme, pour chaque combinaison des valeurs arbitraires des angles m, μ, ν, on obtient une ou deux valeurs numériques déterminées du rapport $\frac{r_2}{r_0}$, r_2 varie proportionnellement à r_0 pour chaque direction donnée du faisceau lumineux. Si

r_0 devient infini, il en est de même de r_2. Il est inutile d'écrire ici les équations résultant de l'élimination. Nous n'allons étudier que les cas particuliers qui nous intéressent pour nos expériences.

I. — Cherchons d'abord dans quels cas *la lumière homocentrique reste homocentrique après sa réfraction dans le prisme.*

Pour que tous les rayons émanés d'un même point lumineux puissent se rencontrer, les conditions d'intersection 8c) et 8d) doivent être remplies, quelles que soient d'ailleurs les valeurs choisies pour Δy et Δz. On peut donc égaler à 0 chacune de ces quantités, et l'on obtient les conditions suivantes.

1° Si, dans 8c), on pose $\Delta y = 0$, d'où, d'après 8a) et 8b), $\Delta v = 0$ et $\Delta \zeta = \Delta z$, il vient

$$\left(\frac{1}{r_0} + \frac{1}{r_2}\right)(1 - n^2 \cos^2 \nu) = 0 \quad \ldots\ldots\ldots\ldots \quad 9a).$$

Maintenant, comme, d'après 6a), $n \cos \nu = \frac{c - z}{r_2}$, le second facteur de cette équation ne peut devenir nul que si $r_0 = c - z$, si, par conséquent, le rayon lumineux rencontre la surface réfringente en rasant, cas où il ne peut la traverser. Il faut donc que le premier facteur de 9a) soit nul, c'est-à-dire

$$r_2 = - r_0.$$

2° Si, dans 8d) on pose $\Delta z = 0$, et $r_2 = - r_0$, on a

$$0 = (1 + n^2 \sin^2 \nu + n^2 \cos^2 \nu)(\cos^2 m - \cos^2 \mu).$$

Le premier facteur, égal à $1 + n^2$, n'est jamais nul, d'où

$$\cos m = \pm \cos \mu \quad \ldots\ldots\ldots\ldots \quad 9b).$$

3° Si l'on pose $\Delta z = 0$ dans 8c), ou $\Delta y = 0$ dans 8d), et $r_2 = - r_0$, on a, en tenant compte de 6b),

$$(1 - n^2) \cos \nu \sin^2 \varphi = 0.$$

Mais φ étant l'angle de réfraction du prisme, $\sin \varphi$ ne peut pas être nul; on a donc

$$\left.\begin{array}{c} \cos \nu = 0 \\ c = z = \zeta = y \end{array}\right\} \quad \ldots\ldots\ldots\ldots \quad 9c).$$

Par conséquent, le rayon est tout entier dans un plan perpendiculaire à l'arête réfringente. Nous écrivons, d'après 6a), l'équation 9b) sous la forme

$$y - v \cos \varphi = \pm (v - y \cos \varphi)$$
$$y(1 \pm \cos \varphi) = \pm v (1 \pm \cos \varphi),$$

d'où

$$y = \pm v \quad \ldots\ldots\ldots\ldots \quad 9d).$$

Maintenant, si ε désigne l'angle d'incidence sur la première surface, ε_1 l'angle de réfraction, η_1 l'angle d'incidence, dans l'intérieur du prisme, sur la seconde surface, η l'angle de réfraction dans l'air.

$$\cos \varepsilon_1 = \frac{v \sin \varphi}{r_1}, \qquad \cos \eta_1 = \frac{y \sin \varphi}{r_1};$$

donc, d'après les hypothèses faites,

$$\cos \varepsilon_1 = \cos \eta_1,$$

et

$$\sin \varepsilon = n \sin \varepsilon_1 = n \sin \eta_1 = \sin \eta;$$

c'est-à-dire que, pour que les rayons restent homocentriques, il faut que les angles du rayon et de la normale au point d'incidence soient égaux des deux côtés du prisme.

Cette direction suivant laquelle les rayons homocentriques doivent traverser le prisme pour rester homocentriques, est encore remarquable par cette propriété que *la déviation du rayon de sa route primitive est un minimum.*

En transformant les coordonnées du premier système a, b, c, x et y, d'après les équations 5a), en coordonnées du second système, nous obtenons les cosinus des angles que fait le rayon à son entrée avec les axes des α, β et γ du second système, respectivement égaux à

$$-\frac{a \cos \varphi + (b-y) \sin \varphi}{r_0}, \quad \frac{(b-y) \cos \varphi - a \sin \varphi}{r_0}, \quad \frac{c-z}{r_0};$$

les cosinus correspondants des angles que fait le rayon à sa sortie avec les axes des α, β, γ, sont

$$\frac{a}{r_2}, \quad \frac{\beta - v}{r_2}, \quad \frac{\gamma - \zeta}{r_2}.$$

Si nous désignons par ω l'angle des deux directions du rayon à l'entrée et à la sortie, on a

$$\left.\begin{aligned}\cos \omega = -\frac{a \cos \varphi + (b-y) \sin \varphi}{r_0} \frac{a}{r_2} + \frac{(b-y) \cos \varphi - a \sin \varphi}{r_0} \frac{(\beta - v)}{r_2} \\ + \frac{(c-z)}{r_0} \frac{(\gamma - \zeta)}{r_2}\end{aligned}\right\} \ldots 10).$$

Au moyen des équations 5) et 6) on peut éliminer ici les quantités a, b, c, α, β, γ. On a d'abord

$$\left.\begin{aligned}\frac{a}{r_0} &= \sqrt{1 - n^2 \frac{(y - v \cos \varphi)^2 + (z - \zeta)^2}{r_1^2}} = \sqrt{\frac{n^2 v^2 \sin^2 \varphi}{r_1^2} - (n^2 - 1)} \\ \frac{a}{r_2} &= \sqrt{1 - n^2 \frac{(v - y \cos \varphi)^2 + (z - \zeta)^2}{r_1^2}} = \sqrt{\frac{n^2 y^2 \sin^2 \varphi}{r_1^2} - (n^2 - 1)}\end{aligned}\right\} 10a).$$

Si l'une des deux racines devient imaginaire, nous avons réflexion totale du rayon sur la surface correspondante. Les valeurs des rapports $\frac{b-y}{r_0}$, $\frac{c-z}{r_0}$, $\frac{\beta - v}{r_2}$, $\frac{\gamma - \zeta}{r_2}$, sont immédiatement données par les équations 6). En les supposant transportées dans l'expression de $\cos\omega$, on obtient $\cos\omega$ en fonction de y, v, z et ζ; on peut même arriver facilement à n'y obtenir les deux dernières quantités que contenues dans r_1. On obtient la valeur suivante :

$$\left.\begin{aligned}\cos\omega = &-n^2 + n^2\frac{\sin^2\varphi}{r_1^2}(y^2 - yv\cos\varphi + v^2)\\ &-n\frac{\sin\varphi}{r_1^2}(y - v\cos\varphi)\sqrt{n^2y^2\sin^2\varphi - (n^2-1)r_1^2}\\ &-n\frac{\sin\varphi}{r_1^2}(v - y\cos\varphi)\sqrt{n^2v^2\sin^2\varphi - (n^2-1)r_1^2}\\ &-\frac{\cos\varphi}{r_1^2}\sqrt{n^2y^2\sin^2\varphi-(n^2-1)r_1^2}\sqrt{n^2v^2\sin^2\varphi-(n^2-1)r_1^2}\end{aligned}\right\} \text{10b).}$$

Considérons les quantités x et y comme constantes, et cherchons à déterminer v et ζ de manière que l'angle ω soit un maximum; nous devons poser

$$\frac{d\omega}{dv} = 0 \quad \text{et} \quad \frac{d\omega}{d\zeta} = 0.$$

Comme ζ n'est contenu que dans r_1 dans la valeur de $\cos\omega$, nous pouvons aussi écrire la dernière équation

$$\frac{d\omega}{d\zeta} = -\frac{1}{\sin\omega}\frac{d(\cos\omega)}{d(r_1^2)}\cdot(\zeta - z) = 0.$$

Cette équation est satisfaite pour toutes les valeurs de v, si nous posons

$$\zeta - z = 0.$$

Cette solution ne pourrait être inadmissible que dans les deux cas où l'on aurait $\sin\omega = 0$, car alors le rayon ne pourrait être réfracté, ce qui ne peut se produire que pour des surfaces parallèles, ou bien où la dérivée de $\cos\omega$ prendrait une valeur infinie, son dénominateur devenant égal à zéro. On conclut facilement de 10b) que le dénominateur ne peut renfermer que r_1 et les deux radicaux. Mais r_1 ne peut devenir nul tant que y et v ont les valeurs positives, même infiniment petites, qu'ils doivent avoir pour que le rayon puisse traverser le prisme. De plus, à cause des équations 6a) les racines ne peuvent devenir nulles, si le rayon doit se propager dans l'espace en avant et en arrière du prisme. Nous remplissons donc la condition

$$\frac{d\omega}{d\zeta} = 0,$$

pour toutes les valeurs de v, en posant

$$z = \zeta.$$

Il s'ensuit comme plus haut, d'après les équations 6),

$$z = c \quad \text{et} \quad \zeta = \gamma;$$

tous les points du rayon sont donc situés dans un plan perpendiculaire à l'arête réfringente (axe des z).

Pour satisfaire à la seconde condition, qui doit être remplie pour donner à ω une valeur maximum, c'est-à-dire

$$\frac{d\omega}{dv} = 0 ,$$

nous pouvons d'abord simplifier l'expression de cos ω, en y faisant $z = \zeta$, d'où

$$r_1^2 = y^2 + v^2 - 2yv \cos \varphi .$$

Remplaçons v par une nouvelle variable q, en posant

$$v = qy ,$$

v disparaît alors de l'expression de cos ω dans l'équation 10b); il en est de même de y, et cos ω devient une fonction de q seul,

$$\cos \omega = f(q) .$$

Mais, comme cos ω ne change pas si l'on permute partout les deux lettres y et v, on a, pour chaque valeur de q,

$$\cos \omega = f(q) = f\left(\frac{1}{q}\right) .$$

Posons de plus

$$\frac{d f(q)}{dq} = f'(q),$$

on a

$$\frac{d \cos \omega}{dv} = \frac{1}{y} \cdot f'(q) = -\frac{1}{y} f'\left(\frac{1}{q}\right) \frac{1}{q^2} .$$

Pour $v = y$, c'est-à-dire $q = 1$, il vient

$$f'(1) = -f'(1),$$

d'où

$$f'(1) = 0 ,$$

par conséquent aussi

$$\frac{d \cos \omega}{dv} = 0 ,$$

et, si en même temps sin ω n'est pas nul,

$$\frac{d\omega}{dv} = - \frac{d \cos \omega}{dv} \cdot \frac{1}{\sin \omega} = 0 .$$

Si donc

$$z = \zeta \quad \text{et} \quad y = v ,$$

on a en même temps

$$\frac{d\omega}{d\zeta} = 0 \quad \text{et} \quad \frac{d\omega}{dv} = 0 ,$$

et ω est une valeur limite. La recherche de la dérivée seconde prouve que, dans ce cas, ω est un maximum. L'angle du rayon réfracté avec le prolongement du rayon incident, qui est le supplément de ω, et qui mesure la déviation du rayon de sa route primitive, est donc un minimum.

Le maximum de ω se trouve en posant, dans 10b), $y = v$ et $z = \zeta$,

$$\omega = \varphi + 2 \text{ arc cos} \left(n \sin \frac{\varphi}{2} \right) \ldots\ldots\ldots \quad 10c).$$

Donc : *Un faisceau infiniment mince de rayons homocentriques émanant d'un point situé à une distance finie, ne peut rester homocentrique après sa réfraction à travers un prisme que si la déviation est un minimum, c'est-à-dire si le faisceau se meut dans un plan perpendiculaire à l'arête réfringente et fait des angles égaux avec les deux surfaces du prisme.*

Dans ces circonstances, il se produira donc, après réfraction, une image virtuelle du point lumineux placée du même côté et à la même distance du prisme que le point lui-même. Mais cette image se trouve dans une autre position : vue du prisme elle paraît déplacée de l'angle $\frac{\pi}{2} - \omega$ vers l'arête réfringente.

II. — *Cas de la réfraction non homocentrique.*

Si l'on regarde un point lumineux, son image ne peut être nette qu'à la condition que la lumière soit homocentrique après réfraction. Si c'est au contraire une ligne lumineuse que l'on regarde, celles des aberrations des rayons qui se présentent suivant la direction de l'image de cette ligne ne nuisent aucunement à la netteté de l'image. Or c'est là le cas ordinaire dans le spectre. Ainsi, si la ligne lumineuse est parallèle à l'arête réfringente du prisme, laquelle est dirigée suivant l'axe des z, les aberrations suivant la direction des z ne nuisent aucunement, tandis que le contraire a lieu pour celles comprises dans le plan mené par le rayon perpendiculairement à cet axe. Dans ces conditions, les équations 8b), 8c) et 8 d) doivent être satisfaites par $\Delta\zeta = 0$ pour l'une, et par $\Delta v = 0$ pour l'autre des lignes focales. Cette dernière relation entraîne $\Delta v = 0$ et $\Delta z = \Delta\zeta$; alors 8c) donne

$$\left(\frac{1}{r_0} + \frac{1}{r_2} \right) (1 - n^2 \cos^2 \nu) = 0,$$

d'où $$r_2 = - r_0 \ldots\ldots\ldots\ldots\ldots \quad 11a),$$

et 8d) donne $$(1 - n^2) \cos \nu \sin^2 \varphi = 0.$$

d'où, comme plus haut (9c) $$\cos \nu = 0$$

et $$c - z = z - \zeta = y - \zeta = 0.$$

Quand cette dernière condition est remplie, les aberrations Δy sont situées dans un plan mené, par le rayon, perpendiculairement à l'axe Δz. Elles correspondent donc au second plan de convergence, qu'on sait devoir être perpendiculaire à celui qu'il nous faut chercher. La distance focale des rayons relative au plan de convergence perpendiculaire à l'arête réfringente s'obtient en faisant simultanément, dans 8d), $\Delta z = 0$ et $\cos \nu = 0$, ce qui entraîne $\Delta\zeta = 0$, et il vient

$$\frac{1}{r_0} (1 - n^2 \cos^2 m) y^2 + \frac{1}{r_2} (1 - n^2 \cos^2 \mu) v^2 = 0,$$

ou si, comme précédemment, nous nommons ε et η les angles d'incidence sur les deux faces du prisme, dans l'air, et ε_1 et η_1 les angles d'incidence dans le verre, on a

$$\cos \varepsilon_1 = \frac{v \sin \varphi}{r_1} \qquad \cos \eta_1 = \frac{y \sin \varphi}{r_1}$$

$$\sin \varepsilon = n \sin \varepsilon_1 = n \frac{y - v \cos \varphi}{r_1} = n \cos m$$

$$\sin \eta = n \cos \mu ;$$

substituant ces expressions, notre relation devient

$$\frac{r_2}{r_0} = - \frac{\cos^2 \varepsilon_1 \cos^2 \eta}{\cos^2 \varepsilon \cos^2 \eta_1} \quad \ldots \ldots \ldots \ldots \quad 11b).$$

ou

$$r_2 \frac{\cos^2 \eta_1}{\cos^2 \eta} = - r_0 \frac{\cos^2 \varepsilon_1}{\cos^2 \varepsilon}$$

$$r_2 \left[1 + \frac{n^2 - 1}{\cos^2 \eta} \right] = - r_0 \left[1 + \frac{n^2 - 1}{\cos^2 \varepsilon} \right]$$

Sous cette dernière forme, on reconnaît aisément que $- r_2$ augmente et r_0 diminue, quand ε augmente et η diminue. La plus grande distance focale appartient donc au côté du prisme où l'angle d'incidence est moindre.

Pour la déviation minimum, ε étant égal à η, on a aussi $r_2 = - r_0$, c'est-à-dire qu'alors la distance focale dans le plan perpendiculaire à l'arête réfringente est égale à la distance focale dans le plan parallèle à cette arête.

L'image d'une ligne lumineuse parallèle à l'arête réfringente se forme à l'endroit où se produit, d'après l'équation 11b), la réunion des rayons compris dans un plan perpendiculaire à l'arête; donc *la distance du prisme à l'image d'une ligne lumineuse parallèle à l'arête réfringente est plus grande que la distance de l'objet au prisme, quand l'angle d'incidence sur la première face rencontrée par les rayons est plus grand que celui qui appartient à la déviation minimum. La distance du prisme à l'image est au contraire moindre que celle de l'objet au prisme, quand le premier angle d'incidence est moindre que celui relatif à la moindre déviation.*

On voit donc que si l'on regarde une semblable ligne lumineuse à travers un prisme, soit à l'œil nu, soit à travers une lunette, si l'on est dans le cas de la déviation minimum, il faut mettre l'œil ou la lunette au point pour la distance véritable de l'objet. Mais si l'on vient à faire tourner alors le prisme autour d'un axe parallèle à l'arête réfringente, il faut faire varier en même temps l'adaptation de l'œil ou de la lunette. Dans le seul cas où l'objet est infiniment loin, l'image étant aussi à l'infini, on peut laisser constante l'adaptation de l'œil ou de la lunette pour toutes les positions du prisme.

Quand l'objet est une ligne lumineuse verticale qui émet de la lumière monochromatique, rouge par exemple, son image, vue à travers un prisme situé verticalement, est également une ligne verticale. Si la ligne émet en même temps de la lumière violette, les rayons violets donnent également, au moyen du prisme, une ligne droite verticale, mais cette ligne est plus éloignée de l'objet lumineux que la ligne rouge, à cause de la réfrangibilité plus grande de la lumière violette. Enfin si la ligne émet de la couleur présentant tous les degrés de réfrangibilité compris entre le rouge et le violet, à chacun des degrés de réfrangibilité répond une image séparée de la ligne verticale, et ces images linéaires viennent se ranger entre l'image rouge et l'image violette, suivant l'ordre de leur réfrangibilité, de manière à constituer un spectre de forme rectangulaire. Si la lumière émise par l'objet contient une série non interrompue de rayons présentant tous les degrés de réfrangibilité successifs, le spectre forme également une surface lumineuse continue. Certains degrés de réfrangibilité viennent-ils à manquer, les images linéaires correspondantes manquent également dans le spectre, et, à leur place, on voit le spectre interrompu par des lignes sombres verticales nommées lignes de Fraunhofer.

Largeur apparente des images prismatiques.

Comme il est impossible de produire des lignes lumineuses mathématiques, et que l'on est réduit à prendre pour objets, dans les expériences, des surfaces lumineuses étroites, les images de ces surfaces étroites présentent nécessairement une certaine largeur que nous allons déterminer.

Nommons toujours ε et ε_1 les angles d'incidence et de réfraction sur la première surface, η_1 et η ces angles à la rencontre de la seconde surface, les angles ε_1 et η_1 étant situés à l'intérieur du prisme; nommons φ l'angle réfringent, on a

$$\left.\begin{aligned} \sin\varepsilon &= n\sin\varepsilon_1 \\ \sin\eta &= n\sin\eta_1 \\ \eta_1+\varepsilon_1 &= \varphi \end{aligned}\right\} \quad \ldots\ldots\ldots\ldots \quad 12).$$

Prenons une fente très-éloignée, et nommons $d\varepsilon$ l'angle très-petit sous lequel cette fente est vue à partir du prisme; l'angle d'incidence de la lumière qui provient de l'un des bords de la fente étant ε, celle qui provient de l'autre bord arrive sous un angle $\varepsilon + d\varepsilon$. Pour ce second rayon, les angles ε_1, η_1 et η deviennent respectivement $\varepsilon_1 + d\varepsilon_1$, $\eta_1 + d\eta_1$ et $\eta + d\eta$. La différentiation des équations 12) donne alors

$$\begin{aligned} \cos\varepsilon\, d\varepsilon &= n\cos\varepsilon_1\, d\varepsilon_1 \\ \cos\eta\, d\eta &= n\cos\eta_1\, d\eta_1 \\ d\eta_1 + d\varepsilon_1 &= 0. \end{aligned}$$

éliminant $d\varepsilon_1$ et $d\eta_1$, il vient

$$-\frac{\cos\varepsilon\,.\,\cos\eta_1}{\cos\eta\,.\,\cos\varepsilon_1}\,d\varepsilon = d\eta \quad \ldots\ldots\ldots \quad 12\text{ a}),$$

ce qui donne la valeur de l'angle $d\eta$ sous lequel la fente apparaît après réfraction par le prisme. Si la réfraction se produit sous l'angle de déviation minimum, ce qui entraîne

$$\varepsilon = \eta, \qquad \varepsilon_1 = \eta_1,$$

il vient

$$-\,d\varepsilon = d\eta.$$

Dans ce cas, la grandeur apparente de la fente reste donc inaltérée.

La valeur la plus grande que puisse atteindre ε est celle d'un angle droit ; quand le rayon marche vers l'arête réfringente en longeant la surface réfringente, les autres angles restant aigus, leurs cosinus ne s'annulent pas, et il vient

$$d\eta = 0$$

On voit que, pour cette position, l'image de la fente est infiniment mince ; or, en pratique, il est clair qu'on peut se rapprocher de l'incidente rasante de la lumière, mais qu'on ne peut jamais l'atteindre. Le contraire se produit quand on tient le prisme de manière que la lumière sorte presque en le rasant, $\cos\eta$ devenant à peu près nul. On a alors

$$\frac{d\eta}{d\varepsilon} = -\infty.$$

Si r_0 est la distance de la fente au prisme et r_2 la distance apparente du prisme à l'image pour des rayons divergeant dans un plan horizontal, **11b**) donne

$$\sqrt{r_0} : \sqrt{r_2} = d\eta : d\varepsilon.$$

Pureté du spectre.

Plus la différence dn de l'indice de réfraction des couleurs qui se superposent en un même endroit du spectre est faible, plus le spectre est pur ; nous pouvons donc considérer la valeur de dn comme mesurant l'impureté.

Nommons rayon réfracté celui qui va de l'endroit considéré du spectre au point nodal de l'œil ; la position de ce rayon, et, par suite, la valeur de l'angle η, sont déterminées. Au contraire, l'angle ε est différent pour des rayons qui proviennent des différentes parties de la fente, et, pour les différentes couleurs, l'indice de réfraction diffère. Dans les trois équations

$$\begin{aligned} \sin\varepsilon &= n \sin\varepsilon_1, \\ \sin\eta &= n \sin\eta_1, \\ \eta_1 + \varepsilon_1 &= \varphi ; \end{aligned}$$

considérons φ et η comme constants, ε, ε_1, η_1 et n comme variables, la différentiation nous donne les équations

$$\begin{aligned} \cos\varepsilon\, d\varepsilon &= \sin\varepsilon_1\, dn + n\cos\varepsilon_1\, d\varepsilon_1, \\ 0 &= \sin\eta_1\, dn + n\cos\eta_1\, d\eta_1, \\ d\eta_1 + d\varepsilon_1 &= 0 ; \end{aligned}$$

éliminant $d\varepsilon_1$ et $d\eta_1$, nous obtenons

$$\begin{aligned} \cos\varepsilon \,.\, \cos\eta_1 \,.\, d\varepsilon &= (\sin\varepsilon_1 \cos\eta_1 + \cos\varepsilon_1 \sin\eta_1)\, dn \\ &= \sin\varphi \,.\, dn. \end{aligned}$$

Si nous entendons par $d\varepsilon$ la largeur apparente de la fente, vue du prisme, la mesure de l'impureté du spectre est

$$dn = \frac{\cos\varepsilon \,.\, \cos\eta_1}{\sin\varphi}\, d\varepsilon \quad \ldots\ldots\ldots\ldots \quad 13).$$

Quand ε s'approche de l'angle droit, c'est-à-dire pour l'incidence rasante de la lumière, il vient $\cos\varepsilon = 0$, et par suite aussi $dn = 0$. Pour une grandeur donnée de la fente, c'est donc dans ces conditions que le spectre devient le plus pur; mais en même temps, pour une incidence aussi oblique, l'ouverture du prisme devient très-petite, la perte de lumière devient très-grande, et, en somme, il reste plus avantageux d'obtenir la pureté du spectre en rétrécissant la fente de manière à diminuer $d\varepsilon$, ce qui ne présente ordinairement aucune difficulté.

Intensité lumineuse du spectre.

En ce qui concerne l'intensité lumineuse du spectre, si l'on néglige les pertes causées par la réflexion de la lumière sur les surfaces de verre, et si l'ouverture du prisme est plus grande que celle de la pupille ou que celle de l'objectif, suivant qu'on observe à l'œil nu ou avec une lunette, le rapport de l'intensité h de la fente, relative à une couleur simple quelconque, à l'intensité de son image, est égal à l'inverse du rapport de la largeur $d\varepsilon$ de la fente à la largeur $d\eta$ de l'image : on a

$$h\,d\varepsilon = h_1\,d\eta\,,$$

ou bien, en tenant compte du rapport précédemment trouvé, de $d\varepsilon$ à $d\eta$,

$$h_1 = h\,\frac{\cos\eta\,\cos\varepsilon_1}{\cos\varepsilon\,\cos\eta_1}\,.$$

Or l'intensité H d'un endroit quelconque du spectre est égale à la somme des intensités h_1 de toutes les couleurs simples qui viennent s'y superposer. En général, nous pouvons admettre que des couleurs simples, de longueur d'onde λ très-peu différente, possèdent la même intensité. Si nous désignons par $d\lambda$ et par dn l'intervalle de la longueur d'onde et de la réfrangibilité qui comprend les couleurs qui se superposent, nous pouvons écrire

$$H = h_1\,d\lambda = h_1\,\frac{d\lambda}{dn}\,dn,$$

et, en substituant la valeur de dn donnée par 13), il vient

$$H = h\,\frac{\cos\eta\,\cos\varepsilon_1}{\sin\varphi}\,d\varepsilon\,.\,\frac{d\lambda}{dn},$$

où ε désigne la largeur apparente de la fente. Pour comprendre la signification de cette expression de H, remarquons encore que si nous déterminons l'angle $d\eta$ sous lequel les couleurs comprises dans l'intervalle dn sont vues dans le spectre idéal, parfaitement pur, qu'on obtiendrait en remplaçant la fente par une ligne mathématique, on obtient le rapport $\frac{d\eta}{d\lambda}$, que nous désignerons par l, au moyen d'une différentiation analogue à celle faite précédemment :

$$\frac{d\eta}{dn} = \frac{d\eta}{d\lambda}\frac{d\lambda}{dn} = l\,\frac{d\lambda}{dn} = \frac{\sin\varphi}{\cos\eta\,\cos\varepsilon_1}.$$

Il vient alors

$$H = \frac{h\,.\,d\varepsilon}{l}.$$

Donc, en ne tenant pas compte des pertes par réflexion et par absorption, pour un prisme d'indice de réfraction quelconque et pour des angles de réfraction quelconques, *l'intensité du spectre est directement proportionnelle à l'intensité que possèdent les couleurs considérées dans la lumière employée, directement proportionnelle à la largeur apparente de la fente, et inversement proportionnelle à la longueur apparente de la partie considérée du spectre.*

Lorsque la réfraction se fait avec la déviation minimum, la largeur apparente de la fente est égale à celle de l'image, et l'on peut considérer la quantité $\frac{l}{d\varepsilon}$ comme mesurant la pureté du spectre. Donc, dans ces conditions, *l'intensité de la lumière qui pénètre par la fente restant constante, l'intensité du spectre est simplement en raison inverse de sa pureté.* On voit que pour obtenir un spectre aussi pur que possible, il faut employer la lumière la plus intense possible.

Par contre, il serait théoriquement possible d'obtenir une intensité un peu plus grande, sans nuire à la pureté du spectre, en augmentant simultanément l'angle d'incidence à la première surface réfringente et la largeur de la fente; mais pour maintenir constante la longueur du spectre, il faudrait augmenter aussi l'angle réfringent. En pratique, il n'y a rien à gagner par ce moyen, car la perte de lumière par réflexion augmente avec l'angle d'incidence, et, de plus, les petites aberrations des surfaces réfringentes, qui ne sont jamais parfaitement planes, amènent une confusion de l'image d'autant plus grande, que l'angle d'incidence est plus considérable.

Jusqu'ici nous avons supposé qu'on faisait usage des prismes sans verres grossissants. — Comme toute autre image optique, le spectre prismatique peut servir d'objet pour une lunette et être grossi à volonté. Il est évident que cette modification n'altère en rien la pureté du spectre; l'intensité de l'image reste également inaltérée par le grossissement, si la lunette possède une ouverture suffisante pour faire voir les objets avec leur intensité naturelle et si l'ouverture du prisme est égale à celle de la lunette. Les règles que nous avons établies plus haut pour l'intensité et pour la pureté du spectre restent également applicables si l'on désigne par $d\varepsilon$ la grandeur apparente de la fente, par $d\eta$ celle de l'image et par l la longueur de la portion déterminée du spectre, telles qu'elles se présentent à travers la lunette. La condition relative à l'intensité explique du reste pourquoi, dans les expériences sans lunette, il suffit de tout petits prismes, tandis qu'avec une lunette il faut prendre un prisme d'autant plus grand, que le grossissement est plus considérable.

Dans la mise au point de la lunette qui sert à observer le spectre, il faut encore remarquer que les bandes colorées et les lignes obscures apparaissent nettement à la réunion des rayons qui divergent horizontalement (en supposant, comme nous l'avons fait constamment, que la fente et le bord réfringent sont verticaux); tandis qu'au contraire la limite supérieure et la limite inférieure du spectre et les lignes horizontales qui peuvent se produire par de petites irrégularités des bords de la fente où par des filaments de poussière qu'elle peut contenir, sont vus nettement pour la distance qui appartient aux rayons divergeant verticalement. C'est donc seulement pour la position du prisme qui donne la déviation minimum qu'on peut mettre la lunette au point en même temps pour les lignes verticales et pour les lignes horizontales. D'ailleurs, lorsque les faces du prisme sont complétement planes, cette mise au point est la même que celle exigée pour voir distinctement la fente sans interposition d'un prisme. Si, partant de la déviation minimum, on fait tourner le prisme de manière à rapprocher son arête réfringente de l'objectif de la lunette, les bandes colorées et les lignes obscures exigent une mise au point pour une plus grande distance; il faut, au contraire, mettre au point pour une distance plus petite, si l'on fait tourner le prisme en sens inverse; quant au point pour les lignes horizontales, il reste invariable dans les deux cas.

Pour produire un spectre, on fait tomber sur un prisme de la lumière passant par une fente étroite; on peut laisser pénétrer dans l'œil, soit directement, soit à travers une lunette, la lumière qui a traversé le prisme; on peut encore, au moyen d'une lentille, en former une image objective du spectre.

Comme *source lumineuse*, on peut employer un corps lumineux quelconque. — On sait que les différents corps lumineux par eux-mêmes, terrestres ou célestes, possèdent des intensités lumineuses différentes relativement aux différentes couleurs, et que la disposition des lignes claires et des lignes obscures qu'ils présentent varie également pour ces différents corps. Si l'on veut se servir du spectre solaire et que l'on se contente de voir les lignes obscures les plus marquées et les couleurs ordinairement visibles, il suffit de réfléchir la lumière du ciel à l'aide d'un miroir, ou de recevoir la lumière solaire sur une feuille de papier; seulement, par l'emploi du miroir, le jaune et l'orangé sont un peu faibles. Ces procédés d'éclairage présentent l'avantage de se maintenir longtemps inaltérés. Pour voir les lignes obscures les plus marquées, D, F et G, il suffit de regarder à l'œil nu, à travers un prisme de flint-glass dont l'angle réfringent soit de 50°, une fente de 1^{mm} de largeur située à $0^m,4$ de distance; en se mettant deux fois plus loin, on voit déjà la plupart des lignes que Fraunhofer a désignées par de grandes lettres. Il suffit de trouver la position exacte à donner au prisme pour que l'œil puisse s'accommoder pour les lignes.

Si l'on a besoin d'un spectre plus pur, afin de voir aussi les lignes obscures les plus fines, ou si l'on veut rendre visibles les limites extrêmes du spectre, il faut disposer un miroir de manière à envoyer à travers la fente, sur le prisme, la lumière d'une partie du ciel voisine du soleil ou celle du soleil lui-même ; comme le soleil se déplace constamment, il faut changer la position du miroir à peu près toutes les trois minutes, ou le fixer sur un héliostat qui lui communique un mouvement convenable.

Si l'on ne tient pas à voir les lignes obscures les plus fines, ou si l'on peut mettre la fente à une très-grande distance du prisme, il suffit de tailler, dans du papier opaque, la *fente*, qui est l'objet véritable de l'image prismatique. Si l'on a besoin au contraire, d'une fente très-étroite, le mieux est d'employer les lames de S'Gravesande. — Sur une plaque de laiton carrée (fig. 109) sont fixées deux rainures *ab*, *ab*, entre les extrémités *aa* desquelles est fixée une lame *aa cc* dont le bord *cc* est tranchant. En regard de ce bord vient se placer le bord également tranchant *dd*, d'une autre lame *dd ee* qui peut glisser dans les rainures. Ce mouvement se produit à l'aide de la vis *f*, à pas très-court, dont l'écrou est porté par la cheville *g*, fixée à la plaque de laiton de manière à pouvoir tourner un peu autour de son axe. Cette disposition permet d'amener les deux tranchants *cc* et *dd*, avec une précision extrême, à la distance désirée, et, si l'appareil est bien construit, ils restent toujours parallèles. La plaque de laiton est évidée de manière à ne pas arrêter la lumière qui a traversé la fente.

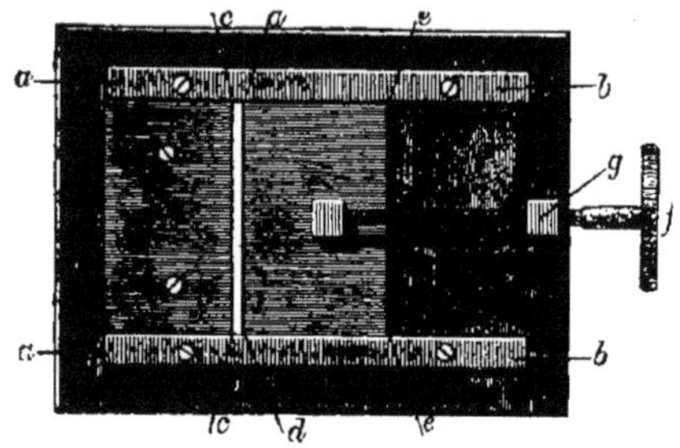

Fig. 109.

Il faut fixer les lames de S'Gravesande sur un écran obscur suffisamment grand, et leur face qui est tournée du côté de l'observateur doit aussi être noircie. L'écran doit être assez grand pour qu'il ne puisse se trouver, dans le voisinage de la fente, aucun objet éclairé dont le spectre puisse atteindre celui de la fente. Dans toutes les expériences qui n'exigent pas la suppression complète des moindres traces de lumière blanche, il est plus important que l'écran soit *uniformément* obscur qu'*absolument* obscur. En effet, le prisme donne des couleurs partout où il y a inégalité d'éclairage, fût-ce même seulement le contraste entre le noir de velours et le noir grisâtre, tandis qu'une surface uniformément éclairée ne présente rien de semblable. On peut donc parfaitement bien faire bon nombre d'expériences de ce genre dans une chambre éclairée, pourvu qu'on entoure la fente d'un écran suffisamment grand et uniformément noirci.

Lorsqu'il importe, au contraire, de supprimer complétement la lumière blanche, dans les expériences, par exemple, destinées à démontrer l'indivisibilité et l'inaltérabilité de la lumière homogène, ou dans la recherche des limites du spectre, il faut rendre complétement obscur l'écran qui contient la fente. La manière la plus commode d'y parvenir est d'employer une chambre obscure disposée pour les expériences d'optique, et dont les volets ferment hermétiquement; on établit alors la plaque qui porte les tranchants dans une ouverture des volets mêmes. On peut du reste, au besoin, arriver au même résultat dans une chambre ordinaire, en ne laissant, entre les rideaux et les volets, qu'une fente étroite qui laisse pénétrer la lumière. On dispose la fente au fond d'une boîte noircie à l'intérieur, et dont l'ouverture est dirigée vers l'observateur. Les parois de la boîte empêchent la lumière latérale d'en atteindre le fond, ce qui le rend déjà très-sombre. Sur les côtés de la fente, on colle, au fond de la boîte, deux bandes de velours noir dont la largeur est égale à la longueur de la fente et dont la longueur dépasse un peu celle du spectre qui se forme dans le plan de la fente, de sorte que tout le spectre est projeté sur la surface du velours. Il faut, en outre, au moyen d'écrans convenablement disposés, s'arranger de manière à empêcher la lumière des parties éclairées de la chambre de ne venir frapper ni le prisme, ni les lentilles de la lunette, ni l'œil de l'observateur.

L'emploi d'un écran complétement noir dans une chambre obscure ne suffit pas encore pour débarrasser le spectre de toutes les traces visibles de lumière blanche, tant que le prisme même, les lentilles de la lunette et l'œil de l'observateur reçoivent de la lumière intense et de plusieurs couleurs. Dans la théorie de la formation des images prismatiques développée plus haut, nous n'avons considéré que la lumière régulièrement réfractée. Mais il faut remarquer que toute surface réfringente *réfléchit* aussi de la lumière, et que, dans toute substance transparente, solide ou fluide, une petite quantité de lumière est *diffusée* irrégulièrement dans toutes les directions.

Quant aux réflexions, considérons d'abord celles qui se présentent dans le prisme lorsque la face opposée au bord réfringent n'a pas été noircie par une couleur à l'huile ou par un vernis d'asphalte et qu'on ne lui a pas enlevé son pouvoir réflecteur. — Si cette face est dépolie, elle s'éclaire, en général, toutes les fois que le prisme laisse passer de la lumière. Soit (fig. 110) *abcd* le trajet d'un rayon venant de *d*, et soit *a* l'œil de l'observateur, celui-ci voit, dans la position apparente *fε*, une image réfléchie de la face *fe* du prisme, image qui paraît éclairée lorsque cette face du prisme est éclairée, et envoie, par conséquent, de la lumière blanche diffuse dans le champ visuel de l'observateur. — Si la face *fe* est au contraire polie comme les autres, elle réfléchit régulièrement la lumière, et, en particulier dans les prismes dont la section est un triangle équilatéral, le point *a* reçoit de la lumière non-seulement suivant la direction *dcba*, mais encore, après trois réflexions en *b*, *g* et *c*, il lui en arrive suivant le trajet *dcbgcba*. Cette lumière n'est pas décomposée; elle est blanche et forme dans le champ visuel de l'observateur une image blanche et pâle de la fente, qu'on peut employer pour obtenir exacte-

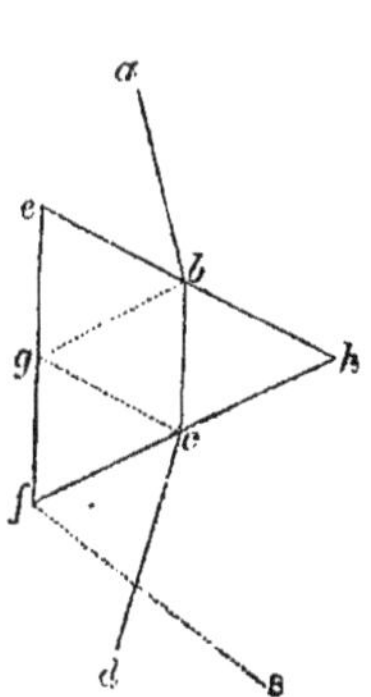

Fig. 110.

ment le minimum de déviation. En effet, dans les prismes dont la section est un triangle équilatéral, cette image blanche coïncide exactement avec la couleur du spectre qui a subi la déviation minimum. Une semblable image blanche de la fente, faible et exactement limitée, est sans doute peu à craindre dans nos expériences ; occupant une portion relativement peu étendue du champ visuel, elle est moins préjudiciable que l'image réfléchie qui se forme de la face *fe*, lorsque cette face est dépolie. En revanche, cette face, lorsqu'elle est polie, peut envoyer à l'œil de l'observateur la lumière d'objets placés latéralement, ce qu'on doit soigneusement éviter. Le mieux est, assurément, de noircir tout le prisme, à l'exception des deux faces réfringentes.

Quand on examine le spectre à travers une lunette, il faut considérer encore les reflets des surfaces antérieures et postérieures des lentilles. Ces surfaces donnent de petites images régulières et peu intenses des objets situés en avant de la lunette; ces images sont, en général, placées de telle sorte que l'œil observateur ne peut pas s'y adapter, et, pour cette raison, elles communiquent au champ visuel un faible éclairage blanc. On remarque facilement cet éclairage en dirigeant une lunette sur un objet d'un noir foncé, environné d'objets très-éclairés. Le champ visuel se dessine alors, par son faible éclairage, sur le diaphragme noir de l'oculaire.

La diffusion de la lumière dans les masses de verre produit un effet analogue, mais plus difficile à annuler. — Tout verre, quelle que soit sa limpidité, paraît louche et blanchâtre dès qu'on l'examine au devant d'un fond obscur, en l'éclairant fortement par la lumière directe du soleil : c'est surtout visible quand l'œil regarde à peu près suivant la direction des rayons incidents. Ainsi que nous l'avons déjà fait remarquer plus haut (1), la même chose se produit pour la cornée et le cristallin de l'homme. Il faut donc considérer que chaque masse de verre, diffuse une certaine portion, quoique relativement faible, des rayons qui la traversent et que la lumière ainsi diffusée remplit le champ visuel de l'observateur. De même, il se répand toujours sur la rétine entière une très-petite partie de toute lumière qui pénètre dans l'œil. Cette lumière diffusée irrégulièrement possède assurément une intensité extrêmement faible, en comparaison de la lumière régulièrement réfractée ou réfléchie; cependant elle devient sensible lorsqu'on examine des parties très-peu intenses du spectre. C'est par exemple pour cette raison que, dans la disposition ordinaire des expériences spectrales, on ne perçoit ni l'ultrarouge de la ligne A, ni l'ultraviolet; on remarque aussi très-bien cette diffusion lorsqu'on affaiblit, au moyen de verres ou par des liquides colorés, quelques parties du spectre : le ton de ces parties peut être considérablement modifié par la faible lumière qui est diffusée dans le champ visuel.

Dans les expériences sur des parties peu éclairées du spectre, on ne peut surmonter complétement cette difficulté qu'en supprimant, autant que possible, toute lumière autre que celle à examiner, de manière à laisser cette dernière seule tra-

(1) Voyez pp. 20 et 193.

verser la fente et tomber avec une grande intensité sur le prisme et la lunette. Dans certains cas, il suffit, à cet effet, de placer des verres colorés entre la source lumineuse et la fente, un verre rouge, par exemple, pour rendre visible le rouge extrême du spectre.

Un procédé plus général et plus parfait consiste à disposer successivement deux prismes et deux fentes, de sorte que la seconde fente, dont l'image doit fournir le spectre, ne laisse plus passer que l'espèce de lumière qu'on veut examiner. — La figure 111 donne le schéma de cette disposition. Le rayon lumineux incident

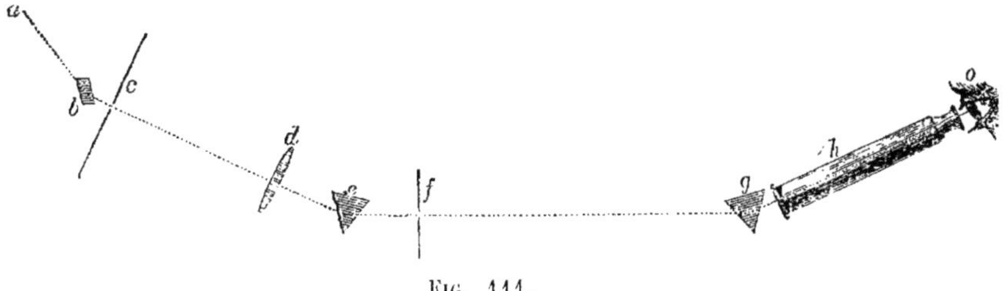

Fig. 111.

atteint en *b* le miroir de l'héliostat, traverse la fente de l'écran *c* qui, en général, ne doit pas être bien étroite ; puis, à travers la lentille *d* et le prisme *e*, elle arrive sur l'écran *f*, dont la distance à la lentille est telle que les rayons partis de la fente *c* s'y réunissent ; il se forme ainsi, sur cet écran, une image de cette fente, allongée en spectre. Il n'est pas nécessaire, en général, que ce premier spectre soit bien pur. Au contraire, lorsqu'on veut examiner une partie un peu large du spectre, comme la partie ultraviolette, par exemple, il doit être assez impur pour présenter une place où tous les rayons ultraviolets se superposent. C'est pour produire cet effet à volonté qu'il est très-avantageux de placer le prisme entre la lentille et l'écran. Si l'on rapproche l'écran du prisme et que l'on éloigne la lentille d'une quantité équivalente, le spectre devient moins long et moins pur. Il devient au contraire plus long et plus pur, lorsqu'on éloigne l'écran du prisme. L'écran *f* porte la fente étroite que forment les lames de S'Gravesande, et qu'on place de manière à recevoir précisément celle des couleurs du spectre qu'on veut examiner. Si l'on veut, par exemple, examiner l'ultraviolet, on déplace la fente de manière à la placer le long du bord extrême du violet visible. Dans ces conditions, la fente laisse passer de la lumière ultraviolette régulièrement réfractée, aussi intense que la fournit le soleil, et en même temps un peu de lumière blanche, diffusée par la substance du prisme ou par celle de la lentille, ou bien qui a subi plusieurs réflexions sur leurs surfaces. Cette lumière est certainement beaucoup plus faible que la lumière solaire régulièrement réfractée dans le spectre ; mais elle est cependant assez intense pour masquer entièrement l'ultraviolet sur l'écran *f*. La lumière qui a traversé la fente *f* arrive ensuite au second prisme *g*, puis à l'œil de l'observateur, soit immédiatement, soit par l'intermédiaire d'une lunette, à moins qu'on ne préfère ajouter une lentille, au foyer de laquelle se forme une image objective du spectre qu'on peut recevoir sur un écran.

Comme la fente f a encore laissé passer un peu de lumière blanche, on obtient, ici encore, un spectre complet ; mais toutes les parties de ce spectre sont très-pâles, excepté l'ultraviolet, ou en général la couleur du spectre qu'on fait passer à travers la fente f, après réfraction par le premier prisme. Bien qu'il y ait une certaine quantité de lumière irrégulièrement diffusée par le second prisme g, par les lentilles de la lunette h et par l'œil o de l'observateur, toute lumière autre que l'ultraviolet est déjà trop affaiblie pour qu'on puisse percevoir les faibles parties qui en sont diffusées. Par le fait, on réussit, dans ces conditions, à voir même dans une lunette le spectre se détacher sur un fond noir ; le contour du diaphragme ne se distingue plus sur le fond qu'aux points où il délimite le spectre. Alors seulement qu'on obtient un fond aussi complétement noir, on peut être sûr d'avoir obtenu de la lumière monochromatique pure.

Dans ces conditions, l'œil peut voir directement l'ultraviolet de la lumière solaire, et c'est seulement avec ces précautions que l'on réussit à démontrer que la lumière homogène ne change pas de couleur en traversant les verres colorés. Tant que le spectre est lavé d'une petite quantité de lumière blanche diffuse, les milieux colorés qui affaiblissent considérablement par l'absorption la couleur à examiner paraissent en altérer la nuance. C'est ainsi que, si l'on interpose un verre coloré en bleu par le cobalt, tandis qu'on observe le jaune, ce verre éteint presque entièrement le jaune du spectre, tandis qu'il laisse passer avec toute leur intensité les rayons bleus de la lumière blanche diffusée, de telle sorte que ces rayons bleus, se mêlant au jaune affaibli par l'absorption, donnent, au lieu du jaune, une couleur mêlée, blanche ou même blanc bleuâtre : cette couleur mêlée ne contient pas, comme le croyait D. Brewster, de la lumière à un seul degré de réfrangibilité, mais elle peut être décomposée par un second prisme en lumières de couleurs et de réfrangibilités différentes. Si l'on fait, au contraire, cette expérience sur un spectre complétement dépourvu de lumière diffuse, le jaune homogène, en traversant un verre bleu, reste toujours jaune, même en éprouvant l'affaiblissement le plus considérable. Nous ne pouvons donc pas, à l'exemple de Brewster, conclure de cette expérience, et d'autres analogues, que la lumière d'une même réfrangibilité et d'une même longueur d'onde est encore composée de trois couleurs différentes, rouge, bleue et jaune, couleurs qui seraient mêlées en diverses proportions dans les différentes parties du spectre, et qui pourraient être isolées à l'aide de l'absorption par les milieux colorés. Les expériences sur lesquelles Brewster appuie ces conclusions reposent en partie sur la circonstance dont nous venons de parler, en partie sur des effets de contraste, et en partie aussi sur la relation, que nous avons fait remarquer plus haut, entre le ton et l'intensité de la lumière (1).

A l'aide de la méthode que nous venons d'exposer, et que nous avons représentée schématiquement par la figure 111, on peut rendre le spectre ultraviolet directement visible à l'œil dans toute sa longueur. — Il n'est pas nécessaire d'employer des substances fluorescentes ; cependant, pour la lumière ultraviolette

(1) Helmholtz, Ueber D. Brewster's neue Analyse des Sonnenspectrum, in *Pogg. Ann.*, LXXXVI, 501. — Bernard, in *Ann. de chim.*, XXXV, 385-438.

extrême, les lentilles et les prismes, au lieu d'être de verre, doivent être tous de cristal de roche, car le verre absorbe sensiblement les rayons ultraviolets extrêmes. Dans ces conditions, on voit aussi très-distinctement le nombre considérable de lignes obscures que contient cette partie du spectre. J'avais cru pouvoir augmenter l'intensité du spectre ultraviolet, dans la lunette, en plaçant, dans le champ de l'oculaire, une couche mince de solution de quinine, entre deux lames de quartz. De cette manière, le spectre se forme précisément sur la solution de quinine et en produit la fluorescence. Regardant la surface de la quinine à travers l'oculaire, on voit l'image telle qu'elle se présente sans quinine; seulement au lieu de lumière ultraviolette, elle est formée de lumière blanc bleuâtre, de réfrangibilité moyenne. Mais, dans ma lunette, loin d'être augmentée, comme je m'y attendais, l'intensité de la lumière était presque égale à celle de la lumière ultraviolette vue directement, elle était même plutôt moindre, et les lignes étaient moins distinctes à cause de l'épaisseur de la couche de quinine. Pour expliquer ce contretemps, il faut remarquer que l'objectif de la lunette ne laisse pénétrer dans l'instrument qu'un cône lumineux étroit; mais que toute ou presque toute la lumière de ce cône pénètre dans l'œil et éclaire la rétine, lorsqu'on n'interpose pas de quinine, tandis que si la lumière ultraviolette tombe sur une solution de quinine, elle se diffuse ensuite suivant toutes les directions de l'espace; l'œil de l'observateur ne reçoit qu'une faible partie de cette lumière, et c'est pour cette raison que sa rétine n'est pas plus fortement éclairée, bien que la fluorescence ait considérablement augmenté l'intensité de la lumière. C'est sur cette expérience que repose ce que nous avons dit plus haut sur le rapport entre l'intensité de la lumière ultraviolette naturelle et l'intensité de la fluorescence qu'elle produit sur la quinine.

Soit a l'ouverture de la lentille objective ou celle du prisme qui est en avant de cette lentille, si c'est lui qui limite la base du cône lumineux, soit r la distance de l'image; supposons, de plus, que, de la position de l'image comme centre, on ait construit une surface sphérique de rayon r, la lumière ultraviolette, en se propageant sans obstacle, n'éclairerait, sur la surface sphérique, qu'une portion de grandeur a. Mais si l'image tombe sur une solution de quinine, elle éclaire d'une manière uniforme toute la sphère dont la surface est $4\pi r^2$. Ainsi, dans le premier cas, la lumière est plus concentrée que dans le second suivant le rapport $\frac{4\pi r^2}{a}$; et si un œil, dont la pupille est complétement plongée dans le faisceau lumineux de ces deux sortes de lumière les voit avec une intensité égale, il s'ensuit que, pour un même mode de propagation, la lumière fluorescente serait plus intense dans le rapport $\frac{4\pi r^2}{a}$. Cette fraction était égale à 1200 dans mon appareil, après les corrections nécessaires. Il en résulte donc que la lumière ultraviolette, reçue sur un écran de quinine, doit paraître 1200 fois plus intense que lorsqu'elle est reçue sur une surface blanche, mate et non fluorescente de porcelaine.

Il est facile d'observer et de reconnaître, dans tout spectre, la fluorescence des substances très-fluorescentes. Mais lorsqu'il s'agit de percevoir les degrés faibles de fluorescence, tels que les offre la rétine, on peut se servir de l'appareil représenté fig. 111 en y faisant les modifications suivantes. On rend le premier spectre très-impur en supprimant la première fente c et rapprochant le prisme e de l'écran f. On fait en sorte que la limite du violet affleure exactement au bord de la fente, largement ouverte, de l'écran f. Au lieu de la lunette h, on se sert seulement de l'objectif et l'on met les substances à examiner au foyer de cette lentille, point où la lumière ultraviolette est le plus concentrée et débarrassée de toute lumière blanche. Il n'existe presque aucune substance qui, dans ces conditions, ne présente pas de traces de fluorescence. Comme, dans ces expériences, la lumière ultraviolette non modifiée peut encore être visible, on regarde la substance à examiner à travers un verre jaune ou vert (le vert d'urane est le plus convenable), qui éteint la lumière ultraviolette, ou bien à travers un prisme faiblement réfringent qui sépare la lumière ultraviolette d'avec les couleurs de réfrangibilité moyenne. — On peut facilement démontrer la fluorescence du cristallin et de la cornée en amenant un œil vivant au foyer de la lumière ultraviolette. Le cristallin devient alors tellement lumineux qu'on reconnaît sa position immédiatement derrière l'iris (voy. p. 20) ainsi que sa forme, bien mieux qu'avec l'éclairage à la lumière ordinaire. Le cristallin fluorescent diffuse évidemment, d'une manière uniforme, une grande quantité de lumière blanc bleuâtre sur tout le fond de l'œil. Si l'on examine, au contraire, un spectre ultraviolet, celui-ci est très-nettement et très-finement dessiné. Il ne faut donc pas croire que l'œil ne voit la lumière ultraviolette qu'à cause de la fluorescence du cristallin : la fluorescence ne pourrait pas donner une image rétinienne nettement délimitée.

L'examen du rouge extrême se fait de la même manière que celui de l'ultraviolet.

Les méthodes pour mesurer les longueurs d'onde font partie de l'optique physique, à laquelle nous devons renvoyer pour cette étude.

Avant l'époque de NEWTON, la théorie des couleurs ne se composait guère que d'hypothèses mal définies. Comme la lumière colorée, extraite de la lumière blanche totale, possède nécessairement, comme partie, une intensité toujours moindre que le tout, on considérait anciennement cette diminution de l'intensité lumineuse comme la condition essentielle de la couleur, et l'opinion d'ARISTOTE, d'après laquelle la couleur proviendrait d'un mélange de blanc et de noir, comptait un grand nombre d'adhérents. ARISTOTE lui-même se demande s'il doit considérer ce mélange comme une véritable combinaison ou plutôt comme une superposition ou une juxtaposition atomique. L'obscur, d'après lui, doit provenir de la réflexion de la lumière par les corps, puisque toute réflexion affaiblit la lumière. Ce fut là l'opinion généralement admise jusqu'au commencement de l'époque moderne. On la retrouve chez MAUROLYCUS, JOH. FLEISCHER, DE DOMINIS, FUNK, NUGUET (voyez l'histoire de la théorie des couleurs de GÖTHE), et, dans ces derniers temps, GÖTHE a encore cherché à la défendre, dans sa théorie des couleurs. Il ne prétend pas précisément donner une explication physique des phénomènes chromatiques, — considérées à ce point de vue, ses propositions n'auraient aucun sens — ; il cherche seulement à établir, en général, les conditions sous lesquelles se produisent les couleurs ; suivant lui, ces conditions se présenteraient dans un *phénomène fondamental*, et il considère, comme présentant ce caractère, la coloration des milieux troubles. Un grand nombre de ces milieux rendent rouge la lumière qui les traverse, tandis que la lumière incidente les colore en bleu quand on les regarde devant un fond obscur. GÖTHE, adhérant, en général, à l'opinion d'ARISTOTE, et admettant que, pour produire des couleurs, la lumière doit être obscurcie, ou mêlée d'obscurité, crut avoir trouvé, dans les phénomènes des milieux troubles, le genre particulier d'obscurcissement qui produit, non le gris, mais les couleurs. Mais il n'explique nulle part quelle est la modification que la lumière subit alors. Il dit bien que le milieu trouble donne à la lumière quelque corps ou quelque ombre, nécessaire pour la formation de la couleur, mais il n'explique pas plus en détail comment il comprend cet effet. Il est impossible qu'il ait voulu dire que la lumière entraîne quelques particules des corps, et cependant, s'il avait eu l'intention de donner une explication physique, c'est la seule signification qu'on pourrait attribuer à ses paroles.

Göthe considère, de plus, tous les corps transparents comme faiblement troubles ; attribuant cette propriété aux prismes, il admet que le prisme communique un peu de son opacité à l'image qu'il présente à l'observateur. Il paraît avoir voulu dire par là que les prismes ne donnent jamais d'images tout à fait nettes, mais confuses et estompées. En effet, dans sa théorie des couleurs, il rapproche les images prismatiques des images accessoires que donnent les lames de verre parallèles et les cristaux de spath d'Islande. Les images du prisme sont toujours estompées, il est vrai, dans la lumière composée, mais elles sont complétement nettes dans la lumière simple, que Göthe paraît n'avoir jamais vue, puisqu'il dédaignait d'appliquer les méthodes compliquées qui sont nécessaires pour l'obtenir. Si l'on examine, à travers le prisme, une surface éclairée sur fond obscur, l'image, dit-il, est déviée et troublée par le prisme. Le bord antérieur de cette image dépasse le fond obscur et apparaît comme un trouble clair en avant d'un bleu foncé. Le bord postérieur de la surface éclairée, au contraire, est recouvert par l'image trouble du fond noir qui le suit, et apparaît rouge jaune, étant un clair, vu à travers un trouble foncé. Pourquoi le bord antérieur se présente-t-il en avant et le bord postérieur en arrière du fond? C'est ce que Göthe n'explique pas. Cette exposition des faits serait également un non-sens, si l'on voulait la prendre comme une explication physique. En effet, l'image prismatique que l'on voit dans ces cas est virtuelle, et n'est, par conséquent, que le lieu géométrique où se couperaient les prolongements postérieurs des rayons lumineux qui pénètrent dans l'œil observateur ; cette image ne peut donc pas produire les effets physiques d'un milieu trouble. On voit qu'il ne faut considérer ces descriptions de Göthe que comme des représentations sensibles des phénomènes et non pas comme des explications physiques. Dans ses ouvrages scientifiques, il s'applique toujours à ne pas abandonner le terrain des perceptions des sens, tandis qu'une explication physique doit nécessairement remonter aux forces, qui ne peuvent naturellement jamais être prises comme objet des perceptions sensuelles, et qui sont exclusivement du ressort de l'intelligence.

Les expériences que Göthe cite dans sa théorie des couleurs sont exactement observées et vivement décrites ; leur exactitude n'est pas contestable. Mais il ne paraît jamais avoir répété, ni même vu, les expériences décisives, à l'aide de la lumière simple, isolée de la manière la plus complète possible, sur lesquelles s'appuie la théorie de Newton. Ses attaques violentes contre Newton reposent plutôt sur ce que les hypothèses fondamentales de Newton lui parurent absurdes, que sur des objections sérieuses contre ses expériences ou ses raisonnements. Quant au motif pour lequel l'hypothèse de Newton, d'après laquelle la lumière blanche est composée de lumière de diverses couleurs, lui paraît si absurde, nous le trouvons dans son point de vue artistique, qui le forçait à chercher immédiatement dans la perception sensuelle l'expression de toute beauté et de toute vérité. La physiologie des sensations n'était pas encore développée à cette époque, et la composition de la lumière blanche, soutenue par Newton, était le premier pas expérimental bien décisif qui eût été fait pour reconnaître la signification purement subjective des sensations. Göthe avait donc un juste pressentiment, lorsqu'il s'opposait violemment à ce premier pas, qui menaçait de détruire la « belle apparence » des sensations.

La théorie des couleurs de Göthe dut en partie son succès en Allemagne à ce que le gros du public, n'étant pas exercé à la rigueur des recherches scientifiques, était naturellement porté à suivre une représentation saisissable et artistique du sujet, plus volontiers que les abstractions mathématiques d'une théorie physique. De plus, la philosophie hégélienne s'empara de la théorie de Göthe pour la faire concourir à son but. Comme Göthe, Hégel voulait voir dans les phénomènes de la nature l'expression immédiate de certaines idées ou de certains échelons du développement dialectique de la pensée ; c'est là le caractère qui lui est commun avec Göthe et c'est là aussi le motif de son opposition systématique contre la physique théorique.

Descartes, à l'occasion de ses recherches sur la théorie de l'arc-en-ciel, émit une nouvelle hypothèse d'après laquelle les particules qui constituent la lumière posséderaient, outre leur mouvement rectiligne, un mouvement de rotation autour de leur axe, et ce serait la vitesse de cette rotation qui déterminerait la couleur. La rotation et, par suite, la couleur, pourraient être modifiées, du reste, par l'action de corps transparents. Hooke et de La Hire édifièrent, de même, des théories mécaniques; le dernier fit dépendre les couleurs de la vitesse avec laquelle la lumière vient frapper le nerf optique.

Enfin, NEWTON démontra la composition de la lumière blanche; il l'isola de la lumière simple, fit voir qu'elle est colorée et que sa couleur ne peut plus être modifiée ni par l'absorption ni par la réfraction, que les couleurs différentes possèdent des réfrangibilités différentes et que les colorations des objets proviennent des différences dans l'absorption et la réflexion des différentes sortes de rayons lumineux. Il va d'ailleurs jusqu'à attribuer la couleur des rayons lumineux à leur action sur la rétine : ainsi les rayons lumineux eux-mêmes ne sont pas rouges, mais leur action sur la rétine produit la sensation du rouge. Il admit la théorie de l'émission; il ne fit pas d'hypothèses sur la différence physique des différentes sortes de lumière.

Ce fut à peu près en même temps, en 1690, que HUYGHENS émit l'hypothèse d'après laquelle la lumière consiste dans les ondulations d'un milieu rare et élastique. EULER rapprocha cette hypothèse et les découvertes de NEWTON; il arriva à cette conclusion que les couleurs simples diffèrent par leur durée d'oscillation; seulement il admit d'abord que les plus rapides oscillations appartenaient aux rayons rouges, et ne rentra dans le vrai que plus tard. HARTLEY fit servir les colorations des lames minces à la défense de la théorie des ondulations. La question ne put être entièrement vidée qu'après la découverte du principe des interférences, par TH. YOUNG et par FRESNEL, et ce ne fut aussi qu'à la suite de cette découverte que la théorie des ondulations fut universellement admise.

D. BREWSTER combattit l'assertion de NEWTON suivant laquelle la couleur des rayons dépend de leur réfrangibilité et les rayons d'un même degré de réfrangibilité possèdent une couleur homogène et invariable. Il crut avoir observé que la lumière homogène pouvait changer de couleur en traversant des milieux colorés, et crut pouvoir ainsi trouver du blanc dans la lumière homogène. Il conclut à l'existence de trois sortes de lumière, sous le nom de couleurs fondamentales, rouge, jaune et bleu; chacune de ces sortes de lumière donnerait, dans toute l'étendue du spectre, des rayons de tous les degrés de réfrangibilité, mais de telle façon que la lumière rouge dominât à l'extrémité rouge, la lumière jaune au milieu, et la lumière bleue à l'extrémité bleue. Les milieux colorés absorberaient en proportions diverses les rayons de même réfrangibilité et de couleurs différentes, de manière à les isoler. BREWSTER fut combattu par AIRY, DRAPER, MELLONI, HELMHOLTZ et F. BERNARD. Sauf quelques cas où la nuance de rayons très-affaiblis par des verres colorés a paru modifiée par l'effet de contraste de couleurs voisines plus vives, et sauf quelques autres cas où se faisait sentir la modification des couleurs causée, ainsi que nous l'avons vu plus haut, par la modification de l'intensité lumineuse, la plupart des observations que BREWSTER a fait valoir reposent sur ce qu'il se trouvait, comme nous l'avons montré, de la lumière blanche répandue en petite quantité sur le champ visuel et provenant, soit de réflexions multiples sur les surfaces, soit de diffusion dans la substance même des prismes et des milieux de l'œil.

NEWTON établit le premier la comparaison entre les couleurs simples et les sons; il se borna à comparer la largeur des bandes colorées, dans le spectre des prismes de verre, avec les intervalles musicaux de la gamme phrygienne. LAMBERT remarque déjà qu'il y a beaucoup d'arbitraire dans cette division, le spectre n'offrant pas de limites déterminées. Tout ce qu'on peut dire, selon lui, c'est que la largeur des bandes colorées augmente du rouge vers le violet, de telle sorte que, comme pour les sons en musique, il vaut mieux leur donner pour mesure la somme de leurs rapports que la somme de leurs largeurs. DE MAIRAN émit la même opinion. Cependant le père CASTEL n'en chercha pas moins à former un clavier de couleurs, fondé sur cette comparaison, et qui, par des successions déterminées de couleurs, devait produire des effets analogues à ceux de la musique. HARTLEY, qui chercha à ramener les différences de couleur à des vibrations de différentes longueurs, obtint de cette manière la possibilité d'une comparaison plus directe avec les vibrations des sons. C'est aussi dans ce sens que TH. YOUNG fit observer que l'étendue de la partie alors connue du spectre répond à une sixte majeure, et que le rouge, le jaune et le bleu, répondent à peu près aux rapports $8 : 7 : 6$. Depuis que, dans ces derniers temps, et notamment par les mensurations de FRAUNHOFER, on a acquis des notions plus exactes sur les longueurs d'onde des différentes couleurs, DROBISCH a de nouveau essayé d'établir la comparaison de l'échelle chromatique avec l'échelle musicale. Comme NEWTON, il compare la largeur des couleurs avec les intervalles de la gamme phrygienne $1 : \frac{9}{8} : \frac{6}{5} : \frac{4}{3} : \frac{3}{2} : \frac{5}{3} : \frac{16}{9} : 2$. Mais comme, d'après les chiffres de FRAUNHOFER, le rapport des longueurs d'onde des extrémités du spectre ordinairement visible est inférieur à une octave, DROBISCH élève tous ces rapports à une puissance à laquelle il a donné pour exposant, d'abord $\frac{2}{3}$, et, plus tard, $\frac{6}{7}$. Il obtient ainsi le tableau suivant, dans lequel les longueurs d'onde sont exprimées en millionièmes de millimètre :

Couleur	Limites		Ligne	
	688,1		Ligne B = 687,8
Rouge			C = 655,6
	622,0		
Orangé			D = 588,8
	588,6		
Jaune			
	537,7		
Vert			E = 526,5
	486,1		
Bleu			F = 485,6
	446,2		
Indigo			G = 429,6
	420,1		
Violet			H = 396,3.
	379,8		

Les limites des couleurs, dans ce tableau, s'accordent assez bien avec leurs limites véritables ; il serait peut-être mieux, ainsi que DROBISCH lui-même l'a déjà fait remarquer, de prendre la tierce majeure au lieu de la tierce mineure, et par conséquent, de construire la comparaison avec la gamme majeure ; alors la limite de l'orangé et du jaune serait plus près du jaune pur, tandis que, dans le schéma ci-dessus, elle se trouve dans le jaune d'or, en D. Mais, bien que la comparaison tombe assez d'accord, il ne faut pas oublier que toute la signification de la comparaison entre le son et la lumière est détruite par l'élévation des rapports musicaux à une puissance fractionnaire, que les extrémités du spectre sont choisies arbitrairement, puisqu'en réalité les faibles couleurs de ses extrémités s'étendent bien plus loin, enfin, que la division de NEWTON en sept couleurs principales est elle-même arbitraire, et a été choisie précisément pour l'analogie musicale. Le jaune d'or mériterait une place entre le jaune et l'orangé, au moins aussi bien que l'indigo, entre le bleu et le violet ; il en est de même du vert-jaune et du vert-bleu. Enfin, il faut remarquer qu'en réalité les couleurs du spectre n'ont pas de limites déterminées et que les divisions arbitraires n'ont été fixées que pour faciliter la nomenclature. Je pense donc, pour ma part, qu'il faut abandonner cette comparaison.

Enfin, dans ces derniers temps, UNGER a essayé de fonder, sur l'analogie des rapports des ondes lumineuses avec les intervalles musicaux, une théorie de l'harmonie esthétique des couleurs. — Il semble y avoir beaucoup de vrai dans les faits qu'il mentionne sur les couleurs harmoniques et qui sont, pour la plupart, déduits de l'observation judicieuse d'œuvres d'art, mais il y a quelque chose de forcé dans sa théorie de la comparaison avec les rapports musicaux. Il a réuni, sur son disque chromharmonique, des tons de couleurs qui doivent correspondre aux douze demi-tons de l'octave, et à cette fin, il a intercalé entre le violet et le rouge des tons pourpre qui n'existent pas comme couleurs simples. Il fait tomber, dans ces nuances pourpre, les lignes G, H, A de FRAUNHOFER, tandis qu'en réalité les deux premières limitent le violet pur et la dernière appartient au rouge pur. Les couleurs simples qui s'étendent au delà du violet sont bleues, en réalité, et non pas pourpres. Suivant UNGER, l'harmonie la plus parfaite doit répondre à l'accord majeur. Sur son disque, cet accord produit, par exemple, rouge, vert, violet, couleurs si souvent réunies par les peintres italiens. Mais le vrai accord majeur, si l'on prend le vert pour tierce majeure, serait rouge, vert, indigo. Les peintres antiques n'ont pas de bon rouge ; ils le remplacent par le minium, qui est l'orangé, et produisent ainsi l'accord : orangé, bleu-vert, violet-rouge. Les accords mineurs donnent une impression plus douce, moins éclatante, les accords augmentés ou diminués donnent une impression piquante, d'une moindre pureté artistique. Je crois que les observations exactes de UNGER, sur les effets des couleurs, reconnaissent une cause autre que ces analogies forcées avec la musique. Les couleurs saturées forment, en réalité, une série continue avec elle-même, si nous remplissons par des nuances pourpre la lacune qui existe entre les extrémités du spectre, et l'œil paraît goûter la réunion de trois couleurs qui se trouvent à des distances à peu près égales dans la série. La célèbre combinaison précitée des peintres italiens, rouge, vert, violet, ne correspond exactement à aucun accord majeur ; mais elle répond, en réalité, aux trois couleurs fondamentales de TH. YOUNG, et c'est là, peut-être, la cause de son action esthétique. D'autres couleurs, prises à égale distance l'une de l'autre, font également un effet satisfaisant. Lorsque deux des couleurs sont trop voisines, l'effet devient moins pur. C'est peut-être là le sens des observations d'UNGER ; du reste, on ne peut évidemment pas songer à établir, dans ce qu'on appelle l'harmonie des couleurs, des règles aussi déterminées que celles des intervalles musicaux.

374—322 (av. J.-C.). ARISTOTELES, De coloribus.

1571. JOH. FLEISCHER, De iridibus doctrina Aristotelis et Vitellionis, Vitembergæ, 1571, p. 86.

1583. JO. BAPT. PORTA, De refractione libri novem, Neapoli, 1583, lib. IX.

1590. BERNARDINI TELESII opera, Venetiis, 1590, De Iride et coloribus.

1611. M. ANTONII DE DOMINIS, De radiis visus et lucis in vitris perspectivis et Iride, Venetiis, 1611.

1613. MAUROLYCUS, De lumine et umbra, Lugd., 1613, p. 57.

1637. CARTESIUS, De meteoris, cap. VIII.

1648. JO. MARCUS MARCI Thaumantias, liber de arcu cœlesti, deque colorum apparentium natura, ortu et caussis, Pragæ, 1648.

1665. R. HOOKE, Micrographia, London, 1665, p. 64.

1675. I. NEWTON, in *Philosophical Transact.*, 1675 (Premières indications sur ses idées). — Optics, London, 1704 (Exposé complet de ses découvertes optiques). — Lectiones opticæ.

1711. DE LA HIRE, in *Mém. de l'Acad. des sc.*, 1711, p. 100.

1746. EULER, Nova theoria lucis colorum, in *Opusculis varii argumenti*, Berol., 1746, p. 169-244.

1752. EULER, Essai d'une explication des couleurs, in *Mém. de l'Acad. de Prusse*, 1752, p. 271.

Contre NEWTON.

1727. RIZETTI, Specimen physico math. de luminis affectionibus, Ven. 1727.

1737. LEBLOND, Harmony of colouring, London.

1740. CASTEL, L'optique des couleurs, Paris.

1750. GAUTIER, Chroagenesie ou génération des couleurs contre le système de Newton, Paris, 2 vol. in-8.

1752. GAUTIER, Observations sur l'histoire naturelle, sur la physique et la peinture, Paris.

1754. COMINALE, Anti-Newtonianismus, in-4, Napoli.

1780. MARAT, Découvertes sur la lumière, Paris, in-8.

1784. MARAT, Notions élémentaires d'optique, Paris, in-8.

1791, 92. GÖTHE, Beiträge zur Optik, Weimar.

1794. WÜNSCH, Kosmologische Unterhaltungen.

1810. GÖTHE, Zur Farbenlehre, Entoptische Farben, zur Naturwissenschaft, 126-190.

1823. BOURGEOIS, Manuel d'optique expérimentale, Paris, 2 vol. in-12.

Sur NEWTON et sur GÖTHE.

1811. SEEBECK, Von den Farben und dem Verhalten derselben gegen einander, in *Schweigger's Journal*, 1811, p. 1.

— MOLLWEIDE, Demonstratio propositionis quæ theoriæ colorum Newtoni fundamenti loco est, Lipsiæ, 1811.

— PFAFF, Ueber die farbigen Säume der Nebenbilder des Doppelspaths, mit besonderer Berücksichtigung von GÖTHE's Erklärung der Farbenentstehung durch Nebenbilder, in *Schweigger's Jahrbücher*, VI, 177.

— POSELGER, in *Gilbert's Annalen*, XXXVII, 135.

1817. WERNEBURG, Merkwürdige Phänomene durch verschiedene Prismen zur richtigen Würdigung NEWTON'scher und GÖTHE'scher Farbenlehre, Nürnberg, 1817, in-4.

1827. BRANDES' Art. Farbe, in *Gehler's neuem physik. Wörterbuch.*

1833. REUTHER, Ueber Licht und Farbe, Kassel, 1833.

— STEFFENS, Ueber die Bedeutung der Farben in der Natur. Schriften alt und neu.

1835. HELWAG, NEWTON's Farbenlehre aus ihren richtigen Principien berichtigt. Lübeck, 1835.

— MOSER, Ueber GÖTHE's Farbenlehre, in *Abh. der Königsberger deutschen Gesellsch.*

1853. HELMHOLTZ, Ueber GÖTHE's naturwissenschaftliche Arbeiten, in *Kieler Monatsschrift für Wissenschaft und Lit.*, 1853, mai, p. 383.

1857. GRÄVELL, GÖTHE im Recht gegen NEWTON, Berlin, 1857. — Recensirt von Q. ICILIUS, in *Kekule's kritischer Zeitschr. für Chemie, Physik und Math.*, Erlangen, 1858. 2. und 3. Heft.

1859. GRÄVELL, Ueber Licht und Farben, Berlin (Antwort auf die Recension).

— J. SMITH, On the cause of colour and the theory of light, in *Rep. of Brit. Assoc.*, 1859, 2, p. 22-23. — *Proc. of Manchester Phil. Soc.*, 1859-1860, p. 147-149. — *Athen*, 1859, 2, p. 434.

Théories originales.

1816. READE, Experimental outlines for a new theory of colours, light and vision, London, in-8.

1824. HOPPE, Versuch einer ganz neuen Theorie der Entstehung sämmtlicher Farben, Breslau, in-8.

1828. RÖTTGER, Erklärung des Lichts und der Dunkelheit, Halle.

1830. SCHÄFFER, Versuch einer Beantwortung der von der Akad. zu Petersburg aufgegebenen Preisfrage über das Licht, Bremen, in-8.

— WALTER CRUMM, An experimental inquiry into the number and properties of the primary colours, and the source of colours in the prism, London, 1830.

1831. D. BREWSTER, Description of a monochromatic Lamp with Remarks on the absorption of the Prismatic Rays, in *Edinb. Transact.*, IX, 2, p. 433. — On a new Analysis of Solar Light, in *Edinb. Transact.*, XII, 1, p. 123. — *Pogg. Ann.*, XXIII, 435.

1834. EXLEY, Physical optics, or the phenomena of optics, London.

Sur la théorie de BREWSTER.

1847. AIRY, in *Philos. Magaz.*, 3, XXX, 73. — *Pogg. Ann.*, LXXI, 393.

— BREWSTER, Reply, in *Philos. Magaz.*, XXX, 153.

— DRAPER, in *Silliman Journ.*, IV, 388. — *Phil. Magaz.*, XXX, 345.

— BREWSTER, in *Phil. Magaz.*, XXX, 461.

— MELLONI, in *Bibl. univ. de Genève*, août 1847. — *Phil. Magaz.*, XXXII, 262. — *Pogg. Ann.*, LXXV, 62.

— BREWSTER, in *Phil. Magaz.*, XXXII, 489.

1852. HELMHOLTZ, Ueber Herr D. BREWSTER's neue Analyse des Sonnenlichts, in *Pogg. Ann.*, LXXXVI, 501. — *Phil. Magaz.*, 4, IV.

— F. BERNARD, Thèse sur l'absorption de la lumière par les milieux non cristallisés, in *Ann. de chim.*, 3, XXXV, 385-438.

1855. D. BREWSTER, On the triple spectrum, in *Athen.*, 1855, p. 1156. — *Inst.*, 1855, p. 381. — *Report of Brit. Assoc.*, 1855, 2, p. 7-9.

Limites de la sensibilité.

1845-46. BRÜCKE, in *Müller's Archiv für Anat. und Physiol.*, 1845, p. 262; 1846, p. 379. — *Pogg. Ann.*, LXV, 593; LXIX, 549.

1852. CIMA, Sul potere degli umori dell' occhio a trasmettere il calorico raggionante, Torino.

1853. DONDERS, in *Onderzoekingen gedaan in het physiol. Laborat. van de Utrechtsche Hoogeschool*, Jaar. VI, p. I. — *Müller's Archiv*, 1853, p. 459.

1854. G. KESSLER, in *Gräfe's Archiv für Ophthalmologie*, I, 1, p. 466.

1855. HELMHOLTZ, Ueber die Empfindlichkeit der menschlichen Netzhaut für die brechbarsten Strahlen des Sonnenlichts, in *Pogg. Ann.*, XCIV, 205. — *Ann. de Chim.*, 3, XLIV, 74. — *Arch. des sc. phys.*, XXIX, 243.

1856. G. Wilson, On the transmission of actinic rays of light through the eye, and their relation to the yellow spot of the retina, in *Proc. of Edinb. Soc.*, III, 371-375. — *Edinb. Journ. of Science*, 2, IV, 147-149.

1858. J. Regnauld, Fluorescence des milieux de l'œil, in *Inst.*, 1858, p. 410.

1859. J. Setschenow, Ueber die Fluorescenz der durchsichtigen Augenmedien, in *Archiv für Ophth.*, V, 2, p. 205-209.

1860. J. Regnauld, Étude sur la fluorescence des milieux transparents de l'œil, in *Cosmos*, XVI, 88-90. — *Journal de pharmacie*, 3, XXXVII, 104-111.

— J. Janssen, Sur l'absorption de la chaleur rayonnante obscure dans les milieux de l'œil, in *Comptes rendus*, LI, 128-131 ; 373-374. — *Ann. de chim.*, 3, XL, 71-93. — *Journal de pharm.*, 3, XXXVIII, 189-192. — *Cosmos*, XVIII, 139-140. — *Cimento*, XII, 132-133.

1862. R. Franz, Ueber die Diathermansie der Medien des Auges, in *Poggd. Ann.*, CXV, 266-279. — *Phil. Mag.*, 4, XXIV, 176-185. — *Arch. des sc. phys.*, 2, XVI, 140-141. — *Cimento*, XVII, 22-27.

Comparaison avec les gammes musicales.

1704. I. Newton, Optics, lib. I, pars 2, prop. 3.

1725-35. L. B. Castel, Clavecin oculaire, in *Journal de Trévoux*.

1737. de Mairan, in *Mém. de l'Acad. des sc.*, 1737, p. 61.

1772. Lambert, Farbenpyramide, Augsburg, 1772, § 19.

— Hartley, in *Priestley Geschichte der Optik*, p. 549.

1802. Th. Young, in *Phil. Transact.*, 1802, p. 38.

1852. Drobisch, in *Abhandl. d. sächsischen Gesellsch. der Wiss.*, II. — *Sitzungsberichte derselben*, novbr. 1852. — *Pogg. Ann.*, LXXXVIII, 519-526.

— Unger, in *Pogg. Ann.*, LXXXVII, 121-128. — *Comptes rendus*, XL, 239.

1854. Le même, Disque chromharmonique, Göttingue.

1855. Helmholtz, in *Sitzbr. d. Akad. d. Wiss. zu Berlin*, 1855, p. 760. — *Inst.*, 1856, p. 222.

— J. J. Oppel, Ueber das optische Analogon der musikalischen Tonarten, in *Jahresber. der Frankfurter Vers.*, 1854-55, p. 47-55.

— E. Chevreul, Remarques sur les harmonies des couleurs, in *Comptes rendus*, XL, 239-242. — *Edinb. Journ.*, 2, I, 166-168.

§ 20. — Des couleurs composées.

Nous avons vu que, pour des valeurs différentes de la réfrangibilité et de la durée d'oscillation, la lumière homogène fait naître, dans notre appareil nerveux visuel, la sensation de couleurs différentes. En outre, si une même portion de rétine est frappée simultanément par de la lumière à deux ou plusieurs durées différentes d'oscillation, il se produit des sensations de couleurs d'une nouvelle espèce. Ces couleurs diffèrent, en général, des couleurs simples du spectre, et présentent cette particularité que, dans la sensation de la couleur résultante, on ne distingue aucunement quelles sont les couleurs simples qui entrent dans sa composition. Bien plus, on peut produire, en général, la sensation d'une couleur composée quelconque au moyen de plusieurs combinaisons de couleurs spectrales, sans que l'œil le plus exercé puisse reconnaître, sans le secours d'instruments, quelles sont les couleurs simples contenues dans cette lumière composée. Sous ce rapport, l'œil dans sa réaction sur les vibrations de l'éther, se comporte tout autrement que l'oreille ; en effet, frappée par des ondes sonores de durées d'oscillation différentes, l'oreille, tout en réunissant les divers sons dans les sensations d'un accord unique, peut distinguer isolément chaque son composant, si bien que jamais deux accords composés de sons différents ne lui paraissent identiques ; l'œil, au contraire, peut être impressionné de la même manière par des combinaisons de couleurs constituées d'une manière fort différente.

Ce que nous venons de dire se rapporte à la sensation immédiate, et n'est pas en contradiction avec l'expérience d'après laquelle un acte du jugement peut parfois nous faire reconnaître plus ou moins exactement la composition d'une couleur composée. — Quand on a quelque expérience sur les résultats du mélange de lumière chromatique, on croit quelquefois voir réellement, dans une couleur composée, les couleurs simples qui la constituent, et l'on croit même reconnaître quelle est celle des couleurs composantes qui domine. On prend, dans ce cas, pour un acte de sensation, un acte de jugement basé sur l'expérience. Lorsqu'on examine, par exemple, du pourpre, on peut savoir qu'il est composé principalement de rouge et de violet, et reconnaître à peu près les proportions dans lesquelles ces couleurs sont mélangées ; mais on ne peut pas dire si cette couleur contient encore de faibles quantités d'orangé ou de bleu. Si cette connaissance provenait de la sensation, et non du jugement basé sur l'expérience, on devrait pouvoir répondre aussi bien à la seconde question qu'à la première. Quant au blanc, qui présente la plus grande variété de composition, personne ne prétendra distinguer quelles sont les couleurs simples qui entrent dans sa formation, s'il y en a deux, trois, quatre, ni quelles elles sont. L'exemple du vert est très-convenable pour montrer combien on peut se tromper dans les appréciations de ce genre : des hommes comme Gœthe et Brewster, trompés par les mélanges de couleurs employés en peinture, ont cru y voir le jaune et le bleu ; tandis qu'on peut démontrer actuellement qu'il n'est pas possible de former de vert avec ces couleurs, à moins d'en prendre des variétés qui soient elles-mêmes verdâtres.

L'illusion par laquelle on croit voir simultanément, au même endroit, deux couleurs simples différentes, est surtout frappante lorsqu'une surface est éclairée en même temps par les deux couleurs, de telle sorte qu'elles prédominent chacune en des points différents, en particulier lorsque l'une forme un fond sur lequel l'autre représente un dessin régulier. L'expérience réussit mieux encore si l'on fait voyager le dessin ou les taches. Nous croyons souvent alors apercevoir en même temps et au même endroit les deux couleurs, l'une paraissant vue comme à travers l'autre. Nous procédons alors comme lorsque nous voyons les objets à travers un voile coloré : l'expérience nous a appris à former, dans ces conditions, un jugement exact sur la vraie couleur de l'objet, et, dans tous les cas analogues, nous préjugeons la même distinction entre la coloration du fond et celle de la lumière qui le recouvre d'une manière irrégulière. Pour recevoir la sensation des couleurs mélangées sans être influencé par des circonstances de ce genre, il faut que la lumière soit uniformément mélangée dans tout le champ sur lequel elle est répandue.

Dans certains cas, et en particulier quand deux couleurs qui sont éloignées dans le spectre remplissent un champ nettement limité, nous reconnaissons, sur les bords, les deux couleurs séparées, au moyen de la dispersion qui se produit dans l'œil (1). Ce fait n'est évidemment pas une objection valable contre la proposition que nous avons énoncée, puisque, dans ce cas, l'œil agit lui-même comme un prisme et fait en sorte que différentes parties de la rétine reçoivent l'impression des couleurs différentes.

Voici les méthodes à suivre pour composer de la lumière polychromatique et pour examiner l'action de cette lumière sur l'œil.

1) On superpose des spectres différents ou différentes parties d'un même spectre. On obtient ainsi un mélange de couleurs simples, prises deux à deux.

2) On regarde une surface colorée, à travers une lame de verre plane tenue obliquement, et dont la face tournée vers l'observateur lui renvoie en même temps, par réflexion, la lumière d'un objet d'une couleur différente. De cette manière, l'observateur reçoit à la fois une couleur transmise et une autre couleur réfléchie par la lame de verre, qui toutes deux viennent frapper les mêmes parties de la rétine. Ce moyen est commode surtout pour combiner entre elles les couleurs composées que présentent les objets naturels.

3) On fait tourner rapidement dans leur plan des disques qui portent des secteurs différemment colorés. Si la vitesse de rotation est suffisante, les impressions produites par les différentes couleurs sur la rétine éveillent une impression unique, celle de la couleur mélangée.

Ces trois méthodes donnent les mêmes résultats sous le rapport du mélange des couleurs ; nous en donnerons plus loin une description plus détaillée. — Une méthode qu'il ne faut pas suivre, c'est celle qui consiste à mélanger des poudres ou des liquides colorants, méthode que Newton et beaucoup d'autres physiciens ont considérée comme équivalente à la première, c'est-à-dire au mélange des couleurs spectrales : la lumière

---

(1) Voy. plus haut, p. 175.

produite par le mélange des matières colorantes n'est aucunement égale à la somme des lumières qui seraient réfléchies par chacune des matières colorantes contenues dans le mélange.

Pour le faire comprendre, considérons d'abord des liquides colorés. —La lumière qui les traverse se colore par absorption, c'est-à-dire que, parmi les rayons diversement colorés qui constituent la lumière blanche, quelques-uns s'affaiblissent jusqu'à disparaître, après avoir traversé une faible couche de liquide, tandis que d'autres peuvent parcourir des épaisseurs liquides plus considérables sans s'affaiblir sensiblement. Ces derniers prédominent dans la lumière émergente, qui affecte donc la couleur des rayons qui sont les moins absorbés par le liquide. Pour démontrer cette absorption de certaines couleurs, il suffit de former, au moyen d'un prisme, le spectre de la lumière qui a traversé un liquide ou un verre coloré. Dans ce spectre, on remarque l'absence ou l'extrême faiblesse d'une série de couleurs, tandis que les parties qui répondent à la couleur du fluide, conservent leur intensité ordinaire.

Si l'on mélange donc deux fluides colorés qui n' exercent entre eux aucune action chimique, de sorte que chacun d'eux conserve sa force d'absorption pour les rayons diversement colorés, les rayons qui ne sont absorbés par aucun des deux fluides traversent seuls le mélange. Ces rayons sont ordinairement ceux qui occupent, dans la série prismatique, le milieu entre les couleurs des fluides mélangés. La plupart des corps bleus, les sels de cuivre, par exemple, laissent passer les rayons bleus sans les affaiblir, un peu moins bien les rayons verts et violets et très-mal, au contraire, les rayons rouges et jaunes. D'un autre côté, les matières colorantes jaunes laissent passer sans affaiblissement presque tous les rayons jaunes, assez bien aussi le rouge et le vert, plus difficilement le bleu et le violet. De ces faits, il résulte que le mélange d'un fluide jaune et d'un fluide bleu laisse ordinairement passer surtout les rayons verts, parce que le fluide bleu retient le rouge et le jaune et que le fluide jaune retient le bleu et le violet. Cette action est analogue à celle que produisent des lames de verre différemment colorées sur la lumière qui les traverse : elle est toujours bien plus affaiblie que lorsqu'elle traverse deux lames de même couleur : il est évident qu'il n'y a pas ici une addition des rayons que chaque fluide laisse passer; il y a, au contraire, une sorte de soustraction, puisque le fluide jaune retient, parmi les rayons qui ont traversé le bleu, tous ceux qu'il peut absorber. C'est aussi pour cette raison que les mélanges de fluides colorés possèdent, en général, une nuance plus sombre, que celle de chacun des fluides.

Pour les couleurs pulvérulentes, les choses se passent d'une manière tout à fait analogue. — Il faut considérer chaque particule de la matière colorante comme un petit corps transparent qui colore la lumière par absorption. Il est vrai qu'en somme la substance de ces matières colorantes est fort peu transparente; cependant, toutes les fois que nous avons occasion d'examiner des matières colorantes en masses compactes d'une structure homogène, nous trouvons qu'elles sont transparentes, du moins si nous les prenons sous forme de lames minces. Je rappelle ici le cinnabre cristallisé, le vert-de-gris, le chromate de plomb, le verre bleu de cobalt, etc., qui, réduits en poudres fines, sont employés comme substances colorantes.

Lorsqu'il tombe de la lumière sur une semblable poudre, composée de particules transparentes, une faible partie des rayons est réfléchie à la surface; le reste pénètre plus avant et n'est renvoyé que par les surfaces de séparation des particules situées plus profondément. Une seule lame de verre blanc réfléchit $^1/_{25}$ de la lumière qui la frappe normalement, deux lames en réfléchissent $^1/_{13}$, et beaucoup de lames renvoient presque tout. Il faut donc conclure que, pour la poussière de verre blanc, sous une incidence verticale, la surface ne réfléchit que $^1/_{25}$ de la lumière incidente et que le reste est réfléchi par les couches profondes. Il doit en être de même pour la lumière bleue renvoyée par le verre bleu. Par conséquent, la surface des poudres colorées ne fournit qu'une très-petite portion de la lumière qui en émerge; les couches profondes en fournissent une partie bien plus considérable. La lumière renvoyée par la surface est toujours blanche; celle-là seule qui revient des couches plus profondes est colorée par absorption, et cela d'autant plus qu'elle a pénétré plus profondément dans la substance. Aussi les poussières colorées paraissent-elles d'autant plus foncées qu'elles sont plus grossières. En effet, la réflexion dépend seulement du nombre des surfaces et non de l'épaisseur des particules; si les fragments sont gros, il faut que la lumière traverse une plus grande épaisseur de la substance pour rencontrer le même nombre de surfaces que si les morceaux sont petits; par conséquent l'absorption des rayons absorbables est plus forte dans une poudre grossière que dans une poudre fine, et la première possède une coloration plus foncée et plus saturée que la seconde. La réflexion par les surfaces des particules s'affaiblit quand on interpose entre elles un liquide dont l'indice de réfraction soit plus rapproché du leur que celui de l'air; aussi les poudres colorantes sèches sont-elles, en général, plus blanchâtres que lorsqu'elles sont pénétrées par de l'eau, ou par de l'huile, qui est plus réfringente encore.

Si donc, dans un mélange de poudres colorantes, la lumière n'était réfléchie que par la surface supérieure, où les particules des deux couleurs sont uniformément disséminées, les rayons réfléchis seraient réellement la somme des rayons qu'émettrait chaque poudre prise isolément. Mais, pour la plus grande partie de la lumière réfléchie, et qui vient des parties profondes, les choses se passent comme pour les mélanges de fluides colorés ou pour les lames de verre superposées : cette lumière a dû traverser des particules des deux sortes, et ne contient plus que les rayons lumineux qui peuvent traverser les deux sortes de poudre. On voit donc que, pour la plus grande partie de la lumière qui est renvoyée par le mélange des poudres, il n'y a pas addition des deux couleurs, mais bien soustraction suivant la manière indiquée plus haut. C'est ainsi qu'on peut expliquer pourquoi les mélanges de substances colorées sont bien plus foncés que les substances simples, notamment lorsque ces couleurs sont très-distantes dans le spectre. C'est ainsi que le cinnabre et l'outremer donnent un noir grisâtre qui présente à peine un reflet de violet (mélange de bleu et de rouge), parce que l'un de ces pigments exclut presque entièrement les rayons de l'autre.

Un moyen commode de rendre ces différences très-sensibles consiste à enduire de deux couleurs simples des secteurs *a* et *b*, sur le bord d'un disque (fig. 112) et à mettre au milieu *c* le mélange de ces substances colorantes. Ainsi, en faisant tourner le disque, le bleu de cobalt et le jaune de chrome donnent un gris blanchâtre sur le bord, où ces couleurs ont été mises isolées, de telle sorte que la combinaison de leurs couleurs ne se fasse que sur la rétine, tandis que leur mélange matériel donne un vert bien plus foncé.

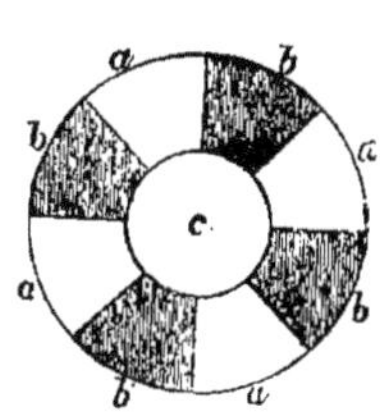

FIG. 112.

Les résultats du mélange des couleurs de peintres ne peuvent donc fournir aucune conclusion relativement au mélange de la lumière colorée : c'est ainsi que la proposition d'après laquelle le jaune et le bleu donnent du vert, parfaitement exacte pour le mélange des matières colorantes, a été étendue à tort au mélange de lumière colorée.

Bien que l'expression de *mélange de couleurs* soit empruntée au mélange des matières colorantes, nous la conserverons ici pour la synthèse de la lumière colorée, à laquelle on n'a peut-être pas été bien en droit de l'étendre; faisons remarquer que, partout où nous n'indiquons pas explicitement le contraire, nous n'entendons pas parler du mélange de matières colorantes et de ses résultats.

L'action simultanée des différentes couleurs simples sur une même partie de la rétine donne une nouvelle série de sensations colorées que ne produisent pas les couleurs simples du spectre. Ces nouvelles sensations sont celles du *pourpre*, du *blanc* et des degrés intermédiaires tant entre le blanc et les couleurs spectrales qu'entre le blanc et le pourpre.

Le *rouge pourpre* provient du mélange des couleurs simples qui se trouvent aux extrémités du spectre. Cette couleur présente sa plus grande saturation quand on mélange le violet et le rouge ; elle est plus blanchâtre et forme le *rose* lorsqu'on remplace le violet par le bleu et le rouge par l'orangé. Le rouge pourpre, qui devient le rouge spectral en passant par le carmin, est tout à fait différent du rouge et du violet qui se trouvent aux extrémités du spectre ordinairement visible ; mais il présente à l'œil un passage de l'un à l'autre avec des degrés intermédiaires continus, de manière à rendre circulaire la série des couleurs *saturées*, c'ést-à-dire de celles qui ont le moins de ressemblance avec le blanc.

Le *blanc* résulte de la combinaison de différents couples de couleurs simples. On appelle *complémentaires* les couleurs qui, mélangées dans un certain rapport, produisent le blanc. Parmi les couleurs du spectre, sont complémentaires :

le		et le	
	Rouge		Bleu verdâtre
	Orangé		Bleu cyanique
	Jaune		Bleu indigo
	Jaune verdâtre		Violet.

Le vert du spectre n'a pas de couleur complémentaire simple, mais une complémentaire composée, le pourpre.

Afin de voir s'il existe des rapports réguliers entre les longueurs d'onde des couleurs simples complémentaires, j'ai déterminé les longueurs d'onde pour une série de couleurs complémentaires deux à deux, et j'indique ci-dessous les résultats de ces mensurations. L'unité de longueur est le millionième d'un pouce de Paris.

COULEUR.	LONGUEUR D'ONDE.	COUL. COMPLÉM.	LONGUEUR D'ONDE.	RAPPORT DES LONGUEURS D'ONDE.
Rouge.	2425	Bleu verdâtre.	1818	1,334
Orangé.	2244	Bleu.	1809	1,240
Jaune d'or.	2162	Bleu.	1793	1,206
Jaune d'or.	2120	Bleu.	1781	1,190
Jaune.	2095	Bleu indigo.	1716	1,221
Jaune.	2085	Bleu indigo.	1706	1,222
Jaune verdâtre.	2082	Violet.	⩽ 1600	1,301

Comme le violet est très-peu intense, j'ai été obligé de réunir tous les rayons extrêmes à partir de la longueur d'onde 1600.

Sur la figure 113, les abcisses représentent, d'après l'unité que nous venons d'adopter, les longueurs d'onde des couleurs inscrites au bas de la figure, et comprises entre 1500 et 2600; les ordonnées, au contraire, représentent les longueurs d'onde des couleurs complémentaires. Les courbes expriment donc les longueurs d'onde des couleurs complémentaires en fonction de celles des couleurs simples. Sur les bords de la figure se trouvent les noms des couleurs correspondantes aux longueurs d'onde. Les valeurs données par l'expérience sont désignées par de petites croix ou par des traits qui coupent les courbes. La figure nous démontre une remarquable irrégularité de la distribution des couleurs complémentaires dans le spectre. Si l'on s'avance du violet vers le rouge, en longeant la ligne des abcisses, la longueur d'onde de la couleur complémentaire varie avec une excessive lenteur, qui se manifeste par la forme à peu près horizontale de la courbe. Lorsqu'on arrive aux couleurs bleu verdâtre, cette longueur varie, au contraire, avec une rapidité extrême, et la branche ascendante de la courbe se rapproche d'une ligne verticale. Le jaune présente la même particularité, tandis qu'à l'extrémité rouge la variation redevient très-lente. Ce fait est d'accord avec l'observation qu'on a vue au paragraphe précédent, d'après laquelle, aux extrémités du spectre, le ton des couleurs varie très-lentement par rapport à la longueur d'onde, tandis qu'au milieu, au contraire, elle varie très-rapidement. Il n'y a donc aucun rapport ni simple, ni constant, à trouver entre les longueurs d'onde des différentes couleurs complémentaires. Si l'on emploie la terminologie musicale, le rapport varie entre celui de la quarte (1,333) et celui de la tierce mineure (1,20).

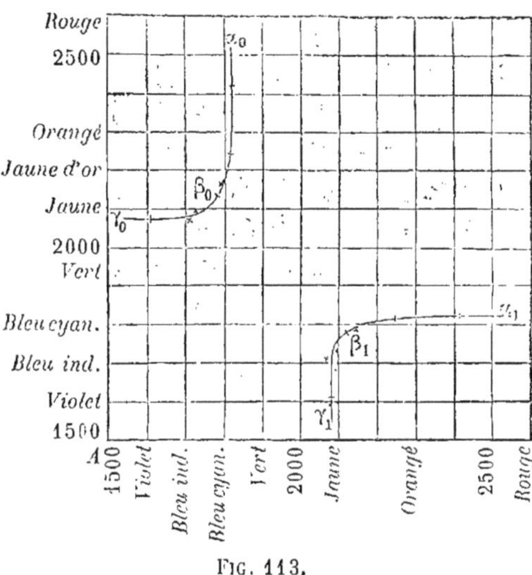

FIG. 113.

Je ferai encore remarquer ici que deux couleurs simples, dont la réunion donne exactement du blanc, sont loin de présenter toujours à l'œil des intensités lumineuses égales. C'est seulement dans le mélange de bleu cyanique et d'orangé que les deux couleurs à mélanger présentent à l'œil une intensité lumineuse à peu près égale. Le violet, l'indigo et le rouge paraissent plus foncés à l'œil que les quantités complémentaires de jaune verdâtre, jaune et bleu verdâtre qui leur correspondent. Comme, d'après ce que nous verrons au paragraphe suivant, des quantités proportionnelles de lumières diversement colorées présentent à l'œil qui les compare des intensités très-différentes lorsque leurs intensités absolues varient, il est impossible d'indiquer des nombres déterminés pour les rapports d'intensité entre les quantités complémentaires des diverses couleurs.

Les couleurs spectrales exercent donc dans les mélanges des pouvoirs colorants différents; on peut dire qu'elles possèdent des degrés de saturation différents. Le violet est le plus saturé; les autres viennent ensuite, à peu près dans l'ordre suivant :

Violet.
Bleu indigo.
Rouge. Bleu cyanique.
Orangé. Vert.
Jaune.

Il nous reste encore à indiquer les résultats du mélange de couleurs non complémentaires. — On peut établir à ce sujet la règle suivante : Lorsqu'on mélange deux couleurs simples qui sont moins éloignées dans le spectre que deux couleurs complémentaires, il en résulte une des couleurs intermédiaires, qui tire d'autant plus sur le blanc que l'intervalle entre les couleurs employées est plus considérable, et qui est, au contraire, d'autant plus saturée que cet intervalle est plus petit. Mais si l'on mélange deux couleurs qui sont plus éloignées, dans la la série spectrale, que des couleurs complémentaires, on obtient du pourpre ou des couleurs intermédiaires entre l'une des couleurs mélangées et l'extrémité correspondante du spectre. Dans ce cas, le mélange est d'autant plus saturé que l'intervalle des couleurs dans le spectre est plus grand, et d'autant plus blanchâtre que cet intervalle est plus petit, tout en restant supérieur à celui des deux couleurs complémentaires.

Ainsi le rouge, par exemple, dont la couleur complémentaire est le bleu verdâtre, donne, par son mélange avec du vert, un jaune blanchâtre qui peut se rapprocher du rouge en passant par l'orangé, ou se rapprocher du vert en passant par le jaune verdâtre, quand on fait varier les proportions du mélange. L'orangé et le jaune verdâtre peuvent aussi, par leur mélange, produire du jaune pur, mais plus saturé que celui provenant du rouge et du vert. Si l'on mélange, au contraire, du rouge et du bleu cyanique, on obtient du rose (pourpre blanchâtre), qui peut, en variant les proportions, se rapprocher, soit du rouge, soit du bleu cyanique, en passant par le violet et l'indigo. D'un autre côté, le rouge donne un pourpre saturé, par son mélange avec l'indigo, et encore mieux, avec le violet.

Le tableau ci-dessous donne un aperçu synoptique de ces résultats. Les couleurs simples sont inscrites en tête des colonnes verticales et horizontales. A l'intersection de ces colonnes, on trouve les couleurs mélangées correspondantes qui peuvent, du reste, en faisant varier les proportions, passer par les couleurs intermédiaires pour revenir à l'une des couleurs constituantes.

	Violet	Bleu indigo	Bleu cyanique	Vert-bleu	Vert	Jaune-vert	Jaune
Rouge	Pourpre	Rose foncé	Rose blanch.	Blanc	Jaune blanch.	Jaune d'or	Orangé
Orangé	Rose foncé	Rose blanchât.	Blanc	Jaune blanch.	Jaune	Jaune	
Jaune	Rose blanchât.	Blanc	Vert blanchât.	Vert blanchât.	Jaune-vert		
Jaune-vert	Blanc	Vert blanchât.	Vert blanchât.	Vert			
Vert	Bleu blanchât.	Bleu d'eau	Vert-bleu				
Vert-bleu	Bleu d'eau	Bleu d'eau					
Bleu cyan.	Bleu indigo						

Du reste, on voit encore, par ces mélanges, que les couleurs spectrales sont à des degrés de saturation différents. Ainsi, le rouge mêlé avec un vert d'égale intensité donne un orangé rougeâtre, et le violet, mêlé à un vert d'égale intensité lumineuse donne un indigo voisin du violet. D'un autre côté, les couleurs d'égale saturation, mélangées avec des intensités égales, donnent aussi des couleurs résultantes qui diffèrent à peu près également de leurs composantes.

Le mélange de plus de deux couleurs homogènes ne produit plus de nouvelles couleurs ; le nombre des couleurs est déjà épuisé par les mélanges des couleurs simples deux à deux ; nous avons même déjà vu, par les derniers mélanges, que la plupart des couleurs résultantes peuvent être produites par des associations différentes de couleurs simples prises deux à deux. Les mélanges de couleurs composées donnent, en général, les mêmes résultats que ceux des couleurs spectrales de même nom. Seulement le mélange est d'autant plus rapproché du blanc que les couleurs mélangées sont elles-mêmes plus blanchâtres que les couleurs spectrales.

Ainsi, toutes les combinaisons possibles des ondulations de l'éther ne produisent, sur l'appareil nerveux visuel, qu'un nombre relativement restreint d'excitations différentes, qui se font reconnaître par les sensations de couleurs différentes. De ce nombre, nous avons étudié d'abord la série des couleurs saturées, c'est-à-dire les couleurs spectrales et le pourpre, qui en réunit les extrémités. Chacune de ces couleurs peut elle-même présenter, à différents degrés, plus ou moins de blancheur, et plus elles sont blanches, moins elles nous paraissent saturées. Les degrés les plus blancs de ces couleurs passent au blanc pur. Nous avons donc rencontré deux sortes de différences entre les couleurs ; les différences de *ton* et les différences de saturation. Les différences de ton correspondent à celles qui existent entre les couleurs spectrales. Supposons celles-ci mêlées avec des quantités plus ou moins considérables de lumière blanche, et nous obtenons les différents degrés de saturation de chaque ton ; on peut désigner le degré de saturation par le rapport qui existe entre la quantité de lumière saturée et celle de blanc. Il est peu de couleurs blanchâtres auxquelles le langage ait affecté des noms particuliers, comme celui de rose pour le pourpre blanchâtre, de rouge chair pour le rouge blanchâtre, de bleu céleste pour le bleu blanchâtre ; le plus souvent on ajoute au nom de la couleur l'un des mots *clair*, *pâle* ou *blanchâtre*. Ainsi la dénomination de *bleu clair* répond à peu près au bleu de ciel, celle de *bleu pâle* désigne un bleu plus blanchâtre, enfin le bleu blanchâtre est peu différent du blanc. Il faut remarquer, par rapport au mot *clair*, qui désigne les couleurs blanchâtres, que le sens propre de ce mot exprime l'intensité lumineuse, et qu'ici le langage usuel ne distingue pas une couleur intense d'une couleur blanchâtre ; ceci s'accorde avec le fait mentionné dans le paragraphe précédent, d'après lequel l'œil attribue un aspect blanchâtre aux couleurs saturées du spectre quand elles sont très-intenses.

Enfin les différences d'intensité lumineuse sont aussi désignées, dans le langage, comme des couleurs, mais seulement en tant que nous considérons les couleurs comme des qualités des corps. Ainsi l'absence de lumière porte le nom d'obscurité, tandis qu'on appelle *noir* un corps qui ne réfléchit pas la lumière qu'il reçoit ; un corps, au contraire, qui diffuse toute la lumière qu'il reçoit, est dit *blanc*. Un corps s'appelle *gris* lorsqu'il réfléchit dans la même proportion tous les rayons lumineux qu'il reçoit ; il est coloré s'il réfléchit en plus grande quantité la lumière d'une couleur que celle d'une autre. Ainsi, dans ce sens, le *blanc*, le *gris* et le *noir* sont aussi des couleurs. Les couleurs saturées, de faible intensité lumineuse, sont désignées par le mot *sombre* ou *foncé*, comme *vert sombre*, *bleu foncé*; mais lorsque ces couleurs ont des intensités lumineuses très-faibles, on leur applique les mêmes noms qu'aux couleurs blanchâtres peu lumineuses : ainsi le rouge, le jaune, le vert peu intenses s'appellent *rouge brun*, *brun* et *vert-olive*. Lorsque les couleurs contiennent beaucoup de blanc, sous une faible intensité, on les désigne par des noms tels que *gris rougeâtre*, *gris jaunâtre*, *gris bleu*, etc.

Le noir est une sensation véritable, quoiqu'il soit produit par l'absence de lumière. — Nous distinguons nettement la sensation du noir d'avec l'absence de toute sensation. En effet, s'il y a, dans le champ visuel, une place qui n'envoie aucune lumière à notre œil, elle nous apparaît en noir, tandis que les objets situés derrière nous, qu'ils soient clairs ou obscurs, ne nous paraissent pas noirs, mais ne nous donnent aucune sensation. Lorsque nous fermons les yeux, nous avons fort bien conscience que le champ visuel noir est limité, et nous ne l'étendons nullement derrière notre dos. Les parties du champ visuel dont nous pouvons percevoir la lumière, lorsqu'elle existe, sont les seules qui nous paraissent noires lorsqu'elles n'émettent pas de lumière.

L'identité du gris avec le blanc peu lumineux, du brun avec le jaune peu intense et du rouge brun avec le rouge peu intense, se constate facilement en analysant par le prisme la lumière de corps gris, bruns ou rouge brun. La démonstration est plus difficile en projetant sur un écran de la lumière ayant la couleur et l'intensité considérées; car nous avons une tendance continuelle à distinguer, dans la couleur et l'aspect d'un corps, ce qui provient de l'éclairage et ce qui réside dans la nature de la surface même du corps. Il faut donc disposer l'expérience de telle sorte que l'observateur ne puisse pas reconnaître la présence d'un éclairage particulier. Une feuille de papier gris, placée au soleil, peut paraître plus claire qu'un papier blanc placé dans l'ombre, et cependant la première nous paraît grise et la seconde est reconnue comme blanche; c'est que nous savons fort bien que le papier blanc, placé au soleil, paraîtrait bien plus clair que le papier gris que nous y voyons. Mais si l'on dessine sur du papier blanc un cercle gris sur lequel on concentre la lumière au moyen d'un verre convergent, sans éclairer en même temps le blanc, le gris peut paraître plus blanc que le fond; dans ce cas, l'influence inconsciente du jugement est exclue et la qualité de la perception ne dépend plus que de l'intensité lumineuse.

J'ai réussi de même à faire paraître brun le jaune d'or du spectre; à cet effet, j'ai éclairé avec cette lumière, à l'aide d'une méthode qu'on verra plus loin, un petit champ rectangulaire d'un écran blanc non éclairé, et, à côté, avec de la lumière blanche plus intense, un champ plus étendu de l'écran. Dans les mêmes circonstances, le rouge a donné du rouge brun, et le vert du vert-olive.

Si nous tenons donc compte de l'intensité lumineuse, nous trouvons que la qualité de toute sensation lumineuse dépend de trois grandeurs variables, l'*intensité lumineuse*, le *ton* et le *degré de saturation*. Il n'existe pas d'autres différences dans la qualité de la sensation lumineuse. On peut énoncer ce résultat de la manière suivante :

La sensation colorée produite par une certaine quantité x *de lumière mélangée quelconque, peut toujours être reproduite par le mélange d'une certaine quantité* a *de lumière blanche avec une certaine quantité* b *de lumière saturée* (*couleur spectrale ou pourpre*) *d'un ton déterminé.*

Bien que le nombre des différentes sensations de couleurs reste encore infiniment considérable, cette proposition le restreint cependant dans des limites plus étroites que si toutes les combinaisons possibles des différents rayons de lumière simple pouvaient donner des sensations colorées différentes. Pour déterminer complétement la nature objective d'une lumière mélangée, il faut indiquer combien elle contient de lumière de chaque longueur d'onde; or, comme il existe un nombre infini de longueurs d'ondes différentes, on doit considérer la qualité physique d'une lumière mélangée oomme étant fonction d'un nombre infini d'inconnues. *La sensation, au contraire, que produit sur l'œil une lumière mélangée quelconque, peut toujours être considérée comme une fonction de trois quantités variables*, et qui peuvent être exprimées numériquement; ce sont : 1° la quantité de lumière colorée saturée; 2° la quantité de lumière blanche qu'il faut ajouter pour produire la même sensation colorée; 3° la longueur d'onde de la lumière colorée.

Nous obtenons enfin de cette manière un principe d'après lequel on peut classer les couleurs dans un ordre systématique. — En effet, si nous faisons d'abord abstraction des différences d'intensité lumineuse, il ne reste que deux quantités variables dont dépend la qualité de la couleur : ce sont la nuance et le rapport de la lumière colorée à la lumière blanche; nous pouvons donc nous figurer toutes les couleurs disposées sur un plan en des points définis par les deux dimensions de ce plan, comme cela peut se faire pour toute quantité qui dépend de deux variables. La série des couleurs saturées, étant continue avec elle-même, doit être disposée sur une courbe fermée, et Newton a pris à cet effet un cercle (fig. 114) au milieu duquel se trouve le blanc; sur les lignes qui joignent le centre aux différents points de la périphérie, il faut marquer les nuances intermédiaires entre le blanc et les couleurs saturées qui se trouvent aux points correspondants de la périphérie, ces nuances étant placées d'autant plus près du centre qu'elles contiennent plus de blanc. De cette façon, on obtient une *table des couleurs* qui représente, rangées suivant leurs transitions successives, toutes les espèces possibles des couleurs d'égale intensité. Si l'on voulait tenir compte aussi des différents degrés d'intensité lumineuse des couleurs des corps, il fau-

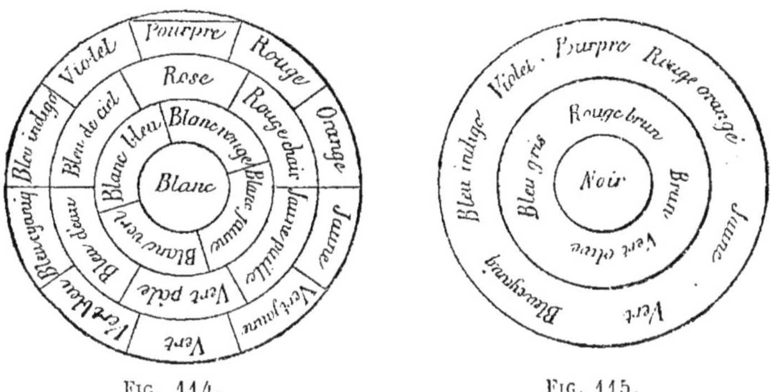

FIG. 114. FIG. 115.

drait, à l'exemple de Lambert, avoir recours à la troisième dimension de l'espace; on pourrait même faire converger en une pointe, répondant au noir, les couleurs les plus sombres, où l'on ne peut plus distinguer qu'une quantité de nuances de plus en plus faible. On obtient ainsi une *pyramide* ou un *cône de couleurs*. La figure 115 représente trois sections horizontales successives pratiquées dans un semblable cône. La plus grande, répondant à la base, représenterait la même disposition des couleurs que le plus grand cercle de la figure 114. La section moyenne, correspondant au milieu du cône, présente sur son bord le rouge brun, le brun, le vert-olive et le gris bleu; à son centre se trouverait le gris; enfin la plus petite des trois, prise près du sommet du cône, représente le noir, comme on le voit sur la figure.

Newton s'est encore servi de la disposition des couleurs sur un plan pour exprimer la loi du mélange des couleurs. — Il supposait représentées par des poids les intensités des lumières mélangées, supposait ces poids situés sur la table des couleurs au point affecté à chacune, et, construisant le centre de gravité de ces poids, sa position devait donner celle de la couleur résultante, et la somme des poids devait en exprimer l'intensité. Grassmann a développé et exprimé les principes qui étaient cachés derrière ce procédé de Newton. A cette proposition énoncée plus haut, que :

1° *Toute couleur résultante présente le même aspect que le mélange du blanc avec une certaine couleur saturée*, il faut ajouter les propositions suivantes :

2° *Lorsque l'une des deux couleurs qui doivent composer un mélange varie d'une manière continue, l'aspect de la couleur résultante varie aussi d'une manière continue.*

3° *Lorsqu'on mélange des couleurs de même aspect, on obtient des mélanges de même aspect.*

En admettant ces trois principes, on peut établir sur un plan une disposition des couleurs qui permette de trouver la couleur résultante par une construction de centre de gravité. Nous désignerons sous le nom de *table géométrique des couleurs* un semblable tableau qui donne les couleurs résultantes d'après le principe de la construction du centre de gravité. Comme les intensités lumineuses des différentes couleurs ne sont pas susceptibles d'être comparées par l'œil d'une manière générale, il faut se réserver, pour chaque table de ce genre, d'établir soi-même l'unité de quantité lumineuse de chaque couleur d'après la loi de Newton sur le mélange des couleurs. Il suffit de prendre arbitrairement trois couleurs, telles qu'aucune d'elles ne puisse être produite par le mélange des deux autres, de leur donner arbitrairement sur la table trois positions qui ne soient pas en ligne droite, et de fixer arbitrairement l'unité de leur intensité lumineuse, pour que la position et l'unité d'intensité de chaque autre couleur de la table soient déterminées.

Construction de la table géométrique des couleurs.

Supposons qu'on ait choisi les trois couleurs A, B, C, qu'on prend pour points de départ, qu'on ait défini les unités de leurs intensités lumineuses et leurs positions sur la table des couleurs, que nous indiquons par a, b et c sur la fig. 116; mêlons une quantité α de A avec une quantité de β de B, et plaçons la couleur résultante au centre de gravité commun des poids α et β, supposés appliqués le premier en a et le second en b. Le centre de gravité d est sur la ligne ab qui joint les points d'application des deux poids, et il faut qu'on ait

$$\alpha \times ad = \beta \times bd.$$

De même, en général, toutes les couleurs résultant de mélanges de A et B, se trouvent sur la ligne ab. Si, aux quantités α et β des couleurs A et B, on veut mélanger la quantité γ de la couleur C, on peut d'abord supposer les quantités α et β mélangés comme précédemment, et leur résultante, dont la valeur sera désignée par $\alpha + \beta$, appliquée en d; il reste à construire le point d'application e de la résultante des deux poids $\alpha + \beta$ et γ, appliqués en d et en c; ce point doit se

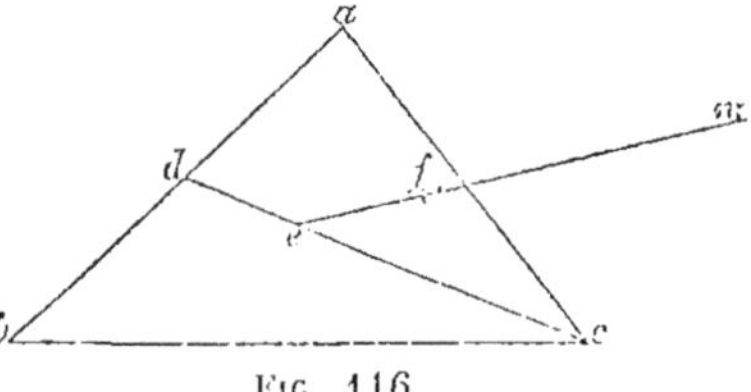

Fig. 116.

trouver sur la ligne *cd*. On obtient ainsi la position de la couleur résultante, dont la quantité doit être

$$\varepsilon = \alpha + \beta + \gamma.$$

On obtient aussi par cette équation l'unité d'intensité lumineuse pour cette couleur : cette unité est

$$1 = \frac{\varepsilon}{\alpha + \beta + \gamma}.$$

De ce qui précède, il résulte que toute couleur provenant du mélange de A, B et C, doit se trouver dans l'intérieur du triangle *abc* ; la position et l'unité d'intensité se déterminent pour chacune d'elles de la manière qu'on vient de voir.

Supposons maintenant qu'on ait déterminé les positions et les unités de toutes les couleurs pouvant provenir du mélange de A, B et C, il devient également possible de déterminer les positions et les unités de toutes celles qui ne peuvent pas provenir du mélange de ces couleurs. Soit M une semblable couleur. On peut toujours prendre, de cette couleur, une quantité μ assez petite pour que le résultat de son mélange avec l'une des couleurs du triangle se trouve encore situé dans le triangle; qu'on la mélange, par exemple, avec la quantité ε, mesurée d'après l'unité déjà établie, de la couleur qui se trouve en e. Si l'on imagine que la quantité de la couleur M soit d'abord infiniment petite, et qu'elle augmente ensuite d'une manière continue jusqu'à devenir égale à μ, la couleur résultante sera d'abord celle qui est en e, puis, d'après la proposition 2°) précédente, elle changera d'une manière continue, c'est-à-dire qu'elle passera par la série continue des couleurs voisines. Lorsque la quantité de M est devenue égale à μ, soient f la position et φ l'intensité de la couleur résultante, et supposons que f soit encore à l'intérieur du triangle. D'après notre règle, on doit avoir d'abord

$$\varphi = \varepsilon + \mu.$$

Par ce moyen, la quantité μ est ramenée aux unités que nous avons adoptées. En second lieu, il faut que f soit le centre de gravité des quantités μ appliquée en m et ε appliquée en e, c'est-à-dire que m doit être sur le prolongement de la ligne ef, et qu'on doit avoir

$$\frac{mf}{ef} = \frac{\varepsilon}{\mu}.$$

La position et l'unité de mesure de la couleur M sont déterminées, et l'on peut procéder de même pour toutes les autres couleurs qui ne peuvent pas provenir du mélange de A, B et C.

Démonstration de l'exactitude de cette construction.

Il nous reste maintenant à faire voir que, dans une table de couleurs ainsi construite, pour laquelle on a déterminé de la manière indiquée les unités de mesure de l'intensité lumineuse des différentes couleurs, la couleur résultant du mélange de deux couleurs déterminées quelconques se trouve au centre de gravité de ces deux couleurs, et que son intensité lumineuse, mesurée d'après les unités établies, est égale à la somme des quantités des lumières mélangées.

Si nous désignons par les coordonnées rectangulaires x_1, y_1; x_2, y_2; x_3, y_3; etc., les positions des points pesants m_1, m_2, m_3, etc., nous obtenons les coordonnées X et Y du centre de gravité par les équations

$$X(m_1 + m_2 + m_3 + \text{etc.}) = m_1 x_1 + m_2 x_2 + m_3 x_3 + \text{etc.}$$
$$Y(m_1 + m_2 + m_3 + \text{etc.}) = m_1 y_1 + m_2 y_2 + m_3 y_3 + \text{etc.}$$

Nous désignerons, dans ce qui suivra, par x_n et y_n les coordonnées d'un point désigné par une lettre quelconque n.

A. — *Soient à mélanger deux couleurs* E_0 *et* E_1, *qui peuvent elles-mêmes provenir du mélange des trois couleurs* A, B *et* C *qu'on a choisies d'abord.* — Soient ε_0 et ε_1 les quantités des couleurs E_0 et E_1 qui résultent du mélange des quantités correspondantes α_0, β_0 et γ_0, α_1, β_1 et γ_1 des couleurs A, B et C; si nous désignons par x_0 et y_0 les coordonnées de la position de ε_0, par x_1 et y_1 celles de la position de ε_1, nous obtenons, d'après la construction connue :

$$x_0(\alpha_0 + \beta_0 + \gamma_0) = \alpha_0 x_a + \beta_0 x_b + \gamma_0 x_c,$$
$$x_1(\alpha_1 + \beta_1 + \gamma_1) = \alpha_1 x_a + \beta_1 x_b + \gamma_1 x_c;$$
$$y_0(\alpha_0 + \beta_0 + \gamma_0) = \alpha_0 y_a + \beta_0 y_b + \gamma_0 y_c,$$
$$y_1(\alpha_1 + \beta_1 + \gamma_1) = \alpha_1 y_a + \beta_1 y_b + \gamma_1 y_c;$$
$$\varepsilon_0 = \alpha_0 + \beta_0 + \gamma_0,$$
$$\varepsilon_1 = \alpha_1 + \beta_1 + \gamma_1.$$

Maintenant, d'après le principe 3°, suivant lequel le mélange de couleurs de mêmet aspect donne des couleurs résultantes de même aspect, la couleur résultan de ε_0 et de ε_1 est la même que celle qui résulte de $\alpha_0 + \beta_0 + \gamma_0$ et de $\alpha_1 + \beta_1 + \gamma_1$; de plus, dans la construction de la table, on obtient les coordonnées X et Y de la position de ce mélange par les équations

$$X(\alpha_0 + \beta_0 + \gamma_0 + \alpha_1 + \beta_1 + \gamma_1) = (\alpha_0 + \alpha_1)x_a + (\beta_0 + \beta_1)x_b + (\gamma_0 + \gamma_1)x_c,$$
$$Y(\alpha_0 + \beta_0 + \gamma_0 + \alpha_1 + \beta_1 + \gamma_1) = (\alpha_0 + \alpha_1)y_a + (\beta_0 + \beta_1)y_b + (\gamma_0 + \gamma_1)y_c,$$

ou bien on peut, au moyen des six équations posées plus haut, éliminer x_a, x_b, x_c et y_a, y_b, y_c, ce qui donne

$$X(\varepsilon_0 + \varepsilon_1) = \varepsilon_0 x_0 + \varepsilon_1 x_1,$$
$$Y(\varepsilon_0 + \varepsilon_1) = \varepsilon_0 y_0 + \varepsilon_1 y_1,$$

c'est-à-dire que les coordonnées x et y de la couleur qui résulte de ε_0 et ε_1 sont les mêmes que celles du centre de gravité de ε_0 et ε_1.

La quantité de lumière q du mélange de ε_0 et ε_1 doit aussi être égale à la quantité de lumière produite par le mélange des quantités de couleurs de même aspect, $\alpha_0 + \beta_0 + \gamma_0$ et $\alpha_1 + \beta_1 + \gamma_1$, c'est-à-dire

$$q = \alpha_0 + \beta_0 + \gamma_0 + \alpha_1 + \beta_1 + \gamma_1 = \varepsilon_0 + \varepsilon_1,$$

ce qui démontre l'exactitude de la construction pour toutes les couleurs pouvant provenir de A, B et C, sur la table construite de la manière indiquée.

B. — *Soient à mélanger deux couleurs* M_0 *et* M_1 *qui ne peuvent pas provenir du mélange de* A, B et C. — Soient x_0, y_0 les coordonnées et μ_0 la quantité de la couleur M_0 ; soient x_1 et y_1 les coordonnées et μ_1 la quantité de la couleur M_1. Supposons qu'on ait trouvé la position de M_0 sur la table des couleurs parce que la quantité μ_0 mêlée avec la quantité ε_0 de la couleur E située au point e a donné la quantité φ de la couleur F située en f ; on a

$$\begin{aligned} \varepsilon_0 + \mu_0 &= \varphi, \\ \varphi x_f &= \varepsilon_0 x_e + \mu_0 x_0, \\ \varphi y_f &= \varepsilon_0 y_e + \mu_0 y_0. \end{aligned}$$

De même, supposons qu'on ait déterminé la position de la couleur M_1 par ce fait que la quantité μ_1 mêlée avec la quantité ε_1 de la couleur E a donné la quantité ψ de la couleur G située en g ; on a

$$\begin{aligned} \varepsilon_1 + \mu_1 &= \psi, \\ \psi x_g &= \varepsilon_1 x_e + \mu_1 x_1, \\ \psi y_g &= \varepsilon_1 y_e + \mu_1 y_1. \end{aligned}$$

Pour déterminer de la même manière la position de la couleur provenant du mélange de μ_0 et de μ_1, mélangeons-la avec la quantité $\varepsilon_0 + \varepsilon_1$ de la couleur E. Cela revient à mélanger les quantités φ et ψ des couleurs F et G. Soient ξ et v les coordonnées de cette couleur résultante, données par les équations

$$\begin{aligned} (\varphi + \psi)\,\xi &= \varphi x_f + \psi x_g, \\ (\varphi + \psi)\,v &= \varphi y_f + \psi y_g. \end{aligned}$$

On obtient alors les coordonnées X et Y du mélange de μ_0 et μ_1, dont on désignera la quantité, encore indéterminée, par η, au moyen des équations

$$\begin{aligned} (\varphi + \psi)\,\xi &= (\varepsilon_0 + \varepsilon_1)\,x_e + \eta X, \\ (\varphi + \psi)\,v &= (\varepsilon_0 + \varepsilon_1)\,y_e + \eta Y, \\ \varphi + \psi &= \varepsilon_0 + \varepsilon_1 + \eta. \end{aligned}$$

Si, à l'aide des équations précédentes, on élimine ici φ, ψ, x_e et y_e, on obtient les équations

$$\begin{aligned} \mu_0 x_0 + \mu_1 x_1 &= \eta X, \\ \mu_0 y_0 + \mu_1 y_1 &= \eta Y, \\ \mu_0 + \mu_1 &= \eta, \end{aligned}$$

d'après lesquelles le mélange de μ_0 et de μ_1 est bien situé, comme on le demande, au centre de gravité des deux poids, et sa quantité est égale à la somme de ces deux quantités.

C. — *Soient à mélanger deux couleurs, l'une pouvant, et l'autre ne pouvant pas résulter de* A, B *et* C. — La marche est analogue à celle suivie en B. Soit μ_0 la quantité de la couleur qui ne peut pas résulter de A, B, C; supposons que ses coordonnées x_0 et y_0 soient données par ce fait que, mêlée à la quantité ε_0 de la couleur située en E, la couleur proposée a donné la quantité φ de la couleur située en F. On a alors

$$\begin{aligned} \mu_0 x_0 + \varepsilon_0 x_e &= \varphi x_f , \\ \mu_0 y_0 + \varepsilon_0 y_e &= \varphi y_f , \\ \mu_0 + \varepsilon_0 &= \varphi. \end{aligned}$$

On obtient la position de la couleur η provenant du mélange de μ_0 avec une couleur μ, pouvant provenir de A, B, C et située en G, en mêlant η avec ε_0 et exécutant la construction connue. Mais comme η est composée de μ_0 et μ_1, on peut aussi mélanger d'abord μ_0 et ε_0, ce qui, d'après la proposition 3°, donne la quantité φ de la couleur située en F, et mélanger ensuite φ et μ_1. Le centre de gravité commun de ces deux quantités donne la position du mélange de η avec ε_0; ses coordonnées ξ et v sont données par les équations

$$\begin{aligned} (\varphi + \mu_1)\, \xi &= \varphi x_f + \mu x_g , \\ (\varphi + \mu_1)\, v &= \varphi y_f + \mu y_g . \end{aligned}$$

On peut obtenir maintenant les coordonnées X et Y de η, d'après la règle de construction, à l'aide des équations

$$\begin{aligned} (\varphi + \mu_1)\, \xi &= \eta X + \varepsilon_0 x_e , \\ (\varphi + \mu_1)\, v &= \eta Y + \varepsilon_0 y_e , \\ \varphi + \mu_1 &= \eta + \varepsilon_0 , \end{aligned}$$

d'où l'on déduit enfin

$$\begin{aligned} \eta X &= \mu_0 x_0 + \mu_1 x_g , \\ \eta Y &= \mu_0 y_0 + \mu_1 y_g , \\ \eta &= \mu_0 + \mu_1 . \end{aligned}$$

C. q. f. d.

Jusqu'ici nous n'avons employé, pour déterminer la position des couleurs ne pouvant pas provenir de A, B et C, que leur mélange avec une seule couleur E. Mais la dernière proposition fait voir que l'emploi de toute autre couleur G donnerait les mêmes résultats pour ces déterminations.

On ne peut pas prévoir quelle sera la forme de la courbe sur laquelle viendront se placer les couleurs simples, par suite d'une construction semblable. Cette courbe pourra même être très-différente suivant le choix des trois couleurs avec lesquelles on commence la construction, et suivant leurs unités de mesure, qu'on choisit arbitrairement. L'une des unités de mesure doit toujours rester arbitraire; il en est de même de la position de deux des trois points où l'on place les trois couleurs choisies. La forme de la courbe dépend encore des quatre autres données. On peut donc encore imposer quatre conditions qu'on pourra satisfaire en général par un choix convenable des quatre grandeurs arbitraires. Ainsi, on pourrait demander que, dans la table des couleurs, cinq couleurs choisies arbitrairement soient toutes à égale distance du blanc. Dans ce cas, la courbe qui limite la table des couleurs, et qui contient les couleurs simples, différerait à peine du cercle de Newton tel qu'il est représenté par la figure 114 ; seulement, entre le rouge extrême et le violet, la surface serait limitée par la corde qu'on voit sur la figure, au lieu de l'arc, parce que le pourpre, qui ne peut résulter que du mélange de ces deux couleurs extrêmes, se trouverait sur la ligne droite qui joint ces deux couleurs. Il résulte, en outre, du principe de construction, que deux couleurs complémentaires sont toujours situées aux extrémités opposées d'un diamètre du cercle; car la couleur résultante blanche doit toujours se trouver sur la ligne de jonction des couleurs dont elle est composée. Cette condition est aussi remplie sur la figure 114.

En ce qui concerne les unités d'intensité lumineuse relatives au différentes couleurs, et que nous avons laissées indéterminées jusqu'ici, dans le cas où le champ des couleurs est limité par une circonférence, il faudrait considérer comme égales les quantités complémentaires de couleurs complémentaires, c'est-à-dire les quantités dont le mélange donne du blanc; en effet, d'après l'hypothèse, le blanc, qui en résulte, est situé à égale distance des deux ; or, le centre de gravité de deux poids ne peut être situé au milieu de la ligne qui les joint, que si les poids sont égaux. De plus, la disposition circulaire amènerait à considérer comme égales des quantités de couleurs non complémentaires entre elles, qui, mélangées chacune avec une quantité suffisante de leur couleur complémentaire, produisent des quantités égales de blanc. Il résulte déjà de ce qu'on a vu plus haut au sujet des différents degrés de saturation des couleurs spectrales, que les quantités que nous considérons ici comme égales sont loin d'offrir à l'œil la même intensité. Cependant on verra, dans le paragraphe suivant, que la comparaison des intensités, faite par l'œil pour des intensités lumineuses absolues différentes, donne des résultats très-différents, tandis qu'au contraire la détermination de l'unité de mesure de différentes couleurs d'après le résultat du mélange conserve du moins la même valeur pour tous les degrés d'intensité lumineuse.

Si l'on veut, au contraire, dans la table des couleurs, considérer comme égales des quantités de lumière colorée qui, pour une certaine intensité absolue, présentent à l'œil des intensités égales, la courbe des couleurs simples devient toute différente, et analogue à celle représentée par la figure 117. Les couleurs saturées rouge et violette doivent être plus éloignées du blanc que leurs couleurs complémentaires qui paraissent moins saturées ; car, d'après le jugement de l'œil, il entre bien moins de violet que de vert jaune dans le mélange de ces deux couleurs qui donne du blanc, et le blanc devant se trouver au centre de gravité de ces deux couleurs, la petite quantité de violet doit agir sur un bras de levier plus grand que la grande quantité de vert jaune. Du reste, ici encore, les couleurs spectrales se trouvent à la périphérie de la courbe, le pourpre sur une corde, les couleurs complémentaires, aux extrémités opposées de cordes qui passent par la position du blanc, le tout comme dans le cercle de la figure 114.

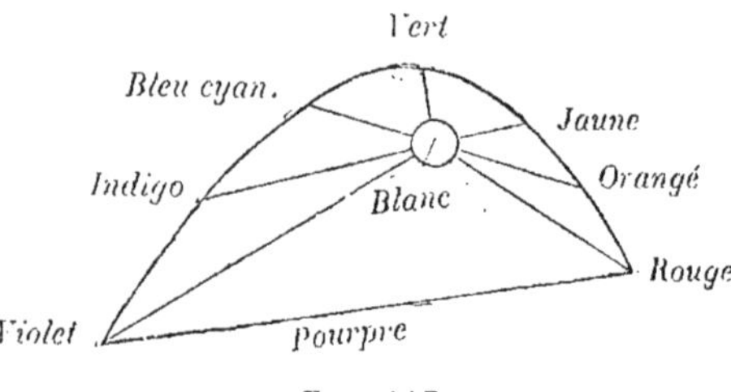

FIG. 117.

Newton n'avait d'abord proposé la réduction de la loi du mélange des couleurs à des constructions de centres de gravité que comme une espèce de représentation mathématique destinée à exprimer les faits, si nombreux, donnés par l'expérience, et n'ayant pas fait de vérifications quantitatives, il s'appuyait seulement sur ce que les résultats de cette représentation correspondaient qualitativement avec les faits d'expérience. Maxwell a fait, dans ces derniers temps, ces expériences quantitatives. Il confectionna deux séries de secteurs circulaires possédant deux rayons différents, et les recouvrit de couleurs (cinabre, jaune de chrôme, vert de Paris, outremer, blanc et noir) ; il les fixait sur un disque tournant, de telle manière qu'on pouvait rendre visibles, à volonté, des parties plus ou moins grandes de chaque secteur ; au milieu du disque, la disposition était différente de celle du bord. On faisait varier la largeur des secteurs jusqu'à ce que, dans la rotation rapide du disque, les deux mélanges de couleurs fussent tout à fait semblables, puis on mesurait l'angle que présentait chacun des secteurs. De cette façon, on peut produire une quantité indéfinie de combinaisons de couleurs et trouver chaque fois la loi du mélange. D'après le mode d'exposition que nous avons suivi jusqu'ici, on peut expliquer de la manière suivante la signification qu'il faut attacher à ces expériences. Construisons une table des couleurs en prenant comme couleurs fondamentales trois des couleurs du disque, par exemple le rouge, le vert et le bleu, leurs intensités étant supposées égales à l'unité de mesure choisie arbitrairement. Il faut alors, dans chaque expérience, attribuer à chacune de ces trois couleurs une intensité égale au quotient de l'arc de son secteur par la circonférence entière. D'abord, il est possible de composer avec ces trois couleurs un gris qu'on peut rendre égal à un gris formé de noir et de blanc. C'est ainsi qu'on détermine la position et l'unité de mesure du blanc dans la table de couleurs. D'autre part, il est possible de produire, avec du rouge et du vert d'une part, avec du jaune du blanc et du noir d'autre part, deux mélanges d'un même jaune gris, et de déterminer alors, d'après la règle de construction indiquée plus haut, la position et l'unité de mesure du jaune dans la table des couleurs. On peut ensuite déduire complétement, soit par construction sur la table des couleurs, soit par calcul, et vérifier par l'expérience, que l'on peut composer au moyen de trois autres de ces couleurs tout mélange provenant de trois des cinq couleurs : rouge, jaune, vert, bleu et blanc ; chacune de ces vérifications est une vérification des principes sur lesquels sont fondées les constructions de centres de gravité. Maxwell a trouvé un accord satisfaisant entre les expériences et la loi. Cette disposition du disque des couleurs serait du reste très-convenable pour définir par des nombres les couleurs des corps naturels.

Nous avons vu que toute variété d'impression lumineuse peut être considérée comme fonction de trois quantités qui peuvent varier d'une manière indépendante ; nous avons pris jusqu'ici pour ces variables : 1° l'intensité lumineuse, 2° le ton, 3° la saturation ; ou bien : 1° la quantité de blanc, 2° la quantité, 3° la longueur d'onde d'une couleur spectrale. — On peut remplacer ces trois variables par trois autres, et c'est ce qu'on a fait en cherchant à considérer toutes les couleurs comme des mélanges de quantités variables de trois couleurs, les *trois couleurs fondamentales*, pour lesquelles on a choisi, en général, le *rouge*, le *jaune* et le *bleu*. Cette proposition serait inexacte si, la considérant au point de vue objectif, on admettait l'existence, dans le spectre, de couleurs simples dont le mélange pût donner à l'œil une sensation semblable à celle que produit toute autre lumière simple ou composée. Il n'existe pas trois couleurs simples dont le mélange reproduise, même passablement, les couleurs intermédiaires du spectre : les couleurs spectrales paraissent toujours bien plus saturées que les couleurs composées. Le rouge, le jaune et le bleu sont précisément les couleurs les moins propres à obtenir cet effet, car si l'on prend pour le bleu une nuance se rapprochant de celle du ciel, et ne tirant pas sur le vert, le mélange de ces couleurs ne permet jamais d'obtenir du vert ; si l'on prend un bleu et un jaune verdâtres, on n'obtient qu'un vert très-blanchâtre. On ne pouvait choisir ces trois couleurs qu'alors que l'on croyait qu'à l'exemple des matières colorantes, le mélange de la lumière bleue avec la lumière jaune donnait du vert. On réussirait un peu mieux en prenant pour couleurs fondamentales le *violet*, le *vert* et le *rouge*. Le violet et le vert permettent d'obtenir du bleu, mais ce n'est pas le bleu saturé du spectre, et le vert et le rouge donnent un jaune pâle qui se distingue aussi, au premier coup d'œil, du jaune éclatant du spectre.

Figurons-nous les couleurs disposées en une table suivant la méthode déjà vue, il résulte de la règle de construction établie plus haut, que toutes les couleurs à obtenir par le mélange de trois couleurs données se trouvent nécessairement à l'intérieur du triangle dont les sommets coïncideraient avec les trois couleurs fondamentales. Ainsi, dans la figure 118, où les couleurs sont désignées par leurs initiales ($I =$ indigo, $Bl. =$ bleu cyanique) le triangle $R\ Bl\ J$ contiendrait toutes les couleurs qu'on pourrait former de rouge, de bleu cyanique et de jaune. On voit que, deux grands segments du cercle restant en dehors, on ne pourrait produire qu'un violet et un vert très-blanchâtres. Si, au lieu du bleu cyanique, on prenait le bleu de ciel ou l'indigo, le vert ferait complétement défaut. — Le triangle $V\ R\ Ve$ contient les couleurs pouvant provenir du mélange du violet, du rouge et du vert; ce qui donnerait déjà une bonne partie des couleurs. Mais, comme on le voit sur la figure, il manque encore des segments considérables du cercle, ce qui s'accorde avec les expériences connues du mélange des couleurs spectrales, d'après lesquelles, en effet, la périphérie de la table des couleurs doit être une courbe qui s'écarte beaucoup des côtés du triangle.

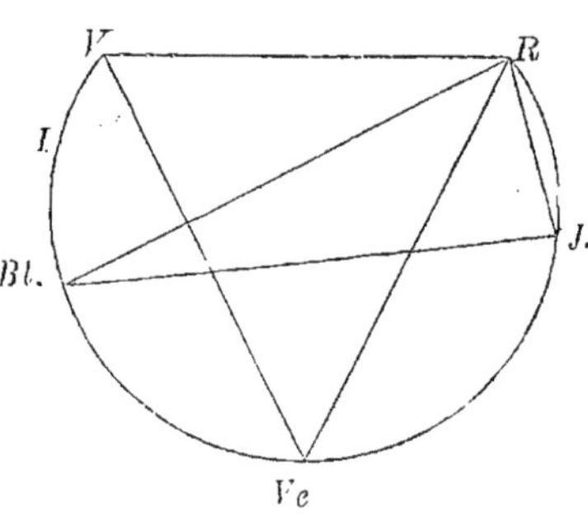

Fig. 118.

Brewster a cherché à défendre la nature objective des trois couleurs principales : il prétendait que pour chaque degré de réfrangibilité des rayons lumineux il y a trois espèces différentes de lumière, le rouge, le jaune et le bleu, et que les proportions différentes du mélange constituent les différentes couleurs du spectre. Les couleurs spectrales seraient donc composées elles-mêmes de trois espèces de lumière qualitativement différentes, mais dont les rayons auraient, pour chaque couleur spectrale, un même degré de réfrangibilité. D'après Brewster, les milieux colorés permettraient de démontrer la présence des trois couleurs fondamentales dans chaque couleur simple. Nous avons déjà vu, dans le paragraphe précédent, l'inexactitude de cette assertion, qui sert de base à toute son argumentation.

Si nous laissons de côté l'hypothèse de Brewster, parler de trois couleurs fondamentales sous le rapport objectif serait un non-sens. En effet, tant qu'il s'agit des conditions purement physiques, et qu'il n'est pas question de l'œil humain, les propriétés de la lumière composée dépendent uniquement des proportions dans lesquelles s'y trouvent les lumières de différentes longueurs d'onde. La réduction à trois couleurs fondamentales ne peut jamais avoir qu'une signification subjective; il ne peut s'agir ici que de ramener les sensations colorées à trois sensations fondamentales. C'est dans ce sens que Th. Young a très-bien saisi le problème, et son hypothèse donne, en réalité, une explication et un aperçu excessivement simples et clairs de tous les phénomènes de l'étude physiologique des couleurs. Th. Young admet que :

1° Il existe, dans l'œil, trois sortes de fibres nerveuses dont l'excitation donne respectivement la sensation du rouge, du vert et du violet.

2° La lumière objective homogène excite les trois espèces de fibres nerveuses avec une intensité qui varie avec la longueur d'onde. Celle qui possède la plus grande longueur d'onde excite le plus fortement les fibres sensibles au rouge, celle de longueur moyenne, les fibres du vert, et celle de la moindre longueur d'onde, les fibres du violet. Cependant il ne faut pas nier, mais bien plutôt admettre pour l'explication de

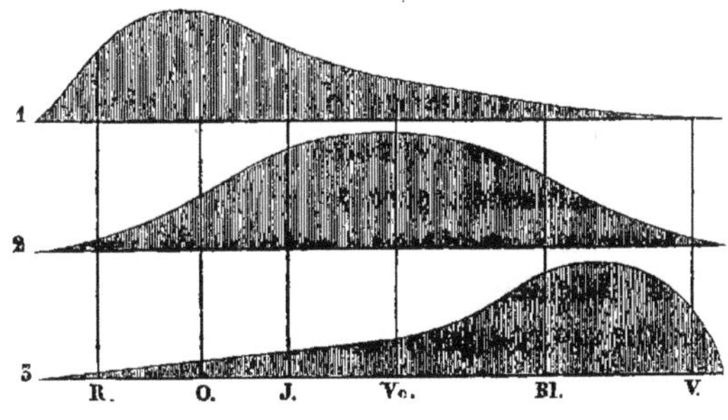

FIG. 119.

nombre de phénomènes, que chaque couleur spectrale excite toutes les espèces de fibres, mais avec une intensité différente. Supposons les couleurs spectrales disposées horizontalement et par ordre (fig. 119) depuis le rouge *R* jusqu'au violet *Vi*, les trois courbes représentent plus ou moins exactement l'irritabilité des trois sortes de fibres, la courbe 1 pour les fibres du rouge, la courbe 2 pour les fibres du vert et la courbe 3 pour celles du violet.

Le *rouge* simple, excite fortement les fibres sensibles au rouge, et faiblement les deux autres espèces; sensation : rouge.

Le *jaune* simple, excite modérément les fibres sensibles au rouge et au vert, faiblement celles du violet; sensation : jaune.

Le *vert* simple, excite fortement les fibres du vert, bien plus faiblement les deux autres espèces; sensation : vert.

Le *bleu* simple, excite modérément les fibres du vert et du violet, faiblement celles du rouge; sensation : bleu.

Le *violet* simple, excite fortement les fibres qui lui appartiennent, faiblement les autres; sensation : violet.

L'excitation à peu près égale de toutes les fibres donne la sensation du *blanc* ou des couleurs blanchâtres.

Peut-être objectera-t-on, au premier abord, à cette hypothèse, qu'elle exige trois fois plus de fibres et de terminaisons nerveuses que l'opinion ordinairement admise, laquelle accorde à chaque fibre nerveuse la propriété de conduire toutes sortes d'excitations chromatiques. Je ne crois pas que, sous ce rapport, la théorie de Th. Young soit en contradiction avec les faits anatomiques, puisque nous ne savons rien sur le nombre des fibres conductrices, et il existe encore un grand nombre d'éléments microscopiques (cellules, granules, bâtonnets) auxquels nous n'avons, jusqu'à présent, pu attribuer aucune fonction spéciale. D'un autre côté, ce n'est pas là le point essentiel de l'hypothèse de Th. Young, lequel me paraît consister plutôt à représenter les sensations colorées comme résultant de trois actions parfaitement distinctes qui se produiraient dans la substance nerveuse. Cette indépendance ne se présente pas seulement dans les phénomènes dont nous venons de parler : on l'observe aussi dans ceux qui proviennent de l'état de fatigue de l'appareil nerveux visuel. Il ne serait pas précisément nécessaire d'admettre des fibres nerveuses différentes pour ces différentes sensations; on obtiendrait aussi les mêmes avantages que présente l'hypothèse de Th. Young pour l'explication des faits, en admettant que chaque fibre puisse servir à trois actions complétement distinctes et indépendantes l'une de l'autre. Cependant, comme la forme primitive et plus palpable de l'hypothèse, telle qu'elle a été établie par Th. Young, permet de mieux fixer les idées et le langage, quand ce ne serait que dans l'intérêt de la clarté de l'exposition, nous trouvons plus avantageux de la conserver. Il faut encore ajouter que les phénomènes physiques de l'excitation nerveuse, tels que ceux de l'excitation électro-motrice, ne nous présentent ni dans les nerfs sensitifs, ni dans les nerfs moteurs, aucun signe de cette diversité d'action, telle qu'elle doit exister si chaque fibre du nerf optique peut conduire toutes les sensations colorées. L'hypothèse de Th. Young rend possible, sous ce rapport aussi, de reporter directement au nerf optique les idées si simples du mécanisme et de la conductibilité de l'excitation, que nous nous sommes faites par l'étude des phénomènes des fibres motrices, ce qui ne serait pas possible si nous nous figurions que chaque fibre du nerf optique puisse être affectée en même temps de trois états d'excitation, qualitativement différents, et qui ne se gêneraient pas mutuellement. L'hypothèse de Th. Young n'est qu'une application plus spéciale de la loi des énergies spécifiques des sens. De même que, dans l'œil, les sensations du toucher et de la vue appartiennent incontestablement à des fibres nerveuses différentes, on admet ici qu'il en est de même pour la sensation des différentes couleurs fondamentales.

Le choix des trois couleurs fondamentales présente tout d'abord quelque chose d'arbitraire. — On pourrait choisir à volonté trois couleurs dont le mélange produise du blanc. Th. Young a été guidé sans doute par la considération que les couleurs extrêmes du spectre paraissent devoir occuper des positions privilégiées. Si nous ne choisissions pas ces couleurs, il faudrait prendre pour l'une des couleurs fondamentales une nuance pourpre, et la courbe qui lui répondrait dans la figure 119 aurait deux maximums, l'un dans le rouge et l'autre dans le violet. Cette hypothèse serait plus compliquée sans être impossible. Il n'existe encore, que je sache, aucun autre moyen de déterminer les couleurs fondamentales que l'examen des sujets affectés de dyschromatopsie. Nous verrons plus loin jusqu'à quel point cet examen confirme l'hypothèse de Th. Young, au moins pour le rouge.

Les résultats des mélanges de couleurs prouvent déjà, au moins pour le vert, que les couleurs spectrales correspondant aux trois couleurs fondamentales n'excitent pas seulement les fibres nerveuses de même nom, mais aussi les autres, à un degré moindre. — En effet, supposons toutes les sensations composées de trois couleurs fondamentales, disposées sur un plan suivant la règle de Newton, d'après ce qu'on a vu plus haut, la surface chromatique est un triangle. Ce triangle doit comprendre dans son intérieur la surface représentée fig. 117, qui contient toutes les couleurs pouvant résulter des mélanges de couleurs spectrales. C'est ce qu'on peut réaliser en plaçant en A, fig. 120, la

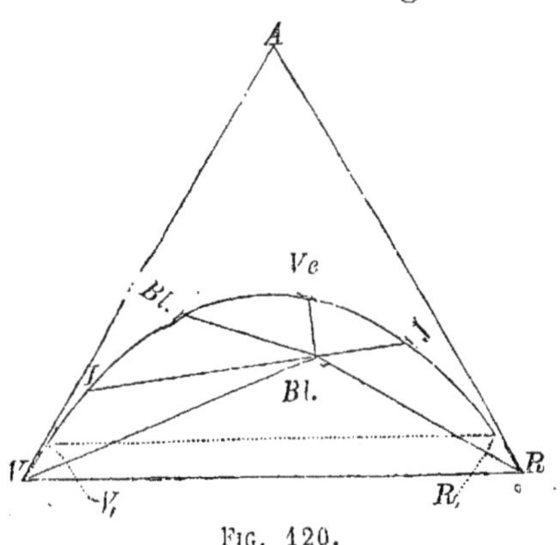

FIG. 120.

sensation du vert pur, et en R et en V le rouge et le violet spectraux, considérés comme couleurs fondamentales. Alors AVR serait le triangle qui renfermerait toutes les sensations colorées possibles. Comme nous l'avons dit, cette convention s'accorderait avec les faits des mélanges de couleurs. Mais des faits qu'on verra plus loin, relatifs à la dyschromatopsie, à la modification des nuances par l'augmentation d'intensité de la lumière, et aux images consécutives, obligent à admettre que le rouge et le violet spectraux ne répondent pas à la sensation simple d'une couleur fondamentale, mais à une sensation légèrement mélangée. Nous aurions donc, dans le triangle de la figure 120, à placer environ en $R_{,}$ et en $V_{,}$ les couleurs spectrales rouge et violette et la figure $IBlVeR_{,}V_{,}$ embrasserait alors toutes les couleurs possibles de la lumière objective.

On voit donc qu'il doit exister une série de sensations de couleurs encore plus saturées que celles que l'œil trouve dans les circonstances ordinaires, dans la lumière objective, même dans celle du spectre. Sur la figure 120, les couleurs que la lumière extérieure provoque dans l'œil normal sont comprises entre la courbe et la ligne droite $R_{,}V_{,}$; le reste du triangle correspond à des sensations de couleurs qui ne peuvent pas être produites immédiatement par la lumière extérieure. Comme ces dernières sont toutes plus éloignées du blanc que les couleurs spectrales, elles doivent être plus saturées que ces couleurs, lesquelles sont les couleurs objectives les plus saturées que nous connaissions. En réalité, l'étude des images accidentelles nous fera voir qu'on peut, par épuisement de l'œil pour la couleur complémentaire, produire des sensations de couleurs à côté desquelles les couleurs spectrales paraissent blanchâtres.

Cette théorie explique facilement le fait cité plus haut que les différentes couleurs spectrales possèdent des degrés de saturation différents.

C. **Maxwell** a fait une importante série d'expériences sur le mélange des couleurs spectrales, afin de déterminer les tons des trois couleurs fondamentales et les trois courbes d'intensités (fig. 119, p. 382) qui, d'après la théorie de Th. Young, expriment pour chaque portion du spectre l'intensité de chaque couleur fondamentale. A cet effet, il faisait arriver de la lumière blanche dans une boîte obscure, à travers trois fentes dont on pouvait faire varier la largeur et la position. La lumière traversait alors deux prismes et était concentrée par une lentille convergente sur un écran où elle formait, par suite, trois spectres prismatiques qui se recouvraient en partie. Une fente pratiquée dans cet écran laissait arriver à l'œil de l'observateur une des couleurs résultantes qu'elle isolait des autres. Lorsque l'observateur regardait à travers la fente, il voyait la lentille recouverte d'une manière uniforme par la couleur résultante examinée. Un autre compartiment de la boîte laissait passer de la même lumière blanche sans qu'elle eût traversé le prisme. Cette lumière parvenait également à l'observateur, et cela au moyen d'un miroir de verre noir convenablement disposé, de sorte qu'il voyait un champ blanc tout près de la lentille. L'expérience consistait à modifier la position et la largeur des trois fentes qui fournissaient la lumière prismatique jusqu'à ce que le mélange de ces trois sortes de lumière présentât un aspect identique avec le blanc réfléchi sans modification.

Plus tard, Maxwell donna à l'instrument une forme plus commode en renvoyant, au moyen d'un miroir concave, la lumière à travers les prismes qu'elle avait traversés. Par ce moyen l'instrument devient plus court et l'observateur, étant assis tout près des fentes qui laissent pénétrer la lumière, peut les manœuvrer lui-même, ce qui est un grand avantage.

Maxwell prit pour couleurs fondamentales :

1° Un rouge situé entre les lignes *C* et *D* de Fraunhofer et deux fois plus éloigné de *D* que de *C*. D'après la nomenclature adoptée plus haut, ce serait le rouge écarlate passant à l'orangé.

2° Un vert voisin de la ligne *E*.

3° Un bleu situé entre *F* et *G*, deux fois plus éloigné de *G* que de *F*. Ce serait à peu près le passage du bleu cyanique à l'indigo.

A chaque expérience on reproduisait du blanc, au moyen des trois couleurs employées, et l'on notait la largeur qu'il fallait donner aux fentes, de manière à constater la composition invariable du blanc normal. La largeur des fentes permettait de mesurer les quantités de lumière nécessaires. Puis, avec deux des couleurs fondamentales et une troisième couleur choisie à volonté, on composait du blanc, et l'on notait la position de la troisième couleur dans le spectre sur une échelle placée à côté des trois couleurs ; on notait aussi la largeur des fentes. Lorsque le blanc, dont les changements dans l'état de l'atmosphère peuvent parfois modifier la composition, était resté suffisamment invariable, on obtenait ainsi une série de combinaisons de couleurs qui permettaient de définir la position des couleurs spectrales observées sur une table de couleurs, où l'on avait fixé arbitrairement les positions des trois couleurs fondamentales. De cette manière on obtient, par des observations réelles, la forme de la courbe de la figure 120 (page 384), que j'avais dessinée d'après une simple estimation, antérieurement aux expériences de Maxwell. Les courbes, déterminées ainsi par Maxwell pour deux observateurs, se rapprochent bien plus du périmètre du triangle *ARV* que celle de la figure 120, de telle sorte que la courbe se compose de deux parties presque rectilignes. Les courbures les plus prononcées, celles qui paraissent, par suite, se rapprocher le plus des angles du triangle chromatique complet, correspondent à peu près aux trois couleurs fondamentales indiquées plus haut. Cependant, le bleu, d'après le premier observateur, et le rouge, d'après le second, doivent être pris un peu plus près de l'extrémité du spectre. Mais c'est précisément pour les couleurs faibles des extrémités du spectre que l'expérience présentait des difficultés.

De plus, les résultats de Maxwell diffèrent de la figure 120 en ce que les deux extrémités de la courbe paraissent se raccorder avec le troisième côté du triangle.

Le résultat de Maxwell est, jusqu'à un certain point, en contradiction avec ce que j'ai dit page 367, par suite d'expériences plus directes, à savoir que le mélange de deux couleurs spectrales est toujours un peu plus blanchâtre que la couleur simple dont le ton s'en rapproche le plus. Il résulterait de ces expériences que la courbe des couleurs ne peut offrir aucune portion rectiligne, car les couleurs qui se trouvent sur une même ligne droite peuvent se reproduire par le mélange de deux d'entre elles. On peut expliquer cette contradiction en remarquant que c'est précisément aux limites du triangle des couleurs que les tons changent avec la plus grande rapidité relative; que, par suite, quand même la courbe ne présenterait sur les côtés qu'une convexité trop faible pour être constatée par les observations moins directes de Maxwell, malgré le voisinage de la corde et de l'arc, il peut cependant se trouver, sur la corde, des couleurs d'un aspect sensiblement autre que sur l'arc.

Maxwell a, de plus, calculé d'après ses expériences l'intensité que possèdent, dans chaque couleur prismatique, les trois couleurs fondamentales qu'il a choisies, et il a construit en conséquence les courbes que j'ai indiquées schématiquement dans la figure 119 (p. 382). Les courbes ont des sommets un peu plus pointus que celles de la figure 119, et celle du rouge remonte un peu à l'extrémité violette, celle du bleu, à l'extrémité rouge du spectre.

Il serait à souhaiter qu'on recherchât, par des expériences semblables à celles de Maxwell, s'il est réellement possible d'obtenir tout à fait exactement le jaune spectral au moyen du vert jaunâtre et du jaune d'or, le violet spectral, par le mélange du rouge extrême et de l'indigo, etc., afin de déterminer plus exactement encore la forme du périmètre de la table des couleurs spectrales.

Il est à remarquer que les deux observateurs de Maxwell n'étaient pas amenés à des mélanges absolument pareils de couleurs spectrales pour reproduire le blanc, et qu'aucun d'eux ne considérait comme complétement blanc le mélange composé par l'autre. De plus, chez le second observateur (Maxwell lui-même), la courbe des intensités présentait une concavité plus considérable aux environs de la ligne F, que chez l'autre. Maxwell considère comme cause probable une pigmentation différente de la tache jaune, puisque le pigment jaune (voy. p. *420* de l'édition allemande) paraît absorber surtout la lumière de la ligne F. C'est pour ce motif que les mélanges blanchâtres qui contiennent ce bleu cessent de paraître blancs dans la vision indirecte, ainsi que je l'avais déjà fait remarquer (p. *505* de l'édit. all.). Comme, chez des individus différents, les couleurs prismatiques arrivent aux parties centrales de la rétine à travers des couches de substance jaune de différente intensité, leur intensité se modifie de manières différentes, et les triangles de couleurs, obtenus par deux individus différents, présentent dans la disposition des couleurs des différences telles qu'on les obtiendrait en modifiant les unités d'intensité, fixées arbitrairement d'ailleurs, des couleurs fondamentales. C'est ainsi que pour les yeux de Maxwell, le rouge agit relativement avec plus d'intensité, et le bleu, avec moins d'intensité que pour les yeux de l'autre observateur.

On peut aussi, d'après Schelske, obtenir des couleurs résultantes, au moyen de couleurs objectives, et des couleurs que produisent les courants électriques constants. — Le courant ascendant, ajouté aux couleurs extérieures, leur communique une coloration d'un violet bleuâtre, le courant descendant leur enlève une certaine quantité de cette couleur. On peut même produire des mélanges de couleurs équivalents pour deux disques chromatiques dont l'un se peint sur une moitié de la rétine parcourue par un courant ascendant, et l'autre, sur une moitié parcourue par un courant descendant.

Il est d'un grand intérêt, pour la théorie des sensations colorées, d'examiner les perceptions des yeux qui distinguent moins de couleurs que les yeux normaux (*achromatopsie*, *achrupsie*). A. Seebeck a démontré qu'il y a deux sortes d'achromatopsie. Les yeux de chacune des classes confondent les mêmes couleurs différentes, et l'on ne trouve que des différences d'intensité dans leur affection. D'un autre côté, les yeux de chaque classe reconnaissent la plupart des erreurs qu'ont faites ceux de l'autre classe.

Le plus grand nombre des exemples, surtout en Angleterre, paraissent appartenir à la seconde classe de Seebeck ; leur affection est souvent appelée *Daltonisme* (*Anérythropsie* de Göthe), du nom du célèbre chimiste J. Dalton qui était dans ce cas et qui, le premier, fit une étude un peu exacte de ce défaut. Comme les savants anglais réclament contre cette manière d'immortaliser le nom de leur célèbre compatriote par un de ses défauts, nous emploierons l'expression d'*anérythropsie* (*Rothblindheit*). Les individus chez lesquels cet état est complétement développé ne voient dans le spectre que deux couleurs, qu'ils désignent ordinairement sous les noms de bleu et de jaune. A cette dernière, ils rapportent tout le rouge, l'orangé, le jaune et le vert. Ils appellent gris les tons bleu-verdâtre et nomment bleu tout le reste. Lorsque le rouge extrême est faible, ils ne le voient pas du tout ; ils ne le voient que lorsqu'il est intense. C'est pour ce motif qu'ils indiquent ordinairement comme limite du spectre une partie où les yeux normaux voient encore distinctement un rouge faible. Parmi les couleurs des corps, ils confondent le *rouge* (c'est-à-dire le cinnabre et l'orangé rougeâtre) avec le brun et le vert, dans les cas où les yeux normaux voient, en général, le rouge avec bien plus d'intensité que le brun et le vert. Ils ne distinguent pas le *jaune d'or* du *jaune*, ni le *rose* du *bleu*. Cependant toutes les couleurs résultantes, qui paraissent semblables à l'œil normal, paraissent de même malgré l'anérythropsie. J. Herschel (1) émit déjà, pour le cas de Dalton, l'opinion que toutes les couleurs qu'il distinguait pouvaient être considérées comme composées de deux couleurs

(1) Dans une lettre citée, in G. Wilson, on Colour Blindness, *Edinb. Journ.*, 1855, p. 60.

fondamentales au lieu de trois. Cette opinion a été confirmée récemment par Maxwell à l'aide de sa méthode pour appliquer à la mensuration les mélanges de couleurs obtenus par les disques rotatifs. Comme nous l'avons vu, on peut, pour l'œil normal, établir une équivalence entre toute couleur donnée et trois couleurs convenablement choisies associées à du blanc et du noir. Pour l'anérythropsie, il ne faut, comme je l'ai constaté moi-même, que deux couleurs, telles que le jaune et le bleu, outre le noir et le blanc, pour établir sur le disque l'équivalence de toute autre couleur. J'ai pris pour couleurs principales le jaune de chrome et l'outremer, dans mes expériences avec M. M..., élève de l'École polytechnique de Carlsruhe, qui était habitué aux expériences de physique et se montrait assez sensible aux différences de couleurs qui subsistaient pour son œil.

Il confondait avec un *rouge* analogue à celui de la cire à cacheter, un mélange de 35° de jaune et de 325° de noir, qui présentait à l'œil normal un vert-olive foncé.

Avec le *vert* correspondant à peu près à la ligne E, il confondait un mélange de 327° de jaune et 33° de bleu, ce qui, pour l'œil normal, donne un jaune gris. — Avec le *gris*, 165° de jaune et 195° de bleu, ce qui forme, pour l'œil normal, un gris faiblement rougeâtre.

Comme on peut, avec le rouge, le jaune, le vert et le bleu, composer tous les autres tons, il résulte de ces expériences que, pour M. M..., on pourrait les composer tous avec du jaune et du bleu.

Du reste, si l'on applique les propositions de Grassmann (p. 372), sur les mélanges des couleurs, à un œil qui confond le rouge avec le vert, il en résulte immédiatement que tous les tons que cet œil peut distinguer peuvent s'obtenir au moyen de deux couleurs, le jaune et le bleu. En effet, si le rouge et le vert paraissent identiques, comme les mélanges de couleurs de même aspect, donnent des couleurs de même aspect, il faut, de plus, que les mélanges d'une quantité déterminée de jaune, avec une même quantité quelconque d'une des couleurs composées de rouge et de vert, qui sont équivalentes entre elles pour l'œil atteint d'anérythropsie, forment des couleurs résultantes qui présentent toutes le même aspect pour cet œil. Mais comme on peut composer avec le jaune et le bleu, pour l'œil normal, une des couleurs composées de rouge et de vert, ce mélange peut être substitué, pour l'œil affecté d'anérythropsie, à toutes les couleurs composées de rouge et de vert. Il suit de là que, pour un œil de ce genre, on peut former avec le jaune et le bleu toutes les couleurs provenant du jaune, du rouge et du vert; on peut démontrer pareillement qu'il en est de même pour tous les mélanges de bleu, rouge et vert. Comme enfin le rouge, le jaune, le vert et le bleu permettent de composer tous les tons perceptibles pour l'œil normal, dans l'anérythropsie, il suffit du jaune et du bleu.

Si les couleurs sont disposées dans un plan, d'après les principes de construction du centre de gravité, il faut que toutes les couleurs qui, sous une intensité convenable, paraissent semblables dans l'anérythropsie, soient situées sur une même droite; en effet, toute couleur résultante se trouve sur la droite qui joint les couleurs composantes et elle présente le même ton lorsque les couleurs composantes sont de même aspect. On peut démontrer, de plus, que toutes ces lignes droites sont parallèles ou se coupent toutes en un même point, et que la couleur qui appartient à ce point d'intersection doit être invisible pour l'œil affecté de dyschromatopsie.

Supposons que la quantité r de la couleur située en R (fig. 121) présente à l'œil affecté la même apparence que la quantité g de la couleur située en G. On a :

$$r = nr + (1 - n)\,r.$$

La quantité ng de la couleur G est de même aspect que la quantité nr de la couleur R; ainsi, si n est une fraction véritable, la quantité r de la couleur R présente le même aspect que le mélange de la quantité $(1 - n)\,r$ de la couleur R avec la quantité ng de la couleur G. Ce mélange se trouve, dans le plan des couleurs, au point S de la ligne RG, si

$$RS : SG = ng : (1 - n)\,r \;.\;.\;.\;.\;.\; 1),$$

et la quantité s de la couleur résultante ainsi obtenue est

$$s = ng + (1 - n)\,r.$$

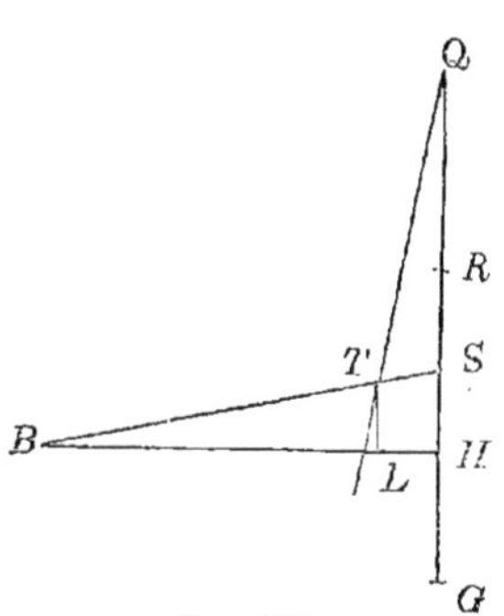

FIG. 121.

L'aspect de cette quantité s de la couleur S pour l'œil en question est indépendant de la valeur de n.

Si, maintenant, nous mélangeons la quantité b de la couleur B avec la quantité s de la couleur S, nous obtenons une couleur dont l'aspect, pour l'œil considéré, est indépendant de la variable n. Soient T la position de cette couleur résultante et t sa quantité, on a

$$t = b + s = b + ng + (1 - n)\,r$$

et

$$TS : BT = b : s = b : [ng + (1 - n)\,r] \;.\;.\;.\;.\;.\;.\;.\;.\; 1a).$$

Abaissons du point B la perpendiculaire BH sur RG, et, du point T, la perpendiculaire TL sur BH et posons

$$LH = x \qquad BH = d$$
$$TL = y \qquad HG = a$$
$$RG = c$$

nous avons, d'après 1a) et la figure 121,

$$\frac{x}{d} = \frac{LH}{BH} = \frac{TS}{BT + TS} = \frac{b}{b + ng + (1 - n) r} \quad . \; . \; . \; . \; . \quad 1b),$$

et

$$\frac{y}{d - x} = \frac{TL}{BL} = \frac{SH}{BH} = \frac{SG - a}{d};$$

or il résulte de 1) et de l'inspection de la figure, que

$$SG = c \; . \; \frac{(1 - n) r}{ng + (1 - n) r},$$

donc

$$\frac{y}{d - x} = \frac{(c - a)(1 - n) r - ang}{d [ng + (1 - n) r]} \quad . \; . \; . \; . \; . \; . \; . \; . \; . \; . \quad 1c).$$

Si entre 1b) et 1c) on élimine la variable n, on obtient, entre les coordonnées rectangulaires du point T, l'équation

$$0 = ybd (g - r) - x [crg + br (c - a) + abg] + bd [(c - a) r + ag] \quad 1d).$$

Comme c'est une équation du premier degré entre les coordonnées rectangulaires x et y, les positions correspondantes T des couleurs résultantes qui sont semblables pour l'œil affecté de dyschromatopsie se trouvent sur une ligne droite. Soit TQ cette droite, Q son point d'intersection avec RG, $QH = y_0$ est la valeur que prend y si l'on pose $x = 0$; elle est

$$y_0 = \frac{(c - a) r + ag}{r - g} \quad . \; . \; . \; . \; . \; . \; . \; . \; . \; . \; . \; . \quad 1e).$$

Cette valeur de y est indépendante de la quantité b de la couleur correspondante B, par conséquent toutes les lignes droites qui contiennent des couleurs de même aspect, composées de R, G et B, se coupent au même point Q; ou bien elles sont parallèles lorsque $r = g$, et que, par suite, y_0 est infini.

La distance du point d'intersection Q au point R est

$$y_0 - c + a = \frac{cg}{r - g} = QR \quad . \; . \; . \; . \; . \; . \; . \; . \; . \; . \quad 1f).$$

Si nous mélangeons la quantité q de la couleur Q avec la quantité g de la couleur G, de manière à produire la couleur R, il faut qu'on ait

$$\frac{QR}{RG} = \frac{g}{q}$$

ou bien, d'après 1f), puisque $RG = c$,

$$\frac{g}{r - g} = \frac{g}{q}$$

$$q = r - g.$$

La quantité de la couleur résultante R est alors

$$r = g + q.$$

Mais comme, d'après l'hypothèse, r présente à l'œil en question le même aspect que g, et que la quantité $q = r - g$ n'est en général pas nulle, il suit de là que *l'œil affecté de dyschromatopsie ne peut pas percevoir du tout la couleur* Q.

Le point d'intersection des lignes droites qui contiennent les couleurs de même aspect, occupe donc, sur le plan, la place de la couleur qui n'est pas perçue par l'œil en question.

Dans l'hypothèse de Th. Young, la couleur invisible ne peut évidemment être qu'une des couleurs fondamentales; car si toutes les couleurs fondamentales étaient perçues, toutes les autres couleurs, pouvant se former par le moyen des couleurs fondamentales, existeraient nécessairement. Si l'on recherche donc quelles sont les couleurs qui paraissent semblables au blanc ou au gris, on trouve précisément les tons appartenant, soit à la couleur qui manque, soit à sa complémentaire, avec mélange de différentes quantités de blanc. En effet, toutes ces couleurs qui ont le même aspect que le blanc doivent se trouver sur une même ligne droite; or, toute ligne droite qui, dans le plan des couleurs, passe par le blanc, contient dans chacune de ses deux moitiés des couleurs de même ton, mais à différents degrés de saturation, et les couleurs d'une moitié sont complémentaires de celles de l'autre; de plus, ainsi que nous venons de le démontrer, chacune de ces droites qui contient des couleurs de même aspect doit aussi passer par la position de la couleur fondamentale invisible, elle doit donc contenir, dans une de ses moitiés, des couleurs du même ton que celle qui manque. Dans les expériences que j'ai faites avec M. M....., j'ai trouvé qu'un rouge dont le ton, très-rapproché du rouge extrême du spectre (38° outremer, 322° rouge cinnabre), tirait peut-être un peu sur le pourpre, et qu'un vert-bleu complémentaire de ce rouge (59° outremer, 301° vert de Paris), présentaient l'aspect du gris pur. Maxwell a trouvé de même, un rouge formé de 6° outremer, 94° cinnabre, et un vert composé de 40° outremer, 60° vert de Paris. Comme, de plus, le rouge qui, pour les yeux normaux, présentait la même intensité que le vert, paraissait bien plus foncé au malade que le gris et le vert, il reste hors de doute que c'est le rouge et non le vert qui répond à la couleur absente. On peut donc, d'après l'hypothèse de Th. Young, considérer l'anérythropsie comme une paralysie des nerfs sensibles au rouge.

Si donc l'une des couleurs fondamentales est réellement un rouge voisin du rouge extrême du spectre, les deux autres couleurs fondamentales ne peuvent pas être situées bien loin du vert et du violet choisis par Young.

Il s'ensuivrait que l'anérythropsie ne permettrait de percevoir que le vert, le violet et le bleu qui en résulte. — Le *rouge* spectral, qui ne paraît exciter que faiblement les fibres nerveuses du vert et bien moins encore celles du violet, devrait alors présenter l'aspect d'un vert *saturé, peu lumineux*, et plus saturé que ne l'est pour nous le vert véritable du spectre, qui doit déjà contenir des quantités notables d'autres couleurs. Le rouge peu lumineux, qui excite déjà suffisamment les nerfs sensibles au rouge dans l'œil normal, n'excite pas assez chez ces personnes les fibres sensibles au vert, et leur paraît donc noir.

Le *jaune* spectral présentera l'aspect d'un *vert intense et saturé*, et comme il forme précisément le degré le plus intense et le plus saturé de la première de leurs couleurs, on peut comprendre que les sujets affectés d'anérythropsie se règlent sur ce ton pour dénommer cette couleur, et appellent jaunes tous ces tons qui sont réellement verts pour leur œil.

Le *vert*, comparé aux couleurs précédentes, doit déjà présenter un mélange de l'autre couleur fondamentale; c'est donc un degré plus intense, mais aussi plus blanchâtre, de la même couleur que le rouge et le jaune. D'après les observations de Seebeck, la couleur la plus intense du spectre pour ces personnes n'est pas le jaune, comme pour les yeux normaux, mais le bleu-vert; et en effet, comme nous devons admettre que l'excitation des fibres du vert doit être la plus forte dans le vert, le maximum de l'excitation totale doit se rapprocher un peu du bleu, puisqu'alors l'excitation des nerfs du violet augmente. Pour eux, le blanc est évidemment un mélange, en proportions définies, de leurs deux couleurs fondamentales, mélange qui nous paraît d'un bleu verdâtre; aussi regardent-ils comme grises les couleurs du spectre qui forment la transition du vert au bleu.

En avançant dans le spectre, on voit prédominer la seconde couleur fondamentale, qu'ils appellent bleue, parce que l'indigo, quoique un peu blanchâtre pour eux, leur présente, à cause de son intensité lumineuse, un type plus caractérisé de cette couleur que le violet. Ils reconnaissent la différence d'aspect du bleu et du violet. H..., examiné par Seebeck, sut en indiquer la séparation, mais il déclarait qu'il donnerait plus volontiers au violet le nom de *bleu foncé*. Du reste, les tons bleus doivent leur présenter le même aspect qu'aux yeux normaux parce que, pour ceux-ci, ils ne contiennent non plus qu'une petite quantité de rouge.

Comme toutes ces couleurs du spectre doivent leur présenter des différences déterminées, quoique peu prononcées, on comprend qu'avec une grande attention et de l'exercice, ils puissent apprendre à bien dénommer les couleurs très-saturées ; mais pour des couleurs plus blanchâtres, ces signes distinctifs les laissent nécessairement dans l'embarras, et ils ne peuvent plus éviter la confusion.

Pour ce qui concerne l'autre espèce de dyschromatopsie, celle que Seebeck nomme la première, on n'a pas encore d'observations suffisantes pour la définir complétement. D'après Seebeck, ces sujets se distinguent de ceux de la seconde classe en ce qu'ils reconnaissent avec facilité et certitude les passages du violet au rouge, qui paraissent bleus aux précédents. Par contre, ils commettent des erreurs en cherchant à distinguer le vert, le jaune, le bleu et le rouge. Si les deux classes confondent le même ton avec le vert, les individus qui nous occupent choisissent cependant un vert plus jaune que ceux de la seconde classe. Ils ne montrent pas d'insensibilité au rouge extrême et placent la plus grande intensité du spectre dans le jaune. Eux aussi ne distinguent dans le spectre que deux tons qu'ils appellent, probablement avec assez de raison, bleu et rouge. On peut donc présumer que leur affection consiste dans l'insensibilité des fibres nerveuses du vert, mais des recherches plus complètes sur cette question nous font encore défaut.

Outre l'insensibilité totale, il peut naturellement se présenter une diminution, à tous les degrés possibles, de la sensibilité de tel ou tel nerf, ce qui produit différents degrés d'incapacité pour distinguer les couleurs. Wilson et Tyndall ont rapporté des cas où l'affection n'était pas congénitale, mais produite subitement par suite de blessures graves de la tête ou de fatigue de la vue.

Dans l'examen des sujets affectés de dyschromatopsie, il est clair qu'on ne peut pas arriver à grand'chose tant qu'on se borne à leur demander comment ils nomment telle ou telle couleur; car leur état les oblige à appliquer à leurs propres sensations, auxquelles elle ne convient pas, la nomenclature qui a été établie pour les yeux normaux. Pour eux, non-seulement cette nomenclature contient trop de noms de tons différents, mais aussi nous distinguons, dans la série spectrale, des différences de ton où ces sujets ne perçoivent que des différences de saturation ou d'intensité lumineuse. Il est plus que douteux que ce qu'ils appellent bleu et jaune réponde à notre bleu et à notre jaune. Aussi leurs réponses à nos questions sur les couleurs sont-elles lentes et embarrassées, et nous paraissent-elles confuses et contradictoires.

La méthode de Seebeck, qui consiste à demander aux sujets en expérience d'assortir suivant leurs analogies des échantillons de papiers ou de laines de différentes couleurs est bien préférable, quoique encore bien insuffisante : il faudrait que le nombre des échantillons fût immense pour que les tons dont la confusion est caractéristique s'y trouvassent avec les proportions exactes de leur mélange au blanc et avec les intensités nécessaires pour présenter à l'œil examiné des équivalences parfaites. Tant qu'on n'atteint que des ressemblances, il est difficile de s'assurer si la différence porte sur la nuance, sur la saturation ou sur l'intensité. Ce n'est donc guère que le hasard qui permet d'obtenir ainsi quelques résultats certains.

Le disque rotatif de Maxwell permet, au contraire, d'obtenir rapidement et avec une grande exactitude les données nécessaires, parce qu'on peut facilement produire, par mélange, une série de couleurs qui paraissent parfaitement égales. On peut ainsi obtenir le point essentiel qui détermine le caractère fondamental de l'affection, et qui est de savoir quelles sont les deux couleurs confondues avec le gris tel qu'on l'obtient par le mélange du blanc et du noir sur le disque. L'une d'elles, qui paraît relativement bien plus foncée que pour l'œil normal, est la couleur fondamentale absente. On peut facilement voir aussi, par ce moyen, s'il reste ou non une certaine sensibilité pour la couleur fondamentale en question.

Si l'on veut vérifier la théorie que nous venons d'exposer, il faut déterminer, de plus, si pour le sujet en expérience, toute couleur donnée, et en particulier chaque couleur principale du spectre, peut être obtenue par le mélange de deux couleurs convenablement choisies.

G. Wilson a notamment fait remarquer combien la dyschromatopsie peut devenir une cause d'accidents pour la navigation et les chemins de fer, où l'on fait usage de signaux colorés. Il trouva, en moyenne, un cas de cette affection sur 17,7 personnes.

Il a été constaté par un grand nombre d'observateurs que, pour les yeux affectés de dyschromatopsie, il est possible de reproduire toutes les couleurs par le mélange de deux couleurs fondamentales, mais les expériences, même postérieures à la publication de ce qui précède, n'ont pas encore amené à déterminer exactement la couleur fondamentale qui manque; en effet, les expériences avec les disques colorés, étant pratiquées à des moments différents et sur des individus différents, donnent des résultats assez variables. D'une part, ainsi que E. Rose l'a observé indépendamment de Maxwell, la modification de l'éclairage extérieur exerce une très-grande influence ainsi que la lumière réfléchie par les murs de la chambre ou par les objets colorés extérieurs. De plus, il est clair que la pigmentation de la tache jaune amène, chez les personnes affectées de dyschromatopsie, des différences analogues à celles que Maxwell a observées chez les individus sains. Dans les expériences avec les disques, où l'on se sert de matières colorantes, cette absorption de couleurs par le pigment jaune ne modifie pas seulement leur intensité, mais encore leur composition; par conséquent, lorsqu'on a déterminé les deux vraies couleurs fondamentales et la position du noir dans le triangle, les autres couleurs y affectent des positions qui varient avec l'intensité de la pigmation de l'œil. Si l'on donne à trois de ces couleurs pigmentaires, considérées comme fondamentales, des positions constantes dans le triangle, ce sont, au contraire, les vraies couleurs fondamentales et le noir qui prennent des positions différentes pour des individus différents. E. Rose a observé ces différences de position du noir chez les différents sujets, même lorsqu'il les examinait en même temps et dans les mêmes conditions, et il s'est basé sur ces faits pour contester l'exactitude de la théorie de Th. Young. Cependant les prétendues contradictions me paraissent trouver simplement leur explication dans ce qui précède, et l'on peut appuyer cette opinion sur la remarque faite par Rose lui-même, d'après laquelle on ne parvient à des équivalences constantes qu'en faisant fixer toujours le même point du disque; chaque changement du point de fixation amenait, chez beaucoup de ses observés, une modification de l'équivalence des couleurs, ce qui témoigne de l'influence qu'exerce la pigmentation sur la sensation colorée de différentes parties de la même rétine. — On peut également se laisser induire en erreur par des cas de dyschromatopsie incomplète, analogues à celui que M. Gladstone a décrit sur lui-même ou à celui que le docteur Hirschmann a trouvé chez un étudiant de mon laboratoire. Dans ces cas, on laisse passer inaperçues des quantités assez considérables de rouge qui entrent dans la composition d'une couleur, tant qu'elles ne dépassent pas une certaine limite. Si l'on ne s'aperçoit pas de cette circonstance et si l'on croit avoir affaire à une anérythropsie complète, les équivalences de couleurs obtenues ne peuvent évidemment pas s'accorder avec les exigences de la théorie.

Celles des observations de Rose qui ont été faites à la lumière du jour sont d'accord avec celles de Maxwell et avec les miennes pour fixer la place du noir près du rouge écarlate, un peu vers le bleu. Mais, ce qui paraît n'être pas sans inconvénient, E. Rose a fait la plupart de ses expériences à la lumière artificielle du photogène, qui est relativement pauvre en bleu, et où c'est précisément la quantité de bleu qui varie le plus avec les changements de température de la flamme produits par les variations du courant d'air. Aussi ne devons-nous pas nous étonner si, dans ces conditions, les équivalences de couleurs obtenues par les différents observateurs concordent mal, même pour une même séance. En effet, la sensation du rouge manque à ces sujets, et le bleu en particulier, surtout le bleu le plus réfrangible, qui subit la plus forte absorption dans le pigment de la tache jaune, est contenu en proportion faible et variable dans la lumière employée : il doit donc se produire une prédominance considérable du vert dans toutes les couleurs. Dans les sujets observés par Rose, les positions du noir dans le triangle des couleurs se trouvent toujours entre le bleu et le rouge : mais, à cause de la faible intensité du bleu, le noir prend une position plus rapprochée du bleu qu'il ne ferait à la clarté du jour.

Ainsi, les observations de E. Rose sont loin d'être suffisantes pour ébranler l'exactitude de la théorie de Th. Young.

En ce qui concerne les moyens employés par Rose dans ses expériences sur la dyschromatopsie, il faut mentionner en premier lieu l'usage qu'il a fait de spectres d'interférences formés par des lames de verre à fines lignes parallèles et à travers lesquelles l'observateur regardait une fente éclairée. On sait que, dans ces conditions, on voit, de part et d'autre de la fente, une série de spectres dont le premier seul est complétement isolé; le rouge du second recouvre déjà le violet du troisième. Les personnes pour lesquelles l'extrémité rouge du spectre présente moins d'étendue voient aussi le second spectre isolé du troisième. L'intensité d'éclairage de la fente exerce évidemment une grande influence; cependant ce mode d'observation paraît très-utilisable pour se former une première idée de la nature de l'œil à examiner.

Au lieu d'employer le disque, dont la manœuvre demande toujours beaucoup de temps et de patience, E. Rose a eu recours avec beaucoup d'à-propos aux couleurs que présentent les lames de quartz vues dans la lumière polarisée. Le tube de son instrument, auquel il a donné le nom de chromatomètre (*Farbenmesser*), contient à la file :

Un prisme de Nicol	*A*,
Un diaphragme rectangulaire.....	*B*,
Un prisme biréfringent	*C*,
Une lame de quartz............	*D*, de 5mm d'épaisseur,
Un second prisme de Nicol......	*E*,

contre lequel vient s'appliquer l'œil de l'observateur. Celui-ci voit deux images contiguës du diaphragme *B*, formées par le prisme biréfringent *C*. Leurs couleurs, exactement complémentaires à cause de la rotation du plan de polarisation dans la lame de quartz, peuvent être modifiées par la rotation du prisme de Nicol *E*. La rotation du prisme de Nicol *A* modifie seulement l'intensité des couleurs sans altérer leur composition, et l'on s'en sert pour leur donner des intensités égales. Avec une lame de quartz de l'épaisseur indiquée, un œil sain ne peut obtenir l'équivalence des deux couleurs, qui peut être produite s'il y a de la dyschromatopsie. Les couleurs considérées comme équivalentes dans l'anérythropsie sont le rouge et le vert-bleu ; ici encore, il existe des différences d'un sujet à l'autre : tous n'amènent pas le prisme de Nicol dans la même position. Si l'on prend une lame de quartz plus épaisse, ou qu'on superpose plusieurs lames qui font tourner le plan de polarisation dans le même sens, et qu'on y ajoute une lame d'épaisseur variable composée de deux prismes, comme celle employée dans le saccharimètre de Soleil, on peut également produire des équivalences de couleurs pour l'œil normal, en formant un blanc avec le rouge, le vert et le violet, et un autre avec le bleu et le jaune. Cependant entre mes yeux et les yeux également sains du docteur Hirschmann, il se présenta encore ici une différence telle que la faisaient présumer les recherches de Maxwell.

On a du reste trouvé, dans la santonine, un moyen d'affecter momentanément les yeux normaux de dyschromatopsie relativement au violet. — Afin de produire rapidement une action qui ne dure pas longtemps, on prend de 10 à 12 grains (0gr,55 à 0gr,65) de *santonate de soude*. La modification commence après 10 ou 15 minutes et dure quelques heures ; elle est accompagnée d'envies de vomir, d'une grande fatigue et d'hallucinations de la vue, de sorte que l'expérience n'est pas sans désagrément. Avec des doses plus fortes, on peut tuer des animaux. Les personnes soumises à l'action de la santonine voient en jaune verdâtre les objets éclairés, et en violet les surfaces obscures ; l'extrémité violette du spectre disparaît. Leur système de couleurs est dichromatique, ou peu s'en faut. Les expériences avec la lame de quartz ont démontré qu'avec une intensité lumineuse modérée on peut obtenir des équivalences de couleurs pendant l'ivresse de la santonine, tandis que cela n'est pas possible pour un fort éclairage. Ces équivalences de couleurs ne restent pas constantes pendant longtemps : l'état se modifie continuellement d'une manière assez sensible. C'étaient des mélanges jaunes et violets qui paraissaient pareils.

La papille du nerf optique, examinée à l'ophthalmoscope, ne présenta pas de coloration jaune : il n'y avait pas de coloration jaune des milieux de l'œil, ou du moins aucune coloration sensible. D'un autre côté, les vaisseaux de la rétine étaient fort remplis. Si nous interprétons ces phénomènes d'après la théorie de Th. Young, il faut en conclure que la sensibilité des fibres nerveuses sensibles au violet n'avait pas été abolie, mais que les organes terminaux (cônes de la rétine) étaient devenus insensibles ou moins sensibles à l'action de la lumière violette. Ainsi, la lumière violette ou bleue n'affectait plus l'œil, bien que tous les objets obscurs apparussent colorés en violet, évidemment par suite de causes d'excitation internes. Ce phénomène rappelle le vert dont se recouvrent toutes les surfaces obscures lorsqu'on tient un verre rouge appliqué devant les yeux. Il n'est pas facile de décider si, sous l'action de la santonine, on remarque l'excitation interne de la rétine à son degré d'intensité ordinaire, ou bien s'il se manifeste une excitation plus forte. On peut même se demander s'il ne s'agit pas simplement ici d'une excitation produite par la santonine sur les fibres sensibles au violet ; la sensibilité pour la lumière violette objective serait ainsi affaiblie par un effet d'épuisement et donnerait lieu à une dyschromatopsie incomplète, relative au violet.

La modification des couleurs objectives produites par l'action de la santonine peut être attribuée, dans son ensemble, à la suppression du violet. On ne peut pas encore décider si les variations dans les réponses, que E. Rose a observées aussi bien avec les disques chromatiques qu'avec la lumière polarisée du quartz, proviennent d'une variation dans l'état de pléthore des vaisseaux de la rétine, qui pourraient agir, jusqu'à un certain point, comme un milieu coloré absorbant.

On peut assurément se figurer ici, comme dans la dyschromatopsie naturelle, qu'il n'y ait pas paralysie des fibres nerveuses, mais que la forme des courbes d'intensité de la figure 119 (page 382), soit modifiée pour les trois espèces d'éléments sensibles à la lumière, ce qui permettrait une bien plus grande variabilité dans l'épuisement de l'œil par rapport aux couleurs objectives. On pourrait dire en faveur de cette hypothèse que E. Rose a observé à plusieurs reprises que, sous l'action de la santonine, de la lumière rouge ou jaune avait été vue, mais prise pour de la lumière violette, ce qui s'expliquerait en admettant que les cônes des fibres sensibles au violet sont devenus plus senblables à ceux des fibres du rouge, dans leur réaction sur la lumière. Cependant, ce phénomène paraît s'expliquer suffisamment par la propagation de lumière subjective violette qui se répand sur tout champ visuel, sous l'effet de la santonine.

Enfin, il faut encore noter que l'œil ne peut reconnaître les couleurs que lorsqu'elles recouvrent un champ d'une certaine étendue, et qu'elles lui envoient une certaine quantité de lumière. Plus le champ coloré est voisin des limites du champ visuel et de la rétine, plus il doit être étendu pour qu'on puisse encore en reconnaître la couleur. Si le champ coloré est trop petit, il paraît gris ou noir sur un fond clair, gris ou blanc sur un fond obscur. Cependant, on peut encore reconnaître la couleur de champs infiniment petits, lorsqu'ils émettent une quantité finie de lumière, comme par exemple les étoiles fixes dont nous distinguons les couleurs. D'après les expériences d'Aubert (1), un carré bleu d'un millimètre de côté sur fond blanc paraissait noir à 10 pieds de distance; la même chose avait lieu pour un carré rouge, à 20 pieds de distance; un carré jaune ou vert, se confondait déjà complétement avec le fond blanc, à 12 pieds de distance. Sur fond noir, au contraire, le millimètre carré jaune ou vert paraissait comme un point gris à une distance de 16 pieds, et le rouge, à la distance de 12 pieds; le bleu conservait sa couleur, tant qu'il restait visible sur ce fond.

D'après le même observateur, on cesse d'apercevoir la couleur des carrés colorés, à une distance moyenne de 200^{mm}, quand leur position forme avec la ligne visuelle les angles qui sont indiqués dans ce tableau :

	ROUGE.				BLEU.				JAUNE.				VERT.			
Côte du carré. .	1.	2.	4.	8.	1.	2.	4.	8.	1.	2.	4.	8.	1.	2.	4.	8.
Fond blanc. . . .	16°	19°	26°	37°	13°	22°	37°	49°	21°	31°	44°		20°	36°	44°	50°
Fond noir. . . .	30	32	42	53	36	48	54	72	30	32	40	47°	24	27	35	45
Moyenne. . .	23	26	34	45	25	35	45	61	26	32	42		22	32	40	47

Il faut remarquer ici que la nuance disparaît d'autant plus vite qu'il y a une plus grande différence entre son intensité et celle du fond ; c'est de là que proviennent les différences des résultats sur le fond blanc et le fond noir. Le bleu était la plus foncée des couleurs employées par Aubert.

(1) *Archiv für Ophthalm.*, III, 2, p. 60. — Physiologie der Netzhaut, p. 116.

Avant la disparition des couleurs, leurs tons subissent la même modification que lorsque les intensités augmentent. En effet, le rouge et le vert deviennent très-nettement jaunes, le bleu paraît passer directement au blanc grisâtre, et dans le pourpre résultant du mélange du bleu et du rouge, c'est le bleu qui prédomine aux limites du champ visuel. C'est ainsi que Purkinje a déjà remarqué que le pourpre parait bleu à l'extrême limite, devient violet lorsqu'il s'avance plus vers le milieu du champ visuel et reprend enfin sa couleur véritable. Pour moi-même, vers les limites, le rose prend l'aspect d'un blanc bleuâtre ou violacé.

Ce phénomène saute surtout aux yeux pour les mélanges de deux couleurs simples. Si l'on éclaire, par exemple, suivant la méthode que nous décrirons plus loin, un petit champ coloré avec du rouge et du bleu-vert simples, de telle manière qu'il paraisse blanc à la vision directe, il paraît bleu verdâtre à la vision indirecte, même à une faible distance du point de fixation. Il semble, d'après ces expériences, que, sur le bord, la rétine est plus sensible pour le bleu et le vert que pour le rouge. Ces parties se rapprochent en quelque sorte de l'état d'anérythropsie.

Récemment, Schelske a examiné de plus près cette absence de rouge, en établissant pour les parties périphériques de la rétine, des équivalences de couleurs entre le jaune et le bleu d'une part et le rouge, le gris ou le vert d'autre part. Les couleurs spectrales situées près de la ligne *F* paraissaient presque blanches, les couleurs les plus réfrangibles paraissaient bleues, le violet devenait bleu foncé, les couleurs moins réfrangibles paraissaient vertes, le rouge extrême était très-faible et d'un gris incolore.

Il faut encore mentionner ici l'expérience d'Oppel (1) d'après laquelle une tache jaune-orangé sur fond bleu paraissait plus éclairée que le fond lorsqu'on regardait de loin et moins éclairée lorsqu'on regardait de près, le bleu étant alors plus rapproché des limites du champ visuel.

A côté de la théorie des couleurs, proposée par Young, mentionnons les théories du mélange des couleurs qu'on a cherché à déduire directement de la théorie des ondulations ; c'est ce qu'ont fait Challis et Grailich. Ce dernier, en particulier a exécuté, à cet effet, un travail très-laborieux. Il examine le mouvement d'oscillation composé que prend l'éther lorsqu'il est sollicité par deux rayons de durée d'oscillation différente, et calcule les temps pendant lesquels les particules d'éther sont éloignées de part ou d'autre de leur position d'équilibre. Dans un mouvement composé de cette nature, les temps sont, en général, différents, tandis qu'ils sont égaux pour une couleur simple. Grailich admet que lorsque les particules d'éther sont éloignées d'un côté de leur position d'équilibre, elles produisent la

(1) *Jahresbericht des Frankfurter Vereins*, 1853-1854, p. 44-49.

même sensation de couleur que la couleur simple pour laquelle l'écartement de la position d'équilibre dure exactement aussi longtemps. Ainsi, d'après son hypothèse, le mouvement ondulatoire composé produit dans l'œil une succession rapide de sensations colorées qui se combinent en une seule, laquelle correspond, en général, à une couleur d'autant plus blanchâtre que les sensations qui se suivent présentent plus de différences. La sensation du blanc elle-même serait composée de la succession rapide des tons moyens du spectre, depuis le vert jaunâtre jusqu'à l'orangé. Comme les ondes composées présentent aussi des périodes qui sont en dehors des limites du spectre visible, Grailich admet, pour celles-ci, qu'elles produisent la sensation du pourpre.

Les calculs de Grailich ont été faits pour les rapports d'intensité que les couleurs présentent dans le spectre des flintglass, d'après les mensurations de Fraunhofer, et, si l'on admet les deux dernières hypothèses de Grailich, ces calculs s'accordent avec les expériences sur le mélange des couleurs spectrales que j'ai exécutées avec la fente en forme de V. Mais il faut remarquer que, dans ces expériences, je n'ai pas maintenu la même intensité du spectre : j'ai cherché, en général, à produire les couleurs résultantes qui sont à égale distance de leurs deux couleurs primaires.

Dans les cas où les amplitudes des deux couleurs sont différentes, on ne peut pas prévoir le résultat d'après une théorie générale ; on peut seulement, comme l'a fait Grailich, le calculer pour des exemples numériques particuliers. Dans chaque exemple on obtient, par le calcul, une série de sensations colorées différentes qui doivent se succéder ; on peut alors en déduire, d'une manière assez indéterminée, la nature de l'impression totale, en suivant les principes de Grailich. Malheureusement, ainsi que Grailich l'a remarqué lui-même, quand on admet des amplitudes égales pour les deux ondes, cas où l'on peut réellement appliquer la théorie mathématique, l'accord avec l'expérience est très-défectueux.

Soient $\lambda_{,}$ et $\lambda_{,,}$ les longueurs d'onde des deux sortes de lumière, x la distance d'un point quelconque d'un rayon, mesurée le long de ce rayon, on a, pour la distance s des particules d'éther à la position d'équilibre, dans un moment déterminé quelconque,

$$s = A \sin\left(\frac{2\pi}{\lambda_{,}}x + c_{,}\right) + A \sin\left(\frac{2\pi}{\lambda_{,,}}x + c_{,,}\right)$$

$$= 2A \cos\left[\pi x\left(\frac{1}{\lambda_{,}} - \frac{1}{\lambda_{,,}}\right) + \frac{c_{,} - c_{,,}}{2}\right] \sin\left[\pi x\left(\frac{1}{\lambda_{,}} + \frac{1}{\lambda_{,,}}\right) + \frac{c_{,} + c_{,,}}{2}\right]$$

ou bien, si nous posons

$$\frac{2}{l_{,}} = \frac{1}{\lambda_{,}} - \frac{1}{\lambda_{,,}}, \qquad 2\gamma_{,} = c_{,} - c_{,,},$$

$$\frac{2}{l_{,,}} = \frac{1}{\lambda_{,}} + \frac{1}{\lambda_{,,}}, \qquad 2\gamma_{,,} = c_{,} + c_{,,},$$

nous obtenons

$$s = 2A \cos\left(\frac{2\pi x}{l_{,}} + \gamma_{,}\right) \sin\left(\frac{2\pi x}{l_{,,}} + \gamma_{,,}\right).$$

Dans ce cas, on peut facilement déterminer la distance des points pour lesquels $s = 0$. En effet, les points de nullité du facteur $\sin\left(\frac{2\pi x}{l_{,,}} + \gamma_{,,}\right)$ sont distants entre eux de $\frac{1}{2}\, l_{,,}$, ceux du facteur $\cos\left(\frac{2\pi x}{l_{,}} + \gamma_{,}\right)$ diffèrent de la quantité bien plus grande $l_{,}$, et ils peuvent s'intercaler entre les premiers ou se confondre avec eux. Dans ce dernier cas en particulier, d'après les principes de Grailich, le mouvement composé ne contiendrait que des longueurs d'onde égales entre elles qui donneraient toutes la même sensation colorée, et lors même que les points de nullité des deux facteurs ne coïncideraient pas, ceux du cosinus, qui sont plus rares, ne pourraient pas modifier essentiellement la sensation que donnent ceux plus fréquents du sinus. Mais il suit de là que, d'après le calcul de Grailich lui-même, le violet et le rouge devraient donner du vert, tandis qu'ils donnent en réalité du pourpre, et, en général, les résultats obtenus avec de petites différences des longueurs d'onde s'accordent avec l'expérience, tandis qu'avec de grandes différences ils s'en éloignent considérablement ; or, l'accord pour les petites différences ne décide pas la question, puisque la valeur de $l_{,,}$ doit toujours être intermédiaire à $\lambda_{,}$ et $\lambda_{,,}$, et correspondre à l'un des tons moyens du spectre. Je crois donc qu'il faudra faire subir aux hypothèses de la théorie de Grailich d'importantes modifications pour faire accorder convenablement les résultats avec l'expérience, si l'on veut toutefois chercher dans cette direction une explication des faits.

La méthode la plus simple pour mélanger des couleurs simples prismatiques et pour obtenir en même temps toutes leurs combinaisons deux à deux, consiste à pratiquer dans un écran obscur une fente en forme de V dont les branches fassent avec l'horizon un angle de 45°, comme *ab* et *bc* dans la figure 122 *A*, et à regarder

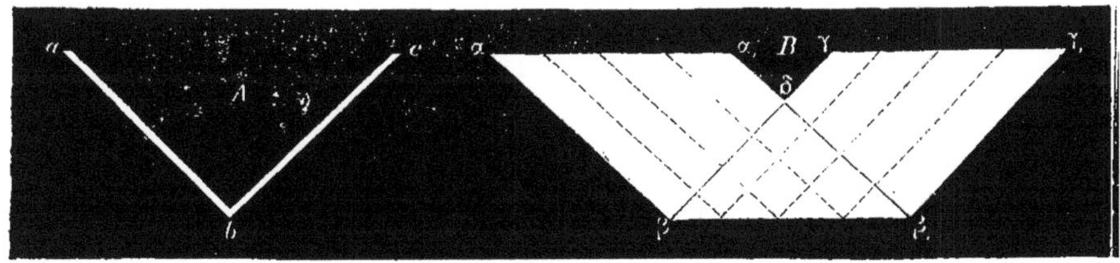

FIG. 122. FIG. 123.

cette fente placée devant un fond clair, à travers un prisme dont l'arête réfringente est tenue verticalement. Les spectres ont, dans ce cas, la forme représentée fig. 123, où $\alpha\beta\beta_{,}\alpha_{,}$ est le spectre de la branche *ab* et $\gamma\beta\beta_{,}\gamma_{,}$, celui de la branche *bc*. Les bandes colorées, représentées par les lignes ponctuées, sont parallèles à *ab* et $\alpha\beta$ dans le premier spectre, à *bc* et $\beta\gamma$ dans le second. Dans le champ triangulaire $\beta\delta\beta_{,}$, situé au milieu et commun aux deux spectres, toutes les bandes de l'un coupent toutes celles de l'autre ; cette surface comprend donc toutes les combinaisons des couleurs simples prises deux à deux. Si la largeur des fentes est invariable, il est cependant possible de modifier les proportions de la lumière mélangée en amenant le prisme dans une position inclinée, ce qui donne aux spectres la

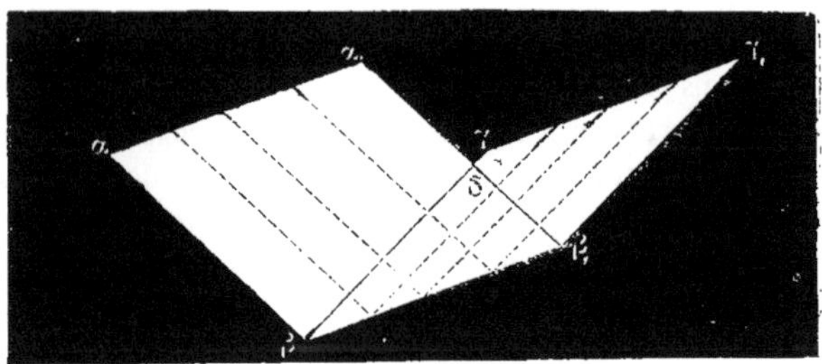

FIG. 124.

forme indiquée fig. 124, où l'un d'eux, $\beta\gamma\beta_{,}\gamma_{,}$, dans lequel la même quantité de lumière est répartie sur une surface plus petite, devient plus lumineux, tandis que l'autre, $\alpha\beta\beta_{,}\alpha_{,}$, augmente de surface et perd de l'intensité.

Par cette méthode on peut obtenir la plupart des résultats mentionnés plus haut. Cependant, l'appréciation exacte des couleurs résultantes est rendue difficile, surtout pour celles qui sont blanchâtres, par cette double circonstance que chaque couleur occupe un espace trop petit, même si l'on fait usage d'une lunette, et que le champ visuel contient, en outre, d'autres couleurs très-vives dont le contraste modifie considérablement l'aspect des couleurs moins saturées.

Une autre méthode, qui exige un appareil plus compliqué représenté en projection horizontale par la figure 125, permet d'éviter ces inconvénients. — On fait pénétrer à travers une fente verticale, dans une chambre obscure, de la lumière solaire réfléchie par un héliostat, et à laquelle on fait traverser un

FIG. 125.

prisme P (fig. 125) et une lentille achromatique $L_{,}$. La surface antérieure d'un écran $S_{,}$, situé au foyer de cette lentille, reçoit un spectre objectif. Entre la lentille et l'écran se trouve un diaphragme D à ouverture rectangulaire. L'écran $S_{,}$ présente deux fentes verticales, en $\gamma_{,}$ et $\gamma_{,,}$, qui laissent passer deux bandes colorées de la lumière qui forme le spectre, tandis que l'écran arrête toutes les autres couleurs. Derrière cet écran se trouve une seconde lentille achromatique $L_{,,}$, à foyer plus court, et qui projette sur le second écran $S_{,,}$ une image $\delta_{,}\delta_{,,}$ du diaphragme D. La largeur du faisceau de la lumière blanche incidente est $\alpha_{,}\alpha_{,,}$; derrière la lentille $L_{,}$, les rayons marginaux des deux faisceaux de couleurs différentes dont les foyers coïncident avec les deux fentes $\gamma_{,}$ et $\gamma_{,,}$ se reconnaissent sur la figure en ce que les plus réfrangibles sont représentés par des lignes interrompues et les moins réfrangibles par des lignes ponctuées. L'ouverture du diaphragme D doit être assez étroite pour être occupée entièrement par chacun des faisceaux, de telle sorte que chaque point de cette ouverture envoie à chaque point des fentes $\gamma_{,}$ et $\gamma_{,,}$ des rayons de la couleur correspondante. Si l'on blanchit la surface antérieure du diaphragme, on voit le faisceau lumineux s'y peindre sous forme d'une tache blanche à bords colorés (bleu-violet en $\varepsilon_{,}$, rouge en $\varepsilon_{,,}$). Pour remplir la condition sus-mentionnée, il faut que l'ouverture soit précisément au milieu blanc de la portion éclairée. Dans ces conditions, l'ouverture du diaphragme peut être considérée comme étant l'objet lumineux qui envoie deux sortes de lumière à la lentille $L_{,,}$ à travers les fentes de l'écran $S_{,}$. Dans l'image $\delta_{,}\delta_{,,}$ que la lentille donne du diaphragme D, les deux sortes de lumière sont étendues également, aussi la surface présente-t-elle la couleur résultante, tandis qu'elle est éclairée de l'une des couleurs simples, si l'on bouche l'une des fentes.

Pour pouvoir changer à volonté et très progressivement le ton et l'intensité des lumières résultantes, il faut donner à l'écran $S_{,}$ une disposition particulière qui est représentée pl. IV, fig. 2. — L'écran se compose de la lame rectangulaire de laiton $AABB$, portée en c par une colonne cylindrique, mobile dans un cylindre creux et fendu D, lequel s'élève au milieu d'une planchette, qui n'est pas figurée sur le dessin, et qui est portée par trois vis calantes. On peut donc fixer l'écran à telle hauteur qu'on veut, en serrant la vis de la bague E.

Sur le plateau de laiton $AABB$, on peut faire mouvoir obliquement deux chariots portés par les lames de laiton aa et $\alpha\alpha$, mobiles entre les glissières bb, $\beta\beta$, c et c. Ces mouvements sont commandés par les vis d et δ dont les écrous sont taraudés dans les blocs de laiton e et ε, et dont les extrémités peuvent tourner dans les blocs g et γ, de manière à faire glisser les plaques aa et $\alpha\alpha$ parallèlement aux rainures qui les comprennent.

Par un mécanisme analogue, les vis m et μ permettent de faire glisser les plaques f et φ entre deux paires de rainures horizontales. Entre les bords internes des plaques f et φ on voit deux lames triangulaires de même épaisseur l et λ, fixées sur aa et sur $\alpha\alpha$. Les bords tranchants et opposés de f et de l ainsi que ceux de φ et de λ forment deux paires de tranchants de S'Gravesande.

En arrière de ces tranchants, la plaque $AABB$ est évidée de manière à laisser passer la lumière qui traverse les deux fentes. Les faces antérieures des plaques f, l, φ et λ sont recouvertes d'une couche d'argent mat, pour qu'on puisse distinguer le spectre qui vient s'y former. La position du spectre est marquée par le petit rectangle ponctué.

Si l'on déplace les planchettes aa et $\alpha\alpha$, au moyen des vis d et δ, les fentes viennent se placer sous d'autres parties du spectre et laissent passer d'autres tons. Quant aux vis m et μ, elles font varier la largeur des fentes et par suite la quantité de lumière transmise.

Il faut, avant tout, que le point de convergence des rayons de même couleur qui ont traversé la lentille $L_{,}$ soit situé exactement dans le plan de l'écran $S_{,}$, sinon le champ lumineux en $S_{,,}$ ne présente pas la même coloration sur toute son étendue. Les fentes doivent être parallèles aux lignes obscures du spectre, ce qu'on peut obtenir au moyen des vis calantes du pied de l'écran $S_{,}$. Il faut aussi veiller à la propreté parfaite de la lentille et du prisme ; toute malpropreté de leur surface pourrait donner, dans le champ chromatique, des taches colorées. Entre les deux lentilles de la lentille achromatique $L_{,}$, il se formerait facilement des anneaux de Newton qui viendraient se peindre dans le champ chromatique, si l'on n'avait soin de réunir ces lentilles avec du baume de Canada. Du reste, plus on écarte le diaphragme D de la lentille $L_{,}$, plus l'image de ces taches dans le verre est confuse et moins elle est préjudiciable. Aussi la disposition figurée ici est-elle préférable à celle que j'avais décrite précédemment.

Par cette méthode on obtient un champ coloré plus étendu que par la première et l'on supprime toutes les autres couleurs dont le contraste pourrait être nuisible. —Cependant, dans un grand nombre de cas, il reste encore quelques inconvénients qui rendent difficile l'appréciation tranquille et exacte de la couleur résultante. D'abord, la dispersion des couleurs dans l'œil est bien plus sensible pour la lumière composée seulement de deux couleurs de réfrangibilité très-différente que pour la lumière blanche (voy. plus haut p. 175). Il arrive donc facilement que le bord du champ coloré affecte l'une des deux couleurs tandis que l'autre prédomine dans le milieu. Ensuite, pour certaines lumières résultantes blanches, notamment pour le blanc obtenu par le mélange de rouge et de bleu-vert, l'œil est excessivement sensible aux moindres additions de l'une des couleurs primitives, de sorte que, surtout par un éclairage intense, les moindres irrégularités de l'appareil ou les images accidentelles qui peuvent exister dans l'œil, apportent une gêne considérable. Enfin, les différences entre les impressions pour le milieu et pour le bord de la rétine sont très-évidentes. Le blanc qui s'obtient avec la plus grande facilité relative, est celui formé de jaune et d'indigo; puis vient celui composé de vert-jaune et de violet et celui de bleu d'eau et de jaune d'or; enfin, le plus difficile à produire est celui que donnent le rouge et le bleu-vert.

Pour déterminer les longueurs d'onde des couleurs simples complémentaires, j'ai ôté de l'appareil la lentille $L_{,,}$ et l'écran $S_{,,}$ et j'ai regardé à distance la fente de l'écran $S_{,}$ à travers une lunette devant l'objectif de laquelle était adaptée une lame de verre marquée de minces lignes verticales équidistantes. On voit alors des spectres de diffraction des fentes, et la distance apparente de chacun de ces spectres à la fente qui le fournit, est proportionnelle à la longueur d'onde. Il suffit donc de mesurer de la même manière la distance des spectres de diffraction pour l'une des lignes obscures du spectre dont Fraunhofer a déterminé la longueur d'onde, pour en déduire facilement les longueurs d'onde des couleurs employées dans le mélange.

Pour mélanger la lumière chromatique des matières colorantes et des objets qui nous entourent, le procédé le plus simple est le suivant. — A une certaine distance (1 pied) au-dessus d'une table noire on place verticalement une petite lame de verre a, à surfaces planes et parallèles; soit d le point où le prolongement de cette lame rencontrerait la table. L'œil de l'observateur regarde obliquement vers la lame a; tandis qu'à travers la lame il voit la partie db de la table, il voit par réflexion la partie dc, qui paraît coïncider avec db. Si l'on place en c et en b, à égale distance de d, des pains à cacheter ou d'autres objets colorés, l'observateur voit coïncider avec b, l'image réfléchie de c. La lumière colorée de c suit, en avant de la lame a, exactement le même chemin que celle provenant de c; elles arrivent donc mélangées à l'œil o, et l'image commune de b et de c affecte par conséquent la couleur résultante. On règle le rapport des intensités en déplaçant les deux pains à cacheter; plus ils sont rapprochés de d, plus la lumière réfléchie de c est intense et plus la lumière transmise de b est faible.

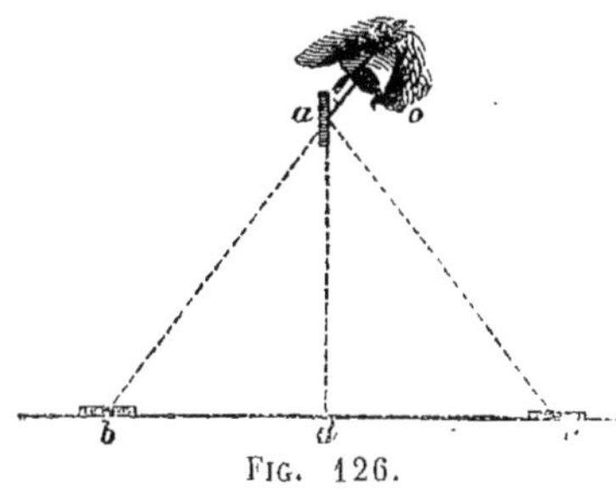

FIG. 126.

Ce procédé permet de mélanger aussi de la lumière qui a traversé des liquides ou des verres colorés. A cet effet, on fait dans la lame bc des ouvertures qui livrent passage à la lumière. C'est ainsi qu'on peut mélanger la lumière du ciel bleu, réfléchie par un miroir, avec celle du jaune de chrome, et s'assurer que ces deux lumières donnent, comme l'outremer avec le jaune de chrome, un blanc rougeâtre, que le bleu du ciel est donc un indigo blanchâtre et ne correspond point au bleu le moins réfrangible du spectre, et que nous avons nommé bleu cyanique.

La méthode que nous venons de décrire présente, sur les mélanges de couleurs au moyen de disques, cet avantage que les mélanges blanchâtres paraissent blancs, et non pas gris. Nous décrirons plus en détail au § 22 (p. 346 de l'éd. all.) la disposition des disques. — Parmi les autres moyens pour mélanger de la lumière colorée, nous avons encore à mentionner l'expérience de Volkmann, qui regardait des surfaces colorées à travers des tissus colorés tenus tout près de l'œil. Mais le mélange des deux couleurs est difficilement bien uniforme par cette méthode, et la transparence des fils peut aussi présenter des inconvénients, ces fils agissant en partie comme un verre de couleur à travers lequel on regarde une surface colorée. — Czermak a utilisé, à cet effet, l'expérience de Scheiner, en regardant à travers un écran qui présentait deux ouvertures étroites recouvertes de verres de couleurs différentes. Tant que les objets paraissent simples, ils affectent la couleur résultante. — Holtzmann fait tomber sur du papier blanc la lumière diffusée par deux papiers colorés. — Challis mentionne des expériences, analogues à d'autres que Mile avait déjà faites, du reste, et où l'on regardait des papiers recouverts de lignes de différentes couleurs, à une distance suffisante pour que les lignes ne parussent plus isolées. — Enfin Dove a décrit des méthodes pour mélanger des couleurs d'interférence et d'absorption. Il se sert, à cet effet, de miroirs de verres de couleur, étamés à l'argent. La surface antérieure de ces miroirs donne de la lumière blanche polarisée, la surface postérieure donne de la lumière non polarisée colorée par absorption. Si l'on fait traverser, à la lumière ainsi mélangée, une lame de mica et un prisme de Nicol, la lumière non polarisée reste invariable; la lumière blanche polarisée, au contraire, affecte, par l'interférence des rayons ordinaire et extraordinaire dans le cristal, une couleur qui correspond à l'un des degrés du système des anneaux de Newton. Les deux sortes de lumière arrivent mélangées à l'œil de l'observateur.

L'étude du mélange des couleurs a eu son point de départ dans l'expérience que les peintres ont faite du résultat de mélanges obtenus sur leur palette. — On trouve dans PLINE la mention que les anciens peintres grecs savaient représenter tout avec quatre matières colorantes, tandis qu'à son époque, où l'on possédait bien plus de couleurs, on n'arrivait pas à rivaliser avec eux. Cependant, d'après les recherches chimiques de DAVY (1), on sait que les couleurs employées dans le célèbre tableau romain de la noce aldobrandine sont très-peu nombreuses. LÉONARD DE VINCI indique, outre le blanc et le noir, qui ne sont pas, à proprement parler, des couleurs, quatre couleurs simples : le jaune, le vert, le bleu et le rouge; dans un autre passage, il demande, de plus, pour la peinture, l'orangé (*lionato*) et le violet (*morello, cioè pavonazzo*). LÉONARD DE VINCI compte toujours le vert au nombre des couleurs simples, bien qu'il sache qu'il peut être obtenu par mélange. Faut-il attribuer cette contradiction avec sa définition des couleurs simples, qu'il définit comme ne pouvant pas s'obtenir par mélange, à ce qu'il aurait remarqué que le vert simple est bien plus vif que le vert composé? — Dans un essai de classification des couleurs et des matières colorantes, par WALLER, antérieur aux recherches de NEWTON, on trouve les trois couleurs fondamentales, si généralement admises depuis, le rouge, le jaune et le bleu, citées comme un fait scientifique universellement admis. En reconnaissant qu'il suffit de trois couleurs fondamentales, on reconnaissait implicitement ce fait que l'aspect de la lumière colorée est une fonction de trois variables seulement. Quant au choix des couleurs fondamentales, que WÜNSCH et THOMAS YOUNG n'ont cherché à modifier que bien plus tard, les expériences sur les mélanges des matières colorantes l'avaient influencé de la manière la plus évidente. On croyait pouvoir faire du vert avec du jaune et du bleu, ce qui est vrai pour les matières colorantes, mais non pour la lumière colorée.

NEWTON a fait le premier la synthèse de la lumière chromatique, et cela au moyen du spectre prismatique, mais pour établir la règle des mélanges, il se servit aussi des mélanges de poudres colorées, sans attribuer une grande influence aux différences de ces procédés, différences qui ne paraissent pas lui avoir échappé complétement : les moyens expérimentaux nécessaires pour examiner la chose de plus près manquaient encore à cette époque. Il dit que le *subflavum* et le *cyaneum* (c'est-à-dire le jaune verdâtre et le bleu cyanique) ne peuvent former qu'un vert blanchâtre. NEWTON fut aussi le premier à établir une expression un peu exacte de la loi du mélange des couleurs en la ramenant à une représentation graphique et à la construction des centres de gravité, dont nous avons parlé plus haut. La loi s'accordait bien avec les expériences alors connues, et il n'en a pas fait de vérification plus exacte. La représentation du système des couleurs sur un cercle était une extension du système de trois couleurs fondamentales objectives ; il ne parle pas de ce qu'il y a d'insuffisant dans ce dernier système.

Dans leurs expériences relatives à la classification des couleurs, les physiciens postérieurs retournèrent au contraire, pour la plupart, au système des trois couleurs fondamentales : citons LE BLOND (1735), DU FAY (1737), TOBIAS MAYER (1758), J. H. LAMBERT (1772), D. R. HAY, J. D. FORBES. La plupart d'entre eux procédaient en mélangeant des pigments déterminés, d'après des proportions de poids déterminées. MAYER s'est servi du cinnabre, du jaune royal (chromate de plomb) et du bleu minéral (verre de cobalt) ; LAMBERT a pris le carmin, la gomme-gutte et le bleu de Prusse (cyanoferrure de fer). Ce dernier a aussi déterminé les rapports de saturation de ces matières colorantes, en déterminant les poids suivant lesquels il faut les mélanger deux à deux pour produire une couleur composée qui diffère également de ses deux composantes. Il trouva ainsi : une partie de carmin, trois de bleu de Prusse et dix de gomme-gutte, et il prenait les poids ainsi obtenus pour unités dans la formation de ses mélanges de couleurs. Du reste, les mélanges de matières colorantes qui présentent une si grande différence ont un aspect assez désagréable et gris.

PLATEAU a fait en 1829, avec les disques, et Volkmann en 1838 avec les images de diffusion, des expériences qui ont fourni des résultats qui s'éloignaient de la règle admise jusqu'alors, dans les conditions où l'on pouvait attendre des mélanges colorés, mais ils n'ont pas été amenés à rechercher de plus près les motifs de ces contradictions. Par des expériences sur le mélange des couleurs spectrales, j'ai été amené à reconnaître que le mélange de lumière donne

---

(1) *Gilbert's Annalen*, LII, 1.

des résultats différents du mélange des couleurs pulvérulentes et à trouver l'explication de cette différence. Je m'étais servi, à cet effet, du mélange des couleurs spectrales à l'aide de la fente en V, et je n'avais obtenu le blanc avec aucun autre couple de couleurs qu'avec le jaune et l'indigo. Le désaccord de ces faits avec la loi des mélanges de NEWTON conduisit GRASSMANN à rechercher de plus près les principes de cette loi. Les recherches sur le mélange des couleurs spectrales, que je fis ultérieurement à l'aide d'une meilleure méthode, levèrent les contradictions apparentes de l'expérience et de la loi de NEWTON, pour ce qui concerne son application aux constructions de centre de gravité; cependant contrairement à l'opinion de GRASSMANN, je dus reconnaître comme non démontrée la forme circulaire du champ des couleurs. MAXWELL, enfin, a vérifié expérimentalement en 1857 les principes de la loi des mélanges de NEWTON.

La théorie des sensations colorées de TH. YOUNG était restée inaperçue comme tant d'autres choses que ce merveilleux chercheur a trouvées, en devançant son époque, jusqu'à ce que mes recherches et celles de MAXWELL attirassent l'attention sur cette théorie. On se contentait d'admettre que le nerf optique peut recevoir différentes sortes de sensations, sans rechercher pourquoi le système de ces sensations est tel que l'œil nous le présente en réalité.

1519. LEONARDO DA VINCI, Trattato della pittura, Paris, 1651.

1686. R. WALLER, A catalogue of simple and mixte colours, in *Philos. Trans.*, 1686.

1704. NEWTON, Optice, lib. 1, p. II, prop. IV-VI.

1735. LE BLOND, Il Colorito, London.

1737. DU FAY, in *Mém. de l'Acad. roy. de Paris*, 1737.

1758. T. MAYER, in *Göttinger gelehrte Anz.*, 1758, St. 147.

1772. J. H. LAMBERT, Beschreibung einer Farbenpyramide, Berlin.

1792. WÜNSCH, Versuche und Beobachtungen über die Farben des Lichts, in *Gilbert's Ann.*, XXXIV, 10.

1807. TH. YOUNG, Lectures on natural philosophy, London.

1829. PLATEAU, Dissert. sur quelques propriétés des impressions produites par la lumière sur l'organe de la vue, Liége.

1836. CHALLIS, in *Pogg. Ann.*, XXXVII, 528.

1838. VOLKMANN, in *J. Müller's Archiv für Anat. und Physiol.*, 1838, p. 373.

1839. MILE, *ibid.*, 1839, p. 64.

— D. R. HAY, Nomenclature of colours.

1843. J. MÜLLER, Zusammensetzung des weissen Lichts aus den verschiedenen Farben, in *Pogg. Ann.*, LVIII, 358; 518.

1847. DOVE, Ueber die Methoden aus Complementärfarben Weiss darzustellen, und über die Erscheinungen, welche polarisirtes Licht zeigt, dessen Polarisationsebene gedreht wird, in *Berliner Monatsber.*, 1846, p. 70.— *Pogg. Ann.*, LXXI, 97. — *Philos. Mag.*, XXX, 465. — *Inst.*, n° 712, p. 176. — *Arch. des sc. phys. et natur.*, V, 276.

— CHEVREUL, Exposé d'un moyen de définir et nommer les couleurs d'après une méthode rationnelle et expérimentale, in *Revue scient. de Quesneville*, XXIX, 382. — *Comptes rendus*, XXXII, 693. — *Inst.*, n° 906, p. 155. — *Dingl. polyt. Journ.*, CXXI, 367. — *Athen.*, 1851, p. 272.

1848. BRÜCKE, Ueber das Wesen der braunen Farbe, in *Pogg. Ann.*, LXXIV, 461. — *Philos. Mag.*, XXXIII, 281. — *Inst.*, n° 785, p. 21.

— HARLESS, Physiologische Beobachtung und Experiment, Nürnberg, 1848, p. 45. (Une couleur vue à travers une autre.)

— CHR. DOPPLER, Versuch einer systematischen Classification der Farben, Prag, 1848. — *Abhandl. der böhm. Ges.*, V, 401.

1849. J. D. FORBES, Hints towards a classification of colours, in *Philos. Magaz.*, XXXIV, 161.

1852. H. HELMHOLTZ, Ueber die Theorie der zusammengesetzten Farben, in *Müller's Archiv für Anat. und Physiol.*, 1852, p. 461-482. — *Pogg. Ann.*, LXXXVII, 45-66. — *Philos. Magaz.*, 4, IV, 519-534. — *Cosmos*, II, 112-120. — *Ann. de chim.*, 3, XXXVI, 500-508. — *Fechner's Centralblatt*, 1853, p. 3-9.

1853. L. FOUCAULT, Sur la recomposition des couleurs du spectre en teintes plates, in *Cosmos*, II, 232. — *Pogg. Ann.*, LXXXVIII, 385-387.

— H. GRASSMANN, Zur Theorie der Farbenmischung, in *Pogg. Ann.*, LXXXIX, 69-84. — *Philos. Magaz.*, 4, VII, 254-264.

— HOLTZMANN, Apparat zur Darstellung von Farbenmischungen, in *Tagblatt der deutschen Naturforscherversammlung*, 1853.

— J. PLATEAU, Reclamation, in *Pogg. Ann.*, LXXXVIII, 172-173. — *Cosmos*, II, 241. — *Fechner's Centralblatt*, 1853, p. 365.

— H. HELMHOLTZ, On the mixture of homogeneous colours, in *Athen*, 1853, p. 1197-1198. — *Cosmos*, III, 573-575. — *Rep. of Brit. Assoc.*, 1853, 2, p. 5. — *Pogg. Ann.*, XCIV, 1-28. — *Ann. de chim.*, 3, XLIV, 70-74. — *Archiv. des sc. phys.*, XXIX, 242.

1854. J. GRAILICH, Beitrag zur Theorie der gemischten Farben, in *Wiener Ber.*, XII, 783-847 ; XIII, 201-284.

— J. CZERMAK, Physiologische Studien, in *Wiener Ber.*, XII, 322, § 6 ; XVII, 565.

1855. J. C. MAXWELL, Experiments on colour, perceived by the eye, with remarks on colour blindness, in *Edinb. Trans.*, XXI, 275-297. — *Edinb. Journ.*, 2, I, 359-360. — *Proc. of Edinb. Soc.*, III, 299-301. — *Philos. Magaz*, 4, XIV, 40.

— G. WILSON, Observations on Mr. Maxwell's paper, in *Edinb. Journ*, 2, I, 361.

— J. D. FORBES, Observations on Mr. Maxwell's paper, in *Edinb. Journ.*, 2, I, 362.

1856. J. C. MAXWELL, On the theory of compound colours with reference to mixtures of blue and yellow light, in *Athen.*, 1856, p. 1093. — *Edinb. Journ.*, 2, IV, 335-337. — *Inst.*, 1856, p. 444. — *Rep. of British Assoc*, 1856, 2, p. 12-13.

— CHALLIS, On theory of the composition of colours in the hypothesis of undulations, in *Philos. Magaz.*, 4, XII, 329-338; 521.

— G. G. STOKES, Remarks on Challis's paper, in *Philos. Magaz.*, 4, XII, 421.

1857. DOVE, Eine Methode Interferenz-und Absorptionsfarben zu mischen, in *Berl. Monatsber.*, 11 März 1857. — *Pogg. Ann.*, CII.

1860. J C. MAXWELL, On the theory of compound colours and the relations of the colours in the spectrum, in *Proc. Roy. Soc.*, X, 404-409 ; 484-486. — *Phil. Trans.*, CL, 57-84. — *Phil. Mag.*, 4, XXI, 141-146. — *Cimento*, XII, 33-37. — *Rep. of British Assoc.*, 1860, 2, p. 16.

1864. AUBERT, Physiologie der Netzhaut, Breslau, p. 154-186.

1865. C. BOHN, Ueber das Farbensehen und die Theorie der Mischfarben, in *Poggd. Ann.*, CXXV, 87-118. (Essai d'une théorie analogue à celle de GRAILICH.)

1866. E. BRÜCKE, Die Physiologie der Farben für die Zwecke der Kunstgewerbe, Leipzig, 1866.

Dyschromatopsie.

1777. HUDDART, in *Philos. Trans.*, LXVII, I, 14.

COLLARDO, in *Journ. de physique*, XII, 86.

WHISSON, in *Philos. Trans.*, LXVIII, II, 611. — *Journ. de phys.*, XII.

GIROS V. GENTILLY, Theorie der Farben (paru en anglais et en français sous le pseudonyme de G. PALMER), in *Lichtenberg Magazin*, I, 2, 57.

HARVEY, in *Edinb. Philos. Trans.*, X, 253. — *Edinb. Journ. of sc.*, VII, 85.

J. BUTTERS, in *Edinb. Philos. Journ.*, XI, 135. — *Archiv für Physiol. v. Meckel*, V, 260.

NICHOLL, in *Medico chir. Trans.*, VII, 477; IX, 359. — *Ann. of Phil.*, N. S., III, 128.

1798. J. DALTON, in *Mémoirs of Lit. and Phil. Soc. of Manchester*, V. — *Edinb. Journ. of sc.*, IX, 97.

1818. v. GŒTHE, Zur Naturwiss. und Morphologie, 1. Heft, 297 ; Zur Farbenlehre, 1, § 103.

— WARDROP, Essais on the morbid anatomy of the human eye, London, 1818, II, 196. — *Meckel's Archiv für Physiol.*, V.

1822. BREWSTER, in *Edinb. Journ. of sc.*, VII, 86; XIX, 153. — *Edinb. phil. Journ.*, VI. — *Pogg. Ann.*, XXIII, 441.

— MECKEL, in *Archiv für Physiol.*, I, 188. — *Ann. of philos.*, 1822, Febr., p. 128.

1828. J. HERSCHEL, Article *Light*, in *Encyclop. metrop.*, p. 434, § 507.
COLQHOUN, in *Glasgow Med. Journ.-Froriep's Notizen*, XXIV, 305.
SOMMER, in *Graefe und Walther's Journal für Chirurgie*, V.—*Salzburger medic. chirurg. Zeitung.*, IV.
GALL, Anat. et Physiologie du système nerveux, IV, 98.
ROZIER, Observ. sur la physique, XIII.
BREWSTER, Briefe über natürl. Magie, Uebers., p. 44.
HELLING, Prakt. Handbuch der Augenkrankheiten, I, p. 1.

1837. A. SEEBECK, Ueber den bei manchen Personen vorkommenden Mangel an Farbensinn, in *Pogg. Ann.*, XLII, 177-233.

1849. WARTMANN, in *Bulletin de Bruxelles*, XVI, I, 137. — *Inst.*, XVII, n° 799, p. 131.

— D'HOMBRE FIRMAS, in *Comptes rendus*, XXIX, 175; XXX, 60, 376. — *Inst.*, n° 815, p. 259.

1852. SCHNETZLER, in *Archiv. des sciences phys.*, XXI, 251-252.

— BURCKHARDT, in *Verh. der naturf. Gesellsch. in Basel*, X, 90-93.

1854. WILSON, in *Proc. of Edinb. Soc.*, III, 226-227.

— EICHMANN, in *Fechner's Centralblatt*, 1854, p. 294-295. — *Med. Z. S. des Ver. f. Heilkunde in Preussen*, 1853, p. 224.

1853-55. G. WILSON, in *Monthly Journ. of med. science*, nov. 1853 - déc. 1854. — *Edinb. Journ.*, 2, IV, 322-327.

— LE MÊME, Researches on colour-blindness, in *Edinb. Journ.*, 1855.

— MAXWELL, On the Theory of Colours in relation to colour-blindness, *ibid.*, p. 153.

1858. W. POLE, in *Proc. of Roy. Soc.*, VIII, 172-177. — *Phil. Magaz.*, 4, XIII, 282-286.

— J. TYNDALL, in *Phil. Magaz.*, 4, XI, 329-333. — *Silliman Journ.*, 2, XXII, 143-146. — *Arch. des sc. phys.*, XXXIII, 221-225.

— DE MARTINI, Effets produits sur la vision par la santonine, in *Comptes rendus*, XLVII, 259-260.

— A. V. BAUMGARTNER, Ein Fall ungleichzeitiger Wiederkehr für verschiedene Farben, in *Wiener Ber.*, XXIV, 257-258.

— G. WILSON, A note on the statistics of colour-blindness, in *Yearbook of facts*, 1858, p. 138-139.

1859. J. F. W. HERSCHEL, Remarks on colour-blindness, in *Proc. of Roy. Soc.*, X, 72-84. — *Phil. Mag.*, 4, XIX, 148-158.

— W. POLE, On colour-blindness, in *Phil. Trans.*, CXLIX, 323-334. — *Ann. de chimie*, 3, LXIII, 243-256.

— T. L. PHIPSON, Action de la santonine sur la vue, in *Comptes rendus*, XLVIII, 593-594.

— LEFÈVRE, Action de la santonine, *ibid.*, 448.

— E. ROSE, Ueber die Wirkung der wesentlichen Bestandtheile der Wurmblüthen, in *Virchow's Archiv*, XVI, 233-253.

1860. J. J. OPPEL, Einige Beobachtungen und Versuche über partielle Farbenblindheit, in *Jahresber. des Frankfurter Vereins*, 1859-1860, p. 70-114.

— GLADSTONE, On his own perception of colour, in *Athen.*, 1860, II, 24. — *Rep. of British Assoc.*, 1860, 2, p. 12-13.

— E. ROSE, Ueber die Farbenblindheit durch Genuss der Santonsäure, in *Virchow's Archiv*, XIX, 522-536; XX, 245-290.

— A. DE MARTINI, Sur la coloration de la vue et de l'urine produite par la santonine, in *Comptes rendus*, L, 544-545. — *Inst.*, 1860, p. 108-109.

— GUÉPIN, Note sur l'action de la santonine sur la vue et son action thérapeutique, in *Comptes rendus*, LI, 794-795.

1861. J. J. OPPEL, Nachträgliche Bemerkungen zu dem vorjährigen Aufsatze über Farbenblindheit, in *Jahresber. des Frankfurter Vereins*, 1860-1861, p. 42-47.

— J. Z. LAURENCE, Some observations on the sensibility of the eye to colour, in *Phil. Mag.*, 4, XXII, 220-226.

— E. ROSE, Ueber stehende Farbentäuschungen, in *Arch. für Ophth.*, VII, 2, p. 72-108.

1862. J. J. OPPEL, Zur Veranschaulichung der Achromatopsie für nicht damit behaftete, in *Jahresber. des Frankf. Vereins*, 1861-1862, p. 48-55.

1863. R. SCHELSKE, Ueber Farbenempfindungen, in *Archiv für Ophth.*, IX, 3, p. 39-62.
— E. ROSE, Ueber die Hallucinationen im Santonrausch, in *Virchow's Archiv*, XXVIII.
1865. R. SCHELSKE, Ueber Rothblindheit in Folge pathologischen Processes, in *Arch. für Ophth.*, XI, 1, p. 171-178.

§ 21. — De l'intensité de la sensation lumineuse.

On doit égaler l'intensité de la lumière objective à la force vive du mouvement de l'éther, et pour la lumière monochromatique, polarisée en ligne droite, cette force vive est proportionnelle au carré de la plus grande vitesse des particules d'éther. Dans un mélange de lumière provenant de différentes sources ou présentant des polarisations différentes, l'intensité totale est égale à la somme des intensités partielles.

Nous allons rechercher d'abord comment se comporte l'intensité de la sensation lumineuse lorsque l'intensité de la lumière objective varie sans que la couleur soit modifiée. Nous pouvons faire cette étude sur la lumière blanche : les résultats sont les mêmes pour la lumière monochromatique.

Il s'agit, en premier lieu, de démontrer que les plus petites dégradations perceptibles de la sensation lumineuse ne correspondent pas à des différences égales de la clarté objective. — Éclairons un tableau blanc avec une lumière faible qui donne l'intensité h et disposons un corps dont l'ombre se projette sur le tableau, de manière que le tableau ne reçoive pas de lumière en dedans des limites de l'ombre. Qu'on ajoute ensuite une seconde lumière dont on peut faire varier l'intensité H, en faisant varier la distance de cette seconde lumière au tableau. L'intensité objective est alors H dans l'ombre, et $H + h$ en dehors de l'ombre.

Si la clarté H est très-faible, l'œil aperçoit l'ombre, c'est-à-dire qu'il distingue l'intensité H de l'intensité $H + h$. Mais il semble que, quelle que soit la grandeur de h, il existe toujours une intensité plus grande de H, pour laquelle l'ombre devient insensible et pour laquelle, par conséquent, la différence h de l'intensité objective ne produit plus une augmentation sensible de la sensation.

Une lumière de l'intensité de la lune projette une ombre sensible sur le papier blanc. Si l'on rapproche du papier une lampe qui brûle bien, l'ombre disparaît. L'ombre projetée par la lampe disparaît à son tour, si l'on fait tomber la lumière solaire sur le papier. Bien plus, c'est à peine si l'œil peut distinguer l'intensité d'une bonne lampe à double courant d'air d'avec une intensité double. On reconnaît facilement que de semblables flammes sont assez transparentes, lorsqu'on examine l'image affaiblie qu'en donne une lame de verre non étamée et qu'on fait passer ensuite une seconde flamme derrière la première : dans ces conditions, on distingue facilement les contours de la seconde flamme. Mais si l'on regarde directement les deux flammes, on ne distingue plus la seconde, du moins à travers la partie la plus éclairée de la première : c'est tout au plus si on la distingue lorsqu'en regardant pendant longtemps on a émoussé l'intensité de la sensation. De même, il est difficile de reconnaître à l'œil nu, lorsqu'on regarde une flamme de ce genre, que le bord, où la couche de gaz incandescente est vue de profil, est bien plus intense que le milieu, où la couche est vue sous la moindre épaisseur, tandis qu'on s'en aperçoit facilement lorsqu'on regarde l'image de la flamme dans une lame de verre non étamée. Rappelons encore ici l'invisibilité des étoiles pendant le jour, la disparition des images derrière une lame de verre réfléchissante, etc.

Au lieu de maintenir constante la différence d'intensité en ne modifiant que la valeur absolue de l'intensité totale, comme nous l'avons fait jusqu'ici, nous pouvons aussi faire varier cette différence dans la même proportion que l'intensité elle-même. Sur une lame de verre transparente, représentons un dessin avec de l'encre de Chine très-délayée, ou traçons-y un dessin après l'avoir légèrement enfumée, ou, mieux encore, prenons une image photographique sur verre qui présente des ombres très-délicates et d'autres plus foncées, et tenons un semblable dessin devant un fond clair dont nous faisons augmenter successivement l'intensité : pour une faible intensité du fond, on ne remarque pas les ombres les plus délicates, elles deviennent visibles pour une intensité plus grande, puis, l'intensité augmentant toujours, elles conservent assez longtemps le même degré de netteté, pour disparaître enfin de nouveau. Plus l'ombre est prononcée sur le dessin, moins il faut d'intensité pour la rendre visible, et plus il en faut aussi pour la faire disparaître de nouveau. Or l'intensité lumineuse de l'ombre est moindre que celle des parties claires, d'une fraction déterminée de l'intensité totale. Désignons par H l'intensité des portions claires, nous pouvons désigner par $(1 - \alpha) H$ celle de l'ombre, α étant une fraction constante pour la même portion de dessin, de sorte que la différence αH entre l'intensité de la portion considérée et celle du fond clair augmente et diminue en même temps que H. Ainsi, bien que les différences d'intensité absolue entre les parties différemment ombrées du dessin augmentent avec l'éclairage, ces différences ne répondent cependant pas à des différences plus perceptibles de la sensation. Il suit de là qu'il doit exister certains degrés moyens de l'intensité lumineuse où l'œil est le plus sensible pour reconnaître si l'intensité a varié d'une petite fraction de sa valeur. Ce sont les degrés d'intensité que nous employons ordinairement pour lire, écrire, travailler, degrés agréables et commodes pour notre œil, et qui s'étendent depuis la clarté à laquelle nous pouvons lire sans difficulté jusqu'à celle d'une surface blanche frappée directement par les rayons solaires. Dans l'intervalle de ces limites, où l'œil atteint son maximum de sensibilité pour les rapports, la grandeur de la sensibilité est à peu près constante, de même qu'en général la valeur des fonctions variables d'une manière continue varie relativement peu aux environs du maximum.

Ce fait est déjà prouvé par l'observation journalière, d'après laquelle on reconnaît assez bien, à la lumière d'une bougie et à la lumière du jour le plus clair, des peintures et des dessins qui présentent les dégradations d'ombres les plus variées et qu'ordinairement un éclairage intense n'y fait découvrir aucun objet nouveau ni aucune dégradation d'ombre qu'on n'ait pas déjà remarqués par un faible éclairage. Fechner fait remarquer de même que si l'on regarde, à travers des verres gris foncés, des objets éclairés, comme par exemple un ciel parsemé de nuages blancs, on ne voit ni disparaître ni apparaître aucune dégradation nouvelle dans les ombres. Les mensurations photométriques donnent le même résultat avec plus d'exactitude. Ces mensurations ont fait voir, en général, que pour des degrés d'intensité très-divers, la différence qu'on pouvait encore distinguer, formait à peu près la même fraction de l'intensité totale. Bouguer et Fechner ont cherché à évaluer cette différence de la manière suivante : on éclaire un tableau blanc avec deux bougies égales et l'on dispose en avant du tableau une baguette qui y projette deux ombres. On éloigne l'une des bougies jusqu'à ce que l'ombre correspondante cesse d'être visible. Soit a la distance du tableau à la lumière la plus rapprochée, b celle où se trouve la lumière la plus éloignée, les intensités avec lesquelles ces deux lumières éclairent le tableau sont entre elles comme $a^2 : b^2$. Bouguer a trouvé que l'une des lumières devait être environ 8 fois plus éloignée que l'autre ; Fechner, assisté de Volkmann et d'autres observateurs, qu'elle devait être environ 10 fois plus éloignée, pour que l'ombre disparût, de sorte que Bouguer pouvait encore distinguer $^1/_{64}$, et les amis de Fechner $^1/_{100}$ de l'intensité lumineuse. Arago a remarqué que, dans le mouvement, on peut remarquer des différences encore plus petites, et, sous les conditions les plus favorables, il est arrivé à $^1/_{131}$. Masson employa, dans le même but, des disques rotatifs blancs avec de petits secteurs noirs. Il trouva que des yeux faibles ne pouvaient reconnaître parfois que des différences de $^1/_{50}$, tandis qu'avec une bonne vue, on peut quelquefois reconnaître des différences plus petites que $^1/_{120}$. Il a trouvé, en outre, que la limite de sensibilité reste assez indépendante de l'intensité lumineuse, même pour l'éclairage instantané de l'étincelle électrique. Lorsque cet éclairage est assez intense, les secteurs blancs et noirs apparaissent distincts pour un instant. Si l'on éclaire le disque, d'une manière continue, avec une lampe d'intensité L, et qu'on ajoute une étincelle électrique d'intensité l, on obtient, pour un instant, l'intensité $L + l$ sur les secteurs blancs et l'intensité L seulement, pour la place occupée par les secteurs noirs ; on ne peut donc reconnaître les secteurs que si l'on peut distinguer $L + l$ de L. Si l'on venait à modifier la distance des deux sources lumineuses au disque, il fallait modifier L et l d'une quantité proportionnelle pour rester à la limite de sensibilité de l'œil : donc la loi établie pour la lumière constante est encore vraie pour la perception des différences instantanées de l'intensité lumineuse.

Ce fait que, dans des limites fort étendues, les plus petites différences perceptibles de la sensation lumineuse sont des fractions (à peu près) constantes de l'intensité, a servi à Fechner pour proposer, sous le nom de *loi psychophysique*, une loi générale, qui s'applique aussi à d'autres genres de sensations. C'est ainsi que des différences dans la hauteur des sons nous paraissent égales, lorsque les différences des durées de vibration sont exprimées par une même fraction de la durée de vibration totale. En d'autres termes, deux intervalles musicaux nous paraissent égaux quand les rapports des nombres de vibrations des deux sons constituants sont les mêmes pour ces deux intervalles. D'après les recherches de E. H. Weber, il en est de même de notre faculté de reconnaître des différences de poids et de grandeurs linéaires. Comme nous mesurons la hauteur du son par le logarithme du nombre de vibrations, il paraît convenable de mesurer de même l'intensité, la sensation, puisque, dans un cas comme dans l'autre, nous considérons comme égales des différences dS du degré de l'intensité de la sensation S qui sont perçues avec la même netteté. Nous avons donc approximativement, quand l'intensité H ne sort pas de certaines limites fort étendues,

$$dS = A \frac{dH}{H}$$

A étant une constante. Intégrant, il vient

$$S = A \log H + C,$$

C étant une seconde constante. Si, pour l'intensité h, nous posons le degré de sensation égal à s, nous avons enfin :

$$S - s = \log \frac{H}{h}.$$

Fechner a montré que cette manière dont l'œil mesure les intensités a exercé une influence déterminante sur la classification des étoiles par grandeurs. On a déterminé les classes de grandeurs des étoiles d'après l'impression qu'elles produisent sur l'œil, sans employer d'abord les mensurations photométriques de la quantité de lumière objective. C'est seulement dans ces derniers temps qu'on a fait ces mensurations, qui permettent à présent de comparer l'intensité véritable avec la classe de grandeur admise. Fechner a fait une semblable comparaison d'après les déterminations photométriques de J. Herschel et de Steinheil et il trouve que, pour les mensurations de Herschel, la grandeur G qui détermine la classe est exprimée par la formule

$$G = 1 - 2{,}8540 \log H,$$

et pour les mensurations de Steinheil, par

$$G = 2{,}3111 - 2{,}3168 \log H,$$

formules qui sont d'accord avec les précédentes, si l'on remarque que les numéros des classes sont d'autant plus forts que les grandeurs des étoiles diminuent; on trouve une concordance très-satisfaisante entre les formules et les observations. Fechner a également trouvé que les mensurations de Struve s'accordent suffisamment avec la loi qu'il a établie. La même loi a, du reste, aussi été exprimée par Babinet (1) qui, d'après des observations de Johnson et de Pogson, évalue à 2,5 le nombre qui correspond dans la formule de Fechner au coefficient de log. H.

Si la loi du degré de sensibilité n'est pas valable pour des intensités très-petites ou très-grandes, c'est ce que Fechner explique par les perturbations qu'apportent certaines circonstances accessoires. En effet, lorsque l'éclairage est très-faible, l'influence de la lumière subjective de l'œil doit se faire sentir. A côté de l'excitation produite par la lumière extérieure, il y a toujours une excitation par des causes internes, dont nous pouvons représenter la valeur par une lumière

(1) *Comptes rendus*, 1857, p. 358.

d'une intensité H_0. On obtient alors, comme expression plus exacte pour les plus petits degrés perceptibles de la sensation,

$$dS = A \frac{dH}{H + H_0},$$

ou bien

$$dH = \frac{1}{A} (H + H_0) \, dS,$$

d'où il résulte que l'augmentation de l'intensité doit être un peu plus forte pour être perçue que si H_0 était nul, et la différence doit se faire sentir surtout pour de petites valeurs de H. Fechner a fondé là-dessus une méthode de comparaison entre l'intensité H_0 de la lumière propre et celle de la lumière objective, méthode qui admet implicitement qu'à la limite inférieure de l'intensité l'exactitude de la loi citée n'est altérée que par l'influence de la lumière propre. Quand un œil capable de reconnaître une différence de $^1/_{100}$ d'intensité lumineuse regarde une surface dont une partie ne reçoit absolument pas de lumière extérieure, et dont une autre partie possède l'intensité h, on a H_0 et $H_0 + h$ pour les intensités apparentes de ces deux parties, en tenant compte de la lumière propre de l'œil. Si h est la plus faible intensité perceptible, on doit avoir, d'après la manière de voir de Fechner, $h = {}^1/_{100}\, H_0$, et de cette manière l'intensité H_0 de la lumière propre serait mesurée par une lumière objective. Volkmann a fait des expériences dont il déduit que l'intensité H_0 de la lumière propre est égale à celle d'une surface de velours noir éclairée par une bougie stéarique à 9 pieds de distance.

Quant à l'inexactitude de la loi vers la limite supérieure de l'intensité, on peut l'attribuer avec Fechner à la fatigue de l'organe. Les modifications internes du nerf qui doivent transmettre l'excitation au cerveau ne peuvent pas dépasser une certaine mesure sans détruire l'organe; chaque effet d'excitation a donc une limite supérieure à laquelle doit nécessairement correspondre un maximum dans le degré de sensibilité.

D'ailleurs il est encore à remarquer que ces circonstances, quelles qu'elles soient, qui altèrent l'exactitude de la loi de Fechner vers les limites supérieure et inférieure de l'intensité, exercent aussi leur influence pour les degrés moyens d'intensité, lorsque l'observation est exacte, ce qui n'empêche naturellement pas de conserver cette loi comme donnant une première approximation. Assurément la plupart des peintures, dessins et photographies des objets ordinaires, se distinguent avec une égale facilité pour des degrés d'intensité très-différents. Cependant j'ai trouvé aussi dans des photographies certaines dégradations d'ombres qui ne se présentent tout à fait nettement que sous un éclairage déterminé et compris dans des limites étroites. Parmi ces images, je citerai particulièrement des paysages qui représentent des chaînes de montagnes à moitié perdues dans les brumes de l'horizon : cet effet m'a surtout frappé en examinant quelques photographies stéréoscopiques sur verre de paysages alpestres, où l'on voyait des parties de glaciers ou des sommets de montagnes recouverts par la neige. Ces surfaces neigeuses paraissaient d'un blanc uniforme à la clarté d'une lampe ou à la lumière modérée du jour, tandis que, tournées vers le ciel éclairé, elles présentaient encore des ombres délicates qui modelaient la forme des surfaces recouvertes de neige et qui disparaissaient de nouveau sous un éclairage plus intense. Il est clair que le hasard seul peut faire rencontrer, dans des photographies, des ombres aussi délicates et qu'on ne doit pas en demander de pareilles à la peinture et au dessin ; les disques rotatifs, au contraire, nous offrent un moyen facile d'obtenir des ombres très-peu accusées dont l'intensité présente le rapport qu'on veut avec celle du fond blanc, et telles que Masson les a déjà employées pour ses expériences photométriques. Ces ombres sont faciles à obtenir en donnant au disque le dessin représenté fig. 127. On trace suivant un ou deux rayons, avec un tire-ligne, un trait interrompu dont toutes les parties possèdent la même épaisseur. Pendant la rotation, ces raies noires forment des cercles gris sur le disque. Soient d la largeur des raies, r la distance d'un point d'une de ces raies au centre du disque ; si nous posons l'intensité du disque égale à 1, on a, pour l'intensité h de la ligne grise qui se forme pendant la rotation,

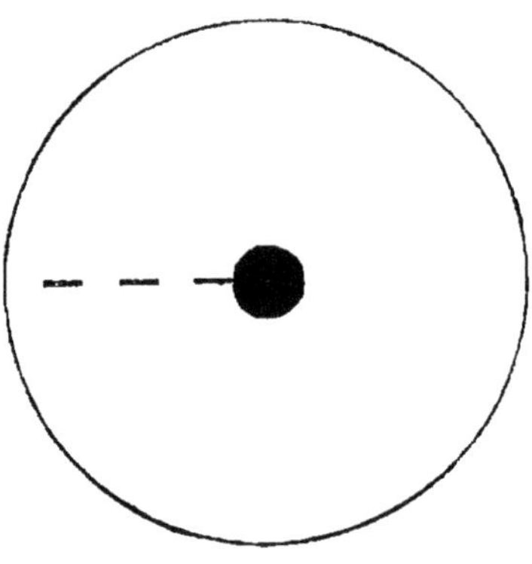

Fig. 127.

$$h = 1 - \frac{d}{2\pi r},$$

si l'on considère le trait de tire-ligne comme absolument noir. Ainsi l'intensité des bandes grises diffère d'autant moins de celle du disque que r est plus grand ; les bandes internes sont plus foncées, les périphériques plus claires, et l'on obtient une suite de transitions très-ménagées. L'expérience consiste à déterminer jusqu'à quel point on peut encore distinguer les bords des bandes grises. On les distingue mieux lorsqu'on fait errer le regard le long d'un de ces cercles, que lorsqu'on fixe continuellement le même endroit ; dans ce dernier cas, les cercles les moins prononcés disparaissent rapidement même lorsqu'on les a déjà vus. Cependant on ne les remarque ordinairement pas aussitôt qu'on porte le regard sur le disque : il est nécessaire de le considérer attentivement pendant quelque temps. Il faut du reste veiller à ce que le disque tourne assez rapidement pour que les cercles gris apparaissent sans interruptions et ne papillotent pas, ce qui permettrait de distinguer aussi les cercles les plus pâles, parce qu'alors, à chaque passage d'une raie noire, l'impression lumineuse a le temps de s'affaiblir assez pour permettre de remarquer l'obscurcissement. Par des jours bien clairs, près d'une fenêtre, j'ai pu distinguer nettement, en laissant errer le regard sur le disque, un bord répondant à une différence d'intensité de $^1/_{133}$; j'ai pu voir, d'une manière moins bien délimitée, un bord répondant à $^1/_{150}$, et, par moments, un bord correspondant à une différence d'intensité de $^1/_{167}$. En éclairant le disque par la lumière directe du soleil, il fallait plus de peine et plus d'efforts pour reconnaître jusqu'à $^1/_{150}$ de différence. En même temps, je ne pouvais distinguer, au milieu de la chambre, que des bords de $^1/_{117}$, très-rarement et d'une manière indéterminée celui relatif à une différence de $^1/_{133}$.

On voit donc, ici encore, que ce n'est qu'entre certaines limites étroites de l'intensité d'éclairage, qu'on rencontre la plus grande sensibilité de la perception. Par conséquent, dans l'équation

$$dS = A \frac{dH}{H}$$

établie plus haut, nous ne pouvons pas considérer A comme tout à fait invariable, même dans les limites ordinaires de l'intensité d'éclairage. Cette valeur doit au contraire dépendre de H, bien qu'elle soit à peu près constante pour des intensités moyennes, et de même la formule intégrale

$$S = A \log H + C,$$

qui est déduite de la précédente, n'est qu'approximativement exacte pour des valeurs moyennes de l'éclairage. Une semblable formule n'est pas suffisante, comme nous le verrons plus loin dans la comparaison des intensités de sensation pour les différentes couleurs.

Même en tenant compte de la lumière propre de l'œil, et posant

$$dS = A \frac{dH}{H + H_0},$$

d'où

$$S = A \log (H + H_0) + C,$$

la formule ne répond pas complétement aux faits, car elle suppose une augmentation indéfinie de la sensibilité quand l'intensité augmente. D'après les faits cités plus haut, on voit, au contraire, que pour de très-grandes valeurs de H, la sensibilité doit atteindre un maximum qu'elle ne peut plus dépasser, même si H continue à augmenter. Il faut qu'on ait alors $\frac{dS}{dH} = 0$. Il nous faudrait donc, dans la dernière équation différentielle, considérer A comme une fonction de H, à peu près constante pour des valeurs moyennes, mais qui devient nulle pour des valeurs infinies de H. La fonction la plus simple de ce genre serait

$$A = \frac{a}{b + H},$$

b étant considéré comme très-grand. Si nous posons donc

$$dS = \frac{a dH}{(b + H)(H_0 + H)},$$

il vient

$$S = \frac{a}{b - H_0} \log \left[\frac{H_0 + H}{b + H}\right] + C.$$

Ce n'est que par une formule de ce genre que nous pouvons espérer d'exprimer complétement les faits. C représenterait le maximum de l'intensité de sensation, qui a lieu pour des valeurs infiniment grandes de H, et le maximum de la sensibilité se présenterait pour $H = \sqrt{bH_0}$.

Le rapport que nous venons de démontrer entre l'intensité de la sensation et celle de la lumière explique un fait qui m'a souvent frappé : c'est que, dans les nuits obscures, les objets clairs paraissent, par rapport aux objets voisins, bien plus clairs que pendant le jour, de sorte qu'on ne peut souvent pas s'empêcher de leur attribuer une lumière propre. En effet, lorsque l'éclairage est très-faible, nous pouvons considérer l'intensité de la sensation comme proportionnelle à celle de la lumière, tandis que sous un éclairage intense, la sensibilité pour les objets lumineux est relativement plus faible. Comme c'est avec un fort éclairage que nous avons l'habitude de comparer les intensités des objets, quand l'éclairage est faible, les objets clairs nous paraissent relativement trop clairs, et les objets obscurs, relativement trop obscurs. Les peintres utilisent cette circonstance dans les effets de clair de lune, pour nous donner la sensation d'un faible éclairage : ils font ressortir les parties claires d'une manière bien plus heurtée que quand ils représentent des effets de jour.

II. — Nous allons nous occuper maintenant d'établir une comparaison entre les intensités des lumières de différentes couleurs. — Si nous admettons que l'intensité de la lumière objective, simple ou composée, est mesurée par la force vive du mouvement de l'éther, il faut, d'après la loi générale de conservation des forces, la considérer comme proportionnelle à la quantité de chaleur qui se développe par l'absorption de la lumière considérée. C'est là, jusqu'à présent, le seul moyen physique dont nous disposions pour rendre comparables entre elles les intensités des ondulations d'éther dont la durée de vibration est différente. Si l'on compare à l'œil la force lumineuse des ondes d'éther de durée d'oscillation différente, on trouve, comme il a été expliqué au § 19, que l'intensité de la sensation lumineuse n'est aucunement proportionnelle à la force vive de ces vibrations d'éther, mesurée par le développement de chaleur. Si nous formons un spectre au moyen d'un prisme de sel gemme, substance qui laisse passer de la manière la plus uniforme les rayons de toutes les espèces, on trouve, d'après Melloni, que le maximum de chaleur est au delà du rouge extrême, en un point où l'œil ne perçoit plus de lumière, et que la chaleur augmente d'une manière continue du violet vers le rouge, tandis que le maximum de la lumière se trouve dans le jaune. De même, j'ai déjà fait remarquer plus haut que le pouvoir éclairant des rayons ultraviolets augmente énormément quand, au moyen de la fluorescence, on les transforme en rayons de réfrangibilité moyenne; or on ne peut pas admettre que cette transformation soit accompagnée d'une augmentation de la force vive des vibrations de ces rayons. Par conséquent, l'*intensité de la sensation lumineuse ne dépend pas seulement de la force vive des oscillations de l'éther, mais aussi de la durée de ces ondulations*. Il suit de là que de toutes les comparaisons effectuées à l'aide de l'œil entre les intensités de différentes sortes de lumière composée, il n'en est aucune qui possède une valeur objective, indépendante de la nature de l'œil.

Nous avons trouvé tout à l'heure que, pour de la lumière de même espèce, la sensation ne croît pas proportionnellement à l'intensité objective de la lumière, mais que l'intensité de la sensation est une fonction plus compliquée de l'intensité lumineuse. Il ressort de la comparaison entre différentes sortes de lumière chromatique que *l'intensité de sensation est une fonction de l'intensité lumineuse qui diffère suivant l'espèce de lumière*. Purkinje (1) a déjà remarqué que c'est le bleu qu'on peut voir à la lumière la plus faible, et que le rouge exige une lumière plus forte. Dove a fait remarquer plus tard que si l'on compare sous des éclairages différents les intensités lumineuses de surfaces recouvertes de couleurs différentes, c'est tantôt l'une et tantôt l'autre de ces

(1) Zur Physiologie der Sinne, II, 109.

couleurs, qui paraît plus claire. En général, les couleurs qui prédominent sont, pour une grande intensité d'éclairage, les moins réfrangibles, telles que le rouge et le jaune, et pour un éclairage peu intense, les plus réfrangibles, telles que le bleu et le violet. Si un papier rouge et un papier bleu paraissent également clairs à la lumière du jour, à la tombée de la nuit le papier bleu paraît plus clair et le papier rouge paraît souvent tout à fait noir. De même, quand on est surpris par la nuit dans une galerie de tableaux, si le ciel ne présente pas de ces colorations qui accompagnent souvent le crépuscule, on remarque que les couleurs rouges disparaissent les premières et que les couleurs bleues restent le plus longtemps visibles. De même, dans la nuit la plus obscure, lorsqu'on ne voit plus aucune couleur, on distingue encore le bleu du ciel.

J'ai trouvé que ces phénomènes deviennent encore plus frappants lorsqu'on se sert des couleurs prismatiques. Si l'on emploie l'appareil décrit dans le paragraphe précédent et représenté par la figure 125, et qu'on tienne verticalement une baguette en avant du champ éclairé par les deux couleurs, il s'y projette deux ombres différemment colorées; en effet, comme les deux couleurs provenant des deux fentes de l'écran S_1 tombent sur le champ éclairé suivant deux directions différentes, elles projettent deux ombres séparées. Si l'on avait, par exemple, un mélange de violet et de jaune, on obtiendrait deux ombres éclairées, l'une par le violet seulement et l'autre par le jaune seulement, tandis que le fond resterait blanc ou blanchâtre. Si l'on vient à élargir la fente qui laisse passer le violet, l'ombre violette devient plus intense, et en réglant convenablement les deux fentes, on peut facilement faire en sorte que l'ombre violette présente à l'œil autant d'intensité que la jaune. Si l'on élargit ou qu'on rétrécit alors la fente unique du premier écran, qui laisse parvenir au prisme la lumière réfléchie par l'héliostat, on augmente ou l'on affaiblit toute la masse lumineuse qui pénètre dans l'appareil, et toutes les couleurs simples variant alors dans la même proportion, il en est de même pour les intensités objectives des ombres jaune et violette. L'expérience montre qu'il suffit d'une faible augmentation de l'intensité d'éclairage pour faire paraître le jaune plus fort que le violet, et d'une faible diminution pour produire le résultat inverse. Cette différence est bien moindre lorsqu'on prend deux couleurs de la moitié la moins réfrangible du spectre, elle est plus grande lorsque les deux appartiennent à la moitié la plus réfrangible; elle atteint sa plus grande valeur lorsqu'on prend les deux couleurs aux extrémités du spectre.

Prenons, dans la figure 128 (p. 422), les abscisses, mesurées le long de la ligne *ad*, proportionnelles aux intensités lumineuses objectives, et les ordonnées proportionnelles à l'intensité de la sensation. Représentons par la courbe *aebg* l'intensité de la sensation jaune, et choisissons les unités de la lumière jaune et de la lumière violette de telle sorte que pour la quantité de lumière *ac* la sensibilité soit égale pour les deux sortes de lumière ; il suit des observations précédentes que la courbe qui représente l'intensité de sensation pour la lumière violette doit prendre, par rapport à la précédente, la position $a\varepsilon b\gamma$. Si l'on diminue les deux quantités de lumière dans le rapport *af* : *ac*, on trouve que l'intensité de sensation de la lumière jaune, exprimée par la ligne *fe*, est plus faible que l'intensité $f\varepsilon$ de la sensation violette. Inversement, si l'on amène les deux quantités de lumière à prendre la valeur *ad*, on trouve l'intensité de sensation *dg* correspondante au jaune, plus grande que celle $d\gamma$ du violet.

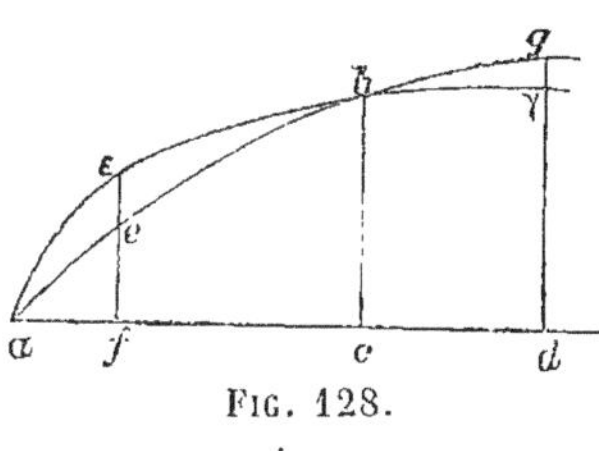

Fig. 128.

Il résulte de là qu'il est impossible d'établir, pour différentes sortes de lumière chromatique, des unités telles que des quantités de deux lumières qui sont égales par rapport à ces unités soient aussi toujours senties avec la même intensité. Loin de là, les fonctions qui expriment le rapport entre l'intensité de la sensation et celle de la lumière objective sont différentes pour des intensités diverses des lumières de différentes couleurs.

Si l'on compose du blanc avec deux couleurs spectrales et qu'on augmente ou diminue, dans le même rapport, les intensités des deux lumières chromatiques, de telle sorte que les proportions du mélange restent les mêmes, la couleur résultante reste invariablement blanche, bien que le rapport de l'intensité de sensation pour les deux couleurs composantes puisse changer notablement. C'est ainsi qu'après avoir, à l'aide de l'appareil précédemment décrit, formé du blanc avec du violet et du jaune-vert, on peut, en rétrécissant la fente, diminuer la quantité de lumière jaune-vert, jusqu'à ce qu'elle présente la même intensité lumineuse que le violet, et en mesurant cette fente, on peut déterminer la proportion suivant laquelle la quantité de lumière verte a diminué. J'ai trouvé, de cette manière, que l'intensité lumineuse apparente du violet qui donne du blanc avec le jaune-vert est $^1/_{10}$ de celle de ce jaune pour un éclairage intense, tandis qu'elle en est $^1/_5$ pour un éclairage plus faible ; et cependant, dans les deux cas, le rapport des quantités objectives de lumière reste le même. Dans le mélange de l'indigo et du jaune, le bleu indigo présentait, sous un éclairage intense, le $^1/_4$ de l'intensité apparente du jaune, tandis que, sous un éclairage plus faible, le rapport devenait $^1/_3$. Pour les couleurs complémentaires moins réfrangibles, les différences étaient trop petites pour pouvoir être mesurées. Si donc nous composons du blanc de différentes intensités, c'est au moyen de quantités de couleurs complémentaires dont l'intensité objective présente un rapport constant, tandis que le rapport des intensités subjectives est très-variable. Il suit de là que si, comme dans le paragraphe précédent, nous fixons les unités des différentes lumières chromatiques d'après les couleurs résultantes, ces unités ne dépendent que peu ou point de l'intensité lumineuse.

Comment expliquer ce fait que les couleurs résultantes présentent à l'œil des aspects assez invariables pour les différentes intensités lumineuses, bien que le rapport des intensités avec lesquelles les couleurs composantes agissent sur l'appareil nerveux visuel changent très-notablement? Il me semble que cela tient à ce que la lumière solaire, que nous considérons comme étant le blanc normal pendant le jour, subit elle-même, lorsque l'intensité lumineuse varie, des modifications de sa nuance pareilles à celles des mélanges blancs ou blanchâtres avec lesquels nous la comparons. Ainsi, une couleur composée nous paraît blanche lorsqu'elle présente le même aspect que la lumière solaire de même intensité. Si donc, sous une faible intensité, l'impression du bleu domine, dans le mélange en question, plus que pour un éclairage intense, ce blanc ne nous paraît cependant pas tirer sur le bleu, parce que dans la lumière solaire affaiblie au même degré, le bleu doit présenter une prédominance analogue. Il suffit, d'ailleurs, de quelque attention pour s'assurer que, dans la lumière solaire faible, c'est l'impression du bleu qui domine, tandis que dans la lumière solaire intense, c'est l'impression complémentaire du jaune. Dans la peinture, nous voyons toujours employer les tons jaunes pour produire l'effet des objets éclairés par un beau soleil, et les tons bleuâtres, pour rappeler la lueur de la lune ou des étoiles. Le peintre, qui n'a pas à sa disposition l'échelle des intensités lumineuses comme la nature qu'il veut imiter, cherche à combler cette lacune en reproduisant, autant que possible, les altérations que les différences d'intensité font subir à la gamme des couleurs. Ajoutons, dans ce même ordre d'idées, qu'en regardant la campagne à travers un verre jaune, par un temps couvert, le paysage prend l'aspect que lui donnerait un beau soleil, et qu'en revanche, un paysage éclairé par le soleil affecte ce qu'on appelle un ton froid, lorsqu'on le regarde à travers un verre bleu.

Nous avons déjà dit plus haut que lorsque l'intensité lumineuse augmente, la sensation des couleurs simples elle-même se modifie comme elle le ferait par un supplément de jaune. Le rouge et le vert passent directement au jaune, le bleu devient blanchâtre, comme il le ferait par une addition de jaune.

Il résulte de là que la distinction des tons est plus difficile sous un éclairage intense qu'avec une clarté moyenne. De même, cette distinction est incomplète sous un éclairage très-faible. On comprend aussi qu'elle est plus incomplète pour des couleurs qui n'occupent que de petites portions du champ visuel que pour celles qui occupent des champs un peu étendus. En effet, si l'image rétinienne d'un champ coloré est plus petite que les éléments sensibles de la rétine, l'élément frappé n'éprouve plus l'excitation avec toute son intensité, et cette excitation est d'autant plus faible, que la portion d'élément qui reçoit l'image de la surface colorée est plus petite.

Les modifications que nous venons de voir survenir dans les sensations colorées par suite des variations de l'intensité lumineuse, s'expliquent par l'hypothèse de Th. Young, qui admet trois sortes de nerfs dans la rétine : ceux du vert, du rouge et du violet; il suffit d'admettre, comme nous l'avons fait, que ces trois sortes de nerfs sont excitées par toute lumière, même par la lumière homogène, mais avec des intensités très-différentes, et que dans les trois sortes de nerfs l'intensité de la sensation dépend d'une manière différente de l'intensité lumineuse, la sensibilité augmentant d'abord plus rapidement et ensuite plus lentement dans les nerfs du violet que dans ceux du vert — dans ceux du vert que dans ceux du rouge — quand l'intensité lumineuse augmente.

Si la lumière violette du spectre excite fortement les nerfs du violet, faiblement ceux du vert, plus faiblement encore ceux du rouge, pour cette lumière, la sensation du violet prédomine sous un éclairage faible; sous un éclairage intense, où la sensation du violet s'approche de son maximum, la sensation du vert atteint, par rapport à celle-ci, une valeur plus sensible, et l'intensité augmentant encore, il finit par en être de même pour le rouge; de sorte que la sensation du violet doit passer d'abord au bleu par addition de vert, et, plus tard, au blanc, par addition de vert et de rouge.

Si nous admettons également que les rayons verts du spectre excitent fortement les nerfs sensibles au vert, modérément ceux du rouge et ceux du violet, la sensation du vert doit passer d'abord au jaune, parce que la sensation du rouge augmente plus rapidement avec l'intensité lumineuse que ne fait celle du violet; enfin elle doit passer au blanc lorsque les trois sensations se rapprochent de leur maximum.

Enfin, nous avons admis, pour les rayons rouges, qu'ils excitent fortement les nerfs du rouge, faiblement ceux du vert, plus faiblement encore ou pas du tout ceux du violet : on comprendrait donc pourquoi la sensation d'une lumière rouge intense passe au jaune.

La faculté de distinguer les couleurs résiderait donc dans la possibilité de reconnaître, par comparaison des intensités des sensations reçues par les trois espèces de nerfs, les proportions suivant lesquelles ces nerfs sont affectés. Or nous avons vu que c'est sous une certaine intensité moyenne qu'il est le plus facile de comparer les intensités de deux quantités de lumière : c'est donc pour une intensité de ce genre que la distinction des couleurs doit se faire le plus exactement. Nous en avons déjà dit assez pour faire comprendre l'application de cette manière de voir, aux couleurs très-intenses. Lorsque, pour des couleurs composées, les trois sortes de nerfs sont près de leur maximum d'excitation, ces couleurs doivent nécessairement se rapprocher de plus en plus du blanc. Admettons, au contraire, que les nerfs du violet subissent la plus faible excitation perceptible, on ne peut pas distinguer s'il existe, en même temps, un degré d'excitation un peu plus faible des deux autres nerfs; si, par conséquent, la couleur de la lumière est du violet pur, de l'indigo, du pourpre ou du blanc bleuâtre, et, par suite, par un éclairage très-faible, la faculté de distinguer les couleurs doit être très-imparfaite.

III. — Une série de faits, qu'on a réunis jusqu'à présent sous le nom d'*irradiation*, et qui présentent ceci de commun que les surfaces fortement éclairées paraissent plus grandes qu'elles ne sont en réalité, et que les surfaces obscures qui les entourent paraissent diminuées d'une quantité correspondante, s'expliquent tous par cette circonstance que la sensation lumineuse n'est pas proportionnelle à l'intensité de la lumière objective.

Ces phénomènes affectent les apparences les plus diverses, suivant la forme des figures considérées; on les voit, en général, le plus facilement et avec le plus d'intensité, lorsque l'œil n'est pas exactement accommodé pour l'objet examiné, et cela, soit que l'œil soit trop rapproché ou trop éloigné, soit qu'on l'arme d'une lentille concave ou convexe qui ne permette pas de voir nettement l'objet. L'irradiation ne fait pas complétement défaut alors même que l'accommodation est exacte, et on la remarque nettement alors pour des objets très-lumineux, surtout quand ils sont très-petits : les petits cercles de diffusion augmentent relativement bien plus les dimensions des petits objets que celles des objets plus grands, par rapport auxquels les dimensions des cercles de diffusion si peu considérables que fournit l'œil bien accommodé, deviennent insensibles.

1) — *Les surfaces lumineuses paraissent plus grandes.* — Nous ne jugeons jamais exactement les dimensions des fentes ou des trous étroits qui laissent échapper une vive lumière : ils nous paraissent toujours plus larges qu'ils ne sont réellement, et cela même avec l'accommodation la plus exacte. De même, les étoiles fixes apparaissent sous forme de petites surfaces lumineuses, même quand nous mettons devant notre œil, si cela est nécessaire, un verre qui permette l'accommodation la plus exacte. Dans un gril de barreaux fins et dont les vides sont exactement égaux aux pleins (grils en fils métalliques tels qu'on les emploie dans les expériences sur l'interférence), les vides nous paraissent toujours plus larges que les barreaux, si nous tenons le gril devant un fond éclairé. Avec une accommodation inexacte, ces phénomènes sont bien plus remarquables et se présentent aussi pour des objets plus grands. La figure 129 nous offre un carré blanc sur fond noir et un carré noir sur fond blanc. Bien que les deux carrés aient exactement les mêmes dimensions, le blanc paraît plus grand que le noir, sous un éclairage intense et avec une accommodation inexacte.

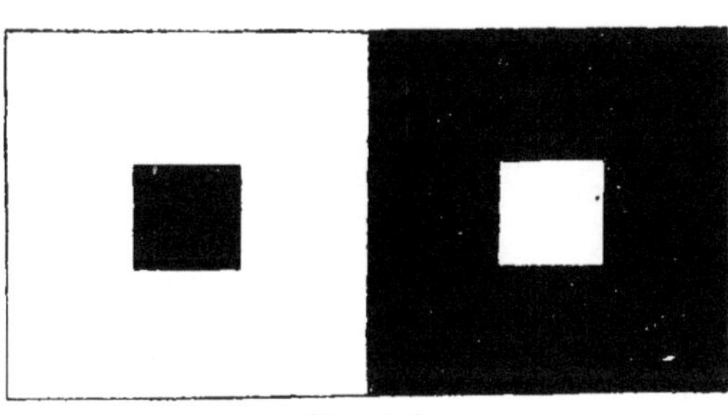

FIG. 129.

2) — *Les surfaces lumineuses très-voisines se confondent.* — Si l'on tient un fil métallique mince entre l'œil et le disque solaire ou la lumière d'une forte lampe, on cesse de le voir : les deux surfaces éclairées situées de part et d'autre du fil dans le champ visuel, débordent l'une et l'autre et se confondent. Pour des dessins formés de carrés blancs et noirs, comme ceux d'un damier (fig. 130), les angles des carrés blancs se joignent par irradiation et séparent les carrés noirs. Plateau s'est servi de dispositions analogues à la figure 130 pour évaluer l'étendue de l'irradiation. Les champs blancs étaient découpés dans un écran obscur, et éclairés par derrière; l'un des deux champs noirs pouvait être déplacé horizontalement au moyen d'une vis, et l'ex-

FIG. 130.

périence consistait à l'amener dans une position telle que les deux lignes de séparation verticales, situées au milieu, pussent se confondre en une seule. Pour les distances un peu considérables, les champs noirs étaient formés de planchettes; pour de faibles distances, on avait employé de petites lames d'acier. L'erreur commise dans l'expérience désignait l'étendue de l'irradiation.

3) — *Les lignes droites paraissent interrompues.* — Si l'on tient l'arête d'une règle entre l'œil et la lumière d'une lampe bien claire ou celle du soleil, on voit, sur le bord de cette règle, à la partie correspondante à la lumière, une échancrure analogue à celle représentée par la figure 131. Je ferai remarquer, dès maintenant, que lorsque le corps éclairant est la flamme d'une lampe à mèche cylindrique, l'échancrure paraît plus profonde aux bords de la flamme, qui, nous l'avons dit plus haut, possèdent une intensité absolue plus considérable que le milieu, et cette différence se produit sans que la différence d'intensité ait besoin d'être ressentie par l'œil.

Fig. 131.

Tous ces phénomènes se réduisent à ce fait que les bords des surfaces éclairées paraissent s'avancer dans le champ visuel, et empiéter sur les surfaces obscures qui les avoisinent. Ils empiètent d'autant plus que l'accommodation est moins exacte, et que, par conséquent, les cercles de diffusion formés dans l'œil par chaque point éclairé de la surface ont des dimensions plus considérables. Or nous savons que l'accommodation la plus exacte n'empêche pas complétement la production des cercles de diffusion à cause de la dispersion des couleurs et des autres aberrations que nous avons réunies (§ 14) sous le nom d'aberrations monochromatiques de l'œil. Ces cercles de diffusion ont pour effet qu'au bord de l'image rétinienne d'une surface éclairée, la lumière s'étend au delà des limites de l'image géométrique de la surface, et que l'obscurité empiète aussi sur le bord de l'image, c'est-à-dire que la lumière commence déjà à diminuer en deçà du bord où elle devrait posséder encore toute son intensité. Soient (fig. 132) c un point du bord d'une surface éclairée, bg une ligne droite perpendiculaire à ce bord. Perpendiculairement à cette ligne, menons des ordonnées proportionnelles à la clarté objective des divers points de bg. Si l'image de la surface était complétement exacte, la ligne brisée $adcg$ exprimerait la valeur de l'intensité. En effet, la surface aurait, de b en c, l'intensité constante H, et depuis c jusqu'en g, l'intensité 0. Lorsqu'au contraire le défaut d'accommodation produit des cercles de diffusion, l'intensité décroît comme la courbe afg, ainsi qu'on l'a vu, page 184. Le clair empiète sur le foncé, en cg, comme le foncé sur le clair, en ad, et il est évident qu'autant il se répand de lumière au delà du bord c de la surface éclairée, autant il en disparaît dans le périmètre de ce bord. Tant qu'on ne tient compte que de l'intensité objective, les surfaces lumineuses ne peuvent donc point paraître agrandies par les cercles de diffusion : au contraire, la surface dont l'intensité est entière, est diminuée par les cercles de diffusion, bien que la lumière s'étende, en somme, sur une surface plus grande. Mais si l'on considère que la sensation lumineuse ne varie que peu ou point, pour les degrés très-élevés de l'intensité objective, il s'ensuit qu'on doit remarquer bien moins la diminution de lumière dans la surface même que l'éclairement des parties précédemment obscures au delà de ses bords ; de sorte qu'on ne doit remarquer d'augmentation de surface que pour l'impression des parties claires, et nullement pour celle des parties sombres. Le phénomène est le plus remarquable lorsque la surface est assez éclairée pour que la sensation lumineuse soit déjà au maximum dans certaines parties des cercles de diffusion. Supposons que ce cas se présente en h (fig. 132), on ne pourrait plus distinguer l'intensité apparente du point h de l'intensité entière de l'intérieur de la surface. L'intensité complète de la surface paraîtrait atteindre jusqu'en h et ne diminuer que très-lentement, et à partir de h seulement, pour disparaître complétement en g. On comprend aussi de cette manière, pourquoi il est utile d'employer une grande intensité pour observer l'irradiation. En effet, la portion qui présente le maximum de la sensation lumineuse est d'autant plus rapprochée de g que l'intensité de la surface est plus considérable. On comprend enfin pourquoi l'augmentation de l'intensité fait augmenter l'irradiation, même lorsque la sensation de cette intensité ne peut plus en être augmentée. En effet, toutes les ordonnées de la courbe ag augmentent proportionnellement à l'ordonnée H, lorsque l'intensité de la lumière objective augmente, et l'on voit, par suite, se rapprocher de g, l'ordonnée qui correspond à l'intensité suffisante pour produire le maximum de sensation. Plateau a fait des expériences pour mesurer l'influence de l'intensité, et il a trouvé que l'irradiation n'augmente pas proportionnellement à l'intensité, mais

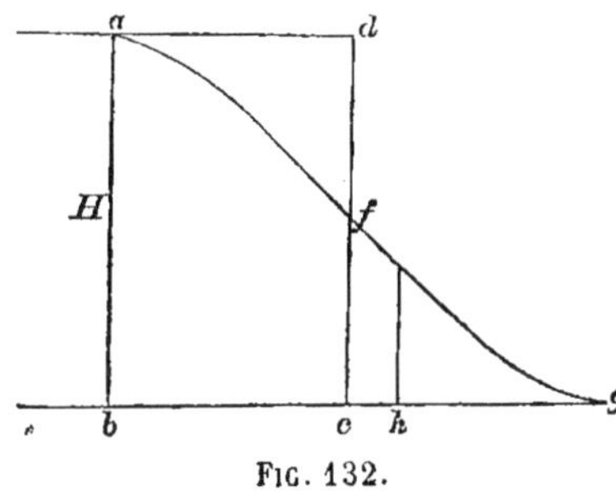

FIG. 132.

d'une quantité plus faible, et que, lorsque l'intensité augmente, elle se rapproche d'un maximum qu'elle n'atteint jamais, comme il résulte de notre explication.

Cette théorie explique aussi pourquoi l'irradiation augmente d'étendue avec la grandeur des cercles de diffusion.

Pour les personnes, assez nombreuses, chez qui les cercles de diffusion d'un point éloigné sont plus étendus en hauteur qu'en largeur, vus à distance, les carrés clairs sur fond sombre paraissent allongés verticalement, les carrés noirs sur fond blanc, allongés horizontalement. L'allongement vertical des carrés blancs se présente chez la plupart des personnes, même pour une accommodation exacte, parce que l'accommodation paraît se faire exclusivement pour les lignes verticales. Par contre, des rectangles blancs, un peu plus larges que longs, paraissent carrés. D'après les expériences de A. Fick (1), un œil exercé, non myope, placé à une distance de $4^{m},50$, voyait carré un rectangle dont le côté horizontal avait 22^{mm} et le côté vertical 20^{mm}, tandis qu'un rectangle haut de 20^{mm} et large de 21^{mm} paraissait rectangulaire verticalement. Pour d'autres yeux qui voient avec trois rayons un point lumineux éloigné, l'irradiation présente aussi trois directions principales dans lesquelles, d'après la description de Joslin (2), elle présente la valeur la plus grande.

Dans ce qui précède, je n'ai appliqué le nom d'irradiation qu'aux cas où les cercles de diffusion ne sont pas perçus par eux-mêmes et où la surface qui présente l'éclairage complet éprouve une augmentation apparente. Cependant on a appliqué, dans ces derniers temps, le nom d'irradiation à la formation des cercles de diffusion en général, même lorsqu'on les reconnaît comme des parties moins éclairées de l'image. Il ne me paraît pas bien nécessaire d'appliquer à ces cas un nom nouveau. Du reste, les cercles de diffusion peuvent donner lieu à des contours qui font paraître l'objet avec des dimensions modifiées, sans que cela résulte d'une action spéciale de l'intensité lumineuse. C'est ainsi que Volkmann (3) a trouvé qu'on attribue une épaisseur supérieure à celle qu'ils ont réellement, à des fils noirs très-fins sur fond blanc, tout aussi bien qu'à des fils blancs sur fond noir, tandis que le genre d'irradiation que nous avons examiné jusqu'ici n'augmente jamais que les parties claires. Volkmann se servait de fils de $0^{mm},0445$ d'épaisseur, tenus à 333^{mm} de l'œil, et qui, par conséquent, devaient présenter à

(1) *Henle und Pfeuffer's Zeitschrift für rationnelle Medicin*, neue Folge, II, 83.—Tenez compte également de ce qui est dit § 28, p. 542 de l'édit. allemande.
(2) *Pogg. Ann.*, LI, Ergänzbd., p. 107.
(3) *Berichte der sächsischen Ges. d. Wiss.*, 1857, p. 129-148.

l'œil une épaisseur bien plus petite que les plus petites distances perceptibles. Il avait fait disposer une vis micrométrique de telle sorte qu'on pouvait rapprocher lentement les fils; l'expérience consistait à déplacer les fils jusqu'à ce que leur intervalle parût aussi large que les fils eux-mêmes. Tous les individus s'arrêtèrent à un intervalle trop large, même lorsque cet intervalle était clair et que les fils étaient sombres. Volkmann allègue, pour expliquer ce fait, qu'au lieu de voir les lignes noires, on voit des images de diffusion grises, plus larges, auxquelles on égale l'espace clair intermédiaire. Aussi se sert-il de ces mensurations pour déterminer la largeur des images de diffusion qui se présentent pour une bonne accommodation. Lui-même rendait l'espace égal, en moyenne, à $0^{mm},207$, tandis que l'épaisseur des fils employés n'était que de $0^{mm},0445$; il en déduit que la largeur de l'image de diffusion sur la rétine est de $0^{mm},0035$; pour d'autres personnes, également avec un fond clair, cette valeur varie entre 0,0006 et 0,0025. Ces valeurs sont moindres que les plus petites distances perceptibles ($0^{mm},0044$) et que les cônes de la tache jaune (de 0,0045 à 0,0054); il est donc possible que ces derniers déterminent la largeur de l'image noire. On ne doit pas s'étonner si, dans une détermination aussi délicate, il se présentait de si grandes différences dans les observations.

De même, les bandes noires d'une largeur perceptible paraissent aussi plus larges qu'elles ne sont en réalité, lorsqu'on les examine avec une accommodation assez insuffisante pour que les cercles de diffusion soient beaucoup plus larges que les bandes. — Cela me paraît tenir à la distribution de la lumière dans les cercles de diffusion. Soit *ab* (fig. 133), la coupe d'une feuille de papier sur laquelle on a tracé une ligne noire, représentée en coupe par le point *c*. Supposons qu'une accommodation inexacte donne lieu à des cercles de diffusion de rayon *fc*, la ligne $\alpha\varphi\gamma\delta\beta$ représente la courbe de l'intensité lumineuse avec laquelle apparaissent tous les points de la ligne *ab* dans l'image rétinienne, d'après les principes développés au § 13, et indépendamment des aberrations causées par l'asymétrie de l'œil. L'intensité lumineuse éprouve ici une diminution subite en φ et en δ; aussi ces parties représentent-elles des lignes de délimitation. Si la ligne *c* était blanche sur fond noir, il faudrait prendre $\alpha\beta$ comme ligne des abscisses, et les

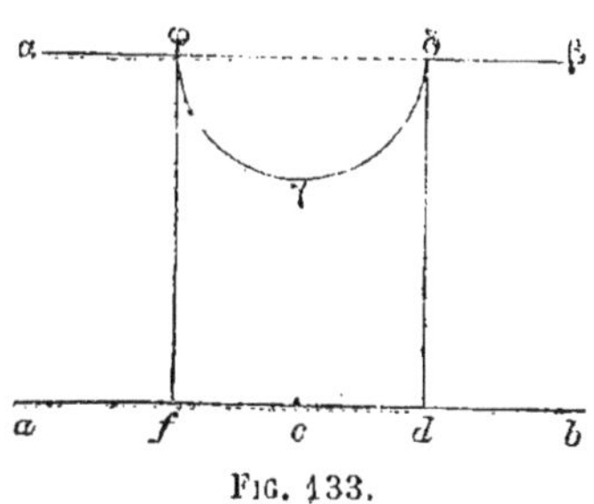

Fig. 133.

ordonnées négatives de la courbe $\varphi\gamma\delta$ exprimeraient l'intensité lumineuse; alors encore, on rencontre en f et en d une diminution subite de l'intensité lumineuse. On peut, du reste, s'assurer, au moyen du disque rotatif, que les lignes où la dérivée de l'intensité lumineuse devient infiniment grande, se présentent comme des lignes de délimitation. Si l'on fait tourner un disque blanc qui porte une tache circulaire (fig. 134), si la rotation est rapide, la tache prend l'aspect d'un cercle gris dont on pourrait représenter l'intensité par une courbe tout à fait semblable à $\alpha\varphi\gamma\delta\beta$ (fig. 133), ainsi que cela résulte des lois que nous développerons dans le paragraphe suivant. L'anneau gris paraît nettement limité des deux côtés, et l'on remarque à peine les différences d'intensité dans son intérieur; la bande paraît presque uniformément colorée en gris.—Ajoutons que dans les images de diffusion de bandes noires étroites, on voit s'interposer plus ou moins les images doubles provenant de l'asymétrie du cristallin (fig. 66, p. 190), ce qui modifie bien la distribution de la lumière dans l'image de diffusion, mais sans altérer l'élargissement de l'image.

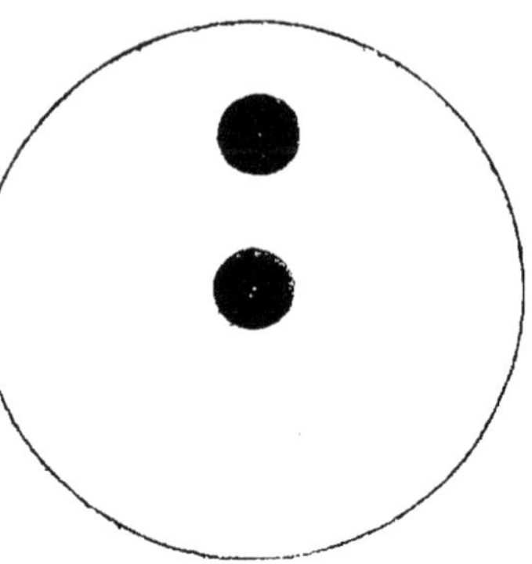

FIG. 134.

Du moment que la bande noire n'est plus très-étroite par rapport à la largeur des images de diffusion, l'intensité diminue peu à peu sur le bord, comme dans la figure 132, et ces bords paraissent alors gris et confus, tandis que le milieu est noir. On reconnaît aussitôt la présence des cercles de diffusion et l'erreur disparaît. La différence se présente d'une manière très-frappante dans une expérience indiquée par Volkmann. Qu'on examine la fig. 135 à une distance telle que l'accommodation soit très-défectueuse; on trouvera alors que la bande blanche du milieu, dont la largeur est la même tout du long, présente la forme d'nue massue; la partie comprise entre les deux larges surfaces noires devient large, tandis que la partie située entre les deux bandes noires devient plus étroite et représente comme le manche de la massue. La portion blanche située entre les deux surfaces noires s'élargit par le mode ordinaire de l'irradiation; les deux bandes noires, au contraire, se changent en bandes grises plus larges et empiètent ainsi sur la lar-

FIG. 135.

geur du blanc qui leur est intermédiaire. Plateau a décrit des phénomènes semblables, mais il en a conclu que deux bords blancs voisins restreignent réciproquement leur irradiation.

Ces phénomènes d'extension des bandes obscures sont donc de simples cas d'images de diffusion, indépendants de l'intensité d'éclairage et de la loi de l'intensité de la sensation ; aussi aimerais-je mieux ne pas leur appliquer le nom d'irradiation et le réserver aux cas où le phénomène dépend de l'intensité lumineuse.

Un très-grand nombre de physiciens et de physiologistes ont admis pour les phénomènes d'irradiation une autre explication, que Plateau surtout a défendue et exposée en détail. Ils admettent que chaque fibre nerveuse de la rétine peut, lorsqu'elle est excitée, provoquer l'état d'excitation dans les fibres voisines, de telle sorte que celles-ci donnent lieu à une sensation lumineuse sans recevoir de lumière objective. Ce serait là un exemple de *sensation sympathique.* D'autres nerfs sensitifs peuvent présenter aussi des sensations sympathiques de ce genre. C'est ainsi que bien des personnes éprouvent, par exemple, une sensation de chatouillement dans le nez lorsque leur œil reçoit une vive lumière, ou bien elles sentent un frisson dans le dos lorsqu'elles entendent des sons aigres ou stridents. Dans ces cas et dans quelques autres, l'excitation ne peut se transmettre du nerf primitivement excité aux nerfs excités sympathiquement, que par l'entremise des organes centraux, puisqu'il n'existe aucune autre communication anatomique entre le nerf optique et les nerfs sensibles du nez (trijumeau), entre le nerf auditif et les nerfs de la peau du tronc. D'ailleurs, ces sensations sympathiques ne se présentent que dans quelques cas assez particuliers, et l'explication qu'on en donne ne doit pas être considérée comme solidement établie, puisqu'on peut concevoir que de semblables sensations puissent être produites médiatement par des décharges réflexes vers les glandes sécrétoires du nez ou les vaso-moteurs des vaisseaux de la peau. Dans la grande majorité des cas, l'excitation d'une fibre sensible ne se transmet pas à d'autres fibres sensibles : c'est ce que nous apprend l'expérience journalière, d'après laquelle nous pouvons percevoir d'une manière isolée les excitations que subissent les différents organes des sens : lorsqu'on excite les nerfs d'une partie de la peau en piquant cette partie, on sentirait de la douleur en beaucoup de points si la transmission sympathique de l'excitation était un fait régulier et constant, et nous ne pourrions pas alors distinguer les parties excitées directement de celles qui le sont d'une façon secondaire. En général, nous ne sentons l'excitation de la peau qu'aux points où elle a lieu, et non ailleurs; il n'y a donc pas là de sensation sympathique. Mais si la douleur locale est très-vive et très-persistante, on sent aussi de la douleur dans les parties voisines, ce qu'on attribue ordinairement à une sensation sympathique, mais ce qui peut provenir aussi de la propagation de la lésion douloureuse ou de l'inflammation. Plateau rappelle encore un fait qu'il rapporte à la propagation de l'excitation sur l'entrée du nerf optique; c'est que lorsque l'image d'une tache noire faite sur un papier blanc se peint sur l'entrée du nerf optique, on ne voit que du blanc dans la partie correspondante du champ visuel : il admet encore ici une extension de la sensation; mais nous ferons voir plus loin que ce phénomène tient à une autre cause. Pour expliquer l'irradiation par une sensation sympathique, on ne peut donc se fonder que sur des analogies avec des phénomènes dont l'existence dans les autres parties du système nerveux n'est elle-même pas bien démontrée. D'un autre côté, dans les phénomènes de l'irradiation, la présence de lumière objective sur les parties de la rétine où l'on suppose qu'il y a sensation sympathique est toujours prouvée, ou tout au moins possible. La grandeur de l'irradiation est toujours proportionnelle aux dimensions des cercles de diffusion, et le phénomène peut s'expliquer avec toutes ses particularités, en partant d'autres principes parfaitement établis; je ne pense donc pas qu'on soit justifié à recourir à des principes nouveaux et qui ne sont pas établis eux-mêmes d'une manière certaine.

C'est ici le lieu d'exposer les méthodes de photométrie, en tant qu'elles se rapportent aux propriétés physiologiques de l'œil. — Nous laisserons de côté toutes les méthodes où la comparaison des intensités ne se fait pas par l'œil, mais au moyen des actions photochimiques ou par la chaleur absorbée. Il faut remarquer tout d'abord que l'œil peut très-bien servir à établir une comparaison entre deux quantités de lumière de même qualité, telles que deux quantités de lumière blanche, ou bien deux quantités de la même couleur simple. Car si deux quantités de lumière de même qualité exercent sur l'œil des actions égales, toutes les conditions étant égales d'ailleurs, il est permis de conclure que leur intensité objective est la même. Dans des cas de ce genre, nous pouvons employer l'œil comme un réactif commode et sensible, et, nous affranchissant ainsi des propriétés particulières de ce réactif, nous pouvons obtenir des résultats vrais objectivement. Cette partie de la photométrie n'appartient donc pas essentiellement à l'optique physiologique, comme il résulte de la définition que nous avons donnée de cette science (page 43); aussi ne nous en occuperons nous ici qu'en tant que les propriétés physiologiques de l'œil viennent influer sur la sensibilité des mensurations photométriques.

Il faut bien se rappeler, comme cela résulte clairement des faits mentionnés plus haut, que toute comparaison faite, au moyen de l'œil, entre des lumières de différentes couleurs, n'a qu'une valeur physiologique et n'indique rien sur l'intensité objective des lumières comparées; de sorte que les mensurations photométriques de ce genre restent complétement dans les limites de l'optique physiologique.

On procède, en général, de la manière suivante : Lorsqu'il s'agit de déterminer le rapport de deux intensités A et B, on diminue la plus grande, soit B, d'après une méthode qui permette de déterminer dans quelle proportion il faut la diminuer pour la rendre égale à A. Supposons qu'étant diminuée, l'intensité B devienne nB, n étant une fraction véritable, de valeur connue, on a

$$A = nB\,,$$

et le rapport entre A et B se trouve ainsi déterminé. — Ce qui distingue d'abord les différentes méthodes photométriques, c'est qu'elles emploient des moyens différents pour affaiblir dans un rapport connu la plus forte des deux lumières; sous ce rapport, le choix de la méthode à employer dépendra surtout de la nature de la question. — En second lieu, elles se distinguent par le mode suivant lequel les deux intensités à comparer sont présentées à l'œil de l'observateur, et, sous ce rapport, il faut remarquer que l'œil compare avec le plus de précision les intensités de deux surfaces, lorsque celles-ci sont en contact immédiat et que leur ligne de séparation n'est marquée que par la différence des intensités. La sensibilité paraît encore augmenter lorsque les deux surfaces ne sont pas séparées par une simple ligne droite, mais que l'une forme dans l'autre un dessin un peu compliqué (anneaux, lettres, etc.) avec plusieurs alternatives de clair et d'obscur. Enfin les deux surfaces à comparer doivent avoir une certaine étendue qui ne soit pas trop petite.

Il est naturellement beaucoup plus désavantageux de se servir d'une méthode d'après laquelle on mesure l'intensité en question en affaiblissant, par n'importe quel moyen, son action sur l'œil, jusqu'à ce qu'elle devienne nulle; les limites de la sensibilité de l'œil ne sont évidemment ni assez déterminées ni assez constantes pour qu'on puisse les faire servir à des mensurations. Le même œil distingue, suivant les circonstances (intensité d'éclairage, mouvement, etc.), tantôt une différence de $^1/_{60}$, tantôt une différence de $^1/_{120}$ dans l'intensité lumineuse. En prenant pour mesure la sensibilité de l'œil, on s'exposerait donc, dans des cas semblables, à regarder comme égales des quantités de lumière qui diffèrent du simple au double, ou peut-être davantage encore.

Bouguer (1) éclairait deux surfaces blanches avec les deux lumières qu'il voulait comparer, et se plaçait de manière à voir en perspective l'une à côté de l'autre; puis il changeait la distance qui séparait l'une des surfaces de la lumière correspondante, jusqu'à ce que l'éclairage fût égal. Lambert, qui, dans sa célèbre *Photometria* (2), a exposé, avec une perspicacité et un talent d'invention admirables, le premier système complet de photométrie théorique, a suivi, entre autres procédés appropriés à des buts spéciaux, celui qui consiste à éclairer par deux

(1) Essai d'optique, 1729, in-12. — Traité d'optique sur la gradation de la lumière. Paris, 1760. — Trad. latine, Vienne, 1762.

(2) Photometria sive de mensura et gradibus luminis, colorum et umbræ. Augustæ Vindelicorum, 1760.

lumières une surface blanche précédée d'une baguette opaque qui y projette deux ombres, et à faire varier la distance de l'une des lumières jusqu'à ce que les deux ombres soient également éclairées. Rumford (1) a suivi le même procédé, et c'est sous le nom de photomètre de Rumford que l'on connaît l'appareil nécessaire à cet effet. Pour rendre plus commode la position de l'observateur, Potter (2) remplaça les deux surfaces blanches opaques par des surfaces transparentes, et Ritchie (3) ajouta deux miroirs inclinés à 45° qui envoient la lumière sur ces deux surfaces, ce qui permet de placer les deux sources lumineuses de part et d'autre de l'instrument. J. Herschel (4) fit ressortir que le photomètre de Ritchie remplit la condition de contact immédiat entre les deux surfaces à comparer, ce qui augmente l'exactitude. Du reste, il y a, dans ces dispositions, deux obstacles à l'application de la loi d'après laquelle l'éclairage est inversement proportionnel au carré des distances. D'abord, cette loi suppose la source lumineuse infiniment petite par rapport à la distance qui la sépare de la surface éclairée, ce qui n'est pas réalisé lorsqu'on a besoin de grandes intensités et qu'il faut beaucoup rapprocher la lumière. En second lieu, et surtout lorsque la lumière est très-éloignée, il ne doit y avoir au fond de la pièce aucun objet sensiblement éclairé, condition toujours difficile à remplir lorsqu'on fait l'expérience dans une chambre. Pernot (5) a modifié le procédé de Potter en éclairant les deux surfaces transparentes par une troisième lumière, placée du côté opposé, et qu'il rapproche peu à peu. Si ces deux surfaces sont de même intensité, leur éclairage par transparence disparaît en même temps. Dans le photomètre de Bunsen on éclaire, en avant et en arrière, une feuille de papier dont une partie est imbibée de stéarine. Si la lumière vue par transparence est faible, la tache de stéarine paraît foncée ; elle est claire si cette lumière est trop intense.

De Maistre (6) s'est servi de l'absorption pour affaiblir les rayons lumineux : il juxtaposait un prisme de verre bleu et un prisme de verre blanc de telle sorte que les surfaces extérieures étaient parallèles et que la lumière les traversait sans réfraction, mais avec différents degrés d'absorption dans les différentes parties du prisme double. Quetelet (7) se servit de même de deux prismes de verre bleu, qui, déplacés mutuellement, formaient une lame à plans parallèles, d'épaisseur variable. Mais les lames de verre bleu employées dans ces procédés modifient la couleur de la lumière transmise, et nous avons déjà mentionné plus haut qu'on ne peut pas établir une comparaison exacte entre des lumières de différentes couleurs. — Citons enfin deux instruments encore plus inexacts, au moyen desquels on doit, non pas comparer deux lumières différentes, mais déterminer des intensités lumineuses absolues par ce fait qu'elles disparaissent complétement pour une grandeur déterminée de l'absorption. L'un de ces instruments a été

---

(1) *Philosoph. Trans.*, LXXXIV, 67.
(2) *Edinb. Journ. of Science*, new ser., III, 284.
(3) *Annals of Philosophy*, ser. III, vol. 1, 174.
(4) On Light, p. 29.
(5) *Dingler's polyt. Journ.*, CXIX, 155. — *Moniteur industr.*, 1850, n° 1509.
(6) *Bibl. univers. de Genève*, LI, 323. — *Pogg. Ann.*, XXIX, 187.
(7) *Bibl. univers. de Genève*, LII, 212. — *Pogg. Ann.*, XXIX, 187-189.

proposé par Lampadius (1). On regarde l'objet éclairé à travers des lamelles de corne dont on augmente successivement le nombre jusqu'à ce que l'objet disparaisse. De Limencey et Secrétan (2) remplacèrent les lamelles de corne par des disques de papier. L'autre instrument est le lamprotomètre, proposé par un anonyme (3) pour mesurer la clarté du jour. On détermine le degré de saturation qu'il faut donner à de la teinture de tournesol dont on remplit un verre, pour qu'un fil de platine éclairé par la lumière du jour cesse d'être visible. La sensibilité de l'œil pour la lumière est trop indéterminée pour que ces mensurations n'entraînent pas des erreurs du triple au moins de la grandeur à mesurer. Le même principe a donné lieu à un photomètre d'Albert (4), et à un autre, de Pitter (5).

C'est suivant deux autres voies que se développèrent peu à peu les méthodes plus complètes qui sont usitées aujourd'hui.—L'un de ces procédés a pour but de déterminer l'intensité des étoiles. J. Herschel affaiblit la lumière de l'étoile la plus brillante en diminuant par un diaphragme l'ouverture de la lunette dirigée vers cette étoile. Le même principe sert de base à l'astromètre de A. de Humboldt. Cet instrument est un sextant à miroir, qui ne présente rien de particulier. La lunette de l'instrument est dirigée, comme on sait, vers un miroir dont l'une des moitiés est étamée, et l'on voit l'une des étoiles par la portion non étamée, et l'autre au moyen de la partie étamée et d'un second miroir. En déplaçant la lunette perpendiculairement à la ligne de séparation entre la partie étamée et la partie non étamée, on peut recevoir plus de rayons de l'une ou de l'autre étoile, et l'on peut ainsi à volonté rendre égales ou différentes les images de deux étoiles, ou les deux images d'une même étoile et comparer leurs intensités lumineuses. Le procédé de Humboldt présente cet avantage que les deux étoiles qu'on veut comparer apparaissent tout près l'une de l'autre dans le champ de la même lunette, mais la comparaison de petits points lumineux aussi intenses est plus difficile que celle de surfaces éclairées. L'objectif photomètre de Steinheil (6) ne présente pas cet inconvénient. C'est une lunette astronomique dont l'objectif est scié en deux. Devant chaque moitié de l'objectif se trouve, au lieu de miroir, un prisme rectangulaire de verre. Le tout est disposé de telle sorte que chaque moitié de l'objectif fait voir l'une des étoiles qu'on veut comparer. Puis on éloigne, indépendamment l'une de l'autre, les deux moitiés de l'objectif, de sorte qu'il ne se produit plus d'images nettes, mais des images de diffusion des deux étoiles, lesquelles deviennent d'autant moins intenses, qu'on les rend plus grandes, c'est-à-dire qu'on écarte davantage la moitié correspondante de l'objectif. Chacune de ces moitiés est pourvue d'un diaphragme rectangulaire qu'on peut remplacer par

---

(1) *Gehler's Wörterbuch*, 2 Auflage, VII, 482.
(2) *Cosmos*, VIII, 174. — *Polyt. Centralblatt*, 1856, p. 570. — *Dingler's polyt. Journ.*, CXLI, 73.
(3) *Pogg. Ann.*, XXIX, 490.
(4) *Dingler's polyt. Journ.*, C, 20 ; CI, 342.
(5) *Mechanics Magazine*, XLVI, 291.
(6) *Pogg. Ann.*, XXXIV, 646. — *Denkschriften der Münchner Akad. Math.-phys. Klasse*, II, 1836. — Méthode analogue de Johnson, *Cosmos*, III, 301-305.

d'autres de grandeurs différentes. Quand l'appareil est mis au point convenable, les deux images des étoiles présentent la forme de deux rectangles à peu près de même grandeur et d'égale intensité, très-voisins l'un de l'autre, c'est-à-dire dans les conditions les plus favorables pour distinguer de petites différences d'intensité. Cet instrument a permis d'exécuter les premières mensurations exactes de la lumière des étoiles fixes et des planètes. — Schwerd (1) a appliqué, au contraire, la diffraction qui se produit dans un étroit diaphragme circulaire, pour donner lieu à des surfaces éclairées.

— Pour les recherches physiques où il s'agit de déterminer la quantité de lumière qui se perd par réfraction, réflexion et autres circonstances, on a obtenu de bons résultats en affaiblissant la lumière la plus forte par réfraction et par réflexion sur des lames de verre non étamées. Brewster (2) et Quetelet (3) ont appliqué des réflexions multiples, à peu près normales, pour comparer de la lumière intense avec de la lumière faible; c'est ainsi que 28 ou 29 de ces réflexions éteignent la lumière solaire. Duwe (4) a employé de même la réflexion sur des lames de verre noir analogues à celles des appareils de polarisation. Potter (5) a fait usage de la variation de la réflexion avec l'angle d'incidence. Il prend pour source lumineuse un écran blanc de forme demi-cylindrique, qu'il faut supposer éclairé uniformément, condition qui paraît difficile à réaliser. C'est dans le photomètre d'Arago que ce principe a reçu sa plus habile application, et c'est ainsi qu'on a pu l'utiliser pour mesurer très-exactement les intensités lumineuses (6). La source lumineuse de ce photomètre est un écran de papier blanc et transparent qui est placé verticalement devant la fenêtre; il doit être éclairé uniformément dans toutes ses parties, ce qu'on peut vérifier, du reste, par l'instrument lui-même. On dispose, de plus, perpendiculairement à l'écran et à l'horizon, une lame de verre à plans parallèles, munie à son milieu inférieur d'un axe autour duquel peut tourner un tube mobile dans un plan horizontal. Le tube est dirigé vers le milieu de la lame, et l'observateur qui regarde par ce tube voit une partie de l'écran à travers la lame, et une autre partie par réflexion. A droite et à gauche de la lame, entre elle et l'écran, se trouvent, à des hauteurs un peu différentes, des bâtons noirs horizontaux, dans des positions convenables pour que ceux vus à travers la lame viennent se peindre au contact de ceux vus par réflexion. A l'endroit où apparaît le bâton noir réfléchi, l'observateur ne voit que la lumière transmise par l'écran blanc; là où se voit le bâton par transparence, l'observateur reçoit la lumière réfléchie de l'écran blanc. On dispose le tube de manière que les deux bandes noires paraissent également éclairées, et l'on mesure, au moyen d'une graduation disposée à cet effet, l'angle que fait le tube avec la lame de verre. On peut soumettre la lumière incidente ou réfléchie à toutes sortes d'autres influences, et l'on obtient, en général, à chaque fois, un autre angle sous lequel les deux images présentent la même

(1) *Bericht über die Naturforscherversammlung*, 1858.
(2) *Edinburgh Transactions*, 1815.
(3) *Bibl. univers. de Genève*, LII, 212. — *Pogg. Ann.*, XXIX, 187-189.
(4) *Pogg. Ann.*, XXIX, 190, Anmerk.
(5) *Edinburgh Journal of Science*, new ser., IV, 50, 320. — *Pogg. Ann.*, XXIX, 487.
(6) *Œuvres de* Fr. Arago, X, 184-221.

intensité. Pour pouvoir déduire de cet angle l'affaiblissement que subit la lumière, il faut d'abord déterminer, d'une manière empirique, le rapport des quantités de lumière réfléchie et transmise, sous les différents angles d'incidence; à cet effet, Arago a proposé un procédé spécial qui repose sur ce fait que les deux faisceaux lumineux transmis par un cristal biréfringent ont ensemble la même intensité que le rayon non divisé, et sont égaux entre eux. En divisant en deux ou en quatre, par double réfraction, l'un des deux faisceaux, il peut déterminer les positions où la lumière transmise est le quart, la moitié, le double, le quadruple de la lumière réfléchie, et enfin déterminer par interpolation les rapports relatifs aux angles intermédiaires.

Arago avait encore proposé, pour affaiblir la lumière, d'utiliser la polarisation dans les cristaux biréfringents. Si l'on fait pénétrer de la lumière complétement polarisée et de l'intensité I dans un semblable cristal, et que le plan de polarisation de la lumière forme un angle φ avec la section principale correspondante du cristal, on obtient, par la double réfraction, deux faisceaux dont les intensités respectives sont $I \cos^2 \varphi$ et $I \sin^2 \varphi$. Si l'on peut mesurer l'angle φ, on en déduit immédiatement le rapport des intensités des faisceaux réfractés. — Les prismes de Nicol éliminent tout à fait l'un des faisceaux et ne laissent persister que le second. C'est sur cette propriété que repose le photomètre de F. Bernard (1). Les deux rayons que l'on veut comparer sont dirigés parallèlement, chacun par deux prismes de Nicol qui peuvent tourner; puis, par réflexion totale dans un prisme à 45°, on les fait arriver en contact immédiat dans l'œil de l'observateur qui cherche à les rendre égaux en faisant varier l'angle que forment les sections principales des deux prismes de Nicol qui donnent passage au rayon le plus intense. Si la lumière qu'on veut comparer provient de la même source, on peut laisser de côté les deux premiers prismes de Nicol et les remplacer par un prisme biréfringent qui divise la lumière de la source en deux moitiés égales, différemment polarisées. — Le photomètre de Beer (2) est à peu près le même en principe. Les deux faisceaux lumineux viennent horizontalement, de droite et de gauche, dans l'instrument, traversent chacun un prisme de Nicol, sont rendus verticaux par un double miroir d'acier dont les deux surfaces réfléchissantes sont inclinées de 45° sur l'horizon et arrivent à l'œil de l'observateur en traversant un troisième Nicol. L'observateur voit devant lui un champ circulaire dont les deux moitiés droite et gauche répondent aux deux surfaces réfléchissantes du double miroir, et il peut, par la rotation du Nicol, rendre les deux champs également éclairés. — Le photomètre de Zöllner (3) est analogue aux précédents.

Babinet (4) a employé, pour comparer les intensités de deux faisceaux de lumière polarisée, un moyen qui facilite considérablement cette opération. — Son photomètre a été construit pour la comparaison des flammes de gaz. Un tube se divise en deux branches : l'une est droite et l'autre forme un angle de 70°

---

(1) *Annales de chimie*, 3, XXXV, 385-438. — *Cosmos*, II, 496-497, 636-639. — *Comptes rendus*, XXXVI, 728-731.

(2) *Pogg. Ann.*, LXXXVI, 78-88.

(3) Photometrische Untersuchungen (*Dissertat.*). Basel, 1859.

(4) *Comptes rendus*, XXXVII, 774.

avec la première. Toutes deux sont fermées par des morceaux de verre dépoli. Le tube contient, au sommet de l'angle, une pile de glaces située suivant la bissectrice de cet angle. Si l'on place des sources lumineuses devant les deux extrémités du tube, la lumière de l'une des sources arrive dans la partie commune du tube, après avoir traversé la pile de glaces et s'être polarisée perpendiculairement au plan d'incidence, et celle de l'autre source, après réflexion et polarisation dans le plan d'incidence. La partie commune du tube est fermée par un polariscope de Soleil. Tant que les deux quantités de lumière polarisées à angles droits ont des intensités différentes, on voit quatre demi-cercles teintés de couleurs complémentaires. Les couleurs disparaissent lorsqu'on a rendu égales les deux quantités de lumière en modifiant la distance des flammes. Ainsi, dans cet instrument, la comparaison des intensités lumineuses est réduite, pour l'œil, à la comparaison des couleurs de deux surfaces voisines.

En principe, le photomètre de Wild (1), fondé sur une idée de Neumann, est peu différent; mais cet appareil paraît atteindre le plus haut degré de sensibilité, grâce à une modification de la partie physiologique. — Les deux rayons à comparer tombent parallèlement dans l'instrument et sont amenés finalement à coïncider; le premier est d'abord réfléchi par une lame de verre A, sous l'angle de polarisation, puis par une pile de glaces B, parallèle à la première, ce qui le polarise complétement; l'autre traverse la pile B. Cependant, avant d'arriver, sous l'angle de polarisation, à cette pile B, le second rayon a déjà traversé une pile semblable C. La pile C peut tourner autour d'un axe, de sorte que le rayon peut la traverser sous des angles différents, qu'on peut exactement mesurer, ce qui modifie la quantité de lumière transmise, ainsi que sa polarisation. Du reste, la pile C est disposée de telle sorte que la polarisation qu'y éprouve le rayon est opposée à celle que lui donnerait la pile B. Si l'on fait passer le second rayon normalement à travers C, il arrive sans polarisation en B, où il est polarisé en sens opposé du premier rayon réfléchi, avec lequel il se réunit pour continuer son trajet. Si l'on incline de plus en plus la pile C, la quantité de lumière polarisée diminue de plus en plus dans le second rayon, et cela dans un rapport qu'on peut calculer après avoir mesuré l'angle d'incidence. Ainsi, au premier rayon, qui est complétement polarisé, vient se mêler une quantité variable de lumière du second rayon, qui est en partie polarisée en sens contraire, et en partie naturelle. Cette lumière mélangée traverse enfin une lame de spath d'Islande, taillée perpendiculairement à l'axe, et une tourmaline. Si la quantité de lumière polarisée est la même dans les deux rayons, l'observateur ne voit pas trace de la croix et des anneaux dans la lame de spath, mais cette croix apparaît aussitôt que les quantités de lumière polarisée cessent d'être égales dans les deux rayons. La sensibilité de l'œil pour reconnaître la figure de polarisation dans le cristal se trouve être extrêmement grande, de telle sorte qu'en répétant l'expérience à plusieurs reprises, on ne trouva qu'une différence de $^1/_{200}$ dans le rapport des intensités. Wild (2) a atteint une exactitude encore plus grande dans son nouveau

(1) *Pogg. Ann.*, XCIX, 235.
(2) *Mitth. der bernischen naturf. Ges.*, 1859, n° 427-429.

photomètre, où il a remplacé les lames de verre polarisantes par des cristaux biréfringents et le polariscope par deux lames croisées de quartz, taillées sous un angle de 45° avec l'axe. Les rayons à comparer sont rendus parallèles par des lentilles. Ces lames produisent un système de franges rectilignes, et, pour une mise au point convenable de l'appareil, une seule bande est effacée, tandis que, des deux côtés, les couleurs sont complémentaires. L'observateur peut placer très-exactement le réticule au milieu de la frange effacée. D'après Wild, l'erreur commise dans chaque observation n'atteint que de 0,001 à 0,002 de l'intensité lumineuse.

Talbot (1) a employé, pour affaiblir la lumière, un disque rotatif, avec des secteurs alternativement noirs et transparents; ce moyen a aussi été appliqué par Babinet et Secchi (2) à la mesure de l'intensité des étoiles.

Pouillet (3) a proposé l'emploi d'images daguerriennes pour faciliter la partie physiologique des méthodes photométriques. Pour voir une semblable image positivement, il faut l'éclairer latéralement; l'observateur doit se placer de manière que la plaque lui envoie le reflet d'un corps sombre, et non pas la lumière incidente. S'il voit, au contraire, sur la plaque, le reflet d'un corps très-éclairé, l'image apparaît négative, les parties éclairées paraissent obscures et réciproquement. Mais il existe une intensité intermédiaire de la surface éclairante pour laquelle l'image disparaît totalement, tandis qu'on la voit apparaître positive ou négative pour la moindre augmentation ou diminution de l'intensité.

Schafhäutl (4) a appliqué à la photométrie un principe physiologique tout à fait différent des précédents, mais dont l'exactitude serait à démontrer. Il prétend que le temps qui peut s'écouler entre deux sensations lumineuses de même espèce sans que l'œil remarque l'interruption, est proportionnel à la racine carrée de l'intensité lumineuse. Son appareil consiste en un ressort d'acier qui est fixé à son extrémité inférieure, de manière à être vertical dans sa position d'équilibre. A son extrémité supérieure il porte un écran rectangulaire de cuivre mince et noirci, percé en son milieu d'une ouverture rectangulaire. L'observateur regarde l'écran à travers un tube horizontal fermé par deux pinnules. La source lumineuse est en arrière de l'écran, et disposée de telle sorte que sa lumière ne peut parvenir à l'œil observateur que lorsque l'ouverture se trouve dans l'axe du tube. On raccourcit le ressort jusqu'à ce que l'image de la source lumineuse ne paraisse plus vaciller. Les intensités lumineuses seraient (inversement?) proportionnelles aux carrés des durées d'oscillation ou aux quatrièmes puissances des longueurs du ressort. Même en admettant la première proportionnalité, la seconde ne se vérifierait pas pour les oscillations d'un ressort chargé.

---

(1) *Pogg. Ann.*, XXXV, 457, 464. — *Phil. Magaz.*, nov. 1834, p. 327. — PLATEAU, (compte rendu), in *Bullet. de l'Acad. de Bruxelles*, 1835, p. 52.

(2) *Arch. des sc. phys. de Genève*, XX, 121-122. — *Memorie dell' osservatorio di Roma.* — *Cosmos*, I, 43.

(3) *Comptes rendus*, XXXV, 373-379. — *Pogg. Ann.*, LXXXVII, 490-498. — *Inst.*, 1852, p. 301. — *Cosmos*, I, 546-549.

(4) Abbildung und Beschreibung des Universal-Vibrations-Photometer, in *Münch. Abh.*, VII, 465-497.

Nous avons enfin à mentionner encore la méthode suivie par Fraunhofer (1) pour comparer entre elles les intensités des différentes couleurs du spectre des prismes de verre. — On regardait, comme à l'ordinaire, le spectre à travers une lunette devant l'objectif *A* (fig. 136) de laquelle se trouve un prisme *P*. *B* est l'oculaire. Dans le tube oculaire est fixé un petit miroir *s* d'acier, incliné de 45° sur l'axe de la lunette et dont un bord tranchant se trouve dans le plan focal de l'oculaire et coupe l'axe de la lunette. Sur la moitié du diaphragme oculaire qui n'est pas recouverte par le miroir, on voit une partie du spectre prismatique. Le miroir, au contraire, reflète la flamme d'une petite lampe à huile *L*, mobile dans un tube fendu par deux fenêtres longitudinales et qui est adapté latéralement au tube oculaire. En avant de cette flamme, un petit diaphragme *b* limite la surface lumineuse visible. L'observateur ne voit cette lumière que sous forme d'un grand cercle de diffusion dont l'intensité est inversement proportionnelle au carré de la distance *sb*. On déplace la lampe jusqu'à ce que l'intensité des deux demi-cercles qui remplissent le diaphragme oculaire soit la même, c'est-à-dire jusqu'à ce que leur séparation soit aussi peu visible qu'on puisse l'obtenir. Les expériences de Fraunhofer ont donné des nombres très-peu concordants pour l'intensité des différentes parties du spectre ; le motif principal en est sans doute qu'il ne connaissait pas l'influence de l'intensité absolue sur l'intensité relative des couleurs.

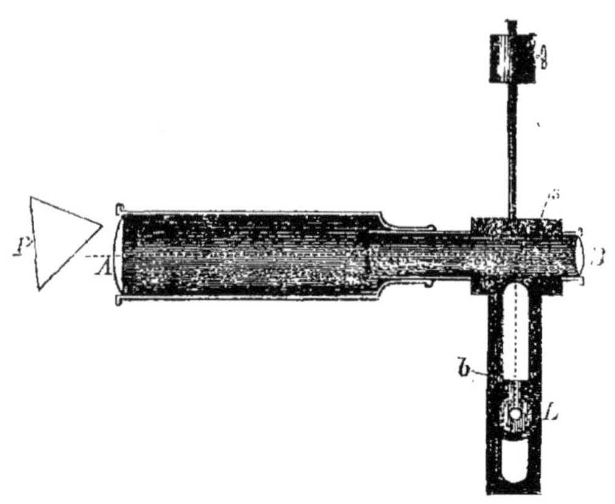

FIG. 136.

C'est BOUGUER qui a fait les premières mensurations sur la sensibilité de l'œil pour les différences de lumière, et il a trouvé que la différence perceptible est une fraction à peu près constante de l'intensité totale. La même loi a été retrouvée plus tard par STEINHEIL, MASSON, ARAGO, VOLKMANN, dans leurs mensurations photométriques, et elle a reçu des développements par FECHNER.

Les observations sur les différences d'intensité relative des couleurs ont été exécutées en partie par PURKINJE, puis, plus complétement, par DOVE, et sur les couleurs spectrales, par HELMHOLTZ.

Parmi les sujets traités dans ce paragraphe, c'est sur l'irradiation qu'on rencontre le plus de recherches et de discussions. Le fait que, dans certaines circonstances, les objets éclairés paraissent agrandis, a nécessairement attiré l'attention depuis longtemps. PLATEAU cite la lettre d'ÉPICURE à PYTHOCLÈS dans laquelle il est dit qu'une flamme éloignée paraît plus petite le jour que la nuit, et que, de même, il est probable que les étoiles paraissent trop grandes ; il cite aussi le commencement de la troisième satire de PERSE : — *Jam clarum mane fenestras Intrat et angustas extendit lumine rimas.*

---

(1) *Gilbert's Ann.*, 1817, LVI, 297.

Plus tard, ce furent principalement les astronomes qui examinèrent les phénomènes de l'irradiation, parce qu'ils y virent une cause d'erreur dans leurs observations sur la grandeur des corps célestes. KEPPLER (1) les attribua principalement au défaut d'accommodation, et son explication s'applique au point essentiel de la plupart des phénomènes dont il s'agit. GALILÉE (2) les étudia assez exactement ; il dit que l'irradiation est d'autant plus vive, qu'il y a une plus grande différence entre l'objet éclairé et le fond obscur ; que les objets lumineux sont toujours grossis, tandis que les objets foncés sur fond clair (Mercure et Vénus devant le soleil) sont diminués ; enfin que le grossissement est surtout prononcé pour les très-petits objets. D'abord, il crut pouvoir admettre, comme GASSENDI (3), que les objets lumineux enflamment l'air environnant, mais plus tard il rechercha, avec plus de raison, la cause de l'irradiation dans une réfringence irrégulière de l'œil. GASSENDI aussi pensa plus tard que les étoiles paraissent plus grandes la nuit, parce que la pupille est plus dilatée. Pour son œil, le diamètre de la lune variait, suivant la clarté du fond, entre 33′ et 38′. La diminution des petits objets sur fond clair a été expliquée en particulier par SCHICKARD (4), qui prétendit en même temps que, sur le bord des objets obscurs, la lumière se répand en partie dans l'ombre ; de même, plus récemment, LE GENTIL (5) chercha à expliquer l'irradiation par la diffraction. HORROCKES (6) chercha, au contraire, à défendre l'idée de GALILÉE en soutenant que l'irradiation a son siège dans l'œil. DESCARTES croyait qu'en regardant des objets éclairés, la pupille se rétrécit et que l'œil se dispose comme pour voir de près, d'où résulteraient des modifications dans l'appréciation de la distance et de la grandeur des objets; il admettait en outre que le mouvement des éléments rétiniens, lorsqu'il est très-vif, peut se communiquer aux éléments voisins, de manière à agrandir l'image perçue. C'est ainsi que DESCARTES est devenu le promoteur de cette théorie de l'irradiation qui est fondée sur la transmission de l'excitation nerveuse. Lorsque plus tard les astronomes commencèrent à se servir de lunettes bien faites et à fort grossissement, l'irradiation devint à peine sensible pour les astres de grande dimension, et l'on commença à la mettre en doute et à la nier (7), tandis que d'autres astronomes en admettaient l'existence (8). Dans les observations astronomiques, il y a, en général, confusion entre les effets des aberrations chromatique et sphérique de la lunette et ceux des imperfections de l'œil, et les opinions des astronomes, qui se servaient de lunettes, devaient naturellement différer suivant la construction de la lunette. BESSEL (1832), entre autres, a fait voir, dans le passage de Mercure devant le soleil, qu'avec les meilleures lunettes, l'irradiation ne se fait plus sentir dans les mensurations.

Tandis que les astronomes n'agitaient, pour la plupart, que la question de savoir si l'irradiation existe ou non, en laissant de côté la question des causes, d'autres savants commencèrent à chercher la solution de cette dernière question. J. MÜLLER (9) considéra d'abord l'irradiation, ainsi que nous l'avons fait plus haut, comme une propagation de lumière objective; plus tard, comme la plupart des autres physiologistes de cette époque, qui vit se développer la théorie des sensations sympathiques, il fut entraîné par le travail très-complet de PLATEAU (10) sur l'irradiation, à l'attribuer à la propagation de l'excitation d'un élément rétinien aux éléments voisins. Les phénomènes que PLATEAU décrit sous le nom d'irradiation sont de l'espèce de ceux que voit un œil faiblement myope sur des objets éloignés ; ce sont donc, pour la plupart, des

---

(1) Paralipomena, p. 217, 220, 285.

(2) Opere di Galilei, II, 18, 255-257, 396, 467-469. — Systema cosmicum. Lyon, 1641. Dial. III, p. 248.

(3) Opera omnia. Florence, 1727, III, 385, 567, 583-585 ; I, 499-508.

(4) Pars responsi ad epistolas P. GASSENDI de Mercurio sub sole viso. Tubingæ, 1632.

(5) *Mém. de l'Acad. des sc. de Paris,* 1784, p. 469 (lu en 1743).

(6) Venus in sole visa, cap. XVI. Reproduit à la suite de Mercurius in sole visus, d'HÉVÉLIUS.

(7) BIOT, Traité élémentaire d'astronomie physique, 2e éd., p. 534, 536. — DELAMBRE, Astronomie théorique et pratique, t. II, chap. 26, § 197 ; t. III, chap. 29, § 12.— BESSEL, *Astronom. Nachrichten*, 1832, n° 228.

(8) HASSENFRATZ, Cours de physique céleste, 1810, p. 23. — J. HERSCHEL, On Light, t. I, § 697. — QUETELET, Positions de physique, 1829, t. III, p. 81. — BRANDES, in *Gehler's physikal. Wörterbuch, neu bearbeitet*, V, 796. — ROBISON, in *Mem. of the Royal Astron. Soc. of London*, V, p. 1.

(9) Zur vergleichenden Physiologie des Gesichtssinnes, 1826, p. 400.

(10) *Mém. de l'Acad. de Bruxelles*, t. XI. — *Pogg. Ann.*, Ergänzungsb., I, p. 79, 193, 405.

phénomènes d'accommodation inexacte ; cependant il rejette cette explication, parce qu'il a aussi observé la faible irradiation que présentent des objets très-éclairés, à la distance de la vision distincte, et qu'il ne connaissait pas encore les autres causes de la diffusion dans l'œil, qui exercent ici leur influence. Il s'appuie de plus sur ce que, d'après ses expériences, l'irradiation présentait toujours le même angle pour des objets placés à des distances différentes ; cependant ses mensurations ne se rapportent qu'à des distances de plus de 0m,6, c'est-à-dire à des distances dans l'intervalle desquelles l'erreur d'accommodation ne subissait pas de modification sensible. Il est étonnant qu'il n'ait pas été amené à l'explication véritable par ses expériences à l'aide de lentilles qui rétablissaient la vision distincte et faisaient en même temps cesser l'irradiation. De même il serait difficile de faire concorder avec n'importe quelle hypothèse sur la production des sensations sympathiques, sa proposition d'après laquelle deux irradiations voisines s'affaiblissent mutuellement. En effet, si les parties de la rétine qui se trouvent dans l'image de la bande noire étaient excitées des deux côtés, leur excitation devrait nécessairement être plus vive que s'il n'y a de champ éclairé que d'un seul côté. PLATEAU est forcé d'avoir recours à cette proposition pour expliquer pourquoi on peut encore apercevoir un trait noir sur un champ éclairé, lorsque le trait est plus étroit que la largeur de l'irradiation ; tout s'explique au contraire d'une manière simple si l'on admet que l'irradiation provient des images de diffusion.

FECHNER et plus tard H. WELCKER (1), dont le travail est plus complet, ont donné une critique du travail de PLATEAU, et ils ont rétabli l'explication de KEPPLER, qui comprend, en réalité, le plus grand nombre des cas d'irradiation. Il suffirait d'ajouter au travail de WELCKER que les objets très-petits et très-éclairés présentent l'irradiation, même à la distance de la vision la plus distincte, à cause des autres sortes d'aberrations des rayons dans l'œil. WELCKER fut suivi par d'autres, qui expliquèrent l'irradiation par les différentes sortes de diffusion de la lumière dans l'œil ; en particulier FLIEDNER (2), H. MEYER (3) (de Leipzig) et CRAMER appelèrent l'attention sur les aberrations monochromatiques, et FICK, sur l'aberration chromatique. Cependant toutes ces explications objectives de l'irradiation ne montraient pas encore pourquoi on perçoit seulement l'augmentation d'intensité du fond obscur, et non pas en même temps la diminution de l'intensité sur le bord de la surface éclairée. L'auteur croit en avoir donné plus haut l'explication.

Mesure de la sensibilité :

1760. BOUGUER, Traité d'optique sur la gradation de la lumière, publié par Lacaille, Paris, 81.

1837. STEINHEIL, in *Abhandl. der math.-phys. Klasse der bayr. Akademie*, 1837, p. 14.

1845. MASSON, in *Ann. de chim. et de phys.*, XIV, 150.

1854. J. J. OPPEL, Ueber den Einfluss der Beleuchtung auf die relative Lichtstärke verschiedener Farben, in *Jahresber. des Frankfurt. Vereins*, 1853-54, p. 44-49.

1858. ARAGO, Œuvres complètes, X, 255.

— G. TH. FECHNER, Ueber ein wichtiges psychophysisches Gesetz. Leipzig. — *Abhandl. der sächs. Gesellschaft der Wissensch., Math.-phys. Klasse*, IV, 457. — Nachtrag dazu, im *Berichte der sächsischen Gesellschaft*, 1859, p. 58.

— A. C. TWINING, The relation of illumination to magnifying power, when visibility is maintained.

1861. H. AUBERT, Beiträge zur Physiologie der Netzhaut, in *Abhandl. der Schles. Gesellschaft*, 1861, p. 49-103.

— VOLKMANN, Ueber den Einfluss eines Lichtreizes auf dessen Erkennbarkeit, in *Göttinger Nachrichten*, 1861, p. 170-176.

1862. AUBERT, Ueber subjective Lichterscheinungen, in *Pogg. Ann.*, CXVII, 638-641.

1863. VOLKMANN, Physiologische Untersuchungen im Gebiete der Optik, Heft 1. Leipzig, 1863.

---

(1) Ueber Irradiation und einige andere Erscheinungen des Sehens, Giessen, 1852.
(2) *Pogg. Ann.*, LXXXV, 348.
(3) *Pogg. Ann.*, LXXXIX, 540.

1864. G. TH. FECHNER, Ueber die Frage der psychophysischen Grundgesetze, mit Rücksicht auf AUBERT'S Versuche, in *Leipziger Ber.*, 1864.
— AUBERT, Physiologie der Netzhaut. Breslau, p. 23-153.

Comparaison de l'intensité des différentes couleurs :

1814. J. FRAUNHOFER, in *Denkschr. der bayr. Akad.*, V, 211.
1825. PURKINJE, Zur Physiologie der Sinne, II, 109.
1852. DOVE, Ueber den Einfluss der Helligkeit einer weissen Beleuchtung auf die relative Intensität verschiedener Farben, in *Berl. Monatsber.*, 1852, 69-78. — *Pogg. Ann.*, LXXXV, 397-408. — *Inst.*, 1852, p. 193. — *Phil. Magaz.*, 4, IV, 246-249. — *Arch. des sc. phys.*, XXI, 215-219. — *Cosmos*, I, 208-211.
— POUILLET, in *Comptes rendus*, XXXV, 373-379. — *Pogg. Ann.*, LXXXVII, 490-498. — *Inst.*, 1852, p. 301. — *Cosmos*, I, 546-549.
1855. H. HELMHOLTZ, in *Pogg. Ann.*, XCIV, 18-21.
1863. V. WITTICH, Ueber die geringsten Ausdehnungen, welche man farbigen Objecten geben kann, um sie noch in ihrer specifischen Farbe wahrzunehmen, in *Königsberger Med. Jahrbücher*, IV, p. 23-55.

Irradiation :

1604. KEPPLER, Ad Vitellionem Paralipomena. Frankfurt, 1604, p. 217.
1619. GALILEI, Discorso delle Comete di Mario Guiducci, Opere, II, 256 ; II, 18, 396, 467-469. — Systema cosmicum. Lyon, 1641, Dial. III, p. 248.
1632. SCHICKARD, Pars responsi ad epistolas P. GASSENDI de Mercurio sub sole viso. Tubingæ, 1632. (La planète est diminuée par irradiation.)
1637. DESCARTES, Dioptrique. Leyde, 1637, discours VI, p. 67, 68.
1642. GASSENDI, Epistola III, de proportione qua gravia decidentia accelerantur, in Opera omnia, III, 585.
1738. JURIN, On distinct and indistinct vision, § 53, in *Smith's Optics*.
1743. LE GENTIL, in *Mém. de l'Acad. des sc. de Paris*, 1784, p. 469.
1810. HASSENFRATZ, Cours de physique céleste, 1810, p. 23.
1811. BIOT, Traité élémentaire d'astronomie physique, 2e édit., p. 534, 536.
1814. DELAMBRE, Astronomie théorique et pratique, t. II, chap. 26, § 197 ; t. III, chap. 29, § 12.
1826. J. MÜLLER, Zur vergleichenden Physiologie des Gesichtssinns, p. 400.
1828. BRANDES, in *Gehler's neuem physik. Wörterbuch*, V, 796.
— J. HERSCHEL, On Light, I, § 697.
1829. QUETELET, Positions de physique, III, 81.
1832. BESSEL, in *Astronom. Nachrichten*, 1832, n° 228.
1838. PLATEAU, Mémoire sur l'irradiation, in *Nouv. Mém. de l'Acad. de Bruxelles*, t. XI. — *Pogg. Ann.*, Ergänzungsbd., I, p. 79, 193, 405.
1840. FECHNER, Von der sogenannten Irradiation, in *Pogg. Ann.*, L, 195.
1849. BADEN POWELL, Sur l'irradiation, in *Inst.*, 1849, n° 818, p. 288. — *Memoirs of the London astron. Society*, XVIII, p. 69. — *Inst.*, n° 840, p. 47. — *Report of British Assoc.*, 1849, 2, p. 21.
1850. HAIDINGER, Das Interferenzschachbrettmuster, in *Wiener Ber.*, VII, 389. — *Pogg. Ann.*, LXXXV, 350. — *Cosmos*, I, 252, 454. (Cas d'irradiation avec aberrations monochromatiques.)
1851. DOVE, Ueber die Ursache des Glanzes und der Irradiation, in *Pogg. Ann.*, LXXXVIII, 169. — *Berl. Monatsber.*, 1851, p. 252. — *Phil. Mag.*, 4, IV, 241. — *Arch. des sc. phys. et nat.*, XXI, 209. — *Inst.*, n° 991, p. 421.
1852. H. WELCKER, Ueber Irradiation und einige andere Erscheinungen des Sehens. Giessen, 1852.
— FLIEDNER, Beobachtungen über Zerstreuungsbilder im Auge, so wie über die Theorie des Sehens, in *Pogg. Ann.*, LXXXV, 348.
— TROUESSART, Note concernant ses recherches sur la théorie de la vision, in *Comptes rendus*, XXXV, 134-136. — *Arch. des sc. phys.*, XX, 305-306.
— L. L. VALLÉE, Mémoire XIII, De la vision considérée dans les influences en quelque sorte moléculaires, exercées dans les réfractions, et du phénomène de l'irradiation, in *Comptes rendus*, XXXV, 679-681.

1853. H. Meyer, Ueber die sphärische Abweichung des menschlichen Auges, in *Pogg. Ann.*, LXXXIX, 540-568. — *Fechner's Centralblatt*, 1853, p. 864.

1854. F. Burckhardt, Zur Irradiation, in *Verh. der naturforsch. Gesellschaft zu Basel*, I, 154-157.

1855. A. Cramer, Beitrag zur Erklärung der sogenannten Irradiationserscheinungen, in *Prager Vierteljahrsschrift*, 1855, IV, 50-70.

1856. A. Fick, Einige Versuche über die chromatische Aberration des menschlichen Auges, in *Archiv für Ophthalmol.*, II, 2, p. 70-76.

1857. A. W. Volkmann, Ueber Irradiation, in *Bericht der sächs. Gesellschaft*, 1857, p. 129.

1861. A. W. Volkmann, Ueber die Irradiation welche auch bei vollständiger Accommodation des Auges Statt hat, in *Münchener Ber.*, 1861, 2, 75-78.

§ 22. — Durée de la sensation lumineuse.

Lorsqu'un nerf moteur est excité par un courant électrique de peu de durée, il se passe un espace de temps très-court (environ $^1/_{60}$ de seconde) jusqu'à ce que l'action de l'excitation se manifeste par la contraction du muscle, et un espace de temps bien plus long (environ $^1/_6$ de seconde) jusqu'à ce que l'effet de l'excitation du muscle ait disparu. La modification produite dans les parties organiques par l'excitation disparaît donc bien plus lentement que la décharge électrique qui a produit l'excitation. La même chose a lieu dans l'œil. Nous ne sommes pas en état de démontrer, il est vrai, que la sensation se produit quelque temps après le moment où la lumière a commencé à agir, mais on constate aisément qu'elle persiste encore lorsque l'action de la lumière a cessé.

La durée de l'effet persistant est d'autant plus grande, que la lumière regardée a été plus forte et que l'œil était moins fatigué. Lorsque après avoir regardé un instant le soleil ou une flamme brillante, on ferme brusquement les yeux en les couvrant de la main, ou qu'on porte le regard sur un fond entièrement noir, on voit encore, pendant un court espace de temps, sur le fond noir, une image brillante du corps lumineux qu'on vient de regarder; cette image pâlit peu à peu et change successivement de couleur. Les images persistantes d'objets très-brillants sont les plus faciles à voir parce qu'elles durent le plus longtemps. Du reste, on peut aussi obtenir avec des objets moins brillants des images du même genre, à condition d'avoir reposé préalablement l'œil dans l'obscurité, puis de regarder l'objet pendant un instant. Une semblable image accidentelle ou persistante d'un corps brillant sur un fond noir, conserve au premier moment la couleur de l'objet et en dessine souvent très-exactement les diverses parties avec leur forme et leurs ombres. Si l'on éteint, par exemple, une lampe dans une chambre où il n'y a pas d'autre lumière, en portant le regard sur la flamme au moment de tourner le bouton, on continue à voir dans l'obscurité l'image brillante de la flamme entourée de celle un peu plus faible du globe, etc. Si l'on change la direction de l'œil, l'image persistante se meut dans le même sens, de manière à conserver constamment dans le champ visuel la position qui correspond à la partie de la rétine qui a été primitivement impressionnée par la lumière. Pour que l'image soit bien nettement dessinée, il est nécessaire de fixer attentivement un point déterminé de l'objet. Si l'œil a vacillé, l'image persistante est estompée, ou l'on voit même deux ou trois images de l'objet, qui se recouvrent en partie. L'image est-elle bien nettement dessinée, on peut, dans des circonstances favorables, y remarquer des détails sur lesquels on n'avait pas fixé l'attention pendant l'observation directe de l'objet, et qui, par ce motif, avaient passé inaperçus.

De semblables images accidentelles *positives* d'objets lumineux, où les parties claires de l'objet apparaissent claires et les parties sombres restent sombres, se mêlent du reste ordinairement, pendant qu'elles disparaissent peu à peu, à d'autres images, dites *négatives*, où les parties claires de l'objet sont représentées en sombre et les parties sombres en clair, et qui semblent principalement provoquées par cette raison que la sensibilité de la rétine a été modifiée par l'action préalable de la lumière. Il n'est guère possible de séparer rigoureusement la description de ces deux sortes d'images ; je réserverai donc pour le paragraphe suivant la description plus précise des images positives, qui s'y trouvera réunie à celle des images accidentelles négatives, et je me bornerai ici à décrire les actions d'impressions lumineuses rapidement répétées, où l'effet consécutif de l'impression lumineuse apparaît seul, sans être troublé notablement par la sensibilité modifiée de l'œil.

Le principal fait de ce ressort est que *des impressions lumineuses répétées avec une rapidité suffisante produisent le même effet sur l'œil qu'un éclairage continu.* Pour arriver à cet effet, la répétition de l'impression doit être assez rapide pour que l'effet consécutif à chaque impression n'ait pas sensiblement diminué lorsque l'impression suivante se produit.

Le moyen le plus facile de prouver ce fait est fourni par les disques rotatifs. — S'il se trouve sur un disque noir un point blanc brillant et que ce disque tourne avec une rapidité suffisante, on voit au lieu du point tournant, un cercle gris, semblable à lui-même en tous ses points et où l'on ne peut plus découvrir aucun signe de mouvement. En effet, tandis que l'œil fixe une partie quelconque du cercle qui paraît immobile, les points de la rétine sur lesquels se peint le cercle sont impressionnés par la répétition rapide de l'image du point blanc qui le parcourt. Ils éprouvent donc une impression lumineuse qui paraît continue, à cause de la rapidité de la répétition, et comme elle ne peut naturellement pas être aussi forte que si de la lumière blanche tombait d'une manière continue sur la rétine, l'anneau paraît gris et non pas blanc. Mais si l'œil lui-même se meut de manière que son point de fixation se déplace dans le même sens que le point brillant, ce point peut devenir visible et la continuité apparente du cercle gris peut en être interrompue. Il est facile de voir que si le point de fixation de l'œil se déplaçait pendant un certain temps avec une rapidité exactement égale à celle du point brillant, et dans le même sens, le regard restant toujours fixé sur le point brillant, l'image de ce point se trouverait continuellement sur la tache jaune, et sur les autres points du fond de l'œil il n'y aurait que l'image du disque obscur. Dans ces conditions, l'œil reconnait la présence d'une tache blanche à la place du cercle gris; il en est encore de même si le mouvement du point de fixation et celui de la tache blanche ne sont pas exactement d'accord, pourvu que leur mouvement relatif soit comparativement faible (1).

S'il se trouve sur le disque un second point brillant à la même distance du centre que le premier, le second paraîtra aussi s'étendre en un cercle clair, qui se confondra avec celui du premier point. Les impressions des deux points sur la rétine s'ajoutent. Il en est de même s'il y a un plus grand nombre de points blancs sur le même cercle. Si l'on suppose donc des cercles tracés sur un tel disque de manière que leurs centres soient sur l'axe de rotation, tous les points d'un semblable cercle, pris isolément, donneront dans la rotation l'image d'un cercle uniformément éclairé, et toutes les images de chacun de ces points, tombant sur la même partie de la rétine, s'y réunissent en une image commune. On peut donc établir relativement à ce phénomène la loi suivante : *Chaque cercle du disque dont le centre est sur l'axe de rotation apparaît comme si toute la lumière qu'émet chacun de ses points se distribuait uniformément sur la circonférence entière de ce cercle*, et cette loi paraît s'appliquer aussi bien pour une lumière monochromatique que pour une lumière composée. Si nous appliquons cette loi à l'action de la rétine elle-même, nous pouvons l'énoncer ainsi : *Quand un point de la rétine est impressionné par une lumière qui subit des variations périodiques et régulières, et que la durée de la période est suffisamment courte, il se produit une impression con-*

(1) Voy. Dove, in *Pogg. Ann.*, LXXI, 112. — Stevelly, in *Sillim J.*, 2, X, 401. — Montigny, in *Bull. de Bruxelles*, XVIII, 2, p. 4. — *Institut*, 1847, n° 928, p. 332.

tinue, pareille à celle qui se produirait si la lumière émise pendant chaque période était distribuée d'une manière égale dans toute la durée de la période.

Pour vérifier l'exactitude de cette loi, on peut disposer des disques tels que celui représenté dans la figure 137. Le cercle interne est mi-parti blanc et noir, le cercle moyen est blanc sur les deux quarts, c'est-à-dire encore sur la moitié de sa périphérie, enfin le cercle extérieur présente quatre huitièmes blancs, le reste étant noir. Si l'on fait tourner un semblable disque, il paraît uniformément gris sur toute sa surface. Seulement il faut faire en sorte que le disque tourne assez vite pour produire un effet complétement continu, même sur le cercle interne. On peut aussi distribuer le blanc sur d'autres arcs de longueur arbitraire; pourvu que, sur tous les cercles du disque, la somme des angles occupés par le blanc soit la même, ils donnent toujours tous le même gris. Au lieu de noir et de blanc, on peut aussi prendre différentes couleurs et l'on obtient la même couleur résultante sur tous les cercles, quand la somme des angles occupés par chacune des couleurs dans les différents cercles est la même.

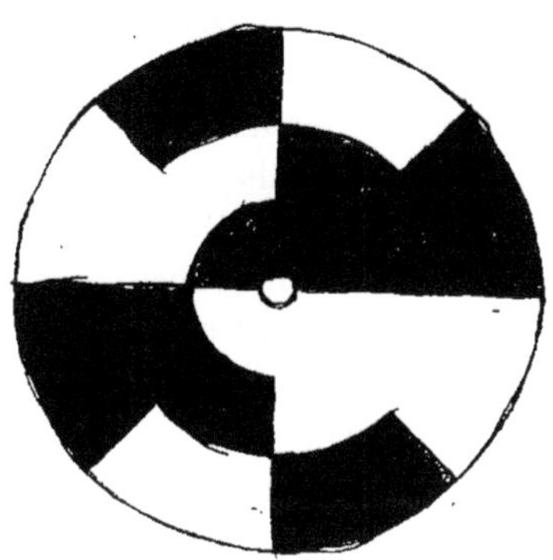

Fig. 137.

De cette manière, on peut facilement faire un grand nombre de vérifications de cette loi, mais cela revient toujours à comparer de la lumière intermittente avec de la lumière intermittente et seulement dans les circonstances où l'intensité des deux impressions qui se succèdent est la même dans les différents cas soumis à la comparaison.

Pour vérifier aussi l'exactitude de la loi pour les cas où il faut comparer de la lumière intermittente avec de la lumière continue, j'ai employé le disque représenté par la fig. 137, où le blanc et le noir occupent des angles égaux. La rotation produit un gris dont l'intensité est moitié de celle du blanc, si le noir n'émet pas de lumière du tout. D'autre part, on peut obtenir un tel gris si l'on pose sur un tableau noir une bande blanche et qu'on la regarde à travers un prisme biréfringent. On voit alors deux images de la bande, présentant chacune une intensité de moitié. On obtient une surface plus grande d'un semblable gris si l'on dispose des bandes alternativement blanches et noires d'égale largeur et qu'on se place avec le prisme biréfringent à une distance telle que les images doubles des raies blanches et noires se recouvrent réciproquement; alors toute la surface paraît d'un gris moitié moins intense que le blanc. Ce gris est rigoureusement le même que celui qui se produit dans la rotation du disque de la figure 137. Naturellement il faut mettre sur le disque le même blanc et le même noir qui ont servi à former les bandes parallèles, il faut éclairer également les deux surfaces, et regarder aussi le disque à travers le prisme biréfringent, mais de manière que les deux images ne se séparent pas : cette précaution a pour effet de soumettre la lumière du disque aux mêmes pertes que celle des bandes, par réflexion et par absorption dans le prisme.

Plateau a démontré la même loi de la manière suivante. Il plaçait un disque rotatif à secteurs blancs et noirs, et un autre disque entièrement blanc, à des distances différentes d'une lumière, jusqu'à ce qu'ils parussent également clairs. Soient n le nombre des secteurs blancs, w la largeur de chacun en degrés; la largeur totale des secteurs est nw. Si le blanc, à la distance 1 de la source lumineuse, présente l'intensité H, et que nous supposons la lumière qu'il émet, également répartie sur tout ce disque, l'intensité est affaiblie dans le rapport de la surface du disque entier à celle des secteurs blancs : elle est donc $\frac{nw}{360} H$.

Si le disque rotatif, situé à une distance r de la source lumineuse, présente la même intensité qu'un disque entièrement blanc, à la distance R, on a

$$\frac{nw}{360}\frac{H}{r^2} = \frac{H}{R^2} \quad \text{ou} \quad \frac{r^2}{R^2} = \frac{nw}{360}.$$

Les résultats de Plateau s'accordent d'une manière satisfaisante avec cette loi.

J'ai encore employé le procédé suivant. — Si l'on a un disque couvert de secteurs étroits noirs et blancs, on peut obtenir une distribution sensiblement égale de la lumière des secteurs blancs sur tout le disque en interposant entre le disque et l'œil une lentille convexe qui empêche de le voir nettement. Si la pupille se trouve au foyer postérieur de la lentille, de manière que l'image que la lentille forme du disque vienne se placer dans le plan de la pupille et présente des dimensions plus grandes que cette ouverture, la lumière des secteurs clairs paraît également répandue sur tout le champ visuel; mais si l'on rapproche la lentille du disque, l'œil distingue plus ou moins nettement les secteurs noirs et blancs tant que le disque reste en repos. Or, si l'on fait tourner le disque, l'intensité reste la même quand on fait varier la distance de la lentille au disque, d'où il résulte que l'œil est affecté par la lumière intermittente avec la même intensité que par une égale quantité de lumière continue.

Récemment, A. Fick a répété les expériences de Plateau, et il croit avoir trouvé des résultats un peu différents de la loi d'après laquelle la sensation produite par un disque rotatif est la même que si la lumière de chaque point était uniformément distribuée sur le cercle parcouru par ce point.

Pour la lumière colorée, l'exactitude de notre loi trouve sa vérification dans les expériences de Dove sur les phénomènes produits par la rotation des appareils de polarisation. — Si l'on interpose, entre deux prismes de Nicol, des lames de cristaux biréfringents, on sait que, dans beaucoup de cas, pour certaines positions des prismes, il se produit des couleurs qui sont en partie répandues uniformément sur tout le champ visuel, et qui forment, en partie, des figures colorées. On peut démontrer théoriquement, dans l'étude de la polarisation de la lumière, que si l'on fait tourner l'un des nicols d'un angle droit, chaque point de la figure prend la couleur complémentaire de celle qu'il possédait d'abord. Or l'expérience montre que l'œil reçoit de la lumière blanche quand on fait tourner rapidement l'un des prismes de Nicol. Si l'on interpose un verre coloré, on obtient, dans deux positions du prisme qui diffèrent entre elles de 90°, des couleurs qui, réunies, doivent reproduire celle du verre de couleur, et c'est effectivement ce que l'expérience confirme, quand on fait tourner rapidement ce prisme.

Du reste, la validité de notre loi est également confirmée pour la lumière colorée intermittente, par la concordance des résultats du mélange des couleurs sur le disque rotatif avec ceux obtenus par la réunion des lumières colorées, concordance que nous avons signalée au § 20, au sujet de la théorie du mélange des couleurs. Si l'on veut voir tout le disque recouvert également par la couleur résultante, on le divise en secteurs auxquels on donne des couleurs différentes qui doivent être bien uniformes sur toute la surface de chaque secteur. Alors la rotation fait apparaître la couleur résultante sur toute la surface du disque, et, d'après la loi énoncée plus haut, l'intensité de cette couleur résultante est toujours la moyenne des intensités des couleurs composantes. Comme, pour un même éclairage, toutes les couleurs paraissent plus sombres que le blanc, car elles ne réfléchissent que certaines parties de la lumière blanche, la couleur résultante est toujours moins intense que le blanc et paraît grise quand elle est peu saturée.

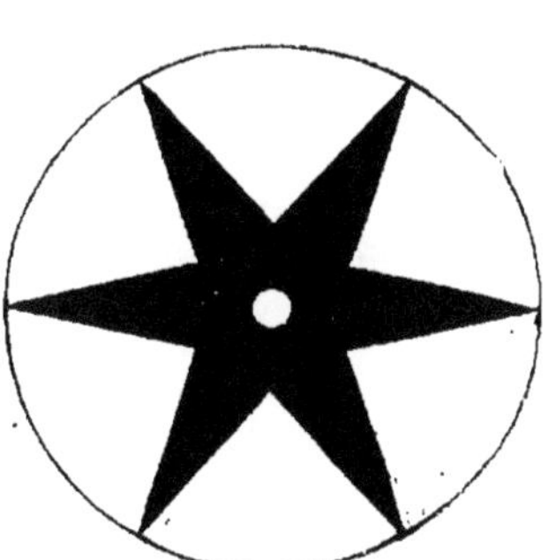

FIG. 138.

Si, sur un disque, on dispose une étoile colorée qui se détache sur un fond d'une autre couleur (fig. 138), pendant la rotation rapide du disque, le centre affecte la couleur de l'étoile, le pourtour prend celle du fond, et les parties intermédiaires du disque présentent la série continue des couleurs résultantes des deux couleurs employées. En général, on peut, sur les disques rotatifs, faire varier l'intensité ou le mélange des couleurs suivant la loi qu'on veut, en choisissant convenablement les courbes qui limitent les secteurs, procédé dont nous avons déjà fait usage (fig. 134, p. 431), pour produire une distribution déterminée de la pénombre.

Sur les disques rotatifs, les points isolés nous ont tracé des cercles : il est clair que la même continuité de sensation se produit quand un point éclairé se meut sur toute autre courbe fermée. — Si l'on enduit de couleur noire une corde métallique tendue, à l'exception d'un seul point, et si l'on fait vibrer la corde en l'éclairant convenablement, le point mis à nu apparaît sous forme d'une ligne lumineuse continue, souvent très-sinueuse. Si le point décrit une trajectoire qui ne revient pas exactement sur elle-même, mais que, pour chaque oscillation, le chemin diffère très-peu de celui de l'oscillation précédente, l'œil aperçoit une ligne lumineuse qui se déforme et se déplace d'une manière continue. De même que, par ce procédé, on peut étudier la forme des vibrations d'une corde, on a fait, en physique, un grand nombre d'autres applications utiles du même principe.

Si l'intensité lumineuse du point mobile est constante, mais que sa vitesse varie sur sa trajectoire, la ligne lumineuse paraît le plus brillante aux points où la rapidité est la moindre. En effet, dans ces endroits, le point lumineux s'arrête relativement plus longtemps ; il s'ensuit que l'action de sa lumière sur les points correspondants de la rétine dure plus longtemps que dans les endroits où la rapidité est plus grande. C'est ainsi que, si l'on examine une corde vibrante, elle paraît le plus éclairée dans les points les plus éloignés de sa position d'équilibre et où sa vitesse s'annule pour un moment.

C'est ici le lieu de parler de certains effets particuliers de l'éclairage intermittent, effets qui se produisent avec le plus de netteté pour les étincelles régulièrement répétées des appareils d'induction électro-magnétiques, soit à contact tournant, soit à ressort vibrant (appareil de Neef). Chaque étincelle de ces appareils dure un temps inappréciable, qui paraît infiniment petit par rapport à la durée du mouvement matériel le plus rapide, et cependant la lumière de ces étincelles est assez intense pour produire, dans ce temps si court, une impression appréciable sur la rétine. Éclairés par une seule étincelle électrique, tous les corps en mouvement semblent immobiles. L'œil ne peut naturellement se les représenter que tels qu'ils étaient au moment de l'éclairage : il ne sait rien de leur situation avant et après ce moment. Si donc la durée de l'éclairage est assez courte pour qu'il ne puisse pas, dans cet intervalle, se produire un déplacement sensible du corps mobile, ses contours apparaissent aussi nettement dessinés que s'il était en repos absolu. Ainsi, quand une série d'étincelles électriques se succèdent à des intervalles très-courts, par cet éclairage, les corps immobiles conservent le même aspect que pour un éclairage continu, tandis que les corps mobiles paraissent multiples. En effet, les étincelles successives font voir le corps dans les positions qui correspondent aux différentes décharges, et comme toutes ces impressions durent un instant, elles existent simultanément et font voir le corps mobile comme s'il était multiple. Plus la vitesse du corps examiné est grande, plus ses images sont éloignées les unes des autres, parce que le chemin parcouru pendant chaque interruption de lumière est plus considérable.

On voit de même des images multiples quand ce n'est plus l'objet mais l'œil qui se déplace. — Qu'il se trouve, dans le champ visuel, un point constamment lumineux : lorsque nous déplaçons notre œil, l'image du point lumineux se déplace sur la rétine ; pendant ce mouvement, cette image occupe successivement tous les points d'une ligne qui réunit sa première et sa dernière position ; tous ces points étant impressionnés, il doit se produire sur la rétine la sensation que produirait une ligne lumineuse dans un œil en repos. Ordinairement nous ne remarquons pas cette sensation, par cela même qu'elle accompagne nécessairement tout mouvement fait par l'œil en présence d'objets lumineux ; mais nous la remarquons lorsque la continuité de cette ligne est interrompue d'une manière insolite par l'intermittence de la lumière employée. Si nous prenons pour objet lumineux la partie de l'appareil d'induction où passent les étincelles, le point paraît multiple dès que l'œil se meut. Dessinons, en effet, sur la rétine, la ligne qu'y décrit l'image de l'endroit en question, certains points de cette ligne sont seuls excités par les étincelles intermittentes et nous projetons en conséquence des images de ces points dans le champ visuel.

Un corps, examiné à la lumière intermittente, qui décrit périodiquement la même trajectoire et qui, à chaque éclair, se retrouve exactement à la même place, paraît unique et immobile. C'est ainsi que dans l'appareil d'induction le contact tournant ou le ressort vibrant, observés à la lumière de leurs propres étincelles, paraissent en repos.

La même chose arrive pour un objet quelconque, de forme périodiquement variable, quand il est éclairé par la lumière intermittente et que l'éclairage correspond toujours à la même phase de déformation, par exemple lorsqu'un filet d'eau qui tombe en gouttes est éclairé de manière qu'à chaque apparition de lumière, une nouvelle goutte se trouve exactement à la même place : l'observateur voit le filet décomposé en gouttes immobiles. Cet effet se produit soit que la période de l'éclairage soit exactement égale à celle de la formation des gouttes, soit qu'elle en soit multiple. Si ces deux périodes ne se correspondent pas exactement, et si la première, au lieu d'être multiple de la seconde, présente une durée un peu plus longue, il se produit un mouvement apparent et lent des gouttes, qui imite le mouvement réel, mais avec une vitesse bien moindre : alors les étincelles successives n'éclairent plus exactement les mêmes phases de la formation des gouttes, mais, à chaque fois, un état plus avancé de la modification. Si, au contraire, la période de l'éclairage est un peu plus courte que celle de la formation des gouttes, ou qu'un multiple de cette période, on voit le phénomène se présenter à rebours; les gouttes paraissent se déplacer de bas en haut. Ces circonstances permettent de rendre visibles dans leurs périodes successives et d'analyser ces phénomènes, et d'autres du même genre, qui se succèdent trop vite pour que l'observateur puisse les reconnaître directement. Nous décrirons plus loin, avec les appareils, des phénomènes de ce genre, qu'on peut produire artificiellement.

Le moyen le plus facile de déterminer la durée de l'impression lumineuse consiste à employer des disques chromatiques auxquels on peut imprimer un mouvement de rotation variable et mesurable. — On ne peut déterminer avec certitude que la vitesse de rotation nécessaire pour donner au disque un aspect complétement uniforme, et l'on trouve qu'il faut rendre cette vitesse d'autant plus grande, que la lumière est plus intense. Les diverses couleurs semblent aussi présenter des différences. Plateau fit tourner, à la lumière ordinaire du jour, un disque qui portait douze secteurs blancs ou colorés et douze secteurs noirs, de même largeur. La durée du passage d'un secteur noir était donc la vingt-quatrième partie de la durée de rotation du disque. La durée du passage était, pour que le disque produisît un effet uniforme :

	Plateau.	Emsmann (1).
Pour le blanc....	0,191 secondes.	0,25 secondes.
— le jaune....	0,199 —	0,27 —
— le rouge....	0,232 —	0,24 —
— le bleu.....	0,295 —	de 0,22 à 0,29

(1) *Pogg. Ann.*, XCI, 611.

On ne peut guère assigner une grande importance à la comparaison ainsi établie entre les différentes couleurs, puisqu'on n'avait pas le moyen de rendre égale leur intensité apparente, et que l'intensité exerce une très-grande influence sur la durée de l'effet persistant, comme il est facile de s'en assurer : si l'on fait tourner un disque chromatique, à quelques pieds de distance d'une lampe, avec une vitesse précisément suffisante pour produire un effet uniforme, pour peu qu'on rapproche la lampe, la surface tournante recommence à papilloter. A la lumière directe du soleil, il faut employer des vitesses de rotation encore plus considérables. Du reste, les nombres de Plateau me paraissent relativement bien grands; quant à moi, je trouve qu'à la lumière d'une très-forte lampe, pour un disque couvert de secteurs noirs et blancs d'égale largeur, le passage d'un secteur noir ne doit pas durer plus de $^1/_{48}$ de seconde, et qu'il ne doit pas dépasser $^1/_{20}$ de seconde pour l'éclairage si faible que donne la pleine lune, quand on veut qu'il ne reste aucun papillotage. — Du reste, Plateau a déjà remarqué que, si l'on change le rapport de largeur des secteurs blancs et noirs sans changer leur nombre, la vitesse nécessaire pour rendre l'impression uniforme reste la même. On peut s'en assurer facilement en employant un disque semblable à celui de la figure 139, où les secteurs noirs sont plus larges au centre, les blancs à la périphérie. Quand on augmente peu à peu la vitesse de rotation, le papillotage disparaît à peu près simultanément sur toutes les parties du disque; dans les parties où les secteurs blancs sont plus larges, l'impression produite est plus forte, et diminue par conséquent plus vite dès que l'excitation cesse : aussi la pause, c'est-à-dire la largeur des secteurs noirs, doit-elle être moindre qu'entre les secteurs blancs plus étroits. Il vaut donc mieux, dans les mensurations, s'occuper d'une période entière de variation, c'est-à-dire du temps que mettent à passer un secteur blanc et un secteur noir. Ainsi, dans mes expériences, ce temps a été de $^1/_{24}$ de seconde pour une forte lampe et de $^1/_{10}$ de seconde pour une lumière faible. Lissajous, en observant le parcours d'un point très-lumineux qui partageait les oscillations de diapasons, a trouvé $^1/_{30}$ de seconde pour le temps nécessaire pour que la trajectoire parût continue, et l'intensité plus grande de l'éclairage dans cette expérience rend bien compte de la longueur moindre du temps nécessaire.

Fig. 139.

Ainsi, pour qu'un disque tournant produise une impression tout à fait uniforme, il faut lui faire exécuter de vingt-quatre à trente révolutions par seconde. — On peut aussi atteindre ce but avec des vitesses moindres, en répétant régulièrement le dessin, sous des angles égaux. Par exemple, sur le disque de la figure 137 (p. 448), le blanc et le noir des huit secteurs du cercle extérieur composent déjà un gris uniforme pour six révolutions, tandis qu'il en faut douze pour les secteurs de la partie intermédiaire, et vingt-quatre pour ceux du cercle interne.

Il est plus difficile de déterminer le temps pendant lequel l'effet consécutif continue à s'affaiblir avant de disparaître complétement. Cette durée aussi dépend de l'intensité de la lumière, comme on le reconnaît par ce qui précède. L'effet consécutif du disque solaire peut atteindre une durée de quelques minutes. Ainsi, bien que l'action d'une lumière brillante présente d'abord la décroissance la plus rapide, elle présente cependant, en somme, la durée la plus longue, de même qu'un corps chaud, dans un milieu froid, perd d'autant plus de degrés de chaleur, à temps égal, qu'il est plus chaud, mais demande aussi d'autant plus longtemps pour perdre entièrement son excès de température. Plateau a fait aussi, sous ce rapport, avec ses disques chromatiques, des expériences qui donnaient le temps du passage d'un secteur noir, lorsque la couleur des secteurs clairs s'était répandue de manière que le noir en fût uniformément altéré. Il trouva :

Pour le blanc.......	0,35	de seconde.
— le jaune.......	0,35	—
— le rouge.......	0,34	—
— le bleu........	0,32	—

Dans les changements de couleurs que subit, sur un fond noir, l'image accidentelle d'une lumière blanche avant de disparaître, on remarque encore une durée différente de l'effet consécutif pour les différentes couleurs. Mais comme ces variations se rattachent, pour beaucoup de points, aux phénomènes qui seront décrits dans le paragraphe suivant, nous renvoyons à plus loin leur étude détaillée.

E. Brücke a fait remarquer récemment que quand des disques analogues à celui de la figure 137 (page 448) tournent avec une certaine rapidité, les anneaux intermédiaires paraissent plus clairs que les anneaux intérieurs ou extérieurs. Ainsi, il existe une certaine rapidité d'alternance entre le blanc et le noir, pour laquelle la somme des sensations lumineuses est plus grande, non-seulement que pour des alternances moins rapides — pour lesquelles chaque couleur est perçue à son tour, indépendamment de l'autre — mais aussi que pour des alternances plus rapides, où le noir et le blanc se mélangent pour former un gris uniforme. Brücke a trouvé que la sensation est la plus forte pour 17 $^1/_2$ impressions par seconde, et qu'il en faut à peu près deux fois autant pour voir un gris tout à fait uniforme.

En regardant un disque où les secteurs blancs étaient remplaçés par des ouvertures recouvertes par une lame de verre rouge, le rouge devenait plus blanchâtre pour la vitesse de la plus forte sensation, ce que Brücke croit pouvoir expliquer par un mélange de l'image accidentelle et complémentaire positive du rouge (voy. page 377 de l'édition allemande). Dans les mêmes conditions, le vert spectral devient plus jaune, le bleu spectral ne change pas.

Il s'agit évidemment ici d'une alternative compliquée entre l'état d'excitation et l'état de fatigue de la rétine. Toutes les fois que commence la sensation du blanc, l'excitation commence à augmenter, pendant un certain temps très-court, jusqu'à un maximum, à partir duquel elle diminue progressivement, par suite de la fatigue qui augmente peu à peu. Je ferai remarquer que j'ai obtenu des images accidentelles de semblables disques papillotants noirs et blancs, avec ou sans interposition d'un verre rouge, et que l'état de fatigue définitif est exactement le même pour toutes les parties du disque ; dans l'image accidentelle je n'ai pas pu voir la moindre différence entre les anneaux papillotants et les autres, bien que l'image accidentelle fût assez nette pour me permettre d'y distinguer très-bien le bord du disque et le petit bouton formé par l'extrémité de l'axe.

Si nous admettons maintenant que le passage de chaque secteur noir ramène l'état de fatigue moyen, tel qu'il persiste dans l'image accidentelle, c'est chaque fois le premier moment d'apparition du blanc qui produit la sensation la plus énergique ; cette sensation est-elle interrompue au moment où elle a atteint son maximum, tous les secteurs de la même couronne produisent ce maximum de sensation, tandis que, pour des impressions moins nombreuses et d'une plus grande durée, le nombre de ces maximums est plus faible, et la durée plus grande des sensations, qui s'affaiblissent de plus en plus, ne peut pas en compenser le moins grand nombre. Je crois que ce serait donner une idée inexacte de l'impression faite sur mon œil par la couronne papillotante, de dire que l'anneau tout entier présente une intensité plus grande, car il présente toujours des parties obscures ; je dirais plutôt que le blanc, partout où il est visible, présente sur l'anneau papillotant une intensité et une pureté relativement plus grandes, et il me semble que c'est pour ce motif qu'il produit sur l'œil une impression relativement plus forte : l'obscurité qui suit immédiatement la sensation d'une lumière brillante ne détruit pas cette sensation.

Si l'on regarde le disque à travers un verre rouge, on voit apparaître très-nettement sur les secteurs noirs, le vert-bleu complémentaire de la lumière propre de la rétine (voy. plus loin page 368), tel qu'il persiste dans l'image accidentelle obtenue après avoir regardé longtemps le disque. Il est remarquable assurément que c'est sur les secteurs papillotants, où le rouge présente le maximum d'intensité et de pureté, qu'on voit aussi, par contre, le vert-bleu complémentaire attirer le plus fortement l'attention; de telle sorte que, notamment dans la vision indirecte, ces couronnes paraissent franchement bleuâtres. Je dois encore m'écarter ici de la description de Brücke, et dire qu'en y portant mon attention, le rouge de la couronne papillotante, vu au milieu du vert-bleu, me paraît plus saturé et plus brillant que sur les autres couronnes. C'est là un des cas où l'on voit deux couleurs différentes qui paraissent se superposer sans mélange, et je crois que le bleu-vert attire plus vivement l'attention, quoique moins lumineux, parce qu'il diffère plus des couleurs environnantes. — Je conviens cependant que toute cette théorie des phases colorées de la lumière chromatique présente encore un trop grand nombre de phénomènes compliqués et qui ne s'expliquent pas, pour qu'on puisse admettre comme complétement établies les explications de faits particuliers.

Des faits exposés dans ce paragraphe, il résulte que la lumière, en impressionnant la rétine, laisse dans l'appareil nerveux visuel une action primaire qui ne se transforme en sensation que dans les instants suivants. La grandeur de la modification primaire produite par une impression lumineuse momentanée ne dépend que de la quantité de lumière qui est tombée sur la partie considérée de la rétine ; elle est donc la même pour une lumière très-intense qui agit pendant un temps très-court que pour une lumière faible qui agit pendant plus longtemps, à cette seule condition que la durée de l'action n'atteigne pas $^1/_{30}$ de seconde. L'action primaire instantanée d'une lumière très-intense ne produit donc pas une impression relativement plus faible que celle d'une lumière modérée, au contraire de ce qui a lieu dans la sensation durable de lumières d'intensités différentes.

Il n'y a pas ici de contradiction, comme on pourrait le croire, car nous n'avons constaté le manque de proportionnalité qu'entre l'intensité objective de la lumière et la sensation à son état parfait, tandis que nous ne nous occupons ici que de l'action primitive instantanée, qui ne passera que plus tard à l'état de sensation; or rien n'empêche d'admettre que la valeur de l'impression primaire instantanée de la masse nerveuse suive une autre loi que la sensation, cette action secondaire. On se rendra peut-être mieux compte de ces circonstances en les comparant avec ce qui se passe dans l'aiguille aimantée d'un multiplicateur galvanique, qui est déviée par un courant intermittent à interruptions suffisamment rapides. Dans ce cas aussi, la déviation ne dépend que de la quantité totale d'électricité qui traverse le fil dans l'unité de temps, mais sans être proportionnelle à cette quantité; mais ici aussi il existe une action proportionnelle à la quantité d'électricité de chaque courant instantané : c'est la petite vitesse de déviation que chacun de ces courants imprime à l'aiguille, et qui doit être compensée par l'effet de l'électricité terrestre dans l'intervalle de deux courants successifs, si la déviation de l'aiguille doit être constante. L'aiguille paraît être en repos, et déviée d'une quantité constante quand les oscillations que les courants successifs provoquent dans sa position sont trop faibles pour être appréciables, et, de même, une lumière intermittente donne une sensation continue quand les oscillations de l'intensité de cette sensation sont plus faibles que les plus petits degrés appréciables de la sensation.

En ce qui concerne la disposition des disques rotatifs, dont la première mention se trouve chez Musschenbroek (1), la plus simple est celle que donnent les toupies. — Je me sers ordinairement, pour la plupart des expériences, d'une toupie tournée, de laiton, dont la figure 140 représente l'élévation à 1/3 de grandeur naturelle. On la met en mouvement avec la main. On peut, de cette manière, la faire tourner facilement à tout moment sans préparatif aucun, et augmenter ou modérer à volonté sa vitesse; mais en tout cas, le maximum de vitesse qu'on peut lui imprimer avec les doigts n'est que d'environ six tours à la seconde, et ce mouvement se conserve pendant trois ou quatre minutes. Cette faible vitesse de rotation fait qu'on ne peut obtenir une impression lumineuse tout à fait uniforme qu'en divisant le disque en quatre ou six secteurs, sur chacun desquels on répète la même répartition de couleurs, de lumière et d'ombre. Si le nombre de répétitions du dessin est moindre, on obtient, du moins par un fort éclairage, un

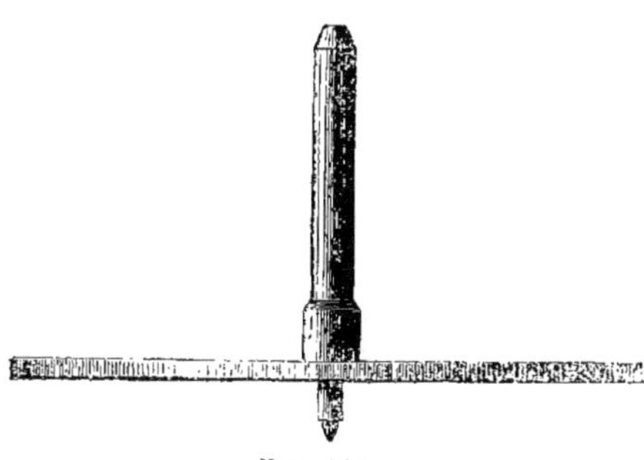
Fig. 140.

(1) Introductio, § 1820.

aspect plus ou moins chatoyant du disque. Il est facile de jeter les dessins sur le disque, même pendant qu'il est en mouvement ; il est facile aussi d'y faire des modifications en jetant sur un disque plein un autre disque à secteurs découpés, dont on peut faire varier la position relative en l'effleurant avec les doigts ou en soufflant dessus ; on arrive ainsi à produire, pendant la rotation du disque, des modifications très-variées.

Si l'on ajoute, par exemple, sur un disque couvert de secteurs bleus et rouges d'égale largeur, un disque noir dont les secteurs sont alternativement pleins et vides, le disque tournant paraît entièrement bleu, si les secteurs noirs du disque supérieur recouvrent exactement les secteurs rouges du disque inférieur ; il paraît rouge, au contraire, si les secteurs bleus sont recouverts par les noirs; dans les positions intermédiaires, on obtient différents mélanges de rouge et de blanc, et l'on peut, pendant le mouvement du disque, faire varier insensiblement sa coloration en modifiant la position du disque supérieur, au moyen du frôlement du doigt ou du souffle de la bouche. En délimitant les différents secteurs par des lignes courbes ou brisées au lieu de lignes droites, on produit facilement des systèmes d'anneaux colorés d'une grande variété et d'une grande richesse.

Pour donner à la toupie une plus grande vitesse, on la met en mouvement en tirant une ficelle enroulée autour de sa tige. — La disposition la plus simple à cet effet, représentée par la figure 141, consiste à employer un manche analogue à celui de la *toupie d'Allemagne*. Un cylindre creux de bois *c*, fixé à un manche *d*, présente en *b* et en *e* deux trous circulaires, et, à angles droits avec ces trous, une entaille destinée au passage d'une ficelle. On engage la tige de la toupie

FIG. 141.

dans les trous du cylindre, on fixe l'extrémité de la ficelle dans un petit trou que présente cette tige, et on l'enroule en faisant tourner la toupie à la main. La partie de la tige sur laquelle le fil est enroulé devient assez épaisse pour que l'instrument reste suspendu au manche : en tenant le tout un peu au-dessus d'une table et tirant fortement sur la ficelle, on imprime à la toupie un mouvement de rotation rapide, et dès que le fil est déroulé, elle tombe sur la table où elle continue longtemps son mouvement. La toupie, que la figure 142 représente démontée, est arrangée de manière qu'on puisse serrer fortement les disques au moyen de la

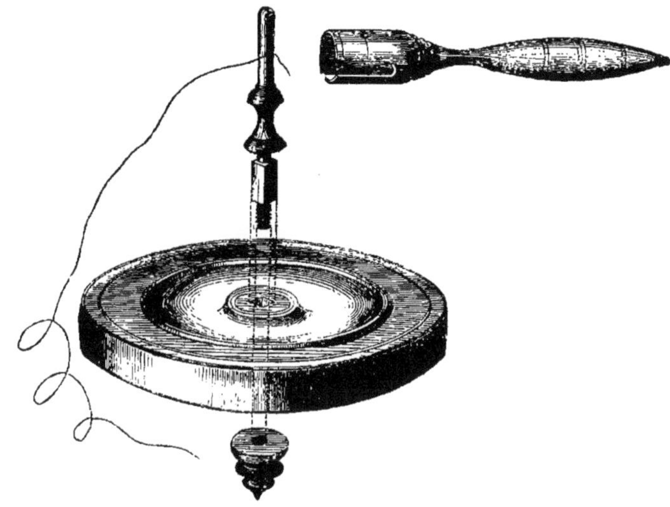

FIG. 142.

tige, ce qui est nécessaire dans les expériences de Maxwell, pour la démonstration de la loi de Newton, sur le mélange des couleurs. On se sert, à cet effet, d'une série de disques de papier fort, de différentes grandeurs, qui portent une ouverture au centre, et une fente suivant l'un des rayons (fig. 143). Chacun de ces disques est recouvert uniformément d'une seule couleur; si l'on en superpose deux ou plusieurs, en les engageant les uns dans les autres par leurs fentes, on obtient des secteurs dont on peut faire varier à volonté la largeur, ce qui permet de modifier d'une manière continue les proportions des couleurs qui entrent dans le mélange.

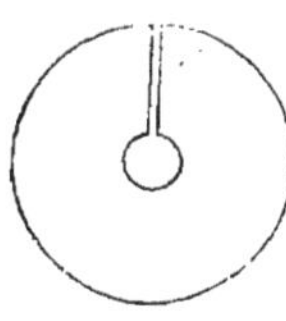

FIG. 143.

La construction la plus parfaite, et qui ne doit être employée que pour des rotations très-rapides, est celle de la toupie chromatique de Busold (fig. 144). — Le disque, d'un poids de cinq livres, est formé d'un alliage de zinc et de plomb, et mesure un décimètre de diamètre. L'axe, de laiton, se termine en bas par une pointe mousse d'acier non trempé. La partie cylindrique de l'axe est rugueuse, pour favoriser l'adhérence du fil. Pour mettre la toupie en mouvement, après avoir enroulé la ficelle, on engage son axe dans les entailles d'un étrier de fer *dd*, on place une assiette au-dessous, et l'on tire fortement le fil avec la main droite, tandis que la gauche s'appuie sur le levier *e*. Avant la mise en train, la toupie doit être le plus près possible du bord de l'assiette ; la ficelle mesure un demi-pied de moins qu'une brasse ; son extrémité porte une poignée. Lorsque la toupie est en marche, on dégage l'assiette avec la toupie d'entre les bras du levier *e*. Ce levier, qui peut tourner autour d'un axe en *c*, peut se soulever par ce moyen. En tirant fortement sur la ficelle, on peut obtenir une vitesse de soixante tours à la seconde, et le mouvement se conserve pendant trois quarts d'heure.

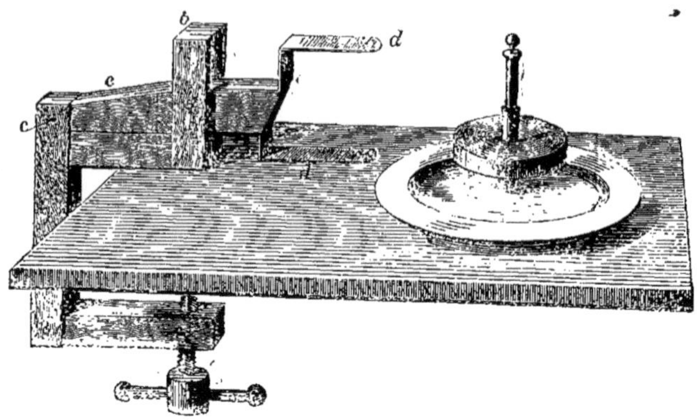

FIG. 144.

Outre les toupies, on s'est servi de différentes sortes de disques dont l'axe tourne entre deux colliers, et qui sont mus, soit par un mouvement d'horlogerie, soit par une corde sans fin, soit par le déroulement d'une ficelle, comme les toupies. En général, ces appareils présentent l'inconvénient de ne pas permettre de changer les disques sans tout arrêter et sans démonter en partie l'instrument. En revanche, on a l'avantage de pouvoir les faire tourner dans un plan vertical, de manière à répéter commodément les expériences devant un nombreux auditoire, ce qui est plus difficile à réaliser avec les toupies. Montigny a obtenu le mélange des couleurs au moyen d'un prisme tournant dont il faisait mouvoir le spectre sur un écran blanc.

Le *thaumatrope* est un petit rectangle de carton qu'on fait tourner autour d'un axe passant par les milieux des côtés les plus longs. Sur une face est peint un oiseau, sur l'autre la cage. Si l'on imprime un mouvement de rotation rapide, l'oiseau paraît être dans la cage. Cet instrument, de l'invention du docteur Paris (1), est un jouet assez généralement connu.

Sur le même principe, on a construit des appareils plus compliqués, où l'on aperçoit un disque tournant, à travers des fentes qui tournent en même temps. Il convient de décrire d'abord les *disques stroboscopiques* de Stampfer, que Plateau inventa de son côté, et en même temps, sous le nom de *phénakisticope* (2).

---

(1) *Edinb. Journal of science*, VII, 87. — *Pogg. Ann.*, X, 480.

(2) PLATEAU en envoya, dès novembre 1832, un exemplaire à FARADAY, par l'entremise de QUÈTELET ; STAMPFER fit son premier instrument en décembre 1832. PLATEAU décrivit son invention dans un écrit daté du 20 janvier 1833, dans la *Correspondance math. et phys. de l'observ. de Bruxelles*, VII, 365 ; STAMPFER, dans un opuscule spécial : « Die stroboskopischen Scheiben oder optischen Zauberscheiben, deren Theorie und wissenschaftliche Anwendung », dont la préface est datée de juillet 1833.

Les disques stroboscopiques sont des disques de carton de 6 à 10 pouces de diamètre (fig. 145), sur lesquels sont disposées un certain nombre (8 à 12) de figures en cercle et à égale distance les unes des autres, et présentant les phases successives d'un mouvement périodique quelconque. On place un tel disque sur un autre disque opaque d'un diamètre un peu plus considérable, et qui présente sur son bord autant d'ouvertures que le premier disque porte de figures. On applique les deux disques l'un sur l'autre, et on les fixe par leurs centres, au moyen d'un écrou, à l'extrémité antérieure d'un petit axe de fer dont l'autre extrémité est portée par un manche. Pour se servir de l'appareil, on se met en face d'une glace vers laquelle on tourne le disque avec les figures, et l'on place l'œil de manière à y voir l'image des figures à travers un des trous du grand disque. Dès qu'on fait tourner l'appareil, les figures qu'on voit dans la glace semblent exécuter sur place

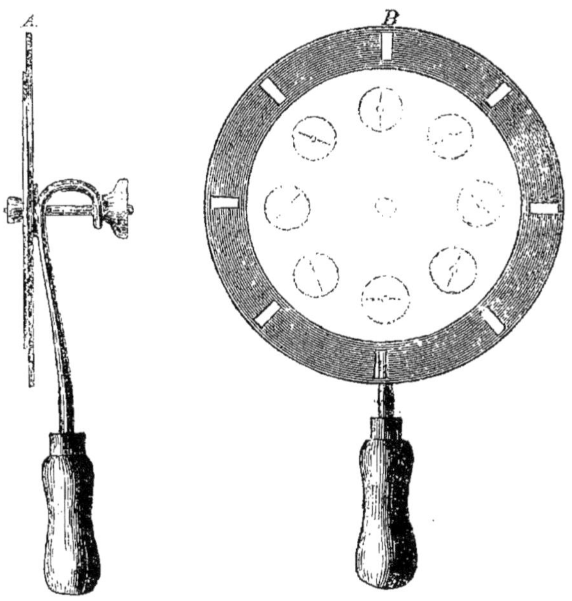

Fig. 145.

les mouvements dont elles représentent les différentes positions. Désignons par les chiffres 1, 2, 3... les ouvertures à travers lesquelles l'œil regarde successivement, et désignons par les mêmes chiffres les figures qui se trouvent sur les rayons ainsi numérotés. L'observateur, en regardant dans la glace par l'ouverture 1, voit d'abord la figure 1 sur le rayon qui, dans la glace, paraît passer par son œil; aussitôt la rotation du disque déplace l'ouverture 1, et le carton ne lui laisse rien voir jusqu'au moment où l'ouverture 2 se présente devant son œil; alors la figure 2 se trouve à la place où était la figure 1 ; puis tout disparaît de nouveau, jusqu'à ce que l'ouverture 3 vienne se présenter et que la figure 3 apparaisse à l'endroit où se trouvaient précédemment les figures 1 et 2. Si ces figures étaient pareilles entre elles, l'observateur aurait une série d'impressions visuelles séparées mais pareilles, qui, pour une rotation suffisamment rapide, se confondraient en une impression durable, telle que la donnerait un objet immobile. Si, au contraire, les figures diffèrent un peu entre elles, les sensations lumineuses se confondront aussi en un seul objet, mais qui paraît se modifier d'une manière continue, conformément aux différences des images successives.

Si le nombre des figures n'est pas égal à celui des trous, les objets paraissent avancer ou reculer. — Soient n ouvertures et m figures, les nombres m et n étant peu différents, et plaçons d'abord l'une des figures sur le rayon qui, dans la glace, paraît se diriger vers l'œil de l'observateur. Si l'on fait tourner le disque de l'arc $\frac{2\pi}{n}$, un nouveau trou vient se placer devant l'œil de l'observateur. Mais alors la seconde figure est éloignée du rayon considéré d'un arc $\left(\frac{2\pi}{n} - \frac{2\pi}{m}\right)$. Si cet arc est assez petit pour que la deuxième figure soit plus rapprochée qu'aucune des autres, de la position primitive de la première figure, on est amené à identifier cette figure avec la précédente, et l'objet paraît s'être déplacé de l'arc correspondant. Ordinairement on fait m égal à $n + 1$ ou à $n - 1$. Dans le premier cas, les objets paraissent se mouvoir dans le même sens que le disque; dans le second cas, ils paraissent marcher en sens inverse.

Plus les ouvertures du grand disque sont étroites, plus les contours des images sont nets, mais aussi plus elles pâlissent. — Uchatius (1) a construit un appareil pour projeter ces effets sur le mur. — J. Müller (2) s'en est servi très-utilement pour représenter les particularités des mouvements ondulatoires.

Le *dedaleum* de W. G. Horner est un appareil du même genre, seulement les ouvertures sont pratiquées dans la surface d'un cylindre creux, et les images sont en partie sur la surface intérieure du cylindre et en partie sur la base; le mieux est de les éclairer par transparence.

Dans les appareils décrits jusqu'ici, les figures et les ouvertures tournent avec la même vitesse angulaire; on obtient une nouvelle série de phénomènes quand les vitesses sont différentes.

Fig. 146.

Dans cet ordre d'idées, l'un des appareils les plus simples est la toupie de J. B. Dancer, de Manchester (fig. 146), qui rappelle celle représentée par la figure 141. On voit que l'axe porte un second disque percé d'ouvertures de différentes formes, et au bord duquel est attaché un fil. Ce second disque est entraîné par son frottement sur l'axe, mais sa rotation est moins rapide, à cause de la grande

(1) *Sitzungsberichte der k. k. Akad. zu Wien*, X, 482.
(2) *Pogg. Ann.*, LXVII, 271.

résistance qu'oppose l'air au fil qui participe à son mouvement. Si le disque inférieur porte plusieurs secteurs différemment colorés, on voit se multiplier les ouvertures du disque supérieur, et il se produit, avec les différentes couleurs du disque inférieur, une figure très-bariolée qui semble se mouvoir tantôt par sauts, tantôt d'un mouvement continu.

Considérons l'une des ouvertures du disque supérieur, et comptons les angles de rotation à partir de la position de cette ouverture au commencement du temps considéré. L'œil placé sur le prolongement de l'axe de la toupie voit, à travers l'ouverture, l'une des couleurs du disque inférieur; prenons la position de cette couleur comme origine des angles mesurés sur le disque inférieur. Supposons que le disque supérieur fasse m tours et le disque inférieur n tours par seconde, tous les deux dans le même sens; l'arc dont se déplace chaque point du disque supérieur pendant le temps t est $2\pi mt$, et pour les points du disque inférieur il est $2\pi nt$. De deux points qui se correspondaient au commencement sur les deux disques, l'inférieur prend donc, dans le temps t, une avance de $2\pi(m-n)t$; donc, après le temps t, on voit, à travers l'ouverture du disque supérieur, une partie du disque inférieur éloignée de l'origine de l'arc $2\pi(m-n)t$, si l'on compte les arcs positifs dans le sens du mouvement, et les négatifs dans le sens opposé. On voit qu'après un temps $t=\frac{1}{n-m}$, toutes les couleurs du disque inférieur ont été vues une fois à travers l'ouverture, et que leur série ne fera plus que se reproduire indéfiniment. Mais pendant ce temps, l'ouverture elle-même a avancé de l'arc $2\pi mt = 2\pi\frac{m}{n-m}$, et la série des couleurs, telles qu'elles se sont suivies sous l'ouverture, doit paraître étendue sur cet arc, et cela dans un ordre inverse de leur position sur le disque, si, comme dans l'appareil décrit, on a $n > m$. La même série de couleurs va se reproduire pendant que l'ouverture avancera d'un second, troisième, etc., arc de la longueur $2\pi\frac{m}{n-m}$. — Si l'on a

$$\frac{m}{n-m}=\frac{1}{p}, \quad \text{d'où} \quad n=(p+1)\,m,$$

et si p est un nombre entier, la série des couleurs se sera répétée précisément p fois dans l'ouverture pendant un tour entier du disque supérieur, et reparaîtra, pour chaque nouveau tour, précisément au même endroit que pour le premier. On voit alors, sur le disque supérieur, un cercle coloré immobile, avec p répétitions des couleurs du disque inférieur. Pour peu que p diffère d'un nombre entier, la position des couleurs au second tour cesse de coïncider exactement avec celle du premier tour, et le cercle coloré paraît se déplacer.

Si l'on a

$$\frac{m}{n-m}=\frac{2}{2p+1}, \quad \text{d'où} \quad n=\left(p+\frac{3}{2}\right)m,$$

p étant un nombre entier, les couleurs prennent de nouvelles positions au second tour, mais au troisième elles reprennent les mêmes qu'au premier; au quatrième, les mêmes qu'au second, de manière qu'il peut encore se produire un anneau coloré immobile, pourvu que la toupie tourne assez vite pour que l'impression produite sur l'œil persiste pendant plus de deux tours. On obtient alors une répétition de $(2p+1)$ fois la même série de couleurs, mais celle-ci ne reproduit plus la suite des couleurs du disque inférieur, mais bien les combinaisons deux à deux des couleurs diamétralement opposées. Si l'on a, par exemple, $p=1$, d'où $\frac{m}{n-m}=\frac{2}{3}$, la première couleur reparaîtra à

0°		
240		
480	c'est-à-dire	120°
720	—	0
960	—	240
	etc.;	

ainsi ce sera toujours à 0°, 120°, 240°. La couleur, au contraire, qui lui est diamétralement opposée, reparaîtra au milieu de ces arcs, à

120°		
360	c'est-à-dire	0°
600	—	240
	etc.,	

c'est-à-dire aux trois mêmes endroits : elle se combinera donc avec la première.

En général, on voit facilement que si la fraction $\frac{m}{n-m}$, réduite à sa plus simple expression, devient $\frac{q}{p}$, et que la durée de l'impression sur l'œil est supérieure à celle de q tours du disque supérieur, on perçoit p répétitions d'une série de couleurs qui proviennent des combinaisons de q couleurs équidistantes du disque inférieur. Si la durée de l'impression est moindre que celle de q révolutions, les couleurs paraissent sauter.

Si l'on vient à faire varier la forme, le nombre et la grandeur des ouvertures du disque supérieur, on obtient naturellement des images caléidoscopiques très-bariolées. La bigarrure et la délicatesse des images augmente encore à cause d'oscillations particulières du disque supérieur. On entend, en effet, un ronflement de la toupie dès qu'on y a placé le disque supérieur, et, si l'on a pris un disque inférieur d'un blanc uniforme, la figure du disque supérieur ne se transforme pas en un système de cercles concentriques, comme cela devrait être, si ce disque était animé d'une vitesse uniforme ; on voit, au contraire, un grand nombre de répétitions de la figure découpée. On peut conclure de là que la rotation du disque supérieur subit des accélérations et des ralentissements alternatifs, qui proviennent sans doute du frottement de ce disque sur l'axe. Il se produit, de plus, un second système d'oscillations : le centre du disque supérieur va et vient dans une direction horizontale, ce qu'on peut reconnaître à certaines particularités de la figure observée au-dessus d'un disque blanc.

L'*anorthoscope* de Plateau produit les mêmes effets d'une façon plus régulière.

— Deux poulies de diamètre différent, mobiles indépendamment l'une de l'autre sur le même axe, sont mises en mouvement par deux cordons sans fin qui passent tous deux sur la périphérie d'un plateau circulaire commandé par une manivelle. L'une des poulies porte un disque transparent couvert d'un dessin déformé ; l'autre, un disque noir percé d'une ou de plusieurs fentes. Si l'on fait mouvoir les disques, on voit le dessin apparaître sous sa forme exacte.

Nous avons vu que, si m représente le nombre des tours de l'écran par seconde, et n celui des tours du dessin, tous les points du dessin qui sont à la même distance du centre qu'un certain point de la fente apparaissent successivement derrière la fente sur un arc de $2\pi \frac{m}{n-m}$ parcouru par cette fente. Or, sur l'image déformée que porte le disque transparent, ces points occupent toute la périphérie. Si l'on suppose donc que les points de l'original et ceux de son image déformée soient définis par des coordonnées polaires, c'est-à-dire par leur distance au centre, ρ, et par l'angle ω que fait le rayon vecteur avec un rayon fixe, désignant par ρ_0 et ω_0 les valeurs pour la véritable image, par ρ_1 et ω_1 celles pour l'image déformée, on a

$$\rho_0 = \rho_1$$
$$\omega_0 : \omega_1 = m : (m - n).$$

A l'aide de ces équations, on peut construire l'image déformée en changeant l'angle ω suivant le rapport indiqué. Pour que les mêmes figures reparaissent à chaque tour des disques, il faut, comme précédemment, que l'arc $2\pi \frac{m}{n-m}$ soit une partie aliquote de la périphérie, et, par conséquent, que $\frac{m}{m-n}$ soit un nombre entier, positif ou négatif.

Si les deux disques se meuvent dans le même sens, m et n étant alors positifs et $n > m$, ω_0 et ω_1 prennent des signes contraires et doivent être portés en sens contraire. La quantité $\frac{m-n}{m} = 1 - \frac{n}{m}$ est un nombre entier négatif, si $\frac{n}{m}$ est un nombre entier, p, c'est-à-dire si le disque transparent fait exactement p tours pendant que le disque noir en fait un. L'image se reproduit $(p-1)$ fois sur le pourtour du disque. On peut, dans ce cas, faire p fentes équidistantes sur les rayons du disque noir.

Si les deux disques tournent en sens contraire, posant $m = -\mu$, on a

$$\omega_0 : \omega_1 = \mu : (n + \mu),$$

et il faut compter les angles dans le même sens. Si $\frac{n}{\mu} = p$, p étant un nombre entier, le nombre des images devient $p + 1$, et l'on peut encore pratiquer p fentes dans le disque noir.

Quand enfin les rotations sont de même sens, m et n étant positifs, si $m > n$, ω_0 et ω_1 affectent encore le même signe, mais tandis que, jusqu'ici, ω_1 était égal ou supérieur à ω_0, il devient moindre. Dans les cas précédents, l'image déformée pouvait occuper toute la périphérie du cercle, et chaque image exacte n'en occupait qu'une partie aliquote. Dans le cas actuel, au contraire, la plus grande valeur de ω_0 est évidemment 2π, et, par suite, la plus grande valeur de ω_1 est $\left(1-\frac{n}{m}\right)2\pi$. L'image déformée peut donc aussi être répétée plusieurs fois sur le disque transparent, et il est même avantageux de le faire pour avoir plus de lumière. Afin que, dans ce cas, on revoie toujours la même image, il faut que le maximum indiqué pour ω_1 soit une partie aliquote de la périphérie, c'est-à-dire que $\frac{m}{m-n}$ soit un nombre entier, p, d'où :

$$\frac{n}{m}=\frac{p-1}{p}.$$

Dans ces conditions, le nombre de répétitions possibles de l'image déformée est p, et l'image exacte est simple. On peut faire le nombre des fentes égal à $p-1$.

Mais on peut aussi, dans ce cas, ne faire qu'une seule fente et modifier un peu l'image déformée dans ses répétitions, de manière à lui faire représenter différentes phases d'un même mouvement : on obtient alors une image exacte qui paraît exécuter ce mouvement.

Si l'on veut conserver exactement les rapports des nombres de tours m et n, il est nécessaire de faire tourner les axes au moyen d'engrenages. Avec les poulies, les rapports des diamètres et la structure des fils présentent inévitablement des irrégularités qui ont pour effet de faire tourner peu à peu les images exactes autour du centre du disque. Cette inévitable inexactitude du mouvement par les fils a servi à Plateau pour produire un changement de couleur très-lent : sur deux poulies aussi égales que possible, il fixait respectivement un disque transparent avec des secteurs colorés d'égale largeur, et un disque noir dans lequel étaient découpés un ou deux secteurs égaux. Si, au commencement, l'ouverture se trouve exactement devant un des secteurs colorés du disque postérieur, la rotation fait apparaître cette couleur sur tout le champ, mais peu à peu la position relative des disques se modifie, il vient s'ajouter successivement une partie de plus en plus grande de la couleur du secteur voisin, la quantité de la couleur du premier secteur diminue d'autant. On obtient ainsi un changement de couleur très-lent et très-insensible.

Il convient de parler encore ici de certaines courbes qui apparaissent lorsque deux séries de tiges droites ou courbes se meuvent l'une derrière l'autre. — Le premier exemple qui attira l'attention sur ces courbes fut celui des figures que donnent les roues d'une voiture en passant derrière une grille (1). Le cas le plus simple de ce genre est celui observé par Faraday. Deux roues dentées pareilles tournent rapidement, en sens contraire, sur le même axe. Les dents de chaque roue disparaissent par la rapidité de la rotation ; mais en se plaçant de manière à voir l'un

(1) ROGET, in *Phil. Transact.*, 1825, I, 131. — *Pogg. Ann.*, V, 93. — PLATEAU, *ibid.*, XX, 319. — FARADAY, *ibid.*, XXII, 601. — EMSMANN, *ibid.*, LXIX, 326.

des engrenages à travers l'autre, on aperçoit une roue immobile, à dents deux fois plus nombreuses que celles des roues employées. Supposons que les dents soient claires sur fond obscur; dans leur rotation rapide, les dents claires de chaque roue répandent uniformément une certaine quantité de lumière sur le fond, et les deux séries de dents réunies amènent une quantité double de lumière sur les parties du fond où se projettent alternativement les dents de chaque rangée. Dans les parties, au contraire, où une dent de la rangée antérieure en cache une de la rangée postérieure, la lumière de cette dernière est éclipsée un instant, et, par suite, ces endroits paraissent moitié moins éclairés que ceux où les deux dents envoient successivement leur lumière à l'œil sans aucun obstacle. Ainsi, dans la figure éclairée que forment les rangées de dents, les endroits où, dans le mouvement, les dents sont amenées à coïncider, paraissent plus sombres. Soit ω l'angle d'écartement des dents, et partons d'une position où les dents se recouvrent, il se produit une seconde coïncidence quand les roues ont tourné chacune de $^1/_2\ \omega$, l'une dans un sens, l'autre en sens contraire. Les parties obscures ne sont donc écartées que de $^1/_2\ \omega$; leur nombre est par conséquent double de celui des dents. On peut employer une seule roue, d'après la remarque de Billet Sélis, en plaçant derrière cette roue un miroir concave qui forme, à la place même de la roue, une image identique avec l'objet, mais renversée. Cette méthode s'applique très-heureusement pour montrer comment un filet d'eau se résout en gouttes.

Emsmann a remarqué un phénomène du même genre qui se produit quand on fait fonctionner l'appareil à force centrifuge, destiné à démontrer l'aplatissement de la terre. On sait que cet appareil est formé de deux cercles élastiques d'acier qui représentent deux méridiens terrestres perpendiculaires entre eux : quand on les fait tourner rapidement autour de la ligne qui représente l'axe de la terre, la force centrifuge leur fait prendre une forme elliptique. Comme ils réfléchissent fortement la lumière, ils étalent une clarté sur la sphère qu'ils décrivent, et l'on voit apparaître des lignes obscures, sur cette surface, aux endroits où les deux arcs sont vus l'un derrière l'autre. Le principe général de ces phénomènes a été énoncé par Plateau : Lorsque deux courbes lumineuses tournent dans le champ visuel avec une vitesse suffisante pour produire une illumination constante de la surface qu'elles décrivent, on voit, dans ce champ lumineux, une ligne obscure qui joint les points d'intersection successifs des courbes, si toutefois la lumière de l'une ne peut pas traverser l'autre.

La durée de la sensation lumineuse, évaluée par NEWTON (1), à une seconde a été mesurée plus exactement depuis par SEGNER (2), D'ARCY (3), CAVALLO (4), qui trouvèrent respectivement 30, 8 et 6 tierces pour la plus grande durée de la sensation produite par un charbon ardent qu'on fait tourner en cercle. PARROT (5) trouva que la sensation persiste moins longtemps dans une chambre éclairée que dans l'obscurité. Citons encore les mesures plus

---

(1) Optice, quæstio XVI.
(2) De raritate luminis. Gott., 1740.
(3) *Mém. de Paris*, 1765, p. 450.
(4) Hist. nat., übers. v. TROMMSDORF, III, 132.
(5) Entretiens sur la physique. Dorpat, 1819-24, III, 235.

récentes de PLATEAU (1) sur les différentes durées de sensation des différentes couleurs, ainsi que celles d'EMSMANN (2).

MUSSCHENBROEK (3) parle des disques chromatiques, sans nommer aucun observateur plus ancien. Des formes particulières de ces disques ont été décrites par E. G. FISCHER (4), LÜDICKE (5), BUSOLT (6).

Nous avons mentionné plus haut la découverte presque simultanée des *disques stroboscopiques* par PLATEAU et par STAMPFER, à la fin de l'année 1832. La construction de l'anorthoscope par PLATEAU (7) date de janvier 1836. Ce dernier a aussi fait des travaux nombreux et complets sur la théorie des phénomènes en question.

1704. I. NEWTON, Opticc, quæstio XVI.

1740. SEGNER, De raritate luminis. Gottingæ, 1740.

1760. MUSSCHENBROEK, Introductio ad philos. natur., § 1820.

1765. D'ARCY, Sur la durée de la sensation de la vue, in *Mém. de l'Acad. des sc.*, 1765, p. 450.

1795. T. CAVALLO, Hist. naturelle, übers. von TROMMSDORF, III, 132.

1800. A. F. LÜDICKE, Beschreibung eines Schwungrades, die Verwandlung der Regenbogenfarben darzustellen, in *Gilb. Ann.*, V, 272.

1810. A. F. LÜDICKE, Versuche über die Mischung prismatischer Farben, *ibid.*, XXXIV, 4. — Beschreibung eines Chromaskops, *ibid.*, XXXVI ; LII.

1819. PARROT, Entretiens sur la physique, Dorpat, 1819-24, III, 235.

1825. ROGET, in *Philosophical Transact.*, 1825, I, 131. — *Pogg. Ann.*, V, 93. (Courbes des rais de voitures.)

1827. E. G. FISCHER, Lehrbuch der mechanischen Naturlehre. Berlin, II, 267. (Disque chromatique.)

— PARIS, Thaumatrop, in *Pogg. Ann.*, X, 480. — *Edinb. Journ. of Sc.*, VII, 87.

— TH. YOUNG, Optische Erscheinung bei einer schwingenden Saite, in *Pogg. Ann.*, X, 470-480.

1829. PLATEAU, in *Pogg. Ann.*, XX, 304-324 ; 543. (Durée différente des impressions colorées; courbes des rais de voitures.) — Dissert. sur quelques propriétés des impressions produites par la lumière sur l'organe de vue. Liége, 1829.

1831. FARADAY, On a peculiar Class of Optical Deceptions, in *Journ. of the Roy. Inst.*, I. — *Pogg. Ann.*, XXII, 601. (Roues dentées vues l'une à travers l'autre; mouvement de vis.)

1833. PLATEAU, in *Correspond. math. et phys. de l'observat. de Bruxelles*, VII, 365. — *Pogg. Ann.*, XXII, 647. (Phénakisticope.) — *Ann. de chim. et de phys.*, LIII, 304.

— STAMPFER, Die stroboskopischen Scheiben oder optische Zauberscheiben, deren Theorie und wissensch. Anwendung. Wien. — *Pogg. Ann.*, XXIX, 189; XXXII, 636. — *Jahrbuch. d. polytechn. Inst. zu Wien*, XVIII.

— BUSOLT, Farbenkreisel, in *Pogg. Ann.*, XXXII, 656.

1834. HORNER, Dädaleum, in *Pogg. Ann.*, XXXII, 650. — *Phil. Mag.*, 3, IV, 36.

— TALBOT, in *Phil. Mag.*, nov. 1834, p. 327; IV, 113. (Application des disques rotatifs à la photométrie.)

1835. PLATEAU, in *Bullet. de l'Acad. de Bruxelles*, 1835, p. 52. — *Pogg. Ann.*, XXXV, 457-464. (Mensurations sur l'intensité de la lumière intermittente.)

— DOVE, Ueber Discontinuität des Leuchtens der Blitze.

---

(1) *Pogg. Ann.*, XX, 304-324.

(2) *Pogg. Ann.*, XCI, 611.

(3) Introd. ad philos. natur., § 1820.

(4) Lehrbuch der mechanischen Naturl. Berlin, 1827, II, 267.

(5) *Gilbert's Annalen*, V, 272; XXXIV, 4.

(6) *Pogg. Ann.*, XXXII, 656.

(7) *Bull. de Bruxelles*, 1836, III, 7. — *Pogg. Ann.*, XX, 319-543; XXXII, 646; XXXVII, 464; LXXVIII, 563; LXXIX, 269; LXXX, 150, 287.

1835. ADDAMS, Optische Täuschung bei Betrachtung eines in Bewegung begriffenen Körpers, in *Pogg. Ann.*, XXXIV, 384. — *Phil. Mag.*, V, 373.

1836. PLATEAU, Anorthoscope, in *Bullet. de l'Acad. de Bruxelles*, III, 7, 364. — *Pogg. Ann.*, XXXVII, 464.

1845. EMSMANN, Optische Täuschung, welche sich an dem Abplattungsmodelle zeigt, in *Pogg. Ann.*, LXIV, 326.

— DOPPLER, in *Abhandl. der böhmischen Ges. der Wiss.*, V. Folge, III.

1846. DOVE, Ueber die Methoden aus Complementärfarben Weiss darzustellen, und über die Erscheinungen, welche polarisirtes Licht zeigt, dessen Polarisationsebene gedreht wird, in *Berl. Monatsber.*, 1846, p. 70. — *Pogg. Ann.*, LXXI, 97. — *Phil. Mag.*, XXX, 465. — *Inst.*, n° 712, p. 176. — *Archiv. des sciences phys. et nat.*, V, 276.

— DOVE, Ueber ein optisches Verfahren die Umdrehungsgeschwindigkeit einer rotirenden Scheibe zu messen, in *Berl. Monatsber.*, 1847, p. 77. — *Pogg. Ann.*, LXXI, 112. — *Inst.*, n° 712, p. 177.

— MÜLLER, Anwendung der strobosk. Scheiben zur Versinnlichung der Wellenlehre, in *Pogg. Ann.*, LXVII, 271.

1849. PLATEAU, Sur de nouvelles applications curieuses de la persistance des impressions de la rétine, in *Bullet. de Bruxelles*, XVI, I, 424, 588 ; II, 30, 254. — *Inst.*, XVII, n° 818, p. 277 ; n° 830, p. 378 ; XVIII, n° 835, p. 5. — *Phil. Mag.*, XXXVI, p. 434, 436. — *Pogg. Ann.*, LXXVIII, 563 ; LXXIX, 269 ; LXXX, 150, 287. — *Froriep's Notizen*, X, 221, 325.

1850. J. TYNDALL, Phenomena of Water Jet (Éclairage par des étincelles électriques), in *Philos. Mag.*, 4, I, 105. — *Pogg. Ann.*, LXXXII, 294. — *Edinb. Journ.*, L, 370. — *Inst.*, n° 924, p. 303.

— H. BUFF, Einige Bemerkungen über die Erscheinung der Auflösung des flüssigen Strahls in Tropfen, in *Liebig und Wöhler*, LXXVIII, 162. (Éclairage par de la lumière intermittente.)

— BILLET SÉLIS, Sur les moyens d'observer la constitution des veines liquides, in *Ann. de chim. et de phys.*, 3, XXXI, 326. — *Pogg. Ann.*, LXXXIII, 597.

— W. SWAN, On the gradual Production of Luminous Impressions on the Eye and other Phenomena of Vision, in *Sillimann Journ.*, 2, IX, 443. — *Proc. Edinb. Roy. Soc.*, 1849, p. 230.

— STEVELLY, Attempt to explain the occasional Distinct Vision of rapidly revolving Coloured Sectors, in *Sillimann Journ.*, 2, X, 401. — *Rep. of British Assoc.*, 1850, 2, p. 21.

— SINSTEDEN, Eine optische Stelle aus den Alten, in *Pogg. Ann.*, LXXXIV, 448. — *Cosmos*, I, 116.

1852. MONTIGNY, Procédé pour rendre perceptibles et pour compter les vibrations d'une tige élastique, in *Bullet. de Bruxelles*, XIX, 1, p. 227-250. — *Inst.*, 1852, p. 216-220 ; 268. — *Pogg. Ann.*, LXXXIX, 102-121.

1853. A. POPPE, Das verbesserte Interferenzoskop, in *Pogg. Ann.*, LXXXVIII, 223-230. (Observation d'ondes liquides au moyen de disques stroboscopiques.)

— F. UCHATIUS, Apparat zur Darstellung beweglicher Bilder an der Wand, in *Wiener Ber.*, X, 482-485.

— W. ROLLMANN, Ueber eine neue Anwendung der stroboskopischen Scheiben, in *Pogg. Ann.*, LXXXIX, 246-250.

— J. PLATEAU, Sur le passage de LUCRÈCE, où l'on a vu une description du fantascope, in *Arch. des sc. phys.*, XX, 300-302. — *Cosmos*, I, 307-309. (Contre SINSTEDEN.)

1854. EMSMANN, Ueber die Dauer des Lichteindrucks, in *Pogg. Ann.*, XCI, 611-618. — *Inst.*, 1854, p. 276.

1855. LISSAJOUS, Note sur un moyen nouveau de mettre en évidence le mouvement vibratoire des corps, in *Comptes rendus*, XLI, 93-94. — *Inst.*, 1855, p. 245. — *Cosmos*, VII, 81-83. — *Arch. des sc. phys.*, XXX, 159-161.

— LISSAJOUS, Note sur une méthode nouvelle applicable à l'étude des mouvements vibratoires, in *Comptes rendus*, XLI, 814-817. — *Cosmos*, VII, 608-609. — *Inst.*, 1855, p. 402-403.

1856. LISSAJOUS, Mémoire sur l'étude optique des mouvements vibratoires, in *Comptes rendus*, XLIII, 973-976 ; XLIV, 727 ; XLV, 48-52. — *Inst.*, 1856, p. 411 ; 1857, p. 237. — *Cosmos*, IX, 626-629 ; XI, 80-83 ; 110-112 ; 431-432. — *Ann. de chim. et de phys.*, 3, LI, 147-231.

1858. D. Brewster, On the Duration of Luminous Inpressions of certain points of the Retina, in *Ath.*, 1858, II, 521.

1860. W. Dove, Ueber einen besonderen Farbenkreisel des Herrn Lohmeier in Hamburg, in *Berliner Monatsber.*, 1860, p. 491. (C'est la même chose que le dédaléum décrit p. 463.)

— Goodchild, Trocheidoscope, in *Dingler's Journ.*, CLVII, 181-184.—*Pract. mechan. J.*, 1860, april 4. (Application des disques chromatiques à des phénomènes de contraste.)

1862. F. Zöllner, Ueber eine neue Art Anorthoskopischer Zerrbilder, in *Pogg. Ann.*, CXVII, 477-484.

— J. J. Oppel, Vorläufige Notiz über eine eigenthümliche Augentäuschung in Bezug auf Rotationsrichtungen, in *Jahresber. des Frankf. Vereins*, 1861-1862, p. 56-57.

— D. Brewster, On the Compensation of Impressions moving over the Retina, in *Rep. of Brit. Assoc.*, 1861, 2, p. 29-29.

1863. A. Fick, Ueber den zeitlichen Verlauf der Erregung in der Netzhaut, in *Reichert und du Bois, Archiv*, 1863, p. 739-764.

1864. E. Brücke, Ueber den Nutzeffect intermittirender Netzhautreizungen, in *Wiener Ber.*, XLIX, 21 jan. 1864.

— Aubert, Physiologie der Netzhaut. Breslau, p. 96-103.

§ 23. — Des modifications de l'excitabilité.

Nous avons vu qu'après l'action de la lumière sur la rétine, l'état d'excitation de l'appareil nerveux visuel persiste pendant quelque temps, et que cette persistance de l'impression est surtout facile à remarquer lorsque après avoir regardé des objets éclairés, on dirige l'œil sur un champ visuel tout à fait obscur. On trouve, en outre, qu'après l'action d'une lumière sur une portion quelconque de la rétine, cette portion modifiée perçoit la lumière incidente d'une autre manière que les parties de la rétine qui n'ont pas été affectées préalablement. Il s'agit donc aussi d'une modification apportée, par l'action de la lumière, dans la manière dont l'appareil nerveux visuel est sensible aux excitants extérieurs.

Nous rechercherons donc principalement, dans ce paragraphe, quelles sont les sensations qui se produisent par l'action de la lumière extérieure sur une portion de la rétine qui a été préalablement affectée par une lumière brillante. Ajoutons cependant tout d'abord qu'il nous faudra étudier, en même temps, une partie des phénomènes qui se présentent dans le champ visuel obscur en apparence, car, en réalité, il n'y a pas de champ visuel complétement obscur : même lorsqu'on exclut toute lumière extérieure, il reste toujours une certaine excitation faible de la rétine par des causes internes, et qui produit le *chaos lumineux* ou *lumière propre du champ visuel obscur* déjà mentionné au § 17. Or l'excitabilité de la rétine paraît modifiée à l'égard de ces excitations internes comme pour la lumière objective ; aussi les phénomènes qui se présentent dans le champ visuel obscur, après que l'excitation de la rétine a complétement cessé, appartiennent-ils à notre sujet.

Je ferai encore remarquer que, dans des lieux éclairés, l'occlusion des paupières ne suffit pas pour débarrasser le champ visuel de toute lumière objective, comme on le constate à l'obscurité plus grande qui se produit en serrant plus fortement les paupières ou en ajoutant la main. A l'éclairage direct du soleil, il ne suffit même plus d'appliquer la main sur les yeux : elle laisse passer encore une quantité très-perceptible de lumière rouge. Aussi lorsque nous parlerons, par la suite, d'un champ visuel complétement obscur, il faut entendre par là le champ visuel tel qu'il se présente dans une chambre complétement obscure, débarrassée de toute lumière objective, ou bien comme on le voit dans une chambre claire lorsqu'on ferme les yeux en y appliquant hermétiquement, mais sans pression, la main ou un linge opaque et foncé.

Dans ce qui suit, je désignerai sous le nom de lumière *primaire*, celle qui agit d'abord sur la rétine et en modifie l'excitabilité, et sous celui de lumière *réagissante*, celle qui agit sur la rétine modifiée, parce qu'elle nous représente, pour ainsi dire, le réactif au moyen duquel nous examinons l'excitabilité de la rétine.

Ce sujet nous présente des phénomènes d'une variété considérable, et bien qu'un assez grand nombre d'observateurs distingués s'en soient occupés, il reste encore, sur bien des points, des incertitudes et des lacunes. La difficulté provient de ce que chaque observateur qui entreprend cette étude a besoin d'un certain temps pour s'exercer suffisamment à saisir et à interpréter avec exactitude les phénomènes en question, et, d'un autre côté, la plupart des expériences fatiguent les yeux à un tel point, que, si on les continue trop longtemps, il peut s'ensuivre, pour les yeux et les nerfs, des maladies graves et dangereuses. Aussi la plupart des observateurs n'ont-ils pu constater et découvrir, jusqu'à présent, qu'un nombre de faits relativement restreint, et il est prudent d'engager les personnes qui voudront faire de semblables expériences, à n'en faire qu'un petit nombre chaque jour, et à les abandonner pour longtemps dès qu'elles sentiront de légères douleurs se manifester dans les yeux ou dans la tête, soit après les expériences, soit en regardant une lumière brillante ou des couleurs vives; il faut s'arrêter également dès que les couleurs accidentelles commencent à devenir plus vives et plus durables que dans l'œil normal.

Nous distinguons les *images accidentelles* ou *consécutives* en *positives* et *négatives*, de la même manière qu'on distingue les images photographiques en positives et en négatives. Les images *positives*, auxquelles on peut appliquer plus spécialement le nom d'*images persistantes*, sont celles où les parties claires et obscures de l'objet paraissent également claires et obscures ; les images *négatives* sont celles où les parties claires de l'objet se dessinent en sombre, et réciproquement.

I. — Je décrirai d'abord la marche des phénomènes en ne tenant compte que de l'intensité lumineuse, et non de la permutation des couleurs, qui accompagne, dans la plupart des cas, la variation de l'intensité, et qu'on peut probablement expliquer par une durée différente des diverses périodes du phénomène pour les diverses couleurs. — Pour bien pouvoir observer la marche normale des images consécutives, il est nécessaire d'écarter d'abord de la rétine les images accidentelles des sensations lumineuses précédentes; à cet effet, il est ordinairement nécessaire et suffisant de maintenir pendant quelques minutes les yeux soigneusement couverts, jusqu'à ce qu'on ne voie plus, dans le champ visuel obscur, que le chaos lumineux dont on apprend facilement à reconnaître les figures particulières (le plus souvent ce sont des sortes de flocons lumineux séparés par des lignes foncées arborescentes et réticulées). Lorsqu'on ne voit plus aucun fragment de dessins d'objets extérieurs, et qu'il n'en apparaît plus lorsqu'on laisse pénétrer de la lumière très-faible à travers les paupières fermées, l'œil est préparé pour recevoir l'impression.

Si l'on dirige les yeux pendant quelques instants vers un objet lumineux tel que la surface d'une fenêtre, ou si, mieux encore, on laisse les yeux immobiles, en se bornant à les découvrir pour un moment, on voit apparaître aussitôt l'image positive dont nous avons parlé au paragraphe précédent. — Cette image est d'autant plus nette et plus distincte, qu'on a moins changé la direction de l'œil, et je trouve qu'elle offre sa plus grande intensité lorsque la lumière primaire n'a agi sur l'œil que pendant un tiers de seconde environ. Les phénomènes mentionnés dans le paragraphe précédent nous ont appris que pendant les premiers moments, l'intensité de l'excitation produite augmente ; mais elle atteint très-rapidement son maximum. Si l'éclairement dure plus d'un tiers de seconde, l'excitation persistante de la substance du nerf optique diminue rapidement d'intensité, ce dont nous donnerons plus loin la cause probable. Du reste, plus la lumière primaire est intense, plus l'image persistante est claire et plus elle dure longtemps. Il faut remarquer ici que, dans cette image, on peut souvent distinguer des dégradations de l'intensité que la plus grande clarté empêchait de distinguer dans l'examen direct. Si l'on éteint, par exemple, brusquement une lampe à mèche cylindrique, en portant le regard sur la flamme au moment de tourner le bouton, on reconnaît dans l'image persistante que les bords sont plus lumineux que le milieu de la flamme, différence qu'on remarque difficilement à l'observation directe (voyez § 21). Aubert a fait une remarque analogue sur les images persistantes de l'étincelle électrique : à la vision directe, l'étincelle présente l'aspect d'une bande lumineuse un peu vague, tandis que, dans l'image consécutive, elle offre celui d'une ligne nettement dessinée. On peut obtenir, d'après la méthode décrite, des images consécutives d'objets modérément éclairés, par exemple, de papier blanc éclairé au degré suffisant pour lire, et qui restent perceptibles pendant environ deux secondes, tandis que la brillante image persistante du soleil se conserve souvent pendant plusieurs minutes.

Pour obtenir les images persistantes positives dans toute leur pureté, il faut se conformer aux indications suivantes. — Pendant leur production et leur observation, il faut éviter avec soin tout mouvement de l'œil, tout mouvement violent du corps, car ces mouvements les font toujours disparaître pour un certain temps. Après être resté assis pendant un temps suffisant, avec les yeux fermés et soigneusement recouverts, on les dirige vers l'objet sans les découvrir, puis on s'efforce de les laisser absolument immobiles, tandis qu'on retire rapidement les mains pour les réappliquer aussitôt devant les yeux. Ce mouvement des mains doit être exécuté avec aisance, sans secousse et sans effort, de manière à ne produire aucun soubresaut du corps. Quand on s'est bien exercé à cette manœuvre, on réussit parfois à voir l'image persistante avec tant de netteté et d'éclat, qu'on croirait continuer à voir l'objet véritable, comme si les mains étaient devenues transparentes. On a assez de temps pour reconnaître, sur ces images persistantes, une quantité de détails qu'on n'avait pas eu le temps de remarquer pendant l'observation directe.

Les surfaces peu éclairées disparaissent les premières, sans que leur couleur se modifie notablement ; les parties claires persistent le plus longtemps, et leur couleur passe par des nuances bleuâtres pour affecter successivement un rose violacé et un rouge jaune. Pendant que les parties les plus claires passent du bleu au violet, le dessin de l'image accidentelle devient souvent assez confus ; cela me paraît tenir à ce que les parties claires ont alors perdu relativement plus de lumière que les parties sombres, que les deux ont atteint à peu près la même intensité ; de plus, comme on le verra plus en détail dans le paragraphe suivant, nous ne pouvons, en général, bien distinguer que des états d'excitation variables de la rétine, tandis que nous perdons rapidement la faculté de distinction pour des états d'excitation constants. Plus tard, les objets peu éclairés deviennent tout à fait obscurs dans l'image accidentelle positive, tandis que les plus clairs restent seuls assez longtemps visibles, mais colorés en rose. Ces circonstances m'ont frappé particulièrement en observant l'image accidentelle d'un tapis clair sur une partie duquel tombait un faisceau de lumière solaire. Il y eut un moment où je voyais complétement le dessin du tapis, mais partout d'une clarté uniforme, la bande de lumière solaire cessant de trancher sur le reste. Puis le dessin du tapis s'effaça, la bande lumineuse apparut de nouveau avec une coloration rose, et persista pendant longtemps. On conçoit donc que, pour certains degrés déterminés de l'éclairage, le dessin de l'image puisse devenir très-confus, en tout ou en partie, pour redevenir plus net ensuite, c'est-à-dire que l'image peut sembler disparaître presque entièrement, puis s'éclaircir de nouveau. Mais en y portant plus d'attention, on remarque que le fond de l'image est sensiblement plus clair pendant que le dessin est confus que lorsque les parties les plus claires reparaissent sur un fond tout à fait noir. Aussi, dans ces cas, la sensation lumineuse n'a-t-elle pas disparu pour reparaître : c'est seulement la différence entre les parties plus ou moins claires qui s'est affaiblie pour un certain temps, et la faculté de la percevoir qui a cessé, jusqu'à ce que l'image accidentelle soit redevenue sensible, grâce à une nouvelle modification de couleur et d'intensité. J'ai toujours observé, du reste, sur des images qui contenaient beaucoup d'objets d'intensité très-diverse, que plus un objet est lumineux, plus sa disparition totale de l'image positive est lente. Cependant Aubert a trouvé sur des images accidentelles faibles, comme l'étaient probablement celles qu'il a obtenues en éclairant les objets par l'étincelle électrique, que les images accidentelles positives duraient plus longtemps après des étincelles faibles qu'après des étincelles fortes.

Si l'on a, au contraire, déplacé violemment, pressé ou ébranlé l'œil en l'ouvrant et le fermant, on voit au premier instant un chaos lumineux confus, où se développe ensuite peu à peu l'image persistante. De même, l'image accidentelle déjà développée disparaît momentanément ou tout à fait, sous l'influence d'un mouvement, d'une secousse, d'une pression ou de la lumière extérieure.

Lorsque la lumière extérieure n'a agi que très-peu de temps, qu'elle n'a pas été éblouissante et que le champ visuel est maintenu à l'abri de toute trace de lumière extérieure, l'image positive disparaît ordinairement sans passer à l'état négatif. Mais si pendant que l'image positive est encore visible, ou même un peu plus tard, on dirige le regard vers une surface uniformément éclairée, ou si on laisse pénétrer de la lumière à travers les paupières fermées, on voit apparaître une image négative. Plus l'image positive est prononcée, plus la lumière réagissante doit être intense pour la transformer en image négative. Il existe toujours une certaine intensité de la lumière réagissante pour laquelle l'image disparaît sans devenir négative. Si la lumière réagissante est plus forte, il se produit une image négative; si elle est plus faible, l'image reste positive et devient seulement plus confuse. Du reste, la netteté de l'image négative augmente avec l'intensité de la lumière réagissante, jusqu'à ce que cette intensité ait atteint le degré le plus favorable pour reconnaître de faibles différences de l'intensité lumineuse ; au delà, elle diminue de nouveau. On peut donc obtenir des images accidentelles même pour une lumière primitive faible, et de la lumière réagissante forte, mais il faut beaucoup d'attention pour les voir, car elles s'évanouissent très-rapidement. Ainsi, quelque temps après la disparition de l'image positive, on peut voir l'image négative sur des surfaces éclairées, puis elle pâlit et disparaît peu à peu ; on peut même l'apercevoir dans un champ visuel tout à fait obscur ; elle y apparaît comme une diminution de la lumière propre de la rétine. Cette lumière propre paraît, en général, un peu plus claire, par contraste, dans le voisinage de l'image accidentelle obscure.

Lorsque la lumière primaire est très-intense, l'image accidentelle négative gagne en netteté et en durée. On distingue aussi, dans l'image accidentelle négative, les parties d'un objet éblouissant, employé comme objet éclairant primaire, qui possèdent des intensités lumineuses objectivement différentes sans que ces différences soient perceptibles à l'examen direct de l'objet. C'est ainsi qu'après avoir regardé le soleil couchant, j'ai souvent remarqué que des objets qui recouvraient une partie du disque solaire, et qui, à cause de l'irradiation, restaient absolument inaperçus lorsque je regardais directement le soleil, apparaissaient nettement dans l'image accidentelle négative. On peut voir de cette manière jusqu'à de petits objets, comme des branches et des feuilles d'arbres. Ainsi l'excitabilité des parties de la rétine qui ont reçu l'image du disque solaire même subit une modification consécutive plus grande que celle des parties de la rétine qui ont reçu les cercles de diffusion et la lumière diffuse, bien qu'il n'ait pas été possible de discerner la sensation primitive de ces deux agents. C'est pour cette même raison que les images accidentelles du soleil sont d'abord plus grandes que le disque solaire lui-même, pour devenir ensuite plus petites ; au commencement, il vient s'associer sur le bord externe du soleil une image consécutive des cercles de diffusion qui devient plus rapidement négative et disparaît plus vite que celle du milieu du disque, où toute l'intensité du soleil a exercé son influence.

La durée de l'éclairement primaire exerce sur l'image accidentelle négative une influence autre que sur l'image positive. En effet, l'intensité de l'image négative augmente avec la durée de l'action lumineuse, et ce n'est que pour une durée assez longue qu'elle paraît tendre peu à peu vers un maximum. Un éclairement très-intense peut même, s'il dure longtemps, amener une modification persistante de la partie correspondante de la rétine : Boyle en cite un exemple, et Ritter (1) l'apprit à ses dépens, après avoir regardé directement le soleil pendant 10 à 20 minutes. Aussi est-il bon, pour la production d'images négatives distinctes, de faire durer assez longtemps (de 5 à 10 secondes environ, pour une lumière modérée) l'éclairement primaire. L'image accidentelle positive est alors faible et disparaît rapidement, tandis que l'image négative est plus prononcée et dure plus longtemps. Ainsi, lorsqu'on a regardé des nuages éclairés, à travers la fenêtre, pendant un tiers de seconde, l'image accidentelle positive disparaît après 12 secondes environ, tandis que l'image négative sur fond clair peut persister environ 24 secondes. En regardant, au contraire, les mêmes nuages pendant 4 ou 5 secondes, j'ai vu l'image négative ne disparaître qu'après 8 minutes. Je maintenais le champ visuel dans une obscurité complète, et je laissais seulement arriver, de temps en temps, un peu de lumière à travers les paupières fermées, pour voir si l'image accidentelle subsistait encore.

Pour obtenir une image négative très-nettement dessinée, il est nécessaire, pendant la durée de l'éclairement, de fixer invariablement un point déterminé de l'objet éclairé. Dans l'image accidentelle négative, on peut mieux encore que dans l'image positive, plus fugace, reconnaître des détails qu'on n'a pas remarqués dans l'observation directe. Si l'on a fixé, l'un après l'autre, deux points différents de l'objet, on reconnaît deux images accidentelles qui se recouvrent en partie. C'est ainsi que si le soleil se trouve dans le champ visuel, après avoir promené rapidement le regard dans ce champ, on peut obtenir, dans l'image accidentelle, la figure du trajet que l'image du soleil a tracé sur la rétine. Si l'on a fixé, par moments, le regard sur différentes parties du champ visuel, on obtient en conséquence des images accidentelles rondes et plus intenses du soleil, qui restent plus longtemps positives, et qui, une fois devenues négatives, deviennent plus obscures et persistent plus longtemps. Ces images sont reliées par des bandes étroites et estompées qui sont également claires au commencement, mais qui se foncent bientôt en devenant négatives, et qui sont d'autant plus faiblement dessinées, que le mouvement de l'œil a été plus rapide

(1) Beiträge zur näheren Kenntniss des Galvanismus, 1805, II, 175-181.

pour la partie correspondante. Ces bandes sont plus étroites que le disque solaire, et elles sont estompées sur les bords, parce que la portion de rétine correspondant à leur bord ne reçoit qu'une corde de l'image arrondie du soleil, tandis qu'au milieu l'image a glissé suivant un diamètre, de sorte qu'en ces points son action s'est exercée pendant plus longtemps.

Les images accidentelles, positives ou négatives, suivent les déplacements de l'œil, de sorte que leur position apparente, dans le champ visuel, correspond toujours à l'endroit où devrait se trouver un objet dont l'image viendrait se former sur la portion de rétine qui a reçu l'impression primaire. Si c'est donc la tache jaune qui a été frappée par une lumière intense, l'image accidentelle, quel que soit le point où l'on regarde, vient constamment se placer au point de fixation de l'œil, et si elle est intense, elle empêche toujours de distinguer des objets un peu délicats. Quand une image accidentelle vigoureusement dessinée se trouve près du point de fixation, l'observateur se laisse facilement entraîner à vouloir la fixer directement, et à mesure que l'œil se tourne à cet effet, l'image paraît s'enfuir, à la manière des *mouches volantes*, vers l'extrémité du champ visuel. Mais si l'observateur regarde un point fixe extérieur, les images accidentelles restent également fixes : leur mouvement ne dépend jamais que de celui de l'œil.

Si maintenant nous voulons déduire, des phénomènes décrits jusqu'ici, des conclusions relatives à l'état des parties de la rétine et de l'appareil nerveux visuel affectées par la lumière primaire, nous trouvons : 1° que l'état d'excitation y persiste encore pendant un certain temps, après la suppression de la lumière primaire, ce qui se manifeste par la présence des images accidentelles positives, et 2° que la substance nerveuse primairement excitée perçoit plus faiblement la lumière réagissante ultérieure que ne font les autres parties de la rétine.—Ainsi, *après l'action de la lumière, il y a d'abord persistance de l'excitation, et, en second lieu, diminution de sensibilité pour de nouvelles excitations.* Cette diminution d'excitabilité, consécutive à l'excitation, est une circonstance que présentent aussi les nerfs moteurs et les autres nerfs sensitifs. Cet état porte le nom de *fatigue.*

Nous avons vu que, pour une intensité croissante de la lumière réagissante, les images accidentelles négatives augmentent de netteté jusqu'à ce que cette intensité ait atteint sensiblement le degré pour lequel les variations de l'intensité lumineuse, comparées à la valeur de cette intensité, sont le mieux perçues. On peut déduire de là que la fatigue de la substance nerveuse en diminue la sensibilité pour une nouvelle lumière, à peu près comme si l'intensité objective de cette lumière était diminuée d'une fraction déterminée de sa valeur. A défaut de mensurations suffisantes, nous ne pouvons prétendre qu'à désigner ainsi d'une manière générale la marche suivie par l'intensité de la sensibilité d'une partie fatiguée de la rétine en fonction de l'intensité de la lumière réagissante. Tant que l'image positive persiste à côté de l'image négative, l'état d'excitation de la rétine est composé de l'excitation persistante produite par la lumière primaire et de la diminution de sensibilité pour la lumière réagissante, attribuable à la fatigue. Dans ce sens, nous pouvons considérer l'intensité de l'image accidentelle comme étant la somme des intensités de l'image positive et de la lumière réagissante, cette dernière étant diminuée par l'état de fatigue. Si donc la diminution d'intensité de la lumière réagissante est plus forte que l'intensité de l'image positive, l'intensité totale de l'image accidentelle est plus faible que celle de la lumière réagissante, telle qu'elle se présente aux parties non fatiguées de la rétine, et l'image accidentelle est négative. C'est ce qui se produit pour une grande intensité de la lumière réagissante. Cette intensité est-elle faible, au contraire, alors celle de l'image positive est plus que suffisante pour compenser la perte produite par la fatigue : l'image est positive.

Soit H l'intensité apparente de la lumière réagissante pour les parties non fatiguées de la rétine, αH celle pour les parties fatiguées, α étant inférieur à 1, soit enfin I l'intensité apparente de l'image positive ; d'après ce que nous avons dit, α doit être assez constant pour les différentes valeurs de H. En admettant cette constance, on a $\alpha H + I$ pour l'intensité de l'image accidentelle et H pour celle du fond. Pour

$$H = \frac{I}{1 - \alpha}$$

on a

$$I + \alpha H = H,$$

et l'image accidentelle a la même intensité que le fond : elle est invisible. Pour

$$H > \frac{I}{1 - \alpha}$$

on a

$$I + \alpha H < H,$$

l'image accidentelle est négative. Enfin, pour

$$H < \frac{I}{1 - \alpha},$$

l'image accidentelle est positive.

Si I est très-petit, l'intensité apparente de la lumière propre de la rétine peut déjà être plus grande que $\frac{I}{1-\alpha}$, et l'image négative apparaît dans le champ complétement obscur. Si enfin l'image positive est tout à fait évanouie, H est l'intensité du fond, et αH celle de l'image accidentelle. Si $1-\alpha$ est devenu très-petit, par suite de cessation de la fatigue, il faut une certaine intensité moyenne de la lumière réagissante pour faire apparaître la différence, qui est invisible dans le champ visuel obscur. Enfin, pour $1-\alpha=0$, l'image accidentelle disparaît complétement.

Quant aux images négatives dans le champ visuel complétement obscur, le coup d'œil apprend qu'elles se produisent par une diminution de la lumière propre de la rétine. Ainsi cette lumière propre, que nous devons rapporter à l'action d'excitants internes sur l'appareil nerveux visuel, est soumise aux influences de la fatigue, tout comme la sensation de la lumière extérieure. On peut d'ailleurs démontrer, pour les excitants électriques et mécaniques de la rétine, que la fatigue de l'œil, par suite d'excitation, diminue sa sensibilité pour d'autres excitations. Si, après avoir développé dans l'œil une image accidentelle négative, on fait traverser l'œil et le nerf optique par un courant électrique ascendant, ce qui produit l'éclairement bleuâtre du champ visuel, l'intensité de l'image accidentelle négative en est augmentée, et quand une image est précisément sur le point de passer de l'état positif à l'état négatif, on peut la rendre négative par un courant ascendant, positive par un courant descendant. Ainsi, l'œil fatigué pour la lumière perçoit aussi plus faiblement l'excitation électrique. Si, par une pression uniforme et continue, on a produit dans l'œil des images colorées, et fait cesser la pression, on peut rendre négatives les images qui persistent dans le champ visuel obscur, en laissant pénétrer de la lumière dans l'œil à travers les paupières fermées, ou en regardant une surface éclairée. La fatigue par pression diminue donc aussi la sensibilité de l'œil pour l'excitation lumineuse.

Dans les cas où l'on a rendu visible pour un instant, sous forme négative, au moyen de la lumière réagissante, une image persistante qui était sur le point de disparaître, on voit quelquefois apparaître, aussitôt après, une faible image accidentelle positive dans le champ visuel obscur. Il faut conclure de là que l'excitation des parties fatiguées de la rétine, au moyen de la lumière réagissante, et qui est plus faible que celle des parties non fatiguées, présente cependant une durée plus longue, circonstance analogue à ce qui se passe pour les nerfs moteurs, puisque la contraction d'un muscle fatigué, moins énergique que celle d'un muscle qui ne l'est pas, présente une durée plus considérable. Ces alternatives entre les images positives et négatives, qui ont quelquefois lieu pour les changements d'éclairage peu sensibles que peuvent entraîner soit une augmentation de pression des paupières, soit des mouvements du globe de l'œil sous les paupières fermées, ou qui, après des phénomènes lumineux subjectifs, peuvent se produire par suite d'une pression subite sur le globe oculaire, ont amené quelques observateurs, et notamment Plateau, à admettre des transformations spontanées dans l'état de l'appareil nerveux pendant la durée de l'effet consécutif. Quant à moi, je ne puis que me ranger à l'avis de Fechner, d'après lequel ces alternatives sont provoquées, dans la plupart des cas, par des changements d'éclairage, des mouvements de l'œil ou du corps, etc. Il est évident que, lorsque deux influences opposées se maintiennent en équilibre, la plus petite circonstance accessoire peut faire pencher la balance d'un côté ou de l'autre : rappelons que les mouvements respiratoires suffisent pour modifier la lumière propre de la rétine. Parfois les images disparaissent sans se transformer : d'après l'heureuse comparaison d'Aubert, elles s'évanouissent à la manière d'une tache d'eau sur une plaque de tôle chauffée. Du reste, des images objectives faibles disparaissent parfois d'une manière analogue, si l'on fixe fortement un point, quand on cherche, par exemple, à distinguer un paysage pendant la nuit. Si je consulte mes impressions, il me semble qu'on cesse de pouvoir comparer les intensités d'excitation des différentes parties de la rétine, si l'excitation ne se modifie pas de temps à autre : or, en changeant le point de fixation, nous produisons constamment des modifications de ce genre pour les images objectives, tandis que rien de pareil ne peut se présenter pour les images subjectives. Nous reviendrons sur ce point dans l'étude du contraste. Je trouve, du reste, que si l'on cherche à fixer attentivement de semblables images en maintenant l'œil aussi immobile que possible, le sentiment d'effort est précisément le plus considérable au moment où les images disparaissent ainsi. Après quelque temps, cet effort faiblit, et les images reviennent. Je ne saurais dire à quelle modification interne cet effet peut correspondre.

Nous avons encore à mentionner les phénomènes suivants qu'on peut expliquer par les mêmes principes.

Si l'on examine sur fond gris un objet clair, par exemple un fragment de papier blanc, et qu'on enlève subitement cet objet, en maintenant le regard immobile, on voit apparaître une image accidentelle du papier blanc qui est plus foncée que dans les cas décrits jusqu'ici. Si l'on contemple, au contraire, sur le fond gris, un morceau de papier noir, et qu'on l'enlève, on voit une image accidentelle claire. La portion de rétine excitée par le papier blanc est plus fatiguée, celle excitée par le papier noir l'est moins que le reste de la rétine, où se peignait le fond gris. Comme toute la rétine reçoit ensuite uniformément la lumière du fond gris, cette lumière agit avec le plus d'intensité sur la portion qui voyait d'abord du noir, plus faiblement sur celle qui voyait du gris, le plus faiblement sur celle qui voyait du blanc. L'expérience du papier noir est importante, parce qu'elle fait voir que la contemplation prolongée du fond gris fait naître de la fatigue dans la portion de rétine où il se peint, et que, pour cette raison, cette lumière produit une impression de moins en moins forte. En effet, lorsque nous enlevons le papier noir, la lumière du fond gris qu'il recouvrait vient frapper une portion de rétine qui n'est pas fatiguée : elle y fait la même impression que faisait, au commencement de l'expérience, le reste du gris qui a déjà fatigué la portion de la rétine où il se peint, et qui paraît maintenant bien plus foncé, par comparaison avec l'impression fraîche sur la partie non fatiguée de la rétine. Cette expérience se distingue des précédentes en ce que la lumière réagissante est la même que la lumière primaire : c'est toujours celle du fond gris. Nous en concluons qu'*une lumière extérieure d'intensité constante, qui exerce sur la rétine une action prolongée et non interrompue, y produit une excitation qui devient de plus en plus faible.*

Bien plus, notamment lorsque la lumière est très-faible, l'impression peut diminuer au point de cesser d'être perçue. — Lorsqu'à la tombée de la nuit, on fixe d'une manière continue et sans changer la direction de l'œil, un objet difficile à distinguer, cet objet disparaît bientôt complétement et ne reparaît au milieu de l'image négative que lorsqu'on change la direction du regard. Ce phénomène est très-frappant, quand, assis au bord de la mer, on parcourt des yeux l'horizon qui s'efface dans le crépuscule : les images consécutives des diverses parties de l'horizon sont congruentes entre elles, et quel que soit le point qu'on fixe, les images accidentelles de la mer et du ciel, qui est plus clair, ne cessent pas de se toucher suivant la ligne d'horizon. Pour peu qu'on vienne à élever le regard, on voit, à la partie inférieure du ciel, une bande claire, limitée inférieurement par la ligne d'horizon qui reparaît aussitôt, et supérieurement par une ligne horizontale, qui passe par le nouveau point de fixation. Cette bande est l'image accidentelle négative de la mer, qui se détache sur le ciel. Si, au contraire, on abaisse un peu le regard, on voit une bande noire, image accidentelle négative du ciel sur la mer, limitée en haut par l'horizon et en bas par une ligne qui lui est parallèle : ainsi l'horizon devient visible dans la vision indirecte et disparaît aussitôt qu'on cherche à le fixer directement.

On peut observer des phénomènes analogues lorsqu'on fixe un carré blanc ou noir sur fond gris et qu'on change un peu le point de fixation. L'image accidentelle du papier cesse de le recouvrir complétement, et les bords changent d'intensité. Le fond gris devient plus foncé aux points où vient se placer l'image consécutive du papier blanc ; le papier blanc, au contraire, paraît plus clair dans les parties où l'image accidentelle du fond gris vient s'y superposer. Le contraire a lieu pour du papier noir. Si, après avoir invariablement maintenu quelque temps le regard sur un point déterminé du papier, on vient à le porter brusquement sur un point très-voisin, les bords de l'image accidentelle se dessinent nettement, et le résultat de l'expérience est bien saisissable. Si l'on a, au contraire, laissé varier constamment le point de fixation, les images accidentelles sont mal délimitées ; dans la proximité du papier blanc, le fond éclairé paraît fortement estompé en sombre, et le bord du papier blanc présente, au contraire, des dégradations de blanc. De même, lorsqu'on a fixé, pendant un certain temps, un carré blanc sur fond sombre, et que, sans changer le point de fixation, on rapproche subitement l'œil de l'objet, de telle sorte que la grandeur apparente de celui-ci augmente, aussitôt le bord du carré apparaît avec un vif éclat sur toute la largeur qui n'est plus recouverte par l'image accidentelle. Si, au contraire, on éloigne l'œil subitement, après avoir fixé longtemps le carré, il paraît entouré d'un cadre plus foncé encore que le fond sombre.

Pour les parties latérales de la rétine, Purkinje et Aubert ont remarqué que l'impression d'objets lumineux y disparaît bien plus facilement qu'au centre. La fatigue paraît s'y produire bien plus rapidement.

Aubert a trouvé que les images accidentelles négatives produites sur les parties périphériques de la rétine sont moins intenses que pour les parties centrales, mais que ces phénomènes ne présentent aucune autre différence essentielle. Je trouve, en outre, que dans ces régions les images accidentelles passent bien plus facilement inaperçues que pour les parties centrales, et cela même sur des surfaces d'une clarté modérée ; on ne les remarque facilement qu'en faisant varier l'intensité d'éclairage, de manière à obtenir des alternatives de positif et de négatif.

II. — Passons maintenant aux phénomènes chromatiques des images accidentelles. — Lorsque après avoir regardé des objets colorés, on observe les images accidentelles sur un fond tout à fait sombre ou d'un blanc plus ou moins intense, suivant les circonstances, ces images sont positives ou négatives. L'image positive, qui présente au commencement sa plus grande clarté, possède alors la même couleur que l'objet; l'image négative présente la couleur complémentaire, du moins dès qu'elle est complétement et fortement développée. Le passage de l'état positif à l'état négatif se fait ordinairement par interposition d'autres tons, blanchâtres ou gris, et, en général, la succession de ces couleurs est la même, que le passage se fasse par une diminution graduelle de l'excitation ou par une augmentation de clarté du fond.

Les images *positives* se produisent le mieux par l'action momentanée de la lumière primaire. Si l'on a devant soi des objets différemment colorés, l'image persistante positive présente, au commencement, les couleurs naturelles des objets. Avant de s'effacer, elle se recouvre le plus souvent d'un reflet rose, dans lequel disparaissent presque complétement les différences de couleurs précédentes; puis viennent des nuances ternes, gris jaunâtre, dans lesquelles l'image positive disparaît ou se transforme en une image négative faiblement dessinée.

Les images accidentelles *négatives* s'obtiennent mieux lorsqu'on a fixé longuement l'objet. Mettons un papier coloré sur un fond gris, fixons un point déterminé du papier, et retirons-le subitement : aussitôt apparaît sur le fond gris une image accidentelle négative, nettement dessinée et de couleur complémentaire. C'est ainsi que l'image accidentelle du rouge est vert-bleu ; celle du jaune, bleue ; celle du vert, rose, et réciproquement. Quant à la durée et à l'intensité de ces images accidentelles, on peut leur appliquer, en général, tout ce que nous avons dit précédemment sur les images accidentelles d'objets blancs.

Ainsi, après avoir vu du jaune, l'œil se trouve dans un état où il est plus fortement affecté par les parties bleues de la lumière blanche que par les parties jaunes. On voit que la fatigue de la rétine n'étend pas son action d'une manière uniforme pour toute sorte d'excitation; c'est surtout pour celles qui sont semblables à l'excitation primaire, que cette fatigue se manifeste. Cette circonstance s'explique très-simplement si l'on admet, avec Th. Young, l'existence de trois espèces de nerfs différemment sensibles pour les différentes couleurs. En effet, comme la lumière colorée n'excite pas d'une manière égale ces trois sortes de nerfs, les degrés d'excitation différents doivent aussi entraîner à leur suite des degrés de fatigue différents. Si l'œil a vu du rouge, les nerfs du rouge ont été fortement excités et sont très-fatigués, ceux du vert et du violet le sont peu : si l'œil reçoit ensuite de la lumière blanche, les nerfs du vert et du violet sont alors relativement plus affectés que ceux du rouge. C'est donc l'impression du vert-bleu, complémentaire du rouge, qui prédomine dans la sensation.

On peut se rendre compte de la même manière de ce qui se passe lorsqu'on examine des images accidentelles négatives d'objets colorés sur fond coloré. — On voit toujours disparaître principalement, dans la couleur du fond, les parties qui prédominent dans la couleur considérée primitivement. C'est ainsi qu'un objet vert laisse, sur un fond jaune, une image accidentelle jaune-rouge, et sur fond bleu, une image violette. Figurons-nous le jaune composé de rouge et de vert, le bleu, de vert et de violet; le vert étant diminué dans ces deux fonds par l'influence de la fatigue, il s'ensuit que l'image accidentelle du vert se rapproche du rouge ou du violet, suivant qu'on regarde un fond jaune ou bleu. En général, la couleur de l'image accidentelle est toujours comprise entre celle du fond et celle de la couleur complémentaire de l'objet, et on peut la considérer comme un mélange de ces deux couleurs, en tant qu'il s'agit seulement du ton et non de l'intensité.

Les cas où la couleur de l'objet est la même que celle du fond, ou en est complémentaire, présentent un intérêt particulier.

1) Pour étudier le premier cas, le mieux est de placer un objet noir sur un fond coloré, et, après avoir fixé quelque temps un point de son bord, de l'enlever subitement. Dans ces conditions, il faut considérer comme objet coloré primaire la partie du fond qui est voisine du noir, et comme lumière réagissante, tout le fond coloré après suppression de l'objet noir. On voit aussitôt une image accidentelle claire de l'objet noir, et, dans cette image, la couleur du fond n'est pas seulement plus intense, mais aussi plus saturée que dans le reste du fond, de telle sorte que, dans ce dernier, elle paraît mélangée de beaucoup de gris. Avec un peu d'attention, on reconnaît que le fond devient obscur et gris, même avant d'enlever l'objet noir. Le phénomène devient plus saisissant quand on enlève l'objet, parce que la couleur se présente, cet endroit, avec l'aspect qu'elle offrait à l'œil non fatigué. Le fond devient gris, non-seulement pour des couleurs mélangées blanchâtres, où ce gris peut devenir assez marqué pour éclipser tout à fait la nuance du fond, mais aussi pour les couleurs homogènes telles que les fournissent le spectre et certains verres colorés, lorsqu'on a éliminé avec le plus grand soin toute lumière blanche étrangère. C'est ainsi que si l'on tient devant les yeux un verre coloré en rouge par l'oxydule de cuivre, qui ne laisse passer que les rayons rouges, et qu'on entoure d'un linge foncé la tête de l'observateur et les bords du verre, de manière à ne laisser pénétrer dans les yeux absolument que de la lumière rouge, si l'on regarde, à travers le verre, une surface blanche devant laquelle on a mis un objet noir, retirant subitement l'objet, on voit très-distinc-

tement le contraste entre le gris rouge du fond et le rouge saturé de l'image accidentelle. Ce phénomène trouve évidemment son explication dans la fatigue qu'éprouvent pour le rouge les parties de la rétine qui ont reçu la couleur rouge du fond ; ces parties le perçoivent donc plus faiblement que ne font les parties non fatiguées qui avaient reçu l'image de l'objet noir. Si le rouge est encore mêlé de blanc, la sensibilité pour le rouge diminue dans une proportion plus grande que pour les autres couleurs contenues dans ce blanc, et, pour cette raison, la fatigue de la rétine rend la couleur relativement blanchâtre ; or, comme elle diminue en même temps d'intensité, elle paraît grise. — Cette teinte grise ne se produit pas seulement pour le rouge blanchâtre, mais aussi pour le rouge complétement pur, et ici l'explication devient plus douteuse. On pourrait d'abord songer au brouillard lumineux du champ visuel obscur. Si pendant que l'image est développée dans l'œil, on ferme l'œil et on l'obscurcit complétement, on voit dans le nuage lumineux une image accidentelle du fond, qui est nettement dessinée et présente la couleur complémentaire (vert-bleu dans le cas actuel). Les excitants internes qui provoquent la sensation du nuage lumineux, agissant comme ferait de la lumière objective blanche, n'apportent que la sensation du vert-bleu dans les parties de la rétine qui sont fatiguées pour le rouge. Si cette sensation est mêlée à celle du rouge objectif, il doit se produire un rouge blanchâtre (ou gris), comme on l'observe dans l'expérience.

Cependant cette explication ne me semble pas suffisante, car l'intensité du nuage lumineux devant les yeux fermés est très-faible. — Il est assurément difficile de lui assigner une mesure déterminée. Mais on peut voir le rouge tirer sur le gris, même pour le rouge si pur et si intense qu'on peut obtenir, par exemple, en regardant, à travers un verre rouge, des nuages blancs éclairés par le soleil. Dans ce cas, l'hypothèse de Th. Young nous fournirait l'explication. J'ai déjà expliqué plus haut qu'il faut admettre, dans cette hypothèse, que les couleurs spectrales, tout en n'affectant fortement qu'une ou deux sortes de nerfs, excitent aussi les autres, mais faiblement. Cette modification de l'hypothèse était nécessaire pour expliquer tant le changement de ton des couleurs spectrales pures sous une grande intensité lumineuse que les résultats des mélanges de couleurs spectrales. Cette hypothèse serait évidemment propre à expliquer aussi le phénomène qui nous occupe actuellement. Si la lumière rouge pure, tout en excitant fortement les nerfs du rouge, excite aussi, à un degré moindre, les autres nerfs, la sensibilité des premiers diminuant bien plus rapidement, à cause de l'intensité de l'excitation, il faut bien que l'impression de couleur se rapproche d'un rouge blanchâtre ou gris.

2) Lorsque la couleur primaire est complémentaire de la couleur réagissante du fond, cette dernière paraît plus saturée dans l'étendue de l'image accidentelle que dans les parties de la rétine qui ne sont pas fatiguées et que dans celles qui l'ont été par la couleur du fond. — Si l'on place un objet vert-bleu sur un fond rouge, et qu'on l'enlève après l'avoir fixé un certain temps, on voit une image accidentelle d'un rouge saturé, comme si l'on avait enlevé un objet noir. Mais on peut s'assurer aisément que dans l'image accidentelle d'un objet complémentaire, la couleur est encore plus saturée que dans celle d'un corps noir. —Le plus simple est de prendre un objet mi-partie noir et coloré; on place cet objet (noir et vert-bleu) sur un fond complémentaire (rouge), et l'on fixe un point du fond qui est en contact immédiat avec la séparation du noir et du vert-bleu. Si l'on enlève ensuite l'objet, la couleur du fond présente une plus grande pureté dans toute l'image accidentelle que dans la partie du fond qui n'était pas recouverte auparavant. L'image accidentelle du vert-bleu est un peu plus foncée que celle du noir, mais ce n'est pas que le rouge y présente moins d'intensité; bien au contraire, dans l'image accidentelle du noir, le rouge est comme recouvert d'un nuage blanchâtre qui n'existe pas dans l'image accidentelle du vert-bleu. Ainsi, sur fond rouge, l'image accidentelle du rouge paraît rouge gris; celle du noir, rouge blanchâtre, et celle du vert-bleu, rouge saturé. On voit très-bien ces différences dans l'expérience disposée pour amener ces trois nuances l'une à côté de l'autre.

Si l'on admet que le rouge du fond contient encore du blanc, le résultat s'explique facilement. — Le noir ne fatigue absolument pas l'œil, et l'on perçoit sans modification, dans l'image accidentelle, le rouge blanchâtre du fond. Le rouge fatigue l'œil pour le rouge : dans l'image accidentelle, on perçoit cette couleur plus faiblement, tandis qu'on voit à peu près avec toute leur intensité les autres parties constituantes du blanc; la sensation est celle d'un rouge blanchâtre peu intense (rouge gris). Le vert-bleu, au contraire, rend l'œil moins sensible pour les parties de la lumière du fond qui sont étrangères au rouge, et laisse par conséquent ressortir, dans l'image accidentelle, le rouge libre de tout mélange.

Mais les mêmes expériences réussissent tout aussi bien avec les couleurs spectrales pures. — J'ai disposé, dans le champ d'une lunette, différentes parties du spectre, avec toutes les précautions nécessaires pour éliminer les dernières traces de lumière blanche. Le fond était d'un noir si complet, qu'on n'y distinguait plus le diaphragme de la lunette et qu'on n'y voyait que les figures nuageuses de la poussière lumineuse interne. L'œil ne recevait aucune lumière autre que celle d'une petite partie du spectre. Sur ce champ coloré, je projetai des images accidentelles de couleurs spectrales complémentaires. A cet effet, était disposé devant l'oculaire, sous une inclinaison de 45°, un petit miroir d'acier dans lequel apparaissait, par réflexion, une partie d'un second spectre très-lumineux, convenablement isolée, et limitée par un diaphragme circulaire. Il est inutile, d'ailleurs, de donner à ce second spectre un bien haut degré de pureté. Les dispositions étaient prises de telle sorte que le cercle entier présentât une coloration uniforme. Dès qu'on enlevait le petit miroir de l'oculaire, l'observateur voyait, à travers la lunette, le spectre pur, au lieu du cercle qu'il voyait auparavant par réflexion. Sur ce spectre apparaissait l'image accidentelle du cercle coloré. Les résultats furent exactement les mêmes que dans les expériences analogues sur les matières colorantes. C'est ainsi que l'image accidentelle des couleurs complémentaires présentait une couleur plus saturée que celle du fond, lequel paraissait encore recouvert d'un nuage lumineux blanchâtre, qui était comme balayé à l'endroit de l'image accidentelle, et laissait ressortir la couleur du fond dans sa plus grande pureté. Ces expériences permettent de tirer cette importante conclusion, que *les couleurs objectives les plus saturées qu'il y ait, les couleurs spectrales pures, ne produisent pas encore, dans l'œil non fatigué, la sensation de couleur la plus saturée qu'on puisse obtenir :* nous ne pouvons obtenir cette sensation qu'en rendant préalablement l'œil insensible pour la couleur complémentaire.

Dans ce cas encore, on pourrait croire que le reflet blanchâtre qui recouvre le fond serait le nuage lumineux interne dont les parties gênantes manqueraient dans l'image accidentelle. — On voit bien, en effet, une image accidentelle de couleur complémentaire, lorsqu'on dirige l'œil sur le fond obscur qui avoisine le spectre. Cependant, dans ce cas aussi, je regarde cette explication comme insuffisante, car le phénomène subsiste pour des couleurs spectrales très-intenses, par rapport auxquelles l'intensité apparente du nuage lumineux paraît infiniment faible. Si nous suivons, au contraire, l'hypothèse de Th. Young, nous devons éprouver, dans ce cas, sans mélange, les sensations colorées des différentes espèces de nerfs, par rapport auxquelles les couleurs spectrales doivent toujours paraître blanchâtres; car, d'après la modification nécessaire de cette hypothèse, chaque espèce de lumière homogène ne peut pas exciter exclusivement une seule sorte de fibres nerveuses.

Toutes ces expériences sur les images accidentelles d'objets colorés sur fond coloré peuvent se faire aussi en changeant de point de fixation ou en rapprochant d'abord et éloignant ensuite l'œil de l'objet, comme nous l'avons indiqué pour les objets blancs. C'est ainsi qu'après avoir contemplé, pendant un certain temps, un disque bleu sur fond jaune, en tenant constamment l'œil fixé sur un même point, si l'on vient à fixer un autre point du disque, l'image accidentelle du disque tombe en partie sur le fond et en partie sur le disque lui-même; il en est de même de l'image accidentelle du fond. Là où l'image accidentelle se place sur le fond, le jaune paraît plus saturé; il en est de même du bleu, aux points où l'image accidentelle du fond tombe sur le disque. On peut facilement prévoir les résultats des autres modifications de ces expériences. — Parfois il s'y mêle aussi des phénomènes de contraste. Si l'on a fixé un fragment de papier blanc sur un fond rouge, et qu'on amène ensuite l'image accidentelle sur du blanc, celle du fond rouge devient vert-bleu, celle du petit champ blanc devient rouge, par contraste avec ce vert, comme on le verra dans le paragraphe suivant. A cet effet, le mieux est de placer le papier coloré sur une feuille blanche, et, sur le papier coloré, le fragment de papier blanc qu'on maintient avec une pince au moment où l'on retire la feuille colorée. Cette coloration par contraste se présente aussi, mais faiblement, autour de l'image accidentelle d'un carré coloré sur fond blanc.

Les objets colorés ne sont pas les seuls qui donnent des images accidentelles colorées : les objets blancs en fournissent aussi, qui présentent ordinairement des modifications de couleurs très-variées. Nous donnerons à ces variations le nom de *phases colorées* des images accidentelles. La succession de couleurs diffère avec la durée et l'intensité de la lumière primaire.

1) Consécutivement à une action primaire de courte durée, je trouve la même suite de couleurs que Fechner (1) et que Seguin (2). — Le blanc primitif passe rapidement par un bleu verdâtre (vert, suivant Seguin) à une belle couleur indigo, puis au violet ou au rose. Ces couleurs sont pures et claires. Puis vient un orangé sale ou gris, qui répond ordinairement au moment où l'image accidentelle passe du positif au négatif, et, dans l'image négative, cet orangé se transforme souvent encore en un vert-jaune sale. Lorsque la lumière primaire n'a agi que très-peu de temps, l'orangé est le plus souvent la dernière couleur, et l'image disparaît avant de devenir négative. Aubert a trouvé

(1) *Pogg. Ann.*, L, 220.
(2) *Annales de chimie*, 3, XLI, 415-416.

la même série de couleurs consécutivement à l'étincelle un peu bleuâtre d'une bouteille de Leyde; seulement l'orangé, peu distinct sur fond sombre, se reconnaissait très-nettement sur fond blanc; il en était de même du vert qui vient après. L'image est entourée d'une auréole jaune : sans doute l'image négative de la lumière bleuâtre, dispersée dans l'œil par réfraction irrégulière.

Les phénomènes décrits jusqu'ici ont rapport à l'image accidentelle sur un champ tout à fait obscur. Lorsque dans ces circonstances il se produit des images négatives, celles-ci ne se présentent que dessinées en sombre dans la lumière propre du champ obscur. Si, pendant la présence d'une semblable image accidentelle, on laisse pénétrer peu à peu de la lumière réagissante en écartant doucement les mains ou le linge foncé dont on a recouvert les yeux, on voit, en général, l'image accidentelle passer à des phases plus avancées de son développement chromatique : elle revient, au contraire, à des phases moins avancées, lorsqu'on affaiblit de nouveau la lumière réagissante. C'est ainsi que si on laisse pénétrer de la lumière au moment où l'image est bleue dans l'obscurité complète, on la voit devenir jaune et négative en passant par le rose. Si l'on recouvre alors les yeux avec une rapidité suffisante, on retrouve le bleu. Si l'image est rose dans l'obscurité absolue, elle devient rouge-jaune sous une lumière faible, etc. Lorsque enfin l'image positive a complétement disparu dans le champ visuel obscur, on voit encore longtemps, sur un fond faiblement éclairé, une image négative grise ou gris vert, et le fond plus clair qui l'entoure, qui correspond aux parties non fatiguées de la rétine, présente alors une couleur rosée.

Plateau, pour expliquer ces phénomènes, a émis l'hypothèse que les différentes périodes des images accidentelles auraient des durées différentes pour les différentes couleurs, et il a cherché à le démontrer directement à l'aide des expériences mentionnées dans le paragraphe précédent. Pour donner une explication complète, il nous faudrait connaître complétement, non-seulement la marche de l'excitation persistante, mais aussi celle de la fatigue. On peut cependant arriver à quelques conclusions. En effet, dans le champ visuel tout à fait obscur, les premières périodes du phénomène, qui sont les plus lumineuses, sont assez indépendantes du degré de fatigue ; celle-ci n'entre en ligne de compte que lorsque l'intensité de l'image persistante ne se distingue plus considérablement de celle du brouillard lumineux interne. Nous pouvons donc admettre comme probable que les phases bleu-vert, bleue et rose, ne proviennent que de l'excitation persistante, tandis que le jaune et le vert, qui colorent l'image accidentelle négative, dépendent aussi de la fatigue. Il faut en conclure que l'excitation persistante diminue pour le rouge, le vert et le violet d'une manière analogue à celle représentée par la figure 147. Les abscisses représentent le temps, les ordonnées,

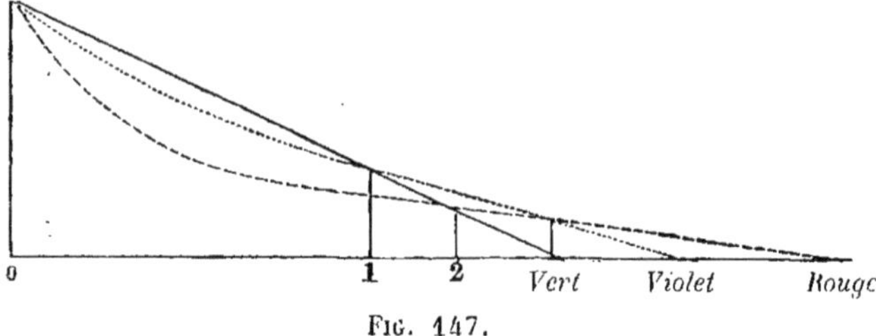

Fig. 147.

l'intensité de l'excitation. La ligne continue correspond au vert; la ligne ponctuée, au violet; la ligne discontinue, au rouge. L'action persistante positive diminue d'une manière continue pour toutes les couleurs, mais de telle sorte que la diminution du rouge est d'abord la plus rapide et ensuite la plus lente; celle du vert, la plus lente en commençant, devient la plus rapide. Pour les valeurs attribuées ici aux intensités des sensations colorées, le vert-bleu prédomine du temps 0 à 1, le bleu pour 1, le violet pour 2, et pour 3 le pourpre, qui tire de plus en plus sur le rouge. Mais il faut encore tenir compte de la fatigue, qui développe une image accidentelle verdâtre sur le fond blanchâtre du nuage lumineux interne, de telle sorte que la fatigue du vert, couleur dont l'effet persistant a disparu le plus rapidement, paraît être finalement la moindre. Cette image négative verte, mêlée à du rouge positif, doit donner un jaune qui, suivant qu'il est plus ou moins intense que le fond, peut se détacher en clair ou en foncé, et passe finalement au vert, quand le rouge aussi s'est éteint. Les expériences de Plateau sur la durée des impressions colorées l'ont amené à la même loi de la diminution que pour une seule couleur : les impressions qui avaient diminué le plus rapidement au commencement, étaient celles dont les dernières traces restaient le plus longtemps sensibles.

La série des apparitions colorées se présente sous une forme toute différente, lorsque la fatigue a été considérable, ainsi que cela a lieu après une action prolongée de la lumière blanche, ou après la contemplation d'une lumière très-intense. —Pour l'action prolongée de la lumière blanche, l'influence de la fatigue se montre déjà, d'après les observations de Fechner, par la coloration que présente le blanc sans qu'on cesse de le contempler. Après avoir fermé les yeux pendant un certain temps, pour éliminer l'effet persistant des sensations antérieures, il les dirigea sur un champ blanc éclairé par le soleil et limité par un papier noir. Dans les premiers moments, une sorte d'éblouissement l'empêcha de juger d'une manière certaine de la présence ou de l'absence d'une couleur : la coloration ne se développe, en effet, qu'après quelque temps. Le papier se colore bientôt franchement en *jaune*, puis en *gris-bleu* ou *bleu*, sans que des essais fréquemment renouvelés aient permis de percevoir un degré de passage par le vert ; puis vient le *violet-rouge* ou le *rouge*. La phase jaune est la plus courte ; la bleue dure souvent assez longtemps avant de passer à la suivante. Après le rouge ou le violet-rouge, Fechner ne remarqua plus aucun changement, bien qu'il continuât l'expérience jusqu'à ce que l'œil fût considérablement fatigué. Il a souvent aussi remarqué la même série de colorations, à la lumière diffuse du jour, mais avec une netteté très-variable d'un moment à l'autre ; il reconnaissait alors mieux, en général, les deux dernières colorations que la première (la jaune). Fechner représente les phénomènes par trois courbes analogues à celles de la figure 148, mais avec

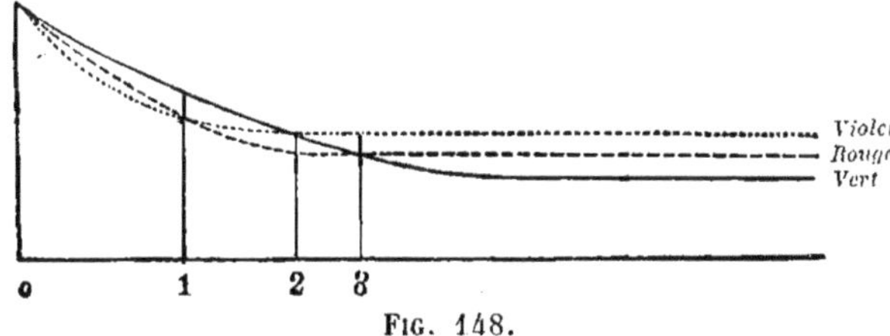

Fig. 148.

d'autres couleurs fondamentales que celles adoptées ici ; les abscisses horizontales sont encore proportionnelles au temps, les ordonnées à l'intensité d'excitation de la rétine pour la contemplation prolongée d'une surface blanche. Dans le temps de 0 à 1, la couleur serait vert-jaune ; au temps 1, vert-blanchâtre ; à 2, bleu-blanchâtre ; à 3, violette, et finalement rose.

2) Lorsque la lumière blanche primaire a agi longtemps et avec intensité, l'image accidentelle présente, sur un fond tout à fait obscur, la série *blanc*, *bleu*, *vert*, *rouge*, *bleu*, et, sur fond blanc, il faut ajouter le *vert-bleu* et le *jaune*. C'est pour le rouge que l'image devient négative. Seguin intercale encore quelques degrés intermédiaires. Pour lui, les couleurs de la première série sont : *blanc*, *vert*, *bleu* ; celles de la seconde (négative), *jaune*, *rouge*, *violet*, *bleu*, *vert*. Il suffit que l'action de la lumière blanche ait persisté pendant un certain temps déterminé pour que cette série de couleurs soit constante : une action primaire plus prolongée ne lui fait plus subir aucune modification. Pour une action plus courte, mais appréciable, de la lumière primaire, où le blanc primaire s'était manifestement coloré en jaune, la série des cou-

leurs était : *jaune*, *bleu*, *jaune-rouge*, puis l'image devenait négative et *verte*. Brücke indique la succession : *vert*, *bleu*, *violet*, *rouge*, puis image négative sans couleur distincte. La phase du bleu paraît donc être toujours la première modification de l'impression de la lumière primaire, puis vient une phase positive qui s'étend jusqu'au rose, au jaune-rouge, ou au vert, suivant la durée de l'impression primaire.

Ces images accidentelles colorées sont aussi soumises à cette règle, d'après laquelle l'éclairement du fond par de la lumière blanche amène des phases plus avancées de l'image accidentelle, tandis que la diminution de la lumière réagissante ramène de nouveau l'image à des phases précédentes.

Toutes les fois que j'ai observé des images accidentelles de surfaces uniformément éclairées et pour les contours desquelles mon œil était bien accommodé, j'ai vu progresser les modifications de couleur de l'image accidentelle, soit simultanément sur toute la surface, soit moins régulièrement, en commençant d'un côté. Lorsque, au contraire, on a regardé le soleil ou d'autres objets éblouissants, on voit ordinairement les changements de couleur de l'image progresser des bords vers le milieu. Outre les irrégularités de la réfraction, qui répandent toujours d'assez grandes quantités de lumière autour de l'image d'un objet très-lumineux, il faut encore considérer que l'éblouissement douloureux rend à peu près impossible ici de maintenir invariables l'accommodation et la direction de l'œil. Il en résulte que les parties de la rétine qui correspondent au milieu de l'image du soleil sont soumises à la sensation lumineuse d'une manière plus durable et plus intense que celles qui sont plus rapprochées des bords de cette image. De plus, le disque du soleil est entouré du reflet de la lumière diffusée dans l'atmosphère et dans l'œil même. Lorsque après avoir fait reposer l'œil dans l'obscurité on lui laisse voir le soleil subitement, et pendant un instant, c'est à peine si l'on discerne le contour du disque au milieu de la surface lumineuse éblouissante qui l'entoure. On comprend donc qu'il se produit une impression lumineuse qui diminue graduellement du centre à la périphérie, et à laquelle correspond, dans l'image accidentelle, une évolution différente des diverses phases. Plus l'action est intense, et plus le temps que met chaque phase à s'accomplir est considérable ; de sorte que, le plus souvent, les bords de l'image accidentelle présentent des phases moins avancées et dont l'état se propage peu à peu vers le centre. En outre, la succession des couleurs sur les parties périphériques diffère un peu de ce qu'elle est au milieu, parce que la fatigue y est moindre. Conformément à cette explication, l'image accidentelle du soleil possède, dans ses premières périodes, un diamètre supérieur au diamètre apparent réel de cet astre, et l'on commet facilement l'erreur d'attribuer toute l'image accidentelle au soleil seul, et de croire que les différents anneaux colorés qui s'y développent font partie de ce disque même, tandis qu'ils appartiennent, en réalité, aux parties avoisinantes.

Pour développer le plus régulièrement possible l'image accidentelle du soleil, je prends un verre très-foncé (soit un verre enfumé, soit plusieurs verres superposés de couleurs complémentaires) à travers lequel je regarde le soleil, qui ne doit plus paraître que sous forme d'un disque à peine visible. J'enlève alors le verre pendant un instant, et je ferme aussitôt les yeux. En opérant ainsi, le regard n'a guère le temps de changer de direction, les yeux sont relativement peu affectés, et cependant l'image accidentelle se développe avec beaucoup d'éclat. Dans ces conditions, l'image accidentelle me présente encore le plus souvent un noyau qui affecte, dans toute son étendue, une coloration uniforme et possède à peu près les dimensions apparentes du soleil, de sorte qu'on peut attribuer aux défauts de réfraction de l'œil les aberrations qui se présentent sur le bord.

Dans ces conditions, on voit se succéder rapidement, autour de l'image du soleil, les phases de l'image accidentelle que produisent les objets blancs lorsqu'on les a examinés pendant un instant : bleu positif, rose qui passe, par l'intermédiaire du jaune, au vert foncé négatif; l'image du soleil lui-même apparaît dans cette *première phase* comme une tache blanche mal délimitée et irrégulièrement arrondie.

Cette tache entre dans sa *seconde phase* et se colore en bleu clair, à peu près au moment où le fond est devenu rose.

La seconde phase fait ordinairement bientôt place à la *troisième ;* le bleu passe au vert, en commençant par le bord, puis aussi au milieu, tandis qu'à la périphérie il se produit un liséré jaune-rouge, plus foncé que le reste, et au bord extérieur duquel se dessine souvent, dès cette phase, un liséré gris-bleu, encore plus foncé. Si, pendant cette phase, on dirige les yeux sur un champ blanc, le vert positif passe, par le violet, au rouge-sang négatif de la phase suivante.

La *quatrième phase* consiste en ce que le rouge marginal se répand sur le milieu de l'image. Le liséré gris-bleu devient, en revanche, plus large et plus foncé. L'image accidentelle tout entière est alors plus foncée que le fond, qui, par contraste, paraît blanchâtre ou verdâtre. C'est là le dernier vert négatif de l'image de la surface céleste. Les images accidentelles qui peuvent se présenter pour les montants des fenêtres se détachent en clair sur ce fond. Si, dans cette phase, on porte le regard sur un fond blanc, le rouge passe au bleu-vert.

Enfin, dans la *cinquième phase*, toute l'image accidentelle prend la coloration bleue du liséré; elle disparaît le plus souvent sur fond obscur dans cette période du bleu, tandis que, sur fond blanc, elle paraît bleu-vert.

A ces phases, établies par Fechner, j'en ajouterais une *sixième*, dans laquelle on ne reconnaît plus rien de l'image accidentelle sur un fond obscur, mais où, sur un champ blanc, on voit encore un reflet jaune ou brunâtre. Finalement, ce reflet lui-même disparaît aussi, après un temps assez long. Si, pendant ce temps, ou même après la disparition du reflet jaune, on a regardé du blanc et qu'on ferme brusquement les yeux, on voit encore apparaître une image accidentelle positive bleuâtre et faible qui s'évanouit rapidement. Si l'on ouvre alors les yeux en les dirigeant sur du blanc, on revoit, au premier moment, l'image accidentelle jaune. L'explication de ces faits me paraît résider dans la circonstance signalée plus haut, qu'une excitation nouvelle produite sur un nerf fatigué disparaît plus lentement que dans les parties environnantes.

Au reste, la marche de ces images accidentelles des lumières intenses ne me paraît pas varier notablement pour des personnes différentes, lorsque les conditions d'expérience sont les mêmes, du moins les observations que j'ai pu faire s'accordent, sous ce rapport, avec celles de Fechner et celles de Seguin.

Il est à supposer que, dans cette succession de couleurs si compliquées, la fatigue doit modifier le temps que les sensations des diverses couleurs mettent à disparaître, et qu'elle doit modifier aussi la perception du brouillard lumineux interne. Comme nous n'avons pas, sur ces faits, des notions suffisantes, et que nous ne savons pas comment se dissipe la fatigue elle-même, dans ses différents degrés, pour chaque sensation colorée, il est impossible de donner une explication complète des différentes périodes de ces phases colorées. Pour donner cette explication, il faudrait d'abord déterminer et comparer la marche de la fatigue et son influence sur la marche de l'excitation, pour chacune des sensations colorées en particulier.

Si nous observons exactement les phases de l'image accidentelle, après des impressions de couleurs saturées, le phénomène est assurément bien plus simple, mais cependant les changements de couleur ne font encore pas absolument défaut. Nous avons déjà indiqué les traits principaux du phénomène. On voit d'abord une image positive de même couleur que la lumière primaire, puis une image négative de couleur complémentaire. Mais après des impressions lumineuses un peu vives, le passage de l'état positif à l'état négatif ne consiste pas, en général, simplement en ce que l'une des images pâlit pour faire place à l'autre : dans cette période de transition, la couleur se modifie en passant par des tons blanchâtres. Si l'on n'a eu, dans le champ visuel, qu'une seule couleur primaire, les couleurs des phases paraissent encore assez saturées; plusieurs observateurs les ont même désignées comme étant saturées, parce qu'on n'a pas de point de comparaison dans le champ visuel obscur. Mais si, dans le voisinage de l'objet primaire, qu'on n'a vu qu'un moment, on avait d'autres couleurs d'intensité à peu près égale, on voit que les variations de couleur que présentent les images accidentelles en passant de l'état positif à l'état négatif, sont bien moins marquées que les couleurs primitives : ces couleurs de transition sont toutes fortement lavées de blanc rosé ou jaunâtre, tel que le présentent aussi les images accidentelles d'objets blancs qu'on a vus pendant un instant.

1) Sous ce rapport, l'image accidentelle d'un spectre prismatique, vu pendant un instant, est particulièrement intéressante. — Après les quelques secondes pendant lesquelles les couleurs primaires ont encore été visibles dans l'image accidentelle et où les couleurs extrêmes, qui sont peu intenses, se sont complétement obscurcies, toute l'image accidentelle prend la forme d'une tache blanche, rougeâtre, de la forme du spectre, et dans laquelle on distingue à peine des différences de coloration ; seulement le jaune et l'orangé tirent un peu sur le bleuâtre, et l'on voit s'y ajouter, à la place du rouge, l'image accidentelle de cette partie, qui est déjà devenue négative et bleu-vert. Pour m'orienter dans l'image accidentelle, relativement aux positions des couleurs primaires, je traçai sur l'écran blanc où se projetait le spectre, un trait noir qui coupait le spectre parallèlement aux bandes colorées, et qui restait visible dans l'image accidentelle. J'ai reconnu ainsi que l'image accidentelle blanc-rougeâtre répond à toute l'étendue du spectre, comprise entre l'orangé et l'indigo. On obtient le même résultat en exposant au soleil des papiers colorés, d'intensité à peu près égale, et dont on développe une image accidentelle en les regardant un instant.

Il résulte de là que, dans l'image accidentelle positive d'objets colorés qu'on a regardés un instant, c'est la couleur prédominante qui disparaît la première ; l'image accidentelle devient alors semblable à celle d'un objet blanc, et c'est en général la phase de rose d'un pareil objet qui se présente à l'observation. Puis on voit se développer peu à peu la couleur complémentaire qui appartient à l'image accidentelle négative, mais elle peut déjà devenir visible avant que l'image ait passé au négatif : cette couleur complémentaire peut donc paraître plus éclairée que le fond obscur. Je crois pouvoir ramener cette apparition de la couleur complémentaire à ce fait que, dans ce moment, l'image positive devenue faible et blanche coïncide avec l'image négative et complémentaire produite dans le brouillard lumineux interne, par suite de fatigue de l'œil. Il est évident que, par une semblable superposition, lorsqu'on a regardé du rouge, par exemple, le blanc positif et le vert-bleu négatif peuvent se combiner en une image positive d'un blanc verdâtre. Ces images positives complémentaires ont été signalées par plusieurs observateurs (1). Si elles sont seules dans le champ visuel, la couleur complémentaire paraît assez saturée; mais quand la comparaison avec des images accidentelles d'autres couleurs était possible, j'ai toujours trouvé que la couleur complémentaire paraissait fortement mêlée de blanc ou de gris, tant qu'elle était plus intense que le fond : c'est seulement dans l'image accidentelle négative qu'elle se développe avec plus de saturation.

Dans le sens de la théorie de Th. Young, pour expliquer ces phénomènes, il faut dire que la couleur objective, même la plus saturée, est mélangée subjectivement avec du blanc, et que l'excitation puissante qui répond à la couleur prédominante diminue plus rapidement que les excitations faibles qui répondent aux autres couleurs contenues dans le blanc, de sorte que la sensation résultante se rapproche du blanc à mesure qu'elle s'affaiblit. Puis, dans les périodes les moins intenses de l'image positive, l'image négative produite par la fatigue peut enfin exercer une influence sensible par sa coloration.

Pour les différentes couleurs, les phases consécutives à une observation instantanée se présentent d'une manière un peu différente, suivant leur relation avec les nuances des phases colorées du blanc. — C'est, en général, pour le *vert* que le phénomène est le plus simple, parce que le rose, sa couleur complémentaire, est semblable au rose de l'une des phases positives du blanc; aussi cette couleur se développe-t-elle avec le plus bel éclat. Le *bleu verdâtre* devient rose en passant par le bleu et le violet; le *bleu*, en passant par le violet seulement; alors la phase suivante, celle du jaune, se développe avec plus de pureté et d'intensité, parce qu'elle coïncide avec la couleur complémentaire du bleu. La phase bleu-vert et bleue du blanc, qui précède le rose, ne se remarque pas bien pour les couleurs indiquées jusqu'ici, à cause de sa ressemblance avec ces couleurs mêmes ; elle paraît plus sensible pour le *jaune* qui devient violet en passant par un blanc verdâtre, et pour le *rouge*. Pour cette dernière couleur, le rose est remplacé par un violet qui

(1) PURKINJE, Zur Physiologie der Sinne, II, 110. — FECHNER, in *Pogg. Ann.*, L, 213. — BRÜCKE, Untersuchungen über subjective Farben, aus den *Denkschr. der Acad. zu Wien*, III, 12.

devient vert-gris; d'ailleurs les phases s'écoulent relativement plus vite pour cette couleur que pour les autres. Nous avons déjà dit que le vert paraît très-souvent saturé, lorsqu'on n'a pas dans le champ visuel d'autres couleurs servant de point de comparaison. Les observations qu'Aubert a faites en regardant l'étincelle électrique à travers des verres colorés, s'accordent avec ce qui précède, à cela près que le jaune très-mélangé lui donne encore, après le violet, la phase jaune du blanc avant d'arriver au bleu négatif. Le plus souvent aussi il se formait une auréole lumineuse qui passait par les différentes phases avec plus de rapidité.

2) Après l'action prolongée ou intense d'une lumière chromatique primaire, on remarque également, dans la période de transition du positif au négatif de couleur complémentaire, quelques-unes des phases que présente la lumière blanche dans cette même période. C'est ainsi qu'on voit bien souvent le liséré rouge et le second liséré gris-bleu. Fechner a fait des expériences de ce genre en regardant le soleil à travers des combinaisons de plusieurs milieux colorés, lesquelles ne laissaient passer qu'une ou deux des couleurs spectrales ; je joindrai quelques observations que j'ai faites avec des couleurs prismatiques, en regardant une ouverture ronde qui donnait passage à des rayons solaires transmis par un prisme. Lorsque la lumière chromatique est assez intense pour paraître jaune ou blanche, elle conserve d'abord cette coloration dans l'image accidentelle ; puis la couleur véritable apparaît peu à peu.

Fechner produisit de la lumière *rouge* homogène en regardant le soleil soit à travers un verre rouge, soit à travers une couche épaisse de teinture de tournesol. A l'observation directe, cette lumière paraissait jaune à cause de sa grande intensité. Au premier abord, l'image accidentelle était également jaune, avec liséré rouge ; puis, son intensité ayant diminué, elle devenait entièrement rouge avec apparition d'un liséré vert-bleu sombre. Dans cette expérience, le champ visuel obscur ne donne ordinairement pas lieu à une image négative bien nette. Sur le champ blanc, au contraire, la couleur bleu-vert du liséré vient au milieu. — J'ai constaté les mêmes résultats sur le rouge prismatique; dans ces expériences, le passage du rouge au bleu-vert se faisait par le violet. Si c'est une lumière artificielle qu'on a regardée pendant un certain temps à travers un verre rouge, la transition se fait par un vert-jaune positif, auquel succède le bleu-vert négatif.

Fechner obtint le *jaune* homogène par la combinaison de quatre verres : deux jaune pâle, un vert et un rouge pâle, ce qui ne laissait passer que peu de vert avec le jaune. L'image accidentelle parut jaune avec un bord rouge, autour duquel se forma un anneau vert-bleu sombre. Avec un simple verre jaune, qui laissait passer du rouge, du jaune, du vert et des traces de bleu, on obtenait successivement du jaune, du vert, puis du gris-bleu avec un contour rouge sombre. — Avec le jaune prismatique pur, j'ai vu également le passage au vert et le contour rouge sombre. Le vert et le rouge se présentent sous les mêmes conditions dans l'image accidentelle du blanc. Purkinje (1), au contraire, après avoir regardé pendant 12 à 60 secondes la flamme d'une bougie, observa la série : blanc éblouissant, jaune, rouge, bleu, blanc modéré, noir.

Fechner obtint un *vert* assez pur, mélangé de jaune, par l'association d'un verre vert avec un bleu clair et deux jaune clair. Le soleil, regardé à travers le tout, paraissait d'un blanc verdâtre ; l'image accidentelle présentait la même coloration, avec un contour rouge sombre. En regardant à travers trois verres verts et un jaune, il obtenait du *vert* mélangé de très-peu de bleu et de jaune. Le soleil paraissait presque blanc et l'image accidentelle de même, mais un peu verdâtre avec un liséré blanc bleuâtre : puis, l'image devenait blanc bleuâtre avec un contour rouge sombre autour duquel on voyait pendant quelque temps un faible reflet couleur lilas. — Pour ma part, j'ai obtenu avec du vert prismatique une image accidentelle verte, bordée de bleu, et, sur fond blanc, un pourpre foncé, bordé de jaune.

Un *bleu* mêlé de vert fut produit par Fechner au moyen d'une solution de cuivre. Le soleil paraissait blanc à travers cette solution. L'image accidentelle, blanche au premier abord, devenait bleue. Il se développait ensuite un contour vert positif bordé d'un rouge négatif. — Le bleu prismatique m'a également présenté le liséré pourpre, tandis que le fond paraissait teinté de la couleur jaune d'or complémentaire.

Quant au *violet* homogène, Fechner l'obtint au moyen d'une couche épaisse de sulfate de cuivre décomposé par l'ammoniac (bleu céleste) et d'un verre violet. Le soleil paraissait blanc bleuâtre. Il en fut de même, au commencement, de l'image accidentelle ; elle s'entourait ensuite d'un contour violet foncé qui se bordait de rouge sombre ; le fond était verdâtre. Le phénomène disparaissait avant que la couleur du contour se fût propagée jusqu'au centre.

Dans tous les cas, lorsque le bord de l'image accidentelle commence à devenir négatif, on voit le liséré rouge, tel qu'il se présente aussi dans les images accidentelles du blanc, comme si la couleur homogène était

(1) Beobachtungen und Versuche, I, 100.

mélangée avec du blanc dont les phases deviennent sensibles au moment où l'effet persistant positif de la couleur principale se trouve en équilibre avec l'effet négatif de la couleur complémentaire.

Si la lumière primaire, blanche ou chromatique, est de faible intensité, ou si, tout en présentant une intensité modérée, elle ne dure que fort peu de temps, il reste des images positives, dont les phases passent par des tons blanchâtres faiblement colorés, dont la nuance est difficile à dénommer et peut se modifier de la manière la plus remarquable par des effets de contraste; aussi trouve-t-on, dans les résultats, les contradictions apparentes les plus singulières. Si l'on a dans le champ visuel un grand nombre d'objets de différentes couleurs, les différences de couleur de l'image accidentelle baissent de ton. Les images accidentelles obtenues par Aubert en éclairant des objets colorés avec l'étincelle électrique paraissent avoir été du genre de celles que je viens de signaler. Ainsi, des carrés rouges sur fond blanc lui présentent des images accidentelles rouges, tandis qu'il voyait en vert l'image accidentelle d'une bande rouge un peu large, du même rouge que les carrés précédents, posée sur fond blanc, et sur laquelle il avait collé des carrés blancs. Il voyait toujours en jaune l'image accidentelle de bandes bleues et jaunes parsemées de carrés noirs et placées sur fond noir; placées sur fond blanc, les deux bandes bleue et jaune lui donnaient des images accidentelles bleues. La cause de ces particularités est encore à trouver.

On observe d'autres phénomènes de phases colorées sur les disques rotatifs à secteurs noirs et blancs et qui ne tournent pas assez rapidement pour produire une sensation tout à fait continue dans l'œil. — Si l'on fait tourner un semblable disque, lentement d'abord, puis, graduellement, de plus en plus vite, et qu'on le regarde fixement, en évitant de de suivre du regard l'image en mouvement, on remarque que le blanc se colore en rougeâtre sur le bord qui se présente le premier, et en bleuâtre sur le bord postérieur. Pour un faible éclairage, le ton rougeâtre tire plus sur le jaune-rouge, le bleuâtre sur le violet; pour un éclairage intense, le premier tire sur le rose, le second sur le bleu-vert. Si la rotation est lente, le ton bleuâtre s'étend d'abord sur une plus grande partie du blanc que le ton rougeâtre. Si, au contraire, la rotation est rapide, le rouge s'étend en rose sur tout le blanc, tandis que le bleu-vert s'avance sur les secteurs noirs; en somme, le violet paraît alors prédominer sur tout le disque. Pour une rotation encore plus rapide, on ne distingue plus l'un de l'autre les différents secteurs; on voit alors le champ finement jaspé de taches qui papillotent entre le rose violet et le gris-vert. Enfin, si la rapidité de la rotation augmente encore, le papillotage diminue, la couleur grise résultant du blanc et du noir ressort de mieux en mieux et n'est plus recouverte que par de grandes taches variables, d'un rose violet, qui présentent l'aspect des taches et des bandes qu'on voit sur un tissu de soie mouillé.

On voit très-bien l'une à côté de l'autre ces différentes périodes du phénomène lorsqu'on divise un disque en trois couronnes concentriques, comme dans la figure 149 : la couronne intérieure porte un secteur noir et un blanc, la couronne intermédiaire en porte deux de chaque sorte, et la couronne extérieure en porte quatre. Lorsque le disque tourne avec une certaine rapidité, on a sur le champ intérieur la coloration verdâtre prédominante du blanc, sur le champ moyen, la coloration rose, et sur le champ externe, le papillotage finement jaspé. Pour une rotation plus rapide, le champ intérieur présente la coloration rose; le champ médian, le jaspé papillotant; l'externe, le gris

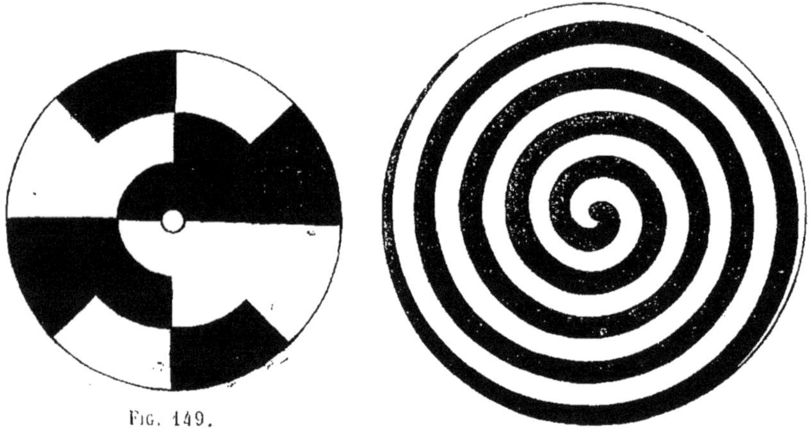

Fig. 149.

Fig. 150.

ondoyé de violet. Je ferai encore remarquer que la bande sur laquelle le rose est développé avec le plus de pureté paraît toujours plus foncée que les bandes voisines dans lesquelles la rapidité des alternances est, soit plus, soit moins considérable (Cf. plus haut, p. 455). Sur un disque divisé en secteurs, on ne reconnaît qu'après un peu d'exercice la disposition des couleurs qui se présentent d'abord sur les bandes blanches ; on la reconnaît plus facilement sur un disque (fig. 150) recouvert de deux spirales, noire et blanche, d'égale largeur. Il résulte de ces observations que lorsqu'un point de la rétine reçoit des alternances rapides de lumière blanche et d'obscurité, ce qui met la rétine dans des états successifs d'excitation croissante et décroissante, *le moment des maximums d'excitation n'est pas le même pour toutes les couleurs:* l'excitation a lieu plus tôt pour le rouge et pour le violet que pour le vert.

Ces phénomènes de coloration ne se présentent pas ordinairement au premier aspect ; il faut prolonger l'observation pendant quelque temps, et alors les couleurs deviennent graduellement de plus en plus brillantes. Il paraît donc nécessaire que l'œil soit amené à un certain degré de fatigue par la lumière papillotante. Il vient s'ajouter, en outre, d'autres phénomènes qui paraissent provenir de ce que les différentes parties de la rétine sont différemment accessibles à cette sorte d'excitation. On voit apparaître, en effet, dans la lumière papillotante, certains dessins qui se rapportent en partie à des portions déterminées de la rétine : c'est l'*image d'ombres et de lumières* de Purkinje (1). Si la vitesse de la rotation est assez grande pour qu'on ne puisse plus distinguer les différents secteurs, leur nombre paraît augmenté, et ils forment comme un treillis de bâtons recourbés et mal délimités, dont les mailles ont leur plus grande longueur suivant le rayon du disque. Si la rapidité de la rotation augmente, le dessin devient plus fin, analogue à celui d'une broderie, et, à la partie du champ papillotant qui répond à la tache jaune, on remarque une figure arrondie ou ovale transversalement, d'un aspect particulier, qui présente des contrastes bien tranchés de lumière et d'obscurité, et qu'on peut comparer à une rose dont les pétales très-nombreux affecteraient une forme à peu près hexagonale. Au centre, on voit un point obscur entouré d'un cercle noir. On peut reproduire les mêmes figures en se tournant avec les paupières fermées vers une lumière brillante, et en faisant mouvoir devant l'œil les doigts écartés, de telle sorte que l'œil éprouve des alternatives rapides de lumière et d'obscurité. Il suffit, en somme, de produire de rapides successions d'ombre et de lumière. Purkinje distingue dans ces figures des formes primaires et des formes secondaires. Dans son œil droit, les formes primaires sont des carrés grands et petits, clairs et sombres comme sur un damier, et qui recouvrent la plus grande partie du champ visuel. Ce n'est que pour une certaine région située au-dessous du centre qu'il voit de grands hexagones. Il paraît n'avoir vu que quelques traits de la rosette assez régulière qui se forme sur la tache jaune de mon œil ; par contre, chez moi, les taches éloignées du centre ne forment ni des carrés, ni des hexagones réguliers : elles sont irrégulières et augmentent de dimensions vers la périphérie. Purkinje les voyait

(1) Beobachtungen und Versuche, I, Prag, 1823, p. 10 (*Lichtschattenfigur*).

comme moi avec son œil gauche dont la vision était faible. Il décrit comme figures secondaires, qui apparaissent particulièrement lorsqu'il dirige les yeux fermés vers le soleil, des étoiles à huit branches et des spirales brisées d'un aspect remarquable, qui se développent par déplacement des carrés clairs et obscurs des images primaires ; elles sont, du reste, très-variables. Dans l'œil gauche, les figures secondaires lui présentaient le même aspect que dans l'œil droit, à cela près que la disposition était symétrique de celle de l'autre œil.

Quand on observe ces phénomènes sur les disques rotatifs, on les voit s'effacer de plus en plus à mesure que la vitesse augmente, et il ne reste plus, comme dernières traces, que les taches ondoyées que nous avons décrites plus haut. Si l'on regarde bien fixement la figure au moment où le papillotage est le plus intense, elle disparaît parfois tout à fait, et l'on voit plus en arrière un fond rouge foncé dans lequel il semble se présenter un grand nombre de courants enlacés les uns dans les autres, phénomène où Vierordt (1) croit reconnaître la circulation du sang dans les vaisseaux rétiniens. Dans mes yeux, ce mouvement présente plutôt l'aspect de courants sans bords qui se déplacent et changent continuellement de lit. On peut fort bien concevoir que l'éclairage intermittent rende visible le mouvement des globules sanguins, de même qu'on rend visible par ce moyen le mouvement et la forme des gouttes d'un filet liquide (voy. p. 221 et p. *424*).

Si l'on produit sur les disques papillotants des alternatives de lumière chromatique et de noir, soit en faisant usage de secteurs colorés, soit en regardant les disques noir et blanc à travers des verres de couleur, les couleurs homogènes même présentent aussi des traces de phases colorées. Si l'on regarde par exemple à travers un verre rouge qui ne transmette aucune autre couleur que le rouge, le bord antérieur des champs clairs paraît orangé, et le postérieur, rose, ce qui répond au jaune et au bleu qu'offrait la lumière blanche. Le fond noir se recouvre en même temps du vert complémentaire. La couleur complémentaire (2) devient encore plus nette si l'on emploie une spirale colorée et une spirale grise, et qu'on arrête brusquement le disque, après l'avoir fait tourner pendant un certain temps. On peut procéder de même avec un disque à secteurs alternativement colorés et blancs (ou gris). Sinsteden (3) employait, à cet effet, un disque rouge orangé à secteurs découpés, qui tournait en avant d'un disque blanc ombragé. Lorsqu'on arrêtait le disque antérieur, l'autre présentait une vive coloration bleue.

(1) *Archiv für physiolog. Heilkunde*, 1856, Heft 2.
(2) Dove, in *Pogg. Ann.*, LXXV, 526.
(3) *Ibid.*, LXXXIV, 45.

E. Brücke a obtenu des phénomènes analogues en faisant osciller un petit disque noir devant une lame de verre coloré. Le phénomène était surtout remarquable devant une lame verte : les parties qui subissaient des alternatives de clair et d'obscur offraient une coloration rose ; celles qui étaient constamment recouvertes ou découvertes, paraissaient en vert.

L'expérience curieuse des *cœurs agités* doit peut-être trouver sa place ici. — Sur des feuilles colorées, de papier fort, on applique des figures d'une couleur vive, différente de celle du fond ; le rouge et le bleu paraissent produire les meilleurs effets ; les couleurs doivent être très-vives et saturées. Si l'on regarde les feuilles en leur donnant un mouvement de va-et-vient d'une certaine vitesse, les figures paraissent se déplacer sur le papier et osciller de côté et d'autre. Il semble que la cause de ce phénomène soit que la sensation lumineuse ne se produit et ne disparaît pas également vite pour les différentes couleurs, et que, pour cette raison, le bleu paraît retarder un peu sur le rouge, dans le mouvement imprimé à la feuille. On voit quelque chose d'analogue lorsqu'on fait mouvoir l'œil au lieu de l'objet. C'est ainsi que Wheatstone (1), Brücke et E. du Bois-Reymond (2) ont vu un mouvement apparent du dessin à l'éclairage du gaz, en faisant errer le regard sur des tentures rouges et vertes. D'après Brewster, ces mouvements se présentent aussi lorsque la lumière du jour pénètre, par une petite ouverture, dans une chambre complétement obscure.

Dans l'exposé qui précède, je me suis attaché à l'opinion émise notamment par Fechner, et d'après laquelle tous les phénomènes des images accidentelles trouvent leur explication en partie dans une excitation persistante de la rétine, et en partie dans une diminution de l'excitabilité. Par le fait, si nous maintenons pour les mots *excitation* et *excitabilité* la signification que nous leur avons attribuée jusqu'ici, nous devons parler d'excitation persistante, lorsque l'œil voit une image accidentelle positive dans l'obscurité absolue, et nous devons considérer l'excitabilité comme diminuée, si l'œil perçoit plus faiblement la lumière extérieure à l'endroit d'une image accidentelle négative qu'avec les parties non fatiguées de la rétine. La persistance de l'excitation et la diminution de l'excitabilité ne sont donc pas des hypothèses, mais résultent immédiatement des faits. Ces deux circonstances suffisent aussi pour expliquer, parmi les phénomènes qui nous occupent, ceux qui sont les plus constants, les plus frappants et de beaucoup les plus nombreux, à savoir ceux des changements d'intensité lumineuse et ceux des images

(1) *Inst.*, nº 582, p. 75.
(2) *Die Fortschritte der Physik* im Jahre 1845, redig. von KARSTEN, I, 223.

accidentelles positives et homonymes, négatives et complémentaires. Ce serait assurément une tâche difficile et qui nécessiterait toutes sortes d'hypothèses arbitraires, que de vouloir rapporter complétement à un type simple les phénomènes si complexes des phases colorées qui suivent les impressions lumineuses intenses ou prolongées. Cependant on conçoit pourquoi ces phénomènes doivent être variables. Nous ne connaissons ni la loi d'après laquelle la fatigue plus ou moins forte de l'œil disparaît pour les différentes couleurs, ni le rapport suivant lequel l'intensité de la sensation persistante dépend de la fatigue. D'après l'opinion de Fechner, il faut considérer les images complémentaires négatives sur champ obscur comme des altérations dans la perception des excitations internes de la rétine. Beaucoup de physiciens ont, au contraire, considéré ces images comme des effets d'une nouvelle action de la rétine, qui serait opposée à la première; Plateau (1), en particulier, a érigé cette opinion en un corps de théorie. Il a démontré qu'on peut encore voir de ces images complémentaires même sans aucune lumière extérieure, et comme l'attention n'avait pas été portée encore sur la lumière propre de l'œil, il ne put expliquer le phénomène que par une activité nouvelle et opposée de la rétine. Comme il remarqua encore des modifications ultérieures des images positive et négative, il émit la proposition qu'après chaque sensation vive de lumière, la rétine ne parvient au repos que par une série d'oscillations qui la feraient passer alternativement par des états opposés. Ces états opposés correspondraient à la sensation des couleurs complémentaires. Il rattacha à cette théorie certains effets de contraste dont nous parlerons plus en détail dans le paragraphe suivant, et il admit aussi une série d'oscillations analogues pour la localisation de l'impression dans l'espace. Mais il faut rappeler que les images accidentelles complémentaires négatives ne consistent pas en une activité de la rétine, mais qu'elles apparaissent, au contraire, comme des diminutions de la sensation lumineuse interne qui existait préalablement; que de plus ces alternatives entre les images positives et négatives dépendent — ainsi qu'une observation attentive permet presque toujours de s'en assurer — de circonstances extérieures et notamment de faibles changements dans l'éclairage du fond de l'œil. Il me semble très-hasardé de prendre pour base d'une théorie, ces images délicates, excessivement mobiles, que présentent, dans le champ visuel obscur, les images accidentelles au moment de leur passage de l'état positif à l'état négatif, surtout si l'on songe que la sensibilité de l'organe est augmentée, par suite d'un long repos dans l'obscurité, à un tel point que des influences extérieures à peine sensibles suffisent à produire des modifications de l'image. Il n'y a rien d'étonnant si, dans ces circonstances, nous ne pouvons pas toujours désigner la cause des modifications qui se produisent. Fechner a déjà, du reste, appelé l'attention sur une autre difficulté de la théorie de Plateau. En effet, suivant cette théorie, dans les images accidentelles, les couleurs complémentaires devraient se détruire comme étant des activités contraires de la rétine, et produire de l'obscurité. C'est ainsi que la présence d'une image accidentelle de couleur complémentaire nuit à la perception de la couleur primaire, et que si l'on a fatigué l'œil successivement par du rouge

(1) *Ann. de chim. et de phys.*, LIII, 386. — *Pogg. Ann.*, XXXII, 543.

et du vert, l'image accidentelle est noire. Mais comment mettre cette supposition d'accord avecl e fait que les sensations provoquées simultanément par des lumières objectives complémentaires se réunissent pour former le blanc, qui est plus clair que chacune des deux couleurs employées ?

Brücke considère les images accidentelles positives complémentaires comme incompatibles avec la théorie de Fechner. — J'ai déjà fait remarquer plus haut que la coloration de ces images est, en réalité, très-blanchâtre, et que la couleur complémentaire ne ressort si nettement que par contraste avec la couleur primaire et à cause de l'absence d'autres couleurs qui serviraient de point de comparaison. Si l'on a vu en même temps, et à côté l'une de l'autre, deux couleurs primaires, on constate facilement que leurs images accidentelles ne présentent, dans les derniers moments de leur apparition positive, qu'un pâle reflet des couleurs complémentaires; je crois donc pouvoir considérer ces images comme des mélanges d'une image positive blanchâtre et d'une image négative complémentaire, ce qui permet de les rattacher à l'explication de Fechner. Il reste encore à mentionner le phénomène bizarre qu'Aubert décrit pour les images accidentelles d'objets éclairés par l'étincelle électrique. Des carrés noirs et rouges, entourés d'un fond blanc, lui apparaissent accompagnés de leurs images négatives au moment du passage de l'étincelle. Ces images faisaient défaut dans les carrés blancs sur fond noir; elles paraissaient parfois ne pas coïncider exactement avec l'image primitive. Ce n'est qu'un peu plus tard qu'apparaissaient les images positives de même couleur. Les bandes colorées sur fond blanc ou noir paraissent lui avoir toujours donné des images accidentelles complémentaires et plus claires que le fond.

En résumé, je crois qu'il est sage de conserver pour fil conducteur, dans ce dédale de phénomènes si divers, un point de vue théorique qui, comme celui de Fechner, explique facilement la grande majorité des phénomènes, et qui rend surtout facilement compte de ceux qui se distinguent par leur énergie, leur netteté et leur constance. Il se rencontre assurément quelques phénomènes assez fugaces dont on ne peut pas encore donner d'explication complétement satisfaisante : les changements de couleurs qui se produisent au moment où l'image passe du positif au négatif, et où les influences opposées de l'excitation persistante et de la fatigue se trouvent dans un équilibre peu stable, sont encore dans ce cas. Cependant je n'ai pas encore pu trouver de phénomène qui soit manifestement incompatible avec les principes sur lesquels se fondent les explications de Fechner.

Les images accidentelles positives et négatives des fenêtres ont été décrites en 1634 par PEIRESC (1). Puis on trouve l'expérience présentée comme une sorte de tour d'adresse. BONACURSIUS prétendit, contrairement au jésuite ATHAN. KIRCHER (2), qu'il pouvait faire en sorte qu'on vît aussi bien dans l'obscurité qu'à la lumière du jour, et il eut raison en faisant regarder fixement à KIRCHER un dessin fixé dans une ouverture du volet d'une chambre obscure. On rendit l'obscurité complète, et KIRCHER vit de nouveau distinctement le dessin en regardant (ce qui était inutile) un papier blanc qu'il tenait à la main. KIRCHER, pour expli-

---

(1) Vita, p. 175, 296.
(2) Ars magna, p. 162.

quer le fait, dit que l'œil renvoie la lumière qu'il a reçue et éclaire le papier. MARIOTTE (1) répéta des expériences analogues. NEWTON connaissait les images par éblouissement, et il paraît les avoir considérées comme étant de nature psychique (2), parce qu'en y portant son attention, il lui avait été possible de faire reparaître après plusieurs semaines une image accidentelle produite par la fixation du soleil. Il fut conduit à faire ces expériences par une question de LOCKE, qui les avait trouvées mentionnées dans le livre de ROB. BOYLE sur les couleurs. JURIN (3) donna en 1738 une théorie assez complète de ces phénomènes, qu'il fonda en partie sur la persistance de l'excitation, et en partie sur l'hypothèse d'après laquelle la cessation d'une très-forte sensation serait suivie d'une sensation opposée. BUFFON (4) donna de ces phénomènes une description plus complète, qui servit plus tard au père SCHERFFER (5) pour en établir une théorie. Contrairement à JURIN, ce dernier émit l'opinion que les images accidentelles — dont il ne connaît guère que les négatives — sont attribuables à une diminution de sensibilité de la rétine, par suite de fatigue. Il applique le même principe à l'explication des couleurs complémentaires, en s'appuyant sur la règle de NEWTON pour le mélange des couleurs. GODART (6) donna une autre théorie de ce phénomène; cette théorie, fruit d'une imagination un peu trop vive, se rapproche cependant déjà des oscillations de PLATEAU. Un grand nombre d'observations furent faites par DARWIN (7), relativement surtout aux images accidentelles colorées; par AEPINUS (8) et par DE LA HIRE (9), sur les phases colorées de l'image du soleil; par GERGONNE (10); par BROCKEDON (11), qui chercha à les employer pour constituer une théorie de l'harmonie esthétique des couleurs; par LEHOT (12), qui appela surtout l'attention sur les phénomènes résultant du changement brusque de distance d'un champ coloré; par GÖTHE (13); par BEER (14), sur la disparition des couleurs par suite de fixation chez les opérés de cataracte; par HIMLY et TROXLER (15), PURKINJE (16), OSANN (17), SPLITTGERBER (18), KNOCHENHAUER (19), DOVE (20), sur les couleurs subjectives des objets en mouvement; SINSTEDEN (21), SCORESBY (22), GROVE (23), sur la révivification des images accidentelles par les alternatives d'éclairement et d'obscurcissement du champ visuel; par SEGUIN (24) (observations nombreuses et exactes sur les phases colorées); BRÜCKE (25); AUBERT (26), sur les images accidentelles produites par l'étincelle électrique.

Quant aux essais qui ont été faits pour établir une théorie et une explication des phéno-

---

(1) MARIOTTE, Œuvres, p. 318.

(2) D. BREWSTER, NEWTON'S Leben, übers. von GOLDBERG. Leipzig, 1833, 263. — Lettre de NEWTON à LOCKE, in : Vie de LOCKE par lord KING. Londres, 1830.

(3) Essay on distinct and ind. vis., p. 170, in *Smith's Optics*, Cambridge, 1738.

(4) *Mém. de Paris*, 1743, p. 215.

(5) Abhandlung von den zufälligen Farben. Wien, 1765. — Paru en latin en 1761. — *Journal de physique de Rozier*, XXVI, 175, 273 (1785).

(6) *Journal de physique*, 1776, VIII, 1, 269.

(7) *Philos. Transact.*, 1786, LXXVI, 313. — Zoonomie, übers. von BRANDIS. Hannover, 1795, II, 387.

(8) *Journ. de phys.*, XXVI, 291. — *Novi Comment. Petrop.*, X, 286.

(9) Cité par PORTERFIELD, On the eye, I, 343.

(10) *Journ. de mathém.*, XXI, 291.

(11) *Quart. Journ. of Sc.*, N° XIV, 399. — *Wiener Zeitschr.*, VIII, 471.

(12) *Fechner's Repertorium*, 1832, p. 229.

(13) Farbenlehre, I, 13, 20.

(14) Das Auge oder Versuch das edelste Geschenk des Schöpfers zu erhalten, p. 1-8.

(15) HIMLY, Ophthalmol. Bibl., I, 2, p. 1-20; II, 2, p. 40.

(16) Beiträge, I, 72, 96.

(17) *Pogg. Ann.*, XXXVII, 288.

(18) *Pogg. Ann.*, IL, 587.

(19) *Pogg. Ann.*, LIII, 346.

(20) *Pogg. Ann.*, LXXI, 112; LXXV, 524, 526.

(21) *Pogg. Ann.*, LXXXIV, 45.

(22) *Philos. Mag.*, 4, VIII, 544 (1854).

(23) *Philos. Mag.*, 4, III, 435-436.

(24) *Ann. de chimie et de phys.*, 3, XLI, 413-431. — *Comptes rendus*, XXXIII, 642; XXXIV, 767; XXXV, 476.

(25) *Denkschr. der k. k. Akad. zu Wien*, III. — *Pogg. Ann.*, LXXXIV, 418.

(26) *Moleschott's Untersuchungen zur Naturl.*, V, 279.

mènes dont nous nous occupons ici, il faut encore mentionner PRIEUR (de la Côte-d'Or) (1), qui chercha à les ramener au principe du contraste, et l'opinion de BREWSTER (2), d'après laquelle la couleur complémentaire se développerait en même temps que celle de l'objet et la ternirait. Les opinions en présence finirent par se résumer dans les deux travaux d'ensemble de PLATEAU (3) et de FECHNER (4). Le premier représente, sous une forme conséquente, l'opinion qui admet des activités opposées de la rétine. FECHNER, au contraire, qui, avec une extrême abnégation, avait fait une grande série d'expériences exactes, et même des mensurations, fut le premier à déduire d'une manière satisfaisante les images négatives du principe de la fatigue. Ces deux travaux représentent encore, pour les points essentiels, l'état actuel de la science. Cependant il était nécessaire de définir d'une manière plus exacte l'idée de la fatigue de l'œil pour les différentes couleurs. Une définition de ce genre était comprise implicitement dans la théorie des couleurs de TH. YOUNG ; pour la vérifier, j'ai fait les expériences sur les images accidentelles de couleurs spectrales (5), et je remarquai à cette occasion la grande netteté des images positives après une action momentanée de la lumière.

1634. PEIRESCII Vita, p. 175, 296.
1646. ATHAN. KIRCHER, Ars magna, p. 162.
1668. MARIOTTE, Œuvres, p. 318.
1689. DE LA HIRE, in PORTERFIELD, On the eye, I, 343.
— I. NEWTON, Experiments on ocular spectra produced by the action of the sun's light on the retina, in *Edinb. Journ. of sc.*, IV, 75.—NEWTON'S Leben, von BREWSTER, übers. von GOLDBERG, Leipzig, 1833, p. 263. — Lettre de NEWTON à LOCKE, in Vie de LOCKE par lord KING, Londres, 1830.
1738. JURIN, Essay on distinct and indistinct vision, p. 176, in *Smith's Optics*, Cambridge, 1738.
1743. BUFFON, Dissertation sur les couleurs accidentelles, in *Mém. de Paris*, 1743, p. 147.
1765. SCHERFFER, Abhandlung von den zufälligen Farben, Wien, 1765 ; paru en lat., 1761. — *Journ. de physique de Rozier*, XXVI, 175, 273.
— AEPINUS, De coloribus accidentalibus, in *Nov. Comm. Acad. Petr.*, X, 282. — *Journal de physique*, 1776, XXVI, 291.
1776. GODART, in *Journ. de physique*, VIII, 1, 269.
1786. DARWIN, On the ocular spectra of light and colours, in *Phil. Trans.*, 1786, p. 313. — Zoonomie, übers. von BRANDIS. Hannover, 1795, II, 387.
1798. COMPARETTI, Observationes dioptricæ et anatomicæ de coloribus apparentibus. Patav., 1798.
1804. PRIEUR (de la Côte-d'Or), Observations sur les couleurs et certaines de leurs manifestations, in *Ann. de chimie*, LIV, p. 1. — *Gilb. Ann.*, XXXI, 315.
1810. V. GOETHE, Zur Farbenlehre, I, 13, 20.
1817. SCHULZ, Ueber physiologische Farbenerscheinungen, insbesondere das phosphorische Augenlicht als Quelle derselben betrachtet, in GOETHE für Naturwiss., II, 20, 38.
1819. PURKINJE, Beiträge zur Physiologie der Sinne, I, 92.
1826. J. MÜLLER, Zur vergl. Physiol. des Gesichtsinnes. Coblenz, p. 401.
1830. LEHOT, in *Annales des sciences d'observ. par Saigey et Raspail*, III, 3. — *Froriep's Notizen*, XXVIII, p. 177. — *Fechner's Repertorium*, 1832, p. 229.
— GERGONNE, in *Journ. de mathém. de Gergonne*, XXI, 291.
1833. BREWSTER, in *Philos. Mag.*, II, 89 ; IV, 354. — *Pogg. Ann.*, XXIX.

---

(1) *Ann. de chimie*, LIV, p. 1.

(2) *Philos. Mag.*, II, 89 ; IV, 354. — *Pogg. Ann.*, XXIX ; LXI, 138.

(3) *Ann. de chimie et de phys.*, 1833, LIII, 386 ; 1835, LVIII, 337. — *Pogg. Ann.*, XXXII, 543.— Le plus complétement, dans : Essai d'une théorie génér. comprenant l'ensemble des apparences visuelles, qui succèdent à la contemplation des objets colorés. Bruxelles, 1834.

(4) *Pogg. Ann.*, XLIV, 221, 513 ; XLV, 227 ; L, 193, 427.

(5) Lu publiquement, in *Sitzung der niederrheinischen Gesellschaft für Natur- und Heilkunde in Bonn*, am 3 Juli 1858. — *Naturforscherversammlung zu Carlsruhe*, September 1858.

1833. PLATEAU, in *Ann. de chim. et de phys.*, LIII, 386; LVIII, 337. — *Pogg. Ann.*, XXXII, 543. — Avec le plus de détails dans : Essai d'une Théorie génér. comprenant l'ensemble des apparences visuelles qui succèdent à la contemplation des objets colorés et de celles qui accompagnent cette contemplation, c'est-à-dire la persistance des impressions de la rétine, les couleurs accidentelles, l'irradiation, les effets de la juxtaposition des couleurs, les ombres colorées. Bruxelles, 1834.

1836. OSANN, Ueber Ergänzungsfarben, in *Pogg. Ann.*, XXXVII, 287.

1838. G. TH. FECHNER, Ueber die subjectiven Complementärfarben, in *Pogg. Ann.*, XLIV, 221-245; 513-530.

— G. TH. FECHNER, Scheibe zur Ergänzung subjectiver Complementärfarben, in *Pogg. Ann.*, XLV, 227.

1840. G. TH. FECHNER, Ueber die subjectiven Nachbilder und Nebenbilder, in *Pogg. Ann.*, L, 193-221, 427-465.

— SPLITTGERBER, in *Pogg. Ann.*, XL, 587.

— D. BREWSTER, in *Phil. Mag.*, XXIII, 354. — *Pogg. Ann.*, LXI, 138. (Combinaison des impressions qui s'effacent et des impressions complémentaires.)

1841. KNOCHENHAUER, Ueber Blendungsbilder, LXIII, 346.

1845. WHEATSTONE, Sur un effet singulier de juxtaposition de certaines couleurs dans des circonstances particulières, in *Inst.*, 1845, n° 582, p. 75.

1848. H. W. DOVE, Ueber Scheiben zur Darstellung subjectiver Farben, in *Pogg. Ann.*, LXXV, 526.

— GRÜEL, Ueber einen Apparat für subjective Farbenerscheinungen, in *Pogg. Ann.*, LXXV, 524.

— H. TAYLOR, On the apparent motion of the figures in certain patterns of blue and red worsted, in *Philos. Magaz.*, XXXIII, 345. — *Froriep's Notizen*, IX, 33. — *Archiv. des sc. phys. et natur.*, X, 304.

1850. J. M. SEGUIN, Sur les couleurs accidentelles, in *Comptes rendus*, XXXIII, 642; XXXIV, 767-768; XXXV, 476. — *Ann. de chim. et de phys.*, 3, XLI, 413-431. — *Phil. Mag.*, 4, III, 77. — *Silliman's Journ.*, 2, XIII, 441.

— SINSTEDEN, Ueber einen neuen Kreisel zur Darstellung subjectiver Complementärfarben und eine eigenthümliche Erscheinung, welche die Orangefarbe dabei zeigt, in *Pogg. Ann.*, LXXXIV, 45.

— E. BRÜCKE, Untersuchungen über subjective Farben, in *Pogg. Ann.*, LXXXIV, 418. — *Wiener Denkschr.*, III, 95. — *Archiv. des sc. phys. et natur.*, XIX, 122.

1852. W. R. GROVE, On a mode of reviving dormant impressions on the retina, in *Philos. Magaz.*, 4, III, 435-436. — *Inst.*, 1852, p. 251-252. — *Archiv. des sc. phys. et natur.*, XX, 227-228. — *Cosmos*, I, 237-238.

— DOVE, Zur Erklärung der flatternden Herzen, in *Pogg. Ann.*, LXXXV, 402.

1854. J. J. OPPEL, Ueber das Phänomen der flatternden Herzen, in *Jahresber. des Frankfurter Vereins*, 1853-1854, p. 50-52. — *Hallesche Zeitschr. für Naturwissenschaft*, V, 319.

— W. SCORESBY, An Inquiry into some of the circumstances and principles which regulate the production of pictures on the retina of the human eye with their measure and endurance, their colours and changes, in *Phil. Mag.*, 4, VII, 218-221; VIII, 544. — *Inst.*, 1854, p. 154-156. — *Proc. of Roy. Soc.*, VI, 380-383; VII, 117-122. — *Athen.*, 1854, p. 1272.

1855. S. MARIANINI, Sur une manière de voir facilement les couleurs accidentelles, in *Archiv. des sc. phys.*, XXX, 325. — *Cimento*, I, 165.

1856. SEGUIN, Couleurs accidentelles, in *Cosmos*, IX, 39.

— VIERORDT, in *Archiv für Physiol. Heilk.*, 1856, Heft 2.

1857. MELSENS, Recherches sur la persistance des impressions de la rétine, in *Bulletin de Bruxelles*, 2, III, 214-252; *Cl. des sc.*, 1857, p. 735-777.

1858. HELMHOLTZ, Ueber Nachbilder, in *Bericht über die 34ste Vers. deutscher Naturf. in Carlsruhe*, p. 225.

— H. AUBERT, Ueber das Verhalten der Nachbilder auf den peripherischen Theilen der Netzhaut, in *Moleschott's Unters. zur Naturlehre*, IV, 215-239.

— J. M. SEGUIN, Note sur les couleurs accidentelles, in *Comptes rendus*, XLVII, 198-200.

1859. H. AUBERT, Ueber die durch den elektrischen Funken erzeugten Nachbilder, in *Moleschott's Unters.*, V, 279-314.

1861. J. Smith, On the Chromascope, in *Rep. of Brit. Assoc.*, 1860, 2, p. 65-66 ; 1861, 2, p. 33-33.
1862. H. Aubert, Untersuchungen über die Sinnesthätigkeiten der Netzhaut, in *Pogg. Ann.*, CXV, 87-116 ; CXVI, 249-278.
— Rose, Presentations of colour produced under novel conditions, in *Rep. of British Assoc.*, 1861, 2, p. 33-33. (Par l'intermittence de blanc et de noir.)
1864. Aubert, Physiologie der Netzhaut. Breslau, p. 347-386.
1865. E. Brücke, Ueber Ergänzungsfarben und Contrastfarben, in *Wiener Sitzungsber.*, LI.

§ 24. — Du contraste.

Nous avons recherché, dans le paragraphe précédent, les modifications mutuelles que subissent les couleurs que nous voyons *successivement*. Il nous reste encore à examiner quelles sont les influences qu'exercent l'une sur l'autre des intensités et des couleurs différentes que nous voyons *simultanément* dans le champ visuel.

Comme une semblable juxtaposition a le plus souvent pour résultat de faire paraître plus foncées des régions qui sont voisines de parties claires, et réciproquement, ou bien encore de donner aux couleurs voisines d'une couleur donnée, une teinte complémentaire de cette dernière, on a été conduit à désigner sous le nom de *contrastes* ces oppositions d'effets. Pour plus de précision, Chevreul désigne sous le nom de *contraste simultané* les phénomènes dont nous allons parler, pour les distinguer de ceux qui se produisent quand deux couleurs apparaissent successivement sur la même partie de la rétine, et auxquels il attribue la dénomination de *contraste successif*.

Mais il se présente aussi des cas où la couleur d'une partie du champ visuel est modifiée par la couleur voisine, de manière à se rapprocher, non plus de la complémentaire de cette couleur, mais de cette couleur elle-même. Ici, la dénomination de contraste paraît impropre tout d'abord, bien qu'en réalité l'une des couleurs soit peut-être modifiée par le contraste de la couleur complémentaire de l'autre. Pour obtenir une terminologie qui n'exclue pas les cas de ce genre, Brücke désigne sous le nom de *couleur induite* la couleur qui est produite par l'effet d'une couleur voisine, et, sous celui de *couleur inductrice*, celle qui donne lieu à la production de la couleur induite. De plus, quand le champ dont la couleur est modifiée est lui-même coloré, nous continuerons à nommer *réagissante* la couleur de ce champ. Lorsque la couleur réagissante est modifiée par la couleur induite, on obtient la couleur *résultante*. Ainsi, les cas les plus ordinaires, où la couleur induite est complémentaire de la couleur inductrice, répondent seuls immédiatement à l'idée de contraste ; mais il y a aussi des cas où la couleur induite est homonyme à la couleur inductrice.

I. — Les phénomènes du *contraste successif* se déduisent facilement de ce que nous avons dit au paragraphe précédent. — Si, après avoir regardé un champ de la couleur *A* et d'une intensité moyenne, on dirige le regard sur un autre champ de la couleur *B*, l'excitation persistante de l'impression *A* n'est en général pas assez grande pour produire, sur un second champ d'intensité moyenne, une image accidentelle positive : on voit donc sur le champ *B* une image accidentelle négative de *A*. Cet effet affaiblit les parties de la couleur *B* qui sont de même espèce que *A* : si *B* est du même ton que *A*, le contraste rend ce fond plus blanchâtre; si *B* est complémentaire de *A*, sa saturation augmente; Si la couleur *B* se trouve sur l'un ou l'autre côté du cercle des couleurs, entre *A* et sa couleur complémentaire, elle passe à un ton voisin, qui est plus éloigné de *A* et plus rapproché de la couleur complémentaire. D'ailleurs, la couleur *B* s'assombrit d'autant plus que la couleur *A* était plus claire. Telle serait donc la loi générale du contraste successif, en admettant dans les deux champs des intensités telles qu'il ne puisse se produire que des images négatives.

Cela posé, on peut s'assurer facilement que le contraste successif, c'est-à-dire celui qui provient des images accidentelles, exerce aussi une grande influence lorsque l'on compare des champs colorés qui sont contigus dans le champ visuel. Dans ce cas, on n'a cru voir ordinairement que des contrastes simultanés; parce que, jusqu'à présent, on a peu tenu compte, dans l'étude des contrastes, de cette particularité de notre regard d'après laquelle, dans l'usage commode et habituel de nos yeux, nous laissons ordinairement errer le point de fixation d'une manière lente et continue dans le champ visuel, de manière à parcourir successivement les différentes parties de l'objet examiné. Ce mouvement du regard se fait sans que nous y prenions garde, et nous y sommes tellement habitués, qu'il faut un effort et une attention extraordinaires pour maintenir le regard rigoureusement fixé sur un point déterminé du champ visuel, ne fût-ce que pendant 10 à 20 secondes. Cette fixation s'accompagne aussitôt de phénomènes insolites ; il se développe des images accidentelles négatives des objets, très-nettement dessinées, et tant que nous maintenons le regard immobile, ces images coïncident avec les objets et les rendent rapidement confus. Aussi éprouvons-nous rapidement une sensation d'éblouissement et d'effort, dès que nous nous obstinons dans une fixation rigoureuse ; le besoin de déplacer l'œil devient de plus en plus irrésistible, et les petites oscillations que cet organe exécute au mépris de nos efforts se trahissent par l'apparition éclatante sur les bords des objets, tantôt à droite, tantôt à gauche, de parties des images accidentelles négatives qui se sont produites. Cette mobilité du regard qui maintient, sur toutes les parties de la rétine, une suite continue de variations dans les intensités et les couleurs perçues par les différentes parties de cette membrane, est évidemment d'une grande importance pour la conservation de l'appareil nerveux visuel dans l'intégrité de ses fonctions, car rien n'épuise l'œil autant que la production fréquente d'images accidentelles obtenues en fixant longtemps des surfaces même modérément éclairées, et les images négatives intenses sont toujours des signes d'une grande fatigue de la rétine.

Examinons maintenant ce qui arrive lorsque le regard, en se déplaçant, rencontre dans le champ visuel des parties différemment colorées ou différemment intenses. — Si nous contemplons un champ coloré limité, en fixant exactement un de ses points, il se développe une image accidentelle nettement limitée, et, par suite, facile à constater ; si nous fixons successivement, pendant un certain temps, deux points différents de l'objet, il se forme deux images accidentelles bien délimitées qui se recouvrent en partie, et qu'il est, par suite, plus difficile de reconnaître comme étant des images de l'objet ; enfin, si le regard a erré lentement sur l'objet sans s'arrêter sur aucun point, l'image accidentelle n'est naturellement plus qu'une tache confuse, bien plus difficile à constater, mais dont la présence ne saurait échapper à l'observateur attentif. Si le regard se transporte alors sur un champ voisin, différemment coloré, il est clair que cette couleur est modifiée par l'influence de l'image accidentelle, absolument de la même manière que si l'on avait vu successivement ces couleurs différentes dans la même partie du champ visuel. Ainsi, dans un cas de ce genre, nous n'avons pas affaire à du contraste simultané, ou du moins il y a aussi contraste successif, et les phénomènes sont plus ou moins identiques avec ceux décrits dans le paragraphe précédent. Pour avoir seulement du contraste simultané, il est nécessaire de veiller particulièrement à ce que le regard soit rigoureusement fixé pendant l'expérience.

Nous étudierons plus loin les phénomènes du contraste simultané pur, qui persistent lorsque le regard est rigoureusement fixé. Je décrirai d'abord les phénomènes relatifs, pour une partie, au contraste simultané, mais en bien plus grande partie au contraste successif, tels qu'ils se présentent pour l'emploi naturel de l'œil. — Les modifications des couleurs sont ici exactement les mêmes que celles qu'on a vues pour le contraste successif pur. Elles sont, en général, bien plus nettes et plus frappantes que celles du contraste simultané simple, et, dans les cas où ces deux sortes de contraste pourraient amener des résultats différents, ceux du contraste successif prédominent constamment dans l'usage naturel de l'œil ; dans les cas où les résultats des deux contrastes sont similaires, les modifications des couleurs deviennent toujours bien plus sensibles quand on laisse errer le regard qu'en le maintenant en repos.

En général, il est avantageux, pour les effets de contraste, que la couleur inductrice soit plus intense que la couleur réagissante, pour qu'alors les images accidentelles de la première soient plus vives et plus durables. C'est ainsi que si l'on place, sur un papier coloré, un petit disque de papier blanc, celui-ci présente la couleur complémentaire ; mais la coloration est plus frappante si l'on remplace le blanc par du gris ou même du noir ; car, dans ces expériences subjectives, le noir doit toujours être considéré comme un gris foncé. Cependant un gris moyen est, en général, préférable au noir. Dans les cas de ce genre, l'effet du contraste peut être assez fort pour transformer en couleur complémentaire une couleur assez vive. Qu'on applique, par exemple, un petit morceau de papier orangé (coloré par le minium) sur une lame de verre rouge, et qu'on tienne le verre entre les yeux et le ciel, le papier rougeâtre paraît d'un bleu-vert vif, complémentaire de la couleur du verre, bien que cette teinte soit presque complémentaire de celle du papier.

Il est avantageux que la couleur inductrice recouvre une grande partie du champ visuel, parce qu'alors les différentes parties de la rétine sont frappées fréquemment et d'une manière durable, et sont fatiguées par cette couleur. Aussi les couleurs par contraste sont-elles particulièrement vives lorsque la couleur réagissante occupe un petit champ entouré complétement par un fond étendu, recouvert de la couleur inductrice. Dans ce cas, c'est presque exclusivement la couleur du petit champ qui subit la modification. Mais lors même que les deux champs sont également étendus, les effets de contraste ne font pas défaut : il y a alors influence mutuelle, et la couleur de chaque champ est modifiée par celle de l'autre.

Enfin, l'effet de contraste est d'autant plus prononcé, que la couleur inductrice est située plus près de la couleur réagissante ; car lorsque le regard passe de l'un des champs à l'autre, l'image accidentelle est d'autant plus intense, que le passage se fait plus rapidement. Cet effet se montre très-nettement dans la disposition que Chevreul a adoptée pour ses expériences. Il découpe deux bandes de chacune des deux couleurs, jaune et rouge, par exemple, et place une bande jaune en contact avec une bande rouge. Nous désignerons ces bandes par J_1 et R_1. Puis, à une petite distance de la bande jaune J_1, il place une seconde bande jaune J_2, et de même, près de la bande rouge, une seconde bande rouge R_2. L'effet de contraste ne se présente alors que pour les deux bandes moyennes J_1 et R_1. Le jaune de J_1 devient verdâtre en se rapprochant du vert-bleu complémentaire de R_1, et R_1 paraît pourpre en se mélangeant d'un peu d'indigo, couleur complémentaire de J_1. Les deux bandes extrêmes J_2 et R_2 présentent, au contraire, leur coloration naturelle, ce qui fournit un bon moyen de reconnaître l'effet du contraste. C'est ce qui explique aussi pourquoi, lorsqu'on voit des champs contigus un peu larges, l'effet du contraste se manifeste principalement sur les bords. Toutes les fois que le regard passe d'un champ A à un autre B, les parties de la rétine qui viennent d'abandonner le champ A, sont les plus fatiguées relativement à la couleur A, et ce sont elles qui reçoivent l'image des parties marginales de B. La fatigue est moindre dans les parties de la rétine qui ont abandonné A un peu plus tôt et ont déjà plus avancé sur B; aussi la couleur induite leur paraît-elle plus faible. On comprend donc que, toutes les fois que le regard se porte sur le champ B, les parties marginales de B sont le plus modifiées par contraste, et les parties plus éloignées le sont de moins en moins. Ainsi, au contact de deux champs, vert et bleu, les bords du vert et du bleu paraissent respectivement un peu plus jaunâtre et un peu plus violet que les milieux, par mélange de jaune et de pourpre complémentaires du bleu et du vert. On peut très-bien observer le jeu des images accidentelles sur le bord des surfaces de ce genre, si l'on s'assigne une série de points de fixation et qu'on ne déplace le regard que par sauts, en le maintenant un peu de temps sur chacun de ces points. On voit alors distinctement les images accidentelles bien limitées s'avancer dans le champ voisin. Les premières d'entre elles, qui sont déjà plus en avant, sont pâles, tandis que les plus récentes sont plus intenses.

S'il ne s'agit pas de différences de couleur, mais de différences d'intensité, on trouve que l'intensité du champ réagissant paraît diminuée par le voisinage d'un champ inducteur plus éclairé, et augmentée par celui d'un champ plus foncé.

D'ailleurs, d'autres circonstances rendent l'apparition des couleurs complémentaires plus facile ici que dans les méthodes qui ont été décrites dans le paragraphe précédent, pour voir les images accidentelles négatives. En effet, tandis qu'en général il est nécessaire de fixer intentionnellement, pendant plusieurs secondes, un objet coloré, pour obtenir ensuite une image accidentelle nette, de quelque durée, sur un fond uniformément coloré, on voit, dans les expériences sur le contraste, qu'il suffit de regarder une couleur d'une manière assez rapide pour en induire la couleur complémentaire sur le second champ, et que cette couleur complémentaire est bien plus durable que ne le serait une image accidentelle obtenue dans les mêmes conditions. Pour qu'on puisse distinguer une image accidentelle sur un fond uniformément coloré, il faut que cette image soit bien développée et bien délimitée : une pareille image se déplace avec le regard, ce qui en fait reconnaître immédiatement la nature subjective, et nous sommes généralement habitués à ne donner notre attention qu'aux phénomènes visuels objectifs. Lorsque, au contraire, une image accidentelle mal circonscrite recouvre un champ coloré plus petit, objectivement délimité, et qui se présente toujours sous l'influence de l'image accidentelle, cette influence ne peut pas être immédiatement séparée dans la perception d'avec les autres phénomènes objectifs du champ visuel, et c'est pour cette raison qu'elle attire plus facilement notre attention. Nous parlerons plus en détail, dans la troisième partie, de cette particularité de notre attention.

Il faut ajouter que, dans les phénomènes de contraste dont nous nous occupons ici, la fatigue de la rétine est constamment renouvelée, et que, pour cette raison, l'effet est durable, tandis qu'il disparaît assez vite dans la plupart des méthodes employées pour produire des images accidentelles.

II. — Passons à l'étude du *contraste simultané* pur. — Pour être certain d'avoir affaire à des phénomènes de ce genre, il faut disposer les expériences de telle sorte qu'il ne puisse pas se produire d'images accidentelles, et que la partie de la rétine où doit se former la sensation de la couleur induite ne reçoive pas, même d'une manière passagère, l'image du champ inducteur. En général, on ne peut atteindre cet effet d'une manière complète que si l'on ne fait apparaître la couleur inductrice qu'après avoir fixé l'œil sur un point déterminé du champ induit, point sur lequel la fixation devra être maintenue pendant toute la durée de l'expérience. Si la couleur inductrice n'est ni trop intense, ni trop saturée, il suffit de diriger rapidement, sur le champ induit, les yeux qui ont été fermés ou qui ont erré sur des objets foncés et peu colorés : on fixe un point de ce champ sans laisser séjourner préalablement le regard sur le champ inducteur. Si cette méthode suffit, dans la plupart des cas, cela tient surtout à ce que les phénomènes de contraste dont nous nous occupons ici apparaissent précisément avec la netteté la plus grande pour de faibles différences de couleur entre le champ inducteur et le champ induit, à l'inverse des phénomènes du contraste successif, qui sont favorisés par de fortes oppositions de couleur et d'éclairage.

Les phénomènes dont nous nous occupons ici me paraissent être d'une tout autre nature que les précédents. On peut, en général, les caractériser comme étant des cas où il est impossible de juger exactement la couleur réagissante en la comparant à d'autres qu'à la couleur inductrice. Dans des cas de ce genre, nous sommes disposés à considérer les différences qui apparaissent d'une manière nette et certaine comme plus grandes que celles qui ne ressortent que d'une manière incertaine dans l'observation, ou qu'il faut juger à l'aide de la mémoire. C'est sans doute là une loi générale de toutes nos perceptions. Un homme de taille moyenne paraît petit à côté d'un homme de grande taille, parce que, dans le moment, nous voyons nettement qu'il existe des hommes plus grands que lui et non point qu'il y en a de plus petits. Le même homme de taille moyenne paraît grand à côté d'un homme de petite taille.

On compare avec le plus de certitude deux couleurs ou deux intensités, lorsqu'elles sont tout à fait contiguës dans le champ visuel et que leur limite n'est marquée que par leur différence. Plus elles sont éloignées l'une de l'autre, plus leur comparaison est difficile; cette comparaison devient bien plus difficile encore si l'une des couleurs n'est donnée que de mémoire. De là il résulte déjà que lorsqu'un champ coloré, le champ réagissant, est tout à fait entouré par un autre, le champ inducteur, on perçoit plus facilement la différence qui existe entre la couleur du champ réagissant et celle du champ inducteur que celle que présente le champ réagissant avec d'autres couleurs plus éloignées. Cette comparaison présente sa plus grande difficulté lorsque le champ inducteur occupe la totalité, ou du moins la plus grande partie du champ visuel, et que les autres couleurs sont seulement perçues par les parties périphériques de la rétine, où la distinction des couleurs est incomplète, ou quand elles ne sont connues que de mémoire. Aussi, d'après la règle donnée plus haut, la différence qu'on assigne entre le champ réagissant et le champ inducteur est, en général, trop grande relativement à la différence entre le champ réagissant et les autres couleurs; et cet effet est d'autant plus prononcé, que la couleur inductrice exclut davantage du champ visuel toutes les autres couleurs.

De plus, il est plus facile de se tromper dans l'appréciation de petites différences que dans celle de différences considérables; aussi les phénomènes de contraste sont-ils relativement plus prononcés pour des différences d'éclairage minimes.

Enfin, une différence qui fournit seule le moyen de distinguer deux surfaces voisines paraît plus grande que lorsque d'autres circonstances contribuent à faire distinguer la séparation : aussi le contraste simultané est-il, en général, plus vif si le champ induit ne se distingue du champ inducteur que par la différence de coloration.

Il reste encore à remarquer qu'il ne faut pas fixer trop longtemps les objets. Si la fixation est maintenue trop longtemps, la fatigue de l'œil produit une série de phénomènes qui amènent en partie un résultat opposé à celui du contraste primitif.

Passons maintenant à la description des cas particuliers. — Le plus favorable de tous, pour la vivacité du contraste, est donné par l'expérience des *ombres colorées*, parce qu'ordinairement les trois conditions indiquées s'y trouvent réunies. C'est aussi pour cette raison que, parmi les phénomènes de contraste, ce sont les ombres colorées qui ont attiré l'attention en premier et le plus souvent.

Le moyen le plus facile de les observer consiste à éclairer simultanément une feuille de papier, d'un côté par la lumière affaiblie du jour et de l'autre par la lumière d'une bougie. — La lumière naturelle, c'est-à-dire la lumière blanche provenant, soit d'un ciel nuageux, soit d'une surface blanche éclairée par le soleil, soit enfin du disque lunaire, pénètre à travers une ouverture qui ne doit pas être trop large, afin qu'il puisse se former des ombres nettes. On place ensuite, en avant du papier, un corps opaque quelconque (le doigt, un crayon) qui projette aussitôt deux ombres sur le papier. Nommons *ombre de la lumière naturelle* celle qui se formerait aussi en l'absence de la bougie, et *ombre de la lumière artificielle* celle dont la formation dépend de la présence de la bougie. L'ombre de la lumière naturelle est éclairée par la lumière jaune-rouge de la bougie, et ne reçoit pas la lumière du jour. Elle apparaît avec sa coloration objective jaune-rouge. L'ombre de la bougie est éclairée par la lumière blanche du jour et ne reçoit pas la lumière jaune-rouge de la bougie. Sa couleur objective est donc blanche, mais elle apparaît avec une coloration bleue, complémentaire de celle du fond, qui est un jaune-rouge blanchâtre, puisque les parties libres du papier reçoivent simultanément la lumière blanche du jour et la lumière jaune-rouge de la bougie. Les colorations présentent leur plus grande netteté lorsqu'on égalise l'intensité des deux sources lumineuses de telle façon que les deux ombres présentent la même obscurité.

Le bleu de l'ombre de la bougie devient plus vif lorsqu'on laisse fréquemment errer le regard sur le fond jaune-rouge, mais il se produit aussi sans l'intermédiaire d'images accidentelles. Marquons un point quelconque a, situé dans l'ombre bleue ; plaçons devant la bougie un écran opaque de manière à ne laisser parvenir sur le papier, pendant un certain temps, que la lumière du jour, jusqu'à ce que l'effet consécutif de la lumière jaune-rouge ait complétement disparu, et que la lumière du jour paraisse de nouveau complétement blanche, et, fixant le point a, enlevons l'écran qui masquait la bougie. Aussitôt l'ombre de la bougie se colore en bleu et reste bleue, même sans que le regard ait subi la moindre oscillation. De plus, la couleur par contraste se présente aussitôt dans l'ombre lorsque après avoir fermé et recouvert les yeux pendant un certain temps, on les ouvre brusquement en les dirigeant vers l'ombre.

Qu'on place un tube, noirci intérieurement, dans une position telle qu'en regardant à travers, l'œil ne puisse voir que des parties du papier placées dans l'ombre de la bougie ; si on ne laisse arriver d'abord que la lumière du jour, et qu'après avoir appliqué l'œil à l'ouverture du tube, on laisse arriver aussi la lumière de la bougie, dans ces conditions l'observateur ne voit aucune des parties éclairées par la bougie : elles sont non avenues pour lui, et les parties du papier qu'il voit à travers le tuyau ne présentent aucun changement d'aspect. Il résulte de là, et il est utile de le remarquer, parce qu'Osann l'a mis en doute, que la couleur du papier n'est pas objectivement modifiée dans l'ombre de la bougie.

Mais si l'on dirige le tube de manière à apercevoir une partie du champ éclairé par la lumière jaune-rouge artificielle, l'ombre de la bougie devient bleue. Une fois ce bleu développé d'une manière bien intense, si l'on dirige de nouveau le tube de manière que le champ visuel ne contienne plus que ce bleu subjectif, sa coloration subsiste, soit qu'on laisse, soit qu'on ne laisse pas la lumière de la bougie arriver sur le reste du papier, ce qui est évidemment indifférent, puisque dans ces conditions l'observateur n'en perçoit rien. La couleur bleue est tellement constante dans ces conditions, que c'est précisément d'expériences de ce genre qu'Osann a conclu à sa nature objective ; mais cette opinion ne résiste pas à cette remarque que la coloration bleue persiste lors même qu'on éteint la bougie. Mais au moment où l'on supprime le tube, le bleu subjectif disparaît aussi, parce qu'on reconnaît son identité avec le blanc qui recouvre le reste du champ visuel. Il n'y a pas d'expérience qui fasse voir d'une manière plus frappante et plus nette l'influence du jugement sur nos déterminations des couleurs. Dès que, par suite du contraste successif ou simultané, nous avons jugé bleue la couleur de l'ombre de la bougie, cette couleur paraît rester bleue, même après élimination des conditions qui ont déterminé ce jugement, jusqu'à ce que la suppression du tube ait rendu possible une nouvelle comparaison avec d'autres couleurs, et que de nouveaux faits provoquent en nous un jugement différent.

Au lieu de la couleur jaune-rouge naturelle à la flamme de bougie, on peut aussi employer d'autres couleurs. — On peut colorer la lumière de la bougie en mettant devant elle des verres de couleur et en combinant la lumière ainsi colorée avec la lumière du jour ou avec celle d'une autre bougie. Mais les phénomènes présentent le plus d'éclat, si l'on fait les expériences dans une chambre obscure où l'on fait pénétrer de la lumière solaire colorée, à travers une ouverture pratiquée dans le volet et munie d'un verre de couleur, et de la lumière blanche du jour à travers une autre petite ouverture. Dans tous ces cas, la lumière blanche présente la coloration complémentaire de la lumière colorée : le résultat est le même, qu'on maintienne ou non la fixité du regard.

Lorsque le regard est mobile, la couleur complémentaire apparaît, dans ces expériences, même sur des surfaces tout à fait noires ou faiblement colorées par la couleur prédominante. Lorsque le regard est fixe, une surface sombre présente tantôt la couleur complémentaire et tantôt la couleur homonyme. C'est ordinairement la première qui se présente pour une lumière faible, et la seconde pour une lumière intense; cependant lorsque la fixation a duré un certain temps, la surface prend, même dans le premier cas, la couleur de la lumière prédominante : la couleur complémentaire n'apparaît que sur les bords et par rares éclairs, à cause des petits déplacements inévitables de l'axe visuel. Dès qu'on laisse errer le regard, la couleur complémentaire se produit toujours, ou bien elle devient plus brillante si elle existait déjà faiblement.

La couleur complémentaire apparaît même lorsqu'on fait passer la lumière par deux verres de même couleur et dont l'un est plus faiblement coloré que l'autre, ou bien lorsqu'on emploie deux verres pareils en laissant arriver encore de la lumière blanche à côté de l'un d'eux. Dans les cas de ce genre, le ton de l'ombre la plus blanchâtre passe précisément au ton opposé. Ces effets sont attribuables en partie à du contraste successif et en partie à des actions analogues à celles qui seront indiquées plus bas.

Les mêmes phénomènes de contraste que nous présentent les ombres colorées apparaissent constamment dès que la plus grande partie du champ visuel est occupée par une couleur prédominante, ou bien si, tandis qu'une grande partie du champ visuel est dans l'obscurité, la partie éclairée contient une couleur qui prédomine par son étendue et par son intensité.

Qu'on prenne un fragment de papier, blanc ou gris, au bout d'une petite pince ou d'un fil de fer, et, tenant un œil fermé, qu'on le regarde fixement avec l'autre. Si l'on place ensuite derrière ce morceau de papier une grande feuille de papier ou de verre coloré, qui remplisse la plus grande partie du champ visuel, on voit immédiatement la couleur complémentaire teindre le petit papier. Le blanc réagissant ne doit pas, en général, être pris trop clair. Si l'on fait l'expérience dans une chambre éclairée par une lampe ou par une fenêtre assez éloignée, on peut facilement modifier la clarté du papier blanc en lui faisant recevoir la lumière sous une incidence plus ou moins oblique ; on obtient ainsi l'intensité la plus favorable, intensité moyenne et qui doit être à peu près égale à celle du fond coloré. Si le blanc est trop clair ou trop sombre, de telle sorte qu'il se rapproche du noir, les couleurs par contraste sont moins nettes ou manquent absolument. Plus la surface colorée occupe d'étendue dans le champ visuel, plus le blanc peut être clair. Si l'on éloigne l'œil des objets, ce qui diminue leur grandeur apparente, la couleur induite devient plus faible ou disparaît complétement. Elle disparaît de même lorsqu'on fixe longtemps, et devient semblable à la couleur inductrice, d'autant plus facilement que la grandeur apparente du champ inducteur est plus petite, que ce champ est plus éclairé et que le champ induit est plus foncé. Si l'on forme ce champ induit d'un petit disque noir qu'on amène devant une lame de verre coloré, fixée dans une ouverture du volet à travers laquelle on voit la surface éclairée du ciel, il arrive souvent que le disque noir se recouvre, dès le commencement, de la couleur du verre, pourvu qu'on évite les images accidentelles. La seule différence que je trouve à cet égard entre les différentes couleurs, c'est que les verres rouges du commerce sont ordinairement plus foncés que les jaunes, verts ou bleus, et que, pour cette raison, le rouge exige une intensité lumineuse plus grande, telle que celle des nuages éclairés par le soleil, pour se communiquer dès l'abord au petit disque. Pour les verres bleus, qui présentent le phénomène même quand ils sont assez foncés, la fluorescence du cristallin et de la cornée pourrait peut-être contribuer à propager de la lumière bleue sur le disque obscur. La couleur pareille à celle du fond se manifeste toujours après une fixation de peu de durée, et ce n'est qu'au bord du champ noir qu'on voit le liséré complémentaire, provenant des oscillations de la ligne visuelle.

A) Si nous négligeons d'abord les cas où la couleur induite est pareille à la couleur inductrice, nous pouvons encore exprimer, de la manière suivante, le résultat principal des expériences. Quand une certaine couleur prédomine dans le champ visuel, une nuance plus blanchâtre de ce ton nous paraît blanche, et le blanc véritable prend l'aspect complémentaire de la couleur dominante. Ainsi la notion du blanc s'altère en nous. Or la sensation du blanc n'est pas une sensation simple; elle est composée, dans un rapport déterminé, des sensations des trois couleurs fondamentales ; pour reconnaître, dans un cas déterminé, une couleur donnée pour du blanc, lorsque nous ne pouvons pas la comparer avec un autre blanc reconnu comme tel, il nous faut reconnaître la présence ou l'absence d'une altération dans les rapports des intensités des trois couleurs fondamentales qui y sont contenues. Mais, comme nous avons vu au § 21, la comparaison des intensités des couleurs différentes ne se fait que d'une manière très-incertaine et très-inexacte ; donc enfin la détermination du blanc, qui repose sur cette comparaison, ne peut guère être très-exacte, et, comme nous le trouvons réellement, il peut se présenter des différences assez importantes dans ce que nous prenons pour du blanc à des époques différentes.

On comprend également, d'après ce qui précède, pourquoi l'incertitude de la notion du blanc ne va pas assez loin pour que nous puissions jamais prendre pour du blanc une couleur saturée, telle que le rouge des verres colorés par l'oxydule de cuivre, qui ne transmettent que la lumière de l'extrémité rouge du spectre, lors même que nous nous trouvons assez longtemps dans une chambre qui ne reçoit sa lumière qu'à travers un verre de cette espèce. En effet, nous ne sommes pas dans le doute pour savoir quelle est la couleur la plus forte, lorsque nous comparons un rouge très-intense avec un bleu faible. Nous jugeons avec certitude les grandes différences, mais non pas les petites. Lors donc qu'on présente à l'œil une lumière rouge homogène, et que, par suite, la sensation de la couleur fondamentale rouge est très-intense en comparaison de celle des autres couleurs fondamentales, nous n'hésitons pas à la reconnaître comme rouge ; nous ne nous trompons même pas lorsque la sensation du rouge est considérablement affaiblie par la fatigue de l'œil ; mais, dans ces conditions, nous pouvons aussi prendre pour du blanc un rouge un peu blanchâtre, mais encore assez saturé, comme dans l'expérience décrite plus haut, où un papier rouge de minium paraît verdâtre devant un verre rouge fortement éclairé.

Il est une autre particularité qui, dans des cas de ce genre, permet d'éviter des erreurs trop grossières : lorsqu'on promène le regard pendant un certain temps, la lumière propre de la rétine paraît complémentaire de la couleur prédominante et devient sensible dans toutes les parties tout à fait obscures du champ visuel. — Si nous regardons sans interruption à travers un verre rouge, bientôt tous les objets tout à fait obscurs nous paraissent d'un vert vif. Ainsi, à côté du rouge apparaît sa couleur complémentaire, ce qui nous oblige à reconnaître le rouge comme tel et nous empêche de le confondre avec le blanc. Lorsque l'éclairage blanc prédomine, le brouillard répandu sur les parties obscures paraît blanc, et, pour cette raison, on ne le distingue qu'en y apportant une attention particulière. Même avec une lumière faiblement colorée, comme celle d'une lampe ou d'une bougie, la lumière propre de la rétine se manifeste de la manière indiquée. Il suffit de tenir en avant d'un papier blanc, éclairé par la bougie, un petit objet opaque et qui ne reçoive pas de lumière ; promenant le regard sur cet objet et sur le papier, on distingue bientôt sur le noir le reflet indigo, complémentaire du jaune-rouge de la lumière de la bougie. Le papier blanc paraît blanc à la lumière d'une bougie aussi bien qu'à celle du jour ; mais si on le regarde à travers un tube noirci intérieurement et de petit diamètre, et que l'on compare avec le champ obscur l'aspect de la petite partie du papier qu'on peut encore voir, on reconnaît bientôt que le papier est jaune-rouge et que le champ paraît bleuâtre, tandis qu'à la lumière du jour il ne se produit aucune différence de ce genre. C'est là un moyen de reconnaître la couleur qui prédomine dans un éclairage, même lorsqu'on ne peut pas le comparer à la lumière du jour. Il en résulte encore que la couleur de la lumière propre de l'œil concorde avec le blanc de la lumière du jour ; aussi ce blanc a-t-il encore une signification particulière par rapport à l'œil, et mérite-t-il le nom de blanc, à l'exclusion de toutes les autres couleurs blanchâtres.

La lumière propre de l'œil ne peut naturellement pas donner, par comparaison, une détermination exacte du blanc, dans un champ visuel coloré un peu étendu : cette lumière est évidemment trop faible pour permettre d'atteindre ce résultat. Si nous avons, dans le champ visuel, un nombre limité d'objets colorés, nous sommes donc assez à même de déterminer les différences relatives des diverses couleurs présentes, soit les unes par rapport aux autres, soit par rapport à la couleur moyenne, tandis que ce n'est que bien peu exactement que nous évaluons la différence entre cette moyenne et le blanc. Or, à l'éclairage normal du jour, lorsque nous pouvons comparer librement un grand nombre d'objets très-divers, le blanc de la lumière solaire est la couleur moyenne par rapport à laquelle nous apprécions les positions relatives des autres couleurs dans la table des couleurs. Mais si la couleur prédominante est A, de telle sorte que la moyenne de toutes les couleurs qu'on voit en même temps se rapproche de la couleur A, nous sommes disposés à prendre cette moyenne comme point de départ temporaire de nos déterminations de couleurs, et à l'identifier avec le blanc.

Cette circonstance que, lorsqu'on évite les images accidentelles, une coloration très-faible de la lumière prédominante produit des colorations par contraste tout aussi nettes que peut les produire une couleur très-saturée, me paraît venir particulièrement à l'appui des explications précédentes. Le jaune-rouge faible de la lumière de la bougie communique aux ombres colorées un bleu très-intense. Je ne trouve pas que ce bleu devienne ni plus vif, ni plus net, observé sur un papier ou un verre d'un rouge intense, tant qu'on maintient la fixité du regard; mais dès qu'on le laisse errer, l'emploi du fond saturé donne des images accidentelles bien plus saturées que celles dues simplement à la lumière de la bougie.

Une disposition indiquée pour la première fois par H. Meyer (1) fait ressortir d'une manière très-saillante de petites différences de ce genre. — On place une feuille de papier à lettres blanc et mince sur une autre d'un papier coloré, par exemple en vert, les deux étant exactement de la même grandeur; après les avoir amenées à coïncider exactement, on intercale un petit morceau de papier gris, qui soit aussi foncé ou un peu plus foncé que le vert. Le papier noir ou blanc est moins favorable. La translucidité du papier blanc laisse voir faiblement le vert et le gris, et ce dernier se teint nettement et vigoureusement en rose. Si l'on fait varier la couleur du papier employé, le gris, vu à travers le blanc, présente toujours la coloration complémentaire. On réussit fréquemment à trouver des conditions telles que la couleur complémentaire par contraste ressorte plus distinctement que la couleur faible du fond. Ce n'est pas assez de dire que je vois, dans ces expériences, la couleur par contraste tout aussi facilement que lorsque le fond est formé par une couleur saturée, je devrais dire plutôt que je la vois plus facilement, car il m'a fallu faire des tentatives nombreuses pour réussir à voir les couleurs par contraste des fragments de papier sous lesquels je glissais un papier coloré sans dévier le regard.

Pour comparer directement les deux phénomènes, on peut procéder de la manière suivante. — On met sur la feuille rouge la feuille blanche et translucide, sur laquelle on pose un fragment de papier blanc opaque qu'on maintient avec une pince. On fixe le regard sur ce dernier en se tenant à une distance convenable pour qu'il présente nettement la couleur complémentaire — cette fixation ne doit durer que quelques instants, parce que les images accidentelles font disparaître rapidement la différence de couleur — puis on retire brusquement le papier à lettres. On voit alors le fragment de papier blanc à même sur le rouge. Si l'expé-

(1) *Pogg. Ann.*, XCV, 170.

rience a été faite assez vivement, c'est à peine si la couleur complémentaire paraît se renforcer.

D'après les explications que nous avons données sur l'incertitude de la notion du blanc, l'altération de cette notion ne peut jamais dépasser une certaine limite ; or cette limite est déjà atteinte pour une faible saturation de la couleur du fond, et elle ne paraît pas pouvoir s'étendre bien plus loin, tant qu'il ne se produit pas d'images accidentelles. D'un autre côté, on peut beaucoup mieux déterminer la nature d'une couleur comparativement à une couleur du fond qui s'en rapproche beaucoup, que lorsqu'on la compare à une couleur bien plus saturée. La comparaison de deux couleurs est également plus facile lorsqu'elles ont la même intensité lumineuse que lorsque leurs intensités sont très-différentes. C'est là ce qui me paraît expliquer pourquoi la coloration par contraste se présente de la manière la moins douteuse lorsque les couleurs inductrice et réagissante sont de même intensité, et que leur différence ne porte que sur la coloration.

Ces mêmes considérations paraissent applicables à l'explication du phénomène suivant. Qu'on tienne, à l'aide d'une pince, un fragment de papier blanc au-dessus d'un fond blanc de même intensité, et qu'on interpose ensuite un papier coloré entre le fragment de papier et le fond. Lorsque le nouveau fond coloré est assez grand, le fragment de papier affecte la coloration complémentaire. Après avoir laissé le papier coloré pendant deux à quatre secondes, on le retire en fixant toujours attentivement un point du fragment de papier blanc. Aussitôt ce fragment affecte la coloration de la couleur inductrice transitoire, aussi nettement qu'il en avait pris précédemment la teinte complémentaire ; bien plus, dans tous les cas où le fond coloré n'était pas très-étendu, cette coloration homonyme est plus nette encore que ne l'était précédemment la coloration complémentaire. Par le fait, après suppression du papier coloré, le fond blanc se teint légèrement de la couleur complémentaire, et comme il est à peu près de même intensité que le fragment de papier, la production de la couleur par contraste est plus favorisée que par la coloration plus intense du papier coloré qu'on avait employé. Il en est de même si le grand et le petit morceau de papier sont noirs tous les deux : dans ce cas également la coloration homonyme est plus nette lorsqu'on enlève le fond coloré que n'était la coloration complémentaire au moment de l'interposition de ce fond.

Il est clair que les choses se passent absolument de même lorsqu'on enlève le fragment de papier en même temps que le fond coloré, et qu'on projette leurs images accidentelles sur un fond blanc ou noir, ce qui justifie notre assertion du paragraphe précédent, où nous avons attribué à un effet de contraste la coloration que prend, dans ce cas, l'image accidentelle du blanc.

Burkhardt a fait récemment une série d'expériences sur les colorations par contraste dans les images accidentelles, colorations qui sont en général extrêmement vives, parce que la production du contraste trouve ici des conditions particulièrement favorables. Nous avons déjà vu des cas de ce genre (page 488), et nous venons de répéter que l'image accidentelle du blanc entouré d'un fond coloré uniforme reproduit la coloration de ce fond. Si le champ blanc est contigu à deux champs également étendus et de couleurs différentes, l'image accidentelle du blanc affecte la couleur résultante des deux couleurs du fond. Si l'on projette l'image accidentelle sur un fond coloré, à la couleur de ce fond vient encore se mélanger celle que présentait l'image accidentelle sur un fond blanc. — Voici une jolie expérience de Burkhardt : on regarde fixement un disque qui porte deux secteurs colorés ; puis, sans cesser de fixer, on met brusquement le disque en mouvement. L'image accidentelle présente alors, sur le disque, une coloration inverse de celle des secteurs.

B) Avant d'abandonner les cas de contraste où la couleur inductrice occupe la plus grande partie du champ visuel, il faut encore indiquer la raison pour laquelle le champ réagissant prend parfois la même coloration que le champ inducteur. Ce phénomène se présente dans deux circonstances : 1° lorsque le champ inducteur présente une très-grande intensité lumineuse, et 2° lorsqu'on fixe longtemps le même point.

1) Lorsque le champ inducteur possède une très-grande intensité lumineuse, je n'attribue pas la coloration homonyme du champ réagissant à une cause subjective, mais à une propagation de la lumière objective. — Toutes les substances transparentes connues, solides ou fluides, diffusent, dans toutes les directions, une petite portion de la lumière qui les traverse, et, pour cette raison, elles paraissent elles-mêmes faiblement éclairées lorsqu'elles sont traversées par une lumière intense. Nous avons déjà vu plus haut (§ 14, p. 193) que la cornée et le cristallin sont dans ce cas. Qu'on se rappelle, de plus, les objets entoptiques du corps vitré, qui doivent nécessairement dévier une partie de la lumière qui les traverse ; qu'on remarque aussi que les parties éclairées de la rétine réfléchissent de la lumière vers les autres parties du fond de l'œil, et l'on devra s'attendre à ce que, lorsqu'une grande quantité de lumière pénètre dans l'organe, il s'en répand toujours des quantités sensibles sur des parties plus ou moins grandes du fond de

l'œil. Cet éclairage par de la lumière diffuse se présente le plus nettement dans la seconde des méthodes, décrites au § 15, pour rendre visibles les vaisseaux de la rétine, et qui consiste à donner un mouvement de va-et-vient, au-dessous de l'œil, à la lumière d'une bougie. On voit l'ombre des vaisseaux rétiniens dans le brouillard lumineux qui remplit alors le fond de l'œil ; l'éclairage est donc assurément objectif et n'est pas simplement une propagation de la sensation lumineuse dans la rétine.

On peut facilement constater, dans les expériences objectives avec les lentilles, que la lumière diffusée offre toujours sa plus grande intensité dans la proximité du faisceau lumineux régulièrement réfracté, et qu'elle est d'autant plus faible qu'on s'en éloigne davantage. Lorsqu'on fait tomber sur une lentille éloignée la lumière solaire qui pénètre à travers l'ouverture d'un écran noir et qu'on reçoit l'image de cette ouverture sur un écran blanc, on voit autour de l'image éclairée un nuage blanc, qui ne cesse pas d'être visible lorsqu'on fait en sorte que l'image de l'ouverture éclairée vienne raser le bord de l'écran. Ce nimbe blanc n'est donc pas une irradiation produite dans l'œil, mais un phénomène objectif. On s'en assure mieux encore lorsqu'on fait dans l'écran une petite ouverture qu'on rapproche de l'image de l'ouverture éclairée sans les faire coïncider. Si l'on regarde la lentille à travers l'écran, elle paraît d'autant plus éclairée qu'on se rapproche davantage de l'image de la source lumineuse. — Il se produit dans l'œil un phénomène tout à fait analogue. Si l'on voit une flamme lumineuse en avant d'un champ très-obscur, par exemple devant l'ouverture d'une porte qui donne dans une chambre tout à fait sombre, la lumière paraît entourée d'un nuage blanchâtre dont la plus grande intensité appartient aux points où il touche la flamme. On remarque mieux encore ce reflet lumineux lorsqu'on amène un petit corps opaque entre l'œil et la lumière, de manière à masquer la flamme : aussitôt le brouillard lumineux disparaît, et le fond reprend la coloration noire qui lui est propre. Si la lumière est colorée, le nuage lumineux coloré diffusé présente naturellement la même couleur. Je crois que, dans ce cas encore, le nuage lumineux provient certainement de la diffusion de la lumière objective, car la distribution de la lumière diffuse ne diffère pas de celle que donnerait, dans les mêmes conditions, un système de lentilles de verre. Mais il nous manque assurément ici la preuve fournie par l'ombre des vaisseaux rétiniens, et que nous avons pu donner pour le cas précédent. Pour la lumière bleue, on voit encore s'ajouter la lumière blanc bleuâtre diffusée par la fluorescence du cristallin, et qui s'étend également sur tout le fond de l'œil. Lors donc que l'œil reçoit une grande quantité de lumière colorée, les parties de la rétine qui reçoivent les images d'objets obscurs sont éclairées faiblement par la lumière prédominante, et cela avec d'autant plus d'intensité, qu'elles sont plus voisines des images des surfaces éclairées. De plus, les parties qu'occupe l'image obscure conservent l'excitation interne de la masse nerveuse, la lumière propre, blanchâtre de la rétine. Cette lumière, considérée seule, paraîtrait, par contraste, posséder la coloration complémentaire de la couleur prédominante. Mais s'il y a beaucoup de lumière homonyme à la couleur inductrice, cette dernière produit, dès l'abord, l'impression prédominante, et c'est pour cette raison que, comme nous l'avons remarqué plus haut, de petits disques noirs tenus devant des verres colorés paraissent complémentaires pour une faible intensité, et homonymes pour une intensité considérable.

2) Le second cas où la couleur induite est homonyme à la couleur inductrice, celui d'une fixation prolongée, s'explique par ce qu'on a vu dans le paragraphe précédent sur la disparition successive des images par suite d'une fixation de longue durée. — Nous avons remarqué, à l'endroit précité, que lorsqu'une portion de la rétine reçoit longtemps la même impression lumineuse, l'intensité de la sensation lumineuse et la saturation de la couleur diminuent graduellement. Cependant nous ne remarquons ce changement dans l'impression que par comparaison avec l'impression qu'exerce la même lumière sur les parties non fatiguées de la rétine. Nous maintenons donc, dans ce cas, le jugement que nous avons formé, au premier aspect, sur la couleur et sur l'intensité. Effectivement, même si quelque attention suffisait pour nous faire distinguer ce changement d'impression, nous en reconnaîtrions bientôt la nature subjective, et nous apprendrions bientôt à ne pas le voir, d'après notre manière générale de procéder par rapport aux autres phénomènes subjectifs analogues.

Si la surface fixée présente des parties claires et des parties obscures, ces différences s'effacent graduellement à mesure que l'impression s'affaiblit. — Marquons, sur une semblable surface, un point qui doit servir de point de fixation — il est avantageux, du reste, pour éviter la production d'images accidentelles trop intenses par suite des oscillations de l'œil, que les limites entre les parties claires et les parties obscures sont faiblement dessinées — et fixons ce point d'une manière ferme et soutenue : il suffit souvent de dix à vingt secondes pour voir s'effacer des différences de lumière très-notables ; les parties les plus claires commencent par s'assombrir, et en même temps les parties obscures deviennent plus claires. Il est remarquable comment, dans cette expérience, de grandes surfaces obscures ou lumineuses se transforment souvent en taches mal dessinées, respectivement obscures ou lumineuses, comme si les objets étaient peints avec des couleurs très-fluides qui viennent se confondre les unes dans les autres.

Du reste, sous cette forme, l'expérience est très-fatigante et d'une exécution difficile à cause de la fixation soutenue qu'elle exige. Un battement de paupière, le moindre mouvement de l'œil, suffisent pour faire réapparaître l'image. On réussit d'une manière bien plus commode et plus complète en employant des objets qui ont une position fixe par rapport à la rétine même, c'est-à-dire les vaisseaux rétiniens. J'ai exposé, au § 15, les méthodes qui permettent de rendre visibles les vaisseaux rétiniens. Ce que ces méthodes ont de commun, c'est qu'on fait arriver l'ombre des vaisseaux suivant une direction insolite, ou qu'on cherche à allonger l'ombre totale. Mais il faut aussi modifier continuellement la direction de la lumière qui projette l'ombre, et l'on ne voit que ceux des vaisseaux dont l'ombre se déplace. Dès qu'on laisse la source lumineuse en repos, les troncs vasculaires disparaissent en peu de secondes en devenant aussi clairs que le reste du champ visuel. Ils disparaissent plus vite et plus complétement que ne le font les images d'objets extérieurs, sur lesquels il est difficile de fixer le regard ; ils s'évanouissent d'autant plus vite, que l'éclairage est plus faible. Ils se maintiennent le plus longtemps, lorsqu'au moyen d'une lentille on concentre la lumière solaire sur la surface extérieure de la sclérotique, parce que c'est par ce procédé que le champ est le plus éclairé.

Il suffit de quelque réflexion pour voir facilement que la disparition des vaisseaux rétiniens reconnaît tout à fait les mêmes causes que la disparition de toutes les images qu'on fixe fortement, et qu'il ne s'agit nullement ici d'une particularité des parties de la rétine situées derrière les vaisseaux. Nous ne pouvons pas admettre que ces parties soient douées d'une excitabilité plus grande que le reste de la rétine, et que, pour cette raison, elles éprouvent, malgré l'ombre, une sensation aussi forte que les autres parties ; car lorsque nous projetons l'ombre suivant une direction insolite, en éclairant une partie de la sclérotique, soit à travers la pupille, soit extérieurement, de manière à la faire servir de source lumineuse pour le fond de l'œil, les parties de la rétine qui reçoivent alors l'ombre se comportent absolument de même que celles qui la reçoivent ordinairement. Sur ces parties comme sur les autres, l'image disparaît rapidement lorsqu'elle ne change pas de position, et les parties ordinairement ombragées ne se distinguent nullement par la persistance d'une intensité plus grande. On voit, sans doute, apparaître de temps à autre des bandes éclairées à côté de l'ombre, dès que celle-ci est restée immobile pendant un certain temps et qu'elle recommence ensuite à se mouvoir. Mais ce fait se produit aussi bien lorsque l'éclairage est latéral que lorsqu'il se fait en avant de l'œil : cette apparition lumineuse montre donc, sans doute, que les parties ombragées de la rétine se reposent et deviennent plus vivement sensibles à de nouvelle lumière incidente; mais l'effet consécutif au repos, l'image accidentelle négative et claire de l'ombre, ne dure pas plus longtemps que l'image accidentelle d'objets extérieurs obscurs. Je crois donc qu'il est hors de doute que, dans la disparition rapide de l'ombre des vaisseaux, nous ne voyons rien d'autre que dans la disparition de toute autre image objective, présentant de médiocres différences d'intensité, et qu'on regarde fixement; seulement, dans le cas qui nous occupe, la fixation rigoureuse ne rencontre plus de difficultés.

Si donc une partie *A* de la rétine reçoit, d'une manière continue, un éclairage plus intense qu'une autre partie *B*, il s'ensuit nécessairement, puisque *A* se fatigue plus que *B*, que la différence primitive de l'excitation diminue jusqu'à un certain degré, et nous la voyons peu à peu complétement disparaître pour notre sensibilité, soit qu'elle devienne réellement trop faible pour être perçue, soit, ce qui me paraît plus probable, parce que notre faculté de distinguer est bien plus imparfaite pour les excitations nerveuses continues que pour les excitations intermittentes. Mais, comme dans cette expérience, nous conservons notre premier jugement sur la couleur, et que nous en négligeons la modification successive, les surfaces *A* et *B* nous paraissent devenir plus semblables, tandis que leur intensité moyenne semble rester à peu près constante. En général, la surface la plus claire *A* devient plus obscure et la surface obscure *B* devient plus claire. Ainsi, par exemple, une tenture d'un gris d'argent avec des feuillages d'un gris plus foncé, devant laquelle sont suspendues des gravures, me paraît comme recouverte de lait, après une longue fixation.

Lorsqu'il y a différentes couleurs dans le champ visuel, ce n'est également que dans le premier moment que leur impression présente toute sa force. Lorsqu'on fixe d'une manière soutenue, toutes les couleurs deviennent de plus en plus sombres et grises, et, par conséquent, de plus en plus semblables. Nous remarquons bien cette égalisation, tandis que nous ne remarquons pas, ou seulement d'une manière inexacte, la modification de la couleur prédominante, tant que nous n'avons pas de points de comparaison avec des sensations fraîches; nous la considérons donc, le plus souvent, comme inaltérée.

Si nous avons donc fixé un champ blanc sur fond rouge et que les deux couleurs deviennent de plus en plus semblables, nous jugeons que le blanc devient rouge. Il faut ajouter qu'à la limite commune des deux champs, il se produit, pour chaque mouvement, sur le blanc une image accidentelle verte, et sur le rouge une image accidentelle de rouge saturé, images qui renforcent l'effet par une action de contraste.

On voit très-nettement que les deux couleurs se rapprochent lorsqu'on fixe un petit champ rouge sur un large fond blanc. Dans ce cas encore, comme l'a remarqué Fechner, le blanc devient rougeâtre au bout d'un certain temps, et cela d'une manière uniforme dans toute son étendue. Un second petit champ coloré, situé latéralement et à distance, n'exerce aucune influence sur la marche du phénomène. Mais si l'on choisit le point de fixation sur la ligne de séparation de deux petits champs différemment colorés et situés sur un fond blanc, le fond affecte, d'après Fechner, la résultante de ces deux couleurs. On voit donc ici une action prédominante particulière de la couleur que reçoit la tache jaune, circonstance qui tient sans doute à ce que cette couleur se distingue avec le plus de netteté et de certitude, tandis que la sensation colorée est bien plus imparfaite sur les parties latérales de la rétine.

Dans les cas que nous avons considérés jusqu'ici et où nous avons supposé que la couleur inductrice occupe la plus grande partie du champ visuel, ou tout au moins qu'elle prédomine par son intensité et son éclat, les phénomènes de contraste sont très-constants et très-nets, et ne paraissent dépendre d'aucune condition accessoire. Il en est autrement lorsque le champ de la couleur inductrice est plus petit et que, à côté de celle-ci, on peut voir encore, à la limite du champ visuel, un nombre suffisant d'objets blancs et différents. Alors les phénomènes de contraste sont loin d'être aussi constants et dépendent de plusieurs autres conditions remarquables qui me paraissent très-importantes pour la théorie de ces phénomènes. Si, en dehors des champs inducteur et induit, le champ visuel est obscur, ce n'est pas là une grande cause perturbatrice : alors seulement que l'obscurité occupe une grande partie du champ visuel, lorsqu'on regarde, par exemple, à travers un tube noirci, la lumière propre de la rétine paraît agir comme un éclairage blanc et les phénomènes de contraste deviennent incertains.

1) Qu'on place un fragment de papier blanc, gris ou noir, sur une feuille colorée in-4° ou in-8°, et qu'on la regarde à environ un pied de distance ; en général, avec une fixation exacte, on ne voit que des traces peu ou point sensibles de la couleur de contraste. Mais si, comme dans l'expérience de Meyer, citée plus haut, on recouvre la feuille colorée in-8°, qui porte le fragment gris, d'une feuille de même dimension en papier à lettres mince, on est frappé de voir la couleur par contraste présenter une netteté et une constance remarquables,

bien que les différences de couleur soient fort affaiblies par cette addition. Ici encore, le mieux est de prendre un fragment de papier gris, et qui ait environ la même intensité que le papier de couleur.

Le papier coloré, recouvert par le papier à lettres, nous offre un fond blanchâtre très-faiblement coloré. Au-dessus du fragment gris, la couleur objective du papier supérieur est d'un blanc pur. Lorsqu'on recouvre la partie objectivement blanche avec un fragment de papier blanc ou gris clair, placé sur le papier à lettres, on devrait s'attendre à voir aussi ce fragment avec la coloration complémentaire du fond : on est surpris de voir, au contraire, cette partie apparaître avec sa coloration objective, sans effet de contraste. Bien plus, si l'on choisit un fragment qui ait exactement la même couleur et la même intensité que le papier à lettres aux endroits où il recouvre le papier gris, qu'on place ce fragment à la partie correspondante du papier à lettres, et qu'on se mette alors à comparer exactement les couleurs des deux parties, l'effet de contraste disparaît aussi sur la partie blanche du papier à lettres, où il existait auparavant, et celle-ci paraît blanche tant qu'on laisse en présence l'autre fragment qui sert de point de comparaison. L'effet du contraste disparaît égalcment lorsqu'on dessine, par un trait noir, sur le papier à lettres, les contours du morceau de papier gris qui est au-dessous. Donc, en premier lieu, la couleur par contraste ne subsiste qu'en tant que les deux champs ne sont différenciés par rien autre que par la différence des couleurs : dès que l'un des champs est limité comme corps solide ou par un contour déterminé, l'effet disparaît ou devient au moins bien plus douteux.

2) Les expériences avec les ombres colorées réussissent, même lorsque la partie du champ visuel, éclairée par une lumière chromatique, est relativement petite ; lorsqu'on élève, par exemple, perpendiculairement à un papier blanc, un verre coloré, de telle sorte que la lumière chromatique ne tombe que sur une partie du papier.

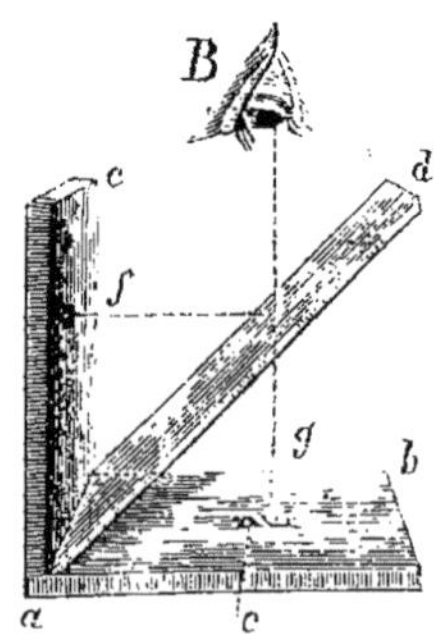

Fig. 151.

3) Le procédé suivant, de Ragona Scina, fait très-bien voir les couleurs par contraste, même lorsque le champ coloré est médiocrement étendu. — Soient ab et ac (fig. 151), deux surfaces de papier blanc, l'une horizontale et l'autre verticale, et ad une lame de verre coloré, inclinée de 45° sur les deux papiers ; soient e et f deux taches noires. Un observateur, dont l'œil est placé en B, voit la surface ab à travers le verre coloré et la surface ac par

réflexion. L'image réfléchie de la surface *ac* paraît coïncider avec la surface *ab* ; soit *g* la position de l'image réfléchie de la tache noire *f*, à côté de *e*. La lumière transmise par les verres colorés est colorée ; celle qu'ils réfléchissent consiste en lumière blanche pure réfléchie par la surface antérieure, mélangée d'une proportion relativement faible de lumière chromatique réfléchie par la surface postérieure, ou qui a subi plusieurs réflexions à l'intérieur de la lame. Ainsi, pour des lames de couleur foncée, la lumière réfléchie est presque blanche, ou du moins bien plus faiblement colorée que la lumière transmise. Cela posé, l'observateur ne reçoit de l'image *g* de la tache *f* que de la lumière transmise, et par conséquent colorée, provenant de *ab* ; le fond clair lui envoie de la lumière transmise colorée et de la lumière blanchâtre réfléchie ; enfin la tache *e* ne donne que de la lumière blanchâtre réfléchie. Bien que cette dernière lumière ne soit pas complétement blanche et qu'elle contienne toujours une certaine quantité de lumière de la couleur du verre, elle n'en prend pas moins, par contraste, la coloration complémentaire de celle du fond, tandis que la tache *g* présente évidemment la couleur saturée du verre. Si, par exemple, le verre est vert, *e* paraît rose, et *g* vert.

Ici encore il faut faire en sorte qu'il n'y ait pas de trop grande différence entre les intensités de *e* et du fond ; aussi faut-il ombrager la surface *ab* avec un papier blanc, lorsqu'on emploie des verres colorés qui laissent passer beaucoup de lumière. Au reste, la couleur par contraste de *e* est plus nette en présence de la tache *f*, homonyme du fond, qu'en l'absence de cette tache. Dans notre expérience, on voit les deux taches sous des conditions qui paraissent les mêmes, et la comparaison de leur aspect augmente encore le contraste. Si l'observateur choisit un papier qui ait exactement la même nuance que présenterait la tache *e*, sans effet de contraste, et qu'il en place un fragment sur la lame colorée, de manière à cacher à moitié la tache *e*, ce fragment ne présente pas du tout, ou seulement d'une manière douteuse, la coloration complémentaire, et dès qu'on lui compare la couleur de la tache *e* et qu'on reconnaît l'égalité de ces deux couleurs, on voit aussi la couleur complémentaire de *e* disparaître pour faire place à du gris pur. C'est tout à fait le même phénomène que dans la première méthode.

Voici des phénomènes analogues, qui ne présentent assurément que de très-petits champs colorés par contraste, mais qui offrent cependant un effet vif et bien net. — Prenons une lame de verre un peu épaisse et faiblement colorée, comme un verre à vitre ordinaire, verdâtre, et examinons-y l'image réfléchie d'une surface blanche éclairée. La surface antérieure de la lame renvoie de la lumière blanche pure, et la surface postérieure, de la lumière verdâtre, par suite de l'action absorbante du verre. Interposons, entre la lame de verre et la surface éclairée, une petite baguette noire qui projette deux images réfléchies, dont l'une est produite par la surface antérieure, et l'autre par la surface postérieure de la lame de verre. L'observateur reçoit encore de la lumière verdâtre de la surface postérieure, à l'endroit où il voit l'image de la baguette réfléchie par la surface antérieure, et de la lumière blanche de la surface antérieure, sur l'image réfléchie par la surface postérieure. Aussi le fond paraît-il blanc, à peine un peu verdâtre, la première image réfléchie est-elle verte et la seconde d'un rose très-net, par contraste. Le phénomène devient encore plus sensible lorsqu'on étame un semblable verre coloré, et qu'on examine les images sous une incidence convenable pour que les deux images paraissent d'une intensité égale.

L'expérience suivante est du même genre.—On place un papier coloré en vert, par exemple, sur un papier blanc, ou mieux encore sur un papier gris de même intensité. Près de la ligne de contact des deux champs vert et blanc, on fait sur chacun des papiers une petite tache noire, et l'on pose, à cet endroit, un rhomboèdre de spath d'Islande. Tous les points situés au-dessous du cristal paraissent doubles. Au milieu, on voit une bande d'un blanc vert, répondant à la superposition de l'image ordinaire du blanc et de l'image extraordinaire du vert. Il faut disposer les choses de telle sorte que, dans cette bande, on voie l'une des images de chacune des deux taches noires. Il n'y a pas de blanc dans l'image ordinaire de la tache noire qui se trouve sur le blanc, mais il y a du vert : la tache est verte ; dans l'image extraordinaire de la tache noire qui se trouve sur le vert, il n'y a pas de vert, mais il y a du blanc : la tache paraît d'un rose vif, par contraste.

Dans toutes ces expériences, l'effet du contraste ne dépend plus seulement d'une distribution déterminée des couleurs dans le champ visuel. Nous avons vu que cette distribution peut être exactement la même lorsqu'on répète la même expérience sous deux formes à peine différentes, et que cependant le contraste se produit dans l'un des cas et non dans l'autre. Toutes les fois que le champ contrastant se présentait comme un corps solide situé sur le fond coloré, toutes les fois même qu'il se distinguait comme un champ à part, par une délimitation suffisante de ses contours, nous avons vu disparaître le contraste. Puisque donc le *jugement* sur la position et la solidité de l'objet considéré exerce une influence décisive pour la détermination de la couleur, il s'ensuit que la couleur par contraste ne réside pas ici dans un acte de sensation, mais dans un acte de jugement. Nous décrirons, en détail, dans la troisième partie, la nature de ces raisonnements qui nous font percevoir les objets avec des propriétés particulières. Comme ces actes de jugement se font toujours d'une manière inconsciente et involontaire, il est naturellement souvent difficile de déterminer sur quel enchaînement d'impressions repose le résultat final, et il est dans la nature de la chose que des circonstances très-diverses puissent exercer ici leur influence. Je vais essayer de désigner des circonstances de ce genre, en tant que la nouveauté du sujet me permet de les découvrir.

Les expériences décrites jusqu'ici ont un caractère commun qui paraît très-favorable à la production de l'effet de contraste, bien que le contraste puisse également se produire sans cette circonstance. En effet, dans toutes, le champ paraît recouvert d'un éclairage ou d'un voile coloré transparent, et l'aspect immédiat n'apprend pas que cette coloration manque à la partie blanche, de telle sorte qu'on ne place pas simplement la couleur complémentaire du fond sur la partie blanche, mais qu'on suppose, à la place du blanc, deux nouvelles couleurs, celle du fond et son complément. Cette circonstance est surtout saisissable dans la disposition représentée par la figure 151, où l'on regarde à travers une glace verte inclinée de 45°. On juge que la tache noire de la feuille horizontale est rose, mais on est aussi amené à penser qu'on voit à travers la glace verte cette tache rose, tout aussi bien que la feuille entière ; on juge que la coloration verte, qui est donnée par le verre, s'étend sans interruption sur toute la surface qui est au-dessous, y compris la tache foncée. On croit donc voir simultanément deux couleurs en cet endroit : le vert, qu'on attribue à la lame de verre, et le rose, qu'on attribue au papier qui est placé derrière cette lame ; ces deux couleurs donnent, en réalité, la vraie couleur de cette partie, c'est-à-dire le blanc. Effectivement, un objet qui, vu à travers une glace verte, enverrait à l'œil de la lumière blanche, devrait être rose comme cette tache. Mais si l'on amène au-dessus de la lame de verre un objet blanc ayant exactement le même aspect que la tache, on n'a plus aucune raison pour décomposer en deux la couleur de l'objet, qui nous paraît alors blanc.

Il en est de même lorsque les surfaces colorées sont recouvertes de papier translucide. Si le fond est vert, le papier lui-même paraît verdâtre. Si la substance du papier s'étend, sans interruption, au-dessus du gris, on croit voir apparaître un objet à travers le papier verdâtre ; or, cet objet doit être rose pour donner de la lumière blanche. Mais si la partie blanche est limitée comme un objet solide, s'il n'y a plus de continuité avec la partie verdâtre de la surface, on considère cette partie blanche comme étant un objet blanc placé sur la surface en question. J'ai déjà dit plus haut (§ 20) que cette distinction, par le raisonnement, de deux couleurs situées dans la même partie du champ visuel, peut parfois se produire : cette circonstance se présentait alors à nous comme un obstacle à la sensation d'une couleur composée. Une distinction de ce genre se présente très-fréquemment, dès que les deux couleurs sont inégalement réparties. Suivant la description de Volkmann (1) qui a le premier mentionné ces phénomènes, on croit alors voir l'une des couleurs *à travers* l'autre.

La faculté de produire une semblable distinction me paraît reposer sur cette circonstance que la signification la plus importante que nous présentent les couleurs, c'est d'être des propriétés des corps qui nous servent à en reconnaître la nature. Aussi, dans l'usage que nous faisons du sens de la vue, cherchons-nous toujours à former un jugement sur les couleurs des corps et à éliminer les différences d'éclairage sous lesquelles un même corps peut se présenter à nous. J'ai déjà dit au § 20 que, dans ce sens, nous distinguons parfaitement un papier blanc faiblement éclairé d'avec un papier gris soumis à un éclairage intense, circonstance qui nous a contraint de recourir à un artifice pour nous convaincre qu'un gris bien éclairé est pareil à un blanc faiblement lumineux : il nous a fallu faire tomber la lumière intense exclusivement sur le champ gris, de telle sorte que la sensation ne pût pas nous apprendre que le gris fût plus fortement éclairé que le reste du champ visuel, et c'est alors seulement que nous avons pu constater son identité avec le blanc. De même que nous sommes habitués et exercés à nous former un jugement sur les couleurs des corps en éliminant les différences d'intensité de l'éclairage sous lequel nous les voyons, de même aussi nous avons appris à éliminer la couleur de l'éclairage. Nous avons perpétuellement l'occasion d'examiner les mêmes colorations à l'éclat du soleil, à la lumière bleue d'un ciel clair, à la faible lumière blanche d'un ciel couvert, à la lumière jaune-rouge du soleil couchant, à la lumière jaune-rouge des bougies. Il faut encore ajouter les reflets colorés des corps environnants. Dans une forêt, l'éclairage vert est prédominant; dans nos appartements, c'est la couleur des murs qui prédomine. Nous n'avons même pas bien conscience de ces deux dernières modifications de l'éclairage, et il nous est cependant assez souvent donné de les démontrer au moyen des ombres colorées. En voyant les mêmes objets colorés sous ces différents éclairages, nous apprenons à nous former, quand même, une idée exacte des couleurs des corps, c'est-à-dire à juger quel serait l'aspect de chacun à la

(1) *Müller's Archiv für Anat. und Physiol.*, 1838, p. 373.

lumière blanche, et comme la couleur constante du corps nous présente seule de l'intérêt, nous n'avons aucunement conscience des différentes sensations sur lesquelles repose notre jugement.

C'est ainsi que, lorsque nous voyons un corps à travers un milieu coloré, nous n'éprouvons aucun embarras à faire la part de la couleur du voile et de celle du corps, et, dans les expériences que nous avons décrites, c'est en étendant la même manière de procéder aux parties où le voile n'est pas coloré, que nous tombons, ou du moins que nous tombons plus facilement, dans l'erreur qui nous fait attribuer faussement au corps une couleur complémentaire à celle de la partie colorée du voile.

Tandis que nous sommes exercés à reconnaître exactement les couleurs des corps, pour un éclairage d'une couleur uniforme, notre habitude ne va cependant pas jusqu'à nous mettre en état de le faire lorsque deux éclairages de différentes couleurs viennent de deux côtés différents et de sources lumineuses de petite dimension, qui projettent des ombres bien nettes. En effet, dans la plupart des cas d'éclairage coloré que nous venons de passer en revue, les surfaces colorées sont très-étendues et, par suite, la lumière chromatique est assez uniformément étalée sur toutes les parties des objets considérés. Aussi pour toutes les surfaces colorées sans exception, aussi loin que s'étend l'éclairage chromatique, nous exerçons-nous à faire abstraction de l'éclairage pour trouver la couleur du corps. Nous procédons de même pour les ombres colorées, tant que les deux éclairages chromatiques se superposent. Quand la lumière d'une bougie se mêle à la lumière du jour, la coloration du fond est d'un jaune-rouge blanchâtre : nous retranchons donc cette coloration jaune-rouge de la couleur de celle des ombres à laquelle n'arrive pas la lumière de la bougie, et cette ombre nous paraît bleue, tandis qu'elle est blanche en réalité. Pour vérifier que, dans notre idée, pour ces ombres colorées et pour le voile de papier transparent, l'éclairage s'étend aussi sur les parties blanches objectivement, on peut remarquer que, lorsque de petites irrégularités du papier forment des taches dans l'éclairage, on croit voir des mouchetures douées d'un éclairage chromatique, dont elles sont assurément dépourvues en réalité.

Je vais donner encore quelques exemples qui sont très-propres à faire ressortir notre faculté de discerner deux couleurs d'objets placés l'un derrière l'autre. — Le premier se rapproche de l'expérience déjà citée de Volkmann, qui, tenant devant l'œil deux bandelettes étroites de papier coloré, l'une très-rapprochée et l'autre à la distance de la vision distincte, remarqua qu'au lieu de la couleur résultante, il voyait l'une des couleurs à travers l'autre. Tenons un voile vert, tout près des yeux, et éclairons-le d'une manière assez intense pour que tout le champ visuel se recouvre d'un reflet vert, le dessin et les plis du voile n'apparaissent que sous forme d'une image de diffusion très-faible : on reconnaîtra exactement et sans difficulté la couleur des objets vus à travers le voile, bien que, sur la rétine, la lumière verte du voile vienne se mêler à toutes les autres couleurs. L'expérience devient encore plus remarquable quand, au bout d'un certain temps, l'œil est fatigué pour la lumière verte : les objets vus à travers le voile se colorent alors en rose, bien que la lumière verte vienne s'ajouter à leur image rétinienne. Ce résultat ressort mieux encore si, fermant l'œil gauche, nous ne regardons à travers le voile qu'avec l'œil droit. Bientôt un papier blanc, vu à travers le voile, paraît *blanc* et même *rougeâtre*. Si nous fermons alors l'œil droit et que nous ouvrons l'œil gauche, qui n'est pas derrière le voile, le papier paraît *vert*, par opposition. En ouvrant alternativement les deux yeux, on voit le papier prendre une teinte rougeâtre pour l'œil droit, où son image rétinienne est blanc-verdâtre, et une teinte verdâtre pour l'œil gauche, où son image rétinienne est blanche.

Au lieu du voile vert, on peut fort bien employer un verre d'urane, éclairé par le soleil, qui répand alors, par sa fluorescence, de la lumière verte dans le champ visuel. On verra plus loin, au § 32 (p. *792* de l'édit. allem.), plus de détails sur cette expérience.

Le même résultat se présente dans l'expérience indiquée par Smith (1) de Fochabers, et qui a été modifiée et expliquée théoriquement depuis par Brücke (2). — Lorsqu'on amène tout près de l'œil droit une flamme brillante, ou qu'on éclaire le côté droit de l'œil droit par la lumière directe du soleil, mais de telle façon que la lumière ne pénètre pas par la pupille, l'œil gauche étant maintenu dans l'ombre, les objets blancs paraissent verdâtres à l'œil droit et rougeâtres à l'œil gauche. Ces colorations sont faciles à constater, soit en ouvrant alternativement les deux yeux, soit en fixant binoculairement une feuille de papier blanc, au devant de laquelle on tient, à quelque distance des yeux, une baguette noire qui se projette sur le papier en deux images relatives chacune à l'un des yeux. Alors encore, l'image de gauche, qui correspond à la partie où l'œil gauche seul voit la surface du papier, paraît rouge, tandis que l'image de droite paraît verte. Si l'on fixe, au contraire, un tableau noir devant lequel on tient, à quelque distance, un objet blanc qui apparaît double, l'image droite, vue par l'œil gauche, est rouge, et l'autre est verte. Ainsi, pour l'œil éclairé

(1) *Edinb. Journ. of Science*, V, 52. — *Pogg. Ann.*, XXVII, 494.
(2) *Denkschr. der k. k. Akad. zu Wien*, III. — *Pogg. Ann.*, LXXXIV, 418.

latéralement, le blanc paraît plus verdâtre que pour l'œil non éclairé. Or, dans ces conditions, la sclérotique et les paupières laissent parvenir de la lumière dans l'œil éclairé, et cette lumière est rouge, comme nous le savons, d'après des expériences déjà vues (1). Lorsqu'on fait pénétrer la lumière solaire latéralement dans l'œil, on reconnaît d'ailleurs la coloration rouge sur des objets foncés : c'est ainsi que si l'on examine une page imprimée, les lettres noires paraissent d'un rouge éclatant, tandis que le papier blanc paraît vert. Cette lumière rouge, qui pénètre latéralement, se diffuse sur la plus grande partie du fond de l'œil, et les parties de la rétine de l'œil éclairé qui reçoivent l'image d'un objet blanc, bien qu'éclairées simultanément par de la lumière blanche et de la lumière rouge, perçoivent du blanc verdâtre. Lorsqu'on prolonge l'expérience, la coloration verdâtre devient de plus en plus nette, parce qu'elle dépend de la fatigue de l'œil pour le rouge. Mais avec la prédominance de la lumière rouge sur la rétine, cette coloration verte ne peut provenir que de ce que nous ne confondons pas l'éclairage primitif et général du fond avec la lumière de l'objet, qui vient s'y ajouter, et cet objet paraît verdâtre par suite de fatigue de l'œil pour le rouge. En revanche, le blanc pur paraît rougeâtre dans l'œil non modifié.

Qu'on examine, sur la surface bien polie d'une table d'acajou, les images des tentures et du plafond d'une chambre ; si l'on accommode l'œil pour les objets réfléchis, ils peuvent présenter soit leur couleur naturelle, soit une coloration bleuâtre, complémentaire de celle de la table ; si l'on accommode, au contraire, pour la table, on voit que la lumière qu'elle émet possède, en masse, une coloration jaune-rouge bien accentuée. La coloration complémentaire des images réfléchies me paraît se produire surtout lorsque la lumière réfléchie des objets est faible par rapport à l'éclairage de la table. Mais si, au contraire, la lumière réfléchie augmente beaucoup d'intensité, ainsi que cela a lieu pour une incidence très-oblique, les veines du bois disparaissant, les images réfléchies paraissent souvent rougeâtres, car rien ne nous sollicite plus alors à faire la distinction.

Bien que la production du contraste soit remarquablement favorisée par les circonstances qui nous engagent à séparer la lumière blanche en deux portions, ces conditions ne sont cependant pas nécessaires. — En effet, il peut se présenter des phénomènes de contraste analogues dans d'autres cas où le champ induit ne se distingue du champ induc-

(1) Voyez plus haut, p. 214.

teur que par une faible différence de coloration. Ces phénomènes apparaissent très-nettement sur un disque chromatique formé, comme celui de la figure 152, de secteurs colorés étroits, sur fond blanc, interrompus en leur milieu par une bande composée de blanc et de noir, qui devront produire, dans la rotation, un anneau gris sur un fond blanchâtre faiblement coloré. Par le fait, cette couronne ne paraît pas grise, mais présente la coloration complémentaire, avec une netteté d'autant plus grande que l'intensité de l'anneau est plus près d'être égale à celle du fond, ou un peu moindre. Si les secteurs colorés sont larges, cela donne trop d'intensité à la couleur du fond, et la couleur complémentaire de la couronne devient plus faible ou, au moins, plus douteuse que pour une coloration plus faible du fond ; il en est de même lorsqu'on entoure l'anneau gris de deux circonférences noires, étroites, qui marquent nettement sa séparation d'avec le fond. Dans ces derniers cas, la coloration par contraste ne fait peut-être pas absolument défaut, mais elle est accompagnée d'une grande incertitude de jugement sur la couleur du champ induit, et, par comparaison avec un champ blanc voisin du disque, on peut arriver facilement à déclarer que le champ induit est réellement blanc, tandis que, sans ces circonférences, la coloration complémentaire par contraste s'impose à notre perception d'une manière non douteuse. On ne voit, au contraire, aucune coloration par contraste sur un fragment de papier blanc tenu, au moyen d'une pince, en avant du disque coloré, même si l'on a soin qu'aucune ombre portée ne détache ce fragment sur la coloration pâle du disque rotatif; si l'on oblique le fragment de papier par rapport à la lumière, de telle sorte que son intensité soit exactement égale à celle de l'anneau gris, cet anneau paraît aussi brusquement blanc dans le voisinage du fragment de papier, comme ce fragment lui-même ; cependant les parties plus éloignées de l'anneau restent le plus souvent colorées. Si la couronne grise est limitée par des traits noirs, dans cette expérience, sa coloration paraît devenir grise sur toute son étendue.

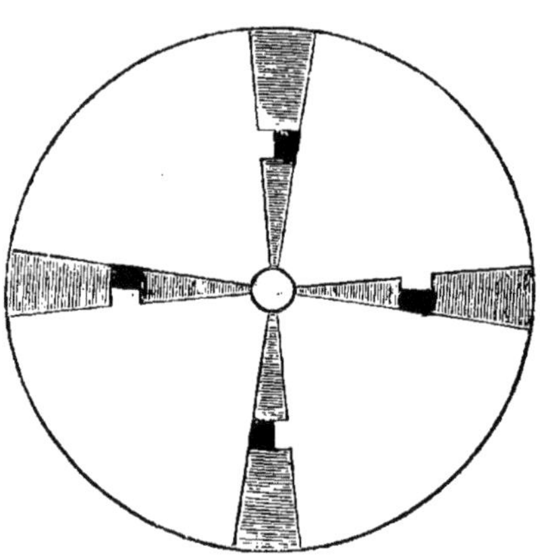

Fig. 152.

Dans ce cas, on ne peut pas dire que l'une des couleurs soit vue à travers l'autre; mais dans l'appréciation de la couleur de la couronne on prend pour point de départ celle du fond, et l'on croit voir une dégradation de cette couleur du fond. Si deux couleurs appartiennent à deux corps différents, il n'y a pas de raison pour supposer entre elles une relation : on cherche, au contraire, à déterminer chacune de ces couleurs indépendamment de tout rapprochement fortuit; mais lorsqu'une surface plane continue, qui offre en tous ses points la même structure et la même matière, nous présente des parties différemment colorées, de telle sorte que ces parties ne se distinguent absolument que par la différence de leur coloration, notre jugement est nécessairement amené à supposer une relation entre ces couleurs avant de les comparer. Le résultat de cette comparaison est, comme nous l'apprend l'expérience, que nous évaluons la différence comme plus forte qu'elle n'est réellement; soit parce que cette différence, lorsqu'elle existe seule et qu'elle attire seule notre attention, fait une impression plus forte que lorsqu'il y en a encore d'autres; soit que, dans ce cas encore, les différentes couleurs de la surface soient perçues comme des modifications de la couleur unique du fond, analogues à celles que pourraient produire des ombres portées, des reflets colorés, des taches produites par des liquides ou des poussières colorées. Effectivement, il faudrait une matière colorante rougeâtre pour produire une tache objective gris-blanc sur une surface verdâtre, etc.

Au reste, les résultats incertains de ces expériences expriment clairement la difficulté que nous éprouvons à comparer, d'une manière exacte, l'intensité et la couleur de deux surfaces qui ne sont pas absolument contiguës. Nous avons déjà remarqué, à propos des méthodes photométriques, que la comparaison n'est exacte et sûre que lorsque la limite entre les champs à comparer ne présente aucune autre particularité que la différence de coloration ou d'intensité lumineuse. Plus ces champs sont éloignés l'un de l'autre, plus la comparaison devient inexacte, de telle sorte que, dans les cas semblables, les circonstances accessoires conservent une assez large influence sur notre appréciation de l'intensité ou de la couleur. Dans les expériences qui nous occupent, la différence entre la surface induite et la surface inductrice est présentée sous les conditions les plus favorables, mais la comparaison entre la surface induite et d'autres surfaces situées latéralement dans le champ visuel ne peut s'effectuer que d'une manière très-imparfaite.

Les mêmes circonstances se présentent encore plus nettement dans les expériences que nous allons décrire, et dans lesquelles la surface induite est en contact, par deux bords opposés, avec deux couleurs différentes. Dans ce cas, la surface induite présente, sur ces bords, les couleurs complémentaires ; lorsque la surface induite touche par un bord une surface plus foncée et, par l'autre bord, une surface plus claire, le premier bord paraît plus clair, le second plus foncé. Mais ici encore le contraste n'apparaît nettement que lorsque le champ inducteur ne se distingue du champ induit que par la différence de coloration ou d'intensité et qu'il n'existe aucune autre délimitation.

On peut facilement faire ces expériences avec le voile de papier transparent. — Qu'on colle ensemble un papier vert et un papier rose, de manière à obtenir une feuille mi-partie verte et rose ; sur la ligne de séparation des deux couleurs, qu'on fixe une bandelette de papier gris et qu'on recouvre le tout par une feuille de même grandeur en papier à lettres mince. La bande grise paraît rose au bord qui touche le vert, et verte au bord qui touche le rose ; au milieu, se présente une nuance intermédiaire à ces deux couleurs qui est grise, sans doute, mais que nous ne pouvons pas reconnaître positivement comme telle. Le phénomène est bien plus prononcé, si la bandelette grise est perpendiculaire à la ligne de séparation des couleurs : la partie du gris qui s'avance dans le vert peut alors présenter un rose aussi vif que le fond de l'autre côté. La coloration par contraste est plus faible, mais cependant encore nette, si la ligne médiane de la bande grise recouvre exactement la ligne de séparation des couleurs : les bords latéraux du gris présentent alors des lisérés complémentaires étroits, qui sont estompés vers le milieu de la bande.

On obtient des effets analogues lorsqu'on superpose en gradins des feuilles de papier mince, de manière à former des bandes successives qui présentent une, deux, trois... épaisseurs de papier. Éclairant le tout par derrière, l'intensité objective est évidemment constante dans l'étendue de chaque assise ; cependant chaque gradin paraît plus foncé sur le bord où il confine à un gradin plus clair, et paraît plus clair au contact du gradin plus foncé. — Des teintes plates d'encre de Chine superposées en gradins de plus en plus foncés produisent une illusion analogue (1).

Tous ces phénomènes se produisent sur le disque rotatif avec des dégradations bien plus belles et plus délicates. — Donnons aux secteurs du disque la forme représentée par la figure 153 (p. 542), et faisons-les blancs et noirs ; on voit alors, dans la rotation, une série d'anneaux concentriques de plus en plus foncés à mesure qu'on s'avance de la périphérie vers le centre. Sur chacune de ces couronnes, la surface angulaire des portions noires est constante ; l'intensité de chaque couronne est

(1) Chevreul, De la loi du contraste simultané des couleurs. Paris, 1839, pl. I, fig. 3 bis.

donc elle-même uniforme pendant la rotation rapide; c'est seulement d'un anneau à l'autre que l'intensité varie. Cependant chaque couronne paraît plus claire à sa partie interne, où elle confine à une couronne plus foncée, et plus foncée à sa partie externe, au contact d'une couronne plus claire. Si les différences d'intensité des couronnes sont très-faibles, c'est souvent à peine si l'on s'aperçoit que les couronnes intérieures sont plus foncées que les extérieures; l'œil est seulement frappé par les alternances périodiques de clair et d'obscur que paraissent présenter les bords des anneaux.

Fig. 153.

Si, au lieu du blanc et du noir, on prend deux couleurs différentes, chaque couronne présente deux colorations différentes à ses deux bords, bien que la coloration soit objectivement uniforme sur toute l'étendue de chaque couronne. Chacune des couleurs constituantes se présente avec plus d'intensité sur celui des bords de chaque couronne qui confine à une couronne contenant une plus faible quantité de cette couleur. C'est ainsi que si l'on a mélangé du bleu et du jaune, et que le bleu prédomine dans les couronnes extérieures, le jaune dans les couronnes intérieures, chaque couronne paraît jaune à son bord extérieur, bleue à son bord intérieur; et si les couleurs des anneaux présentent, en somme, des différences très-faibles, on peut tomber dans l'illusion qui fait disparaître les différences qui existent réellement entre les colorations des différents anneaux, et fait apparaître sur un fond uniformément coloré la coloration par contraste alternativement bleue et jaune des bords des couronnes. Il est très-caractéristique que, dans ces cas, on ne voit ordinairement pas la couleur mixte, mais qu'on croit voir isolément les couleurs composantes, l'une à côté de l'autre, et comme l'une à travers l'autre.

Mais ces remarquables effets de contraste disparaissent dès qu'on marque les contours des anneaux par de fines circonférences noires. Chaque anneau apparaît aussitôt avec la coloration et l'intensité uniformes qu'il possède en réalité. Ici aussi il importe essentiellement que les différents champs soient des parties d'une surface tout à fait continue et homogène sous tous les rapports autres que la coloration. Il ne s'agit donc, ici encore, que de modifications dans le jugement et non pas dans la sensation. Les différences d'éclairage des différentes parties de cette surface étant les seules différences existantes, ressortent d'une manière remarquable, et comme les différences qui existent entre deux éléments de surface contigus sont perçues d'une manière plus nette et plus certaine que celles entre des éléments éloignés, les différences d'éclairage qui existent le long des limites de deux champs captivent particulièrement l'attention ; comme elles sont perçues avec plus de netteté et de certitude, elles sont jugées plus grandes que celles qui existent entre les parties médianes de deux champs et qui sont perçues avec moins de certitude. Comme, dans les expériences en question, l'éclairage ne présente pas de saut brusque au milieu de chaque champ, la couleur de chaque bord doit paraître passer peu à peu à celle de l'autre par une transition située au milieu du champ. Mais si l'on fait une raie noire au milieu du champ induit, ou qu'on place entre deux champs colorés un champ gris dont les deux moitiés, inégalement claires, sont séparées par une ligne bien nette, les colorations complémentaires s'avancent de part et d'autre jusqu'à cette ligne de séparation, où elles viennent se toucher. Si le champ induit et le champ inducteur présentent une différence de coloration assez grande pour qu'on puisse la percevoir avec certitude entre tous les points de ces champs, l'effet de contraste disparaît, ou devient du moins bien plus douteux. Si le champ induit présente encore quelque autre délimitation, on perçoit avec bien moins de certitude la différence entre sa coloration et celle du champ inducteur, et le contraste disparaît également ou s'affaiblit.

Les anciens observateurs ont toujours admis, dans les explications théoriques des phénomènes de contraste, que le mode de réaction des nerfs, c'est-à-dire la sensation, soit modifié dans les parties induites de la rétine : ainsi compris, les phénomènes de contraste rentreraient, d'une certaine manière, dans la catégorie des sensations sympathiques, où un grand nombre d'observateurs ont aussi rangé l'irradiation. Sous un certain point de vue, on avait assurément raison de parler d'une modification de la sensation, puisque, dans les observations, on n'avait pas distingué le contraste successif d'avec le contraste simultané, et qu'on pouvait donc avoir affaire à une modification de la sensation produite par les images accidentelles. Si je ne me trompe, les pages précédentes renferment le premier essai qui ait été fait de distinguer méthodiquement, dans tous les cas, les effets du contraste successif d'avec ceux du contraste simultané. J'ai montré également que, dans les cas où la couleur inductrice ne prédomine pas sur toutes les autres par son étendue et par son intensité, la coloration par contraste dépend de circonstances qui ne peuvent être attribuées qu'aux fonctions psychiques qui accompagnent la perception. Si l'on attribue au champ induit une existence corporelle, dans les conditions de l'expérience, la production du contraste fait le plus habituellement défaut. J'ai déjà indiqué plus haut la nature des illusions que notre jugement subit dans les cas de ce genre. Il s'agit toujours de cas où il existe une certaine marge dans l'appréciation de la nature de la couleur induite, incertitude qui provient de l'impossibilité d'établir une comparaison exacte entre cette couleur et le blanc, et qui a pour résultat d'abandonner notre jugement à l'influence de diverses circonstances accessoires, dont l'effet est de nous faire rapprocher la couleur en question tantôt de l'une, tantôt de l'autre des extrémités de l'intervalle dans lequel est comprise notre incertitude. Ceux des lecteurs qui sont encore peu familiarisés avec l'influence des actions psychiques sur les perceptions sensuelles, admettront peut-être difficilement qu'une fonction psychique puisse nous faire voir, dans le champ visuel, une couleur qui n'y existe pas; je les prierai de suspendre leur jugement jusqu'à ce qu'ils aient étudié les faits mentionnés dans la troisième partie de cet ouvrage, consacrée aux perceptions des sens, et où ils rencontreront un grand nombre d'exemples de ce genre. Ce paragraphe nous a fait empiéter sur l'étude des perceptions visuelles. Je l'ai cependant laissé dans la partie qui traite des sensations, parce que, jusqu'ici, le contraste a toujours été considéré comme étant une sensation et que les phénomènes les plus ordinaires qui s'y rapportent sont de nature mixte.

Comme la plupart des phénomènes de contraste dépendent de l'étendue de l'incertitude qui accompagne notre appréciation de l'intensité et de la qualité de nos sensations visuelles, l'habitude dans l'appréciation des couleurs doit nécessairement exercer une influence considérable sur la production du contraste. De même qu'un œil exercé à l'appréciation des dimensions dans l'espace sait éviter bien des erreurs auxquelles n'échappe pas un œil moins exercé, il doit en être de même dans la détermination des couleurs, et je crois, pour cette raison, que le contraste doit présenter, en général, moins de vivacité à des yeux exercés qu'à ceux qui ne le sont pas. Mes expériences ont été facilement confirmées par des personnes expérimentées dans les observations d'optique. En revanche, dans bien des livres, les phénomènes de contraste sont décrits de manière à me faire penser que, pour nombre d'observateurs, ces phénomènes sont beaucoup plus visibles et plus fréquents que pour moi.

Lorsque le champ inducteur est limité, les phénomènes de contraste ne laissent aucun doute sur leur signification, puisque la coloration dépend d'autres circonstances qui ne peuvent provenir que du jugement; mais lorsque le champ inducteur n'est pas limité, les effets sont bien plus constants, et, pour cette raison, on serait encore plus porté à les attribuer à des modifications de la sensation. Cependant, dans ce dernier cas, les circonstances sont évidemment bien plus défavorables que dans le premier, pour pouvoir déterminer avec certitude quelle est la couleur qu'on perçoit dans le champ induit; en effet, la comparaison de la couleur de ce champ avec du blanc fait complétement défaut, ou est du moins bien plus restreinte. En outre, si les contrastes sur champ inducteur non limité sont plus constants, ils ne présentent pas moins, dans leurs conditions d'intensité, une analogie complète avec ceux du champ limité. Dans tous ces cas, la coloration par contraste présente déjà toute son intensité pour une très-petite intensité de la couleur inductrice, et celle-ci, en augmentant, n'ajoute que peu ou point à l'intensité de la coloration par contraste. En revanche, le contraste peut être sensiblement renforcé dès que la sensation est réellement modifiée par des images accidentelles. Enfin, le jugement conserve toute son intensité à la coloration par contraste, lorsqu'on écarte du champ visuel toutes les autres couleurs. C'est pourquoi je ne doute pas que les phénomènes aient la même signification pour de grands champs inducteurs que pour de petits, et qu'ici encore la couleur par contraste provienne d'un acte du jugement, bien que, dans ces cas, je ne puisse pas encore donner de preuve bien satisfaisante en faveur de cette opinion.

Léonard de Vinci connaissait déjà la plupart des phénomènes de contraste. Il dit que, parmi toutes les couleurs d'égale perfection, les plus belles sont celles qui se trouvent à côté des couleurs les plus opposées : le blanc à côté du noir, le bleu à côté du jaune, le rouge à côté du vert (1). Plus tard, ce furent les ombres colorées, qui, de tous les phénomènes de contraste, attirèrent le plus particulièrement l'attention. Otto de Guéricke (2) les connaissait et chercha à les employer pour démontrer la proposition d'Aristote d'après laquelle le mélange du blanc et du noir pourrait donner du bleu. Mais Buffon (3) fut le premier à les signaler à l'attention générale ; il ne les observa d'ailleurs qu'occasionnellement, au lever et au coucher du soleil, où elles étaient tantôt bleues, tantôt vertes. L'abbé Mazeas (4) les produisit avec la lumière de la lune et celle d'une bougie ; il fut de ceux qui croyaient pouvoir expliquer les couleurs par une diminution de la lumière. Melville (5) et Bouguer (6) cherchèrent, au contraire, à expliquer les phénomènes à l'aide de la théorie des couleurs de Newton. On attribua aux couleurs le caractère objectif, parce qu'en effet les ombres bleues, éclairées par le ciel bleu, présentent une coloration bleue objective : citons, à ce sujet, Béguelin (7), qui montra que la lumière bleue du ciel est, dans beaucoup de cas, la cause de la coloration bleue des ombres. Rumford (8) paraît avoir découvert le premier le caractère subjectif de la couleur de l'une des ombres, en la regardant à travers un tube étroit. Göthe (9), Grotthuss (10), Brandes (11), Tourtual (12), se rallièrent à cette opinion. D'autres observateurs défendirent encore longtemps le caractère objectif des deux couleurs des ombres : citons v. Paula Schrank (13), qui attribua à la diffraction la couleur de l'ombre bleue ; Zschokke (14), Osann (15), Pohlmann (16), qui admit de nouveau l'opinion de Béguelin. Ce fut particulièrement Fechner (17) qui démontra le caractère subjectif de ces phénomènes ; il fit voir, entre autres, comment un acte du jugement peut maintenir la couleur par contraste, une fois produite ; il augmenta le nombre des observations, mais il n'osa pas encore établir de théorie de ces phénomènes. Plateau (18) rattacha les phénomènes de contraste à sa théorie des images accidentelles. D'après lui, la rétine pourrait, dans l'espace comme dans le temps, osciller entre des états d'excitation contraires ; dans le voisinage immédiat de la partie excitée, se présenterait une phase homonyme, qui se manifesterait par les phénomènes

---

(1) Trattato della pittura, cap. CC ; — cap. CLVI, CCCXXVIII (Ombres colorées).
(2) Exper. Magdeb., p. 142.
(3) *Mém. de l'Acad. de Paris*, 1743, p. 217.
(4) *Abh. der Akad. zu Berlin*, 1752.
(5) *Edinb. Essays*, II, 75.
(6) Traité d'optique, p. 368.
(7) *Mém. de l'Acad. de Berlin*, 1767, p. 27.
(8) *Philos. Transact.*, LXXXIV, 107. — *Gren's neues Journal der Physik*, II, 58.
(9) Farbenlehre, p. 27.
(10) *Schweigger's Beiträge zur Chemie und Physik*, III, 14.
(11) *Gehler's neues Wörterbuch*, Art. Farbe.
(12) Die Erscheinungen des Schattens. Berlin, 1830.
(13) *Münchner Denkschr.*, 1811-12, p. 293 ; 1813, p. 5.
(14) *Unterhaltungsblätter für Natur- und Menschenkunde*, 1826, p. 49.
(15) *Pogg. Ann.*, XXVII, 694 ; XXXVII, 287 ; XLII, 72.
(16) *Ibid.*, XXXVII, 319-341.
(17) *Ibid.*, XLIV, 221 ; L, 433.
(18) *Ann. de chim. et de phys.*, LVIII, 339. — *Pogg. Ann.*, XXXII, 543 ; XXXVIII, 326.

d'irradiation, puis, à une distance plus grande, la phase contraire se produirait en donnant lieu au contraste.

Jurin (1) et, plus tard, Brandes avaient déjà proposé d'expliquer les phénomènes de contraste par des images accidentelles. Cette explication, exacte pour une partie des phénomènes, ne s'appliquait pas à tous; c'est ainsi que Fechner montra que les couleurs par contraste peuvent se produire sans fatigue préalable de la partie de rétine correspondante.

On doit à Chevreul (2) une description exacte des modifications que subissent les différentes couleurs par l'effet de leur juxtaposition. Brandes (3) et Osann ont décrit les images complémentaires obtenues par réflexion sur les lames de verre; Dove (4) donna à cette expérience la meilleure forme, qui a encore été modifiée depuis par Ragona Scina (5). Fechner et Brücke (6) découvrirent les cas où le champ induit affecte la même couleur que le champ inducteur. H. Meyer (7) fit voir qu'une petite différence entre les couleurs est plus favorable qu'une différence considérable. Du reste, presque tous les observateurs se rallièrent à l'opinion de Plateau, d'après laquelle le contraste provient d'une modification de la sensation. Dans ce paragraphe j'ai cherché à distinguer, plus complétement qu'on ne l'avait encore fait, les différentes causes qui sont en présence, et je me suis efforcé de démontrer que le contraste simultané pur réside dans une modification dans l'appréciation, et non pas dans une altération de la sensation.

1651. Leonardo da Vinci (+ 1519), Trattato della pittura, cap. CLVI, CC, CCCXXVIII.

1672 Otto v. Guericke, Experimenta nova, ut vocantur, Magdeburgica de vacuo spatio. Amstelod., 1672, p. 142.

1738. Jurin, Essay on distinct and indistinct Vision, p. 170.

1743. G. de Buffon, Sur les couleurs accidentelles, in *Mém. de Paris*, 1743, p. 217.

1752. Mazeas, in *Mém. de l'Acad. de Berlin*, 1752.

1760. Bouguer, Traité d'optique sur la gradation de la lumière. Paris, 1760, p. 368.

— Melville, Observations on light and colours Essays and observations (*Phys. and litt. Edinburgh*, II, 12, 75).

1767. Béguelin, Mémoire sur les ombres colorées, in *Mém. de l'Acad. de Berlin*, 1767, p. 27; 1783, p. 52.

1778. v. Gleichen genannt Russworm, Von den Farben des Schattens, in *Act. Acad. Mogunt.*, 1778, p. 308.

1782. H. F. T., Observations sur les ombres colorées. Paris, 1782.

1783. Flaugergues, Sur les ombres colorées, in *Mém. de Berlin*, 1783, p. 52.

— Opoix, in *Journal de physique*, 1783, déc.

— Petrini, in *Mem. di math. e di fisica del Soc. ital.*, XIII, p. 11.

1787. Carvalho e Sampago, Tratado das Cores. Malta, 1787.

1805. Prieur, Observations sur les couleurs et sur certains phénomènes qu'elles présentent, in *Ann. de chim.*, LIV, p. 1. — *Gilb. Ann.*, XXI, p. 315.

— Hassenfratz, Sur les ombres colorées, in *Journ. de l'Ecole polytechn.*, cah. XI.

1810. v. Göthe, Zur Farbenlehre, p. 27.

1811. Grothuss, Ueber die zufälligen Farben des Schattens, in *Schweigger's Journ.*, III, 14.

— v. Paula Schrank, Ueber die blauen Schatten, in *Abh. der Münchener Akad.*, 1811, p. 293; 1813, p. 57.

1820. Muncke, Ueber subjective Farben und gefärbte Schatten, in *Schweigger's Journ.*, XXX, 47.

---

(1) Essay on distinct and indistinct Vision, p. 170.
(2) *Mém. de l'Acad.*, XI, 447-520.
(3) *Gehler's neues Wörterbuch*, Art. Farbe, IV, 124.
(4) *Pogg. Ann.*, XLV, 158.
(5) *Racc. fisico-chimica*, II, 207.
(6) *Denkschr. d. Wiener Akademie*, III, 1850, Octob. 3.
(7) *Pogg. Ann.*, XCV, 170.

1826. ZSCHOKKE, Die farbigen Schatten, ihr Entstehen und ihr Gesetz. Aarau, 1826. — *Unterhaltungsblätter für Natur- und Menschenkunde*, 1826, p. 49.

1827. BRANDES, Art. Farbe, in *Gehler's neues physik. Wörterbuch*, IV, 124.

— TRESCHEL, in *Biblioth. univers.*, XXXII, 3.

1830. TOURTUAL, Ueber die Erscheinungen des Schattens und deren physiologische Bedingungen, nebst Bemerkungen über die wechselseitigen Verhältnisse der Farben. Berlin, 1830.

— LEHOT, in *Annales des sciences d'observation par Saigey et Raspail*, 1830, III, 3. — *Froriep's Notizen*, XXVIII, p. 177.

1832. OSANN, Vorrichtung zur Hervorbringung complementarer Farben und Nachweis ihrer objectiven Natur, in *Pogg. Ann.*, XXVII, 694; XXXVII, 287; XLII, 72.

— SMITH von FOCHABERS, in *Edinb. Journ. of science*, V, 52.

— BREWSTER, Ueber den Versuch von SMITH, in *Pogg. Ann.*, XXVII, 494.

— CHEVREUL, Sur l'influence que deux couleurs peuvent avoir l'une sur l'autre, quand on les voit simultanément, in *Mém. de l'Acad. de Paris*, XI, 1832. — De la loi du contraste simultané des couleurs. Paris, 1839.

1834. J. MÜLLER, in *Müller's Archiv für Anat. und Physiol.*, 1834, p. 144. — Lehrbuch d. Physiol., 2. Aufl., II, 372.

— PLATEAU, in *Ann. de chim. et de phys.*, LVIII, 339. — *Pogg. Ann.*, XXXII, 543; XXXVIII, 626.

1836. POHLMANN, Theorie der farbigen Schatten, in *Pogg. Ann.*, XXXVII, 319-341.

1838. FECHNER, Ueber die Frage, ob die sogenannten Farben durch den Contrast objectiver Natur seien, in *Pogg. Ann.*, XLVI, 221-245.

— DOVE, Ueber subjective Complementärfarben, in *Pogg. Ann.*, XLV, 158.

1840. FECHNER, Thatsachen, welche bei einer Theorie der Farben durch den Contrast zu berücksichtigen sind, in *Pogg. Ann.*, L, 433.

1847. D. RAGONA SCINA, Su taluni fenomeni che presentano i cristalli colorati, in *Racc. fisico-chim.*, II, 207.

1851. E. BRÜCKE, Untersuchungen über subjective Farben, in *Wiener Denkschr.*, III, 95. — *Pogg. Ann.*, LXXXIV, 418. — *Arch. des sc. phys. et natur.*, XIX, 122.

1852. A. BEER, Ueber das überzählige Roth im Farbenbogen der totalen Reflexion (Couleur par contraste), in *Pogg. Ann.*, LXXXVII, 113-115. — *Cosmos*, II, 95.

1855. H. MEYER, Ueber Contrast- und Complementärfarben, in *Pogg. Ann.*, XCV, 170-171. — *Ann. de chim.*, 3, XLV, 507. — *Phil. Mag.*, 4, IX, 547.

1858. CHEVREUL, Note sur quelques expériences de contraste simultané des couleurs, in *Comptes rendus*, XLVII, 196-198. — *Dingler's Journ.*, 435-436.

1859. WARDO, Nota sulle ombre colorate ottenute col solo concorso di luce bianche, in *Cimento*, IX, 352-356. — *Atti del Istit. Veneto*, V. — *Zeitschrift für Chemie*, 1860, p. 18-20.

— RAGONA, Su taluni fenomeni di colorazione soggettiva, in *Atti del Acad. Palermit.*, III. — *Zeitschrift für Chemie*, 1859, p. 20-24.

1860. G. TH. FECHNER, Ueber die Contrastempfindung, in *Leipzig. Ber.*, 1860, 71-145.

— OSANN, Ueber Ergänzungsfarben, in *Würzburg. Zeitschrift*, I, 61-77.

— FECHNER, Einige Bemerkungen gegen die Abhandlung Prof. OSANN's über Ergänzungsfarben, in *Leipz. Ber.*, 1860, p. 146-165.

— J. J. OPPEL, Ueber farbige Schatten bewirkt durch weisses Licht, in *Jahresber. des Frankf. Vereins*, 1859-1860, p. 65-69.

1861. ROSSOLINI, Sulle ombre colorate, in *Atti del Istit. Lombardo*, II, 318-321.

1862. H. AUBERT, Beiträge zur Physiologie der Netzhaut, in *Abhandl. der schles. Gesellschaft*, 1861, 1, p. 49-103; 344-344.

— G. TH. FECHNER, Ueber den seitlichen Fenster- und Kerzenversuch, in *Leipzig. Ber.*, 1862, p. 27-56.

1865. F. BURCKHARDT, Die Contrastfarben im Nachbilde, in *Baseler Verhandl.*, 1865.

§ 25. — Divers phénomènes subjectifs.

Nous avons encore à décrire quelques phénomènes visuels subjectifs dont l'explication est encore impossible ou tout au moins incertaine, et qui, par conséquent, n'ont pas pu trouver place dans les paragraphes précédents.

I. — *Phénomènes provenant de la tache jaune.* — La tache jaune se distingue du reste de la rétine par bien des particularités. Nous avons déjà vu (page 30) les particularités de sa structure anatomique. La *macula* se distingue de plus, sous le rapport physiologique, par la netteté de la perception des images, qualité par laquelle son centre, la *fovea*, surpasse de beaucoup toutes les autres parties de la rétine; c'est à cette circonstance que la *fovea* doit son importance comme point de fixation. Nous avons déjà fait voir au § 15 (p. 215-218) comment on peut reconnaître la *macula* dans l'image entoptique ; dans ce mode d'observation, elle se distingue, d'abord par l'absence de vaisseaux à son centre, et, en second lieu, par l'ombre que projettent les parties latérales de la *fovea centralis*, sous un éclairage oblique. Nous avons déjà dit, en parlant des perceptions de cette partie de la rétine, que sous l'influence d'un courant électrique traversant l'œil, elle se dessine tantôt en sombre sur fond clair, tantôt en clair sur fond sombre, suivant la direction du courant, et que, de plus, sous un éclairage qui présente des intermittences d'une vitesse modérée, elle se distingue, au milieu des figures chatoyantes de la rétine, sous la forme d'une image étoilée remarquable.

Mentionnons encore qu'elle présente aussi une forme particulière pour un éclairage uniformément répandu, et, en particulier, pour la lumière bleue. — On voit apparaître alors différentes parties de la tache jaune ; on ne les voit pas toujours toutes ensemble, et leur netteté varie avec les conditions de l'expérience. Au centre de la tache jaune. la *fovea centralis* est formée d'une partie de rétine très-mince, transparente et incolore. Son diamètre est, d'après Kölliker, de $0^{mm},18$ à 0,225. Sa distance du point nodal postérieur de l'œil est de 15^{mm}, soit en moyenne de 75 fois son diamètre. Sa grandeur apparente dans le champ visuel est donc un cercle de 40′ à 50′ de diamètre. Lorsqu'elle est rendue visible, elle apparaît ordinairement sous forme d'un cercle régulier bien délimité. On voit souvent, tout autour de la *fovea*, une auréole sombre dont le diamètre correspond à peu près à celui de la partie non vasculaire de la tache jaune, telle qu'on la voit dans l'observation entoptique des vaisseaux. La circonférence de cette auréole, ou *partie non vasculaire*, est peu marquée; son diamètre, environ trois fois plus grand que celui de la *fovea*, mesure, par conséquent, un peu plus de 2 degrés. Tantôt son pourtour paraît assez régulièrement circulaire, notamment sous un faible éclairage; tantôt il se rapproche d'un losange dont la plus grande diagonale est horizontale. C'est sous cette dernière forme qu'il m'apparaît, surtout sous un éclairage un peu intense. Cette partie correspond anatomiquement à la partie moyenne de la tache jaune, dont la coloration est d'un jaune intense, et à laquelle H. Müller a trouvé, dans deux yeux examinés à cet égard, un diamètre horizontal de $0^{mm},88$ et $1^{mm},5$ et un diamètre vertical de $0^{mm},53$ et $0^{mm},8$. Du reste, la coloration jaune s'étend bien plus loin, mais elle est faible et peu tranchée.

Enfin, pour un éclairage intense, on voit l'auréole obscure, non vasculaire, entourée à son tour d'une auréole claire, dont la périphérie se dessine d'une manière très-vague, et qui me paraît, de même, présenter une forme plutôt rhomboïdale que circulaire. Ses diamètres sont chacun à peu près trois fois plus grands que ceux de l'anneau obscur non vasculaire. On ne peut pas désigner de partie anatomique nettement définie qui corresponde à cette partie de l'image : l'auréole claire répond plus ou moins à la coloration jaunâtre des parties extrêmes de la tache jaune ; cependant on ne peut rien dire de précis sur cette coïncidence, car l'étendue de la coloration jaune faible présente des différences individuelles trop grandes. Peut-être aussi cette auréole n'est-elle due qu'à un effet de contraste. Nous l'appellerons anneau de Lœwe, du nom de celui qui l'a découvert, et qui la voyait circulaire.

Lœwe (1) découvrit cet anneau en regardant une surface claire à travers une solution limpide de chlorite de chrome, d'une couleur vert-céladon. L'anneau paraissait violet en comparaison du fond verdâtre et entourait l'anneau central obscur, de sorte que Haidinger le compare à une image de l'iris qui entoure la pupille. Haidinger montra qu'il est inutile d'employer des milieux dichromatiques pour voir les anneaux, qu'ils apparaissent dans le bleu homogène du spectre prismatique et aussi dans de la lumière mélangée qui contienne assez de bleu. Dans cette dernière, les anneaux se détachent sur le fond avec des colorations qui varient suivant la composition de la lumière mélangée au bleu. L'anneau de Lœwe paraît se présenter avec une netteté différente pour des yeux différents, de sorte que bien des personnes ne

(1) HAIDINGER, in *Pogg. Ann.*, LXX, 403 ; LXXXVIII, 451. — *Wiener Sitzungsber.*, IX, 240.

peuvent pas le voir. Quant à moi, je ne le vois que par une certaine clarté moyenne, celle qui nous est commode pour lire et pour écrire. Lorsque je mets un verre bleu devant les yeux, et qu'après les avoir reposés quelque temps en les tenant fermés, je porte le regard sur un papier blanc, je vois distinctement l'auréole non vasculaire, sous forme d'une tache rhomboïdale, sombre, entourée d'une bande rhomboïdale d'un bleu plus clair, l'anneau de Lœwe. Il suffit d'une faible augmentation de l'éclairage, ou d'une faible diminution, pour que l'anneau de Lœwe me paraisse plus étroit : une variation d'éclairage un peu considérable le fait disparaître, et je ne vois plus que l'anneau obscur non vasculaire.

L'anneau obscur non vasculaire est la partie la plus constante du phénomène. — Maxwell (1) est le premier qui ait examiné exactement la manière dont il se comporte. Lorsqu'on emploie de la lumière homogène, Maxwell dit qu'on ne le voit apparaître que dans le bleu. On le voit aussi dans des couleurs mélangées, lorsqu'elles contiennent beaucoup de bleu ; c'est ainsi qu'on peut le voir, mais faiblement, dans la couleur blanche. Lorsqu'on porte le regard sur une surface bleue, après avoir reposé les yeux, cet anneau apparaît ; il disparaît bientôt, et avec plus de rapidité si l'éclairage est intense. Maxwell conseille de placer alternativement, devant les yeux, des verres bleus et jaunes ou des papiers bleus et jaunes. La tache apparaît dans le bleu et disparaît dans le jaune. Pour ma part, je le vois le mieux sur le ciel, au moment où les premières étoiles commencent à paraître, après avoir reposé suffisamment les yeux par un assez long séjour en plein air. Lorsqu'après avoir fermé les yeux pendant quelques instants, on les ouvre en les tournant vers le ciel, on voit pendant quelque temps l'anneau non-vasculaire se dessiner très-distinctement; on voit souvent aussi à l'intérieur de cet anneau la *fovea centralis* sous forme d'une tache un peu plus claire, d'un bleu plus pur, à contours assez nets. Il est remarquable que, dans cette expérience, ainsi que Maxwell l'a déjà observé, la sensation lumineuse se fait un instant plus tard dans les parties centrales de la rétine que dans les parties périphériques. A cet effet, Maxwell faisait passer, avec une certaine vitesse, une série de bandes obscures devant un champ bleu . On peut aussi constater le fait en ouvrant simplement les yeux. L'obscurité se dissipe en marchant nettement de la périphérie du champ visuel vers le centre, et la dernière trace qui en reste prend la forme de la tache de Maxwell. Pour certains degrés d'in-

(1) *Athenäum*, 1856, p. 1093. — *Edinb. Journ.*, 2. IV, 337. — *Inst.*, 1856, p. 424. — *Rep. of British Association*, 1856, 2, p. 12.

tensité, en particulier pour celui que présente le ciel au moment où les premières étoiles commencent à paraître, le phénomène qui se produit lorsqu'on ouvre les yeux est encore plus compliqué : tandis que l'obscurité disparaît, en marchant de la périphérie vers le centre, on voit apparaître subitement en clair, soit la *fovea* seule, soit toute la tache de Maxwell. Il est possible que cette apparition précède un peu le phénomène obscur, mais l'intervalle est si court, que les deux phénomènes paraissent se présenter simultanément, d'une manière analogue à ce qu'Aubert a remarqué sur les images accidentelles obtenues à la lueur de l'étincelle électrique.

Parfois, lorsque la *fovea* se présente très-nettement, je vois encore, dans l'auréole non vasculaire, de faibles dessins linéaires, semblables aux contours d'une fleur à pétales nombreux (reine-marguerite, dahlia). Ce sont probablement des ébauches du même dessin qui se présente d'une manière plus distincte à la lumière intermittente.

Enfin, je ferai remarquer que j'ai souvent vu, par hasard, la tache de Maxwell en clair sur fond obscur, le matin, au sortir du lit, en dirigeant vers un fond sombre le regard qui avait reposé d'abord sur la large surface lumineuse d'une fenêtre. Je n'ai jamais réussi jusqu'à présent à reproduire volontairement ce phénomène. On voit apparaître un cercle d'une clarté éblouissante, de la grandeur de l'auréole non vasculaire, ombré vers les bords et présentant des indices du dessin rayonné. De cette dernière circonstance on peut conclure que, lorsque l'œil est bien reposé et très-excitable, l'impression lumineuse persiste plus longtemps dans la tache jaune que dans les autres parties de la rétine, tandis que, d'autre part, elle paraît aussi commencer plus tard dans la tache jaune, comme les phénomènes que nous avons vu se présenter lorsqu'on ouvre l'œil. L'obscurité que présente, sur un fond bleu, la partie fortement pigmentée de la *macula*, paraît attribuable à l'absorption de la lumière bleue par le pigment jaune. Les parties colorées en jaune sont précisément celles qui se trouvent en avant des parties réellement sensibles, c'est-à-dire des cônes. Si la tache n'est, du reste, que faiblement dessinée subjectivement, et si elle disparaît rapidement, c'est ce qui s'explique de la même manière que l'apparition fugitive de la figure vasculaire. Quant à l'apparition lumineuse subite de la tache jaune qui se présente parfois lorsqu'on ouvre l'œil, elle est encore inexpliquée.

Les phénomènes que nous venons de décrire sont ceux qui se présentent à la lumière non polarisée : si l'on dirige le regard sur un champ qui émet de la lumière polarisée, on voit, au point de fixation, les *houppes de polarisation* de Haidinger. — On les voit, par exemple, lorsqu'on regarde, à travers un prisme de Nicol, une feuille de papier blanc bien éclairée, ou un nuage lumineux. Les houppes sont représentées (pl. V, fig. 3) dans la position qu'elles affectent lorsque le plan de polarisation de la lumière est vertical. Les taches plus claires, limitées par les deux branches d'une hyperbole, se dessinent en bleuâtre sur champ blanc; la houppe obscure qui les sépare, et qui est plus large à ses extrémités qu'à son centre, présente, au contraire, une coloration jaunâtre. Lorsqu'on fait tourner le prisme de Nicol, la figure de polarisation tourne du même angle. D'après une remarque de Brewster, que je trouve confirmée pour mon œil, la houppe obscure est bien plus étroite à son milieu lorsqu'elle est horizontale (c'est-à-dire parallèle à la ligne de jonction des deux yeux) que lorsqu'elle est verticale comme dans la figure. La surface qui est occupée par la figure de polarisation paraît, aux yeux de Maxwell et aux miens, égaler en grandeur l'auréole non vasculaire de la tache jaune. Le bord de la *fovea* traverse à peu près les parties centrales et les plus éclairées des surfaces bleues. Brewster attribue aux houppes l'étendue un peu plus grande de 4 degrés, et Silbermann leur assigne 5 degrés, ce qui provient peut-être de ce que leur netteté varie beaucoup pour des yeux différents, et que, pour cette raison, les uns perçoivent et les autres ne perçoivent pas les parties les plus faibles, situées au bord extrême de la figure. Pour ma part, il y a douze ans, immédiatement après la découverte de Haidinger, je ne pus parvenir, malgré les plus grands efforts, à voir la moindre trace des houppes, et dernièrement, en essayant de nouveau, je les vis aussitôt que je regardai à travers un prisme de Nicol. Cependant, dans mon œil gauche, le milieu de la houppe obscure est bien plus sombre que dans l'œil droit, ce qui peut provenir d'une différence de coloration de la tache jaune. Du reste, lorsqu'on les voit, elles disparaissent bientôt, comme tout phénomène subjectif lié à la structure de la rétine. Elles reparaissent lorsqu'on fait tourner le polarisateur de 90 degrés.

Les individus qui perçoivent les houppes d'une manière très-nette, les voient aussi dans de la lumière qui n'est polarisée qu'en partie, sur des surfaces réfléchissantes, sur le ciel, etc., ce qui leur permet de déterminer immédiatement partout la direction du plan de polarisation. Cependant, parmi les diverses couleurs de la lumière homogène, le bleu est, comme Stokes l'a trouvé, la seule qui produise les houppes de polarisation. On ne les voit pas dans les parties moins réfrangibles du spectre. Sur un champ bleu, les surfaces hyperboliques bleuâtres paraissent claires, et les houppes jaunes qui les séparent, paraissent obscures; c'est ainsi qu'on les voit, lorsqu'on regarde une surface blanche à travers un verre fortement coloré en bleu, superposé au polarisateur. Quant à moi, non-seulement je ne vois pas ces houppes dans le vert, le jaune et le rouge homogènes ; mais je ne les vois pas non plus dans les nuances impures, mais assez saturées, de ces couleurs, telles que les donnent les verres colorés. Il s'ensuit que, dans la lumière blanche, le phénomène provient aussi des modifications du bleu. A l'endroit des houppes jaunes, il n'y a pas de bleu, c'est précisément pour ce motif que ces faisceaux paraissent jaunes et plus foncés.

Lorsque la lumière est polarisée, soit par réflexion, soit par réfraction simple ou double, toutes les couleurs subissent toujours à peu près également la polarisation. C'est seulement dans l'absorption de lumière chromatique par des corps biréfringents que la lumière de certaines couleurs peut être polarisée, tandis que celle des autres couleurs ne l'est pas. C'est la tourmaline, si souvent employée comme moyen de polarisation de la lumière, qui nous présente l'exemple le plus connu d'une semblable absorption. Cette propriété est, du reste, très-répandue parmi les corps colorés biréfringents, on peut la produire artificiellement en colorant ces corps, et elle provient de ce que le rayon ordinaire, comme dans la tourmaline, ou le rayon extraordinaire, comme dans le rutile (oxyde de titane) ou la cassitérite (oxyde d'étain), subit une absorption plus forte. Or, la plupart des fibres et des membranes organiques sont faiblement biréfringentes et se comportent, en général, comme des cristaux à un axe, dont l'axe serait parallèle à la longueur des fibres ou perpendiculaire à la surface des membranes. On peut donc expliquer la production des houppes de polarisation en admettant que les éléments jaunes de la tache jaune sont faiblement biréfringents et qu'ils absorbent plus fortement le rayon extraordinaire de la couleur bleue que son rayon ordinaire.

Lorsque de la lumière bleue, polarisée d'une manière quelconque, traverse, suivant leur direction, des fibres ainsi constituées, elle est fortement absorbée; mais si elle les traverse perpendiculairement à leur direction, elle est absorbée fortement ou faiblement suivant qu'elle est polarisée parallèlement ou perpendiculairement à la direction des fibres. Or, les fibres de la couche fibreuse externe (p. 28, 4°), perpendiculaires à la surface dans les autres parties de la rétine, sont obliques dans la tache jaune, leur extrémité postérieure se rapprochant de la *fovea* (1). Dans la *fovea centralis*, les couches granulées et les couches ganglion-

(1) Bergmann, in *Henle und Pfeuffer's Zeitschrift für rat. Med.*, 2, V, 245 ; 3, II, 83. — Max Schultze, Observationes de retinæ structura penitiori. Bonn, 1859, p. 15.

naires font plus ou moins complétement défaut; par contre, les couches granulées et la couche ganglionnaire externe sont plus épaisses autour de la *fovea* qu'ailleurs; il en est de même de la couche ganglionnaire interne, bien qu'elle contienne encore, au bord de la *fovea centralis*, trois rangées de cellules superposées, de telle sorte que les autres éléments relatifs aux cônes de la *fovea* paraissent refoulés sur le pourtour de cette dépression, ce qui doit forcer les fibres correspondantes, de nature nerveuse ou connective, à prendre une direction oblique. Ainsi, d'après l'hypothèse que nous avons faite, au bord de la *fovea*, où les fibres ont en général une direction oblique dirigée vers le centre de la dépression, la lumière devrait subir une absorption plus forte aux endroits où les fibres sont parallèles au plan de polarisation. Si ce plan est vertical, il se formera des parties obscures au-dessus et au-dessous de la *fovea*, des parties claires à droite et à gauche. De même il devra se présenter des parties plus sombres aux endroits où les fibres ne sont plus obliques à la surface de la rétine, c'est-à-dire au centre même de la *fovea* et vers le bord de la tache jaune. On a vu le phénomène des houppes de polarisation répondre à ces conditions.

On a encore émis d'autres opinions sur l'origine des houppes de polarisation. — Entre autres, on a accueilli assez favorablement celle qui a été indiquée par Erlach et plus spécialement développée par Jamin. Tous les deux croyaient pouvoir expliquer les houppes par les réfractions multiples que subit la lumière sur les surfaces réfringentes de l'œil. Il est vrai que la lumière polarisée verticalement qui pénétrerait dans l'œil par en haut ou par en bas, subit une réfraction plus forte et pénètre en moindre quantité que celle qui vient par les côtés, et que, par suite, le quadrant supérieur et le quadrant inférieur du champ visuel devraient paraître un peu plus foncés que le droit et le gauche. Mais si le phénomène avait pour cause la polarisation par réfraction, il faudrait d'abord que les houppes eussent à peu près la même intensité dans toutes les couleurs homogènes, tandis qu'elles ne sont nettes que dans le bleu. En second lieu, elles devraient augmenter de force d'une manière continue, en marchant vers les bords du champ visuel. Elles sont au contraire renfermées dans une partie très-petite et centrale. En troisième lieu, leur centre devrait se trouver sur l'axe, et non au point de fixation, qui paraît ne coïncider avec l'axe que dans bien peu d'yeux. Stokes, Brewster et Maxwell ont déjà fait ressortir l'insuffisance de cette explication, et les deux derniers ont remarqué que l'étendue des houppes coïncide avec celle de la tache jaune. Haidinger et Silbermann ont aussi donné toutes sortes d'explications, mais qui ne sont pas bien clairement développées.

Haidinger décrit dans le champ bleu, à l'endroit où l'on voit l'anneau de Lœwe, des croix de Saint-André claires, qui n'ont pas encore été retrouvées par d'autres observateurs. Pour ma part, je ne puis les voir.

II. — On voit dans le champ visuel des *points lumineux mobiles*, notamment lorsque, pendant une marche rapide ou d'autres mouvements du corps, on regarde fixement une grande surface uniformément éclairée, telle que le ciel ou des champs de neige (voy. p. 221). — Les petits points apparaissent en différents endroits du champ visuel et s'avancent très-rapidement, suivant des trajets différents qui, le plus souvent, ne sont pas rectilignes. Sur le trajet qu'a suivi un de ces points, on en voit d'autres se succéder à de courts intervalles. Purkinje fait remarquer que lorsqu'on regarde une surface éclairée limitée, telle qu'une fenêtre, chaque point entraîne à sa suite une petite ombre, située du côté opposé au milieu du champ visuel. Comme ils paraissent conserver des trajets fixes, ils ont été considérés par plusieurs observateurs (J. Müller) comme un phénomène de la circulation du sang. Mais ils sont, au moins dans mon œil, moins nombreux qu'on ne devrait l'attendre de globules sanguins, et leurs mouvements sont trop rapides pour qu'on puisse admettre qu'il s'agisse ici simplement de la circulation du sang dans les capillaires. On a vu plus haut (p. 221) comment ces circonstances paraissent s'expliquer par des interruptions passagères de la circulation. Il paraît, du reste, que ce phénomène est visible pour la plupart des individus.

Les corpuscules sanguins sont précisément assez grands pour qu'on puisse les distinguer lorsqu'ils se trouvent dans la rétine et qu'ils y exercent une impression. Leur diamètre est, en moyenne, de $0^{mm},0072$ et l'étendue des plus petites distances visibles est de $0^{mm},005$ (voy. p. 292). Plusieurs observateurs ont vu, dans différentes circonstances, des courants de corpuscules sphériques et des mouvements ondoyants moins bien déterminés. Nous avons déjà mentionné plus haut le phénomène des courants enlacés les uns dans les autres, qu'on remarque sous un éclairage intermittent, et que Vierordt attribue à la circulation sanguine de la choroïde. On voit, du reste, parfois quelque chose d'analogue, sans lumière intermittente, lorsqu'on regarde fixement une surface éclairée, surtout lorsqu'on a fait affluer le sang à la tête en se baissant préalablement. Dès que l'impression lumineuse a fatigué suffisamment la rétine pour que la surface devienne obscure, on croit voir, derrière la surface claire qui disparaît, une surface rougeâtre tachetée, dont les taches sont tantôt en mouvement, tantôt en repos. — Steinbuch et Purkinje (1) ont vu des files de corpuscules en mouvement, notamment lorsqu'ils exerçaient sur l'œil une faible pression. Le dernier les aperçut d'abord en observant la figure d'accommodation

(1) Beobachtungen und Versuche, I, 127.

obscure qui consistait, chez lui, en un cercle blanc central, entouré d'une auréole brunâtre et mal délimitée. A droite et à gauche du cercle blanc il vit deux lignes claires verticales, dans lesquelles se mouvaient des files de corpuscules, descendant à droite et montant à gauche. Jusqu'ici je n'ai encore rien pu voir de semblable. — Johannes Müller (1), lorsqu'il avait une congestion à la tête, ou qu'il se relevait brusquement après s'être baissé, voyait comme des nuages de corpuscules obscurs et suivis de queues, sauter et se précipiter dans les directions les plus diverses, et il compare ce phénomène au fourmillement des nerfs sensitifs.

Je vois aussi parfois un papillotage semblable au mouvement de petits corps, sur un mur recouvert d'une couche rugueuse de chaux et éclairé par une petite fenêtre, sous une incidence très-oblique : par suite de cet éclairage, le mur paraît parsemé d'une quantité de petits points noirs irréguliers. Dans ce cas, cependant, les points brillants pourraient bien être des images accidentelles des petits points noirs, qui apparaîtraient par l'effet des mouvements inévitables de l'œil.

Purkinje décrit encore d'autres phénomènes qui se présentaient pour l'excitation du système vasculaire ou pour des efforts des yeux. Voici sa description (2) : « Après avoir marché rapidement dans la campagne, » pendant un quart d'heure ou une demi-heure, par une belle journée, » lorsque j'entre brusquement dans une pièce plus ou moins obscure, je » vois s'agiter et flamboyer dans le champ visuel une lumière mate, ana- » logue aux dernières lueurs d'une flamme d'esprit-de-vin répandu sur » une surface plane, ou à celle d'un objet frotté avec du phosphore, qui » brille faiblement dans l'obscurité. En examinant plus attentivement, je » remarque que le nuage flamboyant est composé d'une quantité innom- » brable de points lumineux irréguliers et excessivement petits, qui se » meuvent dans tous les sens, s'accumulent tantôt d'un côté, tantôt de » l'autre, forment des taches mal délimitées, et se séparent de nouveau » pour se réunir ailleurs. Chaque point laisse derrière lui une légère » traînée lumineuse, et ces traces figurent, par leurs intersections très- » variées, des systèmes de réseaux et d'étoiles; ce fourmillement occupe » une grande partie du champ visuel et empêche la vision distincte. La » poussière qu'on voit s'agiter dans un rayon de soleil me paraît donner » l'idée la plus approchée de ce phénomène. »

Purkinje voit les mêmes phénomènes en couvrant l'œil droit et en regardant fixement une surface éclairée, avec l'œil gauche, qui est faible

(1) Physiologie, II, 390.
(2) Beobachtungen und Versuche, I, 63.

et presbyte ; il les voit également en pressant d'une manière de plus en plus forte sur l'œil gauche. Les petits points paraissent plus vifs pour l'œil ouvert que pour l'œil fermé, surtout en regardant une surface lointaine qui ne soit pas complétement sombre. La lumière extérieure est donc utile à la production du phénomène.

Après avoir couru, il voit, sur la surface éclairée du ciel, en pressant sur l'œil ou toussant avec effort, deux sphères pulsatiles vers le côté droit du champ visuel ; il en voit une rangée à la partie inférieure et trois du côté gauche. Le point de fixation présente aussi un mouvement pulsatile, et il apparaît encore des bandes grises dont une partie, de forme circulaire, entourent le point de fixation, tandis que d'autres représentent des vaisseaux radiaux (1).

III. — *Figures qui apparaissent lorsque la rétine est uniformément éclairée.* — Purkinje (2) observe qu'en regardant fixement une grande surface un peu éblouissante, telle que le ciel uniformément couvert de nuages, ou une flamme de bougie très-voisine, il voit apparaître, dans le milieu du champ visuel, des points lumineux qui se reproduisent à plusieurs reprises, en quelques secondes, et qui disparaissent rapidement sans changer de place en faisant place à des points noirs, qui disparaissent avec la même rapidité. Si, pendant l'apparition des points lumineux, il dirigeait le regard vers une partie complétement obscure, ou qu'il fermait les yeux, le phénomène se continuait de la même façon, mais d'une manière moins brillante, comme si les points, allumés par l'aspect de la surface lumineuse, se consumaient ensuite. J'ai souvent vu également, par hasard, de semblables points lumineux isolés qui ne pouvaient pas être des images accidentelles, parce qu'il n'y avait pas, dans le champ visuel, de petits objets lumineux qui eussent pu leur donner lieu ; ces points laissaient à leur suite des points sombres ; le plus souvent je ne voyais qu'un seul point à la fois, et, en somme, le phénomène ne se reproduisait pas souvent.

C'est ici le lieu de citer la *toile d'araignée* (3) de Purkinje, formée de lignes lumineuses rougeâtres sur fond rouge, et représentant, avec une complication plus ou moins grande, le tissu rayonné de certaines araignées. Pour bien voir cette figure, Purkinje s'était couché de telle manière que les rayons du soleil levant vinssent frapper ses paupières. En se réveillant, il voyait le phénomène derrière les paupières fermées.

L'ouvrage de Purkinje est, en général, excessivement riche en observations

(1) Beobachtungen und Versuche, I, 134.
(2) *Ibid.*, I, 67.
(3) *Ibid.*, II, 87.

subjectives analogues, et restera encore longtemps une riche mine d'observations de cette nature. Mais un grand nombre de phénomènes qu'il décrit n'ont pas pu être retrouvés pour d'autres yeux, et il reste encore à savoir si ceux-là ne reposeraient pas sur des particularités individuelles aux yeux de cet ingénieux observateur (1).

1844. W. HAIDINGER, Ueber das directe Erkennen des polarisirten Lichts, in *Pogg. Ann.*, LXIII, 29.

1846. W. HAIDINGER, Ueber complementare Farbeneindrücke bei Beobachtung der Lichtpolarisationsbüschel., in *Pogg. Ann.*, LXVII, 435.

— W. HAIDINGER, Beobachtung der Lichtpolarisationsbüschel in geradlinig polarisirtem Lichte, in *Pogg. Ann.*, LXVIII, 73.

— W. HAIDINGER, Beobachtung der Lichtpolarisationsbüschel auf Flächen, welche das Licht in zwei senkrecht auf einander stehenden Richtungen polarisiren, in *Pogg. Ann.*, LXVIII, 305.

— SILBERMANN, Essai d'explication des houppes ou aigrettes visibles à l'œil nu dans la lumière polarisée, in *Comptes rendus*, XXIII, 624. — *Inst.*, n° 665, p. 327.

1847. v. ERLACH, Mikroskopische Beobachtungen über organische Elementartheile bei polarisirtem Licht, in *Müller's Archiv für Anat. und Physiol.*, 1847, p. 313.

— HAIDINGER, Helle Andreaskreuzlinien in der Sehaxe, in *Ber. d. Freunde der Naturwiss. in Wien*, II, 178. — *Pogg. Ann.*, LXX, 403.

— BOTZENHART, Polarisationsbüschel am Quarz, in *Ber. d. Fr. d. N. W. in Wien*, I, 82.

— BOTZENHART, Sur une modification des houppes colorées de HAIDINGER, in *Comptes rendus*, XXIV, 44. — *Inst.*, n° 680, p. 11. — *Pogg. Ann.*, LXX, 399.

1848. JAMIN, Sur les houppes colorées de HAIDINGER, in *Comptes rendus*, XXVI, 197. — *Pogg. Ann.*, LXXIV, 145. — *Inst.*, n° 737, p. 53.

1850. D. BREWSTER, On the polarizing structure of the eye, in *Sillim. Journ.*, 2, X, 394. — *Rep. of British Assoc.*, 1850, II, 5. — *Wiener Ber.*, V, 442.

— G. G. STOKES, on HAIDINGER'S Brushes, in *Sillim. Journ.*, 2, X, 394. — *Rep. of British Assoc.*, 1850, 2, p. 20.

— W. HAIDINGER, Das Interferenzschachbrettmuster und die Farbe der Polarisationsbüschel, in *Wien. Ber.*, VII, 389. — *Pogg. Ann.*, LXXXV, 350. — *Cosmos*, I, 252, 454.

1852. W. HAIDINGER, Die LOEWE'schen Ringe eine Beugungserscheinung, in *Wien. Ber.*, IX, 240-249. — *Pogg. Ann.*, LXXXVIII, 451-461.

1854. W. HAIDINGER, Dauer des Eindrucks der Polarisationsbüschel auf der Netzhaut, in *Wien. Ber.*, XII, 678-680. — *Pogg. Ann.*, XCIII, 318-320.

— W. HAIDINGER, Beitrag zur Erklärung der Farben der Polarisationsbüschel durch Beugung, in *Wien. Ber.*, XII, 3-9. — *Pogg. Ann.*, XCI, 591-601.

— W. HAIDINGER, Einige neuere Ansichten über die Natur der Polarisationsbüschel, in *Wien. Ber.*, XII, 758-765. — *Pogg. Ann.*, XCI, 314-322.

— STOKES, Ueber das optische Schachbrettmuster, in *Wien. Ber.*, XII, 670-677. — *Pogg. Ann.*, XLVI, 305-313.

1856. J. C. MAXWELL, On the unequal sensibility of the *foramen centrale* to light of different colours, in *Athen.*, 1856, p. 1093. — *Edinb. Journ.*, 2, IV, 337. — *Inst.*, 1856, p. 444. — *Rep. of Brit. Assoc.*, 1856, II, p. 12.

1858. POWER, in *Philos. Mag.*, 4, XVI, 69.

1859. BREWSTER, in *Comptes rendus*, XLVIII, 614.

— H. MÜLLER, Ueber die elliptischen Lichtstreifen von PURKINJE, in *Verhandl. der Würzb. Gesellschaft*, IX, 30.

1860. J. CZERMAK, Ueber die entoptische Wahrnehmung der Stäbchen- und Zapfenschicht, in *Wiener Berichte*, XLI, 644-648.

---

(1) Voyez encore les phénomènes cités dans son ouvrage : Beobachtungen und Versuche, t. I, n° XXII, et t. II, n°s IV, V, XV.

1861. J. CZERMAK, Zür objectiven Erklärung einiger sogenannten subjectiven Gesichtserscheinungen, in *Wiener Ber*, XLVIII, 2, p. 163-174.

— PURKINJE, Bemerkungen über eine subjective Lichterscheinung, in *Prager Berichte*, 1861, p. 84.

— L. REUBEN, On normal quasi-vision of the moving blood corpuscles within the retina of the human eye, in *Sillim. Journ.*, 2, XXXI, 325-338; 417-417.

— D. BREWSTER, On certain affections of the retina, in *Philos. Mag.*, 4, XXI, 20-24. — *Sillim. Journ.*, 2, XXXI, 417-417.

— D. BREWSTER, On the optical study of the retina, in *Athen.*, 1861, p. 412-412. — *Rep. of Brit. Assoc.*, 1861, 2, p. 29-29.

TROISIÈME PARTIE

DES PERCEPTIONS VISUELLES.

§ 26. — Des perceptions en général.

Les sensations que produit la lumière dans notre appareil nerveux visuel nous servent à nous représenter l'existence, la forme et la position des objets extérieurs. Ces représentations sont désignées sous le nom de *perceptions visuelles*. Nous avons à développer, dans cette dernière partie de l'optique physiologique, les résultats qu'on a pu déduire jusqu'ici, par la méthode d'observation, sur les conditions de la formation des perceptions visuelles.

Comme les perceptions d'objets extérieurs sont des représentations, et que les représentations sont toujours des résultats de notre activité psychique, les perceptions ne peuvent se produire qu'à l'aide de l'activité psychique; l'étude des perceptions appartient donc, à proprement parler, à la psychologie, en tant qu'il s'agit de rechercher la nature et les lois de l'intervention de l'âme dans la production des perceptions. Cependant, un vaste champ d'études reste ouvert aux recherches physico-physiologiques : il appartient à la science d'observation de rechercher et de déterminer quelles sont les circonstances particulières des moyens d'action physiques et de l'excitation physiologique qui donnent lieu à la formation de telle ou de telle représentation sur la nature des objets extérieurs que nous percevons. Nous aurons donc à rechercher, dans cette troisième partie, quelles sont les circonstances particulières des images rétiniennes, de la conscience de l'action musculaire, etc., auxquelles se rattache la perception d'une position déterminée d'un objet, sous le rapport de la direction et de la distance; quelles sont les particularités des images qui nous font percevoir l'objet sous la forme de corps à trois dimensions; quelles sont les conditions qui nous font paraître simple ou double un objet vu avec les deux yeux, etc. — Notre but n'est donc essentiellement que d'examiner les éléments de la sensation qui donnent lieu à l'idée ou représentation que nous nous faisons des objets, et cela sous les rapports qui sont importants au point de vue des perceptions obtenues. Cette étude peut très-bien se faire par les méthodes d'observation. Nous ne pourrons pas éviter de parler des activités psychiques et de leurs lois, en tant qu'elles exercent leur influence sur les perceptions sensuelles, mais nous ne considérerons pas l'étude et la description de ces activités psychiques comme une partie essentielle de notre travail, parce que nous pourrions difficilement rester sur le terrain des faits certains et d'une méthode basée sur des principes évidents et universellement reconnus. Telle est, je crois, la ligne de démarcation que nous devons poser actuellement entre la partie psychologique de la physiologie des sens et la psychologie pure, dont la tâche essentielle est d'établir, autant qu'il se peut, les lois et la nature des activités de l'âme.

Cependant, dès qu'on veut obtenir un aperçu d'ensemble des phénomènes, et qu'on ne veut pas se borner à énumérer une suite de faits sans liaison, il est impossible d'éviter complétement de tenir compte des activités de l'âme qui interviennent dans les perceptions sensuelles; pour ce motif, et pour éviter les malentendus sur ma manière de concevoir les choses, je développerai, dans l'appendice de ce paragraphe, ce que je crois devoir admettre au sujet de ces activités de l'âme. Toutefois, puisqu'on sait qu'il est difficile de se mettre d'accord pour des déductions aussi abstraites; puisque des penseurs d'une grande perspicacité, tels que Kant, ont depuis longtemps développé et analysé rigoureusement ces circonstances sans avoir pu entraîner l'assentiment durable et universel des gens instruits, j'essayerai, dans ceux de paragraphes qui ont spécialement pour objet l'étude des perceptions visuelles, de ne rien préjuger sur le mode d'action de l'âme, sujet qui a été et qui restera peut-être toujours un objet de discussion entre les différentes écoles philosophiques. En procédant ainsi, je tâcherai, en évitant des discussions sur des propositions abstraites, et qui ne sont pas indispensables pour notre étude, de ne pas nuire à l'accord qu'il est possible d'obtenir sur le terrain des faits.

Il ne sera sans doute pas inutile de préparer d'abord le lecteur à certaines particularités communes aux actes psychiques qui interviennent dans les perceptions des divers sens, particularités que nous rencontrerons constamment en traitant les différents sujets, et qui paraissent souvent paradoxales et inconcevables dans quelques cas, lorsqu'on ne s'est pas clairement rendu compte de leur signification générale et leur importance continuelle.

1) La règle générale d'après laquelle se déterminent les représentations visuelles que nous nous formons lorsque, sous des conditions quelconques, ou à l'aide d'instruments d'optique, il s'est produit une

impression sur notre œil, c'est que *nous nous figurons toujours l'existence, dans le champ visuel, d'objets tels qu'ils devraient s'y trouver pour produire la même impression sur l'appareil nerveux, lors de l'exercice normal et ordinaire de l'œil.* Pour employer l'exemple d'un fait déjà cité, admettons que le globe de l'œil ait été excité mécaniquement à l'angle externe : nous croyons alors voir devant nous, dans le champ visuel, une apparition lumineuse située du côté nasal. En effet, dans l'usage ordinaire de nos yeux, où les excitations qu'ils reçoivent sont dues à la lumière extérieure, pour que la rétine soit excitée vers le grand angle de l'œil, la lumière extérieure doit venir, en réalité, du côté nasal. C'est donc conformément à la règle que nous venons d'établir que nous localisons, dans ce cas, un objet lumineux dans la partie désignée du champ visuel, bien que l'excitation mécanique ne vienne ici ni du champ visuel antérieur à l'œil, ni du côté interne, mais, au contraire, de la partie externe du globe oculaire, et de sa région postérieure. Nous verrons par la suite, dans un grand nombre de cas, la validité générale de cette règle.

Dans l'énoncé de la règle, nous avons considéré comme usage normal de l'œil, le cas où l'appareil nerveux visuel est excité par la lumière extérieure, qui, à partir des corps opaques qu'elle a rencontrés en dernier lieu sur son trajet, arrive à l'œil par un trajet rectiligne à travers une couche d'air non interrompue. C'est ce qui est justifié parce que ce mode d'excitation est celui qui existe dans une majorité de cas assez immense pour qu'il soit permis de considérer comme de rares exceptions tous les autres cas où la marche des rayons est modifiée par des surfaces réfringentes ou réfléchissantes, ou bien où l'excitation n'est pas produite par la lumière extérieure. Cette circonstance provient de ce que la rétine, située au fond du globe solide de l'œil, est assez complétement abritée contre toutes les autres actions excitantes et n'est facilement accessible qu'à la lumière extérieure. Du reste lorsque, par un usage continuel, l'emploi d'un instrument d'optique, de lunettes, par exemple, est devenu régulier, l'interprétation des images visuelles s'accommode aussi, jusqu'à un certain point, à ces conditions modifiées.

La règle établie répond d'ailleurs à une particularité commune à toutes les perceptions sensuelles et n'est pas spéciale à la vue. — Ainsi dans l'immense majorité des cas, l'excitation des nerfs tactiles se produit par des actions appliquées aux extrémités de ces nerfs qui sont situées à la surface de la peau ; ce n'est qu'exceptionnellement que les troncs peuvent être excités par des influences un peu fortes. Aussi, conformément à notre règle, localisons-nous, dans la perception, à la surface périphérique correspondante, toutes les excitations des nerfs de la peau, même lorsqu'elles ont porté sur les troncs ou sur l'extrémité centrale elle-même. Les exemples les plus frappants et les plus surprenants de cette illusion sont ceux qui se présentent en l'absence complète de la partie de peau périphérique correspondante, comme chez les amputés. Ces personnes, encore longtemps après l'opération, croient éprouver des sensations très-vives dans le pied qui leur manque, elles sentent exactement quel est le point de tel ou tel orteil qui est douloureux. Naturellement l'excitation ne peut porter, dans ce cas, que sur le tronçon encore existant du nerf, dont les filets aboutissaient aux orteils coupés, et c'est le plus souvent la terminaison du nerf dans la cicatrice qui est excitée par une pression extérieure ou par la contraction du tissu cicatriciel. Parfois, pendant la nuit, les sensations dans l'extrémité absente sont tellement vives, que les sujets sont obligés d'y porter la main pour s'assurer que cette extrémité leur manque réellement.

Ainsi, dans ces cas d'excitation insolite des organes des sens, nous nous formons des idées inexactes sur les objets, et c'est ce qui les a fait désigner sous le nom d'*illusions des sens.* Il est évident que l'erreur n'est produite par une action inexacte ni de l'organe sensitif, ni de l'appareil nerveux qui s'y rapporte : tous deux ne peuvent agir que d'a près les lois qui régissent une fois pour toutes leur action. L'illusion ne réside que dans l'interprétation des données fournies par les sensations, ce qui mène à une représentation inexacte.

Les activités psychiques qui nous amènent à conclure qu'un objet déterminé, de structure déterminée, se trouve en un endroit déterminé qui est en dehors de nous, ne sont pas, en général, des actes conscients mais des actes inconscients. Dans leurs résultats, ils sont analogues à des *conclusions*, puisque l'effet que nous observons sur nos sens nous amène à nous représenter une cause de cet effet; mais en réalité nous ne pouvons percevoir directement que les excitations nerveuses, c'est-à-dire les effets et jamais les objets extérieurs. Mais ce qui se passe diffère d'une conclusion, — en prenant ce mot dans sa signification ordinaire, — en ce qu'une conclusion est un acte de la pensée consciente. C'est ainsi qu'un astronome fait un raisonnement véritablement conscient lorsque, d'après les images perspectives que lui présentent les astres à différentes époques et en différents points de l'orbite terrestre, il calcule la position de ces astres dans l'espace, leur distance à la terre, etc. L'astronome appuie ses déductions sur une connaissance consciente des principes de l'optique. Cette connaissance de l'optique fait défaut dans les actes ordinaires de la vision. Cependant on nous permettra de désigner les actes psychiques de la perception ordinaire sous le nom de *jugements inconscients*, ce nom les distinguant suffisamment de ce qu'on appelle les jugements conscients; bien qu'on ait mis et qu'on mette peut-être encore en doute l'analogie de ces deux genres d'action psychique, l'analogie des résultats de ces jugements inconscients et conscients ne présente aucun doute.

Ces jugements inconscients par lesquels nous remontons des sensations à leurs causes, appartiennent, par leurs résultats, à ce qu'on appelle les *jugements par induction*. Comme, dans une majorité innombrable de cas, l'excitation de la rétine à l'angle externe de l'œil provenait d'une lumière qui arrivait à l'œil en venant du côté nasal, nous jugeons qu'il en est de même dans tout cas nouveau où l'excitation intéresse la même partie de la rétine, de même que nous prétendons que tout homme qui vit à présent doit mourir, parce que l'expérience nous a appris jusqu'ici que tous les hommes ont fini par mourir.

Mais, de plus, comme ces *inductions inconscientes* ne sont pas des actes de la pensée libre et consciente, elles s'imposent nécessairement, et l'on ne peut pas s'en affranchir par une connaissance exacte des choses. Nous avons beau comprendre de quelle manière une pression sur l'œil nous donne l'idée d'une apparition lumineuse du champ visuel, nous ne pouvons ni nous affranchir de la conviction que cette apparition lumineuse se trouve réellement dans la partie déterminée du champ visuel, ni nous former l'idée d'une apparition lumineuse située à la partie excitée de la rétine. Il en est de même pour toutes les images que nous fournissent les instruments d'optique.

Malgré le nombre et la variété des exemples qui nous montrent combien les associations d'idées deviennent inébranlables par suite de fréquentes répétitions, même lorsqu'elles ne reposent pas sur une association naturelle, mais qu'elles proviennent d'une convention, telle que celle entre la représentation écrite, le son et la signification d'un mot, plusieurs physiologistes et psychologues regardent cependant l'association de la sensation avec la conception d'un objet comme s'imposant avec tant de force, qu'ils sont peu disposés à reconnaître que cette association repose, en grande partie du moins, sur l'expérience acquise, c'est-à-dire sur un acte psychique; ils cherchent, au contraire, un lien mécanique, à l'aide de structures organiques préexistantes. Sous ce rapport, on doit attacher un intérêt très-particulier à toutes les observations qui montrent comment l'appréciation des sensations se modifie et s'adapte aux conditions nouvelles, lorsqu'on expérimente et qu'on s'exerce dans des circonstances modifiées; à voir comment, d'une part, on apprend à tenir compte de particularités de la sensation qu'on ne remarque pas ordinairement, alors qu'elles ne contribuent pas à fournir une idée de l'objet, et comment, d'autre part, cette nouvelle accoutumance peut aller assez loin pour que l'expérimentateur, remis dans les conditions normales primitives, devienne le sujet d'illusions des sens.

Les faits de ce genre font reconnaître l'influence étendue que l'expérience, l'exercice et l'habitude exercent sur nos perceptions. Mais il est impossible de déterminer d'une manière complète et satisfaisante jusqu'où va réellement cette influence. Les enfants et les animaux nouveau-nés fournissent peu de champ à l'étude, et les observations qu'on a faites sur eux ont une signification extrêmement douteuse ; du reste, on ne peut même pas refuser complétement aux nouveau-nés l'expérience et l'exercice dans les sensations tactiles et les mouvements du corps. C'est pour cette raison que j'ai donné à la règle énoncée plus haut une forme qui ne préjuge rien sur cette question et ne s'exprime que sur le résultat, de sorte qu'elle peut être admise même par ceux des lecteurs qui ont des idées tout à fait différentes sur la production de la conception des objets extérieurs.

2) Une seconde propriété générale de nos perceptions sensuelles, c'est que *nous ne prêtons facilement et exactement l'attention à nos sensations qu'en tant que nous pouvons les utiliser pour reconnaître des objets extérieurs ; nous sommes habitués à faire abstraction, au contraire, de toutes les parties de nos sensations qui n'ont aucune signification relativement aux objets extérieurs*, de sorte que l'observation de ces sensations subjectives exige le plus souvent le secours de circonstances favorables et d'un exercice tout particulier. Tandis que rien ne paraît plus facile au premier abord, que d'avoir conscience de nos propres sensations, l'expérience nous apprend que, pour découvrir les sensations subjectives, il faut bien souvent, soit un don particulier, comme Purkinje nous en fournit un exemple si remarquable, soit un hasard, soit une spéculation théorique. C'est ainsi que Mariotte a trouvé, par voie spéculative, les phénomènes de la tache aveugle, et que j'ai découvert, en acoustique, l'existence des sons résultants par somme. Dans la majorité des cas, c'est sans doute le hasard qui a fait rencontrer les différents faits de ce genre aux observateurs qui ont dirigé particulièrement leur attention sur les phénomènes subjectifs ; c'est seulement dans les cas où les phénomènes subjectifs deviennent assez intenses pour nuire à la perception des objets, qu'ils sont remarqués par tout le monde. Dès que les phénomènes sont découverts, il est en général facile à d'autres observateurs de les percevoir lorsqu'ils se placent dans les conditions favorables à l'observation, et qu'ils y appliquent leur attention. Mais, dans un grand nombre de cas, tels que

l'observation des phénomènes de la tache aveugle, la perception des sons harmoniques et des sons résultants qui accompagnent les sons fondamentaux et les consonnances, etc., il faut une attention si soutenue, même avec le secours des circonstances extérieures les plus convenables, que bien des personnes ne réussissent pas dans ces expériences. La plupart des personnes ne perçoivent même d'abord les images accidentelles des objets éclairés que dans des circonstances extérieures spécialement favorables, et ce n'est qu'après des exercices fréquents qu'on apprend à voir aussi les images plus faibles de cette espèce. Une observation très-fréquente, qui s'explique de même, est celle des personnes qui souffrent d'une maladie quelconque de l'œil, qui leur rend la vision difficile ; ces personnes remarquent subitement les mouches volantes qui existaient de tout temps dans leur corps vitré, et croient fermement que ces corpuscules ne se sont produits que depuis que l'œil est malade ; dans la plupart des cas, il est arrivé simplement que l'inquiétude a rendu le patient plus attentif à ses phénomènes visuels. Il se présente aussi des cas de cécité progressive d'un œil, datant d'une époque indéterminée, et dont les sujets atteints s'aperçoivent par hasard en fermant l'œil sain.

Très-souvent les personnes dont on attire l'attention pour la première fois sur les images doubles binoculaires s'étonnent vivement de ne pas les avoir remarquées plus tôt, puisqu'on ne voit ordinairement simples qu'un très-petit nombre d'objets qui sont toujours à peu près à la même distance de l'œil que le point de fixation, tandis qu'à tous les moments de la vie la plupart des objets, à savoir tous ceux qui sont plus éloignés ou plus rapprochés, paraissent toujours doubles.

Il faut donc que nous apprenions d'abord à appliquer notre attention à nos diverses sensations, et c'est ce que nous n'apprenons ordinairement à faire que pour les sensations qui nous aident à reconnaître les objets extérieurs. C'est à cette seule fin que les sensations ont de l'importance pour nous dans la vie ordinaire ; les sensations subjectives ne nous intéressent, le plus souvent, que pour les recherches scientifiques : lorsqu'on les remarque dans l'usage ordinaire des sens, elles ne peuvent être qu'un sujet de trouble. C'est pourquoi, tandis que nous acquérons une délicatesse et une certitude extraordinaires dans les observations objectives, non-seulement il n'en est pas de même pour les observations subjectives : nous acquérons, au contraire, à un degré remarquable, la faculté de ne pas les apercevoir et de nous en affranchir dans l'appréciation des objets, même lorsque leur intensité pourrait facilement les faire remarquer.

Le signe distinctif le plus général des images subjectives paraît consister particulièrement en ce qu'elles accompagnent tous les mouvements que l'œil exécute dans le champ visuel. C'est ainsi que les images accidentelles, les mouches volantes, la tache aveugle, la poussière lumineuse du champ obscur, se meuvent avec l'œil et se superposent successivement aux différents objets qui sont en repos dans le champ visuel. Mais lorsque les mêmes phénomènes se représentent toujours aux mêmes points du champ visuel, on les considère comme objectifs et appartenant aux objets ; c'est ce qui se présente pour les phénomènes de contraste produits par les images accidentelles.

3) La même difficulté que nous rencontrons dans l'observation des sensations de nature subjective, c'est-à-dire qui sont produites par des causes internes, se présente aussi lorsqu'il s'agit d'analyser en leurs parties constituantes des sensations composées que la contemplation de quelque objet unique nous présente toujours combinées de la même manière. Dans des cas de ce genre, l'expérience nous apprend à reconnaître un agrégat complexe de sensations comme le signe d'un objet simple et nous habitue à considérer la sensation complexe comme un tout indivis ; aussi ne pouvons-nous pas, sans secours étranger, avoir conscience des parties composantes d'une semblable sensation. Nous rencontrerons, par la suite, beaucoup d'exemples de ce genre. Ainsi, par exemple, la perception de la direction où se trouve un objet par rapport à l'œil, repose sur la combinaison des sensations d'après lesquelles nous jugeons de la position de l'œil et de la distinction que nous établissons entre les parties de la rétine qui reçoivent de la lumière et celles qui n'en reçoivent pas. La perception de la forme d'un corps à trois dimensions repose sur la combinaison de deux perspectives différentes reçues par les deux yeux. La notion de l'éclat d'une surface, qui paraît une qualité simple, repose sur les différences de coloration ou d'intensité de ses images formées dans les deux yeux. Ces propositions ont été découvertes théoriquement et peuvent être démontrées par des expériences convenables, mais il est presque toujours très-difficile et souvent impossible de s'en apercevoir par l'observation directe ou par la seule analyse des sensations. Même pour des sensations bien plus composées, dont la combinaison ne répond jamais qu'à des objets compliqués qui se présentent fréquemment, l'analyse de la sensation à l'aide de la simple observation devient d'autant plus difficile que la même combinaison se représente plus fréquemment et que nous nous sommes habitués davantage à la considérer comme le signe normal de la structure réelle de l'objet. — Comme exemple de ce fait, citons l'expérience bien connue, d'après laquelle les couleurs d'un paysage se présentent avec beaucoup plus d'éclat et de netteté que d'habitude lorsqu'on les regarde en incli-

nant ou en renversant la tête. Dans le mode habituel de l'observation, nous ne cherchons qu'à reconnaître exactement les objets pour eux-mêmes. Nous savons que des surfaces vertes présentent une nuance un peu modifiée quand elles sont vues à une certaine distance ; nous nous habituons à ne pas tenir compte de cette modification, et nous apprenons à identifier le vert modifié des forêts et des arbres éloignés avec la couleur qu'ils auraient à une faible distance. Pour des objets très-éloignés, comme des chaînes de montagnes, il ne reste que peu de chose de la couleur propre de ces corps, parce qu'elle est le plus souvent masquée par celle de l'atmosphère éclairée. Ce gris-bleu indéterminé, qui confine par en haut au champ bleu clair du ciel ou à la lueur jaune-rouge du soir, par en bas au vert vif des prairies et des forêts, est très-sujette aux modifications par contraste. C'est là, pour nous, la couleur indéterminée et changeante des lointains, dont nous pouvons bien remarquer assez exactement les variations avec l'heure et avec l'éclairage, mais dont nous ne cherchons pas à déterminer la vraie nature, précisément parce que nous n'avons pas à la rapporter à un objet déterminé et que nous la savons exposée à des modifications. Mais dès que nous nous plaçons dans des conditions exceptionnelles, en regardant, par exemple, par dessous le bras ou entre les jambes, le paysage nous apparaît comme une image plane, tant à cause de la position insolite de son image dans l'œil qu'à cause de l'inexactitude que présente alors l'appréciation binoculaire de la distance, ainsi que nous le verrons plus loin. Il arrive même que, pour la position renversée de la tête, nous voyons les nuages sous une perspective exacte, tandis que les objets terrestres présentent l'aspect d'une peinture sur une surface verticale, aspect ordinaire des nuages. Aussitôt les couleurs perdent leur relation avec la distance des objets, elles apparaissent pures, avec leurs différences véritables (1). Nous reconnaissons alors, sans peine, que le gris-bleu indéterminé des lointains est souvent un violet assez saturé, que le vert de la végétation se transforme insensiblement en ce violet en passant par le vert-bleu, et ainsi de suite. Toute cette différence me paraît provenir simplement de ce que les couleurs ne sont plus alors pour nous des signes de la nature des objets, mais seulement des sensations différentes et que, pour cette raison, nous en reconnaissons plus exactement les différences véritables, n'étant plus induits en erreur par d'autres considérations.

La difficulté que nous éprouvons à percevoir les images doubles

---

(1) La même explication est donnée par O. N. ROOD, in *Sill. Journ.*, 2, XXXII, p. 184-185 (1861).

binoculaires, lorsque celles-ci peuvent être considérées comme se rapportant à un seul et même objet extérieur, nous fournira un exemple remarquable de la manière dont la connaissance du rapport entre les sensations et les objets extérieurs peut altérer la perception des sensations les plus simples.

Nous pouvons faire des expériences analogues dans le domaine d'autres perceptions sensuelles. — La sensation du timbre d'un son est composée, comme je l'ai fait voir ailleurs (1), d'une série de sensations de ses divers sons partiels (son fondamental et sons harmoniques), mais il est excessivement difficile de décomposer en ses parties constituantes la sensation composée d'un son. — La sensation tactile de l'humide est composée de celle du froid et de celle du glissement facile sur la surface. Aussi, lorsque nous rencontrons à l'improviste un morceau de métal poli et froid, croyons-nous souvent avoir touché quelque chose d'humide. — Il serait facile d'accumuler des exemples de ce genre. Ils font tous voir que nous sommes admirablement exercés à déduire de nos sensations la nature objective des objets extérieurs, mais que nous sommes complétement inexpérimentés dans l'observation de nos sensations elles-mêmes, et que notre habitude de les rapporter aux objets extérieurs nous empêche même d'avoir nettement conscience de ces sensations.

Ce qui précède ne s'applique pas seulement aux différences qualitatives de la sensation, mais aussi à la perception des positions dans l'espace. — Ainsi les mouvements d'un homme qui marche sont pour nous un aspect très-familier; nous les considérons comme un ensemble, et nous avons tout au plus conscience de leurs particularités les plus remarquables; il faut une grande attention et un choix particulier du point de vue pour reconnaître les oscillations verticales et latérales de la démarche : il faut choisir des points ou des lignes convenablement situés dans le fond, et leur comparer les positions de la tête. Mais qu'on regarde à travers une lunette astronomique, qui donne des images renversées, des hommes qui marchent au loin, on voit avec surprise les sauts et les oscillations bizarres qui accompagnent la gradation : on n'éprouve plus aucune difficulté à reconnaître les oscillations du corps et bien d'autres particularités de la marche; c'est ainsi que les différences individuelles et leurs causes attirent facilement l'attention, tout simplement parce que cet aspect n'est plus celui qui nous est familier. En revanche, dans l'image renversée, on cesse de reconnaître facilement

(1) Helmholtz, Die Lehre von den Tonempfindungen, Braunschweig, 1862. (Une traduction française est sous presse.)

le caractère de la démarche, de voir si elle est aisée ou lourde, majestueuse ou gracieuse.

4) Il peut souvent devenir très-difficile de distinguer, dans les notions acquises par le sens de la vue, ce qui provient immédiatement de la sensation et ce qui est attribuable, au contraire, à l'expérience et à l'exercice. C'est à cette difficulté que se rattache la grande querelle qui existe à ce sujet entre les différents observateurs. Les uns sont disposés à attribuer la plus large place à l'influence de l'expérience, et à en déduire notamment toutes les notions d'espace ; cette opinion peut être nommée *théorie empiristique.* Les autres sont bien obligés d'admettre l'influence de l'expérience pour un certain nombre de perceptions, mais ils croient devoir admettre, pour certaines notions élémentaires qui se présentent de la même manière chez tous les observateurs, un système de notions innées et non basées sur l'expérience ; c'est ce qu'ils font en particulier pour les notions d'espace. Par opposition à la précédente, nous pouvons désigner cette théorie sous le nom de *théorie nativistique* des perceptions sensuelles.

Dans cette discussion, il faut, ce me semble, s'attacher aux principes suivants.

Restreignons le sens du mot *représentation* (Vorstellung) à l'*idée* ou image que notre souvenir nous présente d'un objet absent ; celui du mot *notion* (Anschauung) à la perception accompagnée des sensations correspondantes, celui d'*impression* (Perception) à une notion qui ne contient rien de ce qui ne ressort pas immédiatement des sensations du moment, c'est-à-dire à une notion telle qu'elle pourrait se former sans aucun souvenir de ce qu'on aurait vu auparavant. On comprend tout d'abord qu'une seule et même notion peut être accompagnée des sensations correspondantes à des degrés très-divers, et que, par conséquent, la *représentation* et l'*impression* peuvent se combiner dans des rapports très-différents pour former une *notion.*

Lorsque je me trouve dans une chambre connue, éclairée par un beau jour, j'ai une notion accompagnée d'un grand nombre de sensations très-énergiques. Pendant le crépuscule, je ne distinguerai, dans la même chambre, que les objets les plus éclairés, tels que les fenêtres ; mais ce que je distingue encore réellement se confond tellement avec les souvenirs que j'ai de cette chambre, que je reste à même de m'y promener avec assurance et d'y trouver les objets que je cherche, même lorsque je ne puis en saisir qu'une image vague, qui serait tout à fait insuffisante pour les distinguer sans la connaissance préalable que j'en ai acquise. Enfin, lorsque cette chambre est dans une obscurité complète, je puis encore m'y retrouver au moyen du souvenir qui me reste des images qu'elle m'a présentées : on voit que restreignant successivement les données fournies par les sens, on peut passer progressivement de la notion sensuelle à la pure représentation. Mes mouvements deviennent d'autant plus incertains et ma notion d'autant plus inexacte que les données des sens viennent à manquer davantage ; il n'y a pas, cependant, de saut véritable ; au contraire, la sensation et le souvenir se complètent d'une manière continue, mais dans des proportions différentes.

Mais lors même que nous regardons une chambre par le plus bel éclairage, il suffit d'un peu de réflexion pour se convaincre qu'une grande partie de notre notion doit reposer sur des éléments puisés dans le souvenir et l'expérience. L'habitude que nous avons de la déformation des images de corps parallélipipédiques par la perspective, l'expérience que nous avons de la forme des ombres portées, exercent une influence considérable, comme nous le verrons plus loin, sur le jugement que nous portons sur la forme et la grandeur. Si, pendant que nous regardons la chambre, nous fermons un œil, nous ne croyons pas la voir d'une manière moins nette et moins déterminée qu'avec les deux yeux, et cependant nous aurions exactement la même image si tous les points de la chambre étaient déplacés de telle sorte que, tout en restant sur les mêmes lignes de visée, ils vinssent se placer à des distances tout à fait quelconques de l'œil.

Ainsi tandis que, dans un cas semblable, nous avons affaire à un phénomène sensuel excessivement équivoque, nous lui attribuons cependant une signification tout à fait déterminée, et il est loin d'être facile d'avoir conscience de ce fait que l'image monoculaire d'un objet bien connu donne une perception bien plus défectueuse que la vision binoculaire. De même, lorsqu'un observateur inexpérimenté examine des photographies stéréoscopiques, il est souvent difficile de reconnaître s'il éprouve ou non l'illusion particulière que donne l'instrument.

Nous voyons donc comment les images que l'expérience a laissées dans notre souvenir se combinent avec les sensations actuelles pour nous donner une notion de l'objet qui s'impose d'une manière irrésistible à notre perception, sans que notre conscience fasse une distinction entre les données du souvenir et celles de la perception actuelle.

L'influence de l'interprétation des sensations est encore plus frappante lorsque, dans certaines circonstances, telles qu'un éclairage insuffisant, une image visuelle est d'abord incompréhensible, parce que nous ne savons à quelle distance la placer, lorsque, par exemple, nous considérons comme proche une lumière éloignée, et inversement. Subitement, nous comprenons ce dont il s'agit, et aussitôt l'influence de cette compréhension exacte développe la notion véritable dans toute son énergie, et il nous devient impossible de revenir de cette notion à la notion inexacte qui l'a précédée.

Ce fait se présente fréquemment, par exemple pour des dessins stéréoscopiques compliqués de formes cristallines et autres, qui nous fournissent une notion parfaitement claire dès que nous avons réussi à bien comprendre de quoi il s'agit.

Ces expériences, que chacun aura probablement faites à l'occasion, nous font voir que, dans les perceptions sensuelles, les données fournies par l'expérience peuvent s'imposer avec tout autant de force que celles qui sont fournies par des sensations actuelles, et c'est là un point admis par tous les observateurs qui ont approfondi la théorie des perceptions sensuelles, même par ceux qui sont disposés à accorder à l'expérience la plus petite influence possible.

Une fois ce point reconnu, il est difficile de nier que, dans ce que l'adulte considère comme des notions sensuelles immédiates, il puisse intervenir quantité d'éléments qui proviennent, en réalité, de l'expérience, — bien qu'il soit difficile tout d'abord de tracer ici une limite.

Je crois, cependant, que ce que nous savons déjà permet d'établir ce principe : qu'aucune sensation actuelle non douteuse ne peut être négligée ni supprimée par un acte de l'entendement, mais que, tout en lui reconnaissant une origine anormale, notre intelligence de cette origine ne fait pas disparaître l'illusion des sens. Nous pouvons détourner notre attention de certaines sensations, notamment lorsqu'elles sont faibles et habituelles; mais dès que nous nous attachons aux circonstances qui s'y lient, nous sommes forcés de remarquer ces sensations. C'est ainsi que nous pouvons oublier les sensations de température de notre peau et les sensations tactiles que nous donnent nos habits, tant que nous nous occupons d'autre chose. Mais dès que nous portons notre attention sur la question de savoir s'il fait chaud ou froid, nous ne pouvons pas remplacer la sensation de la chaleur par celle du froid, quand même nous saurions que la chaleur que nous éprouvons provient d'un exercice violent et n'est pas attribuable à la température de l'air ambiant. De même l'apparition lumineuse, produite par une pression sur l'œil, ne disparaît pas lorsque nous comprenons son mode de production, tant que nous appliquons notre attention au champ visuel et non pas à l'oreille ou à la peau.

D'un autre côté, il est possible que nous ne soyons pas à même d'isoler une impression sensuelle, parce qu'elle fait partie de la représentation sensuelle complexe d'un objet extérieur, et que cependant la notion exacte que nous acquérons de l'objet vienne prouver que la sensation a été perçue et utilisée par notre conscience.

J'en conclus que, *dans nos perceptions sensuelles, on ne peut considérer comme sensation rien de ce qui, par des motifs dus à l'expérience, peut être éliminé dans la notion que nous nous formons de l'objet et recevoir une interprétation contraire.*

Ainsi nous aurons à considérer comme provenant de l'expérience et de l'habitude, tout ce qui peut être combattu par des données de l'expérience. On verra qu'en suivant cette règle, on est amené à ne considérer comme sensations proprement dites que les qualités de la sensation, tandis que la majeure partie des notions d'espace doivent être considérées comme des résultats de l'expérience et de l'habitude.

Il ne faut pas conclure de là que les notions qui se maintiennent à l'encontre de notre réflexion, et qui subsistent à l'état d'illusions des sens, ne puissent pas néanmoins provenir de l'expérience et de l'exercice. La connaissance que nous avons des modifications que l'opacité de l'air produit dans la couleur des objets éloignés, celle que nous avons des effets de perspective et d'ombre portée, reposent indubitablement sur l'expérience, et cependant un bon tableau de paysage nous donne la sensation complète du lointain, celle des trois dimensions des édifices qui y sont représentés, bien que nous sachions que le tout est dessiné sur la toile.

De même, notre connaissance de la nature composée des sons des voyelles repose sur l'expérience, et cependant, comme je l'ai fait voir, la combinaison des sons de plusieurs diapasons nous donne la sensation auditive d'une voyelle, et nous apprécions ce son comme un tout, bien que nous sachions que, dans ce cas, il est réellement composé.

Il est nécessaire, en effet, d'expliquer ici comment l'expérience peut contredire l'expérience, et comment des éléments empruntés à l'expérience peuvent produire des illusions, bien qu'il semblerait que l'expérience ne pût nous enseigner que le vrai. Pour s'en rendre compte, il faut insister sur ce point, déjà indiqué plus haut, que nous interprétons toujours les sensations suivant la manière dont elles se présentent à nous dans le mode d'excitation normal, lors de l'usage normal des organes des sens.

En effet, dans la vie ordinaire, nous ne nous abandonnons pas passivement aux impressions que nous recevons : nous *observons*, c'est-à-dire que nous mettons nos organes dans les conditions où il leur est possible de distinguer le mieux les impressions. C'est ainsi que, dans la contemplation d'un objet compliqué, nous dirigeons successivement nos deux yeux, accommodés le plus exactement possible, de telle manière qu'ils fixent toujours simultanément le point qui attire à chaque instant notre attention; en d'autres termes, nous amenons constamment l'image de ce point à l'endroit de la vision la plus distincte, et nous promenons successivement les yeux sur tous les points remarquables de l'objet. S'il nous importe, de plus, de saisir le mieux possible la forme générale et les dimensions de l'objet, nous nous plaçons de manière que, sans mouvoir la tête, nous puissions parcourir du regard toute la surface, et qu'en outre, les dimensions que nous voulons comparer se présentent d'une manière aussi symétrique que possible. C'est ainsi que pour examiner un objet qui, comme un édifice, présente d'une manière prédominante des lignes verticales et horizontales, nous nous plaçons, presque inévitablement, de telle manière que la ligne qui joint les centres de rotation de nos yeux soit horizontale. Nous pouvons, à tout instant, contrôler cette position de nos yeux en séparant les images doubles : celles-ci sont alors sur une même horizontale.

Nous choisissons indubitablement cette manière de regarder, parce qu'elle nous fournit le moyen de comparaison et d'observation le plus exact; c'est donc pour cette manière d'employer les yeux, que nous pouvons qualifier de *normale*, que nous apprenons le mieux à comparer nos sensations avec la réalité, et, par conséquent, cette méthode nous donne les perceptions les plus justes et les plus exactes.

Si nous venons, soit par nécessité, soit avec intention, à examiner les objets d'une autre manière, — que nous appliquions la vision indirecte des parties latérales de la rétine, que nous fixions les objets d'un seul œil, que nous maintenions le regard immobile ou que nous donnions à la tête une position insolite, — nous ne sommes plus capables de nous former des notions aussi exactes qu'avec l'usage normal des yeux, et nous ne sommes plus aussi exercés dans l'interprétation de ce que nous voyons : aussi cette interprétation devient-elle plus indécise, bien qu'en général nous ne nous en rendions pas compte. Lorsque nous voyons un objet, il nous faut le localiser : nous ne pouvons pas nous le représenter de telle manière que sa position soit indéterminée dans l'espace. Lorsque aucune réminiscence ne nous vient en aide, nous interprétons ordinairement ce que nous voyons comme il faudrait le faire si nous avions reçu la même impression dans le mode d'observation normal et le plus exact. C'est ainsi qu'il se produit certaines illusions dans la perception, lorsque nous ne dirigeons pas le regard sur les objets qui nous occupent, et que ces objets sont situés dans les parties latérales du champ visuel, ou lorsque nous tenons la tête très-obliquement, ou bien encore lorsque nous ne fixons l'objet qu'avec un seul œil. De plus, les images sur les deux rétines s'accordent de la manière la plus constante et la plus régulière lorsque nous examinons des objets éloignés, et la situation ordinairement horizontale du sol à la partie inférieure du champ visuel paraît exercer une influence particulière sur la comparaison des champs dans les deux yeux. C'est pour ce motif que nous ne jugeons pas exactement de la position d'objets rapprochés, lorsque nous y dirigeons le regard suivant une direction sensiblement ascendante ou descendante : nous interprétons les images rétiniennes comme si elles s'étaient formées en regardant droit devant nous, et ainsi de suite. Nous rencontrerons beaucoup d'exemples de ce genre. En effet, nous n'avons pas, pour toutes les directions des yeux, la même habitude de l'interprétation des impressions : nous sommes surtout exercés à utiliser celles qui donnent les perceptions les plus exactes et les plus concordantes, et nous appliquons à tous les cas ce que nous avons appris dans ceux-là.

Il arrive souvent qu'une impression visuelle de ce genre ne présente pas, avec une des impressions possibles de l'observation normale, une ressemblance assez prédominante et assez frappante pour exclure diverses autres comparaisons, entraînant chacune une interprétation correspondante de cette impression. Dans les cas de ce genre, l'interprétation est indécise : tantôt, sans modification des images rétiniennes, le même observateur se forme successivement des notions différentes, et, dans ce cas, l'indécision est facile à constater ; tantôt des observateurs différents penchent pour des comparaisons et des interprétations différentes. Cette circonstance a introduit, dans l'optique physiologique, de nombreuses discussions, parce que chaque observateur était porté à considérer comme seule valable la notion qu'il avait obtenue par une observation à laquelle il avait donné tous ses soins. Quand nous avons donc affaire à des observateurs qui méritent notre confiance, et dont nous n'avons lieu de suspecter ni le talent d'observation, ni la bonne foi, nous ne pouvons pas regarder comme la seule véritable l'une des interprétations contradictoires du phénomène visuel, ainsi que sont particulièrement disposés à le faire ceux qui cherchent à déduire principalement de causes innées la production de notions sur les objets. Il faut, au contraire, reconnaître comme un fait que, dans des cas de ce genre, il peut se former des notions différentes et rechercher quelles sont les circonstances qui favorisent la production de l'une ou de l'autre de ces notions.

Nous nous heurtons sans doute ici à une difficulté qui ne se présente pas dans les autres parties des sciences naturelles. Dans un grand nombre de cas de ce genre, nous sommes réduits aux assertions de chaque observateur, sans pouvoir les contrôler par notre propre observation. Dans ce domaine, il se présente une foule de particularités, attribuables peut-être, en partie, soit à la structure des différents yeux, soit à la manière dont chacun s'est habitué à les employer, soit probablement aussi à des impressions et à des notions antérieures. Ces particularités et leurs suites ne peuvent naturellement être observées que par celui auquel elles appartiennent, et aucun autre observateur ne peut le contredire. D'un autre côté, les observations de ce genre ne sont pas aussi faciles qu'on pourrait le croire au premier abord. L'acte de fixer invariablement un point pendant un temps assez long, tandis qu'on observe à la vision indirecte, la faculté d'être maître de son attention, celle de faire abstraction de l'interprétation objective qu'on donne ordinairement à la sensation, l'évaluation des différences de couleur et de position dans le champ visuel, toutes ces choses demandent une grande pratique. Aussi un grand nombre de faits qui se rapportent à ce sujet ne peuvent-ils pas être étudiés, même par des observateurs bien exercés dans d'autres genres de recherches, tant qu'ils ne sont pas rompus aux observations d'optique physiologique. On est donc réduit, sur beaucoup de points, aux observations d'un très-petit nombre d'individus, et lorsqu'on obtient des résultats différents de ceux signalés par une autre personne, il est bien plus difficile que dans toute autre étude de décider avec certitude si l'observation en question n'a pas été influencée par des circonstances accessoires. Je ferai donc remarquer tout d'abord au lecteur que bien des choses qui lui paraîtront nouvelles dans les chapitres suivants peuvent fort bien reconnaître pour causes des particularités individuelles de mes yeux : j'ai dû me borner à observer et à décrire, avec le plus de soin possible, les faits tels qu'ils s'offrent à mes yeux, et à rechercher leur liaison. J'indiquerai partout les résultats différents que j'aurai rencontrés chez d'autres observateurs. Il appartient à l'avenir de nous apprendre, dans chaque cas, quel est le mode de vision le plus répandu.

Du reste, moins les sensations visuelles ressemblent à celles qui se présentent normalement, plus leur interprétation est, en général, incertaine, ainsi qu'on doit s'y attendre si l'on adopte la manière de voir que j'ai proposée ; c'est là un point essentiellement caractéristique en faveur de l'intervention des influences psychiques.

Comme nous ne savons pour ainsi dire rien sur la nature des activités psychiques et que nous ne connaissons qu'une série de faits, nous ne devons pas nous étonner de ne pas pouvoir donner de véritable explication de la production des perceptions sensuelles. La *théorie empiristique* cherche à démontrer que cette production n'exige du moins aucune autre force que les facultés connues de notre âme, et cela sans se préoccuper de l'explication de ces facultés. Comme il est, en général, convenable, dans l'étude des sciences naturelles, de ne faire aucune nouvelle hypothèse aussi longtemps que les faits connus paraissent suffisants pour l'explication et que la nécessité d'hypothèses nouvelles n'est pas démontrée, j'ai cru devoir adopter, dans ses points essentiels, l'opinion empiristique. La *théorie nativistique* explique encore moins la production de nos notions des objets, avec son hypothèse d'après laquelle certaines notions de solidité se produiraient directement, à l'aide d'un mécanisme inné, lorsque certaines fibres nerveuses sont excitées. Dans la forme primitive de cette théorie, le sujet est censé observer sa rétine : on lui attribue une connaissance innée de la forme de cette membrane et de la position qu'y occupent les différentes extrémités nerveuses. D'après la forme la plus récente de cette opinion, qui a été défendue en particulier par E. Hering, il faudrait admettre au-devant de nous un espace subjectif, dans lequel nous localiserions, d'après certaines lois innées, les sensations des différentes fibres rétiniennes. Cette théorie ne se borne donc pas à admettre l'opinion de Kant, d'après laquelle la notion générale de l'espace serait une forme originelle de notre conscience; elle considère, de plus, comme innées, certaines notions spéciales de l'espace.

L'opinion nativistique a aussi été nommée plus spécialement *théorie des points identiques*, parce qu'elle exige qu'on admette une fusion complète des impressions des parties correspondantes dans les deux rétines. La *théorie empiristique*, au contraire, porte le nom de *théorie des projections*, parce que, d'après elle, les représentations que nous nous faisons des objets sont projetées dans l'espace par des actions psychiques. Je préférerais éviter cette dénomination, parce que des adversaires, aussi bien que des partisans de cette théorie, ont attaché une importance exagérée à vouloir que cette projection se fît suivant les lignes de direction, ce qui, en tous cas, n'était pas la désignation exacte du processus psychique, et ne donnerait même pas, dans un très-grand nombre de cas, une détermination exacte de la position apparente des objets.

Je reconnais que, dans l'état actuel de la science, il est impossible de réfuter la théorie nativistique; pour ma part, je préfère l'opinion contraire :

1° Parce que la théorie nativistique me paraît introduire une hypothèse inutile;

2° Parce que ses résultats donnent toujours encore des notions d'espace qui, comme nous le verrons en détail plus loin, ne s'accordent que rarement avec la réalité et avec les représentations visuelles, incontestablement exactes, que nous en recevons. Aussi les partisans de cette théorie sont-ils obligés d'admettre à contre-cœur que leurs *sensations d'espace* originelles peuvent être améliorées ou surmontées continuellement par les connaissances que nous fournit l'expérience. Or, d'après l'analogie avec toutes les autres expériences, nous devrions nous attendre à voir subsister la notion de ces sensations surmontées, ne fût-ce qu'à l'état d'illusions reconnues, et c'est ce qui n'a pas lieu;

3° On ne voit pas comment l'hypothèse de ces *sensations d'espace* originelles peut contribuer à expliquer nos perceptions visuelles, si les partisans de cette théorie sont obligés d'admettre, pour la grande majorité des cas, que ces sensations doivent être surmontées par une connaissance plus approfondie, acquise par l'expérience. S'il faut en arriver là, il me paraît bien plus simple et plus facile d'admettre que toutes les notions d'espace nous sont fournies par l'expérience seule, sans que celle-ci ait à combattre des notions innées, fausses dans la plupart des cas.

Voilà pour justifier mon point de vue. Comme il fallait en choisir un pour mettre quelque ordre dans le chaos des phénomènes, je me suis arrêté à celui qui me paraissait préférable ; j'espère cependant que ce choix n'aura exercé aucune influence sur l'observation consciencieuse et sur la description des faits.

Je vais encore donner quelques explications pour éviter tout malentendu au sujet de mon point de vue, et pour le rendre plus facilement accessible à ceux des lecteurs qui n'ont pas encore réfléchi sur leurs perceptions sensuelles.

Je n'ai désigné, plus haut, les sensations que comme des *symboles* des circonstances extérieures, et je leur ai refusé toute analogie avec les choses qu'elles représentent. Nous touchons ici à cette question, si controversée, de savoir jusqu'à quel point les représentations que nous faisons s'accordent avec les objets, de savoir, comme on disait, si elles sont *vraies* ou *fausses*. Cet accord a été tantôt affirmé et tantôt nié. A cet effet, on a admis une *harmonie préétablie* entre la nature et l'esprit, ou bien, on a soutenu l'*identité* de la nature et de l'esprit, en considérant la nature comme un produit de l'action d'un esprit général, dont l'esprit humain serait une émanation. La *théorie nativistique* des notions d'espace se rattache à ces opinions, en ce sens qu'elle admet un mécanisme inné et une certaine harmonie préexistante des notions qui, quoique d'une manière assez incomplète, devraient répondre aux faits réels.

D'autres ont nié la conformité des objets avec les idées que nous nous en formons ; ils ont considéré, par suite, ces représentations comme des illusions ; système qui, poussé à ses dernières conséquences, amènerait à nier la possibilité de connaître un objet quelconque : on a compris qu'il s'agit ici des sensualistes anglais du siècle dernier. Je ne développerai pas ici les opinions des différentes écoles philosophiques sur cette question, ce qui nous mènerait beaucoup trop loin : je me bornerai à indiquer quel est, à mon avis, le terrain sur lequel doit se maintenir la méthode scientifique, en présence de ces discussions.

Nos notions et nos représentations sont des *effets* que les objets que nous voyons, ou que nous nous figurons, exercent sur notre système nerveux et sur notre conscience. Tout effet dépend nécessairement aussi bien de la nature de l'objet agissant que de celle de l'objet sur lequel il a agi. Demander à une représentation de reproduire exactement la nature de l'objet, lui demander, par conséquent, d'être vraie d'une manière absolue, c'est vouloir un effet qui soit complètement indépendant de la nature de l'objet sur lequel il serait exercé, ce qui est une contradiction manifeste. Ainsi toutes les représentations que nous faisons, toutes celles que puisse avoir un être intelligent quel qu'il soit, sont des images dont la nature dépend essentiellement de celle de l'intelligence qui se les figure, et qui sont influencées par les particularités de cette intelligence.

Je crois donc que cela ne présente absolument aucun sens, de parler d'une vérité de nos représentations autre qu'une vérité *pratique*. Les représentations que nous formons des choses *ne peuvent* être que des symboles, des signes naturels des objets, dont nous apprenons à nous servir pour régler nos mouvements et nos actions. Lorsque nous avons appris à déchiffrer correctement ces symboles nous sommes à même, avec leur aide, de diriger nos actions de façon à produire le résultat désiré, c'est-à-dire à faire naître les sensations nouvelles que nous attendons. Non-seulement il n'existe en *réalité* aucune autre comparaison entre les représentations et les objets, — toutes les écoles sont d'accord sur ce point, — mais encore on ne peut se figurer aucun autre genre de relation : cela ne présenterait absolument aucun sens. C'est là le point qui nous importe et qu'il faut comprendre pour se débrouiller dans le labyrinthe des opinions contradictoires. Demander si l'idée que je me fais d'une table, de sa forme, de sa consistance, de sa couleur, de son poids, etc., est vraie en elle-même, indépendamment de l'usage pratique que je puis en faire, si elle est conforme à l'objet réel, ou bien si elle est fausse et produite par une illusion, c'est faire une question qui ne présente pas plus de sens que de demander si un certain son est rouge, jaune ou blanc. L'idée et l'objet qu'elle représente sont deux choses qui appartiennent évidemment à deux mondes tout à fait différents et qui sont aussi peu susceptibles de comparaison que les couleurs et les sons, ou que les caractères d'un livre et le son du mot qu'ils représentent.

S'il existait quelque analogie de conformité entre l'idée qui existe dans la tête d'un homme A et l'objet dont elle est la représentation, une seconde intelligence B, qui se représenterait, d'après les mêmes lois, l'objet et la représentation qui s'en forme dans la tête de A, pourrait trouver ou au moins concevoir quelque analogie entre les deux choses. Car la même chose, représentée de la même manière, devrait produire des représentations pareilles. Mais, je le demande, quelle analogie peut-on se figurer entre le processus cérébral qui accompagne l'idée d'une table et cette table elle-même? Doit-on se figurer la forme de la table reproduite dans le cerveau par des courants électriques, et si l'observateur conçoit qu'il fait le tour de la table, doit-on se figurer de plus la forme d'un homme dessinée à l'aide de courants électriques? Les projections perspectives des objets extérieurs, telles qu'on a voulu les admettre dans les hémisphères cérébraux, ne suffisent évidemment pas pour nous donner l'idée d'objets à trois dimensions. Et en admettant même qu'une imagination fantastique ne reculât pas devant une semblable hypothèse, cette image électrique de la table qui se formerait dans le cerveau ne serait encore elle-même qu'un second objet corporel qu'il resterait à percevoir : ce ne serait pas une représentation intellectuelle de la table. Cependant ce ne sont pas les matérialistes, mais plutôt les spiritualistes qui seront probablement choqués de ma manière de voir, bien que ces derniers, ce me semble, doivent plutôt me donner raison. En effet, quel rapport peut-il y avoir entre l'idée, modification de l'âme immatérielle et sans dimensions, et la table, objet matériel et limité dans l'espace? Les philosophes spiritualistes n'ont jamais essayé, que je sache, aucune hypothèse ni aucune imagination pour expliquer ce rapport, et il est évidemment dans la nature de leur point de vue de leur interdire tout essai de ce genre.

Pour ce qui concerne d'abord les *propriétés* des objets extérieurs, il suffit d'un peu de réflexion pour voir que toutes les propriétés que nous pouvons leur attribuer désignent seulement les *actions* qu'ils exercent soit sur nos sens, soit sur d'autres objets de la nature. La couleur, le son, le goût, l'odeur, la température, le poli, la consistance appartiennent à la première classe : elles désignent des effets produits sur les organes de nos sens. Le poli et la consistance désignent le degré de résistance que les corps opposent au glissement ou à la pression de la main. Mais la main peut être remplacée par d'autres corps ; il en est de même pour l'examen des autres propriétés mécaniques, comme l'élasticité et le poids. Les propriétés chimiques se rapportent également à des réactions, c'est-à-dire à des actions que le corps examiné exerce sur d'autres corps. Il en est de même des autres propriétés physiques des corps : propriétés optiques, électriques, magnétiques. Il s'agit toujours de relations et d'actions réciproques qui dépendent des forces que les corps manifestent les uns à l'endroit des autres. Car toutes les forces de la nature sont des actions exercées par un corps sur un autre. Si nous nous figurons la matière dépourvue de force, elle est aussi sans propriétés autres que la position dans l'espace et le mouvement. Aussi les propriétés des corps ne se manifestent-elles que lorsque nous les mettons en rapport avec d'autres corps ou avec les organes de nos sens. Mais comme ce rapport peut se produire à tout instant et être occasionné à chaque instant par notre volonté, comme nous voyons toujours alors se produire des actions mutuelles, nous attribuons aux objets une faculté d'action continuelle, toujours prête à agir : c'est à cette faculté continuelle que nous donnons le nom de *propriété.*

Il résulte de là qu'en réalité, malgré leur nom, les *propriétés* des corps ne désignent absolument rien de propre à chaque corps en lui-même, mais bien par rapport à un autre objet, y compris les organes de nos sens. Naturellement, le mode d'action doit toujours dépendre des propriétés du corps agissant aussi bien que de celles du corps qui subit l'action : c'est un point dont nous ne doutons pas un instant lorsqu'il s'agit des propriétés que présentent les corps en agissant les uns sur les autres, dans les réactions chimiques, par exemple. Mais lorsqu'il s'agit des propriétés qui reposent sur les rapports de modification qui existent entre les objets et nos organes des sens, on a toujours eu de la tendance à oublier qu'il s'agit encore d'une réaction sur un réactif particulier à savoir notre appareil nerveux, et que la couleur, l'odeur et le goût, la sensation de chaud et de froid sont également des actions qui dépendent tout à fait essentiellement de la nature de l'organe qui les subit. Les réactions des corps sur les sens sont assurément celles que l'on perçoit le plus fréquemment et le plus généralement, elles ont la plus grande importance pour notre bien-être et pour notre commodité; mais si le réactif au moyen duquel nous les éprouvons a été mis en nous par la nature, la relation n'en est pas moins la même.

C'est donc une question qui ne présente absolument aucun sens que de demander si le cinabre est réellement rouge, tel que nous le voyons, ou si c'est seulement là une illusion des sens : la sensation du rouge est la réaction normale des yeux normaux, pour la lumière réfléchie par le cinabre. Un individu atteint d'anérythropsie verra le cinabre noir ou d'un jaune-gris foncé ; c'est également la réaction exacte pour son œil, mais il a besoin de savoir que son œil est autrement conformé :

que ceux des autres. En elle-même, l'une de ces sensations n'est ni plus vraie ni plus fausse que l'autre, bien que ceux qui déclarent le cinabre rouge aient pour eux une grande majorité; la couleur rouge du cinabre n'existe qu'en tant qu'il existe des yeux conformés comme ceux de la majorité des hommes, et c'est à tout aussi juste titre que le cinabre possède la propriété d'être noir, relativement aux individus atteints d'anérythropsie. Lorsque nous parlons des propriétés que présente un corps par rapport aux autres corps du monde extérieur, nous n'oublions jamais de spécifier aussi relativement à quel corps cette propriété existe chez lui. C'est ainsi que nous disons : « Le plomb est soluble dans l'acide azotique et ne l'est pas dans l'acide sulfurique ». Si l'on nous disait simplement : « le plomb est soluble », nous remarquerions aussitôt que c'est là une assertion incomplète, et nous demanderions dans quoi le plomb est soluble. Mais quand on dit : « le cinabre est rouge », on comprend implicitement qu'il est rouge pour notre œil et pour ceux d'autres hommes que nous supposons conformés comme les nôtres ; nous pensons qu'il est inutile de faire cette mention, et cette omission constante du langage peut contribuer à nous faire croire que le rouge soit une propriété qui appartienne au cinabre, ou à la lumière que réfléchit ce corps, et indépendante de nos organes sensuels. C'est tout autre chose quand nous disons que les ondes de la lumière réfléchie par le cinabre ont une certaine longueur : c'est là une assertion que nous pouvons faire indépendamment de la nature particulière de notre œil, mais qui n'exprime que des relations entre la substance lumineuse et les différents systèmes d'ondulations de l'éther.

Le seul rapport sous lequel notre perception puisse être véritablement conforme à la réalité est la suite des temps où se passent les faits avec leurs différentes particularités. La simultanéité, la succession, le retour périodique de la simultanéité ou de la succession peuvent se présenter aussi bien pour nos sensations que pour les faits. Les faits extérieurs, comme les perceptions, se succèdent dans le temps ; par conséquent les conditions de temps des dernières peuvent représenter fidèlement celle des premières. La sensation du tonnerre dans l'oreille succède à celle de l'éclair dans l'œil, comme le mouvement sonore de l'air, produit par la décharge électrique, arrive à l'observateur plus tard que l'ébranlement de l'éther lumineux. Cependant il faut remarquer que la suite des sensations ne représente pas tout à fait fidèlement la suite des phénomènes extérieurs, en ce sens que la transmission de la sensation au cerveau exige du temps et que ce temps est différent pour les différents organes. Il faut encore ajouter, pour l'œil et pour l'oreille, le temps que mettent la lumière et le son pour arriver à l'organe : c'est ainsi que nous voyons actuellement les différentes étoiles fixes telles qu'elles étaient il y a nombre d'années, et à une époque différente pour chacune.

En ce qui concerne la représentation des conditions d'espace, elle se fait, à un certain degré, dans les extrémités périphériques des nerfs, dans l'œil et dans la peau, mais ce n'est que d'une manière restreinte, puisque l'œil ne donne que des images perspectives des surfaces, et que la main nous représente la surface objective par la surface de notre corps qui peut le mieux s'y adapter. Mais ni l'œil ni la main ne donnent immédiatement une image étendue suivant les trois dimensions de l'espace. La représentation des corps ne se produit que par la comparaison des images reçues dans les deux yeux, ou par un déplacement du corps ou de la main de l'observateur. Comme notre cerveau a trois dimensions, l'imagination a beau jeu pour se figurer le mécanisme à l'aide duquel ce centre nerveux peut recevoir des images à trois dimensions des objets corporels extérieurs, mais je ne vois ni la nécessité ni la probabilité d'une semblable hypothèse. La représentation d'un corps à trois dimensions, comme une table, contient une foule d'observations particulières ; elle comprend toute la série des images que me présenterait cette table, si je l'examinais à partir des points de vue les plus différents ; elle comprend, de plus, toutes les impressions tactiles que j'éprouverais en plaçant mes mains successivement sur toutes les parties de sa surface. Une semblable représentation d'un corps est donc déjà une *idée*, qui renferme un nombre indéfini de perceptions différentes qui se succèdent dans le temps et qui peuvent toutes en être déduites, de même que l'idée générale de « table » contient en elle toutes les tables et en exprime les propriétés communes. La représentation que j'ai d'une certaine table est juste et précise si je puis en déduire, avec exactitude et précision, les sensations que j'éprouverais en amenant mon œil ou ma main dans telle ou telle position déterminée par rapport à la table. Je ne puis concevoir aucun autre genre d'analogie entre une pareille idée et l'objet qu'elle représente. La première est le signe spirituel du second. Je n'ai pas choisi arbitrairement la nature de ce signe, c'est la nature de mes organes sensuels et de mon esprit qui me l'a imposée. — C'est par là que les signes qui expriment nos notions se distinguent de ceux que nous avons choisis arbitrairement pour la parole et pour l'écriture. Une écriture est exacte quand elle fournit des représentations exactes à celui qui sait la lire, et la représentation d'un objet est exacte quand elle nous permet de déterminer d'avance les impressions sensuelles que nous recevrons de cet objet en nous mettant en rapport avec lui sous des conditions déterminées. La nature de ces signes mentaux importe peu, d'ailleurs, pourvu qu'ils forment un système qui présente une variété et un ordre suffisants ; de même que les sons des mots d'une langue sont indifférents, pourvu qu'on en ait un nombre suffisant et qu'on possède assez de moyens de désigner leurs rapports grammaticaux.

Cette manière d'envisager la question ne doit pas nous faire supposer que toutes nos idées sur les objets soient *fausses*, parce qu'elles ne sont pas *semblables* à ces objets, et il faut se garder d'en conclure que nous ne pouvons rien savoir de la nature *véritable* des choses. Il est dans la nature de la conscience que les idées ne peuvent pas être *semblables* aux objets. Les représentations ne doivent être que des images des choses, et une image ne représente un objet que pour celui qui sait la déchiffrer et qui, à l'aide de l'image, peut se former une idée de la chose. Toute image ressemble à son objet sous un rapport et en diffère sous tous les autres, que cette image soit un tableau, une statue, la représentation musicale ou dramatique d'un sentiment, etc. C'est ainsi que nos représentations du monde extérieur sont des images de la succession régulière des événements naturels, et si elles sont formées régulièrement suivant les lois de notre pensée, si, par nos actions, nous pouvons les reporter exactement dans la réalité, ces représentations sont aussi les *seules vraies* pour notre entendement ; toutes les autres seraient fausses.

Je crois donc que c'est un malentendu que de vouloir chercher une harmonie préexistante entre les lois de la pensée et celles de la nature, en admettant, sous un nom quelconque, une identité entre la nature et l'esprit. Un système de signes peut être plus ou moins complet et approprié à son but : il en devient plus ou moins facile à appliquer, et les désignations qu'il fournit sont plus ou moins précises, — les différentes langues nous en fournissent un exemple ; — cependant chacun permet, dans une certaine mesure, d'atteindre le but proposé. S'il n'existait pas un grand nombre d'objets semblables, notre faculté de former des notions d'espèce ne nous serait d'aucune utilité ; s'il n'y avait pas de corps solides, nos facultés géométriques resteraient sans développement et sans usage, de même que l'œil ne nous servirait à rien dans un monde où il n'y aurait pas de lumière. Si c'est dans ce sens que l'on parle d'un accord entre les lois de notre pensée et celles de la nature, nous pouvons l'admettre ; mais il est évident que cet accord n'a besoin d'être ni complet, ni exact. L'œil est un organe qui nous rend d'excellents services dans l'observation du monde extérieur, bien qu'il ne puisse ni voir nettement à toutes les distances, ni percevoir toutes les espèces de vibrations de l'éther, ni réunir exactement en un point les rayons émis par un même point. Nos activités intellectuelles sont liées à celle d'un organe corporel, le cerveau, comme la faculté visuelle est dépendante de l'œil. L'intelligence humaine se rend maîtresse de bien des choses, et renoue merveilleusement la chaîne des effets et des causes : est-elle nécessairement susceptible d'embrasser tout ce qui peut exister et survenir dans le monde ? C'est là ce que rien ne me parait prouver.

Nous avons encore à parler de la manière dont nos représentations et nos perceptions se forment par des conclusions inductives. — C'est dans la logique de Stuart Mill que la nature de nos conclusions me paraît le mieux analysée. Dès que la majeure du syllogisme n'est pas un principe imposé à notre foi par une autorité étrangère, dès que c'est une proposition qui se rapporte à la réalité, — et ne peut être, par conséquent, que le résultat de l'expérience, — la conclusion ne nous apprend rien de nouveau, rien que nous n'ayons pas su avant de la faire. Prenons un exemple :

Majeure : Tous les hommes sont mortels.
Mineure : Caius est un homme.
Conclusion : Caius est mortel.

Nous n'avons pas, à proprement parler, le droit de poser la majeure que tous les hommes sont mortels, proposition fournie par l'expérience, tant que nous ne sommes pas certains de la justesse de la conclusion, tant que nous ne sommes pas sûrs que Caius, qui est un homme, est mort ou mourra. Nous avons donc besoin d'être sûrs de la conclusion avant de pouvoir poser la majeure à l'aide de laquelle nous voulons la démontrer. Il semble donc que nous tournions dans un cercle vicieux. — Voici quel est évidemment le fond de notre raisonnement : On a toujours observé jusqu'ici, sans exception, qu'aucun homme n'a vécu au delà d'un certain âge. Par suite, on a réuni, dans cette proposition générale : que *tous* les hommes sont mortels, l'expérience que Lucius, Flavius, et tous les autres dont on a connu le sort, sont morts; comme cette terminaison s'est présentée dans tous les cas qui ont été observés, on s'est cru en droit d'étendre la validité de cette proposition générale à tous les cas qui devraient être observés plus tard ; c'est ainsi que, sous la forme de la proposition générale qui sert de majeure au syllogisme dont nous venons de parler, nous conservons dans notre mémoire l'ensemble des expériences qui ont été acquises jusqu'ici, à ce sujet, par nous ou par d'autres observateurs.

Il est évident que, sans passer sciemment par la proposition générale, nous aurions également pu arriver immédiatement à la conviction que Caius mourra : il nous aurait suffi, à cet effet, de comparer ce cas à d'autres qui nous sont connus, et c'est même le procédé que nous suivons le plus ordinairement et le plus naturellement dans nos inductions. Les raisonnements de ce genre se font sans réflexion consciente, et c'est spontanément que notre mémoire réunit les points de ressemblance des faits observés antérieurement; il est facile de s'en assurer dans les cas de conclusions inductives où nous ne pouvons point parvenir à formuler, avec les expériences acquises, une loi sans exception, dont la validité ait des limites bien définies : et c'est ce qui a lieu pour tous les phénomènes ou les actes un peu complexes. Ainsi, nous pouvons souvent prédire avec certitude, par analogie avec des cas antérieurs semblables, le parti que prendra, dans des circonstances données, un individu que nous connaissons : ce qui nous guide, c'est la connaissance de son caractère : nous savons, par exemple, s'il est vaniteux ou lâche, sans être en état de mesurer exactement à quel degré s'étend sa vanité ou sa lâcheté, et sans être capables de dire pourquoi la lâcheté et la vanité de cet homme devront se combiner précisément de façon à le faire agir dans le sens que nous présumons.

Ainsi dans ceux des raisonnements proprement dits et conscients qui ne s'appuient pas sur des axiomes, mais sur des propositions établies par l'expérience, nous ne faisons, en réalité, que répéter avec attention et avec discernement les actes de généralisation inductive de nos expériences, qui ont déjà été faits plus rapidement et sans réflexion consciente par nous-mêmes ou par d'autres observateurs auxquels nous accordons notre confiance. Bien que l'expression de nos expériences antérieures sous forme de proposition générale n'ajoute rien d'essentiellement nouveau à nos connaissances, elle n'en est pas moins utile sous bien des rapports. Nous gardons bien plus facilement dans la mémoire, et nous pouvons mieux communiquer aux autres, une proposition générale exprimée sous une forme déterminée que nous ne le ferions pour chacun des faits particuliers qu'elle contient, pris successivement. En présence de cette proposition, nous sommes amenés à vérifier chaque fait nouveau au point de vue de l'exactitude de la généralisation, et les exceptions s'imposent bien plus nécessairement à notre attention; lorsque nous sommes en présence de la proposition exprimée sous sa forme générale, les exceptions à la règle nous frappent bien plus que s'il nous fallait nous reporter successivement à tous les cas en particulier. Cette manière de donner une forme définie aux conclusions inductives ajoute donc beaucoup à la commodité et à la sûreté de notre manière de procéder; mais, en réalité, nous n'apprenons par là rien qui ne soit déjà établi dans les conclusions inductives que nous avons obtenues sans réflexion, et au moyen desquelles nous jugeons, par exemple, le caractère d'un homme d'après les traits de son visage et la nature de ses mouvements, ou qui nous permettent de prévoir, d'après son caractère, ce qu'il fera dans une circonstance donnée.

Il en est exactement de même pour nos perceptions sensuelles. — Lorsque nous avons senti une excitation dans les appareils nerveux dont les extrémités périphériques se trouvent du côté droit des deux rétines, nous avons appris, par une expérience répétée de tous les instants, qu'il y avait à notre gauche un corps lumineux. Nous avons constaté qu'il nous a fallu porter la main à gauche pour cacher cette lumière ou pour saisir l'objet lumineux, que nous avons dû nous transporter vers notre gauche pour nous en rapprocher. Si donc, dans les cas de ce genre, nous ne faisons pas de raisonnements conscients, nous n'en avons pas moins exécuté le travail essentiel et primitif d'un raisonnement, et nous en avons obtenu la conclusion, bien que ce travail n'ait été fait, sans doute, que par les procédés inconscients de l'association des idées, qui résident dans les parties inexplorées de notre mémoire. Aussi ces résultats s'imposent-ils à notre conscience comme produits, pour ainsi dire, par une puissance extérieure qui nous domine et sur laquelle notre volonté n'a aucune action.

A ces conclusions inductives, qui servent à la formation de nos perceptions visuelles, manque assurément le travail de vérification et de rectification de la pensée consciente ; cependant je crois pouvoir les considérer, dans leur essence, comme des *conclusions*, comme des résultats de *raisonnements inductifs* accomplis à notre insu.

Pour les admettre dans la pensée consciente et pour les formuler suivant les règles des conclusions logiques, nous sommes arrêtés par cette circonstance, qui leur est tout à fait particulière, que nous ne pouvons pas indiquer nettement ce qui s'est passé en nous lorsque nous avons éprouvé une sensation dans une fibre nerveuse, ni ce qui distingue cette sensation déterminée d'avec les sensations analogues ressenties dans les autres fibres nerveuses. C'est ainsi que, lorsque nous avons éprouvé une sensation lumineuse dans certaines fibres de l'appareil nerveux visuel, nous savons seulement que nous venons d'éprouver une sensation particulière, qui se distingue de toutes les autres sensations et même des autres sensations visuelles, et en présence de laquelle nous avons toujours rencontré un objet lumineux à gauche. Dans notre état naturel, et avant d'avoir étudié la physiologie, nous ne parlerions pas autrement de nos sensations, et, dans notre esprit, nous ne pouvons déterminer et définir autrement la sensation qu'en désignant les conditions sous lesquelles elle s'est produite. Il me faut dire : « Je vois quelque chose de clair vers la gauche »; c'est la seule expression que je puisse donner de cette sensation. C'est seulement plus tard, par l'investigation scientifique, que nous apprenons que nous avons des nerfs, que ces nerfs ont été excités et que l'excitation a porté sur ceux qui aboutissent au côté droit de la rétine : ce n'est qu'alors que nous sommes en mesure de définir l'espèce de la sensation indépendamment des circonstances qui lui donnent ordinairement naissance.

Il en est de même pour la plupart des sensations. Le plus souvent, sauf quelques désignations un peu vagues (doux, acide, amer, brûlant, etc.), nous ne savons définir les sensations de goût et d'odeur, même d'après leur qualité, qu'en nommant les corps qui présentent le goût ou l'odeur que nous voulons désigner.

Ainsi, dans l'état ordinaire de notre conscience, nous ne pouvons même pas donner la forme de jugements conscients à ces jugements par lesquels nous passons de nos sensations à l'existence d'une cause extérieure. Une personne qui ne connaît pas la structure interne de l'œil ne dira pas qu'elle reconnaît à sa gauche la présence d'un objet éclairé parce que les fibres nerveuses qui se terminent à droite dans la rétine se trouvent dans un état d'excitation, elle peut dire seulement : « Il existe à gauche quelque chose de clair, parce que je l'y vois. » De même, au point de vue de l'expérience journalière, cette circonstance qu'une pression sur la partie droite de l'œil excite les fibres nerveuses qui s'y terminent, ne peut pas s'exprimer autrement qu'en disant : « Lorsque je presse mon œil à droite, je vois une lueur à gauche. » Il n'existe aucun autre moyen de décrire la sensation et de l'identifier avec d'autres sensations antérieures que de désigner la position des objets extérieurs qui paraissent y répondre. Aussi ces faits d'expérience ont-ils ceci de particulier que nous ne pouvons même pas exprimer le rapport de la sensation à un objet extérieur sans préjuger déjà ce rapport dans la désignation de la sensation, c'est-à-dire sans admettre d'avance ce dont nous voulons parler.

Si, lorsque nous avons appris à connaître l'origine physiologique et la connexion des illusions des sens, nous ne pouvons cependant pas nous défaire de ces illusions, c'est que l'induction est produite par un acte inconscient et involontaire de la mémoire, et qu'elle se présente par conséquent à notre entendement comme une force naturelle étrangère et irrésistible. Nous trouvons, du reste, des actions analogues fort nombreuses à la base des autres espèces d'*apparences*. J'inclinerais à dire que toute apparence provient d'inductions précipitées et irréfléchies, qui nous font conclure des faits antérieurs aux faits actuels et où nous penchons vers les fausses conclusions, malgré la connaissance plus exacte que nous donne la réflexion consciente. Tous les soirs, le soleil paraît descendre derrière l'horizon immobile, bien que nous sachions fort bien que c'est le soleil qui reste immobile et l'horizon qui se déplace. Un acteur qui représente habilement un vieillard est pour nous un vieillard sur la scène, tant que nous laissons libre cours à l'impression immédiate, sans faire un effort pour nous souvenir que nous savons, par l'affiche, avoir affaire à un jeune acteur bien connu. Nous assistons à sa colère ou à sa souffrance, suivant l'expression qu'il donne à sa physionomie et à ses gestes ; il réveille en nous la terreur ou la pitié ; nous tremblons à l'approche du moment où il va commettre une action terrible, et la conviction motivée que tout cela n'est qu'apparence et comédie ne peut servir de frein à nos émotions, tant que l'acteur ne sort pas de son rôle. Bien plus, une pareille histoire mensongère, qui paraît se passer en notre présence, nous touche et nous agite beaucoup plus que ne ferait une histoire analogue, mais véritable, dont nous lirions un compte rendu sec et authentique.

Cependant, les expériences d'après lesquelles nous savons que certaines expressions du geste, de la voix et de la physionomie, décèlent une colère violente, celles que nous avons, en général, sur les signes extérieurs des sentiments et des caractères que l'auteur peut nous présenter, sont bien moins nombreuses et bien moins régulièrement répétées que des expériences d'après lesquelles nous avons appris que certaines sensations répondent à certains objets extérieurs. Il ne faut donc pas nous étonner si la représentation de l'objet qui répond ordinairement à une sensation ne disparaît jamais, même dans les cas particuliers où nous savons que nous ne sommes pas en présence de cet objet.

Enfin, les vérifications que nous obtenons à l'aide de mouvements volontaires de notre corps, sont de la plus grande importance pour la solidité de notre conviction sur l'exactitude de notre perception sensuelle. Comparée à celle que donnent les observations purement passives, la conviction que nous obtenons ainsi gagne en solidité, de même que, dans les recherches scientifiques, la vérification expérimentale ajoute à la force de notre conviction. La base fondamentale qui nous donne une conviction complète dans les résultats de toutes les inductions que nous faisons d'une manière consciente, c'est la relation de cause à effet, que nous nommerons *loi causale*. Lorsque nous avons vu très-souvent se présenter ensemble deux phénomènes de la nature, comme le tonnerre qui suit l'éclair, ils nous paraissent être liés nécessairement l'un à l'autre, et nous concluons qu'ils ont une cause commune; et si ce lien causal a toujours eu pour effet de faire apparaître simultanément le tonnerre et l'éclair, nous admettons que les mêmes causes devant continuer à produire les mêmes effets, le résultat sera toujours le même dans la suite. Tant que notre observation porte sur des phénomènes qui se produisent sans notre participation, sans que nous puissions, par des expériences, modifier la complexité des causes, nous arrivons difficilement à la conviction d'avoir déjà trouvé toutes les conditions qui peuvent influer sur les résultats. Il faut que la diversité des cas auxquels s'applique la loi soit immense et que la loi permette de prévoir les résultats avec une exactitude extrême pour que nous puissions nous déclarer satisfaits, dans un cas de pure observation. C'est le cas qui se présente pour les mouvements du système planétaire. Sans doute, nous ne pouvons pas expérimenter sur les planètes, mais la théorie de la gravitation universelle, établie par Newton, donne une explication si complète et si exacte des mouvements apparents de ces corps sur la voûte céleste, mouvements relativement compliqués, que nous n'hésitons pas à considérer cette théorie comme suffisamment démontrée. Et cependant les expériences de Reich sur l'attraction des balles de plomb, celles de Foucault sur la déviation produite sur le pendule par la rotation de la terre, celle de Fizeau et Foucault sur la mensuration de la vitesse de la lumière à la surface de la terre, sont de la plus grande valeur pour fortifier notre conviction par la voie expérimentale.

Il n'existe peut-être aucun fait de simple observation dont l'exactitude soit démontrée d'une manière aussi absolue que la proposition générale, prise plus haut pour exemple, d'après laquelle tous les hommes meurent avant d'avoir dépassé un certain âge. Entre bien des millions d'hommes, il ne s'est pas présenté une seule exception. Nous pouvons admettre que si cela avait eu lieu nous en aurions eu connaissance. Parmi ceux qui sont morts il en est qui ont existé dans les climats les plus différents, qui ont vécu avec les régimes les plus divers. Cependant on ne peut pas dire que cette proposition, que tous les hommes sont mortels, ait le même degré de certitude qu'une proposition quelconque de physique dont les conséquences ont été comparées aux faits avec les modifications expérimentales les plus diverses. Relativement à la mortalité des hommes, je ne connais pas le lien causal. Je ne saurais indiquer les causes qui amènent infailliblement la faiblesse sénile, toutes les fois que la vie n'a pas été terminée plus tôt par quelque influence extérieure plus saisissable. Je n'ai pas pu constater expérimentalement que la faiblesse sénile arrive nécessairement si je fais agir ces causes, et qu'elle ne se présente pas lorsque j'élimine les causes de sa production. A quelqu'un qui prétend que l'usage de certains moyens peut prolonger la vie d'une manière indéfinie, je puis bien opposer l'incrédulité la plus extrême, mais je ne puis pas le contredire absolument, si je ne sais pas que des individus soient morts, bien qu'ils aient vécu dans les conditions qu'il indique. Mais si je prétends, au contraire, que tout mercure liquide se dilate sous l'action de la chaleur, lorsqu'il n'y a pas d'obstacle, je sais que toutes les fois que j'ai observé la réunion d'une température élevée et de la dilatation du mercure, ce fait ne provenait pas d'une troisième cause commune inconnue, comme on pourrait le supposer dans un cas de simple observation ; mais je sais, par l'expérience, que la chaleur a suffi, à elle seule, pour produire la dilatation. J'ai souvent chauffé du mercure, et à des époques différentes ; j'ai choisi, d'après ma propre volonté, les instants où je voulais commencer l'expérience. Si donc le mercure se dilatait, cette dilatation devait provenir des conditions que j'avais établies par mon expérience ; je sais donc que la chaleur est une cause suffisante pour produire la dilatation, qu'il n'a fallu aucune autre influence cachée pour l'obtenir. Ainsi un nombre, relativement restreint, d'expériences bien faites, me donne plus de certitude pour établir les conditions causales d'un phénomène que ne feraient des observations innombrables dans lesquelles je n'aurais pas pu modifier à volonté les conditions. C'est ainsi que si je n'avais vu la dilatation du mercure que dans un thermomètre inaccessible et situé dans un endroit où l'air restât saturé d'humidité à toutes les températures, j'aurais eu à me demander si c'est la température ou l'humidité qui fait dilater le mercure. La certitude n'a pu être acquise qu'en essayant si le volume du mercure se modifie en faisant varier isolément la température ou l'humidité.

Cette grande importance de l'expérience pour la certitude de nos convictions scientifiques existe aussi pour les inductions inconscientes de nos perceptions sensuelles. Ce n'est qu'en mettant volontairement nos organes sensuels dans différents rapports avec les objets, que nous apprenons à apprécier avec certitude les causes de nos sensations ; et depuis notre première enfance, nous ne cessons pas, pendant toute notre vie, d'expérimenter de cette manière.

Si les objets ne faisaient que passer devant nos yeux, sous l'action d'une force étrangère et sans que nous puissions rien y faire, nous n'aurions peut-être jamais pu nous reconnaître dans une semblable phantasmagorie, de même qu'on ne pouvait pas expliquer les mouvements apparents des planètes sur la voûte céleste, avant de savoir leur appliquer scientifiquement les lois de la perspective. Mais si nous remarquons que, pour obtenir différentes images d'une table, il nous suffit de nous déplacer ; qu'en choisissant convenablement notre position, nous pouvons en obtenir à volonté, et au moment que nous voulons, tantôt le premier, tantôt le second aspect ; que la table peut disparaître pour nos sens, mais qu'elle reparaît à tel instant que nous voulons, dès que nous y portons le regard, — nous acquérons la conviction, basée sur l'expérience, que nos mouvements sont la cause des différents aspects de la table, et, que nous la voyions ou que nous ne la voyions pas, que nous pouvons la voir dès que nous le voulons. C'est ainsi que nos mouvements nous apprennent à considérer l'image immobile de la table dans l'espace comme la cause des images variables qui se présentent dans nos yeux. Nous déclarons que la table est là, indépendamment de notre observation, parce que nous pouvons l'observer *à tout instant de notre choix*, dès que nous nous mettons dans une position convenable.

Le point essentiel de ce procédé est précisément le principe de l'expérimentation. Nous changeons volontairement et à notre gré une partie des conditions sous lesquelles l'objet est perçu. Nous savons que les modifications que subit alors la manière dont les objets se présentent à nous, n'ont pas d'autre cause que les mouvements que nous avons exécutés. Nous obtenons ainsi une série de notions du même objet pour lesquelles nous nous assurons, avec une certitude expérimentale, qu'elles ne sont que des notions différentes d'un même objet invariable, qui est leur cause commune. Par le fait, nous voyons les enfants expérimenter sur les objets de la manière indiquée. Ils les tournent et les retournent dans tous les sens, ils les tâtent avec les mains et avec la bouche ; ils répètent journellement ce manége pour les mêmes objets, et se pénètrent ainsi de leur forme, c'est-à-dire des différentes impressions visuelles et tactiles que donne le même objet touché et considéré dans tous les sens.

Dans ces expérimentations sur les objets, on voit qu'une partie des modifications de nos sensations dépend de notre propre volonté, et qu'une autre partie, c'est-à-dire tout ce qui dépend de la structure de l'objet que nous avons devant nous, s'impose à nous avec une nécessité que nous ne pouvons pas modifier à notre gré et qui nous devient le plus sensible lorsqu'elle provoque des sensations désagréables, comme la douleur. C'est ainsi que nous arrivons à reconnaître à nos sensations une cause indépendante de notre volonté et de notre imagination, et, par conséquent, extérieure. Cette cause est continuellement indépendante du moment de la perception, puisque, par des manipulations et des mouvements convenables, nous pouvons reproduire à tout moment chacune des sensations qu'elle peut nous donner. C'est ainsi que nous reconnaissons la cause extérieure comme étant un objet indépendant de notre perception.

On voit que l'idée de cause vient s'introduire ici, et l'on peut demander s'il est permis de la supposer dans la perception sensuelle primitive. Ici encore nous rencontrons cette difficulté, que nous ne pouvons décrire ce qui se passe que dans le langage de la science réfléchie, tandis que la forme primitive de la perception consciente ne comprend pas encore nettement la réflexion de la conscience sur elle-même.

La conscience naturelle, qui se développe uniquement dans le sens de l'observation du monde extérieur, est peu disposée à tourner son attention sur le *moi*, qui reste inaltéré en présence des incessantes variations des objets extérieurs ;

aussi ne remarque-t-elle ordinairement pas que les *propriétés* des corps soumis à notre vue et à notre toucher sont des effets qu'ils exercent, soit sur d'autres corps, soit principalement sur nos sens. Aussi, comme on fait complétement abstraction de notre système nerveux et de notre faculté perceptrice, — ces réactifs invariables sur lesquels s'exercent les effets, — et qu'on ne considère les variétés des effets que comme des variétés de l'objet qui les produit, un effet de ce genre ne peut-il plus être considéré comme tel (car tout effet est une action exercée par un objet sur un autre), mais on le considère comme propriété objective du corps, auquel on l'attribue ; si l'on se souvient maintenant que ce sont ces propriétés que nous percevons, on conçoit que notre sensation nous paraît être une image exacte de l'objet extérieur, image qui ne reproduit que cet objet extérieur et ne dépend que de lui.

En allant au fond de ce qui se passe ici, il devient évident que si le monde de nos perceptions nous mène à l'idée d'un monde extérieur, c'est seulement lorsque la variabilité de nos perceptions nous fait conclure à l'existence d'objets extérieurs comme causes de ces variations ; et si, après nous être représenté les objets extérieurs, nous ne remarquons plus par quelle voie nous sommes arrivés à cette représentation, c'est principalement parce que la conclusion paraît tellement évidente que la présence de cet échelon nous échappe absolument.

Nous sommes donc amenés à considérer la loi de causalité, au moyen de laquelle nous concluons de l'effet à la cause, comme une loi de notre pensée, préalable à toute expérience. En général, nous ne pouvons obtenir aucun résultat d'expérience, relativement aux objets naturels, sans que la loi de causalité agisse déjà en nous ; elle ne peut donc pas être un résultat des expériences que nous faisons sur ces objets.

Cependant cette dernière opinion a trouvé bien des défenseurs : on a voulu voir, dans la loi de causalité, une loi naturelle acquise par induction. Stuart Mill l'a récemment exposée de cette manière, et il a même examiné si elle devait nécessairement être applicable pour les habitants d'autres systèmes stellaires. Je me contenterai de faire remarquer que la démonstration empirique de la loi de la cause suffisante est bien difficilement acceptable. En effet, le nombre des cas où nous croyons pouvoir démontrer complétement le rapport causal des phénomènes naturels est bien peu considérable par rapport au nombre des cas où cette démonstration nous est encore complétement impossible. Les premiers appartiennent presque exclusivement à la nature inorganique, tandis que les cas non démontrés comprennent la plus grande partie des phénomènes de la nature organique. Pour les animaux et les hommes, nous admettons même, avec certitude, d'après notre propre conscience, un principe de libre arbitre, que nous sommes absolument obligés de soustraire à la dépendance rigoureuse de la loi causale ; malgré toutes les spéculations théoriques sur la fausseté possible de cette conviction, je crois que notre conscience naturelle ne s'en départira jamais. Ainsi ce sont précisément les cas les mieux et les plus exactement connus de nos actions que nous considérons comme des exceptions à cette loi. Si donc la loi causale était une loi d'expérience, sa démonstration inductive serait très-peu satisfaisante. Nous pourrions tout au plus comparer son degré de validité à celui des lois météorologiques, de la loi de rotation du vent, etc. On n'aurait plus rien à répondre aux physiologistes vitalistes qui considèrent la loi causale comme bonne pour la nature inorganique, mais qui, pour la nature organique, n'admettent son action que dans une sphère peu élevée.

Enfin la loi causale présente le caractère d'une loi purement logique, en ce que les conséquences qu'on en déduit ne se rapportent pas à l'expérience elle-même, mais à la manière de la comprendre, motif pour lequel il est impossible qu'elle soit jamais réfutée par l'expérience (1). En effet, lorsque nous nous heurtons à quelque difficulté dans l'application de la loi causale, nous n'en concluons pas qu'elle soit fausse, mais que nous ne connaissons pas encore complétement l'assemblage des causes qui agissent de concert dans le phénomène qui nous occupe. Et lorsqu'enfin nous sommes parvenus à comprendre certains phénomènes de la nature, d'après la loi causale, nous en déduisons : qu'il existe, dans l'espace, certaines masses matérielles qui s'y meuvent et qui agissent les unes sur les autres avec certaines forces motrices. Mais l'idée de matière, aussi bien que celle de force, sont des idées abstraites, comme on le voit facilement par leurs attributions. La matière, sans la force, est supposée exister dans l'espace sans agir et, par conséquent, sans avoir de propriétés : elle serait donc tout à fait indifférente relativement à tout ce qui se passe dans le monde ; elle le serait également pour nos perceptions : elle le serait tout comme si elle n'existait pas. Quant à la force sans la matière, elle est censée agir, mais sans pouvoir exister seule, car tout ce qui existe est matière. Ces deux idées ne peuvent donc jamais être séparées l'une de l'autre, ce ne sont que des manières abstraites d'envisager les mêmes objets sous différents rapports. Mais, pour la même raison, ni la matière, ni les forces ne peuvent être directement soumises à l'observation : ce ne sont jamais que les causes cachées des faits d'expérience. Si donc nous posons, enfin, comme causes dernières et suffisantes des phénomènes naturels, des abstractions qui ne peuvent jamais être soumises à l'expérience, comment pouvons-nous prétendre qu'on puisse démontrer, par l'expérience, que les phénomènes ont des causes suffisantes ?

La loi de la cause suffisante est tout simplement la prétention de vouloir tout comprendre. En présence des phénomènes de la nature, la tendance de notre esprit est de chercher des *notions générales* et des *lois naturelles.* Les lois naturelles ne sont que des notions générales qui comprennent les variations naturelles. Mais comme il nous faut considérer les lois naturelles comme valables et actives indépendamment de notre observation et de notre pensée, tandis que les notions générales ne seraient qu'une manière de mettre de l'ordre dans notre pensée, nous exprimons cela en appliquant à ces lois les dénominations de *causes* et de *forces.* Lors donc que nous ne pouvons pas ramener des phénomènes naturels à une loi, et que, par conséquent, nous ne pouvons pas poser la loi comme valable objectivement et comme étant la cause des phénomènes, nous cessons de pouvoir concevoir ces phénomènes.

(1) HELMHOLTZ, Ueber das Sehen des Menschen ; ein populär wissenschaftlicher Vortrag, Leipzig, 1856.

Mais nous avons besoin de chercher à les concevoir, car nous n'avons pas d'autre moyen de les soumettre à notre intelligence; il faut donc les examiner en admettant que nous parviendrons à les concevoir. De cette façon, la loi de la cause suffisante n'est rien d'autre que le *besoin* qu'éprouve notre intelligence de soumettre toutes nos perceptions à sa domination : ce n'est pas une loi naturelle. Notre entendement est la faculté de former des idées générales, il ne trouve rien à faire de nos perceptions sensuelles et de nos expériences s'il ne peut pas former des idées, des lois générales, qu'il rend objectives ensuite sous le nom de causes. Lorsque les phénomènes peuvent être ramenés à un rapport causal déterminé, ce rapport est assurément un fait objectivement valable, et correspond à des rapports objectifs particuliers qui existent entre les phénomènes; dans notre pensée, nous exprimons un pareil rapport comme étant un rapport causal, et nous n'avons aucune autre manière de l'exprimer.

De même que le mode d'action particulier à notre œil est d'éprouver des sensations lumineuses, et que, par suite, nous ne pouvons *voir* le monde que comme un *phénomène lumineux*, de même notre intelligence a pour fonction particulière de former des idées générales, c'est-à-dire de chercher des causes, et elle ne peut, par conséquent, *comprendre* le monde que comme une connexion *causale*. Outre l'œil, nous avons encore d'autres organes pour nous mettre en rapport avec le monde extérieur; aussi le toucher ou l'odorat s'appliquent-ils à bien des choses que nous ne pouvons pas voir. A côté de l'intelligence, au contraire, nous n'avons aucune faculté de même ordre pour comprendre le monde extérieur. Donc nous ne pouvons pas nous représenter l'existence de ce que nous ne pouvons pas *comprendre*.

Ainsi qu'il a déjà été exposé à la fin du § 17, dans les temps un peu reculés, l'histoire des perceptions sensuelles se confond en général avec celle de la philosophie. La plupart des physiologistes du XVIIe et du XVIIIe siècle ne poussèrent généralement leurs recherches que jusqu'à l'image rétinienne, et croyaient qu'avec la formation de cette image tout était dit. Aussi étaient-ils très-embarrassés de comprendre pourquoi les objets nous paraissent droits malgré le renversement des images, simples malgré l'existence de deux images rétiniennes.

DESCARTES fut le premier, parmi les philosophes, à s'occuper attentivement des perceptions visuelles, en tenant compte des connaissances scientifiques de son époque. Il considère les qualités de la sensation comme étant essentiellement subjectives, mais il regarde comme possibles à reconnaître dans leur exactitude objective les idées quantitatives de grandeur, de forme, de mouvement, de position, de durée, de nombre des objets. Mais pour expliquer l'exactitude de ces conceptions il admet, comme les idéalistes qui lui sont postérieurs, un système d'*idées innées* qui seraient conformes aux objets. Ce fut LEIBNITZ qui donna plus tard à cette théorie son développement le plus conséquent et le plus pur.

BERKELEY examina à fond l'influence de la mémoire sur les perceptions visuelles; il étudia les raisonnements inductifs auxquels elles donnent lieu et dont il dit qu'ils se produisent avec tant de rapidité que nous ne les remarquons pas si nous n'y portons pas particulièrement notre attention. Il faut ajouter que cette base empirique le conduisit à soutenir que non-seulement les qualités des sensations, mais qu'aussi les perceptions en général ne sont que des processus internes auxquels ne correspond aucun phénomène extérieur. Il est conduit à cette conclusion par la proposition erronée d'après laquelle la cause (l'objet perçu) devrait être de même nature que son effet (la représentation) et serait, par conséquent, un être spirituel et non pas un objet réel.

La théorie des perceptions, de LOCKE, rejeta les idées innées et chercha à fonder toute perception sur l'empirisme; cette tendance finit, chez HUME, par aboutir à la négation de la possibilité d'aucune connaissance objective.

Ce fut KANT qui fit, dans sa Critique de la raison pure, le pas le plus important pour poser la question sous son point de vue véritable; il déduisit de l'expérience toutes nos connaissances de la réalité, et il ne confondit pas avec ces connaissances tout ce qui, dans la forme de nos notions et de nos représentations, provient des propriétés particulières de notre esprit. La pensée pure, *à priori*, ne peut donner que des propositions formalement exactes qui paraissent s'imposer d'une manière absolue comme lois nécessaires de notre pensée et de notre imagination; mais elles n'ont aucune application à la réalité, et, par conséquent, on ne peut en déduire aucune conclusion relativement aux faits que pourra donner une expérience quelconque.

Suivant cette manière de voir, la perception est reconnue comme étant une action exercée par l'objet perçu sur notre sensibilité; action qui, dans ses conditions intimes, dépend aussi bien de la nature de l'objet qui agit que de celle de l'objet sur lequel l'action s'exerce. C'est en particulier à J. MÜLLER, dans son étude des énergies spécifiques des sens, qu'appartient le mérite d'avoir appliqué ce point de vue aux circonstances empiriques.

Les systèmes idéalistes plus récents de J. G. FICHTE, SCHELLING et HEGEL ont tous insisté de nouveau sur ce que la représentation dépend essentiellement de la nature de l'esprit; comme ils ont négligé l'influence qu'exerce sur l'effet l'objet qui le produit, ils ont eu très-peu d'influence sur la théorie des perceptions sensuelles.

KANT s'était borné à considérer l'espace et le temps comme des formes données de toute notion, sans rechercher combien l'expérience peut contribuer au perfectionnement des diverses notions d'espace et de temps. Cette recherche était d'ailleurs en dehors de la voie qu'il s'était tracée. C'est ainsi qu'il considéra notamment les axiomes géométriques comme des propositions contenues originellement dans la notion d'espace, opinion qui prête encore à la discussion. J. MÜLLER et ceux des physiologistes qui cherchaient à établir la *théorie nativistique* des notions d'espace le suivirent dans cette voie. J. MÜLLER admit que la rétine se sentait elle-même dans son étendue, grâce à une faculté innée particulière, et que les sensations des deux rétines se confondaient alors. Il faut citer E. HERING comme celui des physiologistes actuels qui a cherché avec le plus de persistance à soutenir cette opinion et à l'appliquer aux nouvelles découvertes.

STEINBUCH avait déjà essayé, dès avant MÜLLER, de déduire, des mouvements des yeux et du corps, les notions particulières sur l'étendue. Au point de vue philosophique, cette idée fut suivie par HERBART, LOTZE, WAITZ et CORNELIUS. Au point de vue expérimental, ce fut surtout WHEATSTONE qui, par la découverte du stéréoscope, donna un puissant stimulant à l'étude de l'influence de l'expérience sur les notions visuelles. Outre quelques petites contributions que j'ai présentées dans ce but, je citerai, parmi les tentatives d'établir un point de vue empiristique, les écrits de GIRAUD-TEULON, NAGEL, WUNDT et CLASSEN. Dans le paragraphe suivant, ces recherches et ces discussions seront traitées en détail.

1637. CARTESIUS, Dioptrice, in Œuvres, publiées par V. COUSIN, t. V.
1644. CARTESIUS, Principia Philosophiæ, III.
1703. LEIBNITZ, Nouveaux essais sur l'entendement humain, in Opera philos., ed. ERDMANN, I, p. 194.
1709. BERKELEY, Theory of vision, London.
1720. LOCKE, Essai sur l'entendement humain, trad. de l'anglais, Londres, L. II et IV.
— HUME, Untersuchungen über den menschlichen Verstand.
1787. J. KANT, Kritik der reinen Vernunft, 2. Aufl., Riga, 1787.
1811. STEINBUCH, Beiträge zur Physiologie der Sinne, Nürnberg.
1816. J. F. HERBART, Lehrbuch zur Psychologie, in HERBART's Werke herausgegeben von HARTENSTEIN, Leipzig, 1850, t. V.
1825. HERBART, Psychologie als Wissenschaft, in Sämmtliche Werke, t. VI.
1826. JOH. MÜLLER, Zur vergleichenden Physiologie des Gesichtssinns, Leipzig.
1849. TH. WAITZ, Lehrbuch der Psychologie als Naturwissenschaft, Braunschweig.
1852. H. LOTZE, Medicinische Psychologie, Leipzig.
1856. H. LOTZE, Mikrokosmus, Leipzig.
1861. CORNELIUS, Die Theorie des Sehens und räumlichen Vorstellens, Halle.
— M. J. SCHLEIDEN, Zur Theorie des Erkennens durch den Gesichtssinn, Leipzig.
— A. NAGEL, Das Sehen mit zwei Augen und die Lehre von den identischen Netzhautstellen, Leipzig u. Heidelberg.

1861. GIRAUD-TEULON, Physiologie et pathologie fonctionnelle de la vision binoculaire, Paris.
1861-64. E. HERING, Beiträge zur Physiologie, Leipzig.
1862. W. WUNDT, Beiträge zur Theorie der Sinneswahrnehmung, Leipzig u. Heidelberg. Abgedruckt aus der *Zeitschrift für rationnelle Medicin*, 1858-1862.
1863. A. CLASSEN, Das Schlussverfahren des Sehactes, Rostock.
— E. HERING, Ueber Dr. A. CLASSEN's Beitrag zur physiologischen Optik, in *Archiv für pathol. Anatomie und Physiologie*, VIII, 2, p. 179.
1864. C. S. CORNELIUS, Zur Theorie des Sehens, Halle.
— J. DASTICH, Ueber die neueren physiologisch-psychologischen Forschungen im Gebiete der menschlichen Sinne, Prag.
1866. H. ULRICI, Gott und der Mensch, I. Leib und Seele, Grundzüge einer Psychologie des Menschen, Leipzig.

§ 27. — Des mouvements de l'œil.

Comme les mouvements des yeux jouent un rôle essentiel dans la formation des notions d'étendue que donne le sens de la vue, il est nécessaire que nous entreprenions dès maintenant leur étude.

Le globe oculaire n'est pas contenu dans une cavité articulaire osseuse, solide et régulière, analogue à celles que présentent les articulations des membres ; la cavité orbitaire offre, comme on le voit figure 17, page 40, la forme d'une pyramide quadrangulaire dont le sommet est en arrière et qui ne peut aucunement s'adapter à la forme à peu près sphérique du globe oculaire. Les lacunes qui existent entre l'œil et les parois osseuses de l'orbite sont remplies par un tissu connectif lâche, contenant beaucoup de graisse, et dans lequel sont situés les muscles, les nerfs, les vaisseaux de l'œil, les glandes lacrymales, etc. Ces vides se rétrécissent le long du bord antérieur de l'orbite : notamment en haut, en dedans et en dehors, il ne reste qu'une fente assez étroite entre l'œil et la paroi osseuse, ainsi qu'on peut s'en assurer facilement en cherchant à y faire pénétrer le doigt : on ne peut y parvenir sans produire aussitôt des phosphènes. Ce n'est qu'en bas et en dehors, vers l'os zygomatique, que la lacune est un peu plus grande. La masse molle de graisse, de muscles, de nerfs, de vaisseaux et de glandes, située derrière l'œil, est donc renfermée dans une cavité presque complétement entourée de parois solides, et qui ne présente que des fentes rares et étroites fermées par une substance moins résistante. Cette cavité est formée en arrière et sur les côtés par les parois osseuses de l'orbite, en avant par le globe oculaire lui-même. Comme les parties organiques précitées : graisse, muscles, nerfs, etc., sont presque entièrement incompressibles comme l'eau, qui forme la plus grande partie de leurs poids, et qu'elles ne peuvent ni céder sensiblement, ni augmenter de volume, les mouvements de l'œil sont tout d'abord soumis à cette condition de ne pas pouvoir modifier le volume des parties situées derrière le globe oculaire.

L'œil ne peut donc, dans les conditions normales, ni s'enfoncer dans la cavité orbitaire, ni en sortir, ou du moins les contractions passagères de ses muscles ne peuvent pas être accompagnées de semblables mouvements. Lorsque le sang afflue avec plus de force dans les vaisseaux de l'orbite ou que ceux-ci se vident, comme cela a lieu, par exemple, après certaines maladies graves ou après la mort, il est certain que le volume des parties molles, situées derrière l'œil, varie et que le globe oculaire se déplace en avant ou en arrière; mais les mouvements volontaires de l'œil ne peuvent pas être accompagnés de semblables modifications. Lorsqu'on cherche à enfoncer l'œil dans la cavité orbitaire, par la pression des doigts, on sent aussitôt une résistance considérable avant que l'œil se soit déplacé d'une manière sensible, et l'on remarque immédiatement les phénomènes subjectifs que la pression amène dans l'œil. En même temps, les parties molles viennent déborder à côté de l'œil, surtout par en bas; dès que la pression diminue, elles reculent par l'effet de leur élasticité.

L'œil ne peut pas davantage se déplacer en masse, ni en hauteur, ni par côté ; il rencontrerait toujours quelque partie du bord osseux antérieur de l'orbite.

Ainsi les déplacements de l'œil en totalité, c'est-à-dire tous ceux où les points de l'œil se déplaceraient tous suivant la même direction, sont rendus impossibles, et cet organe ne peut exécuter que des *rotations*, c'est-à-dire des mouvements dans lesquels l'un de ses côtés pénètre dans la cavité orbitaire, tandis que l'autre en sort. Ainsi la manière dont le globe oculaire est logé produit, au point de vue de ses mouvements, le même résultat mécanique que s'il était une tête articulaire sphérique reçue dans une cavité cotyloïde comme la tête du fémur.

Si le globe oculaire ne peut exécuter que des mouvements de rotation, il faut se demander tout d'abord quel est le *centre* de ces rotations.

Le professeur Junge, de Saint-Pétersbourg, a cherché, dans mon laboratoire, à déterminer le centre de rotation de l'œil, en mesurant de combien se rapprochaient les reflets lumineux des deux cornées, lorsque les lignes visuelles passaient du parallélisme à un angle de convergence déterminé; mais l'observation montra que l'ellipticité de la cornée exerçait une influence notable sur le calcul des résultats, et comme il est très-laborieux de déterminer cette ellipticité pour un grand nombre d'yeux, cette méthode, bien qu'elle ait donné des résultats très-exacts, ne paraît pas susceptible d'une fréquente application.

Pour ce motif, Donders et Doijer (1) ont employé un procédé plus simple qui se trouva être suffisamment exact. Au moyen de l'ophthalmomètre, on mesura d'abord le diamètre horizontal de la cornée, et l'on détermina la position de la ligne visuelle par rapport à l'axe de la cornée. Puis on tendit verticalement un fil mince, immédiatement en avant de l'œil, et l'on nota les déplacements qu'il fallait faire exécuter à l'œil, à droite et à gauche, pour amener successivement derrière le fil les deux bords de la cornée. Cet angle et l'étendue connue des rotations suffirent pour calculer la position du centre de rotation. On trouvera plus loin les détails de l'opération.

Ces expériences ont donné les résultats suivants : pour 19 yeux normaux le centre de rotation était de $10^{mm},42$ à $11^{mm},77$, en moyenne à $10^{mm},957$, en arrière du plan mené par le bord de la cornée, ou bien à $13^{mm},557$ en arrière du sommet de la cornée, et à environ 10^{mm} en avant de la face postérieure de la sclérotique, par conséquent un peu plus près de cette membrane que de la base de la cornée. La position du centre de rotation dépend, en effet, principalement de la forme de la moitié postérieure de l'œil, car cette partie seule est en contact avec le coussin mou et résistant qui remplit le fond de l'orbite. Dans les yeux normaux, cette moitié postérieure de l'œil paraît appartenir à un ellipsoïde plus aplati que la moitié antérieure; le centre de rotation doit se trouver à peu près au centre de cet ellipsoïde.

Les yeux myopes sont allongés en arrière; aussi leur centre de rotation se trouve-t-il plus en arrière que dans les yeux normaux. Donders le trouva, au maximum, à $13^{mm},26$ en arrière de la base de la cornée ou à $15^{mm},86$ en arrière de son sommet. Les yeux hypermétropes sont, au contraire, aplatis en arrière; leur centre de rotation se trouve, par suite, un peu plus en avant; le minimum de sa distance à la base de la cornée était de $9^{mm},71$, soit $12^{mm},32$ en arrière du sommet de la cornée.

Donders n'a pas encore examiné si la position du centre de rotation reste absolument constante pour toutes les positions de l'œil.

Il résulta, de plus, de ces expériences, que, sauf une seule exception, les yeux normaux purent exécuter, sans difficulté, les mouvements exigés par la disposition de l'expérience, et qui étaient de 28 degrés de part et d'autre, tandis que les yeux myopes présentaient souvent une

(1) *Derde Jaarlijksch Verslag betr. Nederlandsch Gasthuis voor Ooglijders*, Utrecht, 1862, p. 209-229.

mobilité plus restreinte ; parmi les yeux hypermétropes, il ne se trouva également qu'un seul cas de mobilité insuffisante. Cependant, la plupart des yeux peuvent même exécuter des mouvements plus étendus. Avec tout l'effort dont je suis capable, j'arrive à atteindre 50 degrés de part et d'autre, dans le plan horizontal, et 45 degrés environ dans le plan vertical, de sorte que, de haut en bas, mon œil peut décrire à peu près un angle droit et un peu davantage dans le plan horizontal. Mais les rotations extrêmes sont déjà très-forcées et impossibles à supporter longtemps.

Nous allons examiner maintenant quelles sont les rotations que l'œil exécute. — La manière dont l'œil est fixé ne présente aucun obstacle à des rotations quelconques d'une amplitude modérée ; les muscles existants suffiraient également pour déterminer la rotation autour d'un axe donné quelconque ; cependant l'étude exacte des mouvements de l'œil humain a montré que, dans les circonstances ordinaires de la vision normale, l'œil est loin d'exécuter tous les mouvements dont la possibilité mécanique est reconnue. Nous avons donc à examiner d'abord quels sont les mouvements que l'œil exécute réellement.

Dans la détermination de la position de l'œil et des objets que nous voyons, il s'agit, en général, de procéder par rapport à la tête, dont la position et la direction dans l'espace doivent être considérées comme connues. Pour ces déterminations, il nous sera commode d'employer la nomenclature suivante, peu différente de celle proposée par Henle pour les descriptions anatomiques.

La tête de l'homme se compose de deux moitiés symétriques ; nous nommons *plan médian* son plan de symétrie. Sous le nom de *lignes transversales*, nous désignons celles qui joignent des points correspondants des moitiés droite et gauche de la tête. Les lignes transversales sont perpendiculaires au plan médian. Les plans parallèles au plan médian s'appellent *sections sagittales*.

On peut considérer comme position naturelle de la tête celle qu'on prend lorsque le corps est droit et que les regards sont dirigés vers l'horizon. Chez moi, dans cette position, la glabelle de l'os frontal (la partie située immédiatement au-dessus de la racine du nez) se trouve sur la même verticale que les dents de la mâchoire supérieure. Cependant cette indication ne détermine la position que d'une manière approximative ; on verra plus loin comment on peut obtenir une détermination plus exacte, relativement aux mouvements de l'œil. On appelle *sections horizontales* ou *transversales* les plans horizontaux menés à travers la tête, lorsqu'elle est dans cette position, et *sections frontales* les sections verticales menées perpendiculairement au plan médian. Les sections frontales et les sections horizontales se coupent suivant les *lignes transversales.* Les lignes d'intersection du plan médian et des plans sagittaux, qui lui sont parallèles, avec les sections horizontales, s'appellent *lignes sagittales* (lignes dirigées exactement d'arrière en avant) et celles suivant lesquelles se coupent les plans médian et sagittaux et les plans frontaux s'appellent *lignes verticales.* Les lignes *transversales* vont donc de droite à gauche, les *sagittales* d'avant en arrière, et les *verticales* de haut en bas.

On obtient ainsi un système rectangulaire de coordonnées considéré comme lié invariablement à la tête, dont il accompagne les mouvements. On appelle *droit* et *gauche* les deux côtés du plan médian, *interne* et *externe* ceux d'un plan sagittal ; comme cette dénomination peut donner lieu à une confusion avec la partie *intérieure* ou *extérieure* d'un organe creux, le mieux est d'employer ici les désignations de côté *nasal* et de côté *temporal.* Les deux côtés des sections transversales peuvent être appelés *supérieur* et *inférieur*, ou lorsque, pour une position inclinée de la tête, ces expressions pourraient être équivoques, on peut employer les mots de *frontal* et de *jugal*, proposés par Serre (d'Uzès). Les deux côtés des sections frontales peuvent être nommés *antérieur* et *postérieur*, sans équivoque.

Relativement aux mouvements de l'œil, le centre de rotation forme le point fixe, et, dans la vision normale, les deux yeux sont toujours placés de telle façon qu'ils fixent un seul et même point; comme ce point définit ce qu'on appelle usuellement la position du regard, nous l'appellerons *point de regard* (on le nomme aussi *point de fixation*). Nous nommerons *ligne de regard*, une ligne droite allant du *point de regard* au *centre de rotation* de l'œil ; cette ligne diffère un peu de la *ligne visuelle*, qui correspond au rayon non réfracté : elle occupe sans doute une position un peu plus interne (nasale), puisque le centre de rotation est probablement sur l'axe oculaire, et, par suite, dans une position interne par rapport à la ligne visuelle. Cependant, dans la plupart des cas, on pourra négliger cette différence entre les deux lignes. Un rayon lumineux qui se dirige suivant la ligne de regard doit, comme tous les rayons partis du point de regard, passer finalement par le centre de la tache jaune ; il ne peut donc pas rester dans le prolongement de la ligne de regard.

Nous nommerons *plan de regard* le plan mené par les deux lignes de regard (réservant le nom de *plan de visée*, qu'on a parfois employé dans ce sens, pour le plan qui contient les *lignes de visée ;* du reste, on peut négliger, en général, la différence qui existe entre le plan de visée et le plan de regard). La ligne qui joint les centres de rotation et qui forme un triangle avec les deux lignes de regard, est considérée comme la base de ce triangle et nommée, pour cette raison, *ligne de base*. Le plan médian de la tête coupe la ligne de base en son milieu ; il coupe le plan de regard suivant la *ligne médiane du plan de regard*.

Le point de regard peut être élevé ou abaissé. Nommons *champ de regard* le champ qu'il peut parcourir ; ce champ est moins étendu que le champ visuel. Nous considérons le champ de regard comme étant une partie d'une surface sphérique dont le centre serait au centre de rotation. Considérons comme position initiale du plan de regard une certaine position, arbitraire d'abord, et que nous définirons plus tard exactement ; toute nouvelle position de ce plan est complétement déterminée si l'on connaît l'angle qu'elle forme avec la position primitive, angle que nous appellerons *angle ascensionnel du regard*. Cet angle sera compté positivement lorsque le plan de regard se sera déplacé vers le front et négativement lorsqu'il se sera rapproché du menton.

La ligne de regard de chaque œil peut se déplacer, dans le plan de regard, dans le sens temporal ou nasal ; ces mouvements se nommeront *déplacements latéraux du regard* et nous les mesurerons par *l'angle de déplacement latéral*, c'est-à-dire par l'angle que la direction de la ligne de regard forme avec la ligne médiane du plan de regard. Cet angle sera positif pour les déplacements à droite et négatif pour les déplacements à gauche.

L'*angle ascensionnel* et l'*angle latéral* suffisent pour définir la position de la ligne de regard. Fick, Meissner et Wundt se sont servis de deux autres angles. — On a vu qu'avec mes définitions la ligne de regard est d'abord élevée avec le plan de regard, puis déplacée latéralement dans ce plan. Fick suppose d'abord que le plan de regard est horizontal ; puis il déplace horizontalement la ligne de regard suivant un angle qu'il appelle *longitude*, en comparant l'axe vertical de l'œil avec l'axe polaire d'un globe terrestre ; alors seulement il fait monter la ligne de regard d'un angle qu'il appelle *latitude*. Mais dans cette manière de mesurer, les valeurs de la longitude aussi bien que de la latitude, dépendent de la position initiale qu'on a attribuée au plan de regard, position qu'on est hors d'état de déterminer suffisamment dès l'abord, et dont chaque changement nécessite des calculs trigonométriques pour les deux autres angles. L'*angle latéral* que j'ai déjà choisi est, au contraire, tout à fait indépendant du choix de la position initiale du plan de regard, et lorsqu'on choisit une autre origine pour les *angles ascen-*

sionnels, il suffit d'une addition ou d'une soustraction pour faire la transformation.

Les angles que nous venons d'indiquer déterminent donc complétement la position de la ligne de regard, mais celle de l'œil n'est pas encore entièrement définie. En effet, le globe oculaire pourrait encore exécuter des mouvements de rotation quelconques autour de la ligne de regard prise pour axe, et maintenue immobile. A défaut de terme plus satisfaisant, nous nommerons *torsions* les rotations de l'œil autour de la ligne de regard (l'expression allemande de *Raddrehung* exprime que, dans ces mouvements, l'iris exécute une rotation semblable à celle d'une roue). Pour mesurer l'étendue du mouvement de torsion, il faut déterminer l'angle que fait, avec le plan de regard, un plan lié invariablement à l'œil. J'ai choisi pour plan fixe celui qui coïncide avec le plan de regard, lorsque, la tête étant droite, le regard des deux yeux se dirige, parallèlement au plan médian, vers l'horizon situé à une distance infinie, et j'ai donné le nom d'*horizon rétinien* à ce plan qui occupe dans l'œil une position fixe. Cette détermination n'avait présenté aucun équivoque ni pour mes yeux, ni pour d'autres yeux normaux que j'avais examinés. Mais il s'est trouvé, plus tard, qu'il n'en était plus ainsi pour les yeux myopes; pour ceux-ci, il faut donc déterminer exactement la position primitive du plan de regard; il serait peut-être mieux, à l'avenir, d'employer pour ces yeux la position du plan de regard pour laquelle les lignes droites, situées dans ce plan, se peignent sur des parties correspondantes des deux rétines; c'est ce qui paraît avoir lieu, en général, dans les yeux normaux, pour la direction du regard parallèle au plan médian, telle que nous l'avons choisie. Nous nommerons *angle de torsion* de l'œil, l'angle compris entre l'*horizon rétinien* et le *plan de regard;* nous le prendrons positif, lorsque l'extrémité supérieure du méridien vertical de la rétine se déplace vers la droite : pour éviter les fautes de signe, l'observateur se souviendra que, dans ce mouvement positif, son œil tourne dans le même sens que les aiguilles d'une montre placée en face de lui. C'est ce que les astronomes appellent mouvement *direct*.

Nous allons rechercher d'abord les lois des mouvements des deux yeux pour lesquels les lignes de regard restent constamment parallèles : c'est ce qui se réalise lorsqu'on promène le regard sur des objets éloignés. La loi trouvée pour le cas où les lignes visuelles sont parallèles subit quelques légères altérations lorsque les yeux occupent une position convergente.

La première loi, établie par Donders et confirmée par toutes les recherches postérieures, peut être énoncée ainsi : *A une position déterminée de la ligne de regard par rapport à la tête, répond une valeur déterminée et invariable de l'angle de torsion*, valeur indépendante de la volonté de l'observateur, indépendante aussi de la manière dont on a amené la ligne de regard dans la position considérée. Employant les dénominations que nous avons adoptées, on peut exprimer cette loi de la manière suivante :

Lorsque les lignes de regard sont parallèles, l'ange de torsion de chaque œil n'est fonction que de l'angle ascensionnel et de l'angle latéral.

Donders, en particulier, a montré, contrairement à l'opinion émise auparavant par Hueck, que la valeur de l'angle de torsion ne change pas avec l'inclinaison de la tête, lorsque la position de la ligne de regard par rapport à la tête reste invariable. Donders avait également considéré la position de chaque œil comme indépendante de celle de l'autre. Cependant Volkmann a fait voir que, du moins pour les yeux myopes, la convergence des yeux exerce une influence faible, il est vrai, et dont nous parlerons plus loin. En outre, la fatigue des muscles de l'œil, qui accompagne une convergence prolongée, exerce aussi quelque influence ; de plus, dans des conditions particulières dont nous parlerons plus loin, les efforts qu'on fait lorsqu'on ne peut voir un objet simple qu'au moyen de mouvements inusités de l'œil, exercent aussi une influence, sinon immédiatement, du moins au bout de quelque temps. Enfin, il peut aussi se présenter de petites modifications d'un jour à l'autre. Mais toutes ces aberrations sont faibles et n'empêchent pas, en somme, la loi de Donders de présenter une approximation suffisante.

On peut résumer de la manière suivante les principaux traits de la loi des mouvements de l'œil, qui sont communs à tous les yeux.

Parmi les différentes directions de l'œil, on peut en trouver une telle que l'œil n'exécute aucun mouvement de torsion lorsqu'il s'en écarte par un mouvement, soit ascensionnel, soit latéral. Nous donnerons à cette position le nom de *position primaire de la ligne de regard.* Ainsi, lorsqu'on part de la position primaire, l'*élévation directe ou l'abaissement de l'œil*, sans déplacement latéral, *et le simple déplacement latéral*, sans élévation ni abaissement, *ne produisent aucun mouvement de torsion.*

Nous nommons direction primaire du plan de regard la direction du plan de regard qui passe par les directions primaires des deux lignes de regard.

Lorsque le plan de regard est dirigé en haut, les déplacements latéraux à droite font tourner l'œil à gauche, et les déplacements vers la gauche le font tourner à droite.

Lorsque le plan de regard est abaissé, les déplacements latéraux à droite sont accompagnés de torsion à droite, et vice versâ.

En d'autres termes : *Lorsque l'angle ascensionnel et l'angle latéral sont tous les deux de même signe, la torsion est négative ; s'ils sont de signe contraire, la torsion est positive.*

A égalité d'élévation et d'abaissement, la torsion est d'autant plus forte que l'angle latéral est plus grand, et à égalité de déplacement latéral, elle est d'autant plus forte que l'élévation ou l'abaissement est plus considérable.

Pour constater les faits que nous venons de mentionner, le mieux est de se servir des images accidentelles, comme Ruete l'a proposé le premier. — On se place en face d'un mur dont la tenture présente des lignes horizontales et verticales bien visibles, sans que le dessin soit assez marqué pour empêcher d'y distinguer facilement des images accidentelles ; le fond le plus commode est un gris pâle et mat. En face de l'œil observateur et à sa hauteur, on tend horizontalement un ruban noir ou coloré, de deux à trois pieds de long, et qui tranche fortement sur la couleur de la tenture. Pour assurer la position de la tête, il est bon d'appuyer fortement l'occiput ; il faut faire en sorte qu'elle ne soit inclinée ou tournée ni à droite, ni à gauche : le plan médian de la tête doit être maintenu vertical et perpendiculaire au mur. On reconnaît facilement si le plan médian de la tête est vertical, en louchant de manière à obtenir de doubles images du ruban noir : ces images doivent se trouver sur une même ligne droite. Si, après avoir fixé invariablement, pendant un peu de temps, le milieu du ruban, on dirige brusquement le regard, sans déplacer la tête, sur une autre partie de la muraille, on y voit une image accidentelle du ruban et, en comparant cette image avec les lignes horizontales de la tenture, on reconnaît si elle est horizontale ou non. L'image accidentelle elle-même est développée sur les points de la rétine qui font partie de l'horizon rétinien et désigne, pendant les mouvements de l'œil, les parties du champ visuel où se projette l'horizon rétinien. L'intersection du plan de regard avec le mur est nécessairement horizontale tant que la tête de l'observateur est dans la position indiquée, où la ligne qui joint les deux centres de rotation des deux yeux est horizontale et parallèle au plan de la muraille. Les lignes horizontales de la tenture donnent donc la projection du plan de regard sur la tenture, et l'horizon est tourné par rapport au plan de regard, comme l'image accidentelle par rapport à ces lignes horizontales.

Nous trouvons que lorsque la position de la tête est convenable et qu'on regarde directement en haut, en bas, à droite ou à gauche, l'image accidentelle du ruban horizontal se confond avec les lignes horizontales de la tenture. Mais lorsqu'on porte le regard *en haut et à droite* ou *en bas et à gauche*, l'image tourne vers la *gauche*, c'est-à-dire que son extrémité gauche est plus bas que l'autre, toujours en comparaison des lignes horizontales de la tenture; lorsqu'on regarde à *gauche et en haut* ou à *droite et en bas*, l'image accidentelle est, au contraire, un peu tournée à droite : son extrémité droite est plus bas que la gauche.

Le sens de ces rotations est exactement le même pour les deux yeux ; pour s'en assurer facilement et complétement, il suffit d'ouvrir les yeux en même temps pendant la production de l'image accidentelle, puis de changer la direction du regard, et, tandis qu'on regarde l'image acci-

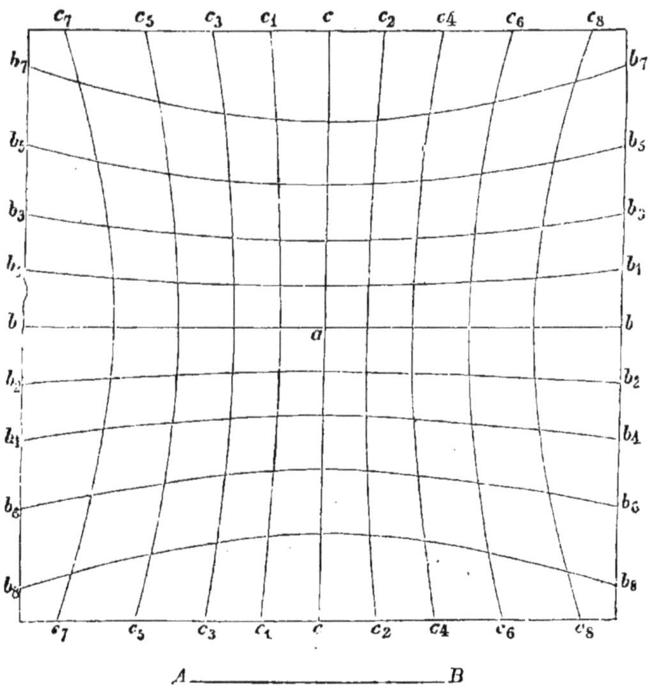

Fig. 154.

dentelle, de recouvrir alternativement et rapidement les yeux à l'aide de la main. Dans cette expérience, pour les yeux normaux que j'ai examinés, l'image accidentelle est restée parfaitement immobile.

Si l'on tend le ruban verticalement et qu'on compare, de la même manière, son image accidentelle avec les lignes verticales de la tenture, on obtient des rotations qui paraissent être d'un sens contraire à celui que nous venons de voir. En effet, si l'on regarde à droite et en haut, l'image accidentelle ne paraît pas tourner vers la gauche, mais bien vers la droite, par rapport aux lignes verticales de la tenture. Mais de là on ne peut pas conclure à une rotation de l'œil dans le sens direct, car, dans ce cas, les lignes verticales de la tenture ne se confondent pas avec la projection, sur le mur, d'une perpendiculaire au plan de regard; celle-ci paraîtrait, au contraire, tournée dans le même sens que l'image accidentelle, et d'un angle plus considérable que cette image.

La figure 154 représente toute la marche du phénomène d'après la loi applicable aux yeux normaux. L'œil se trouve sur la perpendiculaire élevée en a, et à une distance égale à AB. Projetées sur une autre partie du champ, les images accidentelles d'une ligne horizontale passant par a se confondent avec la direction des courbes $b_1 b_1$, $b_2 b_2$, etc.; celles d'une ligne verticale passant par a se confondent, au contraire, avec les courbes $c_1 c_1$, $c_2 c_2$, etc. Pour les mouvements normaux, ces courbes sont des hyperboles.

Comme lorsque, partant de la position primaire, on élève ou l'on abaisse obliquement le regard, les images accidentelles des lignes verticales paraissent subir, par rapport aux lignes verticales de la tenture, une rotation en sens contraire de celle des images horizontales, il est naturel de présumer qu'entre les lignes horizontales et verticales il existe pour chaque mouvement de l'œil une direction intermédiaire, où l'image accidentelle est parallèle à son objet, et c'est ce qui a lieu en effet : les images accidentelles de lignes obliques, qu'on a fixées dans la position primaire, restent parallèles à leur objet lorsqu'on fait marcher le regard, soit dans le prolongement de la ligne de l'objet, soit perpendiculairement à cette ligne.

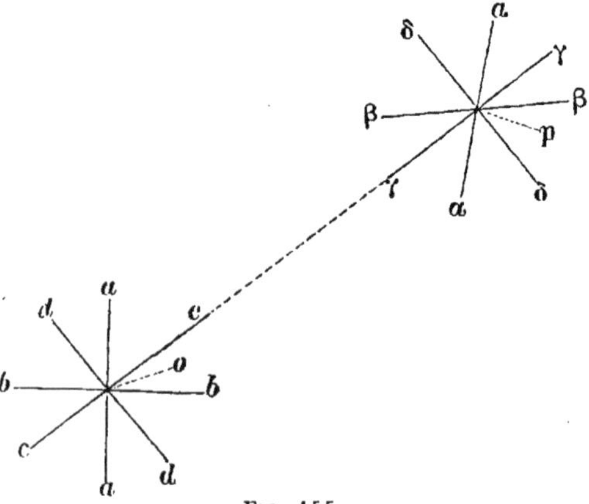

FIG. 155.

Soient donc, dans la position primaire, o (fig. 155) le point où la ligne de regard coupe perpendiculairement le plan du dessin, soient aa et bb deux lignes verticale et horizontale menées par o. Si l'on dirige le regard vers p, les images accidentelles prennent les directions $\alpha\alpha$ et $\beta\beta$, qui ne sont pas respectivement parallèles à *aa* et *bb*. Mais si l'on mène par *o* les lignes *cc* et *dd*, respectivement dirigées suivant *op* et suivant la perpendiculaire à cette direction, ces deux lignes donnent en *p* les images accidentelles $\gamma\gamma$ et $\delta\delta$ qui sont parallèles à leurs objets.

Dans les yeux que j'ai examinés, cette loi parut être d'autant plus exactement satisfaite que les yeux étaient moins myopes.

Il résulte donc de l'expérience indiquée par la figure 155 que, lorsque le regard est dirigé vers *p*, les lignes $\gamma\gamma$ et $\delta\delta$ se dessinent sur les mêmes parties de la rétine que les lignes *cc* et *dd*, lorsque le regard est dirigé vers *o*. Si l'on demande maintenant autour de quel axe l'œil doit tourner pour passer de la première position dans la seconde, on voit facilement que cet axe doit être parallèle aux lignes *dd* et $\delta\delta$, et, par conséquent, perpendiculaire au plan mené par *op* et le centre de rotation. Qu'on suppose ce plan invariablement lié à l'œil, sa position ne change pas quand il tourne avec l'œil autour d'un axe qui lui est perpendiculaire. Son intersection *op* avec le plan du dessin reste donc également invariable, dans un mouvement de ce genre, et cette ligne, dont font partie *cc* et $\gamma\gamma$, se peint toujours sur les mêmes parties de la rétine, comme l'exigent les résultats de l'expérience. Qu'on se figure, de plus, un plan passant par l'axe et par la ligne *dd* qui lui est parallèle, ce plan tournant autour de l'axe, la ligne d'intersection de ce plan avec le plan du dessin doit toujours rester parallèle à l'axe et, par conséquent, parallèle à la ligne *dd*. Car lorsqu'un plan passe par une ligne droite (axe de rotation) parallèle à un autre plan (plan du dessin), la ligne d'intersection des deux plans est aussi parallèle à cette ligne droite (axe de rotation).

Nous pouvons donc énoncer de la manière suivante la loi du mouvement des yeux normaux dirigés parallèlement : *Lorsque la ligne de regard passe de sa position primaire à une position quelconque, l'angle de torsion de l'œil, dans cette seconde position, est le même que si l'œil était venu dans cette position en tournant autour d'un axe fixe, perpendiculaire à la première et à la seconde position de la ligne de regard.*

Cette loi des mouvements des yeux porte le nom de Listing, qui l'a exprimée le premier sous cette forme.

Il n'est pas nécessaire que le regard passe réellement de sa première direction à la seconde en suivant une ligne droite, ni que l'œil tourne réellement autour d'un axe invariable : ce passage de la première à la seconde position peut se faire de n'importe quelle manière ; d'après la loi de Donders, la position finale n'en est pas altérée, et l'on peut démontrer, d'ailleurs, l'exactitude de cette loi de Donders en amenant intentionnellement le regard par différents chemins à sa position finale et s'assurant, à l'aide de la coïncidence de l'image accidentelle $\gamma\gamma$ avec la ligne *op*, de l'identité de l'angle de torsion définitif.

Cependant il faut encore remarquer qu'après des excursions considérables, au premier moment où la ligne de regard est arrivée au second point de fixation, la position de l'image accidentelle est encore parfois un peu altérée ; mais, après une ou deux secondes, elle redevient normale.

Si l'on calcule, d'après la loi de Listing, vérifiée par de semblables expériences, la valeur de l'angle de torsion γ en fonction de l'angle ascensionnel α et de l'angle latéral β, on trouve l'équation suivante :

$$-\text{tang. } \gamma = \frac{\sin \alpha \sin \beta}{\cos \alpha + \cos \beta}$$

ou, sous une forme calculable par logarithmes,

$$-\text{tang. } \left(\frac{\gamma}{2}\right) = \text{tang. } \left(\frac{\alpha}{2}\right) \text{tang. } \left(\frac{\beta}{2}\right)$$

Le tableau suivant indique les valeurs de l'angle de torsion calculées pour des valeurs des deux autres angles croissantes de 5 en 5 degrés.

ANGLE LATÉRAL.	ANGLE ASCENSIONNEL.							
	5°.	10°.	15°.	20°.	25°.	30°.	35°.	40°.
5°	0° 13′	0° 26′	0° 40′	0° 53′	1° 7′	1° 20′	1° 35′	1° 49′
10°	0° 26′	0° 53′	1° 19′	1° 46′	2° 13′	2° 41′	3° 10′	3° 39′
15°	0° 40′	1° 19′	1° 59′	2° 40′	3° 21′	4° 2′	4° 45′	5° 29′
20°	0° 53′	1° 46′	2° 40′	3° 34′	4° 29′	5° 25′	6° 22′	7° 21′
25°	1° 7′	2° 13′	3° 21′	4° 29′	5° 38′	6° 48′	8° 0′	9° 14′
30°	1° 21′	2° 41′	4° 2′	5° 25′	6° 48′	8° 13′	9° 39′	11° 8′
35°	1° 35′	3° 10′	4° 45′	6° 22′	8° 0′	9° 39′	11° 21′	13° 6′
40°	1° 49′	3° 39′	5° 29′	7° 21′	9° 14′	11° 8′	13° 6′	15° 5′

Ainsi, d'après la loi de Listing, pour les mouvements du regard qui partent de la position primaire pour passer à une autre position quelconque, l'axe de rotation est toujours situé dans un plan perpendiculaire à la ligne de regard.

Supposons que ce plan des axes de rotation passe par la ligne *AA* (fig. 156, p. 608), perpendiculaire à la ligne de regard *OB*. Figurons-nous un second plan 𝔄 coïncidant avec le plan *AA* dans la position primaire de l'œil, mais qui soit invariablement lié au globe oculaire. Lorsqu'on a amené la ligne de regard *OB* dans une position secondaire *OF*, 𝔄 prend une autre position *CC*, différente de *AA*. Pour passer de cette position secondaire à n'importe quelle autre position, on peut encore faire tourner l'œil autour d'un axe fixe, et tous les axes de ce genre se trouvent également compris dans un seul et même plan ; on verra plus loin que, par suite de la loi de Listing, *ce plan est bissecteur de l'angle compris entre les plans* AA *et* CC : il est perpendiculaire au plan du dessin, qu'il coupe suivant la ligne *HH*. C'est là le plan des axes de rotation pour partir de la direction secondaire correspondant à la position *OF* de la ligne de regard.

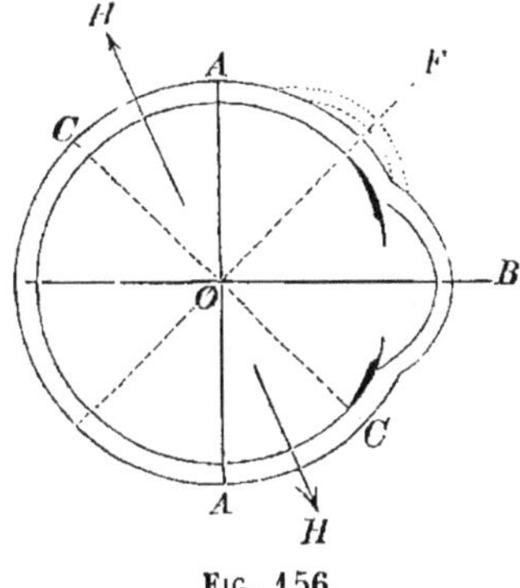

Fig. 156.

Enfin, pour passer d'une position quelconque *a* du globe oculaire à une autre position *b*, construisant les plans des axes de rotation pour les positions *a* et *b*, leur intersection est l'axe autour duquel il suffit de faire tourner l'œil pour l'amener de *a* en *b*. Il est évident, en effet, que cet axe doit appartenir aux deux plans, puisqu'on peut aussi exécuter le même mouvement de *b* en *a*, et que l'axe de rotation doit remplir les conditions du mouvement aussi bien dans un sens que dans l'autre, c'est-à-dire qu'il doit se trouver dans les deux plans d'axes de rotation qui appartienent aux deux lignes de regard.

Pour les yeux normaux ou faiblement myopes qui ont été examinés jusqu'ici, la loi de Listing s'est trouvée satisfaite avec une grande exactitude pour toutes les directions parallèles des deux lignes de regard. Lorsque la méthode des images accidentelles est bien appliquée, elle permet de déterminer la position du globe oculaire sans erreur supérieure à un demi-degré environ. Une autre méthode, appliquée d'abord par Meissner, perfectionnée plus tard par Volkmann, et qui repose sur la comparaison des images des deux yeux, permet des déterminations encore plus exactes, — l'exactitude peut atteindre 1/10 de degré ; — cette méthode, qui ne s'applique pas pour la position d'un seul œil, est utilisable pour l'étude des différences de position des deux yeux. J'ai fait, sur mes propres yeux, des expériences, d'après cette méthode, dont je décrirai les détails plus loin, et dans les positions périphériques extrêmes, en haut et en bas, j'ai trouvé que chaque œil s'écartait de la loi de Listing d'un angle de 9 minutes seulement ; Volkmann trouva, pour ses yeux un peu plus myopes que les miens, et pour le regard dirigé obliquement en bas, à droite comme à gauche, un écart maximum de 54 minutes pour les deux yeux, ce qui fait à peu près 27 minutes pour chacun. Mais les yeux fortement myopes, comme ceux du docteur Berthold, présentèrent des écarts plus considérables, notamment dans les directions périphériques en haut et en bas ; ces déviations sont probablement attribuables aux obstacles mécaniques que présente aux mouvements de l'œil myope son allongement postérieur.

Ce qui précède s'applique aux positions où les deux lignes de regard sont parallèles. — D'après une découverte de Volkmann, on trouve des résultats sensiblement différents, et l'écart varie d'une personne à l'autre, lorsque les lignes de regard convergent pour l'examen d'un objet rapproché. Pour les yeux de Volkmann, la convergence du regard sur les points d'un plan situé à 30 centimètres des yeux augmente uniformément de 2 degrés la divergence des méridiens verticaux apparents des deux yeux, par rapport à la convergence que ces méridiens devraient présenter d'après la loi de Listing, si la divergence et la position primaire étaient les mêmes que pour le parallélisme des lignes visuelles. Ainsi, en tant que l'influence de la convergence se manifeste sur l'altération de la différence de position des deux yeux, on pourrait admettre pour les yeux de Volkmann, soit une disposition d'après laquelle la position primaire serait située plus bas lors de la convergence, soit une modification de la rotation de l'œil dans la position primaire, que nous considérons comme point de nullité des mouvements de torsion. Cette modification augmente avec la convergence.

Pour mes yeux, cette rotation par convergence est bien plus faible dans les parties moyennes du champ visuel que pour ceux de Volkmann, elle en est seulement le 1/9 ; de sorte qu'elle m'avait échappé dans les expériences avec les images accidentelles ; elle présente, d'ailleurs, le même sens. Par contre, j'ai trouvé, dans les expériences avec les images accidentelles, que dans les directions périphériques latérales du regard, la convergence amène des déviations de 2° à 2° 1/2 de l'image accidentelle, dans le sens qu'elles offriraient si la position primaire de

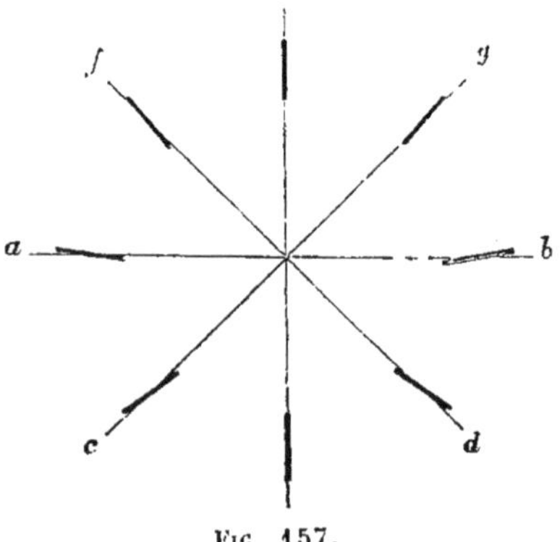

Fig. 157.

mon œil devait être un peu plus basse pour les directions convergentes que pour le parallélisme. Dans la figure 157, les traits épais et courts indiquent, en exagérant leurs déviations, les positions des images accidentelles pour les directions convergentes de l'œil. Les objets de ces images avaient été placés au centre, parallèlement aux rayons marqués dans le champ visuel, de sorte que, pour des lignes visuelles parallèles, les images accidentelles seraient restées sur la direction de ces rayons. Les écarts sont le plus prononcés en *c* et en *d* ; ils sont faibles et douteux en *f* et en *g*.

MM. Dastich et Mandelstamm, qui réussissaient fort bien les autres expériences de ce genre, ne purent trouver, pour leurs yeux, aucune influence de la convergence. Il y a donc de nouvelles recherches à faire pour déterminer l'étendue de cette influence sur les différents individus.

Il me paraît important de remarquer que mes yeux présentent une certaine variabilité de la torsion. La position primaire change un peu de hauteur d'un jour à l'autre, et elle varie même pendant le cours d'une série d'expériences. C'est surtout pour les directions périphériques du regard, qui demandent quelque effort, que je trouve parfois des positions sensiblement différentes dans des expériences consécutives, malgré le soin apporté à les exécuter dans des conditions aussi identiques que possible. Il ne faut donc pas s'attendre à trouver dans l'œil la même précision des mouvements que dans un appareil de physique, bien que, dans les conditions ordinaires, les yeux normaux suivent assez exactement les lois de Donders et de Listing.

Nous allons déterminer la part que prend chaque muscle de l'œil dans ses différents mouvements normaux. — Comme nous l'avons déjà vu plus haut (p. 40), le droit interne et le droit externe, en agissant seuls, font tourner l'œil autour d'un axe vertical ; d'après les déterminations de Ruete, l'axe des rotations produites par les muscles droits supérieur et inférieur est horizontal, son extrémité nasale est plus en avant que l'extrémité temporale ; il fait un angle de 70° environ avec la ligne de regard ; l'axe relatif aux muscles obliques supérieur et inférieur est également horizontal, et forme un angle de 35° environ avec la ligne de regard, son extrémité temporale étant en avant. Les rotations que produisent, autour de l'axe vertical, les muscles droits interne et externe répondent à la loi de Listing ; ces muscles peuvent donc agir isolément. Les rotations autour des autres axes ne répondraient pas, au contraire, à la loi de Listing. Si l'on veut obtenir, pour un mouvement de bas en haut, un axe de rotation horizontal dirigé de droite à gauche, il faut combiner l'action du droit supérieur avec celle de l'oblique inférieur ;

pour un mouvement de haut en bas, il faut faire concourir le droit inférieur et l'oblique supérieur. Pour les petites rotations, une loi de mécanique bien connue permet de composer les axes de rotation d'après le principe du parallélogramme des forces, les côtés du parallélogramme représentant l'étendue de la rotation; on considère comme positives toutes les rotations qui, vues du centre, se font dans le sens direct (celui des aiguilles d'une montre), et comme négatives celles qui sont de sens contraire. La figure 158 représente une coupe horizontale de l'œil avec les axes de rotation; les extrémités des axes qui doivent être considérées comme positives sont désignées par les initiales des noms des muscles obliques supérieur et inférieur, droits supérieur et inférieur. De plus, sur l'axe horizontal *HB*, exigé par la loi de Listing pour les mouvements de bas en haut et de haut en bas, la lettre *H* désigne l'extrémité positive de l'axe relativement aux mouvements de bas en haut, et *B* celle pour les mouvements de haut en bas. Le dessin répond à l'œil gauche vu d'en haut : pour l'appliquer à l'œil droit vu d'en bas, il faut transposer les lettres *B* et *H*.

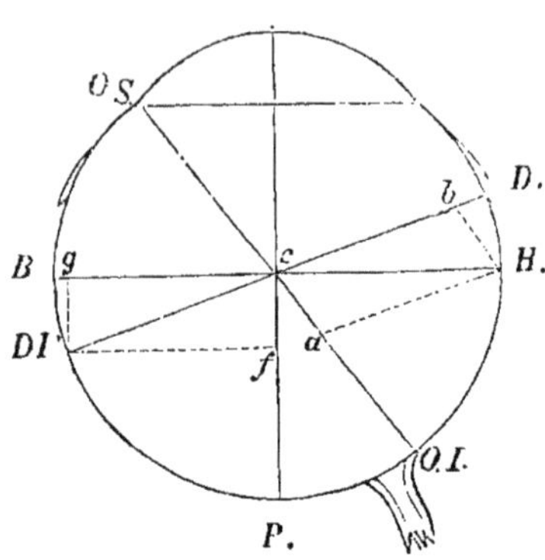

FIG. 158.

Si donc la longueur *cb* est proportionnelle à l'étendue de la rotation produite par le droit supérieur, *ca* à celle qui résulte de l'oblique inférieur, la diagonale *cH* du parallélogramme *cbHa* donne la direction de l'axe commun à ces deux actions, et sa longueur est proportionnelle à l'étendue de la rotation. On voit dans la figure que, dans la position que présentent les axes lorsque l'œil est dirigé en avant, l'axe de rotation résultant *BH* est plus rapproché de celui des deux muscles droits supérieur et inférieur que de celui des obliques. Il en résulte que le côté *bc* du parallélogramme est plus grand que le côté *ca*, c'est-à-dire que le muscle droit correspondant doit faire un plus grand effort que le muscle oblique qui agit en même temps. Mais lorsque l'œil se dirige en dedans, l'axe de rotation *BH* se rapproche de celui des muscles obliques, de sorte que ces muscles doivent faire proportionnellement plus d'efforts lorsque les yeux convergent que lorsque les lignes de regard sont parallèles. Pour comprendre qu'il en est ainsi, il faut remarquer que les muscles de l'œil ont une insertion assez large sur le globe oculaire, et que leurs fibres s'étendent même un peu en forme d'éventail. Il résulte de cette disposition qu'alors même que l'œil s'est notablement éloigné de la position primaire, les axes de rotation relatifs aux différents muscles ne changent pas considérablement de position. Prenons pour exemple les droits supérieur et inférieur qui s'insèrent au-dessus et au-dessous de la cornée, à environ 7 millimètres du bord de cette membrane (en *m* et en *n*, pl. I, fig. 1); lorsque l'œil est tourné en dedans, les fibres des tendons de ces muscles qui se tendent le plus sont celles dirigées vers le bord externe de la cornée, parce que ce sont celles-là qui sont le plus allongées. Le fait est facile à constater sur une préparation du globe oculaire avec ses muscles. Le raccourcissement de ces muscles qui accompagne un mouvement en dedans a donc pour effet de ne laisser agir que les moitiés externes de leurs tendons. Lorsque l'œil est dirigé en dehors, ce sont, au contraire, les fibres internes des deux tendons qui agissent le plus. Ainsi la direction de la traction musculaire reste la même malgré le changement de position de l'œil.

Ces conclusions que nous venons de tirer de la disposition des muscles, sont confirmées par les observations qu'on a faites sur des paralysies morbides des différents muscles de l'œil. Si, par exemple, l'oblique supérieur de l'œil gauche est paralysé, le droit inférieur suffit pour attirer l'œil en bas. Mais la rotation autour de l'axe *DI* ne produit pas seulement la rotation nécessaire, suivant l'axe *cB*, correspondante à la longueur *cg* (fig. 158, p. 611), mais encore une rotation plus petite suivant l'axe *cP* et répondant à la longueur *cf*; cette dernière rotation est donc négative et, inversement, les objets du champ visuel paraissent tourner à droite, dans le sens des aiguilles d'une montre.

Pour les mouvements qui, partant de la direction primaire, vont obliquement en haut ou en bas, il faut le concours de deux composantes dirigées l'une suivant l'axe *BH* et l'autre verticalement. C'est ainsi que, pour exécuter un mouvement en dedans et en haut, il faut combiner l'action du droit interne, qui fait tourner l'œil en dedans autour de l'axe vertical, avec celle du droit supérieur et de l'oblique inférieur qui, réunis, le font tourner en haut autour de l'axe *BH*.

On comprend facilement les combinaisons de ce genre à l'aide de la figure 158; mais pour en avoir un aperçu plus commode, on a construit, sous le nom d'*ophthalmotropes*, des modèles rotatifs de l'œil qui seront décrits plus loin.

Outre les limites dont nous avons déjà parlé, relatives aux mouvements de chaque œil, les mouvements des deux yeux sont dans une certaine dépendance réciproque; de plus, l'accommodation dépend de la direction des yeux. Dans les circonstances ordinaires de la vision normale, nous dirigeons toujours les deux lignes de regard sur un même point réel, situé devant nous, dans l'espace, à une distance plus ou moins grande. C'est en ce point, nommé *point de regard*, que se coupent les lignes de regard. Bien que chaque œil possède un système musculaire indépendant, ce qui entraîne la possibilité d'exécuter toute sorte de mouvements indépendamment de l'autre œil, nous n'avons cependant appris à exécuter en réalité que les mouvements nécessaires pour voir simple et nettement un point réel à l'aide des deux yeux. C'est ainsi que nous pouvons élever en même temps les deux yeux vers un point de regard élevé, ou les baisser simultanément pour voir un objet situé à nos pieds. Mais nous ne pouvons pas, par la volonté seule, lever un œil et baisser l'autre, position dans laquelle les lignes de regard ne se couperaient pas en un point de regard réel.

Nous pouvons, de plus, diriger les deux lignes de regard à droite ou à gauche pour voir un objet situé à droite ou à gauche. Nous pouvons aussi les faire converger en tournant à gauche celle de l'œil droit et à droite celle de l'œil gauche, lorsque nous choisissons un point de fixation rapproché. Mais on ne peut pas, sans s'y être exercé particulièrement, faire diverger les lignes de regard en dirigeant à droite celle de l'œil droit et à gauche celle de l'œil gauche.

Enfin, dans les yeux normaux, l'accommodation se conforme toujours à la distance où se trouve l'objet vers lequel convergent les lignes de regard. Pour le parallélisme des lignes de regard, les yeux sont accommodés pour l'infini; lorsqu'elles convergent, l'accommodation se fait pour un point d'autant plus rapproché que la convergence est plus grande. Les yeux myopes sont, au contraire, accommodés pour leur *punctum remotum* tant que les lignes de regard convergent vers ce point ou vers un point encore plus éloigné. Pour des points de regard plus rapprochés, la convergence est en rapport avec l'accommodation. Les yeux extrêmement myopes ne peuvent même plus, sans le secours de lunettes, fixer avec les deux yeux ensemble en accommodant exactement.

La nécessité de combiner les mouvements des yeux et d'y proportionner l'accommodation, dans la vision normale, s'impose si fortement que des physiologistes anciens ont rangé ces mouvements dans la classe des synergies involontaires; on peut cependant démontrer que la régularité de ces associations de mouvements n'est attribuable qu'à l'habitude. — Il faut remarquer en général que, dans tous les mouvements volontaires, notre volonté ne tend jamais qu'à atteindre un résultat extérieur nettement déterminé et perceptible par lui-même. Dans les mouvements des membres nous pouvons savoir, par le sens de la vue, quelle est la position que prend le membre par suite d'une certaine action de la volonté ; aussi, pour ces parties de notre corps et pour toutes celles que nous pouvons percevoir par la vue et par le toucher, la position est-elle le but immédiat que nous attribuons aux effets de notre volonté. Pour les parties du corps, au contraire, que nous ne pouvons ni voir, ni sentir, ce n'est ni la position, ni le mouvement, mais le résultat du déplacement subi, que nous savons atteindre par l'action de notre volonté. C'est ainsi qu'avec une certitude et une adresse merveilleuses, nous nous servons de notre larynx et des parties qui constituent la bouche pour produire, dans le chant et dans la parole, les nuances les plus délicates de la hauteur et du timbre du son ; et cependant le vulgaire ne sait pas du tout, et le physiologiste ne sait que d'une manière très-imparfaite quels sont les mouvements que nous exécutons à cet effet. La volonté ne s'applique donc ici qu'au son que nous voulons produire et non aux mouvements des différentes parties du gosier ; nous avons appris à exécuter tous les mouvements du larynx nécessaires à cet effet, et nous n'en savons pas faire d'autres.

Il en est de même pour les yeux ; nous ne pouvons pas voir nous-mêmes leurs mouvements, à moins de nous mettre en face d'une glace ; nous ne pouvons également les sentir que d'une manière très-imparfaite. Mais en faisant mouvoir les yeux, nous percevons très-nettement le déplacement des images optiques sur la rétine, ou plutôt le mouvement correspondant du point de regard dans le champ visuel. C'est donc là le but vers lequel se dirige notre volonté, et c'est lui que nous savons atteindre volontairement. Si nous voulons faire tourner les yeux vers la droite à quelqu'un qui ne se soit pas encore rendu compte des mouvements de ses yeux, il ne faut pas lui dire : « Tournez les yeux vers la droite », mais « regardez cet objet situé à droite. » Et ceux même qui sont exercés dominent avec plus de certitude les mouvements de leurs yeux lorsqu'ils fixent un objet convenablement placé que lorsqu'ils veulent maintenir leurs yeux dans une certaine direction sans fixer d'objet. Je connais un physicien distingué, très-expérimenté et très-exercé en optique, auquel il est impossible, soit d'amener ses lignes visuelles en parallélisme sans avoir devant lui des objet très-éloignés, soit de dissocier les images doubles sans le secours d'un objet de fixation convenable, et qui, dès qu'il porte son attention sur ces images, éprouve une grande difficulté à les maintenir séparées. Je cite cet exemple, parce qu'il fait voir quel est l'état de l'œil naturel avec lequel on n'a pas encore fait d'expériences physiologiques, chez une personne qui n'a pas appris à se rendre compte des positions de ses yeux, malgré une connaissance parfaite de la théorie de la vision.

On voit donc que, dans l'usage de nos yeux, le but proposé à notre volonté est de voir, successivement et le plus nettement possible, différents points du champ visuel avec les deux yeux ; but qui est atteint lorsque l'objet regardé se peint, dans les deux yeux, au centre de la *fovea centralis :* nous avons appris à diriger et à accommoder nos deux yeux de manière à obtenir ce résultat, mais nous n'avons pas appris à exécuter des mouvements des yeux pour lesquels notre volonté ne fût pas sollicitée par l'intention d'obtenir la vision la plus distincte.

Il me semble que c'est pour un motif analogue qu'il nous est plus facile d'amener nos lignes de regard en parallélisme ou même en divergence lorsque nous regardons en l'air, et de produire la convergence lorsque nous regardons en bas : cette disposition doit être un effet d'habitude dû à la position éloignée des objets que nous rencontrons généralement quand nous levons les yeux, et à la position rapprochée du sol, des objets que nous tenons à la main, etc., et que nous voyons en abaissant le regard.

En se familiarisant avec le genre d'effort volontaire qu'il faut faire pour obtenir les différentes positions de l'œil, considérées comme telles, celui qui fait beaucoup d'expériences d'optique physiologique apprend bientôt à donner à ses yeux de semblables directions normales sans la présence d'un point de fixation ; il remplace l'objet de fixation absent par un objet de fixation imaginaire. C'est ainsi qu'en se figurant l'existence d'un objet sur la région dorsale du nez, ou en faisant les efforts que nécessiterait la recherche d'un objet ainsi placé, on peut donner aux yeux une convergence assez forte pour qu'ils ressemblent à ceux d'un strabique. Inversement, on peut voir des objets très-rapprochés avec des lignes visuelles parallèles lorsqu'on cherche à regarder au loin à travers ces objets, ou lorsque, tourné vers ces objets, on « fait les yeux morts », c'est-à-dire qu'on affecte le genre de regard qui se produit ordinairement lorsque, plongé dans les réflexions, on ne fait pas attention aux objets qu'on a devant soi, position où l'effort d'accommodation se relâche, et où, la convergence disparaissant, les yeux prennent la disposition propre à la vision des objets lointains.

On peut encore attendre une faible divergence des lignes de regard, en passant de la position convergente à la position parallèle sans fixer un objet déterminé, et dépassant l'effort exigé par ce changement de direction.

Il est très-important, pour qui veut faire des recherches d'optique physiologique, de s'exercer à pouvoir donner, à tout instant, à ses lignes de regard, une direction convergente ou parallèle, sans le secours d'un point de fixation : il faut se rendre parfaitement maître de cette manœuvre.

Enfin, il est encore possible, dans une moindre mesure, il est vrai. d'obtenir, dans les positions des yeux, des combinaisons qui ne se présentent pas dans la vision ordinaire. A cet effet, il faut placer les yeux dans des conditions telles qu'on ne puisse obtenir des images simples et distinctes qu'en s'écartant des directions normales.

En ce qui concerne d'abord la relation qui existe entre la convergence et l'accommodation, elle se modifie aussitôt qu'on met des lunettes. Ainsi, une personne à vue normale qui met devant ses yeux de faibles verres concaves est forcée, pour voir distinctement des objets éloignés, d'accommoder pour plus près tout en maintenant le parallélisme des lignes de regard. Si les verres ne sont pas trop forts, les yeux se conforment immédiatement à ces conditions nouvelles, mais cette adaptation est accompagnée d'une sensation d'effort inaccoutumée et d'une prompte fatigue; c'est ainsi qu'en général l'usage des lunettes est toujours accompagné d'un effort sensible, dans les premiers temps, et qu'inversement les personnes qui portent lunettes depuis longtemps présentent, lorsqu'elles ôtent leurs verres, un regard pénible et pour ainsi dire effaré, même en présence d'objets pour lesquels elles peuvent accommoder. C'est un fait général que les mouvements compliqués qui exigent le concours d'un grand nombre de muscles, se font avec beaucoup moins d'efforts quand l'exercice nous a perfectionnés dans leur exécution. Qu'on se rappelle la violence des efforts auxquels se livrent un nageur ou un patineur inexpérimentés, et l'aisance que mettent dans ces exercices les personnes qui en ont une grande habitude. Il en est tout à fait de même des yeux, lorsque nous voulons en combiner les mouvements d'une manière insolite.

On peut encore modifier le rapport entre la convergence et l'accommodation en examinant des images stéréoscopiques dont on fait varier à volonté l'écartement. Nous y reviendrons par la suite.

On peut également produire la divergence des yeux, en examinant les images stéréoscopiques dont on augmente graduellement l'écartement tout en cherchant à maintenir la fusion en une seule image. De cette manière, je puis atteindre une divergence de 8 degrés. On peut encore produire le même effet en tenant devant les yeux deux prismes en verre égaux, et faiblement réfringents, dont l'angle réfringent, de 6 à 8 degrés, ait son sommet en bas et à travers lesquels on regarde des objets éloignés. Dans cette position des prismes, les lignes visuelles doivent être parallèles et un peu plus abaissées que sans les prismes. Si l'on fait tourner lentement les prismes de manière à amener graduellement leurs bords réfringents dans une position externe, on parvient à maintenir la fixation binoculaire et la vision simple des objets, ce qui exige une divergence des yeux. On peut obtenir le même résultat avec un seul prisme; on le tient devant un œil avec l'angle réfringent en dehors, et l'on regarde d'abord des objets rapprochés qui exigent encore, malgré le prisme, une convergence plus ou moins grande des lignes de regard; puis on passe graduellement à des objets plus éloignés, qui exigent une divergence de plus en plus grande.

Enfin Donders a remarqué, ainsi que moi, et bien d'autres sans doute, qu'on peut obtenir une élévation différente des deux yeux, en mettant devant un œil un prisme faiblement réfringent dont le sommet soit d'abord tourné en dedans. La vision des objets éloignés exige alors une légère convergence des lignes visuelles, qui s'obtient sans difficulté. Puis on fait tourner très-lentement le prisme de manière à donner à son arête réfringente une position de plus en plus inférieure, et l'on cherche àm aintenir la fixation de l'objet. On y parvient après un peu d'exercice. Dans ce cas, l'œil libre voit directement l'objet; l'autre doit, au contraire, se tourner notablement en bas pour le fixer. Après avoir obtenu une semblable position des yeux, qu'on enlève brusquement le prisme, et l'on voit aussitôt deux images de l'objet, dont la différence de hauteur décèle l'élévation différente des deux lignes de regard. Dans la direction de haut en bas, je puis également, sans difficulté, obtenir une déviation de 6 degrés.

On conçoit que si l'on avait la patience de continuer des exercices de ce genre avec assiduité, pendant des semaines et des mois, on obtiendrait des déviations relativement énormes. C'est ce qui se produit, en effet, chez les strabiques qui se soumettent à des exercices tels qu'ils ont été proposés dans ces derniers temps, en particulier par E. Javal, pour la guérison de leur infirmité.

Il résulte de ces faits que la relation qui existe entre les mouvements des deux yeux n'est pas commandée par un mécanisme anatomique, mais qu'elle se modifie, au contraire, sous l'influence de notre volonté; la seule limite réside dans le fonctionnement de notre volonté que nous ne savons pas appliquer à un but autre que celui de voir les objets simples et nettement.

J'ai déjà appelé, il y a quelque temps, l'attention sur certaines circonstances qui prouvent le même fait et qui m'ont été confirmées par d'autres observateurs. — Si les mouvements de l'œil étaient coordonnés par un mécanisme anatomique, on devait s'attendre à ce que ce mécanisme fût plus insurmontable dans l'état de somnolence, où l'énergie de la volonté est diminuée. Cependant, lorsque je suis pris de sommeil en lisant, ou qu'après un long dîner je m'efforce de garder les yeux ouverts par respect pour la compagnie, j'observe constamment l'apparition d'images doubles qui indiquent tantôt une trop grande divergence, tantôt une différence de hauteur, tantôt des torsions irrégulières des yeux. Dès que, prévenu par l'apparition de ces images insolites, je viens à secouer ma torpeur, les images doubles se fusionnent ordinairement aussitôt; quand je parviens ensuite à les dissocier par un effort volontaire, je ne reproduis plus que les images doubles juxtaposées qui proviennent d'une convergence trop forte ou trop faible (1).

La même nécessité qui relie les mouvements des yeux entre eux, et avec l'accommodation, existe aussi sous le rapport de la torsion relative à chaque position du point visuel, et l'on pouvait présumer d'avance que cette rotation n'est soustraite à notre volonté que parce qu'en la modifiant nous n'obtenons aucun résultat pratique et perceptible. J'ai réussi depuis peu à démontrer directement l'exactitude de cette supposition. On peut, en effet, modifier la torsion d'une manière très-sensible, lorsqu'on met les yeux dans des conditions telles qu'on ne puisse voir simple sans modification de l'angle de torsion.

A cet effet, je me sers de deux prismes en verre rectangulaires et isocèles. — Lorsqu'on regarde à travers un pareil prisme, parallèlement à l'hypoténuse, comme on le voit dans la figure 159, le rayon ab est réfracté et dévié vers l'hypoténuse au point où il pénètre dans le prisme, il se réfléchit sur l'hypoténuse en c, sous un angle égal à celui de son incidence sur cette surface, et il émerge du prisme en d. Si b et d sont à égale distance de l'hypoténuse, le rayon ab reprend, en émergeant du prisme, sa direction primitive. Mais les rayons qui, comme ab' et ab'', ne pénètrent pas parallèlement à l'hypoténuse et s'y réfléchissent en c' et c'' après leur réfraction, émergent de telle façon que le rayon incident ab' ou ab'', et le rayon émergent $d'\ e'$ ou $d''\ e''$, forment des angles égaux avec l'hypoténuse. Un prisme de ce genre agit donc, dans ces conditions, comme un miroir; seulement il présente cet avantage que la position où apparaît la partie moyenne de l'image réfléchie ne varie pas. Lorsque l'observa-

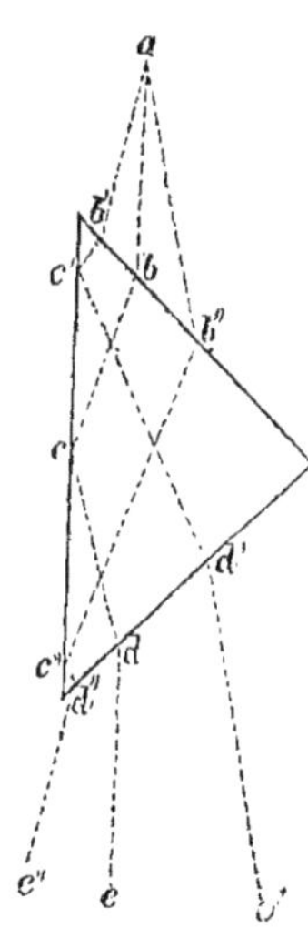

Fig. 159.

(1) E. Hering, dans ses Beiträge zur Physiologie, 4 Heft, p. 274, a mis en doute l'exactitude de cette observation. Il n'a évidemment pas vu le phénomène dont il s'agit. La remarque par laquelle je viens de conclure prouve que je n'ai pas commis l'erreur qu'il m'attribue, et que la moindre habitude dans l'observation des images doubles suffit pour éviter: il suppose en effet que la différence de hauteur observée provenait simplement d'une position inclinée de ma tête. — Cf. W. Henke, Die Stellung der Augen beim Einschlafen und Aufwachen, in *Arch. für Ophth.*, 1864, X, 2, p. 181-184.

teur regarde à travers le prisme suivant la direction *ab*, il voit des images symétriques des objets placés de l'autre côté.

Si l'on fait passer de la même manière, par un second prisme, le rayon *d e* réfléchi par le premier, tant que les hypoténuses des deux prismes sont parallèles, le renversement des images, qui a été produit par le premier prisme, est détruit par le renversement analogue que donne le second. Vus à travers deux prismes ainsi disposés, tous les objets paraissent non modifiés. Mais si l'on altère un peu le parallélisme des hypoténuses des deux prismes en faisant tourner un peu l'un d'eux autour d'un axe parallèle au rayon *ae*, comme dans la figure 160, le renversement produit par le premier prisme n'est pas complétement annulé par le second; il reste encore une petite rotation des objets autour du rayon non réfracté *ae*, rotation double de la rotation relative des deux prismes. Du reste, si l'on fait tourner le système tout entier autour du rayon non dévié, cela ne fait éprouver aucune altération à la position apparente des objets.

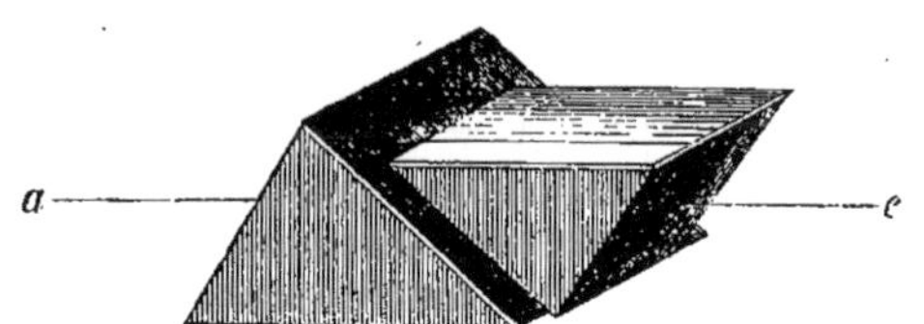

FIG. 160.

Si l'on place devant un œil une semblable combinaison de deux prismes qui fasse subir aux objets une rotation de 5 degrés environ autour de la ligne visuelle, regardant avec les deux yeux des objets éloignés qui présentent une grande variété de parties diversement visibles, on voit d'abord, comme on doit s'y attendre, des images doubles des objets, qui se croisent entre elles et qui attirent facilement l'attention. Mais si l'on continue à observer les objets en promenant constamment le regard sur les points les plus saillants, qu'on peut tous voir simples successivement, les images doubles finissent par disparaître, et l'on voit des images complétement simples tout aussi bien que dans la vision ordinaire. Après avoir vu simple, de cette manière, pendant quelques minutes, si l'on vient à enlever le système de prismes, les deux yeux regardant librement, on aperçoit aussitôt des images qui se croisent, mais qui ne tardent pas à se fusionner.

Si l'on objectait que les images doubles pourraient bien ne pas se fusionner, l'une d'elles échappant seulement à l'attention, il suffirait, pour montrer qu'il n'en est rien, de tenir verticalement à quelque distance des objets une baguette qui paraît alors double : les deux images de la baguette ne présentent l'une par rapport à l'autre que la faible obliquité ordinaire qui répond à celle des méridiens verticaux apparents ; on voit donc que les méridiens horizontaux de la rétine sont disposés derrière les prismes de manière à recevoir des images respectivement égales.

J'ai obtenu un second contrôle en développant dans mes deux yeux, pendant l'expérience, des images accidentelles d'une bande horizontale, et les projetant ensuite sur une surface blanche, après avoir enlevé les prismes. Au premier moment, les images accidentelles correspondant aux deux yeux présentaient alors des inclinaisons différentes par rapport à une seule et même ligne objective du champ visuel ; mais dès que les yeux étaient revenus à leur position naturelle, les deux images accidentelles présentaient la même position. C'est ainsi qu'en employant une ligne objective horizontale pour développer les images accidentelles et armant l'œil d'un double prisme qui faisait tourner de 5 degrés à gauche, après suppression des prismes et retour des yeux à leur position normale, leur image accidentelle commune était un peu tournée à gauche, d'où il résulte que, pendant l'emploi du prisme, l'œil gauche était un peu tourné à droite, tandis que l'œil droit, ayant suivi la rotation apparente du champ visuel, était tordu à gauche. Les images accidentelles des deux yeux s'étant formées sur des parties correspondantes, on voit que l'image primitive était aussi reçue sur des parties correspondantes des deux rétines.

Il résulte de ces expériences que les torsions de l'œil peuvent aussi être modifiées dans des circonstances particulières, à savoir lorsque des torsions anormales sont nécessaires pour éviter de voir se croiser les images des objets d'un champ visuel étendu et riche en détails. La plus grande torsion du champ visuel que j'aie pu suivre des yeux, dans ces expériences, était de 7 degrés. Probablement la torsion était égale et en sens inverse pour les deux yeux ; elle était donc, pour chaque œil d'environ 3° $^1/_2$. La position anormale des yeux ne se produit pas immédiatement, à l'aspect du croisement des images doubles ; il faut une succession de mouvements correspondants des deux yeux auxquels on fait parcourir le champ visuel dans toutes les directions, sans cesser de maintenir l'unité du point de fixation.

D'après une communication que je reçois de E. Javal, chez les strabiques, les déviations latérales sont généralement accompagnées de différences de hauteur et de torsions irrégulières, que le stéréoscope permet de mesurer pratiquement avec facilité ; quand les exercices ont rétabli la fixation binoculaire, les torsions se régularisent le plus souvent d'elles-mêmes.

Ces expériences sur les muscles de l'œil ont une grande importance pour l'étude de la nature volontaire des mouvements en général. On se figure ordinairement que nous avons reçu de la nature la faculté d'exécuter des mouvements volontaires déterminés, et qu'il n'est pas nécessaire de nous y exercer, sauf dans les cas comme la marche, la course sur les échasses, le patinage, la natation, où il faut conserver un équilibre artificiel dans les mouvements, ou bien où il faut tenir compte d'autres forces naturelles. En réalité, il est également nécessaire, pour d'autres mouvements, d'apprendre à y appliquer les actes volontaires qu'ils exigent. Même parmi les mouvements des membres dont l'usage est le plus facile, tels que ceux des membres supérieurs, il en est dont l'exécution exige un exercice préalable. C'est ainsi qu'on peut faire tourner, dans l'articulation de l'épaule, le bras tendu horizontalement, et qu'on peut faire tourner le radius et la main autour du cubitus. Ces deux rotations s'exécutent à l'aide de groupes de muscles qui sont tout à fait indépendants l'un de l'autre; mais nous ne sommes habitués qu'à exécuter ces deux rotations dans le même sens, parce que, dans les circonstances ordinaires, nous n'avons d'autre but que de mettre la main dans la pronation ou dans la supination. On peut se proposer d'exécuter ces deux rotations en sens opposé, de manière à faire tourner le coude en laissant la main immobile. C'est là une sorte de mouvement qui n'a aucun but pratique et que, pour cette raison, on n'exécute jamais dans les conditions ordinaires : aussi n'ai-je encore rencontré personne qui ait pu y réussir à la première sommation. Cependant ce mouvement est aussi possible à apprendre que les mouvements anormaux de l'œil. Il suffit de saisir avec la main un objet fixe et de tourner le coude, puis de lâcher graduellement l'objet; on parvient bientôt à faire le même mouvement sans avoir besoin de fixer la main. Cet exemple nous offre donc, comme plus haut, relativement à la production volontaire des combinaisons de mouvements, un obstacle qui paraît d'abord insurmontable et dont on peut cependant venir à bout par un exercice convenablement combiné.

Nous avons maintenant à rechercher quelles sont, dans l'exercice des mouvements de l'œil, les causes pour lesquelles les différentes positions des deux lignes visuelles entraînent toujours des torsions déterminées.

Quant à la loi de Donders, d'après laquelle l'angle de torsion dépend seulement de la direction actuelle des lignes visuelles, on conçoit aisément qu'elle donne une facilité et une sûreté bien plus grandes pour nous assurer de l'état de repos d'un corps malgré les mouvements des yeux et les déplacements des images sur la rétine. Nous faisons errer continuellement notre regard dans le champ visuel, parce que c'est le seul moyen de voir avec le plus de netteté possible toutes les parties de ce champ. Pour les voir avec les deux yeux, le plus distinctement possible, il nous faut d'abord diriger les yeux, exactement accommodés, sur le point qui occupe notre attention. Cela fait, les yeux pourraient encore tourner d'une manière quelconque autour de leurs lignes visuelles comme axes, sans cesser de fixer simultanément le point en question. Si nous parcourons ainsi un champ visuel rempli d'objets immobiles, le déplacement du regard fait varier d'une manière continue les sensations produites dans les différentes fibres nerveuses de la rétine. Quand nous fixons à deux reprises un objet A, si cette fixation n'était pas accompagnée, les deux fois, d'un même mouvement de torsion, l'impression du point fixé serait, sans doute, la même les deux fois sur chaque *fovea*, mais les images rétiniennes des points environnants prendraient des positions différentes sur la rétine et les fibres nerveuses qui entourent la *fovea* recevraient des impressions tout autres ; pour constater que l'objet est resté le même malgré cette modification du système de sensations, il faudrait remettre l'œil tout à fait dans sa position primitive, même sous le rapport de la torsion, afin de vérifier si la reproduction de la disposition première est accompagnée aussi de la sensation primitive.

Comme il ne sert, en général à rien, dans la vision naturelle, de modifier la torsion pour reconnaître un objet, et qu'il suffit du retour à une certaine position déterminée pour reconnaître qu'un objet est réellement en repos, nous nous habituons, dès le commencement, à accompagner toujours d'un degré de torsion déterminé, une direction déterminée des lignes visuelles.

Avec un exercice suffisant dans la connaissance des modifications que fait subir aux sensations de la rétine la torsion de l'œil autour de la ligne de regard, il serait assurément possible de constater l'immobilité des objets malgré les modifications de l'image rétinienne. Mais ce serait là une complication nouvelle et considérable dans l'exercice de notre œil aux perceptions visuelles, et, comme elle ne serait accompagnée d'aucun avantage, nous l'évitons tout d'abord (1).

Ce principe, que j'ai nommé *principe de la plus facile orientation*,

(1) J'avais été plus loin (*Archiv für Opthalm.*, 1863, IX, 2, p. 156-157) en disant que la constance de la torsion permettait d'apprécier exactement de la position des objets dans l'espace. E. Hering a objecté que les mouvements de torsion de l'œil gênaient, en général, l'appréciation des positions. Ainsi qu'on le verra dans le paragraphe suivant, cela est vrai dans certains cas, mais dont le nombre est beaucoup plus restreint que ne le croit Hering ; c'est pour ce motif que, dans l'exposition qu'on vient de lire, j'ai laissé de côté l'orientation par rapport à la position véritable des objets et que je n'ai parlé que du point essentiel, c'est-à-dire, de la facilité de reconnaître l'immobilité des corps en repos.

pour les positions de repos de l'œil exige immédiatement que toute direction déterminée des deux lignes visuelles entraîne avec elle des valeurs déterminées de l'angle de torsion des deux yeux, mais les valeurs de cet angle ne sont pas encore déterminées.

Jusqu'ici, nous n'avons considéré que le cas où l'on observe *directement* deux fois de suite le même objet ; il faut encore qu'on reconnaisse l'immobilité d'un objet lorsqu'on passe du regard *direct* au regard *indirect*.

Faisons d'abord cette recherche pour un seul œil fonctionnant isolément ; nous verrons ensuite quelles sont les modifications qu'y apporte l'adjonction d'un second œil. Nous nous bornerons, de plus, au cas de déplacements infiniment petits de l'œil ; car si l'on reconnaît l'immobilité d'un objet pendant les déplacements infiniment petits qui ont lieu pour les parties infiniment petites du temps où se produit un mouvement plus étendu, on la reconnaît également lorsque le mouvement entier est accompli.

Désignons par a, b, c, d, etc., différents points de la rétine; soit a le centre de la *fovea*. Nous désignerons par A, B, C, D, etc., les points de l'image qui se peignent sur ces points de la rétine. La fixation se faisant pour le point A de l'image, supposons qu'entre B et A et, par conséquent, entre b et a, il n'y ait qu'une distance infiniment petite. Supposons maintenant que le regard passe de A en B, de telle sorte que B se représente sur le centre a de la rétine. Les points A, C, D, etc., de l'image, viennent alors en d'autres points de la rétine, que nous nommerons α, γ, δ, etc. Ainsi, tandis que la sensation qu'éprouvait b passe en a, celles de a, c, d, etc., passent respectivement en α, γ, δ, etc. Si donc nous voyons se reproduire le même système de modifications dans nos sensations, toutes les fois que, par un mouvement volontaire, nous faisons passer en a la sensation qui s'était manifestée en b, nous apprenons à considérer cet ensemble de modifications comme l'expression sensuelle d'un mouvement de l'œil auquel ne répond aucune modification des objets. La vérification consisterait en ce qu'en fixant de nouveau A, nous retrouverions intact le premier système de sensations. Mais il nous importe d'apprendre, même sans faire cette vérification, que la modification qui a accompagné la fixation de B ne répond pas à une modification de l'objet.

Or pour que, toutes les fois que la fixation passe au point du champ visuel qui répond au point rétinien b, les points α, γ, δ, etc., reçoivent en même temps les images qui étaient précédemment en a, c, d, etc., il est nécessaire que l'œil exécute toujours ce mouvement en tournant autour d'un seul et même axe qui ait une position fixe par rapport au globe oculaire, et que nous nommerons 𝔅.

Mais *b* n'est qu'un seul des points rétiniens voisins de *a*; soit *c* un autre de ces points, situé à une distance infiniment petite de *a* et dans une autre direction que *b*; il faut qu'il existe un second axe de rotation ℭ qui ait une position fixe dans le globe oculaire, et relatif aux déplacements du regard dans la direction *ac*, si ce déplacement doit toujours être accompagné d'un même déplacement de l'image sur la rétine, d'un même système de modifications de la sensation.

Cela posé, le regard peut atteindre tout autre point *F* du champ visuel, très-voisin du point de fixation *A*, au moyen de deux rotations déterminées et infiniment petites faites successivement autour des axes 𝔅 et ℭ. Mais on sait que, pour des rotations infiniment petites, on peut composer les axes de rotation par la construction du parallélogramme des forces, et que la diagonale des axes 𝔅 et ℭ doit toujours se trouver dans le plan mené par 𝔅 et par ℭ; il en résulte que le mouvement exigé pour regarder le point *F* peut s'obtenir par la rotation autour d'un seul axe situé dans le plan 𝔅ℭ tout aussi bien que par deux rotations successives autour de 𝔅 et de ℭ. Et comme, d'après la loi de Donders que nous venons de chercher à établir, quel que soit le chemin suivi par le regard pour arriver en *F*, l'œil doit toujours atteindre la même position, il s'ensuit que le passage du regard de *A* en *F* ou en tout autre point infiniment voisin de *A*, peut toujours se faire par une rotation du globe autour d'un seul et même axe, toujours situé dans un seul et même plan 𝔅ℭ, dont la position est fixe par rapport à l'œil. Telle serait donc la condition pour que tout déplacement infiniment petit du regard soit toujours accompagné d'un système constant de modifications dans les sensations des fibres nerveuses visuelles, système de modifications qu'on apprend finalement à considérer comme l'expression sensuelle du mouvement de l'œil, relatif à ce déplacement du regard (1).

Les axes de rotation, pour tous les déplacements très-petits de l'œil, qui partent d'une position déterminée, doivent tous être situés dans un

---

(1) M. E. Hering a cherché à démontrer que cette déduction n'est pas juste (p. 274-283 de ses Beiträge zur Physiologie). C'est encore le résultat de la manière, déjà signalée plus haut, dont il a compris le premier principe, en y considérant comme principal un point accessoire. Il considère le second principe comme superflu à côté du premier, ce qui est une erreur. En effet, le premier principe veut seulement qu'on reconnaisse l'immobilité d'un objet au repos, toutes les fois que la ligne de regard revient à la *même* position; le second permet de constater ce repos alors même que la ligne de regard prend une position *différente*. Hering prouve, de plus, que le second principe, appliqué sans le premier peut conduire à des absurdités. Mais je n'ai jamais appliqué le second principe que comme complément du premier, et l'on comprend parfaitement qu'on ne peut pas l'appliquer autrement. J'espère avoir exposé cette fois mes idées avec plus de précision, de manière à ne plus donner lieu à malentendu.

seul et même plan ; comme nous le verrons plus loin dans le calcul, cette proposition s'applique immédiatement à toutes les parties du champ de regard, lorsque le mouvement de torsion est une fonction continue de la direction de la ligne de regard. D'après le principe de l'orientation la plus facile, ce plan doit avoir, autant que possible, une position fixe relativement au globe oculaire.

C'est donc lorsque, indépendamment de la position primitive de l'œil, le passage du regard au point du champ visuel qui répond au point rétinien *b* est toujours accompagné du même déplacement de l'image rétinienne sur la rétine, qu'il sera le plus facile d'assigner leur cause véritable aux modifications de la sensation qui accompagnent les mouvements de l'œil. Il faudrait un exercice bien plus compliqué pour reconnaître toujours l'immobilité d'un objet, quand même le déplacement de l'image rétinienne se présenterait d'une manière différente pour des points de départ différents. Cependant nous ne pourrions pas déclarer *à priori* que cette accoutumance serait impossible ; comme nous le verrons, l'expérience montre qu'elle n'existe pas.

En effet, l'œil humain ne remplit pas exactement la condition que nous venons d'établir pour l'orientation la plus facile dans la vision indirecte, et, comme nous le verrons par l'étude analytique du problème, cette condition ne peut être complétement remplie, sinon pour un champ dont l'étendue serait infiniment petite par rapport au rayon de la sphère. On a déjà vu plus haut que, d'après la loi de Listing, les plans des axes de rotation prennent dans l'œil des positions différentes pour les différentes positions de la ligne de regard. Il résulte de là certaines illusions de la vue qui sont surtout faciles à observer sur des objets très-éloignés dont on ne connaisse pas la position véritable, ainsi que cela se présente en particulier pour les astres (1).

Cherchons sur le ciel trois étoiles suffisamment brillantes, éloignées les unes des autres et situées à peu près suivant une ligne droite horizontale. Supposons qu'elles paraissent être absolument en ligne droite, lorsqu'on lève la tête de manière que la position primaire des lignes visuelles soit dirigée sur l'étoile du milieu. Ces mêmes étoiles paraissent former une ligne courbe à concavité inférieure, si on les parcourt du regard en baissant la tête, ce qui force à lever les yeux davantage ; elles paraissent disposées sur une ligne dont la concavité regarde vers en haut, si l'on rejette, au contraire, la tête en arrière, de manière qu'il faille baisser davantage les yeux pour regarder les trois étoiles. C'est dans

(1) Dans l'expérience que j'avais décrite autrefois à ce sujet, la convergence des yeux exerce une influence particulière dont il sera question dans le prochain paragraphe.

les mouvements de torsion de l'œil qu'il faut chercher la cause de ces illusions. Lorsqu'on regarde celle des étoiles qui est située le plus à droite, avec les yeux dirigés fortement en l'air, les horizons rétiniens présentent, par rapport à la ligne de visée, une torsion qui relève leur extrémité située à droite : l'extrémité correspondante de la ligne d'étoiles paraît alors abaissée ; il en est de même de l'extrémité gauche lorsqu'on regarde l'étoile qui est à gauche ; la concavité de la ligne entière est donc tournée en bas ; le contraire a lieu lorsqu'on abaisse le regard.

On peut encore comparer l'inclinaison qui paraît présenter, par rapport à l'horizon, une ligne d'étoiles telle que celle qui forme la queue de la grande Ourse, lorsqu'on donne successivement à la tête deux positions telles que les yeux doivent s'élever tantôt à droite, tantôt à gauche. On trouve que l'extrémité supérieure de cette ligne d'étoiles se dévie à gauche, dans le premier cas, et à droite dans le second, c'est-à-dire qu'elle se rapproche toujours du plan médian de la tête.

Dans ces exemples, il ne s'agit pas de déterminer d'une manière absolue la position verticale ou horizontale des lignes d'étoiles dans l'espace : avec l'indétermination de la forme de la voûte céleste imaginaire, cette recherche ne peut présenter aucun caractère déterminé. Il s'agit seulement de constater si la direction que présentent les images varie ou non avec les différentes directions que l'on donne au regard; et ces expériences montrent que, lorsque nous donnons aux yeux des directions fortement périphériques, nous formons des jugements discordants sur la position des objets dans le champ visuel, ou même sur la forme du champ visuel. Mais, ainsi que nous l'avons vu, il est impossible, dans un champ étendu, d'éviter complétement les mouvements de torsion des yeux qui produisent de semblables contradictions ; tout ce qu'on peut demander, c'est donc que les rotations choisies pour les différentes directions de la ligne visuelle soient telles que la somme des erreurs qu'elles provoquent dans l'orientation soit aussi petite que possible.

Pour que le second principe fût entièrement satisfait, il faudrait que, dans toutes les directions de la ligne de regard, le plan des axes de rotation eût toujours la même position dans le globe oculaire. Dans ce cas, la rotation n'aurait jamais de composante dont l'axe se confondrait avec la perpendiculaire au plan des axes de rotation, perpendiculaire que j'ai proposé d'appeler la *ligne atrope* de l'œil. Il faudrait donc considérer comme une faute toute rotation autour de cette ligne atrope, dont la position dans l'œil est encore indéterminée. La condition exigée par le second principe peut donc être formulée ainsi : *Pour tous les mouvements infiniment petits de l'œil, la somme des carrés de ces erreurs doit être un minimum.* Il faut prendre ici les carrés des erreurs, d'après la méthode des plus petits carrés, pour la même raison que dans les éliminations des erreurs.

Voici ce qui résulte de l'étude analytique que nous donnerons plus loin de ce problème : Pour que la somme des erreurs soit un minimum, la ligne atrope doit coïncider avec la ligne de regard, quelle que soit la forme du champ ; mais la distribution des torsions dépend, en général, de la forme du champ. C'est dans un champ circulaire que la loi de Listing répondrait de la manière la plus complète aux conditions du problème, et cela pour une position primaire répondant au centre de ce champ. Lorsque le champ n'est pas exactement, mais approximativement circulaire, la loi de Listing éprouverait des aberrations vers le bord du champ ; mais ces aberrations sont restreintes à cause de la rareté de ces positions périphériques du regard, et parce que nous cherchons, à ce qu'il paraît, à éviter les mouvements de l'œil dont la direction soit parallèle au bord du champ de regard et qui produiraient des mouvements apparents des objets.

On voit donc par là que les mouvements de l'œil, tels que les demande la loi de Listing, sont les plus avantageux pour l'orientation, pour un seul œil et un champ de regard circulaire.

Mais nous faisons usage de deux yeux qui présentent des positions tantôt parallèles et tantôt convergentes. Le principe de la plus facile orientation pour les objets en repos exige seulement que les torsions des yeux soient toujours les mêmes pour les mêmes directions des *deux yeux*, et en réalité nous trouvons, pour la convergence, des torsions un peu autres que pour le parallélisme. Mais pour la vision normale, le parallélisme ne se présente, en général, que dans les parties du champ visuel qui contiennent ordinairement des objets très-éloignés ; ce sont les parties supérieures de ce champ.

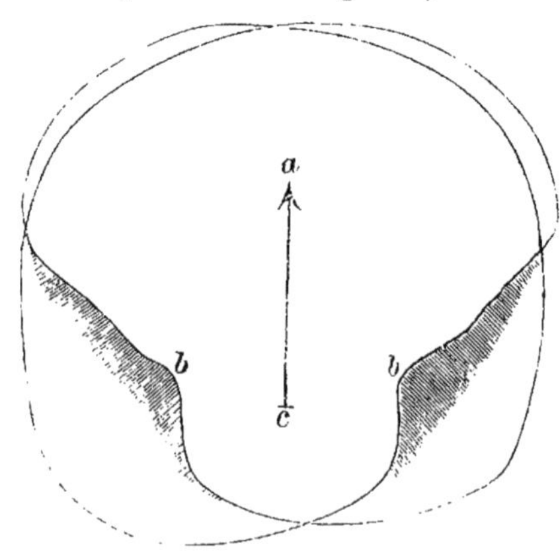

FIG. 161.

Les parties inférieures du champ visuel contiennent presque exclusivement des objets rapprochés ; le plus éloigné de ces objets est le sol. La fig. 161 représente le champ visuel commun à mes deux yeux pour la disposition parallèle : *a* est la position primaire de l'œil regardant au loin ; la longueur de la flèche *ac* indique, à la même échelle, la distance qui sépare l'œil du tableau sur lequel se projette le champ ; les yeux présentent, dans ce cas, la direction de la perpendiculaire élevée en *a*. En bas, le champ visuel de chaque œil est rétréci à la partie interne par le nez, *bb* sur la figure ; la partie hachée indique les points que je puis encore fixer sur la partie dorsale du nez. Cette région inférieure, qui est en partie masquée par l'image double du nez, et celle située entre ces images, ne peuvent presque pas servir pour la position parallèle des yeux ; cette disposition parallèle est aussi plus difficile à obtenir que pour la partie supérieure du champ. Nous pouvons donc limiter à peu près par une ligne qui joindrait les deux points *bb* la partie du champ de regard accessible pour des lignes visuelles parallèles ; le champ qui reste ainsi est à peu près circulaire, et je trouve effectivement que la loi de Listing s'applique à ce cas et que la direction primaire *a* est au centre de ce champ visuel. Du reste, les champs de mes deux yeux ne sont pas tout à fait symétriques ; mon œil gauche peut regarder plus loin en bas et en dehors que mon œil droit.

Dans les directions convergentes, les yeux se dirigent d'abord en dedans, précisément à cause de la convergence, puis ils se portent le plus souvent en bas. Dans les parties supérieures du champ visuel, il est relativement très-rare que nous ayons à examiner des objets rapprochés ; aussi ne sommes-nous pas en état d'y produire une convergence aussi forte qu'en regardant en bas. Nous devons donc nous attendre, pour les positions convergentes, à voir les résultats s'écarter de la loi des mouvements relative aux directions parallèles, de la même manière que si la position primaire était plus bas et plus en dedans que pour le parallélisme : les aberrations indiquées par la figure 157 (p. 609) sont en effet de cette nature. L'étendue de ces aberrations dépend sans doute aussi de la fréquence et du degré de la convergence habituelles à chacun, et pour les yeux myopes qui regardent principalement en convergeant, les particularités de ces convergences devront continuer à se faire sentir dans les positions parallèles, plus rarement employées.

En essayant ainsi de déduire des besoins de la perception la loi des mouvements de l'œil, nous devions naturellement faire abstraction de toute connaissance et de toute estimation des longueurs et des angles du champ visuel apparent, et même de notre connaissance de la disposition des points rétiniens sur la rétine ; en effet, dès qu'on ne considère pas cette connaissance comme innée, elle ne peut être acquise que par les mouvements de l'œil. Ces mouvements et ces connaissances doivent, en réalité, se développer de pair, et, pour cette raison, il ne faut pas considérer la loi des rotations comme se développant en réalité, pendant la première enfance, exactement suivant la manière que nous avons signalée. Tout ce que peut faire, sous ce rapport, la théorie des perceptions visuelles, c'est de démontrer que les perceptions visuelles et les mouvements de l'œil ne présentent rien que nous n'ayons pu acquérir par l'expérience et par l'exercice, en nous efforçant de reconnaître les objets du monde extérieur avec le plus de précision et de certitude possible. Dans cette analyse, nous sommes naturellement forcés de décomposer la manière dont se fait notre éducation en différents temps qui ne sont pas séparés, en réalité, dans le désordre varié sous lequel se présentent à nous les diverses impressions sensuelles.

A. Fick et Wundt ont considéré les mouvements de l'œil comme réglés par ce principe qu'on associerait toujours, à chaque position de la ligne de regard, la torsion qui exigerait le moindre effort musculaire. Nous étudierons plus loin, en détail, l'application de ce principe. Il est probablement satisfait en réalité dans les mouvements normaux que l'œil présente effectivement. Cependant je n'ai pas cru devoir considérer ce principe comme déterminant, car on peut démontrer qu'un effort volontaire peut donner à l'œil les dispositions les plus convenables à la vision, et que les muscles sont, en général, assez susceptibles de modification pour que ceux dont on exige les plus grands efforts deviennent aussi bientôt les plus puissants. Cependant on ne peut guère nier que, lorsque l'appareil musculaire de plusieurs générations consécutives s'est adapté aux besoins des individus, et que sa disposition s'est transmise de génération en génération, les torsions les plus convenables de l'œil doivent être devenues en même temps les plus faciles à exécuter, et cette circonstance doit faciliter singulièrement leur production. Toutefois les expériences indiquées plus haut nous ont montré qu'on ne choisit pas, à la longue, les mouvements de l'œil les plus faciles, lorsqu'ils ne sont pas, en même temps, les plus avantageux pour la vision.

Les mouvements de la tête sont soumis à des lois analogues à celles qui régissent ceux des yeux. — Aubert a déjà remarqué que si, pendant qu'on fixe un point déterminé d'une ligne droite horizontale ou verticale, on incline brusquement la tête vers l'une des épaules, ce qui fait exécuter un mouvement de rotation à l'image rétinienne, la ligne paraît se mouvoir pendant le mouvement de la tête, ou bien on éprouve tout au moins de l'incertitude pour décider s'il y a eu rotation ou non.

Les mouvements ordinaires de la tête se font, du reste, d'après le même principe que ceux de l'œil. L'articulation occipitale se compose de deux articulations : celle de l'os occipital avec la première vertèbre cervicale, ou atlas, et celle de l'atlas avec la seconde vertèbre cervicale. La première de ces articulations permet une rotation autour d'un axe horizontal et transversal, et, dans une faible étendue, une rotation autour d'un axe horizontal antéro-postérieur; la seconde articulation ne présente qu'un axe de rotation vertical. Par conséquent, les deux articulations permettent des rotations modérées autour d'un axe situé dans une position quelconque. La mobilité de la partie supérieure de la colonne vertébrale facilite encore les divers mouvements. Lorsqu'on veut tourner fortement le regard à droite ou à gauche, la tête tourne autour d'un axe vertical dans l'articulation inférieure ; lorsqu'on regarde directement en haut ou en bas, la tête tourne autour de l'axe horizontal et transversal qui passe par les deux condyles de l'os occipital ; mais si l'on dirige la face obliquement en haut et à droite, la tête tourne, comme l'œil, autour d'un axe allant d'en haut à droite, vers en bas à gauche, de manière que le côté droit de la tête vient à se trouver plus haut que le côté gauche. Lorsque le regard se dirige, au contraire, en bas et très à droite, le côté droit de la tête vient plus bas que le côté gauche. Ces rotations sont donc de même genre que celles de l'œil, mais elles sont bien plus dans la dépendance de notre volonté.

ÉTUDE GÉOMÉTRIQUE GÉNÉRALE DES ROTATIONS.

Systèmes de coordonnées. — Qu'on se figure une sphère terrestre ordinaire, mobile autour d'un axe dont les extrémités se trouvent sur un cercle de cuivre ; ce cercle méridien peut se déplacer à son tour dans les entailles du support de bois; le pied, placé sur une table horizontale, peut tourner lui-même autour d'un axe vertical : ces divers mouvements suffisent pour pouvoir amener le globe dans une position déterminée quelconque. Cette sphère représentera le globe oculaire, et la ligne des pôles correspondra à la ligne de regard.

Plaçons d'abord la ligne des pôles verticalement, et amenons le premier méridien, celui de l'île de Fer, dans le plan de l'anneau de cuivre. Prenons les x verticalement (parallèlement à la position initiale de la ligne de regard); prenons pour plan des xy celui du premier méridien et du cercle de cuivre : on voit que l'axe des y est horizontal et compris dans ce plan, et que celui des z, également horizontal, lui est perpendiculaire. Plaçons au centre de la sphère l'origine commune de ces axes. Comme nous sommes maîtres de placer arbitrairement dans l'œil les axes des x et des y, nous admettrons que, dans sa position initiale, la ligne atrope soit située dans le plan des xy. Il en résultera une simplification très-notable dans les calculs, sans nuire à leur généralité. Ainsi, dans le globe qui nous représente l'œil, la ligne atrope se trouverait quelque part dans le méridien de l'île de Fer.

Il nous faut concevoir quatre systèmes de coordonnées rectangulaires qui coïncident tous, dans la position initiale de la sphère. Le premier, xyz, sera absolument immobile dans l'espace. Le second, $x_1y_1z_1$, mobile avec le support, sera invariablement lié à ce support. Le troisième, $x_2y_2z_2$ sera invariablement lié au cercle méridien de cuivre. Le quatrième enfin, $\xi\upsilon\zeta$, sera invariablement lié à la sphère.

Quand on fait tourner le pied sur la table, le système des $x_1y_1z_1$ se déplace par rapport à celui des xyz ; mais comme cette rotation se fait autour de l'axe des x, l'axe des x_1 continue à coïncider avec celui des x, et le plan des y_1z_1 avec celui des yz. Donc, après la rotation, la distance x_1 d'un point quelconque au plan des y_1z_1 est égale à la distance x de ce point au plan des yz. Dans la figure 162, le plan du papier est celui des plans des yz et des y_1z_1. Soient OA l'axe des y et OH l'axe des z, OD celui des y_1, et OE celui des z_1 ; soit C la projection du point dont on cherche les coordonnées. Du point C, abaissons les perpendiculaires CA, CB, CD, CE, respectivement sur les quatre axes de coordonnées ; abaissons, de plus, du point E, sur OA et sur OB, les perpendiculaires EG et EH, qui se coupent en K ; nous avons

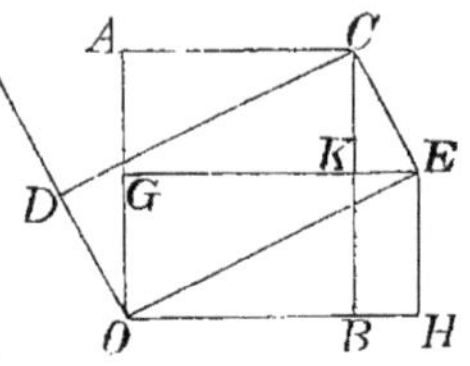

Fig. 162.

$$OA = CB = y \qquad OD = CE = y_1$$
$$OB = AC = z \qquad OE = CD = z_1 .$$

Nommons θ l'angle EOH dont le système des $x_1y_1z_1$ a tourné par rapport à celui des xyz, nous avons

$$y = OA = OG + GA = OG + KC.$$

Or, comme nous avons l'angle

$$GEO = ECK = EOH = \theta,$$

on a

$$OG = OE \sin (GEO) = z_1 \sin \theta$$
$$KC = CE \cos (ECK) = y_1 \cos \theta,$$

donc

$$y = y_1 \cos \theta + z_1 \sin \theta.$$

De même, nous avons

$$z = OB = OH - KE$$
$$OH = OE \cos (EOH) = z_1 \cos \theta$$
$$KE = EC \sin (ECK) = y_1 \sin \theta,$$

donc

$$z = z_1 \cos \theta - y_1 \sin \theta.$$

Nous avons donc après la rotation, pour les valeurs des coordonnées xyz du point donné par les coordonnées $x_1y_1z_1$,

$$\left.\begin{aligned} x &= x_1 \\ y &= y_1 \cos \theta + z_1 \sin \theta \\ z &= -\, y_1 \sin \theta + z_1 \cos \theta \end{aligned}\right\} \ldots\ldots\ldots\ldots \quad 1)$$

Faisons tourner, de plus, dans les entailles du support, le cercle méridien de cuivre ; nous déplaçons alors le système des $x_2y_2z_2$ par rapport à celui des $x_1y_1z_1$, mais sans que le plan des $x_2 y_2$ cesse de coïncider avec celui des $x_1 y_1$, et, par suite, l'axe des z_2 avec celui des z_1. Soit α l'angle de la rotation effectuée; on trouve, en procédant comme tout à l'heure, que les coordonnées $x_1 y_1 z_1$, exprimées dans le système $x_2 y_2 z_2$, donnent

$$\left.\begin{aligned} x_1 &= x_2 \cos\alpha - y_2 \sin\alpha \\ y_1 &= x_2 \sin\alpha + y_2 \cos\alpha \\ z_1 &= z_2 \end{aligned}\right\} \quad \ldots\ldots\ldots\ldots \quad 1\,a).$$

Enfin, faisons tourner le globe autour de son axe polaire; le système des $\xi\upsilon\zeta$ se déplace alors par rapport à celui des $x_2 y_2 z_2$, sans que les axes ξ et x_2 cessent de coïncider. Désignant par ω l'angle de la rotation effectuée, il vient, pour les valeurs des $x_2 y_2 z_2$,

$$\left.\begin{aligned} x_2 &= \xi \\ y_2 &= \upsilon \cos\omega + \zeta \sin\omega \\ z_2 &= -\upsilon \sin\omega + \zeta \cos\omega \end{aligned}\right\} \quad \ldots\ldots\ldots\ldots \quad 1\,b).$$

Transportant maintenant dans les équations 1) les valeurs de $x_1 y_1 z_1$ de 1a), il vient

$$\begin{aligned} x &= x_2 \cos\alpha - y_2 \sin\alpha \\ y &= x_2 \sin\alpha \cos\theta + y_2 \cos\alpha \cos\theta + z_1 \sin\theta \\ z &= -x_2 \sin\alpha \sin\theta - y_2 \cos\alpha \sin\theta + z_2 \cos\theta. \end{aligned}$$

Enfin, dans ces équations, remplaçons $x_2 y_2 z_2$ par leurs valeurs prises dans les équations 1b), il vient

$$\left.\begin{aligned} x &= \xi \cos\alpha - \upsilon \cos\omega \sin\alpha - \zeta \sin\omega \sin\alpha \\ y &= \xi \sin\alpha \cos\theta + \upsilon (\cos\alpha \cos\theta \cos\omega - \sin\theta \sin\omega) \\ &\qquad + \zeta (\cos\alpha \cos\theta \sin\omega + \sin\theta \cos\omega) \\ z &= -\xi \sin\alpha \sin\theta - \upsilon (\cos\alpha \sin\theta \cos\omega + \cos\theta \sin\omega) \\ &\qquad - \zeta (\cos\alpha \sin\theta \sin\omega - \cos\theta \cos\omega) \end{aligned}\right\} \quad \ldots \quad 1\,c).$$

Ces équations donnent les coordonnées dans l'espace, xyz, de tout point donné par ses coordonnées $\xi\upsilon\zeta$ sur ou dans la sphère.

Équations de la ligne de regard. — Cette ligne, qui est l'axe polaire de notre sphère, étant l'axe des ξ, on a pour tous ses points $\upsilon = \zeta = 0$. Il en résulte, pour un point de cette ligne situé à une distance ξ du centre de rotation,

$$\begin{aligned} x &= \xi \cos\alpha \\ y &= \xi \sin\alpha \cos\theta \\ z &= -\xi \sin\alpha \sin\theta. \end{aligned}$$

L'angle de l'axe polaire avec sa position initiale est donc α, sa projection sur le plan horizontal est $\xi \sin\alpha$, et cette projection fait un angle θ avec le plan des xy. Mais cette projection est l'intersection, avec le plan horizontal, d'un plan mené par l'axe vertical des x et par l'axe polaire ξ. Nous reportant à l'œil,

α est l'angle que forment entre elles la première et la seconde position de la ligne de regard, et

θ est l'angle que forme avec le plan des xy un plan mené par la première et la seconde position de la ligne de regard.

Ces deux angles définissent la position de la ligne de regard.

Condition imposée par la loi de Listing.— Pour saisir la signification de l'angle ω relativement à l'œil, demandons-nous comment cet angle doit être choisi pour que le mouvement s'effectue conformément à la loi de Listing, la position initiale où les systèmes xyz et $\xi\upsilon\zeta$ coïncidaient étant prise comme position primaire. Il faudrait alors, pour satisfaire à la loi en question, que la nouvelle position fût la même que celle qui résulterait d'une rotation autour de la ligne d'intersection des plans des $\upsilon\zeta$ et des yz. Comme les points de cet axe de rotation restent immobiles par rapport aux $\xi\upsilon\zeta$, comme par rapport aux xyz, ils sont soumis aux conditions

$$x = \xi \qquad y = \upsilon \qquad z = \zeta \Big\} \quad \ldots\ldots\ldots\ldots \quad 2).$$

Ces trois conditions nous permettent de trouver, dans tous les cas, la position de l'axe de rotation. De plus, la loi de Listing exige que l'axe de rotation soit compris dans le plan des $\upsilon\zeta$, c'est-à-dire qu'on ait $\xi = 0$ pour tous ses points. Substituant ces valeurs dans les équations 1c), il vient

$$\begin{aligned}
0 &= -\upsilon \cos\omega \sin\alpha - \zeta \sin\omega \sin\alpha \\
\upsilon &= \upsilon\,(\cos\alpha \cos\theta \cos\omega - \sin\theta \sin\omega) + \zeta\,(\cos\alpha \cos\theta \sin\omega + \sin\theta \cos\omega) \\
\zeta &= -\upsilon\,(\cos\alpha \sin\theta \cos\omega + \cos\theta \sin\omega) - \zeta\,(\cos\alpha \sin\theta \sin\omega - \cos\theta \cos\omega).
\end{aligned}$$

De la première de ces équations, il résulte

$$\upsilon \cos\omega + \zeta \sin\omega = 0,$$

relation qui est satisfaite en posant

$$\upsilon = h \sin\omega, \qquad \zeta = -h\cos\omega,$$

la valeur de h restant indéterminée. Alors les deux autres équations se réduisent aux conditions

$$\begin{aligned}
\sin\omega &= -\sin\theta \\
-\cos\omega &= -\cos\theta,
\end{aligned}$$

qui sont satisfaites en posant

$$\omega = -\theta \Big\} \quad \ldots\ldots\ldots\ldots\ldots \quad 2a).$$

Telle est donc la condition pour que les rotations relatives aux équations 1c) soient conformes à la loi de Listing. Alors les valeurs x, y et z deviennent

$$\left.\begin{aligned}
x &= \xi \cos\alpha - \upsilon \cos\theta \sin\alpha + \zeta \sin\theta \sin\alpha \\
y &= \xi \sin\alpha \cos\theta + \upsilon\,(\cos\alpha \cos^2\theta + \sin^2\theta) \\
&\qquad + \zeta\,(1 - \cos\alpha) \sin\theta \cos\theta \\
z &= -\xi \sin\alpha \sin\theta - v\,(\cos\alpha - 1) \sin\theta \cos\theta \\
&\qquad + \zeta\,(\cos\alpha \sin^2\theta + \cos^2\theta)
\end{aligned}\right\} \quad \ldots\ldots \quad 2b).$$

Il faut remarquer d'ailleurs que, même indépendamment de la loi de Listing, la somme $\omega + \theta$ doit être infiniment petite pour des valeurs très-petites de α, si des déplacements infiniment petits de la ligne de regard ne donnent pas des déplacements finis de l'œil.

Passons maintenant d'une position secondaire à une autre. — Dans les équations 2b), x étant la distance d'un point au plan des yz, la distance de ce même point au plan des $\upsilon\zeta$ est ξ, ces deux distances étant prises positivement quand elles sont situées en avant de ces plans. Or si nous posons

$$x = -\xi \qquad \text{ou} \qquad x + \xi = 0 \Big\} \quad \ldots\ldots\ldots \quad 2c),$$

nous avons l'équation de tous les points situés à égale distance du côté antérieur du plan $x = 0$ et du côté postérieur du plan $\xi = 0$, propriété qui appartient aux points du plan bissecteur de l'angle θ que forment entre eux les plans $x = 0$ et $\xi = 0$. L'équation 2c) est donc celle de ce plan bissecteur. En y substituant la valeur de x tirée de 2b), cette équation devient

$$0 = \xi(1 + \cos\alpha) - \upsilon\cos\theta\sin\alpha + \zeta\sin\theta\sin\alpha. \Big\} \quad \ldots \quad 2d).$$

Multipliant par $\dfrac{1-\cos\alpha}{\sin\alpha}$, cette équation devient

$$0 = \xi\sin\alpha - \upsilon\cos\theta(1-\cos\alpha) + \zeta\sin\theta(1-\cos\alpha) \Big\} \quad \ldots \quad 2e);$$

multipliant encore par $\cos\theta$, il vient

$$0 = \xi\sin\alpha\cos\theta + \upsilon(\cos\alpha\cos^2\theta - \cos^2\theta) + \zeta\cos\theta\sin\theta(1-\cos\alpha),$$

équation qui, comparée avec la valeur de y prise dans 2b), se réduit à

$$\upsilon = y.$$

De même, en multipliant 2e) par $\sin\theta$, on obtient une équation analogue qui se réduit à

$$\zeta = z.$$

Nous avons donc, pour les points du plan bissecteur de l'angle θ que forment entre eux les plans $x = 0$ et $\xi = 0$,

$$x = -\xi, \qquad y = \upsilon, \qquad z = \zeta \Big\} \quad \ldots\ldots\ldots \quad 2f).$$

Prenons maintenant une deuxième position secondaire du globe, pour laquelle nous désignerons respectivement par x_0, y_0, z_0, α_0, θ_0 les valeurs correspondantes de x, y, z, α, θ ; pour le plan bissecteur de l'angle θ_0 que font entre eux les plans $x_0 = 0$ et $\xi = 0$, on a également

$$x_0 = -\xi, \qquad y_0 = \upsilon, \qquad z_0 = \zeta.$$

Si donc le point $\xi\upsilon\zeta$ appartient à la fois aux deux plans bissecteurs, c'est-à-dire s'il se trouve sur leur intersection, on a pour ce point

$$x = x_0, \qquad y = y_0, \qquad z = z_0.$$

Les points de cette intersection occupent donc la même position dans l'espace pour les deux positions successives de l'œil, et il en résulte que *pour amener l'œil d'une position secondaire à une autre en le faisant tourner autour d'un axe constant, il faut prendre pour axe la ligne d'intersection des plans bissecteurs des angles formés par le plan primaire des axes de rotation avec les plans perpendiculaires aux deux positions secondaires de la ligne de regard.* La position de cet axe est donnée par l'équation 2c) et par l'équation analogue relative à la seconde position, à savoir

$$x + \xi = 0 \qquad \text{et} \qquad x_0 + \xi = 0.$$

L'angle dont le globe tourne autour de cet axe résultant, en passant de la première à la deuxième position secondaire, est double de l'angle que font entre eux les deux plans bissecteurs considérés $x + \xi = 0$ et $x_0 + \xi = 0$.

Remarque. — La règle d'après laquelle nous venons d'obtenir, par une seule rotation, le résultat de deux rotations successives, peut s'appliquer, tout à fait indépendamment de la loi de Listing, à un corps quelconque mobile autour d'un point fixe. — Supposons que l'on connaisse la position qu'occupe chacun des axes au moment de la rotation autour de cet axe, ou bien, ce qui est la même chose, la position de ces deux axes au moment qui précède la deuxième rotation ; nommons A le plan qui passe alors par ces deux axes, et soient respectivement A_0 et A_1 les positions de ce plan avant la première et après la seconde rotation. Comme les axes sont respectivement les intersections de A_0 avec A et de A avec A_1, cette construction est facile à exécuter dès que l'on connaît la valeur des angles de rotation A_0A et A_1A. Menant les plans bissecteurs de ces deux angles, leur intersection est l'axe de rotation résultant, et l'angle de rotation est le double de l'angle que comprennent entre eux les deux plans bissecteurs (il est indifférent de prendre l'un ou l'autre des deux angles qu'ils forment).

Quand les rotations sont infiniment petites, l'axe de rotation résultant est infiniment près du plan des deux autres axes, et, à la limite, il se confond avec la diagonale du parallélogramme dont les côtés coïncident en direction avec les deux axes de rotation et sont proportionnels aux grandeurs des angles de rotation.

Ligne atrope. — Revenons aux conséquences de la loi de Listing relativement aux mouvements du globe. — Comme l'axe de rotation autour duquel il faut faire tourner l'œil pour l'amener de la position des équations 2b) à une autre position quelconque $x_0\, y_0\, z_0$ est compris dans le plan $x + \xi = 0$, quelle que soit d'ailleurs cette seconde position, il en résulte que toutes les fois qu'on veut passer d'une position déterminée à d'autres positions quelconques par rotation autour d'axes fixes, ces axes sont tous compris dans un certain plan dont la position ne dépend que de la position initiale et nullement de la seconde position à atteindre ; il en résulte aussi que toute rotation, d'une amplitude quelconque, autour d'un axe situé dans ce plan, amène toujours l'œil dans une position conforme aux exigences de la loi de Listing.

On voit donc que la position primaire de la ligne de regard présente cette seule particularité que la position du plan des axes de rotation qui lui sont relatifs est perpendiculaire à cette ligne.

On voit également que, pour une position quelconque de la ligne de regard, la position de la normale au plan des axes de rotation s'obtient en prenant la bissectrice des directions primaire et actuelle de la ligne de regard. On peut donner à cette normale le nom de *ligne atrope instantanée* relative à la position considérée.

Pour toute rotation exécutée d'une manière continue autour d'un axe, en suivant la loi de Listing, la ligne atrope instantanée, relative à la position primitive, décrit évidemment un grand cercle sur le champ visuel sphérique. Quant à la ligne de regard, n'étant en général pas perpendiculaire à l'axe de rotation, elle ne décrit pas un grand cercle, mais bien un cercle parallèle au grand cercle décrit par la ligne atrope en question.

Point occipital. — Cercles de direction. — Soit O (fig. 163) le centre de rotation de l'œil, OA la position primaire de la ligne de regard, OB une seconde position de cette ligne, $ACBDF$ la section du champ de regard sphérique; la bissectrice GOC de l'angle AOB est la ligne atrope relative à la position OB de la ligne de regard, et un plan mené perpendiculairement au plan de la figure par la ligne OD, perpendiculaire à OC, est le plan des axes de rotation relatifs à OB. Il est facile de voir que si l'on prolonge AO jusqu'en F, les angles BOD et FOD sont égaux entre eux comme compléments des angles égaux BOC et GOF. Il en résulte aussi que si nous nommons OE un axe quelconque mené dans le plan des axes qui passe par OD, les angles BOE et FOE sont nécessairement égaux entre eux.

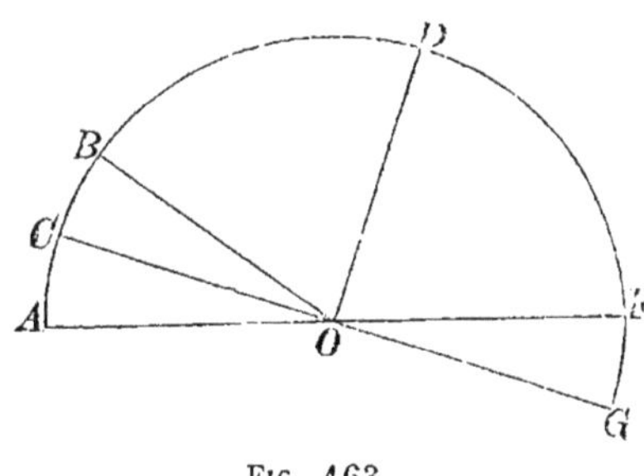

FIG. 163.

S'il était donc possible de faire tourner complétement le globe autour de l'axe OE, la ligne OB viendrait prendre la position OF. Donc tous les cercles que la ligne de regard peut décrire dans le champ visuel sphérique, en partant de la position OB et tournant autour d'un axe fixe conformément à la loi de Listing, passent nécessairement par le point F; or la position du point F est absolument indépendante de la position OB et ne dépend que de la position primaire OA. Nous pouvons donner à ce point F le nom de *point occipital du champ de regard.* On voit que :

Les prolongements de tous les arcs de cercle que la ligne de regard décrit dans le champ visuel sphérique, en tournant autour d'un axe fixe, conformément à la loi de Listing, passent par le point occipital du champ de regard.

Et inversement : *Quand la ligne de regard décrit dans le champ visuel sphérique, conformément à la loi de Listing, un arc de cercle dont le prolongement passe par le point occipital, elle se déplace en tournant autour d'un axe fixe, perpendiculaire au plan de ce cercle.*

Nous nommerons *cercles de direction* ces cercles du champ de regard sphérique qui passent par le point occipital. Leur importance, relativement à l'orientation, ressortira davantage dans les paragraphes suivants. On voit que les cercles de direction ne sont des grands cercles du champ visuel que lorsqu'ils passent par la position primaire de la ligne de regard, c'est-à-dire par le point du champ de regard que nous nommerons *point de regard principal.*

On voit facilement maintenant que s'il s'est développé dans l'œil une image accidentelle linéaire qui se projette dans le champ de regard sur un cercle de direction de la position de la ligne de regard, lorsque l'œil se déplace suivant ce cercle de direction, l'image accidentelle conserve sa position apparente sur ce cercle et ne se déplace que sur son propre prolongement. — De même, une image accidentelle, développée sur la perpendiculaire menée par le point de regard à l'un des cercles de direction correspondants, reste perpendiculaire à ce cercle pendant les mouvements effectués suivant ce cercle. — Enfin, il est facile de voir que l'image accidentelle sera constamment dirigée parallèlement à tous ceux des cercles de direction qui ont, au point occipital, la même tangente que celui des cercles de direction sur lequel elle se trouvait d'abord.

L'équation des cercles de direction qui passent par une position déterminée de la ligne de regard, telle que celle donnée par les équations 2b), s'obtient facilement par cette condition qu'ils sont les traces d'un plan mené par le point occipital, sur le champ visuel sphérique dont le centre est le centre de rotation de l'œil, origine de nos coordonnées. Écrivons l'équation du champ visuel sphérique

$$x^2 + y^2 + z^2 = R^2 \Big\} \quad \ldots\ldots\ldots\ldots \quad 3)$$

et l'équation générale d'un plan

$$ax + by + cz = A.$$

Les coordonnées du point occipital sont

$$x = -R, \qquad y = 0, \qquad z = 0.$$

Ces valeurs devant satisfaire à l'équation du plan, il vient

$$-aR = A,$$

ce qui détermine la quantité inconnue A. L'équation d'un plan quelconque, passant par le point occipital, est donc

$$ax + by + cz = -aR \Big\}. \quad \ldots\ldots\ldots\ldots \quad 3a).$$

Les équations 3) et 3a) sont donc celles d'un cercle de direction quelconque.

Écrivant ces deux équations sous la forme

$$x^2\left(1 + \frac{y^2}{x^2} + \frac{z^2}{x}\right) = R^2$$

et

$$x^2\left(1 + \frac{b}{a}\frac{y}{x} + \frac{c}{a}\frac{z}{x}\right)^2 = R^2$$

et divisant membre à membre, il vient

$$1 + \frac{y^2}{x^2} + \frac{z^2}{x^2} = \left(1 + \frac{b}{a}\frac{y}{x} + \frac{c}{a}\frac{z}{x}\right)^2 \Big\}. \quad \ldots\ldots \quad 3b),$$

ce qui est l'équation d'un cône dont le sommet est à l'origine des coordonnées et qui s'appuie sur le cercle de direction. Pour s'assurer, en effet, que cette surface contient le cercle de direction, il suffit de remarquer que l'équation 3b) est déduite des équations 3) et 3a), dans lesquelles x, y, z représentent les coordonnées d'un point quelconque du cercle de direction; pour voir que c'est un cône, il suffit de remarquer que si son équation est satisfaite pour les coordonnées d'un point x, y, z, elle l'est aussi pour celles de tous les points pour lesquels les rapports $y : x$ et $z : x$ sont les mêmes que pour celui-là. En effet, les équations $y : x = C_0$ et $z : x = C_1$ représentent une ligne droite qui passe par l'origine des coordonnées, et comme tous les points d'une ligne droite qui passe par l'origine et par un point de la surface, sont compris dans cette surface, l'équation 3b) représente un cône.

Les génératrices rectilignes de ce cône sont les positions que prend la ligne de regard en parcourant le cercle de direction correspondant.

Projection sur un champ visuel plan. — Quand une image accidentelle linéaire se projette suivant un cercle de direction, nous avons fait remarquer qu'elle reste sur ce cercle quand l'œil en parcourt les différents points. Précédemment, nous avions projeté les images accidentelles sur un plan perpendiculaire à la position primaire de l'œil, et dont l'équation est, par conséquent,

$$x = C.$$

Faisant x constant dans l'équation 3b), nous obtenons l'équation d'une hyperbole qui est la projection du cercle de direction sur le plan considéré. Cette équation est

$$0 = (b^2 - a^2)\, y^2 + (c^2 - a^2)\, z^2 + 2\,bcyz + 2\,abxy + 2\,acxz \Big\}. \quad . \quad . \quad 3c).$$

Sous cette forme générale, elle donne toutes les hyperboles le long desquelles peuvent se déplacer des images accidentelles linéaires dirigées d'une manière quelconque.

Bornons-nous aux images accidentelles qui étaient d'abord parallèles à une direction déterminée, celle de l'axe des z, par exemple, il faut poser $c = 0$ dans l'équation 3a) du cercle de direction. Posons, de plus,

$$a = -\sin\frac{\alpha}{2} \qquad b = +\cos\frac{\alpha}{2}$$

l'équation 3c) devient

$$0 = y^2 \cos\alpha - z^2 \sin^2\frac{\alpha}{2} - xy \sin\alpha$$

ou bien

$$\cos\alpha \left(y - \frac{1}{2}\, x \operatorname{tg}\alpha\right)^2 - z^2 \sin^2\frac{\alpha}{2} = \frac{1}{4}\, x^2 \cos\alpha \operatorname{tg}^2\alpha.$$

Posant

$$\frac{1}{2}\, x \operatorname{tang}\alpha = f$$

et
$$x\sqrt{\frac{\operatorname{tang}\alpha}{2\operatorname{tang}\frac{\alpha}{2}}}=g\,,$$

l'équation de l'hyperbole devient

$$\frac{(y-f)^2}{f^2}-\frac{z^2}{g^2}=1\,.$$

On voit que f est l'axe réel, g l'axe imaginaire, et que le centre de l'hyperbole est éloigné de la ligne $z=0$ d'une distance égale à la longueur de l'axe réel. L'un des sommets de toutes ces hyperboles est situé sur l'axe des x, au point $z=0$, $y=0$, mais celles des branches des hyperboles qui passent par ce point ne sont pas des projections optiques des cercles de direction : ce sont seulement des projections géométriques de la partie postérieure et non visible de ces cercles. On a vu plus haut (fig. 154, p. 604) la représentation d'hyperboles de ce genre.

Il nous reste à déterminer la rotation que l'œil subit par rapport à la ligne de visée conformément à la loi de Listing. — Soit $\upsilon=0$ l'horizon rétinien de l'œil, $y=0$ étant sa position primaire et en même temps la position primaire du plan de visée. L'axe des y est alors la ligne qui réunit les centres de rotation des deux yeux. Le plan de visée passe donc toujours par l'axe des y. L'équation générale de ces plans est

$$ax+bz=0.$$

Pour la ligne de regard, on a $\upsilon=\zeta=0$; on a donc, d'après 2b),

$$x=\xi\cos\alpha,\qquad y=\xi\sin\alpha\cos\theta,\qquad z=-\xi\sin\alpha\sin\theta,$$

et comme la ligne de regard est nécessairement dans le plan de visée, ces valeurs de x et z doivent satisfaire l'équation générale du plan de visée ; on a donc

$$a\xi\cos\alpha-b\xi\sin\alpha\sin\theta=0$$

Cette équation est satisfaite si l'on pose

$$a=\sin\alpha\sin\theta,\qquad b=\cos\alpha.$$

L'équation du plan de visée devient donc

$$x\sin a\sin\theta+z\cos\alpha=0,$$

ou bien, en y transportant les valeurs tirées de 2b),

$$0=\upsilon\cos\theta\sin\theta\,(1-\cos\alpha)-\zeta\,(\sin^2\theta+\cos\alpha\cos^2\theta)\}\;.\;.\;.\quad 4).$$

On sait que l'angle k que forment entre eux deux plans représentés par les équations

$$ax+by+cz+d=0$$
$$\alpha x+\beta y+\gamma z+\delta=0,$$

est donné par la formule

$$\cos k = \frac{a\alpha + b\beta + c\gamma}{\sqrt{a^2 + b^2 + c^2}\ \sqrt{\alpha^2 + \beta^2 + \gamma^2}}.$$

Il en résulte que l'angle formé par le plan de visée de l'équation 4) avec l'horizon rétinien, dont l'équation est

$$0 = \upsilon\ \Big\}. \quad \ldots \ldots \ldots \ldots \quad 4\text{a}).$$

est donné par l'équation

$$\cos k = \frac{\cos\theta \sin\theta\,(1 - \cos\alpha)}{\sqrt{\sin^2\theta + \cos^2\alpha\cos^2\theta}}$$

ou

$$\text{cotang}\, k = \frac{\cos\theta \sin\theta\,(1 - \cos\alpha)}{\sin^2\theta + \cos\alpha\cos^2\theta}\ \Bigg\} \quad \ldots \ldots \quad 4\text{b}).$$

ce qui définit l'angle k compris entre l'horizon rétinien et le plan de visée au moment considéré.

De même, pour l'angle k' que forme le plan du méridien qui était vertical dans la position initiale $\zeta = 0$ avec un plan mené par l'axe des z et la ligne de regard, plan dont l'équation est

$$x \sin\alpha\cos\theta - y\cos\alpha = 0$$

on trouve l'expression

$$\text{tang}\, k' = \frac{\cos\theta\sin\theta\,(1 - \cos\alpha)}{\cos^2\theta + \sin^2\theta\cos\alpha}\ \Bigg\} \quad \ldots \ldots \quad 4\text{c}).$$

Autres notations. — Au lieu des angles α et θ, on a souvent eu recours, pour déterminer la position de la ligne du regard, à d'autres éléments, tels que l'*angle ascensionnel* λ et l'*angle latéral* μ, tels qu'ils ont été définis plus haut (p. 600), ou bien les angles que Fick a nommés *longitude* et *latitude* et que nous désignerons par les lettres l et m. Il nous faut introduire ces éléments dans les formules 4b) et 4c) pour les rendres propres à l'utilisation d'expériences ainsi disposées.

L'*angle ascensionnel* λ est l'angle compris entre le plan de visée

$$x \sin\alpha\sin\theta + z\cos\alpha = 0$$

et le plan $x = 0$; sa tangente est donc

$$\text{tang}\,\lambda = \frac{z}{x} = -\,\text{tang}\,\alpha\sin\theta.$$

L'*angle latéral* est égal à l'angle compris entre le plan équatorial de l'œil, $\xi = 0$, et le plan mené perpendiculairement au plan de visée, par l'axe des y, et dont l'équation est

$$x\cos\alpha - z\sin\alpha\sin\theta = 0$$

ou, après substitution des valeurs tirées de 2b),

$$0 = \xi\,[\cos^2\alpha + \sin^2\alpha\sin^2\theta] - \upsilon\sin\alpha\cos\theta\,[\sin^2\theta + \cos\alpha\cos^2\theta]$$
$$+ \zeta\sin\alpha\sin\theta\cos^2\theta\,[\cos\alpha - 1],$$

d'où il résulte, d'après les mêmes règles que plus haut, pour l'angle μ compris entre ce plan et le plan $\xi = 0$,

$$\cos \mu = \sqrt{\cos^2 \alpha + \sin^2 \alpha \sin^2 \theta}.$$

On a donc, pour déterminer α et θ, les deux équations

$$\tang \lambda = -\tang \alpha \sin \theta$$

$$\cos^2 \mu = \cos^2 \alpha + \sin^2 \alpha \sin^2 \theta,$$

d'où

$$\cos \alpha = \cos \mu \cos \lambda$$

$$\sin \theta = \mp \frac{\cos \mu \sin \lambda}{\sqrt{1 - \cos^2 \mu \cos^2 \lambda}}$$

ou bien

$$\tang \theta = \sin \lambda \operatorname{cotang} \mu.$$

Substituant ces valeurs dans 4 b) et 4 c), nous obtenons

$$\left.\begin{aligned} \tang k &= -\frac{\sin \mu \sin \lambda}{\cos \mu + \cos \lambda} \\ \tang k' &= \frac{\sin \mu \cos \mu \sin \lambda (1 - \cos \mu \cos \lambda)}{\sin^2 \mu + \cos^3 \mu \sin^2 \lambda \cos \lambda}. \end{aligned}\right\} \ldots \ldots \ldots \; 4\,\mathrm{d})$$

D'une manière analogue on trouve

$$\left.\begin{aligned} \tang k &= -\frac{\sin m \cos m \sin l (1 - \cos m \cos l)}{\sin^2 m + \cos^3 m \sin^2 l \cos l} \\ \tang k' &= \frac{\sin m \sin l}{\cos m + \cos l} \end{aligned}\right. \ldots \ldots \ldots \; 4\,\mathrm{e}).$$

On a vu plus haut quand les angles employés ici doivent être pris positivement ou négativement.

En substituant aux angles k, μ, λ et k', m et l leurs moitiés dans les équations 4d) et 4e), elles obtiennent la forme plus aisément calculable par logarithmes

$$\left.\begin{aligned} \tang \left(\frac{k}{2}\right) &= -\tang \left(\frac{\mu}{2}\right) . \tang \left(\frac{\lambda}{2}\right) \\ \tang \left(\frac{k'}{2}\right) &= \tang \left(\frac{m}{2}\right) . \tang \left(\frac{l}{2}\right). \end{aligned}\right\} \ldots \ldots \; 4\,\mathrm{f})$$

MANIÈRE DE DÉDUIRE LA LOI DES ROTATIONS EN PARTANT DU PRINCIPE DE LA PLUS FACILE ORIENTATION.

Nous avons d'abord à calculer les différences qui résultent, pour les torsions, de rotations autour d'axes qui ne soient pas perpendiculaires à la ligne atrope.

Soit ab (fig. 164) la ligne visuelle, ad l'axe d'une rotation pour laquelle la ligne visuelle ab décrive l'arc infiniment petit ds perpendiculaire au plan du dessin, la rotation autour de ad, dont nous appellerons Δ la grandeur angulaire, peut être considérée comme résultant d'une rotation autour de l'axe ac, perpendiculaire à ab, et d'une autre autour de la ligne ab elle-même. La valeur de cette dernière rotation est $\Delta \cos \lambda'$, si nous désignons par λ' l'angle dab de la figure. Mais la valeur de Δ est déterminée par cette condition que ab doit se déplacer de l'angle ds; or, dans ce mouvement du point b, la perpendiculaire bf abaissée de b sur l'axe est le rayon vecteur. On a donc

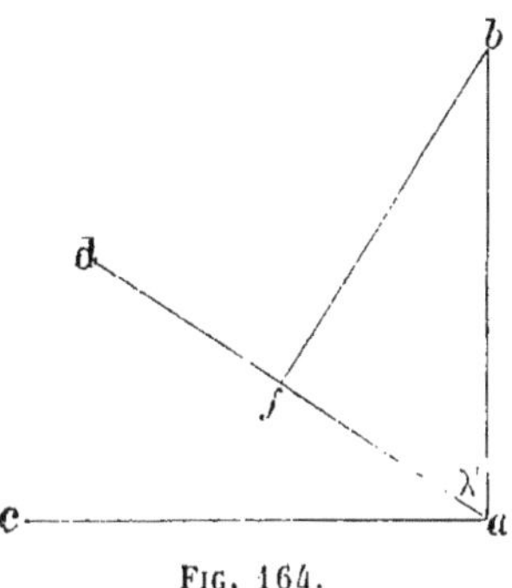

Fig. 164.

$$ab \,.\, ds = fb \,.\, \Delta$$

ou

$$ds = \Delta \sin \lambda'.$$

Donc, dans ce mouvement, la torsion autour de la ligne ab est

$$ds \text{ cotang } \lambda'.$$

Menons maintenant par ab des plans suivant différentes directions; l'élément ds peut être supposé contenu dans chacun de ces plans, et si les mouvements de l'œil doivent être continus dans tous les sens en partant de ab, les axes de rotation correspondants doivent tous être contenus dans un même plan. L'un des plans menés par ab est nécessairement perpendiculaire au plan des axes de rotation, qui contient ad. Nommons λ la valeur que l'angle λ' prend pour ce plan, et ε l'angle que le plan mené par l'élément ds et la ligne visuelle ab fait avec ce plan de l'angle λ. Dans l'angle trièdre rectangle formé par le plan des axes de rotation et les plans des angles λ et λ', on a, d'après une formule connue de trigonométrie sphérique,

$$\text{cotg } \lambda' = \text{cotg } \lambda \,.\, \cos \varepsilon$$

la rotation autour de la ligne ab est donc

$$ds \text{ cotg } \lambda' = ds \,.\, \text{cotg } \lambda \,.\, \cos \varepsilon.$$

Nommons, d'autre part, μ l'angle que la ligne de regard ab forme, dans la même position, avec le plan perpendiculaire à la ligne atrope, et $\varkappa$ l'angle que forment en ab les plans des angles μ et λ; un calcul analogue au précédent donnerait, pour la rotation autour de la ligne visuelle,

$$ds \text{ cotg } \mu \cos (\varepsilon - \varkappa),$$

pour les cas où les rotations seraient partout conformes au principe de la plus facile orientation, ce qui exigerait que les axes de rotation fussent constamment perpendiculaires à la ligne atrope.

Le carré de la différence entre l'angle exigé et l'angle véritable est

$$\rho^2 = ds^2 \left\{ \operatorname{cotg} \lambda \cos \varepsilon - \operatorname{cotg} \mu \cos (\varepsilon - \varkappa) \right\}^2.$$

L'exigence du principe de la plus facile orientation revient donc à demander que *la somme de toutes les valeurs de ρ^2 relatives à tous les mouvements possibles infiniment petits de la ligne visuelle, d'étendue* ds, *soit un minimum.*

Prenons d'abord la somme de toutes les valeurs de ρ^2 pour des déplacements ds qui, partant d'une seule et même position de la ligne de regard, se dirigent dans différents sens, c'est-à-dire répondent à des valeurs différentes de l'angle ε. Nous avons

$$\int_0^{2\pi} \rho^2 d\varepsilon = \pi ds^2 \left\{ \operatorname{cotg}^2 \lambda + \operatorname{cotg}^2 \mu - 2 \operatorname{cotg} \lambda \,.\, \operatorname{cotg} \mu \,.\, \cos \varkappa \right\} \ldots \quad 5).$$

Il faut maintenant faire la somme des valeurs de cette expression relatives aux différentes positions de la ligne de regard, définies par les angles α et θ. On a donc à former l'intégrale.

$$\int_0^{2\pi} d\theta \int_0^{\alpha_0} d\alpha \int_0^{2\pi} d\varepsilon \,.\, \rho^2 \sin \alpha = R. \quad \ldots\ldots\ldots\ldots \quad 5\,a).$$

où α_0 représente les valeurs qui répondent à la limite du champ de regard.

Pour exécuter cette intégration, il faut trouver les valeurs de λ et de $\varkappa$ qui répondent aux différentes valeurs de α et θ. A cet effet, différencions l'équation 1c) par rapport à α et à θ, en considérant l'angle ω comme une fonction de ces deux-là, et ξ, ν, ζ comme des constantes. Pour les points de l'axe de rotation, il faut qu'on ait

$$dx = dy = dz = 0$$

Tirons de là les équations suivantes, relatives également aux points de l'axe de rotation :

$$\left.\begin{array}{l} a\,dx + a_{,}\,dy + a_{,,}\,dz = 0 \\ b\,dx + b_{,}\,dy + b_{,,}\,dz = 0 \\ c\,dx + c_{,}\,dy + c_{,,}\,dz = 0 \end{array}\right\} \ldots\ldots\ldots\ldots \quad 6),$$

et où les lettres a, b, c, etc., représentent les coefficients des équations 1 c) :

$$\begin{aligned} a &= \cos \alpha \\ a_{,} &= \sin \alpha \cos \theta \\ a_{,,} &= -\sin \alpha \sin \theta \\ b &= -\cos \omega \sin \alpha \\ b_{,} &= \cos \alpha \cos \theta \cos \omega - \sin \theta \sin \omega \\ b_{,,} &= -\cos \alpha \sin \theta \cos \omega - \cos \theta \sin \omega \\ c &= -\sin \omega \sin \alpha \\ c_{,} &= \cos \alpha \cos \theta \sin \omega + \sin \theta \cos \omega \\ c_{,,} &= -\cos \alpha \sin \theta \sin \omega + \cos \theta \cos \omega \end{aligned}$$

On sait qu'entre ces quantités il existe un système d'équations de l'espèce suivante :

$$\left.\begin{array}{ll} 1 = a^2 + a_{\prime}^2 + a_{\prime\prime}^2 & ab + a_{\prime}b_{\prime} + a_{\prime\prime}b_{\prime\prime} = 0 \\ 1 = b^2 + b_{\prime}^2 + b_{\prime\prime}^2 & ac + a_{\prime}c_{\prime} + a_{\prime\prime}c_{\prime\prime} = 0 \\ 1 = c^2 + c_{\prime}^2 + c_{\prime\prime}^2 & bc + b_{\prime}c_{\prime} + b_{\prime\prime}c_{\prime\prime} = 0 \end{array}\right\} \ldots\ldots \text{A)}$$

$$\left.\begin{array}{l} 0 = ada + a_{\prime}da_{\prime} + a_{\prime\prime}da_{\prime\prime} \\ adb + a_{\prime}db_{\prime} + a_{\prime\prime}db_{\prime\prime} = -(bda + b_{\prime}da_{\prime} + b_{\prime\prime}da_{\prime\prime}) \\ 0 = bdb + b_{\prime}db_{\prime} + b_{\prime\prime}db_{\prime\prime} \\ adc + a_{\prime}dc_{\prime} + a_{\prime\prime}dc_{\prime\prime} = -(cda + c_{\prime}da_{\prime} + c_{\prime\prime}da_{\prime\prime}) \\ 0 = cdc + c_{\prime}dc_{\prime} + c_{\prime\prime}dc_{\prime\prime} \\ bdc + b_{\prime}dc_{\prime} + b_{\prime\prime}dc_{\prime\prime} = -(cdb + c_{\prime}db_{\prime} + c_{\prime\prime}db_{\prime\prime}) \end{array}\right\} \ldots\ldots \text{B)}.$$

Si l'on remplace maintenant, dans les équations 6), dx, dy, dz, par leurs valeurs :

$$\begin{array}{l} dx = \xi da + \upsilon db + \zeta dc \\ dy = \xi da_{\prime} + \upsilon db_{\prime} + \zeta dc_{\prime} \\ dz = \xi da_{\prime\prime} + \upsilon db_{\prime\prime} + \zeta dc_{\prime\prime}, \end{array}$$

on obtient :

$$\left.\begin{array}{l} 0 = \upsilon\,(adb + a_{\prime}db_{\prime} + a_{\prime\prime}db_{\prime\prime}) + \zeta(adc + a_{\prime}dc_{\prime} + a_{\prime\prime}dc_{\prime\prime}) \\ 0 = \xi\,(bda + b_{\prime}da_{\prime} + b_{\prime\prime}da_{\prime\prime}) + \zeta(bdc + b_{\prime}dc_{\prime} + b_{\prime\prime}dc_{\prime\prime}) \\ 0 = \xi\,(cda + c_{\prime}da_{\prime} + c_{\prime\prime}da_{\prime\prime}) + \upsilon(cdb + c_{\prime}db_{\prime} + c_{\prime\prime}db_{\prime\prime}) \end{array}\right\} \ldots \text{6 a)}.$$

Ces trois dernières équations (1) donnent chacune des coordonnées de l'axe de rotation exprimées en fonction de chacune des autres.

Soit $\frac{\pi}{2} - \lambda$ l'angle que forme avec l'axe des ξ (ligne de regard) une ligne perpendiculaire au plan des axes de rotation, et soit $\varkappa$ l'angle que le plan de l'angle λ fait avec celui des $\upsilon\xi$, nous conformant aux notations de l'équation 5) et admettant que le plan des $\upsilon\xi$ soit mené par la ligne atrope, il vient, pour le plan des axes de rotation,

$$\xi \sin\lambda + \upsilon \cos\lambda \cos\varkappa + \zeta \sin\lambda \sin\varkappa = 0,$$

---

(1) Il est facile de voir, en tenant compte des équations B), que la dernière de ces trois équations est comprise dans les deux autres. Or si l'ω des équations 1c) est une fonction continue de α et θ, c'est-à-dire qu'on ait

$$d\omega = \frac{d\omega}{d\alpha}\,d\alpha + \frac{d\omega}{d\theta}\,d\theta,$$

les différentielles da, db, dc, etc., deviennent toutes de la forme

$$da = \frac{da}{d\alpha}\,d\alpha + \frac{da}{d\theta}\,d\theta.$$

Si l'on élimine maintenant le rapport $\frac{d\alpha}{d\theta}$ entre deux des équations 6a), on obtient une équation divisible par ζ, et qui, après cette division, devient linéaire par rapport à ξ, υ, ζ : c'est l'équation d'un plan qui doit contenir tous les axes de rotation pour des rotations infiniment petites commençant à la position donnée de l'œil. — Ceci démontre le lemme dont nous avons fait usage, que pour des mouvements continus de l'œil et des rotations infiniment petites, à chaque position répond un plan des axes de rotation.

ou bien, substituant les valeurs de υ et ζ tirées des deux dernières des équations 6a), et multipliant le tout par

$$(bdc + b_{,}dc_{,} + b_{,,}dc_{,,}) = -(cdb + c_{,}db_{,} + c_{,,}db_{,,})$$

il vient

$$\left.\begin{aligned} 0 = \sin\lambda\,(bdc + b_{,}dc_{,} + b_{,,}dc_{,,}) - \cos\lambda\cos\varkappa\,(cda + c_{,}da_{,} + c_{,,}da_{,,}) \\ + \cos\lambda\sin\varkappa\,(bda + b_{,}da_{,} + b_{,,}da_{,,}) \end{aligned}\right\}\ldots 6b).$$

Cette équation en donne deux, si $d\alpha$ et $d\theta$ sont indépendants l'un de l'autre, car chacune des différentielles a la forme

$$da = \frac{da}{d\alpha}\,d\alpha + \frac{da}{d\theta}\,d\theta.$$

Si l'on effectue donc, d'abord par rapport à α, puis par rapport à θ, les différentielles que contient 6b), on obtient les deux équations

$$0 = \sin\lambda\,\frac{d\omega}{d\alpha} - \cos\lambda\cos\varkappa\sin\omega + \cos\lambda\sin\varkappa\cos\omega$$

$$0 = \sin\left(\frac{d\omega}{d\theta} + \cos\alpha\right) + \cos\lambda\cos\varkappa\sin\alpha\cos\omega + \cos\lambda\sin\varkappa\sin\alpha\sin\omega.$$

Par élimination de $\cos\varkappa$ ou de $\sin\varkappa$, les deux dernières équations donnent

$$\sin\lambda\left(\sin\alpha\sin\omega\,\frac{d\omega}{d\alpha} - \cos\omega\,\frac{d\omega}{d\theta} - \cos\omega\cos\alpha\right) = \cos\lambda\cos\varkappa\sin\alpha$$

$$\sin\lambda\left(\sin\alpha\cos\omega\,\frac{d\omega}{d\alpha} + \sin\omega\,\frac{d\omega}{d\theta} + \sin\omega\cos\alpha\right) = -\cos\lambda\sin\varkappa\sin\alpha.$$

Divisant les deux équations par $\sin\lambda\sin\alpha$, la première donne la valeur de $\operatorname{cotg}\lambda$ $\cos\varkappa$ que nous avons à substituer dans 5) ; élevées au carré et ajoutées membre à membre, elles donnent

$$\operatorname{cotg}^2\lambda = \left(\frac{d\omega}{d\alpha}\right)^2 + \frac{1}{\sin^2\alpha}\left(\frac{d\omega}{d\theta} + \cos\alpha\right)^2$$

et nous obtenons enfin, pour l'intégrale R dont il nous faut chercher le minimum

$$\left.\begin{aligned} R = \pi ds^2\int_0^{2\pi} d\theta\int_0^{\alpha_0} d\alpha\,\Bigg\{\sin\alpha\left(\frac{d\omega}{d\alpha}\right)^2 \\ + \frac{1}{\sin\alpha}\left(\frac{d\omega}{d\theta} + \cos\alpha\right)^2 - 2\operatorname{cotg}\mu\left[\sin\alpha\sin\omega\,\frac{d\omega}{d\alpha} - \cos\omega\left(\frac{d\omega}{d\theta} + \cos\alpha\right)\right] \\ + \operatorname{cotg}^2\mu\sin\alpha\Bigg\} \end{aligned}\right\}\ 6\,c).$$

Dans cette expression, ω et μ sont variables. Pour que R devienne minimum, il faut égaler à 0 les dérivées prises par rapport à ces deux quantités, ce qui donne

$$\left.\begin{aligned} 0 = \int_0^{2\pi} d\theta \int_0^{\alpha_0} d\alpha \Bigg\{ & \sin\alpha \frac{d\omega}{d\alpha} \cdot \frac{d\delta\omega}{d\alpha} + \frac{1}{\sin\alpha}\left(\frac{d\omega}{d\theta} + \cos\alpha\right)\frac{d\delta\omega}{d\theta} \\ & - \operatorname{cotg}\mu \left[\left[\sin\alpha\cos\omega\frac{d\omega}{d\alpha} + \sin\omega\left(\frac{d\omega}{d\alpha} + \cos\alpha\right)\right]\delta\omega \right. \\ & \left. + \sin\alpha\sin\omega\frac{d\delta\omega}{d\alpha} - \cos\omega\frac{d\delta\omega}{d\theta}\right]\Bigg\} \end{aligned}\right\} \quad \ldots\ldots \text{6d)}$$

et

$$\left.\begin{aligned} & \operatorname{cotg}\mu \int_0^{2\pi} d\theta \int_0^{\alpha_0} \sin\alpha\, d\alpha \\ & = \int_0^{2\pi} d\theta \int_0^{\alpha_0} d\alpha \left[\sin\alpha\sin\omega\frac{d\omega}{d\alpha} - \cos\omega\left(\frac{d\omega}{d\theta} + \cos\alpha\right)\right] \end{aligned}\right\} \quad \ldots\ldots \text{6e).}$$

On peut, par intégration partielle, faire disparaître de l'équation 6d) les quantités $\frac{d\delta\omega}{d\alpha}$ et $\frac{d\delta\omega}{d\theta}$, et l'on obtient alors deux intégrales, relatives à la circonférence et à la surface du champ visuel, et qui ne contiennent plus chacune en facteur que $\delta\omega$ sous le signe d'intégration. Mais avant d'exécuter ce calcul, il est nécessaire de s'assurer que la fonction à intégrer ne présente pas de valeurs multiples et ne devienne pas discontinue dans l'intérieur du champ visuel. Or, nous avons déjà remarqué plus haut qu'il est nécessaire que, pour de très-petites valeurs de α tout autour de la position initiale de l'œil, la quantité $\omega + \theta$ soit nulle. Comme θ varie entre 0 et 2π quand on fait décrire à la ligne de regard toute la circonférence d'un cercle infiniment petit autour de la position initiale, il faut que ω varie en même temps de 0 à -2π, et que, par suite, sa valeur soit discontinue aux environs de la position initiale. Il est donc mieux d'introduire une autre variable

$$\eta = \omega + \theta$$

qui puisse être continue dans toute l'étendue du champ de regard. On a alors

$$\frac{d\omega}{d\alpha} = \frac{d\eta}{d\alpha} \quad \text{et} \quad \frac{d\omega}{d\theta} = \frac{d\eta}{d\theta} - 1$$

$$\delta\omega = \delta\eta.$$

Si nous exécutons, après cette substitution, l'intégration partielle de l'équation 6d), pour faire disparaître $\frac{d\delta\eta}{d\alpha}$ et $\frac{d\delta\eta}{d\theta}$, nous devons, conformément aux principes du calcul différentiel, annuler ensuite dans les deux intégrales, celle relative à la périphérie comme celle relative à la surface, les facteurs qui sont multipliés par $\delta\eta$, et nous obtenons :

1° Pour la périphérie, en la supposant parcourue dans le sens où croissent les θ,

$$\left.\begin{aligned} 0 = \sin\alpha\,\frac{d\eta}{d\alpha}\,d\theta - \left(\frac{d\eta}{d\theta} - 1 + \cos\alpha\right)\frac{d\alpha}{\sin\alpha} \\ - \operatorname{cotg}\mu\left[\sin\alpha\,.\,\sin(\eta-\theta)\,d\theta + \cos(\eta-\theta)\,d\alpha\right] \end{aligned}\right\}\ldots\ldots 7).$$

2° Pour la surface du champ de regard,

$$\left.0 = \frac{d}{d\alpha}\left(\sin\alpha\,\frac{d\eta}{d\alpha}\right) + \frac{1}{\sin\alpha}\,\frac{d^2\eta}{d\theta^2}\right\}\ldots\ldots\ldots 7\,a).$$

Il faut ajouter enfin l'équation 6 e), qui peut également s'intégrer une fois,

$$\left.\operatorname{cotg}\mu\int_0^{2\pi}(1-\cos\alpha)\,d\theta = \int\left[-\sin\alpha\cos(\eta-\theta)\,d\theta + \sin(\eta-\theta)\,d\alpha\right]\right\}\ldots.\ 7\,b)$$

ces deux intégrales étant relatives à toute la périphérie. L'intégrale du premier membre, qui est multipliée par cot μ, est, comme on sait, l'expression de la surface du champ de regard. Pour simplifier ces équations, introduisons à la place de α une autre variable

$$\beta = \log\text{ nat. tang}\,\frac{\alpha}{2},$$

ce qui donne

$$e^{\beta} = \text{tang}\,\frac{\alpha}{2} \qquad \frac{2e^{\beta}}{1+e^{2\beta}} = \sin\alpha$$

$$d\beta = \frac{d\alpha}{\sin\alpha} \qquad \frac{1-e^{2\beta}}{1+e^{2\beta}} = \cos\alpha$$

et si ψ est une fonction quelconque de α, on a

$$\frac{d\psi}{d\beta} = \frac{d\psi}{d\alpha}\,\sin\alpha.$$

Substituant ces valeurs dans 7a), on obtient, pour l'intérieur du champ, l'équation

$$\left.\frac{d^2\eta}{d\beta^2} + \frac{d^2\eta}{d\theta^2} = 0\ \right\}\ldots\ldots\ldots\ldots 7\,c)$$

et l'on déduit de 7), pour la périphérie :

$$\left.\begin{aligned} 0 = \frac{d\eta}{d\beta}\,d\theta - \left(\frac{d\eta}{d\theta} - \frac{2e^{2\beta}}{1+e^{2\beta}}\right)d\beta \\ - \operatorname{cotg}\mu\,.\,\frac{2e^{\beta}}{1+e^{2\beta}}\Big[\sin(\eta-\theta)\,d\theta \\ + \cos(\eta-\theta)\,d\theta\Big] \end{aligned}\right\}\ldots\ldots 7\,d)$$

et enfin, de 7b,

$$\operatorname{cotg} \mu \int \frac{2e^{2\beta}}{1+e^{2\beta}} d\theta = \int \frac{2e^{\beta}}{1+e^{2\beta}} \left[\sin(\eta - \theta)\, d\beta - \cos(\eta - \theta)\, d\theta \right] \Big\} \ldots 7e).$$

On sait que toutes les intégrales réelles de l'équation 7c) peuvent être reproduites par la partie réelle d'une fonction quelconque ψ de la quantité complexe $\beta + \theta \sqrt{-1}$. Si l'on pose

$$\psi = \varphi + \chi i \Big\} \ldots\ldots\ldots\ldots\ldots 8)$$

où φ et χ sont réels et $i = \sqrt{-1}$, φ et χ peuvent être également l'intégrale de l'équation 7c).

Pour que φ soit une intégrale appropriée à notre but, il faut d'abord qu'elle soit finie et déterminée pour tous les points de l'intérieur du champ de regard, même pour $\alpha = 0$ ou pour $\beta = -\infty$. Il faut, de plus, qu'elle satisfasse, le long du bord du champ de regard, aux équations 7d) et 7e).

Si nous nommons ψ' la dérivée de ψ par rapport à la variable complexe $\beta + \theta i$, il résulte de l'équation 8) :

$$\frac{d\psi}{d\beta} = \psi' = \frac{d\varphi}{d\beta} + i \frac{d\chi}{d\beta}$$
$$\frac{d\psi}{d\theta} = i\psi' = \frac{d\varphi}{d\theta} + i \frac{d\chi}{d\theta},$$

et en éliminant ψ',

$$0 = i \frac{d\varphi}{d\beta} - \frac{d\chi}{d\beta} - \frac{d\varphi}{d\theta} - i \frac{d\chi}{d\theta}$$

ou bien

$$\left.\begin{aligned} \frac{d\chi}{d\beta} + \frac{d\varphi}{d\theta} = 0 \\ \frac{d\chi}{d\theta} - \frac{d\varphi}{d\beta} = 0 \end{aligned}\right\} \ldots\ldots\ldots\ldots\ldots 8\,a).$$

Posons de plus

$$Y = Y_0 + iY_1 = e^{\chi - \varphi i + \beta + \theta i},$$

cette quantité est également une fonction de $\beta + \theta i$, et l'on a :

$$\left.\begin{aligned} \frac{dY_0}{d\theta} + \frac{dY_1}{d\beta} = 0 \\ \frac{dY_0}{d\beta} - \frac{dY_1}{d\theta} = 0 \end{aligned}\right\} \ldots\ldots\ldots\ldots\ldots 8\,b)$$

et

$$\left.\begin{aligned} Y_0 &= e^{\chi} e^{\beta} \cos(\varphi - \theta) \\ Y_1 &= -e^{\chi} e^{\beta} \sin(\varphi - \theta) \end{aligned}\right\} \ldots\ldots\ldots\ldots 8c).$$

Substituant maintenant φ à η dans l'équation 7d) et multipliant par

$$e^{\sigma} = e^{\chi}\,(1 + e^{2\beta}),$$

en posant

$$\sigma = \chi + \log \text{nat.}\,(1 + e^{2\beta}),$$

il vient, en tenant compte des équations 8a) et 8c),

$$0 = e^{\sigma} \frac{d\sigma}{d\theta} d\theta + e^{\sigma} \frac{d\sigma}{d\beta} d\beta + 2 \operatorname{cotg} \mu \left[Y_1 d\theta - Y_0 d\beta \right] \quad . . \ 8d).$$

Cette équation est une différentielle complète, car, d'après 8b),

$$\frac{dY_1}{d\beta} = \frac{d}{d\theta}\left(-Y_0\right).$$

Effectivement, si nous intégrons la fonction Y par rapport à la variable complexe $\beta + \theta i$, et que l'intégrale soit

$$\Phi = \Phi_0 + i\Phi_1,$$

nous obtenons

$$\Phi' = Y$$

ou

$$\frac{d\Phi_0}{d\beta} + i\frac{d\Phi_1}{d\beta} = Y_0 + iY_1$$

$$\frac{d\Phi_0}{d\theta} + i\frac{d\Phi_1}{d\theta} = iY_0 - Y_1;$$

donc

$$Y_0 = \frac{d\Phi_0}{d\beta} = \frac{d\Phi_1}{d\theta}$$

$$Y_1 = \frac{d\Phi_1}{d\beta} = -\frac{d\Phi_0}{d\theta}.$$

Intégrée, l'équation 8d) donne donc pour la périphérie du champ

$$C = e^{\sigma} - 2\operatorname{cotg} \mu \,.\, \Phi_0 \Big\} \quad . . . . \ 8e)$$

ou

$$\sigma = \chi + \log \text{nat.} \left(1 + e^{2\beta}\right) = \log \text{nat.} \left[C + 2 \operatorname{cotg} \mu \,.\, \Phi_0\right] \Big\} \quad . . . \ 8f).$$

Mais les constantes C et μ doivent finalement satisfaire aussi à l'équation 7e), si l'angle μ est celui qui répond le mieux aux exigences du principe de la plus facile orientation.

Or, on peut montrer que la valeur $\operatorname{cotg} \mu = 0$ satisfait simultanément aux équations 8 f) et 7e). En effet, on a pour l'intégrale prise pour toute la périphérie du champ

$$\int Y_0 \, d\theta + Y_1 \, d\beta = \int \frac{d\Phi_1}{d\theta} d\theta + \frac{d\Phi_1}{d\beta} d\beta = 0,$$

si, ainsi que cela résulte de l'hypothèse faite sur φ, la valeur Φ_1 est partout finie et déterminée ; car cette intégrale est égale à la différence des valeurs que prend Φ_1 au même point de la périphérie, avant et après en avoir fait le tour complet. Substituant aux quantités Y_0 et Y_1 leurs valeurs tirées de 8c), il vient

$$0 = \int \frac{e^{\sigma} \,.\, e^{\beta}}{1 + e^{2\beta}} \left[\cos(\varphi - \theta)\, d\theta - \sin(\varphi - \theta)\, d\beta\right].$$

Or, si l'on pose $\operatorname{cotg} \mu = 0$, il résulte de 8f) que la quantité σ devient constante pour toute la périphérie, et qu'on peut, par conséquent, faire sortir le facteur e^{σ} du signe d'intégration. Nous avons donc, en posant $\cot \mu = 0$,

$$0 = \int \frac{e^{\beta}}{1 + e^{2\beta}} \left[\cos(\varphi - \theta)\, d\theta - \sin(\varphi - \theta)\, d\beta \right],$$

d'où il résulte que l'équation 7e) est satisfaite dans notre hypothèse.

Je ne vois pas encore le moyen de résoudre, pour une forme quelconque du champ de regard, la question de savoir si des valeurs autres que $\cot \mu = 0$ pourraient satisfaire aux conditions de la question. Mais comme, en réalité, le champ de regard se rapproche assez de la forme circulaire, il nous suffira de démontrer que, pour une forme circulaire, il n'existe pas d'autre valeur réelle que $\mu = 0$.

Loi des rotations pour un champ de regard circulaire. — Comme la fonction η que nous cherchons doit être la partie réelle d'une fonction arbitraire de $\beta + \theta i$ qui ne devienne ni infinie, ni indéterminée pour aucun point du champ de regard, y compris $\beta = -\infty$, elle est, en général, de la forme

$$\left.\begin{aligned} \eta = A_0 + A_1 e^{\beta} \cos(\theta + c_1) + A_2 e^{2\beta} \cos(2\theta + c_2) \\ + A_3 e^{3\beta} \cos(3\theta + c_3) + \text{etc.} \end{aligned}\right\} \dots \quad 9)$$

où les lettres A et c désignent des constantes arbitraires. Le χ correspondant sera alors

$$\left.\begin{aligned} \chi = A_1 e^{\beta} \sin(\theta + c_1) + A_2 e^{2\beta} \sin(2\theta + c_2) \\ + A_3 e^{3\beta} \sin(3\theta + c_3) + \text{etc.} \end{aligned}\right\} \dots\dots \quad 9a)$$

et si l'on a $\cot \mu = 0$, l'équation de la périphérie devient

$$\chi = \log \text{nat.} \frac{C}{1 + e^{2\beta}} \dots\dots\dots\dots \quad 9b).$$

La quantité e^{β} que l'on rencontre dans toutes ces questions est égale à $\tan \frac{1}{2} \alpha$. La question est donc résolue si l'on peut mettre sous la forme 9b) l'équation entre α et θ qui détermine le contour, car, en partant de χ, on peut toujours facilement trouver l'angle η qui mesure l'écart de la loi de Listing.

Nous allons rechercher maintenant quelle forme prend le champ pour l'hypothèse d'une valeur constante de η, ou bien, comme la valeur absolue de cette quantité est indifférente, pour

$$\eta = 0 \,\} \dots\dots\dots\dots\dots\dots \quad 10).$$

En revanche, nous laisserons indéterminée la valeur de $\cot \mu$.

De cette hypothèse 10) il résulte également $\chi = 0$, et les quantités Y des équations 8c) deviennent :

$$\begin{aligned} Y_0 &= e^{\beta} \cos \theta \\ Y_1 &= e^{\beta} \sin \theta \\ Y_0 + Y_1 i &= e^{\beta + \theta i} = \Phi_0 + \Phi_1 i. \end{aligned}$$

L'équation 8f) de la périphérie devient donc

$$1 + e^{2\beta} = C + 2e^{\beta} \cos \theta \,.\, \cot \mu.$$

Remplaçant e^{β} par sa valeur tang $1/2\ \alpha$, cette équation peut s'écrire

$$\text{tang}\ \frac{\alpha}{2} + (1 - C)\ \text{cotg}\ \frac{\alpha}{2} = 2\cos\theta\ .\ \text{cotg}\ \mu \Big\} \ldots \quad 10\text{a})$$

ce qui est l'équation d'un cercle. En effet, dans le triangle sphérique ci-contre (fig. 165) on a, d'après une formule connue,

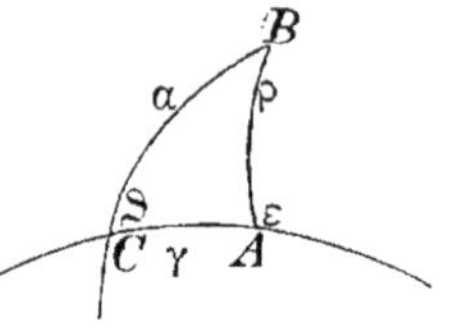

Fig. 165.

$$\cos\rho = \cos\alpha\cos\gamma + \sin\alpha\sin\gamma\ .\ \cos\theta,$$

ce qui donne, en exprimant sin α et cos α en fonction de tang $1/2\ \alpha$,

$$\cos\rho\left(1 + \text{tang}^2\frac{\alpha}{2}\right) = \cos\gamma\left(1 - \text{tang}^2\frac{\alpha}{2}\right) + 2\ \text{tang}\ \frac{\alpha}{2}\ .\ \sin\gamma\cos\theta$$

ou

$$(\cos\rho + \cos\gamma)\ \text{tang}\ \frac{\alpha}{2} + (\cos\rho - \cos\gamma)\ \text{cotg}\ \frac{\alpha}{2} = 2\sin\gamma\cos\theta \Big\} \ldots \quad 10\text{b}).$$

Si nous posons donc

$$\frac{\cos\rho - \cos\gamma}{\cos\rho + \cos\gamma} = 1 - C \quad \text{et} \quad \frac{\sin\gamma}{\cos\rho + \cos\gamma} = \text{cotg}\ \mu \Big\} \ldots \quad 10\text{c})$$

l'équation 10b) est identique avec 10a), et il résulte des deux dernières équations une valeur constante de la quantité ρ qui exprime, sur la surface sphérique, la distance angulaire du point A au point B, situé à la périphérie du champ de regard. Pour $\eta = 0$, la périphérie du champ de regard est donc un cercle dont le centre est en A et qui est décrit par un arc d'ouverture ρ.

Nous pouvons employer sous la forme 7b) la deuxième équation de la périphérie. Ainsi que nous l'avons déjà remarqué, — et c'est sous la forme 6e) que c'est le plus facile à voir, — l'intégrale du premier membre de cette équation donne la surface du champ visuel, que nous voulons maintenant exprimer en fonction de ρ, de sorte que nous avons

$$2\pi\ \text{cotg}\ \mu\ .\ (1 - \cos\rho) = -\int \sin\alpha\cos\theta\, d\theta + \sin\theta\, d\alpha \Big\} \ldots \quad 10\text{d}).$$

Appliquant maintenant au triangle sphérique de la figure 165 les formules connues de trigonométrie sphérique

$$\cos\alpha = \cos\gamma\cos\rho - \sin\gamma\sin\rho\cos\varepsilon$$
$$\sin\theta\sin\alpha = \sin\rho\sin\varepsilon$$

et les différenciant toutes deux par rapport à α et θ, en considérant ρ comme constant pour la périphérie du champ visuel, nous trouvons le long de cette périphérie

$$\cos\theta\sin\alpha d\theta + \sin\theta\cos\alpha d\alpha = \sin\rho\cos\varepsilon d\varepsilon$$
$$\sin\alpha d\alpha = -\sin\gamma\sin\rho\sin\varepsilon d\varepsilon$$

ou

$$\sin\theta d\alpha = -\frac{\sin\gamma\sin^2\rho\sin^2\varepsilon d\varepsilon}{\sin^2\alpha}\,.$$

Ces valeurs, transportées dans l'intégrale de l'équation 10d), donnent

$$2\pi \operatorname{cotg} \mu (1 - \cos \rho)$$

$$= -\int_0^{2\pi} \frac{\sin \rho \cos \varepsilon + \cos \gamma \cos \rho \sin \rho \cos \varepsilon - \sin \gamma \sin^2 \rho}{1 + \cos \rho \cos \gamma - \sin \gamma \sin \rho \cos \varepsilon} d\varepsilon.$$

En posant ici, pour abréger

$$1 + \cos \gamma \cos \rho = a$$
$$\sin \gamma \sin \rho = b$$
$$\operatorname{tang} \frac{\varepsilon}{2} = x,$$

nous pouvons amener l'intégrale à la forme

$$2\pi \operatorname{cotg} \mu (1 - \cos \rho)$$

$$= - \sin \rho \int_{-\infty}^{+\infty} \frac{a+b}{b} \frac{dx}{1 + \frac{a+b}{a-b} x^2} + \frac{a \sin \rho}{b} \int_{-\infty}^{+\infty} \frac{dx}{1+x^2}$$

$$= \frac{\pi \sin \rho}{b} \left(a - \sqrt{a^2 - b^2}\right).$$

Exprimant de nouveau $\operatorname{cotg} \mu$, a et b en fonction de γ et de ρ, il vient

$$\frac{2 \sin \gamma (1 - \cos \rho)}{\cos \rho + \cos \gamma} = \frac{1}{\sin \gamma} (1 + \cos \gamma \cos \rho - \cos \gamma - \cos \rho)$$

ou

$$2 \sin^2 \gamma (1 - \cos \rho) = (\cos \rho + \cos \gamma) [1 + \cos \gamma \cos \rho - \cos \gamma - \cos \rho] \Big\} \ldots 10e)$$

ce qu'on peut encore écrire

$$(1 - \cos \gamma)(1 - \cos \rho) \{ 2 + \cos \gamma - \cos \rho \} = 0 \Big\} \ldots\ldots\ldots\ldots 10f)$$

d'où il résulte que la seule valeur réelle de $\cos \gamma$, qui annule cette équation, est

$$\cos \gamma = 1,$$

d'où il résulte

$$\sin \gamma = 0 \quad \text{et} \quad \operatorname{cotg} \mu = 0.$$

La seconde valeur de $\cos \gamma$, que donne l'équation 10f), serait inférieure à -1, à savoir

$$\cos \gamma = \cos \rho - 2$$

et répondrait par conséquent à un arc imaginaire.

Le calcul qui précède (1) a été fait dans l'hypothèse que les mouvements de l'œil s'exécutent avec une égale fréquence dans tous les sens, ce qui n'est assuré-

(1) Le calcul a été poussé plus loin ici que dans la première publication de ces recherches (*Archiv für Ophthalmologie*, 1863, IX, 2, p. 195). — J'avais encore considéré, à cette époque, l'angle μ que la ligne de regard forme avec la ligne atrope comme déterminé et faible. C'est seulement plus tard qu'il m'a été donné de démontrer que les conséquences du principe sur lequel je me fonde exigent que cet angle soit nul.

ment pas absolument conforme à la vérité. En effet, nous maintenons, en général, le regard aux environs du milieu du champ qu'il lui est donné de parcourir, et comme nous parcourons moins fréquemment les parties périphériques du champ, elles doivent exercer sur la loi des mouvements une influence moins grande que ne font les parties centrales. Il m'a paru inutile de tenir compte de cette circonstance dans le calcul, car nous ne connaissons pas de chiffres exacts à ce sujet, et il est facile de se rendre compte de l'influence que cela peut avoir sur le résultat. De l'équation 9), que nous pouvons écrire

$$\eta = A_0 + A_1 \operatorname{tang} \frac{\alpha}{2} \cos(\theta + c_1) + A_2 \operatorname{tang}^2 \frac{\alpha}{2} \cdot \cos(2\theta + c_2) + A_3 \operatorname{tang}^3 \frac{\alpha}{2} \cos(3\theta + c_3), \text{ etc.}$$

et où nous pouvons encore déplacer l'origine des coordonnées de manière à annuler le terme en tang $1/2\,a$, il résulte que η est à peu près constant pour de petites valeurs de α, et que ce n'est que vers la périphérie, où les valeurs de tang $1/2\,a$ deviennent plus grandes, qu'il peut se présenter des écarts sensibles de la loi de Listing. Si donc les parties périphériques du champ visuel exercent en général peu d'influence, les écarts que la forme non circulaire du champ peut produire par rapport à la loi de Listing doivent être encore moindres que si les parties périphériques étaient souvent parcourues.

De plus, il n'est sans doute pas absolument exact d'admettre que les mouvements des yeux se produisent, dans le champ visuel, avec une égale fréquence dans tous les sens. C'est ainsi que je remarque, chez moi-même, une tendance à éviter les mouvements dirigés parallèlement à la périphérie du champ visuel, particulièrement lorsque je cherche à reconnaître exactement la forme et l'étendue de l'objet qui occupe mon attention. J'éprouve alors une tendance involontaire à tourner la tête de telle sorte que les mouvements du regard viennent se placer dans des méridiens du champ de regard qui passent par la position primaire. C'est ainsi que je puis suivre du regard, sur une grande longueur, une ligne située verticalement, sans être tenté de déplacer la tête, tandis que pour parcourir une ligne horizontale placée en haut, il m'est plus naturel de lever la tête, pour amener la ligne dans la position primaire, que d'élever simplement le plan de visée.

Il me semble donc que, parmi les mouvements des yeux, ceux-là sont préférés qui parcourent dans le champ de regard des méridiens passant par la position primaire. Ces mouvements sont aussi ceux qui ne sont accompagnés d'aucune rotation apparente des objets, et c'est de là, sans doute, que vient leur prépondérance. De plus, quand la loi de Listing est devenue généralement applicable aux mouvements d'un certain œil, la tendance à s'écarter de la loi, par suite d'irrégularités quelconques du champ visuel, doit devenir moindre.

E. Hering (1) a encore insisté sur ce que, par suite de l'inspection fréquente d'objets rapprochés, l'œil se dirige relativement bien plus souvent en dedans qu'en dehors. Mais, ainsi que Volkmann l'a montré expérimentalement, et ainsi que

(1) Beiträge zur Physiologie, IV, 272.

nous avons cherché à l'expliquer théoriquement, il est nécessaire et permis, — du moins pour les yeux myopes, — de séparer l'étude des mouvements en état de parallélisme d'avec celle des mouvements pendant la convergence ; par suite, cette circonstance n'est pas à considérer dans l'étude des mouvements de torsion qui se produisent pendant le parallélisme.

En revanche, il ne faut pas oublier que nous employons les positions parallèles principalement pour les parties supérieures du champ de regard, parce que ce n'est que dans ces régions que nous rencontrons ordinairement des objets très-éloignés ; nous ne faisons guère usage, au contraire, des positions convergentes que pour les parties inférieures du champ visuel, qui comprennent le sol, nos mains et les objets que nous manions. Quand on essaye de regarder avec des lignes visuelles parallèles deux points marqués sur un papier, à une distance égale à celle des yeux, la fusion de leurs images est bien plus difficile à obtenir pour une position abaissée que pour une position élevée du plan visuel ; inversement, la convergence sur un point voisin est bien plus difficile quand sa position exige que nous élevions les yeux que lorsqu'il nous faut regarder en bas : nous devons donc nous attendre, pour les positions convergentes, à voir les mouvements de torsion s'écarter de ce qu'ils seraient pour des positions parallèles, dans le même sens que si la position primaire relative à la convergence était située plus bas et plus en dedans que pour le parallélisme. Et les expériences paraissent jusqu'ici confirmer cette supposition.

Il me paraît vraisemblable, d'ailleurs, que des manières individuelles, particulières aux différentes personnes, puissent introduire, par l'effet de l'habitude, des écarts de toute espèce dans les mouvements des yeux : cela ne doit pas nous étonner pour une loi qui n'est qu'un effet de l'exercice et qui peut être rompue à volonté. La myopie paraît exercer également une influence considérable, qu'il faut attribuer, soit à l'emploi plus fréquent des positions convergentes, soit à la difformité du bulbe, qui peut introduire des obstacles mécaniques. L'habitude de verres de lunettes inexactement centrés peut même exercer une influence de ce genre.

Une circonstance qui mérite peut-être de n'être pas oubliée, est la suivante. — La manière dont l'œil est rattaché à la conjonctive et même au tissu connectif et au coussin graisseux de l'orbite est telle, que les mouvements conformes à la loi de Listing produisent les moindres tractions sur ces parties. Toute torsion considérable, non conforme à la loi de Listing, entraînerait nécessairement un tiraillement et un plissement de certaines parties de la conjonctive. On voit donc que sous ce rapport aussi, les mouvements conformes à la loi de Listing seraient accompagnés du moindre effort et de la moindre gêne, ainsi que Fick et Meissner l'ont trouvé relativement aux muscles.

Je me permettrai de signaler encore une méthode qui simplifie extraordinairement les calculs compliqués relatifs aux positions des points d'un corps mobile autour d'un point fixe, et qui permet bien mieux d'en saisir l'ensemble, mais qui suppose que le lecteur soit familiarisé avec l'application des coordonnées complexes pour les points d'un plan.

Pour transporter sur un plan les points d'une surface sphérique, j'emploierai la *projection stéréographique*, généralement employée pour les cartes géographiques. — Soit AB (fig. 166) le plan de projection, C le centre de la sphère dont la surface est à projeter, CK la perpendiculaire abaissée de ce centre sur le plan AB, et dont le prolongement coupe la surface sphérique en D; je me figure un œil situé en D et les points de la surface sphérique transportés au point du plan où ils se projetteraient pour l'œil situé en D. C'est ainsi que pour obtenir la projection du point F de la sphère, je joins DF et je prolonge cette ligne droite jusqu'à son intersection A avec le plan AB.

On sait que, par ce procédé de projection, les petits éléments de surface du dessin sphérique se représentent par des éléments géométriquement semblables sur le plan, bien que la proportion de l'augmentation de grandeur varie d'un point à l'autre du dessin plan. Tous les cercles de la sphère se représentent sur le plan suivant des cercles ou des lignes droites, lesquelles peuvent être considérées comme des cercles de rayon infini. Ce sont tous les cercles qui, sur la sphère, passent par le point D, qui se projettent ainsi suivant des lignes droites, ainsi qu'il est facile de le voir en se figurant les plans de ces cercles, qui coupent le plan AB suivant des lignes droites qui sont précisément les projections de ces cercles.

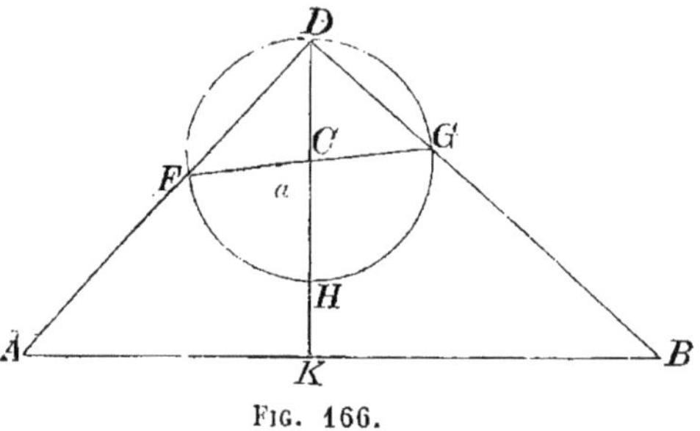

FIG. 166.

Les grands cercles qui passent par le point D, et qui, pour ce motif, se projettent sur le plan suivant des lignes droites, passent nécessairement par le point D, diamétralement opposé à H; leur projection passe donc par le pied de la perpendiculaire CK. Ainsi les lignes droites qui passent par le point K, centre du dessin plan, correspondent à des grands cercles.

Pour les points de celui des grands cercles de la sphère qui est parallèle au plan AB, l'angle FDK est de 45 degrés, et, par suite, la distance AK est égale à la distance DK, que nous prendrons pour unité de longueur. Ce cercle se projette donc sur le plan suivant un cercle de rayon 1 et dont le centre est en K.

Nous le nommerons *cercle équatorial*.

Tous les autres grands cercles de la sphère coupent chacun le cercle équatorial en deux points diamétralement opposés. A ces points correspondent aussi dans le plan deux points diamétralement opposés du cercle équatorial. Il en résulte que les cercles du plan qui coupent le cercle équatorial de ce plan en deux points diamétralement opposés correspondent à des grands cercles de la sphère.

Si le point G est diamétralement opposé au point F de la sphère, FDG est un angle droit, et B étant la projection de G, de la similitude des triangles AKD et DKB, il résulte

$$AK : DK = DK : KB,$$

ou bien, en prenant DK pour unité de longueur, ainsi que nous en sommes convenus,

$$AK = \frac{1}{KB}.$$

Les distances du centre K aux projections de points diamètralement opposés sur la sphère, sont donc inverses l'une de l'autre. Il est clair que ces deux projections sont situées de part et d'autre du centre K du dessin, sur une droite qui passe par ce centre.

La projection du point D de la sphère, diamétralement opposé au point K, est à l'infini.

Nommons a l'angle au centre FCH, l'angle inscrit FDH, qui comprend le même arc, a pour mesure $1/2\ a$, et la distance de la projection A du point F au centre K est

$$AK = DK \,.\, \operatorname{tang} \frac{a}{2}$$

ou, comme nous avons pris DK pour unité,

$$AK = \operatorname{tang} \frac{a}{2}.$$

Considérons, comme plus haut, le centre C de la sphère comme l'origine d'un système de coordonnées ξ, υ, ζ, dont l'axe des ξ soit la normale CK, et dont le plan des $\upsilon\zeta$ soit, par conséquent, parallèle au plan AB. Soit t l'angle que le plan du dessin fait avec le plan des $\xi\upsilon$, et soit r le rayon de la sphère, les coordonnées du point F sont

$$\xi = r \cos a$$

$$\upsilon = r \sin a \cos t = 2r \frac{\operatorname{tang} \frac{a}{2} \,.\, \cos t}{1 + \operatorname{tang}^2 \frac{a}{2}}$$

$$\zeta = r \sin a \sin t = 2r \frac{\operatorname{tang} \frac{a}{2} \,.\, \sin t}{1 + \operatorname{tang}^2 \frac{a}{2}}.$$

Et les coordonnées du point A, que nous nommerons ξ', υ', ζ', sont

$$\xi' = 1 - r$$

$$\upsilon' = AK \,.\, \cos t = \operatorname{tang} \frac{a}{2} \,.\, \cos t$$

$$\zeta' = AK \,.\, \sin t = \operatorname{tang} \frac{a}{2} \,.\, \sin t$$

d'où il résulte

$$\upsilon' = \frac{\upsilon}{2r\cos^2\frac{a}{2}} = \frac{\upsilon}{r+\xi}$$

$$\zeta' = \frac{\zeta}{2r\cos^2\frac{a}{2}} = \frac{\zeta}{r+\xi}.$$

Réunissant υ' et ζ' en une seule variable complexe, on a

$$\varkappa = \upsilon' + i\zeta' = \frac{\upsilon + i\zeta}{r+\xi} = \operatorname{tang}\frac{a}{2}\,.\,e^{it} \Big\} \ldots\ldots \quad 11),$$

en posant

$$i = \sqrt{-1},$$

et à chaque valeur de $\varkappa$ répond un point du plan, et par suite aussi un point de la surface sphérique.

Nommons $\varkappa'$ la valeur de $\varkappa$ pour le point diamétralement opposé. Pour ce point, les valeurs de ξ, υ, ζ sont les mêmes que pour le point A, au signe près. Nous avons donc

$$\varkappa' = -\frac{\upsilon+i\zeta}{r-\xi} = -\frac{r+\xi}{\upsilon-i\zeta}$$

$$= -\frac{1}{\upsilon'-i\zeta'} = -\operatorname{cotg}\frac{a}{2}\,.\,e^{it}.$$

Donc

$$\left.\begin{aligned} \frac{\upsilon+i\zeta}{r+\xi} &= \varkappa, & \frac{\upsilon-i\zeta}{r+\xi} &= -\frac{1}{\varkappa'} \\ \frac{r-\xi}{r+\xi} &= -\frac{\varkappa}{\varkappa'}, & \frac{2\xi}{r+\xi} &= \frac{\varkappa'+\varkappa}{\varkappa'} \end{aligned}\right\} \ldots\ldots\ldots \quad 11\,a)$$

Formons maintenant les expressions correspondantes relatives à la position de la sphère après rotation autour du point C, position pour laquelle nous avons les coordonnées x, y, z données par les équations 1c) (page 632). Nommons k la valeur de $\varkappa$ après la rotation, nous avons, d'après l'équation 11),

$$k = \frac{y+iz}{r+x}$$

$$= e^{-i\theta}\,.\,\frac{\xi\,.\,\sin\alpha + \upsilon(\cos\alpha\,.\,\cos\omega - i\,.\,\sin\omega) + \zeta(\cos\alpha\,.\,\sin\omega + i\,.\,\cos\omega)}{r+\xi\,.\,\cos\alpha - \upsilon\,.\,\cos\omega.\,\sin\alpha - \zeta\,.\,\sin\omega\,.\,\sin\alpha}.$$

En exprimant dans cette équation $\sin\alpha$ et $\cos\alpha$ en fonction de tang $1/2\,\alpha$, on peut l'amener sous la forme

$$k = e^{-i\theta}\,\frac{2\xi + (\upsilon+i\zeta)\,e^{-i\omega}\operatorname{cotg}\frac{\alpha}{2} - (\upsilon-i\zeta)\,e^{+i\omega}\operatorname{tang}\frac{\alpha}{2}}{(r+\xi)\operatorname{cotg}\frac{\alpha}{2} + (r-\xi)\operatorname{tang}\frac{\alpha}{2} - (\upsilon+i\zeta)\,e^{-i\omega} - (\upsilon-i\zeta)\,e^{i\omega}},$$

multipliant haut et bas par

$$\frac{\varkappa'}{r+\xi}$$

on obtient, en tenant compte des équations 11a),

$$k = \frac{\varkappa' + \varkappa + \varkappa\varkappa' e^{-i\omega} \operatorname{cotg} \frac{\alpha}{2} + e^{i\omega} \operatorname{tang} \frac{\alpha}{2}}{\varkappa' \operatorname{cotg} \frac{\alpha}{2} - \varkappa \operatorname{tang} \frac{\alpha}{2} - \varkappa'\varkappa e^{-i\omega} + e^{i\omega}} e^{-i\theta}$$

ou

$$k = e^{-i\theta} \operatorname{cotg} \left\{\frac{\alpha}{2}\right\} \frac{\left\{\varkappa + e^{i\omega} \operatorname{tang} \frac{\alpha}{2}\right\}\left\{\varkappa' + e^{i\omega} \operatorname{tang} \frac{\alpha}{2}\right\}}{\left\{e^{i\omega} - \varkappa \operatorname{tang} \frac{\alpha}{2}\right\}\left\{e^{i\omega} + \varkappa' \operatorname{cotg} \frac{\alpha}{2}\right\}}$$

ou bien, comme le numérateur et le dénominateur contiennent le facteur commun $\left(\varkappa' \operatorname{cotg} \frac{\alpha}{2} + e^{i\omega}\right)$,

$$k = e^{-i(\theta+\omega)} \left.\frac{\varkappa + e^{i\omega} \operatorname{tang} \frac{\alpha}{2}}{1 - \varkappa e^{-i\omega} \operatorname{tang} \frac{\alpha}{2}}\right\} \quad \ldots\ldots\ldots \quad 11\text{ b}).$$

On voit donc que toute rotation de la sphère ne correspond qu'à une transformation linéaire de la variable $\varkappa$. Cependant toute transformation linéaire ne répond pas à un simple déplacement de la sphère. En effet, mettons cette transformation sous la forme générale

$$k = a \frac{\varkappa + b}{1 - \varkappa c},$$

il vient

$$k = 0 \quad \text{pour} \quad \varkappa = -b$$

$$k = \infty \quad \text{pour} \quad \varkappa = \frac{1}{c}$$

$$\varkappa = 0 \quad \text{pour} \quad k = ab$$

$$\varkappa = \infty \quad \text{pour} \quad k = -\frac{a}{c}.$$

Mais 0 et ∞ sont des points diamétralement opposés de la sphère; il faut donc aussi que

$$-b \quad \text{et} \quad \frac{1}{c}$$

$$ab \quad \text{et} \quad -\frac{a}{c}$$

soient des points diamétralement opposés. Cela veut dire, d'après 11a), que b et c, ab et $\frac{c}{a}$ doivent être des quantités complexes conjuguées. Si cela a lieu pour b

et c, il résulte de la relation entre ab et $\frac{c}{a}$ que a doit avoir le module 1. La forme générale d'une transformation de ce genre qui corresponde à un mouvement de la sphère est donc

$$k = e^{i\eta} \frac{\varkappa + a + bi}{1 - \varkappa (a - bi)} \Big\} \quad \ldots \ldots \ldots \ldots \; 11\,c).$$

Il est facile de voir que l'équation 11b) est de cette forme. La combinaison de cette équation avec la condition

$$\xi^2 + \upsilon^2 + \zeta^2 = r^2 = x^2 + y^2 + z^2$$

remplace le système compliqué des équations 1b).

Pour trouver l'axe de rotation, il faut remarquer que les points de cet axe conservent leur position, ce qui donne pour eux la condition $\varkappa = k$. Introduisant cette condition dans 11c), on obtient une équation du second degré en $\varkappa$ dont les deux racines sont les extrémités diamétralement opposées, $\varkappa$ et $\varkappa'$, de l'axe de rotation. Cette équation est

$$0 = \varkappa^2 + \frac{e^{i\eta} - 1}{a - bi} \varkappa + \frac{a + bi}{a - bi} e^{i\eta}.$$

Il en résulte

$$\varkappa + \varkappa' = \frac{1 - e^{i\eta}}{a - bi}, \qquad \varkappa\varkappa' = \frac{a + bi}{a - bi} e^{i\eta}.$$

Comme $\varkappa$ et $\varkappa'$ sont de la forme

$$\varkappa = e^{it} \operatorname{tang} \frac{\beta}{2}$$

$$\varkappa' = - e^{it} \operatorname{cotg} \frac{\beta}{2},$$

il vient

$$\varkappa + \varkappa' = 2\, e^{it} \operatorname{cotg} \beta; \qquad \varkappa\varkappa' = - e^{2it},$$

Si nous posons

$$a + bi = r e^{i\theta},$$

on a

$$e^{it} = \sqrt{- \varkappa\varkappa'} = e^{i(\theta + \frac{1}{2}\eta)}$$

$$\operatorname{cotg} \beta = \frac{\varkappa + \varkappa'}{2\sqrt{- \varkappa\varkappa'}} = \pm \frac{\sin \left(\frac{1}{2} \eta\right)}{r},$$

ce qui définit la position de l'axe de rotation.

Si l'on a $\eta = 0$, on a aussi $\varkappa + \varkappa' = \operatorname{cotg} \beta = 0$, et l'axe de rotation est alors parallèle au plan du dessin. Un semblable mouvement satisfait donc la loi de Listing, si l'on considère la perpendiculaire abaissée du centre de la sphère sur le plan comme étant la ligne de regard dans sa position primaire, ligne dont la position se trouve définie par la coordonnée $\varkappa = 0$.

Employons encore la méthode dont nous venons de faire usage pour calculer les angles d'écart η relatifs au cas où la position à partir de laquelle on a fait les mensurations n'était pas la position primaire, question qui nécessiterait des calculs excessivement longs si l'on voulait la résoudre en partant des équations 1b).

Soit $a + bi$ l'ordonnée de la position primaire de la ligne de regard. Je la ramène à l'origine, au moyen d'une rotation conforme à la loi de Listing, par la transformation

$$k = \frac{\varkappa - (a + bi)}{1 + \varkappa (a - bi)}.$$

Si je dirige maintenant, conformément encore à la loi de Listing, le regard vers un nouveau point pour lequel on ait $\varkappa = c + di$, et, par suite,

$$k = \frac{(c - a) + (d - b)i}{1 + (c + di)(a - bi)},$$

près cette transformation, la nouvelle variable $\mathfrak{k}$ devient

$$\mathfrak{k} = \frac{k - \dfrac{(c - a) + (d - b)i}{1 + (c + di)(a - bi)}}{1 + k\dfrac{(c - a) - (d - b)i}{1 + (c - di)(a + bi)}}.$$

Remplaçant k par sa valeur exprimée en $\varkappa$, on obtient

$$\mathfrak{k} = \frac{\varkappa - (c + di)}{1 + \varkappa (c - di)} \cdot \frac{1 + (c - di)(a + bi)}{1 + (c + di)(a - bi)}$$

ou

$$\mathfrak{k} = e^{i\eta} \frac{\varkappa - (c + di)}{1 + \varkappa (c - di)},$$

en posant

$$e^{i\eta} = \frac{1 + (a + bi)(c - di)}{1 + (a - bi)(c + di)} \quad \ldots\ldots\ldots\ldots \quad 11\,\mathrm{d}).$$

Cette dernière équation donne η, en la décomposant en sa partie réelle et sa partie imaginaire, et posant

$$a + bi = re^{it}$$

$$c + di = \rho e^{i\tau} = \operatorname{tang}\frac{\alpha}{2} \cdot e^{i\tau}$$

$$\cos\eta = \frac{1 + 2r\rho\cos(t - \tau) + r^2\rho^2\cos[2(t - \tau)]}{1 + 2r\rho\cos(t - \tau) + r^2\rho^2}$$

$$\sin\eta = \frac{2[1 + r\rho\cos(t - \tau)]\, r\rho\sin(t - \tau)}{1 + 2r\rho\cos(t - \tau) + r^2\rho^2}.$$

Ces expressions donnent donc les rotations quand, dans les expériences, on est parti d'une position différente de la position primaire. Si l'écart r est faible, le expressions deviennent plus claires en développant en série l'expression de log ($e^{i\eta}$) de l'équation 11d)

$$\frac{1}{2}\eta = r\rho \sin (t-\tau) - \frac{1}{2} r^2 \rho^2 \sin 2 (t-\tau) + \frac{1}{3} r^3 \rho^3 \sin 3 (t-\tau), \text{ etc.}$$

Cette expression est de la forme de l'équation 9 (page 670) et peut être facilement employée pour le calcul des écarts.

Méthode géométrique conduisant au même but. — La projection stéréographique des points d'une sphère sur un plan donne encore un moyen commode non-seulement de se représenter par des constructions linéaires simples, mais encore de rendre mesurables les torsions de l'œil, sans avoir recours à des calculs compliqués.

Supposons les points du champ de regard reportés stéréographiquement sur un plan. — Si l'on a employé pour la mensuration la *longitude* et la *latitude*, comme Fick, Meissner et Wundt, on peut employer à cet effet les tracés des méridiens et des parallèles d'une demi-mappemonde. Les méridiens mesurent la *longitude* de Fick (l des équations 4e et 4f de la page 641) et les parallèles mesurent la *latitude* de cet auteur (m des mêmes équations). On sait que les méridiens d'une pareille carte sont des arcs de cercle qui passent par les deux pôles et coupent la ligne droite qui représente l'équateur à une distance du centre égale à R tang $1/2\ l$, si l'on désigne par R le rayon de la circonférence de la carte. Les parallèles coupent la périphérie en des points situés à une distance angulaire m de l'équateur, et le diamètre vertical du cercle à une distance R tang $1/2\ m$. Ces remarques suffisent pour construire tous ces cercles.

Si l'on emploie l'*angle ascensionnel* λ et l'*angle latéral* μ, il faut mettre les deux pôles à droite et à gauche, et l'équateur verticalement. Alors encore les méridiens mesurent l'angle λ, et les parallèles l'angle μ.

Si l'on a déterminé, à l'exemple de Volkmann, la position des points au moyen de méridiens du champ de regard et de distances angulaires mesurées sur ces méridiens à partir du pôle du champ de regard, il faut employer des systèmes de lignes analogues à ceux employés dans les cartes des régions circumpolaires. Les méridiens du champ de regard sont alors des lignes droites qui passent par le centre du cercle et s'y coupent sous les mêmes angles que les méridiens. Sur ces lignes, un arc α, mesuré à partir du pôle, se représente par la longueur R tang $1/2\ \alpha$.

Représentons par le cercle *afbg* (fig. 166 *bis*, p. 662) la périphérie de la projection stéréographique du champ hémisphérique; soit c le centre, qui est l'origine des mensurations angulaires, et h le point pour lequel on veut déterminer l'angle de torsion de l'œil. Nous distinguons deux cas :

1° *Le centre* c *répond à la positoin primaire de l'œil.* — Construction. — Abaissez du point h une perpendiculaire sur la ligne horizontale ab et prolongez-la d'une longueur égale à elle-même, jusqu'en i; joignez hf et if : *l'angle* hfi *est égal à celui dont le méridien vertical de l'œil s'est éloigné de la verticale.* Cet angle est celui désigné par k' dans les équations 4e) et 4f) de la page 641.

Démonstration. — c étant la position primaire de l'œil, quand le regard va de c en h en suivant la ligne droite ch, qui représente un méridien du champ de regard, la loi de Listing veut que la ligne ch glisse sur elle-même. Or, comme dans le plan de la projection stéréographique, des angles dièdres égaux doivent toujours être représentés par des angles égaux, un élément vertical du champ visuel qui passe le point de regard c doit faire le même angle avec la ligne cl quand le regard

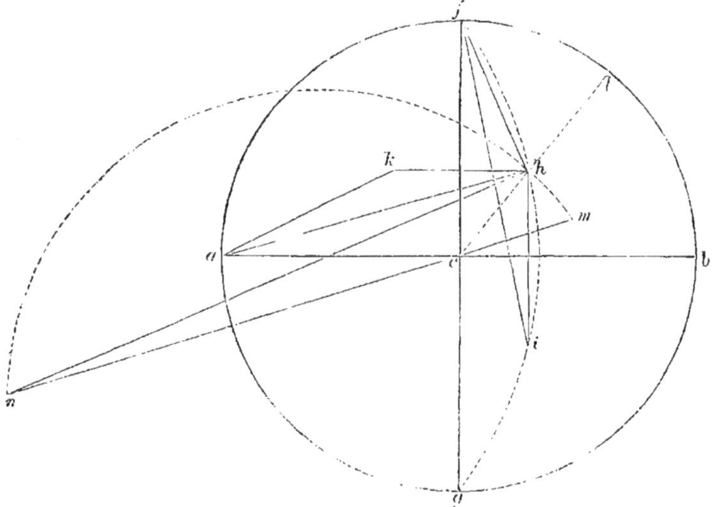

FIG. 166 *bis*.

s'est porté en h : il doit donc être resté vertical. En revanche, un plan absolument vertical mené par l'œil et le point h coupe le champ de regard suivant le grand cercle représenté par l'arc $fhig$. L'angle formé par le méridien rétinien vertical et le plan vertical mené par la ligne de regard est égal à l'angle formé en h par la tangente au cercle $fhig$ en ce point avec la ligne verticale hi, qui est une corde de ce cercle, et cet angle est égal, à son tour, à l'angle hfi, leur mesure commune étant la moitié de l'arc hi.

La construction indiquée présente l'avantage de donner l'angle hfi sans qu'il soit nécessaire de tracer le cercle $fhig$. Pour définir le sens de la rotation, remarquons que le méridien vertical de la rétine est tourné par rapport à la verticale absolue comme la ligne fi par rapport à fh. Ainsi, dans le cas de la figure, sa torsion a lieu dans le sens *direct*.

Construction de la position de l'horizon rétinien. — Abaissez du point h une perpendiculaire sur le diamètre vertical fg, et prolongez-la d'une longueur égale à elle-même jusqu'en k, joignant ha et ka, l'angle kah mesure l'angle que forment entre eux l'*horizon rétinien* et le *plan de visée*, pour le regard porté en h. La position de l'horizon rétinien, par rapport au plan de visée, est la même que celle de *ak* par rapport à *ah*, c'est-à-dire que, dans le cas actuel, la rotation est de sens *inverse.*

Démonstration — analogue à la précédente.

2° *Le centre* c *ne répond pas à la position primaire de la ligne de regard.* — Dans ce cas, les angles *hfi* et *hak* subissent une correction qu'on peut construire de la manière suivante :

Construction. — Soit *m* le point de la projection qui répond à la position primaire de la ligne visuelle. Joignez *mc* et prolongez jusqu'en un point *n* tel qu'on ait

$$nc \;.\; mc = ac \;.\; ac$$

Le point *n* est alors la projection du point diamétralement opposé à *m* dans le champ de regard sphérique. Joignez *hn*, la rotation du méridien vertical par rapport à la verticale est

$$\angle\, hfi - 2 \angle\, hnm$$

et la rotation de l'horizon rétinien par rapport au plan de visée est

$$- \angle\, kah - 2 \angle\, hnm$$

Les angles se retranchent quand leur second côté est tourné dans le même sens par rapport au côté qui passe par *h*; ils s'ajoutent quand leur second côté est tourné de sens contraire.

Démonstration. — Comme les points *m* et *n* sont diamétralement opposés, les cercles menés par *m* et *n*, ainsi que la ligne *mn*, représentent des méridiens du champ de regard qui passent par la position primaire de la ligne de regard, et qui, par suite, se déplacent le long d'eux-mêmes lorsque le regard les parcourt. Supposons que l'œil, dirigé d'abord vers *c*, prenne l'image accidentelle d'une ligne verticale située en ce point ; cette image est verticale elle-même et coïncide avec *fg*. Amenons le regard en *m*; en ce point, l'image accidentelle doit encore être verticale. Faisons passer le regard de *m* en *h*, en longeant le grand cercle représenté par l'arc *mhn* ; l'image accidentelle doit faire en *h*, avec la tangente au cercle, le même angle que la verticale avec la tangente en *m*. L'image accidentelle s'éloigne donc de la verticale d'un angle égal à celui que font entre elles les tangentes en *m* et en *h*, ou du double de la valeur de l'angle inscrit *hnm* dont les côtés comprennent l'arc *hm*. C'est de cette quantité que l'angle entre l'image accidentelle et le grand cercle vertical *fhig* est moindre que dans le cas précédent, où la position primaire était en *c*.

Le même raisonnement s'applique aux images accidentelles négatives, situées sur l'horizon rétinien.

Détermination du centre de rotation de l'œil, d'après Donders (1). — On détermine d'abord, à l'aide de l'ophthalmomètre, le diamètre horizontal de la

(1) *Archiv für die holländischen Beiträge zur Natur- und Heilkunde*, III, 3, p. 260-281.

cornée. A cet effet, on place immédiatement au-dessus de l'ophthalmomètre une petite flamme qui se réfléchit sur la cornée, et à côté de l'instrument on place un point de mire destiné à l'œil observé et qu'on peut déplacer horizontalement. L'œil est fortement éclairé, d'autre part, par une lampe très-brillante, située latéralement, et contre les rayons de laquelle on protége l'ophthalmomètre. On cherche à disposer l'instrument de manière que les deux images du reflet de la flamme se confondent avec les images de deux bords latéraux de la cornée. Pour que cet effet puisse se produire simultanément sur les deux images du reflet lumineux, il faut que le milieu de la cornée soit tourné directement vers l'ophthalmomètre, ce qu'on obtient en déplaçant le point de mire jusqu'à ce qu'on y soit parvenu. L'angle dont il a fallu tourner les lames de l'ophthalmomètre répond à la moitié de la largeur de la cornée, et l'on peut en déduire cette largeur par le calcul, d'après les règles indiquées page 12. L'angle compris entre l'axe de l'ophthalmomètre qui est dirigé vers l'œil, et la ligne de regard qui va de l'œil au point de mire répond à l'angle que forme la ligne de regard avec l'axe de la cornée.

Pour déterminer l'arc que doit décrire la cornée pour parcourir dans l'espace une longueur égale à son diamètre horizontal, on suspendait devant l'œil à observer un anneau dans lequel un fil mince était tendu verticalement. Puis on déterminait le nombre de degrés dont il fallait faire viser de part et d'autre (en partant de la position où l'axe de la cornée était dirigé vers la croix de l'ophthalmomètre) pour que, la tête restant immobile, les deux bords de la cornée vinssent successivement coïncider avec le cheveu. Le nombre de degrés trouvé indiquait l'angle que l'œil avait décrit autour de son centre de rotation. On trouva bientôt que, pour les yeux normaux, cet angle était d'environ 56°. Aussi Donders commençait-il plus tard chaque mensuration en plaçant deux nouvelles mires à 28° de part et d'autre de celle qui avait servi à amener le reflet lumineux sur le milieu de la cornée. On amenait la tête dans une position telle qu'en fixant l'une des mires latérales l'un des bords de la cornée vînt coïncider avec le cheveu, puis on cherchait si la fixation de la seconde mire latérale faisait coïncider le cheveu avec le bord opposé de la cornée. En général, cette coïncidence ne se produisait pas exactement, mais l'expérience apprenait s'il fallait décrire un arc plus grand ou plus petit. On rapprochait alors ou l'on éloignait également de la mire moyenne les deux mires latérales, jusqu'à ce qu'on obtînt enfin une coïncidence exacte des bords de la cornée avec le cheveu. Pour être certain de n'avoir pas été trompé par des mouvements de la tête, on faisait alors porter alternativement le regard à plusieurs reprises et avec vivacité vers les deux mires latérales.

Soit a la demi-largeur de la cornée, déterminée avec l'ophthalmomètre, β l'angle qui sépare de la mire moyenne chacune des mires vues par l'œil observé, la distance entre le centre de rotation et la plus grande corde horizontale de la cornée est a cotg β.

Dans plusieurs cas, et notamment chez des myopes, les mouvements de l'œil étaient trop restreints pour permettre à la cornée de parcourir l'espace nécessaire. Donders employait alors un anneau muni de deux fils métalliques tendus parallèlement et dont l'intervalle ($3^{mm},02$) avait été exactement déterminé. Les mires étaient placées de telle façon que les deux fils répondaient successivement, l'un au bord interne et l'autre au bord externe de la cornée. Pour déterminer l'espace parcouru, il suffisait alors de retrancher la distance des deux fils de la largeur qu'on avait trouvée pour la cornée ; cette valeur servait de base à la continuation du calcul.

Nous avons déjà donné plus haut (page 596) les résultats de ces recherches.

Vérification de la loi de rotation des yeux à l'aide des images accidentelles. — Pour les yeux normaux et pour les positions parallèles des lignes visuelles, le procédé le plus simple consiste à faire les expériences sur une tenture gris clair dont le dessin, peu accentué, présente surtout des lignes horizontales et des lignes verticales. On fixe, à la hauteur des yeux, un ruban rouge horizontal sur lequel on marque un point noir pour servir de centre à la fixation. Si l'on regarde la tenture après avoir fixé ce point pendant un peu de temps, on voit une image accidentelle vert clair du ruban, et l'on reconnaît facilement si cette image est ou n'est pas parallèle aux lignes horizontales de la tenture.

Pour fixer, par rapport à la tête, la position primaire de la ligne de regard, je me sers d'une planchette portant une mire et qu'on prend entre les dents. La figure 167 représente cet instrument en perspective. La planchette AB, longue de 13 centimètres et large de 4, offre en A une entaille correspondant à l'arcade dentaire et porte en B une colonne quadrangulaire de bois sur laquelle une bande de carton CC est fixée avec de la cire à modeler, ce qui permet de la déplacer facilement. On garnit les bords de l'entaille A d'une couche de gomme-laque chaude, et lorsque celle-ci commence à se durcir, on mord la planchette de manière à y laisser l'empreinte des dents. Lorsque la gomme-laque est durcie, la position de la planchette entre les dents est invariablement déterminée et on la retrouve toujours la même dans les différentes séries d'expériences.

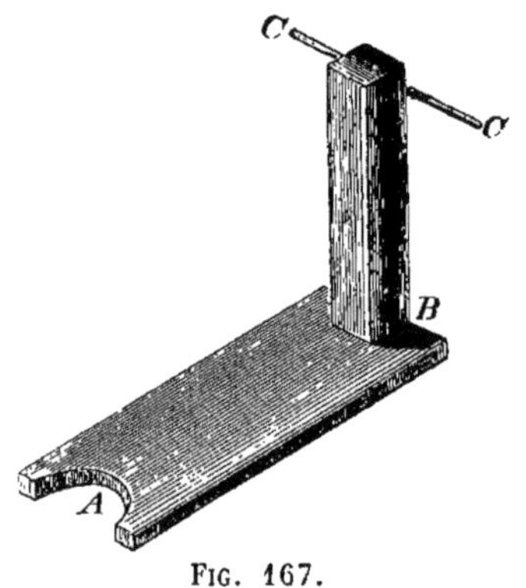

FIG. 167.

On donne à la bande CC une longueur égale à la distance des centres de rotation des yeux. On reconnaît facilement cette égalité en regardant à une distance infinie. La bande de papier présente alors une image double binoculaire ; on lui donne la position et la longueur nécessaires pour que les extrémités des images qui sont en regard se trouvent en contact immédiat. Alors les extrémités pointues de la bande présentent entre elles la même distance que les centres de rotation (ou plutôt les centres des lignes de visée) des deux yeux, et la ligne qui les joint se trouve dans le même plan que celle qui joint les deux centres de rotation.

Avant de commencer les expériences, qu'on peut faire avec un œil ou avec les deux, il faut chercher empiriquement la position primaire des yeux. — A cet effet, on se place au fond de la chambre, en face du milieu du ruban rouge, et, partant de la position choisie, on fixe, pendant un certain temps, le milieu de la bande rouge, en rasant du regard l'extrémité correspondante de la bande *CC*; on déplace ensuite l'image accidentelle directement en haut ou en bas, à droite ou à gauche, et l'on remarque si elle reste parallèle ou non aux lignes horizontales de la tenture. Si elle n'est pas parallèle, il faut déplacer la bande de la planchette jusqu'à ce qu'on ait obtenu la position convenable. Il faut déplacer cette bande à gauche lorsque l'extrémité gauche de l'image accidentelle monte pour le regard en haut ou descend pour le regard en bas. Si c'est, au contraire, l'extrémité droite de l'image accidentelle qui s'élève ou s'abaisse avec le regard, il faut déplacer la bande vers la droite. Si l'extrémité gauche s'abaisse lorsqu'on regarde à gauche, et l'extrémité droite lorsqu'on regarde à droite, il faut monter la bande, et inversement.

Quand on a fini par trouver, pour chaque œil, la position de la mire qui donne aux yeux leur position primaire, cela constate d'abord qu'il existe une position de l'œil à partir de laquelle le regard se déplace horizontalement à l'aide d'une rotation autour d'un axe vertical et verticalement par une rotation autour d'un axe horizontal.

Mais tandis que les images consécutives conservent la position horizontale ou verticale des images primitives lorsqu'on dirige le regard directement en haut ou en bas, à droite ou à gauche, on voit que cela n'a pas lieu lorsqu'on dirige le regard obliquement en haut on en bas. On trouve, au contraire, que :

1° Si l'on dirige le regard *à droite et en haut* ou *à gauche et en bas*, l'image consécutive d'une ligne *horizontale* paraît tourner à *gauche*, celle d'une ligne *verticale* paraît tourner *à droite*, par rapport aux lignes du mur;

2° Si l'on dirige le regard *à gauche et en haut* ou *à droite et en bas*, l'image accidentelle d'une ligne *horizontale* paraît tourner *à droite*, celle d'une ligne *verticale* paraît tourner *à gauche*.

Comme les lignes horizontales et les lignes verticales présentent des rotations de sens contraire, on peut déjà prévoir qu'il doit exister des lignes intermédiaires dont les images accidentelles sont parallèles à la direction primitive.

Le plus simple est maintenant de donner à la tête une inclinaison latérale, de sorte que, pour parcourir les lignes horizontales et verticales du mur, l'œil ait à exécuter des mouvements obliques par rapport à la tête. En continuant, dans cette position de la tête, à viser le long de la mire pour regarder le centre du ruban rouge, on s'assure qu'on prend encore pour point de départ la position primaire de l'œil. La direction de la ligne qui joint les centres de rotation est donnée par celle suivant laquelle se projettent, sur le mur, les pointes de la bande de carton qui sert de mire. Pour les yeux dont les mouvements obéissent à la loi de Listing, les positions inclinées de la tête n'empêchent pas les images accidentelles de bandes horizontales de rester parallèles aux lignes horizontales du mur, lorsqu'on déplace le point de regard le long de la ligne horizontale ou de la ligne verticale qui passent par le milieu de la bande rouge. Il en est de même des images accidentelles d'une bande verticale, par rapport aux lignes verticales de la tenture.

Ces expériences, dans lesquelles on projette l'image accidentelle sur un mur relativement éloigné, présentent deux avantages : d'abord les petits déplacements de la tête, à droite, à gauche, en haut ou en bas, exercent une influence négligeable sur la position de la ligne visuelle déterminée à l'aide de la planchette de visée; en second lieu, les yeux conservent d'eux-mêmes une direction parallèle. Par contre, les murs de nos chambres ne sont, en général, pas assez grands pour permettre cette vérification, à une distance suffisante du mur, pour les directions périphériques de la ligne visuelle; de plus ce mode d'observation ne peut pas s'appliquer aux yeux myopes, parce que, sans lunettes, ils ne peuvent pas accommoder pour le mur, et que les verres de lunettes peuvent modifier l'inclinaison apparente des lignes, pour peu qu'ils cessent d'être centrés et perpendiculaires à la ligne visuelle. Pour les observations de près, j'ai modifié la méthode que j'avais employée autrefois, afin de pouvoir également rechercher avec plus d'exactitude l'influence de la convergence, et de pouvoir déterminer la grandeur et la forme du champ visuel.

Je prends pour champ visuel un grand tableau de bois, fixé au mur, et recouvert d'un papier gris clair bien tendu. Pour déterminer avec certitude la position de la tête, on place devant ce tableau, à une distance convenable pour l'accommodation de l'observateur, une petite table fixée au sol par des crampons de fer. Sur cette table est fixé un support de fer, à bras mobiles, pareil à ceux employés dans les laboratoires de chimie; ce support maintient une planchette analogue à celle de la figure 167, moins la colonne et la mire. Cette planchette, que l'observateur serre entre les dents, a pour unique objet de donner à sa tête une position fixe par rapport au tableau. Pour fixer la position de la tête, les dents sont bien préférables à tout autre moyen d'appui qui ne s'appliquerait immédiatement qu'à des parties non osseuses. Un second bras mobile du support est fixé à l'aide d'une vis, de manière à soutenir le front. On dispose ensuite sur le tableau, en regard de l'un ou de l'autre œil, une bande de papier très-fort ou de bois mince qui présente une coloration convenable et qui est fixée en son milieu par une punaise de dessinateur autour de laquelle elle peut tourner. La coloration que je donne à cette bande est mi-partie blanche et noire ou rouge et verte; la ligne de séparation des couleurs divise longitudinalement la bande en deux parties égales. Cette ligne de séparation donne une image accidentelle nettement dessinée. De plus, par le milieu de la bande, on tend deux fils noirs fins, l'un vertical et l'autre horizontal, et l'on change la position de la planchette qui est entre les dents, jusqu'à ce que les images accidentelles de la bande placée horizontalement ou verticalement, restent parallèles au fil horizontal ou au fil vertical, lorsque, suivant le cas, on suit du regard le premier ou le second de ces fils. Il faut remarquer que les lignes visuelles doivent être maintenues parallèles; pour être certain de conserver cette position, je marque sur le tableau deux points présentant la même distance que mes yeux (68^{mm}); l'un est tout près de la ligne vers laquelle je regarde, l'autre est à côté et à la même hauteur, de sorte que les images de ces points se fusionnent lorsque je les regarde avec les lignes visuelles parallèles.

On peut trouver ainsi la position primaire de chaque œil, — pour moi, elles sont éloignées l'une de l'autre d'une distance égale à celle des yeux, — on peut ensuite donner toutes sortes de directions obliques à la bande qui fournit les images accidentelles, et faire passer par sa ligne médiane des fils le long desquels on déplace ces images. Pour obtenir des lignes visuelles convergentes, on peut, après avoir développé l'image accidentelle dans l'un des yeux, regarder binoculairement un point du tableau, ou bien encore faire coïncider des points choisis arbitrairement, à l'aide de la convergence ou croisement des lignes de regard.

Si, pendant la convergence, les images accidentelles ne coïncident pas exactement avec le fil le long duquel on a déplacé le regard, on peut placer la bande obliquement par rapport au fil et chercher la position pour laquelle son image accidentelle devient parallèle à la partie périphérique correspondante du fil. On calcule facilement l'angle compris entre la bande et le fil, en mesurant la distance comprise entre le fil et chaque extrémité de la ligne médiane de la bande, ou bien, mieux encore, on peut disposer, à chaque extrémité de la bande, une graduation qui n'a besoin de renfermer qu'un petit nombre de degrés.

La comparaison entre la direction des images accidentelles et celle du fil comporte une erreur qui ne dépasse guère un demi-degré environ. Cette exactitude ne peut certes pas être comparée à celle qu'on obtient dans les observations astronomiques ; mais je crois que ce serait illusoire de chercher, dans une question semblable, une approximation bien plus grande. Car, dans ces observations, on trouve déjà certaines petites variations qui ne dépendent pas seulement de la convergence, mais aussi du chemin suivi par l'œil pour atteindre la position correspondante ; ces variations paraissent différer d'un jour à l'autre. Je les ai remarquées assez souvent, notamment pour des positions obliques de l'œil ; elles étaient plus nettes et plus considérables chez le docteur Berthold, qui travaillait dans mon laboratoire, et je crois qu'elles doivent être plus grandes, en général, pour les yeux myopes, parce que l'habitude de regarder des objets rapprochés doit leur rendre familières, pour une même direction de la ligne visuelle, des modifications plus considérables de la torsion, relativement aux différents degrés de convergence.

E. Hering a fait, pour contrôler l'exactitude que comporte l'emploi des images accidentelles, des expériences d'où il conclut que les erreurs qu'on peut commettre en comparant la direction de ces images avec celle de lignes objectives, peuvent s'élever jusqu'à 5 degrés. Je puis déclarer que des erreurs de cette importance sont absolument impossibles lorsque les images accidentelles sont bien développées par suite d'une fixation exacte de l'objet ; j'ai déjà dit plus haut que, dans les expériences bien faites, l'erreur ne dépasse pas un demi-degré : on reconnaît sûrement des déviations d'un degré, qu'il était facile de produire à volonté dans l'appareil que je viens de décrire. Je conclus plutôt des expériences de Hering, que son œil a exécuté en réalité des oscillations ; ce qui peut provenir notamment de ce que l'objet fixé était seulement à 10 pouces, et que lorsqu'on regarde longtemps, avec un œil, un objet aussi rapproché, il se produit des variations très-prononcées de la convergence.

Parmi les méthodes employées jusqu'ici pour déterminer la position de chaque œil indépendamment de l'autre, celle des images accidentelles est la plus sûre lorsqu'on y est bien exercé. Ce qui me paraît très-important, c'est que, dans la forme sous laquelle je l'ai décrite, elle n'exige pas que l'œil conserve longtemps une position périphérique ; chaque expérience est, au contraire, rapidement terminée.

Dans la méthode de Wundt (1), on se sert aussi des images accidentelles pour déterminer les positions des yeux. Il projette les images accidentelles sur un disque mobile qui est toujours perpendiculaire à la ligne visuelle et qui est fixé à un bras de levier mobile. Son appareil présentait des graduations en degrés pour lire les angles nommés *longitude* et *latitude*, et la torsion du méridien vertical par rapport à la ligne verticale.

Vérification de la loi des rotations à l'aide du punctum cæcum. — Cette méthode permet également de déterminer la position de chaque œil indépendamment de l'autre. — A. Fick (2) est le premier qui l'ait appliquée. Sur le mur gris d'une grande chambre, et à la hauteur des yeux d'un observateur assis sur une chaise, était disposé un petit objet de fixation approprié ; c'était un cercle blanc avec un bord noir dentelé. L'œil était à une distance un peu supérieure à 6 mètres, et de telle façon que la ligne visuelle, en fixant l'objet, tombait perpendiculairement sur la muraille. On avait marqué sur le parquet les diverses positions que devaient avoir les pieds de la chaise pour que son bord antérieur vînt former des angles déterminés avec le mur. Dans toutes ces positions de la chaise, le milieu de l'intervalle compris entre ses deux pieds postérieurs restait immobile. Fick s'asseyait sur cette chaise, le dos appuyé, la tête droite ; il trouva que le plan médian de la tête se plaçait, avec une exactitude suffisante, perpendiculairement à l'autre bord de la chaise. Pour juger de l'inclinaison de la tête par rapport à l'horizon, on fixait, à l'aide de deux vis, dans les conduits auditifs, un étrier de bois passant au-dessus de la tête ; cet étrier portait, en outre, une branche de fer qu'on appliquait sur la racine du nez, de manière à mieux assurer sa position fixe par rapport à la tête. A la vis qui pénétrait dans l'oreille gauche était suspendu un fil à plomb qui parcourait un arc gradué, invariablement lié à l'étrier. C'est ainsi qu'on pouvait déterminer l'angle que faisait avec l'horizon la tête ou une ligne droite située dans le plan médian.

Sur le mur, on avait appliqué au point de fixation, une feuille de carton gris, mobile autour du clou qui la maintenait. L'observateur pouvait faire tourner ce carton à l'aide d'un cordon réfléchi sur une poulie. Le carton portait une tache noire à une distance convenable pour qu'elle vînt se peindre sur le *punctum cæcum* pour une position appropriée du disque. Un aide lisait l'inclinaison de la tête, et pour chaque inclinaison l'observateur, à l'aide du cordon, disposait le carton de façon à faire disparaître la tache noire. On pouvait lire la rotation du carton sur une échelle de tangentes. C'est ainsi qu'on mesurait la rotation de

(1) *Archiv für Ophthalmologie,* VIII, 2, p. 16, 17.
(2) *Moleschott's Untersuchungen zur Naturlehre des Menschen,* V, 193-233.

l'œil par rapport à sa position initiale. La rotation de la chaise mesurait l'angle de longitude, et l'arc gradué, voisin de l'oreille, indiquait la latitude. En répétant les expériences, on trouva, pour les torsions, des différences qui atteignaient 3 degrés. M. Mandelstamm a tenté, dans mon laboratoire, d'amener la méthode de Fick à un degré plus grand d'exactitude, mais malgré tous les efforts et toutes les modifications essayées, il fut impossible d'éviter une incertitude de 2 degrés.

Meissner (1) fixait la position de la tête et faisait mouvoir la mire qui portait la tache obscure. La tête était fixée de telle sorte que l'œil se trouvait au centre d'un demi-cercle gradué, de 10 pouces de rayon, lequel pouvait décrire autour de son axe vertical un angle qu'on pouvait mesurer (longitude de Fick, latitude de Meissner). Un curseur mobile sur l'arc de cercle, où l'on pouvait lire ses déplacements (latitude de Fick, longitude de Meissner), présentait, sur sa face tournée vers l'observateur, le disque à la tache sombre, auquel on pouvait donner un mouvement de rotation dans son plan. Les résultats de Meissner sont indiqués dans le tableau suivant; on y voit l'angle lu directement, et qui répond à k' dans l'équation 4c).

		COTÉ NASAL.				COTÉ TEMPORAL.		
		+30	+20	+10	0	—10	—20	—30
Élevé	— 30	— 3	0	+ 2	0	+ 3	+ 6	+10
Élevé	— 15	+ 0,5	+ 1,5	+ 2,5	0	+ 1,5	+ 3	+ 5
	0	+ 7	+ 5	+ 4	0	0	0	0
Abaissé	+ 15	+12,5	+ 8,5	+ 5	0	— 1,5	— 2,5	— 5
Abaissé	+ 30	+19	+13	+ 7	0	— 3	— 6	— 9,5
Abaissé	+ 35	+20,5	+14	+ 7,5	0	— 3	— 7	—10
Abaissé	+ 40	+20,5	+14	+ 7	0	— 3	— 7,5	—11
Abaissé	+ 45	+21	+14,5	+ 7	0	— 3	— 8	—12
Abaissé	+ 50	+21,5	+14,5	+ 7	0	— 3	— 8,5	—13

La marche assez irrégulière des chiffres me porte à admettre que des changements de convergence, difficiles à éviter dans la fixation monoculaire d'un objet très-rapproché, ont exercé quelque influence. — Meissner lui-même regarde ses expériences comme s'accordant approximativement avec la loi de Listing ; mais il croit que, pour les directions allant vers le nez, il faut prendre une autre position primaire formant au-dessous de l'horizon un angle de 45°, tandis que pour les directions temporales la position primaire se trouverait dans le plan horizontal. Il fait subir, pour le calcul, des transformations aux chiffres qu'il a obtenus, pour faire mieux ressortir cette circonstance.

Je réunis dans le tableau suivant les moyennes qui résultent des expériences de Fick.

(1) *Zeitschrift für rationnelle Medicin*, 3, VIII.

LONGITUDE.	LATITUDE.										
	— 33	— 30	— 28	— 14	— 11	— 6	0	+ 1	+ 4	+ 18	+45
—29			—4°,7								
—26					+3°,5						
—21									+1,5		
—14		— 2°								+5°,7	
—13				+2°,5							
—10								+ 2°			
0	+2,5						0				+0°,1
+10								+0°,1			
+13				+1,7						—1°,8	
+14		—4°,7									
+21									—0°.3		
+26					+3°,4						
+29			+7,5								
+38						+2°,9				—3°,3	

Vérification de la loi des rotations à l'aide de l'astigmatisme. — Au moment de corriger l'épreuve de ce qu'on vient de lire, je reçois une communication de E. Javal, d'après laquelle une inclinaison de la tête est compensée, en partie, par une torsion de l'œil en sens inverse, de sorte que la position de l'œil n'est pas indépendante de celle de la tête, aussi rigoureusement que l'affirme la loi de Donders. — C'est par des observations faites sur des astigmates que Javal (1) a constaté, dans une certaine mesure, l'exactitude de l'assertion de Hueck. En effet, les personnes affectées d'astigmatisme un peu considérable s'aperçoivent facilement que, lorsqu'elles penchent la tête vers l'une ou l'autre épaule, leurs lunettes correctrices cessent de corriger parfaitement leur défaut. En prenant pour objet une circonférence de cercle dressée à l'extrémité d'une planchette que le sujet tient entre ses dents, l'astigmate constate que pour continuer à la voir nettement en penchant la tête à droite, il lui faut faire tourner son verre cylindrique à gauche. Son astigmatisme étant pareil sur les deux yeux, Javal a pu faire cette expérience binoculairement, ce qui prouve bien que le phénomène n'est pas dû à une oscillation de la convergence. Ayant répété le même essai à l'aide d'images accidentelles, je puis ajouter que pour mes yeux il se produit également une légère rotation dans le sens indiqué par Hueck. La méthode que je viens d'indiquer présente plus de sensibilité que celle de Fick pour ce motif qu'au lieu de mesurer deux mouvements effectués l'un par la tête et l'autre par le *punctum cæcum* dans le champ visuel, on mesure directement la torsion, qui est la différence de ces deux mouvements.

Il est à peine besoin d'ajouter que la restriction que nous venons d'apporter à la loi de Donders ne porte aucune atteinte aux déductions que nous en avons tirées, car, pour toute position donnée de la tête, à une position déterminée de la ligne visuelle correspond toujours une valeur déterminée de la torsion.

(1) WECKER, Études ophthalmologiques, Paris, 1866, II, 815 (chapitre Astigmatisme, par JAVAL).

Vérification des positions des yeux à l'aide des images correspondantes dans les deux yeux. — Les méthodes dont nous allons parler paraissent comporter une exactitude bien plus grande que celle des images accidentelles; mais elles servent seulement à comparer entre elles les positions des deux yeux et non à déterminer celle de chacun isolément. Elles sont donc très-utilisables pour rechercher les petites aberrations individuelles que les mouvements des yeux présentent par rapport à la loi de Listing. De plus, dans certains cas, et notamment pour la théorie de la vision binoculaire, c'est précisément la détermination des différences de position des deux yeux qui importe particulièrement.

La première application de ces méthodes a été faite par Meissner (1). — Il fit remarquer que, lorsqu'on tient devant soi un fil métallique tendu perpendiculairement au plan de regard, et qu'on le regarde de telle manière que les lignes visuelles convergent vers un point situé un peu en avant ou en arrière de ce fil, ses images doubles ne sont pas parallèles, mais présentent entre elles une certaine inclinaison; pour obtenir le parallélisme des images, il faut incliner le fil par rapport au plan de visée. De la position du fil, par rapport au plan de visée, on déduisait facilement la position des méridiens verticaux qui se correspondent dans les deux yeux, ce qui permet de calculer la torsion de l'œil, du moins pour les positions médianes du point de convergence. Les expériences que fit Meissner d'après cette méthode qu'il avait si ingénieusement inventée, confirmèrent, en général, la loi de Listing, bien qu'il faudrait peut-être faire subir quelques corrections aux résultats qu'il obtint, à cause de certaines sources d'erreur qui n'ont été révélées que par des expériences plus récentes. D'abord, il ne connaissait pas encore de différence entre le méridien vertical apparent et le méridien vertical réel de l'œil, et il admettait, ainsi qu'on le faisait généralement alors, que des lignes verticales, situées à une distance infinie, se représentaient sur des méridiens identiques dans les deux yeux. En second lieu, il ne connaissait pas encore l'influence, découverte par Volkmann, de la convergence sur les torsions de chaque œil. Enfin, l'estimation du parallélisme des deux images peut être troublée par cette circonstance que l'une des extrémités du fil métallique se rapproche tantôt plus et tantôt moins de l'œil, ce que l'observateur sait et perçoit : à la notion du parallélisme des images dans le champ visuel peut se substituer celle du parallélisme de deux lignes objectives situées dans un plan incliné par rapport à l'observateur.

Pour cette raison, il serait sans doute mieux d'apporter au procédé de Meissner la modification proposée par Volkmann (2). — Sur un mur vertical placé devant les yeux, Volkmann dispose deux disques rotatifs, de façon que leurs centres se trouvent sur les lignes visuelles des yeux, disposées pour voir à l'infini. Chaque disque présente une ligne mince passant par son centre et changeant, par conséquent, de position pendant la rotation du disque. Le pourtour du disque porte un cercle gradué pour déterminer les changements de direction. L'observateur regarde les deux lignes dessinées sur les disques avec la convergence minimum des yeux,

(1) Beiträge zur Physiologie des Sehorgans, 1851.
(2) Physiologische Untersuchungen im Gebiete der Optik, Leipzig, 1864, 2, p. 199-240.

de sorte qu'il en voit deux images très-voisines qu'il cherche à rendre parallèles en faisant tourner l'un des disques.

En faisant de nombreuses expériences de ce genre, on peut obtenir des moyennes très-exactes. Volkmann n'a pas appliqué cette méthode aux différentes positions de la tête, afin de pouvoir tirer des conclusions relatives aux mouvements ; on peut cependant l'appliquer à ce but en regardant les disques avec différentes positions de la tête.

L'appareil de Volkmann comporte, à cet effet, la simplification que voici : Pour l'étude des positions parallèles de mes propres yeux, j'ai suspendu, en avant d'un tableau vertical de bois, deux fils tendus par de petits poids ; l'un des fils était blanc sur fond noir, et l'autre noir sur fond blanc. La distance des clous auxquels étaient attachés les fils était choisie de telle manière que les centres des fils sur lesquels je fixais le regard pendant l'observation présentassent une distance de 68^{mm}, égale à l'écartement de mes yeux. Les fils s'appuyaient, en bas, contre deux épingles plantées dans le bois, qui les faisaient converger un peu. Derrière le milieu des fils, partie qu'il fallait fixer, une ligne horizontale était tracée exactement à la hauteur de mes yeux. J'observais en maintenant les lignes visuelles en parallélisme, ce qui amenait les fils dans la même région du champ visuel commun, et je déplaçais l'une des épingles jusqu'à ce que, les fils ne se croisant plus, une faible convergence les fît apparaître sous formes d'images parfaitement parallèles. La différence de coloration des fils permet de mieux juger leur coïncidence, dans le champ visuel, que s'ils étaient de même couleur, ce qui favoriserait beaucoup leur fusion stéréoscopique, même lorsqu'ils sont loin de se superposer. Lorsqu'ils présentent des images doubles voisines, leurs milieux paraissent séparés et leurs extrémités se confondent. Il faut alors faire attention à ce que leur réunion se fasse de la même manière en haut et bas.

En faisant osciller la tête d'avant en arrière, j'ai pu répéter ces expériences avec les lignes visuelles parallèlement abaissées et élevées, et je trouvai effectivement que le parallélisme des fils ne reste pas aussi parfait que l'exigerait la loi de Listing ; ainsi, pour les lignes visuelles parallèles élevées jusqu'à la limite supérieure du champ visuel, l'angle des méridiens verticaux apparents était de 0°,3 plus grand que pour la position parallèle la plus basse des lignes visuelles : dans la première de ces positions, l'extrémité supérieure du méridien vertical de chaque œil s'inclinait de 0°,15 plus en dehors que dans la seconde. En répétant plus tard ces expériences, j'ai trouvé plus avantageux de donner comme objets, à l'un des yeux, une bande rouge rectangulaire de 3^{mm} de largeur, et à l'autre, un fil bleu, le tout sur fond noir. Le fil doit apparaître sur le milieu de la bande rouge.

Volkmann lui-même a fait ses expériences sur les positions de l'œil à l'aide d'une modification de cette méthode. — Au lieu de dessiner un diamètre entier sur ses disques rotatifs, il ne traçait qu'un rayon, et il cherchait, dans l'examen binoculaire, à faire paraître ces rayons sur une même ligne droite. La tête était maintenue convenablement ; les disques rotatifs étaient placés dans deux tubes noircis qu'on pouvait diriger à volonté, à l'aide d'articulations convenables, de sorte que chaque œil regardait un disque par chacun des tubes, ce disque restant toujours perpendiculaire à la ligne de regard.

Les expériences que fit Volkmann, en maintenant le parallélisme des lignes visuelles, lui apprirent que ses yeux s'écartaient très-peu de la coïncidence exigée pr la loi de Listing. Il ne se manifesta absolument aucun écart lorsque, partant de la position primaire qu'il avait déterminée à l'aide des images accidentelles, il regardait directement en haut, en bas, à droite ou à gauche. Il trouva, au contraire, de petites déviations lorsqu'il regardait obliquement en haut ou en bas. Les nombres suivants sont chacun la moyenne de 60 observations; dans 30 observations de chaque série, le rayon mobile répondait à l'œil droit et dans les 30 autres, il répondait à l'œil gauche; les nombres indiquent l'angle compris entre les rayons qui paraissent former une ligne droite verticale.

Position primaire..............	2°;21
A 30° en haut et à droite........	2°,74
— en haut et à gauche.......	2°,92
— en bas et à gauche.......	1°,31
— en bas et à droite........	1°,41

L'angle qui diffère le plus de celui de la position primaire s'en éloigne de 0°,9, ce qui, réparti également entre les deux yeux, donne, pour chaque œil, 0°,45, valeur qui devait assurément échapper dans les expériences avec les images accidentelles.

Volkmann trouva, de plus, à l'aide de la même méthode, qu'en faisant converger les regards vers un point du plan horizontal éloigné de 30 centimètres, l'angle des méridiens verticaux apparents s'élevait de 2°,15 à 4°,16; ce qui faisait, pour chaque œil, une torsion d'environ un degré, qui ne se serait pas produite pour la même position de sa ligne visuelle, l'autre restant en parallélisme.

Pour mes yeux, la convergence est accompagnée d'un écart très-faible, mais du même sens que chez Volkmann. — J'ai fait l'observation à l'aide d'un fil noir fin, enfilé dans le trou d'une aiguille. Cette aiguille était plantée, à la hauteur de mes yeux, au milieu du panneau blanc d'une porte; les bouts du fil, chargés de petits poids, s'appuyaient sur deux épingles plantées sur une même horizontale. Le fil formait donc deux lignes droites se réunissant, sous un angle variable, dans le trou de l'aiguille. En faisant varier légèrement la hauteur des épingles, on obtient un angle dirigé à volonté vers en haut ou vers en bas, et dont les deux côtés restent toujours dans un plan parallèle à celui de la porte. Pour regarder avec des lignes visuelles parallèles, je tenais devant l'aiguille une bande verticale de papier fort, de 68^{mm} de largeur : quand les lignes de regard sont parallèles, les parties encore visibles du fil paraissent se réunir au milieu pour former un angle. Je modifiais la position des épingles jusqu'à ce que cet angle me parût égal à deux angles droits, c'est-à-dire que ses branches fussent en ligne droite. Puis je fixais le trou de l'aiguille, à 20^{c}. de distance, en tenant entre mon nez et l'aiguille une feuille de papier, de manière à cacher à chaque œil la partie du fil située en face de l'autre. Bien que la fixation eût lieu dans la position primaire du plan de visée, le fil paraissait brisé, et, pour le voir droit de nouveau, il fallait en abaisser un peu une moitié. D'après ces expériences, chacun de mes yeux exécuterait, pour la convergence à 20 c, une rotation de 17 minutes (0°,28), tandis que pour Volkmann, le chiffre était 1°,37.

Chez Volkmann, cette torsion était assez considérable pour pouvoir être remarquée sur l'image accidentelle d'une ligne verticale colorée, projetée à côté de cette ligne, avec le regard convergent, après avoir développé l'image pendant le regard parallèle. Le professeur Welcker obtint le même résultat chez Volkmann. J. B. Schuurman (1) avait fait des expériences tout à fait analogues avec un résultat négatif, tandis qu'avec une convergence forcée, le professeur Donders a remarqué des rotations de 1° à 3°, dans le même sens que Volkmann et moi. Comme je l'ai dit plus haut, j'ai remarqué des déviations bien plus nettes, par suite de convergence, en examinant les images accidentelles pour des directions périphériques de la ligne de regard.

Détermination des points d'insertion et des axes de rotation pour les muscles de l'œil. — L'action de ces muscles se déduit facilement de leur position et de leur mode d'insertion. Comme leurs tendons parcourent tous une certaine étendue sur le globe oculaire dont ils épousent la convexité, comme des courroies qui s'appuient sur une poulie, tous ces muscles exercent sur l'œil des tractions tangentielles. Pour déterminer exactement la direction de cette traction, il faut mener une tangente au globe oculaire, au point de contact du tendon; pour le muscle oblique supérieur, cette tangente se dirige vers la trochlée; pour les autres muscles, elle se dirige vers l'insertion fixe.

Comme le globe oculaire, tel qu'il est soutenu, ne peut exécuter que des rotations autour de son centre, nous n'avons à considérer les actions de ses muscles qu'en tant qu'elles produisent de semblables rotations. Lorsqu'un corps qui, comme le globe oculaire, peut tourner librement autour d'un point, est sollicité excentriquement par une force, on trouve la direction du mouvement qui en résulte, en menant un plan par la direction de cette force et le centre de rotation, et élevant, au centre, une perpendiculaire à ce plan : cette perpendiculaire est l'axe de la rotation. Comme nous l'avons vu, la direction de la traction est déterminée par le point où le tendon s'applique contre le globe, ou insertion mobile, et par l'insertion fixe (ou la poulie de renvoi) du muscle. Ces deux points et le centre de rotation de l'œil déterminent donc toujours la position du plan perpendiculaire à l'axe de rotation. Si l'on détermine donc géométriquement la position de ces trois points, on peut en déduire la position de l'axe de rotation.

Ruete (2) et A. Fick ont fait de semblables déterminations. — Ruete enlevait d'abord, par un trait de scie passant près de l'orbite, toute la partie supérieure du crâne, puis il plaçait la tête dans la position qu'elle occupe lorsqu'on la tient droite, pendant la vie. Un second trait de scie, mené dans le plan médian, séparait en deux l'os frontal, l'apophyse crista-galli, la selle turcique, et s'avançait

(1) Vergelijkend Onderzoek der Beweging van het Oog, *Academisch Proefschrift*, Utrecht, 1863.

(2) Ruete, Ein neues Ophthalmotrop, Leipzig, 1857.

assez profondément dans le nez pour qu'on pût y fixer solidement un fil métallique droit, dépassant le crâne suivant une direction parallèle aux axes visuels dirigés directement et horizontalement en avant; ce fil servait ultérieurement à l'orientation. On insufflait ensuite les yeux jusqu'à leur rendre la tension normale, on les plaçait en parallélisme et l'on enfonçait avec précaution, dans chacun, en faisant tourner ce fil sur lui-même et en le dirigeant suivant l'axe optique, un fil d'acier très-mince et très-pointu qu'on faisait pénétrer jusque dans l'os de l'orbite, de manière à fixer les yeux dans leur position. Pour assurer encore davantage la position des yeux, on versa, dans quelques cas, une couche de plâtre sur les paupières fermées.

On ouvrait ensuite les cavités orbitaires, par en haut et avec précaution, et l'on disséquait soigneusement les origines et les insertions des muscles, sans enlever plus de graisse qu'il ne fallait pour mettre ces points à découvert. On mesurait les angles formés par les muscles avec l'axe optique en y appliquant des fils métalliques convenablement courbés. On mesurait avec le compas la distance qui séparait les origines et les insertions musculaires d'avec le point milieu de la ligne qui joignait les deux yeux, et cela en haut et en bas, à droite et à gauche, en arrière et en avant. Ces mensurations étaient répétées par trois observateurs.

Sous ce dernier rapport, il me paraîtrait préférable, à l'exemple de Fick, de mesurer les distances qui séparent de trois points fixes les origines et les insertions mobiles des muscles, le sommet de la cornée et l'entrée du nerf optique, et de s'en servir pour calculer les coordonnées et la position du centre de l'œil; en effet, la position de ce point n'est pas caractérisée anatomiquement et l'on obtient des résultats assez incertains en mesurant avec le compas la distance verticale ou horizontale de deux points qui ne sont pas exactement sur une même verticale ou sur une même horizontale. Le tableau suivant indique, en millimètres, les moyennes des résultats obtenus par Ruete sur quatre têtes; en partant du centre de l'œil, les x sont comptés horizontalement et en dehors, les y en arrière et les z verticalement.

	INSERTIONS.			ORIGINES.		
	x	y	z	x	y	z
Droit supérieur.........	+ 2,00	−5,667	+10	−10,67	+32	+ 4
— inférieur........	+ 2,20	−5,767	−10	−10,8	+32	− 4
— externe...........	+10,80	−5,00	0	− 5,4	+32	0
— interne...........	− 9,90	−6,00	0	−14,67	+32	0
Tendon de l'oblique supérieur	+ 2,00	+3,00	+11	−14,1	−10	+12
Oblique inférieur........	+ 8,00	+6,00	0	− 8,1	− 6	−15

Diamètre de l'œil = 24^{mm}.

Les chiffres de A. Fick sont les suivants :

	INSERTIONS.			ORIGINES.		
	x	y	z	x	y	z
Droit supérieur........	0	— 7,9	+9,1	—16	+31	+ 6,5
— inférieur........	0	— 7,9	—9,1	—17	+30	+ 2
— externe.........	+ 9,1	— 7,9	0	—15	+31	+ 2
— interne..........	— 9,1	— 7,9	0	—18	+30	+ 4
Oblique supérieur......	+ 4,6	+ 2,7	+9,9	—19,6	—10,9	+12,8
— inférieur.......	+10,4	+ 6,0	0	—18	+30 (?)	+ 6
Entrée du nerf optique...	— 3,4	+11,5	0			
Sommet de la cornée....	0	—12	0			

Comme Ruete l'a déjà remarqué, les valeurs de y et de z, pour l'origine de l'oblique inférieur, doivent être fautives, car elles sont nécessairement négatives toutes deux.

Ruete a déduit de ses mensurations de coordonnées la position des axes de rotation, et il donne les valeurs suivantes pour les angles a, b, c qui (négatifs d'après notre désignation) sont formés par le demi-axe de rotation avec les directions positives des x, y et z :

	a	b	c
Droit interne........	90°	90°	180°
— externe.......	90°	90°	0°
— supérieur......	161 1/2	109 1/2	90°
— inférieur.......	19°	71°	90°
Oblique supérieur....	51°	141°	84 1/2
— inférieur.....	127°	37°	90°

Ophthalmotropes. — Nous avons vu plus haut comment se composent les rotations autour de différents couples d'axes ; comme il est difficile de bien se figurer les choses, Ruete (1) a construit le premier, sous le nom d'*ophthalmotrope*, un modèle rotatif des deux yeux sur lequel les muscles sont représentés par des fils tendus par des ressorts; les déplacements des fils se lisent sur des échelles graduées. Le modèle d'ophthalmotrope proposé par Hasner et vulgarisé par Knapp (fig. 168), suffit, malgré sa simplicité plus grande, pour donner une idée des actions des muscles. Une articulation à genou permet à chacun des deux yeux artificiels de tourner autour de son centre; l'équateur, la cornée, les méridiens vertical et horizontal y sont tracés, et aux points d'insertion des muscles s'attachent de forts fils de soie de différentes couleurs. Pour donner aux fils la direction des muscles, on en fait passer quatre, qui répondent aux quatre muscles droits, par quatre trous pratiqués, l'un à côté de l'autre, dans la planchette A ; leurs extré-

(1) Ein neues Ophthalmotrop, Leipzig, 1857. — Das Ophthalmotrop, dessen Bau und Gebrauch, Göttingen, 1845. Extrait du premier volume de *Göttinger Studien*.

mités postérieures portent des poids. Quant aux fils qui répondent aux deux muscles obliques de chaque œil, ils passent sur les petites poulies que porte à ses deux extrémités la traverse verticale de cuivre *B*, pour aller s'enfiler dans des trous pratiqués au milieu de la planchette *A* ; ils sont également tendus par de petits poids. Les muscles homonymes des deux yeux sont représentés par des fils de même couleur. Dès qu'on fait exécuter une rotation à l'un des yeux, ce

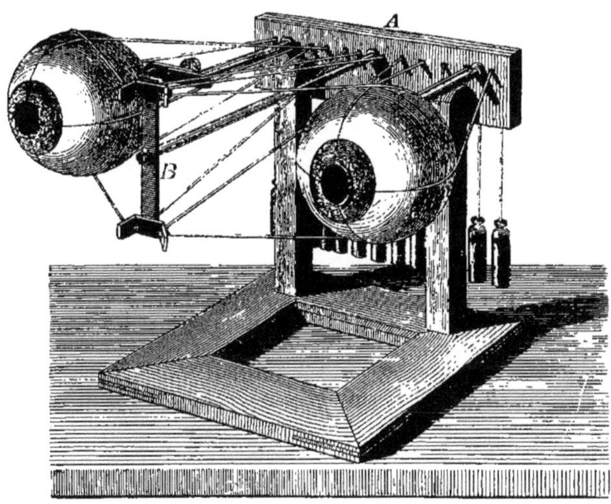

Fig. 168.

mouvement a pour effet de tirer les fils qui représentent les muscles dont ce mouvement nécessiterait un allongement sur le vivant. Inversement, on voit baisser les poids qui tendent les fils correspondant aux muscles dont ce mouvement exigerait le concours. Si l'on regarde donc quels sont les poids qui descendent et quelle est l'étendue de leur mouvement, on peut voir immédiatement quels sont les muscles qui devraient agir et se faire une idée de l'effort que demanderait à chacun d'eux l'exécution du mouvement en question. L'appareil est très-commode pour l'enseignement et notamment pour donner rapidement un aperçu des circonstances, souvent fort compliquées, que présentent les altérations pathologiques.

Wundt (1) a construit un autre ophthalmotrope dont les fils sont tendus par des ressorts à boudin dont la force et la longueur ont été prises aussi proportionnelles que possible à celles des muscles de l'œil et où le globe oculaire prend de lui-même la position exigée par les expériences de Wundt sur les positions de l'œil, dès qu'on amène dans une position quelconque l'axe qui représente la ligne visuelle. Wundt a principalement appliqué ce modèle à la démonstration de son principe de l'effort minimum, dont il a fait dériver la loi des mouvements de l'œil.

(1) *Archiv für Ophthalmologie*, VIII, 2, p. 88.

Les premières recherches qu'on ait faites sur les mouvements des yeux étaient relatives à la position du centre de rotation. JOH. MÜLLER (1) croyait encore que le centre de rotation de l'œil devait se trouver au centre de sa surface postérieure, opinion qui a été également soutenue par TOURTUAL (2) et par SZOKALSKI (3). VOLKMANN (4) chercha à déterminer, à l'aide de son mesureur de l'angle visuel, le point de croisement des lignes de direction et le centre de rotation, de la manière expliquée p. 117 ; il croyait que ces deux points coïncidaient ; le point qu'il détermina était, en réalité, le centre de rotation qui, d'après lui, se trouverait à 5''',6 en arrière de la cornée. Il a déjà été fait mention plus haut de la polémique qui s'engagea à cette occasion, et à laquelle prirent part MILE, KNOCHENHAUER, STAMM et BUROW. Ce dernier détermina plus exactement le centre de rotation (5). Pour la distance de ce point à la cornée, il trouva, comme moyenne des 40 observations, 5''',42 ; aucun des nombres qu'il obtint ne s'écarta de celui-là de plus de 0''',8. VALENTIN (6) répéta ces observations, aussi bien pour les mouvements horizontaux que pour les mouvements verticaux ; il trouva, en moyenne, pour les premiers, 5''',501 et, pour les seconds, 5''',08. Les recherches déjà citées de JUNGE (publiées en russe), de DONDERS et de D. DOIJER (7) sont de beaucoup plus récentes.

C'est également JOH. MÜLLER (8) qui ouvre la liste des recherches sur les torsions. Il dit qu'au moyen de différents points marqués avec de l'encre sur la sclérotique il a pu reconnaître que l'œil, dans ses mouvements, ne tourne pas autour de son axe longitudinal. Cette opinion prévalut parmi les physiologistes jusqu'à ce qu'un travail de HUECK (9) donnât l'impulsion à un grand nombre de recherches. HUECK chercha à défendre l'opinion, déjà émise par HUNTER, d'après laquelle l'inclinaison de la tête vers l'épaule serait accompagnée d'une rotation de l'œil, en sens opposé, autour de l'axe visuel. Il attribue cette rotation aux muscles obliques de l'œil. Il croyait s'être assuré de l'exactitude de cette opinion ; on a dit depuis qu'en réalité il n'avait observé, sur lui-même ainsi que sur d'autres, que les déplacements des vaisseaux conjonctivaux pendant les mouvements de la tête.

La plupart des physiologistes considérèrent comme exactes les opinions émises par HUECK. Bien que TOURTUAL (10) ait fait remarquer avec raison que la torsion n'est pas du tout nécessaire aux fonctions de la vue et bien que RITTERICH et RUETE aient contredit le fait, l'opinion de HUECK fut cependant défendue par TOURTUAL, BUROW (11), VALENTIN (12), KRAUSE (13) et VOLKMANN (14). TOURTUAL lui-même constata déjà, en recherchant la position de la tache aveugle, que la rotation apparente de l'œil dans la tête était au moins insuffisante pour maintenir tout à fait invariable l'orientation des méridiens de l'œil. RUETE (15) crut démontrer, à l'aide des images accidentelles, qu'en réalité, quand on incline la tête (sans changer la position relative de la ligne visuelle) l'œil n'exécute aucun mouvement de torsion. DONDERS (16) mit à profit cette idée de RUETE pour tirer la question au clair. Il fit voir d'abord ce qui avait induit HUECK en erreur dans ses expériences ; c'est qu'il ne s'était pas suffisamment appliqué à maintenir invariable la position de l'œil dans la tête ; suivant DONDERS, les rotations observées par HUECK provenaient uniquement des déplacements de la ligne visuelle. Il trouva, de plus, que pendant les mouvements purement horizontaux ou purement verticaux des yeux, les images accidentelles des objets verticaux restent parallèles, mais qu'elles se placent obliquement pour les mouvements obliques. Il n'a pas établi de loi déterminée pour la valeur de cette obliquité. Tout récemment, JAVAL a repris cette question et démontré qu'il se produit en réalité une légère torsion dans le sens indiqué par HUECK.

---

(1) Zur vergleichenden Physiologie des Gesichtssinns, Leipzig, 1826, p. 254.
(2) *Müller's Archiv*, 1840, p. XXIX.
(3) *Comptes rendus*, 1843.
(4) Neue Beiträge zur Physiologie des Gesichtssinns, 1836, p. 33.
(5) Beiträge zur Physiologie und Physik des menschlichen Auges, 1842.
(6) Lehrbuch der Physiologie des Menschen, II, 1844.
(7) *Archiv für die Holländischen Beiträge zur Natur- und Heilkunde*, 1863, III, 560.
(8) Zur vergleichenden Physiologie des Gesichtssinns, 1826, p. 254.
(9) Die Achsendrehung des Auges, 1838.
(10) *Müller's Archiv*, 1840, pp. LV, LIX ; 1846, p. 346.
(11) Beiträge zur Physiologie des Auges, p. 8.
(12) *Repertorium*, 1842, p. 407. — Lehrbuch der Physiologie, II, 332.
(13) Handbuch der Anatomie, 1843, p. 550.
(14) Artikel Sehen, in *Wagner's Handwörterbuch*, p. 273.
(15) Lehrbuch der Ophthalmologie, p. 14. — Das Ophthalmotrop, 1846, p. 9.
(16) *Nederlandsch Lancet*, 1846, August. — *Holländische Beiträge zu den anat. und physiol. Wissenschaften*, 1848, I, 105-145 ; 384-386.

Cependant LISTING (1) avait établi une loi précise, et cette loi paraît s'appliquer en effet très-exactement pour la plupart des yeux normaux, mais il n'en a donné aucune démonstration et il ne l'a même pas publiée. MEISSNER (2) soumit d'abord cette loi à une vérification expérimentale, à l'aide de la méthode des images doubles, et il la trouva suffisamment satisfaite par ses expériences. Il chercha à montrer la loi de LISTING comme provenant de l'utilité d'avoir l'horoptre le plus grand possible, sujet sur lequel nous reviendrons.

FICK (3) et WUNDT (4) cherchèrent une autre explication de la loi des torsions ; ces auteurs sans tenir aucun compte de la loi de LISTING, déterminèrent la position de leur œil, le premier à l'aide de la tache aveugle, le second à l'aide des images accidentelles. Ils prétendirent que le globe oculaire affecte la torsion qui permet de donner à la ligne visuelle la position désirée, en faisant l'effort musculaire minimum. Cette proposition est probablement exacte, bien que nous ne connaissions pas encore suffisamment les conditions dont dépend l'effort musculaire, pour appuyer le calcul sur des bases certaines. WUNDT a également construit une espèce d'ophthalmotrope, modèle d'un œil mobile autour d'un point, et où les muscles étaient remplacés par des ressorts de laiton de longueur et de force appropriées ; sur ce modèle, les rotations du globe oculaire, pour les différentes positions de la ligne visuelle, répondaient asse aux observations de WUNDT sur ses propres yeux.

Mais si l'on considère que la force des muscles s'accommode pendant la vie à l'effet qu'ils doivent produire, ce principe, dût-il être parfaitement vérifié par l'expérience, ne me paraît cependant pas donner la cause première de la loi. En vérifiant la loi de LISTING, à l'aide des images accidentelles, je la trouvai très-exactement vérifiée pour mes propres yeux et pour ceux de quelques autres observateurs à vision normale ; la vérification par les images doubles réussit également pour mes yeux. Je cherchai à modifier la méthode, principalement en assurant mieux la position de la tête et en évitant la fatigue des muscles par suite de mensurations d'angles dans les positions latérales de l'œil, et je cherchai la base de la loi dans le principe de la plus facile orientation (5), développé plus haut. J'ai cherché, dans ce qui précède, à répondre aux objections que E. HERING (6) a élevées contre la méthode d'observation et l'explication de la loi. Les résultats de VOLKMANN, que j'ai indiqués plus haut, proviennent en grande partie de communications inédites qu'il m'a fait parvenir.

1826. JOH. MÜLLER, zur vergleichenden Physiologie des Gesichtsinns, Leipzig, p. 254.
1836. VOLKMANN, neue Beiträge zur Physiologie des Gesichtsinns, p. 33.
1838. HUECK, die Achsendrehung des Auges, Dorpat.
1840. TOURTUAL, in *Müller's Archiv für Anatomie und Physiologie*, 1840, im Jahresbericht, pp. XXIX ; LV ; LIX.
1842. BUROW, Beiträge zur Physiologie und Physik des menschlichen Auges, Berlin.
— VALENTIN, *Repertorium*, 1842, p. 407.
— C. F. KRAUSE, Handbuch der menschlichen Anatomie, p. 550.
1843. SZOKALSKY, in *Comptes rendus*, 1843.
1844. VALENTIN, Lehrbuch der Physiologie des Menschen, II, 332.
1846. TOURTUAL, in *Müller's Archiv für Anat. und Physiol.*, 1846, p. 346.
— RUETE, Lehrbuch der Opthalmologie, p. 14. — Das Ophthalmotrop, Göttingen, p. 9.
— F. C. DONDERS, in *Nederlandsch Lancet*, 1846, August.
— VOLKMANN, Artikel « Sehen », in *Wagner's Handwörterbuch der Physiologie*, III, 337-358, 281-290.
1847. F. C. DONDERS, Beitrag zur Lehre von den Bewegungen des menschlichen Auges, in *Holländische Beiträge zu den anat. und physiol. Wissenschaften*, I, 104-145, 384-386.

---

(1) RUETE, Lehrbuch der Ophthalmologie. — Ein neues Ophthalmotrop, 1857.
(2) Beiträge zur Physiologie des Sehorgans, 1851. — *Archiv für Ophthalmologie*, II, 1855.
(3) *Moleschott's Untersuchungen*, 1858, X, 193. — *Zeitschrift für rationelle Medicin*, 1854, IV, p. 801.
(4) *Graefe's Archiv für Ophthalmologie*, 1862, VIII, 1-114.
(5) *Archiv für Ophthalmologie*, IX, 153-214.
(6) Beiträge zur Physiologie, Leipzig, 1864, p. 248-286.

1854. G. MEISSNER, Beiträge zur Physiologie des Sehorgans, Leipzig.
— CZERMAK, Ueber Abhängigkeit der Accommodation und Convergenz, in *Wiener Ber.*, XII, 337-358; XV, 438-454.
— A. FICK, Die Bewegungen des menschlichen Augapfels, in *Zeitschrift für rationelle Medicin*, IV, 801.
1855. G. MEISSNER, Die Bewegungen des Auges, in *Archiv für Ophthalmologie*, II, 1-123.
1857. RUETE, Ein neues Ophthalmotrop, Leipzig.
1858. A. FICK, Neue Versuche über die Augenstellungen, in *Moleschott's Untersuchungen zur Naturlehre des Menschen*, V, 193.
1859. G. MEISSNER, Ueber die Bewegungen des Auges, nach neuen Versuchen, in *Zeitschrift für rationelle Medicin*, VIII, 1.
— J. v. RECKLINGHAUSEN, Netzhautfunctionen, in *Archiv für Ophthalmologie*, V, 2, p. 127.
— W. WUNDT, Ueber die Bewegungen des Auges, in *Verhandl. des naturhist.-medicin. Vereins zu Heidelberg.*
1862. W. WUNDT, Ueber die Bewegungen der Augen, in *Archiv für Ophthalmologie*, VIII, 2, p. 1-87.
— W. WUNDT, Beschreibung eines künstlichen Augenmuskelsystems zur Untersuchung der Bewegungsgesetze des menschlichen Auges, in *Archiv für Ophthalmologie*, VIII, 2, p. 88-114.
— F. C. DONDERS und D. DOJER, Die Lage des Drehpunktes des Auges, in *Archiv für die Holländischen Beiträge*, III, 560.
1863. H. HELMHOLTZ, Ueber die normalen Bewegungen des menschlichen Auges, in *Archiv für Ophthalmologie*, IX, 2, p. 153-214.
— E. HERING, Beiträge zur Physiologie, 3tes und 4tes Heft, Leipzig (Critiques contre MEISSNER et HELMHOLTZ).
— J. B. SCHUURMAN, Vergelijkend Onderzoek der Beweging van het Oog bij Emmetropie en Ametropie, *Dissert.*, Utrecht.
1864. GIRAUD-TEULON, in *Comptes rendus*, LVIII, p. 361 (sur le centre de rotation).—Nouvelle étude de la marche des rayons lumineux dans l'œil, in *Ann. d'ocul.*, §§ 7-12, LI, p. 171-186.
1866. E. JAVAL, in Wecker, Études ophthalmologiques, II, 815.

MEISSNER, Jahresberichte über die Fortschritte der Physiologie, in *Zeitschrift für rationelle Medicin*, depuis 1856.

§ 28. — Du champ visuel monoculaire.

Dans l'usage ordinaire de nos yeux, nous les employons tous deux ensemble en les faisant mouvoir dans leurs orbites ou même en déplaçant par moments notre tête et tout notre corps dans l'espace. Les yeux se meuvent alors de manière à *fixer* successivement différents points des objets placés devant nous, c'est-à-dire de manière à recevoir simultanément, sur les centres des deux rétines, l'image du point que nous fixons. En appliquant les yeux de cette manière, nous sommes à même de percevoir avec exactitude la position des objets dont la lumière parvient librement et en ligne droite à notre œil.

On comprend en effet, d'après les lois de la réfraction dans l'œil, développées au § 10, que l'on peut déterminer d'une manière précise la position d'un point lumineux dans l'espace, lorsqu'on connaît la position du corps et de la tête, celle des deux yeux dans la tête, et, par suite, celle de leurs points nodaux, et qu'on connaît enfin les points des deux rétines qui reçoivent les images du même point lumineux. Qu'on mène, en effet, une ligne droite depuis l'image rétinienne de chaque œil jusqu'à son point nodal, les prolongements de ces deux lignes de direction ne peuvent se couper qu'en un seul point, et c'est en ce seul point que peut se trouver l'objet lumineux.

L'exactitude avec laquelle on peut déterminer dans l'espace la position de l'objet perçu dépend, du reste, de l'exactitude que comportent ces diverses déterminations.

Soient donc données :

1) Des sensations suffisantes pour connaître exactement la position de la tête et du corps par rapport à une base choisie arbitrairement pour les mensurations, tel que le sol sur lequel nous nous reposons ;

2) Des sensations qui nous font juger exactement de la position de nos yeux dans la tête ;

3) Des éléments de la sensation (*signes locaux*) qui permettent de distinguer l'excitation des parties des deux rétines qui reçoivent la lumière du point objectif *A*, d'avec celle de toutes les autres parties rétiniennes (nous ne savons absolument rien de la nature de ces éléments de la sensation : si nous en admettons l'existence, c'est précisément parce que nous savons distinguer les sensations qui affectent les différentes parties de la rétine) ;

nous en avons assez pour pouvoir définir sans indétermination la position du point *A* dans l'espace. Si ce point se trouvait dans n'importe quelle autre partie de l'espace, il provoquerait nécessairement un système de sensations différent. L'expérience nous apprend qu'en général nous pouvons en effet déterminer, à l'aide de la vue, la position des objets que nous voyons. L'exactitude de cette détermination est assurément variable et dépend en particulier de la distance où les images du point *A* se trouvent du centre de la *fovea* de chaque œil.

Nous aurons donc à examiner dans quelle mesure chacun de ces éléments de la sensation contribue à la perception exacte de la position de l'objet. Nous n'irons pas jusqu'à chercher quelles sont les sensations dont dépend le jugement que nous portons sur la position de notre corps par rapport au sol et sur celle de la tête par rapport au corps ; cette recherche appartient à la physiologie générale des perceptions sensuelles et non à celle de la vision. Nous admettrons donc, dans chaque cas, la position de la tête comme exactement connue par rapport à la base choisie pour les mesures d'étendue. Il reste encore à examiner quelle part ont, dans la connaissance de la position des objets :

1° Les mouvements de la tête ;

2° Les mouvements des yeux dans la tête ;

3° La vision monoculaire ;

4° La vision binoculaire.

Nous commencerons cette recherche en établissant ce qu'on peut reconnaître avec un seul œil, en excluant tout mouvement de la tête. En revanche, nous n'exclurons pas, en général, dans ce paragraphe, les mouvements exécutés par l'œil par rapport à la tête.

Il est évident, tout d'abord, que lorsqu'on connaît la position d'un œil dans l'espace et la position de l'image rétinienne d'un point lumineux pour lequel cet œil est accommodé, on peut mener une ligne droite par l'image rétinienne et le point nodal, et l'on sait que le point lumineux se trouve en avant de l'œil, sur le prolongement de cette ligne. Mais la position du point sur cette ligne reste nécessairement encore indéterminée tant qu'aucun autre élément n'entre en ligne de compte. On pourrait bien penser à l'accommodation de l'œil. Si l'œil était parfaitement bien accommodé pour le point, l'effort d'accommodation ou la grandeur des cercles de diffusion pourraient peut-être nous renseigner sur la distance. Nous rechercherons au § 30 quelles sont les ressources pour juger de la distance dans la vision monoculaire, et nous verrons alors que l'accommodation ne donne qu'un secours bien imparfait. Si nous faisons donc abstraction des petites différences que le changement d'accommodation peut amener dans la netteté de l'image, il ne reste aucune circonstance de la sensation qui puisse donner une indication sur la distance d'un point lumineux.

Nous avons supposé plus haut que l'œil est exactement accommodé pour le point lumineux. Pour trouver la position du point, nous pouvons alors, comme il a déjà été dit, tirer la ligne de direction qui part de l'image rétinienne et passe par le point nodal; nous pouvons encore suivre tout autre rayon qui va d'un point quelconque de la pupille à l'image rétinienne. Si nous construisons exactement la réfraction d'un semblable rayon, d'après les règles établies au § 10, afin d'en déterminer la position en avant de l'œil, chacun de ces rayons doit nous ramener finalement au point lumineux dont il émane. Il est donc indifférent, dans ce cas, de prendre tel ou tel des rayons qui rencontrent la pupille pour déterminer la direction sur laquelle se trouve le point lumineux.

Nous n'avons plus ce choix quand nous avons sur la rétine des images de points lumineux pour lesquels l'œil n'est pas exactement accommodé. Nous pouvons considérer alors le centre du cercle de diffusion comme définissant la position de l'image rétinienne (1). Ainsi que nous l'avons déjà remarqué (p. 123), le rayon qui va du point lumineux vers le centre du cercle de diffusion passe par le centre de la pupille; il a reçu le nom de *ligne de visée*. Si le point lumineux se déplaçait le long de la ligne de visée, rien ne serait changé dans la sensation, si ce n'est que l'image de diffusion subirait de petites variations de grandeur qui peuvent même être insensibles pour des changements de distance très-notables.

On peut démontrer, de plus, que lorsque l'œil vient à s'accommoder pour près, le centre des cercles de diffusion ne se déplace pas sensiblement sur la rétine : le calcul se trouve à la fin de ce paragraphe.

Pour bien se rendre compte de ce qu'on peut reconnaître du monde extérieur sans le secours des mouvements de la tête et sans avoir égard aux différences d'accommodation, le mieux est d'avoir recours à des objets très-éloignés. En effet, pour des objets très-éloignés, les mouvements modérés de la tête ne produisent dans l'image aucun autre changement que ceux qu'on peut provoquer par de simples rotations de l'œil. Il est même indifférent, lorsqu'on regarde à une distance infinie, d'ouvrir les deux yeux ou un seul, car l'usage du second œil ne nous donne un nouvel élément de sensation utilisable que lorsque sa ligne de visée coupe celle du premier à une distance finie. Lorsque les deux lignes sont sensiblement parallèles et se prolongent indéfiniment sans se couper, nous ne pouvons en tirer aucune conclusion pour la distance réelle de l'objet lumineux, si ce n'est cette conclusion négative que l'objet doit se trouver au delà d'une certaine distance.

Lorsque nous regardons des objets terrestres très-éloignés, la connaissance préalable que nous pouvons avoir de leur forme, de leur distance, de leur couleur, etc., peut nous donner mainte indication pour l'interprétation de notre champ visuel. Si nous voulons nous affranchir de tout secours ainsi fourni par la mémoire, nous trouvons, dans le ciel étoilé, un exemple qui convient d'une manière toute spéciale à cette observation. Nous y rencontrons des objets sur la forme, la grandeur et la distance desquels nous n'avons absolument aucune notion préalable et pour la perception desquels ni la vision binoculaire, ni les mouvements que nous pouvons exécuter, ne nous fournissent aucun élément de plus que la vision au moyen d'un seul œil qui ne subirait aucun déplacement dans l'espace.

Dans ces conditions, nous ne voyons que sous deux dimensions les

(1) Il ne s'agit ici que de points lumineux ; on a déjà vu au § 21, à propos de l'irradiation, qu'il en est autrement pour les bords des surfaces lumineuses.

objets qui en occupent réellement trois dans l'espace. Nous ne pouvons plus que reconnaître la direction de la ligne de visée qui conduit à chacun des points que nous voyons. Pour définir une semblable direction, il n'est plus besoin de trois éléments, comme pour un point : il suffit de deux, et, en effet, on détermine la position des étoiles par deux angles : longitude et latitude par rapport au pôle et à l'équateur, ou bien ascension droite et déclinaison par rapport à l'écliptique.

Une étendue à deux dimensions est une surface ; les points d'une surface se déterminent par deux éléments. Si donc, dans la vision avec un œil dont le centre de rotation ne se déplace pas, nous ne pouvons pas distinguer la distance, c'est-à-dire l'une des trois dimensions, nous ne reconnaissons plus les objets d'après leur distribution dans l'espace, mais seulement d'après leur disposition sur une surface. Nous donnons le nom de *champ de vision* à cette disposition superficielle apparente des objets. C'est ainsi que les étoiles nous apparaissent comme distribuées sur la surface imaginaire de la voûte céleste.

Que le lecteur veuille bien remarquer que je ne dis pas que les objets nous apparaissent *suivant* ou *sur une surface*, mais bien *comme sur une surface*, dans une disposition définie suivant deux dimensions seulement. En effet, nous ne nous représentons pas nécessairement une surface déterminée, à laquelle seraient attachées les étoiles ou les montagnes lointaines de l'horizon : la voûte d'airain du ciel et les sphères de cristal des anciens étaient l'expression naturelle d'une manière enfantine de se figurer les choses et du besoin de rendre toutes les idées aussi palpables que possible. On a introduit bien des difficultés dans l'optique physiologique en croyant devoir admettre, comme champ de vision de chaque œil, une surface déterminée, le plus souvent sphérique.

On peut représenter, sur une surface, toute fonction de deux variables. C'est ainsi qu'au § 20, nous avons représenté, d'après certaines règles, sur le disque chromatique, les couleurs de même intensité. Les deux variables d'après lesquelles on distinguait les couleurs étaient le ton et le degré de saturation. Si nous parcourons une série continue de tons de manière à revenir à celui qui a servi de point de départ (c'est-à-dire si nous traçons une courbe fermée sur le disque des couleurs), l'ensemble des couleurs se divise en deux groupes parfaitement séparés (situés de part et d'autre de cette ligne), et nous ne pouvons passer sans discontinuité d'une couleur de l'un des groupes à une couleur de l'autre, qu'en passant nécessairement par une de celles rencontrées d'abord (celles qui se trouvent sur la courbe fermée). C'est là le caractère principal d'une surface simple et continue ; toute courbe fermée que nous y traçons la partage en deux parties, et l'on ne peut passer d'un point de l'une des parties à un point de l'autre, sans traverser la courbe fermée. C'est précisément cette analogie qui permet de nous représenter le système des couleurs en les répartissant sur une surface, et il ne faut pas attacher tout d'abord une signification plus étendue à ce que nous faisons lorsque nous projetons les objets sur la surface imaginaire du champ visuel, dont la position dans l'espace reste tout à fait indéterminée d'ailleurs.

On comprend, du reste, facilement que cette notion de la distribution des objets suivant une surface dans le champ visuel subsiste alors même que la vue nous donne, en même temps, des notions parfaitement exactes de la disposition véritable des objets dans l'espace. Car ce fait subsiste inévitablement, qu'après avoir parcouru du regard une courbe fermée dans le champ visuel, il m'est impossible de passer d'un point intérieur à un point extérieur sans rencontrer cette courbe. Lorsque j'ai parcouru du regard le contour d'une fenêtre, je ne puis pas passer d'un point situé en dehors de la chambre à un point du mur sans que le regard rencontre le bord de la fenêtre; ce signe essentiel de la disposition superficielle des objets que nous voyons subsiste, bien que nous sachions parfaitement d'ailleurs que, dans l'espace véritable, on peut mener une infinité de lignes du point extérieur au point du mur de la chambre, sans que ces lignes rencontrent le contour de la fenêtre.

C'est précisément parce qu'en parcourant les objets du regard nous les trouvons disposés en surface, qu'il est possible d'en rappeler l'aspect à l'œil par des peintures et des dessins exécutés sur des surfaces. Le dessinateur qui veut représenter un paysage ne cherche pas à connaître la distance qui sépare en réalité tel point du paysage d'avec son œil ou d'avec tel autre point; il cherche seulement à savoir quel est le trajet que doit suivre son œil pour aller d'un point à l'autre, s'il faut diriger le regard en haut ou en bas, à droite ou à gauche et de combien il faut le déplacer. Nous reconnaissons cette image superficielle comme semblable à l'objet lorsque, pour passer d'un point de l'image à l'autre, il faut faire exécuter à l'œil les mêmes mouvements que pour voir, l'un après l'autre, les points correspondants de l'objet.

On comprend, de plus, que nous apprenons ainsi à connaître simplement le *mode de distribution* des points dans la surface apparente du champ visuel, et cela indépendamment de toute détermination de grandeur.

Ce qui précède paraîtra peut-être plus clair si l'on se figure une image superficielle tracée sur une feuille de caoutchouc extensible. On peut étendre cette plaque à volonté, modifier tous les rapports de longueurs des différentes parties ainsi que les angles compris entre les différentes lignes ; malgré toutes ces modifications, toute courbe fermée, menée par une certaine série de points de l'image, renferme toujours les mêmes points et laisse les autres en dehors ; de plus, quelque modification qu'on fasse subir à la grandeur et à la forme des différentes parties d'une ligne quelconque de l'image, la succession des points de l'image qu'elle rencontre reste toujours inaltérée. De même, la disposition des points sur une carte géographique plane ne diffère nullement de ce qu'elle est sur la sphère terrestre, bien que les rapports des grandeurs sur la carte plane diffèrent nécessairement de ce qu'ils sont sur le globe, et cela d'autant plus qu'on représente une plus grande partie de la surface terrestre.

Si nous avons deux surfaces et que les points de l'une répondent d'une manière déterminée à ceux de l'autre, je dis que la *distribution des points* est la même sur les deux surfaces, toutes les fois que les séries de points qui se trouvent sur une ligne continue dans l'une des surfaces correspondent à des points qui se trouvent également sur une ligne continue dans l'autre surface, et que l'ordre de succession des points sur la même ligne est le même que celui des points correspondants sur la seconde.

En laissant errer le regard sur le champ de vision, la perception nous apprend immédiatement dans quel ordre les points s'y succèdent ; de sorte que, par ce mode de regard, on peut déterminer immédiatement tout au moins la distribution des points dans le champ de vision, sans avoir besoin de faire intervenir quelque faculté inconnue de la rétine.

Nous examinerons plus loin la question de savoir comment et jusqu'à quel point on peut déterminer, par l'évaluation oculaire, les rapports de grandeurs. Mais il nous faut ajouter ici que, tout au moins à l'âge où nous savons nous rendre compte de nos impressions, l'œil n'a pas besoin de se déplacer pour reconnaître la distribution des points dans le champ de vision : nous pouvons même obtenir des images planes déterminées en présence d'objets et de sensations qui, se mouvant avec l'œil, ne changent pas de position par rapport à la rétine. Ceci s'applique aux images accidentelles, aux vaisseaux rétiniens, aux houppes de polarisation et, en général, à la plupart des phénomènes subjectifs. Quel que soit le mouvement que nous donnions à l'œil, le point d'une semblable image subjective qui répond au point de fixation reste toujours le même, et nous ne pouvons jamais faire venir successivement, sur le milieu de la rétine, des parties différentes de l'image. Il est donc constant que nous sommes à même d'apprécier la distribution des points que nous voyons, dans le champ de vision, d'après la seule impression que l'image rétinienne immobile produit sur la rétine en repos, et il n'est pas nécessaire d'examiner chaque fois, à l'aide de mouvements, quelle est la succession des différents points de l'objet.

Pour expliquer ce fait, on peut admettre, comme l'ont fait les partisans de la *théorie nativistique*, que nous possédons la connaissance innée de la distribution des points rétiniens sur la rétine (et même peut-être celle de leurs distances) ; connaissance qui nous mettrait immédiatement à même de reconnaître quels sont les points de l'image rétinienne qui se touchent, et quels sont ceux qui ne sont pas contigus. Il est évident que l'admission de cette hypothèse coupe court à toute recherche sur l'origine des images visuelles superficielles.

On comprend, d'un autre côté, que la faculté de reconnaître et de juger, même sans mouvement de l'œil, la distribution des objets dans le champ de vision, peut aussi être acquise, comme l'admet la *théorie empiristique* des perceptions visuelles. En effet, toutes les fois qu'à l'aide de mouvements de l'œil on a déterminé la distribution des différentes parties d'un objet en repos, on obtient aussi, en fixant un de ses points, une impression immobile de ses différentes parties sur la rétine ; l'expérience peut nous apprendre ainsi comment se présentent, dans l'image immobile de l'œil, deux points qu'un mouvement de l'organe a permis de reconnaître comme voisins : anatomiquement parlant, l'expérience peut nous enseigner quelles sont les particularités de la sensation visuelle qui appartiennent à des fibres contiguës de la rétine, et quand nous possédons cette connaissance, nous sommes à même de reconnaître la disposition, dans le champ de vision, des points d'un objet même immobile par rapport à l'œil.

Nous aurons donc à examiner si, sans admettre la connaissance innée de la distribution des points rétiniens, les facultés connues de la mémoire des sens suffisent à l'explication des faits. On ne peut évidemment pas faire, à ce sujet, d'expériences directes sur des nouveau-nés, et celles qu'on a faites sur des aveugles de naissance qui ont recouvré la vue par une opération n'ont pour ainsi dire rien appris, parce que ces prétendus aveugles n'étaient le plus souvent atteints que de cataracte et que, tout en voyant très-peu à travers leur cristallin troublé, ils étaient cependant capables, avant l'opération, de distinguer d'où venait la lumière, et n'étaient donc pas complétement dépourvus d'expérience sur la localisation de leurs impressions rétiniennes. Sous ce rapport, les cas d'occlusion congénitale de la pupille, guéris par la formation d'une pupille artificielle, seraient bien plus importants que les expériences sur les opérés de cataracte. On verra, à la fin de ce paragraphe, quelques cas remarquables de ce genre.

Mais ce n'est pas seulement dans le sens général, tel que je l'ai considéré jusqu'ici, que nous reconnaissons la distribution des points objectifs dans le champ de vision : nous distinguons aussi, jusqu'à un certain degré d'exactitude, les *rapports de grandeur* des lignes et des angles. Le dessinateur qui s'applique à rendre, par une image plane, l'impression des objets à trois dimensions, ne doit pas se borner à disposer les points de l'objet dans la succession qu'ils présentent à notre regard : il doit s'efforcer aussi d'observer certains rapports de grandeur entre les distances des différents points, si le dessin plan doit nous paraître semblable au corps à trois dimensions, de même que, si nous exécutons un dessin sur une lame de caoutchouc, lorsque nous la distendons irrégulièrement, l'aspect se modifie pour notre œil, bien que la distribution des points sur la surface reste invariable.

Pour ne donner lieu à aucune équivoque dans le développement des faits relatifs aux jugements que nous portons sur les rapports de grandeur et pour pouvoir rechercher l'origine de ces jugements, il nous faut établir préalablement quelques définitions et propositions relativement aux surfaces sur lesquelles nous supposons projetées les images du champ de vision.

La désignation de champ de vision s'applique, en général, à l'apparition des objets placés devant nous et considérés uniquement sous le rapport de leur disposition superficielle, indépendamment de la distance qui nous en sépare, et sans préciser s'il s'agit du regard fixe ou mobile, ou même accompagné de mouvements de la tête et du corps. Mais dans l'analyse que nous allons faire de nos perceptions, il est important de distinguer nettement ces différents cas. Nous pouvons conserver la dénomination vague de *champ de vision*, pour les cas où cette distinction entre le mouvement et le repos de l'œil importe peu, ou bien pour ceux où il s'agit, en général, des perceptions acquises tant pendant le mouvement de l'œil que pendant le repos, de même que le mot *vision* exprime toutes les applications du sens visuel. Par contre, j'ai déjà désigné, dans le paragraphe précédent, sous le nom de *champ de regard*, le champ qu'on peut parcourir en y promenant les yeux. Conformément à cette définition, je considère le champ de regard comme une surface invariablement liée à la tête, dont elle suit les mouvements, et dans laquelle on peut regarder avec un œil, — et respectivement avec les deux yeux, — un point nommé *point de regard* ou de *fixation*, de telle manière qu'il se représente sur le centre de la *fovea centralis*. Les différentes directions, en haut ou en bas, à droite ou à gauche, dans le champ de regard, sont indiquées d'après les directions correspondantes de la tête. Ce point du champ de vision qui se distingue particulièrement comme étant le point de fixation de l'œil correspondant, dans sa position primaire, prendra le nom de *point de regard principal* (*point de fixation primaire*). Le point diamétralement opposé, qui se trouve derrière la tête de l'observateur, et qui forme l'autre extrémité de celui des diamètres du champ de regard qui se dirige vers le point de regard principal, sera désigné, comme plus haut, sous le nom de *point occipital*. Dans la tête, c'est la ligne de jonction des centres de rotation des yeux que nous prendrons pour déterminer la direction horizontale et transversale. Si nous faisons passer un plan par cette ligne de jonction et le point de regard principal, nous obtenons le *plan méridien horizontal* du champ de regard ou la *position primaire du plan de regard*. Les autres plans méridiens du champ de regard passent par la ligne de jonction du point de regard principal et du centre de rotation de l'œil. Les lignes d'intersection des plans méridiens avec la surface imaginaire du champ de regard sont les *méridiens* de ce champ. Lorsqu'on se sert des deux yeux, il ne peut plus être question d'autres plans méridiens que de plans horizontaux, mais il y a toujours des lignes méridiennes, parce qu'on peut se figurer le champ de regard situé suffisamment loin pour que des plans menés par un point du champ de regard et les lignes visuelles de l'un et l'autre œil coupent le champ visuel suivant deux lignes infiniment voisines.

Ainsi les objets extérieurs immobiles changent de position, dans le champ de regard, lorsqu'on fait mouvoir la tête ; lorsque l'œil se meut, le même point du champ de regard se peint successivement sur des points différents de la rétine. Par contre, la fixation d'un même point du champ de regard exige invariablement la même position de l'œil par rapport à la tête, les mêmes contractions ou relâchements des différents muscles de l'œil ; nous pouvons donc présumer que chaque partie du champ de regard est plus ou moins exactement déterminée par les sensations particulières d'innervation et par les autres sensations qui peuvent accompagner, dans les parties avoisinantes de l'œil, chaque position de l'œil dans la tête.

Pour mesurer géométriquement le champ de regard, nous pouvons le considérer comme une surface sphérique d'un rayon infiniment grand, telle que la voûte céleste, et dont le centre se trouverait au centre de rotation de l'œil. La position d'un point qu'on voit dans le champ de regard se détermine en menant par ce point et par le centre de rotation de l'œil une ligne droite qu'on suppose prolongée jusqu'à la surface idéale du champ de regard. Le point où cette ligne coupe la surface du champ de regard est la *position géométrique* du point considéré dans le champ de regard ; et, dans un grand nombre de cas, nous aurons à distinguer cette position d'avec la *position apparente* dans le champ de regard, celle où nous localisons l'objet d'après l'*estimation oculaire.*

Le champ de regard, qui se rapporte à l'œil en mouvement, se distingue du *champ visuel*, que nous supposons se mouvoir avec l'œil de telle sorte que chaque point du champ visuel se peigne toujours sur le même point déterminé de la rétine. On verra, à la fin de ce paragraphe, que le changement d'accommodation ne fait pas varier notablement ce dernier point. Le champ visuel est donc, pour ainsi dire, la projection extérieure de la rétine avec ses images et ses autres particularités. Ainsi, les images accidentelles, l'arbre vasculaire, la tache aveugle, la tache jaune, se projettent toujours sur les mêmes parties du champ visuel. Aussi chaque point du champ visuel est-il désigné dans la sensation par les signes locaux qui répondent aux sensations de la partie correspondante de la rétine, et nous avons déjà fait remarquer plus haut que la localisation de la sensation d'une fibre nerveuse quelconque ne peut être ni désignée ni exprimée autrement que par l'indication de la partie du champ visuel à laquelle elle appartient, cette observation s'appliquant tant à nos propres représentations qu'à la manière dont nous les désignons dans le langage.

Mais le champ visuel, entraîné par le point de regard, peut se déplacer par rapport au champ de regard. Pour définir des directions déterminées dans le champ visuel, prenons pour point de départ la position primaire du globe de l'œil. Dans cette position, le plan méridien horizontal du champ de regard coupe le champ visuel suivant une ligne que je nommerai *méridien horizontal du champ visuel* ou, pour abréger, *horizon rétinien.* Les plans méridiens du champ visuel doivent être menés par la *ligne de visée principale*, c'est-à-dire par la ligne de visée qui se dirige vers le point de regard et dont nous pouvons admettre la coïncidence avec la *ligne de regard*, c'est-à-dire le rayon qui va du point de regard au centre de rotation de l'œil, d'autant plus que le centre de la pupille (voy. p. 25), de même que la ligne visuelle, est situé un peu vers le côté nasal de l'œil. On détermine la position de chacun des objets qu'on voit dans le champ visuel par la ligne de visée passant par l'objet en question, prolongée jusqu'à la surface du champ visuel.

Pour la mensuration géométrique et scientifique du champ visuel, le mieux est de le considérer comme une surface sphérique concentrique au champ de regard. Nous apprendrons, il est vrai, par la suite, que la position *apparente* des points dans le champ visuel ne répond pas à la construction géométrique. Il faut donc également distinguer, dans le champ visuel, une *position géométrique* et une *position apparente* des points ; cette dernière étant déterminée par l'estimation oculaire.

Lorsque l'œil se déplace, la surface sphérique du champ visuel se déplace par rapport au champ de regard. La position du champ visuel est donnée à l'aide des lois des mouvements de l'œil, développées au paragraphe précédent, dès qu'on connaît la position du point de regard, qui reste invariable dans le champ visuel. Qu'on se figure un grand cercle joignant la position primaire et la position momentanée du point de regard, *aussi loin que les mouvements de l'œil suivent la loi de Listing, le méridien horizontal du champ de regard et l'horizon rétinien du champ visuel font, avec le cercle de jonction, des angles égaux.*

Pendant que le champ visuel se déplace par rapport au champ de regard, la position géométrique des projections des différents points de la surface sphérique commune au champ de regard et au champ visuel ne reste pas complétement invariable. Pour trouver la position d'un objet dans le champ visuel, il faut mener des lignes droites du point d'intersection des lignes de visée aux points de l'objet ; or, comme le point d'intersection des lignes de visée est à 3^{mm} environ en arrière de la cornée et à $12^{mm},9$ en avant du centre de rotation, ce point se déplace pendant les rotations de l'œil, et il en résulte une légère altération des lignes de visée. Cependant cette modification est relativement très-peu importante pour des points qui ne soit pas très-voisins de l'œil. Le calcul apprend que les déplacements apparents que l'objet subit pour des mouvements de l'œil ne dépassant pas 10 degrés sont plus petits que l'inexactitude des images dans l'œil accommodé pour l'infini ; en général, ils deviennent donc négligeables à côté de l'inexactitude de l'accommodation. Ces déplacements ne deviennent sensibles que pour des objets très-rapprochés et pour des mouvements étendus de l'œil. Si l'on tient, par exemple, tout près de l'œil, un crayon dont l'épaisseur soit à peu près égale à la largeur de la pupille et qui masque complétement une flamme, on peut percevoir la flamme dans la vision indirecte lorsque l'on tourne fortement l'œil d'un côté : l'image de diffusion du crayon se déplace suffisamment alors pour ne plus masquer la flamme. Ce procédé peut être appliqué avantageusement à l'étude de la vision indirecte, car il a pour effet d'empêcher absolument la vision directe de l'objet.

Ainsi, dès qu'il n'y a que des objets lointains dans le champ visuel, et que l'œil accommodé pour loin peut les voir tous ensemble sans confusion sensible, les déplacements que leurs projections exécutent dans le champ de regard sont négligeables, et l'on peut considérer la position géométrique de ces objets dans le champ de regard comme indépendante des mouvements de l'œil.

Sous la restriction que nous avons indiquée, le champ de regard est la projection extérieure d'une image rétinienne invariable ; le champ visuel, celle de la rétine même. Le champ visuel et le champ de regard se déplacent, l'un par rapport à l'autre, pendant les mouvements de l'œil, comme l'image rétinienne des objets extérieurs par rapport à la rétine même. Je préfère, dans l'exposé qui va suivre, remplacer la rétine et l'image rétinienne par les deux surfaces situées en dehors de notre œil : le langage deviendra ainsi l'expression plus exacte de notre conscience des faits; de plus, en rapportant toutes les positions aux deux champs sphériques, on évite de dire que nous jugeons la position des objets situés devant nous d'après la partie de rétine qui est frappée par l'image, — manière d'exprimer les choses qui a conduit à tant de confusions en portant à croire que nous ayons conscience de notre rétine, de sa grandeur et de son étendue. D'ailleurs, pour toutes les constructions sur des surfaces sphériques, le rayon de courbure est indifférent ; seulement, lorsque sa grandeur est finie, il faut remplacer les lignes de visée par des lignes qui leur sont parallèles et passent par le centre de rotation de l'œil. C'est ainsi que nous pouvons prendre aussi, pour ces surfaces sphériques, des rayons négatifs, c'est-à-dire qu'on peut les placer derrière le centre de rotation, à l'endroit qu'occupent la rétine et l'image rétinienne. A une semblable surface sphérique, qui se trouve aux environs de la rétine réelle, on peut donner le nom de *rétine idéale*, sur laquelle se trouve une *image rétinienne idéale;* mais il ne faut pas croire qu'une semblable rétine schématique représente les dimensions de la rétine véritable autrement que par une très-grossière approximation. La rétine possède en réalité une forme ellipsoïdale, et l'image des objets extérieurs y subit diverses déformations par suite des asymétries de l'appareil réfringent. Quant à moi, je crois probable que la figure, la forme, la position de la rétine véritable, ainsi que les déformations de l'image rétinienne, sont absolument indifférentes pour la vision, pourvu que l'image soit nette dans toute son étendue, et que la forme de la rétine et celle de l'image restent sensiblement invariables d'un moment à l'autre. Nous n'avons absolument pas connaissance de l'existence de notre rétine. Ni l'expérience ordinaire, ni les expériences scientifiques ne nous mettent à même de rien apprendre au sujet des dimensions, de la position et de la forme de notre rétine, à l'exception de ce que nous pouvons déduire de son image optique que les milieux de l'œil projettent en dehors. Ce n'est que par l'intermédiaire des milieux de l'œil que la rétine est ordinairement en rapport avec le monde extérieur, et elle n'existe en quelque sorte pour ce monde que telle qu'elle apparaît dans son image optique. Le champ visuel, tel que nous l'avons défini, est le représentant de cette image optique.

Lorsque l'œil est en présence de deux points lumineux, leur lumière excite deux fibres nerveuses différentes, et il se produit deux sensations qui doivent se distinguer entre elles par des signes locaux particuliers, puisque nous sommes à même de les discerner dans la sensation. A quelle partie de la rétine appartiennent ces signes locaux? C'est ce dont nous n'avons à priori pas plus de connaissance que de la position des fibres nerveuses qui les transmettent, ni de celle des parties du cerveau où se propage l'excitation. Si l'état actuel de la science nous permet de nous renseigner sur la partie de la rétine qui reçoit l'excitation, il nous est encore complétement impossible de résoudre la partie de la question qui a rapport au nerf optique et au cerveau. Cependant nous savons, par l'expérience journalière, comment il faut étendre le bras pour toucher tel ou tel objet lumineux ou pour le cacher à notre œil. Ces mouvements nous permettent donc de déterminer directement la position des objets dans le champ visuel, et nous apprenons directement à rapporter les divers signes locaux de la sensation aux endroits du champ visuel où se trouvent les objets. C'est aussi là le motif pourquoi les objets nous paraissent droits malgré le renversement des images rétiniennes : nous ne tenons aucunement compte des images rétiniennes dans la localisation des objets ; leur formation n'a d'autre utilité que de concentrer sur des fibres nerveuses distinctes les rayons lumineux des divers points du champ visuel. Nous aurions tout autant de raison de nous étonner de voir l'impression d'un livre courir de gauche à droite, lorsque nous savons que les caractères employés en typographie sont renversés.

Il est donc plus exact de dire : « Nous sentons quel est l'endroit du champ visuel où apparaît un objet » que de dire « nous sentons la partie de la rétine où se représente l'objet ». Cette dernière manière de dire présente un sens exact lorsque nous voulons simplement exprimer par là que certaines particularités de la sensation, c'est-à-dire les signes locaux, sont propres aux sensations qui nous parviennent d'une partie déterminée de la rétine; pour la recherche scientifique, nous pourrions donc aussi caractériser les conditions locales de la sensation par la partie de la rétine qui reçoit la lumière. Mais cette expression mène facilement au malentendu d'après lequel nous posséderions, dans la vision naturelle, une sorte de connaissance cachée de l'existence et de la position réelle de l'élément rétinien, hypothèse que rien absolument ne me semble justifier.

Il a déjà été insisté plus haut, sur cette circonstance, que la connexion entre les différences locales de la sensation et la position dans le champ visuel est tellement exclusive que pour préciser, soit pour nous-mêmes, soit dans le langage, la détermination locale de nos sensations, nous ne possédons aucun autre moyen que d'indiquer la partie du champ visuel à laquelle se rapporte la sensation.

Après avoir posé ces définitions, nous pouvons maintenant examiner jusqu'où s'étend notre faculté de juger les proportions dans le champ visuel, et quelles sont les illusions auxquelles nous sommes exposés dans cette appréciation.— Pour comparer avec quelque exactitude deux grandeurs dans le champ visuel, — lignes, angles ou surfaces, — nous avons recours à des mouvements de l'œil. Nous allons examiner d'abord ce que nous pouvons atteindre à l'aide de semblables mouvements ; nous passerons ensuite à l'étude des modifications que subissent les mensurations lors de l'exclusion des mouvements de l'œil. Si je choisis cet ordre, c'est que les mensurations à l'aide des mouvements de l'œil, qui sont les plus exactes, me paraissent aussi précéder les autres.

Fechner (1) et Volkmann ont fait des expériences pour voir avec quelle exactitude on peut comparer des distances à peu près égales dans le champ visuel. — Le premier disposait les pointes d'un compas à des écartements de 10, 20, 30, 40 et 50 demi-lignes métriques ; il plaçait ensuite, à vue d'œil, à la même distance, les pointes d'un second compas ; ces deux instruments, dont les pointes seules étaient visibles, étaient couchés l'un à côté de l'autre sur une table, à un pied de l'œil, distance pour laquelle la vue était parfaitement distincte. Après chaque expérience, on déterminait l'erreur commise. — Volkmann suspendait, les uns à côté des autres, trois fils tendus verticalement par des poids et qu'il pouvait déplacer horizontalement ; il rendait égales, à l'estimation, leurs distances qui variaient entre 10^{mm} et 240^{mm} ; son œil était à 800^{mm} des fils. On faisait la somme des erreurs commises dans chaque série d'expériences, sans tenir compte du sens des erreurs, puis on divisait cette somme par le nombre d'expériences ; l'*erreur moyenne* ainsi obtenue était toujours à peu près la même fraction de la longueur comparée. Voici, en fractions de la longueur totale des lignes, l'erreur moyenne de toutes les observations :

Fechner..........................	$\frac{1}{62,1}$
Volkmann, premières expériences........	$\frac{1}{88,0}$
— expériences plus récentes	$\frac{1}{101,1}$.

(1) FECHNER, Psychophysik, I, p. 211-236. — Autres expériences par HEGELMAYER, in *Vierordt's Archiv*, XI, 844-853.

Ces expériences donnèrent donc des résultats soumis à la loi psychophysique établie par Weber et généralisée par Fechner, loi que nous avons déjà rencontrée au sujet du rapport entre l'intensité de la sensation lumineuse et l'intensité objective, et d'après laquelle les différences perceptibles entre les grandeurs des sensations sont proportionnelles à la grandeur totale des objets perçus.

Volkmann a fait, avec un de ses élèves, d'autres expériences sur des distances bien plus faibles, qu'il fallait mesurer micrométriquement.— Les distances étaient déterminées par trois fils d'argent fins et parallèles, épais de $0^{mm},445$ et longs de 11^{mm}, mobiles à l'aide de vis micrométriques. On les disposait encore de manière à rendre égales, à vue d'œil, leurs distances qui variaient entre $0^{mm},2$ et $1^{mm},4$. Dans ces cas, les erreurs ne diminuaient plus en restant proportionnelles aux distances mesurées : elles se rapprochaient d'une limite inférieure, ainsi qu'on pouvait s'y attendre, parce que, pour d'aussi petites distances, l'exactitude dans la distinction des plus petites parties du champ visuel, qui dépend de la finesse des éléments rétiniens, entre en ligne de compte. Mais on pouvait représenter l'erreur moyenne Δ comme la somme d'un membre constant et d'un autre membre proportionnel à la distance D des fils, d'après la formule

$$\Delta = v + WD,$$

v et W désignant deux constantes. En réduisant la distance visuelle à 340^{mm}, on obtient, pour ces constantes, les valeurs suivantes :

	v en millimètres.	W.
Volkmann, distances horizontales	0,008210	$\frac{1}{79,1}$
— distances verticales	0,007319	$\frac{1}{45,1}$
Appel, distances horizontales	0,005331	$\frac{1}{164,5}$
— distances horizontales, plus récemment	0,008548	$\frac{1}{85,3}$

Les valeurs que présente W dans les deux premières séries font voir que la comparaison des distances verticales est bien plus imparfaite que celle des distances horizontales. — Pour s'en assurer il suffit, après avoir tracé des lignes verticales et des lignes horizontales, de chercher, à vue d'œil, à partager chacune en deux parties égales : après vérification faite, on trouve qu'en général la bissection des lignes verticales est entachée d'une erreur bien plus grande que celle des lignes horizontales. Si l'on s'observe au moment où l'on compare deux distances ou deux lignes droites, on trouve que l'on ne remarque les petites différences qu'en amenant alternativement le point de fixation au milieu de chacune des deux lignes, de sorte qu'elles viennent se peindre successivement sur les mêmes parties de la rétine. En maintenant le point de fixation immobile, on laisse échapper bien des différences qui se manifestent aussitôt qu'on fait varier la direction du regard de la manière indiquée.

Il est bien plus difficile de comparer des longueurs verticales avec des longueurs horizontales, et il se produit une erreur constante, tenant à une disposition que nous avons à considérer les lignes verticales comme plus longues que les lignes horizontales de même longueur. La manière la plus facile de s'en assurer consiste à s'efforcer de tracer, à vue d'œil, un carré sur un papier placé perpendiculairement à la ligne visuelle. On fait toujours le côté vertical trop court : chez moi, l'erreur varie entre 1/30 et 1/60 de la base ; elle est, en moyenne, 1/40 environ ; cependant ce rapport paraît varier beaucoup d'une personne à l'autre. Wundt (1) évalue cette différence à un cinquième.

Volkmann (2) a fait également des expériences sur les erreurs qu'on commet en évaluant le rapport de deux distances inégales. — L'observateur plaçait une ligne mobile entre deux autres lignes, à un, deux, trois, quatre, cinq dixièmes de la distance totale. On trouva, en premier lieu, entre la moyenne de toutes les expériences relatives à un certain rapport et la disposition exacte, des écarts que Volkmann nomme *erreurs constantes ;* les écarts par rapport à la moyenne de chaque série s'appellent *erreurs variables.* Les erreurs constantes faisaient toujours prendre la distance de gauche un peu trop grande par rapport à celle de droite. Le tableau suivant indique, en millièmes de ligne, la moyenne des erreurs constantes de 40 expériences où l'on cherchait à subdiviser une ligne de Paris.

Erreurs constantes pour des séries de 40 expériences.

RAPPORTS DEMANDÉS.		0,1	0,2	0,3	0,4	0,5	0,6	0,7	0,8	0,9
Point de départ	à gauche	13,4	19,8	6,7	11,7	3,4	13,4	24,8	10,0	6,8
	à droite.	—10,8	— 9,3	—20,0	—12,0	— 6,2	— 4,5	— 9,5	—19,7	—19,4
	en bas..	+ 2,9	+ 2,9	—12,1	— 5,9	—13,5	— 2,2	+ 7,2	+ 5,1	+11,6
	en haut.	— 5,0	— 4,7	— 6,0	+ 3,9	+ 9,7	+13,6	—17,4	— 7,3	—10,8

(1) Vorlesungen über Menschen- und Thierseele, p. 225.
(2) *Berichte der kön. Sächs. Ges.* vom 7. August 1858.

Pour les deux premières lignes du tableau, la distance à diviser était horizontale ; pour les deux dernières, elle était verticale. Le point de départ indiqué est l'extrémité à partir de laquelle on commençait à mesurer.

On additionnait les valeurs absolues des erreurs variables, sans tenir compte des signes, et l'on divisait la somme de ces erreurs par le nombre des observations. Les valeurs moyennes de ces erreurs se trouvèrent être à peu près égales pour les rapports complémentaires. Voici ces moyennes pour des séries de 160 observations (de 80 observations seulement pour la dernière colonne).

Moyennes des erreurs variables.

RAPPORT DEMANDÉ.		0,1 et 0,9	0,2 et 0,8.	0,3 et 0,7.	0,4 et 0,6.	0,5
Distance à partager	horizontale..	6,73	4,36	3,01	2,64	1,11
	verticale....	7,09	9,01	9,95	8,61	7,98

Les erreurs présentèrent des valeurs absolues plus grandes, mais des valeurs relatives un peu moindres, dans une autre série d'expériences où la longueur à partager était de 100^{mm} et où les limites des distances respectives étaient marquées par trois cheveux minces suspendus à l'échelle graduée. Les grandeurs sont exprimées en dixièmes de millimètre, de sorte que l'unité est encore un millième de la quantité à partager.

Erreurs constantes.

RAPPORT DEMANDÉ.		0,1	0,2	0,3	0,4	0,5	0,6	0,7	0,8	0,9
En partant de	gauche	2,35	7,45	0,5	10,7	4,15	12,4	11,3	0,85	4,10
	droite.	—1,8	+0,6	—11,1	— 5,2	—4,0	— 7,5	— 5,5	—4,4	—2,8

Moyennes des erreurs variables.

Pour les fractions 0,1 et 0,9 = 2,6
— 0,2 et 0,8 = 5,6
— 0,3 et 0,7 = 7,9
— 0,4 et 0,6 = 6,5
— 0,5 = 2,8.

Lorsqu'il ne s'agit pas seulement de reconnaître l'égalité de distances égales, mais d'estimer les rapports de distances inégales, il est nécessaire de déterminer, entre les extrémités de la distance donnée, la ligne qui doit servir à mesurer la distance. Dans le plan, c'est la ligne droite. Dans le champ de regard, qui présente l'aspect d'une surface courbe, on ne peut pas mener de ligne droite, et même pour tracer, sur cette surface, les lignes les plus courtes, il faudrait avoir une notion exacte de la courbure du champ de regard, et cette notion n'est pas assez déterminée chez nous. Si l'on se représente le champ de regard comme une surface sphérique dont le centre soit au centre de rotation de l'œil, comme on le fait ordinairement pour les démonstrations géométriques, on pourrait s'attendre à voir les lignes droites objectives, qui se projettent sous forme de grands cercles dans le champ de regard sphérique, se présenter, dans le champ visuel, comme des lignes de plus courte distance, comme des lignes sans courbure. Mais c'est ce qui n'a lieu que sous certaines conditions.

Quand nous examinons une ligne droite, telle que l'arête d'une règle, et que nous cherchons à déterminer, à vue d'œil, si elle est réellement droite ou si elle est courbe, d'après l'illusion mentionnée au paragraphe précédent, notre jugement dépend de la position de l'œil dans la tête. Si nous tenons la règle horizontalement et trop bas, le bord supérieur paraît présenter une concavité vers en haut ; si nous la tenons trop haut, le bord paraît concave vers en bas. On s'assure facilement qu'il y a là une illusion d'optique, en retournant la règle de manière que le bord supérieur devienne inférieur ; une concavité réelle de la règle changerait de sens dans ce mouvement, tandis que celle produite par l'illusion d'optique persiste. Si l'on tient la règle de manière que le milieu de son bord réponde à la position primaire, ce bord paraît droit s'il l'est réellement. Nous avons assurément une disposition naturelle à choisir la position primaire lorsque nous avons à décider, à vue d'œil, une question de ce genre, mais la certitude avec laquelle on obtient cette position n'est pas très-grande. En revanche, je trouve que, dans la position primaire, je découvre sur une règle des courbures assez faibles lorsque je tourne la règle de manière qu'elle me présente successivement ses deux faces, ce qui produit un retournement dans le sens de la courbure qu'elle peut posséder. En procédant ainsi, j'ai pu reconnaître la courbure convexe d'une règle d'ivoire de 200^{mm} de longueur, dont la flèche ne mesurait que $0^{mm},35$, c'est-à-dire dont le rayon de courbure était d'environ 14^{m} ; j'ai reconnu de même la concavité d'une autre règle dont la flèche mesurait un demi-millimètre. Mais des déterminations aussi exactes ne s'obtiennent pas avec le regard fixe ; il faut s'aider de mouvements de l'œil.

Nous pouvons distinguer également, avec une grande exactitude, si des lignes droites sont parallèles ou non. — A cet effet, on promène le regard le long de l'une des lignes ou entre les deux ; on reconnaît alors, avec une assez grande exactitude, si leur écartement est le même aux deux extrémités. C'est ainsi que nous reconnaissons avec une grande certitude relative, si deux angles dont les côtés sont parallèles chacun à chacun sont égaux ou non, parce que nous reconnaissons facilement une petite déviation du parallélisme, dont nous concluons à l'inégalité des angles. D'après des expériences de E. Mach (1), l'appréciation du parallélisme est plus exacte pour des lignes horizontales ou verticales que pour des lignes obliques. D'un autre côté, la comparaison d'angles dont les côtés ne sont pas parallèles n'est pas seulement très-incertaine, mais elle est encore soumise à des erreurs constantes assez régulières.

La question de ce genre dont la solution est relativement la plus facile consiste à décider si deux angles adjacents sont égaux, et par conséquent s'ils sont droits. Lorsque, de deux lignes qui se coupent à angles droits, l'une est horizontale et l'autre verticale, l'œil droit de la plupart des individus considère comme obtus les angles droits situés à droite et en haut, à gauche et en bas, les deux autres paraissant aigus. L'œil gauche, au contraire, regarde comme aigus les angles qui paraissent obtus à l'œil droit, et inversement. Il faut remarquer ici qu'il faut diriger successivement les deux yeux, perpendiculairement au plan du dessin, vers le point d'intersection des lignes. Si l'on cherche, au contraire, à mener, à vue d'œil, une perpendiculaire à une ligne horizontale donnée, l'extrémité supérieure de cette ligne penche d'environ un degré à droite, si l'on a fait le dessin en regardant avec l'œil droit, et à gauche si l'on a fait usage de l'œil gauche. C'est ainsi que dans la figure 169 l'intersection des lignes *ab* et *cd* présente à mon œil droit une croix exactement rectangulaire, tandis que les portions de ligne γ et δ désignent la position des verticales véri-

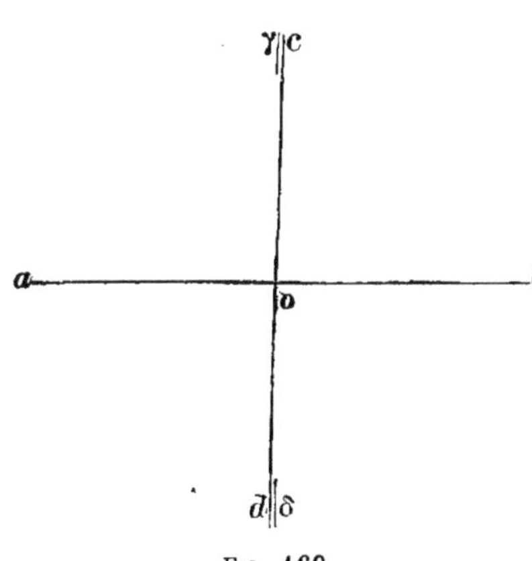

FIG. 169.

(1) *Sitzungsber. d. k. k. Akad. zu Wien*, 1861, XLIII, 215-224.

tables. Si je regarde le même dessin avec l'œil gauche, l'extrémité supérieure de *cd* me paraît, au contraire, pencher à droite plus qu'elle ne fait réellement.

L'erreur que l'on commet relativement aux angles droits dépend de l'inclinaison de leurs côtés par rapport à l'horizon rétinien. Les angles droits sont vus correctement par mon œil droit lorsque l'extrémité supérieure de l'un des côtés penche d'environ 18 degrés à gauche de la verticale ; ils paraissent droits à mon œil gauche pour la même inclinaison à droite. D'un autre côté, la différence paraît présenter son maximum lorsque les côtés sont à 45° de cette dernière position ; alors les angles dirigés à droite et à gauche apparaissent comme des angles de 92°, ceux qui s'ouvrent en haut et en bas paraissent mesurer 88° environ.

Lorsque l'un des côtés est horizontal, mes yeux considèrent respectivement comme droits des angles de 91°,2 et de 88°,8 ; pour l'œil gauche de Volkmann (1) l'angle est de 91°,1 et pour son œil droit, de 90°,6 ; remarquons que cet observateur n'a pas examiné une croix : il essayait de placer une même ligne tantôt horizontalement, tantôt verticalement ; chaque observation était répétée 60 fois.

Je trouve, de même, qu'on commet des erreurs considérables lorsqu'après avoir dessiné un angle de 30° à 45° dont un côté soit horizontal, on cherche à mener, à vue d'œil, par le sommet de cet angle, une troisième ligne plus rapprochée de la verticale, de manière à former un second angle qui soit égal au premier. On fait régulièrement cet angle bien trop grand. Le premier angle étant de 30°, je faisais le second de 34° au moins, quel que fût l'œil employé et le côté vers lequel s'ouvrît l'angle. Mais dès que je tournais la figure de telle manière que la branche dessinée en dernier lieu devînt horizontale, la différence de grandeur apparaissait avec exagération.

Dans le même ordre de faits, on sait que, dans un triangle équilatéral correctement dessiné, l'angle au sommet paraît toujours plus petit que les angles à la base.

Si nous demandons maintenant comment il est possible de comparer des grandeurs appartenant à des parties différentes du champ visuel, les observations personnelles citées plus haut nous fournissent déjà un moyen de comparaison toutes les fois que les grandeurs sont disposées de façon à pouvoir se présenter successivement sur la même partie de la rétine ; le mieux est qu'elles se peignent sur le milieu de cette membrane et que leurs points correspondants se présentent successivement

---

(1) Physiologische Untersuchungen im Gebiete der Optik, Leipzig, 1864, Heft 2, p. 224-225.

sur les mêmes points de la rétine. C'est, en réalité, le procédé que nous appliquons, par exemple, pour comparer, à vue d'œil, les longueurs de deux lignes droites *A* et *B* parallèles entre elles. Nous portons alternativement, et à plusieurs reprises, le regard sur le milieu de *A* et sur le milieu de *B*, et nous cherchons à déterminer si nous obtenons exactement la même sensation dans les deux cas, c'est-à-dire si les mêmes points rétiniens sont atteints, sur la même étendue, par les images des deux lignes. Il est évident qu'il nous est inutile, à cet effet, de connaître ni la forme ni la longueur de l'image sur la rétine. La rétine est comme un compas dont nous plaçons successivement les pointes aux extrémités de lignes différentes, pour voir si elles sont ou non de même longueur; il nous suffit de savoir que la distance des pointes et la forme du compas sont restées invariables.

Cependant il y a une différence entre la comparaison avec la rétine et celle avec le compas. Nous pouvons, en effet, placer arbitrairement la ligne qui joint les pointes du compas, tandis que la loi des mouvements de l'œil ne permet pas d'en faire autant pour la ligne de jonction de deux points rétiniens, à moins d'exécuter des mouvements étendus de la tête qui, à cause des grands efforts qu'ils exigent, ne peuvent pas être modifiés aussi fréquemment ni aussi rapidement; de plus, ces mouvements, lorsqu'on les exécute, ont le plus souvent pour résultat une modification essentielle du point visuel, de la position de notre œil dans l'espace, et, par suite, de toute la perspective. Soient *ab* et $\alpha\beta$ les deux couples de points du champ visuel dont on doit comparer les écartements ; supposons que j'aie commencé par fixer *a* de manière que son image vienne au centre *A* de la *fovea centralis* et que le point *b* vienne alors sur le point rétinien *B* ; lorsque je dirige l'œil de manière à fixer α pour amener son image au centre *A* de la rétine, le point rétinien *B* prend, pour cette nouvelle position de la ligne visuelle, une position tout à fait déterminée que je ne puis pas modifier arbitrairement sans mouvoir la tête en totalité : la ligne $\alpha\beta$ doit avoir une position tout à fait déterminée, dans le champ visuel, si β doit pouvoir se peindre en *B*.

Si *a*, *b*, α et β sont assez rapprochés du point de regard principal pour qu'on puisse considérer comme plane la partie du champ visuel qui contient ces points, les lignes *ab* et $\alpha\beta$ ne peuvent se présenter successivement sur les mêmes points de la rétine que lorsqu'elles sont parallèles. C'est précisément pour cette raison que l'on peut bien comparer avec certitude les longueurs de deux lignes parallèles, tandis qu'on est exposé à de grossières erreurs dans la comparaison de deux lignes non parallèles, même lorsqu'elles sont voisines l'une de l'autre.

On peut, comme nous l'avons déjà dit plus haut, juger avec certitude du parallélisme de deux lignes par l'uniformité de leur distance en tous leurs points, de l'égalité de deux angles à côtés parallèles par un procédé analogue.

Pour juger si une ligne du champ visuel est droite, lorsqu'elle passe par le point de regard principal, on peut en y promenant le regard amener successivement tous les points de cette ligne sur la même ligne de la rétine. Nous avons vu dans le paragraphe précédent que si nous développons l'image accidentelle d'une portion de ligne droite qui passe par le point de regard principal, lorsque nous promenons le regard suivant le méridien qui contient cette portion de ligne, l'image accidentelle reste sur ce méridien. Dans ces expériences, l'image accidentelle désigne, dans le champ visuel, la projection des parties de la rétine qui ont reçu l'impression de l'objet linéaire et il suit de là que toutes les parties d'un semblable méridien peuvent se peindre successivement sur les mêmes points de la rétine.

Ainsi, tandis que le regard parcourt un semblable méridien, la ligne correspondante de l'image rétinienne se déplace sur la ligne correspondante de la rétine même, de manière qu'elles présentent une coïncidence continuelle, et l'on voit le champ visuel se déplacer par rapport au champ de regard de telle façon que le méridien du champ visuel se déplace sur celui du champ de regard sans cesser de coïncider avec lui.

Les *cercles de direction* mentionnés dans le paragraphe précédent (p. 636) et qui passent tous par le *point occipital* du champ de regard jouissent de cette propriété d'être des lignes du champ visuel dont l'image se déplace suivant elle-même. On a vu, à propos de ces cercles, que si une image accidentelle linéaire coïncide avec un cercle de direction lorsqu'on fixe un point d'un pareil cercle, elle coïncide avec ce cercle en tous ses autres points. Comme la position de l'image accidentelle est invariable sur la rétine, on constate également, par ce fait, qu'en parcourant du regard un semblable cercle de direction, tous les éléments linéaires de ce cercle se peignent continuellement sur la même ligne rétinienne.

Nous avons également fait remarquer, au même endroit, qu'une image accidentelle linéaire de peu de longueur coïncide avec les autres cercles de direction qui ont la même tangente au point occipital.

Ces propriétés que nous avons mentionnées donnent aux cercles de direction une importance toute spéciale pour l'œil. — Dans le plan, la ligne droite se distingue de toutes les autres en ce que ses parties coïncident l'une avec l'autre, de quelque manière qu'on les superpose. Il n'y a que le cercle qui partage avec la ligne droite cette propriété de coïncider en ses différentes parties et, par suite, de pouvoir glisser sur lui-même. Mais deux arcs égaux, pris dans un même cercle, ne coïncident qu'à condition qu'on les superpose d'une manière déterminée : on peut également en superposer les extrémités sans faire coïncider les parties moyennes. C'est sur cette propriété de la ligne droite que repose principalement son importance comme mesure de longueur : nous ne pouvons appliquer, en effet, à cet usage, qu'une ligne qui soit complétement déterminée par la position de ses extrémités et dont on puisse faire coïncider toutes les parties par superposition.

Le champ de regard ne contient qu'une sorte de lignes pour lesquelles on puisse constater, par un acte immédiat de sensation, qu'elles peuvent glisser sur elles-mêmes et que, par conséquent, toutes leurs parties peuvent coïncider entre elles ; d'après l'explication qui précède, en tenant compte de la loi de Listing, ce sont les *cercles de direction* ou *cercles directeurs*. Il peut bien se présenter, dans le champ de regard, d'autres cercles que nous devons considérer comme pouvant glisser sur eux-mêmes, mais on ne peut pas le constater par un acte immédiat de la sensation, sans le secours de mensurations et de déductions.

Lorsque, dans ses mouvements, un œil s'écarte de la loi de Listing, il n'existe pas nécessairement pour lui des lignes qui puissent glisser indéfiniment sur elles-mêmes pendant les mouvements du regard ; mais on pourra toujours construire des lignes dont tous les éléments viennent se peindre successivement sur un même élément linéaire rétinien mené par le centre de la rétine. Nous donnerons à ces lignes le nom de *lignes directrices* du champ de regard. Ce n'est que pour les mouvements conformes à la loi de Listing que *toutes* les lignes directrices du champ de regard peuvent glisser sur elles-mêmes et donnent une image rétinienne inaltérée à l'œil qui les parcourt. C'est là une propriété essentiellement particulière aux mouvements de l'œil conformes à la loi de Listing.

Les lignes droites de l'espace objectif se dessinent suivant des grands cercles dans le champ visuel sphérique. Les grands cercles ne coïncident avec les cercles directeurs que lorsqu'ils passent par le point de regard principal (position primaire de la ligne de regard). Dans ce cas, comme on le voit par les expériences décrites plus haut, de petites portions de ces lignes paraissent droites ; dans tout autre cas, elles paraissent courbes, et le sens de cette courbure est contraire à celui de la courbure véritable des cercles directeurs.

Les cercles directeurs, les lignes directrices, doivent, en effet, jouer dans le champ visuel plan le rôle des lignes droites, qui sont les lignes de direction constante dans le plan. Une règle de faible longueur fournit le moyen de tracer, dans le plan, une ligne droite indéfinie ; il suffit de tracer d'abord une ligne de la longueur de la règle, puis de déplacer la règle le long de cette ligne, et ainsi de suite. En procédant ainsi, si la règle est exactement droite, on obtient une ligne droite ; si elle est un peu courbe, on obtient un cercle. Dans le champ visuel, la partie centrale de la vision distincte, affectée d'une sensation visuelle linéaire pouvant, dans certaines circonstances, devenir une image accidentelle, joue le rôle de la règle mobile dont il vient d'être question. Nous déplaçons le regard suivant cette ligne ; la ligne se déplace alors elle-même et nous indique encore la direction à suivre. Dans le plan, nous pouvons également bien appliquer ce procédé avec une règle rectiligne ou courbe, mais dans le champ visuel, à chaque position du regard ne répond, pour une direction déterminée du mouvement, qu'une seule espèce de ligne qui puisse glisser d'une manière continue sur elle-même.

Nous voyons donc comment les mouvements de l'œil et leur loi déterminée rendent possibles certaines mensurations dans le champ de regard. Mais, ainsi qu'il a été déjà remarqué plus haut, la vision indirecte permet, même pour le repos complet de l'œil, une certaine appréciation des dimensions du champ visuel, évaluation nécessairement bien moins précise que celle obtenue lors des déplacements du regard, ne fût-ce qu'à cause de la netteté bien moindre comportée par la vision indirecte. C'est pour les phénomènes subjectifs que la faculté d'exécuter de semblables mensurations se manifeste de la manière la plus frappante, ces phénomènes, tels que la figure vasculaire, ne pouvant s'observer que dans la vision indirecte. Nous sommes à même de dessiner une semblable figure, de percevoir ses déformations lorsqu'on fait varier la direction de l'éclairage, et nous nous en formons une notion déterminée bien que nous ne puissions pas, par des mouvements de l'œil, en modifier la position sur la rétine et en parcourir du regard les différentes parties. De même, lors de l'éclairage instantané du champ visuel par un éclair dont la durée est trop faible pour admettre un mouvement sensible de l'œil, nous sommes en état d'apprécier en gros la forme des objets placés devant nous.

Mais ce mode d'observation est accompagné d'illusions particulières de l'estimation oculaire, illusions importantes en ce qu'elles paraissent donner des indications sur la manière dont nous sommes parvenus à la mensuration du champ de la vision indirecte.

En premier lieu, il faut mentionner ici les illusions décrites plus haut, relatives à la comparaison des angles non parallèles et des lignes à directions différentes ; en effet, il suffit de s'observer pour s'assurer que les mouvements de l'œil ne concourent pas, et ne peuvent pas concourir, dans les cas de ce genre, à la rectification du jugement. Ces illusions se présentent aussi bien lorsqu'on fixe invariablement un point que lorsqu'on promène le regard.

Il faut mentionner encore un autre système d'illusions dont je n'ai encore trouvé la mention nulle part et qui se rapportent aux lignes droites apparentes du champ visuel, et à la grandeur apparente des parties périphériques de ce champ. Dans le plan, les lignes droites sont en même temps les plus courtes et celles qui ne présentent aucune courbure ni d'un côté ni de l'autre. Sur la sphère, ce sont les grands cercles, dont le rayon est perpendiculaire à la surface sphérique, qui paraissent ne présenter aucune courbure. Tous les petits cercles, au contraire, paraissent concaves du côté de la plus petite des calottes sphériques qu'ils circonscrivent, convexes du côté opposé.

Nous pouvons nous demander à présent quelles sont les lignes sans courbure dans le champ visuel. Sont-ce, comme on pourrait le supposer d'abord, les grands cercles du champ supposé sphérique? On peut facilement s'assurer qu'il n'en est pas toujours ainsi.

Qu'on répète l'expérience, déjà citée, des trois étoiles; seulement, au lieu de déplacer le regard, qu'on le maintienne fixe. Qu'on cherche sur le ciel trois étoiles brillantes situées le plus approximativement possible sur un grand cercle, ce qu'on peut reconnaître assez exactement en les visant le long d'un fil tendu; qu'on choisisse ces étoiles le plus loin possible l'une de l'autre, et cependant assez brillantes pour pouvoir être reconnues facilement à la vision indirecte et être distinguées des autres étoiles plus petites. Lorsqu'on s'est arrêté à trois étoiles qui soient dans ces conditions, si l'on fixe celle du milieu, elles paraissent placées en ligne droite, ou si elles ne sont pas tout à fait exactement sur un grand cercle on reconnaît sans erreur dans quel sens et même approximativement de combien elles s'en écartent. Mais si l'on vient à transporter le point de fixation, à quelque distance, d'un côté ou de l'autre de la ligne d'étoiles, on voit aussitôt cette ligne présenter une concavité dirigée vers le point de fixation, concavité d'autant plus marquée que le point de fixation est plus éloigné de la ligne d'étoiles. Cette expérience nous apprend que, pour le regard immobile, un grand cercle n'apparaît sans courbure sur le ciel que lorsqu'il passe par le point de fixation, et que, dans tout autre cas, il présente une concavité tournée vers le point de fixation. Il s'ensuit de plus que, pour que des lignes paraissent droites sur les parties périphériques du champ visuel, il faut qu'elles présentent, en réalité, sur la voûte céleste, une convexité tournée vers le point de fixation.

Sur les objets terrestres, on est facilement influencé, dans l'estimation des dimensions du champ visuel, par les notions déjà acquises relativement aux dimensions véritables de l'objet; mais on réussit cependant à percevoir la même illusion en présence de ces objets.

Le mieux est de se pencher bien avant au-dessus d'une grande table, de manière à n'avoir plus, dans le champ visuel, de ligne droite qui puisse servir de repère, puis de fixer un point de la table. — Si l'on place ensuite, à une certaine distance du point de fixation, trois fragments de papier, ou d'autres objets clairs, et qu'on cherche à les disposer en ligne droite, dès qu'on dirige le regard sur les papiers, on trouve toujours qu'on les a placés suivant un arc dont la convexité est tournée vers le point qui servait à la fixation.

Si l'on place sur la même table une longue bande de papier dont les bords parallèles sont distants de trois pouces environ, fixant le milieu de la bande, on remarque qu'à la vision indirecte ses extrémités paraissent plus étroites que le milieu et qu'elle paraît limitée par deux arcs qui se regardent par leurs concavités.

Sur les lignes droites d'étendue apparente plus faible, on ne remarque pas, le plus souvent, la courbure, parce que nous sommes bien plus disposés à les considérer comme des lignes droites appartenant à des objets réels que comme des grands cercles du champ visuel.

Tandis que les grands cercles qui ne passent pas par le point de fixation, paraissent présenter une concavité tournée vers ce point, les cercles parallèles à un grand cercle mené par le point de fixation paraissent présenter, au contraire, une convexité dirigée vers ce point. — Pour s'en assurer, qu'on courbe suivant un demi-cylindre, de rayon un peu considérable, une bande de papier large de 3 à 5 pouces et qu'on place l'œil au milieu de l'axe. Si l'on fixe le milieu de la bande, elle paraît plus large vers les deux extrémités et semble limitée par deux arcs dont les convexités sont en regard. Les parties extrêmes de la bande se trouvent à la même distance de l'œil que le milieu et, pour cette raison, elles apparaissent, géométriquement, sous le même angle visuel que le milieu : cependant, dans le champ visuel, elles paraissent plus larges que le milieu de la bande.

Figurons-nous le point de fixation situé à l'horizon, et, verticalement au-dessus de ce point, à la hauteur h, un point par lequel on doit mener une ligne horizontale qui paraisse droite à la vision indirecte. Le grand cercle qui coupe l'horizon à la même distance à droite et à gauche, et qui passe à la distance h au-dessous du point occipital de l'observateur, paraît concave inférieurement. Un cercle parallèle à l'horizon, qui serait réellement partout horizontal, et qui passerait à la distance h

au-dessus du point occipital, ne répondrait pas non plus à la question, il présenterait une convexité inférieure. Comme ces deux cercles présentent des courbures apparentes de sens contraire, la ligne qui doit paraître droite doit se trouver entre ces deux cercles et, si c'est un cercle, il doit passer au-dessus ou au-dessous du point occipital, à une distance moindre que h. Nous pouvons donc penser aux cercles directeurs du champ de regard, qui passent par le point occipital lui-même. Voyons s'ils répondent à la question.

A cet effet, j'ai projeté sur un tableau les cercles de direction du regard dont les directions se rapportent à la ligne verticale et à la ligne horizontale menées par le point de fixation; cette construction donne des hyperboles. — Pour les faire apparaître le plus nettement possible dans tout le champ visuel, même dans les parties vues indirectement, j'ai coloré en noir et blanc, comme un damier, les cases du treillis formé par les courbes. La figure 170 représente ce dessin à l'échelle de 3/16 ; A désigne, à la même échelle, la distance qui doit séparer du tableau l'œil de l'observateur placé juste en face du milieu. On fixe le centre du dessin. Le tableau représenté par la figure 170 était suspendu au mur de la chambre; le milieu était à la hauteur de mes yeux. Pour vérifier la distance de l'œil, qui devait être de 20 centimètres, j'employais une équerre dont les côtés mesuraient 20 centimètres; l'un de ses côtés étant appliqué sur le tableau, le sommet opposé servait d'appui à l'angle externe de l'œil.

L'expérience montra qu'effectivement les cercles de direction du champ de regard, projetés sous forme d'hyperboles (1), apparaissent alors dans le champ visuel, sous forme de lignes droites, ou, du moins, de lignes qui ne semblent présenter aucune courbure dans le plan du champ visuel. Les différentes files verticales et horizontales des cases blanches et noires paraissent droites et semblent présenter partout la même largeur, tant qu'on fixe consciencieusement le centre du dessin. Il est clair que la courbure des rangées périphériques apparaît dès qu'on y porte le regard. Il se présente alors une illusion particulière : dès que je laisse errer le regard, le dessin me paraît concave, comme une coupe, de telle sorte que la courbure des hyperboles paraît se former suivant la surface et que, dans cette surface courbe, les lignes apparaissent comme des grands cercles (ou lignes de moindre longueur). La production de cette notion lève, jusqu'à un certain point, la contradiction entre la vision directe et la vision indirecte. Les hyperboles ne présen-

(1) L'équation de ces hyperboles est indiquée, dans le paragraphe précédent, en 3c) et numéros suivants ; leurs distances sur l'horizontale et la verticale moyennes sont choisies de manière à répondre à des angles visuels égaux.

tent pas de courbure suivant les directions comprises dans le champ visuel : c'est le champ visuel lui-même qui paraît courbe.

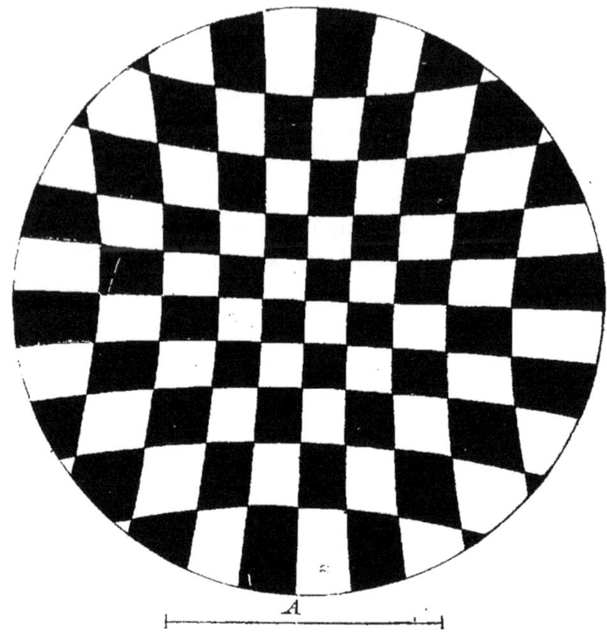

Fig. 170.

Il faut donc avoir bien soin, dans cette expérience, de maintenir invariablement le regard sur le milieu du tableau. Si l'on ne parvient pas à s'affranchir facilement de l'idée de la forme véritable de l'objet, on peut faciliter l'illusion en tenant appliquée devant l'œil une lentille dont on amène le foyer sur le tableau. Par ce moyen, on défigure, sans doute, un peu les parties périphériques de l'image : pour les rayons dont l'incidence est très-oblique, la réfraction par la lentille augmente la courbure des hyperboles ; mais la plus grande partie du tableau, celle qui est centrale, est vue à travers la lentille comme à une distance infinie, ce qui aide à faire abstraction de sa forme véritable.

L'illusion réussit le plus complétement lorsqu'on fixe le centre du tableau assez longtemps pour développer une image accidentelle bien accentuée qu'on observe ensuite en fermant les yeux et se tournant vers le jour.

Pour compléter l'expérience, je partis d'un point situé à plus de 20 centimètres du tableau ; les différentes hyperboles paraissant alors courbes, je me rapprochai peu à peu de manière à les voir droites, et je mesurai à l'aide de l'équerre la distance qui séparait mon œil du tableau. Si je m'approchais davantage encore, les hyperboles commençaient à présenter une courbure inverse de celle qu'elles avaient réellement. Je trouvai presque toujours une distance de 20 centimètres entre mon œil et le tableau, lorsque j'appliquais mon attention aux lignes horizontales et que je cherchais à les voir droites ; le résultat se présentait également pour les lignes verticales du centre. Pour les verticales plus périphériques, surtout pour celles du côté temporal, j'avais une tendance à me rapprocher un peu plus du tableau. Leur courbure ne paraissait pas s'effacer complétement à la distance de 20 centimètres pour laquelle la figure avait été calculée.

Les phénomènes restaient les mêmes en tenant la tête obliquement, de manière à amener les lignes du tableau sur des méridiens obliques de la rétine.

Il résulte donc de là que, tant que l'indécision de la vision et de l'estimation indirectes permettent d'en juger, les lignes directrices du champ de regard, telles qu'elles se présenteraient pour l'immobilité du point de regard principal, paraissent être les lignes sans courbure, par conséquent les lignes apparentes les plus courtes du champ visuel.

Cette forme particulière des plus courtes lignes du champ visuel influe encore, comme on l'a déjà remarqué plus haut, sur la forme apparente du champ visuel et sur les dimensions des objets. — Qu'on suppose tracés le méridien horizontal du champ visuel et, à 10° au-dessus de son centre, une ligne directrice horizontale. Cette ligne rencontre le méridien horizontal et lui est tangente à 180° de distance, en arrière de la tête de l'observateur; mais à 90°, sur les bords du champ visuel, la ligne n'est plus séparée du méridien que par une distance verticale de 5°, et comme les deux cercles présentent, dans le champ visuel, l'aspect de lignes parallèles, leur distance verticale de 5° sur les bords paraît aussi grande que celle de 10° au milieu; de même, sur les autres parties du bord du champ visuel, les dimensions horizontales des images qui sont parallèles à ce bord paraissent relativement trop grandes.

C'est ce qu'on voit également dans les expériences suivantes. — Qu'on se place de manière à voir latéralement, à 90° environ du point de fixation, une porte blanche qui se détache sur un mur foncé, ou un arbre sombre devant la surface éclairée du ciel, et qu'après avoir remarqué la hauteur que présentent ces objets à la vision indirecte, on tourne l'œil et la tête directement vers eux : on trouve qu'ils paraissent bien plus bas et que, par contraste avec cette diminution de hauteur, leur largeur se remarque bien plus. Les montagnes situées sur le bord du champ visuel, paraissent également plus hautes et plus escarpées que lorsqu'on les regarde directement.

D'autre part, qu'on place devant soi une feuille de papier blanc sur un sol obscur ; si le regard est dirigé horizontalement en avant, de manière que le papier se présente au bord inférieur du champ visuel, la feuille paraît plus large transversalement qu'elle n'est en réalité et paraît se rétrécir dès qu'on la regarde directement.

Tandis que les arcs parallèles à la périphérie du champ visuel paraissent ainsi agrandis, les parties périphériques des lignes radiaires paraissent un peu diminuées. — Les hyperboles de la figure 170 sont construites de façon que, l'œil étant à la distance *A*, les sommets des hyperboles horizontales présentent entre eux une même distance angulaire de 10 degrés. Lors donc que les hyperboles se présentent sous forme de lignes droites, les cases noires et les cases blanches devraient apparaître toutes comme des carrés égaux. Mais c'est ce qui n'a pas lieu : les carrés situés à une grande distance au-dessus et au-dessous de la ligne médiane horizontale paraissent trop bas par rapport à leur largeur. Je trouve, moins distinctement, que les carrés situés à droite et à gauche paraissent peut-être un peu diminués en largeur. Cependant cette comparaison des grandeurs d'objets vus à la vision directe et à la vision indirecte est, en général, très-imparfaite.

C'est pour cette raison qu'aux bords supérieur et inférieur du champ visuel, un disque circulaire de carton, tenu devant un fond d'une couleur qui contraste avec la sienne, présente la forme d'une ellipse à grand diamètre horizontal. Aux bords droit et gauche du champ visuel, ce disque présente moins nettement l'aspect d'une ellipse à grand diamètre vertical.

Comme les parties latérales du champ visuel paraissent un peu trop hautes et trop étroites, nous avons une certaine tendance à les considérer comme plus rapprochées et comme obliques par rapport au champ visuel. Dès qu'on y porte le regard, elles paraissent s'éloigner et se placer plus perpendiculairement à la ligne de regard. C'est là une illusion que je vois très-souvent pour des objets très-éloignés, à l'horizon ou sur le ciel étoilé. Le champ visuel me présente alors une concavité plus grande que celle d'une sphère dont l'œil occuperait le centre ; cependant je ne voudrais pas dire que, pour le regard immobile, le champ visuel monoculaire présente d'une manière un peu nette la forme d'une surface déterminée.

Les principales particularités que nous venons de décrire pour la perception peuvent se résumer dans la représentation géométrique suivante. — Figurons-nous d'abord le champ de regard comme une sphère creuse ayant l'œil à son centre. Imaginons des rayons (lignes de direction de la vision) menés du centre aux différents points objectifs et prolongés jusqu'à la surface sphérique : les points d'intersection de ces rayons avec la surface sphérique forment la projection de l'image de l'objet sur la sphère. Supprimons les objets et ne conservons que leurs images sur la surface sphérique du champ de regard. L'œil fixant le point de regard principal, le point occipital se trouve à l'opposé. Je dis que : Les objets paraissent distribués dans le champ visuel, comme on les verrait en projection géométrique exacte si l'œil était situé au point occipital pour regarder les images de la surface sphérique. Ou bien : l'œil voit les objets du champ visuel comme sur une projection stéréographique tracée à partir du point occipital et regardée de ce point. Ce mode de projection est celui qu'on emploie toujours pour le tracé des mappemondes géographiques.

En effet, les cercles de direction qui paraissent droits dans le champ visuel sont ceux compris dans des plans passant par le point occipital, ils doivent donc se projeter en ligne droite lorsqu'on les regarde de ce point. Les étendues situées tangentiellement le long de la périphérie du champ visuel doivent paraître relativement plus grandes que celles qui leur sont parallèles au milieu du champ, parce que les premières sont plus rapprochées de l'œil. Il faut encore ajouter que le champ visuel de chaque œil qui, considéré géométriquement, occupe 180 degrés environ de droite à gauche, paraît, en réalité, bien plus restreint. En effet, les objets les plus éloignés que nous puissions encore voir à droite et à gauche, dans la vision indirecte, et dont la ligne droite de jonction passe par notre œil, nous paraissent encore situés devant nous, comme si les lignes de direction qui s'y rendent formaient entre elles un angle obtus ou même droit. En particulier, lorsqu'on regarde le ciel de manière à n'avoir, dans le champ visuel, aucun objet de grandeur et de position connues, le champ éclairé qu'on a devant soi paraît présenter, de droite à gauche, l'étendue d'un angle droit environ ; de haut en bas, où les sourcils et les joues diminuent un peu le champ, il paraît encore moindre. On éprouve la même impression que si l'on regardait le monde extérieur à partir d'un point situé à une certaine profondeur dans la tête.

La représentation géométrique que je viens d'esquisser ne doit être considérée que comme une manière de se figurer les choses ; elle comprend les traits principaux de la distribution apparente des objets dans le champ visuel, mais elle ne les exprime pas tous. C'est ainsi qu'elle ne tient pas compte du raccourcissement apparent que subissent, dans le sens radiaire, surtout aux bords inférieur et supérieur du champ visuel, les parties voisines de la périphérie. Les parties radiaires égales paraîtraient, au contraire, égales dans toutes les parties du champ, puisqu'elles sont mesurées par des angles inscrits égaux, pour l'œil placé au point occipital, de même qu'elles sont mesurées par des angles au centre égaux pour l'œil placé au centre : or, on sait qu'à des angles au centre égaux répondent des angles inscrits égaux.

Cette représentation ne tient pas compte, non plus, des déviations apparentes des méridiens verticaux et du rapport qui existe entre les dimensions verticales et les dimensions horizontales.

Examinons maintenant comment a pu prendre naissance une semblable mensuration du champ visuel.

D'après la *théorie nativistique*, cette mensuration se faisant à l'aide de certaines dispositions organiques congénitales, il serait inutile de chercher une explication dans les phénomènes visuels.

La *théorie empiristique* doit chercher, au contraire, une explication de ce genre. — Nous admettrons que la loi des mouvements de l'œil soit déjà formée, ce qui, comme on l'a vu au paragraphe précédent, peut se faire sans que l'on connaisse la localisation des sensations dans le champ visuel, par suite de la tendance à constater que les modifications qu'éprouvent les sensations, pendant le mouvement de l'œil, dépendent seulement de ce mouvement et non pas de modifications des objets extérieurs. En réalité, ainsi qu'il a déjà été dit, l'estimation oculaire peut se développer partiellement en même temps que la loi des mouvements : l'exercice peut arriver à sa perfection sans que cela se fasse méthodiquement, en passant par les temps successifs nécessités par les besoins de l'exposition. Mais cette remarque n'entraîne pas de modification essentielle.

Au commencement de ce paragraphe, nous avons vu comment les mouvements de l'œil suffisent pour reconnaître dans quel ordre sont disposés les objets et les points rétiniens correspondants qui sont caractérisés par des signes locaux particuliers, les premiers sur la surface du champ visuel, les seconds sur celle de la rétine. Il ne reste plus qu'à expliquer comment s'établit l'évaluation des distances.

Nous avons vu ensuite comment la loi des mouvements des yeux, une fois établie, procure la connaissance de certaines lignes du champ de regard, les lignes *directrices*, qui ont la même direction dans toutes leurs parties et qui peuvent glisser le long d'elles-mêmes.

Quand, après avoir perçu un objet quelconque dans la vision indirecte et en avoir obtenu, par conséquent, sur une partie latérale de la rétine, une certaine impression délimitée, nous dirigeons ensuite le regard vers cet objet, nous obtenons une seconde impression du même objet avec sa même grandeur apparente, sur le centre de la rétine, et nous pouvons apprendre peu à peu, par l'expérience, à quelle sensation centrale chaque impression périphérique équivaut en qualité et en grandeur. De là vient la possibilité d'apprendre à juger la forme et la grandeur apparente des objets, même par la vision indirecte, en tant que l'exactitude de cette vision périphérique est suffisante.

Mais, outre la grandeur et la forme, on compare aussi la position de l'objet vu d'abord indirectement, puis directement, par rapport à l'objet qu'on avait vu directement d'abord ; on remarque quelles sont les lignes des deux objets qui se peignent sur les mêmes méridiens de la rétine. Cette comparaison de la position doit, sans doute, présenter des différences suivant que nous partons de la position primaire ou d'une position secondaire du regard, bien que la loi de Listing, applicable à l'œil normal, rende la somme de ces différences aussi petite que possible. Mais dans la moyenne de tous les cas, la comparaison a lieu comme si le premier objet avait été fixé dans la position moyenne, c'est-à-dire dans la position primaire. On a déjà vu, d'ailleurs, que l'œil affecte le plus souvent la position primaire, comme étant la plus commode et la plus avantageuse pour l'orientation, et que nous cherchons à éviter les mouvements qui nécessitent des rotations autour de la ligne de regard. On comprend donc que nous pouvons apprendre, par l'expérience, quelles sont les directions qui s'accordent, dans les parties latérales du champ visuel, avec les lignes menées par le point de fixation, et cette concordance adoptera pour règle de s'établir de la même manière que lorsque le point de fixation est en même temps le point de regard principal, c'est-à-dire que *tous les éléments d'une seule et même ligne directrice paraîtront avoir, dans le champ visuel, des directions concordantes, et toutes les lignes directrices qui sont tangentes au point occipital d'un seul et même méridien du champ visuel affecteront des directions concordantes.*

Mais cette détermination des lignes qui ont des directions concordantes est en contradiction avec les déterminations de grandeur apparente qu'il faut faire pour comparer les objets vus directement et indirectement. En effet, d'après notre manière de définir les directions concordantes, les lignes qui présentent ces directions ne peuvent pas se rencontrer, car, au point d'intersection, elles ne pourraient pas présenter de directions concordantes. Elles nous paraissent, au contraire, être parallèles et présenter partout la même distance. Mais ceci exige, comme nous l'avons vu plus haut, que les longueurs dirigées suivant la périphérie paraissent relativement trop grandes.

Si, dans ces comparaisons, nous tenons plus compte de la direction des lignes concordantes que de la grandeur des objets, c'est ce qui tient sans doute à ce que, pour les images si confuses et si effacées des parties périphériques, nous reconnaissons encore assez bien et assez exactement les directions des lignes, lorsque la forme et les dimensions de l'objet ne se distinguent plus que d'une manière très-imparfaite. — Lorsqu'on examine une ligne noire déliée, dans des conditions où l'on ne puisse pas accommoder pour cette ligne et où elle se présente sous la forme d'une bande estompée, on ne peut absolument pas apprécier sa largeur, et l'estimation de sa longueur est très-imparfaite, tandis qu'il est encore possible de comparer très-exactement sa direction avec celle d'un fil vu distinctement et qu'on place soit parallèlement au bord de la bande estompée, soit au milieu de cette bande. Or, dans les parties latérales du champ visuel, les images font à peu près la même impression subjective, bien que pour une tout autre cause, que des images très-effacées par suite d'une accommodation imparfaite ; il me semble donc naturel d'admettre, et l'expérience paraît le confirmer, que l'appréciation de la direction des lignes qui parcourent ces parages du champ visuel est susceptible de bien plus d'exactitude que celle de la grandeur des objets qui s'y trouvent. Il m'est, du moins, bien plus difficile de trouver la position que je dois prendre pour voir les cases périphériques de la figure 170 affecter la même largeur que les cases centrales, que de chercher à voir s'effacer la courbure des lignes.

Si, aux limites extrêmes du damier, les lignes directrices paraissent encore un peu courbes, c'est ce qui s'explique par cette circonstance qu'en partant de la position primaire on ne peut atteindre ces parties qu'au moyen d'une déviation latérale de l'œil, bien plus forte que celles qu'on exécute ordinairement. Pour pouvoir les atteindre du regard sans effort insolite, il fallait donner à la ligne de regard, lors de la contemplation du centre du disque, une direction vers le côté opposé. Mais, dans cette position, les lignes de direction du champ visuel seraient, en réalité, moins courbes que les hyperboles, dans la partie correspondante de la périphérie,

Dans la partie moyenne du champ visuel, celle que l'on voit distinctement, on peut, à cause de son peu d'étendue, faire abstraction de la courbure de la surface sphérique et des lignes directrices qui s'y trouvent. Dans cette partie du champ visuel, on peut considérer les lignes directrices concordantes comme étant des lignes droites parallèles. Aussi, dans ces régions, la comparaison de la forme, de la grandeur et de la position des objets regardés successivement dans la vision directe et dans la vision indirecte, doit-elle donner des résultats concordants.

Dans cette région, la comparaison exacte entre les étendues vues indirectement et celles qui leur sont parallèles pour la vision directe, peut donc s'établir directement, tandis que les comparaisons de ce genre entre des étendues semblables situées à la périphérie du champ visuel sont très-incertaines et très-défectueuses. Quant aux étendues non concordantes, même au milieu du champ visuel, elles ne peuvent pas être comparées immédiatement : cette opération exige le secours de rotations de la tête ou de l'objet, ce qui entraîne une imperfection bien plus grande que celle qui accompagne la rotation de l'œil seul.

Les faits indiqués plus haut nous apprennent, de plus, qu'on peut aussi comparer avec exactitude et facilité, sous le rapport de la grandeur, les lignes et les angles qui occupent des positions concordantes et qui peuvent être amenés, par conséquent, à coïncider avec les mêmes points rétiniens, tandis que l'évaluation de la grandeur relative de lignes et d'angles dont la position n'est pas concordante, présente une incertitude considérable et est accompagnée de certaines erreurs régulières et constantes. Nous apprenons assurément, jusqu'à un certain point, à comparer des lignes et des angles dont la position ne concorde pas, comme les côtés et les angles d'un carré ou d'un triangle équilatéral ; nous nous aidons, soit en faisant tourner les objets devant nous de manière à les voir dans des positions différentes, soit en déplaçant notre tête. Mais ces deux actes ne sont ni aussi fréquents ni aussi régulièrement répétés que les simples mouvements de l'œil ; aussi ne sommes-nous exercés que d'une manière très-imparfaite à la comparaison d'objets dont les positions ne concordent pas.

Quand la perception présente des incertitudes, notre jugement est encore facilement induit en erreur par d'autres motifs qui peuvent manifester alors leur influence. Nous verrons que l'illusion relative à la grandeur des angles droits est dans un rapport tout à fait particulier avec la vision binoculaire, et c'est pour cette raison que ses effets sont assez régulièrement les mêmes pour les différentes personnes. Au contraire, l'illusion qui nous fait voir les lignes verticales plus longues que les lignes horizontales présente de très-grandes différences pour des individus différents, et je trouve que, chez moi-même, dans ce cas, le jugement est très-variable et très-incertain. L'illusion dont je parle est peut-être influencée par cette circonstance que la plupart de ces figures par rapport auxquelles nous changeons notre position ou dont nous changeons la position par rapport à nous, afin d'amener successivement sur les mêmes parties de la rétine leurs lignes et leurs angles diversement dirigés, sont des figures tracées sur le sol ou sur des tables planes, qu'elles appartiennent à des objets que nous tenons dans la main, comme nos livres, dans une position telle que leur extrémité inférieure est plus rapprochée de l'œil que la supérieure. Pourquoi choisissons-nous cette manière de les tenir? C'est ce que nous apprendrons dans l'étude de l'horoptre. Il suffit de remarquer ici que, dans une semblable position, les lignes verticales se présentent effectivement à nous en raccourci, circonstance qui peut nous amener à considérer toujours les lignes tracées dans ce sens comme plus longues qu'elles ne le sont d'après leur grandeur apparente.

On conçoit de plus que lorsqu'on a une fois établi, par une considération quelconque, quel est le méridien qui doit être considéré comme vertical et dans quel rapport de longueur les lignes verticales et horizontales doivent se présenter à nous lorsqu'elles sont égales en réalité, la position apparente de tout autre point du champ visuel est alors également déterminée.

Si nous nous bornons à la partie moyenne du champ visuel, qui peut être considérée approximativement comme plane, nous pouvons nous figurer la position géométrique des points comme donnée par des coordonnées rectangulaires. — Soient AB (fig. 171) l'horizontale qui répond à l'horizon rétinien, CA une ligne verticale, A le point de regard. Supposons que, pour la position apparente dans le champ visuel, ab réponde à l'horizon rétinien et ac au méridien vertical. Supposons, de plus, que le point F du champ visuel géométrique soit éloigné de deux unités de longueur de l'axe AB et de trois unités de l'axe AC. Portons sur ab trois unités de longueur égales à celles de AB et, sur ac, la ligne ad qui *paraît* égale à deux unités de longueur de AC; complétant le parallélogramme $abdf$, le point f est la position apparente de F; en effet, par construction, tous les éléments linéaires et tous les angles des deux figures doivent paraître respectivement égaux.

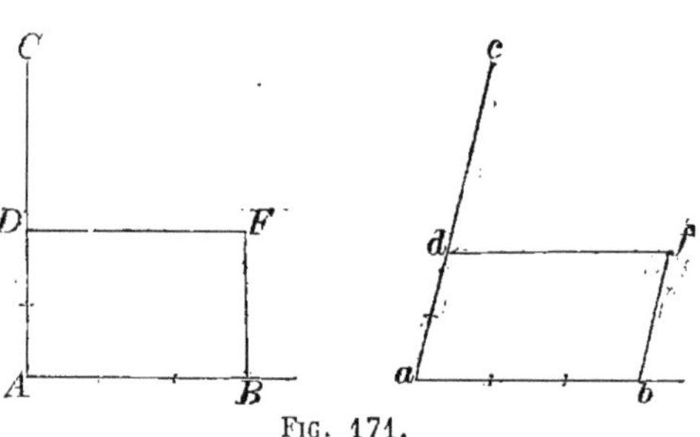

Fig. 171.

Ainsi, d'après la théorie exposée et qui est confirmée par les faits, dans la partie moyenne du champ visuel, celle qui est vue distinctement et que nous pouvons considérer comme plane, la position apparente des points peut se déduire de leur position géométrique, en reportant les points d'un système de coordonnées rectangulaires dans un système oblique, dont les axes comportent des rapports différents.

Cependant, ainsi qu'il résulte de propositions connues de la géométrie analytique, on peut toujours trouver alors la position d'un système rectangulaire tel qu'il suffise, pour faire la transformation, de diminuer ou d'allonger, dans un rapport donné, les coordonnées parallèles à l'un des axes. Nous avons déjà indiqué plus haut les angles et les rapports d'axes qui doivent servir de base à ces transformations.

Je dois encore faire remarquer ici que les faits décrits sont en contradiction avec deux autres théories qui ont été établies sur la mensuration du champ visuel. — Un certain nombre de physiologistes ont accepté l'hypothèse de J. Müller d'après laquelle la rétine aurait la faculté de percevoir ses propres dimensions. S'il en était ainsi, au lieu de paraître trop grandes, les directions tangentielles voisines de la périphérie du champ visuel paraîtraient, au contraire, trop petites, puisque, comme on le voit sur la coupe de l'œil (pl. I, fig. 1), la rétine devient bien plus étroite vers son bord antérieur, près de l'*ora serrata* gg, qu'une demi-sphère décrite autour du point nodal. Il n'est pas facile de dire ce que deviennent, dans cette hypothèse, les dimensions radiales, car on ne peut déterminer exactement ni la réfraction subie par les rayons qui arrivent sous une incidence aussi oblique par rapport à l'axe, ni la position d'une image rétinienne aussi périphérique.

Une seconde hypothèse, qui a été employée pour expliquer la mensuration du champ visuel, a été déduite, par plusieurs physiologistes, des expériences de E. H. Weber sur les cercles sensitifs de la peau et de la rétine (1), mais en s'écartant beaucoup, ce me semble, des idées de cet auteur. D'après cette hypothèse, on prendrait pour unité de mesure pour les surfaces, les plus petites étendues perceptibles. Comme nous l'avons déjà vu page 291, on ne peut percevoir deux impressions comme distinctes dans l'espace que lorsqu'on perçoit, entre deux éléments de surface excités, la présence d'un troisième élément qui ne le soit pas du tout ou qui le soit d'une manière différente. La grandeur des plus petits éléments superficiels perceptibles, comme Aubert et Förster l'ont démontré après Weber, est très-différente pour les différentes parties de la rétine, comme pour les différentes parties de la peau, de sorte que, pour distinguer la présence séparée de deux points, il faut donner aux points excités une distance variable avec la région sensible à laquelle on s'adresse. Ainsi lorsqu'on applique les pointes d'un compas sur une partie de la peau où leur distance est inférieure à la plus petite

(1) E. H. Weber, Ueber den Raumsinn und die Empfindungskreise in der Haut und im Auge, in *Berichte der Sächs. Ges.*, 1852, p. 85-164.

distance perceptible, leurs impressions se confondent et l'on ne croit être touché que par une seule pointe; si on les applique sur une partie où l'on ne distingue leur existence séparée que d'une manière confuse, on est incontestablement amené à les croire plus rapprochées qu'elles ne le sont en réalité; si on les applique, enfin, sur des parties où la distinction est plus délicate, où l'on reconnaît facilement qu'elles sont séparées, on évalue, ce me semble, exactement la distance qui les sépare en réalité. C'est ainsi que les pointes d'un compas qui sont séparées, par exemple, de 4 lignes, me paraissent présenter le même intervalle à la pointe de la langue, au bout des doigts ainsi qu'aux lèvres, bien qu'on distingue une distance d'une 1/2 ligne au bout de la langue, une distance de 1 ligne seulement au bout des doigts et de 2 lignes aux lèvres. Par contre, au menton et au-dessous du menton, endroit où la distinction de pointes écartées de 4^{mm} devient difficile et incertaine, les pointes qui présentent cet écartement me paraissent, lorsque je les distingue, un peu plus rapprochées qu'elles ne le sont réellement, suivant la loi générale de la sensibilité d'après laquelle les différences nettement perceptibles paraissent plus grandes que celles qu'on ne perçoit qu'indistinctement. Cependant lorsque je les applique au cou, tant que je puis encore les reconnaître comme distinctes, elles ne me font jamais l'effet d'être aussi rapprochées que lorsqu'elles sont appliquées à la pointe de la langue avec un écartement d'une demi-ligne ou d'une ligne. Ainsi, les plus petites distances perceptibles ne paraissent pas du tout égales sur les différentes parties de la peau ; elles présentent, au contraire, de très-grandes différences.

Il en est de même sur la rétine. Lorsque j'examine, à la vision indirecte, deux petits cercles noirs de 2^{mm} de diamètre et dont la distance est également de 2^{mm}, si je cherche une position où ils commencent à me paraître visibles, ils ne me paraissent alors aucunement plus rapprochés qu'ils ne sont réellement et, en tout cas, ils sont bien loin de paraître aussi voisins que deux points fixés avec le centre de la rétine et dont la distance soit à la limite de la perceptibilité distinctive.

Je crois donc que c'est donner une extension vicieuse à la théorie de Weber sur les cercles sensitifs, que de vouloir attribuer à ces cercles une grandeur apparente invariable et de prendre cette grandeur pour unité de mesure dans l'espace. Une semblable hypothèse exigerait, pour l'œil, que la périphérie tout entière du champ visuel parût relativement bien plus petite, dans toutes ses dimensions, que les objets qui présenteraient la même grandeur angulaire au milieu du champ visuel. Nous avons vu, au contraire, que les directions tangentielles paraissent augmentées; les directions radiales paraissent, il est vrai, un peu diminuées, du moins aux bords supérieur et inférieur du champ visuel.

Les cercles sensitifs, ainsi qu'on l'a vu plus haut, sont employés dans la mensuration de très-petites distances, pour la détermination desquelles l'évaluation développée par les mouvements de l'œil ne présente pas assez d'exactitude; cela n'est aucunement en contradiction avec ce qui précède. Nous reviendrons, d'ailleurs, sur ces questions, à l'occasion des phénomènes de la tache aveugle.

Outre les illusions générales que nous venons de décrire au sujet des proportions du champ visuel, illusions qui dépendent de la loi des mouvements de l'œil et de la manière dont nous apprenons à connaître notre champ visuel, il existe encore une série d'illusions qui dépendent de propriétés particulières aux figures que nous examinons et qui sont également intéressantes parce qu'elles nous indiquent plus ou moins nettement les bases sur lesquelles nous nous appuyons pour apprécier les grandeurs et les formes dans le champ visuel.

On peut ramener la plupart des phénomènes que nous allons examiner à la loi que nous avons établie pour les phénomènes du contraste et d'après laquelle, dans les perceptions sensuelles, toutes les différences nettement perceptibles paraissent plus grandes que des différences égales à celles-là, mais plus difficiles à percevoir. — La première conséquence de cette loi c'est qu'une dimension divisée nous paraît volontiers plus considérable que lorsqu'elle n'est pas divisée; en effet, la perception directe des parties nous fait reconnaître le nombre et la grandeur des subdivisions dont la quantité est susceptible mieux que lorsque ces parties ne sont pas nettement délimitées. C'est ainsi que, dans la figure 172, on considère facilement la longueur *ab* comme égale à *bc*, bien que *ab* soit, en réalité, plus grand que *bc*. A. Kundt (1) a exécuté une série de mensurations au sujet de ce genre d'illusions. Il regardait cinq pointes d'acier, *A*, *B*, *C*, *D*, *E*, visibles au-dessus d'un écran, de manière qu'on eût $AB = 20^{mm},2$, $BC = 40^{mm},2$, $AE = 241^{mm},9$. On plaçait, à vue d'œil, la pointe *D* au milieu de *AE*. Si elle avait réellement été au milieu, la distance *CD* aurait été de $60^{mm},55$. Mais la moyenne de 120 expériences d'un même observateur donnait cette distance égale à $57^{mm},87$, de sorte que le milieu apparent était à $2^{mm},68$ du milieu réel, et plus voisin des pointes *A*, *B* et *C*. La

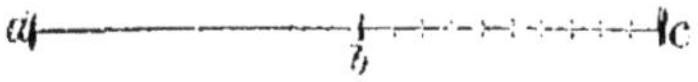

a b c

Fig. 172.

(1) *Pogg. Ann.*, CXX, p. 118.

moyenne de 120 expériences d'un autre observateur donna $3^{mm},95$, pour ce même écart. Dans tous les cas, la pointe *D* était à 338^{mm} du point nodal de l'œil.

Il est à remarquer que, dans ces expériences, l'œil droit tendait à agrandir la moitié droite d'une distance à diviser en deux parties égales, et que l'œil gauche tendait à faire trop grande la moitié gauche. Le premier observateur fit une différence de $2^{mm},24$ en faveur de la moitié correspondant à l'œil dont il se servait, et le second, une différence de $4^{mm},77$.

Dans toutes ces expériences, on comparait des distances susceptibles de coïncider avec les mêmes points rétiniens. — Les illusions deviennent bien plus frappantes lorsque les distances à comparer possèdent des directions différentes.

Qu'on regarde *A* et *B* (fig. 173). Ces deux surfaces sont des carrés parfaits. D'après l'illusion décrite plus haut, tous les deux devraient paraître plus hauts que larges. C'est ce qui a lieu, d'une manière exagérée, pour *A*, tandis que *B* paraît, au contraire, trop large.

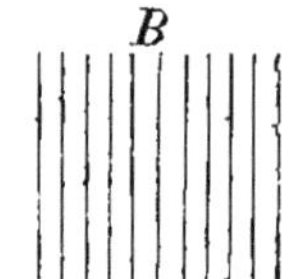

Fig. 173.

Il en est de même pour les angles : — qu'on regarde la figure 174. Les angles 1, 2, 3, 4 sont droits et devraient paraître tels lorsqu'on les examine avec les deux yeux. Mais 1 et 2 paraissent aigus ; 3 et 4 paraissent obtus. L'illusion devient encore plus marquée lorsqu'on ne regarde la figure qu'avec l'œil droit; lorsqu'on la regarde, au contraire, avec l'œil gauche, 1 et 2 devraient paraître obtus, à cause de la déviation du méridien vertical que nous avons mentionnée plus haut; mais ils paraissent à peu près droits, comme ils le sont en réalité. Si l'on fait tourner la figure de manière que 2 et 3 soient dirigés en bas, 1 et 2 paraissent, au contraire, exagérément aigus à l'œil gauche et dans leur dimension véritable à l'œil droit. Les angles divisés paraissent donc toujours relativement plus grands qu'ils ne paraîtraient sans division.

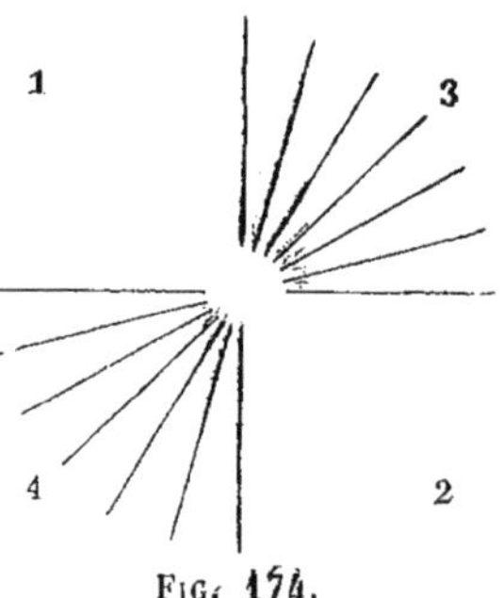

Fig. 174.

La figure 175 présente deux triangles équilatéraux ; *A*, qui est divisé horizontalement, paraît beaucoup trop haut, comme il le serait aussi sans les lignes ; dans *B*, au contraire, celui des angles de la base qui est à droite paraît plus grand que celui du côté gauche, et le sommet du triangle paraît dévié à droite. La même influence se présente dans un grand nombre d'exemples connus de la vie journalière. Une chambre vide paraît plus petite qu'une chambre meublée; un mur recouvert d'une tenture paraît plus grand qu'un mur nu. Une jupe rayée en travers fait paraître une femme relativement plus grande. Un amusement de société bien connu consiste à présenter à quelqu'un un chapeau, en lui disant d'en marquer la hauteur sur le mur, à partir du sol. En général, on indique une hauteur une fois et demie trop grande.

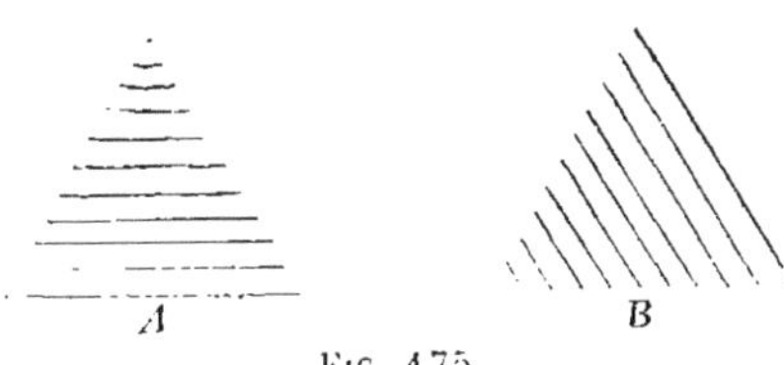

Fig. 175.

Citons ici un fait observé par Bravais (1). Voici ce qu'il dit : Lorsqu'on est en mer, à certaine distance d'une côte qui présente de grandes inégalités de terrain, et qu'on dessine cette côte telle qu'elle se présente à l'œil, après vérification faite, on trouve que les dimensions horizontales ayant été figurées correctement à une certaine échelle, les distances angulaires verticales ont été uniformément représentées à une échelle deux fois plus grande. Cette illusion, à laquelle on n'échappe pas dans les appréciations de ce genre, n'est pas individuelle, comme on pourrait le croire ; sa généralité est démontrée par de nombreuses observations.

Il faut ajouter, dans le même ordre de faits, différentes illusions d'optique qu'on a fait connaître dans ces derniers temps.

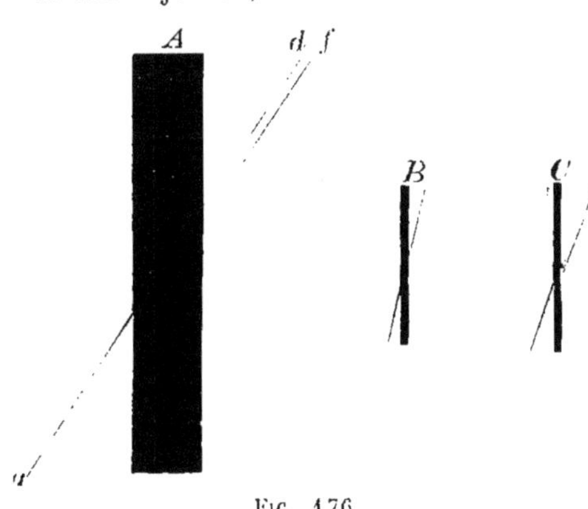

Fig. 176.

Qu'on examine la figure 176 A. Le prolongement de la ligne *a* ne paraît pas être *d*, conformément à la réalité, mais *f*, qui est un peu plus bas. — Cette illusion est encore plus frappante lorsqu'on fait la figure à une échelle plus petite, comme en *B*, où les deux portions minces sont sur le prolongement l'une de l'autre, mais ne paraissent pas y être, et en *C* où elles le paraissent, mais ne le

(1) *Fechner's Centralblatt*, 374-379 ; 558-561.

sont pas en réalité. Si l'on dessine des figures comme *A*, en laissant de côté la portion *d*, et qu'on les regarde à une distance de plus en plus grande, de manière qu'elles présentent une grandeur apparente de plus en plus faible, on trouve que plus la figure est éloignée, plus il faut baisser la portion *f* pour qu'elle paraisse être le prolongement de *a*.

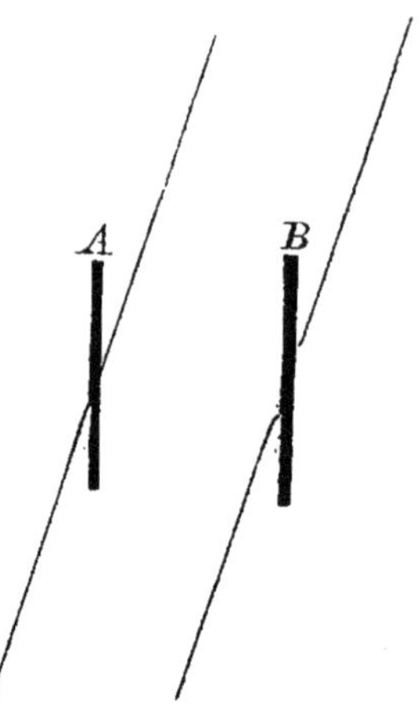

Fig. 177.

Si l'on allonge les lignes minces, comme dans la figure 177 *A*, on remarque que, près de la ligne noire épaisse, elles présentent une courbure que j'ai un peu exagérée en *B*; de telle sorte que tout en considérant les extrémités les plus éloignées de la ligne mince comme formant le prolongement l'une de l'autre, on est seulement amené à croire qu'elles ne se rencontrent pas, à cause des courbures qu'elles présentent près de leur intersection avec la ligne épaisse.

Ce sont là précisément les phénomènes que l'irradiation doit produire dans ce cas, et il est difficile de distinguer ce qui appartient à cette cause et ce qui résulte des phénomènes que nous avons déjà mentionnées en partie et de ceux dont nous avons encore à parler au sujet des illusions suivantes. On a déjà vu plus haut (p. 430-432) que l'irradiation peut également se produire pour des lignes noires sur fond blanc. Près du sommet des deux angles aigus, les cercles de diffusion des deux

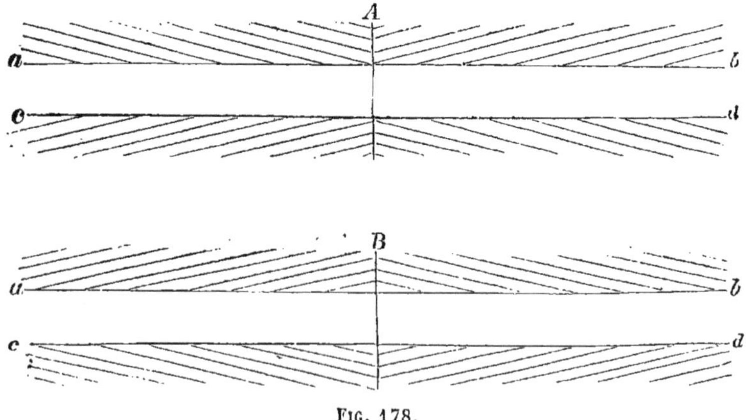

Fig. 178.

lignes noires se touchent et se renforcent mutuellement; par suite, l'image rétinienne de la ligne mince présente son maximum d'obscurité plus près de la bande large et paraît déviée de ce côté. Cependant pour les figures de ce genre qui sont exécutées sur une plus grande échelle, comme la figure 176 *A*, l'irradiation ne peut guère être la seule cause de l'illusion.

La figure 178 *A* et *B* (p. 723) présente des exemples indiqués par Hering; les lignes droites et parallèles *ab* et *cd* paraissent déviées en dehors en *A* et en dedans en *B*.

Mais l'exemple le plus frappant est celui représenté par la figure 179 et publié par Zöllner. — Les bandes noires verticales de cette figure sont parallèles entre elles, mais elles paraissent convergentes et divergentes, de manière à sembler toujours s'écarter de la direction verticale, suivant une direction inverse de celle des obliques qui les coupent. En même temps, les moitiés des traits obliques sont déplacées respectivement comme les moitiés des lignes minces de la fig. 176. Si l'on tourne la figure de manière que les fortes lignes verticales présentent une inclinaison de 45° par rapport à l'horizon, la convergence apparente devient plus frappante, tandis qu'on remarque moins la déviation apparente des moitiés des petits traits, qui sont alors horizontaux et verticaux. Ainsi, en somme, la direction des lignes verticales et horizontales est moins modifiée que celle des lignes qui traversent obliquement le champ visuel.

Fig. 179.

On peut considérer ces dernières illusions comme de nouveaux exemples de la règle indiquée plus haut et d'après laquelle les angles aigus, étant de petites grandeurs nettement limitées, paraissent, en général, relativement trop grands lorsque nous les comparons avec des angles obtus ou droits, non divisés. Or si l'augmentation apparente d'un angle aigu se fait de telle manière que les deux côtés paraissent s'écarter, il doit se produire les illusions des figures 176, 178 et 179. Dans la figure 176, les lignes minces paraîtraient tourner autour du point où elles pénètrent dans la ligne épaisse et cesseraient, par suite, de paraître sur le prolongement l'une de l'autre. Dans la figure 178, les deux moitiés de chacune des deux lignes droites paraissent déviées tout du long de telle façon que les angles aigus qu'elles forment avec les lignes obliques semblent agrandis. La même chose paraît avoir lieu pour les lignes verticales de la figure 179.

Cependant, dans les cas des figures 178 et 179, la cause indiquée ne participe, dans les circonstances ordinaires, que pour une faible part à l'effet produit; la plus grande part de l'effet provient, suivant moi, de mouvements de l'œil. En effet, les illusions en question disparaissent complétement, ou peu s'en faut, lorsque je fixe un point des dessins comme pour développer une image accidentelle, et quand on obtient une image accidentelle bien nette, ce qui est possible notamment pour le dessin de Zöllner (fig. 179), cette image ne présente plus aucune trace de l'illusion.

Dans la figure 176, le déplacement du regard n'exerce pas d'influence bien prononcée sur le renforcement de l'illusion; celle-ci disparaît, au contraire, lorsque je parcours du regard la ligne mince *ad*. En revanche, la fixation fait disparaître l'illusion avec une facilité relative pour la figure 178, plus difficilement pour la figure 179. Cependant je puis également la surmonter pour cette dernière figure, lorsque je fixe invariablement et qu'au lieu de considérer le dessin comme formé de lignes noires sur fond blanc, je m'efforce de me figurer qu'il s'agit de lignes blanches barbelées tracées sur fond noir : aussitôt l'illusion s'évanouit. Mais si je recommence à promener le regard sur le dessin, l'illusion reparaît aussitôt dans toute sa force.

On réussit également à éviter complétement ou presque complétement l'illusion que produisent ces dessins en les recouvrant préalablement d'un papier opaque sur lequel on appuie la pointe d'une épingle ; sans cesser de regarder fixement la pointe, on retire brusquement le papier. On peut juger si la fixation a été bonne, d'après la netteté de l'image accidentelle qui se forme consécutivement à l'expérience.

L'éclairage à l'étincelle électrique fournit le moyen le plus sûr et le plus facile de se mettre en garde contre l'influence des mouvements des yeux ; en effet, l'œil ne peut pas exécuter de mouvement sensible pendant la durée si faible de cette étincelle. — A cet effet, je me sers d'une boîte de bois *ABCD* (fig. 180, p. 726), noircie à l'intérieur. Deux trous (1) étaient pratiqués, à la distance des deux yeux, les uns en *f*, dans la paroi antérieure, et les autres en *g*, dans la paroi postérieure de la boîte. L'observateur regardait par les trous *b*, et devant les trous *g*, on fixait

(1) Il faut deux trous à chaque paroi parce que l'appareil doit aussi servir à des expériences stéréoscopiques.

les dessins ; ceux-ci étaient percés d'un trou d'épingle qui pouvait être vu et fixé en l'absence de l'étincelle électrique, lorsque la boîte était complétement obscure. La boîte est ouverte à sa base, qui repose sur la table BD; lorsqu'on veut changer les dessins, on soulève la boîte et l'on y passe la main. La chambre où l'on se tenait était assombrie autant que cela se pouvait sans empêcher l'observateur de voir et de manier les appareils électriques : regardant dans la boîte, on n'apercevait plus que les trous d'épingle. Les fils conducteurs de l'électricité sont h et i, l'interruption est en k; en l est une bande de carton, blanche du côté qui fait face à l'étincelle, dont elle cache la lumière à l'œil observateur pour la renvoyer sur le dessin. Les étincelles étaient fournies par la spirale secondaire d'un grand appareil d'induction de Ruhmkorff, laquelle était en communication avec les armatures d'une bouteille de Leyde. L'observateur produisait à la main la fermeture ou l'interruption de la spirale primaire (1).

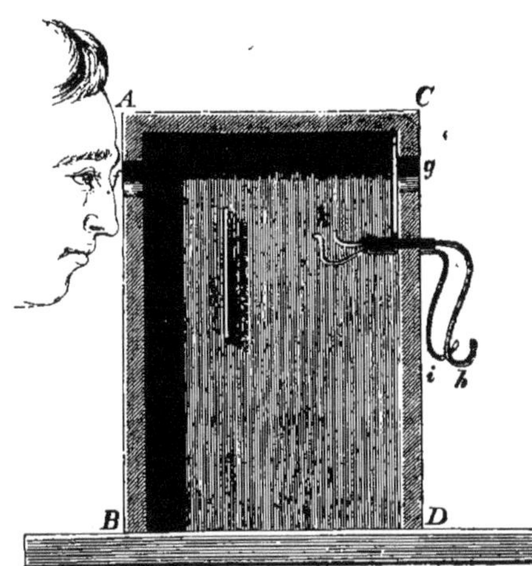

FIG. 180.

A l'éclairage électrique, l'illusion persistait en entier pour la figure 176, tandis qu'elle cessait complétement pour les dessins de la figure 178 ; pour la figure 179, elle ne manquait pas toujours complétement, mais lorsqu'elle se présentait, elle était bien plus faible et plus douteuse qu'ordinairement, et cependant l'éclairage à l'étincelle électrique était parfaitement suffisant pour reconnaître distinctement la forme des objets considérés.

Nous avons donc à expliquer deux phénomènes différents; d'abord la faible illusion qui peut se produire sans l'intervention des mouvements de l'œil, et, en second lieu, l'accroissement de l'illusion par suite de ces mouvements. — Quant au premier point, on trouve, à mon avis, une explication suffisante dans la loi du contraste, d'après laquelle une différence paraît plus grande lorsqu'elle est nettement perceptible que

(1) A défaut d'appareil électrique assez fort, on peut se servir du *Tachistoscope* construit par Volkmann (*Leipziger Sitzungsber.*, 1850, p. 90-98) et dans lequel une trappe, qu'on laisse tomber, ouvre, pour un moment, l'une des ouvertures par lesquelles regarde l'observateur, ou toutes les deux ensemble.

lorsqu'elle l'est moins. Ce qu'on perçoit le plus distinctement à la vision indirecte, c'est la concordance des directions des dimensions de même espèce. On perçoit plus distinctement la différence de direction que présentent, à leur intersection, les deux côtés d'un angle aigu ou obtus, que l'écartement qui existe entre l'un des côtés et la perpendiculaire qu'on suppose menée sur l'autre, et qui n'est pas figurée. Par suite, la quantité dont un angle diffère de 0° ou de 180° paraît exagérée par rapport à celle dont il diffère de 90° : un angle aigu paraît donc plus grand, et un angle obtus plus petit qu'ils ne sont en réalité. C'est en se distribuant sur les deux côtés que l'agrandissement apparent des angles donne lieu aux déplacements et changements de direction des côtés. On corrige difficilement les déplacements apparents des lignes lorsqu'elles restent parallèles à leur direction véritable; c'est pour cette raison que l'illusion de la figure 176 est relativement la plus tenace. Les changements de direction se reconnaissent, au contraire, avec plus de facilité si l'on examine la figure avec attention, lorsque ces changements ont pour effet de faire disparaître la concordance de lignes qui concordent en réalité; ce n'est guère, sans doute, qu'à cause de la différence d'aspect que les nombreuses obliques communiquent aux lignes concordantes des figures 178 et 179, que la concordance de ces lignes peut échapper à l'observateur.

Il nous reste à rechercher quelle est l'influence exercée par le mouvement sur la direction apparente des lignes. On voit, par des expériences simples, que cette influence s'excerce même pour des lignes droites isolées, lorsque la direction du mouvement fait un angle aigu avec celle de la ligne. Comme nous avons une disposition particulière à suivre, pendant les mouvements de notre œil, la direction des lignes les plus saillantes du champ visuel, il est nécessaire, dans ces expériences, pour promener le point de regard de la manière désirée, de se servir d'une pointe que l'on fixe d'une manière constante et que l'on fait glisser sur le dessin.

Traçons sur un papier une longue ligne droite *A*, et déplaçons la pointe que nous fixons, suivant la direction d'une seconde ligne droite *B* qui coupe la première sous un angle très-aigu. Il est inutile de dessiner la seconde ligne; cependant il n'y a pas d'inconvénient à le faire. Si l'on suit du regard le mouvement de la pointe, la ligne droite *A* paraît exécuter, sur le papier, un mouvement qui la rapproche ou l'éloigne de la pointe, suivant que la pointe se rapproche ou s'éloigne de cette ligne. L'image de la ligne *A* se déplace sur la rétine, tant parallèlement à elle-même que transversalement. Le premier de ces mouvements échappe plus ou moins complétement lorsque la ligne est longue et ne présente pas de points de repère nettement dessinés; on n'en remarque que plus nettement le second mouvement, celui perpendiculaire à la longueur.

La direction de la ligne *A* paraît aussi se modifier, et cela de manière à exagérer l'angle qu'elle forme avec la ligne *B* sur laquelle se déplace la pointe. C'est ce qu'on reconnaît le mieux lorsqu'on trace une ligne droite *ab* (fig. 181), et qu'on pose sur le papier l'une des pointes d'un compas, de manière à faire décrire à l'autre l'arc *cde*. Si l'on suit alors

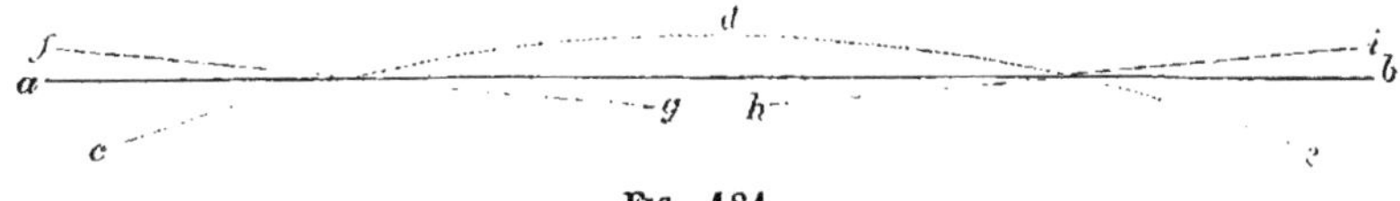

Fig. 181.

du regard le mouvement de cette seconde pointe, la ligne *ab* paraît descendre tant que la pointe va de *c* en *d*, et monter quand la pointe va de *d* en *e*. En même temps, toute la ligne *ab* paraît prendre une direction semblable à celle de *fg*, tant que le regard de l'observateur longe *cd*, et une direction semblable à *hi*, lorsque le regard va de *d* en *e*. Au moment où le regard passe par le sommet *d* de l'arc *ce*, on voit distinctement la ligne *ab* changer de direction.

Si l'on promène une pointe d'épingle horizontalement de droite à gauche au-dessus du dessin de Zöllner et qu'on la suive du regard, la figure affecte un mouvement étrange : la première, la troisième et la cinquième bande noire paraissent monter ; la deuxième, la quatrième et la sixième paraissent descendre, — ou inversement, si la pointe marche de gauche à droite. Les bandes qui montent ne semblent pas parallèles à celles qui descendent ; elles paraissent présenter des obliquités contraires les unes par rapport aux autres et aussi par rapport au plan du dessin ; les extrémités supérieures des bandes montantes s'inclinent vers le côté d'où vient la pointe, et les extrémités supérieures des bandes descendantes s'inclinent dans le sens de cette direction : on voit que ce mouvement apparent exagère d'une façon tout à fait remarquable l'illusion qui est particulière au dessin de Zöllner.

Pour voir bien distinctement le mouvement apparent, il faut donner à la pointe une certaine vitesse moyenne qui ne soit ni trop grande ni trop petite, et y attacher très-fixement le regard. Lorsqu'on n'y parvient pas immédiatement, on peut aussi tenir la pointe immobile et déplacer le dessin sans cesser de fixer la pointe. La cause du mouvement apparent est évidemment la même que dans l'expérience, déjà vue, de la ligne droite unique. Nous nous rapprochons des traits obliques suivant une direction inclinée, ce qui leur communique un mouvement apparent dans lequel ils paraissent entraîner les bandes noires verticales avec lesquelles ils font corps. Si donc la bande noire verticale, dont nous nous rapprochons, présente un mouvement ascendant, c'est là un phénomène analogue à celui que nous verrions si, au lieu de nous en rapprocher suivant une direction perpendiculaire, nous nous en rapprochions sous un angle aigu dont le sommet se dirige en bas; réciproquement, pour les bandes descendantes, le mouvement apparent est le même que si nous nous en rapprochions sous un angle aigu dont le sommet regarde en haut. Mais comme la direction du mouvement réel de notre regard est la même pour toutes les bandes, ces bandes paraissent s'incliner par rapport à la ligne que suit le regard, l'extrémité supérieure des bandes ascendantes marchant à la rencontre de ce mouvement, celle des lignes descendantes paraissant au contraire le suivre, le tout conformément à la figure 182, où *ab* désigne la direction suivie par le regard, *cc*, *dd*, *ee*, *ff*, la position apparente des bandes verticales, avec une divergence exagérée; les flèches qui sont à côté de ces lignes indiquent la direction qu'affecterait le mouvement apparent de lignes ainsi disposées, le regard se déplaçant dans le sens de la flèche horizontale.

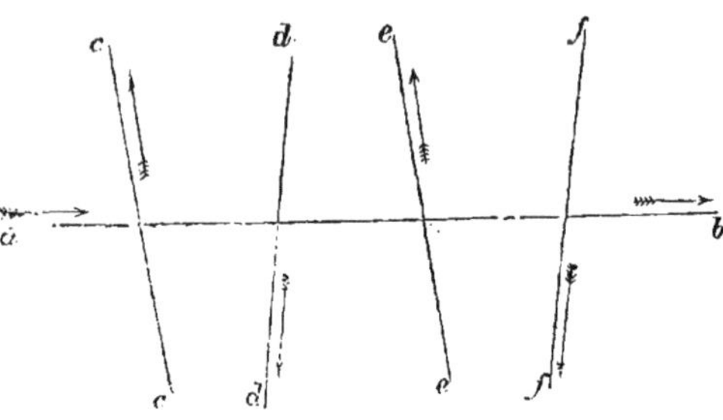

Fig. 182.

Lorsqu'on ralentit peu à peu le mouvement de la pointe que suit l'œil, le mouvement apparent devient plus lent, passe plus facilement inaperçu, mais peut être reconnu avec un peu d'attention; je trouve, en même temps, que la divergence apparente des lignes verticales devient moins accentuée. Le mouvement apparent et la divergence apparente des bandes se manifestent d'une manière bien plus belle avec l'aide d'une pointe conductrice, sans doute parce que, sans ce secours, nous ne pouvons pas promener le regard d'une manière aussi uniforme et aussi rectiligne sur un dessin qui présente des systèmes de lignes si saillantes. Comme, du reste, l'illusion relative à la direction des lignes croît et décroît en même temps que celle causée par leur mouvement, je ne doute pas que l'augmentation de l'illusion qui accompagne les mouvements ordinaires du regard ne reconnaisse la même cause.

Lorsqu'on promène l'épingle parallèlement aux lignes verticales, non-seulement l'illusion n'augmente pas, mais elle s'affaiblit ou disparaît même complétement. Les bandes verticales se reconnaissent alors comme étant des lignes directrices parallèles dans le champ de regard, à ce que leurs images rétiniennes se déplacent suivant elles-mêmes.

On peut, du reste, démontrer de même sur un corps réellement mobile l'influence exercée par le mouvement apparent des bandes verticales sur la grandeur apparente de l'angle compris entre ces bandes et la ligne sur laquelle se déplace le regard. — Plaçons horizontalement sur une feuille de papier, une règle divisée ; à côté de l'arête divisée, appliquons l'une des pointes d'un compas largement ouvert et donnons à l'autre pointe un mouvement de va-et-vient au-dessus de cette arête : le mouvement ainsi produit est dirigé exactement suivant la normale à la règle. Donnons, de plus, à la règle elle-même, un mouvement de va-et-vient suivant sa propre direction ; le mouvement de la pointe de compas est loin de paraître rester perpendiculaire à la direction de la règle : il paraît fortement oblique, tel qu'il paraîtrait, en effet, dans un système de coordonnées fixé à l'instrument, tandis que, dans un système immobile, ce mouvement reste perpendiculaire au bord de la règle. La modification de l'angle est, du reste, bien plus considérable dans ce cas que dans la figure de Zöllner ; en effet, dans cette figure, le changement apparent de position ne peut jamais aller assez loin pour que les bandes déviées puissent se toucher ou même se croiser, ce qui serait trop en contradiction avec l'image de la vision indirecte.

Les exemples de Hering (fig. 178, p. 723) présentent les mêmes circonstances, mais à un degré moins remarquable. L'illusion y est augmentée par les mouvements verticaux du regard et diminuée par les mouvements transversaux.

On trouvera peut-être étonnant que je fasse dériver les mêmes illusions de deux causes aussi différentes en apparence. Mais si l'on se rappelle que, dans mon opinion, la connaissance des mensurations du champ visuel dans la vision indirecte repose sur des expériences faites préalablement à l'aide de mouvements, et que les mouvements actuels du regard sont accompagnés de nouvelles impressions analogues, on voit que les deux causes ne sont pas aussi différentes qu'elles peuvent le paraître dans l'exposition ; elles ne diffèrent que comme le souvenir et l'aspect actuel de circonstances analogues.

Ces circonstances donnent lieu, pour les directions des lignes et pour les distances, à une sorte de *contraste* dont l'effet est analogue à celui du contraste que nous avons étudié au paragraphe 24, au sujet des intensités lumineuses et des couleurs. Les différences entre des directions à peu près semblables paraissent augmentées ; en coupant une ligne par un ou plusieurs traits obliques, on la fait paraître s'incliner en sens inverse de ces traits. L'hypothèse de Th. Young permettait de ramener les phénomènes de contraste des intensités lumineuses et des couleurs à la comparaison d'excitations différentes quantitativement, mais qualitativement égales. Si l'on se représentait les signes locaux des fibres rétiniennes comme étant les sensations de deux qualités répondant à deux directions quelconques de coordonnées et dont l'intensité varierait d'une manière continue dans la surface, on pourrait ramener les contrastes des directions aux mêmes particularités de la distinction des intensités de la sensation que le contraste des couleurs. Mais comme il a été donné de ramener l'influence des mouvements de l'œil à des phénomènes directement visibles, nous pouvons laisser préalablement de côté une pareille hypothèse. Du reste, en décrivant l'illusion produite par le dessin de la figure 179, Zöllner a également cherché à la ramener à des mouvements de l'œil. — L'explication donnée par E. Hering me paraît, au contraire, absolument inadmissible. Il croit que nous jugeons la distance de deux points d'après la distance rectiligne de leurs images rétiniennes. Conformément à cette hypothèse, les petites distances devraient paraître, en général, relativement plus grandes que les grandes distances non divisées, parce que, pour de petits arcs, la différence entre l'arc et la corde est relativement moindre que pour de grands arcs. Pour le même motif, de petits angles doivent paraître relativement trop grands, par comparaison avec des angles adjacents d'ouverture plus considérable. C'est sur le même principe que A. Kundt a cherché à fonder une théorie plus complète de ces phénomènes, et pour l'appuyer, il a fait des mensurations (1) de la manière indiquée plus haut, en cherchant, à vue d'œil, à rendre des lignes non divisées égales à des lignes divisées. Pour une certaine longueur des lignes, l'observation s'accorde assez bien avec le calcul, mais, pour les lignes les moins longues, la différence est presque deux fois aussi grande qu'elle devrait l'être d'après le principe établi pour l'explication. En effet, M. Kundt trouve

ANGLE VISUEL POUR LES DISTANCES A COMPARER.		ERREUR	
		OBSERVÉE.	CALCULÉE.
I.	20° 14′	4,40	4,62
II.	19° 41′	3,31	4,47
III.	12° 47′	1,48	0,84

(1) *Pogg. Ann.*, 1863, CXX, 118-158.

Je dois ajouter que, pour des figures bien plus petites, les illusions persistent également et cela jusqu'à ce que les objets se rapprochent des limites de la vision distincte; or, pour des objets aussi petits, la différence entre l'arc et la corde est certainement insensible. Kundt lui-même a trouvé que sa figure 4, par exemple, présentait l'illusion jusqu'à une distance de 9 pieds, distance où la différence entre la corde et l'arc considérés ne porte même pas sur la cinquième décimale.

Je crois donc pouvoir dire que le principe appliqué par Hering et par Kundt ne donne même pas une expression exacte des faits. Si l'on voulait aller jusqu'à le considérer comme donnant la cause véritable des phénomènes, il faudrait étendre les hypothèses de la théorie nativistique jusqu'à admettre que nous avons une connaissance innée, non-seulement de la disposition des points sensibles de notre rétine, mais encore de la courbure de sa surface.

Il faut encore mentionner que, dans un grand nombre de cas, la vision binoculaire est un obstacle à la comparaison des distances dans le champ de vision. Cela tient à ce que notre vision naturelle s'applique aux corps et que l'exercice de tous les instants a pour effet de nous mettre à même de juger exactement des dimensions et de la position des corps. Je puis reconnaître avec une grande certitude si mon index est plus gros ou plus mince qu'un tuyau à gaz situé à l'extrémité de la chambre, bien qu'il y ait une différence énorme entre les grandeurs apparentes de ces deux corps. Au contraire, lorsque je tiens mon doigt à une certaine distance de l'œil, je suis très-incertain pour reconnaître s'il présente la même grandeur apparente qu'un livre placé à l'extrémité de la chambre, ou, par exemple, que la lune, tant que je ne rapproche pas l'un de l'autre, dans le champ de vision, les objets à comparer. Je trouve, au contraire, que j'ai une grande tendance à regarder l'angle visuel sous lequel se présente le doigt comme bien plus petit que ceux relatifs au livre ou à la lune, tant que je n'amène pas ces objets au contact dans le champ de vision, ou que je ne les amène pas à s'y superposer.

Je crois devoir également rapporter à la même cause la tendance que nous avons, d'après les expériences de Kundt, lorsque nous cherchons à partager une ligne horizontale en deux parties égales, à faire trop grande la moitié droite, en faisant usage de l'œil droit, et la moitié gauche, pour l'œil gauche. Pour une ligne de 100^{mm} de longueur, vue à une distance de 226^{mm}, d'après la moyenne de 40 observations, l'œil gauche plaçait le milieu à 50^{mm},33 de l'extrémité gauche, et l'œil droit à 49^{mm},845 seulement de cette extrémité. Ces différences de 0^{mm},33 et de 0^{mm},155 entre le milieu apparent et le milieu réel sont, du reste, bien plus faibles que celles qui existent entre les différentes observations et la moyenne, erreurs dont la moyenne était de $0^{mm},50$ et de $0^{mm},66$, de sorte que cette différence ne devient sensible qu'en faisant un grand nombre d'expériences.

Cette aberration peut provenir, ce me semble, de ce qu'en regardant binoculairement une ligne divisée en deux parties égales, nous avons l'habitude de la tenir en face de nous, symétriquement par rapport à la tête, d'où résulte l'habitude de voir la moitié droite plus grande avec l'œil droit et la moitié gauche plus grande avec l'œil gauche.

Pour finir la description du champ visuel, nous avons encore à parler de ses limites et de ses lacunes. — Son étendue comprend tous ceux des points de l'espace qui nous entoure dont la lumière peut encore pénétrer par la pupille et atteindre des parties sensibles de la rétine. Il faut excepter du champ visuel les parties de l'espace, telles que celles situées derrière nous, dont la lumière ne peut jamais arriver à notre rétine par la voie normale. La surface de notre champ visuel répond donc à l'image de la rétine projetée en dehors, et ses limites, à celles de la rétine. Nous avons conscience de cette délimitation, nous savons que la vue ne nous fait rien percevoir des objets situés derrière nous, et, avec un peu d'attention, nous pouvons indiquer sur le champ de la vision indirecte quels sont les objets qui sont encore visibles sur le bord du champ visuel, et quels sont ceux qu'on n'y voit plus, autant que le permet la grande confusion des impressions perçues par les parties extrêmes de la rétine. Il faut remarquer ici qu'il y a, dans la sensation, une différence essentielle entre la partie du champ visuel (supposé prolongé) qui est toujours invisible, et la partie visible de ce champ qui nous échappe à un certain moment, par défaut de lumière. La suppression de toute lumière extérieure laisse devant nos yeux un champ obscur délimité : nous savons parfaitement que l'espace situé derrière nous ne nous paraît pas sombre, mais que nous ne le voyons absolument pas. La sensation de l'obscurité est celle du repos ou, si l'on veut, elle est l'absence de sensation dans les parties de notre appareil nerveux visuel qui seraient susceptibles d'excitation. A cette sensation répond, dans la perception, l'idée de parties de l'espace situées devant nous et qui n'envoient pas de lumière à notre œil ; c'est donc là un renseignement déterminé, quoique négatif, sur l'état objectif de ces parties de l'espace. Mais aux parties non visibles de l'espace ne correspond aucun organe sensible qui puisse remarquer et distinguer en lui-même un état de repos. Dans la perception, tout ce qu'on peut en dire, c'est qu'on n'est pas renseigné sur elles, qu'on ignore si elles sont claires ou obscures. — C'est là une distinction qu'il ne faut pas perdre de vue.

A l'intérieur même de notre champ visuel il existe, répondant à la papille du nerf optique, qui est insensible à la lumière, une lacune où nous ne voyons rien. La position et l'étendue de cette partie ont été déterminées au commencement du paragraphe 18 ; on y a également démontré qu'elle est réellement insensible à la lumière. Nous avons à examiner maintenant comment nous apparaît la partie correspondante du champ visuel.

Le cas ordinaire, c'est que l'existence de la lacune du champ visuel nous échappe absolument et qu'il nous est impossible de fixer notre attention sur ce qui devrait apparaître dans cette lacune. C'est ce qui n'a pas seulement lieu lorsque la notion des objets qui répondent à la lacune de l'un des yeux est complétée par les perceptions de son congénère ou lorsque, un seul œil étant ouvert, les mouvements qu'il exécute déplacent constamment la lacune dans le champ de vision, de manière à faire apparaître successivement les parties qui ont pu n'être pas vues. Alors même que nous maintenons le regard immobile, nous ne pouvons non plus remarquer la lacune, lorsque la partie qui l'entoure, dans le champ visuel, forme un fond d'un éclairage et d'une coloration uniformes ; toute cette partie du champ nous paraît alors recouverte, sans interruption, par la couleur du fond. La nature des objets qui se trouvent alors réellement dans la lacune du champ visuel est évidemment indifférente : ils disparaissent, comme nous l'avons déjà fait voir plus haut. Il faut remarquer, à ce sujet, que nous ne faisons généralement pas usage de la vision indirecte pour nous renseigner sur la forme, la grandeur et la disposition des objets qu'elle nous fait voir, mais que nous ne l'employons guère que pour obtenir une sorte d'esquisse grossière des objets qui environnent le point fixé, sur lequel nous dirigeons notre attention, et pour nous permettre de porter immédiatement notre attention sur les phénomènes nouveaux ou insolites qui peuvent apparaître dans les parties latérales du champ visuel. On comprend donc qu'une partie du champ visuel qui, comme la tache aveugle, ne peut jamais présenter aucun phénomène et, par conséquent, aucun phénomène remarquable, ne peut jamais, dans les conditions ordinaires, devenir l'objet de notre attention. J'ai même vu des gens ayant de l'éducation et de l'instruction, des médecins par exemple, ne pas parvenir à constater la disparition de petits objets sur la tache aveugle. Quand nous nous exerçons, par des expériences d'optique physiologique, à reconnaître des objets à la vision indirecte, ce n'est d'abord que sur de grands objets, qui contrastent avec l'entourage par leur clarté, leur coloration ou leur mouvement, que nous pouvons porter notre attention, pour en reconnaître la disposition, sans faire varier le point de fixation. Mais il nous est impossible d'appliquer notre attention, dans la vision indirecte, à une partie déterminée qui ne se distingue par aucune impression sensuelle, ainsi que cela a lieu pour la lacune du champ visuel, lorsqu'elle tombe sur un fond uniformément coloré.

Je dois cependant faire remarquer ici que, dans ces derniers temps, j'ai commencé à voir le *punctum cæcum* sous forme d'une tache sombre, lorsqu'ouvrant un œil en face d'une surface blanche étendue, je lui faisais exécuter de petits mouvements, ou lorsque je faisais brusquement un effort d'accommodation ; en y portant l'index, je vois disparaître l'extrémité de ce doigt. C'est là un phénomne subjectif qui se rapporte à ceux que j'ai décrits pages 269 et 270, et qui disparaît bientôt si l'on maintient l'œil ouvert et en repos. Il ne se présente donc ici qu'une exception apparente à ce qui vient d'être dit ; car, dans ce cas, le champ visuel n'est pas subjectivement excité d'une manière uniforme, mais le voisinage du *punctum cæcum* se distingue par des phénomènes spéciaux, capables d'appeler l'attention sur cette partie. Cependant il m'arrive encore souvent de regarder un champ éclairé sans être le moins du monde en état, à moins d'expériences préalables, d'indiquer la position de la tache aveugle dans le champ visuel.

Il en est autrement, du moins pour un observateur un peu exercé à la vision indirecte, lorsqu'on dispose dans le champ visuel des points de repère qui peuvent appeler l'attention précisément sur la lacune. On peut très-bien employer, par exemple, une croix dont la branche verticale se distingue nettement de la branche horizontale, par sa couleur ou par sa clarté, les deux branches se détachant de même sur le fond, et telle que leur croisement puisse être recouvert complétement par la tache aveugle. La figure 183 (p. 786) représente une croix de ce genre. La marque *a* désigne le point de fixation. Le dessin doit être regardé à 16c· de distance. Pour s'assurer que l'intersection devient complétement invisible, on peut la recouvrir d'un pain à cacheter coloré ; lorsque celui-ci a disparu, on cherche à reconnaître, en maintenant bien la fixité du regard, quelle est celle des deux branches de la croix qui paraît passer par-dessus l'autre, au point de fixation. Volkmann (1) et la plupart des autres observateurs qui ont fait cette expérience ont cru voir tantôt l'une, tantôt l'autre des branches passer en avant ; le plus souvent (2), c'était la branche horizontale, peut-être parce que le

(1) *Berichte der kön. Sächs. Ges. d. Wissenschaften*, 30 april 1853, p. 40.
(2) W. v. Wittich, Studien über den blinden Fleck, in *Arch. für Ophth.*, 1863, IX, 3, p. 1-31.

diamètre horizontal de la lacune est plus petit que le diamètre vertical. Mais si l'on diminue successivement la branche horizontale, on voit prédominer finalement la couleur de la branche verticale. Autrefois

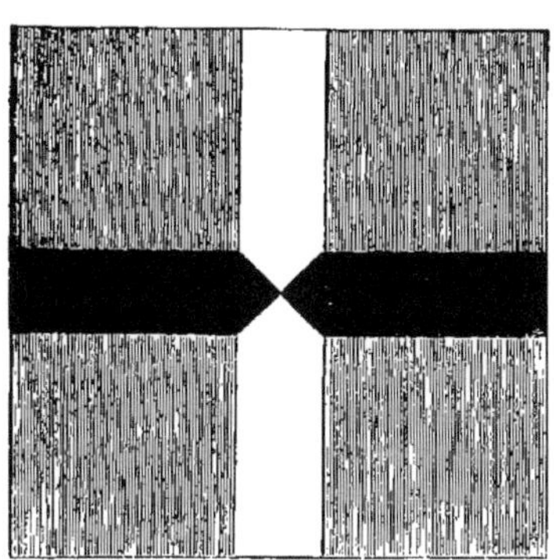

FIG. 183.

j'ai cru voir de même, mais depuis que, par de nombreuses observations, je me suis exercé davantage à la vision indirecte, *j'ai parfaitement conscience, dans cette expérience, de ne pas pouvoir voir le croisement des branches.* Aubert, qui est un des observateurs les plus exercés à la vision indirecte, en dit autant : « Bien que fort exercé à la » vision indirecte, après avoir répété maintes fois les expériences indi- » quées par Weber, Volkmann et récemment par Wittich, je dois avouer » que je ne n'ai pu parvenir à former aucun jugement sur la manière » dont le champ visuel est complété dans cette partie. Malgré d'innom- » brables essais, je ne saurais dire si une croix formée d'une ligne » jaune et d'une ligne bleue présente l'une ou l'autre couleur à son » intersection, lorsque celle-ci répond à la tache aveugle ; je ne sais » pas davantage si deux parallèles se rapprochent ou non, si une cir- » conférence, épaisse ou déliée, paraît entière ou non » (1).

Il est plus difficile de porter notre attention sur la lacune, lorsque celle-ci n'est traversée que par un contour rectiligne non interrompu. Fixant, avec un œil, un point d'une feuille de papier blanc, qu'on fasse avancer sur cette feuille, en venant du côté temporal du champ visuel, une feuille de papier noir limitée par une ligne droite verticale, jusqu'à ce qu'une partie du contour vertical passe par la lacune du champ visuel. Dans ce cas, la plupart des observateurs croient voir cette ligne sans aucune interruption ; mais alors encore, j'ai constaté récemment

(1) AUBERT, Physiologie der Netzhaut, Breslau, 1865, p. 257-258.

que je puis reconnaître quand et où je cesse de percevoir une partie de la ligne. Si je déplace la feuille noire en allant vers le point de fixation, je puis reconnaître très-exactement le moment où les deux extrémités visibles de la ligne limitante viennent se rejoindre. Il est plus difficile de reconnaître distinctement quand ce moment se présente lorsque c'est par le côté temporal que le papier sort de la tache aveugle, parce qu'ici la vision indirecte est déjà bien plus imparfaite. Un fait étrange, mais caractéristique pour la nature du phénomène, c'est que je ne vois aucune lacune entre les deux champs blanc et noir, bien que je reconnaisse l'existence d'un endroit où je ne puis pas voir la ligne de séparation ; je trouve que rien ne vient s'interposer entre le blanc et le noir et, malgré tout, je ne puis pas indiquer la position ni la forme de la limite. Je ne puis pas dire, non plus, que le blanc et le noir s'y fondent l'un dans l'autre, car le gris d'une semblable transition serait encore quelque chose de perceptible d'une manière déterminée. Je ne puis comparer l'impression produite qu'avec celle qu'on éprouve lorsqu'on cherche, dans une demi-obscurité, à fixer et à reconnaître des objets faiblement lumineux et que différentes parties du dessin viennent à s'effacer par l'effet des images accidentelles.

La lacune m'apparaît bien plus facilement sur une partie d'une circonférence ou sur la périphérie d'un cercle ; dans ce cas, je puis assez bien indiquer combien il manque du cercle.

Lorsque j'ai devant moi, dans le champ visuel, un grand nombre de petits objets différents, je suis à même de reconnaître immédiatement la position de la tache aveugle, à l'aide d'une certaine indécision par laquelle elle se manifeste. Je suis en état de le faire, par exemple, lorsque je regarde des broussailles, une tenture bariolée, ou un papier qui porte des caractères imprimés.

D'après ce qui précède, je dois donc affirmer qu'au *punctum cæcum* ne répond absolument aucune espèce de sensation, et qu'en particulier aucune sensation provenant des objets environnants ne vient remplir la lacune du champ visuel : au contraire, lorsqu'on observe avec exactitude et qu'on applique les moyens nécessaires pour porter l'attention sur la tache aveugle, on constate qu'en cet endroit la sensation fait défaut. Dans la lacune du champ visuel, on ne voit ni clarté, ni couleur, ni obscurité : on ne voit rien, dans l'acception rigoureuse du mot, et ce rien ne peut même pas se manifester sous forme de lacune ou de limite du visible, car, pour être vue, la lacune du champ visuel devrait présenter une qualité quelconque du visible, ce qui n'est pas. Nous ne pouvons en démontrer l'existence que par des résultats négatifs, en observant quels sont les derniers objets que nous pouvons encore voir.

Si nous démontrons ensuite que ces objets ne se touchent pas dans l'espace, nous sommes amenés à reconnaître la lacune, sa position dans l'espace et sa grandeur. Mais comme il faut, à cet effet, une localisation des impressions visuelles, et que celle-ci ne peut être acquise, d'après notre opinion, que par l'expérience, cette détermination de la lacune repose donc, en réalité, sur un jugement : on ne l'aperçoit pas immédiatement.

Il en est, d'ailleurs, tout à fait de même de la lacune plus grande que présente le champ visuel derrière notre dos ; seulement son existence nous est mieux connue que celle de la tache aveugle, parce que nous n'avons jamais eu de moyen sensuel pour la remplir, tandis que la lacune de la tache aveugle est remplie ordinairement d'une manière suffisante par les perceptions de l'autre œil et par les déplacements du regard, ce qui fait qu'elle ne se traduit pas comme un vide. Les limites du champ visuel ne peuvent non plus être déterminées que négativement, en cherchant, à la vision indirecte, quels sont les objets qu'on voit encore et ceux qu'on ne peut plus voir. Regardons-nous, au contraire, un fond uniforme, en tournant, par exemple, l'œil vers l'angle interne et tenant au-devant lui une feuille de papier translucide et éclairée ; alors, vers l'angle externe de l'œil, nous ne voyons plus rien que la surface blanche : il est absolument impossible, dans ces conditions, de dire où finit cette surface éclairée et où commence l'absence de vision. Mais si le papier portait, sur cette limite, une tache obscure ou colorée, nous pourrions immédiatement déterminer la direction dans laquelle nous voyons cette tache. Ici encore, la partie non visible ne peut donc pas se manifester comme limite de la partie visible ni s'en détacher.

Il en est autrement, lorsque nous utilisons nos sensations pour nous représenter les objets. L'espace objectif et les objets qu'il contient ne peuvent pas avoir de trou correspondant à la lacune de notre champ visuel. Nous nous trouvons donc à peu près dans la situation d'une personne qui, à l'aspect d'un tableau taché ou troué, cherche à se figurer ce que le peintre a voulu représenter. S'il y a, sur une des parties secondaires du tableau, une tache telle que la partie absente se devine d'elle-même, c'est à peine si l'observateur aura conscience de la tache ; tout au moins, elle ne l'empêchera nullement de se représenter les objets, et, sous ce rapport, elle est pour lui comme non avenue. Si donc la tache vient à se trouver sur une surface uniformément colorée ou sur un dessin uniforme, l'observateur remplit immédiatement la lacune avec la couleur du fond, à moins d'avoir des motifs tout à fait particuliers de croire que la coloration ou le dessin présentaient une différence en ce point. De même, il complétera l'image sans hésitation et sans incertitude, si la tache cachait une petite partie d'un contour rectiligne ou d'une circonférence. Alors seulement que la tache tombe sur des points importants du tableau ou sur des points dont la signification ne va pas de soi, elle attire l'attention de l'observateur et lui rend plus difficile de compléter l'image qu'il se forme des objets représentés.

Cette comparaison est de nature à élucider la question qui nous occupe, surtout si l'on suppose que, dans un tableau varié et intéressant, la tache soit située sur une partie marginale et indifférente, et que ni sa couleur, ni son intensité, ne soient de nature à attirer l'attention de l'observateur. Alors elle pourra échapper à l'attention tout aussi bien que le fait ordinairement la lacune du champ visuel. La comparaison n'est défectueuse qu'en ce que la tache du tableau est quelque chose de visible, qui peut facilement retenir l'attention dès qu'elle s'y est portée, tandis que la lacune du champ visuel n'a pas la qualité d'une chose visible et que c'est faire violence à nos habitudes acquises que de porter, dans le champ visuel indirect, notre attention sur des phénomènes qui ne se font pas remarquer d'une manière positive. Dans les deux cas, nous utilisons autant que possible les éléments positifs de la sensation pour arriver à nous représenter les objets ; seulement, pour la lacune du champ visuel, l'insuffisance des éléments de la notion se remarque bien plus difficilement que pour la tache du tableau. Aussi Volkmann dit-il avec raison, que nous comblons la lacune du champ visuel par un acte de notre imagination ; seulement il faut ajouter que cet acte d'imagination n'a pas toute l'évidence des notions fournies par les sens, bien qu'il soit plus difficile, dans ce cas que dans d'autres analogues, de s'assurer de l'insuffisance des éléments sensuels. L'un des plus jolis exemples que donne Volkmann de cette restitution par l'imagination, c'est que si l'on amène la lacune sur la page imprimée d'un livre, on croit la voir remplie de lettres que l'on ne peut évidemment pas lire. Cependant ce remplissage ne paraît exister qu'autant que l'on n'a pas constaté, par un examen plus attentif, l'absence totale de perception à l'endroit en question. L'activité de l'imagination ne va donc jamais jusqu'à remplacer et représenter d'une manière positive une sensation absente.

Il nous reste à rechercher quels sont les résultats des mensurations par évaluation oculaire, pour les points voisins de la lacune. — Sous ce rapport, les affirmations des différents observateurs sont très-différentes. Quelques-uns, comme v. Wittich, voient les objets voisins de la lacune venir remplir ce vide, qui paraît les attirer. D'autres, comme E. H. Weber, Volkmann et moi, voient les parties voisines dans leur disposition véritable, aux déformations près que subissent les parties latérales du champ visuel. Chez d'autres enfin, comme Funcke, l'effet est variable, de sorte qu'en changeant un peu les conditions, ils voient tantôt de l'une, tantôt de l'autre de ces manières.

Les différences sont particulièrement nettes dans l'expérience suivante, proposée par Volkmann. — Posons neuf lettres suivant la disposition représentée par la figure 184, et fixons la petite croix en k avec l'œil droit, et à 20 centimètres de distance ; E se trouve alors dans la lacune. Pour mon œil, la grandeur de la lacune est indiquée dans ces conditions par le contour ponctué dont E occupe le milieu. Pour exa-

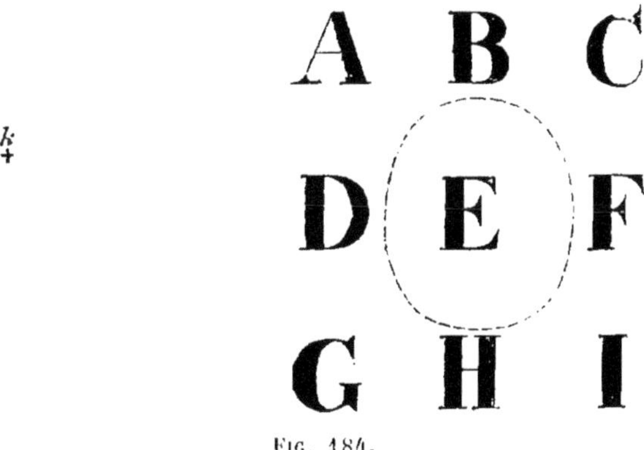

Fig. 184.

miner l'étendue de la lacune et voir si elle n'atteint pas d'autres lettres, on peut placer en E un petit pain à cacheter rouge qu'on promène dans les différents sens jusqu'à ce qu'il commence à apparaître. On peut encore former un dessin analogue à l'aide de pains à cacheter différemment colorés que l'on met à la place des lettres. Sur un dessin comme celui de la figure 184, Volkmann et moi, nous voyons les huit lettres *ABC DF GHI* former les côtés rectilignes d'un carré, conformément à la réalité, le milieu de ce carré étant vide. Wittich, au contraire, au lieu des quatre côtés rectilignes du carré, voit quatre arcs *ABC*, *CFI*, *IHG*, *GDA*, dont la convexité est dirigée vers le centre. Funcke (1) les voit avec la même convexité que Wittich, lorsqu'il n'y a pas, dans le voisinage, d'autres lignes droites avec lesquelles il puisse les comparer ; il les voit droites, comme Volkmann, lorsqu'on mène par k, ou

(1) *Berichte der naturforschenden Gesellschaft zu Freiburg in Brisgau*, III, 3, pp. 12, 13.

entre k et ADG, une droite verticale, ou encore lorsqu'on cache la rangée CFI par un papier blanc.

Pour v. Wittich, une ligne droite, dont le milieu traverse la lacune, paraît raccourcie, tandis que E. H. Weber, Volkmann et moi, nous la voyons dans sa longueur véritable. La surface d'un cercle, dont le bord seul n'est pas caché par la tache aveugle, me paraît aussi grande qu'une surface semblable située du côté nasal du point de fixation et à la même distance. Du reste, conformément à ce que Weber et Volkmann ont déjà annoncé, je crois voir toute la surface présenter la couleur du bord, alors même que ce bord n'est visible que sur une faible largeur. Bien plus, si le cercle est découpé dans une feuille couverte d'une impression serrée, je crois voir toute l'étendue couverte de caractères ; il me faut y porter toute mon attention pour m'assurer que je ne distingue rien au milieu du cercle.

Funcke annonce que, lorsque la lacune tombe sur du papier imprimé, après avoir remarqué deux lettres saillantes de part et d'autre de cette lacune, il croit voir ces lettres se rapprocher l'une de l'autre. Dans ce cas encore, je vois les lettres à leur distance véritable.

Ces contradictions s'expliquent sans doute en remarquant que, pour compléter notre appréciation sur les dimensions du champ visuel, laquelle s'est développée principalement par les mouvements de l'œil, nous tenons encore compte des cercles sensitifs de Weber, surtout pour des objets petits, rapprochés les uns des autres, et pour lesquels le premier mode de jugement donne peut-être des résultats moins parfaits. Lorsque deux points noirs sont situés de part et d'autre du point de fixation, nous ne pouvons pas décider s'ils sont également éloignés de ce point, avec la même exactitude que lorsque les deux points sont situés du même côté du point de fixation, voisins l'un de l'autre, et qu'on voit encore entre eux une partie blanche du fond : on n'hésite plus alors à décider lequel est le plus voisin du point de fixation.

Les deux modes de jugement s'accordent nécessairement dans les autres parties du champ visuel ; mais dans la région de la tache aveugle, les impressions qu'on devrait s'attendre à recevoir entre les points situés de part et d'autre de la lacune, et qui seraient le signe sensuel de leur écartement dans l'espace, viennent à faire défaut. D'une autre part, les mouvements de l'œil nous permettent cependant d'acquérir des expériences exactes sur la position véritable des points situés sur les bords de la lacune et de les reconnaître comme séparés. Aussi est-il possible que des observateurs différents, suivant qu'ils sont habitués à tenir plus de compte de l'un ou de l'autre de ces éléments, soient amenés à des appréciations différentes, et que, pour un seul et même observateur, des circonstances accessoires décident de l'interprétation adoptée.

J'ai déjà fait remarquer qu'en général, dans la vision binoculaire, la lacune de chaque œil est comblée par les perceptions correspondantes de l'autre. Mais, comme l'a fait voir Volkmann, cette règle admet des exceptions. Désignons par a la tache aveugle d'un œil, par α la partie correspondante de l'autre, par b et par β les parties qui entourent respectivement ces points, par A la partie correspondante du champ visuel, par B les parties qui l'entourent; il est facile de faire les expériences suivantes :

1) Si nous regardons avec le premier œil sur un papier blanc, l'autre étant fermé, nos sensations sont :

en a : rien, en b : blanc,
en α : sombre, en β : sombre,

et nous croyons voir

en A : blanc, en B : blanc.

2) Regardons le papier blanc avec les deux yeux, mais en ajoutant un verre bleu devant le second; sensations :

en a : rien, en b : blanc
en α : bleu, en β : bleu

et nous croyons voir

en A : blanc-bleu, en B : blanc-bleu.

3) L'expérience donne un résultat analogue en regardant avec les deux yeux, à travers des verres de différentes couleurs, ce qui produit, dans le champ visuel, un mélange inégal et variable des deux couleurs; dans ce cas encore, A ne se distingue nullement des autres parties du champ.

Dans tous ces cas, où la partie α reçoit le même éclairage que β, nous croyons voir la lacune affecter la couleur du fond, ce qui entraîne ce résultat singulier que la partie A du champ visuel qui, dans un œil, ne provoque aucune sensation et provoque dans l'autre celle du noir ou du bleu, nous apparaît blanche ou blanc-bleu.

4) Regardons une feuille noire, qui porte un cercle blanc correspondant à la lacune a; sensations :

en a : rien, en b : noir
en α : blanc, en β : noir;

nous voyons

en A : blanc, en B : noir.

Si nous tenons, devant le second œil, un verre bleu, il faut évidemment remplacer partout le blanc par le bleu.

5) Regardons un champ blanc, présentant une tache noire qui réponde à la lacune a ; sensations :

en a : rien,	en b : blanc
en α : noir,	en β : blanc

et nous voyons

en A : noir,	en B : blanc.

6) Après avoir maintenu pendant quelque temps la fixation exigée par l'expérience précédente, regardons un autre point de la surface blanche ; nous voyons alors une image accidentelle claire de la tache noire, qui répond également à la lacune. Ainsi la faible différence qui existe entre le blanc un peu plus clair de l'image accidentelle et celui un peu moins vif du fond suffit déjà pour déterminer la sensation visuelle de la lacune. Il peut résulter de là des contradictions apparentes avec l'expérience 3.

7) Je modifie les conditions de l'expérience précédente en tenant devant l'œil ab, un verre vert et devant $\alpha\beta$ un verre rouge ; fixant d'abord de telle manière que la tache noire réponde à la lacune a, je la vois vert-noir, à peu près comme si je la voyais avec la lacune a, à travers le verre vert. Mais, en réalité, c'est une couleur qui se produit dans l'autre œil, en α, par contraste avec le fond rouge β. Lorsqu'après avoir fixé un peu de temps, je fixe ensuite une autre partie du papier, la partie A du champ visuel me paraît rouge pur, comme si je la voyais avec l'œil $\alpha\beta$. Mais, dans ce cas, c'est l'image accidentelle d'un rouge plus clair, résultant de la contemplation préalable du noir, qui distingue α de β et détermine ainsi l'impression.

Il me paraît donc résulter de ces expériences que l'impression reçue en α détermine l'image, au moins lorsque α se distingue nettement de β par son intensité et sa couleur. Cependant, même alors, α n'est pas la seule influence en jeu.

8) Je regarde, d'abord avec ab seulement, un papier gris clair, sur lequel un pain à cacheter blanc répond à la lacune a ; puis j'ouvre l'œil $\alpha\beta$ après l'avoir muni d'un verre rouge. La sensation est alors

en a : rien,	en b : gris,
en α : rouge,	en β : rouge faible ;

je crois voir

en A : blanc-rouge,	en B : rouge gris.

Le rouge qui apparaît en α, lorsque l'œil *ab* est fermé, est incontestablement plus saturé qu'il ne l'est en *A*, lorsque *ab* est ouvert, et cela bien que *a* ne reçoive aucune sensation. Les résultats sont analogues lorsqu'on se sert de verres autrement colorés. La différence devenait encore plus nette lorsque je plaçais, à côté du pain à cacheter blanc, un pain rouge qui, vu à travers le verre rouge, présentait le même aspect que le pain blanc. Mais, aussi longtemps que l'œil est fermé derrière le verre, le pain à cacheter rouge doit être caché par un écran de même couleur que le fond, afin qu'il ne s'en produise pas d'image accidentelle qui aurait pour effet d'en affaiblir le rouge et de le rendre gris au moment de la comparaison.

Dans ce dernier cas, c'est incontestablement l'influence du fond gris en *b* qui nous fait paraître *a* blanchâtre. Tous ces phénomènes peuvent être ramenés à la loi suivante : *Dans la vision binoculaire, la partie* A *qui correspond à la lacune dans le champ visuel nous paraît trancher d'autant plus en clair ou en sombre sur le fond* B, *que nous la voyons réellement plus claire ou plus obscure dans l'autre œil* (α *et* β). La coloration commune du champ visuel $\alpha\beta$ ne se transmet pas à la lacune de l'autre œil ; on considère la différence qui existe entre α et β comme applicable aussi à *a* et *b*. Nous retrouverons des circonstances analogues en parlant du contraste binoculaire.

On a pu se trouver embarrassé par les phénomènes subjectifs qui se présentent précisément à l'entrée du nerf optique, tels que les gerbes lumineuses qui accompagnent les mouvements rapides de l'œil et les cercles clairs ou sombres que produit l'excitation électrique. On ne peut les expliquer qu'en admettant une excitation des parties qui entourent immédiatement le nerf optique. Pour l'excitation électrique, l'explication est sans doute simplement que la partie tendineuse du nerf optique située derrière la sclérotique, conduisant mal l'électricité, rend difficile l'excitation des parties rétiniennes qui sont situées devant elle, ce qui les fait contraster avec le reste du champ visuel. Un courant ascendant, qui éclaire le champ visuel, fait paraître obscure l'entrée du nerf optique, qui conduit mal l'électricité ; un courant descendant, au contraire, qui obscurcit le champ et le rend jaune rougeâtre, donne à l'entrée du nerf un aspect lumineux et bleu.

En ce qui concerne les gerbes lumineuses qui accompagnent les mouvements rapides de l'œil, on ne peut pas démontrer l'exactitude de cette explication, mais cela est possible pour les taches sombres correspondantes, qui apparaissent lorsqu'on tourne fortement les yeux de côté en les portant sur un champ uniformément éclairé. — Si l'on dirige les yeux à gauche, on voit, avec l'œil droit, une tache située à droite du champ visuel, tache dont le bord droit est très-bien limité, tandis que le bord gauche, celui qui est tourné vers le milieu du champ visuel, est très-vague. C'est bien là que se trouve la lacune du champ visuel ; car, si l'on amène la pointe d'un crayon en avant de ce bord interne de la tache sombre, cette pointe disparaît, ce qui n'a pas lieu dans les autres parties de la tache sombre. — Par contre, en portant l'œil gauche à gauche, on voit la tache obscure apparaître entre le point de fixation de cet œil et sa tache aveugle. Ainsi, en tournant les yeux à gauche, on diminue la sensibilité des deux rétines à gauche des nerfs optiques (dans le champ visuel, la tache obscure est à droite). C'est là le côté où le nerf optique, en se tendant sur la sclérotique, l'enfonce probablement un peu, ce qui a pour effet de tirailler la rétine. On peut donc démontrer que ces taches sombres ne répondent pas précisément à l'entrée du nerf optique, mais à son bord. Les phénomènes lumineux du champ obscur occupent sans doute la même position que ces taches sombres, ainsi que cela a lieu pour les phosphènes ; je crois même, en y faisant spécialement attention, avoir constaté que la pointe de l'une des gerbes atteint le point de fixation, comme le fait l'une des taches sombres. — Le lecteur est prié de corriger conformément à ce qui précède, ce qui avait été dit page 270, relativement à la position de ces taches.

Lorsqu'on regarde deux points inégalement éloignés dans le champ visuel et pour lesquels, par conséquent, l'œil ne puisse pas être simultanément accommodé, au moins l'un des deux apparaît sous forme d'image de diffusion. Le cône lumineux qui forme ce cercle de diffusion est limité par l'ouverture de la pupille, et le rayon qui passe par le centre de la pupille coïncide avec l'axe de ce même cône. Si donc les centres des cercles de diffusion de deux points inégalement éloignés, viennent se placer en un même point rétinien a, ou si l'image exacte d'un point coïncide avec le centre du cercle de diffusion de l'autre point, les deux rayons qui, provenant des deux points de l'espace, passent par le centre de la pupille, doivent complétement coïncider, ou le rayon qui passe par les deux points de de l'espace rencontre nécessairement ensuite le centre de la pupille.

Or le centre de la pupille se trouve à l'intérieur du système optique de l'œil, entre la cornée et le cristallin. Par conséquent, les rayons subissent une réfraction avant d'arriver à ce point et une nouvelle déviation après l'avoir traversé.

Les rayons qui partent du centre véritable de la pupille sont réfractés par la cornée de manière à paraître venir de l'image que la cornée donne du centre de la pupille. Inversement, les rayons qui, venus de dehors, convergent vers l'image du centre de la pupille, passent par ce centre lui-même.

Ainsi l'image que la réfraction des rayons par la cornée donne du centre de la pupille, est le point que nous avons désigné sous le nom de *point de croisement des lignes de visée*. Lorsque deux points lumineux se trouvent, en avant de l'œil, sur une ligne droite passant par ce point, les centres de leurs cercles de diffusion coïncident sur la rétine.

J'ai également calculé en millimètres la distance qui sépare de la cornée, le point de croisement des lignes de visée, pour l'œil schématique qui a été calculé page 154.

	ACCOMMODATION	
	POUR LOIN.	POUR PRÈS.
1. Distance du centre de la pupille..........	$3^{mm},6$	$3^{mm},2$
2. Distance de la cornée au point de croisement des lignes de visée..................	3,036	2,661
3. Distance du point de croisement au centre de la pupille.........................	0,564	0,539

Pour déterminer le sommet de l'angle visuel, lorsque l'œil s'accommode chaque fois pour l'objet observé, il faut procéder autrement, parce que les variations de l'accommodation sont accompagnées de déplacements des points nodaux. Voici le moyen le plus simple de trouver ce sommet dans ces conditions.

Supposons que le point A (fig. 185) soit le sommet cherché ; soient DA et CA deux lignes droites qui, passant par ce point, forment des angles égaux avec l'axe

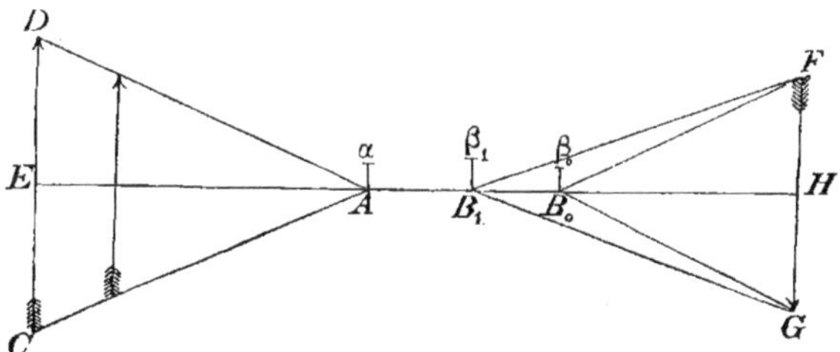

Fig. 185.

optique EA et se trouvent dans le même plan que cet axe. On demande que des objets, tels que les deux flèches dont les extrémités se trouvent sur les lignes DA et CA, donnent tous deux des images rétiniennes égales FG, lorsque l'œil est accommodé exactement pour les extrémités de ces objets. Soient maintenant B_0 l'image de A dans l'œil regardant au loin et B_1 l'image de ce point dans l'œil voyant de près. Si nous considérons les lignes DA et CA comme des rayons, ils se réfractent de telle manière que, dans le corps vitré, ils divergent de B_0 ou de B_1 pour aller respectivement en F et en G.

Qu'on imagine maintenant en A, un petit objet α, perpendiculaire à l'axe, et en B_0, et respectivement en B_1, ses images optiques β_0 et β_1, d'après l'équation 7d) de la page 70, on peut écrire, entre ces images et les angles DAC, FB_0G, FB_1G, la relation

$$n_1\alpha \operatorname{tang} \frac{DAC}{2} = n_2\beta_0 \operatorname{tang} \frac{FB_0G}{2}$$
$$= n_2\beta_1 \operatorname{tang} \frac{FB_1G}{2} ,$$

n_1 et n_2 étant les indices de réfraction de l'air et du corps vitré. Mais comme

$$\operatorname{tang} \frac{FB_0G}{2} = \frac{FH}{HB_0} ,$$
$$\operatorname{tang} \frac{FB_1G}{2} = \frac{FH}{HB_1} ,$$

il vient

$$\beta_0 : \beta_1 = HB_0 : HB_1 .$$

Le sommet cherché de l'angle visuel est donc caractérisé par cette propriété que s'il s'y trouve un petit objet (virtuel) perpendiculaire à l'axe, les changements d'accommodation font augmenter la grandeur de son image proportionnellement à la distance qui sépare cette image de la rétine.

Si l'on calcule la position de ce point en se servant des moyennes des valeurs des constantes optiques indiquées page 154 pour l'œil regardant successivement de près et de loin, on le trouve situé à $2^{mm},942$ de la cornée, de sorte qu'il coïncide presque exactement avec le point de croisement des lignes de visée de l'œil regardant au loin, point que j'ai trouvé tout à l'heure situé à $3^{mm},036$ de la cornée. Aussi, dans les applications pratiques, pouvons-nous considérer ces deux points comme coïncidant, d'autant plus qu'avec le degré d'exactitude avec lequel nous connaissons actuellement les constantes optiques de l'œil, on ne peut pas répondre de différences aussi petites que celles dont il est question ici.

D'après ce qui précède, il serait donc indifférent, relativement à la grandeur de l'angle visuel de l'œil immobile, que l'accommodation se fasse pour les points à observer ou pour l'infini.

La différence entre l'angle formé par les lignes menées de deux points extérieurs au point nodal de l'œil et celui compris entre les lignes menées des mêmes points au centre de rotation de l'œil, a été nommée par Listing (1) *parallaxe entre les positions apparentes des objets dans la vision directe et dans la vision indirecte.* Je préférerais, dans cette dénomination, prendre pour sommet du premier de ces deux angles le point d'intersection des *lignes de visée* (2), parce que deux points de l'espace ont la même position, dans la vision indirecte, lorsqu'ils se trouvent sur la même ligne de visée.

(1) Beitrag zur physiologischen Optik, Göttingen, 1845, p. 14-16.

(2) LISTING nomme lignes de visée les lignes menées de l'objet au centre de rotation de l'œil.

Cette parallaxe est nulle lorsque les objets sont à l'infini ; car, pour des objets infiniment éloignés, les deux angles à comparer ont leurs côtés parallèles chacun à chacun. Si un seul des objets est à l'infini, le parallaxe en question indique de combien l'objet le plus rapproché paraît se déplacer devant un fond infiniment éloigné, lorsqu'on dirige le regard sur cet objet.

Afin de pouvoir, dans ce cas qui est relativement le plus simple, comparer la grandeur de la parallaxe en question avec les inexactitudes de l'accommodation,

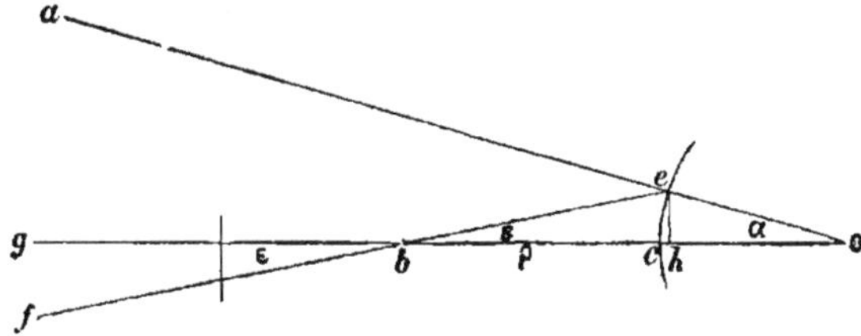

Fig. 186.

soient o (fig. 186) le centre de rotation de l'œil, $oc = oe = \sigma$ la distance du point d'intersection des lignes de visée. Supposons que l'objet le plus éloigné soit situé sur oa, soit b l'objet le plus voisin ; lorsqu'on fixe directement b, ce point paraît être sur bg et il masque les parties du fond infiniment éloigné qui se trouvent sur cette direction. Mais si l'on fixe suivant la direction oa, le point d'intersection des lignes de visée se trouve en e, et b apparaît sur la direction ef. L'angle $ebc = fbg = \varepsilon$ est donc la parallaxe entre la vision directe et la vision indirecte. Désignant par ρ la distance entre b et c, on a

$$\text{tang } \varepsilon = \frac{eh}{hb} = \frac{\sigma \sin \alpha}{\rho + \sigma (1 - \cos \alpha)}.$$

Soient P le diamètre de la pupille à travers le cristallin, H la distance du foyer antérieur au point d'intersection des lignes de visée ; d'après l'équation 1b) de la page 135, on obtient, pour le diamètre p du cercle de diffusion de b, dans un œil accommodé pour loin,

$$p = \frac{P \, . \, H}{\rho},$$

et si nous nommons η l'angle sous lequel le rayon du cercle de diffusion paraît projeté sur le fond situé à l'infini et f la distance du point nodal de la cornée au foyer postérieur, on a

$$\text{tang } \eta = \frac{p}{2f} = \frac{P \, . \, H}{2\rho \, . \, f};$$

dans la valeur de tang ε, négligeant σ ($10^{mm},5$) à côté de ρ (distance de l'objet), on a

$$\text{tang } \varepsilon = \frac{\sigma \sin \alpha}{\rho},$$

et, par conséquent, $\eta > \varepsilon$, tant qu'on a

$$\frac{PH}{2\sigma f} > \sin \bar{\alpha}.$$

Mais d'après les valeurs indiquées plus haut pour l'œil regardant au loin,

$$H = 15,869 \text{ millimètres},$$
$$f = 15,007 \quad —$$
$$\sigma = 10,521 \quad — \quad ;$$

P peut osciller entre 3 et 6 millimètres environ; pour la première de ces valeurs on a

$\alpha < 8°,40$, et pour la seconde, $\alpha < 17°,33$.

Tant que le mouvement de l'œil n'est pas plus grand que ces valeurs de l'angle α, le déplacement qui accompagne le passage de la vision directe à la vision indirecte n'est pas plus grand que le rayon du cercle de diffusion sous lequel on voit le point le plus rapproché.

Si l'on considère, en même temps, l'excessive confusion de la vision indirecte à 8° du point de regard, on comprendra pourquoi ce n'est qu'exceptionnellement, lorsque, par exemple, un point très-brillant apparaît derrière le bord d'un écran obscur, que nous remarquons la modification de l'image qui accompagne les mouvements de l'œil.

Je vais encore citer deux pièces importantes pour l'intelligence des phénomènes visuels : ce sont les observations faites par Cheselden et par Wardrop sur deux aveugles-nés auxquels ces opérateurs rendirent la vue à un âge relativement avancé.

Cheselden avait opéré un garçon de treize ans, porteur de cataractes congénitales très-opaques. — Voici ce qu'il rapporte (1) sur la manière dont ce garçon distinguait les formes : « Dans les premiers temps, loin d'être en état d'apprécier les distances, il s'imaginait que tous les objets qu'il voyait touchaient ses yeux, de même que les objets sentis sont au contact de la peau. Ce qu'il aimait le mieux, c'étaient les objets lisses et réguliers (soit à cause de leur brillant, soit parce que l'analyse de leur impresion visuelle est plus simple et plus facile ?) bien qu'il ne sût pas se faire une idée de leur forme, ni se rendre compte de ce qui lui plaisait dans un objet. Il ne se faisait pas d'idée de la forme des objets et ne les reconnaissait pas, quelles que fussent leurs différences de forme et de grandeur; mais quand on lui désignait les objets qu'il avait reconnus d'abord à l'aide du toucher, il les consid érait très-attentivement, afin de les reconnaître plus tard. A cause du nombre considérable de choses qu'il avait à apprendre à la fois, il en

(1) *Phil. Transact.*, 1728, XXXV, p. 447-450. — SMITH, Optics, Remarks, p. 27.

oubliait beaucoup et, comme il disait, il apprenait à connaître et oubliait de nouveau mille choses en un jour..... Ainsi, par exemple, après avoir souvent confondu le chien et le chat, il n'osa pas s'informer de nouveau à ce sujet; mais on le vit attraper le chat, qu'il reconnaissait par le toucher, puis, après l'avoir examiné attentivement, le relâcher en disant : « Va, Minet, je te reconnaîtrai à l'avenir ». On crut d'abord qu'il n'avait pas tardé à comprendre ce que représentaient des images qu'on lui montrait, mais on s'aperçut par la suite qu'on s'était trompé : il remarqua subitement que les tableaux représentent des corps solides; jusque-là, il ne les avait considérés que comme des plans couverts de différentes couleurs. Ce qui ajouta à sa surprise, c'est qu'il s'attendit alors à ce que les tableaux lui présentassent, au toucher, la même sensation que les objets représentés, et son étonnement fut extrême en remarquant que les parties que les effets d'ombre et de lumière faisaient paraître rondes et inégales, semblaient unies à la main, comme le reste. Il demandait quel était le sens qui le trompait, si c'était le toucher ou la vue.

» Lorsqu'on lui montra le portrait de son père dans un médaillon de la montre de sa mère, en lui disant ce que c'était, il en reconnut la ressemblance, mais il témoigna une grande surprise; il demanda comment on avait pu représenter une figure si grande dans un espace si restreint, ajoutant que cela lui aurait paru tout aussi impossible que de mettre le contenu d'un boisseau dans une pinte.

» Au commencement, il supportait difficilement la lumière et tout ce qu'il voyait lui paraissait d'une grandeur démesurée; en voyant des objets plus grands, il reconnut que ceux qu'il avait vus d'abord étaient plus petits, parce qu'il ne pouvait pas se représenter de lignes en dehors de l'étendue qu'il voyait; il savait bien, disait-il, que la chambre dans laquelle il se trouvait n'était qu'une partie de la maison, mais il ne pouvait pas concevoir comment la maison entière pouvait paraître plus grande que la chambre.....

» Une année après qu'il eût recouvré la vue, on le conduisit sur les dunes d'Epsom; l'aspect du vaste panorama qu'on en découvre lui fit un plaisir extrême : c'était, disait-il, une nouvelle vue.

» Lorsqu'on lui opéra le second œil, il dit qu'avec cet œil les objets lui paraissaient très-grands, mais moins, cependant, qu'ils n'avaient fait d'abord pour l'autre œil. Quand il regardait le même objet avec les deux yeux, il le trouvait deux fois plus grands qu'en employant celui qui avait été opéré d'abord, mais, autant qu'on put en juger, il ne vit jamais double ».

Il faut faire remarquer ici que, quelque opaque que fût le cristallin, l'aveugle n'en avait pas moins été toujours en état d'apprendre comment il devait diriger les yeux pour recevoir du soleil la sensation la plus brillante, c'est-à-dire, pour regarder le soleil. On ne pouvait donc pas le considérer comme complétement inexpérimenté dans l'appréciation de la position des objets d'après la direction du regard. Il est même invraisemblable que le cristallin diffuse jamais la lumière d'une manière assez uniforme dans toutes les directions, pour que les parties de rétine voisines de l'endroit où devrait se former le foyer des rayons ne soient pas un peu plus fortement éclairées que le reste de cette membrane. Cela doit pouvoir suffire pour la production d'un certain degré, très-imparfait et très-inexact, il est vrai, de localisation dans le champ visuel, et J. Ware (1) a constaté qu'il en était réellement ainsi dans un cas analogue. Cet observateur a trouvé que des enfants atteints de cataracte pouvaient reconnaître, non-seulement la couleur d'objets colorés qu'on amenait près de leurs yeux, mais encore, jusqu'à un certain point, la distance. Un garçon de sept ans, opéré par Ware, se montra tout d'abord plus adroit et plus à son aise que le malade de Cheselden. Il est très-intéressant de suivre, dans l'observation qu'on a vue plus haut, l'influence si manifeste de l'éducation sur la production des perceptions visuelles.

Wardrop (2) a communiqué le cas, encore plus remarquable sous certains rapports, d'une dame de quarante-six ans qui était née aveugle, probablement par suite de cataractes aux deux yeux. A l'âge de six mois, elle avait subi à Paris une opération à la suite de laquelle l'œil droit avait été complétement perdu et la pupille de l'œil gauche avait subi une occlusion complète, au point de n'avoir laissé d'autres traces que quelques traînées d'exsudats jaunes qui s'étaient répandus irrégulièrement sur le milieu de l'iris. Cette dame était donc bien plus aveugle que ne le sont ordinairement les individus atteints de cataracte, et ne pouvait guère distinguer, de la lumière et de sa direction, plus que nous ne pouvons faire avec les paupières fermées. Elle savait distinguer une chambre très-éclairée d'avec une chambre obscure, sans reconnaître pourtant la position de la fenêtre qui donnait accès à la lumière; cependant, à la clarté du soleil ou de la pleine lune, elle reconnaissait la direction d'où venait la lumière.

Le 26 janvier 1826, on essaya en vain d'exciser les exsudats qui bouchaient la pupille. Le 8 février suivant, on fit, à travers l'iris, une incision qui laissa pénétrer largement la lumière dans l'œil; mais derrière l'ouverture, il restait une masse non transparente. Pendant la faible inflammation qui s'ensuivit, la patiente était très-sensible à la lumière; on remarqua qu'elle cherchait souvent à voir ses mains. Enfin, le 17 février, on agrandit l'ouverture de l'iris et l'on enleva les masses opaques situées plus en arrière, ce qui finit par rétablir la vision. Je vais citer ici les parties les plus intéressantes du rapport de Wardrop :

« Après l'opération, elle retourna chez elle, en voiture, avec un simple bandeau flottant devant l'œil; la première chose qu'elle remarqua, fut une voiture de louage qui passait; elle s'écria : « Quel est ce grand objet qui vient de passer à côté de nous ? » Dans le courant de la soirée, elle pria son frère de lui faire voir sa montre, au sujet de laquelle elle montra une grande curiosité; elle la regarda longtemps, en la tenant près de l'œil. On lui demanda ce qu'elle voyait, et elle répondit qu'un côté était obscur, tandis que l'autre était clair; elle montra le chiffre XII et sourit. Son frère lui demanda si elle voyait quelque chose de plus; elle répondit que oui, et montra le chiffre VI et les aiguilles. Elle regarda ensuite la chaîne et les cachets et remarqua que l'un des cachets était clair, et il était effectivement en cristal de roche. Le lendemain, je la priai de regarder de nouveau la montre; elle refusa en

(1) J. Ware, Case of a young gentleman who recovered his sight, when seven years of age, in *Phil. Trans.*, 1801, XCI, p. 382-396.

(2) J. Wardrop, Case of a lady born blind, who received sight at an advanced age by the formation of an artificial pupil, in *Phil. Trans.*, 1826, III, 529-540.

alléguant que la lumière lui faisait mal à l'œil et qu'elle se trouvait stupide ; elle voulait dire par là qu'elle était embarrassée en présence du monde visible qui lui apparaissait pour la première fois. Le troisième jour, elle remarqua des portes de l'autre côté de la rue et demanda si elles étaient rouges : en réalité, elles étaient couleur de chêne. Le soir, elle regarda la figure de son frère et dit qu'elle voyait son nez; il lui dit de lui toucher le nez, ce qu'elle fit; il se couvrit alors la figure d'un mouchoir et la pria de le regarder encore; elle enleva plaisamment le mouchoir et dit : Qu'est-ce cela signifie ?

» Le sixième jour, elle dit qu'elle voyait mieux que les jours précédents ; mais, disait-elle, je ne puis pas dire ce que je vois, je suis tout à fait stupide. Elle paraissait, en réalité, stupéfaite de ne pas pouvoir combiner les perceptions du toucher avec celles de la vue et se trouva désappointée de ne pas pouvoir distinguer immédiatement par la vue des objets qu'elle distinguait si facilement par le toucher.

» Le septième jour, elle remarqua l'hôtelière chez laquelle elle logeait et dit qu'elle la trouvait grande. Elle demanda quelle était la couleur de sa robe : on lui répondit qu'elle était bleue. « Ce que vous avez sur la tête, dit-elle, est de la même couleur », ce qui était vrai ; « et votre mouchoir est d'une autre couleur », ce qui était également vrai. Elle ajouta : « Je vous vois assez bien, je pense ». On lui montra des tasses à thé et des soucoupes; son frère lui demanda ce que c'était. « Je ne sais pas, répondit-elle, cela paraît très-bizarre ; mais, en y touchant, je » vous dirai aussitôt ce que c'est ». Elle vit une orange sur la cheminée, mais elle ne put pas se figurer ce que c'était, avant de l'avoir touchée. Elle paraissait plus gaie et commençait à concevoir de plus grandes espérances sur les avantages que lui procurerait son entrée dans le monde visible ; elle comptait fermement qu'elle pourrait faire plus facilement usage de ses facultés nouvellement acquises lorsqu'elle serait de retour chez elle, où tous les objets lui étaient familiers.

» Le huitième jour, à table, elle demanda à son frère de lui nommer ce qu'il tenait à la main; et en apprenant que c'était un verre de vin de Porto, elle répondit : « Le porto est foncé et me paraît très-laid ». Lorsqu'on apporta les bougies, elle remarqua, dans la glace, la figure de son frère et celle d'une dame présente; elle put aussi, pour la première fois, aller seule de sa chaise à un canapé placé à l'autre extrémité de la chambre et revenir à la chaise. Au thé, son attention fut attirée par la vaisselle; elle remarqua l'éclat de la porcelaine et demanda « quelle est la couleur le long des bords ». On lui dit que c'était jaune, elle répondit : « Je reconnaîtrai cette couleur ».

» Le neuvième jour, en descendant pour déjeuner, elle était de très-bonne humeur ; elle dit à son frère : « Aujourd'hui, je te vois très-bien ». Elle alla au-devant de lui et lui donna une poignée de main. Elle remarqua aussi un écriteau d'appartement à louer, à la fenêtre d'une maison située en face; son frère, pour s'en convaincre, la ramena trois fois à la fenêtre et à chaque fois il eut la surprise et la satisfaction de lui voir indiquer sans hésitation l'écriteau.

» Elle passa une grande partie du onzième jour à regarder par la fenêtre ; elle parla très-peu.

» Le douzième jour, on lui conseilla de sortir, ce qui lui fit beaucoup de plaisir... Son frère l'accompagna pour la conduire et lui fit faire deux fois le tour des colonnades de Coventgarden. Elle parut très-étonnée, mais évidemment très-joyeuse; le ciel bleu et clair attira son attention; elle dit : « C'est la plus belle chose que j'aie encore vue et il me paraît toujours également beau toutes les fois que je le regarde ». Elle distingua bien la chaussée d'avec le trottoir et passa de l'un à l'autre comme quelqu'un qui serait habitué à l'usage de ses yeux. Sa grande curiosité et la manière dont elle restait en arrêt devant les différents objets en les montrant, attirèrent l'attention de la foule, ce qui contraignit son frère à la faire bientôt rentrer, à son grand regret.

» Le treizième jour, il ne se passa rien de particulier jusqu'au moment du thé, où elle remarqua que le service était différent, moins joli que le précédent, et qu'il avait un bord foncé, ce qui était exact. Son frère l'engagea à regarder dans la glace et lui demanda si elle l'y voyait; elle répondit avec une déception visible : « C'est ma propre figure que j'y vois, laisse-moi tranquille ».

» Le quatorzième jour, elle fit, en voiture, un trajet de quatre milles sur la route de Wandsworth, admira surtout le ciel et les champs, remarqua les arbres et aussi la Tamise, au passage du pont de Vauxhall. Il faisait un soleil très-brillant et elle disait que quelque chose l'éblouissait lorsqu'elle regardait vers l'eau.

» Le quinzième jour étant un dimanche, elle alla à une chapelle située à quelque distance; elle voyait évidemment plus distinctement qu'auparavant, mais elle paraissait plus troublée que lorsque sa vision était moins parfaite. Les personnes qui passaient sur le trottoir l'effrayaient; en voyant passer un monsieur avec un gilet blanc et un habit bleu à boutons jaunes qui brillaient au soleil, elle fit un tel soubresaut qu'elle attira en bas du trottoir son frère qui l'accompagnait. Elle reconnut que le prédicateur agitait ses mains sur la chaire et qu'il y tenait quelque chose; c'était un mouchoir blanc.

» Le seizième jour, elle sortit en voiture pour faire une visite dans un quartier éloigné de la ville; le mouvement des rues parut l'amuser beaucoup. Comme on lui demanda ce qu'elle voyait ce jour-là, elle répondit : « Je vois une foule » de choses, si seulement je pouvais dire quoi, mais certainement, je suis bien » stupide ».

» Le dix-septième jour, il ne se passa rien de particulier; et lorsque son frère lui demanda comment elle se trouvait, elle répondit : « Je vais bien, et je vois de » mieux en mieux : mais ne me tourmente pas à force de questions, jusqu'à ce » que j'aie un peu mieux appris à me servir de mon œil. Tout ce que je puis dire, » c'est que tout ce que je vois m'apprend qu'il s'est produit un grand changement; » mais je ne puis pas décrire ce que je ressens ».

» Dix-huit jours après la dernière opération, je cherchai à étudier, par quelques expériences, l'exactitude de ses notions de couleur, de grandeur, de forme, de position, de mouvement et de distance des objets extérieurs. Comme elle ne pouvait voir qu'avec un œil, il n'y avait pas lieu d'étudier la question de diplopie. Elle reconnaissait évidemment la différence des couleurs, c'est-à-dire qu'elle recevait et sentait des impressions différentes en regard des couleurs différentes. En lui présentant des carrés de papier de différentes couleurs, de 1″ 1/2 de côté, non-seulement elle les distingua immédiatement les uns des autres, mais elle donna encore une préférence marquée à certaines couleurs; le jaune lui plaisait le mieux, puis le rose pâle. Il faut encore remarquer ici que lorsqu'elle voulait examiner un objet, elle éprouvait beaucoup de difficulté à y porter le regard et à en découvrir la position ; elle déplaçait, dans différents sens, ses mains en même temps que ses yeux, comme une personne dont on a bandé les yeux, ou qui se trouve dans l'obscurité, fait pour tâcher de saisir les objets. Elle distinguait les uns des autres les grands et les petits objets lorsqu'on les lui présentait ensemble pour les comparer. Elle dit qu'elle voyait des formes différentes pour différents objets qu'on lui montrait. On lui demanda d'indiquer ce qu'elle entendait par différentes formes, comme, par exemple, des formes longues, rondes, carrées, en les dessinant du doigt, sur sa main ; puis on lui présenta les formes indiquées et elle les reconnut exactement. Non-seulement elle distinguait les grands et les petits objets, mais elle avait aussi parfaitement la notion de haut et de bas. Pour s'en assurer, on lui présenta une figure dessinée avec de l'encre, et qui était large d'un bout et étroite de l'autre ; elle reconnut la position telle qu'elle était et non pas renversée. Elle remarquait aussi les mouvements ; on plaça, en effet, devant elle, un verre d'eau sur la table et on l'éloigna vivement au moment où elle voulait le saisir : elle dit aussitôt : « Vous le déplacez, vous le retirez ».

» Ce qui parut lui présenter la plus grande difficulté, c'était d'apprécier la distance des objets ; pour prendre un objet placé tout près de son œil, il lui arrivait d'allonger le bras, tandis que, dans d'autres circonstances, elle cherchait tout près de sa figure des objets très-éloignés.

» Elle apprit avec facilité les noms des différentes couleurs, et deux jours après qu'on lui eût montré les papiers colorés, elle remarqua, en entrant dans une chambre de couleur cramoisie, que la tenture en était rouge. Elle remarqua aussi quelques tableaux suspendus au mur rouge de la chambre où elle était assise et elle y distingua quelques figures, sans savoir ce qu'elles représentaient ; elle admira les cadres dorés...

» Il faut encore remarquer ici que, par l'exercice de la vue, elle n'avait encore acquis qu'une notion bien imparfaite de quelques formes ; elle était incapable d'appliquer les renseignements fournis par ce nouveau sens et de les comparer avec ceux qu'elle avait coutume d'acquérir par le toucher. C'est ainsi qu'après avoir distingué parfaitement au toucher un porte-crayon d'argent et une grande clef, tout en les voyant tous deux lorsqu'on les eut mis sur la table, elle fut hors d'état de les reconnaître l'un de l'autre.

» L'histoire de cette dame ne présenta plus rien qui fût digne d'être mentionné, jusqu'au vingt-cinquième jour après l'opération. Ce jour-là elle se promena une heure en voiture à Regent's-Park ; elle parut s'y divertir plus que d'habitude et fit plus de questions sur les objets environnants : « Qu'est-ce ceci ? » On lui répondit que c'était un soldat. « Et ceci ? Regardez donc ! » C'étaient des bougies de diverses couleurs, dans un étalage. « Qu'est-ce qui vient de passer à côté de nous ? » C'était un homme à cheval. « Mais qu'est-ce que ce rouge sur le trottoir ? » C'étaient des dames qui portaient des châles rouges. Lorsqu'elle entra dans le parc, on lui demanda ce qu'elle voyait le mieux, ou si elle pouvait deviner la nature de quelques-uns des objets qui s'y trouvaient. « Certainement, répondit-» elle, voici le ciel, voici l'herbe ; là-bas, il y a de l'eau et deux objets blancs ; »

c'étaient deux cygnes. En revenant par Piccadilly, les boutiques de joailliers parurent l'étonner beaucoup, et ses remarques excitèrent un rire joyeux parmi les personnes qui l'accompagnaient.

» Depuis cette époque jusqu'à son départ de Londres, le 31 mars, six semaines après l'opération, elle acquit presque tous les jours de nouvelles connaissances sur le monde visible, mais il lui restait encore beaucoup à apprendre. Elle connaissait assez exactement les couleurs, leurs différentes nuances et leurs noms; et lorsqu'elle vint me faire sa visite d'adieu, elle portait une robe, la première qu'elle eût chosie elle-même, dont la couleur d'un pourpre clair paraissait lui faire un plaisir extrême, ainsi que son chapeau qui était orné de rubans rouges. Elle était encore loin d'avoir acquis aucune connaissance exacte des formes ou des distances, et tous les objets qu'elle voyait continuaient à la mettre dans une grande perplexité. Elle ne pouvait non plus, sans grande difficulté et sans un grand nombre d'essais infructueux, diriger son œil vers un objet; de sorte que lorsqu'elle voulait regarder quelque chose, elle tournait la tête dans différents sens jusqu'à ce que son œil eût saisi l'objet qu'elle cherchait. Elle nourrissait encore l'espoir, qu'elle avait manifesté peu après l'opération, qu'à son retour chez elle, elle aurait une connaissance plus exacte et plus intelligible des objets extérieurs, et qu'en regardant les objets qui lui avaient été si longtemps familiers par le toucher, le trouble qu'occasionnait chez elle la diversité des objets diminuerait considérablement. »

Ici s'arrête la relation de Wardrop. — Il faut remarquer que, déjà plusieurs jours avant la dernière opération, la patiente s'était efforcée de voir ses mains, bien qu'elle n'eût pas encore complétement recouvré la vue; par ce moyen, elle pouvait donc bien avoir appris à les reconnaître dans le champ visuel et à suivre leurs mouvements avec le regard. De plus, elle pouvait avoir appris auparavant à diriger sa vue vers le soleil, et acquérir ainsi, jusqu'à un certain point, la faculté de diriger le regard et de reconnaître vaguement d'où venait la lumière qui excitait son œil. Les images optiques formées sur sa rétine paraissent avoir été assez bonnes, puisqu'elle était en état de distinguer les chiffres et les aiguilles d'une montre, un écriteau de location à une fenêtre située de l'autre côté de la rue, et, en passant en voiture, des bougies, des bijoux dans les étalages des boutiques. Les premiers objets qu'elle apprit à reconnaître comme tels étaient, soit mobiles, tels que des personnes, soit remarquables par leurs couleurs, comme des portes rougeâtres, une orange, les vêtements d'une femme. Il est, du reste, également remarquable combien les enfants nouveau-nés apprennent plus rapidement à distinguer et à suivre du regard les personnes et leurs figures que les autres objets. Les personnes attirent naturellement bien plus l'intérêt que le reste et se distinguent essentiellement des autres objets du champ visuel, par le genre de mouvements qu'elles exécutent. Par ces mouvements, elles sont caractérisées comme un tout cohérent, et le visage, sous forme de tache blanc rougeâtre, avec les deux yeux brillants, est assurément une partie de cette image qui doit être facilement reconnaissable, même lorsqu'on ne l'a pas encore vu souvent.

Quant à la faculté de distinguer des formes, point qui nous intéresserait spécialement ici, il est évident que, dans un cas de ce genre, la principale difficulté doit consister à connaître les projections perspectives variables des objets solides. En effet, l'aveugle ne se fait évidemment aucune idée de la possibilité d'une semblable projection. Mais il résulte de quelques passages de la relation que la dame ne savait même pas reconnaître des formes qui n'étaient pas modifiées par la perspective, comme, par exemple, le porte-crayon et la clef. Vue de face, cette dernière, avec son panneton et son anneau, devait se dessiner sur la rétine, sous la forme qu'elle présente au toucher. S'il existait donc une faculté innée de reconnaître les formes des images rétiniennes, telle que l'exige la théorie nativistique, l'anneau et le panneton auraient dû permettre de reconnaître la clef. Dans le même sens, j'insisterai sur l'incapacité, souvent mentionnée par Wardrop, de porter le regard ou la main sur un objet vu indirectement. Si l'on connaissait déjà, par une notion innée, la direction des lignes qui joignent l'image centrale aux images latérales de la rétine, il n'aurait sans doute pas été bien difficile de promener le regard le long de la ligne de jonction, en suivant les images qui s'y forment, de manière à atteindre finalement le point cherché.

Je crois qu'il ne faut pas attacher grande valeur à l'objection qui consisterait à dire que cette dame, dix-huit jours après l'opération, savait distinguer les formes simples. En promenant le regard suivant le périmètre d'un cercle, d'un rectangle allongé ou d'un carré, on doit sans doute pouvoir apprendre bientôt, dans des conditions analogues, à distinguer un contour rectiligne d'avec un autre qui ne l'est pas, à reconnaître un angle, à savoir si le regard se dirige de haut en bas ou de droite à gauche, etc.; ce qui suffirait pour reconnaître les figures dont nous avons parlé. A cet effet, il est seulement nécessaire de promener le regard le long d'un contour continu, ce qui est évidemment plus facile que de le diriger vers un objet situé dans une partie latérale du champ visuel. On peut expliquer de la même manière que la dame ait reconnu le nez, comme une proéminence sur la tache rougeâtre que formait le visage de son frère dans le champ visuel. Quant à la montre qu'elle examina le premier soir, elle la tenait à la main et la reconnaissait, par conséquent, à l'aide du toucher; elle n'avait pas désigné comme tels les chiffres et les aiguilles; elle avait seulement remarqué que ces parties se reconnaissaient à la vue, tandis qu'elles échappaient au toucher, lorsque le doigt se promenait sur le verre. Il lui était possible de montrer ces parties en amenant l'image de son doigt, qu'elle connaissait déjà, jusqu'à l'image de ces objets obscurs.

D'un autre côté, la rapidité avec laquelle la patiente apprit à voir certaines choses me paraît avoir été trop grande pour donner lieu de croire que les signes locaux des points rétiniens sont des signes discontinus et sans ordre, pour lesquels il faudrait d'abord apprendre, par l'expérience, quels sont les signes locaux qui appartiennent à des points rétiniens voisins. Mais si les signes locaux sont des grandeurs variant d'une manière continue sur le champ de la rétine, les points rétiniens voisins doivent être caractérisés comme tels dans la sensation, sans aucune expérience préalable. Ce n'est que s'il en est ainsi, que la sensation d'une partie de surface rétinienne éclairée peut être immédiatement perçue comme éclairage d'une surface continue dans le champ visuel, sans qu'il soit besoin d'une expérience préalable pour apprendre que les signes locaux des fibres excitées de la rétine appartiennent à des extrémités nerveuses contiguës, et non pas à des éléments disséminés dans le champ (1).

La question de savoir si la connaissance des dimensions dans le champ visuel est innée ou acquise a été chaudement discutée par les sensualistes du siècle dernier. MOLYNEUX souleva la question de savoir si un aveugle-né qui a appris à distinguer, par le toucher, un cube d'une boule, pourrait les distinguer immédiatement par la vue, s'il recouvrait ce sens. MOLYNEUX et LOCKE (2) se déclarèrent tous les deux pour la négative. JURIN (3) fut du même avis, en ajoutant toutefois que s'il était permis à l'aveugle-né de regarder les dés et les boules suivant différentes directions, il pourrait les distinguer, parce que les dés présenteraient des images variables tandis que les boules présenteraient toujours la même image. Cette opinion, d'après laquelle toute connaissance de forme, dans les perceptions visuelles, reposerait sur l'expérience et sur la comparaison avec le toucher, fut généralement admise pendant le siècle dernier, en tant qu'on s'occupa, en général, de cette question. Plus tard, sous l'influence de la théorie de KANT, qui considère l'espace comme une forme innée de notre perception, JOHANNES MÜLLER (4) émit l'opinion contraire. D'après lui, le toucher et la vue reposent sur les mêmes notions fondamentales de la situation de nos propres organes dans l'espace. Il part donc de l'hypothèse d'une connaissance innée des dimensions des parties sensibles de la rétine et de leur disposition, connaissance d'où résulteraient immédiatement dans la sensation les mensurations primitives de l'image superficielle que nous voyons. D'après lui, l'extérioration, l'appréciation des distances, la forme solide des objets seraient seules des résultats de l'expérience. Extériorer, c'est, d'après J. MÜLLER, concevoir les objets comme situés en dehors de nous. Or nous voyons, à chaque instant, des parties de notre corps qui se représentent sur notre rétine, nous nous assurons qu'elles font partie de nous-mêmes, et que leurs mouvements dépendent immédiatement de notre volonté. Les autres objets que nous voyons sont variables, et nous les considérons, par conséquent, comme n'appartenant pas à notre corps, ou situés en dehors de lui. Nous apprenons ultérieurement à réunir, dans notre représentation, les deux localisations obtenues par le toucher de la peau et par la vision de la rétine. Cependant J. MÜLLER reconnaît que cela doit paraître étonnant au point de vue de sa théorie ; il compare cet effet d'expérience avec les perceptions que nous obtenons par l'effet simultané du toucher et de l'aspect de notre corps dans un miroir (par exemple lorsqu'on se rase). Quant au problème de la vision droite malgré la position renversée de nos images rétiniennes, d'après MÜLLER tous les objets nous paraissent réellement renversés, et s'il ne se présente pas de contradiction, c'est que notre propre corps et toutes les parties que nous en reconnaissons par le toucher nous paraissent également renversés. Ainsi, d'après cette opinion, notre faculté de représentation ne projette pas les images dans l'espace extérieur, mais l'espace de nos notions est en nous, et c'est là que nous reportons les perceptions des objets. UEBERWEG (5) a développé d'une manière encore plus approfondie ce côté de la théorie de MÜLLER, tandis que HERING (6) fait de cet espace notionnel un espace à trois dimensions et a ajouté, pour déduire de nos notions cette troisième dimension, des hypothèses particulières dont il ne pourra être question que dans les paragraphes suivants. Ce dernier, dans son chapitre de la stéréoscopie monoculaire, soutient l'opinion d'après laquelle la rétine se conçoit elle-même dans l'espace, et va jusqu'à prétendre que la distance même de ses points est appréciée d'après la corde rectiligne et non d'après l'arc. On a déjà vu plus haut que cette opinion ne peut servir à l'explication des illusions d'optique qu'elle a pour objet d'expliquer ; elle me paraît également en contradiction avec l'hypothèse des §§ 118 et 124 du même ouvrage,

---

(1) Autres cas : GRANT, in *Voigt's Magaz.*, IV, 1, p. 21. — HOFBAUER, *Beiträge*, II, 2, p. 249. — WARE, in *Phil. Trans.*, 1801, p. 332. — HOME, in *Phil. Trans.*, 1807, I, p. 834 ; *Bibl. Britann.*, 1808, XXXVII, p. 85. — TRINCHINETTI, in *Arch. des sc. phys. et nat. de Genève*, VI, 336 ; *Giorn. d. ist. Lomb.*, 1847, fasc. 46 e 47.

(2) Essay concerning human understanding, II, ch. 9, § 8. — BERKELEY, New Theory of vision, 1709, section 79.

(3) SMITH's Opticks, Remarks, p. 27. — De même, PRIESTLEY, Geschichte der Optik, II, 512 der deutschen Uebersetzung.

(4) Zur vergleichenden Physiologie des Gesichtsinns, Leipzig, 1826. — Handbuch der Physiologie des Menschen, Coblenz, 1840, II, p. 362.

(5) *Zeitschrift für rationelle Medicin*, 3, V, p. 268-282.

(6) Beiträge zur Physiologie, Leipzig, 1864.

d'après laquelle le lieu apparent des points vus d'une manière concordante et identique avec les deux rétines serait un plan.

Les opinions d'après lesquelles ce serait par une faculté innée que nous projetterions les images suivant des lignes extérieures déterminées s'appuient également sur l'hypothèse d'une connaissance immédiate des distances sur la rétine, qui servirait de base à la distribution des points dans le champ visuel. PORTERFIELD (1) et BARTELS (2) ont fait faire ces projections suivant des normales aux rétines, VOLKMANN (3) fait jouer ce rôle aux lignes de direction, c'est-à-dire à des lignes qui passent par les points nodaux postérieurs. Ainsi ces deux opinions admettent le secours de connaissances innées, tout au moins pour l'appréciation des distances angulaires dans le champ visuel; TOURTUAL (4) émet la même opinion. Plus tard, VOLKMANN a spécifié encore davantage son opinion en admettant que la grandeur apparente des angles visuels dans le champ visuel dépende du nombre d'éléments nerveux sensibles qui se trouveraient sur l'intervalle correspondant de la rétine (5). L'opinion de VOLKMANN a servi de base à un grand nombre de travaux récents sur la physiologie de l'œil; ainsi RECKLINGHAUSEN (6), entre autres, s'en sert pour expliquer l'aberration du méridien vertical apparent, ainsi que d'autres illusions d'optique, en cherchant à démontrer la possibilité de déformations correspondantes de l'image rétinienne.

Les opinions de HERBART sur les perceptions sensuelles furent, du côté philosophique, le prélude du retour des physiologistes à l'opinion ancienne, d'après laquelle toute appréciation d'étendue repose sur l'expérience. Ce fut son principe métaphysique de l'unité de l'âme qui amena HERBART à considérer toutes les représentations comme des processus qualitatifs qui se succéderaient dans le temps sans pouvoir coexister. Aussi dut-il déduire du mouvement toutes les notions d'espace et lui fallut-il considérer comme qualitatives les différences locales de la sensation. Ce fut notamment LOTZE qui chercha à appliquer ces idées à l'étude des faits que présentent les perceptions sensuelles; les premiers physiologistes qui le suivirent dans cette voie furent MEISSNER (7) et CZERMAK (8), dans leurs recherches sur le sens du toucher. Dans l'optique physiologique, ce fut l'étude des mouvements de l'œil qui ramena d'abord l'attention dans cette direction. L'un des premiers pas exécutés dans ce sens fut l'opinion établie par BRÜCKE sur l'influence des mouvements dans la vision stéréoscopique, opinion qui sera étudiée dans les paragraphes suivants. Moi-même, j'ai exposé la question sous ce point de vue, dans une conférence populaire (9). C'est à W. WUNDT (10) que revient le mérite d'avoir cherché le premier, d'une manière un peu complète, à déduire des mouvements de l'œil la formation du champ visuel, problème dont l'existence et l'importance étaient presque totalement tombées dans l'oubli. Il considère comme signes locaux, les modifications qualitatives de la sensation sur les différentes parties de la rétine, modifications observées par PURKINJE, AUBERT et SCHELSKE, et dont il a été question plus haut (p. 399 et 400). Je ne me suis pas servi de cette hypothèse dans l'exposé que j'ai présenté plus haut, parce que je ne vois pas comment on pourrait, par exemple, distinguer localement l'impression du noir au milieu du champ d'avec celle du rouge vers son bord, sans le secours d'autre différence locale que celle d'après laquelle le rouge paraît rouge au milieu du champ et noir sur le bord. Quant à l'appréciation des distances dans le champ visuel, WUNDT la déduit de la conscience de l'effort musculaire qui est nécessaire pour parcourir ce champ avec le regard. Mais l'expérience nous apprenant que l'appréciation des efforts musculaires ne présente quelque certitude que lorsqu'on peut comparer continuellement les effets de ces efforts avec les images visuelles, j'ai cru devoir prendre pour point de départ les expériences possibles sur la congruence de lignes égales ayant des directions correspondantes. Cette hypothèse me paraît confirmée par

---

(1) On the eye, II, 285.

(2) Beiträge zur Physiologie des Gesichtssinnes, Berlin, 1834.

(3) Beiträge zur Physiologie des Gesichtssinnes, Leipzig, 1836.

(4) Die Sinne des Menschen, Münster, 1827.

(5) *Berichte der kön. Sächs. Ges. der Wissenschaften*, 30. April, 1853.

(6) *Archiv für Ophthalmologie*, V, 2, p. 127. — *Poggendorff's Annalen*, CX, 65-92.

(7) Beiträge zur Anatomie und Physiologie der Haut, Leipzig, 1852. — *Zeitschrift für rationelle Medicin*, 2, IV, p. 260.

(8) *Sitzungsberichte der k. k. Akademie der Wiss. zu Wien*, 1855, XV, 466; XVII, 577. — *Moleschott's Untersuchungen zur Naturlehre des Menschen*, I, 183.

(9) Ueber das Sehen des Menschen, Leipzig, 1855.

(10) Beiträge zur Theorie der Sinneswahrnehmung, Leipzig u. Heidelberg, 1862. Extrait de : *Zeitschr. für rat. Medicin*, 1858-1862.

l'expérience d'après laquelle on peut comparer avec certitude et exactitude les distances dont la direction est concordante, ce qui n'est pas possible pour celles dont les directions ne concordent pas. Cela n'exclut assurément pas l'utilisation de la conscience de l'effort musculaire, à laquelle WUNDT a eu recours.

Les recherches sur l'exactitude de l'évaluation oculaire ont dû leur impulsion à la loi de E. H. WEBER (1), désignée plus tard par FECHNER (2) sous le nom de loi psychophysique, et d'après laquelle les plus petites différences perceptibles sont proportionnelles aux grandeurs perçues. Outre les deux observateurs précités, VOLKMANN (3), en particulier, a également exécuté avec soin un grand nombre de mensurations. F. HEGELMAYER a recherché l'influence du temps qui s'écoule entre deux comparaisons successives de ce genre.

A. FICK a, le premier (5), remarqué l'erreur constante des comparaisons entre les distances horizontales et les distances verticales; RECKLINGHAUSEN (6) a découvert l'aberration constante du méridien vertical apparent et la courbure apparente de la ligne droite dans les parties périphériques du champ visuel. Les illusions d'optique provoquées par les dessins linéaires ont été observées d'abord par ZÖLLNER (7) qui a été suivi dans cette voie par HERING (8), A. KUNDT (9) et AUBERT (10).

Nous avons déjà donné (p. 300-304) l'historique ancien et la bibliographie des recherches sur la tache aveugle, relatives principalement à la démonstration du fait et à l'explication physiologique de la cécité de cet endroit. Les recherches sur la manière dont nous comblons la lacune dans notre représentation, commencent avec E. H. WEBER (11), auquel se sont ralliés A. FICK, P. DU BOIS REYMOND (12) et VOLKMANN (13); ces physiologistes ont presque exclusivement observé la localisation exacte des objets vus autour de la tache et ont déclaré que c'est psychologiquement que cette lacune se comble. WITTICH (14), d'une autre part, rapporta des observations de localisation erronée, tandis que FUNCKE (15) fit remarquer la possibilité et l'existence de différences individuelles sous ce rapport.

1709. BERKELEY, New Theory of vision, section 79.
— LOCKE, Essay concerning human understanding, II, cap. 9, § 8.
1738. SMITH's Opticks, Remarks, p. 27.
1759. PORTERFIELD, On the eye, II, 285.
1772. PRIESTLEY, Geschichte der Optik, II, 512 der deutschen Uebersetzung.
1801. J. WARE, Case of a young gentleman who recovered his sight, in *Phil. Trans.*, for 1801, XCI, p. 382-396.
1811. STEINBUCH, Beiträge zur Physiologie der Sinne.
1826. J. MÜLLER, Zur vergleichenden Physiologie des Gesichtssinns, Leipzig, 1.

---

(1) Ueber den Tastsinn und das Gemeingefühl, p. 559, in *Wagner's physiologisches Wörterbuch*. — *Programmata collecta*, Fasc. III, 1851. — *Berichte der sächs. Societät*, 1852, p. 85 ff.

(2) Elemente der Psychophysik, Leipzig, 1860, I, p. 211-236.

(3) *Berichte der Sächsischen Soc.*, 1858, p. 140. — Physiologische Untersuchungen im Gebiete der Optik, Leipzig, 1863, Heft I, p. 117-139.

(4) *Vierordt's Archiv*, XI, p. 844-853.

(5) De errore quodam optico asymmetria bulbi effecto, Marburg, 1851. — Auszug in *Zeitschrift für rationelle Medicin*, 2; II, p. 83.

(6) Dans les mémoires déjà cités.

(7) *Poggendorff's Annalen*, CX, p. 500-523.

(8) Beiträge zur Physiologie, Leipzig, 1861, Heft I, p. 65-80.

(9) *Poggendorff's Annalen*, CXX, p. 118.

(10) Physiologie der Netzhaut, Breslau, 1865, p. 269-271.

(11) Ueber den Raumsinn und die Empfindungskreise in der Haut und im Auge, in *Verh. der Sächsischen Ges.*, 1852, p. 138.

(12) *Müller's Archiv für Anat.*, 1853, p. 396.

(13) *Berichte der Königl. Sächs. Ges.*, 30. April 1853, p. 40.

(14) *Archiv für Ophthalmologie*, 1863, IX. 3, p. 1-31.

(15) *Berichte der Naturforschenden Gesellschaft zu Freiburg i. Br.*, III, Heft 3, pp. 12, 13.

1826. J. WARDROP, Case of a lady, born blind, in *Phil. Trans.*, 1826, III, 529-540.

1827. TOURTUAL, Die Sinne des Menschen, Münster.

1834. BARTELS, Beiträge zur Physiologie des Gesichtsinns, Berlin.

1836. VOLKMANN, Beiträge zur Physiologie des Gesichtsinns, Leipzig.

1840. J. MÜLLER, Handbuch der Physiologie des Menschen, Coblenz, II, p. 362.

1847. TRINCHINETTI, Observations sur les premières impressions visuelles, aperçues par deux aveugles de naissance après l'opération de la cataracte, in *Arch. des sciences phys. et nat.*, VI, 336. — *Giornale dell' istituto Lombardo*, 1847, fasc. 46 e 47.

1849. WALLER, Sur un cas, où la vue altérée faisait voir les objets plus petits que nature, in *Institut*, XVII, n° 787, p. 39.

1851. E. H. WEBER, Programmata collecta, Fasc. III. — Ueber den Tastsinn und das Gemeingefühl, in *R. Wagner's Wörterbuch der Physiologie*, p. 559.

— FICK, De errore quodam optico assymmetria bulbi effecto, Marburg. — Extrait, in *Zeitschr. für ration. Medicin*, 2, II, p. 83,

1852. E. H. WEBER, Ueber den Raumsinn und die Empfindungskreise in der Haut und im Auge, in *Berichte der sächsischen Societät*, p. 85 ff.

1853. E. H. WEBER, Ueber Grösse, Lage und Gestalt des sogenannten blinden Flecks im Auge und die davon abhängigen Erscheinungen, in *Berichte der sächs. Soc.*, 1853, p. 149-158. — *Fechner's Centralblatt*, 1853, p. 929-941.

— A. FICK und P. DU BOIS REYMOND, Ueber die unempfindliche Stelle der Netzhaut im menschlichen Auge, in *Müller's Archiv für Anat. und Physiol.*, 1853, p. 396-407. — *Fechner's Centralblatt*, 1854, p. 57-72.

— A. W. VOLKMANN, Ueber einige Gesichtsphänomene, welche mit dem Vorhandensein eines unempfindlichen Fleckes im Auge zuzammenhängen, in *Berichte der sächs. Soc.*, 1853, p. 27-50. — *Fechner's Centralblatt*, 1854, p. 57-72.

1854. J. CZERMAK, Ueber die unempfindliche Stelle der Retina im menschlichen Auge, in *Wiener Ber.*, XII, 358-364.

1855. J. J. OPPEL, Ueber geometrisch-optische Täuschungen, in *Jahresber. d. Frankfurter Vereins*, 1854-55, p. 37-47.

— H. AUBERT, Ueber den blinden Fleck, in *Jahresber d. schles. Ges.*, 1854, p. 25-28.

— BUDGE, Beobachtungen über die blinde Stelle der Netzhaut, in *Verhandl. des naturhist. Vereins der Rheinlande*, 1855, p. XLI.

1856. AUBERT und FÖRSTER, Ueber den Raumsinn der Netzhaut, in *Jahresber. d. schlesischen Ges.*, 1856, p. 33-34.

1858. A. W. VOLKMANN, Ueber den Einfluss der Uebung auf das Erkennen räumlicher Distanzen, in *Leipziger Ber.*, X, 38-69.

— A. W. VOLKMANN, Ueber das Vermögen, Grössenverhältnisse zu schätzen, in *Leipziger Ber.*, X, 173-204.

— G. T. FECHNER, Ueber ein psychophysisches Grundgesetz, in *Abhandl. d. Leipziger Ges.*, VI, 457-532.

— J. J. OPPEL, Nachlese zu den geometrisch-optischen Täuschungen, in *Jahresber. d. Frankf. Vereins*, 1856-57, p. 47-55 ; 1860-61, p. 26-37.

— UEBERWEG, Zur Theorie der Richtung des Sehens, in *Zeitschr. für ration. Medicin*, 3, V, p. 268-282.

1859. F. v. RECKLINGHAUSEN, Netzhautfunctionen, in *Archiv für Ophthalmologie*, V, 2, p. 127-179. — *Poggend. Ann.*, CX, 65-92.

— HEGELMAYER, Ueber Sinnengedächtniss, in *Vierordt's Archiv*, XI, p. 844-853.

1860. F. ZÖLLNER, Ueber eine neue Art von Pseudoskopie, in *Poggend. Ann.*, CX, 500-525. — *Cosmos*, XVIII, 289-290. — *Zeitschr. für Naturw.*, XVI, 60-63.

1861. E. HERING, Beiträge zur Physiologie, Leipzig, Heft 1, p. 65-80.

— E. MACH, Ueber das Sehen von Lagen und Winkeln durch die Bewegung des Auges, in *Wien. Ber.*, XLIII, 2, p. 215-224.

— F. ZÖLLNER, Ueber die Abhängigkeit der pseudoskopischen Ablenkung paralleler Linien von dem Neigungswinkel der sie durchschneidenden Querlinien, in *Poggend. Ann.*, CXIV, 587-591.

— E. BACALOGLO, Ueber die von Herrn ZÖLLNER beschriebene Pseudoskopie, in *Poggend. Ann.*, CXIII, 333-336. — *Zeitschr. für Naturw.*, XVIII, 445.

1862. WUNDT, Beiträge zur Theorie der Sinneswahrnehmungen, Leipzig u. Heidelberg, 1862. — *Zeitschr. für ration. Medicin*, 1858-1862.

1863. A. W. VOLKMANN, Physiologische Untersuchungen im Gebiete der Optik, Leipzig, 1863. Heft I, 139-180.

1864. v. WITTICH, Studien über den blinden Fleck, in *Archiv für Ophthalmologie*, IX, 3, p. 9-46.
— O. FUNKE, Zur Lehre vom blinden Fleck, in *Berichte der naturf. Ges. zu Freiburg im Breisgau*, III, Heft 3.
1865. AUBERT, Physiologie der Netzhaut, Breslau, 1865, p. 269-271.

§ 29. — Des directions de la vision.

Les faits que nous avons mentionnés jusqu'ici ne se rapportent qu'à la position relative des différents points lumineux dans le champ de vision. Il nous reste encore à parler de l'appréciation de leur position absolue dans ce champ. A cet égard, il nous faut distinguer deux choses. En général, la direction d'une ligne est donnée par les deux angles qu'elle forme avec les directions de deux axes ou de deux plans convenablement choisis, sans qu'elle soit assujettie à passer par un point déterminé. Nous attribuons la *même direction* à toutes les lignes parallèles à une ligne ainsi définie. C'est ainsi que toutes les aiguilles aimantées, suspendues dans une même ville, possèdent la *même direction* du nord au sud. Il n'en est plus de même lorsque nous rapportons toutes les directions à un centre déterminé, et non plus, d'une manière générale, à un système déterminé de coordonnées, tel que celui formé dans une ville par la verticale, le méridien terrestre et la perpendiculaire à ce méridien menée dans le plan horizontal. D'après ce nouveau système, les directions doivent être représentées par des lignes droites complétement déterminées qui passent par le centre choisi et dont la direction doit, de plus, être déterminée par deux angles formés avec des axes fixes convenablement choisis. Ici la direction d'une ligne ne peut plus être définie par une autre ligne, parallèle à celle-là, et présentant *la même direction :* elle doit présenter une *position* ou une *direction identique*, c'est-à-dire que, suffisamment prolongée, elle doit coïncider complétement avec la première ligne.

Tant qu'il ne s'agit que de *directions pareilles*, il suffit donc de déterminer des angles qui définissent la position ; mais pour que la *position* ou la *direction* soient *identiques*, il faut encore spécifier le point qui doit servir de centre. On peut dire que, dans le premier cas, on détermine la *direction* seulement et, dans le second, une *ligne de direction* déterminée.

Lorsque nous parlons des directions de la vision, nous les rapportons évidemment à un centre, qui est notre corps et sa position dans l'espace. Cependant il existe tout un ordre d'objets dont la vision est indépendante de la détermination du centre des lignes de direction. Ce sont notamment tous les objets lointains, tels que les étoiles, les montagnes ou les bâtiments très-éloignés. En effet, de semblables objets présentent nécessairement aussi des dimensions considérables, et toute ligne de direction menée parallèlement à une certaine direction déterminée par un point quelconque de notre tête ou même de notre corps, parvient toujours à l'objet.

Si l'on fait abstraction des illusions dont il a été question jusqu'ici, la position des objets dans le champ visuel se trouve déterminée, en général, dès qu'on connaît la position de la ligne de regard et celle d'un méridien quelconque passant par le point de regard.

La position du point de regard varie avec la position de l'œil par rapport à la tête, et respectivement par rapport au corps ; cependant nous sommes généralement à même d'apprécier exactement les directions successives de la ligne de regard. On a nommé *conscience musculaire* les sensations qui nous permettent de percevoir les modifications que subit la position des parties de notre corps par suite de l'action des muscles. Mais il faut distinguer, sous cette dénomination, un grand nombre de sensations essentiellement différentes. Ainsi nous pouvons percevoir :

1° L'*intensité de l'effort de volonté* par lequel nous cherchons à faire agir les muscles ;

2° La *tension des muscles*, c'est-à-dire la force avec laquelle ces muscles cherchent à agir ;

3° Le *résultat de l'effort*, qui, indépendamment de sa perceptibilité par d'autres sens, notamment la vue et le toucher, se traduit extérieurement par un raccourcissement effectif du muscle et qui peut se manifester aussi par la sensation d'un changement de tension dans la peau qui le recouvre.

Ainsi, lorsque certains muscles sont très-fatigués, je puis avoir conscience de faire le plus grand effort de volonté possible pour les tendre, tout en sachant que leur contraction ne suffit plus pour atteindre le résultat désiré. D'un autre côté, avec des muscles puissants, il me suffit d'un médiocre effort de volonté pour produire une tension considérable du muscle, tout en étant empêché, par quelque cause extérieure, d'atteindre le résultat désiré. Tous ces cas se distinguent, dans la perception, de celui où j'atteins réellement le résultat, et dans la théorie de la conscience musculaire, il nous faut aussi les distinguer les uns des autres.

Nous nous bornerons naturellement ici à examiner les circonstances qui se présentent pour l'œil.

D'abord nous savons, par des expériences connues, que nous cessons d'apprécier la direction de notre regard d'après la position véritable de notre œil, toutes les fois que cette position est modifiée par des forces autres que celles de nos muscles. Lorsqu'on presse sur la partie du globe oculaire qui est recouverte par les paupières, ou que l'on tire sur la peau qui entoure cet organe, on produit de légères modifications dans la position de l'œil. La manière la plus facile de répéter cette expérience consiste à pincer un repli de la peau à l'angle externe de l'œil, puis à tourner le regard en dedans, de manière à tendre du côté externe la conjonctive qui recouvre le globe oculaire. Si l'on ouvre alors les deux yeux, on obtient des images doubles : l'image de l'œil sur lequel on agit ne coïncide pas avec celle de l'autre. Si l'on n'ouvre que l'œil qu'on tiraille, à chaque traction exercée sur le repli de la peau répond un mouvement apparent des objets dans le champ visuel. Chaque traction exercée directement en dehors sur l'œil droit communique aux objets un mouvement apparent à gauche. La direction de la ligne visuelle se déplace vers la droite, mais nous jugeons la position des objets comme si la traction n'avait pas changé la direction de cette ligne.

C'est par un effet correspondant que la position des images accidentelles produites dans l'œil fermé, ou projetées sur un écran uniforme et non limité, ne paraît pas varier par l'effet d'une traction extérieure, tandis qu'en réalité ces images se déplacent avec l'œil.

Par contre, pendant l'action d'une semblable traction extérieure, les mouvements de l'œil provoqués par les muscles ne modifient nullement la position apparente des objets extérieurs, tandis que les images accidentelles paraissent se déplacer sous l'influence de ces mouvements.

Lorsque, par une traction extérieure, on tourne ainsi le globe oculaire en dehors, le muscle droit interne s'allonge et le droit externe se raccourcit de la même quantité que lorsque la rotation est produite par une action musculaire. Car, même à l'état de repos, les muscles sont des bandes élastiques qui se raccourcissent toujours autant que le permet la position de leurs points d'insertion.

On voit donc que nous n'apprécions la position de notre ligne visuelle ni d'après la position véritable du globe oculaire, ni d'après l'allongement ou le raccourcissement que les muscles subissent en réalité par suite de cette position.

Notre appréciation de la position de la ligne visuelle ne se fonde pas davantage sur la tension des muscles de l'œil. — En effet, dans les cas de paralysie subite de quelques muscles de l'œil, lorsque les malades s'efforcent d'amener l'œil dans une position qu'il ne peut plus atteindre, ils voient des mouvements apparents qui sont accompagnés de diplopie dès qu'ils ouvrent l'autre œil. Prenons pour exemple une paralysie du moteur oculaire externe de l'œil droit, ou du nerf correspondant ; l'œil ne peut plus se porter dans l'abduction. Tant que le patient le tourne en dedans, il peut encore lui imprimer des mouvements réguliers, et perçoit exactement la position des objets dans le champ visuel. Mais dès qu'il cherche à le diriger en dehors, c'est-à-dire à droite, l'organe n'obéit plus à la volonté, il s'arrête à moitié chemin et les objets paraissent se déplacer à droite, bien que l'œil et les images rétiniennes qui s'y produisent ne changent pas de position.

Dans un pareil cas de paralysie, l'effort de volonté ne produit ni mouvement de l'œil, ni raccourcissement des muscles qui devraient agir, ni augmentation de leur tension. L'acte volontaire ne se traduit par rien en dehors du système nerveux, et cependant nous jugeons la direction de la ligne visuelle comme si la volonté avait exercé ses effets normaux ; dans l'exemple cité, nous croyons que la ligne visuelle s'est déplacée à droite, et comme les images rétiniennes ne changent pas de position sur la rétine de l'œil paralysé, nous croyons voir les objets participer au mouvement que nous attribuons d'une manière erronée au globe oculaire.

Lorsque la paralysie n'est pas complète, de manière que l'œil puisse encore fixer un objet situé à droite, mais au prix d'une plus grande innervation du muscle paralysé que dans l'état normal, il se produit encore une représentation fausse de la position de la ligne visuelle et de celle de l'objet ; c'est ce qu'on reconnaît en engageant le patient à porter vivement la main sur l'objet considéré : il commence par saisir dans le vide (1).

D'après ces phénomènes, il est hors de doute que nous n'apprécions la direction de la ligne visuelle que par l'effort de volonté à l'aide duquel nous cherchons à changer la position de l'œil. Le déplacement de la cornée sous les paupières est assurément accompagné de certaines sensations qui pourraient nous renseigner, jusqu'à un certain point, sur la position réelle de l'œil ; de plus, les déplacements latéraux exagérés de l'œil entraînent une tension fatigante dans les muscles ; mais toutes ces sensations paraissent trop faibles et trop vagues pour pouvoir être utilisées dans la perception de la direction.

Nous savons donc quelle est la direction et la force de l'impulsion volontaire qui nous est nécessaire pour amener l'œil dans toute position voulue. Comme, dans les conditions normales ordinaires, le mouvement

---

(1) A. v. Graefe, in *Arch. für Ophthalmologie*, I, 1, p. 67, Remarque. — A. Nagel, Das Sehen mit zwei Augen, 1861, p. 124-129. — Alfred Graefe, in *Arch. für Ophthalmologie*, XI, 2, p. 6-16.

de l'œil ne subit aucun obstacle étranger, on peut, le plus souvent, juger suffisamment l'effet d'après la force de l'impulsion volontaire; cette appréciation est, du moins, bien plus parfaite qu'elle ne pourrait l'être pour nos extrémités et pour la plupart des autres parties mobiles du corps. Le seul effet de l'impulsion volontaire que nous puissions percevoir sur l'œil, d'une manière directe et suffisamment nette, c'est le changement de position des objets dans le champ visuel, qui accompagne le déplacement de l'œil. On peut démontrer, de plus, que nous nous servons continuellement de ces changements de l'image pour vérifier l'exactitude de la relation qui doit exister entre l'impulsion de la volonté et ses effets.

Ajustons dans une monture de lunettes deux prismes de verre, dont les angles réfringents soient de 16° à 18°, ces deux angles étant tournés à gauche. Vus à travers ces prismes, les objets du champ visuel paraissent tous déplacés vers la gauche. Évitant d'abord d'amener la main dans le champ visuel, qu'on regarde attentivement un objet qui soit à portée de la main, puis, après avoir fermé les yeux, qu'on essaye de toucher l'objet avec le doigt indicateur, on passe naturellement à gauche. Mais lorsqu'on a répété ces expériences pendant quelque temps ou encore plus rapidement, lorsqu'on amène la main dans le champ visuel et qu'on touche pendant quelque temps les objets, sous la direction du regard, on voit qu'en recommençant l'expérience avec les yeux fermés, on ne passe plus à côté des objets, mais qu'on les atteint exactement; il en est de même pour d'autres objets qu'on amène à la place de ceux qu'on a déjà examinés. Lorsqu'on en est arrivé à ce point, qu'on retire la main, et, après avoir regardé un objet pendant quelque temps sans l'intermédiaire des prismes, qu'on essaye de le saisir en tenant les yeux fermés : on trouve que la main passe à droite jusqu'à ce que plusieurs tentatives infructueuses aient rectifié l'appréciation de la position occupée par les yeux (1).

Pour s'assurer que ce n'est pas le sentiment musculaire de la main, ni l'appréciation de sa position, mais bien l'appréciation de la position du regard qui a été faussée, il suffit, lorsqu'on s'est habitué, en présence des prismes, à atteindre les objets avec la main droite, de faire l'expérience avec la main gauche, en fermant les yeux : bien que cette main n'ait pas encore paru dans le champ visuel, elle atteint alors les objets avec exactitude et sans hésitation. Ainsi, dans un cas de ce genre, le sens du toucher détermine tout à fait exactement la position des

(1) CZERMAK indique la même expérience, sous une forme peu différente, in *Wien. Berichte*, XVII, 575-577.

corps, et, d'après cette donnée, on la retrouve, avec certitude, à l'aide d'un autre organe tactile.

L'expérience nous apprend que les enfants de trois mois n'apprennent que très-lentement à diriger leurs mains vers les objets extérieurs, alors qu'ils savent déjà fort bien les porter à la bouche ou vers une partie douloureuse de la peau, c'est-à-dire les diriger à l'aide des sensations tactiles. Ainsi, de même qu'il faut à l'enfant des expériences pour apprendre à connaître l'accord des mouvements de l'œil et de ceux de la main, de même, chez l'adulte, des expériences continuellement répétées sont nécessaires pour contrôler sans cesse l'exactitude de cette relation.

J'ai déjà mentionné plus haut qu'on peut troubler, d'une manière analogue, l'harmonie des mouvements des deux yeux, en faisant monter peu à peu, à l'aide d'un prisme, l'image de l'un des champs visuels ; l'œil sur lequel on opère suit ce mouvement et les deux yeux continuent à voir simple, l'un regardant un peu plus haut que l'autre. Ici encore, on s'habitue bien vite à employer cette position comme position de fixation normale ; et lorsqu'on supprime les prismes, on continue à fixer de la même manière, de sorte qu'on obtient deux images superposées, qui se fusionnent rapidement, aussitôt que la position des yeux s'est rectifiée. Cette expérience montre que c'est également d'après le résultat de la vision que se règle la concordance des mouvements des yeux, puisqu'on s'habitue, dans des circonstances nouvelles, à produire les impulsions volontaires requises pour diriger les deux points de fixation sur le même objet.

Il faut encore mentionner ici l'expérience d'après laquelle, lorsqu'on s'est efforcé pendant quelque temps de fixer des objets mobiles, les objets en repos paraissent se déplacer en sens opposé. La production de ces mouvements apparents a reçu le nom de *vertige*. Lorsque, par exemple, on voyage en chemin de fer et qu'après avoir regardé pendant quelque temps les objets extérieurs voisins de la voie, on dirige ensuite le regard sur le plancher du wagon, celui-ci, qui se trouve à l'état de repos relativement au corps du voyageur, paraît fuir dans le sens du train.

Ces résultats s'expliquent en remarquant que les objets voisins de la voie présentent un mouvement apparent de sens contraire à celui du train. Toutes les fois que le voyageur veut fixer un de ces objets, il lui faut déplacer rapidement les yeux en sens inverse de la marche du train. Une fois habitué à considérer les impulsions volontaires nécessaires dans ces conditions comme appropriées à la fixation d'un objet, il essaye de fixer de la même manière des objets immobiles. Mais ces impulsions de volonté provoquent des mouvements des yeux, et comme l'observateur croit ses yeux immobiles, les objets lui paraissent se mouvoir, et cela suivant un sens opposé à celui du mouvement objectif examiné préalablement.

Mais si, pendant qu'on regarde au dehors, on fixe d'une manière constante une petite tache de la vitre, le vertige visuel en question ne se reproduit pas, bien qu'on ait encore vu passer des objets mobiles, car on n'a pas exécuté les mouvements nécessaires pour les fixer. D'ailleurs lorsqu'on fixe un point immobile par rapport à l'œil, en présence de la vitesse nécessaire pour cette illusion, les images des objets mobiles se brouillent complétement. On ne peut les distinguer qu'en les suivant un peu du regard. Le plus souvent, les mouvements de l'œil nécessaires à cet effet restent inconscients; c'est pour ce motif que leur existence a échappé à Plateau (1) et à Oppel (2), qui ont fait des observations sur ces phénomènes. Mais l'existence de ces mouvements est démontrée par cette circonstance que les images mobiles se brouillent lorsqu'on maintient l'œil dans une fixation absolue.

D'après une observation que me communique Javal, l'illusion en question devient bien plus saisissante lorsque, accoudé sur la balustrade d'un pont qui passe au-dessus de la voie d'un chemin de fer, on vient d'observer attentivement le passage d'un long train de marchandises, animé d'une vitesse modérée. Aussitôt après la disparition du train, la voie paraît fuir avec vivacité en sens contraire, et cet effet persiste pendant assez longtemps. — Dans ces conditions, l'expérience n'exige pas qu'on change la direction du regard après avoir regardé les objets en mouvement. De plus, et cette circonstance paraît exercer une influence capitale, nous avons une grande habitude de regarder des objets qui se déplacent suivant la ligne qui joint nos yeux, tandis que, dans l'expérience de Javal, le mouvement qu'il faut faire pour examiner les marchandises du train est une rotation autour d'un axe horizontal, que l'expérience de tous les jours ne nous a pas appris à supprimer aussitôt qu'elle devient inutile.

Dans les expériences de ce genre, c'est en supprimant effectivement les mouvements des yeux que nous arrivons à voir de nouveau les objets en repos. Il ne sera peut-être pas superflu d'observer que les personnes affectées de nystagmus ne voient jamais les objets fixes se mouvoir, malgré la persistance de l'oscillation de leur regard : ces

(1) Plateau, in *Pogg. Ann.*, LXXX, 287. — *Bull. de Bruxelles*, XVI.
(2) Oppel, in *Pogg. Ann.*, XCIX, 543.

personnes tiennent compte *d'une manière inconsciente* du mouvement continuel de leurs yeux.

Le vertige des valseurs, qui se produit par suite d'une rotation un peu prolongée du corps autour de son axe longitudinal, est analogue à celui des expériences précédentes. Dès qu'on s'arrête, les objets paraissent, pendant un certain temps, se mouvoir dans le sens suivant lequel on a tourné. Je trouve que si l'on a fermé les yeux pendant le mouvement, cette rotation apparente ne se produit pas lorsqu'on n'ouvre les yeux qu'après s'être réellement arrêté. Si l'on ouvre les yeux au moment où l'on croit s'arrêter, les objets prennent encore un mouvement apparent en *sens contraire* de la rotation du corps ; mais on constate facilement qu'avant d'arriver réellement au repos, le corps exécute encore un quart de tour environ autour des pieds, à partir du moment où l'on croit s'être arrêté ; c'est donc alors une illusion sur la position du corps qui est cause du mouvement apparent des objets. Du reste, ce mouvement apparent en sens opposé de la rotation du corps se présente parfois, lors même qu'on a tourné avec les yeux ouverts, et, en somme, cette expérience est moins nette que les précédentes, où le corps de l'observateur reste immobile.

On a décrit encore d'autres sortes de vertige, où les différentes parties du corps observé se meuvent diversement.—Ainsi, lorsqu'on fait tourner sur un disque la spirale représentée par la figure 15 (p. 501), la spirale paraît se dilater ou se contracter d'une manière continue, selon le sens de sa rotation. Si l'on arrête brusquement le disque, la spirale paraît se contracter un moment, si elle se dilatait pendant le mouvement, et se dilater si elle paraissait se contracter auparavant. De même, les autres objets, comme un papier imprimé, que l'on regarde immédiatement après la spirale, présentent aussi un semblable mouvement de contraction ou de dilatation.

On voit avec bien moins de netteté un mouvement apparent analogue, consécutif à la contemplation d'une figure rotative étoilée, et par lequel le corps objectivement immobile que l'on examine paraît se mouvoir un peu en sens opposé de l'étoile.

Ces derniers mouvements apparents présentent le plus de netteté lorsqu'on dirige le regard sur le centre immobile de l'axe et qu'on regarde à la vision indirecte, la figure mobile, qui ne doit pas tourner assez rapidement pour empêcher d'en distinguer les différents traits, ni assez lentement pour qu'on puisse la percevoir sans aucune difficulté. Si l'on fixe bien invariablement le centre de l'axe et qu'on ne porte l'attention que sur ce point, les parties latérales de la rétine reçoivent, comme précédemment, la figure mobile, mais il ne produit pas de mouvement consécutif. Il me semble donc que lorsqu'on porte l'attention sur la figure mobile, il se produit de faibles mouvements des yeux, mouvements probablement circulaires, et dont la direction tend toujours vers la partie du champ visuel sur laquelle se dirige l'attention dans la vision indirecte. Par le fait, sans la présence de pareils mouvements dans le sens de la rotation, la figure ne paraîtrait pas tout à fait aussi nette qu'elle l'est, lorsqu'on l'observe de la manière convenable pour développer le vertige. Quand on dirige ensuite ce genre de regard sur un objet immobile, celui-ci doit naturellement présenter un mouvement apparent en sens inverse.

Tant que nous avons devant nous un grand nombre d'objets immobiles, il est facile de vérifier continuellement, d'après l'observation de ces objets, le degré d'innervation qui est nécessaire pour maintenir l'œil dans des positions déterminées. Mais si les objets mobiles dominent, il est difficile de maintenir exact le jugement que nous portons relativement au repos et au mouvement. Lorsqu'on veut traverser un torrent en marchant sur une poutre, il faut éviter de regarder l'eau, sous peine de s'exposer à perdre l'équilibre. Lorsqu'on approche de la chute du Rhin par la partie inférieure du château de Laufen, et qu'on ne voit rien devant soi que la masse d'eau qui tombe, on éprouve une tendance à tomber en arrière. C'est pour la même raison qu'on est si embarrassé pour marcher sur un vaisseau ; on sent l'attraction de la pesanteur se produire tantôt à droite, tantôt à gauche, tantôt en avant, tantôt en arrière, parce qu'on ne sait plus trouver la direction de la verticale. Ce n'est qu'après une longue habitude, comme je l'ai éprouvé sur moi-même, qu'on apprend à se servir de la pesanteur comme moyen d'orientation, et c'est alors que le vertige cesse. Les marins se font souvent un malin plaisir de ne pas abréger les perplexités des nouveaux venus en ne leur donnant pas le conseil, bien connu, de porter constamment le regard à l'horizon, pour conserver la notion de la verticale. Le novice croit voir osciller de côté et d'autre, dans la cabine d'un vaisseau, le baromètre suspendu à des anneaux de Cardan, et qui, en réalité, reste toujours vertical, tandis que la cabine, qui est dans un état d'oscillation continuel, lui paraît immobile. Dès que le vertige a disparu, on voit le baromètre immobile et l'on sent que la cabine oscille. L'atteinte portée à la sûreté de l'innervation des muscles de l'œil est si profonde, qu'une fois débarqués, ceux qui ont eu le mal de mer croient, à chaque mouvement rapide de l'œil, voir les murs de la chambre où ils se trouvent exécuter les mouvements que faisait la cabine du bateau.

Tous ces phénomènes font nettement reconnaître que la force d'innervation nécessaire pour les positions et les mouvements des yeux demande à être contrôlée d'une manière permanente par l'observation de ses résultats sur les images visuelles, pour que l'appréciation de la la position de la ligne visuelle et des objets fixés puisse se faire exactement.

F. Zöllner (1) a décrit une autre espèce d'illusion qui doit trouver place ici. On dessine un cercle sur une feuille de papier, et, dans une feuille noire et peu flexible, qu'on place sur la précédente, on découpe une fente dont la longueur soit plus grande que le diamètre du cercle et dont la largeur mesure de 1/10 à 3/10 de ce diamètre. On tient immobile la feuille noire, et l'on donne à la feuille inférieure un mouvement de va-et-vient dirigé perpendiculairement à la fente, de telle sorte qu'à chaque oscillation les différentes parties du cercle apparaissent toutes successivement. Dans ces conditions, le cercle présente la forme d'une ellipse dont le grand axe serait perpendiculaire à la direction du mouvement. La raison en est qu'en cherchant à voir la figure mobile, l'observateur la suit des yeux, involontairement et sans le savoir, et avec une vitesse inférieure à celle qu'elle possède en réalité. Il se produit ainsi, sur les différentes bandes de la rétine qui reçoivent l'image de la fente pendant ce mouvement, une suite d'impressions des parties du cercle qui apparaissent successivement, absolument comme dans l'anorthoscope, avec cette différence que, dans cet appareil, l'œil est en repos et la fente se déplace, tandis qu'ici c'est l'œil qui se meut et la fente qui est immobile. La sensation optique est ici la même que si la fente se déplaçait en sens inverse du mouvement de l'œil, et, par conséquent, du mouvement de l'image, et c'est là ce qui produit dans l'anorthoscope un raccourcissement apparent de la figure suivant la direction du mouvement, ainsi qu'on l'a vu plus haut (p. 465-468).

Pour s'assurer que cette illusion est attribuable à des mouvements de l'œil, il suffit de remarquer que, pour la vitesse la plus favorable à sa production, on ne peut absolument plus rien distinguer de la figure dès qu'on fixe invariablement un point du bord de la fente : pour pouvoir distinguer la figure, il faut précisément la suivre du regard. Du reste, ainsi que l'a déjà remarqué Zöllner, on peut parfaitement observer les mouvements qu'effectue l'œil de l'expérimentateur.

Lorsque le cercle passe très-lentement derrière la fente, il paraît au contraire, allongé dans le sens du mouvement. — Ceci provient sans doute de ce que les parties de la circonférence qui se présentent derrière la fente paraissent se rapprocher plus qu'elles ne le font en réalité de la perpendiculaire aux côtés de la fente, à cause de l'augmentation appa-

(1) Ueber eine neue Art anorthoskopischer Zerrbilber, in *Pogg. Ann.*, 1862.

rente des angles aigus. Les éléments de la circonférence affectent donc la direction qu'auraient effectivement ceux d'une ellipse à grand diamètre horizontal qui passerait derrière la fente, et l'observateur croit voir une semblable ellipse.

Après nous être assurés, par tout ce qui précède, que même l'œil formé d'un adulte a besoin d'une comparaison constante avec l'expérience pour maintenir l'accord entre les perceptions de la vue et celles du toucher, la question si rebattue de savoir pourquoi les objets paraissent droits, bien que leurs images rétiniennes soient renversées, se trouve résolue d'elle-même. Le sens du toucher est capable, à lui seul, de nous donner des notions complètes sur l'espace, même sans le concours du sens visuel ; l'observation des aveugles-nés suffit pour nous en convaincre. Bien plus, la direction de la pesanteur, qui détermine le haut et le bas, ne s'obtient pas immédiatement par le sens visuel, mais exclusivement par celui du toucher. Admettre que les sensations visuelles seules, sans le concours d'une expérience préalable, soient susceptibles de nous fournir des représentations de directions déterminées des objets que nous voyons, c'est faire, ce me semble, une hypothèse parfaitement inutile ; se mettant au point de vue de la *théorie empiristique*, on peut encore bien moins admettre l'hypothèse d'après laquelle l'idée de la direction serait même influencée par l'endroit de la rétine sur lequel se forme l'image, de sorte qu'un point représenté en bas devrait paraître en bas, par cela même ; en effet, notre conscience naturelle ignore complétement jusqu'à l'existence de la rétine et la formation des images optiques : comment saurait-elle quelque chose de la position des images qui s'y forment ?

Quant à la *théorie nativistique* des perceptions sensuelles, où l'on admet que l'excitation nerveuse peut produire, immédiatement et indépendamment de toute expérience, l'idée d'une certaine position de l'objet perçu, il lui faut admettre que les localisations visuelles innées présentent une certaine harmonie innée avec celles qu'on obtient par le sens du toucher. Parmi les partisans de cette théorie, les uns admettront que les fibres nerveuses qui viennent des parties inférieures des rétines se dirigent vers les parties supérieures du cerveau, et inversement, de manière à y former une image droite de l'objet, que l'âme regarderait ; d'autres placeront cet acte dans la rétine, et les sensations tactiles s'y représentant à l'envers, comme les mains et les pieds de l'observateur, ils diront que toutes nos représentations de l'espace sont et restent toujours renversées. Dès qu'on s'engage dans cette voie, le champ est évidemment ouvert aux hypothèses les plus fantastiques.

Je crois qu'en présence des faits qui nous montrent l'utilité d'une expérience de tous les instants pour contrôler constamment l'exactitude de la relation entre la vue et le toucher, il faut renoncer à l'idée d'une harmonie préexistante entre les localisations fournies par ces deux sens; faute de prendre ce parti, on se trouve dans la nécessité embarrassante d'admettre que cette harmonie préexistante et donnée par la sensation immédiate, est modifiée et surmontée à chaque instant par l'expérience, qui est un acte de jugement, à un point tel qu'il ne reste plus aucune trace de cette sensation hypothétique.

La discussion sur la cause de la vision droite ne présente, à mon avis, aucun autre intérêt que celui de nous montrer combien il est difficile, même à des hommes d'une capacité scientifique incontestable, de reconnaître l'existence et la nature de l'élément subjectif de nos perceptions sensuelles, combien il est difficile de considérer ces perceptions comme des actions des objets sur les organes, au lieu d'y rechercher des images intactes des objets, idée que le langage se refuse à exprimer clairement, tant elle est peu naturelle.

Jusqu'ici nous n'avons recherché que les directions suivant lesquelles nous croyonsvoir des objets très-éloignés; il nous reste encore à déterminer le *centre* auquel nous rapportons ces lignes de direction, recherche qui est surtout importante pour l'appréciation de la position des objets voisins. — Autrefois on admettait que chaque œil extériorait les objets suivant les lignes de direction que nous avons définies pages 92 et 93; il en résulterait qu'en général, les objets rapprochés seraient vus sous des directions différentes pour les deux yeux. Mais E. Hering a récemment appelé l'attention, sous ce rapport, sur une illusion remarquable, d'après laquelle nous percevons la direction des objets comme si les deux yeux se trouvaient dans le plan médian de la tête et dirigés vers leur point de fixation commun.

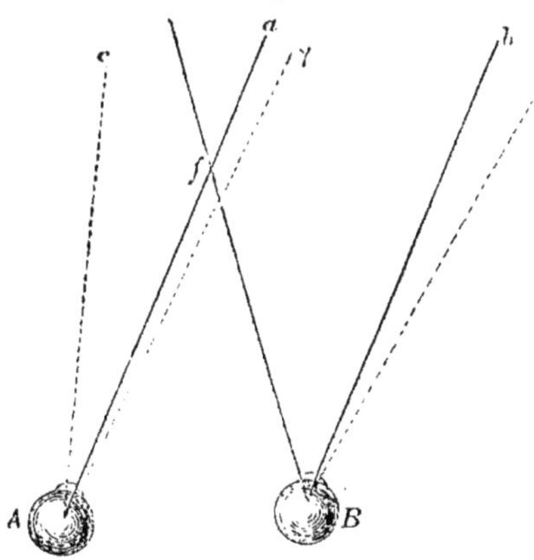

Fig. 187.

Supposons d'abord que deux yeux *A* et *B* (fig. 187) regardent suivant des directions parallèles, *Aa* et *Bb*, qu'on ferme ensuite l'œil *B*, tandis que l'œil *A* continue à fixer l'objet infiniment éloigné *a*, de sorte que les directions des yeux restent inaltérées. Dans ces conditions, a apparaît sur sa direction véritable. Qu'on accommode ensuite l'œil A pour un point bien plus rapproché, f, situé sur la ligne Aa, de manière que la position de l'œil A et de sa ligne visuelle Aa, ainsi que la position de l'image du point a sur la rétine de A, restent absolument inaltérées, la seule différence étant une légère diminution de netteté de l'image du point a. Cette expérience est accompagnée d'un mouvement apparent de l'objet a, qui va se placer sur une ligne telle que Ac. Dès que l'on revient à accommoder pour l'infini, a paraît se replacer dans sa première position.

Dans cette expérience la direction de la ligne visuelle Aa ne change pas, ou ne change que d'une quantité négligeable ; il n'y a de variable que la position de l'œil fermé B : lorsqu'on s'efforce d'accommoder pour le point f, la ligne visuelle de l'œil fermé se dirige, en effet, sensiblement vers ce point. Ainsi, pendant qu'on fixe le point f, la ligne visuelle de l'œil B prend à peu près la direction Bf.

Inversement, il m'est possible de faire diverger un peu mes lignes visuelles, même en fermant les yeux, de manière que l'œil B regarde dans la direction $B\beta$. Je ne sais obtenir cette divergence que lentement, et c'est pour cette raison que je ne la vois accompagnée d'aucun mouvement apparent. Il se présente, au contraire, un mouvement de ce genre lorsque je relâche brusquement mon effort de divergence de manière à ramener subitement les lignes visuelles au parallélisme. L'objet a me paraît alors revenir de γ en a.

Ainsi, notre appréciation de la position où se trouve l'objet que nous fixons ne dépend pas seulement de la position de l'œil A qui le regarde, mais aussi de celle de l'œil B, qui est fermé. Lorsque, l'œil ouvert restant immobile, l'œil fermé se déplace à droite ou à gauche, l'objet fixé par l'œil ouvert paraît également se déplacer à droite ou à gauche.

La grandeur de ces déplacements apparents est assez différente pour mes deux yeux : elle est faible lorsque je fais l'expérience en ouvrant l'œil droit ; elle est bien plus considérable pour l'œil gauche. Ainsi la direction de la ligne visuelle se détermine d'après les innervations simultanées des deux yeux et non pas seulement d'après celle de l'œil ouvert. Nous pouvons admettre, d'après cela, que la direction apparente de la ligne visuelle répond, en général, à la direction moyenne des lignes visuelles des deux yeux. Cependant pour les personnes qui sont habituées à appliquer de préférence un de leurs yeux à l'observation microscopique ou télescopique, la direction apparente se rapproche plus de la ligne visuelle de l'œil préféré que de celle de l'autre. Une communication que je reçois de Javal confirme l'opinion que je viens d'émettre. En effet, cet observateur se souvient d'avoir vu parfaitement, il y a deux ans, les mouvements apparents en question se manifester également sur ses deux yeux, tandis qu'actuellement, après avoir fait de nombreuses expériences qui exigeaient des variations volontaires de l'accommodation de l'œil droit, il ne peut presque plus constater, sur cet œil, le mouvement en question, qui reste très-manifeste pour son œil gauche. — Le phénomène des images doubles nous donnera plus loin des renseignements plus exacts sur la direction simultanée apparente des deux lignes visuelles.

J'ai trouvé, de plus, que la position apparente de l'horizon rétinien, de même que la direction apparente de la ligne visuelle, dépend des torsions des deux yeux.

Voici la manière la plus simple dont il m'ait été possible de réussir les expériences qui se rapportent à cette question. — Sur l'extrémité d'un tube cylindrique d'environ un pied de longueur, je tendis diamétralement un fil noir et j'appliquai l'autre extrémité du tube devant l'un de mes yeux, tandis que l'autre était fermé ; puis, tenant devant l'extrémité antérieure du tube une feuille de papier blanc qui m'empêchait de rien voir dans l'appartement, je cherchai, en faisant tourner le tube autour de son axe longitudinal, à donner au fil noir une direction exactement horizontale ou verticale, et cela pour une position parallèle des lignes de regard, condition que j'ai appris à remplir même en fermant le second œil. En retirant ensuite le papier blanc de l'extrémité antérieure du tube, je pouvais comparer la direction que j'avais donnée au fil, avec celle de différentes lignes objectives, horizontales et verticales, qui se trouvaient dans la chambre. Dans ces expériences, je prenais une position bien fixe dans un fauteuil et j'inclinais la tête, tantôt en avant, tant en arrière, ou je la maintenais verticale, tandis que le tube, sans cesser de rester horizontal, était dirigé tantôt à droite, tantôt à gauche, de sorte que la ligne de regard présentait successivement toutes les positions possibles par rapport à la tête.

Il résulta de ces expériences, faites avec des lignes visuelles parallèles, que pour toutes les positions qu'il était possible d'atteindre sans exercer un trop violent effort, je plaçais véritablement dans une position horizontale la ligne qui me paraissait horizontale, et que la ligne verticale apparente formait seulement avec la verticale véritable un angle égal à celui compris entre le méridien vertical apparent et le méridien vertical réel de l'œil employé.

Il ressort donc, en particulier, de ces expériences, qu'on ne considère pas, dans toute position de l'œil, respectivement comme horizontal et comme vertical, le méridien horizontal primitif, que nous avons appelé horizon rétinien, et celui qui lui est perpendiculaire (1). Loin de là, dans les positions à la fois latérales et élevées ou abaissées du regard, où l'horizon rétinien fait avec le plan horizontal un angle qui peut atteindre 10 degrés, on considère cependant encore comme horizontale une ligne réellement horizontale et située dans le plan de visée horizontal.

La chose se présente autrement lorsqu'on fait converger les yeux. — Renversant la tête en arrière et regardant à travers le tube tenu horizontalement, qu'on donne au fil une direction horizontale en maintenant les lignes visuelles en parallélisme : d'après ce qui précède, vérification faite, on se trouve l'avoir mis réellement horizontal. Fixant ensuite un des points du fil, ou accommodant pour le plus près possible sans changer la direction du regard, on voit aussitôt le fil affecter un mouvement de rotation apparent très-marqué, et dont le sens concorde avec celui de la rotation exécutée par l'horizon rétinien de l'autre œil lorsque celui-ci passe du parallélisme à la convergence. Ainsi, lorsqu'en rejetant la tête en arrière, on regarde, par exemple, horizontalement et directement en avant avec l'œil droit, au moment où l'on se met à converger, l'extrémité droite du fil paraît descendre et l'extrémité gauche paraît monter. Le mouvement inverse se produit lorsque la tête est penchée en avant. Le contraire a lieu pour l'œil gauche. Pour que le fil paraisse horizontal lorsque les yeux convergent, il faut imprimer au tube une rotation de quelques degrés dans le sens opposé à la déviation apparente ; et lorsque les regards redeviennent parallèles, le fil ne paraît plus horizontal. Les rotations qu'il faut faire exécuter au tube sont bien plus considérables que les torsions excessivement petites exécutées réellement par mon œil lors de la convergence de l'autre (voy. p. 609), de sorte que les torsions en question ne donnent pas l'explication de l'expérience que je viens de décrire (2).

Le phénomène qui nous occupe actuellement est au contraire du même genre que celui qui accompagne l'appréciation de la position des objets que nous voyons. Bien que l'œil ouvert conserve sa direction, le changement de direction et la rotation de celui qui est fermé modifient notre jugement sur les directions des lignes tant horizontales que verticales.

---

(1) E. Hering a établi la règle sous cette forme (Beiträge zur Physiologie, p. 254), mais comme son point de fixation était toujours dans le plan médian, il n'a pas expérimenté en plaçant les yeux en parallélisme ni en dirigeant le regard suivant les directions où l'aberration aurait pu se produire.

(2) Je n'ai pas pu faire de séries de mensurations sur la grandeur de ces angles, parce que les grands efforts d'accommodation, fréquemment répétés, m'occasionnent bientôt de violents maux de tête.

Comme tous les observateurs ne savent pas mettre leurs yeux en parallélisme ou en convergence sans le secours d'un point de fixation correspondant, j'ai fait subir la modification suivante à la méthode pour les lignes visuelles parallèles. Devant un large mur, uniformément peint en gris, était suspendu un long fil noir maintenu vertical par un léger poids. A ce poids étaient attachés, de part et d'autre, deux fils horizontaux enfilés dans des pitons fixés au parquet. L'un de ces fils était constamment tendu par un poids, l'autre arrivait à l'observateur, assis à environ six pieds du fil vertical ; en tirant ou en relâchant ce fil, l'observateur pouvait écarter le premier fil à droite ou à gauche de la verticale. L'observateur regardait le fil vertical à travers un tube cylindrique maintenu horizontalement, de manière à n'avoir aucune autre ligne verticale ou horizontale dans le champ visuel, et il cherchait à placer le fil principal dans une position exactement verticale. L'extrémité inférieure du fil vertical se mouvait devant une petite échelle graduée sur laquelle on pouvait lire son déplacement.

M. le docteur Dastich a fait, d'après cette méthode, des expériences dans mon laboratoire. Il s'est surtout servi de son œil gauche, qui est normal, tandis que l'œil droit est myope. Pour que le fil lui parût vertical, il lui fallait constamment en déplacer l'extrémité inférieure un peu à droite, déplacement dont le sens est le même que celui de la déviation du méridien vertical apparent par rapport au méridien véritablement vertical. Les déviations par rapport à la verticale étaient :

POUR L'ŒIL GAUCHE.

La tête étant verticale, le regard dirigé en avant.......	1° 52′
à droite.......	2° 4′
à gauche......	1° 49′
La tête penchée en avant, le regard dirigé en avant....	1° 37′
à droite ou à gauche.	2° 22′
La tête penchée en arrière, le regard dirigé en avant.....	1° 37′
à droite ou à gauche.	2° 7′

POUR L'ŒIL DROIT.

La tête verticale, le regard dirigé en avant.........	— 0° 42′

Les positions obliques étaient aussi éloignées de la position primaire que cela pouvait se faire sans fatigue sensible des muscles de l'œil. Pour que le même méridien de l'œil présentât toujours la direction verticale, il aurait fallu une différence d'environ 16° entre la ligne de regard dirigée en bas et à droite, et cette ligne dirigée en bas et à gauche ; la différence était au contraire insensible. De même pour les directions en haut et à droite, en haut et à gauche. Les petites différences qui se présentent entre les angles de l'œil gauche peuvent provenir de petites inégalités des mouvements de l'œil, peut-être aussi de ce que les regards n'étaient qu'approximativement et non absolument parallèles. D'après des communications manuscrites, les lignes qui paraissent verticales à Volkmann en maintenant les regards parallèles, ne sont ni absolument verticales, ni parallèles au méridien vertical; elles paraissent, au contraire, tenir le milieu entre la direction d'un plan absolument vertical et celle du méridien vertical de l'œil. M. Volkmann est plus myope que M. Dastich et que moi-même, et les écarts qu'il a observés pourraient bien provenir de ce qu'en général les yeux myopes ne voient pas assez exactement, avec des lignes de regard parallèles, pour acquérir de la certitude dans les mouvements faits avec les lignes visuelles ainsi placées.

Pour faire ressortir, dans ces expériences, la différence qui est produite par la convergence, on peut placer d'abord verticalement le long fil éloigné, puis, sans déplacer la tête, celui qui est tendu dans le tube, en ne cessant pas de fixer ce dernier fil, et comparant ensuite la position des deux fils.

Si l'on fixe enfin, avec des regards convergents, un point situé dans le plan médian de la tête, on prend pour horizontales, ainsi que Hering l'a trouvé (1), les lignes qui répondent à la position de l'horizon rétinien de l'œil employé. A cet effet, il plaça l'un dans l'autre deux cylindres d'environ 5 à 6 pouces de longueur et d'un diamètre égal à celui du visage. A l'extrémité antérieure de l'un de ces cylindres était tendu un fil dont on fixait le milieu et qu'on pouvait amener à paraître horizontal, en faisant tourner le cylindre. On prenait la moyenne de dix à vingt expériences.

Les faits que nous avons décrits prouvent que, sous le rapport des torsions, il se manifeste une influence réciproque des deux yeux analogue à celle relative aux directions; et il semble que les faits précédents (qui ont d'ailleurs encore besoin d'être soumis à des mensurations plus exactes) peuvent être résumés dans la règle suivante, qui est une extension du principe établi par Hering pour les directions de la vision et qui facilite l'intelligence de l'ensemble des phénomènes.

Supposons, entre les deux yeux, un œil de cyclope imaginaire, dirigé vers le point de fixation commun aux deux yeux, et dont les torsions suivent la même loi que celles des yeux véritables. Qu'on se figure

---

(1) Beiträge zur Physiologie, p. 254-256. La polémique que M. Hering, s'appuyant sur cette expérience, a soulevée contre mon principe de la plus facile orientation, et le principe de l'annulation du mouvement apparent qu'il a voulu opposer à celui-là, tombent dès qu'on remarque que le résultat de cette expérience ne s'accorde avec les indications de Hering que *lorsque le point de fixation est situé dans le plan médian.*

transportées dans cet œil imaginaire les images rétiniennes de l'un des yeux réels, de manière à faire coïncider chacun à chacun les points de regard et les horizons rétiniens. *Les points de l'image rétinienne se projettent alors en dehors, suivant la ligne directrice de l'œil de cyclope imaginaire* (1).

Si donc nous maintenons, par exemple, notre œil droit dans une position fixe, en amenant l'œil gauche du parallélisme à la convergence, c'est-à-dire en le déplaçant à droite, ce qui, en général, lui fait exécuter une torsion, l'œil de cyclope devrait tourner à droite, d'un angle à peu près moitié moindre. Il en résulte que les images visuelles de l'œil droit, qui est immobile, paraissent se déplacer et tourner du même angle que l'œil de cyclope.

Tant que le point de fixation est dans le plan médian, l'œil de cyclope n'exécute aucune torsion, et, par suite, les horizons rétiniens paraissent horizontaux pour toutes ces positions.

Pour donner l'explication de cette circonstance singulière, il faut nous rappeler que notre vision naturelle est binoculaire, et que l'expérience ne nous apprend immédiatement à apprécier la position des objets fixés, que par rapport à celle de notre corps, que nous sentons. Nous considérons comme étant à notre droite un corps situé à droite du plan médian de notre corps, mais qui, lorsqu'il est plus rapproché de ce plan que notre œil droit, peut être vu à l'aide d'une faible déviation de l'œil droit vers la gauche ou d'une forte déviation de l'œil gauche vers la droite. Nous ne cherchons pas à juger la position des objets par rapport à chacun de nos yeux, ni même par rapport à notre tête, mais plutôt par rapport à notre tronc, ce support de nos membres. C'est cette relation qui est véritablement la seule utile pratiquement.

Ainsi, le signe sensuel d'un objet situé à droite n'est pas le mouvement à droite que sa fixation demande à l'un de nos yeux, ou à tous deux : c'est la déviation à droite de leur direction moyenne. C'est seulement dans un nombre de cas fort restreint que nous sommes exercés à différencier l'une de l'autre les impressions des deux yeux ; ce sont les cas où cette distinction présente une importance pratique, comme dans la vision binoculaire des corps. C'est pour ce motif que nous sommes bien exercés à percevoir la direction et la rotation moyennes de nos deux yeux et à en déduire l'appréciation de la position des objets fixés, mais que nous savons très-mal estimer la direction de chaque œil, ou,

(1) La différence essentielle que présente cette règle avec celle de HERING, c'est que je fais exécuter des torsions à l'œil de cyclope, tandis que HERING en place toujours l'horizon rétinien dans le plan de visée.

en général, distinguer dans la conscience ce qui appartient à l'un ou à l'autre d'entre eux.

Lors donc que nous parlons de direction de la vision, nous ne sommes ni habitués, ni exercés à distinguer la différence de direction des deux yeux, et nous rapportons en général cette direction au plan médian de la tête, et respectivement du corps. Sous ce point de vue, Hering a raison de rapporter les projections des deux yeux dans le champ visuel, à un centre commun situé entre les deux dans le plan médian du corps, aux environs de la région dorsale du nez. C'est là l'expression exacte des faits, bien que je ne sois pas disposé, comme cet observateur, à en faire la base primitive de l'explication des phénomènes visuels, ne fût-ce que parce que la direction de l'attention exerce une influence notable sur une partie des phénomènes dont il s'agit ici.

Regardant avec un œil vers un objet éloigné et tenant devant la partie inférieure du visage une feuille de papier qui empêche de voir les bras et les mains, qu'on élève le doigt indicateur de la main droite derrière l'écran de papier, comme pour montrer l'objet qu'on regarde, le doigt apparaîtra à gauche ou à droite de l'objet fixé, suivant qu'on aura fait usage de l'œil droit ou de l'œil gauche.

Le résultat est inverse lorsqu'au lieu de fixer un objet éloigné, on regarde un objet rapproché, comme par exemple, un point du bord du papier, et qu'on cherche à élever le doigt, tenu un peu loin, de manière qu'il apparaisse précisément derrière le point fixé.

Ce résultat répond à la règle établie par Hering. Dans la vision ordinaire et naturelle, nous rapportons les directions visuelles à la racine du nez, et nous mettons le doigt entre cette région et l'objet fixé ; il ne se trouve donc pas sur la ligne visuelle véritable.

Mais l'expérience que nous venons de décrire peut souvent ne pas réussir. Ainsi, lorsque je concentre mon attention sur cette circonstance que je ne regarde que de l'œil droit et qu'en étendant le doigt pour cacher l'objet, je m'efforce de conserver la notion de la position de mon œil droit, j'amène effectivement le doigt dans la position exacte.

Nous reviendrons sur ces phénomènes dans l'étude de la vision binoculaire.

Il faut encore mentionner une expérience que j'ai souvent répétée. Lorsque je lève l'index, en fermant les yeux, et que je cherche à le fixer avant de les ouvrir, au moment où je les ouvre, je vois des images doubles du doigt qui répondent à des directions parallèles ou à peu près parallèles des lignes de regard, lesquelles passent alors des deux côtés du doigt, à peu près à la même distance. Mais ce qui est fort singulier, c'est que j'obtiens une représentation plus nette de la position de l'index, lorsque, ayant les yeux fermés, je touche et je frotte l'extrémité de ce doigt avec le pouce de la même main. Je puis alors effectivement, avant d'ouvrir les yeux, les disposer de façon que le doigt m'apparaisse simple au moment où je les ouvre. Il en est de même lorsque je touche et que je tâte avec le doigt un corps solide extérieur.

Lorsque nous sommes parvenus, par la comparaison des perceptions tactiles et visuelles, à la connaissance de la direction suivant laquelle nous devons chercher les objets que nous voyons, il en résulte finalement aussi la localisation des images optiques d'une origine quelconque et des excitations subjectives de notre rétine et de notre appareil nerveux visuel.

En effet, nous reportons dans l'espace toutes les excitations des fibres nerveuses suivant cette loi que nous croyons être en présence de phénomènes lumineux situés dans les parties d'un champ visuel monoculaire ou binoculaire où se trouveraient des objets lumineux réels, capables d'éclairer par leur lumière les parties correspondantes des rétines. On peut constater l'exactitude de cette assertion en provoquant des phénomènes subjectifs en même temps qu'on voit des objets réels dans le champ visuel. C'est ainsi que, lorsqu'après avoir développé dans l'œil une image accidentelle du soleil, nous venons à regarder le paysage, cette image accidentelle recouvre certains objets extérieurs qui, à cause de cette image, se voient moins bien que dans les circonstances ordinaires. Certaines parties de la rétine étant fatiguées, les images des objets extérieurs qui s'y représentent sont plus obscures que d'ordinaire. Cette superficie plus sombre, dans le champ visuel, désigne l'image accidentelle. On comprend donc immédiatement que l'image accidentelle coïncide, dans le champ visuel, avec les objets qui se dessinent sur la partie fatiguée de la rétine. De la même manière, il se peut que les ombres d'objets entoptiques, les figures vasculaires, les phosphènes, les images électriques, viennent coïncider, dans le champ de vision, avec des objets extérieurs. L'effet d'une semblable coïncidence est toujours d'éteindre, d'affaiblir ou de mêler avec d'autres sensations subjectives la sensation que produit la lumière extérieure émanée de certains points du champ visuel. Lorsque nous remarquons le changement ainsi survenu dans l'aspect de certains points extérieurs, nous ne pouvons pas localiser la modification qui se produit dans le champ visuel autrement que ne sont déjà localisés les points qui paraissent modifiés ; les phénomènes subjectifs doivent donc être transportés dans le monde extérieur, d'après les mêmes règles qui se sont formées en nous, par un effet d'expérience, pour les points du monde réel.

Il est évident que les phénomènes lumineux subjectifs, qui peuvent prendre naissance dans un champ visuel complétement obscur, doivent se localiser d'après la même règle. — Bien que ces apparitions lumineuses ne coïncident plus avec des images perceptibles d'objets réels, l'expérience nous a déjà fait connaître, pour chaque partie de la rétine, la direction où devraient se trouver des objets réels qui viendraient s'y peindre, ce qui détermine la localisation des phénomènes subjectifs correspondants. Que, dans le champ obscur, les phénomènes subjectifs, tels que les images accidentelles, se localisent d'après la même loi que les impressions des objets réels, c'est ce que l'on constate simplement en éclairant brusquement le champ obscur, sans mouvoir les yeux : aussitôt, et sans se déplacer, l'image accidentelle coïncide avec des objets déterminés du champ. Comme cette image n'a pas changé de position pendant le changement d'éclairage, elle était préalablement localisée de la même manière que les objets extérieurs avec lesquels elle est venue coïncider.

Ces considérations ne paraissent laisser aucun doute sur l'exactitude de notre loi d'après laquelle toute impression produite sur la rétine se localise exactement dans la partie du champ de vision où l'on verrait un objet extérieur placé de manière à produire la même impression sur la rétine, la lumière arrivant à l'œil sans déviation.

Cette loi peut se démontrer par des expériences plus directes, mais assez peu délicates. — Nous savons que des objets lumineux situés respectivement à droite, à gauche, en haut ou en bas, se dessinent respectivement sur la partie gauche, droite, inférieure ou supérieure de la rétine. Chez les personnes dont les tuniques de l'œil sont minces et diaphanes, nous pouvons voir l'image optique d'une lumière bien brillante apparaître à travers la sclérotique, à l'endroit voulu (p. 87). Or, si nous pressons avec l'ongle le côté droit de l'œil, nous voyons un phosphène à gauche (p. 266). Lorsqu'à l'aide d'un verre convergent nous concentrons de la lumière intense sur la partie droite et extérieure de la sclérotique, nous voyons à gauche, dans le champ visuel, un phénomène lumineux correspondant. Lorsque nous faisons sortir de l'œil, en cet endroit, un courant électrique descendant, nous voyons de même, à gauche, la tache claire correspondante. Si nous excitons, au contraire, l'œil à gauche, le phénomène lumineux se produit à droite dans le champ visuel; il se présente en haut ou en bas suivant que nous excitons en bas ou en haut.

Les illusions d'optique qui reposent sur ce principe sont très-nombreuses. Nous pouvons les classer de la manière suivante :

1° *Les rayons lumineux émanés de l'objet sont déviés, avant de pénétrer dans l'œil*, par réflexion, réfraction ou diffraction. — Quand la lumière reste homocentrique après s'être déviée, nous croyons, en général, abstraction faite des erreurs de jugement que nous avons décrites, voir l'objet dans la partie de l'espace où se coupent les rayons qui pénètrent dans l'œil (prolongés en arrière, si c'est nécessaire). C'est pour cette raison que ce point d'intersection a reçu le nom d'*image optique* de l'objet (p. 53). Tels sont les effets optiques de nos lunettes et de nos microscopes dioptriques et catoptriques, de nos miroirs plans et sphériques, des loupes et des autres lentilles de verre, y compris les prismes lorsqu'ils sont employés de manière à donner de la lumière sensiblement homocentrique. Il est inutile d'insister ici sur les effets de ces instruments, leur étude formant un chapitre de l'optique géométrique qui a déjà été amplement et soigneusement travaillé. Tous ces instruments donnant des images optiques des objets, que nous croyons voir au lieu des objets eux-mêmes; ils produisent des illusions d'optique, mais des illusions dont nous pouvons facilement éviter l'erreur, tout en nous permettant, sur les images optiques grossies ou autrement modifiées, de reconnaître bien des choses que nous ne pourrions pas voir par l'examen direct de l'objet. C'est ainsi qu'un miroir plan nous fait voir les objets d'un point de vue que nous ne pouvons souvent pas prendre en réalité, à savoir, celui d'un observateur qui serait placé derrière le plan du miroir : de cet endroit, notre visage, par exemple, peut être vu de face, ce que nous ne pouvons pas faire directement. Un prisme nous présente séparées les images d'un objet lumineux qui répondent aux différentes couleurs simples de la lumière, et ainsi de suite.

Lorsque la lumière, dans ses déviations, ne reste pas homocentrique, nous voyons des parties lumineuses plus ou moins estompées dans les parties du champ visuel qui répondent aux parties éclairées de la rétine, De ce genre sont l'arc-en-ciel, les franges de diffraction, le reflet de l'eau agitée, etc.

2° *La lumière arrive à l'œil sans déviation, mais cet organe n'est pas accommodé pour le point lumineux.* — Si la pupille est libre, les points lumineux du champ visuel sont remplacés alors par des surfaces éclairées présentant, d'une manière plus ou moins irrégulière, la forme connue de la figure rayonnée des petits cercles de diffusion (p. 188); de petits objets, tels que le croissant lunaire, paraissent alors souvent doubles ou multiples (p. 189). Ces phénomènes proviennent de ce que la lumière d'un point de l'objet ne se concentre plus sur un seul point de la rétine, mais qu'elle se diffuse, au contraire, sur une petite portion de la surface de cette membrane. A la surface rétinienne éclairée répond alors, dans le champ visuel, un phénomène lumineux étendu superficiellement.

Lorsque, au lieu de laisser la pupille entièrement libre, on regarde à travers une petite ouverture pratiquée dans une carte, il arrive, de plus, que la position et la grandeur des objets sont faussées ; lorsqu'on fait mouvoir la carte, l'objet paraît se déplacer, ainsi qu'il a été expliqué pages 126 et 127. Il est vrai que, dans ce cas, chaque point lumineux de l'objet se peint à peu près suivant un point sur la rétine, mais ces images n'occupent pas leur position normale, à cause de l'accommodation inexacte de l'œil.

Lorsqu'on regarde à travers une carte percée de deux ou trois ouvertures, si l'accommodation est défectueuse, les objets paraissent doubles ou triples.

Ces expériences sont importantes parce qu'elles nous font reconnaître que l'accommodation exacte de l'œil fait partie des conditions de la vision normale sur lesquelles se fonde la localisation expérimentale des sensations. Nous projetons dans le champ visuel les cercles de diffusion, ou les parties qui en restent lors de la vision à travers des ouvertures étroites, comme si c'étaient des images formées avec une accommodation exacte. Pour chaque point éclairé de la rétine, nous plaçons un point lumineux dans le champ visuel. Aussi ces expériences ont-elles présenté quelque importance pour le développement de l'optique physiologique, parce qu'elles ont permis de reconnaître que la direction de la projection n'est déterminée ni par la direction suivant laquelle le rayon lumineux parvient à l'œil, ni par celle suivant laquelle il atteint la rétine, mais bien par la partie de la rétine qui est atteinte. Si l'on examine la figure 50 (p. 127), on voit que les lignes de projection $f\varphi$ et $g\gamma$ s'écartent notablement des positions véritables des rayons réfractés et de ceux qui ne le sont pas.

3° *On voit des corps appartenant à l'œil lui-même*, comme les objets entoptiques, les mouches volantes, les ombres vasculaires, la fovea, etc., tels qu'ils ont été décrits au paragraphe 15, et en partie au paragraphe 25. Ces objets envoient de l'ombre à la couche postérieure de la rétine, et, pour cette raison, ils apparaissent sous forme d'ombres dans le champ visuel. Ainsi notre illusion d'optique reporte au dehors des objets appartenant à l'intérieur de l'œil : le plus souvent ces objets sont vus renversés, parce que le plus souvent leurs ombres sont droites sur la rétine. Comme la position de ces parties ne peut se déterminer que par leur apparition subjective, ils ne nous apprennent rien de nouveau pour la théorie.

4° *Il y a excitation des nerfs ou modification de leur état d'excitation.* — Dans ces cas, la modification ne porte pas sur la lumière elle-même, mais sur la sensation lumineuse ; cette catégorie comprend les phosphènes ordinaires, le phosphène d'accommodation, les gerbes lumineuses qui se produisent près de l'entrée du nerf optique lorsqu'on fait mouvoir les yeux, la lumière propre de la rétine, les phénomènes électriques qui ont été décrits au paragraphe 17. Dans cette classe de phénomènes, l'illusion ne consiste plus seulement dans la localisation erronée d'un objet lumineux ou obscur; on n'est plus en présence d'aucun objet réel, mais seulement d'une sensation analogue à celle qui est produite, en général, par des objets véritables.

Chez l'homme sain et éveillé, on voit se produire toutes ces illusions que nous avons décrites, et l'on ne peut même pas leur échapper lorsque la réflexion permet d'en reconnaître la nature. Cependant, en général, les illusions sont bien reconnues comme telles. Lorsque nous regardons à travers un instrument d'optique ou dans un miroir, nous savons que nous voyons dans des conditions modifiées et nous apprenons bientôt à nous former, à l'aide de l'image fausse, un jugement exact sur la constitution réelle des objets. C'est ainsi que nous apprenons à nous raser, à nous peigner, etc., en nous dirigeant d'après l'image que nous voyons de nous dans la glace, bien que cette image intervertisse la droite et la gauche. Avec un peu d'exercice, nous apprenons à disséquer sous la loupe et même sous le microscope composé, bien que ces deux instruments exagèrent les mouvements de notre main et que le dernier les renverse : il nous est donc possible de nous exercer à diriger nos mouvements d'après des images optiques inexactes.

Pour les autres phénomènes, ceux qui ont leur cause dans l'œil même, la circonstance qui permet d'en reconnaître la nature subjective paraît consister notamment en ce qu'ils suivent les mouvements de l'œil. Ce signe distinctif fait défaut pour les phénomènes qui apparaissent subitement et disparaissent aussitôt, et alors on peut réellement être dans le doute sur la réalité de l'objet qu'on a vu. C'est ainsi que lorsqu'on cherche à se conduire dans l'obscurité et qu'à la vision indirecte on voit reluire un reflet lumineux pendant un mouvement du corps et de l'œil, l'observateur le plus expérimenté est parfois incapable de dire avec certitude si cette lueur est objective ou subjective. Il est très-probable que bien des histoires de spectres doivent leur origine à de semblables phénomènes subjectifs. La lumière propre de la rétine est riche en formes auxquelles un poltron peut attribuer facilement toutes sortes de significations extraordinaires, surtout lorsqu'il regarde fixement le phénomène qui l'effraye, ce qui l'empêche de remarquer que cette apparition se meut avec l'œil. Dans les fièvres ou les affections cérébrales, où l'association régulière des représentations est dérangée et où elles s'effacent avec rapidité, le malade étant alors hors d'état de les comparer et les combiner, et n'ayant plus la réflexion nécessaire pour reconnaître la nature subjective des phénomènes dont nous avons parlé, il se produit fréquemment des représentations fantastiques. Dans le délire alcoolique, il apparaît, dans le champ visuel, des taches noires qui se meuvent rapidement avec l'œil, et le malade croit voir courir des souris, des hannetons noirs ou des mouches. Dans le délire fébrile, au contraire, on reconnaît souvent, dans la description des malades, les points et les cercles lumineux et colorés qu'on peut également reproduire chez l'homme sain, par une légère pression sur l'œil, et que malade prend tantôt pour des étincelles, tantôt pour des yeux ardents, etc.

Dans les phénomènes décrits jusqu'ici, nous avons admis que la tête était droite ou que, dans le cas contraire, nous en connaissions l'inclinaison. Il faut mentionner, pour finir, une illusion qui repose sur une fausse appréciation de la position de la tête. Aubert (1) pratiqua, dans le volet d'une chambre obscure, une fente de 5 centimètres de long sur 2 de large, et qui formait le seul objet visible dans l'espace qui l'entourait. Lorsque, cette ligne éclairée étant verticale, l'observateur inclinait la tête vers l'épaule droite, la ligne paraissait oblique de droite à gauche et de bas en haut. De même, en inclinant la tête vers l'épaule gauche, on obtenait encore un mouvement apparent de la ligne en sens contraire de celui de la tête. Lorsque la ligne était inclinée de 45° sur l'horizon et montait en allant de gauche à droite, elle paraissait verticale lorsqu'on inclinait la tête à droite et pouvait même dépasser la verticale pour s'incliner en sens opposé. En inclinant la tête à gauche, la ligne paraissait horizontale et pouvait même dépasser l'horizontale. Le maximum de rotation de la ligne lumineuse se produisait lorsque la tête avait une inclinaison d'environ 135°.

La rotation de la ligne éclairée suit d'assez près l'inclinaison de la tête lorsque ce mouvement s'exécute lentement; mais si l'on incline brusquement la tête d'une quantité considérable, la rotation de la ligne n'est accomplie que quelques secondes après.

Lorsqu'on laisse pénétrer de la lumière dans la chambre en maintenant l'inclinaison de la tête, la ligne reprend sa position verticale. Si l'on reproduit l'obscurité, la ligne reprend sa position oblique.

Il ne s'agit pas ici d'une rotation de l'œil dans la tête, comme on peut s'en assurer à l'aide des images accidentelles. Lorsqu'on incline la tête de 90° à droite, une image accidentelle, développée dans le méridien

(1) *Virchow's Archiv für pathologische Anatomie und Physiologie*, XX.

vertical de l'œil, ne présente pas, dans une chambre obscure, sa position réelle, qui est sensiblement horizontale : elle paraît beaucoup plus oblique de gauche à droite et de bas en haut qu'elle ne l'est réellement; et une ligne objective présentant réellement cette forte inclinaison paraît verticale.

L'illusion tient à une tendance que nous avons à considérer, dans l'obscurité, les inclinaisons latérales de la tête comme plus petites qu'elles ne sont en réalité.

Au lieu de faire l'observation dans l'obscurité, on peut placer la ligne sur un mur peint d'une couleur uniforme et s'entourer la tête d'un écran cylindrique qui masque tous les objets environnants.

C'est ici que trouvent encore leur place les phénomènes connus du mouvement que paraissent présenter les objets immobiles lorsque nous nous trouvons sur un bateau ou dans un train de chemin de fer qui se déplace lentement; il en est de même du phénomène inverse, d'après lequel nous croyons être en mouvement lorsque nous sommes immobiles et que ce sont les objets situés devant nous qui se déplacent avec une vitesse constante. Le plus grand exemple de la première espèce est le repos apparent de la terre, au mouvement de laquelle se substitue la rotation apparente du ciel étoilé. Quand deux trains sont arrêtés côte à côte dans une gare, l'observateur assis dans l'un des trains et qui regarde l'autre a souvent bien de la peine, lorsque l'un des trains se met en marche, à décider auquel des deux il doit attribuer le mouvement, tant qu'il ne parvient pas à voir des parties fixes du sol ou des bâtiments. De même, dans les observatoires à coupole mobile, tels qu'on les établit pour placer l'héliomètre, lors de la rotation de la coupole, on se figure parfois qu'elle est immobile et que c'est le plancher qui tourne.

En général, c'est la partie la plus grande du champ visuel qu'on considère comme immobile et la partie la plus petite à laquelle on attribue le mouvement. Il faut ajouter qu'au commencement d'un mouvement nous nous attendons à ressentir des chocs ou des secousses ou tout au moins les effets de l'inertie de la masse de notre corps. Si donc le mouvement commence très-graduellement, comme celui d'un bateau, nous ne croyons pas être en mouvement; inversement, si nous avons ressenti des secousses, comme celles que le passage d'un train peut nous communiquer, nous croyons être en mouvement. Lorsque l'une et l'autre interprétation sont également possibles, l'observateur peut, à volonté, se représenter les choses de l'une ou de l'autre manière.

M. J. J. Oppel a construit, sous le nom d'*antirrhéoscope*, un appareil pour observer le vertige visuel qui se produit à l'aspect d'un mouvement et que cet observateur avait remarqué sur un torrent d'eau (le Rhin à Schaffhouse, un instant avant la chute); avec cet appareil, on peut, à tout moment, observer le phénomène. L'instrument se compose de cinq rouleaux de 2 $^1/_2$ pouces de diamètre et de 2 $^1/_2$ pieds de long, placés parallèlement les uns à côté des autres, et qui peuvent être mis en mouvement tous dans le même sens, à l'aide d'un tambour de plus grand diamètre. Chaque rouleau est recouvert d'un papier blanc sur lequel sont dessinées deux spirales de deux tours et demi chacune. Chaque spirale se compose elle-même d'une ligne médiane épaisse et noire de 1 $^1/_2$ pouce de largeur, à un demi-pouce de laquelle se trouvent, de part et d'autre, deux lignes noires d'un demi-pouce de largeur. La largeur du blanc qui sépare la bande noire de deux tours de spire voisins a également 1 $^1/_2$ pouce de large, de sorte que le blanc et le noir sont distribués symétriquement. Lorsqu'on fait tourner le tambour, dont le bord agit par friction sur les extrémités des rouleaux, tous ces cylindres se mettent à tourner dans le même sens; celui du milieu tourne un peu plus vite que ceux des extrémité, de manière à imiter le mouvement inégal de l'eau du fleuve. Les spirales paraissent alors se déplacer avec une vitesse uniforme, parallèlement à la longueur des rouleaux; et si l'observateur, après avoir regardé pendant quelque temps ce mouvement apparent, porte le regard sur des objets immobiles, ceux-ci paraissent se déplacer en sens opposé.

M. Oppel avait placé, en avant des rouleaux, un point de repère pour maintenir la fixité du regard. Mais, à ce qu'il paraît, l'expérience manquait souvent lorsqu'il fixait ce signe, et comme il croyait la fixation nécessaire à la production du vertige et qu'il pensait qu'elle était empêchée par l'aspect de la masse mobile, il prit pour objet de fixation une planchette de bois rhomboïdale de 1/2 pouce de large sur 3/4 de pouce de haut, qui recevait par le mécanisme de l'instrument un mouvement de rotation lent, de manière à présenter alternativement ses deux faces à l'observateur. Avec cette modification, l'expérience réussissait régulièrement : cela tient, je pense, à ce que cette disposition rend impossible la fixation continue d'un même point immobile ; en effet, tous les points de la planchette que l'on voudrait fixer présentent des alternatives d'apparition et de disparition. Mes expériences m'amènent à croire, contrairement à l'opinion d'Oppel, que la fixation rigoureuse empêche le vertige de se produire et qu'il ne se produit que lorsque nous exécutons de petits mouvements involontaires, et le plus souvent insconscients, qui nous permettent de suivre du regard les objets en mouvement. Oppel n'en a pas moins raison d'avancer que les mouvements volontaires un peu étendus, à l'aide desquels nous suivons assez loin et sciemment les mouvements des objets, sont défavorables à la production de l'illusion.

M. Javal me propose d'ajouter que l'ophthalmoscope fournit un moyen extrêmement délicat de contrôler des mouvements de ce genre. — Chez les personnes affectées de nystagmus, lorsqu'on examine le fond de l'œil à l'image droite, on le voit fuir suivant un sens déterminé, comme un dessin continu qui se déroulerait. Ce phénomène tient à ce que les mouvements exécutés par l'œil malade sont bien plus rapides dans un sens que dans l'autre, et que les vaisseaux ne sont vus que pendant le plus lent des deux mouvements. — En examinant à l'ophthalmoscope l'œil d'une personne qui vient de regarder l'appareil d'Oppel, je pense, en effet, qu'il serait facile d'en constater les mouvements.

La vision droite malgré le renversement des images rétiniennes a été attribuée par Keppler (1) à l'âme, qui se représenterait l'impression reçue sur une partie inférieure de la rétine comme si elle venait d'une partie supérieure de l'objet. Scheiner (2) fut du même avis. Priestley (3) fait provenir cette particularité de nos représentations visuelles de la comparaison avec le toucher. Descartes (4), pour faire comprendre la méthode naturelle d'après laquelle nous déduisons la grandeur, la position et la distance des objets de la direction des axes oculaires, la compare avec la manière dont un aveugle juge de la grandeur et de la distance d'un objet à l'aide de deux bâtons, de longueur même inconnue, pourvu qu'il connaisse la distance et la position relatives de ses mains dans lesquelles il tient les bâtons. Du reste, la question de la vision droite a donné lieu à une foule d'écrits (5).

Keppler (6) avait déjà trouvé la règle qui donne la position apparente des objets vus à travers les instruments dioptriques ou catoptriques : il mit cette position au point de convergence des rayons qui pénètrent dans l'œil. Les difficultés qui ont donné lieu, plus tard, à de nombreuses discussions sur ce point, étaient relatives moins à la direction suivant laquelle on voit l'objet qu'à sa distance, dont il sera question au paragraphe suivant.

Porterfield (7) croyait qu'à l'aide d'une disposition originelle de notre nature, nous voyons les objets en un point de la perpendiculaire élevée sur la rétine, à l'endroit où se produit l'image. Cette opinion a été soutenue également par d'Alembert (8), Bartels (9) et beaucoup d'autres. Volkmann (10) a remplacé les normales à la rétine, par les lignes de direction qui, d'après la définition donnée page 92, sont des lignes menées par l'image rétinienne et le point nodal postérieur de l'œil. Ces lignes sont effectivement celles qui servent à trouver objectivement le point lumineux, dans les recherches physiques, lorsqu'on connaît exactement la position de l'image rétinienne dans l'œil bien accommodé et la position de cet œil. Les lignes de direction jouent donc un rôle important dans l'optique physiologique, surtout lorsqu'il s'agit de déterminer quels sont les objets extérieurs dont l'image se confond avec des excitations quelconques de la rétine, soit par la lumière, soit par des excitants internes. Ainsi Volkmann est dans le vrai tant que nous déterminons exactement la position objective des corps que nous voyons. Mais une semblable détermination exacte n'est guère possible que pour les points que nous voyons directement avec les deux yeux, et pour ceux-là même, elle manque quelquefois. Nous attribuons des directions inexactes à tous les points vus indirectement ; en effet, comme on l'a vu dans ce paragraphe, nous attribuons une valeur trop faible à l'angle compris entre leur ligne de direction et la ligne de regard ; toutes les fois que nous faisons converger les yeux pour les diriger sur des objets plus rapprochés, nous formons, ainsi qu'on le voit par les expériences décrites plus haut, un jugement erroné sur les directions des objets que nous voyons. Ainsi que Hering (11) l'a fait remarquer avec raison, l'explication des images doubles binoculaires ne peut guère se déduire de la théorie de Volkmann. Nous ne pouvons donc pas admettre la théorie de Volkmann comme une loi néces-

---

(1) Paralipomena, p. 169. — Smith's Opticks, Rem., p. 4.

(2) Oculus, p. 192.

(3) Geschichte der Optik, übersetzt von Klügel, Leipzig, 1776, p. 69.

(4) Dioptrice, p. 68. — De homine, p. 66.

(5) Kaestner, in *Hamburger Magazin*, VIII, St. 4, Art. 8 ; IX, St. 1, Art. 4. — Lichtenberg, in Erxleben's Naturlehre, 6. Aufl., p. 328. — Rudolphi, Physiologie, II, 227. — L. Fick, in *Müller's Archiv für Anatomie*, 1854, p. 220. — Voy. de plus la bibliographie suivante.

(6) Paralipomena, p. 285 ; p. 69-70.

(7) On the eye, II, 285.

(8) Opuscula mathem., I, p. 26.

(9) Beiträge zur Physiologie des Gesichtssinnes, Berlin, 1834.

(10) Beiträge zur Physiologie des Gesichtssinnes, Leipzig, 1836. — Artikel Sehen, in *R. Wagner's Handwörterbuch der Physiologie*. — Voy. aussi Mile, Ueber Richtungslinien des Sehens, in *Poggendorff's Annalen*, XLII, 245. — *Müller's Archiv für Anatomie*, 1838, p. 387.

(11) Beiträge zur Physiologie, Leipzig, 1861, p. 35-64.

saire et élémentaire qui déterminerait déjà par elle-même la direction des objets que nous voyons. HERING a rendu le service essentiel d'avoir mis en évidence l'influence qu'exerce, dans ce cas, la convergence.

PLATEAU (1), OPPEL (2) et ZÖLLNER (3) ont recherché l'influence des mouvements vertigineux et des mouvements apparents; AUBERT (4) a examiné celle de la fausse appréciation de la position de la tête; A. DE GRAEFE (5) et NAGEL (6), celle de la paralysie d'une partie des muscles moteurs de l'œil.

1604. KEPPLER, ad VITELLIONEM Paralipomena, p. 169; 285; 69-70.
1619. SCHEINER, Oculus, Oenipontii, 1619, p. 192.
1637. DESCARTES, Dioptrice, Leyden, p. 68.
1667. HONORATUS FABER, Synopsis optica, Lugd.
1709. BERKELEY, Essay towards a new theory of vision.
1740. LE CAT, Traité des sens, Rouen.
— WEDEL, Ueber den Radius visorius des HONORATUS FABER, in *Halleri Disputat. anat.*, IV, 216.
1754. CONDILLAC, Traité des sensations.
1759. PORTERFIELD, A treatise on the eye, Edinb., II, p. 285.
1761. D'ALEMBERT, Opuscula mathem., I, p. 26; 265.
1771. BOEHM, De Visione erecta, in *Acta Hassiaca*, 64.
1772. PRIESTLEY, History and present state of discoveries relating to vision, light and colours, Uebers. v. KLÜGEL, Leipzig, 1775, p. 69.
1783. ROCHON, in *Recueil de Mémoires sur la Mécanique et Physique*, VI, p. 241
1784. DU TOUR, Mémoire pour établir que le point visible est vu dans le rayon qui va de ce point à l'œil, in *Mémoires des savants étrang.*, Paris, VI, p. 241.
— FEARN, A rationale of the laws of cerebral vision, composing the laws of single and erect vision, deduced upon the Principle of Dioptrics, London.
1788. WALTER, in *Berliner deutsche Abhdl.*, 3.
1793. ARALDI, Esame di uno fra i diversi dubbi messi dal celebre D'ALEMBERT ai principi dell' Ottica; con alcune considerazioni sopra la teoria psicologica della visione, in *Memor. dell' Istit. nazion. Ital.*, I, p. 451.
1794. LICHTENBERG, in ERXLEBEN's Naturlehre, 6. Aufl., p. 328.
— KAESTNER, in *Hamburger Magazin*, VIII, St. 4, Art. 8; IX, St. 1, Art. 4.
1820. RUDOLPHI, Physiologie, II, 227.
1826. J. MÜLLER, Zur vergleichenden Physiologie des Gesichtsinns, Leipzig.
1834. BARTELS, Beiträge zur Physiologie des Gesichtsinns, Berlin.
1836. VOLKMANN, Beiträge zur Physiologie des Gesichtsinns, Leipzig. — *R. Wagner's Handwörterbuch der Physiologie*, Artikel: Sehen.
1837. MILE, Ueber Richtungslinien des Sehens, in *Pogg. Ann.*, XLII, 245. — J. MÜLLER'S Anat. u. Physiol., 1838, p. 387.
1844. D BREWSTER, Law of visible position in single and binocular vision, in *Edinb. Trans.*, XV, 1844.
1849. PLATEAU, Sur de nouvelles applications curieuses de la persistance des impressions de la rétine, in *Bull. de Bruxelles*, XVI, II, 30, 254. — *Institut*, XVIII, n° 835, p. 5. — *Phil. Magaz.*, XXXVI, 434, 436. — *Pogg. Ann.*, LXXX, 150, 287.
1852. H. BOENS. Étude sur la vision de l'homme et des animaux, in *Bulletin de Bruxelles*, XIX, 2, p. 155-161. (Cl. des sciences, 1852, p. 443-449.)
— LOTZE, Medizinische Psychologie, p. 362-369.
1854. L. FICK, Bemerkungen zur Physiologie des Sehens, in *Müller's Archiv für Anat. und Physiol.*, 1854, p. 220-225.

---

(1) *Bulletin de Bruxelles*, t. XVI. — *Poggendorff's Annalen*, LXXX, p. 287.
(2) *Poggendorff's Annalen*, XCIX, 543.
(3) *Pogg. Ann.*, CX, 500.
(4) *Virchow's Archiv für pathologische Anatomie*, XX, 381-393.
(5) *Archiv für Ophthalmologie*, I, 1, p. 67.
(6) Das Sehen mit zwei Augen, Breslau, 1861, p. 124-129.

1854. A. v. Graefe, Beiträge zur Physiologie und Pathologie der schiefen Augenmuskeln, in *Archiv für Ophthalmol.*, I, 1, p. 67.
1855. H. Helmholtz, Ueber das Sehen des Menschen, ein populär wissenschaftlicher Vortrag, Leipzig, p. 20-42.
— E. B. Hunt, On our sense of the vertical and horizontal, in *Silliman Journ.*, 2, XX, 368-375.
1856. J. J. Oppel, Neue Beobachtungen und Versuche über eine eigenthümliche, noch wenig bekannte Reactionsthätigkeit des menschlichen Auges, in *Pogg. Ann.*, XCIX, 540-561.
1858. Ueberweg, Zur Theorie der Richtung des Sehens, in *Zeitschr. für ration. Medicin.*, 3, V, 268-282.
1860. J. J. Oppel, Zur Theorie einer eigenthümlichen Reactionsthätigkeit des menschlichen Auges in Bezug auf bewegte Netzhautbilder, in *Jahresber. d. Frankfurter Vereins*, 1859-1860, p. 54-64. — *Zeitschr. für Naturw.*, XVII, 258-260.
— H. Aubert, eine scheinbare bedeutende Drehung von Objecten bei Neigung des Kopfes nach rechts und links, in *Virchow's Archiv*, XX, 381-393.
1861. Nagel, Das Sehen mit zwei Augen, Breslau, p. 124-129.
— E. Hering, Beiträge zur Physiologie, Leipzig, Heft 1, p. 35-64.
1862. F. Zöllner, Ueber eine neue Art anorthoskopischer Zerrbilder, in *Pogg. Ann.*, CXVII, 477-484. — *Zeitschr. für Naturw.*, XXI, 163.
1863. J. Czermak, Ueber das sogenannte Problem des Aufrechtsehens, in *Wiener Ber.*, XVII, 566-574.
1865. Alfred Graefe, Ueber einige Verhältnisse des Binocularsehens bei Schielenden, in Archiv für Ophthalmologie, XI, 2, p. 6-16.

§ 30. — Perception de la profondeur.

Dans les deux paragraphes précédents, nous avons décrit comment les objets paraissent se disposer les uns à côté des autres dans la surface du champ visuel ; nous avons recherché également quelles sont les circonstances qui influent sur cette disposition et sur les distances relatives que paraissent présenter les différents objets dans le champ visuel. Pour faciliter l'exposé géométrique, nous nous sommes permis, il est vrai, d'attribuer au champ visuel la forme d'une sphère, mais nous avons eu soin d'insister sur ce point que la disposition apparente dans le champ visuel se fait superficiellement, c'est-à-dire suivant deux dimensions, mais sans que ce soit aucunement sur une surface déterminée, ayant une position et des dimensions définies. Loin de là, nous avons laissé dans une indétermination complète la forme de cette surface du champ visuel. Aussi peut-on encore lui attribuer toutes sortes de formes dès qu'elles seront indiquées par de nouvelles circonstances de la perception.

La vision monoculaire ne nous fait percevoir d'abord que la direction sur laquelle se trouve le point que nous voyons. Ce point peut se déplacer sur la ligne de visée où il se trouve, sans qu'il se produise, dans l'impression reçue par l'œil, aucune modification autre que relativement à la grandeur du cercle de diffusion formé sur la rétine, et tant que le déplacement n'excède pas la longueur de la *ligne d'accommo-*

dation de Czermak (p. 122), cette modification du cercle de diffusion ne présente aucune valeur appréciable. Nous avons déjà étudié, dans le paragraphe précédent, quelles sont les erreurs que nous commettons en percevant la direction d'une semblable ligne de visée. Ainsi, la vision monoculaire ne nous indique immédiatement que la *position apparente de la ligne de visée* sur laquelle il faut chercher le point que nous voyons.

Pour obtenir une connaissance complète de la disposition véritable des objets dans l'espace, il faut encore connaître, sur la ligne de visée, la *distance* qui sépare de l'œil chacun des points que nous voyons. A la connaissance des *dimensions superficielles* du champ il faut ajouter celle de la *profondeur*. L'expérience journalière nous apprend que nous jugeons également cette troisième dimension, avec plus ou moins d'exactitude. Nous avons donc à examiner comment nous parvenons à connaître la distance comprise entre notre œil et les objets.

Les moyens qui permettent d'arriver à reconnaître ainsi la forme des objets dans l'espace peuvent être rangés dans deux catégories tout à fait distinctes. La première renferme les résultats de notre expérience sur la nature particulière des objets que nous voyons ; il ne peut évidemment en résulter que des *représentations* de la distance. A la seconde catégorie appartiennent les sensations qui nous donnent une *perception* réelle de la distance ; ce sont : 1° la *conscience de l'effort d'accommodation nécessaire ;* 2° l'*observation à l'aide de mouvements d'accommodation de la tête et du corps ;* 3° l'*usage simultané des deux yeux.*

I. — Avant d'examiner quand et combien les moyens de cette seconde catégorie contribuent à la perception, il nous faut rechercher quelles sont les données fournies par l'expérience, pour nous mettre en état de distinguer la part qui leur revient. Nous avons à étudier ici tout ce que nous pouvons distinguer, par rapport à la troisième dimension du champ visuel, lorsque nous regardons d'un seul œil, et sans déplacer la tête, des objets qui sont assez éloignés ou assez peu nets pour que leur observation ne demande aucun effort sensible d'accommodation. Les éléments que nous utilisons dans ces conditions sont d'abord la connaissance préalable de la grandeur des objets, puis celle de leur forme, connaissances auxquelles viennent s'ajouter la distribution de l'ombre et le degré de transparence de l'air interposé.

Le même objet, vu à des distances différentes, donne des image rétiniennes de différentes grandeurs et se présente sous des angles visuels différents. Plus il est éloigné, plus l'angle visuel sous lequel il se présente est petit. De même donc que les astronomes peuvent calculer les changements de distance du soleil ou de la lune d'après les modifications de l'angle visuel sous lequel se présentent ces astres, de même aussi nous pouvons apprécier la distance à laquelle se trouve un objet de grandeur connue, un homme, par exemple, d'après la grandeur de l'angle visuel ou, ce qui revient au même, d'après celle de l'image rétinienne. Ce sont surtout les hommes et les animaux domestiques qui nous fournissent, sous ce rapport, des renseignements très-utiles dans le paysage; en effet, leurs mouvements attirent facilement l'attention sur eux, leur grandeur varie peu et elle nous est très-familière. Les militaires, en particulier, sont bien exercés à apprécier exactement par ce procédé la distance de corps de troupes éloignés, sur un terrain inconnu; c'est aussi spécialement pour leur usage qu'on a construit différents petits instruments d'optique qui permettent de mesurer l'angle visuel sous lequel apparaît la hauteur d'un homme éloigné et d'en déduire sa distance par une simple lecture. Les maisons, les arbres, les plantes cultivées, servent avec moins de certitude au même but, parce que leur grandeur est plus variable, ce qui peut faire commettre de grossières erreurs. Un habitant de la plaine prend facilement les vignobles des coteaux pour des champs de pommes de terre, ou des sapins sur de hautes montagnes éloignées pour des bruyères, et, par suite, il se trompe très-souvent en moins dans son appréciation de la distance et de la hauteur des montagnes. C'est pour le même motif que les peintres mettent des hommes et des animaux dans leurs paysages pour donner une idée de la grandeur des objets représentés.

Il faut encore ajouter que la lune ou les montagnes éloignées, lorsqu'une cause quelconque, telle qu'une pureté moindre de l'atmosphère, nous fait leur attribuer une distance plus grande, paraissent toujours augmentées, en même temps, dans la même proportion. Citons encore l'expérience d'après laquelle les parties éloignées d'un paysage, vues à travers une lunette grossissante, ne nous paraissent pas grossies, mais rapprochées, et qu'il faut ouvrir l'autre œil pour se convaincre de la réalité du grossissement des images.

Comme cette relation entre la distance et la grandeur ne peut devenir familière que par une longue expérience, il ne paraîtra pas étonnant que les enfants y soient assez peu exercés et qu'ils commettent facilement de grossières erreurs. C'est ainsi que je me souviens d'être passé dans mon enfance devant une tour d'église (l'église de la garnison, à Potsdam) et, en voyant sur la plate-forme des personnes que je pris pour des poupées, d'avoir demandé à ma mère de me les donner : je croyais qu'il lui suffirait d'étendre le bras pour les saisir. Ce trait s'est gravé dans ma mémoire, parce que c'est en reconnaissant alors mon erreur que je compris que la perspective fait paraître les objets plus petits.

A la connaissance de la grandeur s'ajoute, dans un grand nombre de cas, celle de la forme des objets, surtout dans les cas où ils se recouvrent partiellement. Lorsque nous voyons, par exemple, dans le lointain, deux collines dont l'une cache en partie le pied de l'autre, nous en concluons que la première est en avant de la seconde ; car s'il n'en était pas ainsi, il faudrait que la seconde eût une partie surplombante, telle que les collines n'en présentent jamais, et il faudrait de plus, que par une coïncidence bien extraordinaire, ce contour surplombant se trouvât précisément sur la continuation du profil de la seconde colline. Ce serait là une interprétation possible de l'image, mais qui serait contraire à toute expérience. On peut naturellement faire la même remarque pour toutes sortes d'objets qui se masquent en partie. Même lorsque leur forme nous est absolument inconnue, il suffit, le plus souvent, de remarquer que le profil de l'objet antérieur se continue sans interruption après avoir rencontré celui de l'objet postérieur, pour les distinguer l'un de l'autre. On peut facilement provoquer, au contraire, une illusion en tenant une feuille de papier de manière à cacher une partie de l'objet antérieur, le bord de la feuille paraissant faire suite avec le tour de l'objet postérieur.

Parmi les illusions qui reposent sur ce principe, les plus remarquables sont celles qui se produisent en présence de surfaces réfléchissantes ou réfringentes qui projettent une image optique entre elles-mêmes et l'observateur. — La plupart des personnes ont de la difficulté à s'assurer que cette image est aérienne et située en avant du miroir ; car on voit des lacunes dans l'image aux points où le miroir a des taches, l'image est limitée par le bord du miroir, et, en général, toutes les petites irrégularités du tain se voient distinctement à travers l'image. L'image paraît être l'objet recouvert, ou postérieur, tandis qu'elle est, en réalité, antérieure. Il n'est pas toujours facile d'éviter complétement l'illusion, même lorsqu'à l'aide de la vision binoculaire, des mouvements de l'œil et des variations de l'accommodation, on met en jeu des éléments sensuels qui définissent, sans aucune équivoque, la position vraie de l'image. Le meilleur moyen est encore de disposer, dans le plan de l'image, un écran avec une fenêtre qui permette de voir l'image sans laisser paraître le bord de la surface réflechissante ou réfringente qui la produit. L'observateur voit alors facilement que l'image est située dans le plan de l'écran (1).

(1) Voyez, à ce sujet, DOVE, in *Pogg. Ann.*, LXXXV.

Il est à propos de remarquer ici que, lorsque les yeux sont ouverts, les phénomènes visuels subjectifs paraissent toujours projetés sur la surface des objets visibles dans le champ visuel. Comme ces apparitions se déplacent en accompagnant les mouvements de l'œil, on les distingue immédiatement des phénomènes objectifs et on ne leur attribue aucune éalité ; elles se présentent tout au plus comme des taches sur les objets réels, et cela lorsque l'attention se porte sur elles. Leur localisation se produit en général de cette façon, même pour les images accidentelles binoculaires, lesquelles pourraient se prêter à une localisation déterminée dans l'espace. Le plus souvent on est porté à projeter ces images sur les objets réels, au lieu de se former une notion stéréoscopique de leur position, ce qu'on ne réussit à faire qu'en y portant l'attention d'une manière toute spéciale.

Dans un grand nombre de cas, il suffit de savoir ou de présumer que l'objet perçu possède une forme d'une certaine régularité, pour arriver à une interprétation corporelle exacte de l'image perspective que nous offre, soit l'objet, soit un dessin qui le représente (1). Lorsque nous voyons le dessin d'une maison, d'une table ou d'autres produits de l'industrie humaine, nous pouvons admettre que leurs angles sont droits et que leurs surfaces sont planes, cylindriques ou sphériques. Cela suffit pour qu'un dessin en perspective nous permette de nous former une notion exacte de l'objet. Nous comprenons sans difficulté et nous interprétons correctement le dessin perspectif d'une maison ou d'un appareil de physique, alors même qu'il représente des détails très-compliqués. Si les ombres sont exactement reproduites, l'aperçu en devient encore plus facile. Mais c'est à peine si le dessin le mieux exécuté ou même la photographie d'un aérolithe, d'un bloc de glace, de certaines préparations anatomiques ou d'autres objets d'une conformation irrégulière, nous permettent de nous représenter la forme solide de ces objets. C'est ainsi que les photographies de paysages, de rochers, de glaciers, ne présentent souvent à l'œil qu'une confusion presque inintelligible de taches grises, tandis qu'une combinaison stéréoscopique d'images de ce genre donne la représentation la plus saisissante de la nature.

Quand on regarde de ces produits de l'industrie humaine, formés principalement de parallélipipèdes rectangulaires, de surfaces cylindriques et sphériques, en s'en rapprochant suffisamment pour que les parties antérieures se présentent sur la rétine à une échelle notablement

(1) Recklinghausen, in *Archiv für Ophthalmologie*, V, 2, p. 163.

plus grande que les parties postérieures, la représentation perspective exacte qu'on en obtient ne permet, en général, qu'une seule interprétation, et il est facile de reconnaître la position plus ou moins reculée des différentes parties. Mais si le point de vue est très-éloigné ou si les objets ne présentent qu'un très-faible relief, l'interprétation peut devenir indécise. C'est une observation de ce genre qu'a faite Sinsteden (1) sur un moulin à vent dont il ne voyait plus que la silhouette uniforme et foncée se détacher sur le ciel, à l'approche de la nuit. Lorsqu'il était placé de manière à voir le moulin à peu près de trois quarts, les ailes paraissaient tourner tantôt dans un sens, tantôt dans l'autre. En effet, dans ces conditions, l'observateur ne sachant pas quel est le côté que lui présente le moulin, ignore si c'est par-devant ou par derrière qu'il voit obliquement le plan des ailes; or, suivant que la première ou la seconde de ces interprétations est la vraie, le côté de l'ellipse que paraissent décrire les extrémités des ailes au moment où elles sont le plus près de l'observateur doit lui paraître plus près ou plus loin du bâtiment. Suivant qu'il adopte l'une ou l'autre interprétation, il croit voir monter ou descendre les extrémités des ailes pendant cette moitié de leur course : le changement d'interprétation est donc accompagné d'une inversion du mouvement apparent des ailes. Il semble que ce soit le hasard qui nous fasse choisir d'abord l'une ou l'autre interprétation. Il n'est pas, non plus, toujours possible de déterminer les raisons pour lesquelles le phénomène se renverse parfois tout à coup; cependant on peut provoquer volontairement le changement, en se représentant vivement les conditions qui donneraient lieu au mouvement opposé. Dès que l'on perçoit l'impression sensuelle comme s'accordant avec cette représentation, celle-ci s'impose avec la force d'une notion acquise par les sens.

C'est encore le lieu de citer le dessin suivant, indiqué par Schröder (2), et qui est représenté sans ombre par la figure 188 (p. 796). — De prime abord, on le considère comme la projection géométrique d'un escalier, le plan *a* étant plus rapproché de l'observateur que le plan *b*, qui représente le mur auquel sont adossées les marches. Mais on peut aussi le considérer comme représentant un pan de mur en surplomb, *b*, qui se termine en bas et à gauche en forme de gradins, la surface *b* étant alors plus rapprochée que *a*, et l'observateur regardant les degrés d'en bas et du côté gauche. La première interprétation nous étant plus familière, c'est elle qui se présente ordinairement en premier à notre idée;

---

(1) *Pogg. Ann.*, CXI, 336-339. — Mohr, *ibid.*, 638-642.
(2) *Poggendorff's Annalen*, CV, 298.

cependant, et sans motif appréciable, elle fait souvent place, tout à coup, à la seconde. Dès que je me représente vivement l'une ou l'autre forme, j'en acquiers aussitôt la notion en présence de la figure. Quand on n'arrive pas à remplacer, à volonté, la première notion par la seconde, on peut y parvenir, d'après l'observation de Schröder, en faisant tourner lentement le livre de 180° dans son plan, sans cesser de regarder la figure. Alors la surface a, que l'observateur s'est représentée comme la plus rapprochée, conserve cette position relative, et, après la rotation, on a exactement la même figure qu'en commençant, à cela près que les lettres a et b sont transposées, et que c'est le plan vertical situé à droite et en haut qui est devenu le plus rapproché. Schröder donne, de cette figure, deux dessins ombrés de deux manières différentes, ce qui ne change rien au résultat.

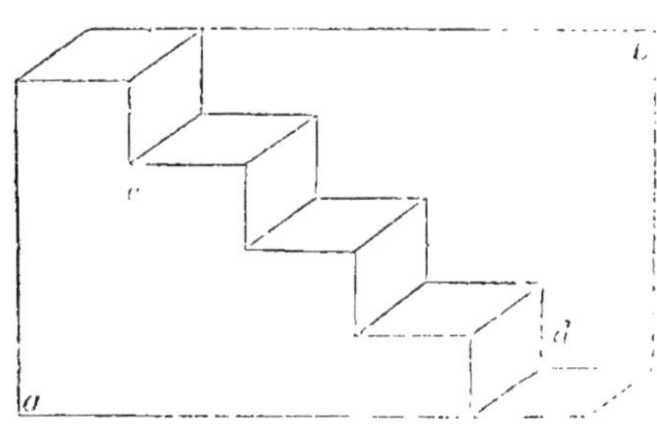

Fig. 188.

Le rhomboèdre de Necker (1) offre l'exemple d'un renversement analogue à celui que présente la figure 188 ; de plus, on sait que le changement d'interprétation est facilité en regardant successivement le sommet le plus rapproché et le sommet le plus éloigné du rhomboèdre. La figure 188 donne peut-être aussi plus facilement lieu à la seconde représentation lorsqu'on regarde en d, la première se reproduisant aussitôt qu'on vient à porter le regard en c.

On peut observer des effets analogues sur un grand nombre de dessins linéaires perspectifs, ceux, par exemple, qui représentent des corps réguliers, des cristaux, etc., en projection géométrique (c'est-à-dire vus d'un point infiniment éloigné). Le même bord ou angle peut paraître tantôt rentrant, tantôt saillant. Souvent la représentation change spontanément. Mais je trouve qu'on peut toujours la modifier volontairement lorsqu'on se représente vivement une autre interprétation.

De ces observations se rapprochent celles qu'on a faites sur le renversement apparent du relief des moules de médailles, mais où s'ajoute l'influence de l'ombre. — Si l'on place le moule creux de plâtre ou

(1) *Edinburgh philos. journ.*, 1832, I, 334. — *Poggend. Ann.*, XXVII, 502. — Aubert, Physiologie der Netzhaut, Breslau, 1865, p. 320.

de stéarine d'une médaille de manière qu'il soit éclairé sous une incidence oblique par la lumière du jour, ce qui produit des ombres bien marquées, en le regardant avec un œil, il arrive facilement qu'on croit voir un modèle en relief de la médaille. Lorsqu'on regarde le moule binoculairement, l'illusion cesse le plus souvent; il en est de même lorsqu'on déplace la tête ou l'objet : l'illusion se produit d'autant plus facilement que l'œil et l'objet sont plus immobiles. Elle est surtout presque inévitable, Schröder a insisté sur ce point, lorsque la médaille représente une tête ou un corps humain, des animaux, des feuilles ou d'autres objets analogues; l'illusion manque bien plus souvent quand il n'y a que des lettres ou des ornements.

Il se produit en même temps une illusion particulière sous le rapport de l'éclairage. En effet, sur une empreinte, les ombres se forment sur les parties tournées vers la fenêtre, les parties opposées étant éclairées, tandis que c'est le contraire qui a lieu pour une forme en relief. Alors donc que l'empreinte nous présente l'aspect d'un relief, elle paraît éclairée comme si le jour venait du côté opposé à la fenêtre. De plus, un relief éclairé sous une incidence aussi oblique devrait projeter, sur le fond plan, une ombre portée notable qui fait naturellement défaut sur le moule vu en relief. Il résulte de là, d'après l'expression de Schröder, une sorte d'éclairage magique du relief, qui semble venir du dedans. Je crois que la raison en est que l'ombre portée fait défaut sur le fond plan, qui, pour ce motif, paraît éclairé comme par transparence.

Du reste, ainsi que Rittenhouse et beaucoup d'autres après lui l'ont déjà remarqué, on peut augmenter et faciliter l'illusion en renversant l'éclairage du moule. — On peut arriver à ce résultat, comme Oppel l'a fait dans son *Anaglyptoscope* (1), en arrêtant par un écran la lumière de la fenêtre et en disposant, du côté opposé, un miroir que l'observateur ne voit pas; l'éclairage redevient exact, bien que l'absence d'ombre portée lui communique toujours un aspect étrange, surtout lorsque le relief est très-prononcé. L'observation à travers une lentille qui renverse l'image présente en outre l'avantage d'isoler le dessin d'avec les objets qui l'entourent; elle exige de plus une position invariable de l'œil, car les mouvements feraient disparaître l'image de la médaille derrière les bords de la lentille. Toutes ces circonstances favorisent l'illusion. Il n'est donc pas étonnant que ce soit sur de semblables images renversées, produites par des lentilles ou des miroirs, qu'on ait d'abord remarqué l'illusion en question.

S'il est, en général, bien plus difficile de voir des reliefs remplacés

(1) *Poggendorff's Annalen*, XCIX, 466-469.

par des creux, c'est ce qui me paraît tenir à ce que les reliefs présentent ordinairement quelques ombres portées qui empêchent de prendre leurs convexités pour des formes concaves.

D. Brewster (1) a décrit une illusion particulière qui peut trouver sa place ici : des empreintes de pas dans le sable lui ont présenté l'aspect d'un relief. Il se trouva que le vent y avait apporté et réuni sur un bord du sable plus clair, de sorte que ce bord paraissait plus fortement éclairé. — La lune, observée pendant le jour avec une lunette astronomique, présente souvent, comme le fait remarquer Schweizer, un renversement du relief.

Schröder appelle encore l'attention sur quelques autres illusions du même genre. Lorsque nous plaçons une bande rectangulaire de papier sur une table horizontale et que nous la regardons obliquement de haut en bas, à travers une lentille renversante, si le renversement était régulier, le bord supérieur de l'image du papier et de la table devrait paraître plus rapproché de l'observateur que le bord inférieur. Mais, en général, c'est le contraire qui a lieu ; nous croyons voir la table et le papier dans leur position véritable et si nous plantons obliquement, dans le papier, une aiguille mince dont une lampe placée convenablement projette une ombre portée bien nette, le même renversement nous fait souvent prendre l'image de l'ombre pour celle de l'épingle, et inversement. Brewster fait remarquer que, dans ce genre d'illusion, nous prenons aisément pour un relief une entaille pratiquée dans le plan, parce que le côté le plus rapproché nous semble le plus éloigné.

Les ombres portées présentent une importance plus grande encore que les variations que subit l'éclairage des faces d'un corps avec leur inclinaison par rapport aux rayons incidents. — Lorsque nous voyons une surface éclairée, le corps éclairant doit se trouver *en avant* de cette surface, et si elle reçoit une ombre portée, il faut que le corps qui projette cette ombre soit également placé *en avant* de cette surface. (Les expressions d'*avant* et d'*arrière* se rapportent ici à la surface et non à l'observateur.) Il résulte donc de là un rapport géométrique déterminé entre le corps qui projette l'ombre et la surface qui la reçoit. Nous verrons encore plus bas, à propos des phénomènes pseudoscopiques, combien est décisif le rôle des ombres portées dans l'interprétation des phénomènes visuels. Tout le monde sait, d'ailleurs, combien un dessin ombré donne une idée plus nette d'un objet qu'un simple trait, combien l'éclairage du lever et du coucher du soleil font mieux valoir les beautés

(1) *Athenæum*, 1860, 2, p. 24. — *Rep. of Brit. Assoc.*, 1860, 2, p. 7-8.

d'un paysage que l'éclairage de midi, surtout lorsqu'on est sur une hauteur. Cela ne tient pas seulement à la richesse plus grande des tons que donne le soleil lorsqu'il est près de l'horizon : la richesse plus grande des ombres fait mieux ressortir le modelé du terrain. En effet, peu de pentes sont assez rapides pour ne pas recevoir la lumière directe du soleil lorsqu'il est haut dans le ciel. Aussi, à peu d'exceptions près, tous les objets sont-ils éclairés vers le milieu du jour et les ombres sont-elles alors peu nombreuses ; par suite, les formes des montagnes et des vallées ressortent très-mal, tant qu'elles ne sont pas très-abruptes. Lorsque, au contraire, le soleil envoie des rayons obliques et donne beaucoup d'alternatives d'ombre et de lumière, tout devient bien plus net et plus compréhensible.

L'éclairage nous fournit encore une autre donnée pour apprécier les distances, et surtout celles des objets éloignés, je veux parler de ce que l'on appelle la *perspective aérienne*. — On comprend sous cette dénomination l'obscurcissement et le changement de couleur que les images d'objets éloignés subissent par le fait de la transparence incomplète des couches d'air qui séparent ces objets de l'observateur. L'air, lorsqu'il contient un peu d'eau à l'état de brouillard, ce qui a lieu pour les couches les plus basses, surtout dans le voisinage des grands cours d'eau, agit comme un milieu trouble, qui paraît bleu lorsqu'il est éclairé devant un fond sombre, et qui colore en rouge la lumière d'objets éclairés qui le traverse. Plus la couche d'air est épaisse entre l'œil de l'observateur et l'objet éloigné, plus la coloration de cet objet se modifie, soit en bleu, lorsqu'il est plus sombre, soit en rouge, lorsqu'il est plus clair que la couche d'air interposée. C'est ainsi que les montagnes éloignées paraissent bleues, que le soleil couchant paraît rouge.

C'est surtout lorsque l'air présente une transparence bien plus grande ou bien moindre que de coutume, que nous pouvons facilement constater l'influence exercée sur notre jugement par la perspective aérienne. — Dans le premier cas, les chaînes de montagnes éloignées paraissent bien plus rapprochées et plus petites qu'à l'ordinaire ; dans le second, elles paraissent plus grandes et plus éloignées. C'est sur cette circonstance que repose une illusion à laquelle l'habitant de la plaine n'échappe pas quand il arrive dans un pays de montagnes. En plaine, et surtout dans le voisinage de grandes nappes d'eau, l'air est ordinairement trouble, tandis que, dans les pays de montagnes, il présente ordinairement une transparence extrême ; il en résulte que les sommets des montagnes éloignées, surtout lorsqu'ils sont couverts de neige et éclairés par le soleil, apparaissent au voyageur avec une netteté qu'il n'a encore rencontrée qu'en regardant des objets rapprochés ; aussi commet-il, en moins, des erreurs énormes dans l'appréciation des distances et des hauteurs, jusqu'à ce que quelques courses sur le terrain lui aient appris, souvent à ses dépens, à mieux évaluer les distances.

Ici vient se placer encore la célèbre question de savoir pourquoi la lune paraît plus grande lorsqu'elle est près de l'horizon, bien que la réfraction des rayons dans l'atmosphère doive diminuer alors son diamètre vertical. Ptolémée et les astronomes arabes (1) savaient déjà que si la lune nous paraît plus grande à l'horizon, c'est qu'elle nous y semble plus éloignée. Le fond de la question est donc de savoir pourquoi la voûte céleste nous paraît plus éloignée à l'horizon qu'au zénith. On en a donné une foule de raisons, et je crois effectivement que cela ne tient pas à une cause unique, mais au concours de plusieurs circonstances, ce qui rend difficile de démêler quelle est la cause qui prédomine dans chaque cas particulier.

Il faut d'abord se rappeler qu'il n'y a aucune raison décisive pour que la voûte étoilée nous présente la forme d'une surface sphérique régulière. Nous y voyons des objets infiniment éloignés ; de là, il ne résulte qu'une chose, c'est que, sous l'influence de n'importe quelle autre cause, elle peut présenter la forme de toute autre surface. Si nous étions suspendus dans l'espace, de manière à pouvoir en embrasser du regard, simultanément et uniformément toute l'étendue, ou si le ciel exécutait une rotation assez rapide pour qu'il nous fût possible d'en recevoir une véritable notion sensuelle, il y aurait quelque raison de le considérer comme sphérique. Mais, en réalité, la position et la forme apparentes de l'espace varient considérablement pour nous avec les objets terrestres qui entourent la partie que nous en voyons, et avec la hauteur plus ou moins grande de notre point de fixation. Nous verrons plus loin que, lors de la fixation binoculaire et tranquille d'un point, nous avons de la tendance à confondre l'espace qui l'environne avec un plan perpendiculaire à la ligne de regard momentanée.

Il en est tout autrement pour un ciel parsemé de nuages. — Le plus souvent, les nuages sont assez éloignés de nous pour que les données fournies par la vision binoculaire et les mouvements de notre corps ne nous apprennent rien, ou autant dire rien, au sujet de leur distance. Mais ils affectent souvent la disposition de bandes parallèles ; ils se meuvent ordinairement tous dans le même sens et avec une vitesse constante

(1) MONTUCLA, Histoire des Mathém., I, 309, 352. — ROGERI BACONIS Perspect., p. 118. — PORTA, De refractione, p. 24, 128. — PRIESTLEY, Geschichte der Optik, Periode 6, Kap. 8.

sur la voûte céleste; près de l'horizon, ils paraissent former des bandes plus étroites, comme s'ils se présentaient par la tranche, et l'éclairage permet souvent de reconnaître, en effet, que l'on a affaire à des corps allongés horizontalement et raccourcis par la perspective. Tout cela peut servir à nous faire reconnaître que la véritable forme du ciel nuageux est celle d'une voûte très-surbaissée. A l'horizon, ces renseignements venant à nous faire défaut, les nuages nous paraissent peints uniformément, comme les montagnes, sur une surface qui relie la terre avec la voûte céleste. Comme aucun élément de la sensation ne nous permet de faire une différence entre la distance du ciel nuageux et celle du ciel étoilé, il paraît tout naturel d'attribuer à ce dernier la forme véritable du premier, en tant que nous pouvons la distinguer; et c'est ainsi que nous sommes amenés à attribuer au ciel, sans préciser davantage, la forme d'une coupole surbaissée.

Du reste, l'augmentation de grandeur de la lune ou du soleil ne se présente d'une manière bien décisive et même surprenante que lorsque l'air est très-brumeux à l'horizon, et que ces astres n'apparaissent plus qu'avec une faible intensité lumineuse. Ils présentent alors le même effet que les montagnes éloignées; ils paraissent bien plus éloignés, et, par conséquent, plus grands que lorsque l'air est serein. L'effet peut être encore renforcé par la présence, à l'horizon, d'objets terrestres convenables. Ainsi, lorsque la lune se couche à côté ou derrière une cime d'arbre éloignée d'environ un kilomètre, et qui mesure 10 mètres de diamètre, l'astre se présente sous le même angle visuel que l'arbre, mais comme on le voit situé à une distance plus grande, on le considère comme bien plus grand. Lorsque la lune se couche, au contraire, derrière un horizon dont le profil uni ne nous offre aucun objet de comparaison, rien ne nous apprend que sa faible grandeur apparente répond à une grandeur absolue très-considérable.

Lorsqu'à l'aide d'une lame de verre à faces parallèles on projette une image réfléchie de la lune qui paraisse voisine de l'horizon, je ne trouve pas que cette image paraisse sensiblement plus grande que la lune vue directement au haut du ciel, bien que l'on puisse facilement comparer la grandeur apparente de la lune réfléchie avec celle des corps terrestres que l'on voit en même temps; l'image réfléchie ne présente pas, en effet, l'apparence d'un objet qui serait vu à travers la partie brumeuse de l'atmosphère.

Il me semble également que l'augmentation de grandeur apparente à l'horizon se manifeste d'une manière bien plus sensible pour la lune que pour le soleil; car lorsqu'on peut encore reconnaître la forme du soleil, il est en général encore trop lumineux pour qu'on puisse le regarder bien commodément, et, par conséquent, comparer immédiatement ses dimensions avec celles d'objets terrestres situés à l'horizon. Lorsque le ciel est très-serein, l'illusion n'est même pas très-évidente pour la lune. Elle dépend toujours, à un degré très-élevé, de l'état de l'atmosphère.

Les éléments indiqués jusqu'ici sont les seuls que les peintres puissent utiliser pour nous donner, par des peintures ou des dessins plans, une représentation des objets à trois dimensions. Leur tâche est bien plus facile lorsqu'il s'agit d'objets dont la forme est bien connue ou géométriquement régulière ; la première condition est remplie en particulier lorsqu'il s'agit de peindre des êtres vivants ; les maisons, les ustensiles et tous les produits de l'industrie humaine, satisfont à la seconde. Ces différents objets n'exigent, le plus souvent, qu'un dessin perspectif exact, et l'application exacte des ombres suffit pour donner une idée très-vive de la nature. On sait que les portraits des anciens maîtres se distinguent par la manière vigoureuse dont les ombres sont traitées, et qui donne au modelé un relief si remarquable. Quelle que soit l'exactitude d'un portrait, si le modèle était comme noyé dans la lumière, de manière à ne présenter que de faibles ombres, l'impression de ressemblance n'est vive que tant qu'on continue à voir souvent la personne représentée; mais quand cette condition vient à manquer, le portrait cesse bientôt de paraître vivant. La tâche du peintre est plus difficile lorsqu'il doit représenter des objets de forme irrégulière, des paysages, des montagnes, des rochers. L'addition de personnages et de *fabriques* de toute espèce fournit alors un puissant secours pour indiquer approximativement la distance des objets représentés; mais les moyens principaux sont la perspective aérienne et les ombres. Aussi, les différents modes d'éclairage sont-ils loin de se prêter également à la représentation d'un même paysage. Une transparence imparfaite de l'air et un soleil rapproché de l'horizon sont des conditions presque nécessaires pour rendre bien intelligibles les formes du paysage, sans parler des colorations plus riches et plus variées qui apparaissent alors, et qui en rehaussent encore la beauté.

Les moyens que nous avons étudiés jusqu'ici, et qui servent à l'appréciation de la troisième dimension, présentent également de l'intérêt et de l'importance au point de vue psychologique, parce que leur examen nous a donné l'occasion de voir quelle est l'influence de l'expérience sur nos perceptions sensuelles, qu'on aurait pu croire acquises d'une manière immédiate et sans le concours d'aucune action psychique. — Nous ne pouvons avoir appris que par l'expérience les lois si variées de l'éclairage, de l'ombre portée, de la perspective aérienne, de la formation et de l'échelonnement des perspectives géométriques des différents corps, la grandeur des hommes et des animaux, etc. ; du moins, aucun partisan des notions innées n'a encore osé attribuer à ces connaissances une origine innée, et l'on a vu qu'il est facile de démontrer directement, sur les enfants, que quelques-unes de ces notions, celles dont la formation demande une longue habitude, ne s'acquièrent que longtemps après la naissance. Et cependant ces données suffisent, dans un grand nombre de circonstances, pour éveiller en nous des notions parfaitement vives, et comme sensuelles, des formes et des conditions d'espace, sans que nous ayons aucunement conscience du rôle que vient jouer la comparaison entre l'impression actuelle et les impressions préalables et analogues. L'image actuelle réveille en nous le souvenir de tout ce que nous avons rencontré d'analogue dans des images visuelles antérieures, le souvenir de toutes les autres circonstances que nous avons toujours rencontrées avec ces images, comme, par exemple, la notion du nombre de pas que nous avons été obligés de faire pour arriver près d'un homme dont l'image présentait une certaine dimension dans le champ visuel, etc. Ces associations de représentations sont aussi inconscientes qu'involontaires ; bien que leur production soit soumise aux lois de notre esprit, elles s'imposent comme par une force naturelle aveugle ; elles paraissent le faire au même titre que les impressions venant actuellement du dehors, et, par conséquent, tout ce que ces associations d'idées, fondées sur les expériences préalables, ajoutent à nos sensations du moment, se présente à nous, tout aussi bien que ces sensations elles-mêmes, comme immédiatement donné, sans intervention active de notre part : les résultats ainsi obtenus ne paraissent donc pas se distinguer de la perception directe, tandis qu'en réalité, ce ne sont que des représentations, dans la pure acception que nous avons attribuée à ce mot (voy. p. 571).

Les illusions au sujet du relief des médailles ou des dessins perspectifs, les cas, en général, où il peut y avoir incertitude entre deux interprétations, présentent à ce sujet un intérêt tout particulier. — Dans ces cas, nous trouvons qu'au premier aspect nous tombons involontairement dans l'une des deux interprétations, et, généralement sans doute, dans celle qui rappelle le plus grand nombre de souvenirs analogues ; c'est ainsi que, pour les reliefs de têtes, nous sommes généralement portés à voir la forme convexe qui répond à la réalité. Dans d'autres cas, comme celui du moulin à vent de Sinsteden, notre indécision nous fait osciller involontairement entre les deux interprétations, et des circonstances accessoires, telles que des mouvements de l'œil, nous font pencher tantôt vers l'une tantôt vers l'autre analogie. Mais nous pouvons encore produire alors volontairement un changement de l'interprétation, lorsque nous évoquons vivement en nous la représentation de l'image opposée, jusqu'à ce que l'analogie de cette idée avec l'image en présence de laquelle nous nous trouvons exerce son influence sur la représentation obtenue, qui persiste alors d'elle-même et sans aucun nouvel effort. Mais pendant le temps qu'elle subsiste, elle se maintient avec toute l'énergie d'une perception sensuelle, et lorsque, par suite d'une circonstance nouvelle quelconque, nous revenons à l'autre interprétation, celle-ci reprend à son tour le même degré de netteté et de certitude, bien que la pensée consciente ne nous permette pas d'ignorer qu'il s'agit d'une notion équivoque.

II. — Passons maintenant à la seconde classe des données sur lesquelles repose la perception de la troisième dimension ; à savoir celles qui ont pour base des sensations déterminées.

1) Parmi ces éléments, voyons d'abord ce que peut donner l'*accommodation de l'œil.* — Il est hors de doute qu'une personne qui a beaucoup étudié les variations de son accommodation et qui connaît la sensation de l'effort musculaire qu'exigent ces changements, est à même de dire si elle accommode pour une distance grande ou petite, au moment où elle fixe un objet ou une image optique. Mais l'évaluation de la distance, à l'aide de ce moyen, est excessivement imparfaite. Wundt a fait des expériences à ce sujet (1) ; l'observateur regardait avec un œil, à travers une ouverture pratiquée dans un écran fixe, vers un fil noir tendu verticalement. Un tableau blanc formait le fond. Le fil était mobile le long d'une échelle divisée horizontalement et pouvait être mis à une distance déterminée de l'observateur. Dans ces conditions, il n'était possible de donner sur la distance absolue du fil que des indications à peu près nulles ; mais lorsqu'on lui donnait successivement deux positions différentes, la variation de l'accommodation permettait bien de reconnaître si l'on avait rapproché ou éloigné le fil. Cependant, on distinguait plus nettement le rapprochement que l'éloignement ; le premier de ces mouvements étant accompagné d'un effort actif de l'appareil de l'accommodation. Mais à mesure que l'œil se fatiguait, l'incertitude augmentait également dans la perception du rapprochement. Le tableau suivant (p. 805) contient les résultats trouvés par Wundt.

Pour deux fils tendus simultanément à des distances différentes, les

---

(1) Beiträge zur Theorie der Sinneswahrnehmung, Leipzig und Heidelberg, 1862, p. 105-118.

résultats furent les mêmes que pour un seul fil qu'on déplaçait en le rapprochant.

DISTANCE ENTRE LE FIL ET L'ŒIL.	LIMITES DE LA DISTINCTION.	
	POUR LE RAPPROCHEMENT.	POUR L'ÉLOIGNEMENT.
250 centimèt.	12	12
220	10	12
200	8	12
180	8	12
100	8	11
80	5	7
50	4,5	6,5
40	4,5	4,5

A l'extrémité d'un tube noirci intérieurement, j'ai disposé un écran percé de deux fentes verticales recouvertes l'une d'un verre rouge, l'autre d'un verre bleu. Il me fallait un effort d'accommodation notablement plus considérable pour voir nettement la ligne rouge que pour la bleue. Après de nombreux essais, il finissait par se produire l'impression d'une ligne rouge plus rapprochée que la ligne bleue ; mais l'illusion se produisait avec difficulté et disparaissait facilement : pour la maintenir, il était nécessaire de ne pas cesser d'accommoder alternativement pour les deux lignes. L'illusion se produisait plus facilement en faisant la bande rouge un peu plus large, de manière à lui donner l'aspect d'un objet plus rapproché.

2) Un moyen d'apprécier les distances, plus important et plus exact que tout ce qui précède, repose sur la comparaison des images perspectives que présente un objet lorsqu'on le regarde sous des points de vue différents. — Ce mode de comparaison peut se pratiquer de deux manières : soit monoculairement, en déplaçant la tête et le corps, soit binoculairement, à l'aide des deux images différentes que le même objet fournit simultanément aux deux yeux. Comme les deux yeux occupent une position un peu différente dans l'espace, ils voient aussi, sous des points de vue un peu différents, les objets placés devant nous et les images qu'ils reçoivent de ces objets présentent, par suite, la même différence que les images successives que recevrait le même œil en se déplaçant d'une quantité correspondante dans l'espace.

Lorsque nous marchons, les objets qui sont immobiles le long de notre chemin restent en arrière ; ils paraissent glisser devant nous dans le champ visuel, en suivant une direction opposée à celle de notre mouvement. La même chose se produit, mais plus lentement, pour les objets éloignés, tandis que les objets très-éloignés, comme les étoiles, conservent une position invariable dans le champ de vision, tant que nous ne changeons pas la direction de notre corps et de notre tête. Il est facile de voir que, dans ces conditions, la vitesse angulaire apparente des objets dans le champ visuel est inversement proportionnelle à leur distance véritable; de sorte que la vitesse du mouvement apparent peut permettre de tirer des conclusions certaines relativement à la distance réelle.

Les objets situés à des distances différentes présentent également un mouvement relatif apparent. Ceux qui sont les plus éloignés paraissent se déplacer, par rapport aux autres, dans le même sens que l'observateur; les plus rapprochés paraissent se déplacer en sens opposé. Il résulte de là une notion très-nette de la différence de distance. Lorsque, par exemple, on s'arrête dans une forêt épaisse, on ne peut débrouiller que d'une manière confuse et grossière, la signification du fouillis de feuilles et de branches qui se présentent à la vue; on ne peut pas décider si les branches appartiennent à tel ou à tel arbre, reconnaître leurs distances relatives, etc. Mais dès qu'on se met à marcher, tout se détache et l'on obtient aussitôt la notion de la position relative des différents objets, comme si l'on en voyait une bonne image stéréoscopique.

On conçoit facilement que, dans la sensation immédiate, ce déplacement relatif apparent des troncs, des branches et des feuilles doit distinguer la forêt véritable de toute peinture, quelque parfaite qu'elle soit. Lorsque nous marchons devant la surface plane d'un tableau, la position apparente relative de ses différentes parties, dans le champ visuel, reste absolument inaltérée. Celles qui représentent des objets éloignés se déplacent, par rapport à l'observateur, absolument de la même manière que les parties adjacentes du tableau qui répondent à des objets rapprochés. Une peinture ne peut jamais donner l'aspect d'un objet que pour un seul point de vue fixe. Pour que l'illusion soit aussi complète que possible, il faut que l'observateur ne se déplace pas : tout mouvement fait immédiatement tomber sous le sens la différence qui existe entre l'original et le tableau.

Les objets rapprochés se déplacent plus rapidement que les objets éloignés. Aussi lorsque nous sommes animés d'une vitesse insolite, en chemin de fer, par exemple, les objets qui glissent rapidement devant nous, nous paraissent aisément plus rapprochés, et, par suite, plus petits qu'ils ne sont en réalité. C'est là une illusion d'optique qui est observée et décrite par un grand nombre de personnes (1). Quant à moi, je n'ai jamais pu voir bien nettement cette diminution ; il existe, en effet, un grand nombre d'illusions qui disparaissent lorsqu'on s'habitue à concentrer l'attention sur les phénomènes visuels, parce que l'observateur est exercé à rendre son jugement indépendant des influences perturbatrices.

On peut souvent appliquer aux recherches scientifiques les déplacements relatifs apparents des objets situés à des distances différentes. — Ainsi, lorsqu'il s'agit de placer exactement le réticule d'une lunette sur l'image de l'objet, il suffit de balancer un peu l'œil devant l'oculaire, de droite à gauche et *vice versâ*. On voit alors immédiatement si le réticule reste immobile ou non par rapport à l'image. Dans le premier cas seulement il coïncide avec l'image ; dans le second cas, il est situé plus en avant ou plus en arrière, et l'on voit aussitôt dans quel sens il faut le faire mouvoir.

On sait que la détermination des parallaxes des étoiles fixes repose sur le même déplacement apparent ; seulement le mouvement de l'observateur y est remplacé par celui de la terre autour du soleil.

Je crois aussi que c'est principalement à l'aide des modifications imprimées à l'image rétinienne par les mouvements du corps, que les personnes borgnes peuvent acquérir des notions exactes sur les formes solides des objets qui les entourent. Si nous regardons monoculairement des objets irréguliers et inconnus, la représentation que nous obtenons de leur forme est fausse, ou tout au moins incertaine. Mais aussitôt que nous nous déplaçons, nous obtenons une notion exacte. Cela est surtout frappant lorsqu'on regarde les feuillages en marchant un peu vite dans un bois : il est à peu près impossible, dans ces conditions, de remarquer une amélioration dans l'interprétation des objets en faisant usage des deux yeux au lieu d'un seul.

Il ne faut donc pas oublier ce point, sur lequel on n'a pas encore toujours porté toute l'attention nécessaire : dans toutes les expériences d'optique physiologique où il s'agit d'apprécier la distance d'une image ou d'un objet vu d'une manière quelconque, il faut avoir bien soin de ne pas déplacer la tête par rapport à l'objet : il en résulterait aussitôt une détermination relativement assez bonne et assez exacte de la distance véritable, à l'aide des déplacements apparents ainsi produits.

3) Les modifications de l'image rétinienne par suite du mouvement ne nous indiquent les différences de distance qu'à l'aide de la compa-

(1) Dove, in *Poggendorff's Annalen*, 1847, LXXI, p. 118.

raison que nous établissons entre l'image actuelle et celles qui l'ont immédiatement précédée dans l'œil, et dont nous avons conservé le souvenir. Nous avons déjà insisté, à propos du contraste, sur ce fait qu'une comparaison est bien plus incertaine lorsqu'elle se fait à l'aide de la mémoire que quand elle a pour objet deux sensations simultanées. C'est pour ce motif que l'appréciation des distances à l'aide des images simultanées des deux yeux est bien plus complète, plus sûre et plus exacte que celle qu'on peut obtenir par des mouvements de la tête tels que leur amplitude n'excède guère la distance qui sépare les deux yeux.

Chaque œil nous présente une image perspective des objets situés devant nous. Mais comme les deux yeux n'occupent pas la même position dans l'espace et que, par suite, ils regardent les objets sous des points de vue un peu différents, il en résulte que les deux images perspectives qu'ils en projettent, diffèrent aussi légèrement entre elles. Lorsque je tiens une feuille de papier de manière qu'elle se trouve dans le prolongement du plan médian de ma tête, j'en vois le côté droit avec l'œil droit et le côté gauche avec l'œil gauche. Pour mon œil droit, l'extrémité la plus éloignée de ce papier paraît à droite de l'extrémité la plus rapprochée; c'est le contraire pour mon œil gauche. En y apportant quelque attention, on découvre beaucoup de différences de ce genre, plus ou moins sensibles, toutes les fois qu'on regarde alternativement avec les deux yeux un certain nombre d'objets différemment éloignés. Ces différences sont du même genre et de la même valeur que celles qui se produisent lorsqu'on regarde le champ de vision avec un œil, en déplaçant cet œil d'une distance égale à l'intervalle des deux yeux.

Si l'on regarde, au contraire, un tableau ou un dessin plan, les deux yeux reçoivent absolument la même image rétintenne, — abstraction faite des modifications perspectives que le plan même du tableau peut subir dans les deux images rétiniennes, — tandis que si l'objet représenté par le tableau n'est pas plan, il produirait nécessairement des images rétiniennes différentes dans les deux yeux. C'est donc là un nouveau signe par lequel, dans la notion sensuelle immédiate, l'aspect de tout objet à trois dimensions se distingue de celui que présente une image plane du même objet.

Il est également évident qu'étant données les positions des deux images rétiniennes d'un point lumineux, on peut en déduire, sans indétermination, la position de ce point, tout au moins pour les recherches scientifiques, même si cette conséquence n'est pas nécessairement exacte relativement à notre conscience. Faisons passer une ligne droite par chaque image rétinienne et le point nodal de l'œil correspondant; comme nous nous l'avons fait voir, le point lumineux se trouve nécessairement sur chacune de ces lignes de direction : il est donc à leur intersection.

Ainsi, tandis que la vision monoculaire, avec immobilité de la tête, ne détermine que la direction sur laquelle se trouve le point perçu, la vision binoculaire donne des faits d'observation suffisants pour déterminer de plus la distance de ce point, au moins en tant que les données obtenues présentent une exactitude suffisante et qu'il en est fait un usage convenable. En général, l'exactitude de la détermination de la distance est d'autant moindre que cette distance est elle-même plus grande, puisque les objets très-éloignés ne donnent plus d'images sensiblement différentes dans les deux yeux.

On acquiert, par ce moyen, des notions sensuelles de distance excessivement exactes et nettes. C'est ce que l'on peut démontrer à l'aide des *images stéréoscopiques*, images qui représentent les deux aspects que produit un objet dans les deux yeux d'un observateur.

Nous avons vu qu'une seule image plane, vue avec les deux yeux, doit produire constamment une impresssion autre que la vue de l'objet même qu'elle représente. Mais si nous montrons à chaque œil une image différente : à chacun celle qui s'y présenterait à l'aspect de l'objet lui-même, nous sommes à même de produire, sur les deux rétines, la même impression que produirait réellement l'objet à trois dimensions ; aussi les deux images nous donnent-elles, dans ces conditions, la même notion corporelle que l'objet lui-même.

Ainsi, les deux images qui doivent produire un effet stéréoscopique, doivent répondre à deux perspectives différentes du même objet, prises à des points de vue différents. Elles ne peuvent donc pas être pareilles, il faut, au contraire que, comparées avec celles des points infiniment éloignés, les images des points rapprochés soient d'autant plus à gauche, dans le dessin destiné à l'œil droit, — et d'autant plus à droite dans celui destiné à l'œil gauche, — que les objets eux-mêmes sont plus rapprochés de l'observateur. Si l'on se figure donc les dessins superposés de telle sorte que les images des points infiniment éloignés coïncident entre elles, les images des objets rapprochés seront d'autant plus écartées que ces objets sont plus voisins. On peut donner à cette distance le nom de *parallaxe stéréoscopique*. Cette parallaxe est positive si les points considérés sont déviés à gauche pour l'œil droit et à droite pour l'œil gauche. La parallaxe stéréoscopique offre la même valeur pour tous les objets qui sont à la même distance du plan du dessin.

Si le dessin ne représente pas de points infiniment éloignés, on ne peut déterminer que les différences de la parallaxe stéréoscopique par rapport à un point quelconque de l'objet. La parallaxe par rapport à ce point de départ est alors positive pour les autres points plus rapprochés, et négative pour les points plus éloignés.

Désignons par $2a$ l'intervalle qui sépare les deux yeux, par b la distance entre le dessin et les yeux, par ρ la distance de l'objet à un plan parallèle au dessin et passant par les yeux, et par e la parallaxe stéréoscopique, on a

$$e = \frac{2ab}{\rho};$$

cette parallaxe est donc d'autant moindre que l'objet est plus éloigné et elle devient nulle lorsque l'objet est à une distance infinie.

Les images *stéréoscopiques* correspondantes doivent, dans ces expériences, être amenées devant les yeux de manière que les points infiniment éloignés s'y présentent dans la même position pour les deux yeux. On peut atteindre cet effet sans instrument en plaçant les deux images côte à côte, de telle sorte que les points homonymes y présentent à peu près la même distance que les points nodaux des deux yeux de l'observateur. Si l'observateur dispose alors ses lignes visuelles en parallélisme, il voit les deux images occuper une même position, et l'illusion stéréoscopique se produit. Il est vrai que l'œil droit ne voit pas seulement alors l'image droite, mais encore celle qui est destinée à l'œil gauche ; de même l'œil gauche voit, à droite de l'image commune, l'image destinée à l'œil droit. Lorsqu'on a trouvé la position convenable des yeux, on croit donc voir, l'une à côté de l'autre, trois images, dont les deux extrêmes ne sont vues chacune qu'avec un œil (celle de droite par l'œil gauche, et inversement) et ne présentent pas de relief, tandis que l'image intermédiaire, vue simultanément avec les deux yeux, offre l'apparence du relief.

Dans l'expérience telle qu'elle vient d'être décrite, la présence des trois images est gênante ; de plus, il faut accommoder pour près, tandis qu'il faut mettre les lignes visuelles en parallélisme, comme pour la vision d'objets éloignés, position où l'on est habitué à accommoder pour loin. Aussi faut-il quelque exercice pour voir ainsi les images stéréoscopiques, sans le secours d'un instrument. Du reste, l'illusion produite alors est tout aussi complète qu'avec l'emploi des instruments dont la description va suivre. Les personnes qui ne sont pas exercées facilitent la réussite de l'expérience en mettant verticalement entre leurs deux yeux un morceau de carton noir, ce qui supprime les images accessoires, et en tenant les dessins à une distance plus petite que celle des yeux. Avec un peu d'exercice, on réussit sans aucun secours de ce genre; et c'est même là le moyen le plus commode de passer en revue une collection un peu nombreuse d'images stéréoscopiques. Au lieu de diriger les lignes visuelles à peu près parallèlement, on peut encore les faire converger sur un point plus rapproché que le dessin et amener les deux images stéréoscopiques à coïncider en tournant l'œil droit vers l'image gauche et inversement, de manière que les lignes de regard se coupent entre ces images et l'observateur. La position est alors la même que si l'on fixait le point d'intersection et c'est aussi là qu'apparaît l'image stéréoscopique, qui est, par conséquent, plus rapprochée des yeux que les dessins. Mais, dans cette expérience, il faut évidemment placer à gauche l'image destinée à l'œil droit, et réciproquement, sinon la parallaxe stéréoscopique serait négative et l'on obtiendrait un relief renversé, ainsi qu'il est facile de s'en assurer en plaçant l'un à côté de l'autre deux dessins linéaires sans ombres, comme des dessins de cristaux, et obtenant leur fusion alternativement par l'un ou l'autre des deux procédés indiqués.

Les instruments qui, sous le nom de *stéréoscopes*, servent à l'examen des images stéréoscopiques, n'ont pas d'autre but que de faciliter à l'observateur la recherche et le maintien de la position convenable des yeux, et d'éliminer les circonstances accessoires gênantes ; ils ne présentent aucun avantage essentiel quant à la production de l'illusion d'optique.

Le premier stéréoscope, dû à Wheatstone, est représenté en coupe par la figure 189. — La partie essentielle de l'instrument se compose de

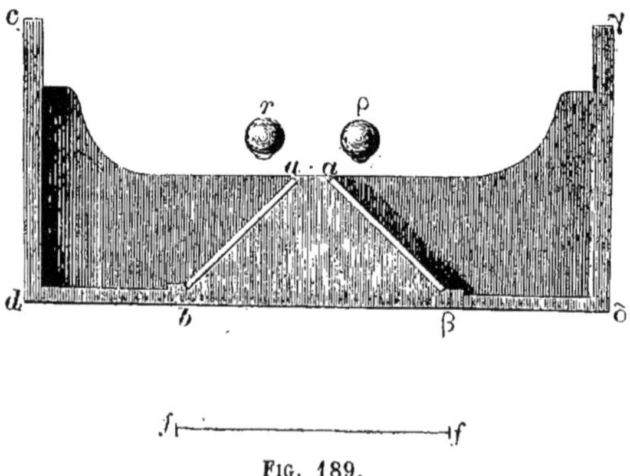

Fig. 189.

deux miroirs *ab* et $\alpha\beta$, inclinés de 45° sur l'horizon ; ce sont les surfaces supérieures de ces miroirs qui sont réfléchissantes. On voit en *cd* et $\gamma\delta$ des planchettes sur lesquelles on place les dessins. L'observateur, dont les yeux sont désignés par r et ρ, regarde de haut en bas vers les miroirs. La lumière qui vient de *cd* est renvoyée à l'œil *r* par le miroir *ab* comme si elle venait de l'image catoptrique *ff*. Mais la lumière venant de $\gamma\delta$ est également renvoyée à l'œil ρ par le miroir $\alpha\beta$, comme si elle venait de *ff*. Les deux yeux croient donc voir l'image en *ff*, et si les deux images présentent des différences telles que les présenterait un objet situé en *ff*, l'observateur reçoit la même impression sensuelle que s'il voyait en *f*, non pas les images, mais le corps à trois dimensions. Comme les dessins sont vus ici à l'aide de miroirs, qui en donnent des images symétriques, il faut qu'ils aient une parallaxe stéréoscopique négative.

Le stéréoscope de Brewster, qui est actuellement le plus répandu, contient deux prismes *p* et π, à surfaces convexes, obtenus en débitant en morceaux des lentilles convexes épaisses, de $0^m,18$ de distance focale ; ces verres produisent le même effet optique que la combinaison d'un prisme à faces planes avec une lentille convexe. Les deux dessins *ab* et $\alpha\beta$ (fig. 190) se trouvent, l'un à côté de l'autre, sur la même feuille. L'œil droit *r*, regarde le dessin *ab*, à travers le prisme *p*; l'œil gauche ρ, regarde l'image $\alpha\beta$, à travers le prisme π; la cloison *g* empêche chaque œil de voir le dessin destiné à l'autre. Les rayons *cp* et $\gamma\pi$ émis par les dessins sont réfractés par les prismes, suivant les directions *pr* et $\pi\rho$, dont les prolongements se coupent en *q*. La convexité des surfaces des prismes a pour effet de diminuer en même temps la divergence des faisceaux lumineux, de sorte que chaque œil voit en $f\varphi$ une image du dessin qui lui est offert. L'objet apparaît en relief en $f\varphi$. Le tout est contenu dans une boîte de bois ; pour permettre également l'inspection d'images transparentes, on a disposé derrière les dessins $ab\alpha\beta$, une lame de verre mat. On met et l'on retire les dessins par des fentes *a* et β, convenablement pratiquées sur les côtés de la boîte.

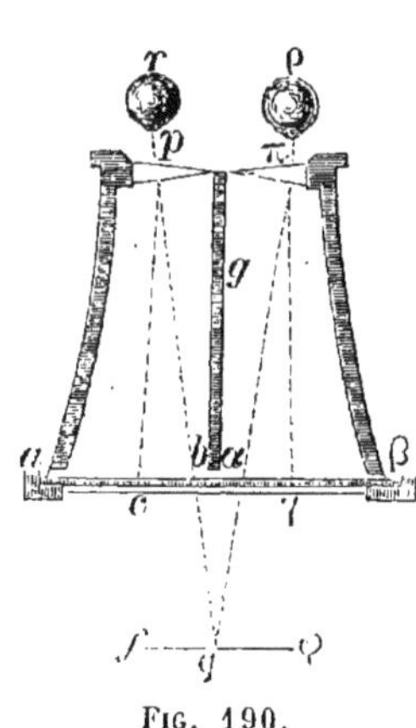

Fig. 190.

Le stéréoscope de Brewster est bien plus commode que celui de Wheatstone; il est plus facile d'y éclairer uniformément les deux images ; on a, de plus, l'avantage d'un certain grossissement ; cependant il faut remarquer qu'à la séparation du clair et de l'obscur il se produit des bords irisés étroits, lorsque les prismes ne sont pas rendus achromatiques, condition qui n'est ordinairement pas remplie. — On trouvera plus loin la description d'autres formes de stéréoscopes.

Les effets du stéréoscope se manifestent de la manière la plus saisissante à l'inspection de dessins qui ne représentent que des contours de corps et des surfaces, et où toutes les circonstances favorables accessoires de couleur, d'ombre, etc., font complétement défaut : les lignes noires n'en paraissent pas moins se détacher complétement du papier et se localiser dans l'espace. Les dessins de stéréotomie les plus compliqués, ceux qui représentent des cristaux et qui offrent à l'œil nu une confusion de lignes presque inextricable, se résolvent comme par enchantement pour donner l'apparence du relief.

Tandis que ce sont les dessins linéaires qui présentent de la manière la plus remarquable la différence entre l'examen stéréoscopique et l'inspection ordinaire, la vivacité de l'illusion est naturellement plus grande encore lorsqu'une représentation exacte des ombres vient contribuer à faire ressortir la forme des corps. Cependant il est presque impossible de rendre exactement, avec le crayon ou avec le pinceau, les différences si délicates qui existent entre les ombres des dessins que doivent recevoir les deux yeux, et la photographie permet seule d'atteindre, entre les deux images, la concordance exacte qui est nécessaire pour la production d'un bon effet stéréoscopique. Comme les photographies stéréoscopiques sont maintenant partout répandues dans le commerce, je puis admettre qu'elles sont connues du lecteur. On les produit en photographiant deux fois le même objet à partir de deux points de vue un peu différents. On peut le faire simultanément avec deux appareils, ou successivement avec le même. L'emploi de deux appareils est particulièrement nécessaire pour les objets qui varient rapidement. Lorsque les objets sont directement éclairés par le soleil, les ombres portées se déplacent souvent d'une manière notable entre la production de deux épreuves successives, car il se passe toujours bien 5 à 10 minutes jusqu'à ce que l'appareil soit préparé pour la deuxième image. L'emploi de deux appareils photographiques est encore bien plus nécessaire pour l'exécution des photographies dites instatanées d'objets mobiles, vagues, navires, chevaux, etc., pour lesquelles on réduit le temps de pose à une fraction de seconde par l'emploi d'un éclairage solaire intense et de préparations photographiques très-sensibles.

La vérité de ces photographies stéréoscopiques et la vivacité avec laquelle elles représentent le relief sont tellement frappantes que bien des objets, comme des édifices, que l'on connaît pour en avoir examiné des images stéréoscopiques, ne donnent plus, lorsqu'on les voit en réalité, l'impression d'un objet nouveau ou imparfaitement connu. Lorsqu'on se trouve en présence de l'objet lui-même, on n'acquiert, au moins sous le rapport de la forme, aucune notion nouvelle ni plus exacte que celle que l'on en possède déjà. L'avantage de la vision stéréoscopique tombe surtout sous le sens en présence de reproductions d'objets qui se prêtent mal à la représentation par le dessin ou la peinture ordinaires; tels sont les rochers irréguliers, les blocs de glace, les objets microscopiques, les animaux, les forêts, etc. Les glaciers, en particulier, avec leurs fentes profondes éclairées par transparence à travers l'épaisseur de la glace, produisent un effet surprenant dans le stéréoscope. L'image unique donne ordinairement l'idée d'une accumulation confuse de taches grises, tandis que la combinaison stéréoscopique fait ressortir de la manière la plus palpable les formes des blocs de glace, ainsi que les effets de la lumière transmise et de la lumière réfléchie. La difficulté que l'on éprouve, dans ce cas, pour comprendre l'image unique, provient d'abord de ce que des formes aussi irrégulières que celles des blocs de glace ne peuvent pas être rendues nettement, même lorsqu'elles sont éclairées simplement par de la lumière incidente; elle est attribuable davantage encore à ce que la lumière transmise par la glace modifie complétement les lois ordinaires des ombres.

La représentation stéréoscopique d'objets brillants, tels qu'une eau ridée par quelques vagues légères, produit encore des effets très-surprenants; mais il nous faut renvoyer au paragraphe suivant l'étude de la représentation stéréoscopique du lustre.

Nous allons étudier maintenant quel est le degré d'exactitude avec lequel l'activité simultanée des deux yeux permet d'apprécier la troisième dimension du champ visuel. — Nous avons à distinguer, dans cette étude, l'*appréciation de la distance absolue des objets* et celle des *différences de distance* que présentent les différents points. Outre les données indiquées précédemment, la première de ces appréciations ne peut s'appuyer que sur la sensation du degré absolu de convergence que présentent les lignes de regard lorsqu'elles sont dirigées sur un certain point d'un objet; les différences des deux images rétiniennes ne sont d'aucune utilité sous ce rapport, ou du moins, à ce qu'il semble, celles des différences entre les images qui pourraient contribuer à cette appréciation sont, le plus souvent, trop insignifiantes pour pouvoir être d'une utilité réelle. — L'appréciation des différences de distance des différents points d'un objet s'appuie, au contraire, sur les différences que présentent les images dans les deux champs visuels. Elle pourrait se fonder, d'une part sur la perception des différences que présentent les deux images rétiniennes lorsque les lignes de regard sont immobiles, d'autre part sur les différences qui se produisent entre les mouvements des deux yeux, lorsque le point de fixation varie. Dans les expériences faites jusqu'à ce jour, il ne s'est encore manifesté, dans l'exactitude de la perception, aucune différence en faveur, soit du mouvement, soit de l'immobilité des yeux : la comparaison des images rétiniennes paraît se faire avec une telle délicatesse qu'il est inutile de tenir compte des différences de mouvement. Cependant nous verrons plus loin que, notamment pour les images difficiles à combiner, l'évidence de l'illusion est singulièrement augmentée par les mouvements des yeux.

Commençons par l'appréciation des *différences de distance*, en tant que cette appréciation dépend de la comparaison d'images rétiniennes différentes ; mais il est bien entendu que les différences des images dans les deux champs visuels ne se manifestent pas par elles-mêmes : les différences de distance qui résultent de ces différences des images sont seules remarquées et évaluées.

La comparaison des deux images rétiniennes, telle qu'elle se manifeste par la perception de la troisième dimension, est d'une exactitude extraordinaire, et les différences dont elle accuse la perception sont parfois tellement faibles qu'elles seraient imperceptibles dans la vision ordinaire, sans le secours d'instruments de précision. Déjà dans les photographies stéréoscopiques, les différences des deux images sont généralement assez faibles pour qu'il faille beaucoup de soin pour les découvrir ; on ne les distingue ordinairement que le long du contour des objets placés devant d'autres, dont ils cachent une partie un peu différente dans les deux images.

Dove (1) a cité les exemples suivants pour l'exactitude de la vision stéréoscopique.

Si l'on combine au stéréoscope deux médailles frappées au même coin, mais composées de métaux différents, l'image résultante paraît oblique et convexe, au lieu d'être plane. Cela tient à ce que les métaux, après le coup du balancier, se dilatent d'une quantité qui varie avec la nature de chacun d'eux. C'est pour cette raison que les médailles de différents métaux n'ont pas les mêmes dimensions, mais les différences sont excessivement faibles. J'ai vu de semblables médailles chez le professeur Dove, l'une d'argent, l'autre de bronze, dont la différence était imperceptible à l'œil nu, même lorsqu'on les superposait, et qui donnaient cependant une image nettement bombée.

Lorsqu'en typographie on compose deux fois la même phrase, il est impossible, à moins de précautions particulières, d'éviter une certaine inégalité dans les espacements des caractères. Il en résulte qu'en plaçant sous le stéréoscope les deux épreuves ainsi obtenues, on voit certains mots ou certaines lettres se placer en avant ou en arrière des autres.

(1) W. H. Dove, Optische Studien, Berlin, 1859, p. 26-36.

Les lettres ne paraissent être toutes dans le même plan que lorsque les deux exemplaires ont été imprimés avec la même composition ; et, dans ce cas, il peut encore arriver que le tout paraisse bombé ou oblique pour peu que l'ensemble du papier se soit distendu davantage dans l'une ou l'autre épreuve par suite d'une humectation ou d'une traction inégale ; cependant on ne voit généralement pas alors certaines lettres isolées avancer ou reculer par rapport au reste.

De même que ce procédé permet de distinguer deux éditions différentes d'un même texte, il fournit encore le moyen de reconnaître des billets de banque faux, car il est impossible au contrefacteur de faire les intervalles des lettres tellement égaux à ceux de l'original, qu'on ne voie pas quelques-unes d'entre elles avancer ou reculer quand on combine sous le stéréoscope un billet vrai avec un papier faux. D'ailleurs, sur deux exemplaires du même billet vrai, on voit généralement se placer dans des plans différents les parties qui ont été produites par des planches différentes, et l'on reconnaît facilement, à l'aide du stéréoscope, combien il a été employé de planches pour imprimer le billet. Cette méthode est également très-commode pour vérifier si les divisions d'une échelle graduée sont égales. Il suffit d'obtenir la fusion stéréoscopique de deux parties différentes de l'échelle. Si les divisions sont égales, les traits paraissent se trouver tous dans le même plan ; si elles ne le sont pas, quelques traits paraissent avancer ou reculer.

Voici un autre exemple de ces petits déplacements que l'on reconnaît facilement par la combinaison stéréoscopique et que j'ai remarqué par hasard.—Lorsqu'on regarde la tenture d'une chambre par-dessus la cheminée d'une lampe, de manière qu'un œil regarde librement, et l'autre, à travers le courant d'air chaud, on voit, en y portant quelque attention, un long pli rentrant et un pli saillant, comme si la tenture s'était détachée du mur. Si c'est l'œil droit qui regarde à travers la colonne d'air chaud, le pli saillant se présente à droite, le pli rentrant à gauche ; le contraire a lieu si c'est l'œil gauche. Le phénomène se produit avec le plus de netteté lorsque l'observateur se place à environ trois pieds du mur et que la lampe est au milieu de cette distance. Alors les deux plis saillants relatifs aux deux yeux se superposent, ce qui renforce l'effet. Ce phéno-

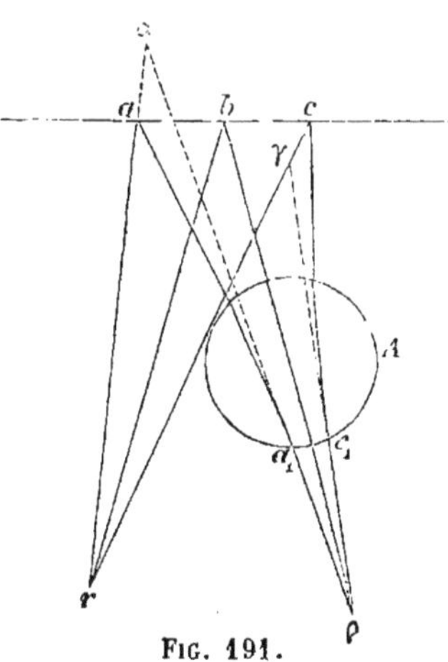

Fig. 191.

mène s'explique par la réfraction de la lumière dans le courant d'air chaud. Soient *A* (fig. 191) un cercle qui représente la section horizontale du courant d'air, *r* et ρ les deux yeux de l'observateur, *a*, *b*, *c* des points du mur ; ces points se présentent à l'œil *r* sur les rayons rectilignes *ra*, *rb* et *rc*. Mais l'œil ρ reçoit les rayons suivant les directions $aa_1\rho$, $b\rho$ et $cc_1\rho$, à cause de la réfraction qui a lieu dans le courant d'air chaud *A*. Le rayon $b\rho$, qui passe par le milieu de ce courant, peut seul rester rectiligne. Ainsi, pour l'œil ρ, les points *c* et *a* paraissent se trouver sur le prolongement des rayons ρc_1 et ρa_1 et pour les deux yeux ensemble ils apparaissent en γ et en α, où ρc_1 et ρa_1 coupent respectivement *rc* et *ra*. La tenture paraît donc saillante du côté de l'œil qui regarde à travers l'air chaud ; elle paraît rentrante du côté opposé.

J'ai encore fait quelques expériences sur le degré d'exactitude que l'on peut atteindre dans la comparaison stéréoscopique des deux images rétiniennes.— A cet effet, j'ai planté verticalement trois épingles égales à l'extrémité de trois baguettes quadrangulaires ; je plaçais ces baguettes l'une à côté de l'autre, sur une table plane, de manière que les épingles se trouvassent à peu près dans le même plan et à environ 12 millimètres l'une de l'autre. Je me plaçais ensuite de manière à avoir les yeux dans le prolongement ou un peu au-dessous du plan supérieur des baguettes ; je voyais alors les épingles sans apercevoir les extrémités des règles dans lesquelles elles étaient plantées. Mes yeux étaient à 340^{mm} des épingles. Dans ces conditions, la comparaison des deux images rétiniennes fournissait seule le moyen de reconnaître si les épingles étaient ou non dans le même plan vertical. Si elles ne l'étaient pas, on pouvait, en déplaçant une des baguettes, les amener dans le même plan, autant que l'observateur pouvait en juger ; en amenant ensuite un œil dans ce plan et visant les épingles, on reconnaissait facilement le degré d'exactitude qu'on avait atteint dans la disposition des épingles. Il faut remarquer que les épingles ne doivent pas être trop éloignées l'une de l'autre, parce que le jugement subirait une illusion particulière dont il sera question dans le paragraphe suivant, au sujet de l'horoptère. Les distances indiquées plus haut conviennent pour le but proposé et suppriment l'effet de cette illusion. Dans ces conditions je ne me suis jamais trompé de la moitié de l'épaisseur d'une épingle, c'est-à-dire de 1/4 de millimètre, lorsque le plan des épingles était perpendiculaire à la ligne visuelle. La comparaison n'était plus aussi sûre lorsque ce plan était fortement incliné par rapport à la ligne visuelle. On reconnaissait avec une certitude complète le déplacement d'une épingle lorsqu'elle était en avant ou en arrière du plan des autres d'une quantité égale à sa propre épaisseur, c'est-à-dire de 1/2 millimètre. Supposant l'épingle médiane située à 1/2 millimètre en avant du plan des autres, il est facile de calculer de combien l'image de cette épingle est placée différemment dans les deux yeux par rapport à celle des deux autres. La distance de mes yeux est de 68^{mm}. La position de l'épingle moyenne, projetée sur le plan des deux autres, aurait différé de $\frac{1}{2} \cdot \frac{68}{340} = \frac{1}{10}$ de millimètre dans les deux images rétiniennes. Une largeur de 1/10 de millimètre, vue à une distance de 340^{mm}, se trouve déjà sur la limite des plus petites distances visibles. Elle répond à un angle de 60″,5 ou à une distance de 0^{mm},0044 sur la rétine. Il s'ensuit donc que *la comparaison des images rétiniennes des deux yeux, pour la vision stéréoscopique, se fait avec la même exactitude que l'appréciation des plus petites distances dans un seul et même œil.*

D'après une remarque de Brewster, il peut encore se manifester, de cette manière, de très-petites différences provenant des différences de réfrangibilité des rayons chromatiques différents, lorsqu'on regarde, à travers une lentille convexe, un objet rouge et un objet bleu situés à la même distance de l'observateur : le rouge paraît plus près que le bleu.

La perceptibilité stéréoscopique de la troisième dimension décroît rapidement à mesure que les objets sont plus éloignés. — La loi de cette décroissance est de la même forme que celle des images des lentilles convexes. Soient r la distance du point le plus éloigné à l'œil, ρ celle du point le plus rapproché, f une constante dont dépend l'exactitude, on distingue la différence de la distance des points si

$$\frac{1}{\rho} - \frac{1}{r} > \frac{1}{f}$$

D'après les mensurations qui précèdent, on peut poser $f \gg 240^{m}$. Si r est la distance de l'œil à l'objet, ρ la distance de l'œil à l'image que donne de l'objet une lentille concave dont la distance focale négative soit égale à f, on a

$$\frac{1}{\rho} - \frac{1}{r} = \frac{1}{f}$$

Par conséquent, si l'on regardait un objet quelconque à travers une lentille concave excessivement faible, de 240 mètres de distance focale négative, l'image se trouverait à la place du plus éloigné des objets que la vision stéréoscopique permettrait encore de reconnaître comme situé en arrière du premier. Les personnes auxquelles les positions des images de lentilles sont familières reconnaîtront facilement qu'à distance on ne distingue donc la troisième dimension que lorsqu'elle est très-grande, tandis qu'à proximité de très-petites différences de profondeur ne pourront pas échapper.

Dans cette formule, la quantité f désigne la plus grande distance à laquelle la vision stéréoscopique permette de distinguer un objet de ceux qui sont derrière lui à une distance infinie.

Une modification du stéréoscope, connue sous le nom de *pseudoscope*, fournit des renseignements très-intéressants sur l'énergie avec laquelle la comparaison stéréoscopique des images rétiniennes nous représente les différentes distances, comparativement aux autres éléments favorables à la perception du relief. — Cet instrument a pour but de modifier les images binoculaires d'objets réels, de manière à en renverser le relief stéréoscopique. Le *pseudoscope* de Wheatstone contient deux prismes rectangulaires de verre, dont les arêtes sont perpendiculaires au plan de visée, et à travers lesquels l'observateur regarde suivant une direction parallèle à leur hypothénuse. La marche des rayons dans un semblable prisme a été vue plus haut, page 618 et figure 159. Les objets situés sur le rayon non dévié, parallèle à l'hypothénuse d'un semblable prisme, se voient dans leur position réelle, tandis que la réflexion fait apparaître respectivement à droite et à gauche les objets situés à gauche et à droite. Comme chaque œil voit les objets ainsi symétriquement renversés par réflexion, la concordance entre les images des deux yeux est conservée. Les deux prismes sont renfermés dans de petits tubes de manière que leurs hypothénuses soient parallèles aux axes de ces tubes. Ceux-ci sont mobiles autour de leur propre axe et d'un axe perpendiculaire au plan de visée, ce qui permet d'amener les deux images à concorder.

En choisissant un exemple simple, il est facile de voir que cette disposition renverse le relief stéréoscopique. — Prenons pour objet un parallélipipède rectangle placé symétriquement par rapport au plan médian de la tête. Les deux yeux en verront la face antérieure ; l'œil droit voit, de plus, un peu la face de droite, et l'œil gauche, celle de gauche. Mais lorsqu'on regarde à travers le pseudoscope, l'image de la face de droite, qui est visible pour l'œil droit, paraît se trouver à gauche de la face antérieure. Inversement, l'œil gauche voit, en raccourci, une face située à droite de la face antérieure. Les choses ne peuvent pas se présenter ainsi pour une poutre, mais bien pour un tube quadrangulaire dont l'orifice ferait face à l'observateur. En présence d'un pareil tube, l'œil droit verrait, en effet, une image raccourcie de la face latérale gauche, l'œil gauche, une image de la face droite. Effectivement, vu dans le pseudoscope, le parallépipède apparaît sous forme d'un tube creux. En général, les corps convexes y paraissent donc concaves, les objets rapprochés paraissent éloignés, et ainsi du reste.

L'illusion pseudoscopique ne réussit cependant que pour un petit nombre d'objets, parce que la connaissance des formes ordinaires des objets ou la présence des ombres portées viennent faire obstacle à sa production. J'ai déjà insisté plus haut sur ce point que les ombres portées donnent toujours des indications non équivoques sur certaines conditions géométriques. Le corps qui produit une ombre doit toujours se trouver en avant de la surface qui la reçoit. Si donc un corps quelconque repose sur un plan, il projette son ombre sur ce plan. Au pseudoscope, il devrait paraître situé derrière la surface, comme s'il y était enfoui. Mais alors l'ombre portée n'a plus de sens et nuit à la production de l'illusion. Il se produit un empêchement analogue lorsqu'une surface en recouvre partiellement une autre située plus loin. L'œil droit voit alors, à la droite de la surface antérieure, une partie plus grande de la surface postérieure que le gauche, ce qui cesse de présenter aucun sens lors du renversement pseudoscopique.

C'est pourquoi les objets que l'on veut voir pseudoscopiquement doivent être, en général, placés librement dans l'espace, en avant d'un mur d'une coloration uniforme et un peu éloigné, sur lequel ils ne puissent projeter aucune ombre sensible, et qui n'ait pas de parties remarquables pouvant servir elles-mêmes d'objet. Il faut éviter, de plus, qu'une partie de l'objet n'en recouvre perspectivement une autre. Les objets convenables sont, par exemple, des rouleaux de papier écrit ou imprimé qui font alors l'effet de tubes, des cigares, qui présentent l'aspect d'une feuille de tabac roulée en cylindre creux, des médailles éclairées de face et qu'on prend alors pour des empreintes creuses L'illusion me paraît très-vive lorsqu'on regarde au pseudoscope une éprouvette graduée de verre. Si les divisions sont du côté qui fait face à l'observateur, le pseudoscope les fait paraître gravées de l'autre côté du cylindre. Des fils verticaux situés à des distances différentes de l'observateur se prêtent également fort bien à l'illusion : les plus rapprochés paraissent alors les plus éloignés, et inversement.

Lorsque l'illusion trouve un obstacle dans la connaissance que nous avons de la forme véritable des objets ou dans la présence des ombres portées, on peut souvent encore réussir à la provoquer en se représentant vivement la forme que devrait faire voir le pseudoscope : une fois celle-ci obtenue, on peut la conserver sans peine. Inversement, il est possible de revenir à la forme véritable ; cependant, dans la contemplation de cette dernière, on éprouve toujours un certain malaise, attribuable au renversement des différences des deux images rétiniennes.

Tandis que le *pseudoscope* renverse le relief des objets extérieurs, le *téléstéréoscope* l'exagère ; aussi cet instrument est-il particulièrement propre à faire ressortir le relief des objets qui, à cause de leur grande distance, ne donnent ordinairement pas d'effet stéréoscopique, ou ne le donnent que d'une manière très-imparfaite. — La distance qui sépare nos yeux n'est pas suffisante pour nous donner des images sensiblement différentes d'objets très-lointains ; il faut donc, pour obtenir des images suffisamment dissemblables de ces objets, exagérer artificiellement la distance des points de vue. C'est ce que le téléstéréoscope réalise, à

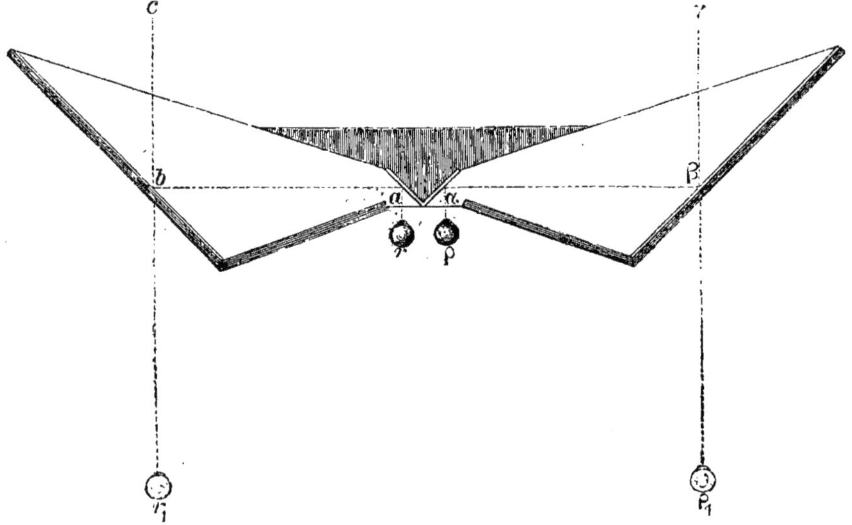

FIG. 192.

l'aide de quatre miroirs plans dont la coupe est représentée en a, b, α et β (fig. 192). Les yeux de l'observateur sont en r et en ρ. Les lignes $cbar$ et $\gamma\beta\alpha\rho$ indiquent la marche des rayons lumineux. Les quatre miroirs sont fixés dans une boîte, dont les parois sont représentées en coupe, de manière à pouvoir exécuter les petites rotations que peut exiger la fusion des images. Si les miroirs a et α se coupent à angle droit, ces miroirs étant fixés à la base de la boîte, il suffit que les miroirs b et β soient mobiles à l'aide de vis, l'un autour d'un axe horizontal et l'autre autour d'un axe vertical. Pour obtenir un champ visuel un peu étendu, il faut faire les miroirs b et β aussi grands que possible.

Soient r_1 et ρ_1 les positions des images réfléchies que les systèmes de miroirs a et b, α et β donnent respectivement des yeux r et ρ, l'œil r

voit, à l'aide des miroirs, le paysage comme le verrait, sans miroir, un œil placé en r_1 ; de même, l'œil ρ le voit comme s'il était en ρ_1. Mais les points r_1 et ρ_1 sont bien plus distants que ne le sont les yeux véritables r et ρ, les différences que présentent les deux images du paysage sont exagérées d'autant ; il en résulte que le relief stéréoscopique des objets éloignés, chaînes de montagnes, ou plis de terrain, apparaît d'une manière bien plus nette qu'à l'œil nu. Lorsque les miroirs sont disposés de manière que les objets infiniment éloignés se voient avec des lignes visuelles parallèles dans le téléstéréoscope, le paysage ne présente plus son aspect naturel ; l'observateur croit en voir un modèle en relief, d'une finesse d'exécution et d'une exactitude admirables, sur lequel les distances seraient diminuées dans la proportion $r_1 \rho_1 : r \rho$ (fig. 192).

Il se produit quelque chose d'analogue à l'effet du téléstéréoscope lors de l'examen de la plupart des photographies stéréoscopiques de paysages, parce qu'en général, en prenant la photographie, on a donné aux points de vue une distance bien plus grande que celle des deux yeux. — D'un autre côté, on peut également obtenir, à l'aide de la photographie, des images stéréoscopiques des corps célestes, et cela réussit parfaitement bien pour la lune : il suffit de combiner deux images obtenues sucessivement à des moments où les astres représentés sont tournés un peu différemment par rapport à la terre. Bien que la lune nous présente toujours le même côté, sa position offre cependant de petites variations qui permettent d'en obtenir des images stéréoscopiques en la photographiant, dans deux mois différents, à des moments où elle est éclairée de la même manière par le soleil. Ces photographies ne présentent pas seulement avec netteté la forme sphérique de notre satellite : elles donnent aussi quelques détails du relief de ses cratères.

Tandis que le téléstéréoscope augmente la parallaxe stéréoscopique et que le pseudoscope la fait changer de signe, l'*iconoscope* de Javal (1) a pour effet de la supprimer à peu près complétement. — Cet instrument se compose de quatre miroirs disposés comme ceux du télestéréoscope. Supposons la figure 192 (p. 821) construite à une échelle telle que les deux yeux de l'observateur puissent se placer en c et en γ, la parallaxe stéréoscopique des objets extérieurs sera diminuée à peu près dans le rapport $a \alpha : b \beta$; aussi ces objets présentent-ils l'aspect d'une peinture plane, à un degré plus marqué encore que lors de la vision monoculaire.

---

(1) Sur un instrument nommé iconoscope, destiné à donner du relief aux images planes examinées avec les deux yeux, in *Comptes rendus*, 1866, LXIII, 927.

Inversement, si l'on vient à regarder un dessin ou une photographie, le relief se manifeste plus vivement que sans le secours de l'instrument. En effet, lors de la contemplation binoculaire d'un dessin, les mouvements que les yeux exécutent nous apprennent que tout est sur un même plan, et ce renseignement vient entraver l'action des éléments accessoires favorables à la perception du relief, tels que les ombres, etc., tandis qu'ici, aucune perception sensuelle ne venant contrarier la représentation que nous sommes disposés à nous faire de l'objet, le relief produit est à peu près le même que pour la vision monoculaire.

Les personnes qui possèdent l'ophthalmoscope binoculaire de Giraud-Teulon (voy. p. 684) pourront facilement obtenir un iconoscope, d'un champ très-faible il est vrai, en supprimant le miroir de cet instrument.

Si tous les autres moyens d'évaluation venaient à manquer, le sentiment du degré de convergence qu'affectent nos lignes de regard pendant la contemplation binoculaire d'un objet pourrait encore nous renseigner sur la *distance absolue* de cet objet. Cependant, ce sentiment ne présente qu'un faible degré de certitude et, sous ce rapport, nous pouvons être exposés à des illusions assez considérables.

L'expérience suivante, indiquée par Wheatstone, peut servir à démontrer que, tant qu'aucune autre circonstance ne s'y oppose, la convergence des lignes de regard nous sert à apprécier la distance absolue des objets, et, par conséquent, leur grandeur. — Ce physicien avait fait disposer son stéréoscope à réflexion de telle façon que, d'une part, les deux images pussent être rapprochées ou éloignées des miroirs, les planchettes qui reçoivent les images étant mobiles, à cet effet, dans des rainures ; et, d'autre part, les deux branches du stéréoscope avaient été rendues mobiles autour d'un axe fixe, situé entre les miroirs. Lorsqu'on rapproche les deux images des miroirs, les deux images rétiniennes grandissent sans modification de la convergence : la grandeur apparente de l'objet augmente alors sans qu'il y ait variation de sa distance apparente. Si, au contraire, on ne déplace pas les images sur les branches de l'instrument, mais on fait tourner les miroirs autour de la charnière qui les réunit, la convergence varie et la grandeur de l'image rétinienne reste invariable : alors la grandeur et la distance apparentes de l'objet diminuent lorsque la convergence augmente.

On peut observer une diminution et un grossissement analogues des objets sur toute paire de dessins stéréoscopiques que l'on fusionne, soit sans verres, soit dans un stéréoscope à lentilles ; il suffit de rapprocher ou d'écarter les dessins. H. Meyer (1) a indiqué un appareil pour faire les mensurations relatives à cette expérience.

Wundt a fait des expériences directes sur l'appréciation de la distance d'après le degré de convergence. — Il avait pris pour objet un fil noir vertical qui se détachait sur un fond blanc uniforme un peu éloigné; il regardait des deux yeux à travers une fente horizontale un peu allongée en forme de tube du côté du fil, de manière qu'on ne voyait que la partie moyenne du fil et non ses extrémités; ce tube empêchait de voir aucune partie des objets environnants qui eût pu servir à donner une idée de la distance. Le fil était mobile le long d'un fil métallique horizontal, tendu dans le plan médian de l'observateur, et auquel il était supendu. Wundt chercha d'abord à apprécier la distance absolue et à la comparer avec la longueur d'une règle divisée tenue à la main. Les résultats obtenus furent, en centimètres.

Distance véritable.	Évaluation.
180	120
160	92
140	78
120	58
100	48
90	47
80	47
70	37
50	22
40	25

A chaque fois, l'évaluation était inférieure à la distance réelle. J'ai exécuté une série d'expériences analogues par un procédé peu différent et j'ai obtenu un résultat opposé. Je tenais tout à fait contre ma figure, et dans le plan médian, une feuille de papier fort et je regardais un fil suspendu verticalement. Le papier cachait pour l'œil droit tout ce qui se trouvait dans le voisinage du fil, vers la gauche, et pour l'œil gauche, ce qui était près de la droite du fil. Lorsque, partant du côté droit, je rapprochais du fil un crayon, je ne le voyais qu'avec l'œil droit. J'essayais alors de toucher le fil en approchant vivement le crayon : à tous les coups je passais derrière le fil. L'erreur était faible si, pour faire l'expérience de la manière indiquée, je n'attendais que quelques instants après m'être mis en position et avoir ouvert les yeux. Si j'attendais plus longtemps sans cesser de fixer le fil, l'erreur devenait de plus en plus forte, probablement par suite de fatigue croissante des muscles droits internes.

La perception des changements de distance était bien plus exacte

(1) *Pogg. Ann.*, LXXXV, p. 198-207.

lorsque, dans les expériences de Wundt, on faisait varier la distance du fil. Voici, en centimètres, quelles furent alors les plus petites différences perceptibles.

DISTANCE DU FIL A L'ŒIL.	LIMITES DE L'APPRÉCIATION	
	EN RAPPROCHANT.	EN ÉLOIGNANT.
180	3,5	5
170	3	4
160	3	3
150	3	3
130	2	3
110	2	2
80	2	2
70	1,5	1,5
50	1	1

Pour une distance de 1^{m},80, chaque œil est tourné en dedans de 1°1′ et un rapprochement de 3^{c},5 du fil répond à un déplacement de 72″ pour chaque image rétinienne. Cette valeur se trouve déjà à la limite de ce que l'œil peut distinguer. On ne peut remarquer que des déplacements angulaires bien plus considérables, lorsque le fil est plus rapproché; pour une distance de 0^{m},50 le déplacement est de 263 secondes.

Du reste, on peut encore se demander si, dans ces expériences, les deux yeux ont suivi le fil, l'image restant immobile sur la rétine, ou si les yeux ont été maintenus fixes tandis qu'on remarquait le déplacement de l'image rétinienne. On pourrait, dans la dernière hypothèse, expliquer la diminution de l'exactitude pour des convergences plus fortes, en remarquant qu'il est plus difficile de maintenir le globe oculaire en position pour la convergence forcée que pour le parallélisme, qui n'exige aucun effort.

L'imperfection avec laquelle nous apprécions la distance du point de fixation se manifeste aussi lorsqu'ayant les yeux fermés nous tenons un crayon à une certaine distance du visage et que nous cherchons à amener les yeux dans une position telle qu'il ne nous faille faire aucun mouvement pour le fixer au moment où nous ouvrons les yeux. Le plus souvent il se trouve que la convergence est insuffisante, et le crayon paraît double. Cependant, comme je l'ai déjà fait remarquer plus haut, on réussit bien mieux à réaliser la position correcte lorsqu'on tâte et qu'on frotte la pointe du crayon avec le bout du doigt. On obtient ainsi une représentation sensuelle plus nette de sa position et je réussis ordinairement alors à diriger les yeux de manière à ne pas voir d'images doubles en les ouvrant.

L'incertitude avec laquelle nous apprécions le degré absolu de la convergence et, par déduction, la distance absolue de l'objet fixé, se fait sentir dans un grand nombre de cas. Si, par exemple, on tient à la main une feuille de papier sur laquelle sont dessinées des images stéréoscopiques que l'on fusionne, l'image résultante paraît, en général, située dans le plan du papier dont nous connaissons la position, ou même un peu en avant de ce plan, bien que les lignes de regard, dirigées parallèlement ou à peu près, ne se coupent qu'à une très-grande distance en arrière du papier et que cette intersection dût être la position apparente de l'objet vu stéréoscopiquement. De même, on ne réussit pas, en général, à se former une notion corporelle par combinaison d'images accidentelles négatives d'un objet éclairé ; ces images paraissent projetées, à chaque instant, sur la surface de l'objet réel sur lequel on dirige les yeux. Cependant on parvient parfois à reconnaître les images accidentelles avec trois dimensions et avec une position indépendante dans l'espace, lorsque ces images sont très-nettes et très-prononcées, et que la surface réelle située devant nos regards ne présente pas de particularité remarquable.

De même, lorsque l'on combine des dessins au stéréoscope, où l'on ne voit pas d'autre objet avec lequel on puisse comparer la distance de l'image en relief obtenue, on est assez incertain sur la distance absolue ; et si l'on cherche à désigner avec la main, en dehors de la boîte, la position de l'objet apparent, on commet des erreurs analogues à celles que Wundt a trouvées en appréciant la distance de son fil vu binoculairement. Si l'on regarde alternativement à travers l'instrument et au-dessus, on peut facilement comparer la position de la main avec celle de l'image stéréoscopique et évaluer ainsi l'erreur qu'on avait commise. Ici encore je trouve, comme Wundt, que je suis le plus souvent disposé à considérer l'image comme plus rapprochée qu'elle n'est. Au lieu de prendre pour point de comparaison la position de la main, sans y porter le regard, il est bien plus exact de recourir à des objets vus monoculairement à droite et à gauche du stéréoscope. Le plus souvent, les boîtes des stéréoscopes de Brewster ne sont pas tellement larges qu'il soit impossible de voir avec l'œil droit des objets réels situés à droite, avec l'œil gauche, des objets situés à gauche, et dont on connaît la distance et les dimensions. Bien que ces objets soient vus monoculairement et que la distance de l'image stéréoscopique ne se détermine que par la vision binoculaire, on fait le plus souvent des déterminations assez exactes pour qu'il n'y ait pas grand'chose à y changer lorsque l'on compare ensuite l'image stéréoscopique avec des objets réels vus binoculairement, soit au-dessus, soit au-dessous de l'instrument.

Ce dernier procédé montre que l'appréciation de la distance d'après la convergence des lignes visuelles donne d'assez bons résultats lorsqu'elle se fait sous des conditions favorables et qu'elle n'est pas dérangée par des circonstances accessoires, mais cet élément d'appréciation est de ceux qui se laissent facilement surmonter par d'autres éléments contradictoires, comme dans l'exemple cité plus haut, où des images se projettent sur une surface dont la distance est connue.

Les *images des tentures* (1) font ressortir également, d'une manière non douteuse, l'influence de la convergence. — Lorsqu'on regarde, avec des lignes de regard convergentes, une tenture dont le dessin se répète régulièrement, on réussit, pour des degrés de convergence croissants, à faire coïncider des parties correspondantes du dessin de plus en plus éloignées. On voit alors une image diminuée de la tenture, image qui paraît planer dans l'air, que l'observateur croit voir d'autant plus rapprochée et plus petite que la convergence est plus grande et que, par suite, les parties fusionnées sont plus éloignées l'une de l'autre sur le mur.

Inversement, il est possible de fusionner des images stéréoscopiques dont les points correspondants sont plus éloignés que les centres des yeux, ce qui exige une direction divergente des lignes de regard. Les observateurs peu exercés à faire diverger leurs yeux obtiennent le plus facilement ce résultat en mettant dans un stéréoscope ordinaire deux épreuves conjuguées et les écartant peu à peu en cherchant toujours à les voir réunies. On peut encore, comme l'ont fait Rollet (2) et Becker, dessiner les unes au-dessous des autres, sur un papier, une série de figures stéréoscopiques conjuguées deux à deux, mais de plus en plus écartées. Les observateurs que nous venons de citer ont donné une série de figures dont chacune représente un cercle en avant duquel se trouve un second cercle plus petit. Les centres des petits cercles de chaque couple présentent la même distance que ceux des grands cercles du couple précédent. Par conséquent, lorsqu'on fait coïncider ces derniers, les petits cercles du couple suivant coïncident d'eux-mêmes; on arrive ainsi, de proche en proche, à fusionner les petits cercles et les grands cercles des couples successifs. En partant de petits cercles dont les centres sont écartés de 44^{mm}, on arrive ainsi à de grands cercles distants de 93^{mm}, et je puis fusionner ces derniers à 30^{c} de mes yeux, lesquels présentent un écartement de 68^{mm}.

---

(1) H. Meyer, in *Roser und Wunderlich's Archiv*, 1842, I. — D. Brewster, in *Phil. Mag.*, XXX, 305.

(2) *Wiener Sitzungsberichte*, 10 Mai 1861, XLIII. — Burckhardt a déjà mentionné la possibilité de la fusion pour une position divergente des lignes visuelles, in *Verhandl. d. naturforsch. Ges. zu Basel*, I, 145.

Dans les cas de ce genre, les lignes de regard cessent de se couper en un point de l'espace situé devant nous ; elles se rencontrent derrière notre tête, et cependant nous croyons avoir devant nous une image stéréoscopique tout aussi bien que lorsque la distance des images est convenable. C'est tout au plus si la sensation d'un effort insolite peut nous avertir que nos yeux occupent une position inaccoutumée. Et lorsque nous comparons une image stéréoscopique, observée lors de la divergence des lignes visuelles, avec des objets réels très-éloignés, visibles au-dessus du stéréoscope, tels qu'une chaîne de montagnes éloignée, l'image stéréoscopique nous paraît bien plus éloignée que les objets réels les plus lointains (1).

Lorsque nous regardons des objets réels éloignés à travers deux prismes dont les angles réfringents soient d'environ 4°, ces angles étant tournés en dehors, la fusion exige la divergence des lignes visuelles, et si les objets nous paraissent peut-être un peu plus éloignés qu'à l'œil nu, en somme, la différence n'est pas grande. L'infini ne se présente pas, dans nos conceptions visuelles, comme une limite infranchissable. Lorsque la convergence des lignes visuelles diminue, cela nous indique que la distance de l'objet augmente, et nous continuons à juger d'après ce signe lorsque la convergence diminue jusqu'à atteindre des valeurs négatives, bien qu'aucun point réel situé devant nous dans l'espace ne réponde plus à une semblable position des yeux. Quand nous sentirions, avec plus ou moins de certitude, que nos yeux occupent une position qui ne s'est jamais présentée dans l'observation normale des objets réels, tout ce que nous pouvons faire, en nous conformant à la règle que nous suivons ordinairement pour l'interprétation des sensations anormales, c'est de comparer la sensation produite avec celle qui lui ressemble le plus et qui ne s'en distingue que par une convergence plus faible, c'est-à-dire avec celle que nous donnent des objets réels très-éloignés.

L'imperfection avec laquelle nous jugeons le degré de convergence peut aussi provoquer des illusions dans l'appréciation des formes vues avec les deux yeux, en nous laissant attribuer aux phénomènes visuels une interprétation qui conviendrait à une autre convergence, mais qui n'est pas exacte pour la convergence actuelle. — Cette circonstance se présente surtout d'une manière remarquable en présence d'objets dont les images rétiniennes auraient une signification également claire pour

(1) Voyez, à ce sujet, une discussion à laquelle prirent part Ruete, Nagel, Javal et Donders, au congrès ophthalmologique de Heidelberg de 1864, in *Klin. Monatsbl. f. Augenheilk.*, II, 387-392. — *Ann. d'ocul.*, 1865, LIV, 93-96.

différents degrés de convergence. Qu'on plante, par exemple, dans une poutre horizontale située transversalement en avant de notre œil et à une certaine hauteur, trois clous séparés de quelques pouces les uns des autres; qu'on suspende à ces clous, avec des coulants lâches, trois fils de soie fins tendus par de légers poids. Disposant d'abord les fils de manière qu'ils soient tous les trois dans un même plan, on s'assied en face d'eux, à portée du bras, de manière que le fil moyen se trouve dans le plan médian du visage et que le plan des fils soit perpendiculaire à ce plan médian. A quelque distance en arrière des fils doit se trouver un fond uniformément coloré, sans points particulièrement marqués. Si l'on examine attentivement les fils pour voir s'ils paraissent réellement se trouver dans un même plan, on constate alors que le fil moyen paraît se trouver un peu en avant du plan des deux autres, et cela d'autant plus que le visage est plus rapproché des fils. Reculant un peu le fil moyen de manière que les fils se trouvent sur une surface cylindrique qui présente sa concavité à l'observateur, on se met de nouveau en observation. Si l'on regarde alors d'un peu loin, les fils paraissent former une surface qui présente sa concavité à l'observateur; si l'on se rapproche davantage, la surface devient plane; enfin, si l'on se rapproche davantage encore, le fil moyen, bien que situé en arrière du plan des autres, paraît se placer en avant de ce plan. La distance pour laquelle les fils paraissent former un plan varie beaucoup d'un observateur à l'autre. M. E. Hering, qui a perfectionné, par l'emploi de fils, cette expérience que j'avais déjà faite de la manière indiquée, mais en me servant d'épingles, trouve qu'il lui faut s'éloigner d'une distance égale au diamètre du cylindre circulaire droit qui comprend les fils, pour les voir former un plan, et il rattache cette expérience à sa théorie de l'horoptère, dont il sera question plus loin. Quant à moi, lorsque je suis à la distance indiquée par Hering, la surface des fils me paraît nettement concave; il en est de même de MM. les docteurs Berthold, Bernstein et Dastich, qui ont répété ces expériences dans mon laboratoire. MM. Berthold et Dastich devaient se rapprocher jusqu'à la moitié de ce diamètre, et il me fallait me rapprocher davantage encore, à environ 3/10, avant de voir les fils dans un plan; après moi, c'était M. Bernstein qui était obligé de se rapprocher le plus. Lorsqu'on faisait varier, soit l'écartement des fils, soit la distance du fil moyen au plan des deux autres, la proportion restait à peu près la même pour chacun de nous : c'est ainsi que M. Berthold voyait toujours les fils à peu près dans un plan, lorsque la racine du nez se trouvait aux environs de l'axe du cylindre mené par les fils; de même, il me fallait toujours m'avancer jusqu'à près du milieu du rayon ou du quart du diamètre.

Dans ces expériences, il se manifesta une influence de la fatigue des yeux : tout d'abord, lorsque les yeux passent du parallélisme à la convergence nécessitée par la contemplation des fils, l'erreur commise dans l'appréciation de leur position est relativement plus faible, et l'on est porté à se rapprocher davantage pour les voir dans un plan ; mais lorsqu'on maintient la convergence pendant quelque temps, le fil moyen paraît avancer un peu, et il faut se reculer légèrement de nouveau.

Voici, en millimètres, les résultats de quelques expériences que j'ai faites avec une convergence prolongée :

DISTANCE ENTRE LES DEUX FILS EXTRÊMES.	DISTANCE DU FIL MOYEN AU PLAN DES DEUX AUTRES.	DIAMÈTRE DU CYLINDRE.	DISTANCE A LAQUELLE JE VOYAIS LES FILS DANS UN PLAN.	DISTANCE EXPRIMÉE EN FRACTIONS DU DIAMÈTRE.
256	10,5	1571	450	0,286
256	6	2737	730	0,267
117	4,2	819	237	0,289
117	8,1	429	129	0,301
120	2	1802	550	0,305

L'illusion dont nous venons de nous occuper s'explique par le fait indiqué plus haut et d'après lequel, lorsque nous ne jugeons la distance que d'après la convergence des lignes visuelles, nous nous trompons ordinairement en moins dans l'évaluation de sa grandeur, et nous l'apprécions, en général, avec incertitude.

Si nous regardons maintenant un plan vertical couvert de lignes verticales équidistantes, les bandes situées à droite se présentent sous un angle visuel plus grand à l'œil droit qu'à l'œil gauche, d'abord parce qu'elles sont plus rapprochées de cet œil, et, en second lieu, parce que sa ligne visuelle rencontre les lignes sous un angle plus obtus que celle de l'œil gauche. Inversement, les bandes situées à gauche paraissent plus larges à l'œil gauche qu'à l'œil droit. Plus les yeux se rapprochent de ce plan, plus les angles visuels sont différents pour une même bande. Par conséquent, pour reconnaître si les différences de ce genre appartiennent à la projection d'une surface plane ou à celle d'une surface courbe, il faudrait pouvoir évaluer très-exactement la distance de l'objet, d'après la convergence des lignes visuelles. En effet, un objet éloigné et convexe, ou un objet plus voisin, mais concave, pourraient présenter les mêmes différences dans les deux images. Si, dans ces expériences, nous interprétons l'image binoculaire comme appartenant à un objet plus éloigné, je crois que cela ne tient pas uniquement à ce que, dans des conditions analogues, nous attribuons le plus souvent à l'objet une distance trop grande, ainsi qu'on l'a vu dans l'expérience où l'on cherchait à atteindre, avec le crayon vu d'un œil, le fil vu binoculairement ; en effet, dans les expériences qui nous occupent, l'erreur sur la distance est bien plus grande que celle qui concorderait avec les résultats de l'expérience du fil et du crayon. Ainsi, dans la première et la troisième des observations indiquées à la page précédente, cette explication demanderait des distances respectivement de 627 et de 350^{mm} au lieu de 450 et de 237. Je n'ai jamais observé d'erreurs aussi considérables. Il me semble, au contraire, que ce qui nous fait faire ici une fausse interprétation, c'est l'absence d'une autre circonstance qui vient ordinairement au secours de notre jugement. En effet, lorsque nous n'avons pas simplement devant les yeux des lignes ayant la même disposition que les fils de l'expérience qui nous occupent, mais des lignes qui présentent des points de repère nettement visibles, ou lorsque nous regardons des objets qui présentent également des limites horizontales, celles, parmi les longueurs verticales, qui sont plus voisines de l'œil droit, nous y apparaissent sous un angle visuel plus grand qu'à l'œil gauche, et inversement.

L'influence des différences que présentent les dimensions verticales dans les deux yeux se montre d'une manière évidente dans la comparaison des images stéréoscopiques *A* et *B* (pl. VI). Le couple d'images *A* représente les deux projections d'un plan disposé en damier et voisin des yeux : la figure résultante paraît plane. Le couple *B* représente les deux projections d'une surface cylindrique très-éloignée, également disposée en damier, et l'aspect est en effet celui d'un pareil cylindre. Or les distances relatives des lignes verticales sont absolument les mêmes dans les deux couples de dessins. Si donc la courbure apparente dépendait seulement de la position relative des lignes verticales, comme on l'a presque toujours admis jusqu'à présent (1), les deux dessins devraient représenter absolument la même surface courbe. Mais la position relative des lignes verticales répond tout aussi bien à un damier plan et voisin qu'à un damier convexe et éloigné, et le tracé des lignes transversales détermine seul le choix de l'une ou de l'autre interprétation. Inversement, sur la figure *C* de la planche VI, les distances horizontales des lignes verticales sont partout égales ; les lignes limitantes, au contraire, sont courbes et plus écartées au bord externe des figures qu'au bord interne, comme cela aurait lieu pour les images d'une surface concave voisine. Aussi la combinaison des deux dessins donne-t-elle effectivement l'image binoculaire d'une surface concave,

(1) E. HERING, en particulier, en a fait la loi fondamentale de la vision binoculaire.

malgré le parallélisme des lignes de regard, qui est en désaccord avec la vision d'un objet rapproché. Si nous voulons, ici encore, ne fonder notre jugement que sur les différences dans les distances horizontales, ces différences faisant complétement défaut, *C* devrait présenter l'aspect d'un damier plan. L'inexactitude de la convergence gêne aussi peu ici que dans l'observation du dessin *A* (pl. VI), où nous jugeons que nous avons devant nous une surface plane voisine, bien que la convergence correspondante fasse défaut. Notre interprétation discerne la ressemblance des images *A* avec celles d'un plan rapproché, encore que nous sentions que la convergence ne s'accorde pas avec ce résultat.

Si l'on choisit les images de manière qu'il ne puisse se produire, dans les deux yeux, aucune différence le long des directions verticales, si l'on regarde, par exemple, comme dans l'expérience dont il est question plus haut, trois fils verticaux tout à fait uniformes et ne présentant aucun point remarquable, une partie des signes qui contribuent ordinairement à reconnaître la proximité des images viennent à manquer. Les différences que présentent les distances horizontales des fils, dans les deux images rétiniennes, ne sont pas accompagnées des différences verticales correspondantes qui les accompagnent ordinairement, ou au moins ces dernières ne sont pas perceptibles, et comme nous n'avons pas grand fonds à faire sur l'évaluation de l'éloignement d'après la convergence, nous apprécions les trois fils comme un objet qui est un peu plus éloigné qu'ils ne sont en réalité; les différences qui se présentent dans les dimensions horizontales ne peuvent plus s'expliquer alors qu'en admettant une convexité tournée vers l'observateur.

Comme la certitude avec laquelle la convergence peut servir à estimer la distance varie beaucoup d'une personne à l'autre, on comprend que l'illusion des trois fils verticaux doive présenter des degrés très-différents pour des observateurs différents. C'est chez M. E. Hering que cette illusion a présenté la valeur la plus grande, et il semble que, chez cet observateur, l'appréciation des distances d'après la convergence des lignes visuelles se fasse d'une manière particulièrement imparfaite, puisque ses propres observations le disposent à nier absolument la possibilité d'une pareille appréciation.

Pour vérifier l'explication que je viens de donner, j'ai enfilé sur les trois fils noirs des petites perles d'or, que j'ai fixées à environ 4 centimètres d'intervalle. Ces perles formaient, sur les fils, des points de repère qui apparaissaient nettement même dans la vision indirecte. L'illusion en question disparut aussitôt presque entièrement. Tandis que j'étais obligé de reculer de 10^{mm},5 le fil moyen, pour voir dans un plan trois fils tout à fait noirs dont les extrêmes étaient distants de

256mm et que je regardais à 450mm de distance, je n'avais à le reculer que de 2mm après l'addition des perles. Lorsque les fils extrêmes étaient distants de 120mm, le fil moyen étant reculé de 2mm, il suffisait, en présence des perles, de m'éloigner de 230mm au lieu de 550.

Lorsqu'on approche des trois fils noirs un objet quelconque, qui présente un nombre suffisant de points remarquables, la courbure de la surface dans laquelle se trouvent les fils se manifeste aussitôt, alors même que l'objet en question ne présente aucune ligne droite qui puisse faciliter la comparaison. A cet effet, j'ai pris, par exemple, le manche d'un coupe-papier sculpté en forme d'*S*, et lors même que j'en tournais vers les fils le bord le plus fortement recourbé, sa présence suffisait pour faire disparaître à peu près complétement l'illusion.

Comme il est très-difficile, sans le secours d'appareils, d'amener une coïncidence suffisamment exacte entre les lignes verticales, dans les images stéréoscopiques, j'ai encore fait, de la manière suivante, des expériences sur l'influence de la convergence. Deux prismes rectangulaires sont fixés invariablement l'un à l'autre, de manière que leurs sections perpendiculaires aux arêtes présentent la disposition des triangles rectangles de la figure 193 : les arêtes étant parallèles entre

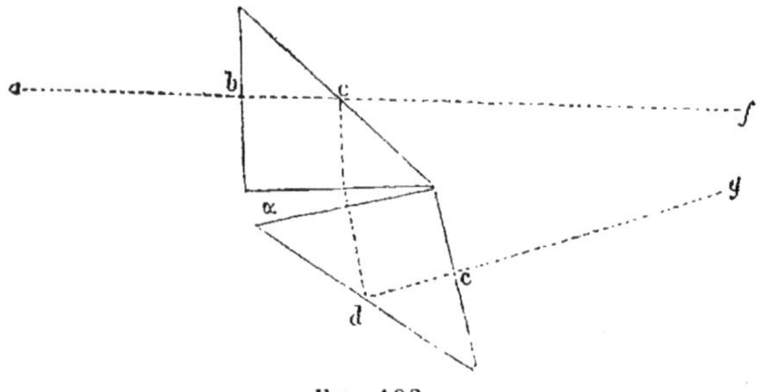

FIG. 193.

elles, deux de leurs surfaces comprennent un petit angle α. Le rayon *af*, qui tombe en *b* suivant une direction à peu près perpendiculaire à l'une des faces latérales de l'un de ces prismes, se réfléchit deux fois, en *c* et en *d*, comme on le voit sur la figure, et il émerge finalement de la seconde surface suivant la direction *eg*, qui forme avec la direction primitive un angle double de α (1). Si l'on regarde, de la manière indiquée,

(1) On n'a pas à craindre ici de déformation de l'image par suite de la réfraction, comme cela a lieu dans les prismes à angle aigu, ce qui pourrait induire en erreur dans les expériences stéréoscopiques ; en effet, les modifications qui se produisent ici sont du même genre que celles qui se manifestent lorsqu'on regarde perpendiculairement à travers une lame de verre épaisse, à faces planes et parallèles ; elles sont infiniment petites au milieu de l'image et symétriques de part et d'autre, de sorte qu'elles ne peuvent pas gêner dans les expériences qui nous occupent.

à travers un double prisme ainsi constitué, les arêtes étant verticales, on voit exactement la même image rétinienne qu'à l'œil nu, mais pour pouvoir l'apercevoir, il faut tourner l'œil un peu plus à droite ou à gauche qu'il ne le faudrait sans prisme.

Si l'on met un prisme de ce genre devant l'un des yeux pour regarder trois fils verticaux situés dans un même plan, et dont celui du milieu, vu binoculairement sans prisme, paraît, par conséquent, s'avancer un peu en avant des deux autres, il faut faire converger ou diverger davantage les yeux, suivant que c'est la face *b* ou la face *e* du prisme qui est tournée vers les fils ; mais on voit exactement les mêmes images rétiniennes. Dans le cas où l'on augmente ainsi la divergence, le fil moyen paraît s'avancer encore plus qu'auparavant ; si c'est la convergence qu'on augmente, ce fil paraît rentrer dans le plan des deux autres ou même passer en arrière de ce plan. Comme la juxtaposition des prismes a une certaine action téléstéréoscopique, si l'on met devant l'œil droit la face *e* pour la convergence, il faut mettre devant le même œil la face *b* pour la divergence ; on peut encore amener successivement les deux surfaces devant l'œil gauche. En agissant ainsi, l'action téléstéréoscopique du petit appareil reste la même dans les deux premières expériences où la distance des points de vue est augmentée par les prismes ; de même, dans les deux dernières, où cette distance est diminuée.

Il résulte de cette expérience que les mêmes images rétiniennes peuvent donner la représentation d'un objet, soit concave, soit plan, soit convexe, suivant le degré de convergence des yeux ; on voit donc que la convergence exerce une influence incontestable dans l'observation d'objets de ce genre.

D'un autre côté, regardons, à travers le système de prismes, une surface plane recouverte de figures ou de caractères nettement visibles et dont, par suite, les images rétiniennes ne peuvent répondre à un objet véritable que pour un certain degré de convergence déterminé : cette surface ne cesse pas de paraître plane lorsque la convergence augmente ou diminue. Dans un pareil cas, les images rétiniennes ne peuvent appartenir qu'à un objet déterminé et la notion de cet objet se produit alors même que la convergence n'est pas convenable. Il en est de même pour les fils munis de perles : pour eux aussi, l'effet de l'augmentation de convergence ou de divergence est très-insignifiant et l'on ne remarque principalement que l'effet téléstéréoscopique dû à l'augmentation apparente de la distance des points de vue.

L'effet des prismes ordinaires à faible angle réfringent est tout autre. — Si l'on regarde, avec la déviation du minimum, à travers le milieu d'un semblable prisme, en tournant l'arête réfringente vers le nez, tous les objets paraissent déviés en dedans et leur observation exige une augmentation de convergence. Mais, en même temps, toutes les lignes verticales paraissent concaves vers le côté nasal, les parties de l'image situées en dehors paraissent trop étroites, celles qui sont internes paraissent trop larges, les lignes horizontales paraissent diverger vers le côté nasal. Il s'ensuit que, lorsque l'œil droit regarde à travers un semblable prisme, les objets vus avec les deux yeux paraissent plus rapprochés, et de telle façon que leurs lignes droites horizontales, aussi bien que les verticales; paraissent présenter une concavité dirigée vers l'observateur. L'augmentation apparente des distances verticales, au côté interne, compense en tout ou en partie les différences de la projection naturelle, d'après lesquelles les parties de l'objet situées au delà du plan médian paraissent trop petites. L'objet apparaît à peu près à la même distance qu'auparavant ou bien même un peu plus grand et plus éloigné, malgré l'augmentation de la convergence. Dans ces conditions, on ne peut attribuer qu'à une concavité de l'image l'élargissement de ses parties internes et le rétrécissement de ses parties externes. La courbure des lignes verticales en produit la concavité apparente.

Si l'on place l'arête réfringente du prisme en dehors, les objets plans paraissent, au contraire, convexes vers l'observateur.

Les phénomènes que nous venons de voir accompagner les variations de la convergence des yeux lors de la contemplation binoculaire des objets présentent une grande importance relativement à la possibilité de produire, par la sculpture, par exemple, des *images en relief* des objets, images qui, en reproduisant approximativement les différences des images rétiniennes que donnerait l'objet original, peuvent, lorsqu'on les voit à une distance plus petite que l'objet et qu'elles présentent une diminution de la troisième dimension, produire néanmoins la même impression que l'objet même, quant à la forme, aux dimensions et aux ombres, et cela non-seulement pour la vision monoculaire, mais même pour la vision binoculaire. C'est précisément à cause de la reproduction correcte des différences des deux images rétiniennes, qu'un bas-relief, vu d'un point convenable, fournit une imitation bien plus complète, du moins quant à la forme de l'objet, que ne peut jamais faire l'image plane la plus parfaite. A cette catégorie appartiennent non-seulement les hauts-reliefs et les bas-reliefs sculptés, qui représentent des têtes, des personnages et des groupes, mais encore les décors de théâtre, représentant des paysages ou des appartements, ou bien encore les portails d'églises, qui figurent des colonnades raccourcies en perspective, etc.

On peut déduire d'une simple expérience stéréoscopique les lois de la construction des reliefs, qui ont été trouvées empiriquement par les artistes (1). — Commençons par fusionner deux dessins stéréoscopiques conjugués, en les tenant dans une position telle que, pour un degré de convergence convenable, ils présentent exactement le même aspect que l'original lui-même. Rapprochons-les ensuite l'un de l'autre, tout en les laissant dans le même plan. La convergence des lignes visuelles augmente alors sans que les images rétiniennes des deux dessins subissent de modifications notables, et, si l'on fait abstraction de la conscience de l'augmentation de convergence, l'impression sensuelle reste à peu près inaltérée. Figurons-nous, maintenant, qu'on ait construit l'objet qui répondrait à ces dessins dans leur nouvelle position : ce nouvel objet est un *relief* de l'objet réel. Dans ce relief, il faut distinguer : un *plan principal* (*plan du fond*) dans lequel viennent se placer tous les points de l'original qui sont à une distance infinie, un *plan de congruence*, parallèle au précédent, et qui contient tous les points qui coïncident avec leur propre image. Si le relief doit représenter l'original en grandeur naturelle, la surface de congruence doit passer par les yeux de l'observateur. Si l'on veut, au contraire, obtenir une reproduction réduite ou amplifiée de l'objet, on peut donner à la surface de congruence une position différente, et elle ne contient plus alors le *point de vue*, qui représente le milieu de la ligne de jonction des deux yeux de l'observateur.

Tous les plans de l'original restent plans dans le relief, toutes les lignes droites y restent droites.

Tous les plans et toutes les lignes droites de l'original qui sont parallèles à la surface de congruence restent également parallèles à cette surface et à eux-mêmes, dans le relief.

Tous les autres plans parallèles de l'original se coupent, dans le relief, suivant une ligne droite du fond.

Toutes les lignes droites parallèles de l'original et qui ne sont pas parallèles à la surface de congruence se coupent en un point du fond.

Tous les plans et toutes les lignes droites qui passent par le point de vue conservent leur position dans le relief.

Enfin, si nous désignons par f et par φ les distances respectives d'un

(1) J. A. Breysig, Versuch einer Erläuterung der Reliefsperspective, Magdeburg, 1798.

point de l'original et de son image à la surface de congruence, et par g, la distance du fond à cette surface, l'équation

$$\frac{1}{\varphi} - \frac{1}{f} = \frac{1}{g}$$

donne la distance φ ; c'est la même formule qui donnerait la distance φ de l'image fournie par une lentille concave dont la distance focale serait $-g$.

Absolument comme dans les images d'une semblable lentille, les images des objets éloignés se rapprochent beaucoup les unes des autres, tandis que les images des objets voisins affectent une troisième dimension relativement plus grande. Ainsi, une lentille concave donne un relief exact des objets qu'on regarde par son intermédiaire.

Si l'on fait coïncider le plan de congruence avec le fond, l'image en relief devient une image plane perspective.

Les images en relief représentent par des différences de profondeur égales les différences de profondeur également bien perceptibles ; et nous pouvons dire, dans ce sens, qu'à la vision binoculaire nous voyons le monde extérieur comme dans une image en relief. Comme dans une semblable image, les distances mutuelles d'objets très-éloignés, prises dans le sens de la troisième dimension, ne sont perçues par nous que très-faiblement, même quand elles sont considérables, tandis que, pour des objets voisins, on voit nettement même les petites différences de profondeur.

J'ai encore à parler, pour finir, de certaines erreurs qui se présentent dans l'appréciation binoculaire des directions de lignes, et sur lesquelles E. Hering a appelé l'attention. — Lorsqu'on regarde un long fil vertical, suspendu en avant d'un mur un peu éloigné qui soit peint d'une manière uniforme et ne présente ni point ni ligne remarquable pouvant servir à s'orienter sur la position de la verticale ou de l'horizontale, si le fil est assez long pour qu'on ne puisse pas en voir les extrémités, ou si on le regarde à travers un cylindre creux qui empêche de voir les extrémités du fil et les objets voisins, on peut cependant encore apprécier, à la vision binoculaire, si le fil est réellement vertical ou non, et, s'il ne paraît pas vertical, on peut chercher à l'amener dans cette position en déplaçant son extrémité inférieure. J'ai trouvé, d'accord avec Hering (1), que si, pour la position de la tête qu'on a choisie, le plan de visée horizontal est dans sa position primaire, et si le fil est dans le

(1) Beiträge zur Physiologie, Heft V, 297.

plan médian, on reconnaît le fil comme vertical lorsqu'il l'est réellement. Mais si l'on incline la tête en arrière, de manière que le plan de visée soit au-dessous de sa position primaire, sans que le fil sorte du plan médian, il faut éloigner de l'observateur l'extrémité inférieure du fil. Au contraire, si la tête est penchée en avant, le plan de visée est alors au-dessus de sa position primaire, et il faut rapprocher de l'observateur l'extrémité inférieure du fil, pour que celui-ci paraisse vertical.

Lorsque le fil, au lieu d'être dans le plan médian, se trouve à droite de ce plan, on reconnaît encore sa position verticale, si la tête est droite et que le plan de visée horizontal se trouve dans sa position primaire; il faut encore rapprocher son extrémité inférieure quand on penche la tête en avant. Pour déterminer approximativement le plan dans lequel il faut incliner le fil pour qu'il paraisse vertical, j'ai passé autour de son extrémité inférieure un second fil formant un nœud lâche; le second fil me servait pour tirer le premier à moi, jusqu'à ce qu'il me parût vertical. Abaissant alors le regard vers le fil horizontal, ce qui fait apparaître le premier sous forme de deux images fortement divergentes, le fil horizontal partageait ordinairement en deux parties égales l'angle de ces deux images, d'où il résulte que le fil qui paraît vertical doit se trouver dans le plan vertical bissecteur de l'angle de convergence, au moins approximativement et autant que le degré d'exactitude de cette manière d'opérer se prête à le constater.

Lorsque la tête était renversée en arrière, il fallait, au contraire, éloigner de moi l'extrémité inférieure du fil; autant qu'il était possible d'en juger, il fallait faire agir alors le fil horizontal suivant la même direction qu'auparavant, mais en sens contraire.

L'explication de ces faits me paraît se rattacher à cette circonstance, mentionnée à la page 777 du paragraphe précédent, que, lorsque les yeux convergent, nous apprécions la direction et la position des objets comme si l'œil affectait une direction parallèle à la direction moyenne de la vision et une torsion correspondante. On ne tient pas compte, dans cet acte, de la convergence réelle des yeux. Si nous appliquons cette loi au cas qui nous occupe, il en résulte que *les lignes nous paraissent perpendiculaires au plan de visée lorsqu'elles se représentent sur des méridiens de l'œil qui seraient réellement perpendiculaires au plan de visée pour une position de l'œil parallèle à la direction moyenne de la vision.*

Lorsque le point de fixation se trouve dans le plan médian, la direction visuelle moyenne est parallèle à ce plan, et n'exige pas de rotation autour de l'axe longitudinal, pour des yeux qui suivent la loi de Listing.

Ainsi, les méridiens qui sont perpendiculaires au plan de visée lorsque celui-ci est dans sa position primaire continuent d'être perpendiculaires à ce plan lorsqu'il est ascendant ou descendant, et cela tant que les yeux sont parallèles à la direction visuelle moyenne, c'est-à-dire au plan médian. Mais si l'on passe à la convergence, pour une position descendante du plan de visée, ces méridiens tournent de manière à converger en haut; le contraire a lieu pour la position ascendante du plan de visée. L'intersection de ces deux méridiens serait la ligne qui paraît perpendiculaire au plan de visée, ligne qui se rapprocherait de l'observateur par son extrémité supérieure, dans le premier cas, et par son extrémité inférieure dans le second.

Mais lors des directions latérales du regard, tant ascendantes que descendantes, les méridiens perpendiculaires au plan de visée ne sont plus les mêmes que dans la position primaire. Il est facile, en effet, de s'assurer que le fil vertical apparent ne se représente pas, dans les deux yeux, sur les méridiens perpendiculaires à la position primaire : il suffit, à cet effet, de disposer exactement en face de soi, sur le mur, une bande verticale qui fournisse des images accidentelles bien nettes. Ces images accidentelles forment alors, en partie, de très-grands angles avec le fil qui paraît vertical, lorsqu'on fixe ce fil. Le fil vertical apparent paraît donc situé sur les méridiens qui seraient verticaux pour une position du regard parallèle à la direction visuelle moyenne (1).

Mais il faut remarquer que, d'après les expériences de Volkmann, que je trouve confirmées pour mes yeux, lorsqu'on regarde avec un œil, et sans torsion, les méridiens perpendiculaires en apparence à l'horizon rétinien paraissent absolument verticaux, tandis qu'à la vision binoculaire la ligne verticale doit répondre aux deux méridiens réellement perpendiculaires au plan de visée. On voit donc que, lors de la vision binoculaire, les influences opposées que pourrait exercer l'inclinaison du méridien vertical apparent de chaque œil sur l'appréciation d'une direction verticale se détruisent mutuellement. On comprend facilement qu'il puisse en être ainsi pour les inclinaisons à droite et à gauche; mais il faut remarquer que l'écart du méridien vertical apparent reste sans action sur la manière d'apprécier une inclinaison en avant ou en arrière. Nous verrons dans le paragraphe suivant que cet écart s'est probable-

(1) M. E. Hering a rattaché ces phénomènes à l'étude de l'horoptère, point sur lequel nous reviendrons dans le paragraphe suivant. Je ferai remarquer que, pour moi, les lignes qui paraissent perpendiculaires au plan de visée ne se trouvent *jamais* dans l'horoptère, mais apparaissent toujours sous forme d'images doubles qui se croisent. Comme, pour les yeux de M. Hering, l'écart entre le méridien qui paraît perpendiculaire à l'horizon rétinien et celui qui l'est réellement, est nul ou très-faible, la règle qu'il a posée peut bien avoir une exactitude individuelle pour son œil, du moins pour les positions médianes dont il parle.

ment produit lors de la contemplation de lignes horizontales, et l'on comprend alors qu'il ne puisse pas nous induire en erreur au sujet des lignes verticales.

D'ailleurs ce n'est pas seulement pour les lignes qui passent par le point de fixation et qui sont situées dans le plan médian, qu'il se produit des erreurs de ce genre au sujet de la troisième dimension ; il en est de même des lignes autrement situées et qui, passant par le point de fixation, ne sont qu'approximativement perpendiculaires à la direction visuelle moyenne. La direction apparente de semblables lignes répond à la loi posée plus haut. Nous les interprétons comme si nous avions reçu les mêmes images rétiniennes pour une position des yeux parallèle à la direction visuelle moyenne.

Recklinghausen a fait voir, sous ce rapport, que si, après avoir dessiné, sur une surface plane, une étoile composée d'un certain nombre de lignes se coupant toutes en un même point, on fixe invariablement le point d'intersection, pour une position élevée du regard, les rayons supérieurs paraissent situés sur une surface conique concave, et les rayons inférieurs, sur une surface convexe ; le contraire a lieu si l'on fixe le point d'intersection des rayons en dirigeant le regard en bas. Je trouve l'illusion encore plus frappante en supprimant les rayons à peu près horizontaux et en remplaçant le dessin par des fils métalliques fins et lisses, piqués dans un bouchon de liége, situés tous dans un même plan et passant tous par un même point.

D'après la théorie qui résulte de la loi indiquée plus haut, ces lignes doivent paraître situées sur une surface conique du second degré, dont le sommet se trouve au point de fixation, qui passe par les deux lignes de regard et qui coupe le plan mené perpendiculairement au plan de visée par les centres des yeux, suivant une ellipse dont l'axe vertical est un peu plus grand que l'axe horizontal.

Recklinghausen a encore déterminé expérimentalement la position de lignes qui paraissent perpendiculaires à la direction visuelle moyenne quand on élève ou qu'on abaisse le regard. Il se servait, à cet effet, d'un fil métallique fin et lisse, qu'une charnière délicatement travaillée permettait de plier en son milieu de manière à lui donner différentes inclinaisons par rapport à la direction visuelle moyenne (bissectrice de l'angle de convergence). L'articulation qui portait le fil était fixée, d'un autre côté, à une baguette de fer, située sur le prolongement de la direction visuelle moyenne, et mobile autour de son axe longitudinal. A l'aide de cette rotation, on pouvait donner, au plan dans lequel se déplaçait le fil, des inclinaisons différentes par rapport au plan de visée, et, pour chaque position de ce plan, on pouvait chercher la position à donner au fil pour que ces deux extrémités parussent également éloignées de l'observateur.

La théorie, ainsi qu'on le verra plus loin, exige encore, pour ces positions du fil, une surface conique du second degré passant par le point de fixation et par les lignes de regard. Les mensurations de Recklinghausen s'accordèrent très-bien avec ces déductions de la théorie. Il donna, à cette surface, le nom de *surface normale*, parce qu'elle contient les lignes qui paraissent normales à la direction visuelle moyenne.

Pour les yeux qui ne présentent pas d'écart du méridien vertical apparent, cette surface normale se confondrait, pour des lignes qui passent par le point de fixation, avec la surface horoptérique, que nous examinerons dans le paragraphe suivant. Ces deux surfaces ne se confondent pas, au contraire, pour les yeux dont le méridien vertical apparent ne se confond pas avec le méridien vertical véritable (1) ; c'est ce qu'on verra dans le prochain paragraphe.

Si l'on dessine un système de cercles concentriques dont on fixe le centre avec une position convergente des lignes visuelles et une position inclinée du plan de regard, ces cercles subissent également une petite rotation apparente autour de leur axe horizontal, dans le même sens que les lignes verticales, mais d'une valeur moindre. Si l'on a figuré, de plus, un diamètre vertical des cercles, celui-ci s'incline plus que les cercles et paraît s'en séparer. Pour la position ascendante du plan de regard, c'est l'extrémité supérieure du diamètre qui paraît plus rapprochée de l'observateur que le plan des cercles. L'inverse a lieu pour la position descendante du plan de regard.

Comme les arcs horizontaux des cercles ne donnent pas une notion binoculaire sûrement déterminée, ils paraissent parfois s'infléchir pour sortir du plan et s'attacher au diamètre.

Cette expérience encore réussit bien plus facilement si l'on construit les cercles et le diamètre avec des fils métalliques très-fins. La production de l'illusion exige que l'image ne donne pas, à l'observateur, le moyen de reconnaître la rotation qu'exécutent ses yeux. Sur une feuille de papier il ne manque pas, en général, de points de repère qui puissent indiquer à l'observateur qu'il a devant lui deux images du même objet qui ont tourné l'une sur l'autre. Les objets destinés à ces expériences doivent être faits de manière à pouvoir permettre encore l'interprétation d'un objet réel, malgré les petites rotations de leurs images

(1) Recklinghausen n'a pas fait lui-même cette distinction ; car bien que ce soit lui qui a découvert l'écart du méridien vertical apparent, il ne connaissait pas encore l'influence de cet écart sur la position des points identiques.

rétiniennes. Nous avons trouvé plus haut une condition analogue lorsqu'il s'agissait de reconnaître la convergence d'après certaines particularités des images.

RÈGLES DE LA PROJECTION STÉRÉOSCOPIQUE.

Supposons que le plan du papier (fig. 194) représente le plan de visée, dans lequel les points P et Q seront les centres des lignes de visée pour les deux yeux. Soit AB l'intersection, avec le plan de visée, d'un dessin stéréoscopique perpendiculaire à ce plan aussi bien qu'au plan médian de la tête, ce dessin se trouvant ainsi dans la position où l'on met généralement les dessins stéréoscopiques. Soit CD la ligne médiane du plan de visée, S un point à représenter, qui peut être situé en dehors du plan de visée, cas dans lequel S représente le pied de la perpendiculaire abaissée de ce point sur le plan de visée. Pour trouver la projection du point S dans les deux dessins, menons les lignes SP et SQ, qui coupent

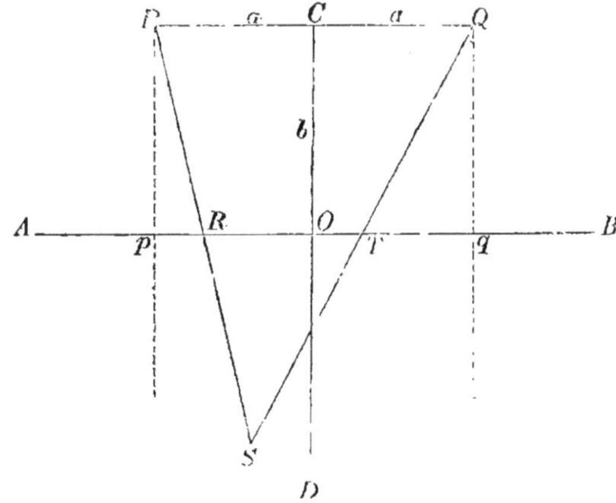

Fig. 194.

le plan du dessin en R et en T. Ces deux points sont ceux où il faut représenter S respectivement pour l'œil P et pour l'œil Q. Pour désigner la position de ces points, nous nous servirons de coordonnées rectangulaires parallèles respectivement au plan de visée, au plan médian et au plan du dessin à construire, et dont l'origine O soit le point d'intersection de ces trois plans. Soient d'ailleurs OA la direction des x positifs, OD celle des z positifs, celle des y étant perpendiculaire au plan du papier. Désignons, d'après cela, les coordonnées :

1° du point P,	2° du point Q,
par $x = +a$,	par $x = -a$,
$z = -b$,	$z = -b$,
$y = 0$;	$y = 0$;

3° du point S,

par $x = \alpha, \quad y = \beta, \quad z = \gamma;$

4° du point R, par $x = \xi_0, \quad y = \upsilon_0, \quad z = 0;$

5° du point T, par $x = \xi_1, \quad y = \upsilon_1, \quad z = 0;$

les conditions pour que les points P, R, S se trouvent en ligne droite, sont

$$\frac{\alpha - a}{\alpha - \xi_0} = \frac{\beta}{\beta - \upsilon_0} = \frac{\gamma + b}{\gamma} \quad \ldots\ldots\ldots\ldots \quad 1),$$

et celles pour que Q, T et S soient en ligne droite sont

$$\frac{\alpha + a}{\alpha - \xi_1} = \frac{\beta}{\beta - \upsilon_1} = \frac{\gamma + b}{\gamma} \quad \ldots\ldots\ldots\ldots \quad 2).$$

On voit d'abord que

$$\upsilon_0 = \upsilon_1 = \frac{\beta b}{\gamma + b} \quad \ldots\ldots\ldots\ldots \quad 1\,a),$$

c'est-à-dire que, dans les deux images, les hauteurs des points correspondants au-dessus de la ligne horizontale AB doivent être égales.

Les deux équations donnent, de plus,

$$\xi_0 = \alpha - \frac{\gamma(\alpha - a)}{\gamma + b} = \frac{\alpha b + \gamma a}{b + \gamma},$$

$$\xi_1 = \alpha - \frac{\gamma(\alpha + a)}{\gamma + b} = \frac{\alpha b - \gamma a}{b + \gamma}.$$

La différence ε de ces deux valeurs,

$$\varepsilon = \xi_0 - \xi_1 = \frac{2\gamma a}{b + \gamma} \quad \ldots\ldots\ldots\ldots \quad 1\,b),$$

est indépendante des valeurs de α et de β; elle est donc la même pour tous les points situés à la même distance en arrière du plan du dessin. Cette différence $(\xi_0 - \xi_1)$ désigne la grandeur du déplacement que subissent, à droite ou à gauche, les points de l'un des dessins par rapport à ceux de l'autre, en admettant qu'on superpose ces dessins en faisant coïncider les points supposés dans le plan même du dessin (le cadre, par exemple). Dans un grand nombre de cas il vaut mieux, au contraire, comparer les dessins en faisant coïncider les points infiniment éloignés, tels que les points p, q que rencontrent les deux lignes de regard Pp et Qq, parallèles à CD. Si nous posons $\gamma = \infty$, l'équation 1b) donne

$$\varepsilon_\infty = 2a,$$

et si nous posons

$$e = \varepsilon_\infty - \varepsilon$$

et

$$b + \gamma = \rho,$$

il vient

$$e = \frac{2ab}{\rho} \quad \ldots\ldots\ldots\ldots\ldots \quad 1\,c).$$

Dans cette équation, $2a$ désigne la distance des deux yeux, b la distance du dessin, ρ la distance de l'objet à un plan mené, par les centres des deux yeux, perpendiculairement au plan de visée. Pour tous les points réels, situés en avant des yeux, e est nécessairement toujours positif, puisque 2α, b et ρ sont toujours positifs; on voit donc que, dans l'image destinée à l'œil droit, tout point plus rapproché se trouve plus à gauche que dans celle de l'œil gauche. L'équation 1c) montre en même temps que la *différence stéréoscopique*, e, est très-petite pour de grandes distances, et ne devient grande que pour de petites valeurs de ρ.

Cette circonstance, que la valeur de e est la même pour tous les objets situés dans un même plan parallèle au plan du dessin, a été utilisée par O.-N. Rood (1), pour construire un instrument à l'aide duquel on peut tracer des images stéréoscopiques conjuguées en partant d'un dessin perspectif unique d'un objet quelconque. On fixe sur une lame de verre horizontale l'original rendu transparent avec de l'huile, on l'éclaire par en dessous, et l'on pose sur le dessin un cadre rectangulaire, sur la face inférieure duquel on a tendu une feuille de papier. On peut, à l'aide d'une vis, donner à ce cadre de légers mouvements vers la droite ou vers la gauche. On calque une première fois le dessin, sans changer la position du cadre; on fait ensuite le second dessin en commençant par la ligne la plus antérieure et passant successivement aux lignes les plus éloignées; pendant la confection de cette seconde épreuve, toutes les fois qu'on passe à des points plus éloignés, on déplace le cadre de la faible quantité qui répond à la différence de profondeur. On obtient, de cette manière, deux dessins qui, combinés au stéréoscope, donnent l'effet du relief.

Lorsqu'on projette stéréoscopiquement deux points éloignés de distances différentes, $\rho_{\prime}$ et $\rho_{\prime\prime}$, si l'on désigne par $e_{\prime}$ et $e_{\prime\prime}$ les différences stéréoscopiques correspondantes, on a

$$e_{\prime} - e_{\prime\prime} = 2ab\left(\frac{1}{\rho_{\prime}} - \frac{1}{\rho_{\prime\prime}}\right) \quad \ldots\ldots\ldots\ldots \quad 2a).$$

Supposons que, dans cette équation, $e_{\prime} - e_{\prime\prime}$ soit la plus petite distance perceptible dans le dessin, nous obtenons, pour les distances $\rho_{\prime}$ et $\rho_{\prime\prime}$, des valeurs correspondantes qui sont à la limite des différences perceptibles. Posant, pour abréger,

$$\frac{2ab}{e_{\prime} - e_{\prime\prime}} = f,$$

l'équation 2a) devient

$$\frac{1}{f} = \frac{1}{\rho_{\prime}} - \frac{1}{\rho_{\prime\prime}},$$

ce qui est la formule donnée plus haut pour ce cas. Si nous désignons par $\mathfrak{r}$ la moyenne géométrique de ρ et de $\rho_{\prime\prime}$, cette dernière formule peut s'écrire encore

$$\rho_{\prime\prime} - \rho_{\prime} = \frac{\mathfrak{r}^2}{f},$$

(1) *American journal of science and arts*, jan. 1861, XXXI, p. 71.

c'est-à-dire que *les différences d'éloignement perceptibles au stéréoscope, augmentent comme le carré de la distance moyenne géométrique* $\mathfrak{r}$.

Pour nous procurer un aperçu des modifications que subit le relief stéréoscopique pour différents déplacements des images, il faut exprimer les coordonnées apparentes du point α, β, γ en fonction de celles de ses deux images, ξ_0, ξ_1, υ. Il résulte des équations 1) et 2) la relation

$$\frac{\alpha - a}{\alpha - \xi_0} = \frac{\alpha + a}{\alpha - \xi_1}$$

ou bien

$$\alpha = \frac{a\,(\xi_1 + \xi_0)}{2a + \xi_1 - \xi_0};$$

de même

$$\beta = \frac{2\upsilon a}{2a + \xi_1 - \xi_0}$$

et

$$\gamma = \frac{b\,(\xi_0 - \xi_1)}{2a + \xi_1 - \xi_0},$$

ou si, comme précédemment, nous posons la différence stéréoscopique

$$2a + \xi_1 - \xi_0 = e,$$

désignant par $\mathfrak{r}$ la moyenne arithmétique de ξ_1 et ξ_0, il vient

$$\left.\begin{aligned} \alpha &= \mathfrak{r}\,\frac{2a}{e} \\ \beta &= \upsilon\,\frac{2a}{e} \\ \rho = \gamma + b &= b\,\frac{2a}{e} \end{aligned}\right\} \quad \ldots\ldots\ldots\ldots \quad 3a).$$

Si, pendant que nous fusionnons deux photographies stéréoscopiques conjuguées, nous les déplaçons horizontalement dans leur plan de manière à faire augmenter $\mathfrak{r}$ sans faire varier e, υ et b, les valeurs de α augmentent sans que celles de β et de ρ subissent aucun changement. L'augmentation de α est plus grande que celle de $\mathfrak{r}$, dans le rapport de $2a$ à e. Éliminant la différence stéréoscopique e entre la première et la troisième des équations 3a), il vient

$$\alpha = \rho \cdot \frac{\mathfrak{r}}{b}.$$

Les accroissements de α sont donc aussi proportionnels à la distance apparente ρ du point de l'objet; on voit donc que les points qui, avant le déplacement de l'épreuve stéréoscopique, paraissaient situés exactement les uns derrière les autres, c'est-à-dire pour lesquels la valeur de $\mathfrak{r}$ était la même, se trouvent encore, après le déplacement, sur une même ligne droite qui passe par le milieu de la ligne de jonction des deux yeux.

Si nous éloignons des yeux un couple d'images stéréoscopiques, ce qui revient à faire augmenter b sans faire varier $\mathfrak{x}$, υ, e et a, les valeurs de α et de β restent inaltérées, tandis que la troisième dimension ρ augmente dans la même proportion que b. Il est facile d'observer qu'effectivement, lorsqu'on éloigne une épreuve stéréoscopique tout en maintenant le parallélisme des lignes visuelles nécessaire pour la fusion, le relief devient d'autant plus marqué qu'on augmente davantage la distance de l'épreuve.

Enfin, pour nous procurer un aperçu des changements qui surviennent lorsqu'on fait varier la distance qui sépare deux images stéréoscopiques, écrivons les équations 3a) sous la forme

$$\left.\begin{aligned}\frac{\alpha}{\rho} &= \frac{\mathfrak{x}}{b}\\ \frac{\beta}{\rho} &= \frac{\upsilon}{b}\\ \frac{1}{\rho} &= \frac{e}{2ab}\end{aligned}\right\} \quad \ldots\ldots\ldots\ldots \quad 3\,b),$$

et remarquons, en même temps, qu'on a $2\mathfrak{x} = \xi_0 + \xi_1$ et $e = 2a + \xi_1 - \xi_0$. Si l'on rapproche les dessins en les déplaçant chacun de la quantité η, il en résulte que ξ_0 diminue et que ξ_1 augmente de la quantité η; par suite, $\mathfrak{x}$ (ainsi que υ) reste invariable, tandis que la valeur de e augmente de 2η. Nommons maintenant α_1, β_1, ρ_1 les valeurs que prennent α, β, ρ, après ce déplacement : les équations 3b) deviennent

$$\frac{\alpha_1}{\rho_1} = \frac{\mathfrak{x}}{b}, \qquad \frac{\beta_1}{\rho_1} = \frac{\upsilon}{b}, \qquad \frac{1}{\rho_1} = \frac{e + 2\eta}{2ab}.$$

Si, dans ces nouvelles équations, on remplace $\mathfrak{x}$, υ et e par leurs valeurs tirées de 3b), on obtient

$$\left.\frac{\alpha_1}{\rho_1} = \frac{\alpha}{\rho}, \qquad \frac{\beta_1}{\rho_1} = \frac{\beta}{\rho}, \qquad \frac{1}{\rho_1} = \frac{1}{\rho} + \frac{\eta}{ab}\right\} \quad \ldots \quad 4).$$

Dans ces relations, α, β, ρ sont les coordonnées primitives du point de l'espace, prises par rapport à un système dont l'origine, à laquelle nous donnerons le nom de *point de vue*, est située au milieu de la ligne qui joint les deux yeux ; α_1, β_1, ρ_1, sont, dans le même système, les coordonnées de la position que paraît prendre le point après le rapprochement des projections stéréoscopiques exactes. Les équations 4) donnent, sans indétermination, la position que prend l'image de chaque point, après le déplacement des dessins. Les deux premières équations nous apprennent que la position apparente et la position vraie du point sont situées toutes deux sur une même ligne droite qui passe par l'origine des coordonnées. La troisième équation indique que sa distance au plan vertical mené par les deux yeux a changé, et que, pour des valeurs positives de η, elle a diminué. Posant $ab : \eta = p$, cette dernière équation devient

$$\frac{1}{\rho_1} = \frac{1}{\rho} + \frac{1}{p} \quad \ldots\ldots\ldots\ldots \quad 4a),$$

ce qui est en même temps l'équation qui donnerait, pour une lentille concave de distance focale p, la distance de l'objet ρ et de son image ρ_1.

Pour les points infiniment éloignés, il vient $\rho = \infty$ et $\rho_1 = p$.

La distance p est donc celle où se trouve le plan dans lequel se peignent tous les points infiniment éloignés de l'original; avec Breysig, nous lui donnerons le nom de *plan principal.*

Si le point α, β, ρ est un point quelconque d'un certain plan déterminé, c'est-à-dire s'il existe pour ce point une équation de la forme

$$A\alpha + B\beta + C\rho + D = 0 \; . \; . \; . \; . \; . \; . \; . \; . \; . \; . \; 5),$$

il résulte des équations 4) et 4a) la relation

$$A\alpha_1 + B\beta_1 + \left[C - \frac{D}{p}\right]\rho_1 + D = 0 \; . \; . \; . \; . \; . \; 5a).$$

On voit donc que les points de l'image sont également compris dans un plan; et si l'on a $A = B = 0$, c'est-à-dire si le plan de l'original est parallèle au plan vertical $\rho = 0$ mené par les deux yeux, l'image de ce plan est également parallèle à la position qu'occupe ce plan dans l'original. Si l'on a, de plus, $D = 0$, c'est-à-dire si le plan de l'original passe par l'origine des coordonnées, ou *point de vue*, le plan de l'image coïncide exactement avec le plan de l'objet.

Si nous avons, dans l'original, un groupe de plans parallèles dont les équations, données sous la forme 5) ne diffèrent entre elles que par la valeur de D, l'équation 5a) des images de ces plans, lorsqu'on y fait $\rho_1 = p$, se réduit à

$$A\alpha_1 + B\beta_1 + Cp = 0 \; . \; . \; . \; . \; . \; . \; . \; . \; . \; . \; . \; 4c),$$

équation indépendante de D. Cela signifie que les images de tous ces plans parallèles coupent le plan $\rho_1 = p$ (le plan principal) suivant une même ligne droite dont l'équation est 4c).

On voit donc que les images d'un groupe de plans parallèles ne se rencontrent pas et ne rencontrent pas le plan principal, à moins de se rencontrer toutes en une même ligne, leur *ligne de fuite*, qui est située également dans le plan principal. Comme, d'après une observation faite plus haut, dans notre groupe de plans parallèles, celui qui passe par l'origine des coordonnées coïncide nécessairement avec son image, ce plan de l'objet doit couper aussi le plan principal suivant la ligne de fuite. Par conséquent, pour trouver la ligne de fuite d'un groupe de plans parallèles, il suffit de mener par le point de vue un plan qui leur soit parallèle : la ligne de fuite demandée est l'intersection de ce plan avec le plan principal.

Mettons maintenant les équations 4) sous la forme

$$\alpha_1 - \alpha + \frac{\alpha\rho_1}{p} = 0, \qquad \beta_1 - \beta + \frac{\beta\rho_1}{p} = 0, \qquad \rho_1 = \frac{\rho\, ab}{ab + \rho n},$$

pour $\rho = 0$, il faut qu'on ait

$$\rho_1 = \rho = 0, \qquad \alpha_1 = \alpha, \qquad \beta_1 = \beta,$$

et, par conséquent, pour chaque point du plan $\rho = 0$, l'image coïncide avec l'original.

Nommons *plan de congruence* (*plan d'image* de Breysig), ce plan $\rho = 0$; il suffit, pour construire l'image d'un plan quelconque A de l'original, de faire passer un plan par l'intersection de A avec le plan de congruence et par la ligne de fuite relative à A.

On peut considérer les lignes droites de l'original comme étant les intersections de plans deux à deux. Leurs images, devant être les intersections des images de deux plans, sont donc nécessairement des lignes droites. On peut considérer un groupe de droites parallèles comme formé par les intersections de deux groupes de plans parallèles. Les images de ces plans coupent respectivement le plan principal suivant leurs deux lignes de fuite respectives ; par conséquent leurs intersections, c'est à-dire les images des lignes parallèles de l'original, passent nécessairement par le point d'intersection des deux lignes de fuite, si toutefois ces deux lignes de fuite se rencontrent, ce qui n'aurait pas lieu si les lignes parallèles données étaient parallèles au plan principal et au plan du visage.

Ainsi, les images de lignes droites parallèles qui ne sont pas parallèles au plan principal, coupent ce plan en un point, le *point de fuite*.

Pour une ligne droite de l'original, qui ne soit pas parallèle au plan principal, on trouve le point de fuite en menant par le point de vue une parallèle à cette droite: l'intersection de cette parallèle avec le plan principal est le point de fuite.

Pour trouver l'image d'une ligne droite de l'original, il suffit de mener une ligne droite par l'intersection de la droite donnée avec le plan de congruence et par le point de fuite.

On voit que ces règles de construction sont absolument les mêmes que celles qui ont été indiquées pour les *reliefs*, avec cette seule différence que, pour les reliefs, le plan dont les points coïncident avec leurs images (*plan d'image* de Breysig) ne passe pas nécessairement par les yeux ; pour les reproductions en relief, cette condition n'a besoin d'être remplie que lorsque la grandeur de l'objet à représenter doit paraître inaltérée.

En effet, qu'on se figure les coordonnées des points de l'original réduites ou augmentées toutes dans le même rapport, il faut, dans les équations 4), remplacer respectivement

$$\alpha, \qquad \beta, \qquad \rho$$

par

$$n\alpha, \qquad n\beta, \qquad n\rho;$$

alors les équations 4) deviennent

$$\left.\frac{\alpha_1}{\rho_1} = \frac{\alpha}{\rho}, \qquad \frac{\beta_1}{\rho_1} = \frac{\beta}{\rho} \qquad \frac{1}{\rho_1} = \frac{1}{n\rho} + \frac{1}{p}\right\} \quad \ldots\ldots \; 6).$$

Quand ρ est infini, il vient $\rho_1 = p$; le plan $\rho_1 = p$ est donc le *plan principal*, dans lequel viennent se représenter les points infiniment éloignés

Si l'on considère dans l'original un plan

$$A\alpha + B\beta + C\rho + D = 0 \quad \ldots\ldots\ldots\ldots \; 5).$$

l'équation 6) donne pour son image :

$$A\alpha_1 + B\beta_1 + \left[C - D\frac{n}{p}\right]\rho_1 + Dn = 0 \ldots\ldots \quad 5\text{b}).$$

Pour $D = 0$, la seconde de ces équations devient identique avec la première, et le plan original coïncide avec son image. Cette condition est satisfaite par les plans qui passent par le point $\alpha = \beta = \rho = 0$, lequel prend donc la signification de *point de vue*. Enfin, les plans 5 et 5b) se coupent pour

$$\left.\begin{array}{l} D = Dn - Dn\dfrac{\rho_1}{p} \\ \text{ou bien} \\ \rho_1 = p \cdot \dfrac{n-1}{n} \end{array}\right\} \ldots\ldots \quad 5\text{c}).$$

Le plan donné par l'équation 5c), *qui ne contient pas* le point de vue, est donc le plan de congruence. Aussitôt, donc, que le relief est construit d'après les règles généralement admises et que le point de vue n'est pas situé dans le plan de congruence, ce relief, lorsqu'on le regarde en se plaçant au point de vue exact, est optiquement pareil à un modèle réduit ou amplifié, par rapport auquel la position relative du point de vue de l'observateur n'a pas changé. Alors l'angle visuel sous lequel apparaît ce modèle en relief est le même que pour l'original. Ce relief répond à un objet dont les dimensions linéaires seraient augmentées ou diminuées, suivant que le plan de congruence est situé entre l'observateur et le relief, ou qu'il est derrière l'observateur.

Quand le plan de congruence devient infiniment voisin du plan principal ($n = \infty$), le relief devient un dessin de perspective plan.

Les modifications qui paraissent se produire lorsqu'on fait varier, dans leur plan, la distance respective de deux représentations stéréoscopiques exactes d'un objet, sont donc du même genre que les différences qu'on réalise dans la représentation des objets par des reliefs. Le phénomène est, d'ailleurs, facile à constater sur les images stéréoscopiques, et ce moyen permet de produire aisément la notion exacte du relief de l'objet. Cependant il faut remarquer ici que lorsqu'il s'agit d'objets connus, nous obtenons généralement une notion exacte de la troisième dimension, même sans donner aux images l'écartement convenable. Cela tient à ce que nous ne sommes pas très-sensibles à la valeur absolue de la convergence de nos lignes visuelles, et que, par suite, en l'absence d'autres points de comparaison, nous apprécions ce que nous voyons comme si nos lignes de regard affectaient le degré de convergence qu'exigerait une notion exacte du relief de l'objet.

Il faut remarquer, sans doute, que par le déplacement des images stéréoscopiques dans leur plan, nous ne faisons pas varier seulement le degré de convergence des lignes visuelles, mais aussi l'aspect des images elles-mêmes ; en effet, quand nous continuons à fixer le même point du dessin, si les lignes visuelles étaient perpendiculaires d'abord au plan du papier, elles cessent de l'être après le déplacement, et il en résulte une légère différence dans la projection des images sur la rétine. Il est facile de voir que si nous voulions, pour remédier à cet effet, tourner les dessins de telle sorte que leurs images rétiniennes restent inaltérées, les lignes droites menées aux points correspondants des dessins cesseraient, pour la plupart, de se rencontrer, et que, par conséquent, aucun point réel ne répondrait plus simultanément aux deux points des dessins. On ne pourra voir qu'au paragraphe prochain, lors de l'étude de l'horoptère, comment se fait alors la projection de l'image.

Quand on regarde des images stéréoscopiques par l'intermédiaire de lentilles convexes ou concaves situées tout près des yeux de l'observateur, et dont les centres présentent le même écartement que ses deux yeux, il en résulte que les quantités e, $\mathfrak{x}$ et $\mathfrak{v}$ de l'équation 3a) augmentent dans la même proportion que la distance apparente b de l'image; les valeurs de α, β et ρ restent donc inaltérées. Il résulte de là que ces verres ne changent pas la position apparente ni la grandeur du relief stéréoscopique. C'est là un point important, à cause des verres de besicles qui, lorsqu'ils sont convenablement placés, ne produisent pas de changements de dimensions dans l'image d'ensemble, bien que chacune des images optiques soit, en réalité, grossie ou diminuée.

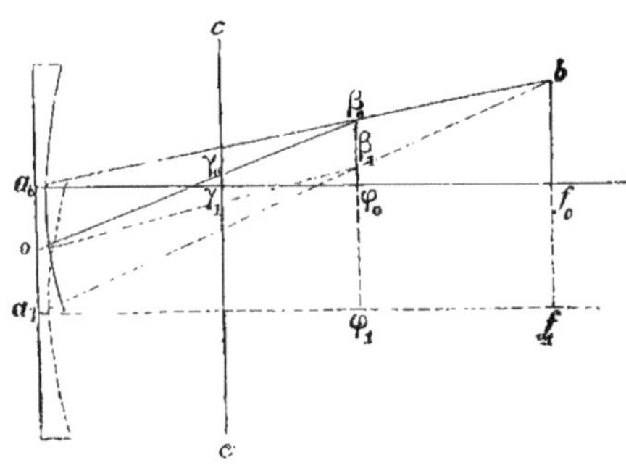

Fig. 195.

Mais pour que les verres de lunettes n'altèrent pas les dimensions et les distances des objets, il est essentiel que leurs centres optiques présentent précisément le même écartement que les points nodaux des yeux placés en parallélisme. Soit a_0 (fig. 195) le centre optique d'un verre de lunettes concave, b l'objet, $a_0 f_0$ l'axe optique du verre; l'image β_0 du point b est située sur la ligne qui va de a_0 en b; et si l'on abaisse de b et de β_0 les perpendiculaires bf_0 et $\beta_0 \varphi_0$ sur l'axe optique, désignant par p la distance focale du verre et posant

$$a_0 f_0 = r, \qquad a_0 \varphi_0 = s,$$

on a, d'après les théorèmes du § 9 (p. 85) :

$$\frac{1}{r} - \frac{1}{s} = -\frac{1}{p}.$$

De cette relation résulte la position de β_0. Si l'on déplace maintenant la lentille parallèlement à son plan principal, de manière à amener son centre optique en a_1 et son axe optique en $a_1 f_1$, l'image de b glisse sur la ligne qui joint b et a_1, sans cesser de rester sur la perpendiculaire $\varphi_0 \beta_0$. L'image se déplace donc de

$$\beta_0 \beta_1 = a_0 a_1 \times \frac{\varphi_0 f_0}{a_0 f_0} = \alpha \cdot \frac{r - s}{r},$$

si nous nommons α le déplacement a_0a_1 du verre. I résulte de là, en tenant compte des équations précédentes entre r et s,

$$\beta_0\beta_1 = \alpha\frac{s}{p} = \alpha\frac{r}{r+p}.$$

Figurons-nous en o, immédiatement derrière la lentille concave, un œil qui regarde les images β_0 et β_1 et qui les projette en γ_0 et γ_1 sur le plan immobile cc; si nous nommons A la distance de ce plan à a_0, le déplacement qu'y paraît subir la projection est

$$\gamma_0\gamma_1 = \beta_0\beta_1 \cdot \frac{A}{s} = \frac{\alpha A}{p},$$

valeur indépendante de la position de l'objet b. Le déplacement que subit l'image optique lorsqu'on amène la lentille concave de a_0 en a_1 est donc exactement le même que si l'on déplaçait de la quantité $\gamma_0\gamma_1$ un dessin perspectif de l'objet, tracé dans le plan cc. Plaçons le plan de projection cc au foyer de la lentille, c'est-à-dire faisons $A = p$, alors $\gamma_0\gamma_1$ devient égal à α, c'est-à-dire au déplacement véritable du verre.

Les phénomènes qui se produisent lorsqu'on décentre des verres de lunettes placés devant les yeux sont donc les mêmes que ceux qui accompagnent les altérations de la distance mutuelle de deux dessins stéréoscopiques. L'expérience vérifie parfaitement cette conséquence de la théorie. Si les centres des verres concaves sont plus rapprochés que les yeux, les objets paraissent trop près; dans le cas contraire, les objets paraissent trop loin. Pour les verres convexes, c'est le contraire qui a lieu, à cause de la différence du signe de p.

Il faut tenir compte de cette circonstance dans la construction des besicles (1), particulièrement parce que le maintien de l'œil dans une position forcée peut être cause de douleurs dans les yeux et de maux de tête. Des verres concaves trop voisins l'un de l'autre exigent une convergence continuelle des yeux; trop éloignés, ils nécessitent une position divergente. Ce qui est pire encore, c'est lorsque les centres présentent une différence de hauteur. Les pince-nez, par leur construction, mettent souvent les verres trop près l'un de l'autre, et quand ils sont mal assujettis sur le nez, ils peuvent donner lieu à des différences de hauteur.

Lorsqu'on regarde un objet à travers deux lunettes parallèles, une jumelle d'opéra par exemple, le résultat est le même que si l'on approchait des yeux les dessins stéréoscopiques qui leur sont destinés : toutes les parties de l'image subissent un même grossissement angulaire. Ainsi que nous l'avons vu plus haut, cela répond à un rapprochement de l'objet et à une diminution de sa troisième dimension, les deux autres dimensions restant exactes. Les jumelles rapprochent donc les objets, n'en altèrent pas la grandeur naturelle, mais les aplatissent,

---

(1) Les phénomènes stéréoscopiques auxquels donnent lieu les verres de lunettes sont étudiés avec détail par F. C. DONDERS, in : Anomalies of accommodation and refraction. London, 1864, p. 152-169. — Die Anomalien der Refraction und Accommodation, von F. C. DONDERS, deutsche Originalausgabe von OTTO BECKER. Wien, 1866, p. 121-142. — Traduction française in WECKER, Études ophthalmologiques, II, Paris, 1866, p. 577-596.

comme si c'étaient des bas-reliefs. Il est facile de s'en assurer : une personne vue à travers une jumelle produit un effet peu naturel, voisin de celui que donnerait une peinture plane.

La *théorie du téléstéréoscope* s'obtient facilement en remarquant que, sauf l'interversion entre la droite et la gauche, un observateur voit les objets dans un miroir plan tels que l'image réfléchie de l'œil de l'observateur verrait les objets véritables à travers le verre du miroir.

Soient AA (fig. 196) et BB les deux miroirs, C l'œil de l'observateur. L'œil C voit, dans le second miroir BB, les objets tels que l'image D de cet œil les verrait à travers ce miroir; les distances Cb et Db sont égales. L'image D, à son tour, voit les objets dans le miroir AA tels que les verrait E, image réfléchie de D, en regardant à travers AA. La position de E est déterminée par cette condition que la longueur Ea, mesurée sur le rayon réfléchi, doit être égale à la longueur Da, mesurée sur le rayon incident. Il en résulte, ainsi qu'il a été dit plus haut, que l'œil C voit le paysage tel qu'il apparaîtrait à un œil situé en E. Or, d'après l'équation 1c), la différence stéréoscopique e de deux images, projetée sur un dessin situé à une distance b, est

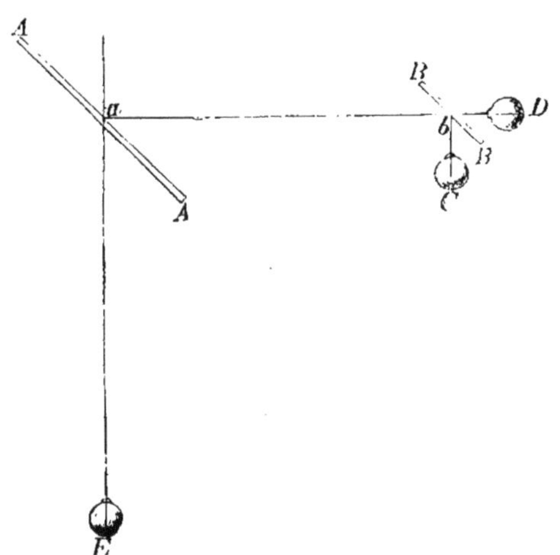

Fig. 196.

$$e = \frac{2Ab}{r},$$

$2A$ désignant la distance des deux points de vue, et r la distance de l'objet au plan vertical mené par les deux yeux. Dans le téléstéréoscope, cette distance $2A$ est la distance des deux images que donnent les deux yeux, chacun après deux réflexions (r_1 ρ_1 de la fig. 192, p. 821). Substituant cette valeur de e dans les équations 3a), si l'on regarde des points infiniment éloignés, avec des lignes visuelles parallèles, il vient

$$\alpha = \mathfrak{r}\,\frac{a}{A}\,\frac{\mathfrak{r}}{b} = \mathfrak{r}\,\frac{\rho}{b}$$

$$\beta = \upsilon\,\frac{a}{A}\,\frac{\mathfrak{r}}{b} = \upsilon\,\frac{\rho}{b}$$

$$\rho = b\,\frac{a}{A}\,\frac{\mathfrak{r}}{b}.$$

On voit donc que les rapports de α, β et ρ sont les mêmes que ceux de r, υ et b; nous pouvons considérer ces dernières quantités comme étant les distances véritables, mais la distance apparente ρ est moindre que r, dans le rapport de a à A ; on voit donc que les autres dimensions apparentes sont réduites dans le même rapport. Le paysage présente donc l'aspect d'une réduction exacte de la nature.

Ce qui précède s'applique aux photographies stéréoscopiques de paysages, en prenant pour $2A$ la distance des centres des objectifs des deux chambres noires qui ont servi à obtenir la photographie. Dans la disposition du stéréoscope, il faut faire en sorte que les points infiniment éloignés soient fusionnés pour le parallélisme des lignes visuelles, et que la distance de l'épreuve aux yeux de l'observateur ou aux lentilles du stéréoscope soit égale à celle qui, dans l'appareil photographique, séparait la plaque sensible de l'objectif ; autrement, on n'obtiendrait pas un relief exact. Ces deux conditions ne sont généralement pas remplies pour les épreuves photographiques et les stéréoscopes du commerce.

SURFACE NORMALE DE RECKLINGHAUSEN.

Qu'on se figure un système de coordonnées rectangulaires dont l'origine soit située au point de fixation, le plan des xy dans le plan de visée et le plan des zx dans le plan médian de l'observateur. Soient :

$$x = a, \qquad y = b, \qquad z = 0,$$

les coordonnées de l'œil droit, et

$$x = a, \qquad y = -b, \qquad z = 0,$$

celles de l'œil gauche ; la distance des yeux est alors $2b$, et celle du point de fixation à la ligne qui joint les deux yeux est a.

La ligne de regard de l'œil droit est donnée par les équations

$$\frac{x}{a} - \frac{y}{b} = 0 \quad \text{et} \quad z = 0 \; . \; . \; . \; . \; . \; . \; . \; . \; . \; . \; . \; 1),$$

celle de l'œil gauche, par les équations

$$\frac{x}{a} + \frac{y}{b} = 0 \quad \text{et} \quad z = 0 \; . \; . \; . \; . \; . \; . \; . \; . \; . \; . \; . \; 1\text{a}).$$

Multipliant la première des équations 1) par le facteur constant p, et ajoutant la seconde, on obtient la nouvelle équation

$$p\left(\frac{x}{a} - \frac{y}{b}\right) + z = 0 \; . \; . \; . \; . \; . \; . \; . \; . \; . \; . \; . \; 1\text{b}),$$

qui est celle d'un plan passant par la ligne de regard de l'œil droit, car les équations 1) étant satisfaites pour tous les points de cette ligne de regard, il en est de même de l'équation 1b). D'après des théorèmes connus, le cosinus de l'angle α

que fait la normale à ce plan avec l'axe des z, ou le cosinus de l'angle formé par ce plan lui-même avec le plan de visée $z = 0$, est donné par l'équation

$$\cos \alpha = \frac{1}{\sqrt{1 + \frac{p^2}{a^2} + \frac{p^2}{b^2}}} \quad \ldots\ldots\ldots\ldots \quad 1\,c).$$

Déduisant, de même, de l'équation 1a), l'équation

$$-p \left(\frac{x}{a} + \frac{y}{b}\right) + z = 0 \quad \ldots\ldots\ldots\ldots \quad 1\,d),$$

cette nouvelle équation est celle d'un plan mené par la ligne de regard de l'œil gauche, et la valeur correspondante de $\cos \alpha$ est le même que pour 1c).

De 1c) il résulte

$$p = \frac{\operatorname{tang} \alpha}{\sqrt{\frac{1}{a^2} + \frac{1}{b^2}}}$$

ou, si nous posons

$$a = r \cos \gamma, \qquad b = r \sin \gamma,$$

γ étant le demi-angle de convergence et r la distance de chaque œil au point de fixation, il vient

$$p = r \operatorname{tang} \alpha \,.\, \sin \gamma \,.\, \cos \gamma.$$

et les équations 1b) et 1d) deviennent

$$(x \sin \gamma - y \cos \gamma) \operatorname{tang} \alpha + z = 0 \quad \ldots\ldots\ldots \quad 1\,b),$$
$$-(x \sin \gamma + y \cos \gamma) \operatorname{tang} \alpha + z = 0 \quad \ldots\ldots\ldots \quad 1\,d).$$

Retranchant la seconde de la première, on obtient

$$x \sin \gamma = 0,$$

ce qui veut dire que, quel que soit l'angle α, l'intersection des deux plans 1b) et 1d) est située dans le plan $x = 0$, mené par le point de fixation perpendiculairement au plan de visée et au plan médian. Supposons que cette ligne d'intersection appartienne à l'objet, les deux plans 1b) et 1d) sont les plans de ses rayons de direction.

Si la position considérée jusqu'ici n'a été accompagnée d'aucune torsion, on peut passer à une position accompagnée de torsion en augmentant de δ l'angle α dans 1b) et le diminuant d'autant dans 1d). Nous obtenons alors, pour la nouvelle position de ces deux plans :

$$\operatorname{tang} (\alpha + \delta) = \frac{z}{y \cos \gamma - x \sin \gamma}$$

$$\operatorname{tang} (\alpha - \delta) = \frac{z}{y \cos \gamma + x \sin \gamma}.$$

Nous pouvons tirer de là, pour la tangente de la différence des deux angles,

$$\text{tang}\ (2\delta) = \frac{2zx \sin \gamma}{y^2 \cos \gamma^2 - x^2 \sin {}^2\gamma + z^2}$$

ce qui revient à

$$z^2 + y^2 \cos {}^2\gamma - x^2 \sin {}^2\gamma - 2zx \sin \gamma \ .\ \text{cotang}\ (2\delta) = 0 \ . \ . \ . \ . \ 2),$$

équation d'un cône dont le sommet est à l'origine des coordonnées. En effet, si x, y, z satisfont l'équation 2), elle est également satisfaite par nx, ny, nz ; d'où il résulte que toute droite menée par un point de la surface 2) et l'origine des coordonnées est comprise en entier dans cette surface, laquelle est donc bien un cône.

Les valeurs assignées par les équations 1) et 1a) aux coordonnées des lignes regard satisfont également l'équation 2). Notre cône contient donc les lignes de de regard.

Comme, d'après les principes établis plus haut, lors de la fixation d'un point du plan médian l'interprétation des images visuelles se fait comme s'il ne s'était pas produit de torsion, le faisceau de rayons tracé dans le plan $x = 0$ avant la rotation et celui situé sur le cône de l'équation 2) ne pourront pas se distinguer l'un de l'autre, et le faisceau paraîtra plan ou conique suivant que, dans la première ou dans la seconde position des yeux, les horizons rétiniens coïncideront avec le plan de visée.

Il faut remarquer pourtant que celles des génératrices du cône qui sont très-voisines des lignes de regard, et qui devraient, par conséquent, paraître dirigées vers les yeux mêmes de l'observateur, donneraient un relief trop hardi et trop invraisemblable, ce qui fait qu'il vaut mieux les laisser de côté. Il faut remarquer de plus que celles des génératrices qui passent entre les yeux reçoivent des directions opposées dans les deux yeux, ce qui oblige à les laisser également de côté.

Pour calculer la position apparente de cercles dont on fixe le centre et dont le plan est situé perpendiculairement à la bissectrice de l'angle de convergence, nou ferons usage de cette proposition que, lorsque l'équation d'un plan est donnée sous la forme générale

$$U = ax + by + cz + d$$

avec la condition

$$a^2 + b^2 + c^2 = 1,$$

la valeur de U donne la distance du point x-y-z au plan $U = 0$, la distance de l'origine des coordonnées au même plan étant d.

Mettons l'équation 1b) sous la forme

$$x \sin \gamma \sin \alpha - y \cos \gamma \sin \alpha + z \cos \alpha = U \ . \ . \ . \ . \ . \ . \ . \ 3),$$

joignons-y un second plan qui passe aussi par la ligne de regard, mais dans lequel l'angle α soit plus grand d'un angle droit, et qui soit, par conséquent, perpendiculaire à 3),

$$x \sin \gamma \cos \alpha - y \cos \gamma \cos \alpha - z \sin \alpha = V \ . \ . \ . \ . \ . \ . \ 3a),$$

et enfin un troisième plan, perpendiculaire à la ligne de regard,

$$x \cos\gamma + y \sin\gamma - r = W \quad \ldots\ldots\ldots\ldots \quad 3b),$$

alors U, V, W sont les coordonnées rectangulaires du point x-y-z, rapportées au système de ces trois plans, et

$$\frac{1}{m^2} U^2 + \frac{1}{n^2} V^2 = W^2 \quad \ldots\ldots\ldots\ldots \quad 3c)$$

est l'équation d'un cône du second degré, dont le sommet est au centre de l'œil droit et dont les trois axes principaux sont situés aux intersections des plans

$$U = 0, \qquad V = 0, \qquad W = 0.$$

L'intersection du cône 3c) avec le plan $x = 0$ est donnée par l'équation

$$y^2 \cos^2\gamma \left\{\frac{\sin^2\alpha}{m^2} + \frac{\cos^2\alpha}{n^2}\right\} + z^2 \left\{\frac{\cos^2\alpha}{m^2} + \frac{\sin^2\alpha}{n^2}\right\} + 2yz \cos\gamma \cos\alpha \sin\alpha \left(\frac{1}{n^2} - \frac{1}{m^2}\right)$$
$$= y^2 \sin^2\gamma - 2ry \sin\gamma + r^2.$$

Si nous demandons maintenant que, pour la torsion de l'œil pour laquelle α est nul, cette intersection soit un cercle, il faut qu'on ait

$$\frac{\cos^2\gamma}{n^2} - \sin^2\gamma = \frac{1}{m^2} \quad \ldots\ldots\ldots\ldots \quad 3d).$$

Pour les positions symétriques de l'autre œil, il faut donner en même temps à γ et à α des valeurs négatives. Posons donc

$$\begin{aligned} x \sin\gamma \sin\alpha + y \cos\gamma \sin\alpha + z \cos\alpha &= U', \\ -x \sin\gamma \cos\alpha - y \cos\gamma \cos\alpha + z \sin\alpha &= V', \\ x \cos\gamma - y \sin\gamma - r &= W', \end{aligned}$$

alors l'équation

$$\frac{1}{m^2} U'^2 + \frac{1}{n^2} V'^2 = W'^2 \quad \ldots\ldots\ldots\ldots \quad 3e)$$

est celle d'un cône répondant à la question, dont l'axe est la ligne de regard du second œil, dont le sommet est au centre de cet œil, et qui, pour $\alpha = 0$, coupe le plan $x = 0$, et les plans parallèles à celui-là, suivant des cercles, comme le cône 3c).

Si maintenant la position $\alpha = 0$ est accompagnée d'une torsion, et que l'intersection des deux cônes soit un cercle objectif, d'après les règles énoncées plus haut, l'interprétation des images rétiniennes se fait comme s'il n'y avait pas de torsion. L'objet apparent doit donc être sur l'intersection des cônes 3c) et 3e). Si nous retranchons ces deux équations membre à membre, il ne reste que les termes dont les signes diffèrent, ce qui donne

$$-\frac{1}{m^2} y \cos\gamma \sin\alpha\,(x \sin\gamma \sin\alpha + z\cos\alpha)$$

$$-\frac{1}{n^2} y \cos\gamma \cos\alpha\,(x \sin\gamma \cos\alpha - z\sin\alpha)$$

$$= y\sin\gamma\,(x\cos\gamma - r).$$

Cette équation est satisfaite *soit* pour

$$y = 0$$

soit pour

$$x\sin\gamma\cos\gamma\left[\frac{\sin^2\alpha}{m^2}+\frac{\cos^2\alpha}{n^2}+1\right]+z\cos\gamma\cos\alpha\sin\alpha\left[\frac{1}{m^2}-\frac{1}{n^2}\right]=r\sin\gamma.$$

La première ligne d'intersection serait donc située dans le plan médian, ce qui empêche qu'elle puisse facilement paraître représenter un objet ; en tenant compte de l'équation 3d), le plan de la seconde ligne d'intersection est

$$x\,(1-\sin^2\alpha\sin^2\gamma) - z\sin\gamma\sin\alpha\cos\alpha = \frac{rn^2}{(n^2+1)\cos\gamma} \quad . \ . \ . \ 3f).$$

Pour le cas de $\alpha = 0$, cette équation devient

$$x = \frac{rn^2}{(n^2+1)\cos\gamma} = x_0.$$

La ligne d'intersection des deux cônes est donc située, dans ce cas, à une distance x_0 en avant du plan $x = 0$, dans un plan parallèle à celui-là, et elle est circulaire. — Quand α n'est pas nul, le plan de la ligne d'intersection fait avec le plan $x = 0$ un angle η dont la tangente est

$$\operatorname{tang}\eta = \frac{\sin\gamma\sin\alpha\cos\alpha}{1-\sin^2\gamma\sin^2\alpha},$$

et ce plan coupe le plan de visée $z = 0$ suivant la ligne

$$x = \frac{x_0}{1-\sin^2\alpha\sin^2\gamma},$$

c'est-à-dire un peu plus loin de l'œil que précédemment. Dans ce cas, la ligne d'intersection est une ellipse.

Les plans à peu près verticaux des axes des deux cônes

$$V = 0 \quad \text{et} \quad V' = 0$$

se coupent suivant la ligne droite dont les équations sont

$$\left.\begin{array}{l} x\sin\gamma = y\operatorname{tang}\alpha \\ y = 0 \end{array}\right\} \ldots\ldots\ldots\ldots\ 4);$$

pour $\alpha = 0$, les équations de cette ligne deviennent

$$x = 0, \qquad z = 0.$$

Pour une torsion α des deux yeux, une ligne perpendiculaire au plan de visée paraît donc former avec le plan $x = 0$ un angle η', dont la tangente est

$$\text{tang}\, \eta' = \frac{\sin \alpha}{\cos \alpha \;.\; \sin \gamma}.$$

Et si, ainsi que cela se présente toujours pour les expériences possibles pratiquement, les angles α et γ sont petits, on a

$$\text{tang}\, \eta' > \text{tang}\, \eta.$$

Le diamètre vertical du cercle paraît donc plus incliné par rapport au plan $x = 0$ que le plan du cercle, et c'est pour ce motif qu'il paraît se détacher du cercle, ainsi que Recklinghausen l'a observé. Comme ce sont précisément les éléments horizontaux du contour circulaire qui donnent la localisation binoculaire la moins nettement déterminée, il peut arriver également que le cercle paraisse s'infléchir aux environs du point où passe le diamètre, de manière à ne pas se détacher de cette ligne.

Si, au lieu de regarder un cercle, on regarde des ellipses, l'équation 3d) n'a plus lieu, et l'on trouve que des ellipses à grand axe vertical doivent se pencher de la même manière qu'une ligne verticale, et cela d'autant plus, qu'elles sont plus allongées. Les ellipses à axe horizontal s'inclinent en sens contraire, et d'autant plus aussi qu'elles sont plus étroites.

Modification du stéréoscope à lentilles, de Helmholtz. — Comme, dans les photographies stéréoscopiques ordinaires, la distance des points correspondants n'est pas toujours égale à celle des yeux, et qu'ils présentent même parfois des hauteurs différentes au-dessus de la ligne de base, il faut pouvoir adapter l'instrument à chaque image, si l'on veut obtenir des projections aussi naturelles que possible des objets. Ce but était atteint, de la manière la plus simple, dans un stéréoscope que j'avais reçu de M. Oertling, de Berlin, par l'effet de deux lentilles prismatiques montées dans deux tubes cylindriques mobiles autour de leur axe. Suivant qu'on tournait l'angle réfringent des prismes plus en dedans ou plus en dehors, on pouvait produire une convergence plus forte ou plus faible; on pouvait corriger également des différences de hauteur. J'ai obtenu le même effet, d'une autre façon, dans l'instrument représenté en perspective par la figure 197, et en coupe, à l'échelle de 2/5, par la figure 198. La manœuvre de cet instrument est plus facile que celle du précédent, et les réfractions irrégulières qui résultent de l'emploi de verres prismatiques sont diminuées le plus possible. Ce stéréoscope est principalement construit pour permettre des grossissements plus forts que les stéréoscopes ordinaires, ce qui donne un effet encore plus rapproché de la nature. Cependant il faut remarquer que les photographies sur verre sont presque les seules qui supportent une pareille augmentation de grossissement. La boîte est pareille à celle du stéréoscope à prismes de Brewster; on introduit l'image par la fente parallèle au fond AA, lequel est formé en grande partie par une lame de verre dépoli. L'observateur regarde à travers les deux bonnettes B_0 B_1, qui contiennent, au lieu de prismes (1), des lentilles convexes centrées. Ces tubes renferment, près de l'œil, une lentille de 12 cent. de distance focale, et, vers leur extrémité inférieure, une seconde lentille dont la distance focale est de 18 cent.

Fig. 197.

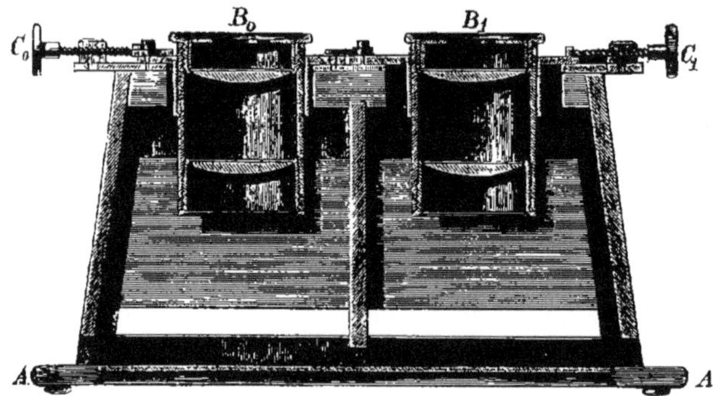

Fig. 198.

On peut supprimer cette seconde lentille quand on ne veut obtenir que le grossissement des stéréoscopes ordinaires; mais alors les images (paysages) paraissent le plus souvent plus petites que l'objet réel ne paraîtrait à un observateur qui prendrait le même point de vue sur le terrain. Chacun des tubes B_0 et B_1 est porté par une plaque rectangulaire, mobile entre deux glissières, de sorte qu'à l'aide des vis C_0 et C_1, les bonnettes B_0 et B_1 peuvent être déplacées respectivement de

(1) M. Claudet a également fait remarquer (*Proc. Roy. Soc.*, VIII, 104-110) qu'il est plus correct de combiner les photographies de paysages à travers des lentilles, en maintenant les lignes visuelles parallèles, et qu'on obtient ainsi des images plus conformes à la réalité.

haut en bas et de droite à gauche dans leur plan. La figure 197 montre comment les vis agissent sur les plaques, C_1 directement et C_0 à l'aide d'un levier coudé.

Je commence par sortir les tubes jusqu'à ce que l'image photographique se trouve au foyer des lentilles convexes, ce qu'on reconnaît facilement en regardant, par en bas, la lame de verre dépoli et en recevant, sur le plan de la photographie stéréoscopique, l'image d'objets éclairés et éloignés pour laquelle on met au point. Si l'observateur est myope, je préfère lui faire garder ses lunettes. En amenant l'image au foyer des lentilles, on a deux avantages : d'abord les mouvements de la tête devant les verres n'empêchent pas l'image de présenter l'aspect d'un objet infiniment éloigné ; en second lieu, la coïncidence des images ne se fait pas moins lorsque l'observateur ne se met pas bien en face. Aussi, surtout quand le stéréoscope est monté sur un pied immobile, la personne qui s'approche pour y regarder obtient, en ce qui concerne les formes, absolument la même impression optique qu'en présence des objets véritables. — J'emploie ensuite les vis C_0 et C'_1 pour corriger la position des images optiques. En faisant converger un peu mes yeux, j'obtiens des images doubles d'un point saillant de l'objet, et si ces deux images présentent une différence de hauteur, je corrige ce défaut par la vis C_0. On peut alors vérifier d'une manière encore plus exacte si les images sont au foyer ; il suffit d'incliner latéralement la tête, ce qui ne doit pas faire apparaître d'image doubles situées l'une au-dessus de l'autre. Pour produire approximativement la convergence convenable, je m'éloigne un peu, et je regarde par-dessus le stéréoscope des objets réels dont je compare la distance avec la distance apparente des objets vus dans le stéréoscope. La correction nécessaire s'obtient facilement alors à l'aide de la vis C_1.

Lorsque cet instrument est convenablement disposé, les objets n'y paraissent pas seulement bien plus grands et bien plus éloignés, mais aussi bien plus naturels qu'avec les instruments ordinaires, qui exigent presque toujours une convergence trop forte, et donnent, par suite, aux objets, une apparence de bas-reliefs. Il présente encore cet avantage très-essentiel d'éviter la fatigue et la douleur que les autres stéréoscopes provoquent si facilement dans les yeux.

Outre le *stéréoscope à réflexion* de Wheatstone, le *stéréoscope à lentilles* de Brewster avec ses différentes modifications, le *pseudoscope* qui peut également servir à faire coïncider deux dessins, on peut encore produire des effets stéréoscopiques au moyen d'un dessin unique et d'un prisme (1). — En effet, lorsque le dessin représente un objet symétrique par rapport au plan médian de l'observateur, tel qu'on le voit avec l'œil droit, l'aspect qu'il présente à l'œil gauche est symétrique avec ce dessin, ou se confond avec son image réfléchie. On peut donc remplacer le second dessin par l'image réfléchie du premier, en regardant, avec l'œil gauche à travers un prisme rectangulaire de verre, parallèlement à l'hypoténuse de ce prisme ; nous avons déjà vu que, dans ce cas, l'observateur reçoit une image réfléchie de l'objet, formée par réflexion totale sur l'hypoténuse. L'œil droit regarde en même temps directement vers le dessin. Si l'on amène les

(1) DOVE, in *Pogg. Ann.*, LXXXIII, 183. — *Berliner Monatsberichte*, 1850, p. 152. — BREWSTER, in *Phil. Mag.*, 4, III, 16-26. — *Report of Brit. Assoc.*, 1849, 2, p. 5.

images des deux yeux à coïncider, on voit apparaître le relief. Le relief se renverse si l'on met le prisme devant l'œil droit. Ce procédé permet souvent de faire produire un effet stéréoscopique à des dessins qui n'y sont pas destinés, tels que des portraits photographiques qui ont été pris à peu près, mais non complétement de face.

Dove (1) a obtenu des effets stéréoscopiques analogues en regardant simultanément un dessin convenable avec une lunette astronomique et une lunette de Galilée de même grossissement. La première renverse le dessin, la seconde ne le renverse pas. On peut employer ici les mêmes dessins que pour le stéréoscope ordinaire, seulement il faut aussi que la moitié supérieure de l'objet représenté soit symétrique avec la moitié inférieure.

J'ai décrit plus haut le *téléstéréoscope* simple, sans grossissement. J'ai fait construire, avec deux lunettes, un instrument analogue, qui permet de voir les objets éloignés en relief. — La partie optique de l'instrument est représentée pl. IV, fig. 3. La lumière venant des objets est d'abord reçue par les deux miroirs plans aa et $a_1 a_1$. Mais ces miroirs doivent être faits avec le plus grand soin pour qu'après le grossissement les images ne soient pas déformées. Chacun de ces miroirs peut être rapproché de l'une des plaques k et k' par trois vis auxquelles résistent des ressorts. Cette disposition permet de modifier la position des miroirs jusqu'à coïncidence des deux images. Les lentilles objectives des lunettes sont en c et c'. Elles sont contenues dans des tubes qui, à l'aide des pignons i et i' et des crémaillères h et h', peuvent être avancés ou reculés pour régler la distance focale de la lunette. En d et en e sont placées deux lentilles oculaires d'une lunette terrestre. La lumière pénètre alors dans le prisme b qui la renvoie à angle droit dans le dernier verre g de l'oculaire. Une vis, qui s'engage dans le bloc métallique p placé derrière le prisme b, sert à déplacer ce prisme de manière à mettre d'accord les axes optiques des deux parties de la lunette. Enfin le pignon denté m sert à modifier la distance respective des deux lunettes tout entières, de manière à l'adapter à la distance des yeux de l'observateur.

Comme la distance des miroirs est de 1080^{mm}, elle est 16 fois plus grande que celle des yeux, et, par conséquent, les différences stéréoscopiques deviennent 16 fois plus grandes que sans instrument. Mais comme le grossissement est également de 16 fois, l'effet est le même que si l'on voyait l'objet sans instrument, à une distance 16 fois plus petite.

D'après une remarque d'Oppel (2), on obtient un effet inverse de celui du stéréoscope si l'on regarde, avec des lignes visuelles parallèles, deux corps pareils séparés par un intervalle égal à celui des deux yeux et placés d'une manière identique.

Microscope stéréoscopique. — Cet instrument est représenté par la figure 199, d'après le dernier modèle de Nachet. — Le système des lentilles objectives est en a. Le faisceau lumineux rencontre d'abord le petit prisme réflecteur de verre b;

(1) *Pogg. Ann.*, LXXX, 446. — *Berliner Monatsberichte*, 1850, p. 152.
(2) *Jahresbericht des Frankfurter Vereins*, 1858-59, p. 64-75.

la moitié du faisceau continue son trajet sans pénétrer dans ce prisme, traverse le tube E, et arrive à l'œil de l'observateur par l'oculaire e. L'autre moitié pénètre dans le prisme b, qui est à peu près rectangulaire, est réfléchie par l'hypoténuse et envoyée au second prisme c, où elle subit une seconde réflexion, puis elle traverse le tube F et arrive à l'autre œil de l'observateur par l'oculaire f. La vis g permet de rapprocher ou d'éloigner du tube E le tube F avec le prisme c, afin d'adapter l'instrument à l'écartement des yeux de l'observateur. Comme les faisceaux lumineux qui émergent des oculaires e et f sont très-étroits, il faut que leur distance soit exactement égale à celle des pupilles pour qu'il se forme une image dans chaque œil. Dans les instruments anglais du même genre, les deux tubes sont invariablement liés l'un à l'autre, et on les adapte à l'écartement des yeux de l'observateur en sortant ou enfonçant plus ou moins les lentilles oculaires.

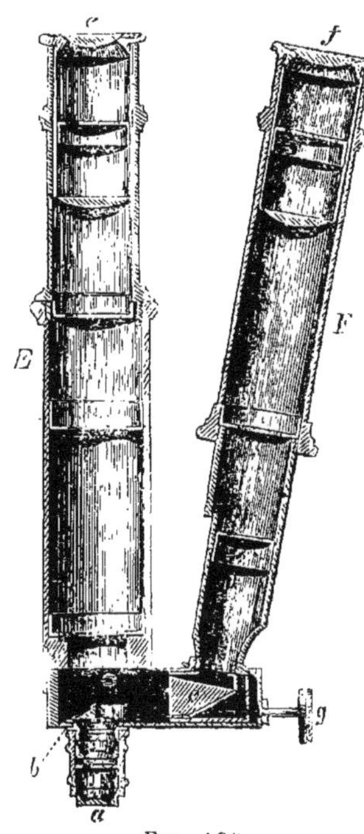

FIG. 199.

L'effet stéréoscopique de ces instruments est très-saisissant et facilite considérablement l'observation des objets de forme compliquée. La production du relief tient ici à une cause tout autre que dans les autres instruments stéréoscopiques. En effet, nous n'avons pas deux images de l'objet prises de points de vue différents, puisque l'objectif unique du microscope fournit les deux images et que l'instrument ne fait que diviser la lumière de manière à en envoyer la moitié à chaque œil. L'effet stéréoscopique ne se produit ici que parce que les points situés dans le plan focal du microscope sont les seuls dont l'image se forme en un point unique ; les autres points, qui sont situés en avant ou en arrière du plan focal, donnent de petits cercles de diffusion et la division du faisceau lumineux a pour effet d'envoyer à chaque œil la moitié de chaque cercle de diffusion. Or, comme les deux moitiés du cercle de diffusion ne sont pas situées à la même place, il en résulte un effet stéréoscopique.

Les règles indiquées pages 76 à 81 permettent de trouver facilement les points principaux et les foyers de tout le système optique d'un microscope. Le premier point principal est au-dessous de l'objectif; le premier foyer est également au-dessous, mais un peu plus rapproché de l'objectif. Le second point principal et le second foyer sont au-dessus de l'oculaire; le foyer est également plus près de l'oculaire que le point principal. Nous pouvons supposer l'œil de l'observateur placé au second foyer et désigner par p la distance focale du système total. Soient respectivement f et φ les distances de l'objet au premier foyer, comptée de bas en haut, et celle de l'image au second foyer, mesurée de haut en bas, nous avons, d'après l'équation 7b) de la page 69,

$$\varphi = \frac{p^2}{f}.$$

Désignant par b la grandeur de l'objet et par β celle de l'image, on a

$$\frac{\beta}{b} = \frac{p-\varphi}{f-p} = \frac{p}{f} = \frac{\varphi}{p}.$$

Supposons maintenant que l'œil soit accommodé pour l'image β, et qu'il y ait, en avant ou en arrière de l'objet b, un second objet b', que la transparence du premier permet de voir en même temps, et dont la distance au foyer soit f' ; la distance de son image à l'œil et au second foyer est

$$\varphi' = \frac{p^2}{f'},$$

d'où résulte

$$\varphi' - \varphi = p^2 \cdot \frac{f-f'}{ff'}.$$

Soient a l'angle sous lequel les rayons de l'image b arrivent à l'objectif, α l'angle de divergence correspondant des rayons de l'image β, d'après les équations 7d) de la page 70, et 9) de la page 75, on a

$$b \text{ tang } a = \beta \text{ tang } \alpha,$$

ou bien

$$\text{tang } \alpha = \frac{f}{p} \text{ tang } a.$$

De même, pour les images b' et β' et pour les angles de divergence correspondants a' et α', on a

$$\text{tang } \alpha' = \frac{f'}{p} \text{ tang } a'.$$

Comme on le voit facilement, le rayon ρ du cercle de diffusion dans le plan de l'image β, pour laquelle l'œil est accommodé, est

$$\rho = (\varphi' - \varphi) \text{ tang } \alpha' = \frac{p}{f}(f - f') \text{ tang } a'.$$

Comme on ne peut observer que des objets dont les cercles de diffusion sont très-petits, et que, par conséquent, $\varphi' - \varphi$ et $f' - f$ sont des quantités très-petites, on peut négliger les variations que subit l'angle a' en passant d'un objet à l'autre ; en le considérant comme égal à l'angle a, on peut donc écrire la dernière équation de la manière

$$\rho = \frac{p \text{ tang } a}{f} \cdot (f - f').$$

Or le microscope binoculaire envoie une moitié de ce cercle de diffusion à l'œil droit, et l'autre moitié à l'œil gauche. Il en résulte que toute ligne de l'image, qui est perpendiculaire au plan de visée, qu'elle soit isolée ou qu'elle fasse partie d'une surface uniformément colorée, se convertit en une bande de largeur ρ, de sorte que l'élargissement de l'une des images se fait vers la droite et celui de l'autre vers la gauche. Deux bandes de ce genre ont donc, dans les deux images, une parallaxe stéréoscopique égale à ρ, comparativement aux autres points du plan focal.

Si f' est moindre que f, c'est-à-dire si l'objet est plus éloigné de l'objectif que les points pour l'image desquels l'œil est accommodé, φ' est plus grand que φ, c'est-à-dire que l'image de b' est située au-dessous de celle de b et les rayons de l'image b' se croisent avant d'arriver dans le plan de b. Alors la moitié droite du cercle de diffusion arrive à l'œil droit de l'observateur et la moitié gauche à l'œil gauche ; la parallaxe stéréoscopique est par conséquent négative par rapport à celle de l'image b, et b' apparaît en arrière de b, conformément à la réalité. Ainsi chaque moitié du cercle de diffusion arrive, par double réflexion, dans l'œil correspondant de l'observateur, et, par suite, ne paraît pas renversée de droite à gauche, mais dans sa position naturelle.

Lorsque b' est au-dessus de b, le résultat est inverse.

Dans les instruments de Nachet, on peut faire glisser la boîte qui contient les prismes, de manière à amener le petit prisme b (fig. 199) devant l'autre moitié (droite) de l'ouverture, et l'on obtient alors un effet pseudoscopique ; ce qui est en bas paraît se trouver en haut.

L'*ophthalmoscope binoculaire* de Giraud-Teulon, dont la figure 200 représente le modèle construit par Nachet, agit de la même façon. — A est un miroir concave

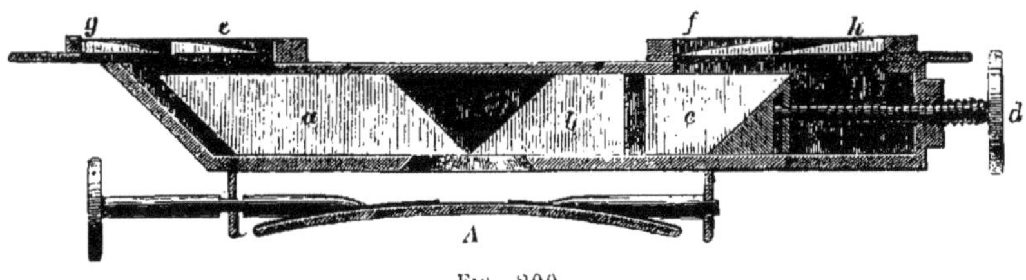

Fig. 200.

de verre dont le milieu est privé de tain. Les deux faces du miroir ont la même courbure, de sorte que les rayons le traversent sans réfraction. Il sert à éclairer l'œil qu'on veut observer. Entre ce miroir et cet œil, on tient une lentille convexe dont on observe l'image réelle et renversée, comme dans l'expérience représentée schématiquement par la figure 94 (p. 242). La lumière émise par l'œil observé se divise derrière l'ouverture, en tombant sur les deux prismes réfléchissants a et b. La section du prisme a est un parallélogramme ; deux de ses angles sont de 45°. Les prismes b et c réunis forment un prisme semblable à a, mais divisé transversalement pour permettre à la vis d d'en rapprocher ou écarter les deux parties b et c. C'est par ce moyen qu'on adapte l'instrument à la distance des yeux de l'observateur. Les rayons qui, à travers l'ouverture centrale, tombent d'abord perpendiculairement sur la face antérieure du prisme a, sont renvoyés par le petit côté du parallélogramme au second petit côté, qui les réfléchit à son tour vers l'ouverture e, à travers laquelle ils arrivent à l'un des yeux de l'observateur. La seconde moitié des rayons qui pénètrent dans le prisme b est réfléchie de même deux fois, pour arriver à l'autre œil de l'observateur à travers l'ouverture h. Les ouvertures e et f contiennent des prismes faiblement réfringents, afin que l'observateur puisse regarder l'image commune avec une faible convergence des lignes de regard. Ces prismes sont portés par de petits tiroirs qui offrent, de plus, une seconde paire de prismes à faces convexes, destinés à grossir l'image lorsqu'on le désire.

Ainsi qu'on l'a vu pages 243 à 245, la position la plus avantageuse de la lentille convexe est celle où cette lentille projette, sur l'ouverture du miroir, une image de la pupille de l'œil observé. Dans ces conditions, la lumière provenant de la moitié droite de la pupille arrive au prisme a, qui est situé à gauche, et celle qui vient de la moitié gauche arrive au prisme b, qui est à droite. L'œil droit de l'observateur voit donc le fond de l'œil observé tel qu'il se présente à partir de la moitié gauche de la pupille, et l'œil gauche, tel qu'on le voit à partir de sa moitié droite. Comme, d'autre part, l'image est renversée, l'effet est véritablement stéréoscopique ; le relief est très-visible et très-utile pour l'observation médicale du fond de l'œil.

Enfin je vais encore mentionner ici un procédé de stéréoscopie tout particulier, dû à Rollmann (1). — Il dessine les deux projections sur le même tableau noir, l'une avec des lignes rouges et l'autre avec des lignes bleues. Il met alors devant un œil un verre rouge, devant l'autre un verre bleu ; chaque œil ne voit alors que les lignes de même couleur que le verre qui lui est superposé, et les deux dessins se combinent alors sous forme de relief. En distribuant des verres de couleur, ce procédé permet de montrer les effets stéréoscopiques à un nombreux auditoire. M. J. C. d'Almeida projette sur un écran les images nécessaires pour cette expérience à l'aide de deux lentilles, devant l'une desquelles se trouve un verre rouge, devant l'autre un vert. Un autre procédé, dû également à d'Almeida, consiste à projeter les images sur l'écran comme précédemment, mais sans altérer leur couleur ; on rend intermittente, mais à de très-courts intervalles, la production de chacune d'elles ; et l'on interdit la vue de l'écran, tantôt à l'un, tantôt à l'autre œil, au moment où se produit l'image qu'il ne doit pas voir. Dans ces conditions, on aperçoit tous les effets du relief.

On peut, du reste, employer les appareils dioptriques ou catoptriques les plus divers pour produire les déplacements des images qui sont nécessaires aux effets stéréoscopiques ; tantôt on déplace les deux images, tantôt une seule. L'appareil primitif de Wheatstone avait deux miroirs plans ; Brewster (2) en a décrit un analogue avec deux miroirs, un autre avec un seul miroir, et ce dernier pour observer deux dessins ou un seul. Au lieu de miroirs, on peut encore, suivant la proposition de Dove (3) et de Brewster, se servir d'un ou de deux prismes à ré-

(1) *Pogg. Ann.*, XC, 186-187.
(2) *Phil. Mag.*, 4, III, 16-26.
(3) *Pogg. Ann.*, LXXXVIII, 183.

flexion totale ; dans le second cas, on peut en mettre un devant chaque œil, ou les combiner devant un seul œil, sous forme de *prisme de réversion*. On peut, de même, se servir d'un seul prisme plan, faiblement réfringent, pour amener l'une des images à coïncider avec l'autre. E. Wilde (1) employait, pour le même effet, le prisme à double réflexion d'une chambre claire.

Pour produire une combinaison d'images stéréoscopiques sans déviation des rayons lumineux, Brewster propose de tenir à une distance convenable, au-devant de ces images, une lame de verre sur laquelle on marque un point noir destiné à définir la fixation. M. Faye (2) emploie un écran percé de deux ouvertures qui ne laissent voir à chaque œil que le dessin qui lui est destiné. M. Elliot (3) prend deux tubes croisés, à travers lesquels l'œil droit voit l'image gauche, et inversement. Il faut remarquer qu'à cause de la difficulté qu'on éprouve à produire l'accommodation convenable, les observateurs hypermétropes fusionnent plus facilement en croisant les lignes visuelles, et les myopes, les mettant en parallélisme.

J. Duboscq (4) a fixé, dans les tubes d'une jumelle de théâtre, des lentilles prismatiques à travers lesquelles on regardait les dessins conjugués, suspendus au mur ; on peut ainsi, en se rapprochant et en s'éloignant, modifier la convergence des axes oculaires, ce qui augmente ou diminue le relief. — Pour combiner des images de grandeurs quelconques, il place, dans son stéréoscope panoramique, les images l'une au-dessus de l'autre et en face de deux miroirs mobiles autour d'un axe horizontal et placés l'un à côté de l'autre. L'observateur, placé entre les images, ou au-dessous d'elles, regarde vers les miroirs qui sont disposés de manière que les parties correspondantes des images coïncident entre elles. Les images peuvent avoir une étendue quelconque et défiler devant les yeux de l'observateur. M. Duboscq (5) a décrit plus tard, pour la combinaison des grandes images, une autre forme de stéréoscope plus analogue à celui de Brewster, avec des prismes plans et achromatiques indépendants des lentilles, ces deux verres étant mobiles pour permettre de corriger la position des images.

Dans le stéréoscope panoramique, on peut remplacer les images par deux disques stroboscopiques, ce qui permet de voir des figures mobiles présenter l'effet du relief. Cette disposition donne le *stéréophantascope* ou *bioscope*. — M. Czermak (6) a décrit, sous le nom de *stéréophoroscope*, un instrument qui donne le même résultat. Il se servit, à cet effet, du stéréoscope ordinaire, pour lequel on colle les deux images côte à côte sur une même bande de carton : ces bandes de carton sont fixées sur les faces d'un prisme polyédrique de bois, mobile autour de son axe, qu'on place horizontalement. Le prisme est entouré, à quelques pouces des images, d'un cylindre de carton présentant les ouvertures nécessaires

(1) *Pogg. Ann.*, LXXXV, 63-67.
(2) *Comptes rendus*, XLIII, 673-674. — *Pogg. Ann.*, XCIX, 641-642.
(3) *Phil. Mag.*, 4, XIII, 78.
(4) *Cosmos*, I, 97-104 ; 703-705.
(5) *Comptes rendus*, XLIV, 148-150.
(6) *Wiener Berichte*, XV, 463-466. — SHAW, Stereotrope (instrument analogue à celui de CZERMAK), in *Proc. Roy. Soc.*, XI, 70-73.

pour voir le dessin dans les moments convenables. En dehors de ce cylindre est fixé le système prismatique d'un stéréoscope de Brewster; l'observateur regarde les images à travers ces prismes et à travers les fentes qui passent devant ses yeux. — Enfin Javal propose, pour obtenir le même effet d'une manière moins dispendieuse, de disposer les fentes d'un phénakisticope ordinaire de manière à démasquer alternativement les deux yeux et d'y adapter des photographies destinées alternativement à chaque œil, lesquelles donneraient le relief comme dans l'expérience précitée de d'Almeida (p. 865).

M. C. Clarke (1) a pourvu le stéréoscope de Brewster d'un pied. — M. Kilbarn (2) en a fait un modèle pouvant se mettre dans la poche. — Smith et Beck (3) lui ont donné un pied, un appui plus solide pour les images, un éclairage plus intense de tous les côtés et des lentilles achromatiques. — Samuel (4) a adapté une disposition permettant la mise au point pour les différentes vues. — — Schirtz (de Paris) construit, sous le nom de stéréoscope américain, un instrument qui contient un grand nombre de vues portées par une sorte de chaîne sans fin, et où les prismes sont remplacés par des lentilles achromatiques légèrement décentrées.

Le *stéréomonoscope* de Claudet (5) se fonde sur un fait singulier. — Claudet remarqua que les images d'une *chambre obscure*, reçues sur une lame de verre dépolie et observées binoculairement, offrent un certain relief stéréoscopique. L'explication de ce phénomène, c'est que chaque œil voit le mieux, sur la lame de verre, ceux des rayons qui y arrivent suivant la direction de sa ligne visuelle. C'est d'après cette observation que Claudet construisit son stéréomonoscope, qui, à l'aide de deux lentilles, projette les deux images stéréoscopiques d'un objet au même endroit d'une lame de verre dépolie. Si l'on regarde la lame de verre avec les deux yeux, chaque œil ne voit que l'image qui lui est destinée, ce qui produit le relief.

Afin de pouvoir modifier la position des images pour examiner l'effet optique qui résulte de semblables déplacements, Wheatstone (6) a rendu mobiles sur des patins les planchettes qui portent les dessins dans son stéréoscope à miroir qui a été décrit plus haut ; en outre, les deux branche du stéréoscope sont mobiles autour d'une charnière située à l'intersection des deux miroirs, de manière à pouvoir modifier l'angle de convergence des yeux. M. Hardie (7), pour obtenir des reliefs pseudoscopiques, a construit dans un but analogue, avec deux paires de miroirs, un instrument analogue à mon téléstéréoscope, qui est de date plus récente. Cet instrument permet de présenter les images dans une position tantôt droite, tantôt renversée, d'exagérer, d'affaiblir ou de renverser le relief. Dans le même but,

(1) *Cosmos*, III, 123.
(2) *Cosmos*, III, 770.
(3) *Athenæum*, 1858, II, 269-270. — *London Journ. of Arts*, June 1860.
(4) *Rep. of Brit. Assoc.*, 1858, 2, p. 19.
(5) *Proc. Royal. Soc.*, IX, 194-196.
(6) *Phil. Transact.*, 1852, p. 1-17.
(7) *Phil. Magaz.*, 4, V, 442-446.

H. Meyer (1) a rendu mobiles dans leur plan les images du stéréoscope à réflexion et y a ajouté une échelle pour mesurer le déplacement. Cependant la disposition proposée par Wheatstone, où les images se déplacent suivant une circonférence, en restant toujours à la même distance des yeux, présente cet avantage que les déplacements latéraux des dessins ne modifient en rien leurs images rétiniennes; tandis que la disposition indiquée par Meyer exige le calcul de petites corrections parce que le déplacement des images dans leur plan fait varier la distance qui les sépare des yeux.

Rollet (2) a produit des modifications analogues de la convergence lors de l'observation des objets réels, en plaçant obliquement devant chaque œil une épaisse lame de verre à faces planes parallèles. La convergence des lignes de regard augmente ou diminue suivant que les faces antérieures de ces lames sont tournées du côté temporal ou du côté nasal de l'œil correspondant. Les phénomènes observés répondaient aux expériences de Wheatstone.

Les *images stéréoscopiques* ont été obtenues soit par la construction perspective des dessins et reproduites par la lithographie ou la gravure (3), soit aussi par la photographie. — Parmi les premières, les dessins géométriques au simple trait, représentant des objets réguliers et des modèles de cristaux, sont les seuls qui produisent un bon effet. Ils présentent en même temps les exemples les plus évidents de l'effet stéréoscopique, puisque l'illusion n'est corroborée par aucune circonstance favorable d'éclairage ou d'ombre. Mais leur construction exige une exactitude extrême, car les moindres défauts peuvent entraîner des modifications très-sensibles du relief et des déformations des objets. Par ce moyen, on peut donner une idée très-nette de la forme des corps géométriques les plus compliqués. Comme, du reste, les dessins de ce genre sont assez répandus dans le commerce, je crois inutile d'en donner ici des spécimens. Les essais qu'on a fait jusqu'ici pour ombrer de semblables dessins lithographiques ont assez mal réussi, parce qu'on ne parvient pas à faire concorder suffisamment, dans les deux dessins, les différentes dégradations d'ombre et de lumière. L'appareil de Rood, destiné à faciliter la construction de ces dessins, a déjà été mentionné plus haut (page 844).

Les photographies stéréoscopiques donnent un résultat bien plus parfait. Les premières ont été faites par le professeur Moser, à Königsberg; leur fabrication alimente déjà une branche importante de l'industrie: chacun connaît les collections de paysages, d'édifices de toutes les parties du monde, de statues, d'animaux, de fleurs, etc., qui se rencontrent dans le commerce. Dans les commencements, on prenait successivement, avec le même appareil photographique, deux vues successives du même objet. Mais, outre la difficulté d'obtenir des épreuves de même intensité, ce procédé présentait l'inconvénient que, par un fort éclairage solaire, les ombres portées changeaient de place entre les deux opérations et produisaient alors un faux effet sur l'image. Ces ombres présentent parfois alors l'aspect

---

(1) *Poggendorf's Annalen*, LXXXV, 198-207.

(2) *Wiener Sitzungsber.*, XLII, 488-502.

(3) M. HESSEMER a publié de très-bons dessins de ce genre, et il a traité des règles de leur construction, in *Dingler's polytechn. Journal*, LXXXIX, 111-121.

d'écrans sombres qui seraient suspendus dans l'espace. J'ai observé un effet de ce genre sur une vue de Paris, où l'on pouvait constater, par la position des aiguilles sur l'horloge d'un clocher, qu'il ne s'était passé que cinq minutes entre la confection des deux épreuves. Aussi, d'après la proposition de Brewster (1), se sert-on généralement aujourd'hui de chambres noires jumelles, qui fonctionnent simultanément sur deux parties différentes de la même plaque. Les centres des deux objectifs ont la même distance que les yeux de l'homme, ou une distance un peu plus grande, de 70 à 75^{mm} ; la chambre noire elle-même présente donc l'aspect d'un stéréoscope renversé. Ces instruments sont très-convenables pour photographier des objets voisins, et reproduisent ce que verrait un observateur immobile, en se mettant à la place de l'appareil. Ils présentent surtout cet avantage que, par un beau soleil, l'exposition instantanée de la plaque peut donner de bonnes images d'objets mobiles, d'hommes, d'animaux, de vaisseaux, et même des images magnifiques des vagues d'une eau agitée. Mais ils ne suffisent pas pour des paysages qui présentent des lointains, parce que la distance des points de vue est trop petite pour donner des différences suffisantes; aussi les parties éloignées du paysage paraissent-elles ordinairement tout à fait planes (2). Pour des cas de ce genre, il vaut mieux obtenir une sorte d'effet téléstéréoscopique, en prenant deux épreuves à partir de deux points éloignés. C'est ainsi que, parmi les excellentes photographies de paysages de Braun (de Dornach), j'ai trouvé des vues du Wetterhorn, prises de deux points différents de Grindelwald, deux autres vues de la même montagne prises de deux points différents du Bachalp, de même deux vues de la Jungfrau prises de Mürren ; on obtient un modelé excellent de la forme montagneuse, si l'on sépare les images de chaque paire et qu'on les associe deux à deux de manière à obtenir la combinaison d'épreuves prises à partir de points assez éloignés. Au lieu de reconnaître la forme des montagnes aussi mal qu'un observateur immobile, on la distingue alors bien mieux, comme un observateur qui se déplacerait et comparerait les aspects successifs que la montagne lui aurait présentés.

Babo (3) a fait d'excellentes reproductions stéréoscopiques d'objets microscopiques. Pour prendre l'épreuve, on fait différer, pour les deux épreuves, l'inclinaison de la platine sur l'axe du microscope; on obtient ainsi la parallaxe stéréoscopique.

M. J. G. Halske a obtenu des images mobiles. Son premier essai représentait un cône tronqué dont la petite section pouvait recevoir un mouvement horizontal sur les deux images. La plus jolie de ses expériences s'obtenait au moyen d'un disque noir circulaire et horizontal, d'environ trois pouces de diamètre, qui tournait très-facilement autour de son axe, et qui, une fois lancé, conservait assez longtemps son mouvement. Sur ce disque, dans une position légèrement excentrique, on plaçait un petit disque circulaire blanc (un pain à cacheter), et on le regardait librement avec un œil, et avec l'autre, à travers un prisme rectangulaire à réflexion

---

(1) *Phil. Mag.*, 1852, 4, III, 26-30. — *Rep. of Brit. Assoc.*, 1849, 2, p. 5.

(2) Claudet, in *Cosmos*, IV, 65-67, 147 (sur le choix de l'angle). — Sutton, Même sujet, in *Cosmos*, IX, 313-319.

(3) *Bericht der Freiburger Ges.*, II, 312-314.

totale, convenablement fixé. Lorsque, dans la rotation, le petit cercle se trouvait à droite du centre, l'œil libre le voyait à droite et l'autre le voyait à gauche, à cause de la réflexion produite par le prisme ; le renversement de la parallaxe stéréoscopique qui se produisait ainsi à chaque tour faisait que le petit disque paraissait tantôt monter, tantôt s'enfoncer dans l'épaisseur du grand.

Les premières opinions qui furent émises sur la perception de la troisième dimension se rattachèrent à la question des différences de grandeur apparente de la lune. PTOLÉMÉE (150 ap. J. C.) dit déjà que l'âme juge de la grandeur des objets d'après une appréciation préalable de leur distance ; cette distance paraîtrait plus considérable lorsqu'il y a beaucoup d'objets entre l'œil et la chose observée, comme cela a lieu lorsque les corps célestes sont voisins de l'horizon (1). Cependant, à un autre endroit, il attribue le grossissement à la réfraction des rayons par les vapeurs (2). ALHAZEN (3) (au xe siècle) réfute cette dernière opinion et revient à la première. Il est suivi par ROGER BACON et combattu par PORTA (4). VITELLION (5) (1270) se range à l'avis d'ALHAZEN, et fait, de plus, remarquer qu'en somme, la voûte céleste paraît plus éloignée à l'horizon qu'au zénith. KEPPLER (6), dont DESCARTES adopta l'opinion, quant au point essentiel (7), dit déjà, au sujet de l'appréciation des distances, que la distance des deux yeux est la base dont nous nous servons pour mesurer la distance des objets. Et comme, en faisant ces mensurations avec les deux yeux, on apprend à les faire avec un seul œil, la largeur de l'étoile dans l'œil servirait de base pour des distances relativement faibles. Il fait remarquer, de plus, qu'on peut aussi, avec un seul œil, apprécier les différents degrés de la lumière, et comparer, par suite de la pratique, la grandeur d'un objet avec sa distance, puisqu'on sait par expérience de combien il faut étendre la main ou se rapprocher de l'objet pour l'atteindre. Il connaissait donc déjà les éléments principaux de cette appréciation, autres que la différence des images.

Cependant GASSENDI (8) prétendit encore, au sujet de la lune, qu'elle paraît plus grande près de l'horizon, parce que la pupille se dilate alors à cause du peu d'intensité de la lumière. HOBBES (9) revint à l'explication des anciens, et considéra la forme apparente de la voûte céleste comme étant une calotte sphérique. Au contraire, le père GOUYE (10), MOLYNEUX (11) et SAMUEL DUNN (12) firent remarquer que lors même qu'il n'y a pas d'objets interposés entre l'œil et la lune, l'illusion subsiste (ou du moins peut subsister). DÉSAGULIERS (13) disposa des expériences dans lesquelles les assistants, trompés dans l'appréciation de la distance, étaient, par suite, induits en erreur pour celle de la grandeur. BERKELEY (14) insista sur l'aspect trouble et pâle de la lune à l'horizon, circonstances qui exercent assurément une influence très-sensible. SMITH (15) rechercha également l'influence de la forme apparente de la voûte céleste ; il fit une série d'appréciations sur des distances égales en apparence, qui étaient tantôt plus rapprochées du zénith, tantôt de l'horizon, et il trouva que la distance de l'horizon paraît de trois à

---

(1) MONTUCLA, Hist. des Mathém., I, 309. — ROGERI BACONIS Perspect., p. 118. — PRIESTLEY, Geschichte der Optik, übersetzt von KLÜGEL, p. 11-12. — GREGORY, Geometria, pars univers., p. 141. — MALEBRANCHE, Recherche de la vérité, part. I. — HUYGENS, in SMITH'S Opticks, Art. 586. — LOGAN, in *Phil. Trans.*, XXXIX, 404.

(2) Almageste, liv. III, c. 3. — STRABO, in Geogr., I, 3.

(3) ALHAZEN, liv. VII, p. 53-54.

(4) De refractione, p. 24, 128.

(5) Optica. Basil., 1572, editio RISNERI, p. 412.

(6) Paralipomena, 1604, p. 62-66.

(7) Dioptr., p. 68. — De homine, p. 66-71.

(8) GASSENDI, Opera, II, p. 325.

(9) *Robin's Tracts*, II, 241-244.

(10) *Mém. de l'Acad. de Paris*, 1700, p. 11.

(11) *Philos. Transact.*, I, 221.

(12) *Philos. Transact.*, LII, 462.

(13) *Philos. Transact.*, VIII, 130.

(14) Essay towards a new theory of vision. Dublin, 1709, p. 30. — *Robin's Mathemat. Tracts*, II, 242.

(15) Optik, deutsche Ausg., 418.

quatre fois plus grande que celle du zénith. LAMBERT (1) compara la coupe de la voûte céleste à une conque. Il en résulte également une altération de la forme et de la largeur de l'arc-en-ciel : il paraît prendre la forme d'une ellipse aplatie, plus étroite au milieu qu'aux extrémités ; les auréoles du soleil, les distances des étoiles, subissent des modifications apparentes analogues. SMITH a encore indiqué la jolie expérience que voici. Si l'on place, au foyer d'une lentille convexe, un petit pain à cacheter circulaire, l'image de ce petit cercle, vue à travers la lentille, se présente toujours sous le même angle visuel, quelle que soit la distance à laquelle se place l'observateur, tant que la lentille n'en cache pas les bords. Mais la grandeur apparente de l'image augmente considérablement lorsque l'observateur s'éloigne, parce qu'on ne la suppose pas à une distance infinie, mais derrière la lentille.

SMITH, dans sa polémique contre l'explication de BERKELEY par la perspective aérienne, est cependant obligé de convenir que la lune paraît tantôt plus grande, tantôt plus petite à l'horizon. EULER (2) est également de l'avis de BERKELEY.

MALEBRANCHE et BOUGUER (3) ont également insisté contre VARIGNON (4) sur l'influence que la distance apparente exerce sur l'évaluation de la grandeur absolue. Quant aux moyens d'apprécier la distance, DE LA HIRE (5) et PORTERFIELD (6) se sont également prononcés d'une manière conforme aux opinions mentionnées jusqu'ici.

Le renversement du relief a été également remarqué depuis longtemps. Ce fut à l'occasion des images renversées des microscopes ou des télescopes qu'il fut d'abord observé par JABLOT (7) et G. P. GMELIN (8) ; il fut attribué par RITTENHOUSE (9) au renversement de l'éclairage. MUNCKE (10) fit observer, par contre, que le relief peut également paraître renversé à travers une simple loupe. ABAT ajouta cette jolie observation que si l'on regarde l'image, renversée par un miroir concave, d'une bouteille à moitié remplie d'eau, la partie vide paraît remplie, et inversement, parce qu'on suppose toujours le liquide situé au-dessous de la surface de séparation. Les recherches et opinions plus récentes sur le renversement du relief ont déjà été mentionnées plus haut.

EUCLIDE, GALIEN, PORTA, AGUILONIUS (11), savaient déjà que les images produites par un objet dans les yeux sont différentes, fait qui leur parut présenter des difficultés. LÉONARD DE VINCI (12) fit déjà remarquer que la vision binoculaire des corps produit une différence qui ne peut être imitée par aucune peinture. SMITH (13) regarda, avec des lignes visuelles parallèles, les deux branches d'un compas ouvert avec un écartement égal à celui des deux yeux, et vit subitement les deux branches se réunir en une seule qui paraissait s'étendre très-loin. C'était là une perception stéréoscopique. WELLS (14) a fait des expériences analogues avec des règles et des fils.

Il fallut l'ingénieuse invention du stéréoscope par WHEATSTONE pour montrer combien la différence des images dans les deux yeux contribue à faire distinguer le relief des corps. La première publication de WHEATSTONE date de 1833 (15) ; la description complète et la théorie des phénomènes parut en 1838 (16). Suivant BREWSTER (17), un mathématicien, J. ELLIOTT, aurait fait la même invention à Edinburgh en 1834 et l'aurait publiée en 1839. Un troisième

(1) Beiträge, I, § 60-78.
(2) Briefe an eine deutsche Prinzessin, p. 317.
(3) *Mém. de l'Académie*, 1755, pp. 99, 156.
(4) *Mém. de l'Académie*, 1717.
(5) *Mém. de Paris*, 1694.
(6) Treatise on the eye, 1759.
(7) Description de plusieurs nouveaux microscopes, 1712.
(8) *Philos. Transact.*, 1747.
(9) *Transact. of the American Philos. Society*, 1786, II.
(10) GEHLER'S physik. Wörterbuch, neu bearbeitet. Leipzig, 1828, IV, 1455.
(11) D. BREWSTER, The Stereoscope, its history, theory and construction. London, 1856.
(12) Trattato della pittura.
(13) System of Optics, II, 388, 526.
(14) Essay upon single vision with two eyes, 1792. — Seconde édit., 1818.
(15) In H. MAYO'S Outlines of human Physiology, p. 288.
(16) *Philosophical Transactions*, 1838, P. II, 371-394.
(17) *Liverpool and Manchester Photographic Journal*, 1857, January 1, p. 4-7 ; January 15, p. 21-23.

qui prétend à cette invention est M. G. MAYNARD (1). M. WHEATSTONE peut en tout cas prétendre à la priorité, et son mémoire de 1838, qui contient la description du stéréoscope par réflexion, est rempli d'une foule d'expériences et d'observations qui exposent et démontrent avec netteté tous les points importants relatifs à ce sujet. Plus tard, en 1859, le docteur A. BROWN (2) découvrit au musée Wicar, à Lille, un dessin double de JACOPO CHIMENTI (né en 1554, mort en 1640), représentant un homme assis sur un escabeau et tenant d'une main un compas et de l'autre un fil à plomb. Ces deux dessins, réunis stéréoscopiquement, présentent une espèce de relief. D. BREWSTER crut pouvoir admettre que CHIMENTI avait fait ce dessin pour vérifier la théorie que PORTA avait publiée en 1593. Ces dessins ont été photographiés et se trouvent dans le commerce. Les deux images de l'homme sont faites, en réalité, à partir de deux points de vue différents; cependant j'avouerai qu'il ne me semble pas probable que le dessinateur les ait destinées à une expérience stéréoscopique; car l'escabeau, le compas et le fil, qu'il aurait été précisément plus facile de dessiner correctement, sont traités comme des accessoires et figurés d'une manière si irrégulière et si différente, qu'on ne peut pas les fusionner. Si le dessin avait eu pour objet de vérifier la théorie, on aurait pu s'attendre à voir exécutées régulièrement les parties faciles à dessiner et irrégulièrement celles plus difficiles, telles que le personnage. Il me paraît plus probable que le dessinateur, mécontent d'un premier dessin, en a fait un second d'un point de vue un peu différent, et par hasard sur la même feuille.

C'est D. BREWSTER qui a publié en 1843 la forme actuellement la plus usitée du stéréoscope à lentilles. La bibliographie qui suit donne un aperçu des découvertes plus récentes; l'histoire de la théorie de ces phénomènes trouvera sa place dans les paragraphes suivants.— Les recherches sur les erreurs de la localisation binoculaire simple n'ont été entreprises que dans ces dernières années par RECKLINGHAUSEN (3), HERING (4), J. TOWNE et moi-même (5); ces expériences ont encore besoin d'être contrôlées et variées par d'autres observateurs.

I. — Perception du relief indépendante de la différence des deux images rétiniennes.

150. CLAUDIUS PTOLEMÆUS, Syntaxis mathematica (Almageste), lib. III, cap. 3, et Optica.
1038. ALHAZEN, Opticæ Thesaurus, edit. RISNERI. Basil., 1572, lib. VII, p. 53-54.
1214-94. ROGER BACO, Opus majus. London, 1733, Perspective, p. 118.
1271. VITELLIO, Optica, edit. RISNERI. Basil., 1572, p. 412.
1583. B. PORTA, De refractione, p. 24, 128.
1588-1679. HOBBES, in *Robin's Mathematical Tracts*. London, 1761, II, 241-244.
1604. KEPPLER, Paralipomena, p. 62-66.
1644. DESCARTES, Dioptrice. Amstelodami, p. 68. — De homine, p. 66-71.
1658. P. GASSENDI, Opera omnia. Lugd., 1658, II, 395.
1667. J. GREGORY, Geometriæ pars universalis. Venetiæ, p. 141.
1674. MALEBRANCHE, Recherche de la vérité. Paris, I.
1687. MOLYNEUX, Why celestial objects appear greatest near the horizon, in *Phil. Trans.*, 1687, I, p. 221.
1694. DE LA HIRE, Sur différents accidents de la vue, in *Anc. Mémoires de Paris*, IX.
1700. TH. GOUYE, in *Mém. de Paris*, 1700, p. 11.
1709. BERKELEY, Essay towards a new theory of vision, Dublin, p. 30. — *Robin's Mathematical Tracts*. London, 1761, II, 242.
1712. JABLOT, Description de plusieurs nouveaux microscopes. (Renversement du relief.)
1717. VARIGNON, Lignes suivant lesquelles des arbres doivent être plantés pour être vus deux à deux aux extrémités de chaque ordonnée à ces lignes sous des angles de sinus donnés, in *Mém. de Paris*, 1717.
1728. R. SMITH, Optik, deutsche Ausgabe, p. 418. — *Ibid*, HUYGENS, in Art. 586.

(1) *Toronto Royal Standard*, 1836. — *Toronto Times*, 1857, October 8.
(2) *Photographic Journal*, 1860, May 15. — *Encyclop. Britann.*, article Stereoscope.
(3) Netzhautfunctionen, in *Archiv für Ophthalmologie*, V, 147-173.
(4) Beiträge zur Physiologie. Leipzig, 1864, 4 und 5 Heft.
(5) In *Archiv für Ophthalmologie*, X, 1, p. 27-40

1736. J. Logan, Some thoughts on the sun and the moon, when near the horizon appearing larger than when near the zenith, in *Phil. Trans.*, 1736.
— J. T. Desaguliers, Attempt to explain the phenomenon of the horizontal moon appearing larger than when elevated, supported by an experiment, in *Phil. Trans.*, 1736, LII, p. 462.
1745. P. F. Gmelin, De fallaci visione per microscopia composita notata, in *Phil. Trans.*, 1745.
1755. P. Bouguer, Sur la grandeur apparente des objets, in *Mém. de Paris*, 1755.
1758. J. E. Montucla, Histoire des mathématiques. Paris, 1758, I, 309.
1759. W. Porterfield, A Treatise on the eye. Edinb., 2 vol.
1762. Sam. Dunn, An Attempt to assign the cause why the sun and moon appear to the naked eye larger, when they are near the horizon, in *Phil. Trans.*, 1762, VIII, 130.
1765. J. H. Lambert, Beiträge zum Gebrauch der Mathematik und deren Anwendung. Berlin, 1765-72, I, § 60-78.
1768. L. Euler, Lettres à une princesse d'Allemagne. Petersb., 1768-72. — Deutsch von F. Kries. Leipzig, 1792-94, p. 317.
1772. Priestley, Geschichte der Optik, deutsch von Klügel. Leipzig, 1776, II, 491-511.
1786. D. Rittenhouse, Explanation of an optical deception, in *Transact. American Philos. Society*, 1786, II. — *Edinb. Journal of science*, VI, 99.
1828. Muncke, Art. : Gesicht, in *Gehler's physik. Wörterbuch*, neu bearbeitet. Leipzig, 1828, IV, 1455.
1832. Necker (Rhomboèdre), in *Edinb. Phil. Journ.*, 1832, 1, 234. — *Pogg. Ann.*, XXVII, 502.
1847. D. Brewster, On the conversion of relief by inverted vision, in *Edinb. Phil. Trans.*, XV, 657. — *Phil. Magaz.*, XXX, 432. — *Athenæum*, 1847, n° 1029, p. 773.
1848. Waller, Sur un cas où la vue altérée faisait voir les objets plus petits que nature, in *Inst.*, XVII, n° 787, p. 39.
1850. De Haldat, Mémoire sur quelques illusions d'optique, et particulièrement sur la modification des images oculaires, in *Comptes rendus*, XXXII, 357.
1853. H. Denzler, Ueber eine Sinnestäuschung psychologischen Ursprungs, in *Mitth. d. naturforsch. Ges. in Zürich*, III, 216-218.
1855. J. J. Oppel, Ueber ein Anaglyptoskop (Disposition pour donner l'apparence du relief à des empreintes creuses), in *Jahresber. d. Frankfurter Vereins*, 1854-55, p. 55-57. — *Pogg. Ann.*, XCIX, 466-469.
1856. A. Weber, Ueber die scheinbare Umkehrung des Erhabenen und Vertieften, in *Arch. für Ophthalm.*, II, 1, p. 141-146.
1858. H. Schröder, Ueber eine optische Inversion bei Betrachtung verkehrter, durch optische Vorrichtung entworfener physischer Bilder, in *Pogg. Ann.*, CV, 298-311.
1859. W. Wundt, Beiträge zur Theorie der Sinneswahrnehmung, in *Henle und Pfeufer's Zeitschr.*, 3, VII, 279-317 (Sur l'influence de l'accommodation sur la perception des distances).
— L. Panum, Die scheinbare Grösse der gesehenen Objecte, in *Archiv für Ophthalm.*, V, 1, p. 1-36.
1860. D. Brewster, On some optical illusions connected with the inversion of perspective, in *Athenæum*, 1860, 2, p. 24. — *Rep. of Brit. Assoc.*, 1860, 2, p. 7-8.
— Sinsteden, Ueber ein neues pseudoskopisches Bewegungsphänomen, in *Pogg. Ann.*, CXI, 336-339. — *Cosmos*, XVIII, 290-292.
— Mohr, Ueber pseudoskopische Wahrnehmungen, in *Pogg. Ann.*, CXI, 638-642.
1862. E. Emerson, On the perception of relief, in *Silliman's Journ.*, 2, XXXIV, 312-314. — *Phil. Mag.*, 4, XXV, 125-130.
1862. R. T. Lewis, On the changes in the apparent size of the moon, in *Phil. Mag.*, 4, XXIII, 380-382.
— T. Zeno (Même sujet), in *Phil. Mag.*, 4, XXIV, 390-392.
— G. Schweizer, Ueber eine merkwürdige optische Täuschung, die bei der Betrachtung des Mondes durch Fernröhre vorkommen kann, in *Bull. de Moscou*, 1862, 1, p. 336-342. — *Astronom. Nachrichten*, LVIII, 182-192.

II. — Stéréoscopie et perception binoculaire du relief.

300 (av. J. C.). Euclide, Optice et Katoptrice.
1583. B. Porta, De refractione.

1613. AGUILONIUS, Opticorum libri VI. Antwerp.
1651. LEONARDO DA VINCI (né en 1452, mort en 1519), Trattato della pittura. Rom., 1651.
1728. R. SMITH, Optics, II, 388, 526.
1792. W. C. WELLS, Essay upon single vision with two eyes. London, 1792. — Nouvelle édit., London, 1818.
1811. W. C. WELLS, Observations and Experiments on vision, in *Phil. Trans.*, 1811.
1833. A. MAYO, Outlines of human Physiology, p. 288.
1838. C. WHEATSTONE, Contributions to the Physiology of vision, Part I. — On some remarkable and hitherto unobserved Phenomena of binocular vision, in *Phil. Trans.*, 1838, II, 371-394.
1841. BRÜCKE, Ueber die stereoskopischen Erscheinungen, in *Müller's Archiv*, 1841, p. 459.
1842. TOURTUAL, Die Dimension der Tiefe. Münster.
1844. D. BREWSTER, Law of visible position in single and binocular vision and on the representation of solid figures by the union of dissimilar plane pictures in the retina, in *Edinb. Phil. Trans.*, XV. — *Phil. Magaz.*, XXIV, 356-439.
1850. D. BREWSTER, Notice of a chromatic Stereoscope, in *Edinb. Journ.*, XLVIII, 150. — *Institut*, n° 850, p. 128. — *Phil. Mag.*, 4, III, 31. — *Silliman's Journ.*, 2, XV, 289-290.
— DUBOSCQ, Description du stéréoscope de M. BREWSTER construit par lui, in *Comptes rendus*, XXXI, 895. — *Bull. de la Soc. d'encouragement*, 1851, p. 45. — *Dingler's polyt. Journal*, CXX, 159. — *Athenæum*, 1861, p. 1350.
— H. W. DOVE, Ueber das Binocularsehen prismatischer Farben und eine neue stereoskopische Methode, in *Pogg. Ann.*, LXXX, 446. — *Berl. Monatsber.*, 1850, p. 152. — *Arch. de Genève*, XIX, 219.
— H. W. DOVE, Beschreibung mehrerer Prismenstereoskope und eines einfachen Spiegelstereoskops, in *Pogg. Ann.*, LXXXIII, 183. — *Berl. Monatsber.*, 1851, p. 246. — *Phil. Mag.*, 4, II, 29. — *Inst.*, n° 937, p. 404.
— H. W. DOVE, Ueber eine bei dem Doppeltsehen einer geraden Linie wahrgenommene Erscheinung, in *Berl. Monatsber.*, 1850, p. 363. — *Inst.*, n° 907, p. 128.
1852. J. DUBOSCQ, Nouveaux stéréoscopes, in *Cosmos*, I, 97-104 ; 703-705.
— D. BREWSTER, Description of several new and simple Stereoscopes for exhibiting, as solids, one or more representations of them on a plane, in *Phil. Mag.*, 4, III, 16-26. — *Trans. of Scott. Soc. of arts*, 1849. — *Rep. of. Brit. Assoc.*, 1849, 2, p. 5. — *Arch. des sc. phys.*, XIX, 200-204. — *Dingler's polyt. Journ.*, CXXIV, 109-112. — *Silliman's Journ.*, 2, XV, 140-142 ; 288-289.
— D. BREWSTER, Account of a binocular Camera and of a Method of obtaining drawings of full length and colossal statues, in *Phil. Mag.*, 4, III, 26-30. — *Trans. of Scott. Soc. of arts*, 1849. — *Rep. of Brit. Assoc.*, 1849, 2, p. 5.
— D. BREWSTER, Sur la vision binoculaire et le stéréoscope, in *Cosmos*, I, 422-425. — *North British Review*, 1852, May.
— E. WILDE, Ueber die Anwendung der Camera lucida zu einem Stereoskope, in *Pogg. Ann.*, LXXXV, 63-67.
— C. WHEATSTONE, Contributions to the Physiology of vision, P. II. — On some remarkable and hitherto unobserved Phenomena of binocular vision, in *Phil. Mag.*, 4, III, 149-152 ; 504-523. — *Inst.*, 1852, p. 179-180. — *Arch. des sc. phys.*, XIX, 196-200.
— H. MEYER, Ueber die Schätzung der Grösse und der Entfernung der Gesichtsobjecte aus der Convergenz der Augenaxen, in *Pogg. Ann.*, LXXXV, 198-207. — *Arch. des sc. phys.*, XX, 137-138 — *Cosmos*, I, p. 47.
— DOVE, in *Pogg. Ann.*, LXXXV, p. 407-408.
1853. W. ROLLMANN, Notiz zur Stereoskopie, in *Pogg. Ann.*, LXXXIX, 350-351.
— W. ROLLMANN, Zwei neue stereoskopische Methoden, in *Pogg. Ann.*, XC, 186-187. — *Zeitschr. für Naturwiss.*, III, 97-100. — *Fechner's Centralblatt*, 1855, p. 980-981.
— W. HARDIE, Description of a new Pseudoscope, in *Phil. Mag.*, 4, V, 442-446.
— C. CLARKE, Perfectionnements apportés au stéréoscope, in *Cosmos*, III, 123.
— KILBURN, Stéréoscope écrin, in *Cosmos*, III, 770.
1854. J. DUBOSCQ, Stéréoscope cosmoramique, ou Optique stéréoscopique, in *Cosmos*, IV, 33-35.
— CLAUDET, Théorie des images stéréoscopiques, in *Cosmos*, IV, 65-67.
— CLAUDET, Angle stéréoscopique, in *Cosmos*, IV, 147.

1854. G. KNIGHT, On a stereoscopic cosmoramic lens, in *Athenæum*, 1854, p. 1241-1242. — *Cosmos*, V, 240. — *Rep. of Brit. Assoc.*, 1854, 2, p. 70.

— MOIGNO, Invention du stéréoscope par réfraction, in *Cosmos*, V, 241.

— SMEE, Sur la perspective binoculaire, in *Cosmos*, V, 512-513.

1855. J. CZERMAK, Beiträge zur Physiologie des Gesichtsinnes, in *Wiener Ber.*, XII, 322-366 ; XV, 425-466 ; XVII, 563-576.

— F. BURCKHARDT, Ueber Binocularsehen, in *Verhandl. d. naturf. Ges. in Basel*, I, 123-154.

— SORET, Sur un phénomène de vision binoculaire, in *Biblioth. univers. de Genève*, octobre 1855.

1856. W. B. ROGERS, Observations on binocular vision, in *Silliman's Journ.*, 2, XXI, 80-95 ; 173-189 ; 439. — *Edinb. Journ.*, 2, III, 210-217.

— D. BREWSTER, On MR. ROGER'S Theory of binocular vision, in *Proc. of Edinb. R. Soc.*, III, 356-358.

— J. J. OPPEL, Notizen über Stereoskopie, insbesondere über eine einfache vergrössernde Modification des Stereoskops ohne Spiegel und Gläser, in *Jahresber. d. Frankfurt. Vereins*, 1855-1856, p. 37-56.

— FAYE, Sur un nouveau système de stéréoscope, in *Comptes rendus*, XLIII, 673-674. — *Pogg. Ann.*, XCIX, 641-642. — *Cosmos*, IX, 374-375. — *Inst.*, 1856, p. 349. — *Arch. des sc. phys.*, XXXIII, 221. — *Dingler's polyt. Journ.*, CXLIII, 316.

— ZINELLI, Neue Methode, die Bilder im Relief zu sehen, in *Zeitschr. für Mathematik*, 1856, 1, p. 320-321. — *Horn's photogr. Journ.*, 1856, n° 10. — *Dingler's polyt. Journ.*, CXL, 315.

— H. GOLDSCHMIDT, Sur la vision stéréoscopique, in *Cosmos*, IX, 657.

— H. MEYER, Beitrag zur Lehre von der Schätzung der Entfernung aus der Convergenz der Augenaxen, in *Archiv für Ophthalmalogie*, II, 2, p. 92-94.

— J. M. HESSEMER, Ueber die Anfertigung stereoskopischer Bilder, in *Dingler's polyt. J.*, LXXXIX, 111-121.

— LUGEOL, Stereoscopic Experiment, in *Silliman's Journ.*, 2, XXII, 104.

— SUTTON, Sur la théorie du stéréoscope, in *Cosmos*, IX, 313-319.

— D. BREWSTER, The Stereoscope, its history, theory and construction. London, 1856.

— A. CLAUDET, On various Phenomena of refraction through semilenses or prisms, producing anomalies in the illusion of stereoscopic images, in *Proc. of R. Soc.*, VIII, 104-110. — *Athenæum*, 1856, p. 1029. — *Cosmos*, XI, 283-285. — *Inst.*, 1856, p. 346. — *Phil. Mag.*, 4, XIII, 71-75. — *Rep. of Brit. Assoc.*, 1856, 2, p. 9-10.

— D. BREWSTER, Réclamation de priorité, in *Cosmos*, VIII, 549-552.

— WHEATSTONE, Réponse aux assertions de Sir D. BREWSTER, in *Cosmos*, VIII, 625-628.

1857. DOVE, Ueber die Unterschiede monocularer und binocularer Pseudoskopie, in *Berl. Monatsber.*, 1857, p. 221-226. — *Pogg. Ann.*, CI, 302-308.

— DOVE, Darstellung von Körpern durch Betrachtung einer Projection derselben vermittels eines Prismenstereoskops, in *Berl. Monatsber.*, 1857, p. 291.

— A. CIMA, Sopra un nuovo fenomeno di stereoscopia, in *Cimento*, VI, 185-192. — *Comptes rendus*, XLV, 664. — *Phil. Mag.*, 4, XIV, 480. — *Pogg. Ann.*, CII, 319. — *Inst.*, 1857, p. 364-365. — *Cosmos*, XI, 353-354.

— J. G. HALSKE, Stereoskop mit beweglichen Bildern, in *Pogg. Ann.*, C, 657-658.

— J. ELLIOT, The telescoping Stereoscope, in *Phil. Mag.*, 4, XIII, 78. — *Silliman's Journ.*, 2, XXIII, 292.

— J. ELLIOT, On two new forms of the stereoscope, intended for the purpose of uniting large binocular pictures, in *Phil. Mag.*, 4, XIII, 104-108 ; 218-219.

— H. HELMHOLTZ, Das Telestereoskop, in *Pogg. Ann.*, CI, 494-496 ; CII, 167-175. — *Verhandl. d. naturhist. Vereins d. Rheinl.*, 1857. — *Ann. de chimie*, 3, LII, 118-124. — *Phil. Mag.*, 4, XV, 19-24. — *Inst.*, 1858, p. 63-64. — *Silliman's Journ.*, 2, XXV, 297-298. — *Dingler's polyt. Journ.*, CXLIV, 268-270. — *Polytechn. Centralbl.*, 1857, p. 1449-1450 ; 1858, p. 180-186. — *Cimento*, VI, 239-240. — *Cosmos*, XI, 352-353.

— J. DUBOSCQ, Note sur une nouvelle disposition du stéréoscope à prismes réfringents, à angle variable et lentilles mobiles, in *Comptes rendus*, XLIV, 148-150. — *Cosmos*, X, 91-92.

— W. CROOKES, Théorie des images stéréoscopiques, in *Cosmos*, X, 461-461.

— D. BREWSTER and C. WHEATSTONE, in *Liverpool and Manchester Photographic Journ.*, 1857, January 1, p. 4-7 ; January 15, p. 21-23. (Discussion de priorité.)

1858. DOVE, Ueber den Einfluss des Binocularsehens bei Beurtheilung der Entfernung, durch Spiegelung und Brechung gesehener Gegenstände, in *Berl. Monatsber.*, 1858, p. 312-315. — *Pogg. Ann.*, CIV, 325-329. — *Inst.*, 1858, p. 282-283.

— W. HARDIE, On the Telestereoscope, in *Phil. Mag.*, 4, XV, 156-157. (Réclamation de priorité.)

— SMITH and BECK, Improvements to the Stereoscope, in *Athenæum*, 1858, II, 269-270.

— A. BOBLIN, Expérience d'optique permettant d'obtenir d'une seule épreuve photographique la sensation d'un corps en relief, in *Bull. de Brux.*, 2, V, 304-306. — *Inst.*, 1858, p. 431-432. — *Comptes rendus*, XLVII, 444.

— CLAUDET, On the Stereomonoscope, in *Phil. Mag.*, 4, XVI, 462-463. — *Proc. of Roy. Soc.*, IX, 194-196. — *Dingler's polyt. Journ.*, CLI, 72-73. — *Cosmos*, XII, 493.

— J. C. D'ALMEIDA, Nouvel appareil stéréoscopique, in *Comptes rendus*, XLVII, 61-63.

1859. F. v. RECKLINGHAUSEN, Netzhautfunctionen, in *Archiv für Ophthalmol.*, V, 2, 127-179. — *Pogg. Ann.*, CX, 65-92.

— E. BRÜCKE, Eine Dissectionsbrille, in *Arch. für Ophthalm.*, V, 2, p. 181-183.

— H. W. DOVE, Stereoskopische Darstellung eines durch einen Doppelspath binocular betrachteten Typendrucks, in *Berl. Monatsber.*, 1859, p. 278-280. — *Pogg. Ann.*, CVI, 655-657. — *Phil. Mag.*, 4, XVII, 414-415.

— H. W. DOVE, Anwendung des Stereoskops, um einen Druck von seinem Nachdruck, überhaupt ein Original von seiner Copie zu unterscheiden, in *Berl. Monatsber.*, 1859, p. 280-288. — *Pogg. Ann.*, CVII, 657-660. — *Phil. Mag.*, 4, XVII, 415-417. — *Dingler's polyt. Journ.*, CLIII, 451-454. — *Polytechn. Centralbl.*, 1859, p. 741-744.

— J. MÜLLER, Stereoskopische Mondphotographie, in *Pogg. Ann.*, CVII, 660. — *Ber. d. Freiburger Ges.*, II, 67. — *Dingler's polyt. Journ.*, CLIII, 75.

— W. DE LA RUE, Report of the present state of celestial photography in England. Stereoscopic pictures of the moon, in *Rep. of Brit. Assoc.*, 1859, 1, p. 143-145. — *Cosmos*, XV, 519-521.

— W. DE LA RUE, Stereoscopic pictures of the larger planets, in *Rep. of Brit. Assoc.*, 1859, 1, p. 148, 149.

— J. J. OPPEL, Ueber das Einfachsehen doppelter Bilder bei gekreuzten Augenaxen, in *Jahresber. d. Frankfurt. Vereins*, 1858-59, p. 22-38; p. 64-75.

— SAMUEL, On an early form of the lenticular Stereoscope constructed for the use of schools, in *Rep. of Brit. Assoc.*, 1858, 2, p. 19.

— H. W. DOVE, Optische Studien, Fortsetzung der in der Farbenlehre enthaltenen. Berlin, 1859. (Réunion de ses mémoires déjà cités.)

— J. BECK, On producing the idea of distance in the stereoscope, in *Rep. of Brit. Assoc.*, 1858, 2, p. 7.

— E. DOULIOT, Sulla percezione de' rilievi nello steroscopio e nella natura, in *Cimento*, X, 342-352.

1860. P. VOLPICELLI, Di uno steroscopio diaframmatico, in *Cimento*, XII, 181-189.

— J. BECK, Verbesserungen an Stereoskopen, in *Lond. Journ. of arts*, June 1860. — *Dingler's polyt. Journ.*, CLVII, 277-278.

— H. W. DOVE, Ueber die Nicht-Identität der Grösse der duch Prägen und Guss in derselben Form von verschiedenen Metallen erhaltenen Medaillen, in *Pogg. Ann.*, CX, 498-499. — *Phil. Mag.*, 4, XX, 327. — *Dingler's polyt. Journ.*, CLVII, 280-281.

— A. ROLLET, Physiologische Versuche über binoculares Sehen, angestellt mit Hülfe planparalleler Glasplatten, in *Wiener Ber.*, XLII, 488-502.

— E. BRÜCKE, Ueber prismatische Brillen, in *Wiener med. Wochenschrift*, 9 Juni 1860.

— GIRAUD-TEULON, De l'influence sur la vision binoculaire des verres de lunettes concaves ou convexes, et, en particulier, de leurs régions prismatiques externes ou internes. Paris. — *Comptes rendus*, L, 382-385.

1861. W. WUNDT, Beiträge zur Theorie der Sinneswahrnehmung, Vierte Abhandl., Ueber das Sehen mit zwei Augen, in *Henle und Pfeufer's Zeitschr.*, 3, XII, 145-262. — *Pogg. Ann.*, CXVI, 617-628. — Différents mémoires ont paru réunis sous le titre :

— W. WUNDT, Beiträge zur Theorie der Sinneswahrnehmung. Leipzig und Heidelberg, 1862.

— O. BECKER und A. ROLLET, Beiträge zur Lehre vom Sehen der dritten Dimension, in *Wiener Ber.*, XLIII, 2, p. 667-706.

1861. H. W. Dove, Ueber Binocularsehen und subjective Farben, in *Berliner Monatsber.*, 1861, p. 521-522. — *Pogg. Ann.*, CXIV, 163-165.

— L. v. Babo, Ueber die stereoskopische Darstellung mikroskopischer Gegenstände, in *Ber. d. Freiburger Ges.*, II, 312-314.

— T. du Moncel, Rapport sur les appareils stéréoscopiques de M. Ph. Benoist, in *Bull. de la Soc. d'encourag.*, 1861, I, 198-201.

1862. J. Towne, The Stereoscope and stereoscopic results, in *Guy's Hospital Reports* 1862 and 1863, p. 103; XI, 144-180.

— E. Hering, Beiträge zur Physiologie. Leipzig, 1861-64, 2 bis, 5 Heft.

1864. Knapp, Exposé des avantages de l'ophthalmoscope binoculaire, in *Ann. d'oculistique*, 1864.

— E. Javal, De la neutralisation dans l'acte de la vision, in *Ann. d'ocul.*, LIV, 5-16.

1866. E. Javal, Sur un instrument nommé Iconoscope, destiné à donner du relief aux images planes examinées avec les deux yeux, in *Comptes rendus*, LXIII, 927.

— F. C. Donders, La vision binoculaire et la perception de la troisième dimension (extrait des *Archives Néerlandaises*, 1866, I).

§ 31. — De la diplopie binoculaire.

Jusqu'ici nous avons considéré les phénomènes de la vision binoculaire en tant qu'ils sont utilisés comme signes sensuels de la position des objets dans l'espace. Il nous reste à examiner les phénomènes subjectifs qui les accompagnent.

J'ai expliqué plus haut comment, dans la vision monoculaire, à côté de la notion de la distribution réelle des objets suivant les trois dimensions de l'espace, on se forme encore, si l'on fait attention à la manière dont on les voit, une notion de leur distribution dans le champ visuel superficiel. Lorsqu'on regarde avec les deux yeux, les objets apparaissent dans le champ visuel de chacun d'eux; mais comme, d'après ce que nous avons déjà vu, les images ne sont en général pas égales dans les deux champs visuels, elles ne peuvent pas coïncider d'une manière absolue dans le champ commun de la vision : certaines différences subsistent entre les deux champs visuels, et sont perçues. Nous examinerons, dans ce paragraphe, les phénomènes qui proviennent des différences d'étendue qui présentent les images des deux champs visuels, et dans le suivant, ceux qui sont causés par une inégalité d'éclairage ou de coloration des champs visuels ou de parties de ces champs.

Il faut bien remarquer que cette manière d'envisager le champ de vision comme tel, n'est pas le mode de perception naturel et primitivement acquis; qu'elle ne se produit, au contraire, que par une analyse consciente de la nature de nos impressions visuelles. Nous ne considérons plus alors le monde extérieur en lui-même, tel qu'il *est*, mais nous l'observons tel qu'il *apparaît* au point de vue où nous sommes placés. C'est alors essentiellement l'apparence qui intéresse soit le peintre qui veut la reproduire, soit le physiologiste qui veut l'étudier théoriquement.

Dès que nous commençons à examiner le champ de la vision pour lui-même, à la vision binoculaire, nous remarquons que la disposition des objets n'est pas la même dans les deux champs visuels. Ainsi, lorsque nous regardons les arbres à travers la croisée, l'œil gauche peut voir, vers la droite, une partie plus grande du feuillage que l'œil droit. Avec l'œil gauche, nous voyons, au bord droit de la fenêtre, des parties du feuillage que nous ne pouvons plus apercevoir avec l'œil droit, parce qu'elles lui sont cachées par l'encadrement de la fenêtre. Nous voyons donc cet encadrement limiter, dans les deux champs visuels, deux parties différentes du feuillage.

De même, le montant du milieu cache à l'œil droit une partie du feuillage autre qu'à l'œil gauche. Ainsi donc, lorsque nous promenons le regard sur les arbres, nous voyons, en deux endroits différents, le montant masquer le feuillage d'une manière incomplète, il est vrai. Ce montant se présentant dans deux parties du champ visuel, nous paraît, par conséquent, *double.*

Si l'on promène, au contraire, le regard sur la boiserie de la fenêtre ou sur le vitrage, de manière à rencontrer successivement les petites taches que peut présenter une vitre, puis le montant vertical du milieu, et enfin les irrégularités de l'autre vitre, il peut arriver qu'un tronc d'arbre qui, dans le champ de l'œil droit, paraît se trouver à droite derrière le montant, paraisse à sa gauche pour l'œil gauche. Par conséquent, l'objet éloigné apparaît également deux fois lorsqu'on parcourt une série de points plus voisins : il paraît double.

Nous avons vu au paragraphe 28 que ce n'est pas seulement par des mouvements effectifs que nous pouvons déterminer la succession des points dans le champ visuel, mais que nous apprenons aussi à l'apprécier d'après la disposition simultanée de leurs images rétiniennes. Il n'est donc pas nécessaire de promener réellement le regard dans le champ visuel pour voir les images doubles : sans cesser de fixer un point d'une manière continue, il nous est encore possible de reconnaître la différence de la disposition des objets dans les deux champs visuels. Lorsque le même objet apparaît de part et d'autre du point fixé, ou que la grandeur et la direction de sa distance au point de fixation diffèrent d'une manière suffisamment remarquable, on reconnaît que cet objet apparaît en deux parties différentes du champ de la vision.

Soient b_0 et b_1 (fig. 201), les deux yeux dirigés simultanément vers le point a, qui leur paraît, par conséquent, simple et dans sa position véritable. Le point c, qui est plus voisin que a, doit être vu par l'œil b_0 à droite du point a dans le champ de vision, puisque c est à droite de la ligne visuelle ab_0. Mais l'œil b_1 voit c à gauche de a. Ce point se présente donc, dans le champ commun de la vision, une fois à droite, une fois à gauche de a; il paraît donc double et sous forme d'images *croisées*, puisque celle des images de a qui paraît à droite appartient à l'œil gauche, et inversement.

Le contraire a lieu pour le point d, qui est plus éloigné. Dans le champ visuel de l'œil droit b_1, il paraît à droite de a, et dans celui de l'œil gauche, il se place à gauche de a ; les doubles images sont dites alors *homonymes* ou *directes*.

La figure 202 représente un cas un peu différent ; b_0 et b_1 sont encore les yeux, a le point de fixation commun. Supposons le point c en dehors de l'angle b_0ab_1, plus près des yeux que le point de fixation. Dans ce cas, c se trouve à gauche de a dans les deux champs visuels,

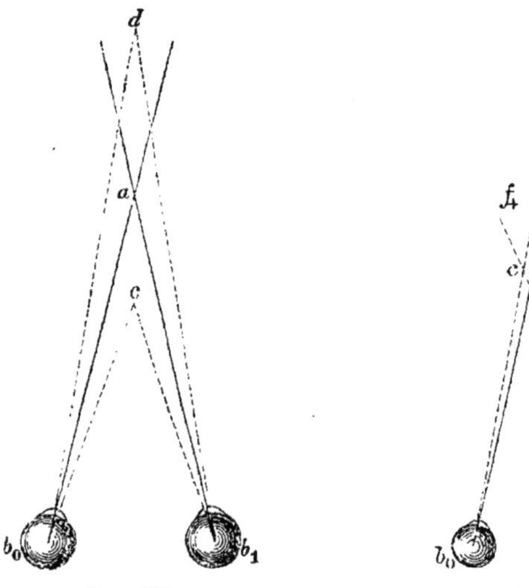

Fig. 201. Fig. 202.

parce que les lignes de direction cb_0 et cb_1 sont toutes les deux respectivement à gauche de ab_0 et de ab_1. Mais l'angle cb_0a est bien plus petit que cb_1a. Dans le champ visuel de b_0, le point c est donc séparé de a par un angle bien plus petit que dans celui de l'autre œil. Si cette différence est assez sensible, l'image apparaît encore en deux endroits différents du champ commun de la vision : c paraît double. Mais, dans ce cas, les images doubles ne sont pas aussi nettes que lorsqu'elles se présentent de part et d'autre du point de fixation, comme dans la figure 201. C'est surtout lorsqu'elles sont un peu loin de a et qu'elles occupent des parties latérales du champ de vision, que leur distance et la différence entre leur intensité et celle des objets environnants ont besoin d'être assez considérables, pour que ces images soient remarquées. Elles deviennent un peu plus sensibles lorsqu'un objet f bien visible, situé à peu près à la même distance des yeux que le point a, se trouve entre les prolongements des côtés de l'angle b_0cb_1, de manière que, dans le champ de vision commun, les images doubles de c se trouvent de part et d'autre de f. Alors les champs visuels de b_0 et de b_1 contiennent respectivement les successions acf et afc. Dans ces conditions, il est plus facile de voir les images séparées que lorsqu'elles se projettent sur un fond d'une coloration et d'un éclairage uniformes.

Enfin, on peut encore voir des images doubles lorsque les images du même point sont, dans les deux champs visuels, à la même distance du point fixé, mais que leurs directions présentent des différences assez grandes pour être remarquées.

C'est ce qui a lieu lorsque le point c est plus haut ou plus bas que le point a, et en même temps un plus rapproché des yeux que ce point.

Ainsi, nous voyons, en général, doubles les objets qui, dans les deux champs visuels, possèdent, par rapport au point de regard, des positions apparentes suffisamment différentes pour que cette différence puisse être appréciée. Nous voyons simples, au contraire, les objets qui ont, dans le champ visuel, la même position apparente par rapport au point de fixation.

Nous avons à examiner maintenant plus en détail quels sont les points des deux champs visuels qui possèdent la même position apparente par rapport au point de fixation, et qui, par conséquent, coïncident dans le champ visuel commun. Nous leur donnerons le nom de *points coïncidents* ou *correspondants;* on les a encore nommés *points identiques*, en faveur d'une théorie particulière. Comme à chaque point de chaque champ visuel répond un certain point rétinien, on peut également parler de *points coïncidents*, *correspondants* ou *identiques des deux rétines.* A l'exemple de Fechner, j'appellerai *disparates* les points qui ne se correspondent pas.

1. — *Les points de regard des deux champs visuels des yeux normaux sont des points correspondants.* — Le point de regard de chaque champ visuel répond à cette partie anatomiquement remarquable de la rétine, le centre de la *fovea centralis,* qui est l'endroit de la vision la plus distincte. Le point de regard est le point fixé du champ visuel. La proposition énoncée revient donc à dire que le point fixé est toujours vu simple, et qu'un objet qui se peint sur les centres des deux *fovea* apparaît simple.

C'est là une proposition vérifiée par toutes les observations faites sur des yeux normaux ; on verra plus loin certains cas de strabisme auxquels elle ne s'applique pas.

Si nous recherchons la cause de ces faits, nous sommes amenés à nous poser la célèbre question de savoir pourquoi nous voyons simple avec les deux yeux. — Tant que l'on ne considère les sensations que comme des signes dont l'interprétation ne s'apprend que par l'expérience, la réponse ne présente pas de difficulté particulière. Presque tous les objets extérieurs affectent simultanément différentes fibres nerveuses de notre corps, et produisent des sensations composées dont nous apprenons à considérer l'ensemble comme étant le signe sensuel de l'objet extérieur, et cela sans que nous ayons conscience de la nature complexe de ce signe. Loin de là, dans la très-grande majorité des cas de ce genre, ce n'est que par l'analyse scientifique que nous parvenons à connaître la nature complexe de la sensation. La sensation du timbre d'un son est composée de la sensation simultanée d'un grand nombre de sons simples, de différente hauteur. Un crayon que nous tenons dans la main est senti à l'aide de deux doigts, c'est-à-dire par le moyen de deux groupes de fibres nerveuses différentes. Les deux narines contribuent à la perception d'une même odeur ; la sensation, simple en apparence, que nous éprouvons au contact d'un corps humide, est composée de celle du poli et de celle du froid, etc. En réalité, il n'y a pas motif pour conclure à un objet compliqué d'après un effet complexe, produit sur un réactif aussi compliqué que notre corps.

C'est donc, en général, l'expérience seule qui peut nous apprendre si nous devons considérer comme signe sensitif d'un ou de plusieurs objets, un groupe de sensations que nous avons souvent occasion de rencontrer.

Si nous remarquons que l'usage normal des yeux est celui où nous fixons avec les deux yeux l'objet qui attire notre attention, de telle sorte que l'objet se peint sur les centres des deux fossettes rétiniennes, points où la vision est la plus exacte, il en résulte que les deux centres des *fovea* reçoivent toujours les images d'un seul et même objet extérieur dont on peut, du reste, en tant que de besoin, constater l'unité par le toucher, et que, par suite, nous considérons toujours leurs sensations comme se rapportant à un même point de l'espace. Nous voyons donc simple avec les deux points de regard, parce que, dans l'usage normal ordinaire des yeux, les deux *fovea* reçoivent toujours l'image d'un objet unique, et dont l'unité est ou peut être constatée à l'aide du toucher.

Dans l'opinion contraire, d'après laquelle certaines sensations de notre corps peuvent déjà, préalablement à toute expérience, produire certaines représentations d'espace, il faut admettre que les deux fossettes rétiniennes, ainsi que toute autre paire de points correspondants des deux rétines, donnent des notions d'espace identiques à l'aide d'un mécanisme inné. C'est aussi pour cette raison que les parties correspondantes des rétines ont reçu d'abord le nom de *points identiques*. Nous ne pouvons donner qu'à la fin du paragraphe suivant la comparaison critique de ces deux opinions.

On ne trouve pas, dans la littérature, d'observations d'aveugles-nés auxquels la vue ait été rendue simultanément aux deux yeux, dans des conditions convenables pour permettre d'étudier la manière dont s'établit la vision simple binoculaire. D'ailleurs, à cause de la complication extrême qu'introduirait, dans l'observation de ces malades, l'étude simultanée de la manière dont se forme la vision monoculaire, et de celle dont la vision binoculaire s'établit, il est préférable d'étudier des cas où, par suite d'un strabisme ancien, la vision simultanée d'un même objet à l'aide des deux *fovea* est restée impossible pendant nombre d'années. Comme je n'ai pas eu l'occasion d'observer par moi-même des cas de ce genre, M. Javal, qui, depuis 1863, a examiné environ 150 strabiques au point de vue du rétablissement de la vision binoculaire, tant à l'aide de la ténotomie qu'au moyen d'exercices appropriés, a eu l'obligeance de rédiger, à ce sujet, une note que je me permets d'intercaler. — Les faits contenus dans cette note, dont je laisse la responsabilité à son auteur, me paraissent favorables à la théorie empiristique.

« Les strabismes qui existent depuis la naissance, ou du moins depuis les premières années de la vie, pouvant seuls fournir des renseignements utiles pour la question qui nous occupe, il ne sera question ici que de strabisme *convergent*, le strabisme divergent étant relativement très-rare chez les sujets âgés de moins de deux ou trois ans. — Pour le même motif, le strabisme consécutif à la paralysie d'un des muscles moteurs de l'œil ne peut rien nous apprendre : dans les cas de ce genre, la position des images doubles est exactement la même que chez une personne saine dont on déplacerait l'un des yeux par une pression extérieure : l'influence de la vision binoculaire préalable détermine toutes les circonstances de la diplopie. — De même encore, il faut laisser de côté les strabismes *périodiques*, assez fréquents chez les hypermétropes, où la position des yeux est souvent correcte, la déviation ne se produisant que par moments, lorsque le sujet fait un effort d'accommodation. Quelque ancienne que soit l'affection, un malade affecté de strabisme périodique se trouve ordinairement, au point de vue des doubles images binoculaires, dans les mêmes conditions qu'une personne saine qui se met à loucher volontairement. — Enfin, il est une classe assez nombreuse de strabiques qui se prêtent mal à l'étude de la fonction simultanée des deux *fovea* ; ce sont ceux où, par suite de strabisme monolatéral invétéré, l'œil dévié a perdu la faculté de se redresser lorsqu'on ferme l'autre. Pour démontrer que cette abolition de la fixation centrale est un *effet* et non pas une *cause* du strabisme, il suffit de remarquer qu'une semblable anomalie, fréquente chez les adultes, est extrêmement rare avant l'âge de dix ou quinze ans. Ce sont les cas de ce genre qui ont amené certains auteurs à parler d'une prétendue *incongruence des rétines*, où l'œil dévié dirigerait constamment le même axe secondaire vers le point de fixation. S'il en était véritablement ainsi, il faudrait qu'il existât un *strabisme concomitant* dans l'acception rigoureuse du mot ; or j'ai souvent trouvé qu'en promenant le point de fixation vers les limites du champ de vision, les mouvements associés de l'œil dévié ne se font pas avec l'exactitude qu'exigerait une semblable hypothèse. De même que les strabiques alternants dont il sera question plus loin, je ne crois pas que ces malades jouissent de la vision binoculaire du *point de regard*, bien que l'œil dévié puisse servir à augmenter l'étendue du champ de regard, ainsi que A. v. Gräfe l'a démontré, et même à percevoir des objets renfermés dans le champ visuel de l'œil sain. Chez ces malades, la ténotomie ne produit qu'un redressement *cosmétique*, accompagné, dans les premiers temps, d'une diplopie qui disparaît lorsque le sujet a appris à négliger les images reçues par l'œil primitivement dévié.

» Bornons-nous donc à l'examen des malades fortement strabiques depuis longtemps et chez lesquels chaque œil a conservé la faculté de fixation. — Parmi ces sujets, les uns ont des yeux très-différents, et se servent de l'un pour voir de près et de l'autre pour voir de loin ; les autres ont des yeux sensiblement pareils, et, quelle que soit la distance du point de fixation, ils se servent alternativement de l'un ou de l'autre. En général, c'est alors l'œil gauche qui est employé pour regarder à droite, et *vice versâ*.

» Une première question est celle de savoir jusqu'à quel point les yeux ont une tendance naturelle à se diriger vers le même point de fixation. — Prenons un exemple déterminé (1). Une jeune fille de dix-sept ans, mademoiselle A., subit, le même jour, la section des deux muscles droits internes pour supprimer un strabisme intense, convergent et alternant, dont elle est affectée depuis l'âge de trois ans. Pendant l'anesthésie produite par le chloroforme, la double ténotomie est suivie d'une divergence considérable, — circonstance fréquente en pareil cas, — et qui disparaît au réveil, pour faire place immédiatement à la vision binoculaire, sans diplopie. Le surlendemain de l'opération, je constate les doubles images physiologiques. On voit donc qu'alors même que le strabisme serait resté périodique pendant assez longtemps, pendant dix ans au moins, la malade n'avait jamais fixé binoculairement, et cependant, aussitôt que le débridement des muscles le permit, les deux *foveа* se portèrent sur le point de fixation, qui fut vu simple. Ajoutons que les yeux de mademoiselle A. étaient tous deux sensiblement normaux et que, pour obtenir une expérience plus décisive, pendant les deux jours de repos qui

(1) E. Javal, quatre observations de strabisme convergent, accompagnées de remarques sur l'étiologie et le traitement de cette affection, in *Annales d'ocul.*, 1867, LVII, p. 5-18. Observ. 63.

suivirent l'opération, je défendis expressément à la malade de découvrir les deux yeux simultanément.

» Les choses ne se passent pas toujours d'une manière aussi simple que dans le cas dont il vient d'être question. — Sous le nom d'*antipathie* contre la vision simple, A. de Gräfe (1) a décrit quelques cas de malades qui, après l'opération la mieux réussie, se trouvaient atteints d'une diplopie d'autant plus intolérable que les doubles images étaient extrêmement voisines. Il est important de remarquer que cette disposition se rencontre le plus souvent chez des enfants dont le strabisme n'existe pas depuis un grand nombre d'années, qu'elle est un résultat d'exercice, et que des exercices peuvent, en général, la supprimer en quelques heures. Au moyen d'un stéréoscope disposé de manière à permettre la superposition des images malgré la position convergente des yeux, il est possible de reconnaître, préalablement à la ténotomie, s'il existe ou non de l'antipathie contre la vision simple binoculaire (2). Il a fallu parler ici de cette affection pour insister sur ce fait qu'elle est généralement un résultat d'exercice, inversement à ce que l'on pourrait être tenté d'admettre.

» On a vu plus haut que lorsque le strabisme est de date relativement récente ou qu'il est périodique, les images doubles présentent la même position que chez une personne saine qui loucherait intentionnellement. Au point de vue de la théorie empiristique, il est très-intéressant de remarquer que, lorsque le strabisme est invétéré, les images doubles ne présentent plus du tout cette disposition. Si, avant l'opération, on mettait devant l'un des yeux de la malade citée plus haut, un prisme de 10 ou 15°, à base horizontale, on obtenait deux images situées à peu près verticalement l'une au-dessus de l'autre, ce qui prouve que chaque œil avait appris à apprécier exactement la position des objets, mais ce qui ne prouve aucunement que la fixation ait été réellement binoculaire. En effet, lorsque entre les deux yeux d'un malade de cette espèce, on place une cloison verticale située dans le plan médian de la tête, une flamme éloignée, située dans le plan de la cloison, peut être vue par un œil ou par l'autre; mais dès que le malade fait effort pour la voir simultanément des deux yeux, ce qui exige, il est vrai, qu'elle ne soit fixée par aucun, il la voit aussitôt en doubles images assez voisines (3). Cette expérience porte à croire, sans le prouver rigoureusement encore, que l'œil dévié n'est pas utilisé pour voir le point fixé. Il faut dire cependant que l'opinion contraire a été soutenue, entre autres par Pickford (4) et, plus récemment, avec des arguments plus solides, par Alfred Gräfe (5) et par Schweigger (6).

» La malade que nous avons prise pour exemple, et chez qui la projection des images s'était conformée à la déviation des yeux, appartient à un type assez fré-

(1) *Arch. für Ophth.*, 1854, I, 1, p. 117-120.

(2) E. Javal, Note sur la neutralisation et sur l'incongruence des rétines, in *Ann. d'ocul.*, 1863, L, 316-318. (Dans cet article, le mot incongruence a été employé à tort au lieu de l'expression d'antipathie contre la vision simple).

(3) E. Javal, Ueber Incongruenz der Netzhäute, in *Klin. Monatsbl. für Augenheilk.*, 1864, p. 487-441. — Traduit in *Ann. d'ocul.*, 1865, LIV, 123-125.

(4) *Roser und Wunderlich's Archiv für physiologische Heilkunde*, 1842, p. 590.

(5) *Archiv für Ophth.*, 1865, XI, 2, p. 41.

(6) *Klin. Monatsbl. für Augenheilk.*, 1867, V, 1-31.

quent en réalité, mais que les oculistes rencontrent généralement sans s'en apercevoir, pour cette raison bien simple que l'opération n'est suivie d'aucun résultat fâcheux. La théorie empiristique, pour expliquer comment il n'y a pas eu de diplopie après l'opération, devra admettre que la malade ne savait pas faire la part de chaque œil dans les impressions reçues, et qu'une fois la déviation corrigée, la malade croit, par exemple, fixer avec l'œil droit et localise les impressions de l'œil gauche comme si elles étaient perçues par l'œil droit. — Supposons maintenant que le résultat de la ténotomie ait été insuffisant, notre malade n'aurait pas été à même de mettre les lignes visuelles en parallélisme pour voir un objet éloigné ; cependant, lors de la fixation de cet objet par l'œil droit, il s'en serait formé, dans l'œil gauche, une image plus voisine de la *fovea* qu'avant l'opération ; par conséquent mademoiselle A. aurait vu des doubles images *croisées*, tout en continuant de loucher légèrement *en dedans*. Un pareil résultat, prévu par la *théorie empiristique*, ne peut se concilier avec la *théorie nativistique* qu'en ayant recours à une prétendue *incongruence des rétines*, mais le plus net des cas signalés par A. v. Graëfe (1) ne paraît pas de nature à prouver l'existence d'une anomalie congénitale de ce genre, malgré l'ingénieuse argumentation de cet auteur.

» Une circonstance heureuse m'a permis, d'ailleurs, d'étudier le cas célèbre du docteur W., qui avait été présenté au congrès ophthalmologique de Heidelberg en 1857 par M. de Gräfe comme affecté d'incongruence. En négligeant un léger astigmatisme, le docteur W. est emmétrope de l'œil gauche et myope de l'œil droit. Après avoir subi deux ténotomies qui lui avaient laissé une légère convergence, le malade avait pris l'habitude, depuis plusieurs années, de se servir de son œil droit pour voir de près, en laissant son œil gauche en divergence *relative*. Conformément à la théorie empiristique, après avoir subi une nouvelle ténotomie qui rétablit à peu près parfaitement le parallélisme des lignes visuelles, le malade fut affecté de diplopie croisée lorsqu'il regardait au loin en fixant avec l'œil gauche, et de diplopie homonyme lorsqu'il regardait au loin avec l'œil droit, ce dernier fait s'expliquant par cette circonstance qu'il n'avait fait usage jusque-là de son œil droit que pour voir de près, position où l'œil gauche était en divergence relative assez considérable, tandis qu'en regardant au loin avec l'œil droit, son œil gauche présentait actuellement une faible divergence (2). Si j'ajoute que l'oculiste, dont l'observation vient de nous occuper, apprit en quelques minutes à voir simple binoculairement, puis à voir aussitôt, à volonté, les doubles images dans la même position que s'il n'avait jamais louché, on avouera qu'il n'y avait pas lieu de parler d'incongruence des rétines.

» Tandis que le docteur W. voyait *alternativement* les doubles images simultanées, soit dans leur position physiologique, soit dans la position que la théorie empiristique leur assignait pour la fixation de l'œil gauche, soit dans celle résul-

(1) A. v. Graefe, Ueber Doppelsehen nach Schieloperationen und Incongruenz der Netzhäute, in *Arch. für Ophth.* (1854), I, 1, p. 82-120. — Nachträgliche Bemerkungen über Incongruenz der Netzhäute, *ibid.* (1855), I, 2, p. 294-299.

(2) Voyez cette observation in Wecker, Études ophthalmologiques (1866), II, p. 931 et 934, où les faits sont interprétés d'une manière tout autre.

tant de cette même théorie pour la fixation de l'œil droit, on peut citer des cas où la diplopie se produisait *simultanément* de diverses manières, de manière à donner, par exemple, une image simple *binoculaire* accompagnée d'une autre image monoculaire, un même œil donnant, par conséquent, deux images localisées simultanément en deux endroits différents de l'espace (1). C'est de cette manière qu'il me semble devoir interpréter une intéressante observation d'Alfred Gräfe (2) relative à un strabique divergent qui savait à volonté supprimer la déviation de ses yeux, à condition de voir double. J'ai eu occasion d'observer, en effet, un cas analogue au sien, mais consécutif à une ténotomie des muscles droits internes, où il suffisait d'interposer verticalement une règle entre la malade et l'objet pour s'assurer que, dans l'une des doubles images, cette règle ne cachait rien : cette image, que la malade considérait comme fausse, était donc binoculaire. La malade, très-intelligente, sait regarder à volonté l'image binoculaire ou l'image monoculaire, qui sont fort éloignées l'une de l'autre, et il est clair que ce mouvement d'attention n'est accompagné d'*aucun* mouvement des yeux.

» C'est encore le lieu de consigner ce fait important que certains strabiques, même après le rétablissement de la vision binoculaire (3), savent reconnaître avec une certitude complète quel est l'œil qui reçoit telle ou telle impression visuelle.

» Outre les cas de projection empiristique dont il a été question jusqu'ici, on pourra lire encore ceux de Donders (4) et de Schweigger (5), et une critique que Nagel (6) a faite d'un de mes mémoires déjà cités. »

2. — *Les horizons rétiniens des deux yeux se correspondent.* — J'ai défini plus haut (p. 601) les horizons rétiniens des yeux normaux comme étant les méridiens des deux yeux qui coïncident avec le plan de visée lorsque les yeux sont dirigés parallèlement et dans la position primaire, et j'ai déjà dit que ces méridiens se correspondent. Pour les yeux myopes, il n'en est généralement pas ainsi, et j'ai déjà proposé plus haut de considérer comme horizons rétiniens les méridiens qui se trouvent dans le plan de visée, lorsque les yeux sont dirigés de telle façon qu'une série de parties correspondantes des deux rétines viennent se placer dans ce plan. Pour les yeux myopes, cette condition est le plus souvent remplie par une certaine position à la fois convergente et descendante. En définissant ainsi les horizons rétiniens, la proposition énoncée ci-dessus ne serait que la conséquence de cette définition, mais il faut encore re-

(1) E. JAVAL, De la neutralisation dans l'acte de la vision, in *Ann. d'ocul.* (1865), LIV, 15.

(2) Ueber einige Verhältnisse des Binocularsehens bei Schielenden mit Beziehung auf die Lehre von der Identität der Netzhäute, in *Arch. für Ophth.* (1865), XI, 2, p. 40-45.

(3) *Klin. Monatsbl. für Augenheilk.*, 1864, II, 439-440.

(4) *Archiv für die holländischen Beiträge zur Natur- und Heilkunde*, III, 357-358. — Anomalies of Accommodation and refraction, p. 164-166.

(5) *Klin. Monatsbl. für Augenheilk.* (1867), V, 1-31.

(6) Zur Symptomatologie des Schielens, in *Klin. Monatsbl. für Augenheilk.* (1865), III, 63-70.

marquer que les horizons rétiniens se distinguent également par ce fait qu'à vue d'œil leur plan semble coïncider avec le plan de visée lorsque le point de fixation se trouve dans le plan médian.

Volkmann a donné, pour ses yeux (qui sont un peu myopes), des déterminations exactes de la position des horizons rétiniens (1). — Sur un mur plan, situé devant les yeux, deux disques mobiles autour de leurs centres étaient disposés de telle sorte que ces centres se trouvaient sur les axes optiques des deux yeux, lesquels étaient dirigés parallèlement. Chaque disque portait une ligne mince, suivant un diamètre ou un rayon, et mobile avec le disque. La valeur du déplacement se mesurait à l'aide d'une graduation disposée sur le bord des disques.

Première série d'expériences.—Le diamètre de gauche est horizontal; on cherche à amener le diamètre du disque de droite à lui être parallèle. Pour les voir séparés, il fallait incliner légèrement la tête vers un côté. La moyenne de trente expériences donna :

Angle d'intersection........................	0°,443
Valeur probable de l'erreur d'observation......	0°,08

Deuxième série d'expériences. — Le diamètre droit était horizontal; on cherchait à lui rendre parallèle le diamètre gauche, toutes les autres circonstances étant les mêmes d'ailleurs; les résultats furent :

Angle d'intersection.....	0°,553
Erreur probable.......	0°,11

Troisième série d'expériences.— Le diamètre gauche est horizontal; on dispose le diamètre droit de manière qu'en coïncidant avec l'autre il forme une ligne aussi fine que possible. Moyenne de trente expériences :

Angle d'intersection.....	0°,397
Erreur probable........	0°,13

Quatrième série d'expériences. — Même disposition, seulement le diamètre droit est fixe et le diamètre gauche est mobile :

Angle d'intersection.....	0°,467
Erreur probable	0°,14

Cinquième série d'expériences.— A gauche, un rayon horizontal; on place le rayon du disque de droite, de telle façon qu'il paraisse sur la même ligne droite que l'autre. Moyenne de trente expériences :

Angle d'intersection.....	0°,46
Erreur probable........	0°,125

(1) Physiologische Untersuchungen im Gebiete der Optik. Leipzig, 1864, 2, pp. 206-208 et 222.

Sixième série d'expériences.— Même disposition, seulement le rayon de droite est fixe, et l'autre, mobile :

Angle d'intersection.....	0°,463
Erreur probable........	0°,096

On voit que ces séries d'expériences donnent toutes des résultats à peu près concordants, à savoir :

1.	0°,443
2.	0°,553
3.	0°,397
4.	0°,467
5.	0°,460
6.	0°,463
Moyenne...	0°,464

Le sens de cette aberration est tel que la partie externe de chaque horizon rétinien se trouve un peu plus bas que la partie interne.

Septième série d'expériences. — Enfin, Volkmann a encore fait des expériences dans lesquelles il ne regardait qu'un seul disque, avec l'œil gauche, et cherchait à en placer le diamètre horizontalement ; en moyenne de trente expériences, il plaçait l'extrémité gauche de 0°,203 trop bas.

Huitième série d'expériences.— Même disposition, mais pour l'œil droit. L'extrémité droite du diamètre se plaçait de 0°,233 trop bas.

La somme de ces deux déviations, 0°,203 + 0°,233 = 0°,436, répond, avec une exactitude suffisante, à l'angle trouvé plus haut pour l'intersection des horizons rétiniens.

En suivant les méthodes des quatre premières séries d'expériences, Volkmann a trouvé, chez quelques autres observateurs, pour l'angle d'intersection des horizons rétiniens, les valeurs suivantes :

Professeur H. Welcker.............	0°,72
Étudiant en médecine Käherl.........	0°,26
Dr Schweigger-Seidel..............	0°,43

J'ai fait, sur mes yeux, des expériences d'après la méthode suivie par Volkmann dans la cinquième et la sixième série, et je ne trouve pas de déviation sensible des horizons rétiniens lorsque je n'ai regardé préalablement que des objets éloignés ou lorsque, pendant une longue série d'expériences, j'ai maintenu les lignes visuelles en parallélisme. Mais lorsque je viens de lire ou d'écrire, ce qui exigeait une position convergente, je trouve une petite déviation dans le même sens que Volkmann, mais dont la grandeur varie et qui disparaît lorsque je prolonge les expériences.

M. le docteur Dastich, dont l'œil gauche est normal et l'autre myope, a trouvé une déviation de 0°,31.

Pour ce qui concerne le mode de production probable de cette relation d'identité des méridiens horizontaux, il faut remarquer qu'en fixant un point objectif déterminé, nous trouvons toujours une série d'images des mêmes points, dans ces deux méridiens des champs visuels et des rétines qui coïncident avec le plan de visée, quelle que soit, du reste, la ligne d'intersection du plan de visée avec la surface de l'objet. Pour tous les autres méridiens, ce rapport varie beaucoup, au contraire, avec la position et la forme de l'objet. Ainsi, lorsqu'une ligne droite verticale passe par le point de fixation, les images de cette ligne se forment sur les méridiens verticaux des champs visuels et sur les points rétiniens correspondants. Si la ligne se rapproche de l'observateur par en haut, ses images tombent sur deux méridiens des champs visuels qui convergent en haut ; si, au contraire, la ligne s'éloigne de l'observateur par en haut, elle apparaît sur deux méridiens qui divergent en haut. Ainsi, à l'exception des méridiens situés dans le plan de visée, la forme et la position de l'objet déterminent le méridien du second œil sur lequel se représentent les images des points qui se peignent sur un méridien donné du premier œil. Les méridiens situés dans le plan de visée sont les seuls qui reçoivent des images correspondantes indépendamment de la forme et de la position des objets.

Il est certain que les différentes positions des yeux peuvent amener différents méridiens rétiniens dans le plan de visée. Mais nous pouvons admettre que, dans la vie ordinaire, lorsque le corps et les yeux ne sont pas maintenus d'une manière trop constante dans une position déterminée commandée par une occupation toujours la même, les yeux affectent, la plupart du temps, une position plus ou moins voisine de la position primaire et que, par conséquent, les méridiens rétiniens qui coïncident avec le plan de visée, dans la position primaire des yeux, — et ce sont les horizons rétiniens, — reçoivent plus souvent que tous les autres des images correspondantes ; et c'est pour cette raison, sans doute, que c'est pour ces méridiens que se produit l'habitude de projeter au même endroit de l'espace.

La contemplation habituelle d'objets voisins, pour l'observation desquels les regards s'abaissent et convergent, pourrait entraîner, au contraire, la production d'un écart semblable à celui que Volkmann a observé sur lui-même et sur d'autres ; car lorsque le regard est ainsi dirigé, les horizons rétiniens de l'observateur chez lequel existe cette aberration viennent effectivement se placer dans le plan de visée.

3. — *Les méridiens apparemment perpendiculaires à l'horizon rétinien coïncident entre eux.* — On a déjà vu plus haut (p. 700) que les méridiens des champs visuels, qui paraissent former exactement un angle droit avec les horizons rétiniens, s'inclinent, en réalité, un peu en dehors

par leur extrémité supérieure. Lors donc que les horizons rétiniens sont dans le plan de visée, les méridiens verticaux apparents sont un peu divergents en haut et convergents en bas. Ces mêmes méridiens verticaux apparents, qui paraissent donc avoir, dans les deux champs visuels, la même position par rapport au point de fixation et à l'horizon rétinien, se trouvent être correspondants dans le champ visuel binoculaire.

Pour déterminer l'angle d'intersection des lignes verticales apparentes qui se correspondent, on peut employer les mêmes méthodes que pour déterminer celui des horizons rétiniens, à l'exception de celle qui fait usage de la superposition des lignes. En effet, dans le cas actuel, deux lignes de même couleur se confondent trop facilement en une seule image stéréoscopique, alors même qu'elles ont des directions assez disparates. Mais on peut éviter cette fusion en donnant aux deux lignes des colorations tout à fait différentes, en combinant, par exemple, un fil blanc sur fond noir avec un fil noir sur fond blanc. C'est par la méthode suivante que j'ai fini par obtenir les appréciations les plus certaines et les plus concordantes, pour des comparaisons de ce genre.

Sur un tableau vertical de bois, on tend une feuille de papier noir sur laquelle on fixe, l'un à côté de l'autre, d'abord une bande de papier rouge, de 3 millimètres de largeur, dont les bords rectilignes soient bien parallèles, et, en second lieu, un fil bleu. On donne à ces deux objets une position à peu près verticale, de manière à les faire diverger un peu vers le haut, et une distance qui, à la hauteur des yeux de l'observateur, soit égale à l'intervalle de ces yeux. La bande de papier est fixée par ses deux extrémités, et le fil par son extrémité supérieure ; l'extrémité inférieure du fil est tendue par un léger poids. On déplace cette extrémité inférieure, autant qu'il est nécessaire, à l'aide d'une épingle qu'on finit par planter dans le tableau lorsque le fil est dans la position convenable. On regarde le fil et la bande avec des lignes visuelles parallèles ; le fil bleu apparaît alors au milieu de la bande rouge et l'on déplace le fil jusqu'à ce qu'il paraisse situé au milieu de cette bande suivant toute sa longueur ; c'est alors qu'on fixe l'épingle. Mesurant la distance du fil à la bande, à leurs deux extrémités, ainsi que la distance verticale des points mesurés, il est facile d'obtenir l'angle compris entre la bande et le fil.

La manière la plus directe de vérifier la proposition qui nous occupe consiste à déterminer, de la manière indiquée, l'écart des lignes correspondantes, horizontales et verticales et, en outre, les angles que forment, avec une ligne horizontale, les lignes qui lui paraissent perpendiculaires. M. Dastich a fait de semblables déterminations dans mon laboratoire ; il a trouvé les valeurs suivantes :

Angle des lignes verticales apparentes qui concordent....	2° 40′
Angles compris entre les horizons rétiniens............	0° 18′
Différence..........	2° 22′

L'aberration par rapport à l'angle droit était, chez le même observateur :

Pour son œil droit......	1° 12′
Pour son œil gauche..............................	1° 21′
Somme...........	2° 33′

La différence entre les deux premiers angles, qui est de 2°22′, est l'angle que formeraient entre eux les méridiens verticaux apparents si les yeux étaient dirigés de manière que les horizons rétiniens fussent dans le plan de visée. Elle diffère aussi peu de la somme 2°33′ qu'on peut s'y attendre pour le degré d'exactitude de semblables expériences. Par conséquent, les lignes verticales apparentes qui se correspondent ne diffèrent pas sensiblement des lignes qui, à vue d'œil, paraissent perpendiculaires aux horizons rétiniens.

Ce même fait peut se déduire aussi, d'une manière indirecte, des expériences de Volkmann. — En effet, outre les expériences déjà mentionnées (7ᵉ et 8ᵉ séries), où il cherchait à placer horizontalement un diamètre de ses disques, vu monoculairement, cet observateur a également cherché à placer un diamètre verticalement, en s'attachant à obtenir la verticalité absolue, et non pas la direction perpendiculaire à une droite horizontale visible. Comme il a déjà été dit plus haut que, dans les conditions de l'expérience, les horizons rétiniens lui paraissaient absolument horizontaux, il en résulte que les directions verticales apparentes, déterminées dans les expériences qui nous occupent actuellement, devaient lui paraître également perpendiculaires aux horizons rétiniens.

Neuvième série d'expériences. — Le disque étant regardé de l'œil gauche, on amène le diamètre dans une position verticale apparente. D'après la moyenne de 30 expériences, l'aberration est de 1°,307.

Dixième série d'expériences. — Même recherche pour l'œil droit ; aberration moyenne : 0°,82.

Il a déterminé l'angle des lignes verticales apparentes qui se correspondent d'après la même méthode que pour les lignes horizontales, et il a trouvé les nombres suivants :

MÉTHODE	MOYENNE.	ERREUR PROBABLE.
de la 1ʳᵉ série d'expérience...	2°,23	0°,16
2ᵉ — — ...	2°,06	0°,07
5ᵉ — — ...	2°,16	0°,22
6ᵉ — — ...	2°,14	0°,21
Moyenne générale...	2°,15	

La somme des déviations des lignes qui paraissent verticales à chaque œil, est donc

$$1^\circ,307 + 0^\circ,82 = 2^\circ,127,$$

ce qui diffère tellement peu de l'angle des lignes correspondantes qu'il en résulte que les lignes paraissant verticales, à vue d'œil, dans chaque champ visuel, sont aussi des lignes correspondantes, ce qui répond encore à notre proposition.

Sur l'invitation de Volkmann, M. Schweigger-Seidel a répété les expériences. Il trouva l'angle formé par les verticales apparentes avec les verticales véritables égal, pour son œil gauche, à 0°,663 et pour son œil droit, à 0°657. La somme de ces deux quantités est 1°,32. Avec ce nombre s'accorde assez bien l'angle trouvé par le même observateur entre les lignes correspondantes verticales apparentes, et qui était de 1°,44.

Volkmann a encore fait d'autres séries d'expériences où, le diamètre de l'un des disques étant horizontal, il cherchait à lui rendre perpendiculaire le diamètre de l'autre, dans l'image commune. — Ces expériences présentent également un accord satisfaisant avec les précédentes et avec notre proposition d'après laquelle les méridiens verticaux apparents sont des lignes correspondantes, et cette proposition elle-même rentre dans la proposition plus générale, énoncée encore plus haut, et d'après laquelle les lignes qui présentent les mêmes positions apparentes dans les champs visuels monoculaires sont des lignes correspondantes. En effet, dès qu'il est établi que les horizons rétiniens sont des lignes correspondantes, il faut que les lignes verticales apparentes, qui présentent la même position apparente par rapport à ces horizons et au point de fixation soient également des lignes correspondantes.

Dans les yeux normaux, l'angle des verticales apparentes paraît présenter la valeur à près constante d'environ 2 degrés $^1/_2$; pour les yeux myopes, je l'ai trouvé généralement bien moindre. E. Hering, qui est myope, l'a également trouvé à peu près nul pour ses yeux.

Dans les recherches théoriques sur le champ visuel monoculaire, nous avons trouvé que les procédés qui contribuaient à l'éducation de l'estimation oculaire, loin d'attribuer une valeur déterminée à cet angle, le laissaient, au contraire, indéterminé. Nous trouverons plus loin, dans l'étude de l'horoptère, des raisons qui paraissent en déterminer la valeur.

4. — *Sur les lignes verticales apparentes qui concordent, les points qui se trouvent à la même distance des horizons rétiniens sont concordants.* — Ici encore, nous pouvons profiter d'expériences exactes, dues à Volkmann. — Devant chaque œil, une croix rectangulaire était formée par l'horizontale *aa'* (fig. 203), et les verticales *s* et *s'*, dont la distance doit être égale à l'intervalle des yeux de l'observateur. Au-dessous de la ligne horizontale, et du côté externe de chaque verticale, on avait tracé

deux autres horizontales, b et b', dont l'une, b, était fixe, et l'autre, b', mobile parallèlement à elle-même. L'observateur fixait les milieux des deux croix avec des lignes visuelles parallèles, de manière à en obtenir

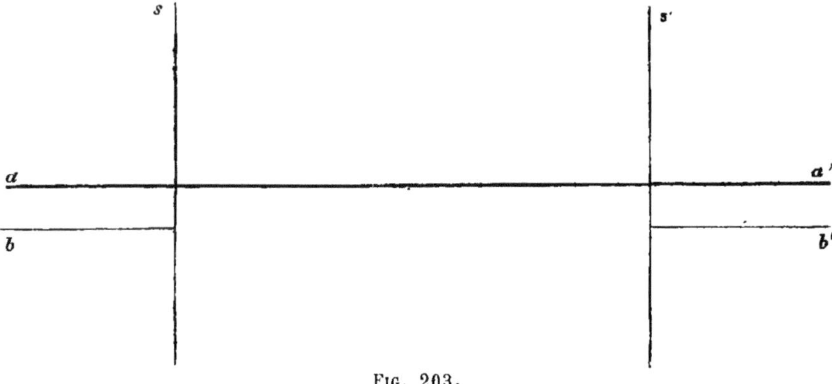

Fig. 203.

la fusion ; puis il déplaçait la ligne horizontale mobile b' de manière à l'amener sur le prolongement apparent de la ligne horizontale b, qui restait immobile dans l'autre champ visuel.

La moyenne de 30 expériences donna, pour la distance de la ligne horizontale mobile :

Horizontale mobile à droite.................	5,51
— — à gauche................	5,47
Distance de l'horizontale fixe................	5,50

La distance des lignes aux yeux était de 300^{mm} ; les différences entre les deux grandeurs comparées sont au-dessous des limites des distances perceptibles.

Les circonstances de la vision naturelle sont particulièrement favorables à la production d'une grande habileté dans la comparaison des distances verticales des deux champs visuels. — En effet, tant que le point de fixation se trouve dans le plan médian du corps et que, par conséquent, le regard est dirigé directement en avant, les points objectifs situés au-dessus et au-dessous du point de fixation peuvent bien se présenter dans des méridiens un peu disparates dans les deux yeux, mais la distance angulaire entre ces points et le point de fixation est nécessairement toujours la même dans les deux champs visuels, alors même que ces points sont bien plus rapprochés ou plus éloignés de l'œil que le point fixé ; aussi, toutes les fois que nous regardons droit devant nous, l'occasion se présente-t-elle de nous instruire sur les dimensions verticales qui se répondent dans les deux champs visuels. Nous verrons plus loin, d'accord avec cette observation, qu'on reconnaît avec une facilité particulière les images doubles placées verticalement l'une au-dessus de l'autre.

5. —*Les points qui, dans les horizons rétiniens, sont à égale distance du point de fixation, sont des points correspondants.* — Volkmann a fait, à ce sujet, des expériences analogues aux précédentes, à cela près que les deux horizontales supplémentaires étaient remplacées par deux verticales, l'une fixe et l'autre mobile, situées chacune à droite de la ligne verticale de l'une des croix, et disposées de part et d'autre de l'horizontale. La moyenne de trente expériences donna, pour la distance de la verticale mobile :

Verticale mobile située à droite...........	$5^{mm},24$
— — — à gauche..........	$5^{mm},21$
Distance de la verticale fixe..............	$5^{mm},20$

Les différences sont donc, ici encore, moindres que les plus petites dimensions perceptibles. Par conséquent Volkmann exécutait encore cette détermination avec une très-grande exactitude.

Pour ma part, je trouve l'expérience ainsi disposée bien plus difficile à faire que celle des lignes horizontales parce que, pour moi, les lignes verticales de la croix, qui doivent être fixées, présentent une fusion stéréoscopique apparente, lors même que mes lignes de regard convergent ou divergent un peu plus qu'il ne faut pour une fusion exacte ; alors les verticales latérales oscillent de côté et d'autre, de sorte que je puis, à volonté, voir tantôt l'une, tantôt l'autre, se rapprocher davantage des verticales fixées. Cette expérience réussit chez moi d'une manière plus sûre lorsqu'on ne trace l'une des deux verticales fixées qu'au-dessus, et l'autre qu'au-dessous de l'horizontale.

La comparaison des distances horizontales dans les deux champs visuels ne peut donner, en général, un résultat constant que lorsqu'on la fait sur des objets infiniment éloignés, tels que l'horizon terrestre. La distance de deux points de l'horizon est nécessairement toujours la même dans les images des deux champs visuels, et c'est par la comparaison de ces images que nous pouvons apprendre quelles sont les distances horizontales qui sont égales dans champs visuels (et respectivement sur les deux rétines). Pour tous les objets rapprochés, la différence de perspective fait que ce n'est qu'exceptionnellement que deux points situés sur une même horizontale présentent la même distance angulaire dans les deux champs visuels. Aussi, trouvons-nous que des images doubles, situées sur la même horizontale, se fusionnent bien plus facilement et se reconnaissent plus difficilement comme distinctes, que ne font les images superposées verticalement. Cependant, comme on le voit par les expériences de Volkmann, lorsqu'on répète très-fréquemment les expériences dans des conditions favorables, l'habitude qu'on a de comparer les deux champs visuels suffit pour reconnaître d'une manière assez exacte l'égalité ou l'inégalité de deux semblables distances. Il faut encore ajouter, cependant, que la disposition symétrique des deux yeux empêche l'erreur de se partager entre eux d'une manière non symétrique. Soient a et a_1 deux distances égales dans les moitiés externes des deux champs visuels, b et b_1 des distances égales aux précédentes, dans les moitiés internes ; à cause de la symétrie des yeux, nous n'avons aucun motif pour considérer a comme plus grand ou plus petit que a_1, ou b comme plus grand ou plus petit que b_1. Comme nous reconnaissons d'ailleurs, par l'estimation oculaire, les égalités $a = b$ et $a_1 = b_1$, nous reconnaissons également, sans erreur, l'égalité des lignes correspondantes a et b_1, b et a_1.

Après avoir établi quelles sont les directions qui, dans les deux champs visuels, — et respectivement dans les deux rétines, — se répondent comme lignes horizontales apparentes correspondantes, ou comme verticales correspondantes ; après avoir établi aussi quelles sont les longueurs qui paraissent égales tant sur les premières que sur les secondes, nous possédons les éléments nécessaires pour pouvoir comparer les positions apparentes de tous les points des deux champs visuels monoculaires. Nous avons insisté plus haut sur ce point : il ne peut être question d'une comparaison exacte entre les positions des images doubles que pour les milieux des champs visuels, car, dans les parties périphériques, la détermination des points correspondants, aussi bien que l'évaluation oculaire des distances, est trop incertaine. Nous pourrons donc, dans la recherche que nous entreprenons, assimiler à un plan la partie du champ visuel voisine du centre, et dont nous avons à nous occuper exclusivement.

Soient o (fig. 204, p. 896), le point de fixation de l'œil droit sur la surface du papier, o' celui de l'œil gauche; ak l'horizontale apparente, bl la verticale apparente pour l'œil droit ; $a'k'$ et $b'l'$ les mêmes lignes pour le gauche. Soient, de plus, $co = c'o'$ des longueurs égales prises sur les deux verticales apparentes ; ces deux lignes présentent également la même longueur apparente, et c et c' sont des points correspondants. Soient de même $do = d'o'$ des longueurs égales prises sur les horizontales apparentes. Menons par c et par c' les lignes ef et $e'f'$, respectivement parallèles à ak et à $a k$. Chaque point de f doit être, aussi bien en apparence qu'en réalité, à la même distance de ak que le point

c, puisqu'on peut exactement comparer, à vue d'œil, les distances des lignes parallèles. De même, chaque point de $e'f'$ doit être à la même distance apparente de $a'k'$ que le point c' ; comme les distances apparentes du point c à la ligne ak et de c' à $a'k'$ sont supposées égales, les

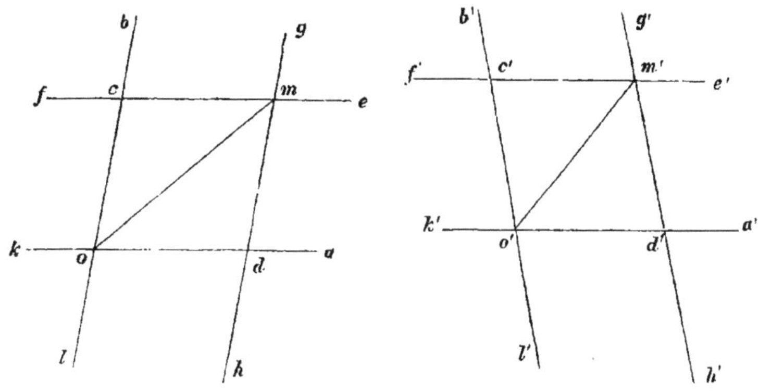

FIG. 204.

lignes ef et $e'f'$ doivent apparaître dans les deux champs visuels comme des lignes horizontales qui sont à égale distance des horizons rétiniens, lesquels se correspondent ; ces lignes sont donc elles-mêmes des lignes correspondantes, en tant que la proposition énoncée plus haut est exacte, d'après laquelle tous les points qui ont la même position apparente dans les deux champs visuels sont des points correspondants.

Il s'ensuit également que les lignes gh et $g'h'$ sont des lignes correspondantes, et enfin que les points m et m', suivant lesquels ef et $e'f'$ coupent gh et $g'h'$, sont des points correspondants.

On peut exprimer l'ensemble de ces conclusions en disant que, si l'on admet la validité du principe souvent répété, *les points correspondants dans les deux champs visuels sont ceux qui sont à des distances égales et également dirigées des lignes correspondantes horizontale et verticale apparentes.*

Pour soumettre cette proposition au contrôle de l'expérience, on peut employer les figures stéréoscopiques *D* (pl. VII). Pour éviter une fusion trop facile des lignes correspondantes, on a dessiné le côté droit avec des lignes blanches sur fond noir, et le côté gauche avec des lignes noires sur fond blanc. Les figures doivent être regardées avec des lignes de regard parallèles, de telle sorte qu'elles paraissent coïncider dans le champ visuel commun. Ceux qui n'y parviennent pas auront recours au stéréoscope. Le côté droit figure pour mon œil droit, et le côté gauche pour mon œil gauche, un treillis qui présente une apparence exactement rectangulaire ; j'espère qu'il en sera de même pour la plupart des lecteurs à vision normale. Dans le cas contraire, chacun doit préparer pour ses yeux des figures analogues, telles que les lignes horizontales ainsi que les verticales de chaque figure fassent, avec les lignes analogues de l'autre, les angles nécessaires pour que la superposition se produise lors de la position parallèle des lignes de regard. La distance des centres des deux figures doit être prise égale à celle des centres des yeux de l'observateur ; les distances des lignes horizontales, ainsi que celles des verticales, doivent être égales dans les deux figures.

Lorsque je fixe le milieu du treillis droit avec l'œil droit, et celui du treillis gauche avec l'œil gauche, toutes les lignes de l'un coïncident dans le champ visuel commun avec les lignes analogues de l'autre, ainsi qu'il est facile de s'en assurer, puisque les lignes noires du côté gauche ne se fusionnent pas facilement avec les lignes blanches du côté droit (1).

L'expérience faite avec la figure *D* (pl. VII) nous indique le moyen de trouver des points correspondants dans les deux yeux. — Qu'on dirige les lignes visuelles, parallèlement au plan médian, vers les milieux des deux figures, dont le plan doit être perpendiculaire aux lignes visuelles, et qu'on imagine des plans menés par les lignes horizontales des figures et par les points nodaux des yeux. Dans ces conditions, les plans qui passent par la ligne horizontale moyenne, qui contient le point de fixation, se confondent entre eux et avec les horizons rétiniens des deux yeux. Les autres plans se coupent entre eux, et ils rencontrent le plan de l'horizon rétinien suivant une même ligne horizontale, perpendiculaire à la ligne visuelle, et que nous nommerons *axe équatorial* de l'horizon rétinien. L'angle compris entre un de ces plans et le plan de l'horizon rétinien se nommera l'*angle de hauteur* de ce plan. Tous les points d'un semblable plan ont la même hauteur apparente au-dessus du plan de visée, si nous les supposons projetés sur un champ visuel infiniment éloigné ; pour cette raison, nous lui donnerons le nom de *plan d'égale hauteur angulaire*.

De même, figurons-nous des plans menés par chaque ligne verticale des figures et par le point nodal de l'œil correspondant. Celui de ces plans qui est au milieu et qui contient le point de fixation, est le plan du méridien vertical apparent, et il est rencontré par tous les autres

---

(1) Un observateur qui, comme M. E. Hering, craindrait d'être embrouillé par le grand nombre de lignes, peut faire facilement ces observations sur des systèmes de lignes moins compliqués ; c'est ce que j'ai d'ailleurs fait avant de construire les treillis décrits ici. Je n'avais pas cru devoir insister là-dessus dans mon mémoire sur l'horoptère, mais je dois le dire expressément ici, puisque cette omission a donné lieu à des critiques.

plans de ce genre, suivant une ligne perpendiculaire à la ligne visuelle, et que nous nommerons l'*axe équatorial du méridien vertical apparent*. Nous nommerons *angle de largeur*, l'angle compris entre un de ces plans et le plan du méridien vertical apparent; dans les deux yeux, nous le prendrons positif vers la droite et négatif vers la gauche. Les plans qui comprennent l'angle de largeur se nommeront *plans d'égale largeur angulaire*.

Après avoir établi ces définitions, il est facile de trouver la position des points identiques dans les deux champs visuels. — Qu'on se figure des plans menés par le point en question du champ de vision et par les axes équatoriaux tant de l'horizon rétinien que du méridien vertical apparent; on obtient ainsi la hauteur et la largeur angulaires relatives au point considéré. *Les points identiques dans les deux champs visuels, sont ceux qui ont même hauteur et même largeur angulaires.*

Cette définition des points identiques se fonde sur une expérience possible à exécuter directement. — Supposons que les deux figures qui représentent la distribution du champ de vision soient indéfiniment prolongées dans leur plan; on obtient ainsi la distribution des points identiques jusqu'à 90° de part et d'autre de la ligne visuelle. C'est ce qui suffit amplement pour notre but; car bien que le champ visuel de chaque œil s'étende un peu au delà de 90° du côté temporal, le champ binoculaire est bien plus petit, parce que le nez masque à l'autre œil ces parties extrêmes du champ. D'ailleurs la détermination expérimentale exacte des points identiques n'est possible que pour les parties des deux champs visuels qui sont assez rapprochées du point de fixation; en effet, dans les régions plus périphériques, on ne distingue que d'une manière tellement vague la coïncidence et la non-coïncidence des objets vus indirectement, qu'on ne perçoit plus la présence des images doubles que lorsqu'elles sont très-loin l'une de l'autre.

Il faut encore remarquer que les points correspondants ne sont pas à la même distance du point de regard sur tous les méridiens correspondants des champs visuels, ainsi que cela a lieu sur les lignes correspondantes horizontale et verticale apparentes. Si, dans la figure 204 (p. 896), on mène les diagonales om et $o'm'$ qui joignent les points de fixation o et o' aux points correspondants m et m', la ligne om est plus longue que $o'm$, et cependant ce sont deux longueurs correspondantes situées sur des méridiens correspondants. Cette différence est faible d'ailleurs.

Désignant par a les longueurs $md = co = m'd' = c'o'$,

— par b les longueurs $mc = od = m'c' = o'd'$,

et par ε la quantité dont les angles *cod* et *c'o'k*, diffèrent de 90°, nous avons, pour les longueurs correspondantes :

$$mo = \sqrt{a^2 + b^2 + 2ab \sin \varepsilon},$$
$$m'o' = \sqrt{a^2 + b^2 - 2ab \sin \varepsilon}.$$

Leur différence présente sa valeur relativement la plus grande pour $a = b$; ces longueurs sont alors

$$mo = 2a \cos \left(45^0 - \frac{\varepsilon}{2}\right) \quad \text{et} \quad m'o' = 2a \cos \left(45^0 + \frac{\varepsilon}{2}\right).$$

Si, comme pour mes yeux, $\delta = 1^\circ\ 13'$, le rapport entre ces deux grandeurs sera 1 : 1,0215 ou bien 47 : 48.

Pour observer cette différence, je me suis servi du système des lignes de la figure 205. — L'œil droit fixe le point a' ; l'œil gauche le point a; les lignes ac et $a'c'$, ainsi que ab et $a'b'$, paraissent alors coïncider res-

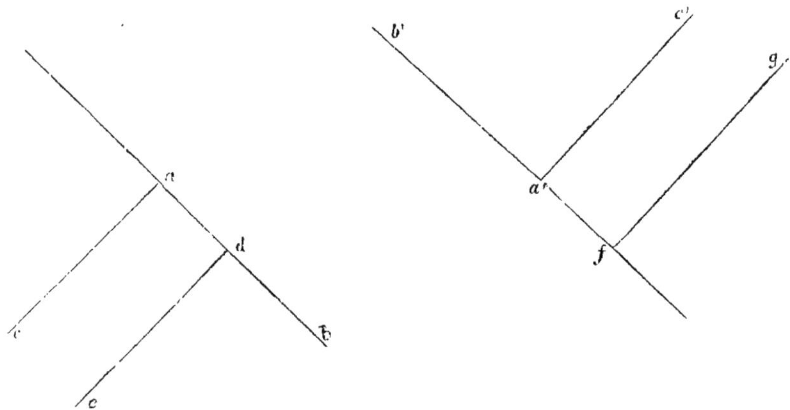

Fig. 205.

pectivement dans l'image binoculaire. La ligne fg est tracée sur une bande de papier qui est mobile autour du point éloigné g. L'expérience consiste, tandis qu'on fixe invariablement le point aa', à disposer la ligne gf de telle façon qu'elle paraisse être le prolongement de la ligne cd. J'ai trouvé que je donnais à $a'f$ une longueur d'environ 19^{mm},5, tandis que ad en avait 20. Il faut évidemment avoir soin que ac et $a'c'$ ne cessent pas de paraître former une ligne non interrompue. La différence dont il s'agit ici est assez voisine des limites de la perceptibilité.

Je trouve que les différences dont je viens de parler sont encore perceptibles sur les deux systèmes des cercles concentriques *O* (pl. IX), dont l'un, à gauche, est formé de lignes noires sur fond blanc, et l'autre, à droite, de lignes blanches sur fond noir ; il suffit de les fusionner en fixant invariablement les centres avec des lignes visuelles parallèles. Alors les lignes noires et blanches coïncident effectivement dans le méridien vertical et dans le méridien horizontal, mais elles viennent l'une à côté de l'autre dans les méridiens obliques ; les lignes noires sont en dehors, en haut et à droite, en bas et à gauche ; les blanches sont extérieures, en haut et à gauche, en bas et à droite. Le rayon dirigé de haut en bas et de droite à gauche dans le champ droit, devrait être plus long, en effet, que le rayon ayant la même direction dans le champ gauche, pour lui paraître égal. Par conséquent, le premier paraît plus court que le second.

Des considérations précédentes résulte encore une loi pour la grandeur des angles que font entre elles des lignes correspondantes différemment dirigées. Le calcul, qu'on trouvera plus loin, donne pour la différence angulaire Δ de deux méridiens correspondants, les lignes de regard étant parallèles, l'expression

$$\Delta = \gamma + 2\varepsilon \sin^2 \beta,$$

où γ désigne l'angle compris entre les horizons rétiniens dans la position indiquée des yeux, 2ε l'angle compris entre les méridiens verticaux apparents, et β la valeur moyenne de l'angle que forment, avec leurs horizons rétiniens, les deux lignes correspondantes à comparer.

Une série de mensurations, faites par Volkmann sur l'angle compris entre les méridiens correspondants (1), permettent de comparer cette formule avec l'ex-

INCLINAISON SUR LA VERTICALE, $90^o - \beta$.	ANGLE D'INTERSECTION DES MÉRIDIENS CORRESPONDANTS			DIFFÉRENCE ENTRE L'OBSERVATION ET LE CALCUL.
	MOYENNE OBSERVÉE	ERREUR PROBABLE.	VALEUR CALCULÉE.	
0°	2°,15	0°,106	2°,166	— 0,016
15°	1°,99	0°,064	2°,062	— 0,072
30°	1°,78	0°,195	1°,781	— 0,001
45°	1°,51	0°,075	1°,397	+ 0,113
60°	1°,15 (2)	0°,114	1°,013	+ 0,137
75°	0°,81	0°,084	0°,732	+ 0,078
90°	0°,46 (3)	0°,062	0°,628	— 0,168
	$\gamma = 0^o,628$		$2\delta = 1^o,5375.$	

(1) Expériences 100-112, dans le second fascicule de Physiologische Untersuchungen im Gebiete der Optik, p. 202-213.

(2) Le chiffre de Volkmann, page 213, provient d'une faute de calcul.

(3) Moyenne des deux séries d'expériences 106 et 107.

périence. Dans ce tableau, les constantes γ et δ de la formule précédente ont été déduites de l'ensemble des observations, par la méthode des plus petits carrés.

Les erreurs probables des moyennes des observations sont déduites des valeurs trouvées par Volkmann dans les différentes séries. On voit qu'en général, la différence entre le calcul et l'observation n'est pas plus grande que les erreurs probables qui se présentent dans de semblables séries d'observations; il est donc permis de considérer l'accord entre la théorie et les observations comme satisfaisant.

Après avoir déterminé la position des points correspondants dans les deux champs visuels, nous pouvons rechercher la position des points de l'espace qui se présentent sur des parties correspondantes des deux rétines et qui paraissent, par conséquent, simples. L'ensemble de ces points porte le nom d'*horoptère*. C'est, en général, une courbe à double courbure, qui peut être considérée comme étant l'intersection de deux surfaces du second degré (hyperboloïde à une nappe, cône ou cylindre). L'intersection de deux surfaces du second degré est en général une ligne du 4e degré, c'est-à-dire telle qu'un plan peut la rencontrer en quatre points. Mais, dans le cas qui nous occupe, les deux surfaces qui se coupent ont une ligne droite commune, qui n'est pas horoptère, et le reste de l'intersection est une *courbe du troisième degré*, c'est-à-dire qu'un plan quelconque ne peut la couper qu'en trois points. Cette courbe présente cette propriété remarquable que les lignes droites qui joignent un même point quelconque de cette courbe à tous ses autres points, forment un cône du second degré. Si l'on prend pour sommet du cône un point de la courbe qui soit infiniment éloigné (elle présente au moins deux branches infinies), le cône devient un cylindre dont la base est une courbe du second degré. Pour nous former une idée de la forme d'une semblable courbe du troisième degré, nous pouvons donc la supposer dessinée sur une surface cylindrique, laquelle serait déroulée ensuite sur un plan.

La ligne pleine *eabcf* (fig. 206, p. 902) représenterait alors la courbe. Supposons le papier enroulé en forme de cylindre à base circulaire, de manière que les lignes *gg* et *hh* coïncident, la courbe prendrait la forme d'une courbe du troisième degré. La courbe ponctuée désigne l'intersection du cylindre avec un plan (par ex. le plan de visée). Ce plan coupe la courbe du troisième degré en trois points *a*, *b*, *c*. Au delà des deux points *e* et *f*, la courbe se dirige vers l'infini en ayant pour asymptote unique la ligne *gg* ou *hh*.

Si nous considérons la courbe du troisième degré comme horoptérique, il faut qu'elle passe par les points de décussation des lignes de visée des deux yeux. — Soient *b* et *c* les positions des deux yeux, *a* le point de fixation. La portion de courbe *bc*, située entre les deux yeux, est située dans l'intérieur de la tête et ne peut pas être considérée comme faisant partie de l'horoptère (du moins suivant la signification généralement attribuée à ce mot, et qui est conforme à la définition donnée plus haut) ; en effet, si les points de cette partie émettaient des rayons qui pussent véritablement pénétrer dans les deux yeux, ils se peindraient sur les parties externes des deux rétines, qui, par conséquent,

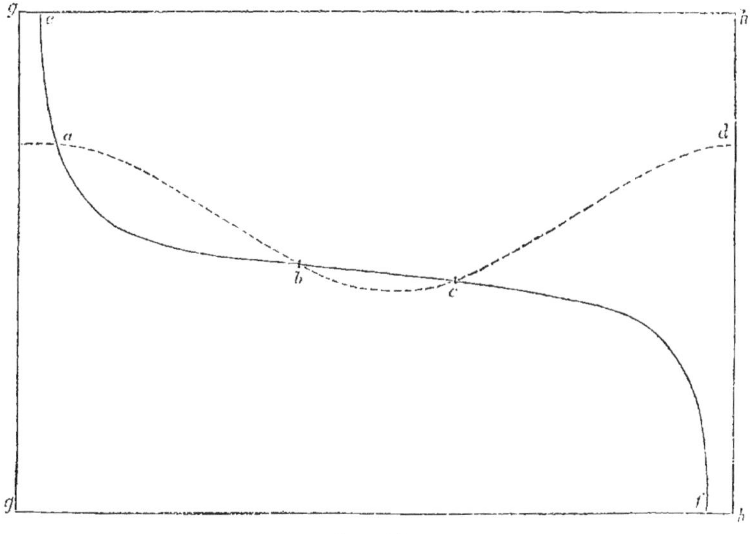

Fig. 206.

ne peuvent pas être correspondantes; d'ailleurs la détermination de l'horoptère ne présente aucune signification pratique pour les points très-rapprochés des yeux, qui n'y forment que de grandes images de diffusion. L'horoptère, considéré comme tel, se compose donc de deux branches séparées, *eb* et *fc*, portions de la courbe du troisième degré qui se trouvent entre les yeux et l'infini. Comme il est plus commode, pour l'étude géométrique, de considérer la courbe du troisième degré tout entière, nous la nommons *courbe horoptérique*, et nous réserverons le nom d'*horoptère* pour les parties de la courbe que l'on voit simples. Les lignes de visée correspondantes se coupent donc sur la courbe horoptérique, tantôt toutes les deux par leur partie antérieure, tantôt l'une ne rencontre l'autre que par son prolongement postérieur; les points où l'intersection se produit de cette manière n'appartiennent pas à l'horoptère.

Dans certaines conditions, la courbe horoptérique peut, du reste, se rapprocher suffisamment de son asymptote droite *gg* et de la ligne *ad* réduite à une courbe plane du second degré, pour coïncider avec ces lignes. La courbe horoptérique se compose donc alors d'une ligne droite et d'une courbe plane du second degré, qui se coupent en un point. Les deux branches séparées de la courbe horoptérique se réunissent alors en ce point d'intersection. C'est ce qui arrive toutes les fois que les deux horizons rétiniens forment avec le plan de visée des angles égaux, mais de sens contraire, le point de fixation étant à une distance finie ; cette condition est satisfaite, à son tour, dans les yeux dont les mouvements suivent la loi de Listing, lorsque le point de fixation est, soit dans le plan médian de la tête, soit dans la position primaire du plan de visée. Dans le premier cas, le point de fixation se trouve sur la droite horoptérique, et, dans le second, sur la section conique qui, dans ces conditions, est un cercle : le cercle horoptérique de J. Müller. Enfin, lorsque le point de fixation est à la fois dans le plan médian de la tête et dans la position primaire du plan de visée, il est à l'intersection de la ligne droite et du cercle horoptérique. On trouvera plus loin, avec la théorie mathématique, des méthodes plus exactes pour la construction de la position des lignes horoptériques.

Dans un seul cas, l'horoptère est une surface, et cette surface est un plan : c'est lorsque le point de fixation se trouve dans le plan méridien et à une distance infinie, et que les horizons rétiniens sont situés alors dans le plan de visée, comme cela a lieu, au moins d'une manière très-approximative, dans les yeux à vision normale. Ce plan horoptérique est parallèle au plan de visée ; la distance qui l'en sépare dépend de la valeur de la divergence des méridiens verticaux apparents des deux champs visuels ; en effet, le plan horoptérique passe par la ligne d'intersection de ces deux plans méridiens ; pour les yeux normaux qui sont dirigés droit vers l'horizon, il se confond approximativement avec le sol sur lequel marche l'observateur, tandis qu'il est, le plus souvent, à une distance plus grande pour les myopes.

La distance entre les centres de mes yeux est de 68^{mm}, leur hauteur au-dessus du sol est de $1^{m},660$. Si l'on fait passer des plans par leurs centres et la ligne médiane du plan horizontal mené par mes pieds, ces plans se coupent suivant un angle de 2° 20′ 48″ ; l'angle compris entre mes méridiens verticaux apparents est de 2° 22′. Pour le docteur Knapp, dont la vue est normale, la distance des yeux est de $62^{mm},5$ et leur hauteur au-dessus du sol de $1^{m},627$, ce qui répond à un angle de 2° 14′ 20″. L'observation a donné, en moyenne, 2° 8′ pour l'angle des méridiens verticaux apparents. Chez M. le professeur Volkmann, dont les yeux, faiblement myopes, ont à peu près le même écartement et la même hauteur au-dessus du sol que les miens, la différence est un peu plus forte, puisque l'angle formé par les méridiens verticaux apparents n'est que de 2° 9′. Chez

M. Dastich, la distance des yeux est de 62,8, leur hauteur, de 1m,640; l'angle correspondant serait de 2° 11'; l'angle de convergence des méridiens verticaux s'est trouvé plus considérable et mesurait de 2° 33' à 2° 40'.

Je ne considère pas comme invraisemblable qu'on doive attribuer à cette circonstance la position oblique des méridiens verticaux apparents. — Nous avons vu plus haut que, dans le champ visuel monoculaire, l'estimation ne donne pas de base sûre pour déterminer leur position, parce que les angles dont les côtés ne présentent pas des directions concordantes ne peuvent pas être comparés par superposition avec les mêmes parties de la rétine. Lorsque nous nous servons des deux yeux, au contraire, et que nous les dirigeons vers des objets lointains, qui donnent seuls des résultats constants pour la comparaison des mensurations dans les deux champs visuels, nous voyons le plus souvent, au-dessus de l'horizon, le ciel, qui, pendant le jour, ne présente pas d'objet nettement dessiné, et, au-dessous, le sol, qui non-seulement présente un grand nombre de points visuels déterminés, mais dont l'observation indirecte est essentiellement nécessaire pour la sécurité de la marche. C'est à cet effet que les yeux normaux s'habituent sans doute à localiser pareillement les images des points rétiniens qui reçoivent ordinairement, dans la marche, l'image des mêmes points du sol. Les yeux myopes, qui ne voient pas distinctement le sol, échappant à cette influence, doivent se régler plutôt sur la vision des objets rapprochés, pour la production de leurs rapports d'identité.

Mentionnons encore que lorsqu'en maintenant droits le corps et la tête, on regarde un point du sol qui se trouve également dans le plan médian de la tête, le plan du sol n'est pas horoptère dans toute son étendue, mais que la ligne droite horoptérique est contenue tout entière dans ce plan.

Il paraît, d'ailleurs, exister des yeux pour lesquels les méridiens verticaux apparents ne sont pas tout à fait droits, mais présentent un faible renfoncement dans le voisinage du point de fixation, de manière que leurs moitiés supérieures font entre elles un angle plus petit que les moitiés inférieures. C'est de cette manière qu'un étudiant, très-exercé aux observations d'optique, m'a décrit ce qui existe pour ses yeux. Dans ce cas, l'influence du sol ne paraît s'être exercée que sur les parties inférieures des champs visuels (moitié supérieures des rétines), tandis que pour les autres parties, le besoin de voir droites les lignes droites ne passant qu'en seconde ligne, les nécessités de l'observation des surfaces verticales avaient produit un rapport d'identité différent.

Ce qui précède s'applique à l'horoptère comme lieu des points qu'on voit simples. Pour que des *lignes* soient vues simples, il suffit que les lignes qui les représentent sur les deux rétines soient correspondantes, sans qu'il soit nécessaire que les images se correspondent point par point. Lorsqu'une seconde image d'une ligne glisse suivant cette ligne elle-même, elle peut cependant coïncider, dans toute sa longueur, avec la première. C'est ainsi que les lignes droites peuvent glisser indéfiniment sur elles-mêmes. On appelle *horoptère de lignes*, la surface dans laquelle doivent être contenues les lignes droites de direction déterminée pour fournir ainsi deux images correspondantes. On appelle *horoptère des verticales*, cette surface relative à des lignes qui paraissent perpendiculaires aux horizons rétiniens dans les deux champs visuels; *horoptère des horizontales*, celle qui comprend les lignes qui paraissent parallèles aux horizons rétiniens. Un horoptère de lignes, pour des lignes dont les images sont parallèles est, en général, un hyperboloïde à une nappe qui, dans des cas particuliers, peut se transformer en un cylindre ou un cône. L'horoptère de lignes, relatif à un système de lignes droites qui se coupent en un point de la courbe horoptérique, est un cône du second degré qui joint le point d'intersection commun aux autres points de la courbe horoptérique.

En général, on voit simple toute ligne droite qui passe par deux points de la courbe horoptérique, et, par chaque point de l'espace, on peut faire passer au moins une ligne droite qui paraisse simple quand elle est vue binoculairement. Voici comment on trouve cette ligne. Du point dont il s'agit, on mène les lignes de visée qui le joignent aux deux yeux ; désignons l'une par a et l'autre b'. Dans le premier œil, il y a une ligne de visée b qui correspond à b' ; dans le second, une ligne a' qui correspond à a. Menons deux plans, l'un par a et b, et l'autre par a' et b' ; la ligne d'intersection de ces deux plans est la ligne demandée.

Je vais encore décrire les constructions à l'aide desquelles on peut trouver, dans les deux cas simples mentionnés plus haut, la position des *horoptères* des *horizontales* et des *verticales*, et, par suite aussi, la position de la courbe horoptérique, en admettant que les yeux de l'observateur obéissent à la loi de Listing, et ne présentent pas, dans la position primaire, d'aberration sensible des horizons rétiniens par rapport au plan de visée.

A. — *Le point de fixation est dans le plan médian.* — L'horoptère des verticales est un cône ; l'horoptère des horizontales se compose de deux plans qui se coupent, et la courbe horoptérique, d'une ligne droite et d'une section conique plane.

Supposons que, dans la figure 207 (p. 906), le plan du dessin se confonde avec le plan médian de la tête de l'observateur, qui est debout, et que la position de la tête soit telle que la position primaire des lignes de regard soit horizontale et parallèle à *Ao*, le regard étant porté au loin. Soit *o* le milieu de la ligne qui joint les points de décussation des lignes de visée. Elevons en *o* la perpendiculaire *oa* sur la ligne *oA*, et

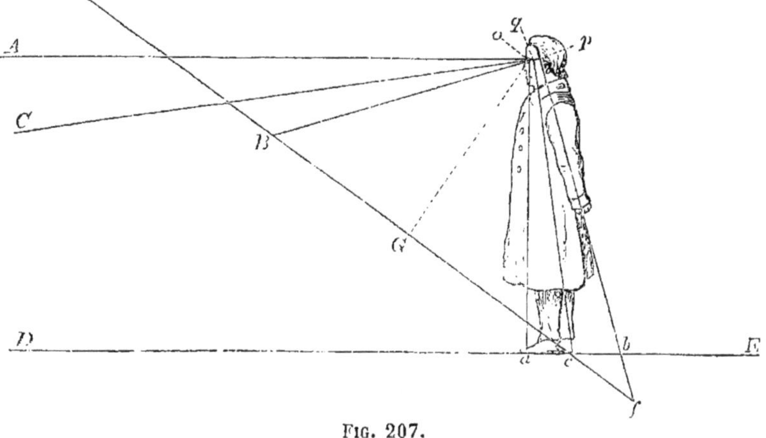

Fig. 207.

prolongeons-la jusqu'au point *a*, où se coupent les axes équatoriaux verticaux apparents, tels qu'ils sont placés dans la position primaire des lignes de regard. L'horoptère pour la direction visuelle *oA* est alors un plan horizontal *DE* mené par *a*. Comme on l'a déjà vu, ce plan se confond à peu près avec le sol, pour les yeux normaux.

Soit maintenant *B* un nouveau point de fixation, supposé contenu dans le plan du dessin, c'est-à-dire dans le plan médian de la tête de l'observateur. *Bo* est l'intersection du plan de visée avec le plan médian. Supposons construit, dans le plan de visée, le cercle de Müller qui passe par *B* et par les points de décussation des lignes de visée des deux yeux ; soit *Bp* son diamètre médian. Elevons sur *Bp* la perpendiculaire *pb* qui contient le sommet du cône horoptérique des verticales.

Pour trouver la position de ce sommet, servons-nous d'un troisième point de fixation *C*, choisi de telle façon que la ligne *Co'* soit la bissectrice de l'angle *Ao'B*, si nous désignons par *o'* le point de décussation des lignes de visée de l'un ou de l'autre œil, point qui se trouverait, par conséquent, un peu en avant ou en arrière du plan du dessin sur une perpendiculaire élevée en *o*.

Le plan de visée pour le point de fixation *C* est alors l'un des plans de l'horoptère des horizontales, relatif au point de fixation *B*. Le second plan de cet horoptère des horizontales est le plan médian. Trouvons, dans le plan de visée mené par C, le cercle de Müller relatif à ce point, c'est-à-dire un cercle passant par le point de fixation et par les points de décussation des lignes de visée et dont le diamètre soit Cq. Alors, en regardant le point B, on verra simples : 1° toutes les lignes droites situées dans le plan Coo' ; 2° toutes les lignes droites contenues dans le plan médian et qui passent par le point q; mais il faut remarquer que, pour ces dernières, l'image de leur extrémité la plus éloignée répond, dans un œil, à celle de l'extrémité la plus rapprochée, dans l'autre.

Elevons en q, sur Cq, une perpendiculaire qui coupe la ligne DE en c ; Bc est la ligne droite horoptérique, et le point f, intersection de Bc et de pb, est le sommet du cône horoptérique des verticales, qui est alors déterminé, parce qu'il passe par le cercle de Müller de diamètre Bp, contenu dans le plan de visée de l'observateur.

Ainsi, tandis qu'une des lignes de l'horoptère des points est la droite Bf, la seconde est l'ellipse suivant laquelle le cône coupe le plan Coo'.

La section Bp du cône est circulaire et fait un angle droit avec la génératrice pf du cône ; une section perpendiculaire à la génératrice diamétralement opposée Bf et coupant le plan médian suivant Go serait également circulaire. Les sections du cône qui passent par les centres des yeux et qui sont situées entre Bo et Go sont des ellipses à grand axe horizontal. Celles situées en dehors de l'angle BoG, comme Co, sont des ellipses à grand axe médian, et respectivement des paraboles ou des hyperboles, lorsqu'elles ne rencontrent la ligne Bf qu'au delà de f.

B. — *Le point de fixation est dans la position primaire du plan du regard.* — Dans ce cas, l'horoptère des verticales est un hyperboloïde qui coupe le plan de visée suivant un cercle (cercle horoptérique de Müller) mené par le point de fixation et par les points de décussation des lignes de visée. L'horoptère des horizontales se compose de deux plans dont l'un est le plan de visée, et l'autre lui est perpendiculaire. — La courbe horoptérique se compose du cercle de Müller et d'une ligne droite.

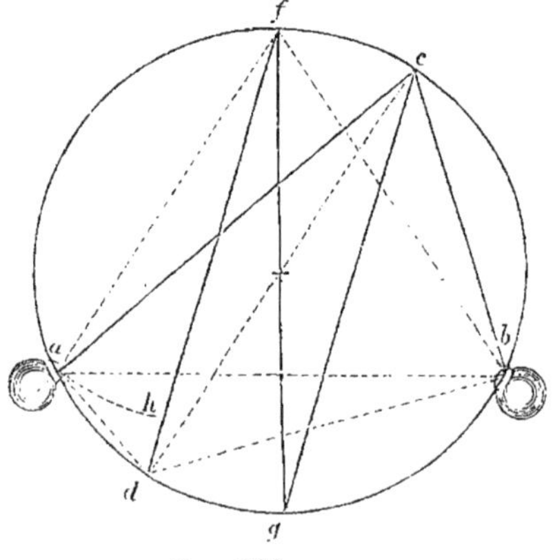

Fig. 208.

Soient a et b (fig. 208) les points de décussation des lignes de visée pour les deux yeux, c le point fixé ; le cercle mené par abc est le cercle horoptérique de Müller, qui constitue une partie de la courbe horoptérique. Soit, de plus, fg la ligne médiane du plan de visée; la ligne droite horoptérique coupe le cercle en f, et par conséquent latéralement par rapport au point de fixation. Menons le diamètre cd et la ligne fd; par cette dernière, élevons un plan perpendiculaire au plan du cercle; c'est le second plan de l'horoptère des horizontales. Toutes les lignes droites situées dans ce plan, et qui passent par le point d, sont vues simples; il en est de même de toutes les droites situées dans le plan de visée.

Pour construire complétement la ligne droite horoptérique, prenons sur fd la longueur $fh = fa$, élevons en h une perpendiculaire au plan de visée; celle-ci coupe le plan du sol, c'est-à-dire le plan horoptérique infini relatif à la position primaire des lignes du regard, au même point que la ligne droite horoptérique, et cela suffit pour construire cette ligne.

Si l'aberration du méridien vertical apparent est nulle, la ligne droite horoptérique devient perpendiculaire au plan du cercle.

On peut trouver empiriquement la position de l'horoptère des lignes en disposant, en avant d'un fond sombre, un fil métallique droit et brillant ou un fil blanc bien tendu, de manière à le voir simple à travers deux verres de différentes couleurs, ou, mieux encore, de façon qu'on en voie deux images parallèles dès qu'on fait un peu varier la convergence des yeux. — Si, par exemple, on tient près des yeux un fil métallique vertical situé dans le plan médian de la tête, et qu'on en fixe le milieu avec une position horizontale du regard, on trouve que son extrémité supérieure paraît pencher un peu à gauche pour l'œil droit, à droite pour l'œil gauche. Si l'on fixe un point un peu plus éloigné que le milieu du fil métallique, on en voit deux images croisées qui divergent vers en haut; si l'on fixe un point un peu plus rapproché, le fil présente des images directes et qui divergent vers en bas. Pour voir le fil exactement simple à travers deux verres colorés, ou pour que les images doubles qu'il donne pour une variation de convergence soient exactement parallèles, il faut éloigner un peu son extrémité supérieure. Ce phénomène a été observé d'abord par Baum et employé par Meissner, comme on l'a vu plus haut, pour l'étude des torsions de l'œil. En effet, dès que la torsion modifie l'angle compris entre les lignes correspondantes verticales apparentes, il faut modifier l'inclinaison du fil par rapport au plan de visée pour qu'il paraisse simple. Plus le point de fixation est éloigné et plus le plan de regard est élevé, plus il faut incliner le fil par rapport à ce plan. Lorsque le regard est abaissé et que le point de fixation est voisin, le fil peut être perpendiculaire au plan de regard, ou même se rapprocher de l'observateur par son extrémité supérieure.

Après avoir déterminé quelles sont les dimensions qui paraissent égales ou non dans les deux champs visuels, il nous reste encore à examiner l'*exactitude* de cette comparaison des deux champs visuels. — Comme il a déjà été expliqué au paragraphe précédent, cette exactitude est extrême lorsqu'il s'agit, comme dans l'usage ordinaire des yeux, de reconnaître des différences dans la troisième dimension des objets. La comparaison est au contraire relativement inexacte et soumise à toutes sortes d'illusions, lorsqu'il s'agit de distinguer des images doubles ou de comparer la position des images dans les deux champs visuels. Bien que cette opération paraisse être beaucoup plus simple, l'appréciation du relief stéréoscopique, qui se fonde en même temps sur une foule de données empruntées à l'expérience, se fait cependant avec une dextérité bien plus grande, parce qu'elle présente une importance pratique extrême, tandis que la perception des images doubles et de leur position relative ne concerne que les phénomènes qui accompagnent l'aspect des objets et nullement la perception des objets eux-mêmes. De même, nous comparons les dimensions réelles de deux objets différemment éloignés, avec bien plus de certitude que les angles visuels sous lesquels ils se présentent ; et cependant ces angles répondent immédiatement à des parties égales ou inégales de la rétine, tandis que la comparaison des dimensions véritables exige une longue habitude qui seule peut nous faire connaître l'influence de la distance sur la grandeur des images rétiniennes du même objet.

Quant à l'appréciation de la troisième dimension à l'aide de la vision binoculaire, sauf quelques illusions déjà mentionnées plus haut, et qui proviennent de l'appréciation erronée de la convergence des lignes visuelles, c'est pour les objets qui se trouvent dans l'horoptère et qu'on voit exactement simples, qu'elle se fait de la manière la plus précise. Elle est déjà moins exacte pour les points qui sortent de l'horoptère, mais sans s'en écarter suffisamment pour paraître doubles. Enfin l'exactitude est la plus faible pour les objets qui présentent des images doubles nettement distinctes, et cela d'autant plus que ces images sont plus écartées.

J'ai déjà fait remarquer ailleurs (1), et E. Hering (2) a constaté le fait, que les images doubles n'apparaissent nullement à la même dis-

(1) *Archiv für Ophthalmologie*, X, 1, p. 27.
(2) Beiträge zur Physiologie, Heft 5, p. 335.

tance que l'objet fixé, et qu'elles ne paraissent pas projetées, ainsi qu'on le croyait anciennement, sur une surface horoptérique qui passerait par le point de fixation binoculaire. Les images doubles paraissent, au contraire, à peu près à la même distance que l'objet véritable. On peut facilement s'en assurer par des expériences simples. Qu'on fixe bien invariablement un point du mur situé à quelques pieds de distance, et qu'on tienne verticalement devant la partie inférieure du visage une feuille de papier fort, de telle façon que son bord supérieur soit à quelques pouces des yeux et à peu près à la même hauteur. Dans cette disposition, l'écran de papier masque tous les objets situés au-dessous du plan de visée de l'observateur. Alors un aide, placé latéralement, élève à une distance inconnue à l'observateur, une aiguille à tricoter dont l'extrémité supérieure, au moment où elle devient visible pour l'observateur, ne lui présente d'abord que des images doubles lorsqu'il fixe imperturbablement le point du mur. L'observateur ne s'en forme pas moins une représentation de la distance de l'aiguille, alors même qu'il n'a pas cessé de fixer le point du mur et n'a pas vu un instant l'aiguille simple. Pour s'en assurer, qu'on cherche à saisir la partie cachée de l'aiguille, de telle façon que la main elle-même reste cachée derrière l'écran. Dès le premier essai, on la touche ou du moins on en passe très-près. Pour que l'épaisseur apparente de la tige ne donne à l'observateur aucune appréciation sur sa distance, ce qui n'est pourtant guère à craindre, on peut laisser choisir cet objet à l'aide, dans une collection d'aiguilles de grosseur différente.

Les expériences avec les objets stéréoscopiques mobiles, qui paraissent changer de distance par rapport à l'observateur, comme dans l'instrument de Halske qui a été décrit plus plus haut (p. 869), donnent encore souvent lieu à des images doubles nettement distinctes ; cela se produit surtout lorsque le mouvement est trop rapide pour être suivi par les lignes de regard ; cependant l'illusion sur le mouvement apparent suivant la troisième dimension n'en souffre aucunement.

La perception binoculaire de la troisième dimension ne cesse d'avoir lieu que pour des images doubles très-écartées que donnent, par exemple, les objets très-éloignés lorsqu'on fixe un objet rapproché, et pour lesquelles on reconnaît à peine la correspondance de deux images; dans ce cas, on peut, comme dans la vision monoculaire, comparer la grandeur angulaire de l'objet éloigné avec celle de l'objet fixé. Mais comme on connaît la vraie grandeur linéaire de l'objet fixé, celle-ci devient involontairement le point de comparaison pour la grandeur de l'image de l'objet éloigné. C'est ainsi que l'observateur qui, se tenant à la fenêtre, ne cesse pas de regarder son doigt, voit la dimension des maisons situées de l'autre côté de la rue augmenter ou diminuer, suivant qu'il éloigne ou qu'il rapproche son doigt. Dans le premier cas, la grandeur angulaire du doigt diminue; la grandeur angulaire des maisons devient donc plus grande relativement à celle-là ; or, le doigt sert de mesure constante parce que sa grandeur linéaire et sa distance ne cessent pas d'être perçues nettement, au contraire de ce qui a lieu pour les maisons éloignées.

De même qu'on remarque facilement l'incertitude croissante de la perception binoculaire de la troisième dimension des objets dont les images doubles sont éloignées l'une de l'autre, de même on peut démontrer, pour les objets qui sont vus plus ou moins parfaitement simples, que leur relief se distingue d'autant plus exactement que ces objets s'éloignent moins de l'horoptère, — toujours en faisant abstraction des illusions particulières dont il a été question plus haut.

Pour démontrer qu'il en est ainsi pour la ligne droite horoptérique, prenons une aiguille à tricoter mince et droite, et ployons-la très-peu en son milieu, de manière à former entre ses deux moitiés un angle d'environ 175°. Tenons-la devant nous de manière que les deux côtés de cet angle soient compris dans le plan médian de la tête, position où cette aiguille paraîtrait rectiligne pour un œil situé à la racine du nez de l'observateur, et où, pour chacun des yeux réels, la faible courbure de l'aiguille est imperceptible à cause du raccourci sous lequel cet objet apparaît. Cependant, si l'on regarde simultanément avec les deux yeux, on reconnaît la courbure de l'aiguille, pourvu qu'elle soit à peu près située sur la ligne droite horoptérique et qu'elle présente, par conséquent, des doubles images sensiblement parallèles lorsqu'on fixe un point un peu plus éloigné ou plus rapproché. On ne reconnaît pas, au contraire, la courbure de l'aiguille lorsqu'on lui donne, dans le plan médian, une position où elle forme un angle notable avec la ligne droite horoptérique.

Pour le cercle horoptérique de Müller, j'ai disposé l'expérience de la manière suivante : Je plaçai deux petites planchettes, l'une à côté de l'autre, sur une table près du bord de laquelle étaient situés mes yeux. Dans l'une des planchettes étaient plantées, l'une à côté de l'autre, à environ un centimètre de distance, deux épingles longues et minces, et dans la seconde une épingle pareille aux deux autres. Les planchettes étaient placées l'une à côté de l'autre, de telle façon que les trois épingles fussent à peu près à la même distance de l'observateur, les deux extrêmes étant également éloignées de l'épingle moyenne. Un écran convenablement disposé m'empêchait de voir plus que les têtes et les parties supérieures de trois épingles, qui étaient à environ 50 centimètres de mes yeux. Je recherchais alors de combien je pouvais avancer ou reculer l'épingle moyenne, sans remarquer que les trois têtes n'étaient plus dans un plan, mais formaient une courbe. Je trouvai qu'il suffisait d'un déplacement de la demi-épaisseur d'une épingle, c'est-à-dire d'environ un quart de millimètre. La différence angulaire de la position de l'épingle moyenne par rapport aux deux autres, n'était alors que de 21 secondes. Mais pour atteindre une aussi grande exactitude, il fallait donner à la ligne d'épingles une position qui coïncidât avec celle du cercle horoptérique en cet endroit. C'est ainsi que lorsque les épingles étaient juste en face de moi, la moyenne dans le plan médian de ma tête, les deux latérales à la même distance de moi, je jugeais avec une grande exactitude si elles étaient ou non dans un même plan. Mais si l'épingle de droite était un peu plus rapprochée, et celle de gauche un peu plus éloignée de moi, j'avais bien plus de peine à distinguer si elles étaient en ligne droite ou sur une courbe. Lorsque l'épingle du milieu était à droite du plan médian de la tête, endroit où la direction du cercle horoptérique se rapproche de la droite de l'observateur, j'étais obligé de rapprocher l'épingle de droite un peu plus que celle de gauche pour obtenir le degré de certitude le plus grand possible dans l'application du relief que formaient les lignes d'épingles. Si, dans cette position, la ligne d'épingles était perpendiculaire à la direction du regard, il était bien plus difficile de percevoir si elle formait une courbe ou une ligne droite. Le cas le plus favorable était donc toujours celui où la direction de la ligne d'épingles répondait à celle de la tangente au cercle horoptérique (1).

Il faut remarquer que, dans cette expérience, il ne faut pas mettre les épingles trop loin les unes des autres, pour ne pas tomber dans l'illusion déjà décrite, qui porte à prendre pour une ligne droite un arc horizontal dont la concavité est dirigée vers l'observateur. Avec les distances indiquées ici pour les épingles, la flèche de l'arc qui paraît droit mesurerait, pour la plupart des yeux, moins de $0^{mm},1$; elle serait donc bien plus petite que les déplacements perceptibles (2). Même pour les grandes distances des épingles, pour lesquelles l'illusion peut se produire, on trouvera que les limites des déplacements qui font croire qu'on a affaire à un arc convexe ou concave sont bien plus resserrées

(1) M. E. Hering s'est complétement mépris, dans sa critique, sur le sens de cette expérience.

(2) Dans mon travail antérieur, j'avais dit qu'un arc dont la courbure répond à peu près à celle du cercle horoptérique, paraît droit ; c'est une erreur qui provenait de ce que les mensurations avaient été faites avec des épingles trop rapprochées ; l'arc paraît en réalité bien moins courbe que celui du cercle horoptérique.

lorsque la ligne d'épingles suit la direction du cercle horoptérique que lorsqu'elle forme un angle avec cette direction.

Quand nous regardons droit devant nous vers un point de l'horizon, l'horoptère est un plan horizontal situé au-dessous du plan de visée et qui, pour les yeux normaux, paraît coïncider, en général, plus ou moins complétement avec le plan du sol où se tient l'observateur. Si nous fixons un point situé sur la ligne médiane du plan du sol, ce plan n'est pas compris entièrement, il est vrai, dans l'horoptère, mais le sol contient la ligne droite horoptérique tout entière. Je peux observer, en effet, sur le plan du sol, des phénomènes d'où l'on peut conclure que, dans ce cas encore, l'appréciation du relief de ce plan est particulièrement exacte, parce qu'il appartient à la surface horoptérique. Pour s'en assurer, qu'on examine d'abord, de la manière ordinaire, le relief du sol, en se tenant debout. On voit cette surface, avec ses inégalités, présenter une position nettement horizontale, jusqu'à une assez grande distance. Regardons ensuite la même surface en faisant passer la tête sous le bras ou entre les jambes, mais après être monté sur une pierre, par exemple, de façon que la hauteur de la tête au-dessus du sol horizontal soit sensiblement la même qu'auparavant. Les parties éloignées du sol ne paraissent plus horizontales alors ; elles présentent l'aspect d'un mur peint sur la surface du ciel. J'ai fait un grand nombre d'observations de ce genre sur la route qui conduit de Heidelberg à Mannheim. La plaine qui s'étendait devant moi était coupée par le Neckar, et se prolongeait jusqu'au mont Oelberg, près de Schriesheim, à une distance de 6 ou 8 kilomètres. En tenant la tête droite, je reconnaissais parfaitement la largeur de la plaine située au delà de la rivière ; en la tenant inclinée ou renversée, le terrain me paraissait monter directement depuis le lit de la rivière jusqu'au sommet de l'Oelberg. Une haie, qu'un champ séparait d'une maison plus éloignée, paraissait assez loin de la maison quand je tenais la tête droite, tandis que, dès que je l'inclinais, la haie venait se placer tout contre la maison, et ainsi de suite. Je distinguais aussi beaucoup mieux le relief des petites inégalités de la route quand je tenais la tête dans sa position naturelle.

Tous ces phénomènes se produisent de la même manière, lorsqu'au lieu de renverser la tête on renverse l'image. — A cet effet, le plus commode est d'employer des prismes rectangulaires à hypoténuse placée horizontalement, et à travers lesquels, comme on l'a vu page 618, on voit les objets renversés. Je collai sur une planchette deux semblables prismes, à une distance égale à celle de mes yeux, et, à travers ces prismes, j'observai le paysage. Le relief stéréoscopique du sol disparaissait comme lorsqu'on regarde à travers les jambes. En revanche on voit souvent mieux le relief des nuages peu élevés à travers ces prismes qu'à l'œil nu, parce que les nuages, vus à travers les prismes, viennent se placer dans le plan du sol.

Lorsque enfin on regarde le paysage à travers les prismes renversants pendant qu'on met la tête entre les jambes, on voit de nouveau nettement le relief du sol, comme dans la vision naturelle. Dans ce cas, l'image réfléchie du sol est encore dans l'horoptère des yeux renversés. Cette dernière expérience prouve bien que ni la position insolite de la tête, ni la position inaccoutumée de l'image, ne sont par elles-mêmes les causes de l'inexactitude avec laquelle on perçoit la troisième dimension ; mais que c'est la position renversée de l'image par rapport aux yeux.

Avec ce fait s'accorde l'assertion de M. E. Hering (1), chez qui l'aberration du méridien vertical apparent est très-faible, et qui assure ne pas voir autrement avec les deux yeux qu'avec un seul, les parties du sol situées au loin.

Il est facile de concevoir combien la perception exacte du relief du sol est nécessaire pendant la marche. — Le plus souvent nous avançons sans regarder le sol, et cependant nous sommes suffisamment renseignés sur les petites inégalités de sa forme. J'ai éprouvé souvent, dans ces derniers temps, l'inconvénient que peut produire un tout petit déplacement apparent de l'image du terrain. Etant un peu myope, je portais, pendant un voyage dans les montagnes, des verres concaves très-faibles (un pince-nez de 36 pouces de distance focale) pour mieux voir au loin. J'ai fait disposer les verres de telle sorte que leurs centres optiques présentent le même écartement que mes yeux ; il en résulte que les objets éloignés, vus à travers les centres des verres, ne présentent pas de déplacement sensible en profondeur, comme cela a lieu lorsque les centres des verres sont trop rapprochés. Cependant il se produit un petit déplacement des objets vus à travers la partie inférieure des verres, parce que les axes de ces verres ne sont pas maintenus complétement parallèles par le ressort qui les joint, et lorsque je regarde attentivement le sol, celui-ci paraît présenter tout près de mes pieds une légère surélévation qui provient d'un faux effet stéréoscopique des verres. Bien que cet effet soit tellement faible, qu'on ne peut le remarquer qu'à l'aide d'une observation attentive, je n'en suis pas moins dans l'impossibilité de me servir de mes verres lorsque je veux descendre rapidement un sentier raboteux, ce qui exige de poser les

(1) Beiträge zur Physiologie, Heft 5, p. 355. — Il est à peine besoin de dire que, contrairement aux déductions qu'il tire de sa théorie, le sol ne me présente pas l'aspect d'un plan vertical.

pieds exactement aux endroits voulus, sans avoir le temps de regarder chaque pierre sur laquelle on va marcher et d'en apprécier la distance. Bien qu'avec les verres je voie les pierres un peu plus nettement qu'à l'œil nu, je marche cependant bien plus sûrement sans m'en servir. Cette expérience a été pour moi une preuve frappante de l'exactitude et de la rapidité avec laquelle se produit, par suite de l'habitude, l'association entre les sensations et les mouvements.

Javal me fait observer que la modification du déplacement angulaire des objets pendant la marche contribue aussi pour beaucoup à la difficulté qu'éprouvent à se conduire dans la rue avec des lunettes les personnes qui n'ont pas l'habitude de corriger leur amétropie. C'est ainsi que cet observateur me fait part de la remarque suivante. En marchant avec un pince-nez correcteur de sa légère hypermétropie, il éprouvait d'abord le même sentiment que s'il se promenait sur des échasses : les verres convexes, en augmentant la vitesse angulaire apparente des anfractuosités du sol, laissent en effet le choix de croire que l'on marche plus vite ou que l'on se trouve plus loin de terre, et c'est cette dernière illusion qui se produit. En marchant avec des lunettes convexes, l'effet produit est inverse : les verres étant plus loin des yeux, le sol est vu sans leur intermédiaire, et dès qu'on s'est habitué à juger correctement à travers les verres la position des objets éloignés, on se trompe sur celle des pierres du chemin, et l'on est tenté à chaque instant de lever le pied, comme pour monter sur une marche d'escalier. On finit cependant bientôt par surmonter l'illusion produite par l'usage du pince-nez, ou même celle, plus compliquée, que produisent les lunettes ; on parvient, après quelque temps, à mettre ou à ôter les verres à chaque instant sans en éprouver aucun embarras. — Il est clair que les choses doivent se passer d'une manière analogue, mais inverse, pour les verres concaves.

Il me semble également que la modification apparente que subissent les couleurs du paysage lorsqu'on met la tête dans une position inaccoutumée, est en rapport avec la modification du relief qui se produit alors. — Tant que nous percevons nettement la troisième dimension des objets, les modifications que l'air interposé fait subir à leur coloration sont les attributs naturels et ordinaires de la distance, et ne se font, par conséquent, pas remarquer en elles-mêmes. Mais dès que nous modifions l'effet du relief en renversant la tête ou l'image et que le paysage nous apparaît comme un tableau plan, notre attention est particulièrement attirée par les colorations. Dans l'observation monoculaire du paysage, il se manifeste également une faible différence entre l'effet obtenu lorsque la tête est droite ou lorsqu'on regarde par-dessous le bras ;

cette différence me paraît provenir de ce que la partie supérieure de la rétine est fatiguée pour le vert du sol, et la partie inférieure pour le bleu du ciel, et que, pour cette raison, les couleurs deviennent un peu plus vives lorsqu'elles tombent sur d'autres parties de la rétine. Mais ce n'est qu'à la vision binoculaire que je vois ressortir bien nettement de la manière indiquée les tons que la perspective aérienne répand sur les objets éloignés. Il est encore à remarquer qu'à cet égard encore M. Hering assure ne trouver aucune différence entre l'observation monoculaire et l'observation binoculaire.

La raison de cette exactitude particulière que présente le relief dans l'horoptère, me paraît résider, ainsi que l'admet également E. Hering, dans la loi psychophysique de Fechner. — Pour les objets situés dans l'horoptère, les distances apparentes des divers points au point de fixation sont les mêmes; nous reconnaissons facilement et d'une manière exacte les moindres irrégularités qui se présentent par rapport à cette égalité. Elles répondent à une position du point objectif extérieure à l'horoptère. Mais lorsqu'il s'agit de reconnaître la forme d'objets qui ne sont pas situés dans l'horoptère, il n'y a plus seulement à tenir compte d'une différence qui peut exister entre les deux images : il faut apprécier, de plus, les distances qui séparent les deux images de chaque point de l'objet. D'après notre opinion, les points rétiniens correspondants sont ceux dont la position relative a été le plus souvent comparée expérimentalement ; d'après l'hypothèse anatomique, ce sont ceux qui présentent une connexion naturelle dans leur localisation. Dans les deux hypothèses, on comprend également que la comparaison des images correspondantes, ou à peu près correspondantes, se fasse plus facilement et avec plus de certitude que celle des images disparates.

C'est pour cette raison aussi que nous avons l'habitude involontaire d'amener autant que possible, dans l'horoptère, les objets que nous voulons voir d'une manière exacte et commode. Si, en tenant le plus commodément possible le livre dans lequel on lit, on vient à se procurer des images doubles et peu éloignées des lignes verticales, on les trouve parallèles ; par conséquent, la ligne horoptérique verticale est située dans le plan du papier. Les lignes horizontales du papier sortent assurément de l'horoptère pour les yeux disposés convenablement pour l'observation d'objets éloignés. C'est peut-être pour cette raison que les peuples européens ont donné une si grande prédominance aux lignes verticales dans la forme de leurs caractères d'impression et d'écriture.

Le second mode de comparaison des deux champs visuels consiste à tenir compte de la disposition apparente des objets dans le champ commun de la vision et à essayer de percevoir les *images doubles*. — J'ai déjà dit plus haut qu'en général c'est seulement au milieu des champs visuels qu'on reconnaît bien les images doubles, tandis qu'à la périphérie on rencontre de très-grossières inexactitudes. Mais la circonstance la plus importante qui nous empêche de percevoir la différence de position des deux images doubles d'un seul et même objet, c'est la représentation que nous nous faisons de l'unité de cet objet. Si, ainsi que nous avons cherché à l'établir, les mensurations du champ visuel reposent sur une estimation à vue d'œil acquise par l'habitude, la perception des images doubles se fonde également sur l'estimation ; aussi cette perception peut-elle, comme toutes les estimations oculaires, être sujette à erreurs excessivement grandes par l'effet d'influences psychiques de toute espèce, et, en particulier, par celle qui nous impose l'idée, vraie ou fausse, que les deux images appartiennent à un seul et même objet. C'est pour cette raison que la dissemblance des deux images nous échappe avec une facilité bien plus grande lorsque ces images sont relatives à un même objet réel, tant que cette différence n'est pas trop considérable et trop frappante ; c'est pour la même cause encore que la plupart des personnes n'ont jamais remarqué les doubles images, bien que la présence de ces images soit à peu près continuelle dans le champ de la vision. Il nous est difficile également de dissocier les images doubles des lignes de même couleur et de même intensité, lorsque celles-ci sont tracées de manière à représenter à peu près exactement les images d'une seule et même ligne objective. Mais ce sont les mouvements de l'œil qui donnent le principal obstacle à la perception des images doubles. Lorsque nous examinons un objet, nous fixons successivement différents points de sa surface de telle façon que les fossettes rétiniennes reçoivent constamment des images correspondantes. Ces images sont à la fois celles qu'on perçoit avec le plus de netteté et qui attirent le plus l'attention. Dès que notre attention commence à se porter sur un point de l'objet qui soit situé latéralement, et qui présente peut-être des images doubles, nos yeux se mettent presque involontairement à le fixer, ce que nous ne pouvons empêcher qu'en y apportant un effort d'attention tout particulier.

Aussi, pour distinguer le mieux possible des images doubles, faut-il d'abord éviter les mouvements des yeux et s'assurer un point de fixation bien déterminé. En second lieu, il est bon de donner, aux images à distinguer, des colorations ou des intensités différentes, ce qui rend difficile ou impossible leur interprétation comme images d'un même objet. En troisième lieu, on peut souvent produire toutes sortes d'autres différences entre les images, soit en les couvrant partiellement, soit en y ajoutant des points de repère dissemblables, afin d'attirer l'attention de l'observateur sur les différences qu'elles présentent, ce qui permet d'amener à une assez grande délicatesse la distinction des images doubles.

On a vu plus haut, à l'occasion de la recherche des positions des lignes et des points correspondants, les méthodes à l'aide desquelles on peut éviter les difficultés en question, et obtenir la plus grande exactitude possible dans la comparaison des égalités apparentes que présentent les deux champs visuels. Mais lors même qu'on emploie les meilleures méthodes, la comparaison des grandeurs correspondantes des deux champs visuels est bien plus imparfaite que celle des dimensions analogues dans le même champ.

Les expériences de Volkmann, qui ont été décrites plus haut, sont très-propres à nous donner, à cet égard, des nombres déterminés. — Dans celles qui ont été faites suivant le schéma de la figure 203 et décrites page 892, il compara les distances verticales entre deux couples de lignes horizontales situés respectivement dans le champ visuel droit, à droite de la ligne médiane, et dans le champ visuel gauche, à gauche de la ligne médiane. Dans le champ de vision commun, les deux couples paraissaient se rejoindre sur la ligne médiane. Dans l'un, la distance des lignes était fixe et de $5^{mm},5$. La moyenne de trente observations de ce genre, où Volkmann cherchait à rendre l'intervalle variable du second couple égal à celui du premier, donna des nombres qui s'accordaient assez bien et ne s'écartaient de la valeur réelle que de $0^{mm},01$ et de $0^{mm},03$. Mais si l'on considère les observations une à une, on trouve que, dans la première série (horizontale mobile à droite), il avait trouvé successivement égales à $5^{mm},5$ des distances de 6,0, puis de 5,0 ; de même, la seconde série présente des observations qui ont donné 5,0 et 5,85. Dans d'autres séries où les lignes étaient verticales, on trouve 5,55 et 4,75, puis 5,55 et 4,85, pour des distances qui furent jugées égales à 5,2.

Il serait assurément tout à fait impossible de commettre des erreurs aussi considérables si les deux couples de lignes étaient juxtaposés dans le même champ visuel. La difficulté de la comparaison binoculaire me paraît provenir principalement de ce que la fixation est difficile à maintenir bien invariable, et que, pour cette raison, les deux champs visuels présentent continuellement de petites oscillations dans leur mode de coïncidence. Pour m'en assurer, j'ai dessiné, sur une feuille de papier, deux lignes parallèles à $5^{mm},5$ d'intervalle et allant jusqu'au bord ; j'ai tracé, de même, sur une seconde feuille, deux lignes faiblement convergentes, dont la distance était de 4,5 à l'un des bords du papier, et de 6,5 à l'autre ; je posai ensuite la première feuille sur la seconde, de telle façon que les lignes convergentes fussent encore en partie visibles, et parussent être les prolongements des lignes parallèles. Imitant alors les oscillations des champs visuels en donnant un mouvement de va-et-vient à la feuille supérieure, je cherchai à déterminer *avec un seul œil*, si les lignes convergentes présentaient, sur le bord du papier où on les voyait paraître, le même intervalle que les lignes parallèles. Dans cette expérience, les deux couples de lignes apparaissaient donc dans le même champ visuel, et l'on imitait, par les mouvements de l'un des deux, les oscillations des axes oculaires qui accompagnent la vision binoculaire. D'un autre côté, je pouvais recouvrir d'un papier blanc une partie du couple de lignes convergentes, puis, comme dans les expériences de Volkmann, en amener, à la vision binoculaire, la partie visible au contact du couple de lignes parallèles ; de sorte que, dans le champ de vision commun, les deux couples étaient contigus et paraissaient être le prolongement l'un de l'autre. Cette méthode est un peu plus avantageuse que celle de Volkmann, chez qui une ligne de chaque couple était tracée tout entière et se fusionnait avec la ligne correspondante de l'autre; dans mes expériences, au contraire, comme dans celle décrite page 899, et faite d'après le schéma de la figure 205, il n'y avait aucune fusion, mais seulement continuation apparente des deux lignes. Il se trouva que les différences de 1/2 millimètre dans les distances des deux couples de lignes apparaissaient aussitôt, et que des différences de 1/4 de millimètre n'échappaient guère. Il résulta de ces expériences que la comparaison des distances correspondantes réussissait presque aussi bien chez moi à la vision binoculaire qu'à la vision monoculaire, à condition d'imiter, dans ce dernier cas, les déplacements relatifs des deux champs visuels par un mouvement oscillatoire continuel de l'un des dessins.

Les erreurs atteignirent également des valeurs très-considérables dans les expériences où Volkmann comparait la direction d'une ligne située dans l'un des champs visuels avec celle d'une ligne située dans l'autre. Dans ce cas, les différents chiffres s'écartent souvent de la moyenne, d'un demi-degré et parfois d'un degré, en plus ou en moins. Mais il est tout à fait impossible de considérer comme formant une ligne droite deux lignes qui comprennent, dans le champ visuel monoculaire, un angle de 179° ; on néglige même difficilement la déviation de deux lignes qui forment un angle de 179° 1/2. Il serait encore plus impossible de considérer comme parallèles deux lignes situées l'une à côté de l'autre dans le champ monoculaire, et qui formeraient entre elles un angle d'un degré ou d'un demi-degré. Si des aberrations de cette importance passent inaperçues dans la comparaison des deux champs visuels, cela me paraît devoir provenir des oscillations que présentent les torsions dans les deux yeux, et que l'on peut percevoir à l'aide des images accidentelles, ainsi que je l'ai fait remarquer plus haut. Il n'y a rien d'extraordinaire à ce que les moyennes d'un grand nombre d'expériences puissent donner un résultat très-exact, malgré ces oscillations qui accompagnent chacune d'elles.

D'après ce qui précède, il est assez naturel d'admettre que si l'appréciation de la troisième dimension des objets réels est susceptible d'une exactitude bien plus grande, cela tient à ce que nous sommes infiniment plus habitués à parcourir du regard les contours d'un objet réel vu binoculairement, qu'à maintenir une fixation invariable, en présence d'images dissemblables des deux rétines.

Sous ce rapport, je dois appeler l'attention sur un fait que j'ai souvent observé. Lorsque j'ai devant les yeux un dessin stéréoscopique difficile à fusionner, je ne parviens que péniblement à faire coïncider les lignes et les points analogues, et ils se séparent de nouveau à chaque mouvement des yeux. Mais dès que j'ai acquis une notion bien vive de la forme représentée par le dessin, ce qui arrive souvent tout à coup, par suite d'une heureuse interprétation, je puis promener en toute assurance mes yeux sur la figure, sans crainte de voir les deux images se séparer de nouveau. La nature de la forme de l'objet commande la règle du genre de mouvement que doivent exécuter les lignes de regard pour l'examiner ; on peut même, ce me semble, se demander, avec quelque raison, si la notion visuelle de la forme d'un corps présente, en somme, une existence réelle autre que de s'offrir à nous comme une règle des mouvements des yeux. Nous devons, du moins, donner à cette question une réponse négative, si nous considérons la mensuration des champs visuels comme étant le résultat des expériences que nous avons faites à l'aide des mouvements des yeux.

Passons à l'étude des circonstances qui restreignent l'exactitude de la comparaison des deux champs visuels, c'est-à-dire à l'examen des cas où l'on voit coïncider des images représentées sur des points non correspondants des deux rétines, et des cas où des images représentées sur des points correspondants paraissent occuper des positions différentes dans le champ de la vision.

La principale des causes qui peuvent provoquer la fusion des images de points rétiniens disparates est l'analogie qu'elles présentent avec les deux images perspectives d'un seul et même objet. Plus une semblable analogie est complète, plus il nous devient difficile d'échapper à la représentation d'un seul objet solide, et de comparer, indépendamment de cette idée, la disposition et la distance relatives des lignes et des points vus isolément dans le champ de la vision.

Si nous considérons, par exemple, les deux couples de lignes verticales de la figure *E* (pl. VII), en fixant, respectivement avec chaque œil, la plus à droite des lignes du couple qui lui est offert, l'image binoculaire nous présente deux lignes dont celle de droite est située un peu plus loin que celle de gauche. Dans cette expérience, les deux images de la ligne de gauche ne peuvent pas tomber sur des portions rétiniennes correspondantes, car les deux lignes de l'image de droite sont distantes de 3^{mm},5, et celles de l'autre, de 2^{mm},7 seulement, c'est-à-dire de 0^{mm},8 en moins. Cependant il me semble presque impossible de distinguer que l'une ou l'autre des deux lignes, qui paraissent situées dans un plan oblique par rapport au papier, apparaisse double. Je ne vois se produire de tendance à voir double l'une des lignes, que lorsque je fixe l'autre d'une manière attentive et soutenue. Il est peut-être quelques observateurs qui, même dans ces conditions, réussissent à percevoir facilement les doubles images, et il en est d'autres auxquels cela est absolument impossible ; en effet, sous ce rapport, on rencontre de très-grandes différences individuelles.

Dans les couples de lignes *H* (pl. VII), la différence des distances est plus grande (3^{mm},7 et 7 millimètres ; différence, 3^{mm},3). Une fois la fusion obtenue, je parviens à voir également cette figure représenter deux lignes situées à une grande distance en avant l'une de l'autre ; mais les images doubles de l'une, et même parfois des deux lignes, ne disparaissent jamais d'une manière complète, parce que la distance de ces doubles images est relativement trop considérable.

Dans la figure *J*, les deux couples de lignes verticales présentent également des écartements assez différents (6^{mm},7 et 9^{mm},2 ; différence 2^{mm},5) ; cependant la différence de leurs distances est moindre que pour les couples *H*, et la fusion est facilitée par les lignes supérieures et inférieures qui donnent à la figure l'aspect d'un plan rectangulaire vu en perspective. Dans cette dernière figure, la différence est précisément convenable pour me permettre d'obtenir, d'une manière facile et complète, la fusion stéréoscopique sans cesser de pouvoir distinguer cependant les images doubles, pour peu que j'y porte mon attention. Si, dans ces conditions, je fixe l'une des lignes verticales, l'autre paraît double, et j'ajouterai que c'est la plus courte et la plus à droite des lignes verticales de l'image binoculaire qu'il m'est le plus facile de voir double. Tandis que je fixe la ligne de droite de l'image totale, si je viens à faire augmenter très-lentement la convergence des yeux en produisant graduellement et avec beaucoup de précaution l'effort musculaire nécessaire, que je connais par suite d'une longue habitude, je puis obtenir des images doubles très-voisines (éloignées de 1^{mm} à $1^{mm}\ ^1/_2$) de la ligne de droite ; alors la ligne de gauche doit continuer à paraître double, et je peux m'assurer, par moments, qu'il en est véritablement ainsi. Cependant il est très-difficile de maintenir, pendant un certain temps, une semblable position des yeux sans être soutenu par un objet de fixation déterminé, et les oscillations continuelles des lignes de regard se traduisent par les variations correspondantes de l'intervalle des deux images de la ligne de droite. Sur la figure *H*, je réussis plus facilement à maintenir le regard de telle façon que le couple de gauche paraisse entièrement compris dans celui de droite, position où les quatre lignes apparaissent isolément.

Lors donc que l'observateur est suffisamment maître des mouvements de ses yeux, il peut amener à volonté les deux images à se superposer dans la position qu'il veut, et il peut parvenir à distinguer, en général, les images doubles dans toute position donnée, pourvu que ces images ne soient pas par trop voisines.

J'ai d'ailleurs parfaitement conscience de la manière dont je dois diriger mon attention pour voir ou pour ne pas voir les images doubles. Lorsque je ne veux pas les voir, je cherche à mesurer, avec le regard, de combien la ligne de droite de la figure *E*, *H* ou *J* est plus éloignée de moi que celle de gauche; je porte donc mon attention sur la perception du relief. Si je veux voir les images doubles, je cherche à apprécier quelle est la forme de l'image, considérée comme figure plane, quelle est, par exemple, la distance horizontale qui sépare les lignes verticales dans le plan du papier, et autres choses semblables. Cette différence dans la manière d'observer me paraît tout à fait analogue à celle qui se présente, par exemple, lorsque je cherche à apprécier la forme des faces d'un cube que je verrais devant moi dans une position oblique. Je puis, d'une part, examiner le cube pour voir si ses faces sont réellement rectangulaires et si ses arêtes sont égales, ce qui peut se faire avec un certain degré d'exactitude même lorsqu'on le regarde obliquement. Je puis encore, d'autre part, essayer de dessiner le cube et examiner ses faces dans l'intention de distinguer la forme des parallélogrammes qu'elles découpent dans le champ visuel. Si tel est mon but, je m'applique à voir de combien les angles qui paraissent obtus semblent plus grands que ceux qui paraissent aigus, de combien l'une des diagonales d'une face paraît plus grande que l'autre, et ainsi de suite. Il m'est possible de passer à volonté de l'une à l'autre de ces deux manières de voir. Si les faces sont très-déformées par la perspective, au moment où je perçois distinctement que les angles des faces sont tous égaux et droits, je ne puis cependant pas complétement m'empêcher de voir que les trois angles droits groupés autour de l'un des sommets paraissent, dans l'image, mesurer ensemble quatre angles droits, et, en général, que les différents angles droits paraissent différemment grands. Mais lorsque l'obliquité n'est pas considérable, la plus grande attention et la plus grande habitude pourront ne pas suffire pour me faire distinguer que les différents angles droits paraissent avoir des grandeurs différentes dans le champ visuel ; c'est ce qui a lieu, par exemple, lorsque mon œil se trouve dans le prolongement de l'une des arêtes, position où je n'ai devant moi qu'une seule face du cube, qui présente seulement une faible inclinaison par rapport à la ligne de regard. Nous sommes, en général, bien mieux exercés à apprécier exactement la forme véritable des corps que leur aspect dans le champ visuel, et c'est à cette circonstance que tient l'une des principales difficultés du dessin d'après nature.

Les choses se passent d'une manière tout à fait analogue pour l'appréciation du relief et des images doubles dans le champ visuel. — Si je porte mon attention sur le relief, les distances différentes des points correspondants de l'image deviennent, d'après l'expérience, les signes sensuels de la forme solide de l'objet extérieur, et leur dissemblance ne s'impose à l'attention de l'observateur que lorsqu'elle est très-prononcée ; absolument comme, dès que la déformation perspective est considérable, la forme rhomboïdale apparente des surfaces du cube ne peut pas être complétement oubliée, bien que l'on perçoive en même temps la forme carrée qu'elles possèdent en réalité.

Il m'est possible, cependant, de porter mon attention sur les particularités du champ de vision, et je remarque alors entre les deux images des différences qui m'avaient échappé ; mais la perception du relief peut s'imposer aussi et entraîner à laisser passer inaperçues de très-petites différences des deux aspects du corps, de même que la perception de la forme réelle du cube peut m'empêcher complétement de voir de très-petites déformations perspectives de ses surfaces. Dans l'un comme dans l'autre cas, il s'agit de reconnaître, dans le champ de vision, l'inégalité de certaines dimensions que nous savons, par expérience, être l'expression sensuelle de grandeurs égales dans l'espace objectif ; seulement dans l'un des cas les deux grandeurs à comparer ne sont pas situées dans le même champ visuel, tandis que, dans l'autre, elles sont situées toutes les deux dans le champ commun de la vision.

Du reste, lorsque je cherche à me procurer la notion de profondeur sur les figures *H* et *J*, j'y réussis le mieux en laissant errer le regard de l'une à l'autre extrémité de cette profondeur. Mais j'y parviens encore, d'une manière moins vive, il est vrai, en maintenant le regard immobile, et les images doubles qui surgissent de temps en temps me prouvent que je fixe alors de manière à faire coïncider les milieux des deux figures : les deux verticales de l'image binoculaire deviennent doubles au même instant. La position adoptée est celle qui donne, en somme, le moindre écartement des images doubles.

On peut faciliter l'apparition des images doubles en disposant sur les deux images à fusionner des marques différentes, souvent même très-légères, et qui s'opposent à l'interprétation d'après laquelle les deux images appartiendraient à un seul et même objet. — Ainsi, comme Volkmann l'a fait voir, il suffit de recouvrir d'un papier blanc la moitié d'une des lignes de la figure *E*, ou de tracer deux lignes horizontales à des hauteurs différentes, dans l'intervalle des deux couples verticaux, de façon qu'il se forme des figures analogues à des H, mais dont les lignes transversales soient à des hauteurs différentes. On peut encore, dans la figure *P* (pl. IX), faire l'un des couples de lignes noir sur fond blanc et l'autre blanc sur fond noir, ce qui rend plus difficile la combinaison stéréoscopique, sans la rendre impossible. La figure *G* (pl. VII) reproduit les couples de lignes de la figure *E*, en y ajoutant deux points situés à la même distance de la ligne gauche de chaque couple, ces points étant l'un en dedans et l'autre en dehors de la ligne de droite. Si l'on fusionne les deux points en les fixant, les deux lignes situées de part et d'autre du point de fixation se séparent immédiatement; en effet, comme l'une est à droite et l'autre à gauche du point fixé, c'est une différence bien plus remarquable que lorsqu'elles sont toutes les deux du même côté du point de fixation et seulement à des distances différentes de ce point. Mais alors même qu'on fixe la ligne de gauche, le point paraît simple, tandis que la ligne de droite, qui semble passer derrière ce point, paraît assez facilement double. Nous sommes ici sous l'empire d'une perception qui nous représente la ligne de droite comme à la fois plus rapprochée et plus éloignée que le point, et comme nous distinguons que le point est à une distance invariable de la ligne de gauche, il faut bien admettre que les deux images de la ligne de droite sont séparées. Par une sorte de contraste, le point, qui devrait paraître dans le plan du papier, paraît avancer, comme si, dans l'image de droite, il était plus rapproché de la ligne de gauche que dans l'image de gauche.

La fusion peut également se produire pour des points situés à des hauteurs un peu différentes au-dessus ou au-dessous de l'horizon rétinien : par exemple, lorsqu'on amène à se superposer les deux couples de lignes de la figure *F* (pl. VII), l'écartement étant respectivement de

3^{mm} et de $3^{mm},7$ dans les couples de gauche et de droite. Ce cas trouve son analogue dans la réalité, lorsqu'on a devant les yeux deux lignes horizontales situées latéralement par rapport au plan médian. Des lignes ainsi situées n'étant pas à la même distance des deux yeux, leur intervalle paraît plus grand à l'un qu'à l'autre. Mais les différences entre les dimensions verticales, qui peuvent se présenter dans l'observation d'objets réels, sont généralement faibles relativement à celles qui se présentent entre les distances horizontales. C'est pour ce motif, sans doute, que nous ne pouvons fusionner que des images dont les dimensions verticales ne présentent que de très-faibles différences. De plus, la fusion de ces lignes, et même celle de lignes dont les distances diffèrent encore bien moins, disparaît assez rapidement pour faire place à la vision double de l'une des lignes, si l'on a soin de fixer d'une manière bien inébranlable.

Il faut encore insister sur ce point que ce n'est pas seulement sur les parties plus ou moins latérales de la rétine, mais aussi sur les parties même les plus centrales qu'il nous est possible de fusionner des images disparates. Lorsque je fusionne les deux croix de la figure *L* (pl. VIII) et que je fixe le centre de l'image binoculaire, les deux lignes verticales situées à droite de ces croix doivent paraître se réunir pour former une ligne continue. C'est ce qui a lieu, en effet, lorsque je fixe attentivement et exactement le centre de la croix; mais cela n'arrive pas toujours lorsque je n'apporte pas une attention particulière à la fixation. En effet, tantôt c'est la verticale supérieure, tantôt la verticale inférieure qui paraît alors située plus loin de la croix, et la distance qui sépare les deux verticales peut bien atteindre un millimètre au moins, sans que la verticale de la croix se dédouble sensiblement. Si j'examine d'abord le dessin naturellement, ce qui exige une position convergente, et que je fasse diverger peu à peu les yeux jusqu'à ce que les croix coïncident, c'est ordinairement la partie supérieure de la verticale, celle qui appartient à l'image du côté droit, qui paraît la plus éloignée. Les yeux conservent donc une convergence un peu trop forte. Mais je puis encore, à volonté, donner aux lignes visuelles un écartement un peu plus grand (ce qui, pour moi, reste toujours de la convergence, puisque la distance de mes yeux est de 68^{mm}, tandis que celle des dessins est seulement de $63^{mm},5$) ; alors la moitié supérieure de la ligne verticale se rapproche un peu plus de la croix que la moitié inférieure. Dans ce cas, les oscillations des verticales latérales, dont les positions sont faciles à comparer, trahissent l'existence, dans la position des yeux, d'oscillations qui ne se décèlent pas par le dédoublement de la ligne verticale de la croix que l'on paraît fixer. C'est là une circonstance dont il faut avoir bien soin de tenir compte dans les expériences sur les images doubles. Il ne faut pas croire que, dans la fixation ordinaire et peu exacte d'un point, celui-ci se représente toujours sur des points exactement correspondants des milieux des rétines. C'est ainsi que, pour ma part, je fixe toujours les figures E et F de telle façon que les deux lignes les plus voisines sont toujours comprises entièrement entre les deux autres. Pour m'en assurer, il me suffit de recouvrir, à partir d'une extrémité, la moitié de l'un des couples de lignes avec une feuille de papier blanc.

Je m'étais d'abord proposé d'employer une figure analogue à L pour déterminer la grandeur des portions correspondantes sur la ligne horizontale, mais je ne pus pas l'utiliser parce que, pour moi, la ligne verticale de la croix paraît toujours simple, même lorsque les verticales latérales subissent des déplacements assez considérables. L'expérience réussissait beaucoup mieux lorsque je supprimais également, dans chaque figure, l'une des moitiés de la verticale de la croix.

Une verticale tracée sur l'une des figures peut aussi se fusionner avec deux verticales qui lui correspondent à peu près dans l'autre. — La figure T (pl. X) présente deux lignes à gauche et trois à droite. Si l'on fait coïncider exactement les lignes situées le plus à gauche dans les deux groupes, l'image de la ligne située à droite dans le groupe gauche vient se placer entre les deux lignes de droite du groupe droit et se fusionne avec elles. On obtient alors l'impression d'une image de trois lignes dont la plus à droite est plus loin de l'observateur que la ligne située le plus à gauche, la troisième étant plus voisine de lui que les deux autres. Les trois lignes paraissent être les arêtes d'un prisme rectangulaire, et elles sont, en effet, l'expression optique d'un semblable prisme dont le prolongement de l'une des faces passerait par l'œil gauche de l'observateur. Pour reconnaître où se trouve l'image de la ligne simple de la figure de gauche, on a marqué un gros point sur le milieu de cette ligne. Lorsque je fixe la ligne de gauche de l'image binoculaire, ce point se place tantôt sur l'une, tantôt sur l'autre ligne de la paire correspondante, tantôt dans l'espace qui les sépare : on prend ainsi sur le fait les oscillations de la convergence.

Il m'est possible également de fusionner deux cercles de rayon un peu différent, tels que ceux de la figure R (pl. X). — Cette expérience répond au cas réel où l'observateur regarde un cercle (ou une sphère) situé en dehors de son plan médian de manière à être plus voisin d'un œil que de l'autre. On peut fusionner ainsi, d'une manière facile et assez durable, les parties verticales des deux cercles, tandis que les arcs horizontaux se dédoublent facilement, à moins que la différence des rayons des deux cercles ne soit relativement très-faible. On prend pour point de fixation le centre de l'image binoculaire. Je dois faire observer qu'en faisant cette expérience je me suis surpris à tourner involontairement la tête vers le cercle le plus petit, ce qui égalisait à peu près la grandeur apparente des deux cercles. La fusion se faisait naturellement alors d'une manière bien plus complète. Mais si l'on cherche à fusionner un cercle avec deux autres dont l'un est un peu plus petit et l'autre un peu plus grand que le premier, comme dans la figure *S* (pl. X), la fusion a certainement lieu pour les arcs qui sont à peu près verticaux, et, le plus souvent, le cercle simple coïncide d'un côté avec celui qui est plus grand, et, de l'autre, avec celui qui est plus petit. En haut et en bas, au contraire, les cercles se séparent, et l'on voit des arcs du cercle simple passer du grand au petit. On voit donc, dans l'image binoculaire, deux cercles reliés en haut et en bas par un arc qui n'est perçu, il est vrai, que d'une manière assez vague et confuse. Le cercle intérieur paraît être en arrière du cercle extérieur vers la droite et en avant de ce cercle, vers la gauche, ce qui provient d'un effet stéréoscopique analogue à celui des verticales de la figure *T* (pl. X). Ici encore la fusion a lieu en tant qu'on peut trouver de l'analogie entre les dessins combinés et des objets réels ; les cercles se dissocient là où cette analogie fait défaut.

Volkmann (1) a exécuté une série de mensurations sur les valeurs limites des différences qui deviennent imperceptibles dans la vision stéréoscopique. — Il regardait, à l'aide d'un stéréoscope, deux couples de lignes noires sur fond blanc, que nous nommerons *ab* et *cd*. L'une de ces lignes, *d*, était un cheveu tendu dans une fenêtre mobile dans une coulisse horizontale. On plaçait d'abord la fenêtre de manière à combiner *a* et *c*, *b* et *d*, puis on approchait ou l'on éloignait la ligne *d* de la voisine *c*, jusqu'à ce qu'on la vît se séparer de la ligne *b* de l'autre couple, avec laquelle elle était fusionnée jusque-là. L'angle visuel, modifié par les lentilles du stéréoscope, était le même que si les lignes avaient été observées à 150^{mm} de distance.

Bien que, dans ces expériences, l'observateur fût censé fixer invariablement l'une des lignes de l'image binoculaire; je crois cependant pouvoir admettre, d'après mes expériences décrites plus haut, qu'en réalité il plaçait les yeux de telle sorte que les deux lignes fusionnées auraient donné des images doubles à peu près également distantes, dans le cas où ces images auraient pu être perçues. Je pense donc que les véritables distances des images doubles à fusionner n'étaient guère

(1) *Archiv für Ophthalmologie*, II, 2, p. 32-59.

que de moitié ou d'un peu plus de moitié des différences des deux distances comparées.

J'indique ci-dessous un résumé des résultats de Volkmann, et dont chacun est la moyenne de 15 observations. Les valeurs de la distance *cd* sont les plus fortes qu'il était possible de fusionner avec *ab*; les longueurs sont exprimées en millimètres.

Nos.	OBSERVATEURS.	*ab*	*cd*	*ab* — *cd*	OBSERVATIONS.
1	VOLKMANN	5,3	3,46 7,57	+ 1,84 — 2,27	Lignes verticales.
2	....	5,3	4,52 6,62	+ 0,78 — 1,32	De même, 2 mois plus tard.
3	....	1,5	0,91 3,25	+ 0,59 — 1,75	De même.
4	....	8,0	5,91 10,99	+ 2,09 — 2,99	De même.
5	....	5,3	4,88 6,05	+ 0,42 — 0,75	Lignes horizontales.
6	....	1,5	1,15 1,97	+ 0,45 — 0,47	De même.
7	....	8,3	7,26 9,01	+ 1,04 — 0,71	De même.
8	SOLGER	5,3	2,13 10,00	+ 3,17 — 4,70	Lignes verticales.
9	....	5,3	4,66 5,91	+ 0,64 — 0,61	Lignes horizontales.
10	KRAUSE	5,3	3,21 8,48	+ 2,09 — 3,18	Lignes verticales.
11	....	5,3	4,92 5,86	+ 0,38 — 0,56	Lignes horizontales.

On voit, dans ces observations, des différences individuelles considérables entre les différents observateurs; les nombres varient même beaucoup pour le même observateur, par l'effet de l'exercice.

En effet, les chiffres prouvent que M. Volkmann voyait plus tôt les images doubles, après avoir fait des expériences de ce genre d'une manière persévérante pendant deux mois. La facilité relativement plus grande avec laquelle il vit, dès l'abord, les images doubles, lorsque ces images différaient peu, tient sans doute aussi à ce qu'il était bien plus exercé que les deux autres observateurs dans l'exécution des expériences d'optique physiologique ; cependant on peut également admettre que l'adresse de l'évaluation oculaire présente, dans ses différentes applications, des variations individuelles considérables. Les chiffres montrent, de plus, comme on l'a déjà vu plus haut, qu'on reconnaît mieux les distances verticales que les distances horizontales des lignes horizontales, dans les deux champs visuels; de plus, l'appréciation de ces dernières présente de moindres variations individuelles. Si l'on considère qu'il ne faut probablement guère prendre que la moitié des différences indiquées, qu'il faut encore en retrancher environ un dixième de millimètre pour la largeur des lignes elles-mêmes, qu'enfin la plus petite distance visible, à 150^{mm}, est d'environ un vingtième de millimètre, il reste, en réalité, peu de marge pour la fusion, dans quelques-unes des expériences sur les lignes horizontales.

D'autres séries d'expériences de Volkmann montrent qu'en général, à mesure que l'angle compris entre les lignes et la verticale augmente, les différences de leurs distances compatibles avec la fusion diminuent, cette différence présentant son minimum pour la direction horizontale.

Volkmann rechercha, de plus, quelles sont les plus grandes différences de direction compatibles avec la fusion des deux lignes. — Les deux lignes formaient les diamètres des deux disques mobiles autour de leurs centres. On les plaçait d'abord parallèlement, et faisant avec la verticale un angle que l'on notait. Puis on faisait tourner le disque droit successivement à droite et à gauche jusqu'à cessation de la fusion stéréoscopique; la différence de direction des deux lignes, obtenue alors,

ANGLE FORMÉ AVEC LA VERTICALE.	DISTANCE ANGULAIRE.		
	VOLKMANN.		SOLGER.
	$D = 60^{mm}$.	$D = 20^{mm}$.	$D = 60^{mm}$.
0°	5°,5	7°,4	17°,5
10°	5°,1	6°,9	15°,5
20°	4°,4	6°,1	14°,0
30°	3°,8	5°,8	11°,5
40°	3°,7	5°,3	10°,2
50°	3°,4	4°,4	8°,9
60°	2°,7	4°,1	6°,2
70°	2°,4	3°,3	4°,5
80°	1°,9	2°,8	3°,9
90°	1°,5	2°,1	2°,9

est indiquée dans le tableau ci-dessus sous le nom de *distance angulaire*. Les nombres sont des moyennes de 20 (Volkmann) ou de 30 (Solger) observations; la longueur des lignes est désignée par D.

Il résulte de ces expériences que les lignes à peu près verticales se fusionnent malgré des différences de direction plus grandes que les lignes à peu près horizontales, et que cette fusion est soumise à de notables variations individuelles. Les lignes courtes se fusionnent plus facilement que les longues.

Wheatstone, l'inventeur du stéréoscope, fut amené par ses expériences à soutenir que, de même que des images disparates peuvent se confondre en une seule dans la projection stéréoscopique, de même des points correspondants des deux images rétiniennes peuvent être localisés dans deux parties différentes de l'espace, et par conséquent, paraître doubles. — Cette assertion a donné lieu à de vives controverses; cependant, si on ne la considère que dans son sens véritable et avec sa restriction nécessaire, on ne peut guère se refuser à l'admettre. En effet, si l'on accorde que, dans certaines conditions et dans un certain sens, on peut voir simples des images disparates, il s'ensuit nécessairement que, dans les mêmes conditions et dans le même sens, on doit voir doubles des images correspondantes. Soient (figure 209) AC et BD

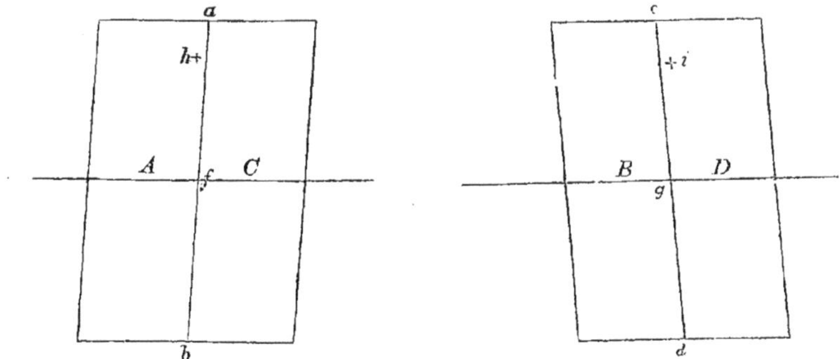

FIG. 209.

deux surfaces, A et B colorés en vert, C et D en rouge. Supposons qu'elles appartiennent à des images stéréoscopiques quelconques et qu'elles forment, pour l'observateur, l'image simple d'un plan oblique, de telle sorte que la ligne ab se confonde avec cd, bien que les directions de ces deux lignes ne se correspondent pas exactement. Soient f et g les points fixés sur ces deux dessins, et h et i deux points correspondants, situés respectivement sur les verticales élevées en f et en g. Les points h et i peuvent se trouver sur des côtés différents par rapport à *ab* et à *cd*, parce que, d'après notre hypothèse, ces lignes ne sont pas correspondantes. Dans la figure, les points sont représentés par de petites croix destinées seulement à en indiquer la position ; il est entendu que, dans les images stéréoscopiques, rien ne les distingue du fond sur lequel ils sont situés. L'image stéréoscopique de la surface inclinée est entièrement verte à gauche et rouge à droite de la ligne de séparation, qui est aussi vue binoculairement ; par conséquent le point *h* qui est dans le vert, et le point correspondant *i* qui est dans le rouge, apparaissent respectivement à gauche et à droite de la ligne de séparation des deux couleurs. La disposition des points dans chaque champ visuel ne peut évidemment pas être modifiée par l'acte de vision commune. Par conséquent les deux points *h* et *i* sont localisés *en deux points différents de la surface inclinée apparente*, mais non pas en deux points différents du champ visuel, car on ne s'occupe aucunement de ce champ. Mais naturellement cette localisation persiste seulement autant que l'aspect du relief empêche la comparaison exacte des positions de *ab* et de *cd* relativement aux horizons rétiniens. Détournons notre attention de l'objet solide que nous croyons voir pour la reporter sur la forme des images dans le champ visuel, il nous sera peut-être possible, en nous y exerçant, de dissocier les deux lignes *ab* et *cd*, et d'apercevoir entre elles une bande formée à la fois de vert et de rouge, et où le vert du point *h* se confondrait avec le rouge du point *i*.

Je ferai encore remarquer ici que les partisans de l'identité native des rétines admettent que, dans cette expérience, l'antagonisme des champs visuels effacerait dans chacune des images les parties qui répondent aux limites des surfaces colorées. D'après cette opinion, le vert et le rouge situés le long de chacune des limites *neutraliseraient* le rouge ou le vert des parties correspondantes du fond. Même si nous admettons qu'il en soit ainsi, on pourra encore choisir pour *h* et *i* une position dans laquelle il y aurait équilibre de l'antagonisme, et alors toutes nos objections subsisteront.

Les points *h* et *i* ne doivent pas être marqués de la même façon dans la figure, parce qu'il en résulterait alors la représentation d'un objet situé derrière la ligne combinée *ab-cd* ; par suite, dans la notion produite, on ne pourrait plus s'en tenir à la considération de lignes et de points situés *à côté* l'un de l'autre.

Si l'on veut désigner des points correspondants tels que leurs images apparaissent séparées, il faut les désigner de manières différentes. Wheatstone a proposé, à cet effet, une expérience célèbre. On trace, dans des positions correspondantes des deux champs visuels, une forte ligne noire et une ligne très-fine ; cette seconde ligne est coupée, sous un petit angle, par une autre ligne forte : dans la combinaison stéréoscopique, les deux lignes fortes paraissent se confondre en une seule, inclinée par rapport à la surface du papier, tandis que la ligne fine paraît se trouver à côté, dans le plan du papier. Dans la figure de Wheatstone, les deux lignes qui doivent se fusionner présentent assurément des différences d'inclinaison assez grandes pour que la plupart des observateurs puissent les voir facilement doubles, et beaucoup d'auteurs en ont fait la remarque. Wheatstone lui-même est évidemment un des observateurs qui peuvent laisser inaperçues des images doubles très-écartées ; chaque observateur doit adapter à ses yeux les différences d'inclinaison des lignes à fusionner. Je trouve que l'effet est encore plus certain, si l'on offre à chaque œil une ligne forte et une ligne mince qui se coupent de telle façon que la ligne forte d'un côté réponde à la ligne mince de l'autre; c'est ce qui est réalisé, d'une manière convenable pour mes yeux, par la figure *M* (pl. VIII). Il faudrait, il est vrai, une disposition un peu différente des figures pour les observateurs chez qui les méridiens verticaux apparents présenteraient une divergence autre que chez moi. Dans la figure en question, je vois la ligne forte se fusionner avec la ligne forte, la ligne faible avec la ligne faible, et je ne parviens en aucune façon à voir coïncider la ligne forte du côté gauche avec la ligne faible du côté droit. Cependant, ces lignes ne paraissent parfaitement parallèles entre elles que lorsque je dissocie les images en modifiant la divergence des yeux. Il ne faut pas croire, non plus, que l'une des images, s'efface et passe complétement inaperçue : il ne pourrait se produire alors aucun effet de relief ; or la ligne épaisse paraît manifestement se rapprocher de l'observateur, par sa partie supérieure, lorsqu'on en compare la position avec celle des deux lignes verticales situées sur la droite et sur la gauche de la figure. Un semblable effet stéréoscopique ne pourrait pas se produire si l'on ne voyait pas du tout la ligne mince de l'image de droite.

On obtient un effet analogue avec la figure *N* (pl. VIII) où les deux lignes qui limitent des côtés externes la moitié supérieure de la bande noire se correspondent, et où il en est de même pour leurs prolongements, qui limitent du côté interne les moitiés inférieures de cette bande. Dans l'image binoculaire, on voit une bande noire unique sur laquelle les deux lignes limitantes qui se correspondent occupent des côtés opposés. Dans cette figure aussi, l'inclinaison des triangles noirs devra être un peu modifiée par les observateurs chez qui les méridiens verticaux présentent une divergence autre que chez moi.

Dans les exemples *M* et *N*, la plupart des observateurs trouveront qu'il est impossible de voir que les lignes qui paraissent coïncider dans le champ de vision commun ne se correspondent pas en réalité, et qu'au contraire, les lignes qui coïncident sont la ligne mince du côté droit et la ligne forte du côté gauche, pour la figure *M*, et les bords opposés des bandes, pour la figure *N*. Cependant je ne contesterai pas que l'observation puisse réussir à une personne particulièrement exercée dans la perception des images doubles. Pour ma part, je remarque parfois, en fixant bien invariablement le point d'intersection, que les lignes ne me paraissent pas précisément simples, mais je ne puis pas non plus les voir positivement doubles. La dissociation est plus facile si, à l'exemple de W. v. Bezold, on dessine les figures avec de l'encre de Chine sur une lame de verre, ce qui permet, en modifiant brusquement l'éclairage, de faire apparaître l'un des dessins en clair sur fond sombre et l'autre en sombre sur fond clair. La tendance à la fusion disparaît alors et l'on reconnaît facilement la position disparate des images. Tout ce que je soutiens ici, — et je ne crois pas qu'on doive comprendre autrement l'expérience de Wheatstone, — c'est que, tant qu'on ne se détache pas de la notion de relief, même quand la fixation reste invariable, on se sert des impressions de points correspondants pour remplir des parties différentes de l'image stéréoscopique. Si l'on se met dans des conditions qui favorisent, le plus possible, la production d'une erreur dans la comparaison de deux images différentes situées dans les deux champs visuels, on fusionne les images de points disparates et l'on dissocie celles de points correspondants. J'ai montré que la première assertion entraîne la seconde qui en est la conséquence nécessaire. Mais il ne résulte pas de là que les images de points correspondants ne puissent pas se fusionner de nouveau lorsqu'on modifie convenablement l'observation de manière à rencontrer le moins de difficulté possible dans la comparaison des images des deux champs visuels et à dissocier les images de points disparates.

Il faut encore ajouter qu'à l'éclairage électrique la combinaison stéréoscopique des figures *M* et *N* se produit dans la perfection et qu'on n'y remarque aucune trace des images doubles qui devraient apparaître dans le champ de vision commun si les images de points correspondants se superposaient simplement. Les mouvements des yeux ne sont donc pour rien dans l'effet produit.

Nous avons encore à parler de quelques autres circonstances dont il faut tenir compte dans la fusion de deux images rétiniennes différentes.

Remarquons d'abord que, pendant la perception stéréoscopique de la troisième dimension, l'une des deux images ne disparaît pas, comme l'ont cru quelques partisans de la prétendue identité des rétines, de manière à passer complétement inaperçue et à ne produire aucune sensation. S'il en était ainsi, comment expliquer l'existence de la perception binoculaire de la troisième dimension, qui ne repose que sur la différence des images et sur la perception de cette différence. L'exactitude si grande de la perception du relief prouve même que la différence des images est perçue avec une précision extrême, non pas à l'état de différence de remplissage des champs visuels, mais seulement comme étant l'expression sensuelle des distances différentes des divers points de l'objet. Dans les cas où la perception de relief manque, il peut certainement arriver que quelques parties des images s'effacent momentanément ou d'une manière permanente ; nous examinerons ces cas plus en détail dans le paragraphe suivant.

En second lieu, il faut examiner quelle est l'influence des mouvements des yeux sur la fusion des images doubles. — E. Brücke a émis, à ce sujet, une opinion d'après laquelle nous ne percevrions la troisième dimension des objets qu'à condition de promener continuellement les lignes de regard sur les différents contours de ces objets, de façon à recevoir successivement, sur les centres identiques des *fovea*, les images de tous les points de ces contours. Comme notre attention est concentrée, en général, sur les images reçues par la portion la plus sensible de la rétine, on pouvait, avec raison, se demander si les images doubles des autres parties de l'objet ne passent pas inaperçues, par la raison qu'ordinairement les parties des images qui sont vues le plus exactement et qui attirent le plus notre attention sont des parties correspondantes. Il faut convenir qu'en réalité les éléments signalés par Brücke sont d'une grande importance pour acquérir des notions complètes de la troisième dimension et que la description qu'il donne de la manière dont ces notions se produisent répond parfaitement à ce qui se passe dans la vision ordinaire et naturelle. Il est parfaitement exact que la combinaison d'images très-différentes ne réussit effectivement qu'à l'aide des mouvements des yeux, grâce auxquels on voit successivement simples les différentes parties des images ; lorsqu'on laisse à l'attention sa marche naturelle, elle se porte, en effet, toujours de préférence sur les parties que l'on fixe. Il est incontestable aussi que ce déplacement du regard donne à la notion de profondeur une exactitude et une vivacité bien plus grandes que celles qui se produisent lors de la fixation d'un point ; cela tient, suivant moi, à ce que nous ne savons jamais distinguer les différences de profondeur que pour des points qui sont très-rapprochés de l'horoptère relatif à chacune des positions successives des yeux. C'est donc en faisant varier la convergence et amenant successivement dans l'horoptère, ou du moins très-près de l'horoptère, tous les points de l'objet réel ou apparent, qu'on obtient successivement une notion exacte de toutes les différences de profondeur. Si, au contraire, on fixe *longtemps* le regard sur un point, les images doubles se produisent plus facilement et les différences de profondeur, surtout celles des points dont les images doubles sont très-disparates, deviennent peu sensibles. Bien plus, les images doubles que la fixation très-soutenue d'un point ne suffit pas pour séparer sont à une distance tellement voisine des limites du pouvoir distinctif des yeux, que je crois devoir admettre que les petites oscillations inévitables des yeux sont la seule cause de la persistance de leur fusion.

Cependant la théorie de Brücke était un peu trop exclusive lorsqu'il pensait que *toutes* les perceptions de profondeur ne peuvent être acquises que par les mouvements des yeux et que *toutes* les images doubles ne peuvent être fusionnées que par la vision simple et successive des divers points de l'objet. En effet, Dove a montré qu'à l'éclairage instantané de l'étincelle électrique on peut encore obtenir des effets stéréoscopiques et fusionner des images doubles. On peut employer dans ce but l'appareil décrit page 725. Seulement il faut avoir soin qu'au moment de l'éclairage électrique les deux lignes de regard soient dirigées sur des parties correspondantes de l'image. A cet effet, je pratique deux petits trous d'épingle en des points correspondants des dessins à fusionner. La paroi de la boîte obscure dans laquelle l'image est attachée est elle-même percée derrière ces deux trous et la chambre où l'on se tient n'est pas complétement obscure, de sorte que l'observateur peut voir les deux trous d'épingle à l'aide du peu de lumière qui les traverse. Il dirige les lignes visuelles sur ces trous, de manière que leurs images se confondent dans le champ visuel commun, puis il fait passer l'étincelle. Dans ces conditions, les dessins stéréoscopiques dont les différences ne sont pas trop grandes, comme les figures E, M et N (pl. VII et VIII), donnent des notions de profondeur très-nettes et très-prononcées, sans images doubles perceptibles ; mais celles dont les différences sont plus grandes, comme H, se décomposent en traits isolés et ne donnent aucune notion de profondeur. De même, toutes les horizontales superposées, comme en F, se dissocient avec une remarquable facilité. Si l'on regarde, dans cette expérience, des dessins simples et formés de lignes peu nombreuses, on obtient, pendant l'éclairage instantané, un aperçu simultané du tout. Si l'on a sous les yeux, au contraire, des photographies stéréoscopiques compliquées, qui présentent beaucoup de détails, on n'obtient une impression nette que d'une partie de l'ensemble, et il faut plusieurs étincelles pour embrasser successivement le tout. Il est singulier que, pendant qu'on fixe invariablement les trous d'épingle et qu'on en maintient la fusion, il soit possible, avant l'étincelle, de diriger à volonté l'attention sur la partie qu'on veut du champ visuel obscur, et qu'alors, pendant l'étincelle, on n'obtienne d'impression que pour les objets situés dans cette partie du champ visuel. Sous ce rapport, l'attention est tout à fait indépendante de la position et de l'accommodation de l'œil, et, en général, de toutes les modifications connues qui puissent se produire sur et dans cet organe ; ainsi, l'attention peut être dirigée, par un effort conscient et volontaire, sur une portion déterminée du champ visuel absolument obscur et uniforme. C'est là une des expériences les plus remarquables qui devront servir un jour à établir la théorie de l'attention.

Les expériences avec l'éclairage instantané sont encore intéressantes pour le rôle que joue l'attention dans les images doubles, sous ce rapport que, lorsqu'il s'agit d'images comme *J*, que l'on peut voir aisément simples ou doubles à volonté, il est également facile d'obtenir ces deux effets à la lumière de l'étincelle électrique. La première impression est ordinairement celle de l'image simple stéréoscopique ; mais si l'on répète l'expérience à des intervalles d'environ 10 secondes, pendant lesquelles les images accidentelles peuvent complétement s'effacer, on commence à voir les images doubles, quoiqu'on fixe toujours le même point et que les actions lumineuses successives soient absolument pareilles. Bien plus, pour des figures comme *N*, où il m'est relativement difficile de voir les images doubles, je puis parvenir à les voir à l'éclairage instantané de l'étincelle électrique lorsque je cherche préalablement à me représenter vivement l'aspect qu'elles doivent avoir. L'influence de l'attention est observable ici dans une plus grande pureté, parce que l'influence des mouvements des yeux est complétement exclue. On peut aussi faire les mêmes expériences avec le tachistoscope de Volkmann, qui a déjà été décrit plus haut.

Remarquons, en outre, que différents observateurs dignes de foi, comme Wheatstone (1), Rogers (2) et Wundt (3), sont également parvenus à fusionner en une perception stéréoscopique de relief des images accidentelles dont la position n'était pas exactement correspondante. Rogers est même parvenu à ce résultat en produisant l'image accidentelle d'abord dans un œil, puis dans l'autre, et les fusionnant ensuite stéréoscopiquement. On évite ainsi l'influence que la vision préalable des images réelles pourrait exercer sur l'interprétation des images accidentelles. J'ai, du reste, obtenu des apparences nettes de relief sur des images accidentelles positives, obtenues par l'inspection momentanée d'objets fortement éclairés.

---

(1) *Phil. Transact.*, 1838, II, p. 392-393.

(2) *Silliman's Journal*, 2, XXX, November 1860.

(3) Beiträge zur Theorie der Sinneswahrnehmung, p. 286-287.

Ces expériences montrent, aussi bien que celles avec l'étincelle électrique, que les mouvements de l'œil ne sont nullement nécessaires pour obtenir la perception de la troisième dimension, car, dans tous les mouvements possibles, les images accidentelles se déplacent avec l'œil, et il n'est aucun mouvement qui puisse rendre correspondantes des images disparates. Du reste, les expériences avec les images accidentelles réussissent difficilement; il est nécessaire que ces images soient très-nettement développées, et même dans ce cas, il reste toujours une grande tendance à les projeter sur le fond réel que l'on regarde et à les considérer comme de simples taches sur la surface de ce fond.

Panum a exprimé la règle pour la fusion des images doubles, en disant que des contours analogues qui se peignent sur des points rétiniens à peu près correspondants se fusionnent. — Il nomme *cercle sensitif correspondant* la surface qui comprend, sur l'une des rétines, les points qui peuvent se fusionner avec un seul et même point de l'autre. Conformément aux faits exposés plus haut, il donne à ces cercles sensitifs un diamètre plus grand dans le sens horizontal que dans le sens vertical. Dans l'exposé qui précède, j'ai fait dépendre la fusion des images doubles de ce que la certitude et l'exactitude de l'estimation oculaire, pour les dimensions considérées des deux images, ne sont pas assez grandes pour ne pas permettre des erreurs; je me suis fondé sur ce qu'une semblable erreur est facilitée par la notion d'un corps solide que l'on a ou que l'on croit avoir devant soi. Volkmann a déjà fait valoir, contre l'expression donnée à la loi par Panum, des faits comme *G* (pl. VII), où la fusion est troublée par l'addition d'un point ou d'autres petites incongruences des deux images. Panum a répondu que, dans ces cas, les contours présentent toujours une dissemblance qui, d'après son énoncé de la loi, doit empêcher la fusion. A d'autres expériences de Volkmann, d'où il résulte que, pour des différences de distance égales, les couples de lignes qui présentent de petites distances se fusionnent moins facilement que ceux dont les distances sont plus grandes, Panum a répondu que les lignes très-rapprochées se peignent, pendant la fixation, tout près du centre de la rétine et que si la fusion ne se produit pas, c'est qu'en cet endroit les cercles sensitifs sont plus petits. Mais nous pouvons répéter la dernière observation de Volkmann de la manière suivante. La figure *U* (pl. X) présente 5 lignes de chaque côté; les couples 1-3, ainsi que 4-5, mesurent 4^{mm} de distance dans le groupe gauche et 5^{mm} dans le groupe droit. Dans le couple 1-3 on a encore intercalé de chaque côté la ligne 2 qui est, dans les deux groupes, à 3^{mm} de 1, et, par suite, à 1^{mm} seulement de la ligne 3 à gauche et à 2mm à droite. Si l'on fixe la ligne 4 de l'image binoculaire, 5 paraît simple et située un peu en arrière. Si l'on fixe, au contraire, bien inébranlablement la ligne 1, les deux lignes 3 paraissent séparées l'une de l'autre, tandis que les lignes 2 sont naturellement simples et à la même profondeur que 1. C'est seulement à l'aide de mouvements du regard que l'on peut voir simple la ligne 3, et tout le groupe présente alors l'aspect d'un prisme quadrangulaire vertical, sur la surface antérieure duquel une ligne (la ligne 2) aurait été tracée parallèlement aux arêtes. Mais lorsqu'on fixe la ligne 1 de l'image binoculaire, les lignes 3 occupent, sur les rétines, absolument la même position que les deux lignes 5 lorsqu'on fixe 4. Ce qui empêche la fusion des lignes 3, c'est évidemment la ligne 2 qui cependant n'est pas entre les deux, mais à leur gauche, et qui, d'après l'énoncé que Panum a donné à la loi, ne devrait pas empêcher la fusion. Si l'on considère, au contraire, la fusion des images doubles comme une illusion de l'estimation, on comprend, d'après la loi de Fechner, que l'on distingue plus sûrement entre des distances de 1 et de 2mm, comme celles des lignes 2 et 3, qu'entre les distances de 4 et 5mm que présentent les lignes 4 et 5.

Il se produit quelque chose d'analogue dans les expériences avec les cercles. — Lorsqu'on a dessiné deux cercles un peu inégaux, dont la fusion binoculaire soit possible, et qu'on entoure chacun d'eux d'un cercle concentrique, le rayon de chacun de ces deux cercles nouveaux étant un peu plus grand que celui du plus grand des deux premiers, les images des deux cercles intérieurs se dissocient avec une facilité relativement plus grande.

Enfin une question qui se rattache à notre sujet, et qui présente également de l'importance sous le rapport théorique, est celle de savoir si nous distinguons entre elles les impressions reçues par les deux yeux. — Il faut remarquer, à ce sujet, qu'à l'éclairage instantané de l'étincelle électrique nous voyons toujours correctement, et jamais pseudoscopiquement, les positions des groupes de lignes vus au stéréoscope ; j'ai même trouvé impossible de renverser le relief stéréoscopique (1) alors même que je cherchais à me représenter le plus vivement possible l'effet pseudoscopique afin de provoquer intentionnellement l'illusion, ainsi que j'y parviens, en général, avec facilité pour le relief des médailles vues monoculairement. Mais un semblable renversement du relief devrait nécessairement pouvoir se produire si l'on pouvait se tromper

(1) Les mêmes observations par AUBERT et MARBACH, in AUBERT, Physiologie der Netzhaut, Breslau, 1865, p. 315, avec des figures diversement modifiées. DONDERS est arrivé récemment aux mêmes résultats, quant aux points essentiels.

entre l'impression des deux images rétiniennes et celle qu'on obtiendrait en les transposant d'un œil à l'autre. Il résulte donc immédiatement de là que l'impression momentanée qu'exercent deux images rétiniennes diffère certainement, d'une manière nette et déterminée, de celle que feraient les mêmes images rétiniennes si chacune d'elles était reportée sur les points correspondants de l'autre œil.

Cela n'empêche pas qu'ordinairement nous n'ayons pas nettement conscience de l'œil qui nous fournit l'une ou l'autre image. C'est là un point sur lequel nous ne sommes pas renseignés, ou si nous le sommes, ce n'est que d'une manière incomplète et à l'aide de circonstances accessoires : en règle générale, nous ne savons déduire de nos sensations que l'interprétation que des observations fréquemment répétées nous ont enseigné à en tirer. Nous pouvons donc avoir appris que des images doubles voisines, d'une certaine espèce, et qui présentent certains signes locaux, sont l'expression d'un objet qui est plus éloigné de nous que le point de fixation, et non pas celle d'un objet plus voisin, et cela sans être exercés à reconnaître, d'après les signes locaux des images, quelle est celle de l'œil gauche. Pour nous renseigner à cet égard, il nous est nécessaire de fermer ou de rouvrir l'un des yeux, ce que nous ne faisons pas dans la vision ordinaire dans laquelle, comme on l'a vu plus haut, nous ne faisons aucune attention aux images doubles. Aussi ne sommes-nous généralement pas en état, sans faire une expérience spéciale, de reconnaître l'œil auquel appartient chacune des deux images. Les mouvements des yeux ne peuvent guère nous renseigner non plus, car dans les mouvements de convergence — qui joueraient ici le rôle principal — nous n'avons aucune idée nette du sens suivant lequel se déplace chaque œil.

D'un autre côté, nous ne voyons constamment qu'avec l'œil droit les parties situées le plus à droite dans le champ commun de la vision ; elles sont masquées à l'œil gauche par le nez; de même, nous ne voyons qu'avec l'œil gauche, les parties les plus reculées à gauche ; aussi jugeons-nous facilement, lorsque cette région du champ est complétement obscure pour un œil, que c'est avec l'autre que nous y voyons les objets. Rogers a indiqué, à ce sujet, une expérience qui réussit d'une manière frappante. On fait, avec du papier noir, un tube d'environ 2 pouces de diamètre, on le tient devant l'œil droit et l'on y regarde le fond de la chambre, de préférence vers la gauche; en même temps, à quelques pouces au-devant de l'œil gauche, on tient une grande feuille de papier noir qui lui masque la partie en question de la chambre. Il se produit alors, avec beaucoup d'énergie, une illusion d'après laquelle on croit voir le fond de la chambre avec l'œil gauche, à travers un trou du papier, tandis qu'en réalité le papier n'a pas d'ouverture et que ce n'est pas l'œil gauche, mais l'œil droit, qui regarde à travers l'ouverture du tube.

Je dois ajouter, d'autre part, que lorsque j'examine une photographie stéréoscopique dont l'une des épreuves présente une tache foncée ou confuse, j'éprouve ordinairement la même sensation que si l'œil qui voit la tache était troublé ; j'essaye instinctivement d'effacer ce trouble en battant des paupières de cet œil, ce qui montre bien que, dans ce cas, je sens quel est l'œil qui reçoit l'image de la portion confuse. — Javal (1) cite l'exemple d'une personne strabique, à qui la vision binoculaire avait été récemment rendue, et chez qui la faculté de distinguer à quel œil revenait la perception des taches sur les photographies existait avec une sensibilité exquise, qui se maintint pendant plusieurs semaines.

Quant à la direction dans laquelle nous voyons les images doubles, elle résulte de ce qui a déjà été dit au sujet de la direction des images vues monoculairement. Nous voyons l'image de chaque œil comme si l'œil cyclopéen imaginaire de E. Hering avait reçu l'image rétinienne correspondante pendant qu'il serait dirigé vers le point de fixation. Par conséquent, si l'on regarde avec les deux yeux, on peut supposer les deux images rétiniennes reportées l'une sur l'autre dans l'œil cyclopéen imaginaire et projetées ensuite en conséquence dans l'espace. La distance qui les sépare de l'observateur est appréciée aussi exactement que le permettent la perception stéréoscopique incomplète de la profondeur qui accompagne les images doubles, et les moyens d'appréciation monoculaire des distances. Les expériences citées plus haut, de E. Hering et de J. Towne (2), expliquent aussi pourquoi les images doubles sont toujours projetées séparément dans l'espace. Si elles étaient projetées suivant la véritable direction de leurs lignes de visée, on pourrait les localiser dans le point d'intersection des lignes de visée correspondantes et alors elles apparaîtraient simples. Mais comme, en réalité, nous rapportons faussement les directions visuelles à un centre situé dans le plan médian du visage, il s'ensuit que deux directions visuelles différentes ne peuvent se couper en aucun point de l'espace situé devant l'observateur, et que les points projetés suivant leur direction doivent nécessairement toujours rester séparés. Nous avons déjà parlé plus haut de la cause probable de cette erreur.

---

(1) *Klin. Monatsbl. für Augenheilk.*, 1864, p. 440.

(2) M. J. Towne a fait, indépendamment de E. Hering, les observations importantes sur les directions visuelles apparentes. Il me fait savoir, par lettre, qu'il a montré les expériences à plusieurs personnes dès 1859. Mais ses publications, si je ne me trompe, ne datent que de 1862.

ÉTUDE GÉOMÉTRIQUE DE L'HOROPTÈRE.

Lois des points correspondants et des lignes correspondantes. — Qu'on se figure deux plans menés normalement aux lignes de regard, à la même distance du point de croisement de ces deux lignes. Soient x et y les coordonnées dans l'un de ces plans; soient ξ et υ celles d'un système placé arbitrairement dans l'autre. Soient $x = y = 0$ et $\xi = \upsilon = 0$ les intersections des lignes de regard avec ces plans. Soient

$$ax + by = 0 \quad \text{et} \quad \alpha\xi + \beta\upsilon = 0 \quad \ldots\ldots\ldots \quad 1)$$

les lignes suivant lesquelles les horizons rétiniens coupent nos deux plans, et

$$cx + dy = 0 \quad \text{et} \quad \gamma\xi + \delta\upsilon = 0 \quad \ldots\ldots\ldots \quad 1a),$$

celles suivant lesquelles les méridiens verticaux apparents coupent ces mêmes plans.

Si les coefficients sont choisis de telle sorte qu'on ait

$$\left.\begin{array}{l} a^2 + b^2 = \alpha^2 + \beta^2 = 1 \\ c^2 + d^2 = \gamma^2 + \delta^2 = 1 \end{array}\right\} \ldots\ldots\ldots\ldots \quad 1b),$$

conditions qu'il est toujours possible de satisfaire en multipliant les deux coefficients de chacune des équations par un facteur constant, ce qui n'altère pas ces équations 1) et 1a), on sait, d'après une proposition connue de géométrie analytique, que l'expression

$$ax + by$$

est celle de la distance d'un point x-y à une ligne dont l'équation est $ax + by = 0$. Les autres expressions, qui sont égalées à zéro dans les équations 1) et 1a), présentent une signification analogue. On peut donner, d'ailleurs, au facteur par lequel il faut multiplier les coefficients de ces équations, un signe tel que les expressions

$$ax + by \quad \text{et} \quad \alpha\xi + \beta\upsilon$$

soient positives pour des côtés correspondants des deux horizons rétiniens et que, de même, les expressions

$$cx + dy \quad \text{et} \quad \gamma\xi + \delta\upsilon$$

soient positives pour les côtés correspondants des méridiens verticaux apparents.

Les expériences nous ont conduit à cette loi que, dans les deux plans, ces points-là sont correspondants, qui sont à la même distance des horizons rétiniens, d'une part, et des méridiens apparents verticaux, d'autre part. Si les conditions **1 b)** sont satisfaites pour les coefficients des équations 1 et 1a), les conditions de la correspondance sont:

$$\left.\begin{array}{l} ax + by = \alpha\xi + \beta\upsilon \\ cx + dy = \gamma\xi + \delta\upsilon \end{array}\right\} \ldots\ldots\ldots\ldots \quad 1c).$$

Nous nommons correspondantes, dans les deux champs, deux lignes telles qu'à chaque point de l'une réponde un point correspondant sur l'autre.

Soient l, m et n des constantes arbitraires, la ligne

$$l\,(ax + by) + m\,(cx + dy) + n = 0 \quad \ldots\ldots\ldots \quad 1\text{d}),$$

a pour correspondante, dans l'autre champ, la ligne

$$l\,(\alpha\xi + \beta\upsilon) + m\,(\gamma\xi + \delta\upsilon) + n = 0 \quad \ldots\ldots\ldots \quad 1\text{e}).$$

En effet, si, pour des valeurs constantes quelconques de x-y, nous menons dans le second champ la ligne

$$\alpha\xi + \beta\upsilon = ax + by \quad \ldots\ldots\ldots\ldots\ldots \quad 1\text{f}),$$

on a aussi, pour son intersection avec la ligne 1e),

$$\gamma\xi + \delta\upsilon = cx + dy,$$

ainsi que cela résulte ici de la soustraction des équations 1d) et 1e). Le point d'intersection de 1e) et de 1f) est donc ici correspondant au point x-y.

L'équation d'une ligne droite quelconque

$$fx + gy + h = 0 \quad \ldots\ldots\ldots\ldots\ldots \quad 1\text{g})$$

peut se ramener facilement à la forme 1d), en posant

$$f = la + mc$$
$$g = lb + md$$
$$h = n$$

ou bien

$$l = \frac{df - gc}{ad - bc}$$
$$m = \frac{bf - ag}{bc - ad}$$
$$n = h,$$

relations qui définissent sans indétermination les trois coefficients de l'équation 1d). En déduisant ensuite, de l'équation 1d), l'équation 1e), on trouve la ligne correspondante de 1g).

Si nous divisons l'équation 1d) par

$$k = \sqrt{(la + mc)^2 + (lb + md)^2},$$

l'équation prend la forme normale des équations de plans, la quantité $n : k$ désignant la distance entre le plan 1d) et l'origine des coordonnées. Si nous posons

$$\varkappa = \sqrt{(l\alpha + m\gamma)^2 + (l\beta + m\delta)^2},$$

la quantité $n : \varkappa$ désigne cette même distance pour le plan 1e). Les deux distances ne sont donc égales que si l'on a

$$k^2 = \varkappa^2.$$

En tenant compte de l'équation 1b), ceci donne

$$2ml\,(ac + bd) - 2ml\,(\alpha\gamma + \beta\delta) = 0.$$

Si l'on n'a donc pas

$$ac + bd = \alpha\gamma + \beta\delta,$$

c'est-à-dire si les deux couples de plans ne font pas entre eux des angles égaux dans chaque œil, notre condition ne peut être remplie que pour $m = 0$ ou $l = 0$, c'est-à-dire si les plans 1d) et 1e) coïncident, soit avec les plans 1), soit avec les plans 1a). Ces deux derniers plans sont donc remarquables parmi tous les autres couples de plans correspondants qui passent par les lignes de regard. Nous pouvons, pour ce motif, leur donner le nom de *plans méridiens principaux*.

Longueurs correspondantes. Angles correspondants. — Plaçons, pour plus de commodité les axes des x et des ξ dans l'horizon rétinien ; il vient, dans les équations 1),

$$a = \alpha = 0, \qquad b = \beta = 1\,;$$

admettons, de plus, que les méridiens verticaux apparents occupent une position symétrique, ce qui ne s'éloigne généralement pas notablement de la vérité, on peut poser alors

$$\frac{d}{c} = -\frac{\delta}{\gamma} = -\operatorname{tang}\varepsilon,$$

où ε désigne l'écart entre le méridien vertical apparent et le méridien vertical véritable, dans chaque œil. On a alors

$$\begin{aligned} c &= \cos\varepsilon \qquad & \gamma &= \cos\varepsilon \\ d &= -\sin\varepsilon \qquad & \delta &= \sin\varepsilon \end{aligned}$$

Les équations des horizons rétiniens sont alors

$$y = 0 \quad \text{et} \quad \upsilon = 0 \;.\;.\;.\;.\;.\;.\;.\;.\;.\;.\;.\;.\; 1\text{h}),$$

celles des lignes verticales apparentes sont

$$x\cos\varepsilon - y\sin\varepsilon = 0 \quad \text{et} \quad \xi\cos\varepsilon + \upsilon\sin\varepsilon = 0 \;.\;.\;.\;.\; 1\text{i}),$$

et les équations de lignes correspondantes, menées par les points de regard, deviennent, d'après 1) et 1e),

$$\begin{aligned} xm\cos\varepsilon - y\,(l - m\sin\varepsilon) &= 0 \\ \xi m\cos\varepsilon + \upsilon\,(l + m\sin\varepsilon) &= 0. \end{aligned}$$

Soient s et σ les angles que ces lignes font respectivement avec les axes des x et des ξ, on a

$$\operatorname{tang} s = \frac{y}{x} = -\frac{m\cos\varepsilon}{l - m\sin\varepsilon},$$

$$\operatorname{tang}\sigma = \frac{\upsilon}{\xi} = -\frac{m\cos\varepsilon}{l + m\sin\varepsilon},$$

d'où il résulte

$$\operatorname{tang}(\sigma - s) = \frac{2m^2 \cos \varepsilon \sin \varepsilon}{l^2 + m^2 \cos(2\varepsilon)},$$

$$\operatorname{tang}(\sigma + s) = - \frac{2ml \cos \varepsilon}{l^2 - m^2}.$$

Si nous posons maintenant

$$\frac{m}{l} = \operatorname{tang} \beta,$$

il vient

$$\operatorname{tang}(\sigma + s) = \frac{\operatorname{tang}^2 \beta \, . \, \sin(2\varepsilon)}{1 + \operatorname{tang}^2 \beta \cos(2\varepsilon)},$$

$$\operatorname{tang}(\sigma + s) = - \operatorname{tang}(2\beta) \cos \varepsilon,$$

ou bien, comme ε est un angle relativement petit, ce qui permet de poser $\cos \varepsilon = \cos 2\varepsilon = 1$ et $\sin 2\varepsilon = 2\varepsilon$,

$$\beta = - \frac{s + \sigma}{2}$$

$$\sigma - s = 2\varepsilon \sin^2 \beta.$$

Les angles s et σ sont comptés à partir des horizons rétiniens. Si l'on veut les compter à partir du plan de visée, il faut ajouter encore à la différence l'angle γ que forment entre eux des horizons rétiniens, et nous obtenons ainsi, pour cette différence, la formule que nous avons déjà employée :

$$\Delta = \gamma + 2\varepsilon \sin^2 \beta \; . \; . \; . \; . \; . \; . \; . \; . \; . \; . \; . \; . \; . \quad 2).$$

Lignes de visée correspondantes et plans correspondants. — Menons des lignes droites par chacun des points d'un couple de points correspondants et par le point de décussation des lignes de visée de l'œil qui reçoit l'image de ce point, ces lignes sont des *lignes de visée correspondantes.* Les points situés sur de pareilles lignes de visée correspondantes se peignent en des points correspondants des rétines.

Si un couple de lignes droites correspondantes sont tracées dans les plans jusqu'ici considérés des x-y et des ξ-υ, leurs lignes de visée sont toutes situées dans deux plans qui passent par les points de décussation des lignes de visée, et auxquels on peut donner le nom de *plans correspondants.*

Tout couple de lignes droites situées dans un couple de plans correspondants se dessine sur des lignes correspondantes des deux rétines.

Quand deux plans correspondants se coupent, leur intersection se dessine sur des lignes correspondantes des deux rétines.

Soient

$$x = 0, \qquad y = 0, \qquad z = e,$$
$$\xi = 0, \qquad \upsilon = 0, \qquad \zeta = e,$$

les coordonnées des points de décussation des lignes de visée. D'après des propositions connues de géométrie analytique, l'équation d'un plan qui passe par le point x-y-z est de la forme

$$fx + gy + \frac{h}{e}(e - z) = 0.$$

Si nous posons $z = 0$, cette équation revient immédiatement à la forme 1g), et la méthode indiquée deux pages plus haut permet alors de trouver la ligne correspondante dans le plan des ξ-υ, et, par suite, le plan correspondant.

Si nous formons les équations

$$\left.\begin{array}{ll} A = ax + by & \mathfrak{A} = \alpha\xi + \beta\upsilon \\ B = cx + dy & \mathfrak{B} = \gamma\xi + \delta\upsilon \\ C = z - e & \mathfrak{C} = \zeta - e \end{array}\right\} \quad \ldots\ldots\ldots \quad 3),$$

tous les plans dont les équations sont de la forme

$$\left.\begin{array}{l} lA + mB + nC = 0 \\ l\mathfrak{A} + m\mathfrak{B} + n\mathfrak{C} = 0 \end{array}\right\} \quad \ldots\ldots\ldots \quad 3a),$$

sont des plans correspondants. En effet, les équations sont de la forme de celles des plans qui passent par les points de décussation des lignes de visée, et si nous posons $z = 0$ et $\zeta = 0$, il nous reste, d'après la proposition exprimée en 1d) et en 1e), les équations de lignes correspondantes situées dans les plans des x-y et des ξ-υ. Les plans sont donc correspondants.

Les lignes de visée correspondantes se désignent comme étant les intersections de deux couples de plans correspondants.

Équations des droites qui apparaissent simples. — Jusqu'ici nous n'avons considéré la position des lignes correspondantes et des plans correspondants que par rapport à la position de chaque œil, mais nous n'avons encore aucunement tenu compte de la position des yeux l'un par rapport à l'autre et par rapport aux objets extérieurs. Pour le faire, figurons-nous la position de tous les points et celle des yeux eux-mêmes, rapportées à un système rectangulaire de coordonnées $\mathfrak{x}$-$\mathfrak{y}$-$\mathfrak{z}$. Si nous exprimons les x-y-z et les ξ-υ-ζ en fonction de ces nouvelles coordonnées, on sait que leurs valeurs deviennent des fonctions linéaires des $\mathfrak{x}$-$\mathfrak{y}$-$\mathfrak{z}$; il en est de même des quantités A, B, C et $\mathfrak{A}$, $\mathfrak{B}$, $\mathfrak{C}$, qui sont des fonctions linéaires respectivement de x, y, z et de ξ, υ et ζ.

Par chaque point de l'espace, il passe en général une ligne droite qui apparaît simple. — En voici la démonstration. D'après 3a), les équations de plans correspondants sont

$$\left.\begin{array}{l} lA + mB + nC = 0 \\ l\mathfrak{A} + m\mathfrak{B} + n\mathfrak{C} = 0 \end{array}\right\} \quad \ldots\ldots\ldots \quad 3b).$$

Ces équations, réunies, donnent la position de leur intersection, laquelle apparaît simple, ainsi que nous l'avons fait observer, et qui est donc une ligne droite horoptérique.

Si, dans 3a), on remplace $\mathfrak{x}$, $\mathfrak{y}$ et $\mathfrak{z}$ par les coordonnées d'un point déterminé quelconque, $\mathfrak{x}_0$, $\mathfrak{y}_0$, $\mathfrak{z}_0$, il n'en est pas moins possible de déterminer les coefficients l, m et n de telle sorte que les deux équations 3b) soient satisfaites. Comme, en multipliant par un facteur commun, on peut donner la valeur que l'on veut à l'un des coefficients, il n'y a que deux coefficients à déterminer, et en général les deux équations sont suffisantes à cet effet. On obtient :

$$\frac{l}{n} = \frac{B_0\mathfrak{C}_0 - \mathfrak{B}_0 C_0}{A_0\mathfrak{B}_0 - \mathfrak{A}_0 B_0},$$

$$\frac{m}{n} = \frac{A_0\mathfrak{C}_0 - \mathfrak{A}_0 C_0}{\mathfrak{A}_0 B_0 - A_0\mathfrak{B}_0},$$

relations par lesquels sont déterminés les rapports des quantités l, m et n qui satisfont aux équations 3a), et cela, en général, sans indétermination, si les fractions ci-dessus ne deviennent pas de la forme 0 : 0, ce qui a lieu pour

$$\left.\begin{array}{l} A_0\mathfrak{C}_0 = \mathfrak{A}_0 C_0, \\ B_0\mathfrak{C}_0 = \mathfrak{B}_0 C_0, \\ \text{d'où il résulte en général aussi} \\ A_0\mathfrak{B}_0 = \mathfrak{A}_0 B_0 \end{array}\right\} \ldots\ldots\ldots\ldots 3c).$$

Nous verrons plus tard que ces trois dernières équations répondent aux points de la courbe horoptérique. A l'exception de ces points, on peut donc mener, par chaque point de l'espace, une droite qui apparaisse simple et une seule, tandis qu'on peut en mener un nombre infini par les points donnés par les équations 3c).

Surfaces du second degré qui contiennent les droites vues simples. — Si l'on a deux couples de plans correspondants,

$$\left.\begin{array}{ll} l_0 A + m_0 B + n_0 C = 0, & l_0\mathfrak{A} + m_0\mathfrak{B} + n_0\mathfrak{C} = 0 \\ l_1 A + m_1 B + n_1 C = 0, & l_1\mathfrak{A} + m_1\mathfrak{B} + n_1\mathfrak{C} = 0 \end{array}\right\} \ldots\ 4),$$

les plans dont les équations sont inscrites à gauche se coupent suivant une certaine ligne de visée, et les deux autres se rencontrent suivant la ligne de visée correspondante. Multipliant les deux équations inférieures par un nouveau facteur k, on obtient, par addition avec les équations supérieures,

$$\left.\begin{array}{l} (l_0 + kl_1)\,A + (m_0 + km_1)\,B + (n_0 + kn_1)\,C = 0 \\ (l_0 + kl_1)\,\mathfrak{A} + (m_0 + km_1)\,\mathfrak{B} + (n_0 + kn_1)\,\mathfrak{C} = 0 \end{array}\right\} \ldots\ 4a).$$

Ces équations sont celles d'un troisième couple de plans correspondants, mais qui passent par le même couple de ligne de visée que les plans de l'équation 4). En effet, comme les deux équations de gauche inscrites en 4) sont satisfaites pour les points de l'une des lignes de visée, la première des équations 4a) est nécessairement satisfaite pour ces mêmes points, c'est-à-dire que les points de cette ligne de visée sont également contenus dans le plan qui répond à cette équation. Le même raisonnement s'applique aux deux autres équations 4) et à la seconde des équations 4a).

Le système des deux équations 4a) représente une ligne droite vue simple, puisque ces deux équations répondent à des points correspondants. — Faisons maintenant varier d'une manière continue le facteur k ; en général, la ligne droite qui apparaît simple se déplace alors, et d'une manière continue. Toutes ces droites, qui résultent ainsi d'une variation continue de k, forment une surface dont l'équation s'obtient en éliminant le facteur k entre les deux équations 4a). Nous obtenons ainsi, pour l'équation de la surface qui est le lieu géométrique de la série des lignes en question, qui apparaissent simples :

$$\begin{aligned}&[l_0 A + m_0 B + n_0 C]\,[l_1 \mathfrak{A} + m_1 \mathfrak{B} + n_1 \mathfrak{C}]\\ -\,&[l_1 A + m_1 B + n_0 C]\,[l_1 \mathfrak{A} + m_0 \mathfrak{B} + n_0 \mathfrak{C}] = 0,\end{aligned}$$

ou bien, en exécutant la multiplication :

$$\begin{aligned}&(l_0 m_1 - l_1 m_0)\,[A\mathfrak{B} - \mathfrak{A}B] + (l_1 n_0 - l_0 n_1)\,[\mathfrak{A}C + A\mathfrak{C}]\\ +\,&(m_0 n_1 - m_1 n_0)\,[B\mathfrak{C} - \mathfrak{B}C] = 0. \quad \ldots\ldots\ldots\ldots \quad 4b).\end{aligned}$$

Comme les quantités A, B, C, ainsi que $\mathfrak{A}$, $\mathfrak{B}$, $\mathfrak{C}$, sont des fonctions linéaires de $\mathfrak{x}$, $\mathfrak{y}$, $\mathfrak{z}$, l'équation 1b) est celle d'une surface du second degré ; cette surface étant telle qu'on peut y tracer des lignes droites indéfinies, elle ne peut être qu'une *hyperboloïde à une nappe*, qui, dans les cas limites, peut se réduire à un *cône*, un *cylindre*, ou *deux plans qui se coupent*.

Comparons maintenant l'équation 4b) avec les équations 3c), qui donnent les points par lesquels on peut mener un nombre infini de lignes droites qui soient vues simples,

$$\left.\begin{aligned}A\mathfrak{C} - \mathfrak{A}C &= 0\\ \mathfrak{B}C - B\mathfrak{C} &= 0\\ \mathfrak{A}B - A\mathfrak{B} &= 0\end{aligned}\right\} \quad \ldots\ldots\ldots\ldots \quad 4c),$$

nous voyons que ces équations sont également celles d'hyperboloïdes, et de même espèce que la surface 4b), cette dernière pouvant se ramener, pour des valeurs déterminées des coefficients l, m et n, à l'une quelconque des équations 4c).

Prenons deux de ces dernières équations, par exemple

$$\left.\begin{aligned}A\mathfrak{C} - \mathfrak{A}C &= 0\\ B\mathfrak{C} - \mathfrak{B}C &= 0\end{aligned}\right\} \quad \ldots\ldots\ldots\ldots \quad 4d),$$

ces surfaces se coupent nécessairement suivant une courbe, puisqu'elles ont au moins deux points communs, à savoir les points de décussation des lignes de visée, pour lesquels on a respectivement

$$A = B = C = 0$$

et

$$\mathfrak{A} = \mathfrak{B} = \mathfrak{C} = 0,$$

relations qui satisfont chacune aux équations des deux surfaces. D'autre part, il est facile de voir que la condition

$$C = \mathfrak{C} = 0$$

satisfait aux équations des deux surfaces, ce qui signifie que la droite d'intersection des deux plans $C = O$ et $\mathfrak{C} = O$ appartient aux deux hyperboloïdes et qu'elle est située, par conséquent, sur leur intersection. Cette intersection est donc formée d'une ligne droite $C = O$, $\mathfrak{C} = O$, et d'une autre branche qui sera, en général, une courbe à double courbure.

Nous pouvons éliminer $\mathfrak{C}$ entre les deux équations 4d) en multipliant la première par B, la seconde par A, et ajoutant membre à membre. Il vient

$$(A\mathfrak{B} - \mathfrak{A}B)\, C = 0.$$

Alors donc que C n'est pas nul, cette élimination nous apporte la troisième des équations 4c)

$$\mathfrak{A}B - A\mathfrak{B} = 0 \;. \;. \;. \;. \;. \;. \;. \;. \;. \;. \;. \;. \;. \;. \quad 4\text{c}).$$

Si C était nul, il faudrait, d'après 4d), que l'on eût aussi $\mathfrak{C} = O$, ou bien, simultanément, $A = B = 0$. Ce n'est que dans ce dernier cas que l'équation 4c) serait valable; les conditions $A = B = C = 0$ appartiennent au point de décussation des lignes de visée de l'un des yeux,

Il résulte de là que, pour les points de la ligne d'intersection des surfaces 4d) qui n'appartiennent pas à la ligne droite $C = \mathfrak{C} = 0$, l'équation 4c) est également satisfaite, c'est-à-dire que les trois surfaces 4c) se coupent suivant une seule et même courbe à double courbure. Prises deux à deux, ces surfaces se coupent, de plus, suivant une ligne droite, mais qui, en général, n'appartient pas à la troisième d'entre elles.

Or, si trois surfaces

$$X = 0, \qquad Y = 0, \qquad Z = 0$$

ont une intersection commune, toute surface dont l'équation est de la forme

$$lX + mY + nZ = 0$$

passe par cette ligne d'intersection. En effet, comme les trois premières équations sont satisfaites pour les points de l'intersection, la dernière est nécessairement satisfaite pour ces mêmes points.

Or l'équation 4b) est déduite de cette manière des trois équations 4c). Par conséquent, les hyperboloïdes infiniment nombreux qui contiennent les lignes vues simples, passent tous par la ligne d'intersection commune des trois équations 4c).

Cette courbe est du *troisième degré*, ce qui veut dire qu'un plan peut la couper en trois points. En effet, comme l'intersection de deux surfaces du second degré, telles que les surfaces 4d), est en général du quatrième degré et peut être rencontrée en quatre ou deux points par un plan, mais que l'un de ces points d'intersection appartient nécessairement à la ligne droite (le parallélisme est considéré comme une intersection à l'infini), il ne reste que trois ou un point d'intersection pour la courbe. C'est ainsi, par exemple, que le plan de visée coupe la courbe horoptérique au point de fixation et aux centres des deux yeux. Si l'on se figure le plan sécant à l'infini, il doit encore couper la courbe en un ou en trois points, ce qui donne alors un ou trois couples de branches de la courbe, lesquelles s'étendent en sens contraire jusqu'à l'infini.

La *courbe du troisième degré est horoptérique*, c'est-à-dire que les lignes de visée correspondantes se coupent sur cette courbe. En effet, nous pouvons écrire les équations 4c) sous la forme

$$\frac{A}{\mathfrak{A}} = \frac{B}{\mathfrak{B}} = \frac{C}{\mathfrak{C}} \quad \ldots\ldots\ldots\ldots\ldots \quad 4f).$$

Les équations 4) sont celles de deux lignes de visée correspondantes. Prenons celles de l'une de ces lignes

$$\left.\begin{aligned} l_0 A + m_0 B + n_0 C &= 0 \\ l_1 A + m_1 B + n_1 C &= 0 \end{aligned}\right\} \quad \ldots\ldots\ldots\ldots \quad 4g),$$

et supposons qu'elle passe par un point de la courbe du troisième degré, pour lequel les équations 4f) sont alors satisfaites, il résulte que si nous multiplions les deux équations 4g) par $\mathfrak{A} : A$ en tenant compte de 4f), on a aussi pour le même point

$$\begin{aligned} l_0 \mathfrak{A} + m_0 \mathfrak{B} + n_0 \mathfrak{C} &= 0 \\ l_1 \mathfrak{A} + m_1 \mathfrak{B} + n_1 \mathfrak{C} &= 0, \end{aligned}$$

ce point appartient donc aussi à la ligne de visée correspondante. Les lignes de visée correspondantes se coupent donc deux à deux sur l'intersection commune des deux surfaces 4c). Cette intersection est la courbe horoptérique. Nous avons déjà dit plus haut que les points de cette courbe n'appartiennent pas nécessairement tous à l'horoptère.

Cônes du second degré qui passent par la courbe horoptérique. — Lorsque les deux lignes de visée correspondantes des équations 4) se coupent en un point, lequel appartient alors à la courbe horoptérique, tous les plans des équations 4a) qui sont menés par les deux lignes de visée passent également par ce point ; la même chose a donc lieu pour toutes les lignes d'intersection de ces plans, lesquelles constituent la surface du second degré. Une surface du second degré qui contient un système de lignes droites indéfinies passant toutes par un même point, est un *cône du second degré.*

Chaque point de la courbe horoptérique est donc le sommet d'un cône du second degré dont la surface contient la courbe horoptérique tout entière. Dans des cas particuliers, ce cône peut devenir un *cylindre* (cône dont le sommet est infiniment éloigné) ou un *couple de plans qui se coupent* (cône dont la base elliptique affecte une longueur d'axe infinie).

Toute ligne droite qui rencontre la courbe horoptérique en deux points appartient à deux cônes de ce genre, et par conséquent est vue simple.

Si l'un des cônes peut se transformer en un couple de plans, la courbe horoptérique se compose d'une section conique plane et d'une ligne droite, qui rencontre la section conique en un point. En effet, pour construire la courbe horoptérique, qu'on se figure, outre le cône réduit à deux plans, un autre cône dont le sommet est situé dans l'un des plans, l'intersection commune se compose de deux droites et d'une section conique. Mais l'une des droites n'appartient pas à la courbe horoptérique.

Cas particuliers. — Pour calculer effectivement la courbe horoptérique dans les différents cas, il est nécessaire d'exprimer effectivement A, B, C et $\mathfrak{A}$, $\mathfrak{B}$, $\mathfrak{C}$ en fonction de $\mathfrak{x}$, $\mathfrak{y}$ et $\mathfrak{z}$. Nous prendrons le point de fixation pour origine de ce dernier système, le plan de visée pour plan des $\mathfrak{x}$-$\mathfrak{y}$; les $\mathfrak{z}$ seront comptés positivement en montant. Prenons pour axe des $\mathfrak{x}$ la bissectrice de l'angle de convergence des deux lignes visuelles; nommons 2γ l'angle de convergence de ces deux lignes; soient a pour l'œil droit et a_1 pour l'œil gauche, la distance du point de décussation des lignes de visée de chaque œil au point de fixation. Alors les coordonnées du point de décussation des lignes de visée sont,

Pour l'œil droit,	$\mathfrak{x} = a \cos\gamma,$	$\mathfrak{y} = a \sin\gamma,$	$\mathfrak{z} = 0,$
Pour l'œil gauche,	$\mathfrak{x} = a_1 \cos\gamma,$	$\mathfrak{x} = - a_1 \sin\gamma,$	$\mathfrak{z} = 0.$

Prenons un système de coordonnées auxiliaire, $\mathfrak{x}_1$-$\mathfrak{y}_1$-$\mathfrak{z}_1$, qui soit tourné autour de l'axe des $\mathfrak{z}$ du système précédent, d'un angle égal à γ, de telle sorte que son axe des $\mathfrak{x}_1$ coïncide avec la ligne visuelle de l'œil droit; nous avons

$$\begin{aligned} \mathfrak{x}_1 &= \mathfrak{x}\cos\gamma + \mathfrak{y}\sin\gamma \\ \mathfrak{y}_1 &= -\mathfrak{x}\sin\gamma + \mathfrak{y}\cos\gamma \\ \mathfrak{z}_1 &= \mathfrak{z}, \end{aligned}$$

ce qui satisfait à ces deux conditions qu'on ait

$$\mathfrak{x}_1^2 + \mathfrak{y}_1^2 = \mathfrak{x}^2 + \mathfrak{y}^2$$

et que, pour $\mathfrak{x}_1 = a$ et $\mathfrak{y}_1 = 0$, on retrouve, pour les coordonnées du point de décussation de l'œil droit, les valeurs inscrites plus haut.

Dans le système des $\mathfrak{x}_1$-$\mathfrak{y}_1$-$\mathfrak{z}_1$, l'axe des $\mathfrak{x}_1$ coïncide avec l'axe des $\mathfrak{z}$ du système des x-y-z, employé plus haut dans les équations 1) à 1i), de sorte que

$$\mathfrak{x}_1 = a - z + e.$$

Le système de x-y-z est tourné, par rapport au premier, de l'angle θ que l'horizon rétinien fait avec le plan de visée; on a donc

$$\begin{aligned} x &= \mathfrak{y}_1 \cos\theta - \mathfrak{z}_1 \sin\theta \\ y &= \mathfrak{y}_1 \sin\theta + \mathfrak{z}_1 \cos\theta, \end{aligned}$$

l'angle θ étant compté positivement pour une rotation de l'extrémité supérieure du méridien vertical vers la droite, c'est-à-dire pour le regard dirigé à gauche et en haut, ou à droite et en bas. En conséquence, on a

$$\left.\begin{aligned} x &= -\mathfrak{x}\sin\gamma\cos\theta + \mathfrak{y}\cos\gamma\cos\theta - \mathfrak{z}\sin\theta \\ y &= -\mathfrak{x}\sin\gamma\sin\theta + \mathfrak{y}\cos\gamma\sin\theta + \mathfrak{z}\cos\theta \\ z &= -\mathfrak{x}\cos\gamma - \mathfrak{y}\sin\gamma + a + e \end{aligned}\right\} \quad \ldots\ldots \; 5).$$

En partant de là, et tenant compte des équations 1h) et 1i) ainsi que des définitions posées alors, les équations 3) donnent les expressions

$$\left.\begin{aligned} A &= y = -\mathfrak{x}\sin\gamma\sin\theta + \mathfrak{y}\cos\gamma\sin\theta + \mathfrak{z}\cos\theta \\ B &= x\cos\varepsilon - y\sin\varepsilon \\ &= -\mathfrak{x}\sin\gamma\cos(\theta+\varepsilon) + \mathfrak{y}\cos\gamma\cos(\theta+\varepsilon) - \mathfrak{z}\sin(\theta+\varepsilon) \\ C &= z - c = a - \mathfrak{x}\cos\gamma - \mathfrak{y}\sin\gamma \end{aligned}\right\} \quad \ldots \quad 5a).$$

D'une manière analogue, si θ_1 est l'angle de torsion pour l'œil gauche, les expressions $\mathfrak{A}$, $\mathfrak{B}$ et $\mathfrak{C}$ deviennent

$$\left.\begin{aligned} \mathfrak{A} &= +\mathfrak{x}\sin\gamma\sin\theta_1 + \mathfrak{y}\cos\gamma\sin\theta_1 + \mathfrak{z}\cos\theta_1 \\ \mathfrak{B} &= \mathfrak{x}\sin\gamma\cos(\theta_1-\varepsilon) + \mathfrak{y}\cos\gamma\cos(\theta_1-\varepsilon) - \mathfrak{z}\sin(\theta_1-\varepsilon) \\ \mathfrak{C} &= a_1 - \mathfrak{x}\cos\gamma + \mathfrak{y}\sin\gamma \end{aligned}\right\} \ldots\ldots \; 5b).$$

Formes simplifiées de la courbe horoptérique. — Des simplifications de ce genre se rencontrent en particulier dans les cas où un couple de plans correspondants coïncident complétement. Alors, en effet, toutes celles des lignes de visée de chaque œil qui sont comprises dans ce plan rencontrent nécessairement les lignes de visée correspondantes de l'autre, et donnent chacune un point de la courbe horoptérique situé dans le plan. Si les lignes de visée venaient à se trouver parallèles, elles donnent des points infiniment éloignés de cette courbe. Alors une partie de la courbe horoptérique est une courbe plane ou une ligne droite. — Dans le premier cas, prenons un point quelconque de cette courbe pour sommet d'un cône mené par la courbe horoptérique, une partie de cette surface conique devient un plan, et le reste ne peut nécessairement plus être autre chose qu'un second plan. Ce n'est, en effet, que dans le cas limite du cône qui se transforme en deux plans qui se coupent, qu'une partie de la surface conique peut être plane. Si ces autres plans, qui ne passent pas par la courbe plane qui fait partie de l'horoptère, possèdent une ligne d'intersection commune, cette ligne ne peut être qu'une droite passant par un point de la courbe plane en question. En même temps, on voit que la courbe doit être du second degré, car cette condition est nécessaire pour que les cônes, dont les sommets sont sur la ligne droite, soient des cônes du second degré. — Dans le second cas, celui où la courbe des intersections des lignes de visée correspondantes est une ligne droite, chaque cône qui a pour sommet un point de la courbe horoptérique situé en dehors de cette ligne droite, comprend nécessairement une partie plane ; il se compose donc de deux plans qui se coupent, et, par suite, le reste de la courbe horoptérique doit être une courbe plane.

Il est facile de voir aussi que, lorsque la courbe horoptérique se compose d'une ligne droite et d'une section conique, les centres des yeux doivent se trouver sur cette dernière, et que le plan de cette courbe constitue un couple de plans correspondants des deux yeux, qui coïncident. En effet, il est impossible qu'un œil étant sur la courbe, l'autre soit sur la ligne droite ; car, s'il en était ainsi, un faisceau de lignes de visée mené du premier œil aux points de la courbe serait dans un plan, tandis que, pour le second, il serait sur une surface conique courbe. Et si les deux yeux étaient situés sur la ligne droite, cette ligne devrait jouer le rôle d'un couple de lignes de visée correspondantes; s'il existe alors, en dehors de cette ligne droite, un autre point de la courbe horoptérique, tel que le point de fixation, par exemple, le plan mené par ce point et par les yeux jouerait le rôle d'un couple de plans correspondants, et devrait refermer une courbe horoptérique.

La condition pour que la courbe horoptérique puisse être formée d'une section conique plane et d'une ligne droite qui rencontre cette courbe, est donc qu'il existe des valeurs de l, m et n pour lesquelles les équations

$$lA + mB + nC = 0$$
$$l\mathfrak{A} + m\mathfrak{B} + n\mathfrak{C} = 0$$

deviennent identiques. Si, à l'aide des équations 5a) et 5b) on amène ces équations sous la forme

$$f\mathfrak{x} + f_1\mathfrak{y} + f_2\mathfrak{z} + f_3 = 0$$
$$\varphi\mathfrak{x} + \varphi_1\mathfrak{y} + \varphi_2\mathfrak{z} + \varphi_3 = 0,$$

il faut qu'on ait

$$\frac{f}{\varphi} = \frac{f_1}{\varphi_1} = \frac{f_2}{\varphi_2} = \frac{f_3}{\varphi_3}.$$

La dernière fraction est indépendante de l, m et n ; dans les trois premières, les numérateurs et les dénominateurs sont des fonctions linéaires de l, m et n. En égalant chacune des trois fractions à la dernière, on obtient entre l, m et n trois équations linéaires sans terme constant, d'où il résulte que le déterminant des coefficients de l, m et n doit être nul. Ceci donne, entre les quantités α, α_1, θ, θ_1 et γ, une équation qui doit être satisfaite pour que la courbe horoptérique affecte la forme indiquée. Il n'est pas nécessaire de faire ici ce calcul, car nous ne portons un intérêt particulier qu'à celles des positions des yeux qui sont compatibles avec la loi de Listing.

Géométriquement, la condition pour que la courbe prenne la forme demandée peut s'exprimer de la manière suivante. Nommons F la ligne qui joint les deux points de décussation des lignes de visée. Cette ligne peut être considérée comme étant une des lignes de visée de l'un ou de l'autre œil. Si nous la considérons comme telle pour l'œil droit, il faut qu'il existe une ligne de visée correspondante H dans l'œil gauche; si c'est pour le gauche, il doit exister une ligne correspondante G dans l'œil droit. Si les lignes G et H se coupent, elles sont dans un même plan avec F, et ce plan est alors correspondant pour les deux yeux, car il contient deux couples de lignes de visée correspondantes, F et G pour l'œil droit, F et H pour l'œil gauche. Pour toute position des yeux il est donc possible, en faisant tourner l'un d'eux autour de sa ligne de visée, d'obtenir une position qui donne à la courbe horoptérique la forme simple demandée.

Pour les yeux qui suivent la loi de Listing, qui sont construits symétriquement, et dont les horizons rétiniens sont situés dans le plan de visée pour une position parallèle des lignes de regard, il est clair que la condition indiquée est remplie : *premièrement*, pour les positions symétriques des yeux, pour lesquelles les lignes G et H, se trouvant également symétriques, se coupent nécessairement dans le plan de visée; *secondement*, pour la position primaire du plan de visée, parce qu'alors ce plan contient les horizons rétiniens, lesquels sont correspondants. Ce ne sont d'ailleurs théoriquement pas les seuls cas de ce genre : pour les yeux qui suivent exactement la loi de Listing, il existerait, pour des directions abaissées et latérales, certaines distances très-grandes du point de fixation pour lesquelles le plan de visée serait correspondant dans les deux yeux, et contiendrait, par suite, une ellipse plane comme courbe horoptérique. Mais ces cas ne présentent absolument aucune importance pratique, car pour les distances très-grandes à partir du point de fixation, les observations sur la position des points qui sont vus simples deviennent trop incertaines. Pour les yeux qui sont dépourvus de l'aberration du méridien vertical apparent, les positions en question du point de fixation s'éloignent à l'infini.

Dans ces cas, en négligeant certaines petites quantités, si l'on désigne par α l'angle d'élévation, par γ l'angle de latéralité d'un œil idéal situé au milieu de la ligne qui joint les deux yeux, par a la demi-distance des yeux, par ε la moitié de l'angle que forment entre eux les méridiens verticaux apparents, on a, pour la distance ρ du point de fixation au centre de l'œil cyclopéen,

$$\rho = \pm \frac{a \cos \gamma}{\sin \varepsilon \sin \beta \cos \beta}$$

$$\operatorname{tg} \frac{\beta}{2} = \operatorname{tg} \frac{\alpha}{2} \operatorname{tg} \frac{\gamma}{2}.$$

Dans le voisinage du plan médian, où l'on a $\gamma = 0$, et dans le voisinage de la position primaire du plan de visée, où l'on a $\alpha = 0$, β devient nul et ρ devient infini. Cette distance ne prend de valeurs positives que pour des valeurs négatives de α, c'est-à-dire au-dessous du plan de visée.

Nous allons traiter maintenant les deux cas que nous avons cités d'abord, et où l'horoptère se compose d'une ligne droite et d'une courbe plane, cas qui présentent une certaine importance au point de vue de l'observation.

A. — *Le point de fixation est dans le plan médian et à une distance infinie.* — Il vient alors, dans les équations 5a) et 5b),

$$a = a_1 \qquad \theta = -\theta_1$$

$$\left.\begin{aligned}
A &= -\mathfrak{x} \sin \gamma \sin \theta + \mathfrak{y} \cos \gamma \sin \theta + \mathfrak{z} \cos \theta \\
B &= -\mathfrak{x} \sin \gamma \cos (\theta + \varepsilon) + \mathfrak{y} \cos \gamma \cos (\theta + \varepsilon) - \mathfrak{z} \sin (\theta + \varepsilon) \\
C &= a - \mathfrak{x} \cos \gamma - \mathfrak{y} \sin \gamma \\
\mathfrak{A} &= -\mathfrak{x} \sin \gamma \sin \theta - \mathfrak{y} \cos \gamma \sin \theta + \mathfrak{z} \cos \theta \\
\mathfrak{B} &= \mathfrak{x} \sin \gamma \cos (\theta + \varepsilon) + \mathfrak{y} \cos \gamma \cos (\theta + \varepsilon) + \mathfrak{z} \sin (\theta + \varepsilon) \\
\mathfrak{C} &= a - \mathfrak{x} \cos \gamma + \mathfrak{y} \sin \gamma
\end{aligned}\right\} \quad \ldots \; 6).$$

Les plans correspondants qui coïncident s'obtiennent en posant

$$A \sin \gamma + C \cos \gamma \sin \theta = 0$$
$$\mathfrak{A} \sin \gamma + \mathfrak{C} \cos \gamma \sin \theta = 0 ;$$

en effet, pourvu que $\sin\gamma$ et $\sin\theta$ ne soient pas nuls simultanément, ces deux équations donnent pareillement

$$\mathfrak{x}\sin\theta - \mathfrak{z}\sin\gamma\cos\theta - a\cos\gamma\sin\theta = 0 \quad . \ . \ . \ . \ . \ . \quad 6a).$$

Tel est donc le plan de la section conique. De plus, pour

$$\mathfrak{y} = 0 \quad \text{et} \quad \mathfrak{x}\sin\gamma\cos(\theta+\varepsilon) = -\mathfrak{z}\sin(\theta+\varepsilon) \ . \ . \ . \ . \ . \quad 6b)$$

il vient

$$\begin{aligned} A &= \mathfrak{A} = -\mathfrak{x}\sin\gamma\sin\theta + \mathfrak{z}\cos\theta \\ B &= \mathfrak{B} = 0 \\ C &= \mathfrak{C} = a - \mathfrak{x}\cos\gamma. \end{aligned}$$

Les points de la ligne droite donnée par les équations 6b) sont donc correspondants dans les deux yeux, et cette ligne est la ligne droite horoptérique.

Les génératrices du cylindre qui contient la ligne horoptérique, ainsi que les plans qui se coupent suivant les génératrices du cylindre, doivent être parallèles à cette ligne. Si l'on forme les équations des plans correspondants :

$$\begin{aligned} A\cos\gamma\sin(\theta+\varepsilon) - C\sin\gamma\cos\varepsilon &= 0 \\ \mathfrak{A}\cos\gamma\quad(\theta+\varepsilon) - \mathfrak{C}\sin\gamma\cos\varepsilon &= 0, \end{aligned}$$

pour $\mathfrak{y} = 0$ elles se réduisent à

$$\frac{a\operatorname{tang}\gamma\cos\varepsilon}{\cos\theta} - \mathfrak{x}\sin\gamma\cos(\theta+\varepsilon) - \mathfrak{z}\sin(\theta+\varepsilon) = 0.$$

Ainsi qu'on le voit par la comparaison avec 6b), leur intersection est donc parallèle à la ligne droite horoptérique, et, comme cette ligne, elle est située dans le plan médian.

D'autre part, d'après 6b), les plans

$$B = \mathfrak{B} = 0$$

se coupent suivant la ligne droite horoptérique, et les plans correspondants

$$\begin{aligned} A\cos\gamma\sin(\theta+\varepsilon) + \varkappa B - C\sin\gamma\cos\varepsilon &= 0 \\ \mathfrak{A}\cos\gamma\sin(\theta+\varepsilon) + \varkappa\mathfrak{B} - \mathfrak{C}\sin\gamma\cos\varepsilon &= 0 \end{aligned}$$

se coupent également suivant des lignes qui sont parallèles à la ligne droite horoptérique. Éliminant $\varkappa$ entre ces équations, on obtient

$$(A\mathfrak{B} - B\mathfrak{A})\cos\gamma\sin(\theta+\varepsilon) - (\mathfrak{B}C - B\mathfrak{C})\sin\gamma\cos\varepsilon = 0$$

pour l'équation du cylindre. Après réduction, cette équation donne

$$\left.\begin{aligned} \frac{a^2\sin^2\gamma\cos^2\varepsilon}{4\cos^2\gamma\cos^2\theta} &= \mathfrak{y}^2\left[\sin^2\gamma\cos^2(\theta+\varepsilon) + \frac{\sin\theta\,.\,\sin 2(\theta+\varepsilon)}{2\cos\theta}\right] \\ &+ \left[\mathfrak{x}\sin\gamma\cos(\theta+\varepsilon) + \mathfrak{z}\sin(\theta+\varepsilon) - \frac{a\sin\gamma\cos\varepsilon}{2\cos\gamma\cos\theta}\right]^2 \end{aligned}\right\} \quad 6c).$$

C'est là l'équation d'un cylindre que les plans $\mathfrak{z}$ = Const. coupent suivant des sections coniques dont l'axe des $\mathfrak{x}$ est toujours réel, à savoir

$$X = \frac{a \cos \varepsilon}{2 \cos \gamma \cos \theta \cos (\theta + \varepsilon)}.$$

L'axe des y, au contraire, n'est pas nécessairement réel ; son carré est

$$Y^2 = \frac{a^2 \operatorname{tang}^2 \gamma \cos^2 \varepsilon}{4 \cos \theta \cos (\theta + \varepsilon) [\sin^2 \gamma \cos (\theta + \varepsilon) \cos \theta + \sin \theta \sin (\theta + \varepsilon)]}$$

Dans cette expression, $\cos \theta$ et $\cos (\theta + \varepsilon)$ sont toujours positifs pour les mouvements exécutables des yeux. Mais si le produit $\operatorname{tang} \theta \operatorname{tang} (\theta + \varepsilon)$ devient négatif et plus grand, en valeur absolue, que $\sin^2 \gamma$, la valeur de Y devient imaginaire et la section devient une hyperbole. Pour que ceci ait lieu, comme ε possède en général une valeur positive et petite, il faut que θ affecte des valeurs négatives encore plus petites, ce qui ne peut se présenter que pour une position descendante des lignes de regard et une grande distance du point de fixation.

L'axe des Y de cette section conique située dans le plan de visée, coïncide avec celui de la courbe horoptérique plane ; pour trouver l'axe médian de cette dernière, transportons dans 6c) la valeur de $\mathfrak{z}$ tirée de l'équation 6a) et faisons en même temps $\mathfrak{y} = 0$; nous pouvons alors trouver les coordonnées $\mathfrak{x}_0$-$\mathfrak{z}_0$ et $\mathfrak{x}_1$-$\mathfrak{z}_1$ de l'une et l'autre extrémité de cet axe. La valeur toujours réelle de l'axe X_1 est donnée alors par l'équation

$$X_1^2 = \frac{1}{4} (\mathfrak{x}_1 - \mathfrak{x}_0)^2 + \frac{1}{4} (\mathfrak{z}_1 - \mathfrak{z}_0)^2$$

$$= \frac{a^2 \sin^2 \gamma \cos^2 \varepsilon (\sin^2 \gamma \cos^2 \theta + \sin^2 \theta)}{4 \cos^2 \gamma \cos^2 \theta [\sin^2 \gamma \cos \theta \cos (\theta + \varepsilon) + \sin \theta \,.\, \sin (\theta + \varepsilon)]^2}$$

et il vient

$$\frac{X_1^2}{Y^2} = \frac{\sin^2 \gamma + \operatorname{tang}^2 \theta}{\sin^2 \gamma + \operatorname{tang} \theta \,.\, \operatorname{tang} (\theta + \varepsilon)}.$$

Au lieu du cylindre considéré jusqu'ici, on peut encore employer, pour la construction de la courbe horoptérique, le cône de l'horoptère des verticales

$$B\mathfrak{C} - \mathfrak{B}C = 0,$$

ou bien

$$[\mathfrak{x} \sin \gamma \cos (\theta + \varepsilon) + \mathfrak{z} \sin (\theta + \varepsilon)] [a - \mathfrak{x} \cos \gamma] - \mathfrak{y}^2 \cos \gamma \sin \gamma \cos (\theta + \varepsilon) = 0.$$

Pour $z = 0$, c'est-à-dire dans le plan de visée, la courbe d'intersection est un cercle donné par l'équation

$$\left(\mathfrak{x} - \frac{a}{2 \cos \gamma}\right)^2 + \mathfrak{y}^2 = \frac{a^2}{4 \cos^2 \gamma}.$$

Ce cercle passe par les points

$$\mathfrak{x} = 0 \qquad \mathfrak{y} = 0,$$
$$\mathfrak{x} = \frac{a}{\cos\gamma} \qquad \mathfrak{y} = 0,$$
$$\mathfrak{x} = a\cos\gamma \qquad \mathfrak{y} = a\sin\gamma,$$
$$\mathfrak{x} = a\cos\gamma \qquad \mathfrak{y} = -\,a\sin\gamma.$$

Les deux premiers de ces points sont le point de fixation et celui qui lui est diamétralement opposé ; les deux autres sont les centres des deux yeux. Le cercle est déterminé par ces conditions.

Le cône coupe le plan médian $\mathfrak{y} = 0$ suivant les deux lignes

$$\mathfrak{x}\sin\gamma\cos(\theta+\varepsilon) = -\,\mathfrak{z}\sin(\theta+\varepsilon)$$
$$\mathfrak{x}\cos\gamma = a.$$

La première est la ligne droite horoptérique ; la seconde est perpendiculaire au plan de visée et coupe ce plan au point qui, sur le cercle, est diamétralement opposé au point de fixation. Les coordonnées du sommet du cône sont donc

$$\mathfrak{x} = \frac{a}{\cos\gamma}$$
$$\mathfrak{z} = -\,a\,\mathrm{tang}\,\gamma\,.\,\mathrm{cotang}\,(\theta+\varepsilon).$$

Pour trouver la position qu'occupent les lignes et les plans en question, pour des yeux dont les mouvements suivent la loi de Listing, nommant β l'angle ascensionnel compris entre la position primaire du plan de visée et sa position actuelle, nous avons

$$\mathrm{tang}\,\theta = \frac{\sin\gamma\sin\beta}{\cos\gamma + \cos\beta} \quad \ldots\ldots\ldots\ldots \quad 7).$$

L'équation 6a) du plan de la courbe horoptérique devient alors

$$(\mathfrak{x} - a\cos\gamma) - \mathfrak{z}\,\frac{\cos\gamma + \cos\beta}{\sin\beta} = 0 \quad \ldots\ldots\ldots \quad 7\,a).$$

Dans ces conditions, les équations pour la position primaire des lignes de regard sont

$$\mathfrak{y} = \pm\,a\sin\gamma \quad \text{et} \quad \mathfrak{z} = (\mathfrak{x} - a\cos\gamma)\,\mathrm{tang}\,\beta. \quad \ldots\ldots \quad 7b).$$

Les équations pour la position actuelle des lignes de regard sont

$$\mathfrak{z} = 0 \quad \text{et} \quad \mathfrak{y} = \pm\,\mathfrak{x}\,\mathrm{tang}\,\gamma \quad \ldots\ldots\ldots\ldots \quad 7c).$$

Sur ces dernières lignes, le point de fixation est à la distance a des centres des yeux. Si, sur les lignes 7b), nous marquons un point à la distance a du centre de l'œil considéré, les coordonnées de ce point sont

$$\mathfrak{x} = a\,(\cos\gamma - \cos\beta), \qquad \mathfrak{y} = \pm\,a\sin\gamma, \qquad \mathfrak{z} = -\,a\sin\beta. \quad \ldots \quad 7d).$$

Les coordonnées d'un point situé, au contraire, à égale distance de ce point 7d) et du point de fixation, pour lequel on a

$$\mathfrak{x} = 0, \qquad \mathfrak{y} = 0, \qquad \mathfrak{z} = 0,$$

sont moitié moins grandes que les coordonnées 7d), c'est-à-dire

$$\mathfrak{x} = \frac{1}{2} a (\cos\gamma - \cos\beta), \quad \mathfrak{y} = \pm \frac{1}{2} a \sin\gamma, \quad \mathfrak{z} = -\frac{1}{2} a \sin\beta \ldots . \ 7e).$$

Or ces dernières valeurs satisfont l'équation 7a) ; les deux points 7e) sont donc situés dans le plan de la courbe horoptérique.

On voit donc que, pour une position médiane du point de fixation, pour trouver le plan de la section conique qui fait partie de la courbe horoptérique, il faut prendre les bissectrices des angles que la position actuelle de chaque ligne de regard fait avec sa position primaire, et faire passer un plan par ces bissectrices. Cette circonstance a été utilisée pour faire la construction qu'on a vue plus haut (fig. 207, p. 906).

Enfin, si l'on fait passer, par le centre de chaque œil, un plan perpendiculaire à la ligne menée de ce centre au point de l'équation 7e) qui est relatif à cet œil, l'équation de ce plan est

$$(\mathfrak{x} - a \cos\gamma)(\cos\gamma + \cos\beta) - (a \sin\gamma \mp \mathfrak{y}) \sin\gamma + \mathfrak{z} \sin\beta = 0 \ldots \ 7f).$$

Si l'on prend, de plus, un plan situé à la distance $- a \sin\gamma \operatorname{cotang} \varepsilon$ au-dessous de la position primaire du plan de visée 7d), et dont l'équation est

$$\mathfrak{z} \cdot \cos\beta + a \operatorname{cotang} \varepsilon \cdot \sin\gamma = (\mathfrak{x} - a \cos\gamma) \sin\beta \ldots . . \ 7g),$$

on trouve que les plans qui passent par la ligne droite horoptérique, à savoir

$$\mathfrak{x} \sin\gamma + \mathfrak{z} \operatorname{tang}(\theta + \varepsilon) = 0, \qquad \mathfrak{y} = 0,$$

et les deux plans 7f) et 7g), passent par un même point ; car, en tenant compte de 7), les valeurs de $\mathfrak{x}$, $\mathfrak{y}$ et $\mathfrak{z}$ tirées de trois de ces équations et transportées dans la quatrième, en font une identité. C'est là-dessus que repose la construction, donnée plus haut (fig. 208), de la ligne droite horoptérique.

B. — *Point de fixation situé dans le plan médian et à une distance infinie.* — Le cas où $\sin\gamma$ et $\sin\theta$ sont nuls en même temps, cas que nous avons dû laisser de côté plus haut en posant l'équation 6a), mérite d'être examiné à part. — Les lignes visuelles, parallèles entre elles, sont dirigées au loin. La distance a du point de fixation et l'abscisse $\mathfrak{x}$ deviennent infinies, mais la quantité $a \sin\gamma$, qui est égale au demi-écartement des yeux, reste constante ; nous l'appellerons b et nous désignerons $\mathfrak{x} - a$ par ξ. Il vient alors

$$A = \mathfrak{z} \qquad \mathfrak{A} = \mathfrak{z}$$
$$B = - b \cos\varepsilon + \mathfrak{y} \cos\varepsilon - \mathfrak{z} \sin\varepsilon \qquad \mathfrak{B} = b \cos\varepsilon + \mathfrak{y} \cos\varepsilon + \mathfrak{z} \sin\varepsilon$$
$$C = - \xi \qquad \mathfrak{C} = - \xi.$$

Les conditions de la correspondance,

$$A = \mathfrak{A}, \qquad B = \mathfrak{B}, \qquad C = \mathfrak{C},$$

sont donc alors complétement remplies pour tous les points pour lesquels on a

$$b \cos \varepsilon + \mathfrak{z} \sin \varepsilon = 0.$$

Ces points sont ceux d'un plan situé à une distance $-b$ cotang ε au-dessous du plan de visée. Ce plan constitue donc ici l'horoptère.

C. — *Point de fixation situé dans la position primaire du plan de visée.* — D'après la loi de Listing, on a

$$\theta = \theta' = 0;$$

les équations 5a) et 5b) donnent donc

$$\left.\begin{aligned} A &= \mathfrak{z} \\ B &= -\mathfrak{x} \sin \gamma \cos \varepsilon + \mathfrak{y} \cos \gamma \cos \varepsilon - \mathfrak{z} \sin \varepsilon \\ C &= a - \mathfrak{x} \cos \gamma - \mathfrak{y} \sin \gamma \\ \mathfrak{A} &= \mathfrak{z} \\ \mathfrak{B} &= \mathfrak{x} \sin \gamma \cos \varepsilon + \mathfrak{y} \cos \gamma \cos \varepsilon + \mathfrak{z} \sin \varepsilon \\ \mathfrak{C} &= a_1 - \mathfrak{x} \cos \gamma + \mathfrak{y} \sin \gamma \end{aligned}\right\} \quad \ldots\ldots \quad 8).$$

Le cône

$$A\mathfrak{C} - \mathfrak{A}C = 0$$

devient

$$\mathfrak{z}\,[a_1 - a + 2\mathfrak{y} \sin \gamma] = 0 \quad \ldots\ldots\ldots\ldots \quad 8a),$$

et se décompose donc dans les deux plans

$$\mathfrak{z} = 0 \quad \text{et} \quad \mathfrak{y} = \frac{a - a_1}{2 \sin \gamma} \quad \ldots\ldots\ldots\ldots \quad 8b).$$

La surface

$$A\mathfrak{B} - \mathfrak{A}B = 0$$

devient

$$2\mathfrak{z}\,[\mathfrak{x} \sin \gamma \cos \varepsilon + \mathfrak{z} \sin \varepsilon] = 0$$

et se décompose donc dans les deux plans

$$\mathfrak{z} = 0 \quad \text{et} \quad \mathfrak{x} \sin \gamma + \mathfrak{z} \operatorname{tang} \varepsilon = 0. \quad \ldots\ldots\ldots \quad 8).$$

Enfin, la surface

$$B\mathfrak{C} - \mathfrak{B}C = 0$$

devient

$$-(\mathfrak{x} \sin \gamma \cos \varepsilon + \mathfrak{z} \sin \varepsilon)(a_1 + a - 2\mathfrak{x} \cos \gamma) + 2\mathfrak{y}^2 \cos \gamma \sin \gamma \cos \varepsilon + (a_1 - a)\,\mathfrak{y} \cos \gamma \cos \varepsilon = 0,$$

ce qui est l'équation d'une hyperboloïde. Son intersection avec le plan $\mathfrak{z} = 0$ est

$$\left(\mathfrak{x} - \frac{a + a_1}{4 \cos \gamma}\right)^2 + \left(\mathfrak{y} + \frac{a_1 - a}{4 \sin \gamma}\right)^2 = \frac{1}{4} \cdot \frac{a^2 + a_1^2 - 2aa_1 \cos 2\gamma}{(\sin 2\gamma)^2},$$

ce qui est un cercle qui passe par les points

$$\mathfrak{x} = 0 \qquad \mathfrak{y} = 0,$$
$$\mathfrak{x} = a \cos \gamma \qquad \mathfrak{y} = a \sin \gamma,$$
$$\mathfrak{x} = a_1 \cos \gamma \qquad \mathfrak{y} = - a_1 \sin \gamma;$$

c'est le cercle horoptérique de Müller.

En conséquence, la ligne droite horoptérique est la ligne définie par les équations 8b) et 8c), à savoir

$$\mathfrak{y} = \frac{a - a_1}{2 \sin \gamma} \quad \text{et} \quad \mathfrak{x} \sin \gamma + \mathfrak{z} \operatorname{tang} \varepsilon = 0.$$

Son intersection avec le plan de visée est aussi située dans le cercle horoptérique; sa position est parallèle au plan médian $\mathfrak{y} = 0$. La distance du point d'intersection aux centres des yeux est la même de part et d'autre, à savoir

$$\frac{\sqrt{a^2 - 2aa_1 \cos 2\gamma + a_1^2}}{2 \sin \gamma} = \frac{b}{\sin \gamma},$$

si l'on désigne par b le demi-intervalle des deux yeux. Si l'on fait

$$\mathfrak{x} = \frac{b}{\sin \gamma},$$

il vient

$$\mathfrak{z} = - \frac{b}{\operatorname{tang} \varepsilon}.$$

Mais cette dernière quantité est la distance de la surface horoptérique au-dessous du plan de visée, lorsque les deux lignes visuelles sont parallèles au plan médian, d'où résulte la construction indiquée plus haut pour la ligne droite horoptérique.

La question des causes de la vision simple et de la vision double est déjà très-ancienne. — Déjà Galien (1) (né en 113 ap. J. C.) admit, pour expliquer la vision simple, une réunion des fibres nerveuses dans le chiasma des nerfs optiques. Cette hypothèse anatomique fut encore adoptée plus tard par I. Newton (2), Rohault (3), Hartley (4), W. H. Wollaston (5), Joh. Müller (6). — Une seconde opinion chercha à résoudre la question en admettant que nous ne voyons jamais qu'avec un œil à la fois. Porta (7) était de cet avis, et il fut suivi par Gassendi (8), Tacquet, Gall et du Tour (9). Ce dernier s'appuya surtout sur les phénomènes d'antagonisme des deux champs visuels, et se borna à admettre que nous verrions tantôt simultanément avec les deux yeux, et tantôt avec un seul œil.

Une troisième opinion, différente des précédentes, et connue sous le nom de théorie des

(1) De usu partium, lib. X, cap. 12.
(2) Opticks, 1717, p. 320, Query 15.
(3) Traité de physique. Paris, 1671 et 1682, part. I, chap. 31.
(4) Observations on man, 1, 207.
(5) *Phil. Trans.*, 1824, I, 222.
(6) Zur vergleichenden Physiologie des Gesichtssinns. Leipzig, 1826.
(7) De refractione, 1593, p. 142.
(8) Opera, vol. II, p. 395.
(9) *Acta Paris.*, 1743, p. 334. — *Mém. des savants étrang.*, III, 514; IV, 499; V, 677.

projections, considère la vision simple comme attribuable à la manière dont nous interprétons nos sensations visuelles. KEPPLER (1) s'exprime déjà dans ce sens. AGUILONIUS (2) établit, à la même époque, la théorie d'après laquelle nous projetterions toujours les images visuelles sur un certain plan passant par le point de fixation, auquel il donna le nom d'horoptère ; les points seraient vus simples ou doubles, suivant que leur projection serait simple ou double. PORTERFIELD se rapprocha davantage de l'opinion de KEPPLER, en admettant que les objets nous paraissent simples parce que chaque œil les localise dans leur position réelle, ce qu'on formula plus tard en disant que nous localisons les objets au point d'intersection des lignes de visée. Exprimée sous cette forme, la loi serait en contradiction avec l'existence des images doubles. PORTERFIELD parle bien des images doubles qui accompagnent une position forcée de l'œil produite par une pression ou par une traction, mais admet qu'il y a alors erreur sur la position de l'œil.

Ces trois opinions, plus ou moins combinées, forment la base des théories récentes ; mais l'examen plus exact des faits a été un progrès considérable obtenu dans ces derniers temps.

J. MÜLLER (3) est le premier qui ait formulé la loi des phénomènes d'une manière un peu détaillée et relativement exacte ; il dit que nous voyons simple ou double, suivant que les images du point considéré se forment sur des points identiques ou non des deux rétines. Pour la position des points identiques, il donna cette règle, approximativement vraie, qu'ils sont également éloignés des milieux des deux rétines, et dans le même sens. Il ne se prononce pas nettement en faveur d'une disposition anatomique particulière (réunion des fibres identiques dans le chiasma des nerfs optiques ou dans le cerveau), mais il soutient que l'identité doit reconnaître une cause organique.

C'est surtout VOLKMANN (4) qui donna plus tard des déterminations exactes de la position des points identiques ou correspondants. Mais la position observée des points identiques était incompatible avec l'hypothèse d'AGUILONIUS, d'après laquelle l'horoptère serait un plan. VIETH (5) et JOH. MÜLLER avaient déjà reconnu que l'intersection de l'horoptère avec le plan de visée doit être un cercle passant par le point de fixation et par les deux yeux. Plus tard, A. P. PRÉVOST (6) et BURCKHARDT montrèrent que, dans les positions de l'œil qui n'exigent pas de torsion, une ligne droite vient s'ajouter au cercle de MÜLLER, et que, par conséquent, l'horoptère n'est en général pas une surface. HERING (7) démontra que l'horoptère doit, en général, être toujours une ligne ; dès lors il fallut abandonner l'idée d'un horoptère conforme à la définition d'AGUILONIUS. La solution générale du problème de l'horoptère, qui était une question purement mathématique, et qui supposait connue la loi des mouvements des yeux, a été donnée à peu près simultanément par moi et par M. HERING (8). Il faut mentionner

---

(1) Dioptrice, propos. LXII.

(2) Opticorum libri VI. Antwerp., 1613.

(3) Beiträge zur vergleichenden Physiologie des Gesichtsinns. Leipzig, 1826, p. 71. — Lehrbuch der Physiologie, 1840, II, 376-87.

(4) A. W. VOLKMANN, Physiologische Untersuchungen im Gebiete der Optik, Zweites Heft, Leipzig, 1864.

(5) *Gilbert's Annalen*, LVIII, 233.

(6) Essai sur la théorie de la vision binoculaire. Genève, 1843. — *Poggendorff's Ann.*, 1844, LXII, 548.

(7) Beiträge zur Physiologie, Heft III, p. 196-199 (Leipzig), 1863, Heft IV (1864).

(8) Ma première communication fut faite, le 24 octobre 1862, à la Société de médecine et d'histoire naturelle de Heidelberg, et le manuscrit fut livré le 8 novembre 1862. C'est dans ce travail qu'on rencontre, pour la première fois, des équations pour la forme de l'horoptère dans le cas général ; mais elles n'y sont pas encore sous la forme la plus simple, puisque l'horoptère y est considéré comme l'intersection de deux surfaces : l'une du second et l'autre du quatrième degré. Il n'y est pas encore tenu compte, non plus, de l'aberration du méridien vertical apparent. La forme de l'horoptère, dans le cas général, y est sommairement décrite. Avant la publication de cette communication préalable (automne 1863), parut le 3e fascicule des *Beiträge zur Physiologie* de M. Hering, où il démontre que l'horoptère doit toujours être au moins une ligne (sinon une surface), mais où il ne détermine véritablement la forme de cette ligne que pour les cas simples, déjà connus. Alors parut mon mémoire sur l'horoptère (*Archiv für Ophthalmologie*, X, 1, p. 1-60), dont le bon à tirer était déjà donné au milieu de mars 1864 ; l'horoptère y est représenté comme l'intersection de deux surfaces du second degré, et j'y parle de l'influence de l'aberration des méridiens verticaux apparents. Sans avoir connaissance de ce travail, M. E. HERING a envoyé à l'impression, en juin 1864, son

encore un travail de H. HANKEL (1) qui donne une étude analytique détaillée de ce problème, mais sans tenir compte de l'aberration des méridiens verticaux apparents, qui exerce ici une si grande influence.

Depuis la découverte du stéréoscope par WHEATSONE, l'attention des observateurs s'est portée principalement sur la fusion des images doubles, parce que c'est à cette fusion que se rattachent particulièrement les questions théoriques sur le mode d'action commune des deux yeux. Nous ne pouvons parler de ces questions théoriques qu'à la fin du paragraphe suivant. BRÜCKE (2), le premier, fit voir la grande influence que le mouvement des yeux exerce sur la fusion des images disparates d'objets solides et des dessins stéréoscopiques ; mais DOVE démontra (3), à l'aide de l'éclairage électrique, qu'une semblable fusion peut également avoir lieu (quoique à un degré bien plus faible), même en l'absence de tout mouvement des yeux. Ces expériences de DOVE furent répétées et confirmées, avec des méthodes différentes, par VOLKMANN (4), AUGUST (5) et RECKLINGHAUSEN (6). Quant aux limites et aux conditions de la fusion, c'est surtout dans les travaux de PANUM (7) et de VOLKMANN (8) qu'on trouve un grand nombre d'observations et de mensurations faites avec beaucoup de soin. L'expérience, si souvent attaquée, de WHEATSTONE, d'après laquelle les impressions des points identiques peuvent servir à combler différentes parties de l'image des objets solides que nous percevons, a été confirmée, d'une part, par NAGEL (9) et par WUNDT (10) ; d'autre part, VOLKMANN (11), E. HERING (12) et W. BEZOLD (13), ont insisté sur ce qu'il est toujours possible de dissocier les images, dès qu'on regarde avec assez d'attention et qu'on emploie des moyens convenables pour rendre les images doubles plus facilement visibles. J'ai expliqué plus haut que les deux choses ne sont pas contradictoires.

---

113. GALENUS, De usu partium, lib. X, c. 12.
1593. PORTA, De refractione, p. 142.
1611. KEPPLER, Dioptrice, propos. LXII.

4e fascicule, qui contient également la réduction à l'intersection de deux surfaces du second degré, fondée sur la géométrie de STEINER, qui est très-appropriée à cet objet. La critique qui y est dirigée contre mon premier travail repose essentiellement sur cette méprise que, tandis que j'avais parlé de l'*horoptère*, M. E. HERING parlait de la *courbe horoptérique :* ces deux choses ne sont pas absolument identiques, ainsi que je l'ai fait voir in *Pogg. Ann.*, CXXIII, 158-161 (voy. plus haut, page 902). Enfin, le 5e fascicule de M. HERING contient encore une critique de mon second travail ; je n'en mentionnerai qu'un point (p. 350) où M. HERING a effectivement raison : à la page 44 de mon travail, l'angle $\varkappa$ est posé comme généralement égal à $\varkappa_1$. C'est là un lapsus qui m'est échappé dans la hâte causée par un départ prochain, en mettant la dernière main à mon travail pour tâcher d'y condenser le plus possible la partie mathématique. J'avais d'abord examiné séparément les deux cas où cette hypothèse est exacte, et l'erreur n'a, par conséquent, aucune influence sur l'exactitude des résultats. Les autres critiques de M. HERING n'ont, en partie, qu'un intérêt personnel, et les lecteurs qui pourraient s'y intéresser sauront facilement en faire la part, sans plus d'explications ; d'autres points de divergence ne pourront être tranchés qu'à l'aide d'observations fréquemment répétées par des individus différents. J'ai indiqué, dans le cours de l'exposition précédente, les observations que j'ai pu faire à ce sujet.

(1) *Poggendorff's Annalen*, CXXII, 575-588.
(2) *Müller's Archiv für Anat. und Physiol.*, 1841, p. 459.
(3) *Monatsber. d. Berl. Akad.*, 1841, 29 Juli.
(4) *Leipz. Berichte*, 1859, p. 90-98.
(5) *Pogg. Ann.*, CX, 582-593.
(6) *Pogg. Ann.*, CXIV, 170-173.
(7) Physiologische Untersuchungen über das Sehen mit zwei Augen. Kiel, 1858. — *Reichert und du Bois-Reymond Archiv*, 1861, p. 63-227.
(8) *Archiv für Ophthalmologie*, II, 2, 1-100. — Physiol. Untersuchungen im Gebiete der Optik, Heft II.
(9) Das Sehen mit zwei Augen. Leipzig und Heidelberg, 1861.
(10) *Henle und Pfeufer's Zeitschr. für ration. Medicin*, 3, XII, 249.
(11) *Archiv für Ophthalmol.*, II, 2, p. 72-86.
(12) Beiträge zur Physiologie, Heft II, p. 81-131.
(13) *Sitzungsber. d. Bayrischen Akad. der Wissensch., Math. Phys. Klasse*, 10 Dec. 1864.

1613. AGUILONIUS, Opticorum libri VI. Antwerp.
1658. GASSENDI, Opera, vol. II, p. 395.
1669. TACQUET, Opera mathematica.
1671. ROHAULT, Traité de physique. Paris, 1671 et 1682, part. I, chap. 31.
1704. Is. NEWTON, Optice, quæstio XXV.
1743. DU TOUR, in *Act. Paris.*, 1743, p. 334.
1759. PORTERFIELD, On the eye, II, 285.
1760. DU TOUR, Pourquoi un objet sur lequel nous fixons les yeux paraît-il unique? in *Mém. des savants étrang.*, III, 514; IV, 499; V, 677.
1818. G. U. A. VIETH, Ueber die Richtung der Augen, in *Gilbert's Ann.*, LVIII, 233.
1824. W. H. WOLLASTON, On the semi-decussation of the optic nerves, in *Phil. Transact.*, 1824, I, 222. — *Edinb. Phil. Journ.*, XXII, 420. — *Annals of Philos.*, 1824, April, p. 306.
1826. JOH. MÜLLER, Beiträge zur vergleichenden Physiologie des Gesichtsinns. Leipzig.
1827. TOURTUAL, Die Sinne des Menschen, p. 234.
1838. CH. WHEATSTONE, On some remarkable and hitherto unobserved phenomena of binocular vision, in *Philos. Transact.*, 1838, part. II, p. 384-385.
1840. JOH. MÜLLER, Handbuch der Physiologie des Menschen. Coblenz, II, 376-387.
1841. E. BRÜCKE, Ueber die stereoskopischen Erscheinungen, in *J. Müller's Archiv für Anat. und Physiol.*, 1841, p. 459.
— DOVE, in *Berl. Monatsb.*, 1841, 29 Juli.
1843. A. P. PRÉVOST, Essai sur la théorie de la vision binoculaire. Genève. — *Poggendorff's Ann.*, 1844, LXII, 548.
1844. D. BREWSTER, Law of visible position in single and binocular vision, in *Edinb. Phil. Trans.*, XV.
1849. LOCKE, On single and double vision, in *Phil. Mag.*, XXXIV, 195. — *Silliman's Amer. Journ.*, VII, 68.
— LATHROP, Results additional to those offered by DR. LOCKE, in *Silliman's Journ.*, VII, 343.
1852. A. MÜLLER, Ueber das Beschauen der Landschaften mit normaler und abgeänderter Augenstellung, in *Pogg. Ann.*, LXXXVI, 147-152. — *Cosmos*, I, 336.
— D. BREWSTER, Sur la vision binoculaire et le stéréoscope, in *North-British Review*, 1855. May. — *Cosmos*, I, 422-425; 450-453.
1854. A. v. GRAEFE, Ueber Doppeltsehen nach Schieloperationen und Incongruenz der Netzhäute, in *Archiv für Ophthalmol.*, I, 1, p. 82-120.
— F. BURCKHARDT, Ueber Binocularsehen, in *Verhand. der naturf. Ges. in Basel*, I, 123-154.
— MEISSNER, Physiologie des Sehorgans. Leipzig, 1854.
1855. H. EMSMANN, Ueber Doppeltsehen, in *Pogg. Ann.*, XCVI, 588-602.
— W. B. ROGERS, Observations on binocular vision, in *Silliman's Journ.*, 2, XX, 86-98; 204-220; 318-335; XXI, 80-95; 173-189; 439. — *Cosmos*, VIII, 229-230. — *Arch. des sc. phys.* XXX, 247-249. — *Edinb. Journ.*, 2, III, 210-217.
— A. v. GRAEFE, Nachträgliche Bemerkungen über Incongruenz der Netzhäute, in *Arch. für Ophth.*, I, 2, p. 294-299.
1856. D. BREWSTER, on Mr. ROGER's Theory of binocular vision, in *Proc. of Edinb. Soc.*, III, 356-358.
1857. GIRAUD-TEULON, Note sur le mécanisme de la production du relief dans la vision binoculaire, in *Compt. rend.*, XLV, 566-569. — *Inst.* 1857, p. 345-346. — *Cosmos*, XI, 459-461; 490-492; 495-495.
— D. BREWSTER, The Stereoscope. London.
1858. E. CLAPARÈDE, Quelques mots sur la vision binoculaire et sur la question de l'horoptère, in *Arch. d. sc. phys.*, 2, III, 138-168; III, 225-267; III, 362-368.
— P. L. PANUM, Physiologische Untersuchungen über das Sehen mit zwei Augen, Kiel.
1859. A. P. PRÉVOST, Note sur la vision binoculaire, in *Arch. d. sc. phys.*, 2, IV, 105-111.
— E. CLAPARÈDE, Remarques sur la note précédente, *Ibid.*, p. 112.
— J. v. HASNER, Ueber das Binocularsehen, in *Prager Ber.*, 1829, p. 10. — *Abhandl. der Kgl. Böhmischen Ges.*, 5, X, 25-34.
— A. W. VOLKMANN, Das Tachistoskop, ein Instrument, welches bei Untersuchung des momentanen Sehens den Gebrauch des elektrischen Funkens ersetzt, in *Leipz. Ber.*, 1859, p. 90-98.

1859. A. W. Volkmann, Die stereoskopischen Erscheinungen in ihrer Beziehung zu der Lehre von den identischen Netzhautstellen, in *Archiv für Ophthalm.*, V, 2, p. 1-100.

— A. Graefe, Beitrag zu der Lehre über den Einfluss der Erregung nicht identischer Netzhautpunkte auf die Stellung der Sehaxen, in *Arch. für Ophthalmol.*, V, 1, 128-132.

— F. v. Recklinghausen, Netzhautfunctionen, in *Archiv für Ophthalm.*, V, 2, p. 127-179. — *Pogg. Ann.*, CX, 65-92.

1860. F. August, Ueber eine neue Art stereoskopischer Erscheinungen, in *Pogg. Ann.*, CX, 582-593. — *Phil. Mag.*, 4, XX, 329-336. — *Ann. de chim.*, 3, LX, 506-509.

— W. Rogers, Some experiments and inferences in regard to binocular vision, in *Edinb. Journ.*, 2, XII, 285-287. — *Silliman's Journ.*, 2, XXX, 387-390 ; 404-409. — *Rep. of Brit. Assoc.*, 1860, 2, p. 17-18.

— H. W. Dove, Ueber Stereoskopie (en réponse aux doutes de Recklinghausen, relativement à l'éclairage électrique des images stéréoscopiques), in *Pogg. Ann.*, CX, 494-498.

— Giraud-Teulon. De l'unité de jugement ou de sensation dans l'acte de la vision binoculaire, in *Compt. rend.*, LI, 17-20. — *Cosmos*, XVII, 24-27. — *Inst.*, 1860, p. 217.

— T. Hayden. Sulla funzione della macchia gialla del Sömmering nel produrre l'unità della percezione visuale nella visione bioculare, in *Cimento*, XI, 255-257.

1861. A. Nagel, Das Sehen mit zwei Augen und die Lehre von den identischen Netzhautstellen, Leipzig und Heidelberg, 1861, p. 1-184. — *Verhandl. d. naturh. Vereins d. Rheinl.*, XVII, Sitzungsber., p. 9-12.

— Giraud-Teulon, Physiologie et pathologie de la vision binoculaire. Paris, 1861.

— F. v. Recklinghausen, Zum körperlichen Sehen, in *Pogg. Ann.*, CXIV, 170-173 (relativement à l'action de l'éclairage instantané).

— W. Wundt, Ueber das Sehen mit zwei Augen, in *Henle und Pfeufer's Zeitschr.*, 3, XII, 145-262.

— P. L. Panum, Ueber die einheitliche Verschmelzung verschiedenartiger Netzhauteindrücke beim Sehen mit zwei Augen, in *Reichert's Arch. für Anat. und Physiol.*, 1861, p. 63-111 ; 178-227.

— F. Burckhardt, Die Empfindlichkeit des Augenpaars für Doppelbilder, in *Pogg. Ann.*, CXII, 596-606. — *Verhdl. der naturh. Ges. in Basel*, III, 33-44.

— O. N. Rood, On the relation between our perception of distance and colour, in *Silliman's Journ.*, XXXII, 184-185.

1862. Bahr. Ueber die Nichtexistenz identischer Netzhautstellen, in *Arch. für Ophthalm.*, VIII, 2, p. 179-184.

— A. Nagel, Ueber die ungleiche Entfernung von Doppelbildern, welche in verschiedener Höhe gesehen werden, in *Archiv für Ophthalmol.*, VIII, 2, 368-387.

— E. Hering, Beiträge zur Physiologie, 2. bis 5. Heft. Leipzig, 1862-1864.

1863. L. Hermann, Notiz über die Gestalt der Horopterfläche bei convergenten Secundärstellungen, in *Centralbl. für medicinische Wissenschaften*, 1863, n° 51.

— J. Towne, The Stereoscope and stereoscopic results, in *Guy's hospital Rep.*, 1862-1865.

— F. C. Donders, Die Refractionsanomalien des Auges und ihre Folgen, in *Archiv für die holländischen Beiträge*, III, p. 358. — *Pogg. Ann.*, CXX, p. 452.

— A. W. Volkmann, Ueber identische Netzhautstellen, in *Berliner Monatsber.*, 1863. August. (aberration des méridiens verticaux apparents).

— H. Helmholtz, Ueber die normalen Bewegungen des menschlichen Auges, in *Archiv für Ophthalm.*, IX, 2, p. 188-190. (La même aberration est décrite dans ce mémoire.)

— E. Hering, über W. Wundt's Theorie des binocularen Sehens, in *Pogg. Ann.*, CXIX, 115 ; CXXII, 476.

— W. Wundt, über Dr. Hering's Kritik meiner Theorie des Binocularsehens, in *Pogg. Ann.*, CXX, 172.

— A. W. Volkmann, Vorläufige Mittheilung über den Horopter und die Axendrehung des Auges, in *Centralblatt für die medicinischen Wissenschaften*, 1863, n° 51.

1864. E. Hering, Das Gesetz der identischen Sehrichtungen, in *Reichert und du Bois-Reymond's Archiv*, 1864, p. 27.

1864. E. HERING, Bemerkungen zu VOLKMANN'S neuen Untersuchungen über das Binocularsehen, in *Reichert und du Bois-Reymond's Archiv*, 1864, p. 303.
— W. v. BEZOLD, Zur Lehre vom binocularen Sehen, in *Sitzungsber. der Königl. Bayrischen Akad., Math. Phys. Kl.*, 10 Dec. 1864.
— H. HELMHOLTZ, Ueber den Horopter, in *Archiv für Ophthalmologie*, X, 1-60.
— H. HELMHOLTZ, Bemerkungen über die Form des Horopters, in *Pogg. Ann.*, CXXIII, 158-161.
— E. JAVAL, De la neutralisation dans l'acte de la vision, in *Ann. d'ocul.*, LIV, 5-16.
— E. JAVAL, Ueber Incongruenz der Netzhäute, in *Klin. monatsbl. f. Augenheilk.*, 1864, p. 437-441. — *Ann. d'ocul.*, 1865, 123-125.
1865. D. BREWSTER, On Hemiopia, in *Phil. Mag.*, 4, XXIX, 506-507.
— H. AUBERT, Physiologie der Netzaut. Breslau, p. 280-331.
— E. HERING, in *Reichert und du Bois-Reymond's Archiv*, 1865.
— A. GRAEFE, Ueber einige Verhältnisse des Binocularsehens bei Schielenden mit Beziehung auf die Lehre von der Identität der Netzhäute, in *Archiv. für Ophthalmol.*, XI, 2, p. 1-46.
— A. NAGEL, Zur Symptomatologie des Schielens, in *Klin. monatsbl. f. Augenheilk.*, III, 63-70.
1866. F. C. DONDERS, La vision binoculaire et la perception de la 3e dimension (extrait des *Archives Néerlandaises*, 1866, I).
1867. SCHWEIGGER, Beiträge zur Lehre vom Schielen, in *Klin. monatsbl. f. Augenheilk.*, V, 1-31.
— A. v. GRAEFE, Symptomenlehre der Augenmuskellähmungen. Berlin, p. 60-78. (Die Identitätslehre, in Sonderheit mit Rücksicht auf paralytische Diplopie.)

§ 32. — Antagonisme des champs visuels.

Nous avons vu, dans les deux paragraphes précédents, que dans la vision binoculaire naturelle, nous projetons devant nous, dans l'espace, des images des objets solides ; mais que, d'un autre côté, lorsque nous portons notre attention sur le champ de vision commun à nos deux yeux, nous pouvons voir, comme superposées l'une à l'autre à la surface de ce champ, les deux projections perspectives différentes que les objets produisent sur nos rétines. C'est le premier de ces deux modes de vision qui se présente de préférence lorsque nous regardons des objets solides, et que, par suite, notre attention est concentrée sur ces objets. Nous dirigeons toujours alors les lignes visuelles des deux yeux sur l'objet qui attire notre attention, et par conséquent nous le voyons toujours simple et net, sans nous préoccuper des objets plus rapprochés et plus éloignés, qui pourraient paraître doubles à la vision plus ou moins indirecte. Pour voir des images doubles, il faut au contraire considérer nos impressions visuelles en elles-mêmes et chercher à faire abstraction des objets que nous percevons. Le moyen le plus commode pour voir les images doubles et les phénomènes correspondants de congruence et d'incongruence des différents points des deux champs visuels, c'est de regarder, non pas les objets réels, mais deux dessins différents qui présentent des lignes et des champs différemment colorés ou éclairés, et analogues à ceux que nous avons employés pour trouver les parties correspondantes des champs visuels.

Dans les cas que nous avons vus jusqu'ici, les images doubles étaient plus ou moins semblables aux images que pourrait offrir un seul et même objet extérieur, et, pour cette raison, elles étaient pour nous les signes familiers et facilement reconnaissables d'un objet situé hors de l'horoptère, de sorte qu'elles pouvaient encore nous servir à apprécier à peu près exactement la distance de l'objet.

Nous avons encore à examiner les cas où les deux champs visuels sont remplis de formes tout à fait différentes, qui ne peuvent pas être combinées pour former l'image d'un objet unique. — Dans les cas de ce genre, on voit en général deux images simultanées qui se superposent dans le champ de la vision. Mais ordinairement l'une ou l'autre de ces images prédomine plus ou moins dans telle ou telle partie du champ ; quelquefois il se produit une alternance telle qu'aux endroits où, pendant un certain temps, on ne voyait que des parties de l'une des images, on voit celle-ci s'effacer pour faire place à des parties de l'autre. La dénomination d'*antagonisme* ou de *lutte des champs visuels* nous servira à désigner cette alternance dont l'effet est de faire apparaître des parties des deux images tantôt simultanément, tantôt successivement au même endroit.

Les cas les plus simples et les plus réguliers sont ceux où l'un des champs visuels présente une coloration ou un éclairage uniformes dans toute son étendue ; on ne remarque alors que les objets contenus dans l'autre champ. — Ainsi, lorsque après avoir fermé un œil, on regarde une page d'impression, on voit les caractères et le papier blanc sans remarquer l'obscurité du champ visuel de l'œil fermé. Il faut observer que le papier ne paraît pas sensiblement plus foncé que lorsqu'on le regarde avec les deux yeux. Le noir de l'un des champs ne se mêle donc pas au blanc de l'autre ; il n'a aucune influence sur l'apparition de l'autre image.

Il en est de même lorsque, ayant ouvert l'œil qui était fermé, on tient tout près de lui une feuille de papier blanc, de manière que son champ visuel, qui était obscur auparavant, soit uniformément éclairé en blanc. Dans ce cas également, on voit sans modification les caractères contenus dans l'autre champ, et si le papier blanc uniforme n'est pas plus clair que l'autre, ce dernier ne paraît pas plus clair lorsque l'autre champ visuel est uniformément blanc que lorsqu'il est uniformément noir. Mais si l'on se tourne de telle façon que le papier blanc uniforme soit vivement éclairé par le soleil, dès qu'on ouvre le second œil, on croit assurément voir le papier imprimé devenir plus clair que précédemment.

Il en est encore de même lorsqu'une grande partie seulement de l'un des champs visuels est uniformément éclairée tandis que la partie correspondante de l'autre contient des dessins. Si l'on contemple, par exemple, les lettres

AB BC

en plaçant les yeux de telle façon que les deux *B* se superposent en un seul, on voit la disposition

ABC

et, dans cette image, *A* et *C* ne sont pas sensiblement plus foncés que la lettre *B* vue binoculairement. Ainsi, dans ce cas, on ne voit à gauche de *B* que la partie du champ visuel gauche qui contient *A* ; de même, à droite de *B*, on voit le *C* du champ visuel droit, tandis que le fond blanc uniforme de l'autre champ ne s'y fait pas du tout remarquer.

S'il y a, dans les deux champs visuels, de larges figures noires et blanches dont les limites se coupent dans le champ visuel commun, cette règle est satisfaite, en général, que chaque champ visuel prédo-

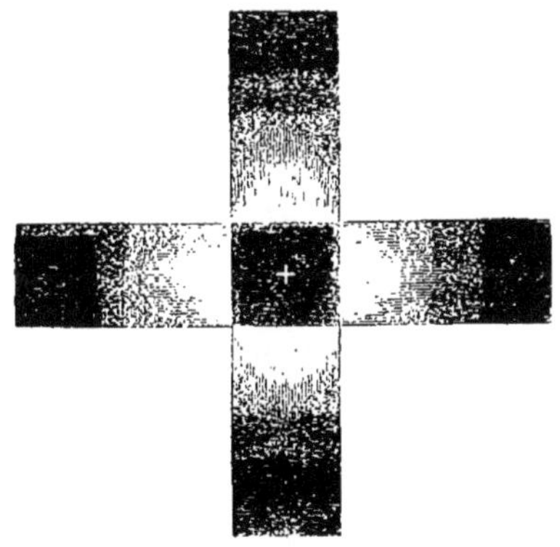

Fig. 210.

mine le long et à côté des contours qui appartiennent à ce champ. Si l'on amène donc les deux bandes noires de la figure *V* (pl. XI), à se superposer de telle façon que les points blancs marqués au milieu de ces bandes coïncident, il en résulte une image analogue à celle de la figure 210. Les bandes présentent l'aspect d'une croix dont le milieu est tout à fait noir, parce qu'il est formé par la superposition de deux parties noires.

Le fond paraît blanc parce que le blanc y tombe sur du blanc. Dans les quatre branches de la croix, le blanc de l'un des champs coïncide avec le noir de l'autre ; mais ce mélange de noir et de blanc ne leur communique point un aspect uniforme. Loin de là, elles sont presque entièrement noires à leurs extrémités, où elles touchent le fond blanc, et presque entièrement blanches aux points où elles touchent le carré noir du milieu ; les parties intermédiaires offrent des transitions du noir au blanc qui ne présentent pas un aspect invariable et tranquille, ce qui empêche de donner une idée du phénomène par un dessin. L'extrémité de chaque bande coïncide avec une partie du fond uniformément blanc de l'autre champ visuel, et elle l'efface alors à fond de manière à donner à peu près l'aspect du noir pur. Mais chaque bande est traversée, près de son milieu, par les lignes qui limitent l'autre dans le champ de l'autre œil, et, par ce motif, le blanc de l'autre champ visuel ressort nettement sur le noir de la première bande, le long du contour de la seconde.

Dans les cas examinés jusqu'ici, nous avions toujours en présence une figure à contours déterminés et un champ uniforme complétement vide. On a vu que, dans ces conditions, les contours apparaissaient toujours et chassaient l'impression du champ vide. — Remplaçons maintenant le champ complétement vide par un autre qui contienne un dessin linéaire fin, uniformément répété ; regardons, par exemple, avec l'œil gauche, la croix noire de la figure *W* (pl. XI), et dirigeons, en même temps, l'œil droit sur le champ quadrillé ; au premier moment la croix prédomine, en général, comme si on la projetait sur un fond uniforme, et le quadrillage apparaît tout au plus au milieu de la croix et dans les parties périphériques de la figure. Si nous prolongeons quelque temps l'expérience sans donner à notre attention une direction déterminée, le quadrillage apparaît par moments sur tout le champ et recouvre toute la croix ou au moins quelques-unes de ses parties. Je dois faire observer ici qu'il m'est possible, quand je veux, de diriger volontairement et exclusivement mon attention sur une partie quelconque du quadrillage, même sur celles qui tombent précisément sur le bord de la croix, de sorte que je ne vois alors que le quadrillage, tandis que la croix disparaît plus ou moins complétement. Il me suffit, à cet effet, de compter les carrés qui forment l'une des files du dessin, ou d'examiner attentivement ces carrés, comme pour voir s'ils sont égaux, s'ils sont rectangulaires, et ainsi de suite. Pendant et aussi longtemps que je fixe, de cette manière, mon attention sur les carrés, ils restent visibles. Mais dès que je regarde, de la même manière, un coin ou un côté de la croix, le quadrillage disparaît plus ou moins complétement, et je vois la croix d'une manière permanente.

La lutte devient encore plus remarquable lorsque les figures superposées présentent des contours qui ressortent avec la même intensité. — Si l'on amène, par exemple, les deux couples de lignes de la figure 211 à se superposer, la plupart des observateurs ne voient d'abord,

FIG. 211.

au point d'intersection, que les lignes verticales, les lignes horizontales disparaissant dans l'intervalle des verticales, ou même au delà. Lorsqu'on fixe longtemps, elles reparaissent de temps à autre aux dépens des verticales, et inversement. Mais ici encore, je puis conserver à volonté l'image de l'un ou de l'autre couple, lorsque j'y applique mon attention et que je cherche, par exemple, à voir s'il y a des irrégularités sur l'un ou sur l'autre couple de lignes.

Le même antagonisme se présente, d'une manière plus compliquée, pour les champs de la figure *X* (pl. XI) qui sont recouverts de parallèles dirigées en sens contraire. — On ne voit pas se produire, dans l'image totale, la combinaison régulière des lignes, qui formerait un dessin analogue à celui de la figure *W* de la même planche : on voit apparaître le plus souvent un mélange irrégulier des deux dessins, qui prédominent chacun sur des parties différentes du champ, la position de ces parties étant elle-même sujette à des alternatives continuelles. Les carrés noirs marqués au milieu des champs sont destinés à servir de points de fixation lorsque l'observateur désire maintenir les deux champs dans une position invariable l'un par rapport à l'autre, immobilité qu'il est impossible d'obtenir sans le secours de parties correspondantes fortement marquées sur la figure : en leur absence, les lignes de regard oscillent d'une manière continue entre différents degrés de convergence.

Parfois l'un des systèmes paraît occuper seul, pendant un certain temps, toute l'étendue de la surface. Je trouve, ici encore, qu'il dépend absolument de moi de porter mon attention tantôt sur l'un, tantôt sur l'autre système de lignes ; ce système de lignes apparaît alors seul pendant un certain temps, l'autre disparaissant complétement. C'est ce qui arrive, par exemple, lorsque j'essaye de compter successivement les lignes des deux systèmes. Je trouve, de plus, que cette observation de l'un des deux systèmes ne dépend pas de mouvements déterminés de l'œil ; car je puis, à volonté, laisser errer le regard le long des lignes que je regarde et que je vois, ou bien le promener perpendiculairement à leur direction, et, par conséquent, parallèlement à celle des lignes de l'autre système, de sorte que je passe alors d'une ligne à l'autre sans cesser de voir exclusivement le système que je veux. Mais je trouve néanmoins, d'accord avec Wundt, qu'il est plus facile de maintenir l'image des lignes dont on suit la direction avec le regard ; c'est en effet de cette manière que nous portons habituellement notre attention sur les lignes ; en les longeant du regard, nous sommes plus certains d'attacher notre attention aux lignes que nous voulons.

Mais il est assurément difficile de fixer longtemps l'attention sur l'un des systèmes de lignes de la figure *W*, sans être soutenu par un but déterminé et qui exige une activité constante de l'attention, comme de compter les lignes, de comparer leurs intervalles, et ainsi de suite. En effet, en général, il n'est guère possible de conserver pendant quelque temps une certaine fixité de l'attention. L'état naturel de notre attention est de passer continuellement à de nouveaux objets, et dès que l'intérêt d'un objet est épuisé, dès que nous ne savons plus rien y remarquer de nouveau, l'attention échappe malgré nous pour se porter ailleurs. Pour parvenir à la fixer sur un objet, il nous faut chercher à y découvrir constamment du nouveau, surtout lorsque d'autres sensations vives appellent notre attention ailleurs. C'est, à ce qu'il me semble, par cette particularité de notre activité psychique que s'expliquent les faits décrits plus haut.

Les expériences qu'on vient de voir peuvent être variées de différentes manières. — Ainsi, lorsqu'on fait coïncider le quadrillage de la figure *W* (pl. XI), avec une feuille de papier imprimé, il est facile, à volonté, de lire les lettres ou d'examiner le dessin. Il en est de même lorsqu'on fait coïncider une feuille de papier imprimée avec une carte géographique finement gravée, une photographie avec une feuille d'impression ; seulement les dessins d'un côté ne doivent pas être trop éclairés par rapport à ceux de l'autre, ni présenter des analogies trop grandes. C'est ainsi que, lorsqu'on combine deux pages différentes imprimées de la même manière, on ne peut s'empêcher de fusionner binoculairement des mots d'une page avec des mots de l'autre, de sorte qu'on amène facilement une confusion entre les lettres des deux côtés.

Je veux encore insister sur la facilité avec laquelle je puis voir et observer d'une manière continue des objets finement et délicatement dessinés dans l'un des champs visuels, même lorsqu'ils coïncident avec des dessins fortement accentués de l'autre champ. — C'est ainsi que je puis suivre les fibres et les petites taches d'une feuille de papier blanc, alors même que l'autre champ présente des lignes noires très-prononcées. Je puis encore lire une impression recouverte d'une mince feuille de papier blanc, ce qui la rend à peine reconnaissable, même lorsqu'elle se superpose binoculairement avec les carrés ou avec la croix de la figure *W* (pl. XI) ; ou bien, tenant un miroir devant un œil, je puis faire coïncider, à la vision binoculaire, l'image brillante de la fenêtre avec celle d'une feuille d'impression relativement peu éclairée, sans cesser un instant de pouvoir lire les caractères. Il est évident que je puis tout aussi bien regarder l'image réfléchie de la fenêtre, et que c'est l'imprimé qui disparaît. Si dans les expériences de ce genre, on ne peut pas toujours distinguer les objets faiblement lumineux de l'un des champs lorsque l'autre œil est dirigé sur un champ très-clair, c'est ce qui s'explique en remarquant que, sous l'influence de la lumière intense, les pupilles des deux yeux se contractent et l'image rétinienne du champ le plus obscur devient, en réalité, bien plus sombre encore qu'elle ne l'est lorsqu'on cache l'image claire.

Il résulte des expériences décrites ci-dessus, que l'homme possède la faculté de percevoir séparément les images de chaque champ visuel, sans être gêné par celles de l'autre, pourvu qu'à l'aide d'un des artifices indiqués il réussisse à fixer complétement son attention sur les objets du champ qu'il veut voir. Ce fait est important, parce qu'il en résulte que le *contenu de chaque champ visuel arrive à notre conscience sans être lié par une disposition organique à celui de l'autre, et que, par conséquent, la fusion des deux champs visuels en une image commune, en tant qu'elle se produit, est un acte psychique.*

Pour bien faire ressortir la différence, il suffit de comparer le résultat de la fusion binoculaire des deux systèmes de lignes obliques et différemment dirigées de la figure *X* (pl. XI) avec leur combinaison représentée par le système de la figure *W*. — Dans cette dernière, nous avons beau compter les lignes d'un système ou comparer leurs intervalles, les lignes de l'autre système ne disparaissent jamais de l'image, ainsi que cela a lieu, en général alors, dans la combinaison binoculaire. Dans l'examen monoculaire du système combiné de la figure *W*, nous n'avons qu'une impression sensuelle toujours la même et que nous ne pouvons modifier par aucun effort d'attention, quelles que soient les parties que nous observons de préférence. Si les deux images correspondantes de la figure X se confondaient réellement en une impression unique et simple, aucun effort d'attention ne serait susceptible de décomposer cette impression dans ses parties constituantes. Un autre fait caractéristique, c'est qu'en faisant coïncider dans le champ monoculaire, à l'aide d'une lame de verre non étamée, l'image lumineuse du ciel avec une page de livre, il est certains degrés d'éclairage pour lesquels la lecture devient impossible, tandis qu'elle est facile en présence d'une image bien plus lumineuse du ciel, lorsqu'on se sert d'une lame de verre étamée pour envoyer cette image à l'autre œil.

L'antagonisme des champs visuels, tel que nous l'avons vu se manifester lors de la fusion binoculaire d'images différentes, répond à l'état d'oscillation de l'attention qui, lorsqu'elle n'est pas fixée par notre volonté ou par les objets, passe d'une impression à l'autre de manière à nous donner graduellement une vue d'ensemble des objets qui se trouvent devant nous. Que ces altérations ne reposent sur aucune disposition organique du système nerveux, — ainsi que le croient Panum et E. Hering, — ou du moins sur aucune disposition de ce système autre que celle qui sert de base à nos actes psychiques ; c'est ce qui me semble ressortir d'une manière évidente de l'observation d'après laquelle nous sommes maîtres d'arrêter instantanément ces oscillations par des moyens connus et purement psychiques de fixation de l'attention, et cela sans qu'il se produise aucun changement appréciable quelconque dans les circonstances extérieures, telles que la position ou le mouvement des yeux. Panum a raison de dire qu'il ne suffit pas de vouloir diriger l'attention sur l'image qui va disparaître ou qui a disparu, car il considère l'attention comme une activité soumise, d'une manière absolue, à la volonté consciente de l'observateur. Mais c'est précisément là ce qui n'est vrai que jusqu'à un certain point. Les mouvements de nos yeux sont soumis à notre volonté ; à moins de s'y être exercé, il n'en est pas moins impossible de les faire converger sans sollicitation extérieure ; il est seulement possible, à chaque instant, de regarder volontairement un objet rapproché, ce qui entraîne la convergence. Il ne nous est pas possible davantage, dès que l'objet cesse de nous présenter de l'intérêt, de maintenir volontairement notre attention fixée sur un objet déterminé, si nous nous bornons à en exprimer intérieurement l'intention sous cette forme ; mais nous pouvons nous poser de nouvelles questions relativement à l'objet, de manière à lui donner un nouvel intérêt, et alors l'attention reste fixée. Les choses se passent donc comme dans l'exemple précité : la volonté n'est dirigée par nous que d'une manière médiate et non immédiate. Nous pouvons employer notre volonté pour exécuter des actes qui donnent à l'œil ou à l'attention la direction que nous voulons, mais nous ne sommes pas capables de commander la direction de l'œil ou de l'attention par un acte volontaire qui se propose ce but directement et sans intermédiaire. D'un autre côté, contrairement à ce que dit Panum, l'attention présente encore cette autre propriété caractéristique, dans les phénomènes d'antagonisme des champs visuels, de pouvoir, à l'aide de méthodes expérimentales appropriées, être attirée par les sensations les plus faibles, alors même que les sensations les plus fortes de l'autre champ visuel cherchent à la détourner. Il est évident qu'il faut alors un effort d'autant plus grand, que le rapport d'intensité est plus en défaveur dans les sensations sur lesquelles on veut porter l'attention.

Comme, ainsi que le prouvent les expériences d'éclairage instantané déjà décrites, nous sommes à même d'observer simultanément un certain nombre d'objets et de remplir ainsi une certaine partie du champ visuel, on peut s'attendre, en général, à voir le champ de la vision se remplir d'abord des objets qui exercent la plus forte impression, ou, lorsque les excitations sont égales dans les deux champs visuels, à voir se produire, soit une oscillation, soit la recherche d'une impression cohérente et intelligible, ce qui n'entraîne pas toujours nécessairement la prédominance de la sensation du même œil dans tout le champ visuel. Cette recherche d'une impression intelligible se manifeste d'une manière caractéristique par l'oscillation continuelle des lignes de regard ; il est à peine possible de maintenir les deux images dans une coïncidence permanente et toujours la même.

Les choses se passent d'une manière un peu différente lorsqu'il est possible d'interpréter les deux images comme signes sensuels d'un objet réel : l'attention se porte alors immédiatement sur la perception de cet objet, sans être attirée par la différence des deux images rétiniennes.

En ce qui concerne l'influence remarquable qu'exercent les contours sur l'antagonisme des champs visuels, je crois qu'elle repose essentiellement sur une habitude psychique. — En effet, si nous examinons la manière dont notre œil doit parcourir le champ de vision pour en obtenir une connaissance parfaite, il est évident qu'il serait inutile de chercher à le diriger successivement vers tous les points des surfaces étendues et uniformément éclairées ; nous n'y apprendrions rien de plus. Il suffit, au contraire, de promener le regard sur les limites des surfaces et de le diriger successivement vers tous les points qui se distinguent sur ces surfaces. Lorsque nous avons regardé de cette manière, nous avons une connaissance des surfaces aussi exacte que l'œil puisse la donner. Aussi est-ce principalement sur les contours qui apparaissent à la vision indirecte, que nous avons à diriger successivement notre attention et notre regard, lorsque nous parcourons le champ de la vision. On sait combien il est difficile de découvrir, sur une grande surface éclairée, un petit objet qui échappe à la vision indirecte ; c'est ainsi que, suivant l'heureuse expression de Göthe, l'alouette est « perdue dans le bleu de l'espace ». Inversement, les objets un peu grands et assez fortement dessinés dans la vision indirecte attirent immédiatement nos regards, et si l'on s'observe pendant qu'on examine un objet encore inconnu, on remarque facilement que le regard en suit les contours. Ainsi, l'habitude et l'exercice doivent avoir nécessairement pour effet de diriger notre attention sur les contours. J'ai déjà fait remarquer l'importance particulière que les contours présentent également dans les phénomènes de contraste.

On pourrait aussi penser que l'excitation des parties rétiniennes le long d'une limite de noir et de blanc soit exaltée toutes les fois que les mouvements de l'œil font passer des éléments de la rétine du noir au blanc. Les éléments reposés seraient évidemment plus fortement excités que ceux qui ont reçu depuis longtemps l'impression du blanc. Cependant je ne crois pas que cette circonstance joue ici un rôle important, car, dans les expériences décrites plus haut, nous avons trouvé que le sens des mouvements de l'œil n'exerçait aucune influence décisive, et que, dans les images doubles, les contours exercent leur influence aussitôt que l'on ouvre les yeux, alors que l'image accidentelle ne peut pas encore être développée.

Quant à l'idée de Panum, d'après laquelle les contours jouiraient par eux-mêmes de la propriété d'exciter plus fortement la rétine, elle ne me paraît fondée sur aucun fait certain, et elle me semble absolument inutile pour l'explication des phénomènes dont il est question ici. — Nous avons vu, il est vrai, au sujet des phénomènes de contraste, que la différence d'éclairage ou de coloration de deux champs ressort plus fortement, et même d'une manière exagérée, le long d'un contour commun à deux champs. Mais si nous faisons abstraction des images accidentelles, les phénomènes du contraste simultané peuvent s'expliquer en admettant que nous sommes plus exercés et plus habiles dans la comparaison de l'éclairage de deux points rétiniens voisins qui, dans les mouvements de l'œil, reçoivent bien plus fréquemment que des points éloignés, le même éclairage l'un immédiatement après l'autre. Si une différence de ce genre nous paraît relativement trop grande et s'il en résulte des erreurs dans l'appréciation des colorations, c'est ce qui répond à la règle générale d'après laquelle nous sommes disposés à considérer les différences nettement perceptibles comme plus grandes que celles que nous ne pouvons pas percevoir nettement. On pourrait peut-être considérer une semblable différence plus nettement perceptible comme une excitation psychique plus forte, et c'est peut-être pour cette raison qu'elle attire plus fortement notre attention ; mais si l'on évite les images accidentelles, je ne vois pas de raison pour admettre là une excitation nerveuse plus intense.

Il se produit encore des phénomènes analogues d'antagonisme des champs visuels lorsqu'on fournit aux deux yeux des champs de coloration ou d'éclairage différent. — Lorsqu'on regarde les objets extérieurs à travers deux verres présentant des colorations vives et différentes, si l'on met, par exemple, un verre rouge devant l'œil droit et un verre bleu devant l'œil gauche, si les verres sont d'une intensité peu différente, les objets semblent tachetés en rouge et en bleu avec de fréquentes alternances de coloration. Le plus souvent, ces alternances singulières des couleurs présentent leur plus grande vivacité au commencement de l'expérience; bientôt la sensibilité pour les couleurs s'émousse, l'aspect devient plus tranquille, et il se répand une couleur indécise, qui se rapproche du gris, et qui présente, par moments et par endroits, des alternances entre des tons plus rougeâtres ou plus bleuâtres ; bien des observateurs croient voir apparaître alors la teinte du mélange de deux couleurs primitives, qui serait rose dans l'exemple actuel. Je dois avouer que, malgré des tentatives nombreuses et variées, je n'ai jamais pu voir la couleur résultante d'une manière quelque peu manifeste. Les particularités des objets contribuent à nous faire voir davantage l'une ou l'autre couleur. Les objets clairs paraissent plutôt rouges, les objets sombres sont plus souvent bleus ; ce qui peut bien provenir de ce que dans la sensation, c'est le rouge qui prédomine sous un éclairage intense, et le bleu sous un éclairage plus faible. Les objets qui sont effectivement rouges ou bleus présentent naturellement leur couleur véritable, parce que chacun paraît plus clair à travers le verre qui est de même couleur que lui. Ici encore l'attention joue un rôle sensible suivant qu'elle se porte sur l'un ou sur l'autre champ. Bien qu'il soit très-difficile de n'accorder l'attention qu'à la couleur d'un seul champ, lorsqu'elle n'est pas appuyée par des contours appartenant à ce champ, certains observateurs (Funke (1), J. Dingle, Völkers (2), Völkmann (3),

(1) Lehrbuch der Physiologie, 1. Aufl., II, 875.
(2) *Müller's Archiv,* 1838, pp. 61, 63.
(3) Neue Beiträge zur Physiol. des Gesichts., pp. 97, 99.

E. A. Weber (1), Welcker (2) et moi-même), réussissent à fixer l'attention à volonté sur l'œil droit et sur ce qu'ils y voient, ou sur l'œil gauche; et, lors de ce changement, l'objet reçoit la coloration du verre correspondant. Fechner (3), qui réussit mal à produire cette alternance volontaire, croit devoir attribuer cette alternance à un mouvement involontaire ou à une compression de l'œil, causes qui, d'après ses expériences, seraient seulement favorables au changement de couleur, sans en déterminer précisément le sens. L'expérience réussit bien mieux encore si l'on tient les verres de telle façon qu'ils envoient à l'œil les images réfléchies d'objets faiblement éclairés et situés latéralement. Dès que l'on fixe l'attention sur une de ces images réfléchies, quelque peu apparente qu'elle soit, on voit se manifester aussitôt, dans la partie correspondante du champ visuel, la couleur du verre correspondant. Si l'on dirige alors l'attention sur une image réfléchie par l'autre verre et qui apparaisse dans la même partie du champ de vision, on voit se répandre à son tour la couleur de ce verre.

Pour faire cette expérience avec méthode, j'ai placé verticalement sur une table deux lames de verre, l'une bleue *B* et l'autre rouge *R* (fig. 212) ; *C* est un écran sombre portant, sur le côté qui fait face à *B*, une feuille imprimée ; *D* est un écran pareil dont la face interne porte des caractères qu'on ne puisse pas confondre facilement avec les lettres, comme, par exemple, un tableau numérique. En *A* se trouve un écran blanc; *O* et *O'* sont les yeux de l'observateur. On règle l'éclairage de manière que les lettres et les chiffres dont l'observateur voit les images réfléchies par les lames de verre, soient à peine lisibles lorsque la feuille *A* est fortement éclairée. Pour l'observateur, les images des lettres et des chiffres paraissent situées sur la feuille *A*. Le fond me paraît régulièrement bleu lorsque je cherche à suivre les lettres du regard, et rouge lorsque je suis les chiffres. Par conséquent, l'attention dirigée sur l'image de l'une des rétines fait apparaître, sur le fond, la couleur correspondante. Il faut encore remarquer ici que les contours qui font prédominer, dans ce cas, l'une des impressions, sont des limites

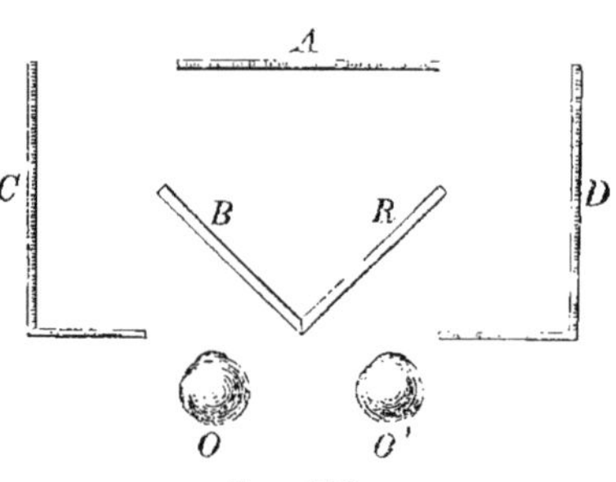

Fig. 212.

(1) *Programma Colleg.*, I, 118.
(2) Ueber Irradiation, 1852, p. 107.
(3) *Abhandlungen der Sächsischen Ges. d. Wiss.*, VII, 1860, 399-408.

entre du noir et du blanc, sans que l'intensité de la couleur du fond qui devient visible, subisse aucune modification en cet endroit. Ou bien si l'on considère en somme tout l'éclairage mélangé, les lettres paraissent bleu pur sur bleu blanchâtre, et les nombres rouge pur sur rouge blanchâtre. Dans les phénomènes de contraste, l'attention ne serait attirée que par le contraste entre le noir et le blanc, et ne se porterait pas sur le bleu ou sur le rouge ; tandis que dans les expériences binoculaires décrites ici, c'est précisément le contraire qui a lieu.

Cette expérience me réussit très-facilement et très-bien, d'une manière plus simple, lorsque je regarde le ciel en tenant devant un œil un verre rouge et devant l'autre un verre bleu ; j'incline les deux verres par rapport aux lignes visuelles, comme dans la figure 212, de façon à voir dans chacun d'eux de faibles traces d'images réfléchies d'objets situés latéralement, puis je déplace un peu tantôt l'un, tantôt l'autre verre, de manière à déplacer un peu les images qu'ils réfléchissent. Si l'on fait attention à ces images mobiles qui peuvent, du reste, être très-effacées et très-peu lumineuses, on voit aussitôt sur le ciel la couleur du verre correspondant. C'est un spectacle étrange que de voir ainsi subitement, comme au commandement, le ciel bleu devenir tout à fait rouge, ou le ciel rouge tout à fait bleu.

Quant à dire si la coïncidence binoculaire de champs différemment colorés fait voir ou non la couleur résultante, c'est un point sur lequel différents observateurs ont donné des opinions complétement opposées. Tandis que H. Meyer, Volkmann, Meissner et Funke, à la suite desquels je dois également me ranger, n'ont jamais vu la couleur résultante, Dove, Regnault, Brücke, Ludwig, Panum et Hering déclarent avec tout autant d'assurance qu'ils l'ont vue, non-seulement pour des couleurs faibles et blanchâtres, mais aussi pour des couleurs saturées. Dove dit même l'avoir vue pour les couleurs les plus saturées, celles du spectre prismatique, en examinant simultanément et binoculairement, avec une lunette à image renversée et une lunette à image droite, un spectre projeté objectivement sur le mur. Il recommande même, comme *particulièrement propre à cette expérience*, l'emploi des couleurs de polarisation. Si, devant une lame de verre noir qui réfléchit la lumière sous l'angle de polarisation, on met dans une position convenable des lamelles de mica ou de gypse, tenant devant l'œil droit un prisme de Nicol dans la position où il laisse passer au maximum la lumière réfléchie par la lame de verre, et devant l'œil gauche un prisme pareil tourné à angle droit de manière à ne pas laisser passer la lumière réfléchie, on voit les lamelles de cristal présenter des couleurs qui sont exactement complémentaires pour les deux yeux. Dove et Regnault ont vu, dans des cas de ce genre, les couleurs complémentaires se mélanger binoculairement pour former du blanc. J'ai répété ces expériences avec un insuccès régulier et complet. Je vois, tant avec les couleurs spectrales qu'avec les couleurs de polarisation, la même lutte et les mêmes alternatives des différentes couleurs simples, sans remarquer davantage la couleur résultante qu'avec les matières colorantes ou les verres colorés. J'ai également trouvé très-utiles, pour ces expériences, des lames de quartz taillées perpendiculairement à l'axe du cristal. Si l'on fait tourner les prismes de Nicol devant les yeux, on voit paraître de nouvelles couleurs. Je vois toujours les deux couleurs séparément, et comme l'une à travers l'autre, et je puis toujours annoncer instantanément et sans fermer un œil, quelles sont les couleurs en présence. Dans l'expérience ainsi disposée, on a pour terme de comparaison avec les couleurs, le fond blanc clair de la lame réfléchissante, lequel affecte la couleur résultante qui devrait se présenter, et, pour cette raison, il est facile de reconnaître dans ces expériences la grande différence qui existe entre la combinaison binoculaire et la combinaison effective de deux couleurs.

Tout en convenant qu'il est très-risqué de contredire tant d'observateurs distingués et dignes de foi, au sujet d'un fait qui présente peut-être des différences individuelles considérables, j'indiquerai ici quelques circonstances qui ont parfois produit, dans mes propres expériences, l'apparence d'une couleur résultante, tandis qu'un examen plus exact démontrait ensuite que cette couleur n'existait pas, du moins pour mon œil.

Remarquons d'abord ceci : lorsqu'on a simultanément devant soi la combinaison binoculaire de deux couleurs et ces deux couleurs elles-mêmes; lorsqu'on regarde, par exemple, avec des lignes visuelles parallèles, un champ bleu et un champ rouge juxtaposés, de manière à voir des images doubles de la ligne de séparation, — on a une coïncidence de bleu et de bleu d'un côté, de rouge et de rouge de l'autre côté, de rouge et de bleu au milieu,—le bleu du milieu se distingue du bleu pur du côté parce qu'il est mélangé, dans le champ visuel, avec plus ou moins de rouge ; un observateur qui connaît les lois du mélange des couleurs et qui est habitué à voir le bleu et le rouge se combiner pour donner du violet ou du pourpre, peut être amené à prendre pour du violet ce bleu mêlé de rouge. Nous savons que, même dans le champ monoculaire, l'observateur peut être amené à décomposer en bleu et en rouge un violet réel, soit par un effet de contraste avec le bleu, soit parce que le bleu paraît appartenir à une couverture étendue au-dessus des couleurs ou à l'éclairage général du champ. Nous avons vu des exemples de ce genre dans le paragraphe 24. Ainsi le bleu et le rouge combinés en violet peuvent réellement paraître séparés, à la vision monoculaire, comme ils me paraissent toujours l'être lorsqu'ils coïncident à la vision binoculaire ; aussi notre observateur peut-il facilement être amené à croire que là où il voit simultanément du bleu et du rouge il y a du violet ou du pourpre. Mais si l'on fait apparaître la couleur résultante véritable des deux couleurs que l'on voit, la différence saute aux yeux. La manière la meilleure et la plus exacte de produire la couleur résultante, est la suivante. On dispose les uns à côté des autres deux champs rouges et deux champs bleus, disposés en damier, de manière, par exemple, que le champ supérieur à droite et le champ inférieur à gauche soient bleus, et les autres, rouges ; puis on met devant chaque œil un prisme de spath d'Islande biréfringent et achromatisé, dans une position telle que les deux images soient sur la même verticale. Les images doubles des champs colorés empiétant l'une sur l'autre, il se produit pour chaque œil, le long de la ligne de séparation horizontale des champs colorés, une bande composée du mélange monoculaire de rouge et de bleu, c'est-à-dire une bande rose. Qu'on regarde maintenant les champs, avec des lignes visuelles parallèles, de manière que leurs images se superposent binoculairement. En haut, le bleu du côté droit et le rouge du côté gauche se superposent ; au milieu, le rose coïncide avec le rose ; en bas, le rouge du côté droit avec le bleu du côté gauche. Dans ces conditions, il est très-net, pour mon œil, que dans la combinaison binoculaire du bleu et du rouge il n'y a aucune trace du rose tel que le présente la bande intermédiaire. Ces deux couleurs sont, au contraire, séparées.

Panum insiste pour que les couleurs à mélanger binoculairement ne soient prises ni trop vives, ni trop différentes, parce qu'autrement la lutte des champs visuels serait trop vive, ce qui empêcherait de reconnaître la couleur résultante. Pour satisfaire à cette indication, j'ai eu recours au procédé de H. Meyer, déjà décrit au sujet des phénomènes de contraste, et j'ai recouvert les champs colorés à combiner, d'un papier blanc et mince, qui ne laissait voir que faiblement les couleurs situées au-dessous. En faisant coïncider ces couleurs très-blanchâtres, je crus effectivement, au premier abord, voir la couleur résultante. Mais dès que je fis apparaître à côté la couleur résultante véritable des deux champs, je reconnus de nouveau la lutte des champs visuels dans les carrés superposés binoculairement.

Dans un assortiment de papiers colorés et gris, on réussit parfois à en découvrir qui soient exactement de la couleur résultante de deux autres, telle qu'elle se produit avec un prisme biréfringent ; les expériences deviennent alors plus faciles encore et plus frappantes. — Je plaçai l'une à côté de l'autre une feuille verte et une feuille rouge rose d'un papier luisant ; puis, en travers de ces deux feuilles, c'est-à-dire horizontalement, une bande de papier d'un gris répondant à leur couleur résultante. Le tout fut recouvert d'un mince papier blanc. Lorsque je regardais ces champs à travers un prisme biréfringent de manière que les images doubles fussent sur la même horizontale, il y avait, le long de la bande grise horizontale, coïncidence de gris et de gris ; au-dessus et au-dessous, le milieu de l'image présentait une coïncidence de rose et de vert, ce qui donnait aussi du gris, et ce dernier gris se distinguait à peine du gris de la bande horizontale. Mais lorsque je produisais des images doubles binoculaires, après avoir ôté le prisme biréfringent, la bande où le gris coïncidait avec le gris tranchait très-nettement sur celle formée de rose et de vert, et, sur cette dernière, on voyait de nouveau les deux couleurs simultanément. Mais dès que j'enlevais la bande grise, je ne reconnaissais plus nettement la lutte des champs visuels et je ne remarquais plus au milieu que la partie commune aux deux couleurs, c'est-à-dire le blanc.

Dans d'autres cas, ce sont des images accidentelles qui produisent un mélange apparent. — Pour s'en assurer, on peut très-bien employer une disposition analogue à la précédente. En haut, une bande grise ; en bas et à droite, du vert ; en bas et à gauche, du rouge rose ; ces deux dernières couleurs, mélangées à travers le prisme biréfringent, donnent le gris de la bande supérieure. Je fais coïncider binoculairement les deux carrés colorés et je ne vois d'abord entre eux qu'une lutte vive. Mais si je maintiens longtemps la fixation, le champ mélangé binoculairement finit par ressembler au gris d'en haut ; il ne s'écarte que peu, tantôt du côté du rouge, tantôt de celui du vert. Mais si je recouvre alors le rouge avec du vert en fermant l'un ou l'autre œil, je vois une image accidentelle grisâtre du vert sur du vert, tandis que sur la partie du champ visuel où il y avait d'abord du rose, je vois apparaître le vert saturé pur. Il est donc bien visible que le vert modifié par la fatigue est devenu réellement très-analogue au gris de la bande supérieure. On trouve la même chose sur le rose, lorsqu'on cache le vert. Ainsi, dans ce cas, la production apparente du blanc résultant provient de ce que les couleurs elles-mêmes sont devenues bien plus analogues au gris, dans la sensation, par suite de la formation d'images accidentelles complémentaires et que la différence et la lutte, entre des couleurs devenues ressemblantes, cessent d'être aussi frappantes que pour les couleurs vives qu'on avait d'abord.

Dans certains cas, l'action inductrice de la couleur du fond sur un petit champ d'une autre couleur, action mentionnée page 527, peut produire un mélange binoculaire apparent. — Je fixai fortement, pendant assez longtemps, les images doubles binoculaires d'une bande bleue horizontale placée sur un fond rouge, la fixation étant maintenue à l'aide de deux points noirs marqués sur la bande bleue et sur le fond rouge. Je ne vis d'abord que la lutte du rouge et du bleu, sur la partie du champ où ces deux couleurs se superposaient ; je remarquai ensuite l'apparition de violet véritable. Mais en fermant un œil, je reconnaissais également, à la vision monoculaire, la présence du rouge induit sur la bande bleue.

Enfin, c'est dans un exemple déjà étudié par H. Meyer et par Panum (1), que l'apparence d'un mélange binoculaire me paraît se produire de la manière la plus frappante. Soit à droite un champ jaune portant une bande rouge rose horizontale, à gauche un champ bleu avec une bande verticale du même rouge. Si l'on fait coïncider binoculairement les champs jaune et bleu de manière que les bandes roses paraissent se croiser, la bande de gauche, dont la majeure partie coïncide avec le champ jaune, paraît certainement bien plus jaunâtre que la bande de droite, qui coïncide en grande partie avec le champ bleu. Au milieu, où les deux champs se croisent, on voit du rouge rose pur, ou plutôt, ce me semble, le rouge jaunâtre de l'une des bandes paraît passer intact derrière le rouge bleuâtre de l'autre bande. Panum considère la coloration jaunâtre de l'une des bandes et la coloration bleuâtre de l'autre comme résultant du mélange binoculaire de leur couleur avec celle du champ opposé. Il faut remarquer que la modification des deux bandes rouges présente sa plus grande vivacité lorsqu'on laisse errer le regard, parce qu'alors la bande située sur le jaune reçoit l'image accidentelle bleue du jaune, et celle qui est sur le bleu, l'image accidentelle jaune du bleu ; mais il est certain que l'effet se produit également, bien qu'à un degré moindre, lorsque le regard est fixe. Cependant on peut s'assurer que, dans ce cas encore, il s'agit d'un effet de contraste. En effet, la modification de la couleur rouge persiste lors même qu'en fermant un œil, on supprime le mélange binoculaire. Fermons l'œil droit, qui est dirigé vers le champ jaune, la bande rouge rose reste encore tout aussi jaunâtre qu'auparavant, sur le champ bleu qui reste. Il est certain qu'au moment où l'on ferme l'œil, le jaune qui couvre binoculairement cette bande disparaît comme une sorte de nuage jaune, à travers lequel on l'aurait vue, mais la coloration apparente du rouge lui-même reste tout à fait inaltérée. De même, la

(1) Physiologische Untersuchungen über das Sehen mit zwei Augen. Kiel, 1858, p. 41, fig. 27 et 29.

bande rouge située sur le champ jaune conserve invariablement sa coloration rouge bleuâtre, lors même qu'on ferme l'œil gauche qui était dirigé vers le champ bleu. Il résulte de là que la modification du rouge ne provient pas, ou du moins ne provient pas uniquement d'un mélange binoculaire, mais que c'est un effet de contraste. Dès le commencement de l'expérience et même à la vision monoculaire, le rouge situé sur le champ bleu paraît plus jaunâtre par contraste, et celui situé sur le champ jaune paraît plus bleuâtre. Dès qu'on fait coïncider les deux champs, l'effet de contraste devient assurément bien plus vif; et une fois qu'il est fortement développé, il ne disparaît plus, lors même qu'on ferme un œil et qu'on fait cesser ainsi la coïncidence binoculaire. Dans tout contraste, comme nous avons cherché à le démontrer au paragraphe 24, l'appréciation de la couleur flotte entre certaines limites. Des circonstances accessoires peuvent nous amener à rapprocher plutôt d'une limite que de l'autre, la couleur que nous voyons. Dans l'expérience qui nous occupe, on peut très-bien considérer comme une semblable circonstance accessoire la coïncidence binoculaire avec la couleur complémentaire du fond sur lequel se trouve la bande rouge. Du reste, je reviendrai plus loin sur l'étude des contrastes binoculaires.

Quant à la théorie de la combinaison binoculaire des couleurs, si nous partons de la théorie des couleurs de Th. Young, la seule différence est qu'ici les fibres nerveuses correspondant aux trois couleurs fondamentales différentes, et qui sont excitées à des degrés différents, sont distribuées sur les deux rétines au lieu d'être situées sur la même. De deux choses l'une : ou les fibres nerveuses de trois espèces différentes, qui appartiennent à un même point d'une rétine, ont le même signe local; ou bien, si elles ont des signes locaux différents, il ne peut se présenter aucune condition expérimentale telle qu'elles soient excitées par des objets situés dans des parties différentes du champ de vision. Rien ne peut donc nous porter à localiser séparément ces sensations par rapport aux directions dans le champ visuel. Par conséquent, leurs différentes sensations se confondent en une sensation composée, celle d'une couleur résultante, sensation qui se présente en général à nous comme le signe sensuel d'une nature déterminée de l'objet, localement simple, qui se trouve dans cette partie du champ visuel. Et cependant nous avons vu que, même dans le mélange monoculaire, il se présente également des cas où nous croyons voir l'une des couleurs composées comme à travers les autres ; ce phénomène apparaissait lorsque, soit une répartition inégale de la lumière, soit le mouvement d'une image localement limitée, soit la présence d'une partie de la couleur sur tout le champ de vision, nous amenaient à conclure à la présence d'un éclairage coloré, ou d'un voile coloré situé en avant de l'objet.

Lorsque des parties correspondantes dans les deux rétines ne sont pas éclairées de la même manière, on reçoit une impression telle que ne peut jamais la donner un objet réel, uniformément éclairé de toutes parts. Nous n'en localisons pas moins les deux couleurs dans une seule et même partie du champ de vision commun, ce qui n'est probablement pas attribuable à une disposition innée de notre système nerveux, mais à un effet d'habitude. On voit donc deux couleurs dans le même endroit, et on les perçoit séparément. Ce qui se rapproche le plus de cette image visuelle, ce sont évidemment les cas de mélange monoculaire où nous voyons, ou croyons voir, l'un derrière l'autre deux objets colorés dans la même partie du champ visuel, et un certain nombre d'observateurs, parmi lesquels je me range, ne voient la chose que de cette manière. L'attention présente alors des oscillations ; elle se porte tantôt vers l'un, tantôt vers l'autre champ, ce qui se manifeste par l'état d'antagonisme. On peut, du reste, voir également dans le champ visuel monoculaire quelque chose d'analogue à l'antagonisme, mais à un degré bien moindre. Qu'on fasse coïncider, à l'aide d'une lame de verre non étamée, l'image réfléchie d'un objet avec un autre objet vu à travers le verre, ces deux objets présentant à peu près la même intensité lumineuse et des formes bien accentuées, mais tout à fait différentes. On peut alors examiner l'un ou l'autre objet ; celui qu'on ne regarde pas passe sur le second plan, tout en étant loin de disparaître aussi complètement que lors de la superposition binoculaire. En imprimant de petits mouvements à la lame réfléchissante, on peut faciliter beaucoup l'inspection isolée des deux images.

Comme, d'après la théorie d'Young, la notion de la couleur résultante repose toujours sur ce que trois sensations colorées différentes sont projetées dans la même partie du champ visuel, et comme, même dans le mélange monoculaire, un acte de jugement, qui peut être influencé par des circonstances accessoires, décide seul si les couleurs composantes doivent être considérées comme l'expression sensuelle d'une qualité simple d'un seul objet, ou comme celle de deux qualités différentes de deux objets, il n'est pas impossible que, lors de la superposition binoculaire de deux couleurs, on fasse abstraction de la différence qui existe entre ce genre d'impression et celle du mélange monoculaire, et que l'on combine les couleurs conformément à ce qui se présenterait dans le mélange monoculaire. En effet, d'après la théorie des couleurs d'Young, la couleur résultante n'est pas autre chose que l'addition de trois impressions différentes, qui n'exercent aucune influence l'une sur l'autre, mais qui sont localisées de même, et les actes de jugement qui donnent lieu tantôt à la combinaison, tantôt à la séparation, peuvent alors varier beaucoup d'un observateur à l'autre, suivant l'habitude ou l'expérience individuelle de chacun. Il est naturel alors que la réunion de couleurs très-analogues, ayant beaucoup de parties communes et peu de différences, se produise avec plus de facilité que la combinaison de couleurs très-différentes. Il faut encore ajouter que l'observation d'un objet réel peut être souvent accompagnée de petites différences dans les impressions reçues par les deux yeux ; c'est ce qui arrive lorsqu'un œil est plus fatigué ou plus reposé que l'autre, lorsqu'il reçoit latéralement en plus grande abondance de la lumière vive ou colorée qui s'y diffuse, et ainsi de suite. L'habitude peut donc apprendre à laisser passer inaperçues de petites différences de ce genre. Si l'on vient cependant à placer un champ qui présente une semblable impression, tout contre un autre où les deux couleurs qui se superposent sont égales, la différence devient perceptible et l'on remarque la lutte qui se produit alors, même entre des impressions peu différentes.

Enfin, la combinaison binoculaire de champs différemment colorés ou différemment éclairés donne des résultats tout à fait particuliers lors de la combinaison de dessins stéréoscopiques. — En effet, si l'on fait blanche, dans l'une des deux images d'un corps, une surface qu'on laisse noire dans l'autre image, ou si on leur donne des couleurs différentes, mais qui ne le soient de préférence pas trop, cette surface paraît *lustrée*, dans la combinaison stéréoscopique, tandis que les autres parties de l'objet, qui possèdent la même coloration et la même intensité lumineuse dans les deux dessins, paraissent *mates*. Du reste, cet aspect lustré ou mat est tout à fait indépendant de la nature véritablement mate ou brillante des surfaces du dessin, pourvu que, si elles sont brillantes, elles n'envoient pas de lumière réfléchie à l'œil de l'observateur.

On peut même combiner stéréoscopiquement des dessins linéaires représentant, par exemple, des formes cristallines et dont l'un est tracé en lignes noires sur fond blanc, et l'autre en lignes blanches sur fond noir. On obtient alors la même impression que si le corps que l'on voit était formé d'une matière foncée et brillante, comme le graphite, et placé sur une surface de graphite. On voit un exemple de ce genre dans la figure *Q* (pl. IX).

Sur les photographies stéréoscopiques d'objets brillants, tels que certaines feuilles de végétaux, du satin, etc., on trouve souvent des parties qui présentent des reflets différents dans les deux dessins et qui, dans l'image combinée, provoquent l'impression du lustre. Cette impression se remarque peut-être de la manière la plus frappante sur des photographies instantanées d'une eau agitée éclairée par le soleil. De même, en regardant des objets brillants par eux-mêmes, on peut très-souvent constater que certaines parties de ces objets donnent un reflet bien plus fort à l'un des yeux qu'à l'autre.

C'est dans cette circonstance que me paraît résider le motif pour lequel, dans les dessins stéréoscopiques, les surfaces différemment éclairées paraissent brillantes dans la combinaison. Lorsqu'une surface mate reçoit de la lumière, elle renvoie cette lumière uniformément dans toutes les directions, et de manière à paraître également éclairée, de quelque point qu'on la regarde. Il s'ensuit que, dans les conditions de la vision normale, elle doit présenter la même intensité lumineuse à nos deux yeux. Les surfaces lustrées sont, au contraire, celles qui présentent une réflexion plus ou moins régulière. Elles peuvent présenter un grand nombre d'inégalités plus ou moins saillantes ; lorsque la surface de ces inégalités est polie et qu'elle se rapproche, en moyenne, d'une direction déterminée, la lumière incidente est renvoyée, pour la plus grande partie, suivant la direction où la surface régulièrement réfléchissante renverrait toute la lumière. Dans ces conditions, il peut souvent arriver qu'un de nos yeux soit sur la direction de la lumière réfléchie et que l'autre n'y soit pas. La surface paraît alors fortement éclairée au premier œil et faiblement au second. Par conséquent, lorsque l'image d'un corps nous présente, au stéréoscope, une surface différemment éclairée pour les deux yeux, nous obtenons une sensation qui ne peut être produite en réalité que par des objets brillants et jamais par des objets mats ; aussi la surface examinée nous paraît-elle brillante.

Il peut, de même, arriver qu'un objet brillant entouré d'objets colorés envoie, à chaque œil, de la lumière réfléchie d'une couleur différente, et présente par conséquent des colorations différentes aux deux yeux, tandis qu'un corps mat, dans les conditions normales de la vision, doit toujours présenter la même coloration aux deux yeux. Si donc, au stéréoscope, la même surface présente des colorations différentes dans les deux dessins, nous obtenons une impression sensuelle que ne peuvent produire que les corps brillants. Comme la couleur du corps brillant lui-même se mêle, en général, à celle des deux reflets, et que ceux-ci réfléchissent rarement une couleur unique et tout à fait pure, les différences de coloration que présentent aux deux yeux de semblables reflets d'objets brillants ne sont généralement pas très-considérables : aussi le lustre se reproduit-il plus facilement par la combinaison de couleurs qui ne sont pas très-différentes, que si l'on prend des couleurs très-brillantes et très-différentes. Ces dernières présentent plutôt des effets d'antagonisme que de lustre.

D'après les observations de Wundt, le lustre résultant de la combinaison de deux champs colorés se manifeste le mieux lorsque les deux champs contrastent à peu près également avec le fond sur lequel ils sont situés; il est plus faible lorsque l'un contraste bien plus fortement que l'autre; en effet, ce champ prédomine trop et triomphe de l'autre dans la lutte des champs visuels. Plaçons, par exemple, un carré jaune clair et un carré bleu foncé de même grandeur sur un fond blanc ou noir, et amenons-les à se superposer binoculairement : dans l'un de ces cas, le jaune se distingue trop peu du fond blanc; dans l'autre, le bleu se distingue trop peu du fond noir, et le lustre est bien moins marqué que si l'on place les deux carrés sur un fond gris, dont ils se distinguent à peu près également.

Lorsqu'on fait, sur l'un des carrés, des dessins à contours très-prononcés, on parvient également à lui donner un tel avantage dans l'antagonisme, que l'apparition du lustre devient indécise.

On peut également produire le brillant binoculaire sans avoir recours aux dessins stéréoscopiques; il suffit de regarder des objets bariolés, à travers deux verres différemment colorés, un dessin bleu et rouge, par exemple, à travers un verre bleu et un verre rouge. Chaque verre laisse paraître claire la couleur homonyme, tandis qu'il assombrit l'autre, et le dessin prend un aspect lustré très-remarquable. Dove a fait, à ce sujet, la remarque importante que le lustre disparaît dès que l'une de ces couleurs supplante complétement l'autre, tandis qu'il se produit au moment de la transition, où les deux couleurs apparaissent simultanément.

L'éclat métallique est caractérisé par ce fait que la lumière réfléchie régulièrement est elle-même déjà colorée et non pas blanche, comme celle des corps transparents. Aussi l'éclat métallique appartient-il aux corps qui donnent les couleurs de lames minces, comme les plumes éclatantes des oiseaux et certains corps, tels que l'indigo, qui sont fortement colorés et très-réfringents.

Le phénomène du brillant stéréoscopique présente de l'intérêt relativement à la théorie de l'activité des deux rétines, parce qu'il en résulte d'une manière certaine ce fait, — que la diversité des assertions des différents observateurs sur les résultats de la coïncidence binoculaire de deux images différentes ont pu laisser dans le doute, — que deux actions lumineuses hétérogènes exercées sur des parties correspondantes des rétines produisent toujours une impression sensuelle toute différente de celle que produiraient deux actions analogues exercées sur les mêmes parties. Lorsque l'un des yeux voit du noir et l'autre du blanc dans des parties correspondantes des champs visuels, l'impression produite est celle d'une surface blanchâtre et lustrée. Mais si nous répartissons uniformément entre les deux côtés la lumière blanche qui n'agissait que sur un seul œil, c'est-à-dire si nous combinons du gris avec du gris, la sensation produite est celle d'un gris mat, bien différente de celle du blanc lustré que produisait la première combinaison.

La même observation s'applique également au lustre produit par la combinaison binoculaire de couleurs différentes.

On pouvait assurément déjà tirer la même conclusion de ce fait que deux dessins stéréoscopiques, combinés binoculairement, donnent l'expression d'un corps et non pas celle de lignes tracées toutes sur la même feuille; mais, dans ce cas, les mouvements de l'œil exerçaient une influence importante que l'éclairage instantané de l'étincelle électrique permettait seul d'éliminer.

Je ferai encore remarquer que j'ai aussi examiné, à l'éclairage de l'étincelle électrique, des dessins qui présentent un lustre stéréoscopique, et que là également j'ai observé parfaitement l'impression du brillant. Ce fait est important parce qu'il démontre que le lustre ne provient pas, comme on l'a pu dire, du changement d'éclairage et de coloration que produit l'antagonisme. A moins d'efforts d'attention particuliers, je n'ai jamais vu la modification produite par l'antagonisme se répéter plus rapidement que par périodes de huit secondes, et le temps nécessaire est généralement bien plus considérable. Quand même l'impression lumineuse exercée sur la rétine durerait une fraction de seconde, ce temps est insuffisant pour que l'antagonisme des champs visuels puisse produire aucune modification sensible. Mais ce temps si court est suffisant pour s'assurer que l'on voit simultanément, et dans la même partie du champ commun de la vision, les deux impressions différentes des deux champs visuels.

L'impression du lustre peut également être produite par des images et des objets vus monoculairement, lorsque, par exemple, leur éclairage se modifie rapidement par suite de mouvements de l'observateur; alors les éléments dont se compose le lustre stéréoscopique ne s'observent pas simultanément, mais dans une succession rapide. De plus, les objets mobiles paraissent brillants lorsque l'éclairage de leurs différentes parties subit des modifications rapides, ce qui arrive, par exemple, pour la surface d'une eau agitée. Il suffit même que l'éclairage varié des parties d'une surface affecte l'aspect des reflets lumineux de corps imparfaitement réfléchissants. Wundt a produit du lustre monoculaire en regardant un carré foncé, sur un fond d'une autre couleur foncée, à travers une lame de verre non étamée dont la face antérieure réfléchissait, en même temps, un carré clair sur fond clair, de telle façon que ces images réfléchies coïncidaient à peu près avec les premières. Le lustre disparaissait lorsque le carré réfléchi paraissait se trouver exactement au même endroit que l'autre; on ne voyait alors que la couleur résultante. Mais le lustre reparaissait lorsque le carré réfléchi semblait se trouver en arrière du carré véritable. Lorsqu'il se plaçait en avant, c'était plutôt le carré réfléchi qui paraissait lustré. Il se formait donc ici la même notion que si l'on voyait, derrière et à travers le carré réel, un second carré présentant l'aspect d'une image réfléchie du premier, ce qui produisait l'apparence du lustre. Ces expériences sont particulièrement propres à montrer qu'il ne s'agit pas ici de qualités particulières de la coloration, mais de la production d'une illusion qui nous ferait croire à la présence d'une seconde image produite par réflexion de la surface perçue.

L'apparence de la transparence se présente aussi parfois lors de coïncidence binoculaire de deux champs différemment colorés, ainsi que Wundt l'a fait remarquer. — Si l'on amène, par exemple, à coïncider binoculairement, d'une manière incomplète, un carré jaune clair et un carré bleu moins clair, sur fond blanc, le bleu paraît transparent à l'endroit où on le voit recouvrir la séparation du jaune et du blanc. Mais cette apparence n'existe pas là où le jaune couvre la séparation du bleu et du blanc. Sur fond noir, c'est au contraire le jaune qui paraît transparent. En général, le champ qui contraste le plus avec le fond, est celui qui paraît transparent; c'est ce qui s'accorde avec la circonstance objective d'après laquelle un objet vu à travers un milieu translucide, qui est lui-même perçu distinctement, n'apparaît pas net; tandis que les limites de ce milieu, que rien ne vient couvrir, se distinguent en général très-nettement.

Nous avons encore à parler de quelques phénomènes qu'on doit, ou du moins qu'on peut considérer comme des effets de *contraste* entre les sensations des deux yeux.

D'abord, Fechner, en particulier, a fait remarquer combien de petites différences dans l'adaptation momentanée des deux yeux pour les couleurs se manifestent facilement lorsque, regardant binoculairement un petit objet éclairé sur fond noir, on vient à dissocier les images par une modification dans la position des yeux. — C'est ainsi que, lorsqu'un œil a été fermé, tandis que l'autre a regardé des surfaces blanches éclairées, si l'on examine, aussitôt après, les doubles images d'une bande blanche sur fond noir, celle qui appartient à l'œil fatigué est plus obscure et plus violette que l'autre, qui appartient à l'œil précédemment reposé. Lorsqu'au contraire l'œil resté ouvert s'était porté sur une surface colorée, l'image relative à cet œil présente la couleur complémentaire, et l'autre la couleur homonyme de celle du champ inducteur. Dans cette expérience, la coloration complémentaire de l'image qui appartient à l'œil fatigué reste bien plus longtemps visible que lorsqu'on a regardé avec les deux yeux une même surface colorée, de manière à laisser la même adaptation chromatique dans les deux yeux. Par exemple, sans le secours des images doubles, il est très-difficile de constater que l'image accidentelle d'une surface blanche modérément lumineuse possède une coloration bleuâtre, tandis que cette circonstance apparaît aussitôt lors de la comparaison avec l'image double de l'œil reposé, laquelle paraît jaune orangé clair. Si la différence d'intensité des deux images est très-grande, on peut beaucoup faciliter la comparaison en assombrissant convenablement celle de l'œil libre, soit en regardant à travers un petit trou pratiqué dans une feuille de papier noir, soit en mettant devant cet œil un prisme biréfringent qui donne deux images de la bande claire, dont chacune présente la moitié de l'intensité de l'image directe, soit enfin en faisant usage d'un verre *neutre*, dont on a constaté préalablement l'absence de coloration.

Il résulte de ces expériences que la comparaison des deux rétines peut se faire avec une grande exactitude ; elle paraît même pouvoir se faire avec une exactitude plus grande et pendant bien plus longtemps que cela n'est possible lorsque les deux couleurs doivent être comparées à l'aide des mêmes parties d'une seule rétine. En effet, pour comparer la couleur que la rétine perçoit en blanc, par exemple, avec celle qui lui présentait l'aspect du blanc lorsqu'elle n'était pas fatiguée, il faut fixer fortement un objet blanc sur fond noir pour développer une image accidentelle nettement dessinée qu'on examine ensuite sur un fond uniformément blanc. Indépendamment de ce que l'effort assez considérable exigé par la fixation peut exercer une influence sur les résultats, indépendamment encore de ce qu'on n'a pas l'avantage de pouvoir assombrir à volonté l'image claire, les images accidentelles limitées sur une rétine cessent rapidement d'être perceptibles, parce qu'en général nous remarquons difficilement des différences constantes d'intensité ou de coloration qui peuvent exister entre des parties rétiniennes différentes et qui ne sont pas ravivées par des modifications continuelles.

Nous avons vu au § 24 que nous avons une disposition à considérer les différences d'intensité et de coloration nettement perceptibles, comme plus grandes que celles dont la perception est indécise, et nous avons vu que c'est à cette circonstance qu'il faut rapporter la majeure partie de ce qu'on appelle les phénomènes de contraste. Dans le cas actuel, il se manifeste un semblable effet de contraste par cette circonstance que l'image non modifiée se colore, s'éclaire ou s'assombrit par opposition avec l'image modifiée. C'est ainsi que le blanc pur de l'œil non fatigué paraît jaune à côté du gris violacé de l'œil fatigué pour le blanc, ou que le premier paraît vert, lorsque l'autre est coloré en rose par l'image accidentelle du vert, etc.

Au lieu de colorer l'une des images par une image accidentelle, on peut encore employer un verre coloré que l'on met devant l'un des yeux. Alors encore je retrouve ce fait, qui nous a paru caractéristique pour les phénomènes de contraste, qu'avec une couleur faible l'effet de contraste est bien plus net qu'avec une couleur très-saturée. Un verre à vitre verdâtre, ou un verre de bouteille jaune rougeâtre, communiquent à l'image double une coloration complémentaire bien plus nette que lorsqu'on regarde à travers un verre d'une couleur foncée, lors même que, dans ce cas, à l'aide de verres gris convenables, on ramènerait l'image de l'autre œil à la même intensité lumineuse que l'image colorée.

Il peut même se produire un contraste entre des couleurs situées sur des parties correspondantes des deux rétines. Plaçons une bande noire sur un fond blanc, dissocions les images doubles, et mettons ensuite devant les yeux deux verres, l'un bleu et l'autre gris, qui soient à peu près également sombres. On voit alors l'une des images de la bande noire s'entourer de bleu, et l'autre de blanc, tandis que sur le reste du fond, le bleu et le blanc se superposent plus ou moins uniformément. Le blanc qui ressort le long des contours de la bande noire présente alors une coloration jaunâtre très-manifeste. Si l'on ôte les deux verres, on voit un blanc jaunâtre à l'endroit où prédominait le bleu, un blanc bleuâtre à l'endroit où la coloration était d'abord jaunâtre.

Si, dans cette expérience, nous remplaçons le verre bleu par un jaune, les résultats sont analogues, le bleu et le jaune occupant des positions inverses de celles du cas précédent.

Il doit paraître surprenant que, sous l'influence du contour noir, notre attention se porte d'une manière tellement exclusive sur le blanc contigu, et qu'elle le sépare assez complétement du bleu qui le recouvre dans le champ commun de la vision pour que ce blanc puisse même paraître jaunâtre. Le blanc jaunâtre manifeste d'ailleurs son caractère de couleur par contraste en persistant un peu lors même qu'on ferme complétement l'œil qui est placé derrière le verre bleu. C'est ainsi qu'au sujet des ombres colorées (p. 518) nous avons également trouvé qu'une fois établi, le jugement sur la nature d'une couleur peut subsister même après la suppression, dans le champ de la vision, de la couleur contrastante qui avait provoqué l'erreur.

Dans les expériences que nous avons vues jusqu'ici, le contraste avait lieu lors de la comparaison de deux couleurs appartenant à des champs visuels différents ; l'effet du contraste monoculaire peut également être renforcé par la comparaison binoculaire avec le contraste opposé. — Plaçons l'une contre l'autre, à droite, une feuille de papier rouge rose, à gauche, une feuille de papier vert ; plaçons de plus, de part et d'autre, des bandes de papier blanc près de la ligne de contact. Si l'on examine ces deux bandes à l'œil nu, on n'y remarque, en général, aucune coloration par contraste, tant qu'il ne s'est pas développé de fortes images accidentelles des deux couleurs. Si l'on regarde avec un œil l'une de ces bandes à travers un tube noir, l'autre œil étant fermé, on remarque assurément une légère coloration complémentaire par contraste. Mais si l'on met des tubes noirs devant les deux yeux, de manière que l'œil droit voie l'une des bandes avec une partie du fond rouge, et l'œil gauche l'autre bande avec une partie du fond vert, et cela sans faire coïncider binoculairement les deux bandes, les colorations complémentaires des deux bandes présentent une intensité rare. L'intensité de l'effet augmente de plus en plus à mesure qu'on prolonge l'expérience sans fixer le regard sur un point déterminé : il se produit en effet alors des images accidentelles de plus en plus fortes du fond, et comme l'œil droit et l'œil gauche ne voient respectivement que le fond rouge et le fond vert, les mouvements ne peuvent développer dans l'œil droit que du vert, et, dans l'œil gauche, que du rouge, ce qui ne peut faire qu'augmenter l'effet de contraste.

Ce serait là un *contraste successif*, un de ceux qui reposent sur les images accidentelles ; cependant si, au commencement de l'expérience, on dirige rapidement les yeux vers la bande blanche et qu'on les fixe le plus rapidement possible dans la position convenable, on voit également les couleurs par contraste, quoique bien plus faiblement. — Comme, dans les conditions de cette expérience, la comparaison des couleurs des deux champs visuels rend très-facilement visibles les images accidentelles du fond, j'ai cru nécessaire de chercher une disposition qui mît complétement à l'abri de toute production d'une image accidentelle du fond. A cet effet, je fixai sur une lame de verre deux bandes de papier, parallèles entre elles et dirigées verticalement; celle du côté droit était noire en haut et grise en bas, l'autre était grise en haut et noire en bas. Je plaçai la lame de verre sur une surface recouverte à droite d'un papier rouge et à gauche d'un papier vert, de sorte que la bande de droite était sur un fond rouge et l'autre sur un fond vert. Avant de commencer l'expérience, je glissais un papier blanc entre la lame de verre et la surface colorée, de manière à recouvrir entièrement cette dernière. Je fixais ensuite binoculairement les bandes grises et noires de manière à en obtenir la superposition ; alors les moitiés supérieure et inférieure de l'image sont formées chacune de la superposition d'une partie noire et d'une partie grise. Au milieu de chaque bande, j'avais disposé un point blanc destiné à servir de point de fixation. En combinant binoculairement les deux points blancs, je pouvais maintenir avec certitude la fixation de l'image commune des bandes. Au moment où j'enlevais le papier blanc pour mettre à découvert la surface colorée, il se produisait assurément des traces d'une coloration par contraste, mais extrêmement peu accentuée. Le gris situé sur le fond vert paraissait rougeâtre, celui entouré du fond rouge paraissait verdâtre. Il suffisait, au contraire, de quelques mouvements latéraux du regard, pour faire apparaître aussitôt la coloration par contraste dans toute son intensité. Les faibles colorations du commencement étaient moins sensibles que celles qui se produisent dans le contraste monoculaire. L'effet était plus faible encore lorsqu'on remplaçait le gris par du blanc.

Les purs effets du contraste simultané sur les deux bandes grises étaient donc affaiblis par la comparaison binoculaire. En effet, en rapprochant binoculairement les gris des champs visuels, l'expérience rendait possible de faire, entre ces deux gris, une comparaison plus exacte que précédemment dans le champ monoculaire où les deux bandes étaient séparées l'une de l'autre par de grands intervalles de vert et de rouge. Par conséquent, sous ce rapport, les phénomènes du contraste successif qui reposent sur une modification que les images accidentelles produisent dans la sensibilité se comportent d'une manière tout à fait autre que les phénomènes du contraste simultané, dont nous avons attribué la production à des erreurs de jugement. La comparaison binoculaire rend les premiers plus frappants, tandis qu'elle atténue les seconds en agissant comme correctif.

Dans la forme, décrite jusqu'ici, de l'expérience, on évitait une coïncidence binoculaire des bandes grises avec un fond coloré ; ces bandes coïncidaient avec du noir. Mais en modifiant la convergence des yeux, on peut séparer leurs images assez pour qu'au lieu de coïncider elles ne fassent plus que se toucher. En les amenant dans cette position apparente avant d'avoir enlevé la feuille blanche, s'assurant ainsi de l'égalité d'aspect des deux gris, et supprimant alors le papier blanc de manière à faire apparaître le fond coloré, on voit la bande entourée de rouge, qui coïncide binoculairement avec du vert, présenter une coloration verte bien manifeste, et l'autre bande, qui est entourée de vert et coïncide avec le rouge, présenter de même une coloration rouge tout aussi prononcée. On obtient, d'une manière tout à fait frappante, l'impression qu'on aurait s'il se produisait un mélange binoculaire du gris avec les deux couleurs du fond. Si l'on glisse de nouveau le papier blanc sous la lame de verre, on voit disparaître immédiatement les colorations, ainsi que cela devrait se produire pour un mélange des couleurs du fond avec le gris.

Mais on voit, par une autre expérience, qu'il ne s'agit pas ici d'un mélange. — Si je ferme l'œil droit pendant que je vois les bandes colorées complémentairement, il ne me reste plus que la bande entourée de vert, et, bien qu'il s'en détache une sorte de voile rouge, dû au rouge qui la recouvrait binoculairement, sa couleur propre, le gris, reste encore aussi rougeâtre qu'elle l'était auparavant; c'est ce qui ne serait pas possible si l'aspect rougeâtre du gris ne provenait que d'un mélange (binoculaire) avec le rouge. Dès que le rouge du mélange viendrait à manquer, on devrait voir reparaître la couleur primitive, qui deviendrait plutôt verdâtre par contraste. Je crois plutôt qu'on peut expliquer le résultat de ces expériences, de la manière suivante : Nous avons vu plus haut que si les deux champs visuels contiennent du gris qui coïncide binoculairement avec du noir, nous pouvons très-exactement comparer les tons de ces deux gris, et que cette comparaison immédiate des deux gris affaiblit les effets du contraste monoculaire qui pourraient nous porter à les considérer comme différents. Dans la dernière expérience, au contraire, du gris entouré de rouge, ce qui nous porte à le croire verdâtre, coïncide binoculairement avec du vert ; l'autre gris, coloré en rougeâtre par contraste avec son entourage vert, coïncide binoculairement avec du rouge. Ici, les deux surfaces à comparer coïncidant binoculairement avec deux couleurs différentes et vives, cette circonstance peut rendre la comparaison très-incertaine, et, par conséquent, renforcer le contraste.

Quand on interpose ensuite une surface blanche, à l'aspect de laquelle les yeux peuvent rectifier leur appréciation du blanc, le contraste disparaît subitement. L'interposition d'une surface noire rend également possible une comparaison exacte et non faussée des deux bandes grises, ce qui fait encore disparaître leur contraste. Si, au contraire, on ne ferme qu'un seul œil, il ne se présente aucun élément qui puisse servir à rectifier le jugement, et le contraste persiste.

Le résultat des expériences décrites jusqu'ici peut se résumer de la manière suivante : Si, dans le champ binoculaire, l'œil droit et l'œil gauche voient respectivement les images α et β au contact immédiat l'une de l'autre; si α coïncide avec le fond b et β avec le fond a, la comparaison entre les colorations de α et de β, objectives ou modifiées par des images accidentelles, se fait très-exactement, toutes les fois que le fond a présente la même coloration que b; la comparaison est, au contraire, très-incertaine toutes les fois que a et b possèdent des colorations des éclairages différents. La première condition détruit le contraste simultané monoculaire, la seconde le favorise.

L'habitude que nous avons acquise de distinguer les couleurs propres des corps au milieu d'un éclairage coloré très-répandu exerce son influence sur quelques autres expériences de contraste binoculaire, de la même manière que sur un grand nombre d'expériences de contraste monoculaire.

En premier lieu, il faut citer ici l'*expérience paradoxale de Fechner* (1). — Regardant une surface blanche, qu'on ferme et qu'on ouvre alternativement l'œil droit, on remarquera qu'au moment de l'occlusion, la surface blanche qu'on ne voit plus alors que de l'œil gauche, paraît un peu plus sombre que lorsque les deux yeux sont ouverts. Ainsi, comme on devrait s'y attendre, lorsqu'on exclut la lumière de l'un des yeux, il se produit dans l'image un obscurcissement, très-faible il est vrai, et à peine perceptible pour certains yeux. Changeons maintenant les conditions de l'expérience en mettant devant l'œil droit un verre gris assez foncé. Si l'on ouvre alors l'œil droit, l'image paraît, au contraire, plus foncée ; elle devient plus claire, lorsqu'on le ferme. Nous avons donc un obscurcissement apparent lorsque les yeux reçoivent plus de lumière et un éclaircissement lorsqu'ils en reçoivent moins. Si l'on prend des verres gris de plus en plus clairs, ce résultat négatif disparaît et cède enfin la place au résultat positif que présentent les yeux nus, c'est-à-dire que lorsqu'on ouvre l'œil fermé, l'image devient plus claire. Si l'on passe, au contraire, à des verres très-foncés, on finit par arriver à une limite où il est indifférent que l'œil situé derrière le verre soit ouvert ou fermé, la lumière incidente n'exerçant plus alors aucun effet sensible. Un verre moyennement foncé donne donc le résultat maximum. Fechner employait à cet effet des verres qui laissaient passer de 3 à 5 centièmes de la lumière incidente. Au lieu de verres gris, on peut employer avec avantage l'épiscotistère d'Aubert. Cet instrument se compose de deux disques de cuivre superposés, dans chacun desquels sont

(1) *Abhandl. der Sächs. Ges. d. Wiss.*, VII, 416-463.

découpés quatre secteurs de 45° et que l'on peut déplacer l'un par rapport à l'autre de manière à laisser quatre fentes dont la largeur peut être modifiée à volonté entre 0° et 45°. Lorsqu'on fait tourner rapidement ces disques réunis, ils affectent l'aspect d'un verre gris, et ils agissent d'une manière analogue en affaiblissant la lumière ; le degré de cet affaiblissement est facile à déterminer avec exactitude (1).

Pour s'assurer que le mouvement de la pupille est sans influence sur ces résultats, on répéta l'expérience en mettant, devant l'œil découvert, une ouverture d'un diamètre inférieur à celui de la pupille. On peut, d'ailleurs, dans ces expériences, employer des ouvertures étroites pratiquées dans des papiers noirs, à la place des verres gris destinés à assombrir l'image.

On pourrait expliquer le résultat de cette expérience paradoxale en admettant que, dans certaines circonstances, la sensation lumineuse d'un œil puisse diminuer celle de l'autre, comme s'il existait une relation d'antagonisme entre les deux rétines ; mais j'ai pu démontrer, par une modification facile de l'expérience, qu'il s'agit ici de tout autre chose.

On se place en face d'un objet blanc bien nettement délimité, tel qu'une porte blanche située en face des fenêtres, et l'on choisit un verre foncé avec lequel l'expérience paradoxale réussisse bien lorsqu'on regarde cette porte. On place ensuite, devant l'œil armé du verre foncé, un papier blanc qui lui cache la porte et occupe tout le champ visuel de l'œil devant lequel on le place. En donnant à cette feuille de papier une obliquité plus ou moins grande par rapport à la lumière, on parvient facilement à lui donner une position telle qu'elle soit précisément aussi claire que la porte. Répétant alors l'expérience, on obtient un résultat tout à fait opposé au précédent. Si l'on ouvre l'œil placé derrière le verre foncé et le papier, le blanc de la porte augmente très-peu d'intensité par l'effet d'une espèce de nuage clair qui s'y superpose : c'est l'image du papier blanc qui coïncide binoculairement avec elle. Après avoir constaté qu'il en est ainsi, qu'on enlève le papier blanc en laissant les deux yeux ouverts, de sorte qu'ils voient tous deux la porte : elle paraît alors s'assombrir considérablement, bien que l'intensité des parties des deux champs visuels où on la voit n'ait aucunement varié (2).

(1) Aubert, Physiologie der Netzhaut, pp. 30, 34, 283. — Talbot avait construit un instrument analogue (voy. *Pogg. Ann.*, 1835, XXXV, 459).

(2) M. Hering a également observé que l'expérience donne des résultats différents suivant qu'on voit, avec l'œil obscurci, des surfaces limitées ou non. (Beiträge zur Physiologie, p. 311-312.)

Cette modification de l'expérience fait voir qu'il ne s'agit pas ici d'une modification dans la sensation de la lumière, mais seulement d'une modification de notre jugement sur la couleur propre à l'objet blanc. Lorsque l'un des champs visuels est rempli d'obscurité quand un œil est fermé, ou recouvert uniformément d'une lumière faible (image du papier blanc vu à travers le verre foncé), au lieu d'attribuer à la couleur de la porte cet éclairage uniforme et répandu bien au delà des limites qui répondent à la porte dans le champ visuel, nous formons notre jugement sur cette couleur exclusivement d'après ce que nous enseigne celui des yeux qui distingue les contours de la porte. C'est tout au plus si les modifications de l'éclairage dans l'autre œil se manifestent sous forme d'un brouillard sombre ou lumineux qui se répand devant la porte et devant les autres objets. Mais si nous reconnaissons également les contours de la porte avec l'œil assombri, et que nous les voyions dans le gris foncé, ce gris nous paraît faire partie de la couleur propre à la porte, tout aussi bien que le blanc de l'autre œil, et, pour cette raison, la porte elle-même nous paraît foncée. Elle nous apparaît alors comme un corps gris rendu lumineux et brillant par de la lumière blanche. Mais cet assombrissement doit évidemment faire défaut, soit lorsque l'assombrissement produit par le verre est très-faible, et qu'alors la lumière qui parvient au second œil ne se fait remarquer que comme lumière, soit lorsque cet assombrissement est assez marqué pour permettre à peine de distinguer les objets.

Des circonstances analogues peuvent également avoir lieu, à la vision monoculaire, dans l'expérience indiquée par Smith et par Brücke (1), et à laquelle Fechner a donné le nom d'*expérience de la fenêtre latérale.* J'ai trouvé qu'on peut donner à cette expérience une autre forme dans laquelle les conditions du résultat se voient encore plus sûrement que dans la première forme mentionnée. J'ai fait partager en deux parties égales une lame de verre d'urane, à surfaces parallèles. A la lumière des bougies, ce verre paraît absolument incolore, parce qu'il n'absorbe que les rayons violets et une partie des rayons bleus, qui sont très-peu abondants dans la lumière des bougies ; pendant le jour, lorsque la substance même du verre n'est pas fortement éclairée, les objets blancs vus à travers paraissent faiblement jaunâtres. Mais si la masse du verre elle-même reçoit la lumière directe du soleil, toutes ses parties émettent une lumière fluorescente d'un vert intense. Si je mets devant les yeux deux pareilles lames de verre d'urane, abritées de façon à ne recevoir que la lumière venant de l'objet, et que je dispose

(1) Voyez plus haut, page 537.

les yeux de manière à voir double l'image d'un champ blanc sur fond noir, les deux images du champ blanc présentent naturellement la même coloration blanc jaunâtre. Mais dès que je laisse parvenir à l'un des verres les rayons directs du soleil, le champ visuel de l'œil qui est derrière ce verre se remplit de la lumière verte de la fluorescence ; après quelques mouvements de l'œil, la double image correspondante du blanc, qui est encore recouverte de lumière verte, paraît rose, et la double image de l'autre œil paraît plus claire et verdâtre, bien qu'elle soit objectivement d'un blanc pur. Nous avons donc ici dans l'œil qui regarde à travers le verre fluorescent, lequel y répand uniformément de la lumière vert faible, une séparation si complète entre le blanc délimité et le vert répandu sans limites, qu'on voit même apparaître sur ce blanc la coloration rosée qui accompagne la fatigue de l'œil pour le vert. Par contraste avec cette coloration, l'autre image, qui n'est pas verte, paraît alors verdâtre.

Dans l'expérience primitive de Smith, ainsi que nous l'avons vu plus haut, c'était la lumière rouge pénétrant à travers les membranes de l'un des yeux qui faisait paraître l'image de cet œil plus foncée et verte, celle de l'autre œil prenant un aspect rouge. On peut faire apparaître cette lumière rouge, en examinant, avec l'œil éclairé latéralement, des caractères noirs sur fond blanc : ces caractères présentent souvent alors un aspect rouge éclatant. Il est naturel que, parmi les doubles images d'une tache noire sur fond blanc, celle qui appartient à l'œil éclairé latéralement paraisse également rougeâtre par comparaison avec celle de l'autre œil. Si l'on concentre, au contraire, à l'aide d'une lentille, de la lumière verte ou bleue sur un point de la sclérotique, celle des doubles images d'un objet blanc qui appartient à cet œil devient alors rose ou jaune. Comme on a mis en doute (1) l'explication de cette expérience, il n'était pas inutile de la modifier par l'emploi du verre d'urane, de manière à rendre plus faciles à saisir les différentes circonstances en présence.

On voit que le point de vue où nous nous sommes placés fournit facilement l'explication des phénomènes du contraste binoculaire. Si, au contraire, comme on le faisait habituellement, on veut attribuer les couleurs par contraste à des modifications de la sensation, que l'excitation d'une partie de la rétine produirait dans les parties voisines, on est nécessairement amené à considérer le contraste binoculaire comme résultant de l'action exercée par les sensations de l'une des rétines sur

(1) Fechner, Ueber den seitlichen Fenster- und Kerzenversuch, in *Berichte der Kön. Sächsischen Ges. d. Wiss.*, 1861, p. 27-56.

celles de l'autre; aussi a-t-on cherché, dans ces phénomènes, un argument en faveur de la connexion anatomique des fibres nerveuses correspondantes.

Il faut encore mentionner ici l'explication du lustre stéréoscopique qui a été proposée par Dove, auquel on doit la découverte de ce phénomène. — Dove distingue, dans les corps brillants, la lumière blanche réfléchie par la surface et la lumière chromatique qu'émettent les couches superficielles. Le lustre provient, d'après lui, de ce qu'on voit la substance éclairée du corps en arrière de la surface éclairée, c'est-à-dire deux sortes de lumière l'une à travers l'autre. Il croit que, lorsque nous combinons deux couleurs, telles que du rouge dans un champ et du bleu dans l'autre, nous concluons qu'elles sont à des distances différentes de l'œil, parce qu'il nous faut des accommodations différentes pour les voir nettement. Je n'ai pas conservé cette explication, parce que les expériences qui ont été faites depuis lors sur l'appréciation des distances à l'aide de l'accommodation, et notamment dans un cas où il faut, comme ici, maintenir constante la convergence des yeux, rendent très-invraisemblable la possibilité d'une pareille perception de différence de distance des couleurs. Il y a encore une autre difficulté: c'est que la combinaison du blanc et du noir produit également du lustre. Dove croit pouvoir admettre ici que l'observation du blanc et du noir donne des sensations d'accommodation différentes, parce que le blanc contracte la pupille, ce qui arrive également pour un grand effort d'accommodation, tandis que le noir la dilate. Mais il faut remarquer d'abord que, dans les expériences qui nous occupent, on a en même temps du blanc dans un œil et du noir dans l'autre, et que les deux pupilles affectent alors le même degré moyen d'ouverture; et, en second lieu, que l'accommodation ne peut pas s'appliquer au milieu d'une surface colorée uniformément, mais seulement aux contours; on ne comprend pas comment il pourrait se produire une différence dans la conscience d'accommodation, parce que dans l'une des images il y aurait du blanc à droite et du noir à gauche de la limite, ou du blanc au-dessus et du noir au-dessous de la limite, et inversement dans l'autre image. C'est pour ces motifs que je me suis permis de substituer à l'explication proposée par le célèbre observateur qui a découvert ce phénomène, celle que j'ai donnée plus haut comme étant la plus simple.

L'antagonisme des champs visuels a attiré depuis longtemps l'attention des observateurs. Du Tour s'en servit pour appuyer son opinion, d'après laquelle on ne verrait en général qu'avec un œil à la fois, ce qui lui sert à expliquer pourquoi nous voyons simple, malgré la présence des deux yeux. De Haldat prétendit, au contraire, avoir vu les couleurs se combiner : observation qu'il rattache à l'hypothèse de la connexion anatomique des fibres nerveuses correspondantes proposée par Newton, et, plus tard, par Wollaston et par J. Müller. Il fut suivi par Münnich, par Janin et par Walther. Cependant J. Müller lui-même, qui est le principal promoteur de la théorie de l'identité des points rétiniens et de l'étude des conséquences de cette théorie, lui qui aurait certainement été plus intéressé que personne à voir la combinaison binoculaire des couleurs, ne parle de rien de pareil, et n'a vu que la lutte des champs visuels. On a déjà vu plus haut les diverses assertions des observateurs plus récents. Il paraît exister, sous ce rapport, de très-grandes différences individuelles. Tant que l'on considérait la sensation d'une couleur résultante comme un effet simple de deux causes combinées, une semblable sensation ne paraissait pouvoir se produire que dans une seule et même fibre nerveuse : aussi l'observation d'une combinaison binoculaire véritable de couleurs semblait pouvoir fournir la preuve d'une fusion anatomique des sensations d'un couple de fibres nerveuses correspondantes ; d'autre part, cette combinaison devait être considérée comme nécessaire, dès qu'on admettait une pareille identité. Ainsi que je l'ai expliqué plus haut, ce point perd beaucoup de son importance en présence de la théorie des couleurs d'YOUNG.

DOVE fit faire à la science un progrès essentiel en découvrant la signification objective de la combinaison binoculaire des couleurs ou des intensités différentes dans le phénomène du lustre stéréoscopique. Ce fut J. J. OPPEL qui opposa la théorie plus simple, qui a été substituée plus haut à la théorie de DOVE, et à laquelle BREWSTER s'était rallié tout en paraissant la combattre, par suite, ce me semble, d'un malentendu. Sans connaître le travail de J. OPPEL, j'étais arrivé à la même manière de voir, et j'avais insisté sur l'importance de ce phénomène, relativement à la théorie des sensations des parties correspondantes.

Les phénomènes du contraste binoculaire n'ont été étudiés que dans ces dernières années, notamment par FECHNER, dans un travail très-étendu ; quelques observations qui s'y rattachent avaient été faites antérieurement par E. BRÜCKE, par H. MEYER et par PANUM.

1743. DU TOUR, in *Mém. de Paris*, 1743, p. 334.

1760. DU TOUR, Pourquoi un objet sur lequel nous fixons les yeux paraît-il unique? in *Mém. des savants étr.*, III.

1772. JANIN, Mémoires et observations sur l'œil. Lyon et Paris, p. 39.— *Deutsch. Abhandl.* : Ueber das Auge und seine Krankheiten. Berlin, 1776, p. 38.

1784. J. ELLIOT, Anfangsgründe derjenigen Theile der Naturlehre, welche mit der Arzneiwissenschaft in Verbindung stehen. Uebersetzt von BERTRAM. Leipzig, 1784.

1791. W. C. WELLS, Essay upon single vision with two eyes. London.

— MÖNNICH, Untersuchung der Frage, ob man mit beiden Augen zugleich und gleich deutlich sehe, in *Deutsche Abhandl. d. Berl. Akad.*, 1790-91, p. 46.

1793. WALTHER, Von der Einsaugung und Durchkreuzung der Sehnerven. Berlin, 1794. — *Deutsche Abhandl. d. Berl. Akad.*, 1793, p. 3.

1799. L. A. v. ARNIM, Ueber scheinbare Verdoppelung der Gegenstände für das Auge, in *Gilbert's Ann.*, III, p. 256.

1806. CH. N. A. HALDAT DU LYS, Sur la double vision, in *Journ. de physique*, LXIII, p. 387.

1814. ACKERMANN und HERHOLT, Sieht der Mensch mit einem Auge allein oder mit beiden zugleich. Kopenhagen.

1826. J. MÜLLER, Beiträge zur vergleichenden Physiologie des Gesichtssinns. Leipzig, p. 191-194.

1836. A. W. VOLKMANN, Neue Beiträge zur Physiologie des Gesichts. Leipzig, p. 97-99.

1838. WHEATSTONE, Contributions to the physiology of vision, in *Phil. Trans.*, 1838, II, p. 386-387.

— VÖLCKERS, in *J. Müller's Archiv für Anat. und Physiol.*, 1838, pp. 61, 63.

1841. DOVE, in *Monatsber. d. Berl. Akad.*, 1841, p. 251.

1846. A. SEEBECK, Beiträge zur Physiologie des Gehör- und Gesichtssinns, in *Pogg. Ann.*, LXVIII, 449.

1848. E. HARLESS, Physiologische Beobachtung und Experiment. Nürnberg, 1848, p. 45.

1849. FOUCAULT et REGNAULT, Note sur quelques phénomènes de la vision au moyen des deux yeux, in *Comptes rendus*, XXXVIII, 78. — *Phil. Mag.*, XXXIV, 269. — *Inst.*, XVII, n° 783.

— DE HALDAT. Optique oculaire. Nancy. — *Arch. des sc. phys. et nat.*, XII, 45. — *Inst.* XVII, n° 786, p. 29.

1850. H. W. DOVE, Ueber die Ursache des Glanzes und der Irradiation, abgeleitet aus chromatischen Versuchen mit dem Stereoskop, in *Pogg. Ann.*, LXXXIII, 169. — *Berl. Monastber.*, 1851, p. 252. — *Phil. Mag.*, 4, IV, 241. — *Arch. des sc. phys. et natur.*, XXI, 209. — *Inst.*, n° 991, p. 421.

— H. W. DOVE, Ueber das Binocularsehen prismatischer Farben und eine neue stereoskopische Methode, in *Pogg. Ann.*, LXXX, 446. — *Berl. Monatsb.*, 1850, p. 152. — *Arch. des sc. phys. et natur.*, XIX, 219.

— H. MEYER, Ueber einen optischen Versuch, in *Wiener Ber.*, VII, 454. — *Arch. des sc. phys. et natur.*, XIX, 138.

1852. D. BREWSTER, Examination of DOVE's Theory of lustre, in *Athen.*, 1852, p. 1041. — *Cosmos*, I, 577-578. — *Silliman's Journ.*, 2, XV, 125.

1852. H. WELCKER, Ueber Irradiation und einige andere Erscheinungen des Sehens. Giessen, p. 107.
1853. E. BRÜCKE, Ueber die Wirkung complementär gefärbter Gläser beim binoculären Sehen, in *Wiener Ber.*, XI, 213-216. — *Pogg. Ann.*, XC, 606-609.
1854. F. BURCKHARDT, Ueber Binocularsehen, in *Verhdl. d. naturforsch. Ges. in Basel*, I, 123-154.
— J. J. OPPEL, Ueber die Entstehung des Glanzes bei zweifarbigen, insbesondere bei schwarzen und weissen stereoskopischen Bildern, in *Jahresber. d. Frankf. Vereins*, 1853-54, p. 52-55; 1854-55, p. 33-37.
— F. BURCKHARDT, Zur Irradiation, in *Verh. d. naturf. Ges. in Basel*, I, 154-157.
1855. D. BREWSTER, On the binocular vision of surfaces of different colours, in *Athen.*, 1855, p. 1120. —*Inst.*, 1855, p. 375. — *Rep. of Brit. Assoc.*, 1855, 2, p. 9.
— W. DOVE, Ueber die von ihm gegebene Erklärung des Glanzes, in *Berl. Monatsber.*, 1855, p. 691-694. — *Inst.*, 1856, p. 118-119.
1856. H. HELMHOLTZ, Ueber die Erklärung der stereoskopischen Erscheinung des Glanzes, in *Verhandl. d. naturhist. Vereins d. Rheinlande*, p. XXXVIII-XL.
— H. MEYER, Ueber die Einfluss der Aufmerksamkeit auf die Bildung des Gesichtsfeldes überhaupt und den Bildung des gemeinschaftlichen Gesichtsfeldes beider Augen im Besondern, in *Archiv für Ophtalmologie*, II, 2, p. 77-92.
1857. DOVE, Ueber Binocularsehen durch verschieden gefärbte Gläser, in *Berl. Monatsber.*, 1857, p. 208-211. —*Pogg. Ann.*, CI, 147-151.
— PAALZOW, Ueber subjective Farben und die Entstehung des Glanzes, in *Berl. Monatsber.*, 1857, p. 435.
1858. J. DINGLE, On a new law of binocular vision, in *Athen.*, 1858, II, 458.
— J. J. OPPEL. Ueber das "Glitzern", eine eigenthümliche Art des Glanzes und die stereoskopische Nachahmung desselben, in *Jahresber. d. Frankf. Vereins*, 1856-57, p. 56-62.
— P. L. PANUM, Physiologische Untersuchungen über das Sehen mit zwei Augen. Kiel, p. 38-42.
1860. TH. FECHNER, Ueber einige Verhältnisse des binocularen Sehens, in *Berichte d. sächs. Ges. d. Wiss.*, VII, 337-364.
— F. ZÖLLNER, Ueber eine neue Beziehung der Retina zu den Bewegungen der Iris, in *Pogg. Ann.*, CXI, 481-499; 660.
— H. W. DOVE, Optische Notizen, in *Pogg. Ann.*, CX, 286-288.
1861. E. BRÜCKE, Ueber den Metallglanz, in *Wiener Ber.*, XLIII, 2, p. 177-192.
— D. BREWSTER, On binocular lustre, in *Athen.*, 1861, 2, p. 411. — *Rep. of Brit. Assoc.*, 1861, 2, p. 29-31.
— O. N. ROOD, Upon some experiments connected with DOVE's Theory of lustre, in *Silliman's Journ.*, 2, XXXI, p. 339-345. — *Phil. Mag.*, 4, XXII, 38-45.
— H. W. DOVE, Ueber den Glanz, in *Berl. Monatsber.*, 1861, p. 522-525. — *Pogg. Ann.*, CXIV, 165-168.
— P. L. PANUM, Ueber die einheitliche Verschmelzung verschiedenartiger Netzhauteindrücke beim Sehen mit zwei Augen, in *Reichert's und du Bois Archiv für Anat. und Physiol.*, 63-227.
1862. W. WUNDT, Ueber die Entstehung des Glanzes, in *Pogg. Ann.*, CXVI, 627-631.
— O. N. ROOD, On some stereoscopic experiments, in *Silliman's Journ.*, 2, XXXIV, 199-202.
— G. TH. FECHNER, Ueber den seitlichen Fenster- und Kerzenversuch, in *Leipz. Ber.*, 1862, p. 27-56.
— W. WUNDT, Beiträge zur Theorie der Sinneswahrnehmung. Leipzig und Heidelberg, p. 299-375.
1864. E. HERING, Beiträge zur Physiologie, 5 Heft. Leipzig, p. 312-316.
1865. E. JAVAL, De la neutralisation dans l'acte de la vision, in *Ann. d'oculistique*, LIV, p. 5-16.

§ 33. — Critique des théories.

Après avoir passé en revue l'ensemble des faits que présente l'étude des perceptions visuelles, je crois qu'il n'est pas inutile de jeter un dernier coup d'œil sur la liaison des idées théoriques, et d'examiner quelles sont les théories qui paraissent bien rendre compte des faits, et quelles sont celles qui présentent avec eux un accord moins satisfaisant.

Il faut remarquer d'abord que la connaissance que nous avons des phénomènes dont il s'agit n'est pas encore assez complète pour permettre de considérer l'une des théories comme admissible à l'exclusion de toutes les autres. Je crois que jusqu'ici, dans le choix qu'ils ont eu à faire entre les différentes opinions, les auteurs se sont plutôt laissé influencer chacun par la tendance métaphysique de son esprit que par l'autorité des faits ; et, dans le domaine de la psychologie, bien des questions de principe sont encore pendantes, qui sont depuis longtemps résolues dans celui des phénomènes de la nature inorganique.

Bien des observateurs se sont laissés aller trop facilement, ce me semble, dans l'étude des perceptions visuelles, à imaginer diverses structures anatomiques, à admettre de nouvelles qualités de la substance nerveuse qui n'ont aucun rapport avec ce que nous savons positivement des propriétés physiques et chimiques des corps en général ou des nerfs en particulier. Ces structures et ces propriétés ne servent, à chaque fois, qu'à donner, pour un ou plusieurs des phénomènes de la vision, des explications qui ont tout au plus une apparence de rigueur scientifique, et dont les auteurs ont négligé complétement ou mis sur le second plan la participation si indubitable des phénomènes psychiques.

J'accorde que nous sommes bien loin de connaître les phénomènes psychiques d'une manière rigoureusement exacte. Chacun peut, suivant la tendance spéculative à laquelle il accorde la préférence, nier absolument, comme les spiritualistes, ou admettre absolument, comme les matérialistes, la possibilité de pénétrer dans la nature de ces phénomènes. Mais le naturaliste, qui doit s'en tenir aux faits et à la recherche des lois qui les régissent, n'a pas à décider cette question. Il ne faut pas oublier que le matérialisme est une spéculation ou hypothèse métaphysique tout aussi bien que le spiritualisme; aussi lui refuserons-nous le droit de s'immiscer dans l'explication des faits naturels, avec des raisonnements *à priori*, sans s'appuyer sur des faits.

Quelque opinion que l'on professe sur les actions psychiques, et si difficile que puisse être leur explication, elles n'en possèdent pas moins une existence réelle et leurs lois nous sont familières jusqu'à un certain point, par les faits de l'expérience journalière. Quant à moi, je crois que c'est suivre une voie plus sûre que de rattacher l'explication des phénomènes de la vision à d'autres phénomènes, — qui réclament eux-mêmes une explication, mais dont l'existence est hors de doute : je veux parler des actions psychiques les plus simples, — que de la faire reposer sur des hypothèses relatives à une disposition anatomique mais inconnue du système nerveux et aux propriétés de la substance nerveuse, hypothèses arbitraires, inventées *ad hoc*, et qui ne reposent sur aucune espèce d'analogie. Je ne me croirais le droit d'entrer dans une pareille voie qu'après avoir vu échouer toutes les tentatives d'explication appuyées sur les circonstances connues.

Mais cette nécessité ne s'impose nullement, à mon avis, dans l'explication psychologique des perceptions visuelles; loin de là, plus j'ai apporté d'attention à l'étude des phénomènes, plus j'ai constaté d'uniformité et d'accord dans l'action des processus psychiques, et plus j'ai trouvé de conséquence et de connexion dans toute cette classe de phénomènes.

Aussi n'ai-je pas hésité, dans les paragraphes précédents, pour établir une liaison et un accord entre les faits, à me servir d'explications fondées sur les actes psychiques les plus simples de l'association des idées. Ce point de vue n'est pas nouveau, comme je l'ai déjà dit dans les aperçus historiques. Si, dans ces derniers temps, les opinions de quelques physiciens et physiologistes qui sont entrés dans cette voie, comme Wheatstone, Volkmann, H. Meyer, Nagel, Classen et Wundt, ont trouvé plus de contradicteurs que d'adhérents, je crois qu'indépendamment de l'esprit du siècle, qui est peu enclin aux recherches philosophiques et psychologiques, cette opposition reconnaît pour cause l'absence d'une exposition suffisamment complète de tous les phénomènes de ce ressort. Des doutes, fondés sur ceux des phénomènes qu'ils n'avaient pas examinés, étaient opposés à chaque instant à l'explication des faits qui avaient été étudiés par les observateurs en question. C'est pourquoi j'ai profité de l'occasion qui m'était offerte pour remanier tout le sujet dans ce sens, et en donner un aperçu général.

Qu'on me permette de remettre, en peu de mots, sous les yeux du lecteur, les principes sur lesquels j'ai fondé mes explications. — La proposition fondamentale de la théorie empiristique, c'est que : *Les sensations sont, pour notre conscience, des signes dont l'interprétation est livrée à notre intelligence.* En ce qui concerne les signes fournis par la vision, ils diffèrent en *intensité* et en *qualité* (en couleur) ; de plus, ils doivent présenter une troisième différence dépendant de la partie qui est excitée sur la rétine, et qui porte le nom de *signe local.* Les signes locaux des sensations de l'œil droit sont généralement différents de ceux des points correspondants de l'œil gauche.

Nous sentons, en outre, le *degré d'innervation* que nous transmettons aux nerfs des muscles oculaires. Les notions d'étendue et de mouvement ne dérivent pas nécessairement des perceptions visuelles, ou tout au moins elles n'en dérivent pas uniquement, puisque les aveugles-nés les acquièrent avec une exactitude parfaite par le sens du toucher; nous pouvons donc, pour notre objet, les considérer comme données préalablement.

L'expérience peut évidemment nous apprendre quelles sont les sensations de la vue ou des autres sens que nous donnera un corps que nous voyons, lorsque nous déplacerons nos yeux ou notre corps, ou que nous l'examinerons de différents côtés, que nous le tâterons, etc. L'ensemble de toutes les sensations possibles, réunies dans une idée complexe, constitue la *représentation* que nous nous faisons du corps et que nous nommons *perception* aussi longtemps qu'elle est appuyée par des sensations actuelles, et *image de souvenir*, dans le cas contraire. Ainsi, dans un certain sens, bien que ce soit en désaccord avec le langage usuel, une semblable représentation d'un objet individuel est déjà une notion, parce qu'elle contient les divers groupes de sensations que peut nous donner cet objet regardé, touché ou examiné par tout autre moyen, et en nous déplaçant. Telle est la teneur effective et réelle d'une semblable représentation d'un objet déterminé; elle ne peut pas en avoir d'autre, et cet ensemble peut indubitablement être acquis par l'expérience, à l'aide des données indiquées plus haut.

Le seul acte psychique qui soit nécessaire à cet effet, c'est la répétition régulière de l'association de deux représentations qui se sont souvent trouvées associées ensemble, et cette association s'impose avec d'autant plus de force et de nécessité qu'elle s'est offerte à nous plus souvent.

Ainsi, en tant qu'elles sont exactes, les représentations que nous nous formons des objets à l'aide des images visuelles s'expliquent simplement par les principes que nous avons posés.

Mais on doit se demander alors comment peuvent se produire les *illusions des sens*. Il nous faut diviser ces illusions en deux classes. — D'abord, celles qui se produisent lorsque nos sens sont soumis à l'action de causes insolites; lorsque nous regardons, par exemple, des images dioptriques ou catoptriques, ou que nous combinons des images stéréoscopiques. Ici, l'impression exercée par des objets déterminés se produit dans des conditions insolites. Bien que nous sachions qu'il en est ainsi, d'après la loi de l'association des représentations, l'impression reçue réveille en nous la représentation des autres impressions sensuelles qui l'accompagnent en général, c'est-à-dire la représentation de l'objet correspondant.

Les illusions de la seconde classe sont celles où nous voyons d'une manière erronée des objets réels, en nous servant de nos organes sensuels d'une façon inaccoutumée. Pour leur explication, il faut remarquer que, du moment qu'un certain mode d'usage de nos organes sensuels est plus approprié que tout autre à nous donner des perceptions nettes et certaines des objets, nous nous habituons à nous servir le plus possible ou exclusivement de ce mode d'emploi, que nous appelons *normal*. Si nous appliquons nos organes sensuels d'une façon différente, il est naturel que les impressions reçues nous donnent les représentations d'objets qui, dans l'usage normal des organes, exerceraient les mêmes impressions ou les impressions qui s'en écartent le moins.

Dans l'usage normal des yeux, il faut considérer : *en premier lieu*, que dans chaque œil, la fossette centrale de la rétine permet la distinction la plus nette entre des images voisines l'une de l'autre ; *en second lieu*, que nous ne conservons des impressions nettes qu'en évitant, par des mouvements continuels des yeux, la formation d'images accidentelles nettement dessinées ; *en troisième lieu*, que, sur une surface étendue, éclairée uniformément, nous avons vu distinctement tout ce qu'il est possible d'y voir ainsi, dès que nous avons vu nettement toutes les parties du contour. Il résulte de là que, dans l'usage normal des yeux, nous dirigeons à chaque instant les deux lignes de regard sur le point qui attire notre attention, et que nous accommodons les yeux pour ce point ; cependant nous ne les laissons jamais longtemps en repos, ce qui serait en désaccord avec la tendance de mouvement particulière à notre attention, et nous promenons, au contraire, constamment notre regard, surtout le long des contours des objets.

De là résulte l'accord qui s'est produit entre les mouvements des deux yeux, et entre ces mouvements et l'accommodation ; habitude à laquelle il est difficile de résister, et que nous pouvons cependant vaincre à chaque instant par un effort de volonté, comme on l'a vu plus haut, lorsque nous mettons graduellement les yeux dans des conditions où le but de la vision ne peut plus être atteint qu'à l'aide de combinaisons insolites. Il en résulte encore la difficulté de maintenir, contrairement à notre habitude, le regard fixé pendant quelque temps sur un point ; de là provient aussi la grande influence exercée par les contours saillants sur notre attention et sur les mouvements de notre regard ; c'est à la même cause qu'il faut attribuer la difficulté de concentrer notre attention sur une analyse exacte des phénomènes de la vision indirecte, de la tache jaune, des images doubles, et ainsi de suite, l'habitude nous entraînant toujours à diriger le regard vers les parties qui occupent notre attention. C'est pour cette même raison qu'à cause des mouvements que l'habitude fait faire à nos yeux, nous ne voyons ordinairement pas les images doubles les plus écartées des objets que nous observons, et que la présence de ces images reste inconnue à un grand nombre de personnes pendant toute leur vie.

J'ai déjà fait voir plus haut que la relation entre les torsions des deux yeux et la direction des lignes visuelles doit être rangée dans la même catégorie, et qu'on peut même, en modifiant les conditions de la vision, entraîner la production des modifications de la torsion qui sont favorables à la perception des objets. J'ai cherché, en outre, à démontrer que la certitude d'orientation, qui nous permet de reconnaître la position invariable des objets immobiles malgré le déplacement de leurs images sur la rétine, est le but dont nous cherchons à nous rapprocher le plus possible en conformant les mouvements de nos yeux aux exigences de la loi de Listing.

Puisque les efforts volontaires peuvent, lorsqu'il en résulte un avantage pour la vision, donner lieu à des mouvements qui cessent d'être soumis à ces différentes lois, il est clair qu'on ne peut pas rechercher la base de ces lois dans des dispositions anatomiques qui agiraient mécaniquement. D'un autre côté, il me paraît possible, et même probable, que la croissance des muscles et peut-être même la conductibilité des nerfs s'adaptent aux effets demandés, soit dans le cours de chaque existence individuelle, soit même par hérédité dans la vie de l'espèce, de telle sorte que les mouvements les plus utiles deviennent aussi les plus faciles. En tout cas, ce mécanisme anatomique, en tant qu'il existe, facilite les mouvements, mais ne les commande pas.

Les mouvements des yeux permettent encore d'apprendre quelle est la disposition des points du champ de la vision, c'est-à-dire d'apprendre quels sont les signes locaux des sensations qui répondent aux points immédiatement voisins. La loi spéciale des mouvements oculaires détermine ensuite quelles sont les étendues du champ visuel dont il est possible ou non de comparer exactement les grandeurs. On peut comparer exactement celles dont les images peuvent être amenées sur les mêmes points ou lignes de la rétine par de simples mouvements de l'œil ; c'est là une règle qui est tout à fait confirmée par les faits. Mais dans la comparaison des grandeurs qui ne peuvent pas être représentées sur les mêmes parties de la rétine, il se présente toujours des erreurs soit constantes, soit variables. On peut en partie rapporter les erreurs constantes à ce fait que (au moins pendant notre enfance, où se développe en nous la faculté de juger les objets par la vision), nos objets visuels les plus fréquents sont les corps éloignés et le sol qui s'étend depuis nos pieds jusqu'à eux ; je veux parler de l'aberration des méridiens verticaux apparents et de la manière erronée dont on dessine des carrés.

Enfin, l'influence de la loi des mouvements oculaires se manifeste encore dans le tracé des lignes droites (ou les plus courtes) apparentes du champ de vision. Si nous plaçons la ligne de regard dans sa position primaire, que nous pouvons considérer comme sa position la plus fréquente et la plus importante, ce sont les lignes qui peuvent se déplacer suivant elles-mêmes d'après la loi des mouvements oculaires.

Je n'ai fondé la déduction de ces lois sur aucune hypothèse déterminée relativement à la nature des signes locaux. Elle subsisterait encore, alors même que les signes locaux seraient disséminés tout à fait au hasard sur la rétine, sans qu'il soit nécessaire d'admettre aucune analogie entre les signes locaux de points voisins. Une pareille disposition rendrait, il est vrai, l'accoutumance bien plus difficile. Aussi considéré-je comme tout à fait probable, et cette hypothèse est conforme à l'analogie d'autres dispositions organiques, que les signes locaux de points voisins se ressemblent plus que ceux de points éloignés, et que, par suite, la nature des signes locaux soit une fonction continue des coordonnées des points rétiniens. Cependant, quels que soient ces signes locaux, leur disposition peut être de nature à faciliter beaucoup l'orientation ; mais ici encore les conséquences de la théorie empiristique, avec lesquelles les phénomènes s'accordent parfaitement, exigent seulement que la disposition, quelle qu'elle soit, donne une facilité à la production de l'évaluation oculaire, sans être décisive pour ses résultats définitifs.

Parmi ces dispositions anatomiques, il faut ranger le nombre d'éléments sensibles situés entre deux points de la rétine. — Particulièrement lors de l'appréciation de distances très-petites, ce nombre peut présenter de l'importance, d'après cette loi qu'en l'absence d'autres éléments adjuvants, les grandeurs nettement perceptibles nous paraissent plus grandes que celles dont l'appréciation est incertaine. Nous avons déjà montré plus haut que le nombre des éléments sensibles est tout à fait sans influence dans l'appréciation des grandes distances.

Pour la théorie empiristique, la forme de la rétine, la position et la régularité de l'image, pourvu que celle-ci soit nettement limitée, sont choses absolument indifférentes ; cette théorie ne s'inquiète que de la projection de la rétine en dehors par les milieux optiques.

La position que présentent les objets, par rapport à notre corps, est appréciée à l'aide du *sentiment d'innervation* des nerfs oculaires, mais elle est *contrôlée* à chaque instant d'après le résultat, c'est-à-dire d'après le déplacement que les innervations impriment aux images.

Quand, regardant à travers des prismes, nous exécutons des mouvements avec notre corps ou si nous déplaçons nos mains dans le champ de la vision, nous apprenons bientôt à voir juste, malgré la déviation que le prisme fait subir aux rayons incidents. Les phénomènes du vertige de mouvement nous donnent également un exemple de modifications dans l'appréciation de l'effet de certaines innervations.

Nous apprécions avec moins de certitude le degré *absolu* de la convergence que les mouvements correspondants des deux yeux ; c'est peut-être parce que la convergence peut provoquer un état de fatigue plus persistant, qui ne peut pas être équilibré par la fatigue de la divergence ; tandis qu'il n'arrive guère qu'on dirige longtemps les yeux à droite sans les tourner de temps à autre à gauche, de sorte que la fatigue se répartit alors uniformément sur les muscles antagonistes.

C'est en partie pour ce motif, — et en partie aussi parce que nous négligeons systématiquement les éléments subjectifs de nos sensations et que, par conséquent, dans la fixation d'un objet rapproché, nous ne considérons la somme totale des impressions visuelles et des sentiments d'innervation que comme des signes sensuels d'un objet situé dans cette position, sans analyser quelles sont les sensations attribuables à tel ou tel œil, ni quelle est la position de l'un ou de l'autre, — que nous apprécions la position des objets par rapport à nous d'après la *position moyenne commune* des deux yeux, alors même que l'objet est vu monoculairement. Ceci est conforme à la règle d'après laquelle nous apprécions les impressions reçues dans l'usage anormal des organes (vision monoculaire), d'après l'analogie qu'elles ont avec celles obtenues dans la vision ordinaire (vision binoculaire) ; de là la règle trouvée par J. Towne et par E. Hering pour la projection extérieure des images visuelles, avec les modifications que j'ai dû lui faire subir pour les torsions qui ont lieu lors des positions obliques des lignes de regard.

Nous arrivons maintenant à la vision *binoculaire*. Tant que nous sommes dans le domaine objectif, que nous regardons des objets ou des images stéréoscopiques, les phénomènes s'expliquent d'une manière simple et se comprennent facilement d'après la théorie empiristique ; de plus, si ce n'est dans quelques travaux récents, l'influence de l'expérience, dans les faits de ce ressort, a été le plus souvent reconnue par les adhérents de la théorie nativistique. Les illusions qui se présentent ici s'expliquent par l'incertitude avec laquelle nous apprécions la convergence. Lorsque les yeux reçoivent des images telles que les objets réels ne pourraient les leur fournir que par un degré déterminé de convergence, nous les interprétons en conséquence, alors même que le degré de convergence produit serait autre. Ajoutons encore que l'incertitude de la convergence nous empêche d'apprécier sûrement les différences de torsion que présentent les yeux convergents lorsqu'on élève ou qu'on abaisse le plan de regard. Aussi, lorsque des déviations observables dans les lignes des images ne manifestent pas la présence de la torsion, nous jugeons comme s'il n'y en avait pas, et c'est alors que nous subissons les illusions décrites par Recklinghausen et par Hering.

Mais si, en conservant toujours le même point de fixation, nous portons notre attention sur la disposition superficielle des objets dans le champ de la vision, chaque œil voit une disposition différente, et les deux images ne peuvent coïncider complétement; donc s'il y a quelques points qui coïncident, d'autres doivent être disparates et apparaître en deux parties différentes du champ visuel commun, c'est-à-dire être vus doubles. On a nommé *points identiques* ou *correspondants*, les points rétiniens, et respectivement des points des deux champs visuels, dont les images coïncident dans le champ commun de la vision.

Quant à la nature des points correspondants, les faits nous ont appris avec certitude que :

1° En général, les images des points correspondants se localisent sur la même partie, celle des points non correspondants, sur des parties différentes du champ commun de la vision ; cependant les deux parties de cette règle sont sujettes à de petits écarts, lorsque nous réunissons les deux images dans la notion d'un objet solide.

2° Les sensations produites par l'excitation de points rétiniens correspondants ne sont pas identiques, mais différentes. C'est la conclusion nécessaire du fait d'après lequel nous obtenons le relief exact d'un dessin linéaire stéréoscopique, même à la lumière de l'étincelle électrique. Si les sensations des points correspondants étaient absolument impossibles à distinguer l'une de l'autre, le relief renversé devrait se présenter tout aussi souvent et aussi facilement (1). — Nous arrivons à cette même conclusion en nous fondant sur ce que deux images stéréoscopiques correspondantes et qui présentent une différence d'intensité ou de coloration, produisent une notion que n'accompagne jamais l'observation de deux images colorées de la même manière : je veux parler du lustre stéréoscopique. Les mouvements de l'œil et l'antagonisme

---

(1) DONDERS (Anomalies of accommodation and refraction, London, 1864, p. 162 et 166) indique que, lorsque l'œil est immobile, l'image pseudoscopique remplace souvent l'image stéréoscopique. Mais il a obtenu, à peu de chose près, les mêmes résultats qu'AUBERT et que moi, dans un article qui vient de paraître, in *Nederlandsch Archief* (1866), où il a pris des précautions analogues à celles indiquées plus haut (page 935).

des champs visuels n'ont ici aucune influence ; c'est ce que démontre en particulier l'observation de ces images à la lueur de l'étincelle électrique.

3° Sous l'influence de la direction anormale de leurs yeux, le rapport de correspondance des deux rétines peut se modifier à la longue chez les strabiques.

Je conclus de là que toute hypothèse anatomique qui admet une fusion complète entre les sensations des deux côtés, en supposant, par exemple, que les fibres venant de parties rétiniennes correspondantes se réunissent deux à deux en fibres qui transmettraient chacune au cerveau une sensation unique, doit être abandonnée comme étant en désaccord avec les faits. C'est tout au plus s'il serait possible d'admettre une hypothèse d'après laquelle les deux impressions parviendraient au cerveau en partie séparées et en partie réunies en une seule. Par exemple, la fibre A de l'œil droit se diviserait en deux fibres a et α ; la fibre correspondante B donnerait b et β ; tandis que a et b parviendraient séparément dans l'organe central de la vision et produiraient des impressions différentes, α et β se réuniraient pour former une troisième impression, commune aux deux fibres.

L'hypothèse ainsi modifiée me paraîtrait possible ; mais elle ne me semble ni probable ni nécessaire. En effet, les raisonnements établis jusqu'ici nous donnent, à ce qu'il me semble, une explication tout à fait satisfaisante, sans nécessiter une semblable hypothèse. Dans la vision normale, les lignes de regard sont toujours dirigées sur le même point objectif auquel nous accordons en même temps notre attention ; toutes les autres parties des rétines présentent des impressions qui sont tantôt pareilles, tantôt différentes ; aussi, avant toute chose, c'est la localisation des impressions des fossettes rétiniennes qui devient concordante. Mais lorsqu'un état morbide des muscles nous empêche de produire la direction nécessaire des yeux et rend habituelle une autre position, alors encore l'habitude détermine le point de chaque rétine qui correspond avec la *fovea* de l'autre.

L'identité des méridiens se détermine d'après la fréquence avec laquelle s'y représentent des séries de points identiques. C'est ce qui a lieu d'abord sur les horizons rétiniens, dans la position primaire du plan de regard, que nous pouvons considérer comme la position moyenne et la plus habituelle de ce plan. Ensuite, pour un grand nombre d'yeux normaux, les lignes du sol qui se dirigent vers l'horizon paraissent exercer une influence décisive sur la position des méridiens verticaux correspondants.

Une fois que ces deux couples de méridiens correspondants sont déterminés, les autres mensurations des champs visuels et, par suite, la position des points qui y sont congruents, peuvent se déterminer complétement, ainsi qu'il a été expliqué plus haut, à l'aide des mouvements des yeux.

Si la comparaison des dimensions dans les deux champs visuels et la position des points congruents sont des résultats de perfectionnement de l'estimation oculaire, il peut se produire de *petites erreurs* de cette estimation, lorsque la notion d'un corps unique, auquel se rapportent les deux images, s'impose fortement à nous. Quand les doubles images présentent, au contraire, des écartements très-sensibles, une interprétation plus ou moins exacte de leur signification est conciliable avec leur perception séparée dans le champ de la vision. Tout ce qui rend difficile la fusion des images doubles en la notion d'un corps unique, tout ce qui facilite la comparaison de leur position dans le champ de la vision, l'habitude de les observer et le soin d'éviter les mouvements des yeux, tout cela contribue à rendre ces images plus facilement visibles. Suivant la direction de l'attention, on peut voir ou ne pas voir celles qui se trouvent sur les limites de la perceptibilité, même à l'éclairage de l'étincelle électrique, qui élimine toute influence des mouvements des yeux. Toutes ces circonstances s'accordent parfaitement avec notre explication et peuvent en être déduites.

Enfin, les phénomènes de l'*antagonisme* dépendent de cette particularité de notre conscience d'après laquelle nous ne pouvons accueillir à la fois qu'une seule impression ou qu'un agrégat d'impressions susceptibles de se réunir en une seule représentation. L'expérience journalière en fait foi ; de plus, cette particularité se manifeste très-nettement dans l'intervalle de temps qui sépare les perceptions de la vision de celles de l'ouïe, et qui, lors de l'observation du passage des étoiles, donne lieu à l'*erreur personnelle* des astronomes ; elle se reconnaît aussi au petit nombre d'objets que l'on peut percevoir à la lumière de l'étincelle électrique et pendant la courte durée de son effet consécutif. La fusion des impressions des deux champs visuels se présente à nous sous forme de relief. Lorsque cette combinaison est empêchée par la nature des deux images, on voit se manifester l'oscillation de l'attention, caractéristique de la lutte des champs visuels, dès que l'attention n'est pas retenue par des contours nettement dessinés dans l'un des champs. J'ai décrit plus haut les méthodes à l'aide desquelles on parvient à fixer l'attention sur l'un des champs, ce qui supprime l'oscillation. Ce moyen est particulièrement propre à démontrer que cette lutte est seulement un phénomène de l'attention.

D'après l'exposé qu'on vient de lire, on voit que nous n'avons à tenir compte, parmi les processus psychiques, que des associations involontaires des représentations, actes qui ne sont pas sous la domination directe de notre conscience et de notre volonté ; avec cette réserve, cependant, que nous pouvons en influencer la marche en leur opposant des représentations et des buts dont nous avons conscience. C'est précisément pour cette raison que les résultats de cette production des représentations s'offrent à nous comme imposés par une puissance que nous ne pouvons pas dominer, ou seulement pour une faible part, et qui se présente, par conséquent, à notre volonté et à notre conscience, comme une *force naturelle* étrangère à nous, ou objective, absolument comme les sensations qui nous arrivent immédiatement du monde extérieur. Ainsi, parmi les résultats de processus psychiques, tout ce qui s'associe avec les sensations nous paraît donné par des influences extérieures tout aussi bien que la sensation, et ne nous offre pas les caractères d'un résultat de la réflexion consciente et libre ou d'une vue de notre esprit. Sous ce rapport, l'opinion empiristique a souvent été mal comprise, par ses adhérents aussi bien que par ses adversaires : c'est là mon excuse pour avoir insisté de nouveau sur ce point. Si l'on ne veut pas ranger ces processus de l'association d'idées et du cours naturel des représentations parmi les actes psychiques, mais les attribuer à la substance nerveuse, c'est une querelle de mots dans laquelle je ne m'engagerai pas. On pourrait concilier peut-être ici la théorie empiristique avec la forme que Panum, par exemple, a donnée à la théorie nativistique, avec cette différence que Panum considère comme donné par la nature ce qui me paraît acquis par l'expérience.

En ce qui concerne les différentes *théories nativistiques*, leur point fondamental c'est qu'elles attribuent la localisation des impressions dans le champ visuel à une disposition innée, soit que l'âme ait une connaissance directe des dimensions de la rétine, soit que l'excitation de fibres nerveuses déterminées donne lieu à certaines représentations d'espace par un mécanisme préétabli et impossible à définir avec plus de précision. C'est surtout J. Müller qui a développé cette théorie sous la première forme. Il dit (1) : « L'idée d'espace ne peut pas être un produit » d'éducation ; au contraire, la notion de l'espace et du temps sont » nécessaires, et toutes les sensations se soumettent nécessairement à » ces notions : aucune sensation ne peut exister en dehors de la notion » d'espace et de temps. Mais quant à ce qui remplit l'espace, nous ne » *sentons* rien autre que nous-mêmes dans l'espace, quand nous parlons

(1) Zur vergleichenden Physiologie des Gesichtssinns, p. 54 et seq.

» de sensation ou de sens; le jugement ne nous fait distinguer, dans » l'espace rempli objectivement, que les parties de nous-même qui sont » dans l'état d'affection, sensation qui est accompagnée de la con- » science de cause extérieure de l'excitation. Dans chaque champ visuel, » la rétine voit sa propre étendue à l'état d'affection; lorsque nous » gardons le repos le plus absolu et que les yeux sont fermés, elle se » perçoit à l'état obscur dans l'espace. »

Cette théorie, en admettant que la localisation spéciale de chaque impression est donnée par une intuition immédiate, est donc une extension de l'opinion de Kant, d'après laquelle l'espace et le temps sont des formes préexistantes de nos notions. La plupart des physiologistes allemands se rangèrent à cette opinion de Müller, et ils fondèrent bien des explications des phénomènes visuels sur les particularités de la forme des images rétiniennes. C'est ainsi que Recklinghausen (1) a essayé d'expliquer l'aberration des angles droits apparents, en supposant que la surface de la rétine est située obliquement par rapport à la ligne visuelle de l'œil, ce qui expliquerait comment les images optiques d'un angle droit pourraient être obliques dans l'image rétinienne. Suivant cette manière de voir, la nature des images rétiniennes pourrait donc être perçue immédiatement. E. Hering (2) et A. Kundt (3) ont été jusqu'à admettre que l'âme voyait directement les distances de deux points rétiniens, non pas suivant l'arc rétinien, mais suivant la corde, et ils voulurent déduire de cette hypothèse l'explication des illusions, décrites plus haut, que présente la localisation monoculaire dans le champ de la vision. Mais nous avons déjà fait voir que cette hypothèse ne suffit nullement pour rendre compte des phénomènes mêmes pour l'explication desquels elle a été inventée.

L'hypothèse des théories nativistiques est, en définitive, une renonciation à toute explication des phénomènes de localisation, une manière de clore toutes les discussions. Peut-on blâmer J. Müller, — qui écrivait à une époque où l'on n'avait encore aucune observation sur les lois des mouvements des yeux, et où un essai de les faire servir à une explication de la localisation n'aurait pu conduire qu'à des conclusions très-vagues, — de n'avoir pas été disposé à pousser plus loin ses essais d'explication? Je me suis déjà efforcé de faire voir plus haut que les principaux faits de l'estimation oculaire, que la théorie nativistique ne s'occupe pas d'expliquer, peuvent également être déduits de la loi des

---

(1) Netzhautfunctionen, in *Archiv für Ophthalm.*, V, 2, p. 128-141.
(2) Beiträge zur Physiologie, Heft 1, p. 65-80.
(3) *Pogg. Ann.*, 1863, CXX, 118-158.

mouvements oculaires, telle que nous la connaissons dans ses traits généraux.

Comme conséquence nécessaire, l'opinion qui considère la localisation des impressions dans le champ visuel comme innée, conduit à admettre aussi une notion préétablie des points des rétines qui donnent deux à deux la même localisation, c'est-à-dire qui sont *correspondants* et auxquels la théorie nativistique a donné le nom de *points identiques*. Mais c'est ici que la théorie de l'identité innée et anatomique, qui doit être considérée comme conséquence nécessaire de la théorie nativistique, vient se heurter aux difficultés fondamentales signalées plus haut; nous sommes donc sur le terrain qui a toujours été le grand champ de bataille des deux théories.

En effet, l'observation directe des corps naturels suffisait pour le prouver, et l'invention du stéréoscope par Wheatstone l'a montré mieux encore : nous sommes loin de voir toujours des images doubles partout où l'on devrait s'y attendre en appliquant rigoureusement la théorie de l'identité, et ces images disparaissent sous l'influence de la notion du relief. Brücke avait insisté justement, il est vrai, sur la grande influence exercée par les mouvements des yeux. Cependant il n'en est pas moins constant que, même lorsque l'on élimine cette influence, l'observateur le plus exercé ne peut s'empêcher de fusionner des images doubles pareilles et très-voisines, tandis qu'il distingue avec la plus grande facilité de semblables images tout aussi rapprochées, mais situées dans le champ monoculaire ou différenciées par leur couleur dans le champ binoculaire. Les partisans de la théorie d'identité ont été encore plus choqués par l'assertion de Wheatstone, d'après laquelle, dans certaines circonstances, les impressions des points rétiniens identiques peuvent aussi être dissociées et localisées dans deux parties différentes de l'objet, situées l'une à côté de l'autre. J'ai déjà dit plus haut que ce dernier fait est une conséquence nécessaire du premier, et qu'on peut en constater l'exactitude lorsque l'expérience est convenablement disposée. Seulement il ne faut pas exiger, comme l'ont toujours fait les adversaires de Wheatstone, que la dissociation des impressions identiques puisse aller bien plus loin que ne fait, dans les mêmes conditions, la réunion des impressions disparates.

Sous la pression des faits, Panum fut amené à faire subir à la théorie d'identité une modification d'après laquelle chaque point a de l'une des rétines serait identique avec un certain cercle sensitif A qui lui correspondrait dans l'autre; de sorte que l'image du point a *pourrait* se fusionner avec celle d'un point quelconque de A qui appartiendrait à un contour analogue à celui dessiné en a ; la perception de profondeur variant avec celui des points A qui se fusionnerait avec a. La coïncidence avec l'un ou l'autre point dépendrait de l'endroit où se trouverait, dans le cercle A, un contour analogue à celui passant par a. Panum utilise les phénomènes d'antagonisme pour démontrer l'action dominatrice des contours dans le champ de vision commun aux deux yeux ; mais il a considéré la domination des contours comme trop absolue et trop durable. D'après lui, la lutte a principalement lieu entre des couleurs et des contours différents, mais d'intensité à peu près égale. Ceux qui se ressemblent ont de la tendance à se fusionner.

Si l'on veut considérer les propositions établies par Panum comme étant seulement l'expression générale des faits, et c'est ce à quoi il attache surtout de l'importance, on peut dire qu'elles sont assez exactes. Je n'aurai que peu d'objections à faire à la manière dont il expose les faits : 1° Je n'ai pas pu constater l'existence réelle des couleurs résultantes binóculaires, même en répétant les expériences qu'il a décrites. 2° M. Panum n'a pas employé de moyen suffisant pour fixer l'attention, et, par conséquent, il n'a pas pu reconnaître suffisamment le rôle important que l'attention joue dans la lutte des champs visuels et dans la distinction des images doubles. 3° Il considère les mouvements des yeux qui se produisent lors de la fixation des images, comme étant des mouvements réflexes involontaires, tandis que je puis bien reconnaître en moi une tendance à prendre certaines positions habituelles, mais que cette tendance n'influence en rien la spontanéité du mouvement lorsque je désire produire une autre position des points de regard. 4° La fusion des images doubles ne dépend pas seulement de l'analogie des contours et de la quantité dont elles s'approchent d'être correspondantes, mais aussi de la présence ou de l'absence d'autres points de comparaison pour la mensuration exacte de la disposition apparente des deux contours dans le champ commun de la vision. Ce dernier point avait déjà été mis en lumière par les expériences de Bergmann (1), et il ressort également de l'expérience de la figure U, qui est décrite plus haut page 937, même si l'on fait abstraction des expériences de Volkmann contre lesquelles Panum a objecté que, par suite de l'addition de lignes et de points, elles présentent des modifications des contours qui, bien que petites et insignifiantes, peuvent cependant empêcher aussitôt la fusion. Mais, ainsi qu'il résulte des expériences de Bergmann et des miennes, des lignes correspondantes situées toutes deux du même côté de deux lignes disparates empêchent encore la fusion de ces lignes,

(1) *Göttinger gelehrte Anzeigen*, 1859, p. 1055-1063.

qui se produirait en leur absence, et cela sans exercer la moindre influence sur l'analogie des contours de ces lignes disparates.

Les explications de Panum, après les confirmations et les développements contenus dans un second travail (1), ne consistent guère qu'à élever chaque classe d'observations au rang de faculté particulière du système nerveux. C'est ainsi qu'il attribue aux deux yeux, ou à leurs appareils nerveux, une *énergie binoculaire de combinaison des couleurs*, à l'aide de laquelle les couleurs vues binoculairement pourraient se combiner en une couleur résultante. Puis vient une *synergie binoculaire d'alternance*, à l'aide de laquelle les couleurs vues binoculairement peuvent rester isolées et entrer en lutte. Cette dernière action prédominerait lorsque les excitations qui agissent des deux côtés sont très-intenses ou que l'excitabilité de l'organe visuel est très-considérable. Les images disparates se fusionneraient à l'aide d'une troisième *synergie binoculaire de la vision simple à l'aide de cercles sensitifs correspondants*. Enfin. la perception de la troisième dimension se ferait à l'aide d'une quatrième synergie spécifique : la *synergie de la parallaxe binoculaire*.

Les contours des figures sont considérés comme des excitants nerveux d'une intensité particulièrement grande, et les mouvements des yeux, comme étant des mouvements réflexes involontaires. M. Panum insiste également pour que l'on considère les diverses synergies dont il a parlé, comme des forces physiologiques et non comme des forces psychiques.

Je dois avouer que je n'ai pas bien saisi comment M. Panum comprend que la fusion des images disparates à l'aide de cercles sensitifs correspondants puisse se concilier avec la proposition fondamentale de la théorie de l'identité, d'après laquelle les impressions des parties identiques doivent se fusionner ; c'est là une contradiction réelle ou apparente sur laquelle M. Volkmann a déjà appelé l'attention. M. Panum déclare avoir voulu dire que les impressions appartenant à des cercles sensitifs correspondants peuvent se fusionner, tandis que celles des parties identiques se fusionnent *nécessairement*. Mais il résulterait de là que, toutes les fois que l'impression a de l'une des rétines se fusionne avec celles d'une partie disparate β, il *devrait* nécessairement y avoir aussi fusion entre a et la partie identique α de la seconde rétine, et, par suite, entre α et β ; il faudrait donc qu'il y eût fusion entre deux parties de la même image, à moins que l'une d'elles ne fût effacée, ce qui n'a pas lieu dans beaucoup de cas, tels que les présentent les expé-

(1) *Reichert's und du Bois-Reymond Archiv für Anat. und Physiol.*, 1861, p. 63-111.

riences décrites plus haut. Dans les figures comme M et N (pl. VIII), les deux lignes identiques et non fusionnées sont rendues saillantes par des contours ; aucune d'elles ne disparaît par suite de lutte avec l'autre; s'il en était autrement, leur réunion avec une ligne disparate de l'autre image ne pourrait pas donner lieu à un relief stéréoscopique, lequel se produit même à la lumière de l'étincelle électrique. De même, il doit toujours exister, entre les deux contours disparates et fusionnés qui limitent des champs différemment colorés, certains points identiques pour lesquels il y a équilibre dans la lutte entre les couleurs que font ressortir les contours voisins; ces points sont donc vus tous les deux et on les localise en des points différents de l'objet solide. Cette question me paraît, du reste, avoir peu d'importance pour la théorie ; je dois, en outre, d'après le résultat de mes propres observations, la considérer comme résolue dans le sens de l'observation de Wheatstone.

Bien qu'on renonce à la *nécessité* de la fusion des impressions reçues sur les points identiques, ces points n'en conservent pas moins cette importance pratique que les impressions analogues des deux rétines se fusionnent d'autant plus facilement qu'elles tombent plus près de parties identiques. Telle me paraît être la seule description exacte de la relation d'identité, quelque idée qu'on se fasse d'ailleurs de la cause qui donne naissance à cette relation, et M. Panum, en mettant cette circonstance en lumière par la nature de ses expressions, a fait faire à l'étude de la vision binoculaire un progrès que je m'empresse de reconnaître; je serais également le dernier à lui reprocher de s'être montré prudent et même craintif, dans la généralisation théorique des faits qu'il a observés. Je n'aurais pas critiqué ici ses essais de théorie, qu'il prie lui-même de ne pas considérer comme étant la partie importante de son travail, si je n'étais pas forcé, par la nature du sujet, de parler de toutes les explications possibles, et si une partie des idées théoriques de Panum ne formaient pas la base de la théorie plus récente de E. Hering, dont nous allons avoir à nous occuper.

Le lecteur a compris que les explications données par Panum, au moins pour ce qui a trait à la fusion et à l'antagonisme des images, sont plus apparentes que réelles : le procédé suivi consiste à réunir les faits en une idée abstraite ; quant à l'explication causale, nous n'y trouvons qu'une négation, sous forme d'une protestation contre la participation des processus psychiques, négation qui ne s'appuie que sur l'observation inexacte des faits. Du reste, ces explications attribuent à la substance nerveuse des formes d'activité que nous trouvons bien dans le domaine des actes psychiques d'ordre inférieur, tandis qu'on n'a jamais rien trouvé d'analogue dans le monde matériel.

Les traits principaux de la théorie de Panum se présentent à nous sous une forme plus nette et plus définie dans la théorie de la vision binoculaire établie par E. Hering. Nous rencontrons ici, ce me semble, la forme la plus conséquente que la théorie nativistique ait reçue : un examen approfondi devient donc nécessaire. Un progrès important de la théorie de Hering, c'est qu'elle part d'une connaissance plus exacte de la direction visuelle apparente des objets, ce qui supprime les difficultés qu'avaient rencontrées les théories antérieures.

M. Hering admet qu'à l'état d'excitation, les différents points de la rétine provoquent, outre les sensations colorées, trois autres sortes de sentiments d'étendue (*Raumgefühle*). La première répond à la position en hauteur de la portion de la rétine correspondante, la seconde à sa position en largeur. Les sentiments de hauteur et de largeur, dont la réunion donne la notion de direction relativement à la position de l'objet dans le champ de la vision, sont égaux pour les points rétiniens correspondants. Il existe, de plus, un troisième sentiment d'étendue, d'une nature particulière, c'est le sentiment de profondeur qui doit avoir des valeurs égales, mais de signe contraire, pour des points rétiniens identiques, et des valeurs égales et de même signe pour les points situés symétriquement. Le sentiment de profondeur des moitiés externes des rétines est positif, c'est-à-dire qu'il répond à une profondeur plus grande; celui des moitiés internes est négatif: il répond à une distance moindre.

Cette hypothèse remplit la condition que nous avons vue être nécessaire pour qu'une théorie d'identité puisse s'accorder avec les faits : les impressions des parties rétiniennes correspondantes sont pareilles sous un rapport, c'est celui du sentiment de direction, et différentes sous un autre, celui du sentiment de profondeur. Jusqu'ici les hypothèses de Hering me paraîtraient non pas nécessaires, mais avantageuses pour la théorie empiristique que je défends; elles contribueraient à expliquer plus facilement comment l'habitude peut contribuer à l'éducation de l'estimation oculaire. Seulement les « sentiments d'étendue » devraient être considérés alors comme des signes locaux dont l'application à l'étendue ne pourrait être apprise que par l'expérience. Il serait évidemment avantageux d'avoir des signes semblables pour les parties semblables qu'ils doivent désigner.

Sous un seul rapport, l'écart des méridiens verticaux apparents et identiques rend nécessaire une modification des hypothèses de Hering pour les yeux qui présentent cette aberration, ainsi que cela résulte des expériences que j'ai faites avec M. Dastich. En effet, il faudrait donner chez nous à la hauteur et à la largeur des valeurs égales pour des parties identiques, mais les valeurs positives et négatives de la profondeur, au lieu d'être séparées par les méridiens verticaux apparents correspondants, le seraient par les méridiens verticaux réels. Et, comme je l'ai déjà fait remarquer plus haut, lorsque les yeux sont symétriquement placés, nous voyons perpendiculaire au plan de visée une ligne qui se peint sur les deux méridiens verticaux réels, lesquels ne sont pas identiques, tandis qu'une ligne qui se peint sur les méridiens verticaux apparents, qui sont identiques, paraît inclinée par rapport à l'observateur, son extrémité supérieure étant plus éloignée que l'inférieure. Autant que je puis en juger, cette aberration n'exerce aucune autre influence relativement aux conséquences de la théorie.

Mais voici que, chez M. Hering, nous nous heurtons encore au mystère de la théorie de l'identité : *Les excitations lumineuses pareilles ou différentes qui tombent sur des points de coïncidence* (c'est-à-dire des points correspondants) *ne peuvent jamais produire qu'une sensation lumineuse simple.* Elles *doivent* donc nécessairement se fusionner, c'est ce qui est répété à chaque instant par Hering ; tandis que, d'un autre côté, les images disparates de cercles sensitifs correspondants *peuvent* également être fusionnées. Chez Hering aussi, cette proposition me paraît née d'une disposition polémique contre des adversaires peut-être trop ardents de la théorie d'identité, plutôt qu'elle ne me paraît être nécessairement exigée par la théorie. Autant que je puis en juger, on aurait pu éviter cette phrase sans nuire à l'ensemble de la théorie, en disant que les images qui présentent des contours et des colorations analogues se fusionnent d'autant plus facilement, qu'elles sont plus voisines de parties identiques.

A cette vision simple, obtenue par des parties rétiniennes disparates, M. Hering n'assigne pas une cause organique, comme M. Panum, mais une cause psychique ; il s'appuie sur cette circonstance que la dissociation de sensations complexes exige de l'exercice et une éducation toute particulière de l'attention, proposition qui est parfaitement exacte et qui peut expliquer bien plus de contradictions apparentes que ne semble le penser M. Hering. Sa théorie rencontre notamment la difficulté suivante. Soient a et α des parties rétiniennes correspondantes ; soit b une partie voisine de a et dans le même œil ; supposons que b et α reçoivent des images pareilles : d'après M. Hering, elles se fusionnent parce qu'elles sont égales en qualité, très-analogues pour le sentiment de direction, ne diffèrent d'une manière notable que pour le sentiment de profondeur, et que nous ne prenons pas le temps de les considérer séparément ; nous nous hâtons de les fixer dès que nous les remarquons, — ce qui, d'après son idée, se ferait par une sorte de mouvement réflexe, — et alors nous les voyons simples. Mais je demanderai alors pourquoi nous distinguons d'une manière tellement plus rapide et plus facile deux images pareilles reçues en *a* et en *b*. En effet, non-seulement ces images se ressemblent qualitativement et présentent au sentiment de direction la même petite différence que *b* et *α*, mais elles présentent encore une différence tout aussi petite pour le sentiment de profondeur, tandis que *b* et *α* présentent, sous ce rapport, une très-grande différence. Il résulterait donc de la manière de voir de M. Hering, que les sensations de *a* et de *b* devraient se fusionner bien plus facilement encore que celles de *α* et de *b*, ce qui est en contradiction directe avec les faits. M. Hering peut nous répondre que si nous cherchons à fixer *a* ou *b*, nous ne pouvons fixer qu'un seul de ces points, et que, pour cette raison, nous avons *appris* à distinguer *a* et *b*, mais non *α* et *b*. Mais ce serait là revenir absolument au point de vue de la théorie empiristique, d'après laquelle nous sommes obligés d'*apprendre* à distinguer et à interpréter les sensations des signes locaux.

Cette circonstance, où M. Hering est obligé de chercher dans la théorie psychique la solution des difficultés que provoque son opinion, est précisément celle qu'il choisit pour attaquer les explications psychologiques données par Volkman et par d'autres. La faute de Volkmann, si c'en est une, consiste uniquement en ce qu'il a donné aux processus psychiques dont il s'agit ici les mêmes dénominations que nous leur attribuons lorsqu'ils parviennent à la conscience. Mais nous n'avons guère d'autres dénominations à notre service, parce que nous ne pouvons dénommer des actes qu'en tant qu'ils parviennent à notre connaissance. Si donc nous désignons sous le nom d'*actes psychiques inconscients* ceux que nous ne connaissons que par les résultats, on comprend parfaitement ce que cela veut dire ; c'est même là la seule dénomination que nous puissions employer à ce sujet pour éviter des périphrases continuelles.

D'après M. Hering, la sensation totale résultant de la fusion binoculaire des deux impressions prend la valeur moyenne des sentiments de direction et de profondeur. Comme les sentiments de profondeur des parties identiques sont de même valeur, mais de signe contraire, la moyenne du sentiment de profondeur devient nulle pour la fusion des impressions identiques. Pour les images doubles homonymes, il est facile de voir que la moyenne du sentiment de profondeur devient positive, et l'objet paraît plus éloigné ; pour les images doubles croisées, la moyenne est négative et l'objet paraît plus voisin que les objets représentés identiquement.

Si toute impression rétinienne devait toujours se fusionner, sous une intensité égale, avec celle des parties correspondantes de l'autre rétine, la valeur moyenne de la profondeur, lors de la fusion, serait toujours nulle. Ce qui rend libre la valeur de profondeur relative à un contour et lui permet d'entrer avec sa valeur particulière dans la fusion avec le contour correspondant de l'autre champ visuel, c'est seulement cette circonstance que, dans l'antagonisme, l'impression du champ visuel qui contient le contour l'emporte complétement sur la sensation de l'autre champ. Cette explication se trouve également en opposition avec les modifications indiquées plus haut pour l'expérience de Wheatstone : dans cette forme de l'expérience, les contours dissemblables qui ne se fusionnent pas, se trouvent sur des parties coïncidentes, et, même à la lumière de l'étincelle électrique, chacun des deux apparaît dans l'image stéréoscopique, avec la valeur de profondeur qui lui est propre, ce qui prouve bien qu'aucun d'eux ne disparaît par un effet d'antagonisme.

C'est sur cette hypothèse que M. Hering édifie sa construction de l'espace. Il admet que tous les points dont la valeur de profondeur est nulle, apparaissent, par un acte immédiat de la sensation, dans un plan qu'il appelle *la surface centrale de l'espace visuel.* Prenons, dans cette surface, pour origine d'un système de coordonnées rectangulaires, le point qui correspond aux deux centres rétiniens, les coordonnées répondant à la profondeur étant perpendiculaires à la surface centrale; les trois coordonnées de chaque point visible seraient proportionnelles aux valeurs de hauteur, de largeur et de profondeur de la sensation d'étendue que donne l'impression binoculaire. D'après M. Hering, on aurait ainsi une distribution des points dans l'espace qui répondrait, au moins pour la disposition des points, à leur distribution réelle, bien que les rapports des différentes distances linéaires aient encore à subir, d'après l'expérience, un grand nombre de corrections. Comme le corps de l'observateur se présente également dans l'espace ainsi rempli, on obtient en même temps la notion de la relation entre la position des objets et celle de l'observateur.

Tels sont les traits essentiels de la théorie de Hering.— Les théories nativistiques plus anciennes n'avaient considéré comme innée que la distribution des points dans le champ visuel, tandis qu'elles prenaient pour un acte du jugement la perception de la troisième dimension. Panum avait émis le premier, mais sans lui donner une forme bien précise, l'hypothèse d'après laquelle la parallaxe binoculaire pourrait nous donner la sensation immédiate des profondeurs. C'est cette idée que, comme nous venons de le voir, M. Hering a cherché à développer d'une manière plus précise, de manière à donner à la théorie nativistique un champ bien plus étendu qu'on n'avait encore fait. Le système qu'il a édifié est l'œuvre d'un esprit clair et logique ; il tient compte de tous les faits connus jusqu'ici et aussi de quelques nouveaux faits importants que M. Hering lui-même a découverts; aussi ce système peut-il, à mon avis, être considéré comme un bon spécimen de cette classe de théories, et c'est pour ce motif que je me permets de diriger spécialement ma critique contre la théorie de M. Hering.

La première objection que j'aurais à faire et qui est suffisante pour moi, c'est que je ne peux pas me figurer comment une simple excitation nerveuse, sans aucune expérience préalable, peut donner lieu à une représentation d'espace complète. Mais je reconnais que cette objection est peut-être de nature trop métaphysique pour être apportée sur le terrain scientifique; je ne la mentionne donc que pour les lecteurs qui partagent mon sentiment. — Passons maintenant aux objections qui sont tirées des faits expérimentaux.

J'ai déjà mentionné plus haut que les hypothèses de la théorie Panum-Hering, sur la fusion des deux champs visuels, sont en désaccord avec les faits. La possibilité de percevoir le lustre stéréoscopique, même à l'éclairage instantané, est en opposition avec l'hypothèse d'après laquelle les impressions des deux yeux ne se fusionneraient que grâce à de lentes alternatives où prédomineraient tantôt l'une, tantôt l'autre de ces impressions. L'opinion que, dans le cas de fusion de contours disparates, les images identiques qui leur répondent dans l'autre rétine, seraient neutralisées, se trouve contredite par la réussite de l'expérience de Wheatstone, et surtout parce que cette expérience réussit sous un éclairage instantané, où les mouvements des yeux ne peuvent exercer aucune influence.

Une autre hypothèse fondamentale de la théorie de Hering, c'est que les points qui se peignent sur des parties rétiniennes identiques (ou, d'une manière plus générale, sur des parties dont la valeur de profondeur est nulle), doivent toujours paraître situés dans un même plan; que si les points objectifs vus binoculairement paraissent situés en avant ou en arrière de ce plan (surface centrale de l'espace visuel), cela proviendrait uniquement de la valeur positive ou négative de leur parallaxe stéréoscopique. J'ai déjà décrit plus haut (pages 830 et suivantes) une série d'expériences, d'où il résulte qu'à défaut de tout autre renseignement de profondeur, des systèmes linéaires simples, ayant exactement la même parallaxe binoculaire, peuvent présenter au stéréoscope l'aspect de surfaces bombées ou planes, suivant que les lignes transversales présentent plus d'analogie avec les images binoculaires d'un objet voisin qu'on regarderait avec des lignes de regard convergentes ou avec celles d'un objet lointain qu'on regarderait avec des lignes visuelles parallèles.

J'ai démontré, de plus, que si pour M. Hering un système de fils verticaux situés sur la surface cylindrique de l'horoptère des verticales paraît se trouver dans un plan, cette circonstance, que M. Hering lui-même ne considère pas comme rigoureusement réalisée chez lui, provient d'une particularité de ses yeux, laquelle ne s'est présentée ni chez moi, ni chez aucun des individus que j'ai examinés ; de plus, l'erreur commise dans l'appréciation de la convergence des yeux, erreur qui paraît être la cause de ce phénomène, est beaucoup trop faible, chez la plupart des personnes, pour pouvoir donner lieu au résultat indiqué par M. Hering.

Ce qui me paraît constituer une difficulté fondamentale, ou plutôt une impossibilité de la théorie de Hering, ce sont les sentiments de profondeur. Tant que les impressions de l'une des rétines se réunissent à des impressions correspondantes ou disparates de l'autre rétine, lorsqu'il ne s'agit que de la différence entre les sentiments de profondeur des deux parties, il ne se présente pas de grande difficulté, sauf celles que je viens d'indiquer. Mais lorsque l'image de l'une des rétines persiste par elle-même, sans fusion, et prédomine dans la lutte avec celle de l'autre rétine, M. Hering admet, et doit nécessairement admettre, que le sentiment de profondeur de celle des impressions qui domine dans la lutte l'emporte également, sans fusion, sur celui de la partie correspondante de l'autre rétine.

M. Hering (1) croit même pouvoir donner quelques expériences dans lesquelles de semblables images monoculaires apparaîtraient avec l'impression de profondeur qui leur est particulière.

a. — Lorsqu'on fixe un point situé dans un plan médian et qu'il s'en trouve un autre en avant ou en arrière du point de fixation, ce second point apparaît en images doubles qui paraissent être également en avant ou en arrière du point de fixation, non loin de la position réelle de l'objet qui les fournit. Cette observation n'est pas en contradiction avec la théorie de Hering, mais elle ne prouve rien non plus en faveur de cette théorie, puisque nous sommes assez exercés pour apprécier à peu près exactement la position d'un objet dont nous voyons deux images dissociées, mais assez voisines. Que c'est l'expérience et non pas le sentiment de profondeur qui est ici en jeu, c'est ce que montrent les expériences suivantes, où ces deux éléments agissent en sens contraire et où l'expérience me paraît dominer toujours, ou au moins généralement, ainsi que M. Hering en convient lui-même.

b. — On suspend deux petites boules, l'une à côté de l'autre, à l'aide

(1) Beiträge zur Physiologie, 5 Heft, p. 338-342.

de fils; on fait croiser les lignes visuelles en arrière de ces boules de manière à en voir trois, une médiane vue binoculairement, et deux latérales vues monoculairement : celle de droite par l'œil gauche, celle de gauche par l'œil droit. D'après M. Hering, les boules latérales paraissent plus voisines que la médiane. J'ai répété l'expérience, et je trouve que le résultat dépend de la position de la tête. Si, pendant que je fixe les boules, ma tête est inclinée en arrière, et, par conséquent, le plan de visée situé au-dessous de sa position primaire, le fil du milieu, que je vois binoculairement, me paraît se rapprocher de moi, par son extrémité inférieure qui porte la boule, comme on l'a déjà vu (pages 837 et 838), et la boule médiane paraît alors plus voisine que les deux latérales. Lorsque la tête est penchée en avant, on obtient l'aspect contraire, dont le sens répond évidemment à celui qu'exige la théorie de Hering, mais par un tout autre motif. Lorsqu'on incline la tête tantôt en avant, tantôt en arrière, la boule change également de position.

c. — Lorsqu'on regarde fixement une tête d'épingle à côté de laquelle se trouve un fil métallique vertical, situé un peu plus à gauche et un peu plus près que l'épingle, ce fil paraît double; son image de droite, qui appartient à l'œil gauche, devrait avoir une valeur de profondeur négative; celle de gauche, relative à l'œil droit, devrait avoir une valeur de profondeur positive. L'image de droite devrait donc paraître bien plus rapprochée, et celle de gauche bien plus éloignée que l'épingle. M. Hering avoue qu'on ne peut obtenir une semblable notion que très-difficilement et d'une manière fugitive, ce qu'il explique en disant que la moindre oscillation de la convergence suffit pour rectifier le jugement relatif à la position de l'objet. Pour ne pas m'exposer à lui faire tort, je vais reproduire ses propres termes : « Je vois d'abord, et en général, » toutes les fois que mes yeux exécutent un mouvement quelconque, » même très-peu considérable, le fil donner deux images illusoires, » *toutes deux* plus voisines que l'épingle fixée qui paraît simple. Mais » si je fixe d'une manière constante et ferme, et que je m'efforce de » concentrer toute mon attention sur l'épingle que je fixe, celle des » images du fil qui appartient à l'œil gauche passe brusquement *derrière* » l'épingle, et cet effet se présente avec une telle énergie que je ne peux » comparer cette impression qu'à celle que nous donnent les images » stéréoscopiques au moment où se produit brusquement le relief. Le » phénomène se produit avec la plus grande certitude, précisément au » moment où j'y pense le moins. Mais il suffit du moindre déplacement » du regard, il suffit de *penser* à la seconde image qui paraît plus rap- » prochée, pour ramener aussitôt la première image en *avant* de la » surface centrale; car alors la relation des deux images à un seul et

» même objet s'impose à nous, ce qui dérange l'impression purement » sensuelle. Le phénomène disparaît aussi tout à fait spontanément » dès que, par suite d'immobilité de l'œil, l'image illusoire entre dans » une phase de lutte défavorable, comme il a été expliqué plus haut. » On voit donc que bien des causes peuvent troubler le résultat de » l'expérience. Je ne puis la recommander qu'à ceux qui ont une *grande* » habitude de la vision indirecte, qui savent véritablement fixer d'une » manière soutenue, et ne croient pas seulement savoir le faire. Ce n'est » pas en un an, ni même en deux ans, qu'on apprend à percevoir les » phénomènes de diplopie les plus délicats. »

Quelques pages plus haut, M. Hering, en décrivant les perturbations que peut rencontrer la sensation dans ces expériences, dit encore : « Ajoutons que, lorsque les images illusoires ont une certaine étendue, » la lutte ne présente pas toujours les mêmes phases dans toutes les » parties de l'image ; certaines parties dominent, d'autres sont vaincues » dans la lutte, ce qui rend tout à fait impossible une localisation fixe » et certaine. Lorsque des parties de l'image qui se trouve sur la partie » coïncidente correspondante de l'autre rétine viennent se mêler ici » dans l'image illusoire avec leurs valeurs de profondeur opposées, de » manière à paraître lui appartenir, il peut arriver que *la localisation* » *soit opposée à celle que l'on devrait attendre* à priori. »

Cette dernière partie de la description est complétement d'accord avec ce que j'ai vu moi-même en répétant consciencieusement l'expérience avec le plus de soin possible. J'ai fixé l'épingle d'une manière si assidue et si exacte, qu'à la fin tout s'effaçait par la production des images accidentelles négatives. J'ai vu qu'au moment où, dans la lutte avec le fond et avec les images accidentelles, on n'aperçoit plus que de temps à autre quelques parties des images du fil surgir dans le brouillard, elles paraissent tantôt éloignées et tantôt rapprochées, ces deux apparences étant aussi fréquentes et aussi énergiques l'une que l'autre. Je n'ai pas pu constater que la localisation se fît de préférence dans le sens de la théorie de Hering, et je n'aurais jamais choisi une semblable observation sur des images à moitié effacées pour la faire servir de base à une nouvelle théorie de la vision. Cependant j'accorde que j'ai pu être maladroit ; seulement M. Hering m'excusera si je ne puis pas me déclarer convaincu par cette preuve qui lui paraît « si péremptoire en faveur » de l'exactitude de la théorie ».

d. — On peut facilement expliquer, comme on l'a vu plus haut (page 926), les expériences de Panum sur la fusion stéréoscopique de deux lignes verticales situées dans un champ avec une troisième ligne située dans l'autre. Une pareille image est l'expression optique exacte d'un couple de lignes situées dans l'espace et dont l'une est située précisément devant l'autre pour l'un des yeux.

e. — Lorsque, fermant un œil, on regarde avec l'autre un plan quelconque perpendiculaire au visage, la partie de ce plan qui est située du côté temporal devrait posséder une valeur de profondeur positive, et celle située vers le nez, une valeur négative; le plan devrait donc paraître fortement incliné par rapport à la ligne visuelle. Si cet effet ne se produit pas, c'est ce que M. Hering explique en admettant qu'à cause de l'expérience qui nous apprend quelle est, par rapport à notre corps, la position du plan que nous voyons, nous faisons exécuter, dans notre imagination, à la surface centrale de l'espace visuel, une rotation de 45° qui ramène le plan dans sa position véritable.

Mais nous pouvons modifier l'expérience de manière à empêcher ce subterfuge. Plaçons devant le milieu du visage une bande de papier noir dont la largeur soit égale à l'intervalle qui sépare les deux yeux. L'œil droit ne voit alors que la moitié droite, et l'œil gauche, la moitié gauche des objets extérieurs. On voit monoculairement tout le champ visuel, à l'exception d'une petite bande moyenne située dans les cercles de diffusion des deux bords du papier. Il ne se produit pas de lutte sensible entre le noir du papier et les images claires de la chambre lorsqu'on promène le regard; aucun mouvement des yeux n'est capable de venir en aide au jugement sur la distance véritable des objets. On ne peut non plus lever la difficulté en admettant que la surface centrale tourne de 45°. Cette expérience me paraît réunir toutes les conditions favorables à l'apparition, dans toute leur pureté, des sentiments de profondeur supposés par M. Hering; on devrait s'attendre, à l'endroit où se trouve la limite commune des deux champs visuels, à voir les deux parties du mur se couper sous un angle assez aigu (d'après la théorie de Hering, cet angle devrait être égal à l'angle de convergence des yeux) qui serait tourné vers l'observateur comme le tranchant d'un couteau. Mais on ne voit rien de pareil : le mur paraît absolument plan, tout à fait comme lorsqu'on le voit avec les deux yeux.

Mais les autres illusions, qui dépendent de l'aberration des méridiens verticaux apparents, des différences de torsion que peuvent présenter les deux yeux, et ainsi de suite, se voient toutes avec netteté dans cette expérience. La connaissance que nous avons de la forme plane du mur doit-elle donc détruire une seule des illusions? Pourquoi donc, lorsque nous pouvons nous assurer, jusqu'au moment de mettre l'écran, de ce que les lignes horizontales du mur sont droites et que toutes les lignes verticales sont parallèles, cette connaissance ne détruit-elle pas aussi les illusions qui dépendent de la torsion et de la déviation des méridiens ?

Même dans les cas où les contours des images répondent parfaitement à ceux d'un objet réel, et où, par conséquent, les sensations de profondeur se trouvent dans un accord parfait avec les observations qu'on peut faire à l'aide des mouvements des yeux, dans les expériencs pseudoscopiques par exemple, les perceptions de profondeur ne peuvent pas se produire lorsque les ombres portées sont en contradiction avec elles; et cependant la relation entre la forme et l'ombre portée est certainement un élément expérimental. Lors même que les ombres portées ne sont pas en contradiction, sous la seule influence du souvenir de la forme que possède en réalité le corps qu'on observe pseudoscopiquement, bien des personnes, qui sont peut-être peu habituées à tenir compte de la parallaxe binoculaire, sont absolument incapables d'obtenir l'impression pseudoscopique ; d'autres n'y parviennent qu'à la longue et après avoir beaucoup promené leur regard.

Il résulte de tous ces faits que les sentiments de profondeur de Hering agissent alors seulement que les éléments donnés par l'expérience exigent une perception de profondeur ; qu'ils disparaissent, au contraire, sans laisser de traces dès qu'ils sont en contradiction avec l'interprétation donnée par l'expérience aux phénomènes visuels ou même avec le souvenir de la forme de l'objet considéré. Ne doit-on pas conclure de là que les sentiments de profondeur, si tant est qu'ils existent, sont tout au moins trop faibles et trop confus pour pouvoir exercer aucune influence notable en présence des éléments déduits de l'expérience, et que la notion de profondeur doit pouvoir se produire tout aussi bien *sans* ces sentiments qu'*avec* leur secours, ou même en *contradiction* avec eux, ainsi que cela doit avoir lieu d'après M. Hering lui-même ?

Nous arrivons enfin à une difficulté importante, à laquelle n'a encore échappé aucune théorie nativistique, à moins de se borner à des indications générales. En effet, ces théories obligent toujours à admettre que des *sensations* réelles peuvent céder devant une expérience démontrant qu'elles ne sont pas fondées. Mais il n'existe aucun exemple bien constaté qui soit favorable à cette assertion. Dans toutes les illusions des sens qui sont provoquées par des sensations anormales, la sensation illusoire ne disparaît jamais par suite de la réflexion qui pénètre la cause de l'illusion. Les phosphènes par pression, les gerbes lumineuses du bord de la papille, les images accidentelles, etc., subsistent à leur position apparente dans le champ visuel, tout aussi bien que l'image réfléchie par un miroir continue à paraître située derrière le miroir, quoique nous sachions très-bien que cette image n'a aucune existence réelle. On peut assurément détourner l'attention, et la maintenir détournée des sensations qui n'ont aucune relation avec les objets extérieurs, telles que les faibles images accidentelles, les objets entoptiques, etc. On peut, de plus, commettre de notables erreurs dans l'appréciation de leur intensité, par suite de contraste; ou bien encore, lorsqu'on les considère comme des effets communs de deux objets, on peut les distribuer d'une manière erronée entre ces deux objets, ce qui arrive dans certains phénomènes du contraste. Tant qu'on ne distinguait pas encore suffisamment les conclusions conscientes d'avec les conclusions par induction, l'une des principales objections qu'on opposait aux formes anciennes de la théorie empiristique était que les illusions des sens ne cèdent ni à l'intelligence de leur mécanisme, ni à l'expérience qui les contredit. Que deviendraient nos perceptions sensuelles si nous avions la faculté de négliger, ou même de changer en leur contraire, une partie de ces sensations qui ne répondraient pas exactement à l'ensemble de nos résultats d'expériences?

Prenons, par exemple, le cas de doubles images d'un seul et même objet, qui seraient situées toutes deux à droite du plan médian. D'après la théorie de Hering, l'une de ces images produit un sentiment de profondeur positif, et l'autre un sentiment négatif, aucun de ces sentiments n'est faible : d'après sa théorie des phénomènes stéréoscopiques, ils présentent tous deux une valeur considérable et très-nettement perceptible. Mais comme nous savons que les deux images vont ensemble et appartiennent à *un seul* objet, situé à une distance qui nous est plus ou moins bien connue, nous ne reconnaîtrions ordinairement pas la différence de leurs sentiments de profondeur, alors même que nous chercherions à voir si l'une de ces images paraît plus ou moins rapprochée de nous que l'autre. Produisons maintenant une faible différence de couleur entre les deux images, soit en fatiguant préalablement un œil pour une couleur, soit en l'éclairant latéralement, les deux images nous donnent alors réellement des sensations différentes. Mais cette différence est sensible alors même qu'elle est des plus faibles, et qu'elle ne serait peut-être pas perceptible sans le concours du contraste binoculaire, bien que nous sachions, en outre, que la coloration est subjective et ne possède aucune existence objective.

Considérons enfin le système complet de la localisation, tel qu'il est donné originairement, d'après Hering, par une *sensation d'espace* immédiate. Après tous les petits perfectionnements qu'on pourrait peut-être y apporter pour le rendre plus conforme à la réalité, tout ce qu'un pareil système peut faire, c'est de donner une localisation exacte des objets pour une certaine direction unique des lignes visuelles. Dans tous les autres cas infiniment nombreux, la localisation serait plus ou moins erronée et devrait être corrigée par l'expérience. Ainsi, les hypothèses de Hering facilitent peut-être l'explication des phénomènes visuels dans un cas unique, mais la rendent d'autant plus difficile dans tous les autres. Quoi qu'il en soit, on peut dire que : si les éléments fournis par l'expérience sont capables de nous faire reconnaître exactement les conditions d'espace, même lorsqu'ils sont en contradiction avec des sensations directes, ils doivent encore plutôt et bien plus facilement pouvoir nous les faire reconnaître exactement lorsqu'il n'y a aucun obstacle pareil à surmonter (1).

Mais dès que, adoptant la théorie empiristique, nous rapportons à l'expérience toutes les notions d'espace, les illusions des sens ne nous présentent jamais de combat entre la sensation et l'expérience; c'est seulement une induction acquise dans certaines conditions restreintes qui vient se trouver en opposition avec une autre, obtenue dans d'autres conditions. Il y a alors une lutte entre des puissances de même nature, et nous comprenons que la victoire peut rester tantôt d'un côté, tantôt de l'autre, suivant que les circonstances se modifient, ou que le résultat puisse être indécis lorsque les conditions restent inaltérées.

Cependant je reconnais d'une manière formelle que les questions que nous avons discutées ici ne sont pas encore complétement résolues. J'ai choisi mon point de vue à cause de la simplicité des explications que l'on peut en déduire ; j'ai été guidé davantage encore par certaines considérations de méthode; en effet, il me semble toujours préférable de fonder les explications des faits naturels sur les hypothèses *les moins nombreuses* et *les plus déterminées* possible. Mais je dois le dire aussi, dans le cours de ces recherches, qui ont absorbé une bonne partie de mon existence, plus j'ai appris à soumettre à ma volonté les mouvements de mes yeux et mon attention, moins il m'a paru admissible d'expliquer les phénomènes principaux de ce ressort, par l'action d'un mécanisme nerveux préexistant.

---

(1) Je désire que cette critique, que l'intérêt de la question m'a obligé de diriger contre les opinions de M. E. HERING, ne soit pas considérée comme l'expression d'une animosité causée par les attaques qu'il a dirigées contre mes derniers travaux. Je crois que le point de vue d'une théorie nativistique de la vision, adopté par M. HERING, devait presque nécessairement amener un esprit conséquent à proposer des hypothèses du genre de celles qui servent de base à sa théorie ; si j'ai spécialement dirigé mes attaques contre les travaux de cet auteur, c'est qu'ils m'ont paru être l'exposé le plus clair et le plus conséquent que l'on puisse encore faire actuellement de la théorie nativistique. Quant aux objections que M. HERING a soulevées contre mes travaux, j'ai cherché à les réfuter dans le cours de cette dernière partie, en tant qu'elles intéressent la question scientifique. Pour celles qui n'ont qu'un intérêt personnel, j'ai préféré les passer sous silence, excepté lorsque j'ai été dans le cas de reconnaître que je m'étais trompé.

En ce qui concerne les différences que cette exposition, dont la partie essentielle a déjà été publiée dans une conférence populaire en 1855, présente avec les autres travaux récents qui reposent sur la base d'une théorie empiristique de la vision, je n'ai pas tenu compte autant que WUNDT, de la conscience musculaire, pour l'appréciation du relief dans le champ visuel et pour celle de la distance des objets : pour les raisons que j'ai déjà indiquées plus haut, la conscience musculaire me paraît être un élément assez inexact et assez variable. J'ai déduit, au contraire, les principales mensurations du champ visuel, de la coïncidence d'images différentes avec les mêmes parties rétiniennes. WUNDT a le mérite d'avoir soumis les phénomènes psychiques, dont il s'agit ici, à un travail complet et très-utile. J'ai indiqué plus haut quelques observations où je ne suis pas d'accord avec lui.

A. NAGEL explique la production des images doubles binoculaires en admettant que les deux yeux projettent leurs images rétiniennes sur deux surfaces sphériques différentes. Les centres de ces surfaces sphériques seraient aux points de décussation des lignes de visée de chaque œil et les deux surfaces se couperaient au point de fixation. Alors, tout point qui ne serait pas sur la ligne d'intersection des deux sphères doit être vu double. NAGEL suppose qu'on regarde ces projections à partir du milieu de la ligne qui joint les deux centres oculaires, et suivant que les images doubles paraîtraient alors coïncidentes, croisées ou homonymes, elles présenteraient ces mêmes aspects dans le champ de la vision.

La théorie de NAGEL se rapproche déjà passablement de la réalité ; mais, d'une part, elle est un peu artificielle, puisqu'elle suppose une double projection, et, d'autre part, on n'observe jamais la différence de distance des images doubles que la théorie de NAGEL exige dans la plupart des cas ; enfin la position ainsi obtenue pour les images simples ne s'accorderait pas toujours exactement avec les faits. Du reste, c'est peut-être là le seul point essentiel par où ma théorie, donnée plus haut, diffère de celle de NAGEL.

C'est A. CLASSEN qui a donné la théorie exacte des images doubles et de leur position ; cependant il a eu tort de ne pas admettre l'exactitude des phénomènes indiqués par HERING, et qui placent le centre apparent des lignes de direction au milieu de l'intervalle qui sépare les deux yeux. Je suis d'ailleurs aussi peu disposé que M. CLASSEN à prendre ce phénomène pour base de toutes nos localisations ; je ne le considère que comme une illusion sensuelle accessoire, qui présente même chez moi une valeur différente pour les deux yeux, et qui peut être évitée à l'aide d'une attention bien soutenue ; mais c'est une illusion qui existe réellement.

Une différence plus importante entre mon exposé théorique et celui de CLASSEN, c'est qu'il considère le sens local de la rétine et la projection dans le champ visuel comme des éléments innés et non acquis. Mais si nous connaissions, par une sensation innée, la position relative des différents points rétiniens, l'identité des points correspondants serait également innée, puisque leur position similaire par rapport au point de regard serait alors donnée originairement dans la sensation. Cependant cette différence n'influe en rien sur l'exposé des chapitres de la vision que CLASSEN a traités en détail, tels que l'étude du sens musculaire et de la vision binoculaire, et l'on y trouve un grand nombre d'explications intéressantes pour la physiologie, tirées des observations pathologiques qu'il expose.

Nous avons mentionné, en leur lieu, différentes idées de H. MEYER, de DONDERS, de VOLKMANN et de A. FICK, qui se rattachent à l'opinion empiristique.

1855. HELMHOLTZ, Ueber das Sehen des Menschen. Ein populär wissenschaftlicher Vortrag, gehalten zu Königsberg i. Pr., zum Besten von KANT's Denkmal. Leipzig, L. Voss.

1861. A. NAGEL, Das Sehen mit zwei Augen und die Lehre von den identischen Netzhautstellen. Leipzig und Heidelberg.

1862. W. WUNDT, Beiträge zur Theorie der Sinneswahrnehmung. Leipzig und Heidelberg.

1863. A. CLASSEN, Das Schlussverfahren des Sehactes. Rostock.

1864. A. FICK, Lehrbuch der Anatomie und Physiologie der Sinnesorgane. Lahr, Heft 2.

— W. WUNDT, Vorlesungen über Menschen- und Thierseele. Leipzig, Voss, 2 vol.

FIN

TABLE ALPHABÉTIQUE DES MATIÈRES

(Les chiffres renvoient aux pages.)

A

D

E

F

G

H

I

J

L

M

N

O

P

R

S

T

U

V

Y

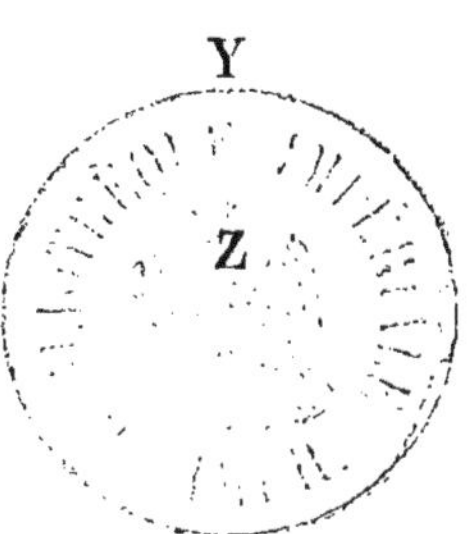

Z

FIN DE LA TABLE ALPHABÉTIQUE DES MATIÈRES.

TABLE ALPHABÉTIQUE DES NOMS PROPRES

CONTENANT TOUS LES NOMS MENTIONNÉS DANS L'OUVRAGE

EXCEPTÉ CEUX DES BIBLIOGRAPHIES.

A

B

C

D

E

F

G

H

J

K

L

M

N

O

P

Q

R

S

T

U

V

W

Y

Z

FIN DE LA TABLE DES NOMS PROPRES.

ERRATA (1).

Pages.	Lignes.	En	Au lieu de :	Lisez
24	5	*montant :*	$C_1 A$	$G_1 A$
31	2	*id.*	images	usages
45	16	*id.*	vitesse de propagation	durée d'oscillation
62	6	*id.*	ou	et
63 (dans la seconde des équations 3c), *ajoutez en dénominateur la lettre g sous la lettre G''*				
86	7	*montant :*	d'un pinceau	d'une pince
92	18	*descendant :*	0,4764	0,5304
93	23	*montant :*	en avant de l'humeur	en avant, de l'humeur
92	4		du corps vitré	le corps vitré
114	11 et 12	*id.*	et *ac* perpendiculaire à *ad*	et *ab* perpendiculaire à *cd*
115	9	*id.*	ligne qui correspond	ligne visuelle avec la ligne qui correspond
132	1re ligne de la note.		1863	1862
152	16	*montant :*	radiaires	circulaires
153	15	*id.*	*ajoutez*	C. Völkers et V. Hensen viennent d'annoncer des expériences qui paraissent en confirmer l'exactitude.
199	5	*descendant :*	une à deux minutes	environ une minute
224	12	*id.*	soit donc β de	soit donc β la position de
225	20	*id.*	1698	1690
271	9	*id.*	*ajoutez*	(voyez page 744)
275			*supprimez la note 3 comme étant inutile*	
299	3	*id.*	tout champ	tout le champ
411	14	*id.*	Nous allons	I. — Nous allons
602	16	*montant :*	*ajoutez*	L'application de la loi de Donders à notre étude des mouvements de l'œil n'est pas modifiée non plus par une restriction à cette loi, qui sera mentionnée page 671.
735	10	*id.*	(p. 786)	(p. 736)
768	22	*descendant :*	figure 15	figure 150
768	dernière		il ne produit pas	il ne se produit pas

(1) Le papier de ce volume étant collé, le lecteur peut facilement reporter à la plume sur son exemplaire les corrections mentionnées ici.

Paris. — Imprimerie de E. Martinet, rue Mignon, 2.

www.ingramcontent.com/pod-product-compliance
Ingram Content Group UK Ltd.
Pitfield, Milton Keynes, MK11 3LW, UK
UKHW022049260726
13993UKWH00001B/3